Dauermagnete

Werkstoffe und Anwendungen

K. Schüler · K. Brinkmann

Mit 660 Bildern

Springer-Verlag Berlin · Heidelberg · New York 1970

Dr. rer. nat. KARL SCHÜLER
Deutsche Edelstahlwerke AG
Magnetfabrik Dortmund, Dortmund-Aplerbeck

Dipl.-Ing. KURT BRINKMANN
Deutsche Edelstahlwerke AG
Magnetfabrik Dortmund, Frankfurt/M.-West

ISBN-13: 978-3-642-93003-4   e-ISBN-13: 978-3-642-93002-7
DOI: 10.1007/978-3-642-93002-7

Vorwort

Die Eigenschaften des Magnetismus sind in den letzten zehn Jahren intensiv untersucht worden. In jedem Jahr erscheinen darüber einige tausend Veröffentlichungen, und es werden mehrere internationale Tagungen abgehalten. Das akademische Wissen wurde dadurch sehr vertieft. Trotzdem fehlen an den meisten Hoch- und Fachschulen Stätten der Vermittlung von Wissen über dieses immer umfangreicher werdende Gebiet. Diese allgemeine Feststellung über den Magnetismus trifft besonders für das Teilgebiet des Dauermagnetismus zu. Dabei ist zu bedenken, daß in jedem Monat auf der Welt nach vorsichtigen Schätzungen mindestens 3000 t Dauermagnetwerkstoffe hergestellt und verwendet werden. Auf Grund des nicht allzu breiten und tiefen, praxisbezogenen Wissens um die Probleme der Anwendung erfolgt diese oft noch nach ziemlich spekulativen oder empirischen Methoden. Die zahlreichen Patentanmeldungen von mit Dauermagneten ausgestatteten „perpetuum mobiles" sprechen eine beredte Sprache.

Die Aufgabe dieses Buches soll es deshalb sein, allen Interessierten das Wesen des Dauermagnetismus näherzubringen und den Anwendern eine Hilfe für den sinnvollen Einsatz von Dauermagneten zu geben. Unter den Anwendern sind hier natürlich auch diejenigen von morgen zu verstehen, d. h. die Studenten der Hoch- und Fachschulen. Auf eine umfassende Darstellung der Theorie des Ferromagnetismus wurde verzichtet, darüber gibt es genügend gute Bücher. Das hier Gesagte soll lediglich als Stütze für die etwas breiter behandelte Werkstoffkunde dienen, da zwischen beiden Gebieten eine immer intensiver werdende Wechselwirkung besteht.

Um der Empirie beim Einsatz von Dauermagneten in Magnetsystemen zu begegnen, ist vor allem der Abschnitt über den magnetischen Kreis aufgenommen worden. Dabei wurde bewußt der Energiebegriff als zentraler Begriff gewählt, weil sich diesem alle speziellen Betrachtungen zwanglos unterordnen lassen. Hierdurch läßt sich leicht die Einordnung des Dauermagnetismus in das umfassendere Bild des Elektromagnetismus vollziehen. Dies ist um so wichtiger, je mehr es sich als notwendig erweist, den magnetischen Kreis im voraus zu berechnen. Die dazu erforderlichen Berechnungsunterlagen lassen erkennen, daß der bisher fast ausschließlich benutzte Wert der maximalen remanenten Energiedichte $(BH)_{max}$ nur für einen Teil der Anwendungsgruppen ausschlaggebend ist. Allerdings sind diese quantitativ bisher die weitaus wichtigsten.

Bei den im zweiten Teil des Buches behandelten Anwendungen der Dauermagnete konnte im Hinblick auf den Umfang nicht bei jeder Gruppe eine ausführliche Theorie gebracht werden. Auch hätte es dazu noch vieler Kleinarbeit bedurft. Die ausführlicher behandelten Anwendungen entsprechen zum Teil den speziellen Arbeitsrichtungen der Verfasser bzw. sind im Augenblick besonders aktuell. Es wurde jedoch versucht, überall die zum Verständnis notwendigen theoretischen Erläuterungen zu bringen.

Die Aufteilung des Buches in zwei Abschnitte erfolgte aus rein praktischen Erwägungen. Bei der Auswahl der Literatur wurde keine Vollständigkeit angestrebt.

Wir hoffen, daß es uns gelungen ist, trotz räumlicher Trennung eine einheitliche Linie in der Darstellung zu finden.

Es würde uns freuen, mit dem Buch eine Lücke zu schließen und auf diese Weise sowohl der theoretischen als auch der praktischen Arbeit zu dienen.

Zum Gelingen dieses Buches haben so viele Fachkollegen beigetragen, daß es unmöglich ist, alle einzeln aufzuführen. Besonderen Dank schulden wir den Mitarbeitern bei den Deutschen Edelstahlwerken, hier wiederum den Herren Dr. H. DIETRICH und Ing. CHR. JOKSCH für viele Diskussionen, Messungen, Ratschläge usw. Weiterhin sei den Herren Dr. G. HEIMKE und Professor Dr. V. ZEHLER für das kritische Lesen einzelner Abschnitte des Manuskriptes unser Dank ausgesprochen, ebenso auch den befreundeten Firmen, die Unterlagen, Zeichnungen, Schnitte, Bilder usw. zur Verfügung stellten. Ferner möchten wir dem ehemaligen Werksleiter der Magnetfabrik Dortmund der Deutschen Edelstahlwerke, Herrn Dr.-Ing. H. HOUGARDY, für die umfangreiche und großzügige Unterstützung seitens vieler Betriebsstellen danken, ohne die dieses Buch nicht hätte entstehen können. Dem Springer-Verlag gebührt unser Dank für das freundliche Eingehen auf unsere Wünsche und die Zustimmung zu dem gegenüber dem ursprünglichen Plan „etwas" gewachsenen Umfang des Buches. Vielleicht steigt die Zahl der Interessenten und Leser proportional der Seitenzahl.

Dortmund und Frankfurt (Main),
im Sommer 1970

K. Schüler   K. Brinkmann

Inhaltsverzeichnis

Erster Teil

Theorie der Dauermagnete und -magnetsysteme

I. Über die Theorie des Ferromagnetismus

II. Theorie der Magnetisierungskurve

III. Dauermagnetischer Kreis

IV. Werkstoffkunde

V. Magnetisieren, Entmagnetisieren und Messen von Dauermagneten

Zweiter Teil

Anwendung von Dauermagneten

VI. Akustische Wandler

VII. Meßgeräte für elektrische Größen

X. Permanentmagnetisch erregte Generatoren

XI. Magnetische Kraftwirkungen

XII. Wechselwirkung von Permanentmagnet und freien elektrischen Ladungsträgern

XIII. Sonstige Anwendungen von Dauermagneten

Häufig verwendete Symbole

A	Arbeitspunkt des Magneten
A_M	Magnetisierungsarbeit
B	magnetische Induktion; Flußdichte
B_A	magnetische Induktion im Arbeitspunkt
$_BH_C$	Koerzitivfeldstärke der Induktion
$(BH)_{\mathrm{max}}$	remanente maximale Energiedichte
B_L	magnetische Induktion im Nutzraum
B_P	Permanenzinduktion
$(B_PH_S)_{\mathrm{max}} = E_{N,\,\mathrm{max}}$	permanente maximale Energiedichte
B_r	Remanenzinduktion
χ	Suszeptibilität
c_Φ	Flußausnutzungsfaktor
D	magnetisches Drehmoment
δ	Länge des Nutzraumes parallel zur Flußrichtung
d_k	kritischer Durchmesser für Einbereichsverhalten
d_P	kritischer Durchmesser für superparamagnetisches Verhalten
E	Energiedichte
Φ	magnetischer Fluß
Φ_L	magnetischer Fluß im Nutzraum
F_E	Querschnittsfläche des Weicheisens senkrecht zur Flußrichtung
F_L	Querschnittsfläche des Nutzraumes senkrecht zur Flußrichtung
F_M	Querschnittsfläche des Dauermagneten senkrecht zur Flußrichtung
γ	Ausbauchungsfaktor; Spannungsfaktor
H	magnetische Feldstärke
H_a	äußere Feldstärke
H_A	magnetische Feldstärke im Arbeitspunkt; Anisotropiefeldstärke
H_e	entmagnetisierende Feldstärke
H_i	innere Feldstärke
H_L	magnetische Feldstärke im Nutzraum
H_S	Sättigungsfeldstärke
$\left.\begin{array}{l} I \\ 4\pi I \end{array}\right\}$	Magnetisierung
$_IH_C$	Koerzitivfeldstärke der Magnetisierung
J, I	elektrische Stromstärke
$j_R = B_r/4\pi I_s = I_r/I_s =$	relative Remanenz; Remanenzverhältnis
K	Anisotropiekonstante, allgemeine; Boltzmann-Konstante
λ	Magnetostriktion; magnetischer Einheitsleitwert
Λ	magnetischer Leitwert
Λ_S	magnetischer Streuleitwert
l_E	Länge des Weicheisens parallel zur Flußrichtung
l_L	Länge des Nutzraumes parallel zur Flußrichtung
l_M	Länge des Dauermagneten parallel zur Flußrichtung
M	magnetisches Moment; mechanisches Moment
m	magnetisches Moment pro Volumeneinheit
μ	Permeabilität
μ_B	Bohrsches Magneton
μ_{max}	maximale Permeabilität
μ_P	permanente Permeabilität
μ_{rev}	reversible Permeabilität

N Entmagnetisierungsfaktor
$N_B' \equiv N_B$ Entmagnetisierungsfaktor im B, H-Diagramm
N_I Entmagnetisierungsfaktor im I, H-Diagramm
N_I' Entmagnetisierungsfaktor im $4\pi I, H$-Diagramm
P Kraft
p Dimensionsverhältnis des Rotations-Ellipsoids; Polzahl; Packungsdichte
P_R Integral der Rotationshysterese
P_W Integral der Wechselhysterese
R_m, R magnetischer Widerstand
σ Streufaktor; Streuung bei Normalverteilung
T Temperatur
T_C Curie-Temperatur
T_k Temperaturkoeffizient
Θ magnetische Spannung
U elektrische Spannung
V_L Nutzraumvolumen
V_M Dauermagnetvolumen
VR   Vorzugsrichtung
W Energie

Erster Teil

Theorie der Dauermagnete und -magnetsysteme

I. Über die Theorie des Ferromagnetismus

1 Einleitung

Die Theorie des Ferromagnetismus kann unter ganz verschiedenen Aspekten betrachtet werden. Der Werkstoffkundler versteht unter der Theorie Leitgedanken für die Neu- oder Weiterentwicklung ferromagnetischer Werkstoffe. Der Festkörperphysiker versucht, mit der theoretischen Ausdeutung ferromagnetischer Effekte die Geheimnisse des Aufbaues ferromagnetischer Substanzen aufzuhellen. Der theoretische Physiker wiederum will versuchen, mit Hilfe der Quantenmechanik der Elektronen zu erklären, wodurch ferromagnetische Erscheinungen bedingt sind.

Alle diese Gedanken sind aber wohl Teilstücke einer umfassenden Theorie des Ferromagnetismus, jedoch ist der Zusammenhang dieser Stücke noch sehr unklar. Von DÖRING [1] werden dabei deutlich drei Stufen dieser umfassenden Theorie unterschieden:

Die grundlegende Stufe der Theorie ist die der Quantentheorie des Ferromagnetismus. Infolge der Schwierigkeit ihrer mathematischen Fassung beschränkt sie sich auf ein qualitatives Verständnis der elektrostatischen Wechselwirkung, welche den Ferromagnetismus verursacht. Diese Stufe soll aber nicht interessieren, da die Diskussion der hier anliegenden Probleme nicht Sinn dieses Buches sein soll.

In einer zweiten Stufe wird von der plausiblen Annahme ausgegangen, daß sich die mittlere Spinrichtung einer Menge Elektronen benachbarter Elementarzellen in Bereichen mehrerer Gitterkonstanten nur sehr wenig ändert. Dann kann der Zustand durch einen ortsabhängigen Vektor I beschrieben werden, dessen Richtung gleich der mittleren Spinrichtung ist. Sein Betrag ist gleich dem magnetischen Moment aller Elektronen der Elementarzelle pro Volumen derselben. Mit Hilfe dieser *mikromagnetischen* Betrachtensweise gelingt bisher leider auch nur sehr unvollkommen eine theoretische Behandlung der Eigenschaften eines wirklichen ferromagnetischen Werkstoffes. Die hier besonders interessierenden Vorgänge bei der Ummagnetisierung sind dabei nur für den trivialen Grenzfall des unendlich langen, homogenen Zylinders der Berechnung zugänglich. Obwohl diese Probleme für den Gegenstand des Buches sehr wichtig sind, werden sie wegen der bestehenden Schwierigkeiten hier auch nicht erschöpfend beleuchtet. Die bisher gefundenen theoretischen Ergebnisse werden jedoch in den entsprechenden Kapiteln zugrunde gelegt und mit den Experimenten verglichen.

Die theoretische Behandlung technisch wichtiger Eigenschaften von ferromagnetischen Werkstoffen bedingt weitere Vereinfachungen des mathematischen

Formalismus. Dies geschieht in einer dritten Stufe mit Hilfe der Bereichstheorie. Sie geht von der noch mehr vereinfachenden Annahme der Weißschen Bezirke aus. Dabei handelt es sich bekanntlich um Bereiche des Ferromagnetikums, in denen die Magnetisierung homogen ist und spontane Sättigung vorliegt. Diese Bereichstheorie versucht nun, die Form und Verteilung der verschiedenen Bereiche zu ermitteln. Auch hier gelingt es der Theorie nur in wenigen, stark vereinfachten Fällen, die Gleichgewichtsverteilung der Bereiche und damit ihrer Trennwände zu ermitteln. Jedoch gelingt es mit den bisherigen Erkenntnissen der Bereichstheorie schon ganz gut, die mit Hilfe mikromagnetischer Überlegungen geführte Entwicklung ferromagnetischer Werkstoffe zu unterstützen bzw. zu lenken. Die Bereichstheorie ist weiterhin wichtig für die energetische Betrachtung der Elementarvorgänge der Magnetisierung.

Zusammenfassend folgt, daß zwar alle drei Stufen der Theorie des Ferromagnetismus von Bedeutung sind, aber für die Belange dieses Buches hauptsächlich die Ergebnisse des Mikromagnetismus und der Bereichstheorie wichtig sind.

Literatur

1. DÖRING, W.: Physikertag Hamburg 1963, Hauptvorträge, Mosbach: Phys. Verl. 1964, 36—53. — Z. angew. Phys. 17 (1964) 120—121. — Handbuch der Physik, Bd. XVIII/2, Ferromagnetismus, Berlin/Heidelberg/New York: Springer 1966, 341—347.

2 Einteilung der magnetischen Erscheinungen

2.1 Allgemeine Betrachtungen

Es soll hier eine allgemeine Einteilung der magnetischen Erscheinungen vorangestellt werden. Dazu ist es notwendig, kurz auf das vereinfachte Bild des atomaren Aufbaues der Materie einzugehen [1].

Alle Stoffe unserer Erde und wahrscheinlich auch des uns zugänglichen Weltraumes bestehen aus 92 natürlichen Elementen. Diese Elemente unterscheiden sich durch die Anzahl der den Kern auf Ellipsenbahnen umkreisenden, elektrisch negativ geladenen Elektronen bzw. der elektrisch positiv geladenen Positronen des Atomkernes. Außer dem mechanischen Bahndrehimpuls besitzen die Elektronen einen mechanischen Eigendrehimpuls. Nach den Gesetzen der Atomphysik entsprechen diesen mechanischen Momenten der bewegten elektrischen Ladungen auch magnetische Momente: Das *Bahn-* und das Eigendreh- oder *Spinmoment*.

Das gesamte magnetische Moment eines Atoms ist nun die Summe aus Bahn- und Spinmomenten aller Elektronen plus dem magnetischen Moment des Kernes. Die Anteile von Elektronen und Kern verhalten sich umgekehrt proportional den Massen. Da die Kernmasse ca. $2 \cdot 10^3$ größer als die der Elektronen ist, kann der Anteil des Kernes am magnetischen Atommoment vernachlässigt werden.

Die Elektronen eines Atoms sind in Schalen angeordnet, den K, L, M-Schalen, welche wiederum in die Unterschalen (z. B. s, p, d) zerfallen. Im allgemeinen wird beim Aufbau der Elemente erst eine Schale von Elektronen entsprechend den Regeln der Atomtheorie voll aufgefüllt, ehe die nächste begonnen wird. Einige Elemente machen davon eine Ausnahme: die Übergangselemente. Hier ist es

energetisch günstiger, vor Abschluß der inneren Schale die nächste äußere aufzubauen. Diese Ausnahme tritt an zwei Stellen im periodischen System auf [1],
einmal bei den Elementen Nr. 19 bis 28 der sogenannten Eisengruppe, wo die
3d-Schale noch nicht abgeschlossen ist und die 4s-Schale schon aufgebaut wird,
und dann bei den Elementen Nr. 58 bis 71, der Gruppe der seltenen Erden, wo die
4f-Schale noch nicht abgeschlossen ist und schon die 5s- und 5p-Schalen aufgebaut
werden.

2.2 Diamagnetismus

Es besteht ein enger Zusammenhang zwischen dem Aufbau des Atoms und den
magnetischen Erscheinungen. Das magnetische Atommoment kann $\geqq 0$ sein.
Es ist gleich Null, wenn sich alle Bahn- und Spinmomente gegenseitig kompensieren. In allen anderen Fällen ist es größer als Null. Die Kompensation tritt
definitionsgemäß bei allen Elementen mit abgeschlossenen Schalen auf, also z. B.
bei den Edelgasen. Solche Elemente mit verschwindendem Atommoment werden
diamagnetisch genannt.

Wird ein Elektron der Masse m und der elektrischen Ladung e in ein magnetisches Feld H gebracht, so beginnt es, als Kreisel um die Feldrichtung zu prä-
zessieren — es tritt die Larmor-Präzession auf. Sie erfolgt mit der Winkelgeschwindigkeit ω_L.

$$\omega_L = 2\pi f = \frac{e}{2\,m\,c}\,\boldsymbol{H}, \qquad (2.1.)$$

wobei f die *Larmor-Frequenz* und c die Lichtgeschwindigkeit ist. Durch die Larmor-Präzession des Elektrons wird ein zusätzliches magnetisches Moment parallel
zum magnetischen Feld bedingt. Das dabei resultierende magnetische Präzessions-
moment des Atoms entsteht durch Summierung aller Elektronenmomente des
Atoms. Dieses induzierte magnetische Moment ist aber der äußeren Feldrichtung
entgegengesetzt gerichtet. Es addiert sich zum magnetischen Atommoment. Ist
dieses Null, wie bei den diamagnetischen Elementen, dann wird ein solches Atom
wegen des entgegengesetzt gerichteten Präzessionsmomentes aus einem inhomogenen magnetischen Feld hinausgedrängt.

2.3 Paramagnetismus

Wenn ein Atom kein verschwindendes magnetisches Moment hat, so überlagert sich in einem äußeren magnetischen Feld H_a der auch hier auftretenden
Präzessionsbewegung eine Drehung des Atommomentes in Richtung des äußeren
Feldes. Diese Drehung geschieht entgegen der desorientierenden Wirkung der
Wärmeenergie, ist also stark temperaturabhängig. Das Eindrehen in Feldrichtung
ist eine Funktion der äußeren Feldstärke H_a. Es führt dazu, daß ein solches Atom
in ein inhomogenes Feld hineingezogen wird. Elemente mit solchen Atomen
werden *paramagnetisch* genannt.

Aus der Theorie des Paramagnetismus nach LANGEVIN bzw. BRILLOUIN [2]
folgt, daß die Magnetisierungskurve des Paramagnetikums dargestellt werden
kann mit Hilfe der *Langevin-Funktion* $L(\alpha)$, wobei $\alpha = f(H,T) = \mu H/kT$ ist, zu

$$\frac{I}{I_\infty} = L(\alpha) = \operatorname{ctg} h\,\alpha - \frac{1}{\alpha}. \qquad (2.2)$$

Dabei ist μ das magnetische Atommoment, und I_∞ ist die Magnetisierung I beim absoluten Nullpunkt der Temperatur. Die Funktion $L(\alpha)$ ist temperaturabhängig.

2.4 Ferromagnetismus

Alle Übergangselemente sind paramagnetisch, d. h., sie haben ein magnetisches Atommoment. Diese Atommomente sind aber unabhängig voneinander. Einige metallische Übergangselemente zeigen nun unterhalb einer spezifischen Temperatur eine Wechselwirkung benachbarter Atommomente. Diese stellen sich ohne Einwirkung eines äußeren magnetischen Feldes parallel ein. Durch die Kopplung sind alle Bereiche ohne äußeres Feld bis zur magnetischen Sättigung magnetisiert. Die Summe der parallelen Atommomente kann wieder durch die Magnetisierung I gekennzeichnet werden. Diese Elemente werden „ferromagnetisch" genannt.

Die verfeinerte Betrachtung des Atomaufbaues der ferromagnetischen Übergangselemente zeigt, daß bei ihnen das große magnetische Moment von dem Eigendrehimpuls der Elektronen herrührt. Diese Eigendrehung wird auch Spin genannt und führt zum magnetischen Spinmoment μ_S. Das hier nicht näher betrachtete magnetische Bahnmoment μ_L rührt vom Bahndrehimpuls der um den Atomkern umlaufenden Elektronen her. Die natürliche Einheit dieses magnetischen Bahnmomentes ist das *Bohrsche Magneton* μ_B. Es ist gegeben durch

$$\mu_B = \frac{e\,h}{4\,\pi\,m\,c} \approx 9{,}27 \cdot 10^{-21}\,\mathrm{G}\cdot\mathrm{cm}^3, \qquad (2.3)$$

wobei h das Plancksche Wirkungsquantum und m die Masse des Elektrons sind.

Die Parallel-Einstellung der Spins geschieht innerhalb bestimmter Bereiche, den ferromagnetischen Elementarbereichen. Damit kann die Magnetisierung eines jeden Bereiches durch einen Vektor gekennzeichnet werden. Durch ein äußeres Feld ist sie ausrichtbar. Ein makroskopisches Teil eines ferromagnetischen Elementes oder einer Legierung besteht aus einer Vielzahl von Elementarbereichen. Aus energetischen Gründen sind die Richtungen der Magnetisierung aller Bereiche statistisch verteilt. Demzufolge wirkt das makroskopische Ferromagnetikum trotz seiner bis zur Sättigung magnetisierten Bereiche nach außen unmagnetisch.

2.5 Antiferromagnetismus und Ferrimagnetismus

Bei Auftreten von Ferromagnetismus muß der betreffende Werkstoff Atome enthalten, die ein magnetisches Moment besitzen. Die Struktur der Elektronen-Energie führt zu starken Ausrichtekräften zwischen benachbarten Atomen. Das Vorzeichen und die Größe dieser Ausrichtekräfte hängen von der Raumerfüllung im Kristallverband ab. Bei den Elementen Eisen, Nickel und Kobalt resultiert starke parallele Kopplung der Spinmomente, und daraus entstehen die ferromagnetischen Erscheinungen.

Bei einigen Ionenkristallen, wie z. B. Oxiden, Halogeniden, Sulfiten usw., ist eine negative Austauschenergie vorhanden, so daß die antiparallele Einstellung der Spins benachbarter Metallionen der Zustand niedrigster Energie ist. Wegen der großen Entfernung der benachbarten Metallionen werden die dazwischenliegenden Anionen am Wechselwirkungsprozeß beteiligt. Hier wird deshalb von einem indirekten oder *Überaustausch* [3] gesprochen.

Diese antiparallele Einstellung benachbarter Spins kann entsprechend dem Bild von Neel [4] so aufgefaßt werden, als ob zwei Untergitter von Spins vorhanden sind. In jedem Untergitter sind zueinander parallele Spins, und die beiden Untergitter haben entgegengesetzte Spinrichtungen. Wenn die beiden Untergitter von gleichen Ionen besetzt sind, ist das resultierende Moment gleich Null; es herrscht *Antiferromagnetismus*. Dessen resultierende spontane Magnetisierung ohne äußeres Feld ist gleich Null. Bei Einwirken eines äußeren Feldes werden die Spins gegen die Austauschenergie sehr wenig aus ihren antiparallelen Lagen reversibel gedreht. Es liegt also ein nahezu paramagnetisches Verhalten vor. Bei bestimmter Temperatur, der *Neel-Temperatur* T_N, verschwindet die antiparallele Kopplung der Spins, und es liegt für Temperaturen oberhalb der Neel-Temperatur rein paramagnetisches Verhalten vor.

Haben die beiden Untergitter ungleiche Momente, so ist das resultierende Moment größer als Null; es herrscht *Ferrimagnetismus*. Die Größe der Magnetisierungen der einzelnen Untergitter hängt von den Größen- und Abstandsverhältnissen der einzelnen Wechselwirkungen ab. Es kommt darauf an, ob die Wechselwirkung zwischen nächsten Nachbarn größer oder kleiner ist als die zwischen übernächsten Nachbarn. Wichtig ist dabei neben dem Abstand zum betrachteten Nachbarn noch die Richtungsabhängigkeit. Darunter ist der Winkel zwischen den Verbindungslinien Ion—Anion—Ion zu verstehen.

Allen Werkstoffen mit antiparalleler Kopplung aber ist gemeinsam, daß die Gesamtmagnetisierung die Differenz der Magnetisierung der Untergitter ist. Diese kann mehr oder weniger von Null verschieden sein, wird aber als Differenz bei den Ferrimagneten immer relativ niedrig sein. Bei einer bestimmten Temperatur, der Neel-Temperatur, verschwindet beim Ferrimagnetikum wie auch beim Antiferromagnetikum die Kopplung der Spins. Oberhalb der Curietemperatur tritt, wie beim Ferromagnetikum, Paramagnetismus auf.

2.6 Metamagnetismus

Bei den metamagnetischen Werkstoffen hängt es von der Temperatur und dem äußeren Magnetfeld ab, ob sie sich ferro- oder antiferromagnetisch verhalten.

Es soll hier nicht näher auf diesen Zustand eingegangen werden; s. z. B. Vogt [5].

2.7 Superparamagnetismus

Beim Ferromagnetikum sind benachbarte Spins miteinander gekoppelt und richten sich parallel aus. In ein äußeres magnetisches Feld drehen sich die Spins mit zunehmender Feldstärke ein und behalten auch nach Abschalten des Feldes diese Richtung infolge Wechselwirkung nahezu bei. Die Wärmeenergie ist hierbei vernachlässigbar und übt deshalb nur eine geringe desorientierende Wirkung aus. Beim Paramagnetikum werden die Atommomente durch die Wärmeenergie nach Abschalten des Feldes sofort wieder desorientiert und üben untereinander keine Wechselwirkung aus.

Beim Superparamagnetikum tritt, wie beim Ferromagnetikum, eine Kopplung benachbarter Spins auf. Es sind also Bereiche vorhanden, in denen sich die Spins parallel einstellen. Die durch das äußere Feld ausgerichteten Bereiche werden durch die Wärmeenergie innerhalb einiger Sekunden nach Abschalten des äußeren Feldes desorientiert [6]. Dies kommt daher, weil die eine Desorientierung unterdrückende, dem Volumen proportionale magnetische Energie $H I_s V = K V$ infolge kleinen Volumens der Bereiche schon bei normaler Temperatur kleiner als die Wärmeenergie kT ist. Beim Ferromagnetikum ist dagegen das Volumen der Bereiche so groß, daß erst bei Temperaturen oberhalb der Curietemperatur die Desorientierung erfolgen kann.

Das Verhalten eines Superparamagnetikums ist damit ähnlich einem paramagnetischen Gas. Dort drehen sich die magnetischen Momente von Atomen und Molekülen, hier die magnetischen Momente von Bereichen mit 10^5 bis 10^6 Momenten. Wegen dieser Parallele kann beim superparamagnetischen Werkstoff die gesamte I,H-Kurve entsprechend der Langevin-Funktion [2] des normalen Paramagnetikums normal gemessen werden. Beim normalen Paramagnetismus dagegen ist nur der kleine, fast lineare Anfangsbereich erfaßbar, da ausreichend hohe Feldstärken nicht leicht zu erzeugen sind. Die vollständige I,H-Kurve des Superparamagnetikums zeigt keine Remanenz und Koerzitivfeldstärke und deshalb auch keine Hysterese, wie z. B. Bild 12.1 für Eisen-Partikel mit 44 Å Durchmesser zeigt und von BEAN u. a. [7] näher ausgeführt wurde.

Literatur

1. Siehe z. B. BECKER, R., u. W. DÖRING: Ferromagnetismus, Berlin: Springer 1939. — KOCH, J.: Valvo-Berichte 11 (1965) 87—116.
2. LANGEVIN, P.: Ann. Chim. Phys. 5 (1905) 70—127. — BRILLOUIN, L.: J. Phys. Chim. Hist. nat. 8 (1927) 74—87.
3. Siehe z. B. ANDERSON, P.: Phys. Rev. 79 (1950) 350—356, 705—710; Advanc. Phys. 4 (1955) 1—112.
4. Siehe z. B. NEEL, L.: Ann. Phys. Paris 3 (1948) 137—98.
5. VOGT, E.: Z. angew. Phys. 14 (1962) 177—182, 15 (1963) 371—376.
6. NEEL, L.: Ann. Geophys. 5 (1949) 99—112.
7. BEAN, C. P., u. J. D. LIVINGSTON: J. appl. Phys. 30 (1959) 120—129.

3 Zur Definition der magnetischen Grundgrößen

3.1 Magnetisierung

Ein Ferromagnetikum besteht im allgemeinen aus verschiedenen Elementarbereichen. Jeder Bereich kann, wie schon in Kapitel 2 beschrieben, durch einen Vektor der Magnetisierung gekennzeichnet werden. Die Gesamtheit der Weißschen Bezirke eines Ferromagnetikums ergibt die *pauschale Magnetisierung I*. Jedes Volumenelement des Ferromagnetikums hat damit ein *magnetisches Moment*

$$m = 4\pi\, I \,\mathrm{d}V. \qquad (3.1)$$

Diese Gleichung wird meist umgekehrt als Definitionsgleichung der Magnetisierung angesehen: Die *Magnetisierung* ist das magnetische Moment pro Volumeneinheit.

Nach der Auffassung des *Mikromagnetismus* wird die Magnetisierung der Bereiche durch das magnetische Feld ausgerichtet. Auf Grund dieser Richtwirkung kann demnach gesetzt werden:

$$I = \varkappa H, \tag{3.2}$$

wobei der Proportionalitätsfaktor $\varkappa$ = Suszeptibilität genannt wird. Der Vektor H wird *magnetische Feldstärke* genannt.

3.2 Magnetische Induktion

Aus der Theorie des Ferromagnetismus folgt die Abwesenheit wahrer magnetischer Ladungen. Daraus kann gefolgert werden [1], daß sich die Vektorgrößen H und I zu einem quellenfreien Vektor ergänzen, d. h., es gilt dann

$$\operatorname{div} (H + 4\pi I) = 0$$

oder

$$\operatorname{div} H = -4\pi \operatorname{div} I. \tag{3.3}$$

Es ist allgemein üblich, anstelle des Vektors $H + 4\pi I$ einen neuen Vektor B, die *magnetische Induktion*, einzuführen

$$B = H + 4\pi I, \tag{3.4}$$

und damit wird:

$$\operatorname{div} B = 0, \tag{3.5}$$

was im Entartungsfall der flächenhaften Divergenz zu folgender Beziehung zwischen den Normalkomponenten der Induktion im Innenraum und Außenraum des Ferromagnetikums führt:

$$(B_i - B_a)_n = 0. \tag{3.6}$$

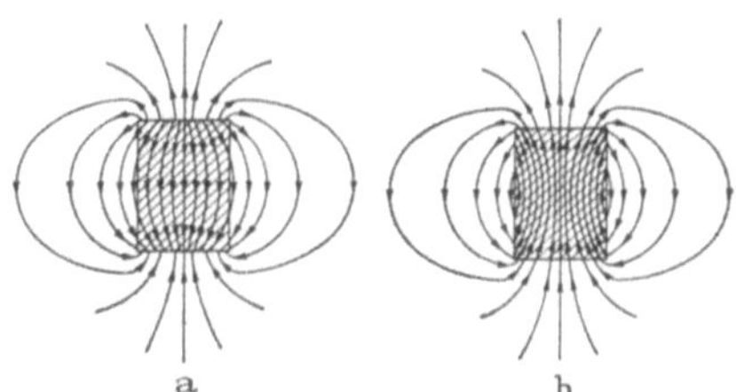

Bild 3.1. Feld eines permanenten Zylindermagneten. a) H-Linien; b) B-Linien.

Die Normalkomponente der Induktion geht stetig vom Ferromagnetikum in den Außenraum über. Dies führt zu dem Verlauf der Induktionslinien für einen Magnetzylinder, wie in Bild 3.1 rechts dargestellt ist.

Aus der Quellenfreiheit der Induktion folgt, daß der Induktionsfluß Φ durch eine geschlossene Fläche F gleich Null ist, da es keine magnetischen Ladungen gibt:

$$\Phi = \int_F B \, \mathrm{d}F = 0. \tag{3.7}$$

Der eintretende Fluß ist gleich dem austretenden. Dabei kann gesetzt werden:

$$B = \mu H, \tag{3.8}$$

wobei der Proportionalitätsfaktor $\mu = $ *Permeabilität* genannt wird. Dabei wird hier die Permeabilität als skalare Größe betrachtet, was in der Dauermagnetik bisher ausreicht. Es ist jedoch denkbar, daß bei der Anwendung anisotroper Dauermagnete die Notwendigkeit einer tensoriellen Permeabilität auftritt.

3.3 Magnetische Feldstärke

Für den Vektor H der magnetischen Feldstärke führt die Annahme, daß es bei permanenten Magneten keine in sich zurücklaufenden Kraftlinien (H-Linien) gibt, zu einer widerspruchsfreien Erklärung aller experimentellen Beobachtungen. Dies ergibt die Vektorbeziehung der Wirbelfreiheit der magnetischen Feldstärke

$$\operatorname{rot} H = 0. \tag{3.9}$$

Nach den Rechenregeln der Vektorrechnung folgt aus Gl. (3.9), daß die Feldstärke H als Gradient eines skalaren Potentials ψ aufgefaßt werden kann

$$H = -\operatorname{grad} \psi. \tag{3.10}$$

Im Entartungsfall des flächenhaften Wirbels wird aus Gl. (3.9) die Beziehung zwischen den Tangentialkomponenten der Feldstärke im Innen- und Außenraum des Ferromagnetikums

$$(H_i - H_a)_t = 0. \tag{3.11}$$

Die Tangentialkomponente der Feldstärke geht stetig vom Ferromagnetikum in den Außenraum über. Dies führt zu dem Verlauf der Feldlinien für einen Zylindermagneten, wie in Bild 3.1 links dargestellt ist.

In integraler Schreibweise wird Gl. (3.9) in der Form ausgedrückt

$$\oint H_l \, dl = 0. \tag{3.12}$$

Sie bedeutet, daß die magnetomotorische Kraft — die *magnetische Spannung* — längs jeder geschlossenen Kurve verschwindet.

Mit Hilfe der Beziehungen (3.5) und (3.9) können dann formal alle ferromagnetischen Erscheinungen erfaßt werden. Beide Gleichungen sind aus den Maxwellschen Gleichungen ableitbar. Die Gl. (3.9) ist die spezielle Fassung der ersten Maxwellschen Gleichung (ohne Verschiebungsströme)

$$\operatorname{rot} H = \frac{4\pi}{F} J = \frac{4\pi\sigma}{c} E, \tag{3.13}$$

welche das magnetische Feld mit den es erzeugenden elektrischen Strömen J bzw. elektrischen Feldern E verbindet. Dabei sind: $c = $ Lichtgeschwindigkeit, $F = $ Fläche des Stromleiters und $\sigma = $ seine elektrische Leitfähigkeit. Die elektrischen Ströme sind beim Ferromagnetikum, insbesondere beim Permanentmagneten, definitionsgemäß gleich Null.

Das *Induktionsgesetz* verknüpft umgekehrt das induzierte elektrische Feld E mit der Änderung der magnetischen Induktion oder *Flußdichte* B

$$\operatorname{rot} E = -\frac{1}{c} \cdot \frac{\partial B}{\partial t}. \tag{3.14}$$

Mittels der Beziehung div rot = 0 folgt daraus

$$\frac{\partial}{\partial t} (\operatorname{div} \boldsymbol{B}) = 0 \rightarrow \operatorname{div} \boldsymbol{B} = \text{const}, \qquad (3.15)$$

was für ein Ferromagnetikum aus der Erfahrung zu div $\boldsymbol{B}$ = 0 und damit zu Gl. (3.5) führt.

3.4 Brechungsgesetz der Feldlinien

Wie berechnet und in Bild 3.2 gezeigt, gehen die Tangentialkomponente der Feldstärke und die Normalkomponente der Induktion an Grenzflächen stetig über. Mit den Bezeichnungen von Bild 3.2 wird für die Normalkomponenten beim Übergang von Stoff 1 zu Stoff 2

$$B_{n_1} = B_{n_2} = H_{n_1}\mu_1 = H_{n_2}\mu_2, \qquad (3.16)$$

und daraus folgt das Brechungsgesetz der magnetischen Feldlinien an Unstetigkeitsflächen:

$$\frac{H_{n_1}}{H_{n_2}} = \frac{\mu_2}{\mu_1} = \frac{\operatorname{tg}\alpha_2}{\operatorname{tg}\alpha_1}. \qquad (3.17)$$

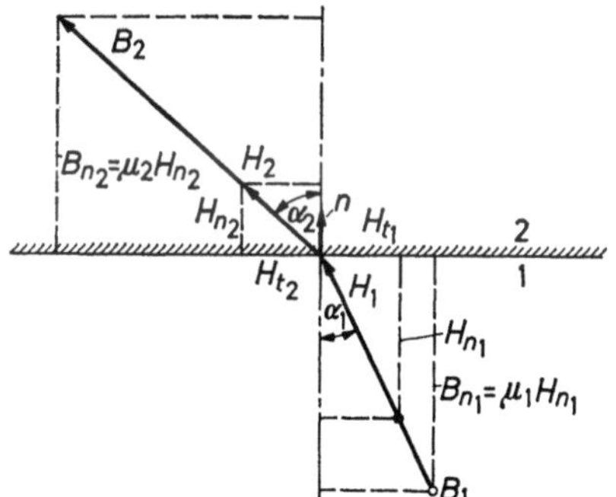

Bild 3.2. Brechung der Feldlinien an der Grenze zweier Medien mit verschiedener Permeabilität ($\mu_2 > \mu_1$).

Die Feldlinien werden im Material mit höherer Permeabilität stärker gebrochen. Für den Übergang von Luft ($\mu_1 = 1$) zu einem sehr guten magnetischen Leiter, z. B. Weicheisen, mit $\mu_2 \approx 10^3$ bis $10^4 \gg \mu_1$ folgt, daß selbst bei fast senkrechtem Eintritt der Feldlinien in das Eisen ein Weiterleiten fast parallel zur Oberfläche vorhanden ist. Damit tritt eine Bündelung der Feldlinien im Eisen ein.

Umgekehrt treten die Feldlinien aus Weicheisen nahezu senkrecht zur Oberfläche aus, unabhängig von ihrem Verlauf im Weicheisen. Da bei Dauermagneten $\mu_1 \approx 2$ bis 5 ist, gilt hier für die Trennstelle Dauermagnet-Weicheisen nahezu dasselbe wie für Luft-Weicheisen. Dies ist bei der Streuung zu berücksichtigen. Bei Übersättigung des Weicheisens sinkt seine Permeabilität μ sehr stark, und der Austritt der Feldlinien erfolgt dann nicht mehr senkrecht zur Oberfläche.

Literatur

1. Siehe z. B. SCHAEFER, CL.: Einführung in die theoretische Physik, Bd. III/1, Berlin: de Gruyter 1950, 117 ff.

4 Magnetische Maßsysteme

4.1 Gaußsches Maßsystem

Es werden auf dem Gebiet der Magnetik zwei Maßsysteme verwendet: Das *Gaußsche System*, welches seine magnetischen Größen auf das nichtrationale elektromagnetische cgs-System bezieht, und das rationale MKSA-System [1 bis 5].

Das Gaußsche System ist das bisher in der Magnetphysik und -technik meist gebräuchliche; es wird auch viel in der theoretischen Physik verwendet. Das Gaußsche Maßsystem ist ein nichtrationales cgs-System. Die Einführung des dimensionslosen Faktors 4π in der Verknüpfungsgleichung (3.4) ist deshalb notwendig, führt aber zu Unzuträglichkeiten. Sie äußern sich in unnützer Schreib- und Denkarbeit. Die lästige Eigenschaft des Faktors 4π wird jedem bekannt sein, der magnetische Momente berechnet oder mit Entmagnetisierungsfaktoren in der Praxis zu tun hat. Vom Standpunkt des Anwenders von Dauermagneten wäre die Benutzung einer Größe $I^x = 4\pi I$ als Magnetisierung praktischer. Aber sie führt zu einer Vermengung von rationaler und nichtrationaler Schreibweise von allgemeinen Größengleichungen und damit zu gedanklichen Schwierigkeiten. Wegen seiner weiten Verbreitung soll das Gaußsche Maßsystem hier im I. Teil des Buches weitgehend verwendet werden.

In diesem System sind die drei wichtigsten Größen: Die magnetische Induktion B, die magnetische Feldstärke H und die Magnetisierung $4\pi I$. Die drei Größen B, H und I sind theoretisch verknüpft durch die bekannte Definitionsgleichung für die magnetische Induktion:

$$B = H + 4\pi I. \tag{3.4}$$

Außerdem wird für den materiefreien Raum gesetzt

$$B = H \tag{4.1}$$

und für den materieerfüllten Raum

$$B = \mu H, \tag{4.2}$$

wobei μ die *Permeabilität* ist, bzw.

$$I = \varkappa H, \tag{4.3}$$

wobei $\varkappa$ die *Suszeptibilität* ist.

Dabei sind alle drei Größen mit gleicher Dimension und gleicher Einheit ausgeüstet. Diese Einheit wird bei der Induktion und der Magnetisierung Gauß G und bei der Feldstärke Oersted Oe genannt. Es gilt

$$[H] = [I] = [B] = \text{G} = \text{Oe} = \text{cm}^{-1/2}\text{g}^{1/2}\text{s}^{-1}. \tag{4.4}$$

Der *magnetische Fluß* hat die Einheit Maxwell M.

$$[\Phi] = [B \cdot F] = \text{M} = \text{cm}^{3/2}\text{g}^{1/2}\text{s}^{-1}. \tag{4.5}$$

Die *magnetische Spannung* Θ hat die Einheit Gilbert Gb

$$[\Theta] = [H \cdot l] = \text{Gb} = \text{Oe} \cdot \text{cm} = \text{cm}^{1/2}\text{g}^{1/2}\text{s}^{-1}. \tag{4.6}$$

Aus der Gl. (4.1) geht hervor, daß definitionsgemäß die Permeabilität und die Suszeptibilität dimensionslose Zahlen sind.

Wichtig in diesem System ist noch die Beziehung der magnetischen Energie W. Es gilt

$$[W] = \left[\frac{V}{4\pi} \int\limits_{B=0}^{B_s} H \, \mathrm{d}B \right] = \mathrm{G} \cdot \mathrm{Oe} \cdot \mathrm{cm}^3 = \frac{1}{4\pi} \, \mathrm{erg}, \tag{4.7}$$

wobei V das betrachtete Volumen ist. Daraus folgt, daß $[H \cdot B]$ eine Energiedichte ist. Dagegen ist die Magnetisierungsarbeit A_I definiert zu

$$[A_I] = \left[V \int\limits_{I=0}^{I_s} H \, \mathrm{d}I \right] = \mathrm{G} \cdot \mathrm{Oe} \cdot \mathrm{cm}^3 = \frac{1}{4\pi} \, \mathrm{erg}. \tag{4.8}$$

Der *magnetische Widerstand* R_M (Reluktanz) ist gegeben durch

$$[\mathrm{R}_M] = \left[\frac{\Theta}{\Phi} \right] = \mathrm{cm}^{-1} = \frac{\mathrm{Gb}}{\mathrm{M}}. \tag{4.9}$$

Der *magnetische Leitwert* Λ (Permanenz) ist gegeben durch

$$[\Lambda] = \frac{\Phi}{\Theta} = \mathrm{cm} = \frac{\mathrm{M}}{\mathrm{Gb}}. \tag{4.10}$$

Für die Verknüpfung von Permeabilität und Suszeptibilität folgt aus den Gln. (3.4), (4.2) und (4.3) im Gaußschen Maßsystem

$$\mu = 1 + 4\pi\varkappa. \tag{4.11}$$

4.2 Rationales MKSA- oder Giorgisches Maßsystem

Das Giorgische System bürgert sich in den letzten Jahren immer mehr ein. Um es zu rationalisieren, werden magnetische und elektrische Größen zueinander in Beziehung gebracht. Dies geschieht mit Hilfe des Induktionsgesetzes, welches sich aus der 2. Maxwellschen Gleichung in Integrationsform ergibt zu

$$U = \oint \boldsymbol{E} \, \mathrm{d}\boldsymbol{s} = -\frac{\partial \Phi}{\partial t} = -\frac{\partial}{\partial t} \int\limits_{F=0}^{F} \boldsymbol{B} \, \mathrm{d}\boldsymbol{F}, \tag{4.12}$$

wobei

U = elektrische Spannung,
$\boldsymbol{E}$ = elektrische Feldstärke,
$\mathrm{d}\boldsymbol{s}$ = Längenelement des Integrationsweges,
$\boldsymbol{F}$ = die umfaßte Fläche.

Das Giorgische System hat den Vorteil, direkt meßbare Größen zu verwenden. Als MKSA-System sind ihm die für uns vier wichtigen Fundamentaleinheiten zugrunde gelegt: Meter m, Kilogramm kg, Sekunde s und Ampere A. Allerdings wird, wie schon durch Gl. (4.12) nahegelegt, im Gebiet der Elektrizität und

Magnetik anstelle des Kilogramms das Volt V gesetzt. Die hier interessierenden Größen sind

$$[H] = \frac{A}{m} \tag{4.13}$$

$$[B] = [I] = \frac{Vs}{m^2} = T \text{ (Tesla)}. \tag{4.14}$$

In der Praxis wird meist mit den handlicheren Einheiten A/cm und Vs/cm² gerechnet.

Die Verknüpfungsgleichungen zwischen den drei Größen B, H und I ändern sich gegenüber den Beziehungen beim Gaußschen System, da die Permeabilität μ_0 des leeren Raumes hier keine Verhältniszahl und nicht 1 ist, in

$$\boldsymbol{B} = \mu_0 \boldsymbol{H} + \boldsymbol{I}' \tag{4.15}$$

$$\boldsymbol{B} = \mu_0 \mu_r \boldsymbol{H} = \mu_{\text{abs}} \boldsymbol{H} \tag{4.16}$$

$$\boldsymbol{I}' = \mu_0 \varkappa' \boldsymbol{H}. \tag{4.17}$$

Daraus wird

$$[\mu_0] = [\mu_{\text{abs}}] = \frac{Vs}{A\,m}. \tag{4.18}$$

Die relative Permeabilität wird

$$[\mu_r] = 1 \tag{4.19}$$

und hat denselben Wert wie μ im Gaußschen System. Außerdem wird wieder, wie im Gaußchen System,

$$[\varkappa'] = 1. \tag{4.20}$$

Aus den Gln. (4.15) und (4.16) folgt

$$\boldsymbol{I}' = \mu_0 \left(\mu_r - 1\right) \boldsymbol{H}, \tag{4.21}$$

so daß im Giorgischen Maßsystem wird

$$\mu_r = 1 + \varkappa'. \tag{4.22}$$

Daraus folgt dann aber durch Vergleich mit Gl. (4.11):

$$\varkappa' = 4\pi\varkappa. \tag{4.23}$$

Damit hat die Suszeptivität in beiden Systemen nicht dieselbe Maßzahl [1]. Sie ist aber in beiden Fällen eine Volumensuszeptibilität $\varkappa_M$.

Im Giorgischen System wird zwischen *magnetischer Polarisation* I' und Magnetisierung $M = I'/\mu_0$ unterschieden. Da sich der Begriff der Polarisation bisher nicht recht durchgesetzt hat, sollen hier beide Größen, I' und M, als Magnetisierung bezeichnet werden.

Für den magnetischen Induktionsfluß Φ wird

$$[\Phi] = Vs = Wb \text{ (Weber)} \tag{4.24}$$

und für die magnetische Spannung

$$[\Theta] = \text{A} . \tag{4.25}$$

Für die magnetische Energie W folgt daraus

$$[W_M] = [\text{V} \int_{B=0}^{B_s} H \, \text{d}B] = \text{VAs} = \text{Joule} = 10^7 \, \text{erg} \tag{4.26}$$

und dieselbe Dimension folgt sinngemäß für die Magnetisierungsarbeit.

4.3 Umrechnungsbeziehungen

Trotz der in Absatz 4.1 erwähnten, aus der nichtrationalen Schreibweise entstehenden Schwierigkeiten wird im I. Teil dieses Buches das Gaußsche Maßsystem verwendet. Die Wahl erfolgt nicht aus einer Wertstufung, sondern aus rein pragmatischen Gründen: Die gesamte Bezeichnung der deutschen Dauermagnetwerkstoffe sowie fast alle Tabellen und Kennwerte sind aus diesem Begriffssystem abgeleitet. Ihre Änderung wäre sicher unwirtschaftlicher als die durch die Wahl des Gaußschen Maßsystems manchmal notwendige Umrechnung. Diese ist außerdem mit Hilfe der folgenden Umrechnungsbeziehungen nicht allzu schwierig. Eine scheinbare Beseitigung der Umrechnung kann außerdem dadurch erreicht werden, daß in Diagrammen statt der Feldstärke H die Größe $\mu_0 H$ aufgetragen wird; dann sind alle Zahlenwerte in beiden Systemen gleich. Mit Hilfe der ersten Umrechnungsbeziehung können auch die Zahlenwerte für die Induktion B in beiden Systemen gleichgroß gewählt werden. Das Unbefriedigende ist dabei, daß auch die Feldstärke die Dimension einer Induktion erhält.

Bei den Anwendungen im zweiten Teil des Buches wird, je nach den praktischen Gegebenheiten oder Erfordernissen, das Gaußsche oder das Giorgische Maßsystem verwendet.

Die Umrechungsbeziehungen zwischen beiden Systemen sind:

$$1 \, \text{G} = 10^{-8} \, \frac{\text{Vs}}{\text{cm}^2} = 10^{-4} \, \frac{\text{Vs}}{\text{m}^2} = 10^{-4} \, \text{T}$$

$$1 \, \frac{\text{Vs}}{\text{cm}^2} = 10^8 \, \text{G}$$

$$1 \, \text{Oe} = \frac{10}{4\pi} * \frac{A}{\text{cm}} = \frac{10^3}{4\pi} \, \frac{A}{\text{m}}$$

$$1 \, \frac{A}{\text{cm}} = \frac{4\pi}{10} ** \, \text{Oe} \tag{4.27}$$

$$1 \, \text{M} = 10^{-8} \, \text{Wb}$$

$$1 \, \text{Gb} = \frac{10}{4\pi} \, \text{A} .$$

$* \; \dfrac{10}{4\pi} = 0{,}795\,77 \qquad\qquad ** \; \dfrac{4\pi}{10} = 1{,}256\,67 .$

4.4 Beziehungen der Energiedichte

In der Beurteilung von Dauermagneten ist das Energiedichte-Produkt $B \cdot H$ eine wichtige Kenngröße; es wird in der Praxis hauptsächlich in MGOe angegeben. Hier sollen noch kurz die Umrechnungsgleichungen für die allgemein gebräuchlichen Maßbezeichnungen erg/cm³ = dyn cm/cm³ und Ws/cm³ gebracht werden. Aus Gl. (4.7) folgt:

$$1 \text{ MGOe} = \frac{1}{4\pi} \frac{\text{Merg}}{\text{cm}^3} = 79{,}5 \frac{\text{Kerg}}{\text{cm}^3}$$

$$0{,}1 \frac{\text{Merg}}{\text{cm}^3} = 1{,}256 \text{ MGOe}$$

$$1 \text{ MGOe} = \frac{0{,}1}{4\pi} \frac{\text{Ws}}{\text{cm}^3} = 7{,}95 \frac{\text{mWs}}{\text{cm}^3}$$

$$10 \frac{\text{mWs}}{\text{cm}^3} = 1{,}256 \text{ MGOe}.$$

$$(4.28)$$

4.5 Beziehungen der Magnetisierung

Die Magnetisierung im Gaußschen Maßsystem ist definiert durch die Gl. (3.1). Daneben findet sich oft die Definition im elektromagnetischen cgs-System

$$\boldsymbol{m} = \boldsymbol{I}\, \mathrm{d}V \qquad (4.29)$$

wobei dann

$$[I] = \text{cm}^{-1/2} \text{g}^{1/2} \text{s}^{-1} = 1 \text{ cgs-Einheit} \qquad (4.30)$$

ist. Daraus folgt aber die Verknüpfung in den hier betrachteten Maßsystemen

$$4\pi \text{G} = 1 \text{ cgs} = 4\pi \cdot 10^{-8} \frac{\text{Vs}}{\text{cm}^3}. \qquad (4.31)$$

Diese Beziehungen sind besonders bei der Angabe bzw. Berechnung des magnetischen Momentes zu beachten.

Literatur

1. DIN 1325 (Januar 1964) Magnetisches Feld.
2. DIN 1339 (April 1958) Einheiten magnetischer Größen.
3. DIN 1304 (September 1965) Allgemeine Formelzeichen.
4. Symbole, Einheiten und Nomenklatur in der Physik, Braunschweig: Vieweg 1965.
5. Fischer, J.: Größen und Einheiten der Elektrizitätslehre, Berlin/Göttingen/Heidelberg: Springer 1961.

5 Magnetische Elementarbereiche

Jedes Ferromagnetikum ist unterhalb seiner Curie- bzw. Neel-Temperatur spontan bis zur Sättigung magnetisiert. Nach außen erscheint es trotzdem unmagnetisch. Von Weiss [1] wurde deshalb angenommen, daß ein solches Ferromagnetikum in einzelne *Weißsche Bezirke* unterteilt ist. In jedem Bezirk liegt dabei die Magnetisierung in einer möglichen Vorzugsrichtung so, daß über alle Bezirke gemittelt eine statistisch ungeordnete Verteilung der Magnetisierungsvektoren und damit die pauschale Magnetisierung Null zustande kommt.

Wie BLOCH [2] gefunden hat, ändert sich die Magnetisierungsrichtung beim Übergang von einem Bezirk zum benachbarten nicht unvermittelt in einem Sprung, sondern nahezu stetig in mehreren Sprüngen. Die Grenzschicht — *Blochsche Wand* genannt — hat eine endliche Dicke. Eine solche Blochwand kann an der Oberfläche z. B. mit Hilfe der *Bitterschen Streifen* [3 bis 5] oder einiger anderer Methoden [6 bis 11] sichtbar gemacht werden.

Mit Hilfe dieser Methoden ist es demnach möglich, einen Einblick in den mikromagnetischen Aufbau eines dauermagnetischen Werkstoffes zu bekommen. Die dabei zugrunde gelegten Gedankengänge des Mikromagnetismus sind in den Kapiteln 8 bis 13 etwas näher ausgeführt; wegen der mathematischen Behandlung sei hierbei insbesondere auf den zusammenfassenden Bericht von KRONMÜLLER [12] hingewiesen. Hier soll nur erwähnt werden, daß die Unterteilung eines Ferromagnetikums in Weißsche Bezirke erfolgt, um die Gesamtenergie minimal zu halten. Durch eine Unterteilung wird Streuenergie vermieden, dagegen muß Wandbildungsenergie aufgebracht werden. Die Streuenergie ist proportional dem Volumen des Partikels, die Wandenergie proportional der Wandfläche. Oberhalb einer bestimmten Partikelgröße ist es danach vorteilhaft, Wände zu bilden. Unterhalb dieser kritischen Größe liegt der Partikel als Elementarbereich vor.

Die Größe und die Form der Weißschen Bezirke oder, allgemeiner, der Elementarbereiche, hängen von Art und Größe der jeweilig vorhandenen magnetischen Anisotropie, von Form und Größe des Ferromagnetikums und vom Aufbau desselben ab. Durch den Vergleich von experimentellen und theoretischen Ergebnissen über die magnetischen Elementarbereiche ist es möglich, den Aufbau von Dauermagnetwerkstoffen analytisch zu erfassen. Aus Raummangel soll hier darauf verzichtet werden, die zahlreichen interessanten Ergebnisse (s. z. B. [12 bis 55]) allgemein zu diskutieren. Es sei z. B. auf einige Zusammenfassungen verwiesen [4, 5, 43, 56 bis 59].

Literatur

1. WEISS, P.: J. Phys. Chim. Hist. nat. 6 (1907) 661—690.
2. BLOCH, F.: Z. Phys. 74 (1932) 295—332.
3. BITTER, F.: Phys. Rev. 38 (1931) 1903—1905, 41 (1932), 507—515.
4. Siehe z. B. CHIKAZUMI, S.: Physics of Magnetism, New York: Wiley 1964, S. 219ff.
5. KNELLER, E.: Ferromagnetismus, Berlin/Göttingen/Heidelberg: Springer 1962, S. 304.
6. WILLIAMS, H. J., R. C. SHERWOOD, F. A. FOSTER u. E. M. KELLEY: J. appl. Phys. 28 (1957) 1181—1184.
7. WILLIAMS, H. J., F. A. FOSTER u. E. A. WOOD: Phys. Rev. 82 (1951) 119—120.
8. PRUTTON, M.: Proc. Phys. Soc., London (1959) 1063—1067.
9. HALE, M. E., H. W. FULLER u. H. RUBINSTEIN: J. appl. Phys. 30 (1959) 789—791. — COHEN, M. S.: J. appl. Phys. 36 (1965) 1060—1061.
10. KÖNIG, H.: Naturwissenschaften 41 (1954) 341—346.
11. DE JONG, J. J., J. M. SMEETS u. H. B. HAANSTRA: IV. Intern. Kongr. Elektronenmikroskopie, Berlin 1958.
12. KRONMÜLLER, H.: Z. angew. Phys. 23 (1967) 130—146.
13. SHTRIKMAN, S., u. D. TREVES: J. appl. Phys. 31 (1960) 72S—73S.
14. HEIMKE, G.: KEM, H. 4—10 (1965) 1—27.

15. RATHENAU, G. W., J. J. SMIT u. A. L. STUIJTS: Z. Phys. 133 (1952) 250—260.
16. AHARONI, A.: Phys. Rev. 119 (1960) 127—131.
17. ABRAHAM, A., u. A. AHARONI: Phys. Rev. 120 (1960) 1576—1579.
18. GOODENOUGH, J. B.: Phys. Rev. 102 (1956) 356—365.
19. KACZER, J., u. R. GEMPERLE: Czech. J. Phys. B 11 (1961) 510—522.
20. ANDRÄ, W. Ann. Physik, Leipzig 15 (1955) 135—140.
21. HUMPHREYS, A.: Thesis, Universität Leeds 1964.
22. HUMPHREYS, A., u. P. RHODES: 1. Europ. Tagung f. Magnetismus, Wien 1965, Vortrag 1.5.
23. BATES, L. F., u. D. J. CRAIK: J. Phys. Soc. Japan 17 B I (1962) 535—539.
24. WILLIAMS, H. J.: Phys. Rev. 71 (1947) 646.
25. BATES, L. F.: Research 8 (1955) 462—472.
26. BOZORTH, R. M.: J. Phys. Rad. 12 (1951) 308—321.
27. ANDRÄ, W.: Ann. Phys., Leipzig 19 (1956) 10—18.
28. NESBITT, E. A., u. H. J. WILLIAMS: Phys. Rev. 80 (1950) 112—113. — KUSSMANN, A., u. J. H. WOLLENBERGER: Z. angew. Phys. 8 (1956) 213—216.
29. SCHULZE, D.: Experim. Techn. Phys. 4 (1956) 193—204.
30. KRONENBERG, K. J., u. R. K. TENZER: J. appl. Phys. 29 (1958) 299—301.
31. CRAIK, D. J.: Z. angew. Phys. 21 (1966) 27—32.
32. DE VOS, K. J.: Phil. Res. Rep. 18 (1963) 405—412.
33. COLEMAN, R. V., u. G. G. SCOTT: J. appl. Phys. 29 (1958) 526—527.
34. DE BLOIS, R. W., u. C. D. GRAHAM JR.: J. appl. Phys. 29 (1958) 528—529. — DE BLOIS, R. W.: J. appl. Phys. 32 (1961) 1561—1563. — DE BLOIS, R. W., u. C. P. BEAN: J. appl. Phys. 30 (1959) 225S—226S.
35. FOWLER, C. A., E. M. FRYER u. D. J. TREVES: J. appl. Phys. 31 (1960) 2267—2272.
36. SCOTT, G. G., u. R. V. COLEMAN: J. appl. Phys. 28 (1957) 1512—1513.
37. LUBORSKY, F. E., u. C. R. MORELOCK: J. appl. Phys. 35 (1964) 2055—2066.
38. LIDGARD, G., u. W. D. CORNER: IEEE Transact. Magnetics 2 (1966) 499—502.
39. ELSCHNER, B., u. W. ANDRÄ: Fortschr. Phys. 3 (1955) 163—208.
40. SIXTUS, K. J., K. J. KRONENBERG u. R. K. TENZER: J. appl. Phys. 17 (1956) 1051—1057.
41. KOOY, C.: Phil. techn. Rdsch. 19 (1957—1958) 387—390. — KOOY, C., u. U. ENZ: Phil. Res. Rep. 15 (1960) 7—29.
42. KOJIMA, H., u. K. GOTO: J. appl. Phys. 36 (1965) 538—543.
43. CRAIK, D. J., u. R. S. TEBBLE: Ferromagnetism and ferromagnetic Domains, N. Holland Press 1965, 194ff.
44. ROSENBERG, M., u. C. TĂNĂSOIU: phys. stat. sol. 6 (1964) 141—146, 10 (1965) 613—620.
45. KACZER, J., u. R. GEMPERLE: Czech. J. Phys. B 10 (1960) 614. — KANDAUROVA, G. S., u. J. S. SCHUR: Fiz. metal metalloved 16 (1963) 310—311.
46. ANDRÄ, W.: Ann. Phys., Leipzig 17 (1956) 78—83.
47. GOTO, K.: Japan J. appl. Phys. 4 (1965) 1—7.
48. ELLIS, W. C., H. J. WILLIAMS u. R. C. SHERWOOD: J. appl. Phys. 29 (1958) 534—536.
49. ROBERTS, B. W.: Conference on Magnetism and Magnetic Materials, Pittsburgh 1955, 192—197.
50. WILLIAMS, H. J., in R. M. BOZORTH: Ferromagnetism, New York: Van Nostrand 1955, 538.
51. CRAIK, D. J., u. F. NUNEZ: Proc. Phys. Soc. (London), 78 (1961) 225—232.
52. CLARK, J. A., u. J. H. PHILLIPS: Proc. of the Internat. Conf. on Magnetism, Nottingham 1964, S. 783—785.
53. MCCURRIE, R. A., u. P. GOUNT: Proc. of the Internat. Conf. on Magnetism, Nottingham 1964, S. 780—782.
54. NEEL, L.: Cahiers de Phys. 25 (1944) 21—44.
55. CRAIK, D. J.: J. appl. Phys. 38 (1967) 931—938.
56. DILLON, J. D., in T. RADO u. H. SUHL: Magnetism, New York: Academic Press 1963, Bd. III, 415—464.
57. KITTEL, C.: Rev. mod. Phys. 21 (1949) 541—583.
58. BRAILSFORD, F.: Physical Principles of Magnetism, London: Van Nostrand 1966, 160 bis 178.
59. SCHÜLER, K.: DEW Techn. Ber. 8 (1968) 32—40.

II. Theorie der Magnetisierungskurve

6 Ferromagnetische Hysteresekurve

6.1 B,H- und I,H-Kurve

Die Theorie der ferromagnetischen Erscheinungen vermag Aussagen über den Verlauf der Magnetisierung I als Funktion der Feldstärke H zu machen. Sie beschäftigt sich mit der Magnetisierungskurve. Bei der technischen Anwendung der ferromagnetischen Werkstoffe ist dagegen der Verlauf der magnetischen Induktion B als Funktion der Feldstärke H wichtig. Diese *Induktionskurve* wird allgemein auch als *Magnetisierungskurve* oder als *Hysteresekurve* bezeichnet. In Bild 6.1 sind eine I,H- und B,H-Kurve gezeichnet. Beide lassen sich gegenseitig umrechnen durch die bekannte Verknüpfungsgleichung

$$B = H + 4\pi I. \tag{3.4}$$

Aus dieser Gleichung ist ersichtlich, daß die *remanente Magnetisierung* $4\pi I_r$ und die *remanente Induktion* B_r (im Gaußschen Maßsystem) gleich sind, denn für verschwindende Feldstärke $H = 0$ wird $B_r = 4\pi I_r$.

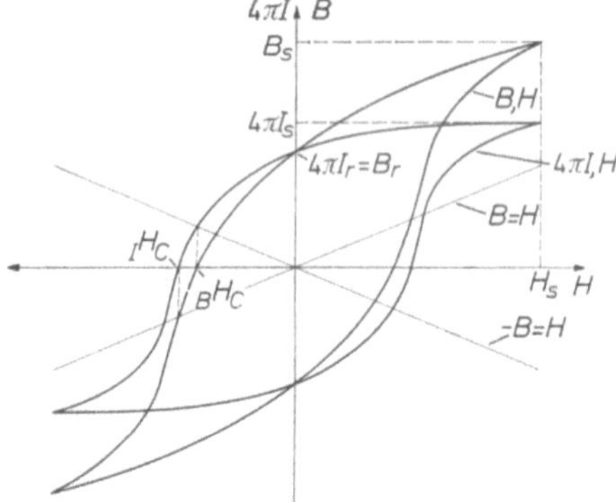

Bild 6.1. Hysteresekurve im B,H- und $4\pi I, H$-Diagramm.

Für die Umzeichnung ist also der Remanenzpunkt der Invarianzpunkt. Die *Koerzitivfeldstärke der Magnetisierung*, $_IH_c$, ist definiert durch verschwindende Magnetisierung $4\pi I = 0$, die *Koerzitivfeldstärke der Induktion*, $_BH_c$, durch verschwindende Induktion $B = 0$. Da nach Gl. (3.4) beide Größen aber nicht bei der gleichen Feldstärke verschwinden, müssen beide Koerzitivfeldstärken ungleich sein. Es gilt immer, wie auch Bild 6.1 zeigt, $_IH_c \geqq {}_BH_c$, wobei das Gleichheitszeichen nur für Rechteckkurven gilt. Als Hilfsgeraden für die leichtere Umzeichnung wurden in Bild 6.1 die Geraden $B = H$ und $-B = H$ eingezeichnet. Es sind außerdem die für die magnetische Sättigung notwendige *Magnetisierungsfeldstärke* H_s und die damit erreichte *Sättigungsmagnetisierung* $4\pi I_s$ bzw. die ihr entsprechende Induktion B_s eingetragen. Dabei ist B_s nicht als Sättigungsinduktion anzusehen, da sie nach Gl. (3.4) proportional der Feldstärke weiter zunehmen kann.

6.2 Permanentmagnetische Zustandskurven

Entsprechend seinem Einsatz ist, wie z. B. in Abschnitt III näher besprochen
wird, beim Dauermagneten der II. Quadrant der Hysteresekurve sehr wichtig.
Hier befindet sich der Arbeitspunkt des Dauermagneten, wenn sein eigenes inneres
oder ein äußeres entmagnetisierendes Feld auf ihn einwirken. Wird vorübergehend
die Feldrichtung wieder umgekehrt, dann durchläuft der Zustandspunkt nahezu
reversibel lanzettförmig innere Kurven, wie Bild 6.2 zeigt. Diese inneren Kurven
werden *permanentmagnetische Zustandskurven* genannt.

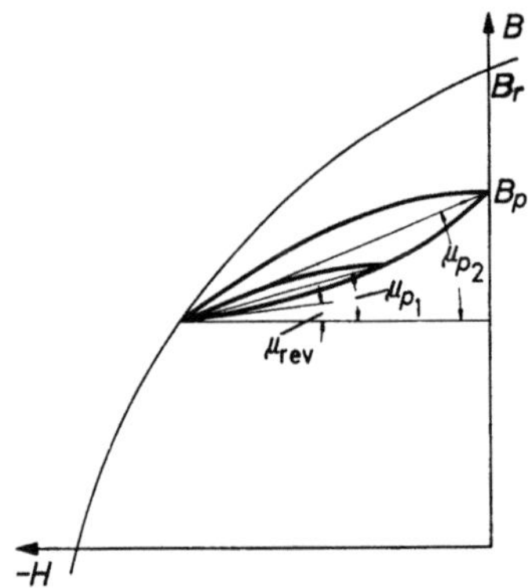

Bild 6.2. Abhängigkeit der permanenten
Permeabilität μ_P von der Feldänderung
ΔH (nach [1]).

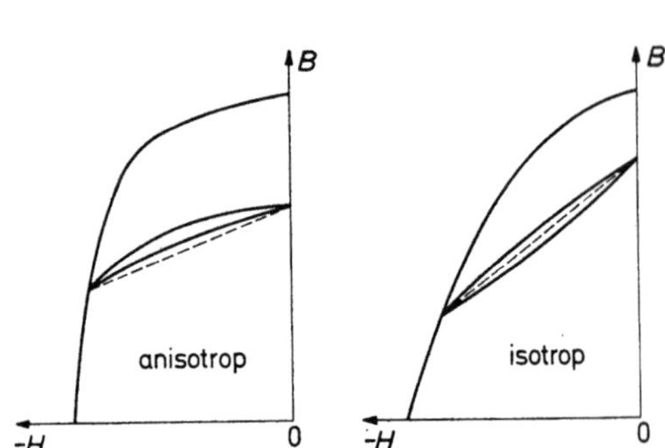

Bild 6.3 Schematische permanente Zustandskurven bei
anisotropen und isotropen Dauermagnetwerkstoffen
(nach [1]).

Werden Anfangs- und Endpunkt der inneren Zustandskurven verbunden,
dann gibt die Steigung der Verbindungsgeraden die *permanente Permeabilität* μ_P
an. Je nach Größe der Feldänderung ΔH wird, wie Bild 6.2 zeigt, trotz gleichen
Anfangspunktes die permanente Permeabilität μ_P verschieden. Sie ändert sich
außerdem entlang der Hysteresekurve. Allgemein wird sie für solche Zustandskurven angegeben, deren Endpunkt auf der Ordinate liegt, also für abgeschaltete
Feldstärke. Dieser Punkt wird *Permanenz* B_P genannt. Die Gerade durch Anfangs-
und Endpunkt der permanentmagnetischen Zustandskurve wird *permanentmagnetische Zustandsgerade* genannt. Die Gleichung dieser Geraden ist gegeben
durch

$$B = B_P + \mu_P H.$$ (6.1)

Der Schnittpunkt dieser Geraden mit der Abszisse kann als die *permanente
Koerzitivfeldstärke* $_pH_c$ bezeichnet werden. Sie ist keine Werkstoffkenngröße,
sondern eine fiktive Größe.

Die *reversible Permeabilität* μ_{rev} auf der Entmagnetisierungskurve ist definiert durch verschwindende Aussteuerung, also

$$\mu_{rev} = \left(\frac{\Delta B}{\Delta H}\right)_{\Delta H \to 0},$$ (6.2)

und ist damit für jeden Anfangspunkt eindeutig bestimmt (s. Bild 6.2).

Wie RAIDL [1] fand und in Bild 6.3 schematisch dargestellt ist, sind die permanentmagnetischen Zustandskurven bei isotropen Werkstoffen lanzettförmig und nahezu symmetrisch zur Zustandsgeraden. Es gilt hier immer die Beziehung: $\mu_{rev} \leqq \mu_P$. Bei anisotropen Werkstoffen, besonders bei hochremanenten, tritt im II. Quadranten die Sichelform auf. Wie aber z. B. Bild 6.4 für AlNiCo 600 zeigt, ändert sie sich bei Fußpunkten in der Nähe der Koerzitivfeldstärke zur

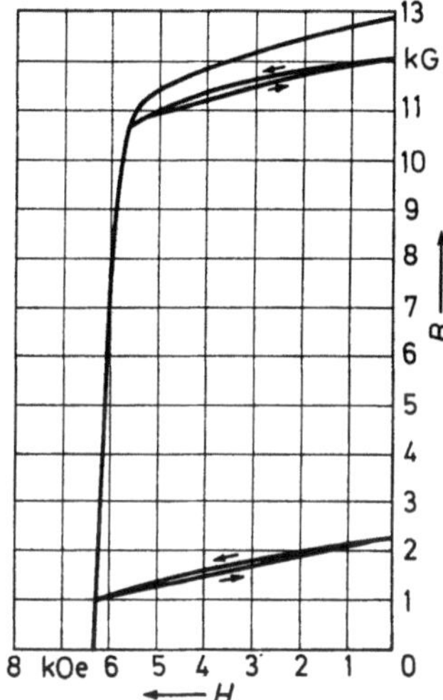

Bild 6.4. Permanente Zustandskurven bei AlNiCo 600.

Lanzettform hin. Mit weiter absinkendem Fußpunkt tritt dann wieder eine (hier durchhängende) Sichelform auf. Für anisotrope Werkstoffe gilt deshalb $\mu_{rev} \gtrless \mu_P$. In erster Näherung kann aber die reversible Permeabilität für jeden Dauermagnetwerkstoff als Konstante angenommen werden. Dabei ist die permanente Permeabilität mit ausreichender Näherung gleich der Steigung der äußeren Entmagnetisierungskurve im Remanenzpunkt.

6.3 Bestimmung des $(BH)_{max}$-Punktes

Der quantitativ allergrößte Teil der Dauermagnete wird in remanentmagnetischen Kreisen eingesetzt. Die im Nutzluftspalt zur Verfügung stehende Nutzenergie ist proportional dem Produkt $(BH)_A$ des Arbeitspunktes A des Dauermagnetwerkstoffes im II. Quadranten. Dieses Produkt ist proportional der remanenten Energiedichte des Dauermagneten, wie Kapitel 15 näher erläutert, und hat ein Maximum im $(BH)_{max}$-Punkt. Die Konstruktion dieses Punktes geschieht manchmal durch Ziehen der Diagonale des umschriebenen Rechteckes der Entmagnetisierungskurve. Es ist zu beachten, daß diese Konstruktion nur für solche Entmagnetisierungskurven anwendbar ist, welche durch Kurven zweiten Grades angenähert werden können. Dies trifft für fast alle metallischen Dauermagnetwerkstoffe zu, wie z. B. Bild 6.5 für AlNiCo 190 zeigt.

Bei den anisotropen oxydischen Dauermagnetwerkstoffen dagegen können starke Abweichungen auftreten, wie das gleiche Bild für Bariumferrit 300 R zeigt [2]. Für Werkstoffe mit geraden Entmagnetisierungskurven, wie z. B. das isotrope Bariumferrit 100, kann diese Konstruktion wieder benutzt werden. Es

2*

empfiehlt sich deshalb immer, die *Energiedichtehyperbeln* $B \cdot H = $ const zugrunde zu legen, wie gleichfalls Bild 6.5 zeigt.

Falls für die Koordinaten logarithmische Maßstäbe verwendet werden [3], entarten die Energiedichtehyperbeln zu Geraden, wie Bild 6.6 zeigt. Dieses

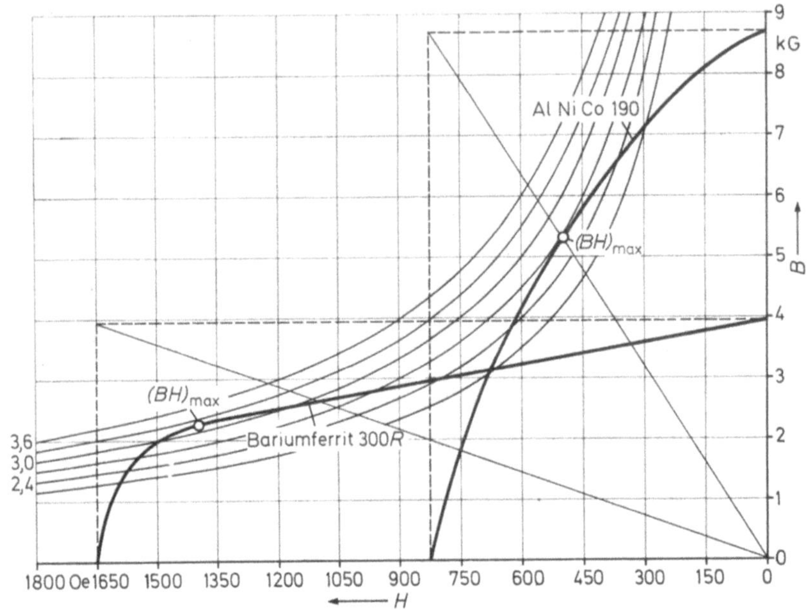

Bild 6.5. Zur Ermittlung des $(BH)_{\mathrm{max}}$-Punktes (nach [2]).

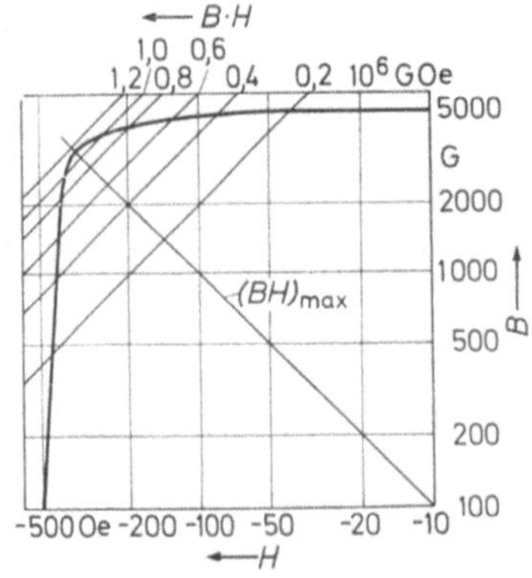

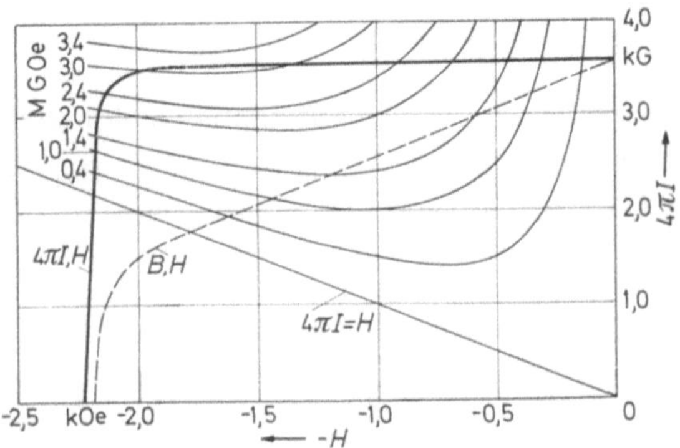

Bild 6.6. Entmagnetisierungskurve und Kurven konstanter remanenter Energiedichte im doppelt logarithmischen B,H-Diagramm (nach [3]).

Bild 6.7. Kurven konstanter remanenter Energiedichte im $4\pi I, H$-Diagramm (nach [4]).

Verfahren ist allgemein ungebräuchlich. Es soll hier noch kurz erwähnt werden, daß die Energiedichtehyperbeln auch in ein $4\pi I,H$-Diagramm eingetragen werden können, wie z. B. Bild 6.7 zeigt [4].

6.4 Ausbauchungsfaktor γ

In der älteren Literatur wird für die Beurteilung von Dauermagnetwerkstoffen der sogenannte *Ausbauchungsfaktor*

$$\gamma = \frac{(BH)_{\mathrm{max}}}{B_r \cdot {}_BH_c} \tag{6.3}$$

benutzt [5]. Dieser ist am kleinsten bei geraden Entmagnetisierungskurven, z. B. bei isotropem Bariumferrit, und beträgt dort $\gamma = 0{,}25$. Bei rechteckigen Magnetisierungskurven ist er am größten. Aber er kann nicht, wie irrtümlich oft angenommen, gleich 1 werden. Dies ist nur in der $4\pi I, H$-Darstellung möglich. In der

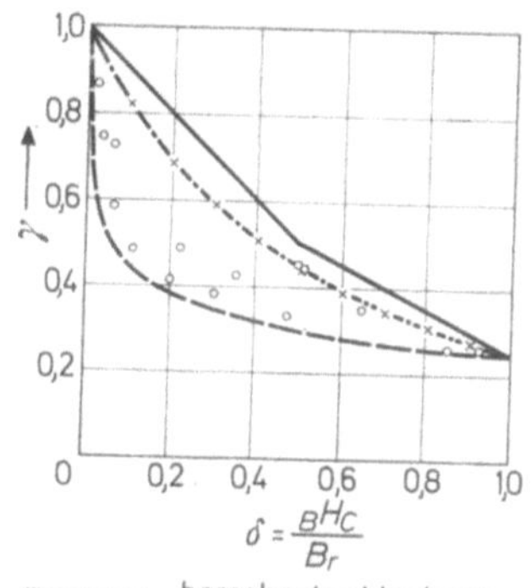

Bild 6.8. Ausbauchungsfaktor γ als Funktion von ${}_BH_c/B_r = \delta$ für verschiedene Dauermagnetwerkstoffe.

B, H-Darstellung wird mit $\delta = {}_BH_c/B_r$ bei $0 < \delta \leqq 1/2$ dafür $\gamma = 1 - \delta$, d. h. nur für ${}_BH_c \to 0$ wird $\gamma \to 1$. Für $1 > \delta > 1/2$ wird $\gamma = (4\delta)^{-1}$. Die Funktion $\gamma = f({}_BH_c/B_r) = f(\delta)$ ist für rechteckige Entmagnetisierungskurven in Bild 6.8 durch die ausgezogene Kurve gegeben. Eine gute Näherung stellt die von HOSELITZ [6] abgeleitete Funktion entsprechend Gl. (6.4) dar. Sie ist in Bild 6.8 auch dargestellt.

$$\gamma = \frac{1}{\left(1 + \dfrac{{}_BH_c}{B_r}\right)^2} = \frac{1}{(1 + \delta)^2}. \tag{6.4}$$

Mit zunehmender Koerzitivfeldstärke wird demnach der Ausbauchungsfaktor immer kleiner, was mit der Praxis übereinstimmt. Einige gemessene Werte desselben sind in Bild 6.8 als Punkte eingetragen.

6.5 Anhysteretische oder ideale Magnetisierungskurve

Wird ein Ferromagnetikum vom entmagnetisierten Zustand mit wachsender Feldstärke magnetisiert, dann ist der Verlauf der B, H-Kurve dabei durch die Neukurve (auch jungfräuliche Kurve genannt) gegeben, wie Bild 6.9 zeigt [7].

Die *Neukurve* ist zu unterscheiden von der sogenannten *Kommutierungskurve*. Diese ist gegeben durch die Verbindungskurve der Endpunkte aller inneren Magnetisierungskurven, wie das Bild zeigt. Einige *innere Magnetisierungskurven* sind gleichfalls mit eingezeichnet.

Der Verlauf der Neukurve beim Aufmagnetisieren nach vorhergehender Entmagnetisierung ist in Bild 6.10 eingezeichnet [8]. Er mündet bei der Sätti-

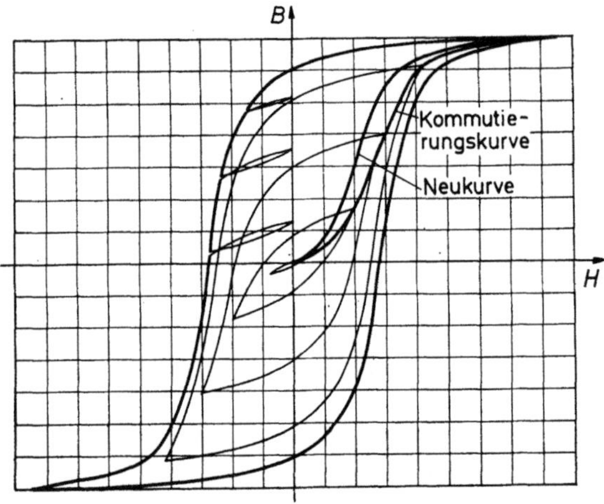

Bild 6.9. Äußere und innere Hysteresekurven, permanente Zustandskurven sowie Neu- und Kommutierungskurven bei Dauermagnetwerkstoffen.

Bild 6.10. Gleichstrom-Magnetisierungskurve eines Dauermagneten. *a* Ohne überlagertes Wechselfeld (Neukurve), *b* mit überlagertem Wechselfeld (ideale Magnetisierungskurve) (nach [8]).

gungsfeldstärke in die Hysteresekurve ein. Einen anderen Verlauf hat die sogenannte *anhysteretische* oder *ideale Magnetisierungskurve*, wie Bild 6.10 zeigt. Sie entsteht dadurch, daß einem magnetischen Gleichfeld H_0 ein magnetisches Wechselfeld von anfänglich hoher und dann langsam auf Null abnehmender Amplitude überlagert wird. Dabei werden alle irreversiblen Magnetisierungsprozesse beseitigt. Die Kurve zeigt keine Hysterese, wird also bei zu- und abnehmendem Feld H_0 reversibel durchlaufen. Die Steigung der Kurve bei verschwindender Feldstärke kann als ein Maß für die Wechselwirkung von Elementarbereichen des betreffenden Ferromagnetikums genommen werden [9].

Literatur

1. RAIDL, F.: Ber. d. Arbeitsgem. Ferromagnetismus (1958) 132—136.
2. SCHÜLER, K.: Feinwerktechnik 68 (1964) 362—372.
3. REINBOTH, H.: Technologie und Anwendung magnetischer Werkstoffe, Berlin: VEB Verlag Technik 1958, 233.
4. Siehe z. B. Meßblätter zum „Permagraph", Firma Elektrophysik, Köln.
5. ZUMBUSCH, W.: Arch. Eisenhüttenwesen 14 (1940) 127—131.
6. HOSELITZ, K.: Phil. Mag. 7, Bd. 35 (1944) 91—102.
7. FISCHER, J.: Abriß der Dauermagnetkunde, Berlin/Göttingen/Heidelberg: Springer 1949, 39ff.
8. in [7], S. 54.
9. WOHLFARTH, E. P.: Ber. III. Intern. Pulvermetall. Tagung, Eisenach, Berlin: Akademie-Verl. 1966, 15—28. — HENKEL, O.: phys. stat. sol. 2 (1962) 1393—1402; 7 (1964) 81—88. — JAEP, W. F.: J. appl. Phys. 40 (1969) 1297—1298.

7 Scherung der Magnetisierungskurve

Die Messung der magnetischen Hysteresekurve sowie die Magnetisierung geschehen allgemein in einem geschlossenen magnetischen Kreis, z. B. in einem Joch. Nach Abschalten des äußeren magnetischen Feldes befindet sich der Zustandspunkt des Dauermagneten — sein Arbeitspunkt — im Remanenzpunkt B_r. Wird nun in den magnetischen Kreis durch Öffnen des Joches ein Luftspalt eingefügt, so bilden sich an den Endflächen des Luftspaltes magnetische Pole, die den Luftspalt „magnetisieren", d. h., darin ein magnetisches Feld aufbauen und gleichzeitig den Dauermagneten selbst entmagnetisieren. Über die dabei herr-

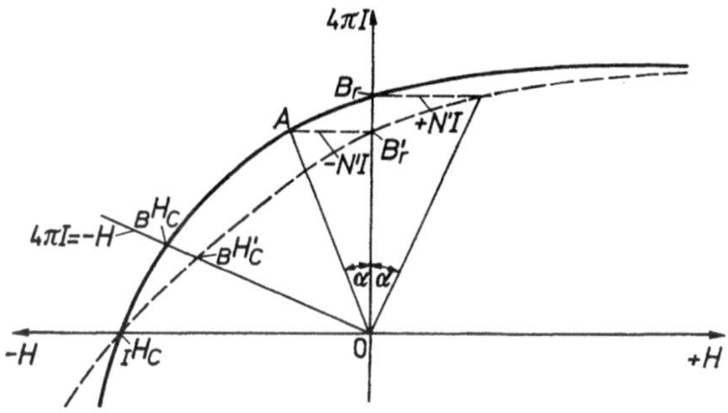

Bild 7.1. Scherung der Entmagnetisierungskurve.

schenden Energieverhältnisse wird in den Kapiteln 14 und 15 berichtet. Die dafür notwendige Energie muß durch die mechanische Arbeit zum Öffnen des Kreises geliefert werden.

Wird der Kreis noch weiter geöffnet, indem der Dauermagnet herausgenommen wird, dann magnetisieren jetzt die magnetischen Pole an den Endflächen des Dauermagneten den Luftraum, aber gleichzeitig entmagnetisieren sie den Dauermagneten selbst. Der Verlauf der Induktions- und Feldstärkelinien für einen Zylindermagneten ist z. B. in Bild 3.1 zu sehen; die Magnetisierungslinien können daraus konstruiert werden. Dies wurde z. B. für ein System in Bild 16.1 durchgeführt.

Infolge der *Entmagnetisierung* kann sich der Zustand des Dauermagneten nur im II. Quadranten der Hysteresekurve befinden, wie in Bild 7.1 im $4\pi I, H$-Diagramm dargestellt ist. Bei *Eigenmagnetisierung* kann sogar nur ein Zustand oberhalb $_BH_c$ eingenommen werden.

Unter der Voraussetzung, daß eine homogene Entmagnetisierung eingetreten ist, kann der Zustand des Dauermagneten durch einen einzigen Zustandspunkt A dargestellt werden. Diese homogene Entmagnetisierung tritt streng nur bei Ellipsoiden auf, angenähert bei langen Zylindern. Sie sei hier vorausgesetzt. Die Entmagnetisierung ist proportional der Magnetisierung I. Es ist üblich, anzunehmen, daß sie durch eine sogenannte entmagnetisierende Feldstärke H_e hervorgerufen wird (s. Kapitel 17). Damit wird im II. Quadranten

$$H_e = -NI. \qquad (7.1)$$

Die innere Feldstärke H_i wird beim Fehlen eines äußeren Feldes gleich der entmagnetisierenden Feldstärke H_e. Der Proportionalitätsfaktor N in Gl. (7.1) ist der *Entmagnetisierungsfaktor* (s. Kapitel 14). Sei α der Winkel zwischen Ordinate und der Geraden $\overline{OA}$, dann gilt nach Gl. (4.3) im Gaußschen Maßsystem

$$\frac{N}{4\pi} = \tan \alpha = \frac{H}{4\pi I} = N'. \tag{7.2}$$

Die Gerade $\overline{OA}$ wird *Arbeits-* oder *Scherungsgerade* genannt. Ihre Gleichung im I, H-Diagramm ist durch die Beziehungen (7.2) und (14.9), im B, H-Diagramm durch (14.8) wiedergegeben. Die Einführung des Entmagnetisierungsfaktors N' geschieht aus Gründen der einfacheren Schreibweise. Näher wird darauf noch in Kapitel 14 eingegangen.

Das Öffnen des Kreises mit folgender Entmagnetisierung führt zu einer *Scherung der Entmagnetisierungskurve*. Anstelle der Remanenz B_r tritt dabei die *scheinbare Remanenz* B'_r (Punkt A). Die gescherte Kurve kann so dargestellt werden, daß die scheinbare Remanenz B'_r auf die Ordinate verlegt wird. Jeder Punkt der ungescherten Kurve wird um NI nach rechts zu kleineren Feldstärken verschoben. Es entsteht die gestrichelte Entmagnetisierungskurve.

Mit Hilfe der Scherungsgeraden kann die gesamte gescherte Hysteresekurve konstruiert werden, wie in Bild 7.1 für den I. und III. Quadranten teilweise mit eingezeichnet ist. Diese gescherte Hysteresekurve wird erhalten, wenn sie nicht im geschlossenen Kreis aufgenommen, sondern der offene Dauermagnet in der Luftspule gemessen wird. Die innere und äußere Feldstärke, H_i und H_a, sind wegen der entmagnetisierenden Feldstärke H_e dann ungleich. Es gilt mit Gl. (7.1) sinngemäß:

$$H_i = H_a - NI. \tag{7.3}$$

Daraus folgt, daß im gescherten Zustand zum Erreichen einer bestimmten Magnetisierung eine höhere Feldstärke als im ungescherten Zustand aufzuwenden ist. Für die Sättigung wird statt der Feldstärke H_S nun H'_S benötigt, wobei gilt $H'_S > H_S$.

Wie aus Bild 7.1 und Gl. (7.3) ersichtlich, ist der Punkt der Koerzitivfeldstärke $_IH_c$ invariant gegenüber der Scherung, da hier $I = 0$ ist. Zu beachten ist, daß aber die Koerzitivfeldstärke der Induktion, $_BH_c$, durch die Scherung verkleinert wird in $_BH'_c$.

Die hier beschriebene Scherung wurde im $4\pi I, H$-Diagramm durchgeführt, da die entmagnetisierende Feldstärke proportional der Magnetisierung ist. In der Praxis wird dagegen meist das B, H-Diagramm benutzt. Dieses kann vom I, H-Diagramm bekanntlich abgeleitet werden; demzufolge sind auch hier die Vorgänge der Scherung beschreibbar (s. Kapitel 14).

Bisher wurde angenommen, daß der Zustand des Ferromagnetikums durch einen Arbeitspunkt beschrieben werden kann. Liegt keine homogene Entmagnetisierung vor, dann ist ein Arbeitsbereich A' vorhanden und gleichzeitig ein Scherungsbereich anstatt einer Scherungslinie. Die Konstruktion der gescherten Kurve ist dann für den gesamten Magneten nicht mehr sinnvoll. Allerdings kann ein mittlerer Arbeitspunkt A und damit eine mittlere Scherungslinie festgelegt werden, indem der jeweilige Teilarbeitspunkt mit Gewichten belegt wird. Das Gewicht ist hierbei das jeweilige Teilvolumen. Auf die Probleme wird in Kapitel 18 näher eingegangen.

Im Gebrauch der Bezeichnung „Scherung" liegt eine gewisse Inkonsequenz. Derselbe Begriff Scherung wird gebraucht für das Zeichen der gescherten Kurve aus der ungescherten und umgekehrt. Besser sollte die letztere Tätigkeit *Entscheren* genannt werden, doch hat sich dieser Ausdruck bisher nicht eingeführt.

8 Elementarvorgänge der Magnetisierung

8.1 Drehung und Wandverschiebung

Die Neu- bzw. Ummagnetisierung geschieht, wie BECKER [1] gezeigt hat, durch zwei Elementarvorgänge: Verschiebung der Blochwand zwischen den Weißschen Bezirken und Drehung der Magnetisierung innerhalb der Bezirke.

Beim Fehlen eines äußeren Feldes sind die Magnetisierungsrichtungen der Bereiche statistisch verteilt, wie aus Bild 8.1 hervorgeht. Wird ein Feld angelegt, verschieben sich die Wände. Dabei wachsen die Bezirke mit günstig zur Feldrichtung liegender Magnetisierung auf Kosten derjenigen mit ungünstigerer Magnetisierung. Dies kann reversibel oder irreversibel geschehen.

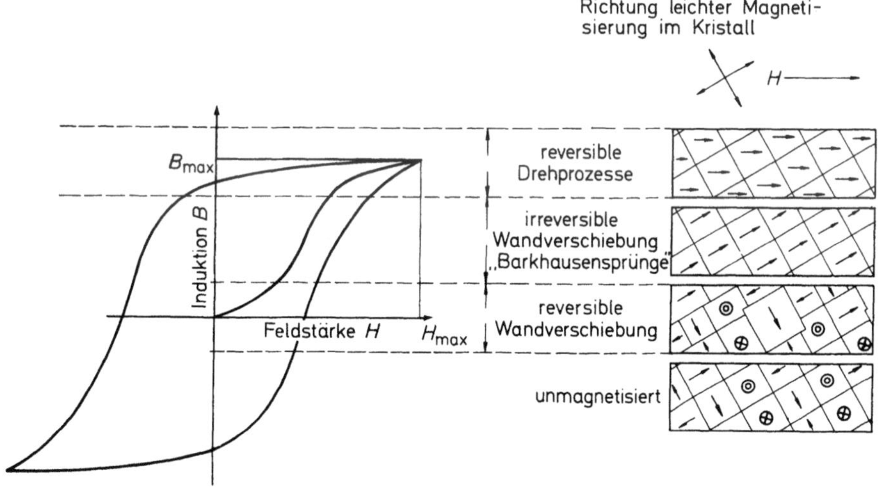

Bild 8.1. Elementarprozesse der Magnetisierung.

Die *reversible Wandverschiebung* läuft über alle die Bereiche ab, deren Magnetisierungsrichtung in der Vorzugsrichtung liegt, welche sich für die jeweilige Kristallage am günstigsten zur Feldrichtung befindet, wie das zweite Teilbild von unten in Bild 8.1 zeigt.

Die *irreversible Wandverschiebung* tritt bei Felderhöhung auf und erfaßt die Bezirke, deren Magnetisierung zwar günstig im Verhältnis zu benachbarten Bereichen liegt, sich diese also durch reversible Verschiebung einverleibt, aber wo im selben Bereich eine noch günstigere Vorzugslage möglich ist. Diese irreversible Wandverschiebung läßt die Bereichsmagnetisierung also umspringen. Bei kubischer Anisotropie mit Würfelkantenrichtung als Vorzugsrichtung springt z. B. die Magnetisierung um 90° um. Es treten „Barkhausen-Sprünge" auf, wie aus Bild 8.1 ersichtlich ist. Dieser Vorgang ist also mit Hysterese behaftet.

Wird das Feld noch weiter gesteigert, dann findet eine Drehung der Magnetisierung aller Bezirke aus der günstigsten Vorzugslage in Feldrichtung statt, wie das oberste Bild in Bild 8.1 andeutet. Es handelt sich hierbei um eine *reversible Drehung*, da sie sofort bei der Verringerung des Feldes rückgängig gemacht wird.

Wird das Feld weiter verringert bzw. abgeschaltet, dann wird der remanente Zustand erreicht, welcher identisch ist mit dem nach Ablauf der irreversiblen Wandverschiebungen. Bei Erhöhung der Feldstärke in umgekehrter Richtung laufen wieder irreversible Wandverschiebungen und dann *irreversible Drehungen* ab, wie leicht denkbar ist.

Aus der angedeuteten Folge der Elementarprozesse geht hervor, daß für die Wandverschiebung weniger Feldenergie notwendig ist als für die Drehung. Die innere Energie des Ferromagnetikums nach Ablauf der Verschiebung ist kleiner als nach erfolgter Drehung. Dies gilt sowohl für Neu- als auch für Ummagnetisierung. Da die Ummagnetisierung bei Dauermagnetwerkstoffen sehr schwer erfolgen soll (hohe Koerzitivfeldstärke!), also viel Feldenergie aufgebracht werden soll, sind dafür Wandverschiebungen ungünstig. Aus diesem Grunde wird angestrebt, dauermagnetische Werkstoffe aus isolierten Elementarbereichen aufzubauen. Dann können keine Bloch-Wände gebildet werden, und die Magnetisierung erfolgt nur noch durch Drehung der Magnetisierung in den Elementarbereichen.

8.2 Kohärente und inkohärente Drehung der Magnetisierung

Die Drehung der Magnetisierungsvektoren ist gegenüber der Wandverschiebung bei den Dauermagnetwerkstoffen erwünscht. Sie wird durch den Aufbau entsprechender Dauermagnetwerkstoffe aus Elementarbereichen erreicht bzw. angestrebt. Die Anisotropie kann dabei von dem Kristallaufbau oder der Form der Bereiche herrühren.

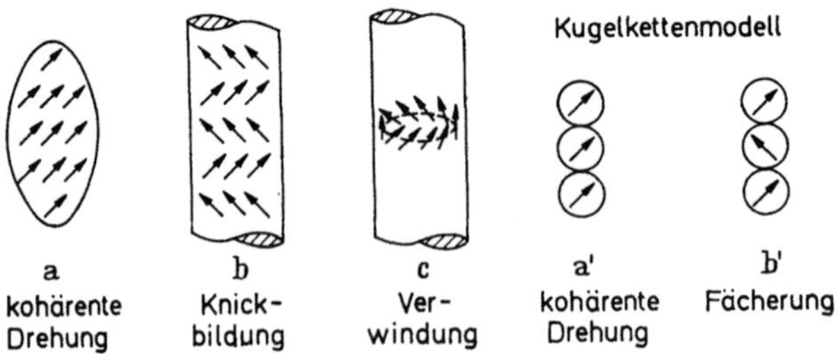

Bild 8.2. Arten der Ummagnetisierung in formanisotropen Elementarbereichen.

Hier soll erst die Formanisotropie betrachtet werden [2], wobei die Elementarbereiche Rotationsellipsoide seien. Die *Ummagnetisierung* eines solchen Bereiches kann nun z. B. *kohärent* geschehen wie in Bild 8.2a. Dabei drehen sich alle Spin-Magnetisierungsvektoren des Bereiches gleichmäßig in Feldrichtung ein. Die Ummagnetisierung kann aber auch inkohärent stattfinden, wie die Bilder 8.2b und 8.2c darstellen. Dabei ist entweder die *Buckelbildung* (*buckling*) in Bild 8.2b oder die *Wirbelbildung* (*curling*) in Bild 8.2c vorherrschend.

Bei einigen Dauermagnetwerkstoffen haben die Bereiche Stäbchenform mit nicht gleichmäßiger Dicke. Dafür ist von JACOBS und BEAN [3] ein *Kugelketten-*

modell vorgeschlagen worden. Die Ummagnetisierung ist hierbei wieder entweder kohärent denkbar, entsprechend Bild 8.2a′, oder inkohärent, entsprechend Bild 8.2b′. Diese inkohärente Ummagnetisierung geschieht durch *Auffächerung*. Die allgemeine Gültigkeit dieses Modells wird allerdings von WOHLFARTH [4] angezweifelt.

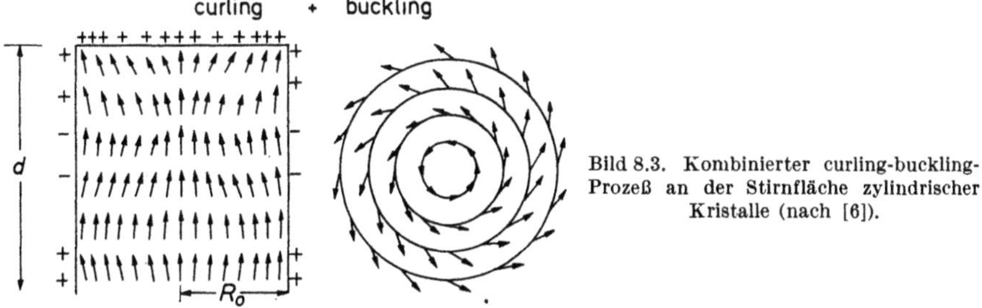

Bild 8.3. Kombinierter curling-buckling-Prozeß an der Stirnfläche zylindrischer Kristalle (nach [6]).

Wenn Kristallanisotropie vorherrschend ist, dann ist für einen einzelnen Elementarbereich eine inkohärente Ummagnetisierung nicht ohne weiteres denkbar. Sie kann sicher durch Gitterfehler hervorgerufen werden [5]. Wie aber vor allem Berechnungen von HOLZ [6] zeigen, entstehen an den Stirnflächen von zylinderförmigen Bereichen Streufelder, welche durch eine Magnetisierungsverteilung entsprechend Bild 8.3 hervorgerufen werden. Diese Verteilung ist als eine Überlagerung von curling- und buckling-Prozeß anzusehen.

Literatur

1. BECKER, R.: Physik. Zeitschr. 33 (1932) 905—913.
2. STONER, E. C., u. E. P. WOHLFARTH: Phil. Trans. A 240 (1948) 599—644.
3. JACOBS, J. S., u. C. P. BEAN: Phys. Rev. 100 (1955) 1060—1067.
4. WOHLFARTH, E. P.: Advanc. Phys. 8 (1959) 87—224.
5. AHARONI. A.: Phys. Rev. 119 (1960) 127—131. — ABRAHAM, A., u. A. AHARONI: Phys. Rev. 120 (1960) 1576—1579.
6. HOLZ, A.: Z. angew. Phys. 23 (1967) 170—173.

9 Zur Berechnung der Magnetisierungskurve

9.1 Kohärente Ummagnetisierung

Wenn ein Ferromagnetikum bis zur Sättigung magnetisiert ist, erfolgt die Ummagnetisierung durch Anlegen eines Feldes in entgegengesetzter Richtung zur vorhergegangenen Magnetisierung. Dieser Vorgang läßt sich in Form der normalen Hysteresekurve darstellen. Die Fläche unter der Kurve ist im B,H-Bild gegeben durch $\oint H\, dB$ und stellt die Ummagnetisierungsarbeit dar. Ihre Größe ist unterhalb der Sättigungsfeldstärke H_s abhängig von der Feldstärke H.

Die Theorie der Magnetisierungskurve ist die Theorie der Ummagnetisierung. Sie wird hier entsprechend den Gleichungen des Mikromagnetismus [1, 19] durchgeführt. Dabei wird vorausgesetzt, daß jedem Ort ein Vektor der spontanen Magnetisierung zugeordnet werden kann, dessen Betrag zeitlich konstant ist. Seine Richtung dagegen wird von verschiedenen Drehmomenten infolge äußerer

Felder, Anisotropie oder Wechselwirkung, so gedreht, daß die Gesamtenergie minimal wird. Die für diese Variationsaufgabe notwendige Rechenarbeit ist aber nur für sehr einfache Ummagnetisierungsmoden lösbar, wie die kohärente Drehung oder einfache inkohärente Drehungen (s. Kapitel 12), die nachfolgend kurz behandelt werden. Dabei wird vorausgesetzt, daß nur stetige Verteilungen der Magnetisierung ummagnetisiert werden. Nach Vorstellungen von FELDTKELLER [2] sind jedoch auch unstetige Anordnungen, z. B. der mikromagnetisch singuläre Punkt, für die Ummagnetisierung denkbar. Diesem Punkt ist keine eigene Magnetisierungsrichtung zuzuordnen.

Wenn das Ferromagnetikum aus isolierten, einachsigen Elementarbereichen besteht, kann die Magnetisierungskurve verhältnismäßig einfach berechnet werden, wie z. B. STONER und WOHLFARTH [3] für Rotationsellipsoide gezeigt haben. Dazu wird angenommen, daß die Magnetisierung durch *kohärente Drehung* stattfindet, wobei der Betrag der pauschalen Magnetisierung konstant bleibt. Es wird dann ausgegangen von der Gesamtenergiedichte E_G, welche sich aus der Anisotropie-Energiedichte E_K und der Feld-Energiedichte E_H zusammensetzt.

$$E_G = E_K + E_H. \tag{9.1}$$

Bei Formanisotropie lautet sie:

$$E_G = \frac{1}{2}\,(N_a \cos^2 \varphi + N_b \sin^2 \varphi)\,I_s^2 - H\,I_s \cos (\Theta - \varphi). \tag{9.2}$$

Dabei sind entsprechend Bild 10.1

$$\sphericalangle\,\Theta = \sphericalangle\,(H,\,VR),\quad \sphericalangle\,\varphi = (I_s,\,VR),\quad \sphericalangle\,\vartheta = \sphericalangle\,(\Theta - \varphi) = \sphericalangle\,(H,\,I_s).$$

Anstelle der Feldstärke wird die normierte Feldstärke $h = H/H_A$ eingeführt. Dabei ist H_A die *Anisotropiefeldstärke* und ist bei Formanisotropie gegeben durch $H_A = (N_b - N_a)\,I_s$. Für Kristallanisotropie ist sinngemäß $H_A = 2\,K/I_s$ und für Spannungsanisotropie $H_A = 3\,\lambda_s\,\sigma/I_s$ einzusetzen. Stabile Werte sind durch das Energieminimum der Magnetisierung zur Feldstärke bei konstanten Werten für h und Θ gegeben durch

$$\left(\frac{\partial E_G}{\partial \varphi}\right)_{h,\Theta} = \frac{1}{2}\sin^2 \varphi - h \sin (\Theta - \varphi) = 0 \tag{9.3}$$

$$\left(\frac{\partial^2 E_G}{\partial \varphi^2}\right)_{h,\Theta} = \cos^2 \varphi + h \cos (\Theta - \varphi) > 0. \tag{9.4}$$

Daraus läßt sich dann für $\Theta =$ const und variable Werte der normierten Feldstärke die Magnetisierungskurve berechnen, wie es für verschiedene Werte des Winkels Θ in Bild 9.1 getan wurde. Die Berechnung der Magnetisierungskurve bei der kohärenten Drehung kann grafisch auch einfach mit Hilfe der kritischen Kurve [4] durchgeführt werden.

Diese leichte Berechnung bei einachsiger Anisotropie ist nicht mehr möglich bei mehrachsiger Anisotropie. Von GANZHORN [5] wurde die Hystereseschleife für kubische Anisotropie mit $K_1 < 0$ ([111] = leichte Richtung) für ausschließliche Drehprozesse berechnet.

Von Johnson und Brown [6] wurde die Hystereseschleife bei kubischer Anisotropie für $K \gtrless 0$ berechnet. Die Form der Magnetisierungskurve ist in beiden Fällen sehr ähnlich; bei $K_1 > 0$ ([100] = leichte Richtung) wird die Koerzitivfeldstärke etwas größer als bei $K_1 < 0$. Die relativen Remanenzen $j_R = B_r/(4\,\pi\,I_s)$ sind, wie schon Gans [7] fand, im Bereich $j_R \approx 0,85$.

Die so durchgeführten Berechnungen haben die *Wechselwirkung* nicht berücksichtigt. Dies wurde vor allem von Kondorsky [8], Neel [9], Wohlfarth [10] und Shtrikman [11] durchgeführt. Das Problem ist eng mit dem der Packungsdichte p verbunden und wird noch näher in Absatz 5 dieses Kapitels behandelt.

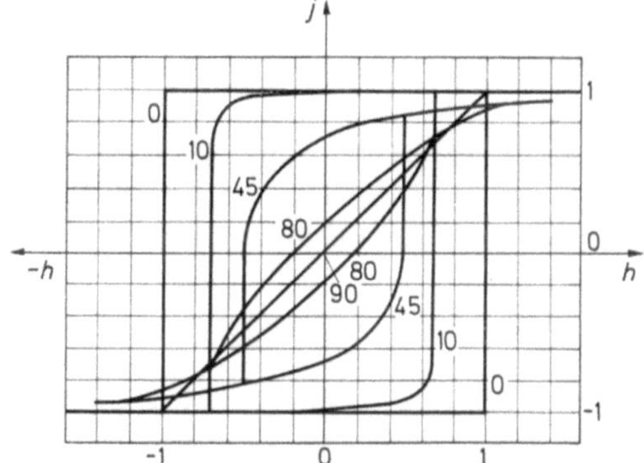

Bild 9.1. Berechnete Magnetisierungskurven von Rotationsellipsoiden mit verschiedenen Winkeln der langen Achse zur Feldrichtung bei kohärenter Ummagnetisierung (nach [3]).

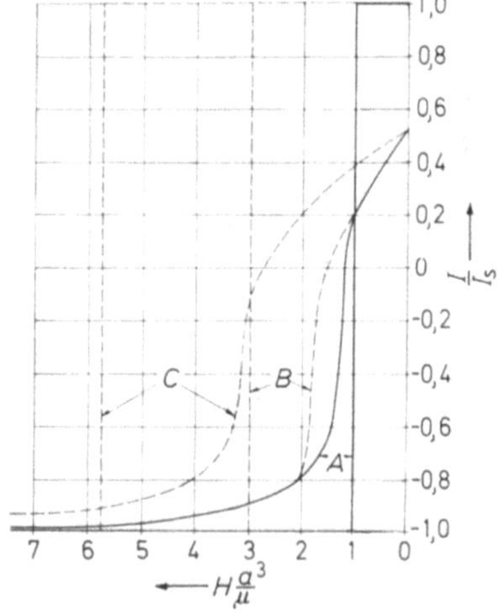

Bild 9.2. Berechnete Entmagnetisierungskurven für Ellipsoide und Kugelkette mit zwei Kugeln bei isotroper und anisotroper Verteilung der Vorzugsrichtungen (nach [13]).

Von Johnson [12] wurde die Magnetisierungskurve auch für Einbereiche in Form allgemeiner Ellipsoide berechnet. Die Ergebnisse waren dabei ähnlich denen bei Rotationsellipsoiden [3]. Erheblich schwieriger wird die Berechnung der Magnetisierungskurve, wenn keine Ellipsoide vorliegen. Dann ist das Anisotropieverhalten nicht mehr nur mit einer Anisotropiekonstanten zu beschreiben. Je nach dem Verhältnis der Größe der verschiedenen Konstanten tritt dann meist keine eindeutige magnetische Vorzugsrichtung auf, sondern z. B. eine Vorzugsebene (s. z. B. Abschnitt 10.2).

Für das *Kugelkettenmodell* von Jacobs und Bean [13] wird eine Ummagnetisierung durch Auffächern angenommen. Es ist dies auch eine Art pseudo-kohärenter Drehprozesse. Dieser läuft leichter ab als bei der reinen kohärenten Drehung.

Die berechnete Hysteresekurve des Zweikugelmodells für ideale Ausrichtung und für regellose räumliche Verteilung ist in Bild 9.2 für verschiedene Ummagnetisierungsarten zu sehen. Die anisotropen Kurven sind durch ihre Rechteckform erkenntlich.

Bemerkenswert ist die höhere Koerzitivfeldstärke der isotropen Kurve gegenüber der anisotropen bei der Ummagnetisierung durch Auffächern. Bei einer Berechnung der Kurven für längere Ketten erreicht jedoch die Koerzitivfeldstärke der anisotropen Probe die der isotropen [13].

9.2 Inkohärente Ummagnetisierung

Die kohärente Drehung der Magnetisierung setzt voraus, daß der formanisotrope Elementarbereich bei jedem äußeren Feld bis zur Sättigung magnetisiert ist. Sie sollte beim Ellipsoid vorhanden sein. Die kritische Größe, unterhalb der sich ein formanisotroper Bezirk in Zylinderform als Elementarbereich verhält, ist von FREI und Mitarbeitern [14] abgeleitet worden zu

$$\frac{N_b I_s^2 R_c^2}{6A} = \ln\left(\frac{4R_c}{a}\right) - 1\,, \tag{9.5}$$

wobei N_b der Entmagnetisierungsfaktor in der langen Richtung, R_c der kritische Durchmesser, A die Austauschkonstante und a die Gitterkonstante sind. Wie zu sehen, wird für den unendlich langen Zylinder ($N_b \to 0$) auch der kritische Radius $R_c \to \infty$. Das stimmt sicher mit der Praxis nicht überein, wie Kapitel 25 nahelegt. Deshalb wurden von den Verfassern für den unendlich langen Zylinder die *inkohärenten Ummagnetisierungsarten* durch *Wirbelbildung* (*curling*) und durch *Buckelbildung* (*buckling*) untersucht (s. Bild 8.2). Dabei ergab sich für beide Arten eine rechteckige Magnetisierungskurve. Ein weiteres wichtiges Ergebnis ist, daß die Keimbildungsfeldstärke h_N, bei der die Ummagnetisierung einsetzt, abhängig ist von dem Radius des Zylinders, wie in Kapitel 12 näher betrachtet wird. Oberhalb eines charakteristischen Radius $R_0 = A^{1/2}/I_s$ ist der buckling- bzw. curling-Prozeß energetisch vorteilhafter als die kohärente Drehung der Magnetisierung.

Wie aus [1] folgt, ist nach der Theorie des Mikromagnetismus die kritische Größe der Elementarbereiche unabhängig von der Kristallanisotropie. Damit sollten auch die magnetischen Eigenschaften von Werkstoffen mit Kristallanisotropie unabhängig von der Größe der Elementarbereiche sein. Wie aber z. B. Untersuchungen an Kobalt- und Eisen-Whiskern zeigen [15], nimmt die Koerzitivfeldstärke mit zunehmendem Durchmesser der Whisker immer mehr ab. Ausgehend von Berechnungen von [14] wurde von HOLZ [16] die Magnetisierungsverteilung an zylindrischen Kristallen endlicher Länge berechnet. Dabei zeigte sich, daß die in der Stirnfläche einsetzende Keimbildung stark vom Durchmesser abhängig ist und schon bei positiven Feldstärken beginnen kann.

9.3 Ummagnetisierung bei Austauschanisotropie

Es soll hier die Magnetisierungskurve beim Vorliegen einer ferro-antiferromagnetischen Kopplung der Spins (s. Abschnitt 10.5) betrachtet werden. Durch diese Kopplung wird eine *Austauschenergiedichte* E_{AA} erzeugt, welche zu einer magnetischen Anisotropie führt. Diese ist hier eine Ein-Richtungs-Anisotropie. Die ideale Magnetisierungskurve ist in Bild 9.3 zu sehen [17]. Die Magnetisierung bleibt in der Vorzugsrichtung konstant, bis die Gegenfeldstärke H' erreicht ist. Dabei ist

$$H' = \frac{2K}{I_s} = \frac{2E_{AA}}{I_s} = {}_iH_c\,, \tag{9.6}$$

und damit ist die Feldstärke H' gleich der Koerzitivfeldstärke $_IH_c$. Oberhalb der
Feldstärke H' klappt die Magnetisierung um. Wegen der Einseitigkeit der Vorzugslage klappt bei Verringerung der Feldstärke noch im Gebiet negativer Feldstärken
die Magnetisierung wieder in die einzige Vorzugslage zurück. Es tritt keine
Hysterese auf; trotzdem sind Remanenz B_r, Koerzitivfeldstärke $_IH_c$ und damit
maximale remanente Energiedichte $(BH)_{max}$ vorhanden. Von HEIMKE [17] wurde
die Anisotropieenergiedichte W_{AA} für verschiedene Werkstoffe abgeschätzt. Sie
liegt für Eisen, Kobalt und Bariumferrit im Bereich oberhalb einiger Merg/cm³.
Dabei wurde angenommen, daß das Ferromagnetikum als Kugel in ein Antiferromagnetikum eingebettet ist.

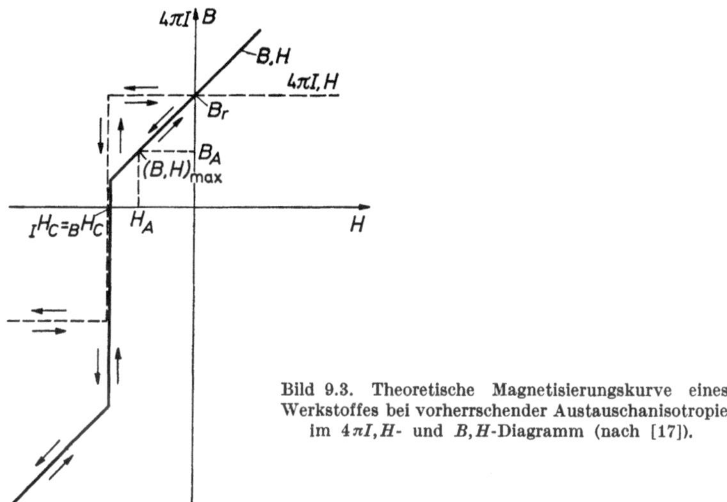

Bild 9.3. Theoretische Magnetisierungskurve eines
Werkstoffes bei vorherrschender Austauschanisotropie
im $4\pi I,H$- und B,H-Diagramm (nach [17]).

Die *Verschiebung der Magnetisierungskurve* bei vorherrschender Austauschanisotropie tritt nach ZIJLSTRA [18] dann auf, wenn die Kopplungsenergie
zwischen Ferro- und Antiferromagnetikum kleiner als die Anisotropieenergie ist,
welche die antiferromagnetische Untergitter-Magnetisierung an ihre Vorzugsrichtung koppelt. Beim Ummagnetisieren wird die ferromagnetische Magnetisierung von der antiferromagnetischen entkoppelt. Eine Hysterese kann bei vorherrschender Austauschanisotropie theoretisch nicht auftreten. Die gemessenen
Kurven können neben einer Verschiebung aber eine Hysterese aufweisen. Dies
läßt den Schluß zu, daß beide Energieanteile ungefähr gleich groß sind.

Von FREI und Mitarbeitern [14] wurde außerdem die Magnetisierungskurve für
den unendlich langen Zylinder untersucht, wenn eine ferro-antiferromagnetische
Kopplung der Spins vorliegt. Bei kleinen Radien $R(S < 2)$ ist die Ummagnetisierung durch den buckling-Prozeß, bei $S > 2$ durch den curling-Prozeß energetisch
vorteilhafter. Die abgeleitete Magnetisierungskurve stimmt jedoch überhaupt
nicht mit der in Bild 9.3 überein. Bei der Berechnung wurde die Kristallanisotropie vernachlässigt, was sicher nicht zulässig ist.

9.4 Entmagnetisierungskurve des idealen Dauermagneten

Es soll hier noch näher auf die Form der Entmagnetisierungskurven des
idealen anisotropen Dauermagneten eingegangen werden. Wie aus den folgenden

Kapiteln hervorgeht, liegt die größte Koerzitivfeldstärke bei kohärenter Ummagnetisierung vor. Wenn alle Elementarbereiche in Feldrichtung ausgerichtet sind und gleichgroße Anisotropieenergie besitzen, dann ist die $4\pi I, H$-Entmagnetisierungskurve rechteckig, wie z. B. Bild 9.1 zeigt. Dabei ist dann $4\pi I_s = 4\pi I_r$ $= B_r \geqq {}_BH_c$; das Gleichheitszeichen gilt für ${}_IH_c \geqq 4\pi I_s$, was hier vorausgesetzt sein soll. Dann ist die B,H-Entmagnetisierungskurve eine Gerade unter dem Winkel 45° zur Ordinate. Die *maximale remanente Energiedichte* $(BH)_{max}$ ist dabei gegeben durch

$$(BH)_{max,aniso} = \frac{B_r}{2} \cdot \frac{{}_BH_c}{2} = (2\pi I_s)^2. \tag{9.7}$$

Alle Abweichungen von den genannten Voraussetzungen erniedrigen die Remanenz B_r bzw. die Koerzitivfeldstärke ${}_BH_c$ und damit nach Gl. (9.7) die maximale Energiedichte $(BH)_{max}$. Diese Erniedrigung kann in praxi sehr groß sein.

Beim ideal isotropen Dauermagneten wird $B_r = j_R \cdot 4\pi I_s = {}_BH_c$, und damit wird die maximale remanente Energiedichte $(BH)_{max}$

$$(BH)_{max,iso} = \frac{B_r}{2} \cdot \frac{{}_BH_c}{2} = \left(\frac{j_R \cdot 4\pi I_s}{2}\right)^2, \tag{9.8}$$

wobei die relative Remanenz j_R von der Anzahl der magnetischen Vorzugsrichtungen abhängt, wie Kapitel 13 erläutert. Die B,H-Entmagnetisierungskurve ist dabei eine Gerade unter dem Winkel 45° zur Ordinate.

9.5 Magnetische Wechselwirkung

Alle bisher betrachteten Verfahren zur Berechnung der Magnetisierungskurven setzen voraus, daß zwischen den magnetischen Elementarbereichen keine *magnetische Wechselwirkung* vorhanden ist. Unter dieser Wechselwirkung ist zu verstehen, daß der Magnetisierungszustand eines Bereiches außer von der äußeren Feldstärke und der Eigenentmagnetisierung auch von dem Eigenfeld der benachbarten Elementarbereiche abhängt.

Für eine vollständige theoretische Behandlung des Problems der Wechselwirkung müßten eigentlich die Wechselwirkungsterme der das Gesamtsystem beschreibenden Hamilton-Funktion bekannt sein. Ausführlich ist bisher nur der Term der magnetostatischen Wechselwirkungsenergie behandelt worden. Da es sich um ein Vielkörperproblem handelt, ist eine exakte Berechnung nicht möglich. Zur angenäherten Berechnung werden vereinfachte Modelle benutzt und mit experimentellen Ergebnissen verglichen. Es wird besonders die Methode des effektiven Feldes angewendet. Dabei wird nur der Einfluß der Umgebung auf ein Teilchen untersucht und die Rückwirkung der Magnetisierungsänderung dieses Teilchens auf die Umgebung vernachlässigt. Als einfaches Modell wird das *Paarmodell* benutzt [19 bis 21], d. h. die Wechselwirkung eines Paares von Bereichen unter der Annahme, daß diese Wechselwirkung größer als die zu anderen Paaren ist. Nach BROWN [22] ist das Modell aber nur sehr bedingt einsetzbar, da mit ihm ein gekoppeltes Umklappen beider Momente nicht berechenbar ist.

Das Problem der Wechselwirkung ist eng mit dem der *Packungsdichte* verbunden. Mit steigender Packungsdichte nimmt auch die Wechselwirkung zu. Die

Berechnung bzw. Untersuchung magnetischer Eigenschaften in Abhängigkeit von der Packungsdichte, z. B. der Koerzitivfeldstärke (s. Abschnitte 12.9), erfaßt damit pauschal die Wechselwirkung. Der Effekt der Wechselwirkung ist dabei nur für die Formanisotropie zu erwarten, da beide magnetostatische Gründe haben [23].

Weitere Möglichkeiten zur Untersuchung der Wechselwirkung bieten die anhysteretischen oder idealen Magnetisierungskurven (s. Kap. 6.5), die Remanenzkurven (s. Abschnitte 10.7.2 und 13.6), die inneren Magnetisierungsschleifen [24] (s. Abschnitt 6.2) sowie die superparamagnetischen Bereiche [23, 25] (s. Abschnitte 2.7 und 12.2.1).

Zusammenfassend wird in den Arbeiten [23, 26] über die Problematik der Wechselwirkungseffekte berichtet.

9.6 Integral der Wechselfeldhysterese

Nach SHTRIKMAN und WOHLFARTH [27] ist dieses Integral gegeben durch

$$P_W = \int_{1/H=0}^{\infty} \frac{A_w}{I_s}\, \mathrm{d}\left(\frac{1}{H}\right), \qquad (9.9)$$

wobei P_W die Wechselhysterese bei der Feldstärke H ist. Mit Hilfe dieses Integrals kann eine Aussage über die Art der Ummagnetisierung getroffen werden. Danach ist theoretisch für eine isotrope Probe bei kohärenter Drehung $P_W = 1{,}79$ und bei inkohärenter Drehung $P_W = 2{,}00$. Von HENKEL [28] wurde für eine Reihe von Dauermagnetwerkstoffen mit verschieden großer Anisotropie diese Beziehung experimentell bestimmt.

Literatur

1. BROWN, W. F.: J. appl. Phys. 29 (1958) 470—471, 35 (1964) 2102—2106. — ABRAHAM, C.: Phys. Rev. 140 (1965) A 480—489. — KRONMÜLLER, H.: Z. angew. Phys. 23 (1967) 130 bis 146.
2. FELDTKELLER, E.: Z. angew. Phys. 17 (1963) 121—130, 19 (1965) 530—536.
3. STONER, E. C., u. E. P. WOHLFARTH: Phil. Trans. A 240 (1948) 599—642.
4. OGUEY, H. J.: Proc. IRE 48 (1960) 1165—1166.
5. GANZHORN, K.: Z. angew. Phys. 10 (1958) 169—172.
6. JOHNSON, C. E., u. W. F. BROWN: J. appl. Phys. 32 (1961) 243 S—244 S.
7. GANS, R.: Ann. Phys., Leipzig, 15 (1932) 28—44.
8. KONDORSKY, E.: Dokl. Akad. Nauk USSR 80 (1951) 197—200.
9. NEEL, L.: C. R. Acad. Sci., Paris, 224 (1947) 1488—1490, 1550—1551; Appl. Sci. Res. B 4 (1954) 13—24.
10. WOHLFARTH, E. P.: Proc. Roy. Soc., London, A 232 (1955) 208—227.
11. SHTRIKMAN, S.: Thesis, Universität Haifa 1957.
12. JOHNSON, C. E.: J. appl. Phys. 33 (1962) 2515—2517.
13. JACOBS, J. S., u. C. P. BEAN: Phys. Rev. 100 (1955) 1060—1067.
14. FREI, E. H., S. SHTRIKMAN u. D. TREVES: Phys. Rev. 106 (1957) 446—455. — AHARONI, A., E. H. FREI u. S. SHTRIKMAN: J. appl. Phys. 30 (1959) 1956—1961.
15. LUBORSKY, F. E., u. C. R. MORELOCK: J. appl. Phys. 35 (1964) 2055—2060; Proc. of the Internat. Conf. on Magnetism, Nottingham 1964, 763—766.
16. HOLZ, A.: Z. angew. Phys. 23 (1967) 170—173. — DEHLINGER, U., u. A. HOLZ: Z. Metallk. 59 (1968) 822—823.
17. HEIMKE, G.: KEM, H. 4—10 (1966) 1—27.

18. Zijlstra, H.: Z. angew. Phys. 21 (1966) 6—13.
19. Neel, L.: C. R. Acad. Sci., Paris, 246 (1958) 2313—2319; J. Phys. Rad. 20 (1959) 215
    bis 221.
20. Wohlfarth, E. P.: J. appl. Phys. 35 (1964) 783—790.
21. Shtrikmann, S. u. D. Treves: J. appl. Phys. 31 (1960) 58 S—66 S.
22. Brown, W. F.: J. appl. Phys. 33 (1962) 1308—1309.
23. Wohlfarth, E. P.: Ber. III. Intern. pulvermetall. Tagung, Eisenach. Berlin: Akademie-
    Verlag 1966, 15—28.
24. Heinecke, U., u. H. G. Müller: phys. stat. sol. 15 (1966) 575—583.
25. Brown, W. F.: J. appl. Phys. 38 (1967) 1017—1018. — Wohlfarth, E. P.: Ber. II. In-
    tern. pulvermetall. Tagung, Eisenach. Berlin: Akademie-Verlag 1962, 215—219.
26. Heinecke, U., u. O. Henkel: Magnetismus — Vorträge Intern. Tagung, Dresden (1966).
    Leipzig: VEB Verlag Grundstoffindustrie 1967, 249—268.
    Kneller, E.: J. appl. Phys. 39 (1968) 945—955.
27. Shtrikman, S., u. E. P. Wohlfarth: J. appl. Phys. 32 (1961) 241 S—242 S.
28. Henkel, O.: phys. stat. sol. 2 (1962) K268—271.

10 Magnetische Anisotropie

10.1 Arten der Anisotropie

Wenn die Hysteresekurve magnetischer Werkstoffe im geschlossenen magnetischen Kreis, z. B. im Joch, in verschiedenen Richtungen gemessen wird, ist
festzustellen, daß sie nicht bei jedem Werkstoff in allen Richtungen gleiche Form
hat. Solche Werkstoffe werden „magnetisch anisotrop" genannt. Als Haupt-
ursachen dieser Anisotropie sind bei Dauermagnetwerkstoffen bekannt:

1. Die Kristallanisotropie,
2. die Formanisotropie,
3. die Spannungsanisotropie und
4. die Austauschanisotropie.

Die Oberflächenanisotropie nach Neel [1] ist bisher für Dauermagnete nicht
von Bedeutung und soll deshalb hier vernachlässigt werden. Zu den anisotropen
Erscheinungen führen außerdem die Diffusions- und Verformungsanisotropien.
Es sind dies aber nur zwei von verschiedenen Ursachen, welche als Wirkung eine
Anisotropie ähnlich 1., 2. oder 3. zur Folge haben und unter diesen behandelt
werden können.

10.2 Kristallanisotropie

Ein magnetischer Einkristall ist grundsätzlich magnetisch anisotrop. Es
finden sich in ihm Richtungen leichterer und schwererer Magnetisierung. Wie aus
Gl. (4.8) ersichtlich, wird die Magnetisierungsarbeit, d. h. die Änderung der
Magnetisierung, definiert durch den Ausdruck:

$$A_I = V \int_{I=0}^{I_s} H \, dI \tag{10.1}$$

Die Richtungen der kleinsten Magnetisierungsarbeit, also der leichtesten
Magnetisierbarkeit, sind dann die *magnetischen Vorzugsrichtungen*. In diesen
Richtungen liegt, wenn ein äußeres Feld nicht einwirkt, die spontane Magnetisie-
rung der magnetischen Elementarbereiche. Diese Vorzugsrichtung ist in allen

bekannten Fällen eine Richtung mit niedrigen Millerschen Indizes ($h\,k\,l$). Die Ursache dieser Anisotropie ist wahrscheinlich in der Wechselwirkung zwischen magnetischem Spin- und Bahnmoment zu suchen. Ihre Aufklärung ist jedoch bisher nicht befriedigend gelungen [2].

Die Dichte der Kristallenergie, E_K, ist demzufolge von den Kristallrichtungen abhängig. Für kubische Kristalle lautet die Abhängigkeit in Form einer der Gittersymmetrie entsprechenden Potenzreihe [3]

$$E_K = K_1 \left(\alpha_1^2 \alpha_2^2 + \alpha_2^2 \alpha_3^2 + \alpha_3^2 \alpha_1^2 \right) + K_2 \, \alpha_1^2 \alpha_2^2 \alpha_3^2 + \cdots, \tag{10.2}$$

wobei die α_i die Richtungskosinus zwischen den Richtungen der Magnetisierung und den Würfelkanten des mit dem Gitter verbunden zu denkenden rechtwinkligen Koordinatensystems sind. Die Konstanten K_ν sind die *Anisotropiekonstanten der Kristallanisotropie.*

Für hexagonale Kristalle lautet die Funktion als Potenzreihe

$$E_K = K_1 \sin^2 \varphi + K_2 \sin^4 \varphi + \cdots, \tag{10.3}$$

wobei der Winkel $\varphi = \sphericalangle$ zwischen der Magnetisierung und der hexagonalen Achse [000 1] ist.

Wenn die Meßergebnisse in kubischen Kristallen allein durch den K_1-Term erklärbar sind, wird bei $K_1 > 0$ eine [100]-Richtung Vorzugsrichtung, bei $K_1 < 0$ eine [111]-Richtung Vorzugsrichtung. Wenn auch der K_2-Term berücksichtigt werden muß, gelten die in der Tab. 10.1 angegebenen Beziehungen nach BOZORTH [4]. Diese Beziehungen wurden von SMIT und WIJN [5] sehr übersichtlich in einem Zeigerdiagramm zusammengestellt, wobei die Anisotropiekonstanten K_1, K_2 als Koordinaten gewählt wurden. Hieraus ist leicht die magnetische Vorzugsrichtung abzulesen. Bei hexagonalen Kristallen wird bei $K_1 + K_2 > 0$ die hexagonale Achse Vorzugsrichtung, bei $K_1 + K_2 < 0$ liegt die Vorzugsrichtung in der Basisebene. Auch hier existiert ein übersichtliches Zeigerdiagramm von SMIT und WIJN [5] für die magnetische Vorzugsrichtung. Ähnlich verhalten sich die Vorzugsrichtungen bei rhomboedrischen Kristallen, wie z.B. Hämatit-Einkristallen (α-Fe$_2$O$_3$) [6].

Die Beschreibung der Funktion der Kristallenergie in Form einer Potenzreihenentwicklung der Richtungskosinus ist rein phänomenologisch. Sie genügt bis

Tabelle 10.1. *Abhängigkeit der magnetischen Vorzugsrichtung von der Größe der kubischen Kristallanisotropiekonstanten K_1 und K_2*

K_1	$+$	$+$	$+$	$-$	$-$	$-$
K_2	$+\infty$ bis $-\dfrac{9}{4}K_1$	$-\dfrac{9}{4}K_1$ bis $-9\,K_1$	$-9\,K_1$ bis $-\infty$	$-\infty$ bis $\dfrac{9}{4}\,|K_1|$	$\dfrac{9}{4}\,|K_1|$ bis $9\,|K_1|$	$9\,|K_1|$ bis $+\infty$
leichte Richtung	[100]	[100]	[111]	[111]	[110]	[110]
mittlere Richtung	[110]	[111]	[100]	[110]	[111]	[100]
schwere Richtung	[111]	[110]	[110]	[100]	[100]	[111]

zum Term sechster Ordnung im allgemeinen, um experimentelle Ergebnisse zu beschreiben. Sie hat aber den Nachteil, daß die Konstanten nicht unabhängig voneinander sind [7]. Diese Abhängigkeit wird beseitigt, wenn die Funktion der Kristallenergie als Linearkombination von Kugelfunktionen aufgebaut wird [8, 9]. Die dabei auftretenden echten Konstanten werden als *Koeffizienten der Kristall-energie* bezeichnet.

10.3 Formanisotropie

Wie aus der Bereichstheorie folgt, wird die Bildung von Blochwänden in einem Ferromagnetikum unvorteilhaft, wenn dieses eine bestimmte Größe unterschreitet. Ein solches Ferromagnetikum ist dann ein *magnetischer Elementarbereich*, in dem die Magnetisierung bis zur Sättigung in einer magnetischen Vorzugsrichtung ausgerichtet ist. Diese Vorzugsrichtung kann u. a. von der Form des Bereiches selbst herstammen, wie hier gezeigt werden soll.

Die Energie im Außenraum eines Ferromagnetikums ist gegeben durch das folgende Integral über den gesamten Raum

$$W = \frac{1}{8\pi} \int_V H^2 \, dV \qquad (10.4)$$

Mit $B = H + 4\pi I$ und unter Beachtung dessen, daß nach den Regeln der Vektorrechnung für das über den gesamten Raum erstreckte Integral $\int_V B H \, dV = 0$ gilt, wird daraus

$$W = -\frac{1}{2} \int_V H I \, dV \qquad (10.5)$$

Besonders einfach wird dieser Ausdruck für ein ellipsoidales Ferromagnetikum. Wird dieses in ein homogenes Feld H gebracht, dann wird es homogen magnetisiert und damit homogen entmagnetisiert. Damit sind aber magnetisierendes und entmagnetisierendes Feld gleichzeitig homogen. Daraus folgt, daß das Verhältnis zwischen entmagnetisierendem Feld H_e und Magnetisierung I konstant ist:

$$N_e = -NI. \qquad (7.1)$$

Der Proportionalitätsfaktor N wird Entmagnetisierungsfaktor genannt (s. Kapitel 17). Die magnetische Energie im eigenen entmagnetisierenden Feld beträgt damit für ein Ellipsoid

$$W = +\frac{1}{2} NI^2 V \qquad (10.6)$$

und damit die Energiedichte $E = W/V$

$$E = +\frac{1}{2} NI^2. \qquad (10.7)$$

Bei einem allgemeinen Ellipsoid sind drei Entmagnetisierungsfaktoren N_a, N_b, N_c entsprechend den drei Hauptachsen a, b, c zu unterscheiden. Habe I die

Richtungskosinus α_a, α_b, α_c zu den Hauptachsen, dann wird damit

$$E = \frac{1}{2}\, I^2\, (N_a\, \alpha_a^2 + N_b\, \alpha_b^2 + N_c\, \alpha_c^2). \tag{10.8}$$

Für ein Rotationsellipsoid mit $b = c$ wird dann

$$E = \frac{1}{2}\, I^2\, (N_a \cos^2 \varphi + N_b \sin^2 \varphi) \tag{10.9}$$

wobei die Winkelbeziehungen aus Bild 10.1 ersichtlich sind. Hierbei entspricht die lange Halbachse a der magnetischen Vorzugsrichtung VR. Dieser Ausdruck bedeutet eine anisotrope Energieverteilung, also eine magnetische Anisotropie. Durch Umformung wird aus Gl. (10.9), wobei die Größe A winkelunabhängig ist:

$$E = A + \frac{1}{2}\, I^2\, (N_b - N_a) \sin^2 \varphi = K_F \sin^2 \varphi + A. \tag{10.10}$$

Daraus ist zu erkennen, daß es sich um eine einachsige Anisotropie handelt. Für ein Ellipsoid mit den Achsen $a > b = c$ wird für die Entmagnetisierungsfaktoren $N_a < N_b = N_c$. Damit liegt aber die magnetische Vorzugsrichtung eines ellipsoidalen Körpers, d. h. die Richtung minimaler Entmagnetisierung, also kleinstem Entmagnetisierungsfaktor N, in Richtung der langen Achse. Hier wird sich bei Abwesenheit eines äußeren Feldes die Magnetisierung einstellen. Unter K_F wird die *Anisotropiekonstante der Form* verstanden.

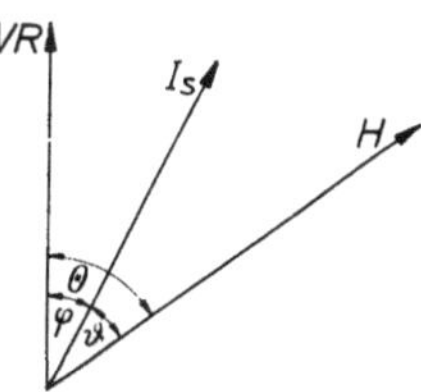

Bild 10.1.
Winkelbeziehungen bei
einachsiger Anisotropie.

10.4 Spannungsanisotropie

Wie experimentell z. B. an Nickel und Permalloy gefunden, wird in einem ferromagnetischen Kristall bei nichtverschwindender Magnetostriktion die Lage der Magnetisierungsvektoren durch eine äußere mechanische Spannung beeinflußt. Der Körper wird damit magnetisch anisotrop.

Da die Erscheinung bisher bei Dauermagnetwerkstoffen keine Bedeutung hat, wird auf sie nicht eingegangen (s. [10].)

Bei kubischer Kristallstruktur kann die Spannungsanisotropie neben der Kristallanisotropie wichtig sein. Nach Untersuchungen von GUILLAUD [11] ist dies bei Eisen-Kobalt-Mischoxyden der Fall.

10.5 Austauschanisotropie

Die *Austauschanisotropie* rührt von einer magnetischen Wechselwirkung zwischen zwei verschiedenen magnetischen Materialien her. Sie wurde bei Systemen entdeckt, in denen ein Partner antiferromagnetisch ist. Sie ist erkennbar an der $\sin \varphi$-Form der Drehmomentkurve, welches auf nur eine Vorzugsrichtung (nicht Achse!) hinweist, und an der bei höheren Feldern nicht verschwindenden Rotationshysterese, wie im nächsten Kapitel näher erläutert wird. Außerdem ist die Hysteresekurve bei starker Austauschanisotropie verschoben, wie z. B. schematisch in Bild 9.3 zu sehen ist.

Wie Meiklejohn [12] ausführlich darlegte, kann diese Erscheinung bei den Systemen Antiferromagnetikum-Ferromagnetikum, Antiferromagnetikum-Ferrimagnetikum, Ferrimagnetikum-Ferromagnetikum auftreten. Zahlreiche Untersuchungen an den verschiedensten Werkstoffen wurden zur Aufhellung der Ursachen unternommen. Am meisten wurde das erste System untersucht, dabei besonders eingehend die Kombination CoO—Co; es handelt sich um oberflächlich oxydiertes Kobalt-Pulver. Die *verschobene Hysteresekurve* dieses Werkstoffes ist in Bild 10.2 zu sehen. Die Verschiebung ist nur bei Temperaturen unterhalb der Neel-Temperatur T_N vorhanden. Dies deutet auf folgende Erklärungsmöglichkeit hin:

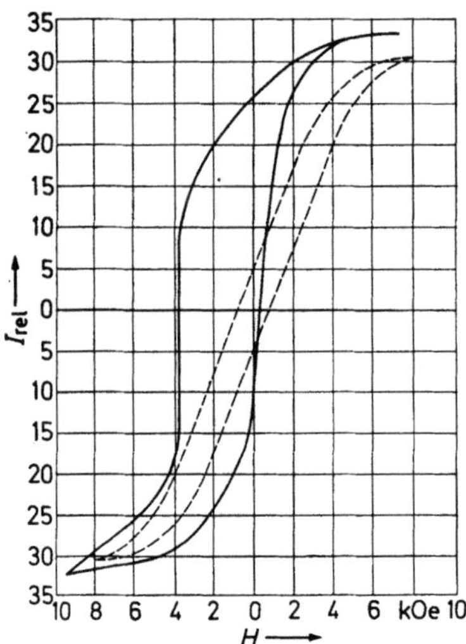

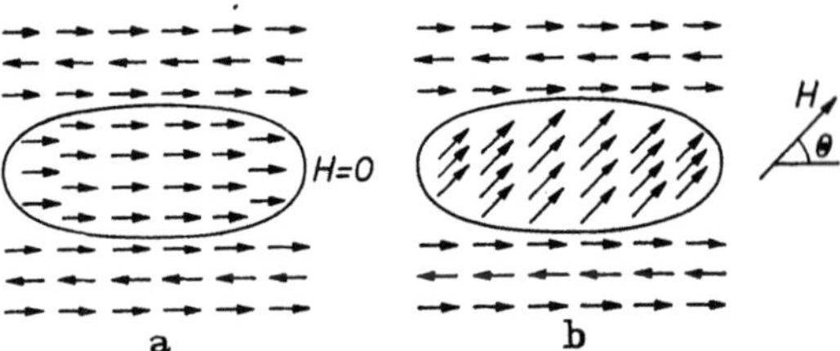

Bild 10.3. Schema der Ummagnetisierung bei Vorliegen von Austauschanisotropie (nach [13]).

Bild 10.2. Hysteresekurve von oberflächlich oxydiertem Kobalt-Pulver.
——— bei 77 °K $< T_N$; – – – – bei 300 °K $> T_N$ (nach [12]).

An der Grenzfläche Antiferromagnetikum-Ferromagnetikum findet eine Spinkopplung statt, wie Bild 10.3 zeigt [13]. Die Rotationshysterese entsteht ausschließlich durch die Drehung der ferromagnetischen Spins, welche nicht zur gekoppelten Grenzfläche gehören. Die antiferromagnetische Spinanordnung dreht sich nicht mit.

Auf Grund dieser Annahmen wurde von Heimke [14] für die Austauschanisotropie die zur Verfügung stehende Anisotropie-Energiedichte abgeschätzt. Sie liegt für die Werkstoffe Eisen, Kobalt und Bariumferrit in der Größenordnung von einigen Merg/cm³.

Von Roth und Luborsky [15] wurden die ferrimagnetisch-antiferromagnetischen Systeme Blei-, Barium-, Strontiumferrit-Kaliumferrit untersucht.

10.6 Überlagerung mehrerer Anisotropien

Die bisher abgeleiteten Energieausdrücke gelten nur für die einzelnen Anisotropien. Für die Formanisotropie gelten die Überlegungen über die einachsige Anisotropie und sind dafür verständlich. Wenn ein formanisotroper Körper aber zwei gleichlange bevorzugte Achsen hat, muß der Ansatz in Gl. (10.9) sinnentsprechend abgeändert werden. Ein ähnlicher Fall liegt vor, wenn z. B. einachsige Form- und einachsige Kristallanisotropie gleichzeitig vorhanden sind oder einachsige Form- und Spannungsanisotropie. Von WOHLFARTH und TONGE [16] wurde für die Gesamtenergiedichte der Ausdruck

$$E = K_1 \sin^2 \varphi + K_2 \sin^2 (\beta - \varphi) + \eta \sqrt{K_1 K_2 \sin^2\beta \sin^2\varphi \sin^2(\beta - \varphi)}$$

(10.11)

angegeben. Dabei sind $K_{1,2}$ die Anisotropiekonstanten der beiden Anisotropie-anteile. Die Winkelbeziehungen gehen aus Bild 10.4 hervor.

Für eine Überlagerung von Form- und Formaniso-tropie, also zweiachsige Formanisotropie, ist demnach $\eta = 0$ zu setzen. Dies führt aber zu zwei unabhängigen Anisotropieanteilen, die sicher nicht immer ohne weiteres vorauszusetzen sind. Wenn zwei einachsige Kristallanisotropien überlagert sind, muß $\eta = 1$ gesetzt werden. Das ist leicht ersichtlich für $\beta = \pi/2$. Dann wird $\sin^2 (\beta - \varphi) = 0$, und es treten nur Terme von 2. und 4. Ordnung auf, wie anhand Gl. (10.11) zu sehen ist. In der Praxis, besonders bei Überlagerung einachsiger

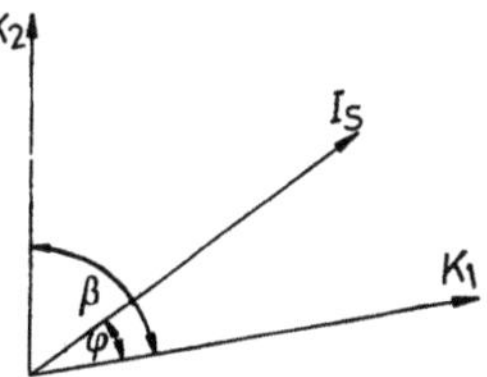

Bild 10.4.
Winkelbeziehungen beim
Zusammenwirken von zwei
verschiedenen Anisotropien.

Form- und Kristallanisotropie, wird also $0 < \eta < 1$ gelten. Der wahre Wert von η ist dabei nur durch Experimente bestimmbar.

Von TONGE und WOHLFARTH [17] wurde noch auf die Überlagerung von einachsiger Form- und kubischer Kristallanisotropie eingegangen. Eine Wechselwirkung ist dabei nicht möglich, so daß sich für die Energiedichte sinngemäß ergibt

$$E = K_K (\alpha^2\beta^2 + \beta^2\gamma^2 + \gamma^2\alpha^2) - K_F (\alpha\,l + \beta\,m + \gamma\,n)^2 .$$

(10.12)

Dabei sind α, β, γ die Richtungskonsius zwischen der Magnetisierung I_s und den kubischen Achsen und l, m, n die Richtungskosinus zwischen der Vorzugsrichtung der Formanisotropie und den kubischen Achsen.

10.7 Experimentelle Bestimmung der magnetischen Anisotropie

10.7.1 Aus der Magnetisierungskurve

Die magnetische Anisotropie läßt sich am besten an ferromagnetischen Einkristallen bestätigen. So sind auch anfangs die meisten Ergebnisse über Kristallanisotropie gewonnen worden. Die quantitative *Bestimmung der Anisotropiekonstanten* ist *an Hand* dieser *Messungen der Magnetisierungskurven* bei hohen Feldern möglich. Die Feldstärke muß dabei so hoch gewählt werden, daß alle Wandverschiebungen abgelaufen sind und die weitere Ummagnetisierung nur noch durch reversible Drehprozesse erfolgt. Dafür kann die Magnetisierungskurve berechnet werden auf Grund der Energiebilanz von Anisotropie- und Magnetisierungsenergie als Funktion der Feldstärke (s. Kapitel 9). Dies wurde von BECKER und DÖRING [18] und später von BOZORTH [4] für verschiedene Ausgangslagen des Magnetisierungsvektors zum Gitter berechnet. Die Anisotropiekonstante kann nun durch Vergleich von Experiment und Rechnung bestimmt werden. Besonders gut stimmt die Berechnung für die drei kristallographischen Hauptachsen des Eisens mit den Messungen von WILLIAMS [19] überein.

Nach den vorhergenannten Verfahren sind außer für die drei ferromagnetischen Elemente, Eisen, Nickel und Kobalt auch die von Barium- und Bleiferrit bestimmt worden [20]. Es wurden dazu Einkristalle benutzt. Für Bleiferrit betrugen dabei die Anisotropiekonstanten der Kristallenergie: $K_1 = 2,2$ Merg/cm^3 und $K_2 = 3,15$ kerg/cm^3.

Von HEMPEL [21] wurde das Verfahren für polykristalline Proben mit einachsiger Anisotropie modifiziert. Dazu muß die Textur vorher röntgenographisch bestimmt werden. Von STRNAT u. a. [22] wurde dieses Verfahren auf intermetallische Verbindungen des Kobalts mit seltenen Erden angewendet. Dabei wurden anstelle von Einkristallen ausgerichtete Pulver als Quasi-Einkristalle benutzt.

10.7.2 Aus den Remanenzkurven

Ein anderes wichtiges Verfahren der Anisotropiebestimmung mittels der Magnetisierungskurve ist das der *Remanenzkurven* $I_R(H)$, $I_D(H)$ und $I'_D(H)$ [23]. Bei der $I_R(H)$-Kurve wird die Remanenz I_R als Funktion der Feldstärke H bestimmt, wobei vor jeder Messung entmagnetisiert wird. Die $I_D(H)$-Kurve wird erhalten, wenn nach Anlegen eines Sättigungsfeldes H_0 im Feld H in entgegengesetzter Richtung die Remanenz gemessen wird. Die $I'_D(H)$-Kurve wird erhalten, wenn zuerst ein Feld H_0, dann ein abnehmendes Wechselfeld der Anfangsamplitude H angelegt werden und die Remanenz bestimmt wird.

Mit Hilfe dieser Remanenzkurven ist es weniger möglich, die Art der Anisotropie, als vielmehr die Größenverteilung der Anisotropie einer Menge von unabhängigen, anisotropen Elementarbereichen zu bestimmen. Dies wurde z. B. von JOHNSON und BROWN für $\gamma\,Fe_2O_3$-Pulver durchgeführt [24].

Von HENKEL [25] wurden mit Hilfe der Remanenzkurven verschiedene Dauermagnetwerkstoffe untersucht. Die Abweichungen der Kurven voneinander werden auf eine magnetische Wechselwirkung zurückgeführt (s. Abschnitt 9.5).

Die so bestimmten Verteilungen sind meist solche der Formanisotropie. Eine Verteilung bei der Kristallanisotropie könnte nur infolge verschiedener Gefügezustände denkbar sein.

10.7.3 Aus der Drehmomentkurve

Sei ein anisotropes Ferromagnetikum als runde Scheibe ausgebildet und frei drehbar in einem homogenen Magnetfeld aufgehängt, wobei Drehachse, Scheibenebene und Feldrichtung senkrecht aufeinander stehen. Dann wird bei Einschalten des Feldes auf die Scheibe ein Drehmoment ausgeübt, wobei sich die Vorzugsrichtung VR (s. Bild 10.1) in Feldrichtung H einzustellen sucht. Das *spezifische Drehmoment L* (Drehmoment D pro Volumeneinheit V) ist dann gegeben durch die negative Ableitung der Gesamtenergiedichte nach dem Winkel $\Theta = \sphericalangle$ (VR, H), wobei die Gesamtenergiedichte z. B. durch Gl. (9.1) gegeben ist.

$$L = \frac{D}{V} = -\frac{dE_G}{d\Theta} = f(\varphi, \Theta). \qquad (10.13)$$

Die ausführliche Ableitung befindet sich z. B. in [26, 27]. Dabei ist zu beachten, daß sich der Magnetisierungsvektor I_s in einer Gleichgewichtslage zwischen Vorzugsrichtung VR und Feldstärke H befindet, wobei diese Lage eine Funktion von Feldstärke H, Anisotropiekonstanten K und Winkel Θ ist. Wird die Feldstärke $H \to \infty$, so wird $\varphi \to \Theta$, und es folgt dann für das spezifische Drehmoment bei reiner Kristallanisotropie aus dem verallgemeinerten Energieansatz nach Gl. (10.2)

$$\frac{D}{V} = K_1 \sum_{\nu=0}^{2} a_{1,\nu} \sin 2\,\nu\varphi + b_{1,\nu} \cos 2\,\nu\varphi + K_2 \sum_{\nu=0}^{2} a_{2,\nu} \sin 2\,\nu\varphi + b_{2,\nu} \cos 2\,\nu\varphi$$

$$(10.14)$$

Für das spezifische Drehmoment bei einachsiger Formanisotropie wird daraus

$$\frac{D}{V} = K_F \sin 2\,\varphi. \qquad (10.15)$$

Entsprechend ist bei der Spannungsanisotropie bzw. bei der Überlagerung mehrerer Anisotropien der in den vorhergehenden Absätzen angegebene Energieausdruck zu entnehmen und in Gl. (10.15) einzusetzen. Als allgemeines Ergebnis folgt, daß bei Vorhandensein von n Vorzugsrichtungen in der Drehebene das spezifische Drehmoment für $H \to \infty$ gegeben ist durch

$$\frac{D}{V} = K \sum_{\nu=0}^{n/2} a_{\nu} \sin 2\nu\,\varphi, \qquad (10.16)$$

wobei dann die Zählung so beginnt, daß die Richtung $\varphi = 0$ mit einer Vorzugsrichtung übereinstimmt.

Durch Vergleich von berechneter und gemessener Kurve kann die Anisotropiekonstante bestimmt werden. Dazu wird die Amplitude am besten auf $1/H^{-1/2} \to 0$ extrapoliert [28]. Für Einkristallproben werden eindeutige Ergebnisse erhalten. Bei mehrkristallinen Proben geht, wie bei SCHÜLER [26] gezeigt wurde, der Ausrichtungsgrad der Vorzugsrichtungen wesentlich in den Meßwert ein. Jede nichtideale Ausrichtung verkleinert die Amplitude, wie z. B. aus Bild 10.5 ersichtlich ist.

Bild 10.5. Amplitude der Drehmomentkurve bei einachsiger Formanisotropie und verschiedener Ausrichtung der Elementarbereiche als Funktion der normierten Feldstärke $h = HI_s/K$. a ideale Ausrichtung, b zwei Gruppen senkrecht aufeinanderstehender Vorzugsrichtungen, c statistisch flächenhafte Verteilung (nach [26]).

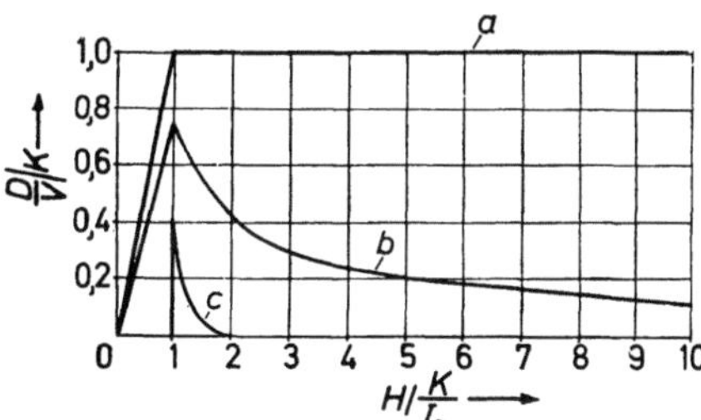

Unter der Beachtung des Verlaufes der Kurven a und b in Bild 10.5 ist es übrigens in fast klassischer Weise NESBITT, WILLIAMS und BOZORTH [29] bzw. NESBITT und WILLIAMS [30] gelungen, an AlNi 120 bzw. AlNiCo 500 den Anteil der kubischen Anisotropie mit $n = 6$ von dem der Formanisotropie mit $n = 2$ zu trennen, wie die Bilder 11.7 und 11.8 zeigen. Von OGDEN [31] wurden diese Untersuchungen vertieft.

Die Erniedrigung der Amplitude der Drehmomentkurve infolge Streuung der Vorzugsrichtung einzelner Kristallite um eine ideale Vorzugslage führt zu einem zu niedrigen Wert der Anisotropiekonstanten. Wenn die Streuungstextur bekannt ist, läßt sich daraus eine entsprechende Drehmomentkurve berechnen und durch Vergleich mit der experimentellen Drehmomentkurve die wirkliche Anisotropiekonstante bestimmen. Dieses Verfahren wurde z. B. von HEMPEL [21] für anisotropes, vielkristallines Bariumferrit angewendet. Nach röntgenographischer Texturbestimmung von STÄBLEIN u. a. [32] liegt hier eine Art Ringfasertextur vor. Die Richtungsverteilung der c-Achsen läßt sich in der Form $f(\alpha) = \sum\limits_{n} C_{2n} \cdot P_{2n}$ (cos α) wiedergeben, wobei P_{2n} Legrendesche Polynome und C_{2n} die Intensitätskoeffizienten sind. Der Winkel α beschreibt die Lage der jeweils betrachteten c-Achse zur Texturachse. Die Koeffizienten C_{2n} der Reihenentwicklung müssen aus den experimentellen Daten bestimmt werden. Bei der röntgenographischen Bestimmung der Orientierungsverteilung werden die Poldichteverteilung oder die Polfiguren herangezogen. Die dabei zu beachtenden Kriterien wurden von BUNGE [33] untersucht. Zur Berechnung der Drehmomentkurve mit der erniedrigten Amplitude muß nun die Gesamtenergiedichte aller Bereiche unter Berücksichtigung der Poldichte-Verteilungsfunktionen $f(\alpha)$ berechnet werden.

Wie schon besprochen, verändert natürlich neben einer Richtungsverteilung auch eine Größenverteilung der Anisotropiekonstanten der Bereiche selbst die Amplitude. Solange über die Größenverteilung nichts Näheres bekannt ist, kann nur ein mittlerer Wert $\overline{K}$ der Anisotropiekonstanten bestimmt werden. Weitere Messungen der Remanenzkurven oder der Rotationshysterese (s. Abschnitt 11.4) müssen herangezogen werden, um über die Größenverteilung der Anisotropie Auskunft zu erhalten.

Eine weitere Möglichkeit zur Bestimmung der Anisotropiekonstanten aus der Drehmomentkurve geben KOUVEL und GRAHAM [28] für Einkristalle an. Sie benutzen die reziproken Steigungen der Drehmomentkurven, $\mathrm{d}\Theta/\mathrm{d}W$, in den Hauptachsenrichtungen [100], [110] oder [111], wenn die Scheibenebene auch einer Hauptebene (100), (110) oder (111) angehört. Für den allgemeinen Gebrauch dürfte das Verfahren ungeeignet sein, da beim Abweichen der Scheibenebene von einer Hauptebene die Auswertung sehr umständlich und kompliziert wird. Außerdem muß wiederum eine ideale Ausrichtung und ein konstanter Wert der Anisotropiekonstanten vorausgesetzt werden.

Eine andere Möglichkeit bilden die von BERKOWITZ und FLANDERS [34] benutzten *remanenten Drehmomentkurven*.

Eine weitere Möglichkeit bildet die Messung von Normal- oder Parallelkomponente der Magnetisierung zum angelegten Feld [35].

10.7.4 Aus Drehschwingungen

Wird eine kreisförmige Einkristallscheibe frei drehbar in einem homogenen Magnetfeld aufgehängt, so kann sie Drehschwingungen um die Vorzugslage ausführen, wie RATHENAU und SNOEK [36] fanden. Die Anisotropiekonstante kann aus diesem Versuch mit Hilfe der Schwingungsgleichung $T = 2\pi \sqrt{\Theta^x R}$ bestimmt werden. Das Trägheitsmoment Θ^x wird gesondert aus Dreh-Schwingungsversuchen bestimmt oder berechnet. Das Richtmoment R ist dann gegeben durch die negative Ableitung des Drehmomentes D nach $\sphericalangle\Theta$, wobei wiederum die Feldstärke

$H \to \infty$, d. h. $\varphi \to \Theta$ gehen muß. Die Schwingungsversuche müssen um eine stabile Nullstelle α_i mit so kleiner Amplitude durchgeführt werden, daß das Richtmoment $R = \text{const}$ anzusehen ist. Dann wird

$$R = - \left(\frac{\partial D}{\partial \Theta}\right)_{\Theta = \alpha_i} = V \left(\frac{\partial^2 E_G}{\partial \Theta^2}\right)_{\Theta = \alpha_i} = f(K), \qquad (10.17)$$

und daraus sind die Anisotropiekonstanten berechenbar. Dies wurde in einer sehr ausführlichen Ableitung von ZITLSTRA [37] auch durchgeführt.

Das Verfahren kann hier gleichfalls auf vielkristalline Proben mit idealer Ausrichtung ausgedehnt werden [38]. Mit zunehmender Streuung der Vorzugsrichtungen und mit vorhandenem Spektrum der Anisotropiekonstanten wird die Bestimmung immer ungenauer, solange die Verteilung der Anisotropie nicht berücksichtigt wird. Bei regelloser Anordnung der Vorzugsrichtungen kann aber die Verteilungsfunktion angegeben werden und damit das magnetische Moment, und damit kann die Anisotropie gemessen werden. Auch die umgekehrte Aufgabe ist damit lösbar: Nachprüfung der angenommenen Verteilung bei bekannter Anisotropiekonstanten. Dies wurde von HEMPEL und VOIGT [39] getan.

Der Ausdruck $(\partial^2 E_G/\partial \Theta^2)$ wird nach SMIT und WITN [5] auch *Steifheit* genannt. Er beschreibt die Steifheit, mit der die Magnetisierung an die Vorzugsrichtungen gebunden ist. Mit der Steifheit ist der Begriff des *Anisotropiefeldes* H_A eng verbunden:

$$H_A = \frac{1}{I_s} \left(\frac{\partial^2 E_G}{\partial \Theta^2}\right) = \frac{2K}{I_s}. \qquad (10.18)$$

Für Feldstärken $H > H_A$ wird die Kopplung der Magnetisierung an eine Vorzugslage überwunden, und die Magnetisierung überwindet das dazwischen liegende Energiemaximum.

10.7.5 Mit Hilfe der ferromagnetischen Resonanz

Zum Verständnis dieser Methode müßte auf die ferromagnetische Resonanz näher eingegangen werden, was nicht im Sinne dieses Buches liegt. Näheres ist dazu z. B. bei KNELLER [40] nachzulesen. Jedoch sei hier soviel gesagt, daß nach KITTEL [41] die Resonanzfrequenz bei dünnen ferromagnetischen Einkristallen von den Anisotropiekonstanten der Kristallanisotropie abhängig ist. Diese können damit aus der leicht meßbaren Resonanzfrequenz berechnet werden. Das Verfahren der *ferromagnetischen Resonanz* wurde z. B. von HEMPEL [42] bei Bariumferrit angewendet, um die räumliche Verteilung der Anisotropie zu ermitteln. Dabei wurde die Winkelabhängigkeit der Mikrowellenabsorption ausgewertet.

Literatur

1. NEEL, L.: J. Phys. Rad. 15 (1954) 225—239.
2. v. VLECK, J. H.: Proc. of the Conf. on Magnetism and Magnetic Materials, Boston 1956, 6—15.
3. Siehe z. B. BECKER, R., u. W. DÖRING: Ferromagnetismus, Berlin: Springer 1939, 112ff.
4. BOZORTH, R. M.: Phys. Rev. 50 (1936) 1076—1081.
5. SMIT, J., u. H. P. J. WIJN: Ferrite, Philips techn. Bücherei, Eindhoven 1962, 50ff.
6. FLANDERS, P. J., u. W. J. SCHUELE: Phil. Mag. 9 (1964) 485—490; Proc. of the Internat. Conf. on Magnetism, Nottingham 1964, 594—596.

7. v. VLECK, J. H.: J. Phys. Rad. 20 (1959) 124—135.
8. CALLEN, H. B., u. E. R. CALLEN: J. Phys. Chem. Sol. 16 (1960) 310—318.
9. CALLEN, E. R.: Phys. Rev. 124 (1961) 1373—1379.
10. BECKER, R., u. W. DÖRING: s. [3, S. 65ff.].
11. GUILLAUD, C.: Rev. mod. Phys. 25 (1953) 64—74.
12. MEIKLEJOHN, W. H.: J. appl. Phys. 33 (1962) 1328—1335.
13. CHIKAZUMI, S.: Physics of Magnetism, New York: Wiley 1964, 393.
14. HEIMKE, G.: KEM, H. 4—10 (1965) 1—27.
15. ROTH, W. L., u. F. E. LUBORSKY: J. appl. Phys. 35 (1964) 966—967.
16. WOHLFARTH, E. P., u. D. G. TONGE: Phil. Mag. Serie 8, 2 (1957) 1333—1344.
17. TONGE, D. G., u. E. P. WOHLFARTH: Phil. Mag. Serie 8, 3 (1958) 536—537.
18. BECKER, R., u. W. DÖRING: s. [3, S. 114ff.].
19. WILLIAMS, H. J.: Phys. Rev. 52 (1937) 747—751.
20. NEEL, L., R. PAUTHENET, G. RIMET u. V. S. GIRON: J. appl. Phys. 31 (1960) 27S—29S.
21. HEMPEL, K. A.: Z. angew. Phys. 23 (1967) 186—189.
22. STRNAT, K., G. HOFFER, J. OLSON, W. OSTERTAG u. J. J. BECKER: J. appl. Phys. 38 (1967) 1001—1002.
23. WOHLFARTH, E. P.: Research 8 (1955) 42—44; J. appl. Phys. 29 (1958) 595—596.
24. JOHNSON, C. E., u. W. F. BROWN: J. appl. Phys. 29 (1958) 313—314, 1699—1701. EAGLE, D. F., u. J. C. MALLINSON: J. appl. Phys. 38 (1967) 995—997.
25. HENKEL, O.: phys. stat. sol. 2 (1962) 78—84, 725—733, 1096—1104, 7 (1964) 919—929, 15 (1966) 211—223, 17 (1966) K99—103.
26. SCHÜLER, K.: Wissensch. Z. Hochsch. Verkehrsw. Dresden 7 (1959—1960), 57—91.
27. DRESSEL, H., u. J. STEINERT: Monatsber. DAW Berlin 6 (1964) 491—499.
28. KOUVEL, J. S., u. C. D. GRAHAM JR.: J. appl. Phys. 28 (1957) 340—343.
29. NESBITT, E. A., H. J. WILLIAMS u. R. M. BOZORTH: J. appl. Phys. 25 (1954) 1014—1020.
30. NESBITT, E. A., u. H. J. WILLIAMS: J. appl. Phys. 26 (1955) 1217—1221.
31. OGDEN, R.: Dissertation, Universität Sheffied 1964.
32. STÄBLEIN, H., u. J. WILLBRAND: Z. angew. Phys. 21 (1966) 47—51. — STÄBLEIN, H.: Techn. Mitt. Krupp, Forsch.-Ber. 24 (1966) 1—10.
33. BUNGE, H. J.: Z. Metallk. 56 (1965) 872—874; Monatsber. DAW Berlin 2 (1960) 479 bis 489, 3 (1961) 97—106.
34. BERKOWITZ, A. E., u. P. J. FLANDERS: Acta Met. 8 (1960) 823—832.
35. Siehe [3], S. 119ff. — FELDMANN, D.: Dissertation, TH Wien, 1965.
36. RATHENAU, G. W., u. J. L. SNOEK: Physica 8 (1941) 555—575.
37. ZIJLSTRA, H.: Rev. sci. Instr. 32 (1961) 634—638.
38. VOIGT, C.: Z. angew. Phys. 26 (1969) 160—165.
39. HEMPEL, K. A., u. C. VOIGT: Z. angew. Phys. 19 (1965) 108—112.
40. KNELLER, E.: Ferromagnetismus, Berlin/Göttingen/Heidelberg: Springer 1962, 188ff.
41. KITTEL, CH.: Phys. Rev. 73 (1948) 155—161, 76 (1949) 743.
42. HEMPEL, K. A.: Z. angew. Phys. 16 (1964) 395—399.

11 Rotationshysterese

11.1 Berechnung der Drehmomentkurve mit und ohne Rotationshysterese

Die Ummagnetisierung eines Ferromagnetikums kann nicht nur durch ein sich in der Größe bzw. im Vorzeichen änderndes magnetisches Feld geschehen, sondern auch durch ein sich in der Richtung änderndes Feld. Sei z. B. das Ferromagnetikum rotationssymmetrisch, und das Feld werde in einer Ebene senkrecht zur Symmetrieachse gedreht. Dann tritt eine *Rotationsmagnetisierung* bzw. *Rotationshysterese* ein. Da auch hier ausschließlich die Vorgänge bei Dauermagnetwerkstoffen interessieren, soll das Ferromagnetikum wieder aus voneinander isolierten Elementarbereichen aufgebaut sein. Die bei der Drehung des Feldes entstehende

Magnetisierungskurve ist die Drehmomentkurve. Sie kann, wie die normale Kurve, mit Hilfe der Energiebilanz [s. z. B. Gl. (9.1)] berechnet werden. Seien die Winkelbeziehungen wieder durch Bild 10.1 gegeben, dann ist hier, wie bei der normalen Hysterese, die Ableitung der Energie nach dem Winkel φ zu bilden. Dies ergibt, wenn die allgemeine Anisotropiekonstante K eingeführt wird, für n Vorzugsachsen in der Drehebene die Energiedichte entsprechend den Gln. (9.1) bis (9.4) und den Überlegungen in Abschnitt 10.7.3 dann

$$E_G = E_K + E_H = K \sin^2 n\,\varphi - H I_s \cos(\Theta - \varphi). \tag{11.1}$$

Für das Energieminimum gilt:

$$\left(\frac{\partial E_G}{\partial \varphi}\right)_{H,\Theta} = 0 = nK \sin 2\,n\,\varphi - H I_s \sin(\Theta - \varphi). \tag{11.2}$$

Sei außerdem die normierte Feldstärke $h = H/H_A$ eingeführt [1], wobei $H_A = nK/I_s$ die Anisotropiefeldstärke nach Abschnitt 9.1 ist, dann folgt aus Gl. (11.2)

$$\sin 2n\varphi = h \sin(\Theta - \varphi) \tag{11.3}$$

Die Drehmomentkurve ist definiert durch

$$\frac{D}{V} = -\frac{\mathrm{d}E_G}{\mathrm{d}\Theta} = -\frac{\mathrm{d}(E_K + E_H)}{\mathrm{d}\Theta}. \tag{11.4}$$

Da $E_K = E_K(\varphi)$ ist, wird $\partial E_K/\partial\Theta = 0$. Außerdem folgt aus Gl. (11.2), daß $\partial E_N/\partial\varphi = -\partial E_K/\partial\varphi$, so daß wird

$$\frac{D}{V} = -\frac{\partial E_H}{\partial\Theta} = -nhK \sin(\Theta - \varphi) = -nK \sin 2n\varphi. \tag{11.5}$$

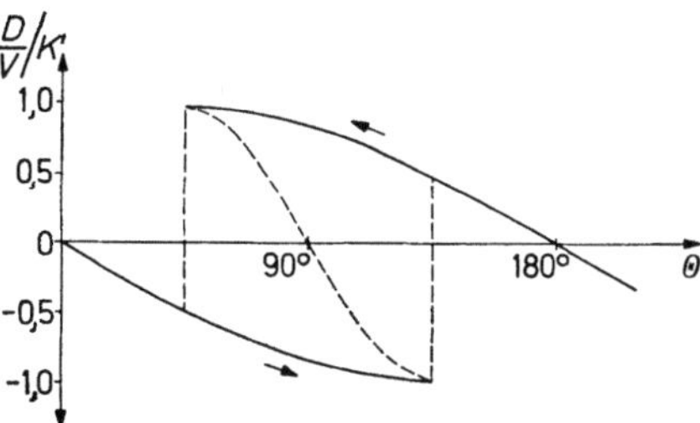

Bild 11.1. Berechnete Drehmomentkurven für Proben mit einachsiger magnetischer Anisotropie und idealer Ausrichtung der Elementarbereiche bei der normierten Feldstärke $h = 0,5$ (mit Rotationshysterese) (nach [2]).

Für die hier den Ausgangspunkt bildende einachsige Anisotropie wird dann das spezifische Drehmoment

$$\frac{D}{V} = -hK \sin(\Theta - \varphi) = -K \sin 2\varphi. \tag{11.6}$$

Die Berechnung der Kurve erfolgt so, daß zu jedem Wert der Differenz der Winkel Θ und φ der Winkel φ berechnet und dann $\sin 2\varphi$ über dem Winkel Θ aufgetragen wird.

Die Form der Drehmomentkurve ändert sich stark mit der normierten Feldstärke h, wie z. B. für einachsige Anisotropie Bild 11.1 für $h = 0,5$ zeigt [2].

Innerhalb des Bereiches $0{,}5 \leq h < 1{,}0$ der normierten Feldstärke ist die Form der Drehmomentkurve abhängig von dem Drehsinn des Feldes. Beim Drehen des Feldes treten an bestimmten Stellen irreversible Sprünge der Magnetisierung ein. Dabei springt die hinter der Feldstärke herdrehende Magnetisierung über das Energiemaximum hinweg vor die Feldstärke. Dieser Sprung ist in Bild 11.1 gut zu sehen. Die eingeschlossene Fläche ist die bei einmaliger Rechts- und dann folgender Linksdrehung des Feldes um je den Winkel $2\,\pi$ ummagnetisierte Fläche, die sogenannte Rotationshysterese. Sie ist definiert durch die Arbeit A_R, um eine ferromagnetische Probe langsam um den Winkel $\Theta = 2\,\pi$ in einem feststehenden Feld H gegen das Drehmoment D zu drehen:

$$A_R = \int\limits_{\Theta=0}^{2\pi} D\,\mathrm{d}\Theta. \tag{11.7}$$

In dem hier behandelten Fall ist die Rotationshysterese gegeben durch $A_R = 2\,\Delta E_K$, wobei ΔE_K der Energieunterschied vor und nach dem irreversiblen Sprung ist. Unter- und oberhalb des Feldstärkebereiches $0{,}5 \leq h < 1$ tritt keine Rotationshysterese auf, die Drehmomentkurve wird reversibel durchlaufen. Die Periodizität der Kurve hat sich jedoch um das Doppelte geändert. Die gestrichelte Kurve in Bild 11.1 entspricht instabilen Zuständen.

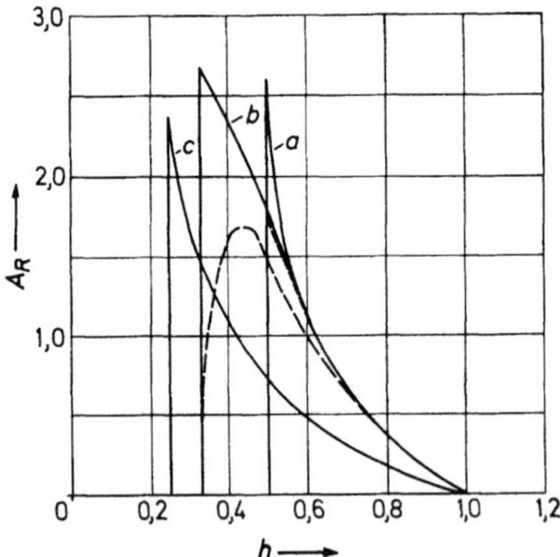

Bild 11.2. Rotationshysterese als Funktion der normierten Feldstärke h für ein- und zweiachsige Anisotropie und verschiedene Arten der Ummagnetisierung.

———— ideale Anisotropie und flächenhaft statistische Verteilung,
– – – – räumlich statistische Verteilung.

Die Größe der Rotationshysterese für den hier behandelten Fall der kohärenten Drehung der Magnetisierung bei formanisotropen Elementarbereichen (identisch mit dem der Elementarbereiche mit hoher einachsiger Kristallanisotropie) ist in Bild 11.2 (Kurve a) wiedergegeben. Dort ist gleichzeitig die Rotationshysterese für das Kugelkettenmodell von Jacobs und Luborsky [1] (s. Bilder 8.2 a′ u. b′) eingezeichnet. Dieses wurde aufgestellt, um die magnetischen Eigenschaften der ESD-Magnete zu erklären. Infolge der inkohärenten Drehmöglichkeit (s. Bild 8.2 b′), durch Auffächern senkrecht zur Drehebene, geschieht die Ummagnetisierung schon bei sehr kleinen Feldern, so daß Rotationshysterese im Feldstärkebereich $0{,}33 \leq h \leq 1{,}0$ auftritt (Kurve b). Mit zunehmender Feldstärke $h \to 1$ tritt anstelle der Drehung durch Auffächern immer mehr die durch kohärente Drehung (Bild 8.2a), so daß sich Kurve *a* und *a'* dann mehr und mehr nähern. Die so berechnete Form der Drehmomentkurve bzw. Größe der Rotationshysterese gilt für ein Ferromagnetikum mit ideal ausgerichteten ellipsoidalen Elementarbereichen. Sind diese Bereiche nicht ideal ausgerichtet, sondern flächenhaft statistisch verteilt und fällt ihre Verteilungsebene mit der Drehebene zusammen, dann ergibt sich eine Drehmomentkurve, welche im Bereich der Rotationshysterese aus zwei parallel und symmetrisch zur Abszisse verlaufenden Geraden besteht, wie Bild 11.3 für $h = 0{,}5$ zeigt. Sie ist damit unabhängig vom Winkel Θ. Unter- und oberhalb des Bereiches der Rotationshysterese fällt die Drehmomentkurve mit der Abszisse zusammen.

Bisher wurden einachsige Anisotropie in der Drehebene vorausgesetzt, wobei die Anisotropie durch Form oder Kristallaufbau hervorgerufen sein kann. In der Drehebene sind also zwei Vorzugsrichtungen vorhanden. Wird nun der Fall von

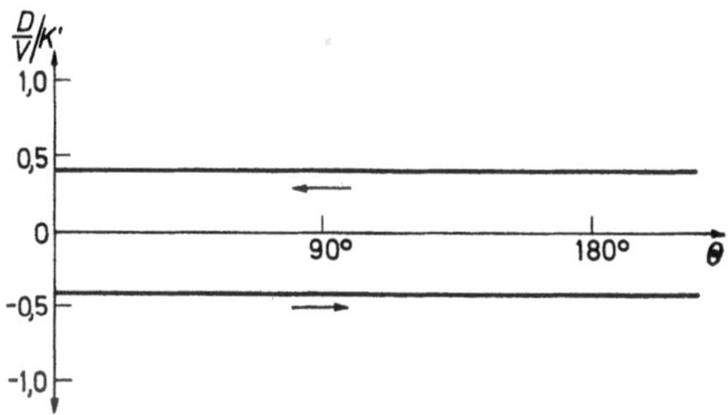

Bild 11.3. Berechnete Drehmomentkurve für Proben mit einachsiger Anisotropie und räumlich statistischer Verteilung der Vorzugsrichtungen für $h = 0{,}5$.

zweiachsiger Anisotropie in der Drehebene betrachtet, dann liegen vier Vorzugsrichtungen in der Drehebene. Die Rotationshysterese tritt jetzt im Feldstärkebereich $0{,}25 \leqq h < 0{,}1$ auf, wie z. B. DOYLE [3] sowie DRESSEL und STEINERT [4] berechnet haben (Kurve *c*). Mit zunehmender Anzahl der Vorzugsrichtungen setzt die Rotationshysterese bei immer kleineren Feldstärken h ein, um für $n \to \infty$ dann mit $h \to 0$ zu gehen. Dabei handelt es sich wohlgemerkt um voneinander abhängige Vorzugsrichtungen. Von den n Vorzugsrichtungen pro Elementarbereich kann dabei immer nur eine von der Magnetisierung belegt werden.

Die Energiefunktion ist bei Formanisotropie für jede Anzahl n der Vorzugsrichtungen durch die Gl. (11.1) gegeben. Bei Kristallanisotropie gilt dies auch für $n = 1$ und 2. Für $n > 2$, z. B. für kubische Anisotropie, ist die Energiefunktion durch die Gl. (10.2) gegeben, wobei die α_i die Richtungskosinus zwischen den Würfelkantenrichtungen der Probe und der spontanen Magnetisierung sind. Da im allgemeinen nicht alle n Vorzugsrichtungen in der Drehebene liegen, muß das gitterfeste Koordinatensystem zur Berechnung der Drehmomentkurve auf ein System transformiert werden, welches mit der Scheibe selbst verbunden ist. Als Koordinaten werden Längs- (x) und Querrichtungen (y) in Scheibenebene und die Normale (z) senkrecht zur Scheibenebene benutzt. Die Transformation kann mit Hilfe der Matrizenrechnung vorgenommen werden [5]. Von einigen Verfassen [6, 7] wurden so für verschiedene Lagen des Elementarwürfels die Drehmomentkurven berechnet. Einige sind in Tab. 11.1 wiedergegeben. Dabei ist die x-Richtung $[h\,k\,l\,]$ und die Scheibenebene $(h\,k\,l)$ angegeben.

Tab. 11.1. *Drehmomentkurven bei verschiedener Lage des Elementarwürfels*

$[h\,k\,l]$	$(h\,k\,l)$	$\dfrac{D}{V}$
$[001]$	(100)	$\dfrac{K_1}{2}\,(\sin 4\varphi)$
$[011]$	(100)	$\dfrac{K_1}{2}\,(-\sin 4\varphi)$
$[001]$	(110)	$\dfrac{K_1}{8}\,(2\sin 2\varphi + 3\sin 4\varphi) + \dfrac{K_2}{64}\,(\sin 2\varphi + 4\sin 4\varphi - 3\sin 6\varphi)$
$[1\bar{1}0]$	(110)	$\dfrac{K_1}{8}\,(-2\sin 2\varphi + 3\sin 4\varphi) + \dfrac{K_2}{64}\,(-\sin 2\varphi + 4\sin 4\varphi + 3\sin 6\varphi)$
$[1\bar{1}1]$	(110)	$\dfrac{K_1}{24}\,(-2\sin 2\varphi - 7\sin 4\varphi) + \dfrac{K_1}{3\sqrt{2}}\,(\cos 2\varphi - \cos 4\varphi)$ $+ \dfrac{K_2}{576}\,(-3\sin 2\varphi - 28\sin 4\varphi - 23\sin 6\varphi) +$ $+ \dfrac{K_2}{144\sqrt{2}}\,(3\cos 2\varphi - 8\cos 4\varphi + 5\cos 6\varphi) +$
$[1\bar{1}0]$	(111)	$\dfrac{K_2}{18}\,(\sin 6\varphi)$
$[11\bar{2}]$	(111)	$\dfrac{K_2}{18}\,(-\sin 6\varphi)$
$[01\bar{1}]$	(211)	$\dfrac{K_1}{24}\,(2\sin 2\varphi - 7\sin 4\varphi) + \dfrac{K_2}{576}\,(-13\sin 2\varphi + 20\sin 4\varphi - 25\sin 6\varphi)$
$[1\bar{1}\bar{1}]$	(211)	$\dfrac{K_1}{24}\,(-2\sin 2\varphi - 7\sin 4\varphi) + \dfrac{K_2}{576}\,(13\sin 2\varphi + 20\sin 4\varphi + 25\sin 6\varphi$
$[112]$	$(\bar{1}10)$	$\dfrac{K_1}{24}\,(-2\sin 2\varphi + 7\sin 4\varphi) + \dfrac{K_2}{576}\,(5\sin 2\varphi + 52\sin 4\varphi + 20\sin 6\varphi)$
$[121]$	(123)	$\dfrac{K_1}{100}\,(5\sin 2\varphi + 2\sin 4\varphi)$

11.2 Rotationshysterese bei langen Zylindern

Die bisher betrachtete Rotationshysterese für einachsige Anisotropie beginnt bei der Feldstärke $H = K/I_s$ und verschwindet bei der Feldstärke $H = 2\,K/I_s$. Sie wurde dabei für rotationsellipsoidale Elementarbereiche mit kohärenter Ummagnetisierung und ohne Wechselwirkung berechnet. In praxi tritt dieses selten auf. Deshalb wurde von AHARONI und SHTRIKMAN [8] die Rotationshysterese für den unendlich langen Zylinder berechnet. Sie führen den charakteristischen Radius

$R_0 = \sqrt{A}/I_s$ mit $A = $ Austauschenergiekonstante und den relativen Radius $S = R/R_0$ ein. Dann zeigt sich, daß die irreversible Drehung der Magnetisierung bei um so kleineren Feldern h einsetzt, je größer R wird, wie Bild 11.4 zeigt. Als Ordinate ist die normierte Rotationshysterese aufgetragen. Es treten mit zu-

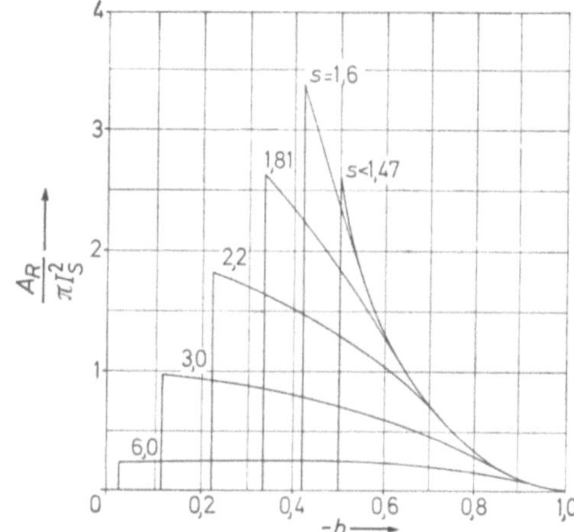

Bild 11.4. Abhängigkeit der Rotationshysterese von der relativen Feldstärke bei langen Zylindern mit verschiedenem relativen Radius $S = R/R_0$ (nach [8]).

nehmendem Radius immer eher Ummagnetisierungskeime auf und erniedrigen damit die Ummagnetisierungsfeldstärke. Dies kann als eine Ummagnetisierung nach dem inkohärenten curling-Prozeß angenommen werden. Dabei kann keine Wechselwirkung auftreten [9].

11.3 Integral der Rotationshysterese

Von JACOBS und LUBORSKY [10] wurde das *Integral P_R der Rotationshysterese A_R* eingeführt. Es ist definiert zu

$$P_R = \int\limits_{1/H=0}^{\infty} \frac{A_R}{I_s}\, \mathrm{d}\left(\frac{1}{H}\right). \tag{11.8}$$

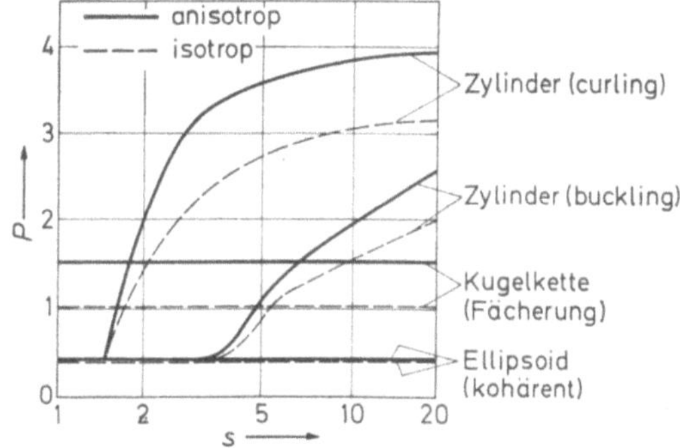

Bild 11.5. Abhängigkeit des Integrals P der Rotationshysterese vom relativen Radius $S = R/R_0$ bei verschiedener Partikelform und isotroper bzw. anisotroper Verteilung der Vorzugsrichtungen (nach [11, 13]).

Das Integral ist abhängig vom Ummagnetisierungsprozeß und damit von der Teilchenform und von der Ausrichtung der Teilchen, wie z. B. Bild 11.5 zeigt [11].

Für die kohärente Drehung und für das Kugelkettenmodell sind die Werte in Tab. 11.2 aufgeführt. Da für ideale Ausrichtung und für flächenhafte Verteilung die Rotationshysterese A_R gleich ist, ist dafür auch das Integral P_R gleichgroß.

Für den unendlich langen Zylinder hängt, wie die Bilder 11.4 und 11.5 erkennen lassen, der Wert des Integrals P_R vom Radius ab, ist aber auch hier noch von der Ausrichtung abhängig. Die Ummagnetisierung ist dann durch den

Tab. 11.2. *Berechnete Werte des Integrals P_R der Rotationshysterese A_R für verschiedene Arten der Ummagnetisierung*

Art der Ummagnetisierung	P_R	Literatur
kohärent, einachsig		
ideale Ausrichtung		
flächenhaft statistische Verteilung	0,415	
räumlich statistische Verteilung	0,380	[10]
kohärent, zweiachsig		
ideale Ausrichtung		
flächenhaft statistische Verteilung	1,54	[3]
räumlich statistische Verteilung	—	
Kugelketten, Fächerung		
flächenhaft statistische Verteilung	1,54	
räumlich statistische Verteilung	1,02	[10]

Tab. 11.3. *Gemessene und berechnete Werte des Integrals P_R der Rotationshysterese für einige Eisen- bzw. Eisen-Kobalt-Proben (nach [10])*

Probe	$P_{R,\ gemessen}$	$P_{R,\ berechnet}$
163 Fe	$1,41 \pm 0,02$	$1,39 \pm 0,01$
170 Fe—Co	$1,47 \pm 0,03$	$1,43 \pm 0,01$
225 Fe	$1,28 \pm 0,03$	$1,30 \pm 0,01$
224 Fe—Co	$1,40 \pm 0,02$	$1,36 \pm 0,01$
226 Fe	$1,58 \pm 0,02$	$1,54 \pm 0,01$

curling-Prozeß denkbar. Die Drehprozesse nach Tab. 11.2 führen als kohärente Art der Ummagnetisierung zu keiner Abhängigkeit der Rotationshysterese von der Größe der Elementarbereiche.

Die für das Kugelkettenmodell berechneten Werte des Integrals der Rotationshysterese stimmen sehr gut mit experimentellen Werten von ESD-Magneten überein. Dies ist z. B. in Tab. 11.3 für einige Legierungen, bestehend aus Eisen- oder Eisen-Kobalt-Elementarbereichen, nach JACOBS und LUBORSKY [10] dargestellt. Weitere Untersuchungen der Rotationshysterese von OPPEGARD u. a. [12] an ESD-Partikeln aus Eisen bzw. Eisen-Kobalt bestätigen mit $P_R \approx 1,42$ das Kugelketten-Modell.

Von LUBORSKY und MORELOCK [13] wurde bei der Untersuchung von Whiskern (s. Abschnitt 25) aus Eisen bzw. Eisen-Kobalt auch die Rotationshysterese bestimmt. Die Bestimmung des Integrals P_R für Eisen-Whisker mit flächenhafter Verteilung der langen Achsen der Whisker ergab hohe Werte. Durch Vergleich mit der oberen Kurve in Bild 11.4 wird sehr nahegelegt, daß die Ummagnetisierung bei diesen sehr langen Elementarbereichen, die wenig kristalline Fehlstellen aufweisen, durch den curling-Prozeß vor sich gehen. Sie entsprechen damit weitgehend den theoretischen Erwartungen des unendlich langen Zylinders.

Untersuchungen des Integrals der Rotationshysterese von LUBORSKY und MORELOCK [14] an Kobalt-Whiskern zeigen, daß dieses unabhängig vom Durchmesser ist, also auf eine kohärente Ummagnetisierung hinweist. Da der Wert bei $P_R \approx 2$ liegt, muß neben dem Form- noch ein Kristallanisotropieanteil vorliegen. Von RASSMANN und HENKEL [15] wurde z. B. das Integral P_R für kaltverformte Eisen-Nickel-Chrom-Legierungen bestimmt. Die Werte liegen zwischen 1,7 und 3,75 und deuten auf inkohärente Ummagnetisierung hin.

11.4 Bestimmung von Art und Verteilung der Anisotropie aus den Drehmomentkurven

Wie aus dem bisherigen hervorgeht, gestattet die Beachtung der Drehmomentkurve bzw. Rotationshysterese einen vertieften Einblick in den jeweils vorherrschenden Prozeß der Ummagnetisierung und damit in den Aufbau des Werkstoffes. Die gemessenen Kurven weichen in der Form sehr stark von den berechneten ab, wie Bild 11.6 für eine stark kaltgewalzte Kupfer-Nickel-Eisen-Probe zeigt. Dies

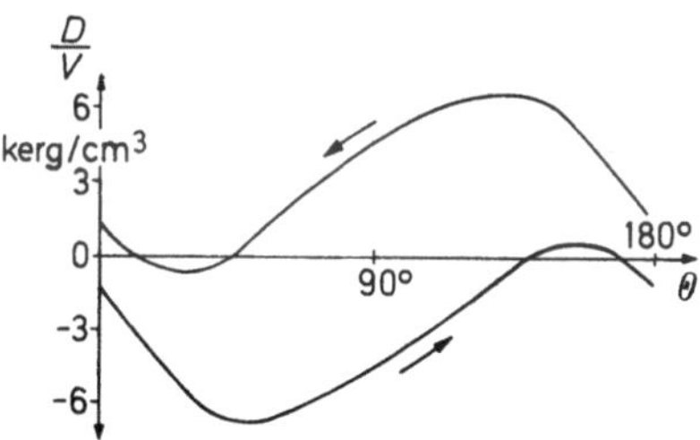

Bild 11.6. Gemessene Drehmomentkurve an einer kaltverformten Kupfer-Nickel-Eisen-Probe mit starker Rotationshysterese (nach [7]).

kann, wie z. B. bei MÜLLER und SCHÜLER [2] klargelegt, durch Variation der Größe der Anisotropiekonstanten, durch nicht ideale Ausrichtung der Vorzugsrichtungen oder durch Mischung von ausgerichteten und statistisch verteilten Vorzugsrichtungen hervorgerufen werden. Wenn alle drei Effekte berücksichtigt werden, kann die theoretische der experimentellen Form der Drehmomentkurve angeglichen werden. Alle drei Effekte geben ein Kippen der Kurve und der dritte Effekt ein Öffnen derselben. Der erste Effekt führt zu einem Auftreten von Rotationshysterese in einem großen Bereich der Feldstärke.

Aus einer modifizierten Drehmomentmessung kann z. B. die Verteilung der Größe der Anisotropie ermittelt werden. Dies haben FLANDERS und SHTRIKMAN [16] mit Hilfe der remanenten Drehmomentkurven für isotropes Bariumferrit getan. Das Meßfeld wird stufenweise erhöht. Aus den Kurven wurde dann eine durchschnittliche Anisotropiekonstante von $K = 2{,}1 \pm 0{,}2\ \mathrm{Merg/cm^3}$, aus Messungen an anisotropem Bariumferrit von $K = 3{,}3\ \mathrm{Merg/cm^3}$ [17] ermittelt, so daß der so gefundene Wert für isotropes Bariumferrit als befriedigend übereinstimmend anzusehen ist. Von BERKOWITZ und FLANDERS [18, 19] wurde die Eignung der Methode für die Bestimmung der Verteilung der Anisotropie ausführlich studiert.

4*

11.5 Drehmomentkurven bei Überlagerung von zwei Arten der Anisotropie

Von NESBITT und WILLIAMS [20] und NESBITT, WILLIAMS und BOZORTH [21] wurden die Drehmomentkurven von AlNi 120 bzw. AlNiCo 500 aufgenommen. Sie versuchten, den Einfluß der einachsigen Formanisotropie der Ausscheidungen von dem der Kristallanisotropie zu trennen. In der gewählten Drehebene sind die Ausscheidungen in zwei zueinander senkrechten Richtungen vorhanden. Beide Anisotropieanteile ergeben demnach sin 4φ-artige Drehmomentkurven. Die Vorzeichen der beiden Anisotropien sind aber entgegengesetzt. Dies folgt aus der Überlagerung der Drehmomentkurven der zwei Gruppen Ausscheidungen, wobei die Resultierende ihr Vorzeichen ändert, wie in [21] auseinandergesetzt wird.

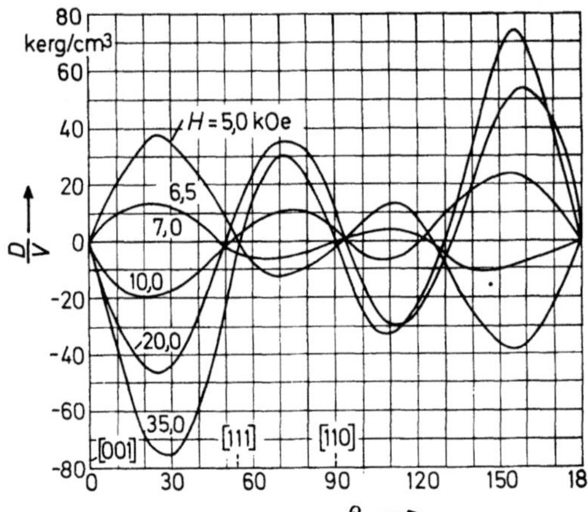

Bild 11.7. Gemessene Drehmomentkurven an einer Scheibe von Fe$_2$NiAl bei verschiedener äußerer Feldstärke (nach [20]).

Außerdem verschwindet für Feldstärken $H \to \infty$ die Amplitude der Drehmomentkurve einer Probe, bestehend aus zwei Gruppen von Teilchen, deren lange Achsen senkrecht zueinander stehen. Dies wurde in [20, 21] berechnet und ist in Bild 11.7 zu sehen. Dort ist gleichzeitig die Amplitude für eine Probe eingezeichnet, die aus nur einer Gruppe von ausgerichteten Partikeln mit je einer Vorzugsrichtung besteht. Die Drehmomentkurve der Kristallanisotropie verschwindet natürlich nicht bei hohen Feldstärken und bleibt deshalb als einziger Anteil bei der Überlagerung übrig, wie z. B. Bild 11.7 zeigt. Wegen des entgegengesetzten Vorzeichens ändert mit zunehmender äußerer Feldstärke H die Drehmomentkurve auch ihr Vorzeichen. Die Bilder 11.7 und 11.8 zeigen also, daß bei AlNi 120 ein kleiner Anteil Kristallanisotropie neben der großen Formanisotropie vorhanden ist, bei AlNiCo 500 dagegen kein Anteil der Kristallanisotropie.

Eine *Umkehr des Vorzeichens des magnetischen Drehmomentes* wurde nach WILLIAMS u. a. [22] auch bei im magnetischen Feld geglühten Kobalt-Ferriten entdeckt. Es wurde hier als Beweis für das Vorhandensein von formanisotropen Ausscheidungen angesehen. Von CHIKAZUMI [23] wurde verallgemeinernd berechnet, daß diese Umkehr immer dann eintreten sollte, wenn durch eine Wärmebehandlung im magnetischen Feld eine magnetische Anisotropie erzeugt wird. Sei K_u die Konstante der induzierten einachsigen Anisotropieenergie und K_K die Konstante der (z. B. kubischen) Kristallanisotropieenergie, dann wird bei $K_K > 0$

und $HI_s \gg K_u$ für $H > (8\,K_u^2)/(3\,K_K/I_s)$ das Vorzeichen der Anisotropieenergie und damit das Vorzeichen der Drehmomentkurve geändert. Anisotrope Partikel brauchen also nicht notwendig anwesend zu sein.

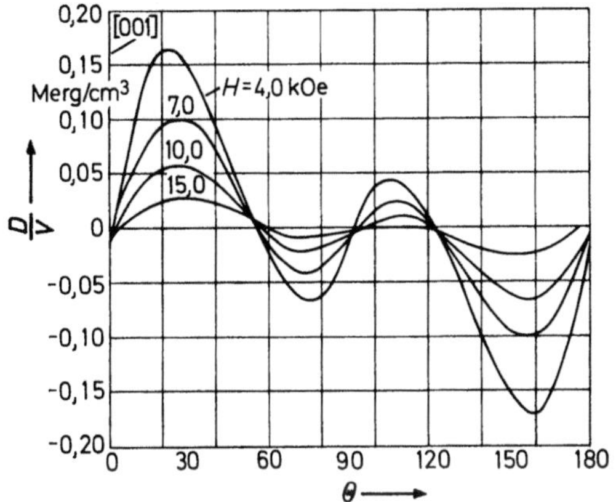

Bild 11.8. Gemessene Drehmomentkurven an einer Scheibe von AlNiCo 500 bei verschiedener äußerer Feldstärke (nach [21]).

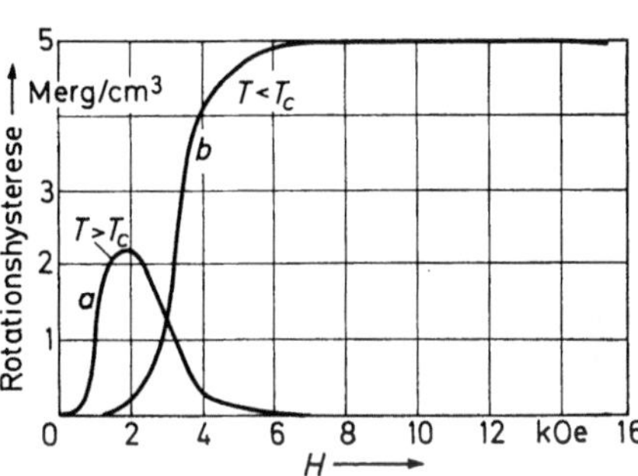

Bild 11.9. Rotationshysterese bei oberflächlich oxydierten Kobalt-Partikeln (200 Å). a bei 300 °K, oberhalb T_N; b bei 77 °K, unterhalb T_N (nach [24]).

11.6 Rotationshysterese bei Austauschanisotropie

Die Austauschanisotropie rührt von einer magnetischen Wechselwirkung her. Die Drehmomentkurve ist nur $\sin\varphi$-förmig, und die Rotationshysterese verschwindet nicht bei höheren Feldern [24, 25]. In Bild 11.9 ist für CoO—Co die nicht verschwindende Rotationshysterese bei Temperaturen unterhalb der Neel-Temperatur T_N zu sehen. Oberhalb der Neel-Temperatur liegt infolge verschwindender Spinkopplung eine normale Rotationshysterese vor.

Literatur

1. JACOBS, J. S., u. F. E. LUBORSKY: J. appl. Phys. 28 (1957) 467—473.
2. SCHÜLER, K.: Wissensch. Z. Hochsch. Verkehrsw. Dresden 7 (1958) 57—91.
   MÜLLER, H. G., u. K. SCHÜLER: Wissensch. Z. Hochsch. Verkehrsw. Dresden 7 (1959 bis 1960) 27—56.
3. DOYLE, W. D.: J. appl. Phys. 35 (1964) 929—930; IEEE Trans. on Magnetics 2 (1966) 68—73.
4. DRESSEL, H., u. J. STEINERT: Monatsber. DAW Berlin 6 (1964) 491—499.
5. Siehe z. B. MÜLLER, H. G., u. P. MUTH: Wissensch. Z. Hochsch. Verkehrsw. Dresden 5 (1957) 305—318.
6. BOZORTH, R. M.: Ferromagnetism, New York: Van Nostrand 1955, 579.
7. SCHÜLER, K.: Dissertation, Universität Halle (1959).
8. AHARONI, A., u. S. SHTRIKMAN: Phys. Rev. 109 (1958) 1522—1528; J. appl. Phys. 30 (1959) 70S—78S.
9. HEIMKE, G.: KEM, Heft 4—10 (1965) 1—27.
10. JACOBS, J. S., u. F. E. LUBORSKY: Proc. of the Conf. on Magnetism and Magnetic Materials, Boston 1956, 145—162.
11. LUBORSKY, F. E.: J. appl. Phys. 32 (1961) 171S—183S.
12. OPPEGARD, A..L., F. J. DARNELL u. H. C. MILLER: J. appl. Phys. 32 (1961) 184S—187S.
13. LUBORSKY, F. E., u. C. R. MORELOCK: J. appl. Phys. 35 (1964) 2055—2066.
14. LUBORSKY, F. E., u. C. R. MORELOCK: Proc. of the Internat. Conf. on Magnetism, Nottingham 1964, 763—766.

15. RASSMANN, G., u. O. HENKEL: phys. stat. sol. 1 (1961) 517—522.
16. FLANDERS, P. J., u. S. SHTRIKMAN: J. Phys. Soc. Japan 17, B-I (1962) 673—674.
17. DE BITETTO, D. J., F. K. DU PRE u. F. G. BROKMAN: Final Report "Hexagonal magnetic materials for microwave applications" (May 1956—July 1961), Irvington, N.Y. (nicht veröffentlicht).
18. BERKOWITZ, A. E., u. P. J. FLANDERS: Acta Met. 8 (1960) 823—832.
19. BERKOWITZ, A. E.. u. P. J. FLANDERS: Franklin Inst. Rep. Nr. F 2482 (1957); J. appl. Phys. 29 (1958) 314—316.
20. NESBITT, E. A., u. H. J. WILLIAMS: J. appl. Phys. 26 (1955) 1217—1222.
21. NESBITT, E. A., H. J. WILLIAMS u. R. M. BOZORTH: J. appl. Phys. 25 (1964) 1014—1020.
22. WILLIAMS, H. J., R. D. HEIDENREICH u. E. A. NESBITT: J. appl. Phys. 27 (1956) 85—89.
23. CHIKAZUMI, S.: J. Phys. Soc. Japan 11 (1956) 718—719.
24. MEIKLEJOHN, W. H.: J. appl. Phys. 29 (1958) 454—455, 33 (1962) 1328—1335.
25. SCHMID, H.: Ber. d. Arbeitsgem. Ferromagnetismus 1959, 15—29.

12 Koerzitivfeldstärke

12.1 Allgemeines

Der Zweck der theoretischen Untersuchungen über die Ummagnetisierungsvorgänge bei Dauermagnetwerkstoffen liegt darin, die Magnetisierungskurve berechnen zu können. Damit ist dann die Entmagnetisierungskurve bekannt. Gelingt die Berechnung nicht, dann wird versucht, zumindest die Koerzitivfeldstärke zu berechnen. Sie ist ein Maß für den Widerstand gegenüber der Ummagnetisierung und soll also bei den Dauermagnetwerkstoffen sehr hoch sein. Der Berechnung zugänglich ist ausschließlich die Koerzitivfeldstärke $_IH_c$, welche aber natürlich proportional der technisch wichtigen Größe $_BH_c$ ist. Dabei gilt immer $_IH_c \geqq {}_BH_c$, wobei das Gleichheitszeichen nur bei rechteckförmigen Entmagnetisierungskurven gilt.

Die Koerzitivfeldstärke eines homogenen Werkstoffes ist eindeutig bestimmt. Sie ist definitionsgemäß überall im Werkstoff gleich. Bei einem inhomogenen Werkstoff, der also aus mehreren Phasen (Gefügezuständen o. ä.) mit z. B. unterschiedlicher Kristallanisotropie besteht, ist die resultierende Koerzitivfeldstärke abhängig von der der Phasen, den Volumenanteilen und ihrer eventuellen Wechselwirkung. Bei Werkstoffen mit formanisotropen Elementarbereichen ist infolge vorhandener Verteilung der Anisotropiekonstanten die resultierende Koerzitivfeldstärke gleichfalls von der Verteilung abhängig. Es folgt aus den Untersuchungen z. B. von OSMOND [1], WOHLFARHT [2] sowie KNELLER und LUBORSKY [3], daß die resultierende Koerzitivfeldstärke schon durch kleine Volumenanteile von niedrigkoerzitiven Phasen oder Partikeln sehr stark erniedrigt werden kann. Auf diese Erniedrigung der Koerzitivfeldstärke bei Phasen und Partikeln sei hier näher eingegangen. Dabei ist es sinnvoll, zwischen Kristall- und Formanisotropie zu unterscheiden.

12.2 Koerzitivfeldstärke, von der Formanisotropie herrührend

Entsprechend der Auffassung der *Mikromagnetik* ist dabei das Ferromagnetikum aus formanisotropen Partikeln aufgebaut, wobei die Partikel durch schwach- oder nichtferromagnetische Zwischenschichten getrennt sind. Eine Wechselwirkung sei nicht vorhanden. Dann ist die Koerzitivfeldstärke einmal abhängig von der Form der Partikel, welche die Art der Ummagnetisierung (kohärent oder nicht kohärent) bestimmen. Weiterhin ist sie auch von der Größe der Partikel abhängig. Diese werden in drei Gruppen unterteilt:

1. Superparamagnetische Teilchen,
2. Mehrbereichsteilchen,
3. Elementarbereichsteilchen.

Es wird dabei vorausgesetzt, daß die Magnetisierung in allen drei Gruppen unabhängig vom Durchmesser konstant ist. Dies trifft für die letzten beiden Gruppen bestimmt zu. Nach Untersuchungen von LUBORSKY und LAWRENCE [4], VOGT u. a. [5] und HELLENTHAL [6] gilt dies auch für die erste Gruppe. Es kann dabei aber die Curie-Temperatur eine Funktion des Durchmessers sein [7].

12.2.1 Superparamagnetische Teilchen und ihre Koerzitivfeldstärke

Wie aus Kapitel 2 hervorgeht, kann der *Superparamagnetismus*, ähnlich dem Paramagnetismus, mittels der *Langevin-Funktion* beschrieben werden [8], wobei an Stelle des magnetischen Atommomentes μ das Moment des superparamagnetischen Bereiches VI_s gesetzt wird. Neben dem formalen Unterschied hat aber der superparamagnetische Bereich außerdem eine magnetische Vorzugsrichtung infolge der Anisotropie. Dies ist zu berücksichtigen, indem mit $HI_s = K$ jetzt $\alpha = VK/kT$ eingeführt wird.

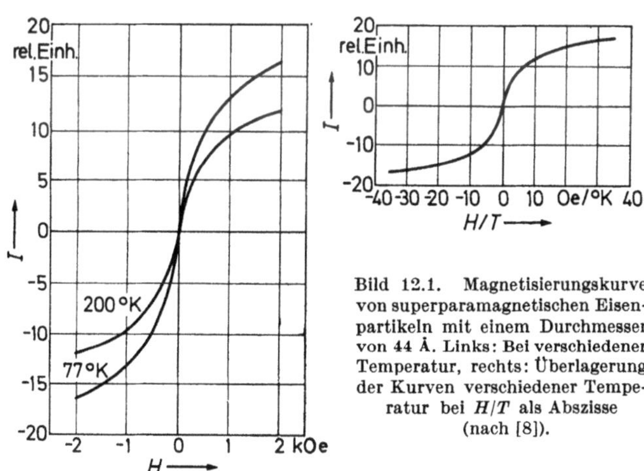

Bild 12.1. Magnetisierungskurve von superparamagnetischen Eisenpartikeln mit einem Durchmesser von 44 Å. Links: Bei verschiedener Temperatur, rechts: Überlagerung der Kurven verschiedener Temperatur bei H/T als Abszisse (nach [8]).

Die beim Anlegen eines Feldes stattfindende Gleichgewichtseinstellung der Magnetisierung ist abhängig von dem Verhältnis VK/kT und ist um so langsamer, je größer das Volumen und je größer die Anisotropie bei gegebener Temperatur ist. Ein *Bereich* wird dann *superparamagnetisch* genannt, wenn die Gleichgewichtseinstellung, d. h. die durch thermische Energie erzeugte Brown-Drehung der Magnetisierung innerhalb 10^2 Sekunden stattfindet. Dann hat er einen Durchmesser, der unterhalb des *kritischen Durchmessers d_P für superparamagnetisches Verhalten* liegt. Die schnelle Gleichgewichtseinstellung der Magnetisierung hat zur Folge, daß bei konstanter Temperatur zu jeder Feldstärke nur ein einziger Magnetisierungszustand existiert. Es ist also keine Hysterese vorhanden, wie auch schon die Funktion $L(\alpha)$ aussagt. Da die Einstellung proportional H/T ist, muß die Form des Magnetisierungskurve unabhängig von H/T sein, d. h., daß die Magnetisierungskurven verschiedener Temperatur überlagert werden können, wenn auf der Abszisse statt H jetzt H/T gewählt wird. Dies ist in Bild 12.1 für Eisen-Partikel mit 44 Å Durchmesser nach BEAN und LIVINGSTON [8] gut zu sehen. Die Eigenschaft der Überlagerung bildet das Hauptkriterium des Superparamagnetismus. Die Höhe der Energieschwelle hängt stark von der Wechselwirkung der Bereiche ab. Mit steigender Wechselwirkung erhöht sich die Energieschwelle und damit die Zeit der Gleichgewichtseinstellung. Außerdem ist die Magnetisierungskurve nicht mehr überlagerbar.

Die verschwindende Hysterese hat beim superparamagnetischen Bereich verschwindende Remanenz und Koerzitivfeldstärke zur Folge. Dies gilt im gesamten superparamagnetischen Bereich.

12.2.2 Mehrbereichsteilchen und ihre Koerzitivfeldstärke

Ein *Mehrbereichsteilchen* besteht aus mehreren Bereichen, die unter Umständen eine Wechselwirkung aufeinander ausüben können. Dabei läuft die Ummagnetisierung durch Wandverschiebungen und Drehungen ab. Kann die Wechselwirkung vernachlässigt werden und weist der Werkstoff so wenig Störungen oder Ein-

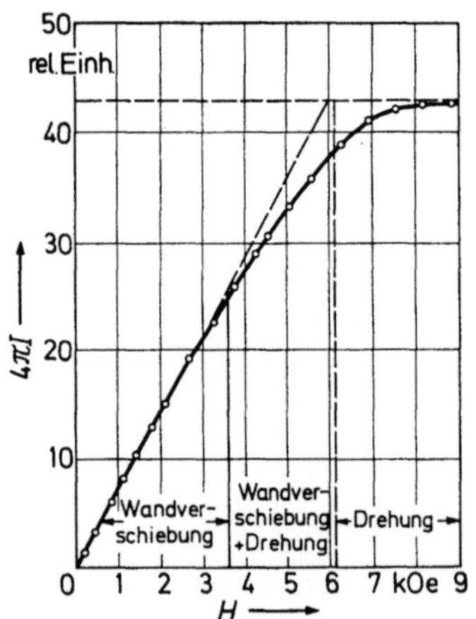

Bild 12.2. Magnetisierungskurve von Mehrbereichsteilchen ohne magnetische Wechselwirkung aus Eisenpulver in Kunststoff (3 Vol.-% Eisen) (nach [9]).

schlüsse auf, daß die Wand nicht dadurch festgehalten wird, dann sind die Wandverschiebungen und Drehungen nur reversibel. Die Magnetisierungskurve wird in diesem Falle nur reversibel durchlaufen und weist keine Hysterese auf. Dies wurde z. B. von BEAN und JACOBS [9] für Karbonyleisenpulver von 6 μm Durchmesser, welches mit viel Kunststoff vermischt wurde, gezeigt (s. Bild 12.2). Der *kritische Durchmesser, bei dem Elementarbereichsverhalten vorliegt,* beträgt dabei $d_k \approx 0,02$ μm.

Im allgemeinen werden aber auch irreversible Prozesse zu erwarten sein. Diese werden mit der Annäherung an d_k, den kritischen Durchmesser für Elementarbereiche, zunehmen. Somit erscheint die von KITTEL [10] zuerst abgeleitete Abnahme der Koerzitivfeldstärke mit zunehmendem Durchmesser d entsprechend $H_c \sim d_k/d$ einigermaßen plausibel. Sie wurde z. B. auch von AMAR [11] für verschiedene wahrscheinliche Bezirksanordnungen abgeschätzt. Eine voll befriedigende Theorie fehlt allerdings bisher, obwohl eine große Anzahl von Meßergebnissen vorliegt [12].

12.2.3 Elementarbereiche und ihre Koerzitivfeldstärke

Wie aus dem Vorhergehenden folgt, ist die Berechnung der Koerzitivfeldstärke bisher allein für das Elementarbereichsverhalten sinnvoll. Dabei wurden von KITTEL [13] bzw. STONER und WOHLFARTH [14] die Koerzitivfeldstärke für einachsige und von NEEL [15] für dreiachsige Anisotropie berechnet, unter der Annahme kohärenter Ummagnetisierung. Sei K die Anisotropiekonstante, dann folgt daraus

bei idealer Anisotropie

$$_IH_c = \frac{2K}{I_s} \tag{12.1}$$

bei idealer Isotropie

a) eine Vorzugsrichtung

$$_IH_c = 0{,}96 \, \frac{K}{I_s} \tag{12.2}$$

b) drei Vorzugsrichtungen

$$_IH_c = 0{,}64 \, \frac{K}{I_s} \tag{12.3}$$

Für die hier betrachtete Formanisotropie wird die Anisotropiekonstante

$$K_F = \frac{1}{2} \, (N_b - N_a) \, I_s^2. \tag{12.4}$$

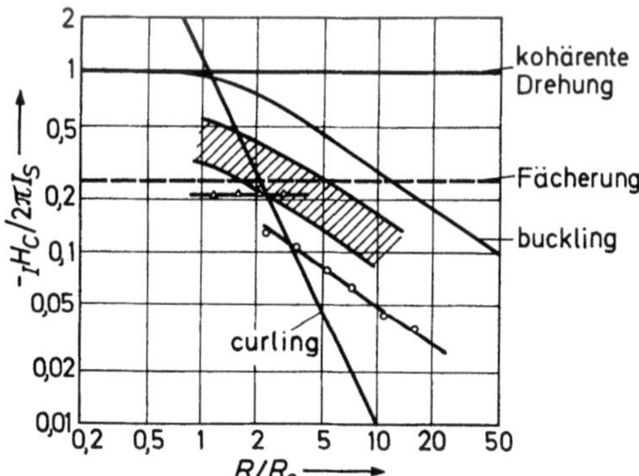

Bild 12.3. Normierte Koerzitivfeldstärke von langen Zylindern als Funktion des relativen Radius R/R_0 für verschiedene Arten der Ummagnetisierung nach [22]
$$R_0 = \sqrt{A}/I_s.$$
$\Delta - \Delta$ Meßpunkte bei ESD [50]
$o - o$ Meßpunkte bei länglich gezogenem Eisen [50]
////// Meßpunktbereich für Kobalt-Whisker [32].

Bei idealer, d. h. vollständiger Anisotropie, ist die Magnetisierungskurve rechteckig. Die Koerzitivfeldstärke ist dann gleich der Keimbildungsfeldstärke, d. h. gleich der Feldstärke, bei der die erste Abweichung von der homogenen Magnetisierung auftritt. Diese Feldstärke wird durch die Gln. (12.1) bis (12.4) gegeben. Die Größe $2K/I_s$ wird auch die Anisotropiefeldstärke H_A genannt. Diese gibt also das theoretische Maximum der Koerzitivfeldstärke und damit das maximale kritische Ummagnetisierungsfeld an. Für Feldstärken $H > H_A$ wird die Kopplung der Magnetisierung an die Vorzugslage überwunden.

Aus theoretischen Überlegungen [16] folgt, daß die kohärente Ummagnetisierung der einzige Prozeß ist, bei dem $_IH_c = H_A$ ist und außerdem unabhängig vom Durchmesser sein soll, wie z. B. in Bild 12.3 gezeigt ist.

Experimentell wird bei mehreren Werkstoffen mit vorherrschender Formanisotropie eine Abhängigkeit der Koerzitivfeldstärke von dem Teilchendurch-
messer festgestellt. Zur Erklärung dessen wurden die in Bild 8.2 dargestellten
inkohärenten Moden der *Ummagnetisierung* durch den buckling- bzw. curling-
Prozeß näher untersucht [17]. Wie Bild 12.3 zeigt, weisen beide Prozesse eine
starke Abhängigkeit der Koerzitivfeldstärke vom Durchmesser auf. Diese Moden
tragen der meist nicht ellipsoidalen Stabform und dem nicht idealen Kristallaufbau der Partikel Rechnung.

Von JACOBS und BEAN [18] wurde die inkohärente Ummagnetisierung an
Kugelketten durch Auffächern der Magnetisierungsvektoren näher untersucht.
Wie Bild 12.3 zeigt, ist hier trotz inkohärenter Ummagnetisierung eine vom Durch-
messer unabhängige Koerzitivfeldstärke zu erwarten. Es wird die normierte
Koerzitivfeldstärke

$$h_c = \frac{{}_I H_c}{H_A} = \frac{{}_I H_c \cdot I_s}{2K}$$

benutzt.

12.3 Koerzitivfeldstärke, von der Kristallanisotropie herrührend

Das Ferromagnetikum soll hier als zylinderförmiger Kristall vorliegen, also
eine vernachlässigbare Formanisotropie aufweisen. Dann folgt aus der Theorie
des Mikromagnetismus [16], daß für die Keimbildung (und damit für die Koerzitivfeldstärke) bei kohärenter Ummagnetisierung gelten soll:

$$H_N = \frac{2K_1}{I_s} - 2\pi I_s, \tag{12.5}$$

also unabhängig vom Durchmesser der Partikel ist. Beim curling- und buckling-
Prozeß ist theoretisch eine Abnahme der *Keimbildungsfeldstärke* mit zunehmendem
Zylinderdurchmesser vorhanden, wobei für sehr große Radien der Grenzwert

$$H_N(\infty) = \frac{2K_1}{I_s} \tag{12.6}$$

vorliegen soll.

Von BROWN [16] wurde schon 1945 darauf hingewiesen, daß die Theorie des
Mikromagnetismus zu Keimbildungsfeldstärken führt. welche um den Faktor 10^3
bis 10^4 größer als die an makroskopischen Proben gemessenen Koerzitivfeldstärken
sind (*Brownsches Paradoxon*).

Zur Klärung dessen wurde z. B. eine Reduzierung der Keimbildungsfeldstärke
durch den Einfluß von Gitterfehlstellen, wie z. B. Versetzungen, Ätzgruben,
Stapelfehler usw., angenommen [19, 20]. Von ABRAHAM und AHARONI [19] wurde
so gezeigt, daß Bereiche mit verschwindender Kristallanisotropie in einem sonst
ungestörten Kristall zu einer Erniedrigung der Koerzitivfeldstärke um den Faktor 10 führen können. Wie aber KRONMÜLLER [21] zeigt, ist bei Annahme einer
sinnvollen Fehlstellendichte keine Deutung der Experimente an makroskopischen
Proben möglich. Diese Experimente wurden besonders an Whiskern durchgeführt,
die eine sehr kleine Versetzungsdichte besitzen.

Eine andere Lösungsmöglichkeit des Brownschen Paradoxons scheint in dem Vorhandensein starker Streufelder an scharfen Kanten zu liegen. Es ist zu vermuten, daß diese Streufelder an den Stirnflächen die Keimbildungsfeldstärke genügend erniedrigen [22]. Wie DEBLOIS und BEAN [23] an Eisen-Whiskern fanden, ist bei Durchmessern im Bereich einiger μm in einem nicht gestörten Mittelteil nahezu die theoretische Koerzitivfeldstärke von 560 Oe vorhanden; der Meßwert betrug im Mittel 470 Oe. An den scharfen Ecken der Stirnflächen wurden Abschlußbezirke, d. h. Ummagnetisierungskeime, gefunden. Ausgehend von älteren Rechnungen an Zylindern unendlicher Länge wurden von HOLZ [24] Berechnungen der Magnetisierungsverteilung auf der Stirnfläche von Zylindern endlicher Länge durchgeführt. Die berechnete Verteilung ist als eine Überlagerung des curling- und buckling-Prozesses zu verstehen, wie es z. B. Bild 8.3 zeigt. Dabei beginnt die Keimbildung nicht am Rande der Stirnfläche, sondern in der Mitte zwischen Rand und Mittelpunkt. Die Keimbildungsfeldstärke wird hier für große Radien

$$H_N = -\frac{2K_1}{I_s} + 2\pi I_s,\tag{12.7}$$

kann also leicht positive Feldstärke annehmen und ist damit als theoretische Erklärung der experimentell gefundenen kleinen Koerzitivfeldstärken bei makroskopischen Proben anzusehen. Das Brownsche Paradoxon kann somit auf mikromagnetischer Basis als aufgeklärt betrachtet werden.

Die Untersuchungen an Einkristallplättchen aus Bariumferrit [25] bestätigen die vorher genannten Gedanken, da hier der erste Summand in Gl. (12.7) sehr viel größer als der zweite ist. Es wurden bei den sorgfältig hergestellten und langsam abgekühlten Plättchen Ummagnetisierungskeime erst bei entmagnetisierenden Feldstärken bis zu einigen tausend Oersted beobachtet. Dabei war der Effekt bis zu Durchmessern von 1 mm unabhängig von der Korngröße. Von den Keimen ausgehend, bildet sich plötzlich eine Bereichsstruktur aus, welche sich strahlenförmig ausdehnt.

Die beobachtete Abhängigkeit der Koerzitivfeldstärke von der Korngröße setzt also Störstellen und scharfe Kanten voraus. Mit zunehmendem Durchmesser steigt einmal die Anzahl der Störstellen und außerdem die Größe des entmagnetisierenden Streufeldes auf der Stirnfläche des Bereiches, und damit wird die Abnahme der Koerzitivfeldstärke immer wahrscheinlicher bzw. größer. Der Verlauf der Koerzitivfeldstärke $_IH_c$ als Funktion des Partikeldurchmessers sollte also bei überwiegender Kristallanisotropie ähnlich wie bei der Formanisotropie werden. Diese Übereinstimmung sollte mit abnehmender Anisotropiefeldstärke zunehmen.

12.4 Koerzitivfeldstärke, von der Spannungsanisotropie herrührend

Über diese Art der Anisotropie liegen keine theoretischen Überlegungen vor. Die Koerzitivfeldstärke im ideal anisotropen Ferromagnetikum ist nach KITTEL [13] zu erwarten zu

$$_IH_c = \frac{3}{2}\,\lambda_s\sigma_i,\tag{12.8}$$

wobei σ_i die inneren Spannungen sind. Es ist anzunehmen, daß hier ein ähnliches Verhalten wie bei der Formanisotropie vorliegt.

12.5 Abhängigkeit der Koerzitivfeldstärke von der Partikelgröße

Die bei den vorher besprochenen Untersuchungen zum Ausdruck kommende Abhängigkeit der Koerzitivfeldstärke $_IH_c$ von dem Partikeldurchmesser d wurde zusammenfassend von KNELLER und LUBORSKY [3] behandelt. Sie gilt qualitativ für alle drei Arten der Anisotropie, ist aber entsprechend den vorhergehenden Überlegungen am besten für Partikel mit Formanisotropie zu verstehen. Für Elementarbereiche gleicher einachsiger Anisotropie und Größe ist diese erwartete Abhängigkeit in Bild 12.4 zu sehen. Dabei bedeuten d_P der kritische Durchmesser für superparamagnetisches Verhalten, d_K der kritische Durchmesser für Elementarbereichsverhalten und $_IH_{c,0}$ die berechnete Koerzitivfeldstärke für Elementarbereiche bei kohärenter Ummagnetisierung und Fehlen thermischer Schwankung.

Im superparamagnetischen Bereich ($d < d_P$) verschwindet die Hysterese und damit die Koerzitivfeldstärke. Im Bereich $d_P < d < d_K$ gilt nach [3] annähernd

$$\frac{_IH_c}{_IH_{c,0}} \approx 1 - \left(\frac{d_K}{d}\right)^{3/2}, \tag{12.9}$$

und im Bereich $d > d_K$ kann angenommen werden, daß $_IH_c \approx \text{const}/d$ sein wird. Die in Bild 12.4 eingetragenen Meßpunkte wurden an schwach formanisotropen Eisen-Kobalt-(40:60)-Partikeln, deren Vorzugsrichtungen statistisch verteilt waren, bei 207 °K gemessen.

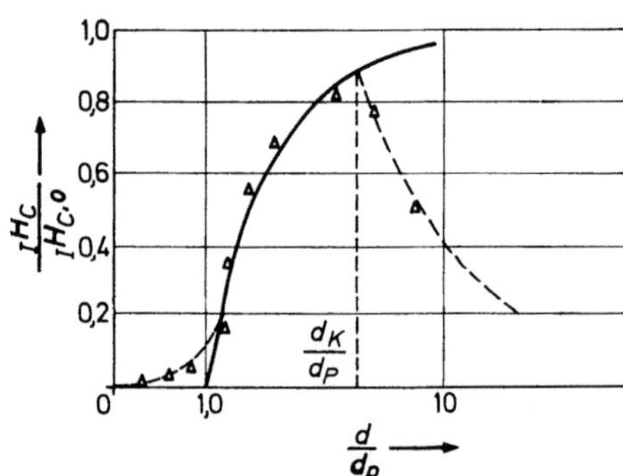

Bild 12.4. Abhängigkeit der relativen Koerzitivfeldstärke vom relativen Durchmesser d/d_P bei Eisen-Kobalt-(40:60)-Partikeln (nach [3]).

12.6 Koerzitivfeldstärke von Gemischen

Liegt keine Wechselwirkung von Bereichen vor, dann kann die resultierende Koerzitivfeldstärke durch Überlagerung der Magnetisierungskurven unter Berücksichtigung ihrer Volumenanteile gefunden werden. Dies wurde in [3] und [26] benutzt, um die resultierende Koerzitivfeldstärke von Gemischen von Einbereichsteilchen mit superparamagnetischen Partikeln und Vielbereichsteilchen zu untersuchen.

Daraus folgt eine verfeinerte Aussage über die Wirkung niedrigkoerzitiver Volumenanteile (s. auch Bild 12.5): Bei einem Gemisch von hochkoerzitivem Werkstoff (Elementarbereiche) mit niedrigkoerzitivem, „hochpermeablem" Werkstoff (superparamagnetisch) sinkt die resultierende Koerzitivfeldstärke schon bei kleinen Anteilen niedrigkoerzitiven Werkstoffes sehr schnell ab. Bei einem Gemisch von hochkoerzitivem Werkstoff mit niedrigkoerzitivem, „niedrigpermeablem" (Vielbereichsteilchen) sinkt die resultierende Koerzitivfeldstärke erst bei größeren Anteilen niedrigkoerzitiven Werkstoffes ab. Ähnliche Ergebnisse fand MEIKLEJOHN [27] an kugeligen Eisen-Pulvern.

Vorgenannte Überlegungen zur *Koerzitivfeldstärke von Gemischen* gelten für die Variation der Größe der Partikel. Im Prinzip die gleiche Wirkung wird natürlich durch eine Variation der Größe der Anisotropie hervorgerufen [28]. Bei einem Gemisch von Anisotropien verschiedener Art ist die resultierende Koerzitivfeld-stärke nicht so einfach vorherzusagen. Von JOHNSON und BROWN [29] wurde die Koerzitivfeldstärke für kohärente Ummagnetisierung nach dem Modell von STONER und WOHLFARTH [14] berechnet für ein Gemisch von Form- und Kristall-anisotropie. Dies tritt z. B. bei Bariumferrit [30], bei γ-Fe$_2$O$_3$-Pulvern [31], bei

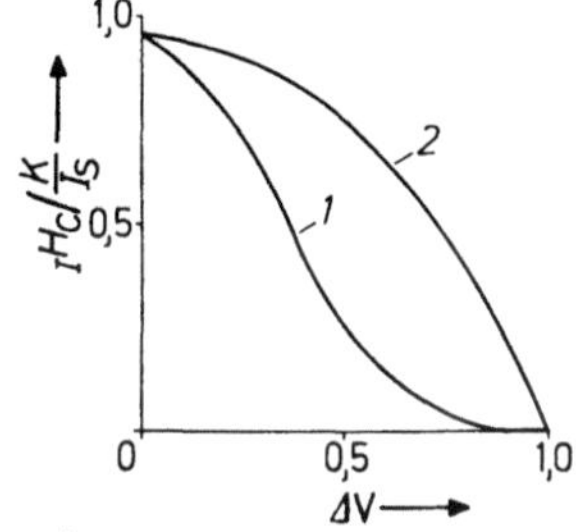

Bild 12.5. Normierte Koerzitivfeldstärke bei Ge-mischen zwischen Elementarbereichspartikeln mit
1 superparamagnetischen bzw.
2 Mehrbereichspartikeln
als Funktion des Volumengehaltes ΔV der superparamagnetischen bzw. Mehrbereichspartikel (nach [26]).

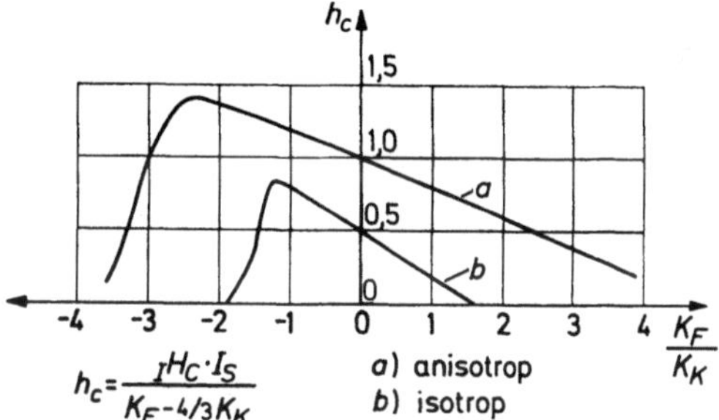

$$h_c = \frac{{}_IH_C \cdot I_S}{K_F - 4/3\,K_K}$$

Bild 12.6. Relative Koerzitivfeldstärke h_c als Funktion des Verhältnisses von Formanisotropie K_F und Kri-stallanisotropie K_K für isotrope Verteilung der Vorzugs-richtungen (nach [29]) bzw. für anisotrope Verteilung.

Kobalt-Whiskern [32], bei ESD-Partikeln aus Eisen [33] und bei Eisen-Kobalt-Ferriten [34] auf. Sei die Formanisotropiekonstante K_F und die Kristallanisotro-piekonstante K_K, so wird die Koerzitivfeldstärke für ausgerichtete längliche Teil-chen mit $-\infty < K_K/K_F < +\infty$ betrachtet.

Für die außerdem betrachtete statistische Verteilung der langen Achsen ist der Verlauf der relativen Koerzitivfeldstärke $h_c = ({}_IH_c \cdot I_s)/(K_F - 4/3\,K_K)$ in Abhängigkeit vom Verhältnis K_K/K_F in Bild 12.6 gezeigt. Bei den beiden Verhält-nissen $K_K/K_F > 1{,}51$ und $< -1{,}75$ verschwindet die Hysterese und damit die Koerzitivfeldstärke. Außerdem ist ein Teil der Kurve für den Verlauf bei idealer Ausrichtung der langen Achsen mit eingezeichnet.

12.7 Koerzitivfeldstärke als Funktion des Winkels zur Vorzugsrichtung

Aus der starken Verschiedenheit der theoretischen Koerzitivfeldstärke für anisotrope und isotrope Proben kann auf den Ausrichtungsgrad teilweise orientier-ter Proben geschlossen werden. Dies führt bei Fehlen anderer Untersuchungen aber zu sehr vieldeutigen Problemen. Einen Anhalt für den Ausrichtungsgrad kann die Messung der Koerzitivfeldstärke in einer Richtung schwerer Magnetisierung geben. Sie ist bei nicht idealer Ausrichtung ungleich Null. Für das Kugelketten-modell wurde von JACOBS und LUBORSKY [35] die Koerzitivfeldstärke senkrecht zur Vorzugsrichtung im Verhältnis zu der in Vorzugsrichtung für eine Mischung von ausgerichteten und räumlich bzw. flächenhaft nicht ausgerichteten Partikeln als Funktion der Menge der ausgerichteten Partikel ΔV_{anis}. berechnet. Bemerkenswert ist, daß die Koerzitivfeldstärke senkrecht zur Vorzugsrichtung größer als diejenige parallel zur Vorzugsrichtung ist, wenn die Menge des nicht ausgerichteten Materials sehr groß ist. Auch die Wechselwirkung zwischen den Kugelketten unterdrückt das Maximum der Koerzitivfeldstärke und erniedrigt sie insgesamt, wie LUBORSKY und PAINE [36] fanden.

Besonders bei der einachsigen Anisotropie ist die Abhängigkeit der Koerzitivfeldstärke vom Winkel zur Vorzugslage ein Hilfsmittel, über die Art des Ummagnetisierungsvorganges Auskunft zu geben. In Bild 12.7 ist die normierte

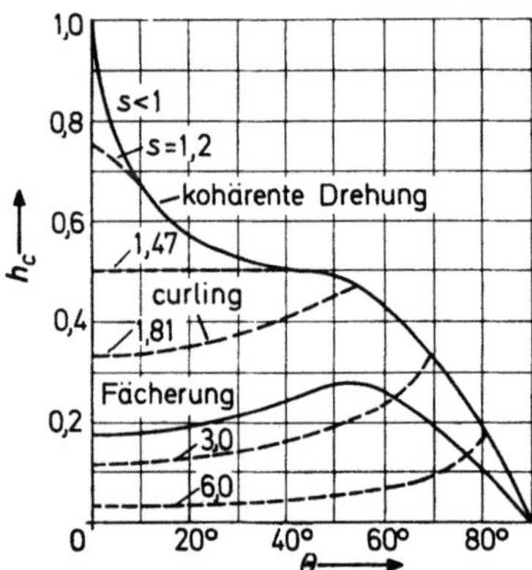

Bild 12.7. Abhängigkeit der normierten Koerzitivfeldstärke h_c vom Winkel θ zur Vorzugsrichtung für anisotrope Dauermagnete mit formanisotropen Elementarbereichen verschiedener relativer Radien $S = R/R_0$ bei verschiedenen Arten der Ummagnetisierung (nach [17]).

Koerzitivfeldstärke als Funktion des Winkels zur Vorzugslage für die verschiedenen Ummagnetisierungsarten am unendlich langen Zylinder (der hier nahezu identisch ist mit dem Rotationsellipsoid) und an Kugelketten dargestellt [35]. Als Parameter sind gestrichelt einige relative Radien S eingezeichnet. Entsprechend Bild 12.3 kann der buckling-Prozeß vernachlässigt werden. Bei der Fächerung tritt ein Maximum der Koerzitivfeldstärke bei $\Theta \approx 55°$ auf. Dieses Maximum wird abgeschwächt durch Anteile von nicht ausgerichteten Partikeln, da hier wieder eine Koerzitivfeldstärke senkrecht zur Vorzugsrichtung auftritt.

Von BECKER [37] wurde gezeigt, daß für perfekt ausgerichtete Partikel ohne Wechselwirkung ein Maximum der Koerzitivfeldstärke in der Richtung schwerer Magnetisierung (Vorzugsrichtung) auch auftreten kann, wenn keine kohärente Ummagnetisierung, sondern eine solche durch 180°-Blochwandverschiebung vorhanden ist. Vielmehr wird der Verlauf der Koerzitivfeldstärke mit dem Winkel zur Vorzugsrichtung stark von einer Verteilung der Koerzitivfeldstärke $f(_IH_c)$ beeinflußt. Je nach Art der Verteilung kann ein Maximum oder ein Minimum der gemessenen Koerzitivfeldstärke in Vorzugsrichtung auftreten.

12.8 Koerzitivfeldstärke als Funktion der Temperatur

Eine weitere Möglichkeit zur Ermittlung des Ummagnetisierungsvorganges bildet die Temperaturabhängigkeit der Koerzitivfeldstärke [13, 30]. Hängt diese von der Form ab ($_IH_c \sim I_s$), so ist keine große Temperaturabhängigkeit zu erwarten. Wird sie von der Kristallanisotropie beeinflußt ($_IH_c \sim K/I_s$), so muß die Temperaturabhängigkeit ähnlich der der Kristallanisotropie sein. In Bild 12.8 ist z. B. die unterschiedliche Temperaturabhängigkeit der Koerzitivfeldstärke $_IH_c$ für formisotropes bzw. -anisotropes Eisenpulver gezeigt [13].

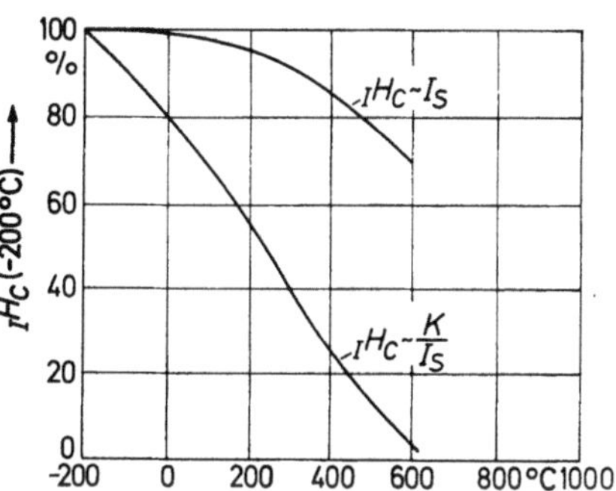

Bild 12.8. Berechneter Verlauf der Koerzitivfeldstärke $_IH_c$ als Funktion der Temperatur bei Eisen-Elementarbereichen.
Obere Kurve: Überwiegende Formanisotropie.
Untere Kurve: Überwiegende Kristallanisotropie (nach [13]).

12.9 Koerzitivfeldstärke als Funktion der Packungsdichte p

Die *Änderung der Koerzitivfeldstärke mit der Packungsdichte p* ist eng mit dem Problem der Wechselwirkung verbunden. Von NEEL [15] wurde eine lineare Abnahme der Koerzitivfeldstärke mit zunehmender Packungsdichte entsprechend der Gl. (12.10) zu

$$_IH_c(p) = {_IH_c}(0)\,(1 - p) \tag{12.10}$$

postuliert.

Von KONDORSKY [38] wurde angenommen, daß der kritische Durchmesser d_k abhängig ist vom Packungsfaktor zu

$$d_k \approx \frac{1}{\sqrt{1 - p}}, \tag{12.11}.$$

also mit dem Packungsfaktor steigt. Dies wurde auch von AHARONI [19] mit Hilfe mikromagnetischer Überlegungen abgeleitet.

Von WOHLFARTH [39] wurden Berechnungen zur Abhängigkeit der Koerzitivfeldstärke von den Wechselwirkungen angestellt. Dabei wurde gefunden, daß die Wechselwirkung zu einer Abnahme der Koerzitivfeldstärke führt, wobei die Abnahme proportional der Raumerfüllung, d. h. der Packungsdichte, und der Magnetisierung ist. Die Neelsche Aussage wird damit qualitativ bestätigt und verfeinert: Bei vorherrschender Formanisotropie, d. h. bei kleiner Anisotropiefeldstärke H_A, ist die Koerzitivfeldstärke proportional der Sättigungsmagnetisierung (s. Gl. (12.4)] und damit stark abhängig von der Packungsdichte. Bei vorherrschen der Kristallanisotropie ist die Koerzitivfeldstärke proportional der reziproken Sättigungsmagnetisierung [s. Gl. (12.1)] und damit gering abhängig von der Packungsdichte. Dabei sinkt die Abhängigkeit mit zunehmender Anisotropiefeldstärke H_A. Diese Aussage wird noch deutlicher, wenn sie auf die Art der Ummagnetisierung bezogen [40]. Bei *inkohärenter Drehung* ist wegen der kleineren Oberflächenpoldichte im koerzitiven Zustand eine kleinere Abhängigkeit der Koerzitivfeldstärke von der Packungsdichte als bei kohärenter vorhanden. Am geringsten ist sie beim curling-Prozeß, da hier die Bereiche nur eine sehr kleine magnetische Oberflächenpoldichte haben.

Die bei *Formanisotropie* infolge der kleinen Anisotropiefeldstärke erwartete Abnahme der Koerzitivfeldstärke mit der Packungsdichte wurde von verschiedenen Autoren [41, 42] experimentell bestätigt. In Bild 12.9 ist sie für isotrope und anisotrope ESD-Dauermagnete aus formanisotropen Pulvern nach Messungen von FALK u. a. [41] gut zu sehen.

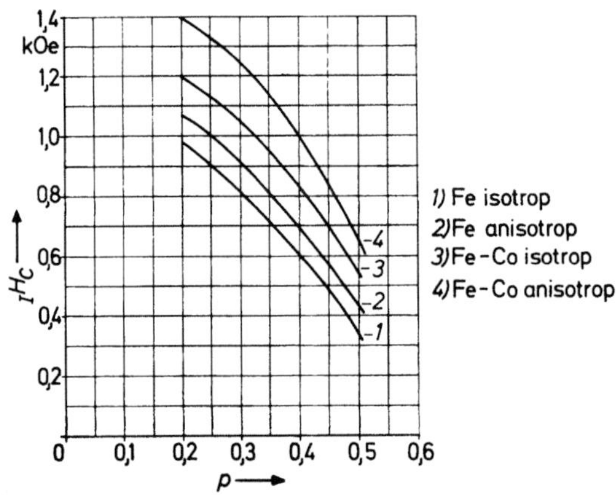

Bild 12.9. Abhängigkeit der Koerzitivfeldstärke $_iH_c$ vom Packungsfaktor p für isotrope und anisotrope ESD-Dauermagnete (nach [41]).

Der Einfluß der *Kristallanisotropie* wurde an Pulvern [31, 43] und an kompakten Werkstoffen [44] untersucht. Auch hier wurde das theoretisch erwartete Verhalten gefunden. Der von der Kristallanisotropie herrührende Anteil der Koerzitivfeldstärke blieb unabhängig von der Packungsdichte, der von der Formanisotropie herrührende Anteil sank bei kleineren Packungsdichten linear mit der Packungsdichte ab.

12.10 Vergleich von berechneten und gemessenen Koerzitivfeldstärken

In Tab. 12.1 sind einige gemessene und berechnete Werte eingetragen. Dabei wurde für die Konstante K der Kristallanisotropie nur die Konstante K_1 eingesetzt [s. die Gln. (10,2) und (10.3)]. Außer für Eisen liegen die gemessenen Werte zum Teil weit unter den theoretisch erwarteten. Dies kann von einer Korngrößenverteilung, also Anwesenheit superparamagnetischer oder vielkristalliner Bereiche abhängen oder noch andere unbekannte Ursachen haben, wie z. B. Überlagerung einer anderen, ungünstiger liegenden Anisotropie. Die aus den meisten experimentellen und theoretischen Untersuchungen sowie aus [45 bis 57] abgeleiteten Deutungen sind in [58] näher ausgeführt; hier soll deshalb darauf verzichtet werden. Über die drei noch in Entwicklung begriffenen Verbindungen Kobaltseltene Erden der Tab. 12.1 ist noch nicht viel mehr bekannt, als daß es sich hierbei um Kristallanisotropie handelt (s. Abschnitt 27.7.2).

Tab. 12.1. *Gemessene und berechnete Koerzitivfeldstärken von Legierungen*

	K	I_s	$H_A = \dfrac{2K}{I_s}$	$_IH_{c\,\text{gem}}$	
	$\dfrac{\text{Merg}}{\text{cm}^3}$	$\dfrac{\text{cgs}}{\text{cm}^3}$	kOe	kOe	Literatur
1. mit hoher Kristallanisotropie					
Co_5Y	55	845	130	2,55	[59]
Co_5Gd	47	345	270	23,0	[59]
Co_5Sm	80	765	210	16,0	[59]
MnBi	11,6	620	37	12	[44]
MnAl	10	495	40	6	[45]
Bariumferrit, anisotrop	3,0	365	17	7,5	
isotrop			8,5	5,35	[30]
Strontiumferrit, anisotrop	3,0	365	17	11,3	[46]
isotrop			8,5	5,75	[30]
Bleiferrit	2,2	320	14	3,5	[47]
$CoO \cdot 6\,Fe_2O_3$	2,5	425	12	4,2	[48]
Co	4,0	1400	5,7	1,1	[27]
Fe	0,47	1700	0,5	1,0	[27]
Fe_3O_4	0,11	480	0,46	0,127	[49]
2. mit hoher Formanisotropie					
$(H_A = 2\pi I_s)$					
Fe		1700	10,7	1,0	[50]
Co		1400	8,8	1,1	[27]
ESD		800	5	2,0	[50]
AlNiCo 450		800	5	1,9	[51]

Literatur

1. OSMOND, W. P.: Proc. Phys. Soc. London B 67 (1954) 875—882.
2. WOHLFARTH, E. P.: Research 7 (1954) 18—20.
3. KNELLER, E. F., u. F. E. LUBORSKY: J. appl. Phys. 34 (1963) 656—658.
4. LUBORSKY, F. E., u. P. E. LAWRENCE: J. appl. Phys. 32 (1961) 231 S—232 S.
5. VOGT, E., W. HENNING u. A. HAHN: Ber. d. Arbeitsgem. Ferromagnetismus 1958, 43—47.
6. HELLENTHAL, W.: Z. Phys. 170 (1962) 303—319.
7. KNELLER, E.: Z. Phys. 152 (1958) 574—585.
8. BEAN, C. P., u. J. D. LIVINGSTON: J. appl. Phys. 30 (1959) 120 S—129 S.
9. BEAN, C. P., u. J. S. JACOBS: J. appl. Phys. 27 (1956) 1448—1452.
10. KITTEL, C.: Phys. Rev. 73 (1948) 810—811.
11. AMAR, H.: Phys. Rev. 111 (1958) 149 —153; J. appl. Phys. 29 (1958) 542—543, 30 (1959) 139 S—141 S.
12. Siehe z. B. KNELLER, E.: Ferromagnetismus, Berlin/Göttingen/Heidelberg: Springer 1962, 437 ff. — CARMAN, E. H.: Powder Metallurgy, H. 4 (1959) 1—14.
13. KITTEL, C.: Rev. mod. Phys. 21 (1949) 541—583.
14. STONER, E. C., u. E. P. WOHLFARTH: Phil. Trans. A 240 (1948) 599—644.
15. NEEL, L.: C. R. Acad. Sci., Paris, 224 (1947) 1488—1490, 1550—1551.
16. BROWN jr., W. F.: Rev. mod. Phys. 17 (1945) 15—19; Micromagnetics, New York: Interscience Publishers, 1963.

17. Frei, E. H., S. Shtrikman u. D. Treves: Phys. Rev. 106 (1957) 446—455.

18. Jacobs, J. S., u. C. P. Bean: Phys. Rev. 100 (1966) 1060—1067.

19. Aharoni, A.: Phys. Rev. 119 (1960) 127—131. — Abraham, A., u. A. Aharoni: Phys. Rev. 120 (1960) 1576—1579. — Aharoni, A.: J. appl. Phys. 30 (1959) 70S—78S, 32 (1961) 245S—246S.

20. Rathenau, G. W., J. Smit u. A. L. Stuijts: Z. Phys. 133 (1952) 250—260. — Zijlstra, H.: Z. angew. Phys. 21 (1966) 6—13.

21. Kronmüller, H.: Z. angew. Phys. 23 (1967) 130—146.

22. Shtrikman, S., u. D. Treves: J. appl. Phys. 31 (1960) 72S—73S.

23. Deblois, R. W., u. C. P. Bean: J. appl. Phys. 30 (1959) 225S—235S.

24. Holz, A.: Z. angew. Phys. 23 (1967) 170—173. — Dehlinger, U., u. A. Holz: Z. Metallk. 59 (1968) 822—823.

25. Kooy, C., u. U. Enz: Phil. Res. Rep. 15 (1960) 7—29. — Kojima, H., u. K. Goto: J. appl. Phys. 36 (1965) 538—543.

26. Bean, C. P.: J. appl. Phys. 26 (1955) 1381—1383.

27. Meiklejohn, W. H.: Rev. mod. Phys. 25 (1953) 302—306.

28. Wohlfarth, E. P.: Res. Corresp. 7 (1954) S18—S20.

29. Johnson, C. E., u. W. F. Brown: J. appl. Phys. 30 (1959) 320S—322S.

30. Mee, C. D., u. J. C. Jeschke: J. appl. Phys. 34 (1963) 1271—1272. — Sixtus, K. J., K. J. Kronenberg u. R. K. Tenzer: J. appl. Phys. 27 (1956) 1051—1057.

31. Eagle, D. F., u. J. C. Mallinson: J. appl. Phys. 38 (1967) 995—997.

32. Luborsky, F. E., u. C. R. Morelock: Proc. of the Internat. Conf. on Magnetism, Nottingham 1964, 763—766.

33. Luborsky, F. E., E. F. Fullam u. D. S. Hallgren: J. appl. Phys. 29 (1958) 989—993.

34. Guillaud, C.: Rev. mod. Phys. 25 (1953) 64—74.

35. Jacobs, J. S., u. F. E. Luborsky: J. appl. Phys. 28 (1957) 467—473.

36. Luborsky, F. E., u. T. O. Paine: J. appl. Phys. 31 (1960) 66S—68S.

37. Becker, J. J.: J. appl. Phys. 38 (1967) 1015—1017.

38. Kondorsky, E.: Isvest. Akad. Nauk S.S.S.R., Serie Fiz. 16 (1952) 398—411.

39. Wohlfarth, E. P.: Proc. Roy. Soc. A 232 (1955) 208—227.

40. Wohlfarth, E. P.: Ber. III. Intern. pulvermetall. Tagung, Eisenach, Berlin: Akademie-Verlag 1966, 15—28.

41. Falk, R. B., G. D. Hooper u. R. J. Studders: J. appl. Phys. 30 (1959) 132S—133S.

42. Carman, E. H.: Brit. J. appl. Phys. 6 (1955) 426—429.

43. Morrish, A. H., u. S. P. Yu: J. appl. Phys. 26 (1955) 1049—1055. — Weil, J.: J. Phys. Rad. 12 (1951) 437—447.

44. Luborsky, F. E.: J. appl. Phys. 37 (1966) 1091—1094.

45. Koch, A. J., P. Hoggeling, M. G. v. d. Steeg u. K. J. de Vos: J. appl. Phys. 31 (1960) 75S—77S.

46. Fries, K.: Z. angew. Phys. 22 (1966) 90—92.

47. Pawlek, F., u. K. Reichel: Arch. Eisenhüttenw. 28 (1957) 241—244.

48. Societe Ugine: Brit. Patent 596875 (1948).

49. Gottschalk, V. H.: Physics 6 (1935) 127—132.

50. Luborsky, F. E.: J. appl. Phys. 32 (1961) 171S—183S.

51. Wyrwich, H.: Z. angew. Phys. 15 (1963) 263—265.

52. Jacobs, J. S., u. F. E. Luborsky: Proc. of the Conf. on Magnetism and Magnetic Materials. Boston 1956, 145—162.

53. Luborsky, F. E., u. C. R. Morelock: J. appl. Phys. 35 (1964) 2055—2067.

54. Sears, G. W.: Act. Met. 1 (1953) 457—459.

55. Webb, W. W., R. W. Dragsdorf u. W. D. Forgang: Phys. Rev. 108 (1957) 498—499.

56. Rassmann, G., u. O. Henkel: Z. angew. Phys. 14 (1962) 245—248.

57. Guillaud, C.: Dissertation, Universität Straßburg 1943.

58. Schüler, K.: DEW Techn. Ber. 8 (1968) 83—91.

59. Buschow, K. H., u. W. A. Velge: Z. angew. Phys. 26 (1969) 157—160.

13 Remanenz

13.1 Relative Remanenz j_R

Die Remanenz bildet neben der Koerzitivfeldstärke die zweite wichtige Kenngröße der Magnetisierungskurve. Im hier gewählten Gaußschen Maßsystem ist die Remanenz im I,H- und B,H-Diagramm gleichgroß, wie z. B. Bild 6.1 zeigt. Sie ändert sich jedoch mit der (inneren oder äußeren) Scherung, wie in Kapitel 14 noch behandelt wird.

Neben der Koerzitivfeldstärke war auch die Remanenz Gegenstand vieler wissenschaftlicher Überlegungen. Dabei wird sie immer als Bruchteil der Sättigungsmagnetisierung berechnet. Dieses Verhältnis

$$j_R = \frac{B_r}{4\pi I_s} = \frac{4\pi I_r}{4\pi I_s} \qquad (13.1)$$

wird *Remanenzverhältnis* oder *relative Remanenz* genannt. Bisher war auch der Ausdruck „reduzierte Remanenz" gebräuchlich. Dieser entspricht aber nicht den Empfehlungen des DIN-Blattes Nr. 5490 (September 1963).

13.2 Zur Berechnung der Remanenz

Für die *Berechnung der Remanenz* wird allgemein von wechselwirkungsfreien Elementarbereichen ausgegangen. Dann sind die Ergebnisse unabhängig von der Art der Anisotropie der Bereiche, aber abhängig von der Anzahl der Vorzugsrichtungen pro Bereich. Außerdem beeinflußt natürlich der Grad der Ausrichtung das Ergebnis.

Bei idealer Ausrichtung wird immer, unabhängig von der Anzahl der Vorzugsrichtungen in jeder dieser Richtungen, $j_R = 1$ [1, 2].

Bei statistisch verteilter Lage der Elementarbereiche hängt die Remanenz davon ab, ob räumliche oder flächenhafte statistische Verteilung der Vorzugsrichtungen vorliegt und wieviel Vorzugsrichtungen n pro Elementarbereich vorhanden sind. Für die statistische Verteilung wird die Berechnung der Remanenz die Berechnung eines Mittelwertes der Magnetisierung, gemittelt über alle Elementarbereiche. In jedem Bereich wird nach Abschalten des Feldes die der Feldrichtung als Pol am nächsten liegende Vorzugsrichtung vom Magnetisierungsvektor belegt. Bei flächenhaft statistischer Verteilung wird der Mittelwert [3]:

$$j_{RFl} = \frac{\displaystyle\int_{\Theta=0}^{\frac{\pi}{n}} \int_{\alpha=-\frac{\pi}{4}}^{+\frac{\pi}{4}} \cos\Theta \sin^2\alpha \, d\alpha \, d\Theta}{\displaystyle\int_{\Theta=0}^{\frac{\pi}{n}} \int_{\alpha=-\frac{\pi}{4}}^{+\frac{\pi}{n}} \sin\alpha \, d\alpha \, d\Theta} = \frac{n}{4} \sin\frac{\pi}{n}. \qquad (13.2)$$

Diese Funktion ist in Tab. 13.1 und Bild 13.1 eingetragen.

5*

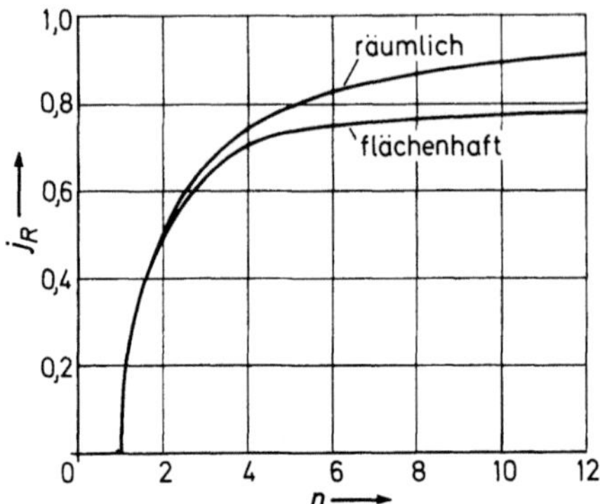

Bild 13.1. Remanenzverhältnis j_R als Funktion der Anzahl n der magnetischen Vorzugsrichtungen bei räumlich bzw. flächenhaft statistischer Verteilung der Vorzugsrichtungen (nach [3]).

Tabelle 13.1. *Remanenzverhältnis j_R als Funktion der Anzahl n der magnetischen Vorzugsrichtungen pro Elementarbereich bei flächenhaft bzw. räumlich statistischer Verteilung der Vorzugsrichtungen (nach [3])*

n	$j_{R_{Fl}}$	$j_{R_{Ra}}$
1	0	0
2	0,500	0,500
4	0,707	0,745
6	0,750	0,831
8	0,766	0,866
12	0,779	0,910
∞	0,786	1,0

Bei räumlich statistischer Verteilung der Vorzugsrichtungen wird, wenn auf der Einheitskugel $\sphericalangle \, \Theta = $ Längenwinkel und $\sphericalangle \, \alpha = $ Breitenwinkel $= \sphericalangle$ (Pol, günstigste Vorzugsrichtung) ist, der Mittelwert

$$j_{R_{Ra}} = \frac{\displaystyle\int\limits_{\Theta=0}^{2\pi} \int\limits_{\alpha=-\frac{\pi}{4}}^{+\frac{\pi}{4}} \cos\Theta \, \sin\alpha \, g(\alpha) \, \mathrm{d}\alpha \, \mathrm{d}\Theta}{\displaystyle\int\limits_{\Theta=0}^{2\pi} \int\limits_{\alpha=-\frac{\pi}{4}}^{+\frac{\pi}{4}} \sin\alpha \, g(\alpha) \, \mathrm{d}\alpha \, \mathrm{d}\Theta} . \qquad (13.3)$$

Hierbei ist $g(\alpha)$ eine Gewichtsfunktion für die Wahrscheinlichkeit, im Oberflächenelement $\mathrm{d}\Theta \, \mathrm{d}\alpha$ die günstigste Vorzugsrichtung eines Bereiches anzutreffen. Die ersten Berechnungen für $n = 2, 6$ und 8 Vorzugsrichtungen wurden von GANS [4] durchgeführt und später von GUILLAUD [5] für $n = 2, 6, 8$ und 12 Vorzugsrichtungen auf anderem Wege wiederholt. Die Ergebnisse sind in Tab. 13.1 und Bild 13.1 mit aufgeführt. Es zeigt sich, daß die relative Remanenz mit steigender Anzahl n der Vorzugsrichtungen sehr schnell ansteigt. Bei kubischer Anisotropie ($n = 6, 8$ und 12) ist also keine wesentliche Erhöhung der Remanenz durch Ausrichtung der Vorzugsrichtungen mehr erreichbar. Bei einachsiger Anisotropie der Elementarbereiche ($n = 2$) ist jedoch die isotrope Remanenz isotroper Werkstoffe nur halb so groß wie die der anisotropen. Es sei noch erwähnt, daß bei der kubischen Anisotropie

$n = 6$ wird, wenn die Vorzugsrichtungen in [100]-Richtungen liegen,

$n = 8$ wird, wenn die Vorzugsrichtungen in [111]-Richtungen liegen,

$n = 12$ wird, wenn die Vorzugsrichtungen in [110]-Richtungen liegen.

Die bisherigen Berechnungen setzen voraus, daß jeweils nur ein Wert von n für den betrachteten Werkstoff gilt. Dies bedeutet meistens, daß nur eine Art von Anisotropie vorhanden ist. In [3] wird ergänzend der Fall betrachtet, daß zwei einachsige ($n = 2$) Anisotropien gemischt sind, also z. B. einachsige Form-

und Kristallanisotropie. Es zeigt sich, daß dann die relative Remanenz nur wenig vom Wert 0,5 abweicht, der für eine einachsige Anisotropie gilt. Von TONGE und WOHLFARTH [6] wird außerdem der Fall gemischter einachsiger und kubischer Anisotropie betrachtet. Im Bereich ungefähr gleicher Anisotropieanteile bleibt die relative Remanenz $j_R \approx 0,5$, wie für einachseige Anisotropie. Erst bei mehr als zwei- bis dreifachem Anteil der kubischen Anisotropie gegenüber dem einachsigen steigt die relative Remanenz über 0,5 wesentlich hinaus und geht mit steigendem kubischen Anteil gegen die in Bild 13.1 gegebenen Endwerte.

13.3 Abhängigkeit der Remanenz vom Winkel zur Vorzugslage

Die Winkelabhängigkeit der Remanenz von ideal ausgerichteten Bereichen sollte bei Vorhandensein von n Vorzugsrichtungen in der Meßebene mit $\cos 2\Theta/n$ gehen, wobei $\sphericalangle \Theta = \sphericalangle (H, \text{Vorzugsrichtung})$ ist. Das Nichtverschwinden der Remanenz bei $\Theta = \pi/n$ deutet auf nichtideale Ausrichtung hin. Dies wurde auch für einige Werkstoffe [7] bestätigt. Die Abweichung von der $\cos$-Θ-Form kann aber auch ein Hinweis auf den Einfluß von Wechselwirkung sein [8]. Von PAINE und LUBORSKY [9] wurde dieses Modell auf einige hochremanente AlNiCo-Legierungen angewendet. Dabei wurden wechselwirkende Ketten, dargestellt durch Brücken zwischen den Gliedern, angenommen und damit befriedigend die Abweichung von der $\cos$-Θ-Form erklärt.

13.4 Abhängigkeit der Remanenz von der Packungsdichte

Entsprechend den Überlegungen bei der Koerzitivfeldstärke in Abschnitt 12.9 ist bei Dauermagnetwerkstoffen, deren magnetische Anisotropie von der Form herrührt, mit zunehmender Packungsdichte ein linearer Anstieg der Remanenz

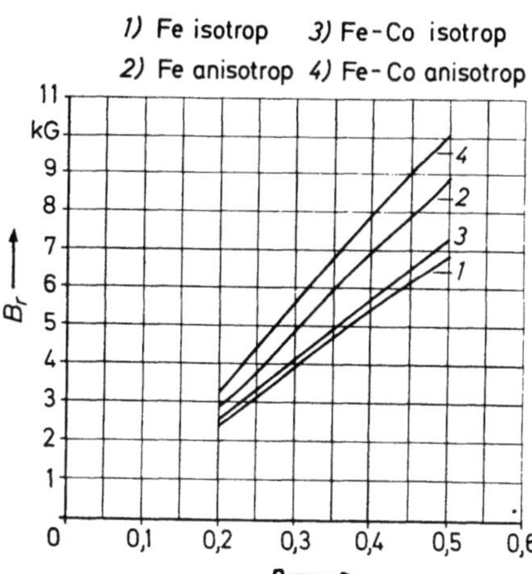

Bild 13.2. Abhängigkeit der Remanenz vom Packungsfaktor p bei isotropen und anisotropen ESD-Dauermagneten (nach [10]).

infolge linearer Zunahme der Dichte bzw. Sättigungsmagnetisierung zu erwarten. Dies ist für formanisotrope ESD-Partikel [10] in Bild 13.2 gut zu sehen. Dieselbe lineare Zunahme ist, im Unterschied zur Koerzitivfeldstärke, hier auch für Werkstoffe mit Kristallanisotropie zu erwarten. Auch hier ist die Remanenz proportional der Dichte, wie z. B. anisotropes Bariumferrit zeigt. Die Wechselwirkung ist bei der Remanenz von Bedeutung erst bei hoher Packungsdichte. Dann ist nach WOHLFARTH [11] eine Zunahme derselben zu erwarten.

13.5 Abhängigkeit der Remanenz von der Partikelgröße

Die Remanenz ist — ähnlich der Koerzitivfeldstärke — davon abhängig, ob das Ferromagnetikum in Form von superparamagnetischen Bereichen, Elementarbereichen oder Mehrbereichsteilchen vorliegt. Die dabei zu erwartende *Abhängigkeit der Remanenz von der Partikelgröße* ist nach KNELLER und LUBORSKY [12] in Bild 13.3 dargestellt. Ähnlich den Überlegungen in Kapitel 12 soll dabei zwischen Form- und Kristallanisotropie unterschieden werden.

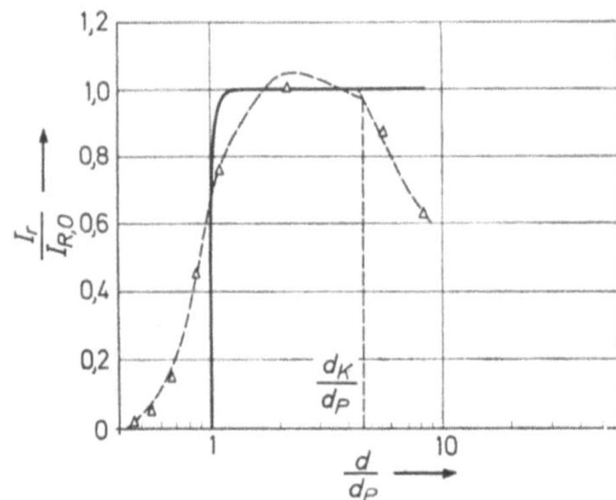

Bild 13.3. Abhängigkeit der relativen Remanenz j_R vom relativen Durchmesesr d/d_P bei Eisen-Kobalt-Partikeln (40:60) mit Formanisotropie. ——— berechnet, – – – – gemessen (nach [12]).

Es seien zuerst formanisotrope Partikel betrachtet. Beim superparamagnetischen Bereich $(d < d_P)$ verschwindet durch die thermischen Schwankungen die Remanenz. Wenn der kritische Durchmesser d_K für Elementarbereichsverhalten überschritten ist $(d > d_K)$, tritt Blochwandbildung ein — es liegen Mehrbereichspartikel vor. Damit ist sicher eine Abnahme der Remanenz verbunden, wie z. B. CARMAN [13] für Preßlinge aus Eisen-Pulver fand. Im Zwischenbereich $(d_P < d < d_K)$ sind Elementarbereiche vorhanden. Hier sollte die Remanenz konstant sein. In Bild 13.3 sind die Meßpunkte für formisotrope Eisen-Kobalt(40:60)-Partikel eingetragen. Die Übereinstimmung ist verhältnismäßig gut.

Entsprechend den Überlegungen bei der Koerzitivfeldstärke in Kapitel 12 könnte auch hier erwartet werden, daß der kritische Durchmesser d_K und damit der Bereich konstanter Remanenz von der Art der Ummagnetisierung, ob kohärent oder nicht kohärent, abhängt. Für kohärente Magnetisierung ist, wie z. B. aus den Berechnungen von STONER und WOHLFARTH [2] (s. Kapitel 9) hervorgeht, die Remanenz nur abhängig vom Dimensionsverhältnis $p \sim \Delta N$, nicht aber vom Durchmesser. Ähnlich ist es bei den durch Fächerung ummagnetisierten Kugelketten [14]. Bei langen Zylindern wurde von AHARONI [15] berechnet, daß, unabhängig vom relativen Durchmesser $S = R I_s / \sqrt{A} = R / R_0$, bei genügend hoher Feldstärke und statistisch verteilten Achsen für die relative Remanenz immer $j_R = 0{,}5$ werden sollte, also keine Abhängigkeit vom relativen Durchmesser vorhanden sei. Von LUBORSKY und MORELOCK [16] wurde gleichfalls berechnet, daß die relative Remanenz j_R bei großem Dimensionsverhältnis $p = a/b$ für einen weiten Bereich von Durchmessern unabhängig vom Durchmesser ist. Für kleines Dimensionsverhältnis der Stäbe nimmt aber die Remanenz stark mit zunehmendem Durchmesser ab. Dies wurde von den Autoren an Eisen-Whiskern überprüft. Wie Bild 13.4 für flächenhaft statistische Dispersion zeigt, ist eine befriedigende Übereinstimmung vorhanden. Unterhalb 1000 Å Durchmesser ($p = \infty$) ist die relative Remanenz unabhängig vom Durchmesser, obwohl hier die Ummagnetisierung durch den curling-Prozeß stattfindet, wie die Untersuchungen der Koerzitivfeldstärke zeigen. Oberhalb eines für die jeweilige Elongation spezifischen Durchmessers sinkt die relative Remanenz ab.

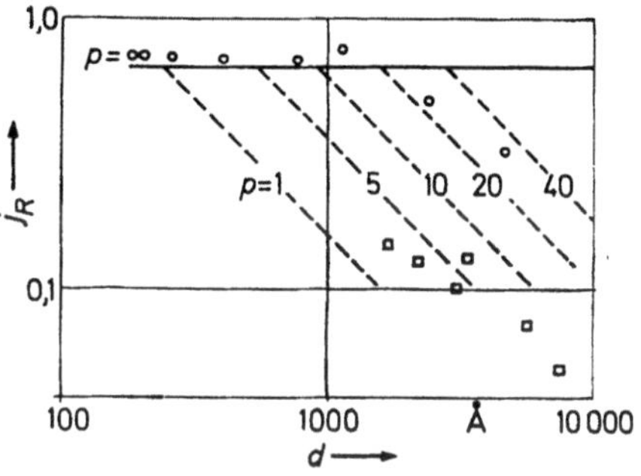

Bild 13.4. Relative Remanenz j_R für Eisen-Whisker mit flächenhafter Verteilung der langen Achsen in Abhängigkeit vom Durchmesser d. Dabei ist $p = l/d$ (nach [16]).

Wenn die Kristallanisotropie vorherrscht, wird eine ähnliche Abhängigkeit der Remanenz von der Größe vorhanden sein, wie bei der Formanisotropie. Im superparamagnetischen Bereich verschwindet die Remanenz. Wie aus Kapitel 12 folgt, tritt auch bei Kristallanisotropie mit zunehmender Größe ein Mehrbereichsverhalten ein, da der kritische Durchmesser d_K in praxi nicht unendlich wird. Deshalb wird mit steigendem Durchmesser die Remanenz abnehmen. Da im Zustand der Remanenz noch kein Gegenfeld vorhanden ist, sollte eigentlich der kritische Durchmesser für die Remanenz größer sein als für die Koerzitivfeldstärke. Es fehlen jedoch Experimente, um diese spekulative Aussage zu prüfen.

13.6 Remanenzkurven

Die Berechnung der relativen Remanenz j_R geschieht allgemein für die Remanenz nach vorhergehender Sättigung mit der Feldstärke H_s. Um weiteren Aufschluß über den Aufbau des Ferromagnetikums zu bekommen, werden zur Untersuchung noch die *Remanenzkurven* für $H < H_s$ herangezogen. Es sind dies die $I_R(H)$-, $I_D(H)$- und $I'_D(H)$-Kurven (s. Abschnitt 10.7.2; [17]). Sie gestatten nähere Aussagen über Richtungs- und Größenverteilung der Anisotropie der Elementarbereiche bzw. über Wechselwirkungseffekte (s. z. B. [18]).

Von SHTRIKMAN und TREVES [17] wurden auch Beziehungen für die Remanenz parallel und senkrecht zu einer vorgegebenen Meßrichtung angegeben. Wird nach Sättigung in paralleler Richtung und folgender Messung der Remanenz in paralleler und senkrechter Richtung die Probe um den Winkel β aus der Meßrichtung gedreht, wieder in dieser Richtung gesättigt und wieder hier parallel und senkrecht die Remanenz gemessen, dann gilt für wechselwirkungsfreie Elementarbereiche:

$$I_{R\perp} = \frac{\mathrm{d}\,I_{R\perp}(\beta)}{\mathrm{d}\beta}. \tag{13.4}$$

Aus diesen Beziehungen kann dann die Verteilung der Vorzugsrichtungen bei nicht idealer Ausrichtung vorgenommen werden. Dies wurde z. B. von STÄBLEIN und WILLBRAND [19] für anisotrope Bariumferrit-Proben unternommen.

13.7 Vergleich von berechneter und gemessener relativer Remanenz

13.7.1 Bei anisotropen Dauermagnetwerkstoffen

In der Tab. 13.2 sind die gemessenen Werte der relativen Remanenz einiger Dauermagnetwerkstoffe zusammengestellt. Bei den ersten drei Werkstoffen handelt es sich um stengelkristallisierte AlNiCo-Legierungen mit fast idealer Ausrichtung der Vorzugsrichtungen, wobei die ersten beiden Werkstoffe auch serienmäßig hergestellt werden können. Der Einfluß der Stengelkristallisation ist im Vergleich mit den nicht stengelkristallisierten Legierungen AlNiCo 500 und 450 zu sehen.

Tabelle 13.2. *Relative Remanenz j_R von anisotropen Dauermagnetwerkstoffen*

	B_r kG	$4\pi I_s$ kG	j_R gem	j_R theor	Literatur
AlNiCo V DG	13,1	14,0	0,94		
Columax	14,0	14,45	0,97		[9]
Ticonal XX	11,8	12,1	0,97		
Bariumferrit, Labor	4,32	4,6	0,94		[20]
Bariumferrit, normal	4,0	4,6	0,87	1,0	
MnBi	4,5	7,8	0,58		[21]
MnAl	4,28	6,2	0,69		[22]
AlNiCo 500, Labor	13,48	14,45	0,93		[18]
AlNiCo 500, normal	12,3	14,4	0,86		
AlNiCo 450	7,8	12,1	0,88		[23]

Der von TOMHOLT [20] untersuchte Werkstoff Bariumferrit war unter besonders sorgfältigen Bedingungen hergestellt. Der Wert der relativen Remanenz des normalen Bariumferrits ist aber nicht viel schlechter.

13.7.2 Bei isotropen Dauermagnetwerkstoffen

In der Tab. 13.3 sind die gemessenen Werte der relativen Remanenz für mehrere isotrope Dauermagnetwerkstoffe aufgeführt.

Nach der Theorie sollte die relative Remanenz, außer bei einachsiger Anisotropie, im Bereich von ca. 0,8 liegen. Mit Ausnahme der PtCo- und Neel-Magnete weisen alle anderen Werkstoffe wesentlich niedrigere Werte der Remanenz auf.

Die aus den bisher besprochenen experimentellen und theoretischen Untersuchungen sowie [21 bis 35] abgeleiteten Deutungen sind in [29] näher ausgeführt; hier soll deshalb darauf verzichtet werden.

Tabelle 13.3. *Relative Remanenz j_R von isotropen Dauermagnetwerkstoffen*

Werkstoff		$\dfrac{B_r}{kG}$	$\dfrac{4\pi I_s}{kG}$	$j_{R\,\mathrm{gem}}$	$j_{R\,\mathrm{theor}}$	Literatur
Oerstit 30	Walz- stähle	9,9	16,8	0,59	0,5	[29]
Oerstit 50		8,7	15,9	0,55		
Oerstit 70		8,4	16,9	0,50		
Oerstit 90 W		9,2	17,3	0,53		
AlNiCo 90		7,07	11,2	0,63	~0,5—0,6	[29]
120		7,1	11,2	0,64		
160		7,2	11,9	0,61		
220		6,3	10,8	0,58		
AlNiCo 400 (isotrop behandelt)		8,8	14,3	0,62		
AlNiCo 450 K (isotrop behandelt)		6,1	11,4	0,53		
ESD Lodex 41		4,0	6,4	0,63	0,63	[24]
42		5,3	8,2	0,64		
Fe-Pulver, länglich		5,7	8,7	0,65		[25]
Neel-Magnete		7,5	10,5	0,71	0,83	[26]
CuNiFe		3,5	6,5	0,53	0,5	[27]
PtCo (20 Proben)		5,4—6,9	6,4—8,2*	0,82—0,89	0,83—0,86	
PtFe		6,0	9,4	0,64	—	[28]

* Bei $H = 15$ kOe gemessen

Literatur

1. Siehe z. B. KITTEL, C.: Rev. mod. Phys. 21 (1949) 541—583.
2. STONER, E. C., u. E. P. WOHLFARTH: Phil. Trans. A 240 (1948) 599—644.
3. WOHLFARTH, E. P., u. D. G. TONGE: Phil. Mag., Serie 8, 2 (1957) 1333—1344.
4. GANS, R.: Ann. Phys., Leipzig, Serie 5, 15 (1932) 28—44.
5. GUILLAUD, C.: Rev. mod. Phys. 25 (1953) 64—74.
6. TONGE, D. G., u. E. P. WOHLFARTH: Phil. Mag. Serie 8, 3 (1958) 536—537.
7. LUBORSKY, F. E., u. T. O. PAINE: J. appl. Phys. 31 (1960) 66S—68S. — JOKSCH, C.: DEW Techn. Ber. 4 (1964) 182—188. — STÄBLEIN, H., u. J. WILLBRAND: Z. angew. Phys. 21 (1966) 47—51.
8. HENKEL, O.: phys. stat. sol. 18 (1966) K 113—116.
9. PAINE, T. O., u. F. E. LUBORSKY: J. appl. Phys. 31 (1960) 78S—80S.
10. FALK, R. B., G. D. HOOPER u. R. J. STUDDERS: J. appl. Phys. 30 (1959) 132S—133S.
11. WOHLFARTH, E. P.: Proc. Roy. Soc. A 232 (1955) 208—222.
12. KNELLER, F. E., u. F. E. LUBORSKY: J. appl. Phys. 34 (1963) 656—660.
13. CARMAN, E. H.: Brit. J. appl. Phys. 6 (1955) 426—429.
14. JACOBS, J. S., u. C. P. BEAN: Proc. of the Conf. on Magnetism and Magnetic Materials, Pittsburgh 1955, 165—175.
15. AHARONI, A.: J. appl. Phys. 30 (1959) 70S—78S.
16. LUBORSKY, F. E., u. C. R. MORELOCK: J. appl. Phys. 35 (1964) 2055—2066.
17. WOHLFARTH, E. P.,: J. appl. Phys. 29 (1958) 595—596. — SHTRIKMAN, S., u. O. TREVES: J. appl. Phys. 31 (1960) 58S—66S.
18. HENKEL, O.: phys. stat. sol. 2 (1962) 78—84, 725—733, 1096—1104, 7 (1964) 919—929, 15 (1966) 211—223, 17 (1966) K 99—K 103; Z. angew. Phys. 21 (1966) 32—38. — HEINECKE, U., u. H. G. MÜLLER: phys. stat. sol. 15 (1966) 575—583, J. appl. Phys. 39 (1968) 881—882.
19. STÄBLEIN, H., u. J. WILLBRAND: Z. angew. Phys. 21 (1966) 47—51. — STÄBLEIN, H.: Techn. Mitt. Krupp, Forsch.-Ber. 24 (1966) 103—112.
20. TOMHOLT, F.: Ber. d. Tagung d. Arbeitsgem. Ferromagnetismus, Karlsruhe 1962, Ber. Nr. VII; Z. angew. Phys. 21 (1966) 32—38.

21. Paine, T. O.: Proc. of the Conf. on Magnetism and Magnetic Materials, Boston 1956, 101—117.
22. Koch, A. J., P. Hoggeling, M. G. v. d. Steeg u. K. J. de Vos: J. appl. Phys. 31 (1960) 75 S—77 S.
23. Ogden, R.: Dissertation, Universität Sheffield 1964.
24. Prospekt der Firma General Electric, USA, Febr. 1961.
25. Luborsky, F. E., L. J. Mendelsohn u. T. O. Paine: Proc. of the Conf. on Magnetism and Magnetic Materials, Boston 1956, 133—144.
26. Steinitz, R.: Powder Met.-Bull. 3 (1948) 124—127.
27. Schüler, K.: Ber. d. Arbeitsgemeinsch. Ferromagnetismus (1958) 56—62.
28. Kussmann, A., u. G. v. Rittberg: Z. Metallk. 41 (1950) 470—477.
29. Schüler, K.: DEW Techn. Ber. 5 (1965) 136—144.
30. Zijlstra, H.: Thesis, Universität Amsterdam 1960.
31. Neel, L.: C. R. Acad. Sci., Paris, 237 (1953) 1468—1470.
32. Jacobs, J. S., u. C. P. Bean: Phys. Rev. 100 (1955) 1060—1067.
33. Biedermann, E., u. E. Kneller: Z. Metallk. 47 (1956) 289—301, 760—774.
34. McCurrie, R. A., u. P. Gaunt: Proc. of the Internat. Conf. on Magnetism, Nottingham 1964, 780—782.
35. Walmer, M. S.: Engelh. Industr. Inc. Techn. Bull. 2 (1962) 117—125.

III. Dauermagnetischer Kreis

14 Entmagnetisierung im I,H- und B,H-Diagramm

Wie in Kapitel 7 gezeigt wurde, ist die Scherung im $4\pi I,H$-Diagramm einfach darzustellen. Hier soll gezeigt werden, wie die durch die Scherung zu berücksichtigende *Selbstentmagnetisierung* im B,H-Diagramm darstellbar ist [1]. Dies wird dann ausgedehnt auf die entmagnetisierende Einwirkung von Fremdfeldern. Beide Betrachtungsweisen werden parallel anhand schematischer Entmagnetisierungskurven durchgeführt.

14.1 Wirkung innerer entmagnetisierender Felder (Scherung)

Wenn ein permanenter Magnet in einem geschlossenen Joch bis zur Sättigung magnetisiert wird, liegt sein Arbeitspunkt nach Abschalten des Magnetisierungsstromes im Remanenzpunkt $B_r = 4\pi I_r$. Die beim Magnetisieren gelieferte *Magnetisierungsarbeit* ist gegeben durch

$$A_M = \frac{1}{4\pi} V \int_{B=0}^{B_s} H \, \mathrm{d}B = \frac{1}{4\pi} V \int_{H=0}^{H_s} H \, \mathrm{d}H + V \int_{I=0}^{I_s} H \, \mathrm{d}I = A_H + A_I, \quad (14.1)$$

wobei

$$B = H + 4\pi I \qquad (3.4)$$

gilt. Dabei entspricht der erste Summand der Energiedichte im magnetischen Feld außerhalb des Ferromagnetikums. Der zweite Summand gibt die Änderung der Magnetisierung im Ferromagnetikum, also die eigentliche Magnetisierungsarbeit an [s. Gl. (10.1)]. Wird die Magnetisierungsarbeit grafisch dargestellt, so tritt, je nach Wahl des B,H- oder I,H-Diagramms, die Größe A_M oder A_I auf. Beide Größen stellen eine spezifische Arbeit dar, denn sie sind bei der grafischen Darstellung auf 1 cm³ Dauermagnetwerkstoff bezogen. Die spezifische Arbeit A_I

ist in Bild 14.1a als Fläche $O,S'',4\pi I_S''$, die spezifische Arbeit A_M in Bild 14.1b als Fläche O,S',B_S' dargestellt.

Nach Abschalten des äußeren Feldes geht der Arbeitspunkt des Dauermagneten von S'' nach $4\pi I_r$ bzw. S' nach B_r. Die Energiedichte entsprechend der Fläche

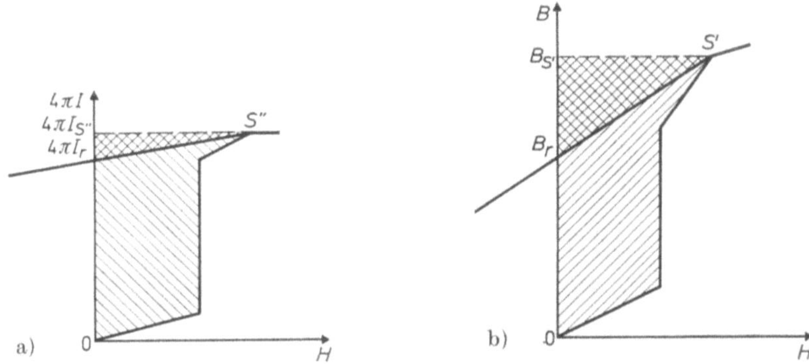

Bild 14.1. a) Magnetisierungsenergie, $4\pi I,H$-Darstellung; b) B,H-Darstellung.

$4\pi I_r$, S'', $4\pi I_S''$ wird vom Ferromagnetikum allein, diejenige entsprechend der Fläche B_r, S', B_S vom Ferromagnetikum plus innerem Feld an die Stromquelle zurückgegeben.

Wird der Dauermagnet dem Joch entnommen, so wandert sein Arbeitspunkt seiner vorhandenen Scherung infolge eigener (innerer) Entmagnetisierung z. B.

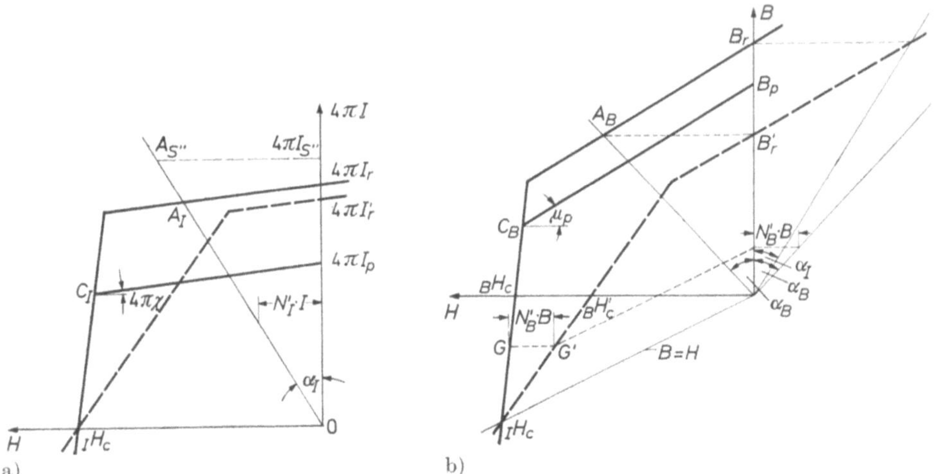

Bild 14.2. a) Wirkung eines entmagnetisierenden inneren Feldes (Scherung). $4\pi I,H$-Darstellung; b) B,H-Darstellung.

zum Punkt A_I bzw. A_B im zweiten Quadranten der Hysteresekurve, wie die Bilder 14.2a und 14.2b zeigen. Beim Öffnen des Kreises muß mechanische Arbeit aufgewendet werden. Sie wird in magnetische Energie umgewandelt, welche den Dauermagneten entmagnetisiert und das magnetische Feld außerhalb dessen aufbaut. Die spezifische Arbeit zum Entmagnetisieren ist in Bild 14.2a proportional der Fläche $4\pi I_r$, A_I, 0. Die gesamte aufgewendete Energiedichte ist in Bild 14.2 b proportional der Fläche B_r, A_B, 0. Der Unterschied zwischen beiden Flächen entspricht der Energiedichte des inneren Feldes.

Wird der Dauermagnet nicht im geschlossenen Joch, sondern in der offenen Spule magnetisiert, so wandert sein Arbeitspunkt nach dem Abschalten des äußeren Feldes sofort zum Punkt A_I bzw. A_B. Dies geschieht infolge eigener Entmagnetisierung. Zum Magnetisieren des Dauermagneten muß nun die Energiedichte entsprechend der Fläche 0, S'', A_S'' im ersten und zweiten Quadranten aufgewendet werden. Beim Abschalten wird dann die Energiedichte entsprechend der Fläche S'', A_S'', A_I zurückgewonnen. Übrig bleibt die spezifische Magnetisierungsarbeit A_I nach Gl. (14.1). Sie ist unabhängig von der Art der Magnetisierung, wie schon BECKER und DÖRING [2] gezeigt haben. In der B,H-Darstellung ergibt sich das gleiche Bild.

Wird der magnetische Kreis des Dauermagneten mit Hilfe von Polschuhen wieder geschlossen, so wandert der Arbeitspunkt entlang der vom Punkt A_I bzw. A_B ausgehenden permanenten Zustandsgeraden zu der Permanenz $4\pi I_P$ bzw. B_P. Dabei wird wieder mechanische Arbeit gewonnen, magnetische Energie geht verloren. Im Permanenzpunkt ist die magnetische Energie Null geworden.

Beim folgenden Öffnen und Schließen des magnetischen Kreises läuft der Arbeitspunkt reversibel zwischen den Punkten A_I und $4\pi I_P$ bzw. A_B und B_P hin und her, soweit N_I' bzw. N_B' nicht überschritten werden. In den Bildern 14.2 a und 14.2 b fällt die permanente Zustandsgerade durch die Punkte A_I bzw. A_B mit der äußeren Entmagnetisierungskurve zusammen. Zur Erläuterung ist noch eine Zustandsgerade, von den Punkten C_I bzw. C_B ausgehend, eingezeichnet.

In den Bildern 14.2 a und 14.2 b ist außerdem die gescherte Kurve eingetragen. Im I,H-Diagramm in Bild 14.2 a ist die Scherung sehr einfach und in Kapitel 7 beschrieben.

Es verlaufe die *Scherungsgerade* entsprechend Bild 14.2 a unter dem Winkel $\alpha_I = \text{arc tan } N_I' = \text{arc tan } H/4\pi I$ zur I-Achse entsprechend Gl. (7.2), wobei $N_I' \equiv N/4\pi$ der Entmagnetisierungsfaktor des betrachteten Dauermagnetkreises ist. Bei dieser Scherung bleibt die Koerzitivfeldstärke $_IH_c$ invariant, denn hier verschwindet die Magnetisierung. Die Remanenz $4\pi I_r$ erniedrigt sich aber zur scheinbaren Remanenz $4\pi I_r'$, da hier die Magnetisierung nicht verschwindet.

Wird die Scherung im B,H-Diagramm durchgeführt, dann kann für die Konstruktion der gescherten B,H-Kurve das I,H-Diagramm entbehrt werden, wie das Bild 14.2 b deutlich machen soll. Die Voraussetzung dafür ist, daß die ungescherte B,H-Kurve bis zur Koerzitivfeldstärke $_IH_c$ vorliegt. Die Scherungsgerade verläuft hier unter dem Winkel $\alpha_B > \alpha_I$, wobei entsprechend Bild 14.3 $\alpha_B = \text{arc tan } N_B' = \text{arc tan } H/B$ gilt und N_B' der Entmagnetisierungsfaktor im B,H-Diagramm ist. Zwischen den beiden Entmagnetisierungsfaktoren N_B' und N_I' folgen mit Hilfe der Gleichungen (3.4), (7.2) und (7.3) die Beziehungen [3]

$$N_B' = \frac{N_I'}{1 - N_I'} \tag{14.2}$$

$$N_I' = \frac{N_B'}{1 + N_B'}. \tag{14.3}$$

Es wird nun noch der *spezifische magnetische Leitwert* λ, auch *Einheitsleitwert* genannt, eingeführt. Er ist definiert als magnetischer Leitwert Λ [s. Gl. (4.10)], bezogen auf 1 cm Länge und 1 cm² Fläche des Dauermagneten. Damit ist er der Quotient von Induktion und Feldstärke und damit wiederum das Reziproke des Entmagnetisierungsfaktors N'_B

$$\lambda = \Lambda \cdot \frac{l_M}{F_M} = \frac{B_M}{H_M} = \frac{1}{N'_B}. \tag{14.4}$$

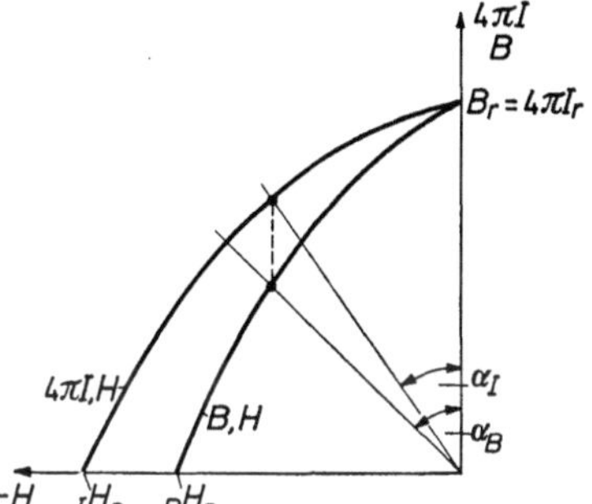

Bild 14.3. Zur Definition von $N'_B = \operatorname{tg} \alpha_B$ und $N'_I = \operatorname{tg} \alpha_I$.

Der spezifische Leitwert ist damit dimensionsgleich einer Permeabilität, aber begrifflich davon zu unterscheiden.

Weiterhin kann ein *spezifischer magnetischer Leitwert* λ^* definiert werden als Quotient von Magnetisierung und Feldstärke und damit als das Reziproke des Entmagnetisierungsfaktors N_I

$$\lambda^* = \frac{4\pi I_M}{H_M} = \frac{1}{N'_I}. \tag{14.5}$$

Damit können dann die Gln. (14.2) und (14.3) geschrieben werden [4]:

$$\lambda = \frac{1 - N'_I}{N'_I} = \lambda^* - 1 \tag{14.6}$$

$$\lambda^* = \frac{1 + N'_B}{N'_B} = \lambda + 1. \tag{14.7}$$

Die *Scherung* selbst kann nicht im rechtwinkligen B, H-Diagramm vorgenommen werden, sondern in einem schiefwinkligen, das bis zur Koerzitivfeldstärke $_IH_c$ reicht. Dies folgt aus der Invarianz derselben gegen die Scherung. Mit Hilfe von Parallelen zur Geraden $B = H$ kann die gescherte Kurve konstruiert werden. Zum Verständnis ist eine gestrichelte Linie für die Konstruktion des Punktes G' aus dem Punkte G in Bild 14.2 b eingetragen. Es sollen hier noch die *Gleichungen für die Scherungsgerade* im B, H- und $4\pi I, H$-Diagramm angegeben werden:

$$B = H \cdot \frac{1}{N'_B} = H \left(1 - \frac{1}{N'_I} \right) \tag{14.8}$$

$$4\pi I = H \cdot \frac{1}{N'_I} = H \left(1 + \frac{1}{N'_B} \right). \tag{14.9}$$

14.2 Wirkung äußerer entmagnetisierender Felder

Es liege ein permanentmagnetischer Kreis vor, bestehend aus Dauermagnet und Weicheisenpolschuhen. Der Dauermagnet wird im ausgebauten Zustand magnetisiert. Seine Scherungsgerade ist in den Bildern 14.4a und 14.4b durch die Geraden $\overline{OA_I}$ bzw. $\overline{OA_B}$ gegeben. Nach dem Zusammenbau wandert der Arbeitspunkt des Kreises zum Punkt K_I bzw. K_B. Dabei ist K der Schnittpunkt der Scherungsgeraden des magnetischen Kreises mit der permanenten Zustandsgeraden durch den Punkt A. Durch den weiteren Aus- und Wiedereinbau des

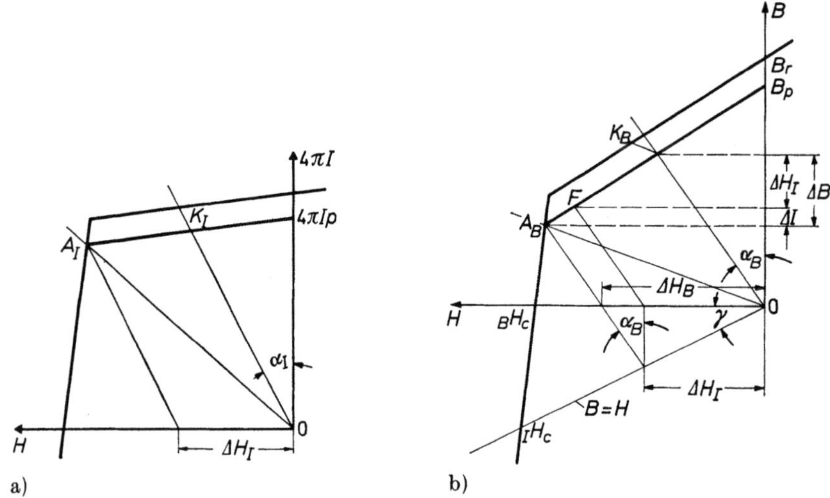

Bild 14.4.　a) Wirkung eines entmagnetisierenden äußeren Feldes, $4\pi I,H$-Darstellung; b) B,H-Darstellung.

Magneten wird der Arbeitspunkt K nicht verschoben. Er hat damit eine gewisse Stabilität gegen entmagnetisierende Störfelder erreicht. Interessant ist nun zu wissen, wie groß die Amplitude des entmagnetisierenden Feldes sein kann, die zu nur reversiblen Änderungen des Arbeitspunktes führt. Im I,H-Diagramm kann dies sofort angegeben werden. Der Betrag ΔH_I ist gegeben durch die Schnittpunkte der Parallelen von $\overline{OK_I}$ durch A_I. Wird dieselbe Konstruktion im B,H-Diagramm durchgeführt, so bringt der ermittelte Abszissenabstand ΔH_B eine scheinbar größere Amplitude des zulässigen entmagnetisierenden Feldes. Die wahre Amplitude wird auf der Geraden $B = H$ erhalten, wie Bild 14.4b angibt. Jedoch ist dabei die Zählung der Feldstärke parallel zur H-Achse vorzunehmen. Dies ist nur zu vermeiden, wenn ein echtes schiefwinkliges Koordinatensystem gewählt wird, bei dem die Feldstärke parallel zur Geraden $B = H$ gezählt wird; ein solches System ist jedoch in der Praxis zu ungebräuchlich.

Die Relation $\Delta H_B > \Delta H_I$ folgt aus der Gl. (3.4). Die Feldstärke ΔH_B setzt sich zusammen aus $\Delta B_B = \Delta H_I + H'$, wobei H' nur eine Scheingröße ist, die sich aus der sinnwidrigen Konstruktion von ΔH_I auf der H-Achse ergibt.

Aus der Gleichung $B = H$ für die Gerade vom Ursprung zum Punkt $_IH_c$ folgt, daß $\gamma = 45°$ ist. Damit wird $H' = N'_B \cdot \Delta H_I$, so daß sich mit Hilfe von

Gl. (14.3) ergibt:

$$\Delta H_B = \Delta H_I \,(1 + N'_B) = \Delta H_I \cdot \frac{N'_B}{N_I} = \Delta H_I \cdot \frac{I_{A_I}}{B_{A_B}}. \tag{14.10}$$

Es folgt entgegen [4], daß sich die beiden Feldstärken zueinander wie ihre Entmagnetisierungsfaktoren verhalten. Mit Hilfe von Gl. (14.10) kann die wahre *Stabilisierungsfeldstärke* ΔH_I aus der scheinbaren ΔH_B berechnet werden, ohne die I,H-Darstellung zu benötigen.

In der B,H-Darstellung in Bild 14.4b ist außerdem noch die Konstruktion von ΔH_I, ΔB und ΔI eingezeichnet. Die Größe ΔH ergibt sich aus dem vorher Gesagten. Daraus folgt die Lage von Punkt F und damit ΔI sowie ΔH_I und ΔB.

Es werde der Punkt A_B in den $_BH_c$-Punkt verschoben, indem z. B. ein unendlich dünner Dauermagnet eingebaut oder die Stabilisierungsfeldstärke entsprechend gesteigert wird. Dann folgt aus Bild 14.4b sofort $\Delta H_I \leqq {}_BH_c$. Die Stabilisierungsfeldstärke ist also abhängig von der Scherung des gesamten Magnetkreises. Sie ist außerdem — bis auf den Fall des geschlossenen magnetischen Kreises — kleiner als die Koerzitivfeldstärke $_BH_c$ und sinkt mit zunehmender Scherung. Um also einen magnetischen Kreis bis zur Koerzitivfeldstärke $_BH_c$ durch ein äußeres Feld zu entmagnetisieren, werden um so kleinere Feldstärken benötigt, je weiter der Kreis geöffnet wird. Der unendlich dünne Magnet wird schon durch das Feld Null bis zur Koerzitivfeldstärke $_BH_c$ entmagnetisiert. Bei Auftreten von Streufeldern in der Größenordnung der Koerzitivfeldstärke $_BH_c$ kann damit der Dauermagnet, je nach Scherung, weit über $_BH_c$ hinaus entmagnetisiert werden, worauf schon JOKSCH [5] hingewiesen hat.

14.3 Einfluß der magnetischen Eigenschaften

Das bisher Gesagte gilt grundsätzlich für alle Dauermagnetwerkstoffe, unabhängig von ihren absoluten magnetischen Eigenschaften. Bei gegebenem Entmagnetisierungsfaktor N_B bzw. N_I ist also ΔH_B unabhängig von der Form der Entmagnetisierungskurve. Die technischen Anwendungen der einzelnen Werkstoffe führen aber meist nur zu solchen Scherungen, die oberhalb des Punktes maximaler remanenter Energiedichte, also oberhalb des Knickes der Entmagnetisierungskurve, liegen. Eine entmagnetisierende Feldstärke bestimmter Größe wird demzufolge bei hochremanenten, niedrig koerzitiven Werkstoffen mit $\delta = {}_BH_c/B_r < 0{,}3$ zu einem kleinen, vernachlässigbaren Unterschied zwischen ΔH_B und ΔH_I führen. Anstelle der I,H-Darstellung kann die B,H-Darstellung genommen werden. Bei niedrig remanenten, hochkoerzitiven Werkstoffen mit $\delta > 0{,}3$ dagegen führt dieselbe Feldstärke zu einem größeren, nicht vernachlässigbaren Unterschied. Es muß die I,H-Darstellung zugrunde gelegt werden. Zum Vergleich sind in Bild 14.5 im gleichen Maßstab die Entmagnetisierungskurven von AlNiCo 500 mit $\delta \approx 0{,}05$ und Bariumferrit 360 mit $\delta \approx 0{,}4$ gezeichnet. Im Bild ist die Wirkung einer entmagnetisierenden Feldstärke von 250 Oe dargestellt. Der Unterschied zwischen den Feldstärken ΔH_B und ΔH_I beträgt nach Gl. (14.10) bei AlNiCo 500 ca. 10 Oe ($N'_B \approx 0{,}04$), ist also vernachlässigbar, und bei Bariumferrit 360 ca. 250 Oe ($N'_B \approx 1$), ist also nicht mehr vernachlässigbar.

Zur Wirkung von äußeren entmagnetisierenden Feldern ist als äquivalent die von Temperaturänderungen zu zählen. Auch hier ist es bisher üblich (s. z. B.

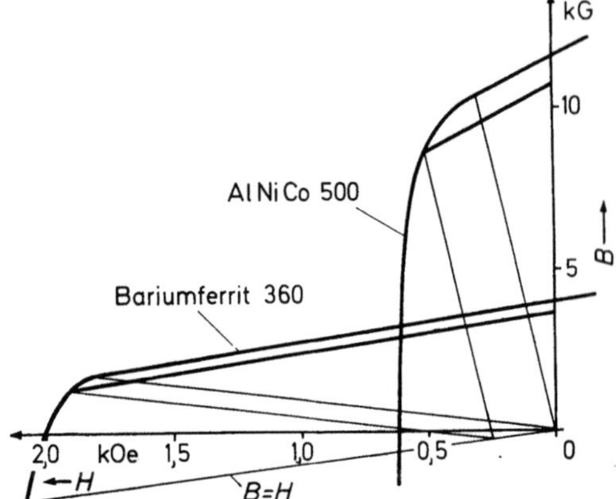

Bild 14.5. Wirkung einer entmagnetisierenden Feldstärke von 250 Oe auf einen hoch- und niedrigkoerzitiven Werkstoff.

[6]), die I,H-Darstellung zu wählen. Nach dem vorher Gesagten kann dafür gleichfalls die B,H-Darstellung gewählt werden.

Literatur

1. SCHÜLER, K.: Z. angew. Phys. 18 (1965) 492—495.
2. BECKER, R., u. W. DÖRING: Ferromagnetismus, Berlin: Springer 1939, 53.
3. Siehe z. B. STEINGROEVER, E.: Arch. Elektrotechn. 39 (1949) 391—394.
4. SCHINDLER, M. J.: Transact. Americ. Inst. Electr. Eng. I, 80 (1961) 423—427.
5. JOKSCH, C.: DEW Techn. Ber. 4 (1964) 32—41.
6. SCHWABE, E.: Z. angew. Phys. 9 (1957) 183—187.

15 Magnetischer Kreis und seine Energieverhältnisse

Soll ein magnetischer Kreis, bestehend aus Dauermagneten und Flußleitstücken, berechnet werden, so sind verschiedene Punkte zu beachten:

Ist der Kreis konstanter oder wechselnder Entmagnetisierung unterworfen? Wird der Dauermagnet vor oder nach dem Einbau magnetisiert? Ist Stabilität gegen Temperatur oder Fremdfelder gefordert?

15.1 Remanentmagnetischer Kreis

Der einfachste Fall ist gegeben, wenn konstante Entmagnetisierung vorhanden ist, der Dauermagnet nach dem Einbau magnetisiert wird und Stabilität gegenüber Fremdfeldern oder Temperatureinflüssen nicht notwendig ist. Es handelt sich um den *remanentmagnetischen Kreis* [1], bei dem im unveränderlichen *Nutzluftspalt* eine *Nutzenergiedichte* vorhanden ist. Neben dem *Nutzfluß* ist immer noch der unvermeidliche Streufluß vorhanden. Das Ziel der Dimensionierung besteht dann darin, einen optimalen Teil des Gesamtflusses des Dauermagneten durch den Nutzraum zu leiten. Dies soll mit minimalem Volumen des Dauermagneten geschehen. Dazu dienen die beiden Gleichungen:

a) Die *Spannungsgleichung*, welche besagt, daß die magnetische Spannung des Dauermagneten $\Theta = H_M \cdot l_M$ fast vollständig als Spannungsabfall im Nutzluftspalt auftritt. Die Gleichung lautet

$$H_M l_M = H_L l_L + H_E l_E = H_L l_L \gamma. \qquad (15.1)$$

Dabei ist

H_M, H_L, H_E die magnetische Feldstärke im Dauermagneten bzw. Nutzluftspalt bzw. Weicheisen und

l_M, l_L, l_E die Länge des Dauermagneten bzw. Nutzluftspaltes bzw. Weicheisens in Flußrichtung.

Der *Spannungsfaktor*

$$\gamma = 1 + \frac{H_E l_E}{H_L l_L} = \frac{H_M l_M}{H_L l_L} = \frac{\Theta_M}{\Theta_L} \qquad (15.2)$$

berücksichtigt den Spannungsabfall in den Flußleitstücken und in den zusätzlichen Reihenluftspalten, welche z. B. durch Löten, Kleben usw. entstehen. Außerdem berücksichtigt er den Einfluß inhomogener Entmagnetisierung, wie in Kapitel 18 näher erklärt ist. Der Spannungsfaktor γ ist definiert durch den Quotienten Gesamtspannung Θ_M zu Nutzspannung Θ_L. Er liegt meist im Bereich von 1,1 bis 1,3 und wird in diesem Kapitel vernachlässigt.

b) Die *Flußgleichung*, welche besagt, daß der Fluß durch die neutrale Zone des Dauermagneten, $\Phi_M = B_M F_M$, bis auf den Streufluß auch durch den Nutzluftspalt geht. Die Gleichung lautet

$$B_M F_M = B_L F_L + B_S F_S = B_L F_L \sigma. \qquad (15.3)$$

Dabei ist

$B_M, B_L, = H_L, B_S$ die magnetische Induktion im Dauermagneten bzw. Nutzluftspalt bzw. Streuraum und

F_M, F_L, F_S der Querschnitt des Dauermagneten bzw. Nutzluftspaltes bzw. Streuraumes senkrecht zur Flußrichtung.

Der *Streufaktor*

$$\sigma = 1 + \frac{B_S F_S}{B_L F_L} = \frac{B_M F_M}{B_L F_L} = \frac{\Phi_M}{\Phi_L} \qquad (15.4)$$

berücksichtigt die magnetische Streuung von Weicheisen und Dauermagnet. Der Faktor ist definiert durch den Quotienten Gesamtfluß Φ_M zu Nutzfluß Φ_L; er liegt im Bereich von 1 bis 10.

Die magnetische Energiedichte im Nutzluftspalt folgt bei Vernachlässigung des Spannungsfaktors γ aus den Gln. (15.1) und (15.3) zu

$$B_L^2 = \frac{B_M H_M F_M l_M}{F_L l_L \, \sigma} = \frac{(BH)_A V_M}{V_L \sigma} \qquad (15.5)$$

und ist damit abhängig von dem Produkt $B \cdot H$ des jeweiligen Arbeitspunktes des Dauermagneten. Dieser liegt aber voraussetzungsgemäß beim remanentmagnetischen Kreis auf der äußeren Entmagnetisierungskurve, z. B. in Punkt A in Bild 15.1, da keine veränderliche Entmagnetisierung angenommen wird. Wie bekannt, durchläuft das $B \cdot H$-Produkt für die Punkte der äußeren Magnetisierungskurve ein Maximum im $(BH)_{max}$-Punkt. Mit Hilfe der Gln. (15.1) und (15.2) ist damit der remanentmagnetische Kreis optimal so auszulegen, daß die Scherungsgerade vom Koordinatenursprung durch diesen Punkt A geht. Am schwierigsten ist dabei die vorhergehende Bestimmung des Streuflusses oder Streufaktors. Dieser kann, wie Kapitel 16 zeigt, berechnet werden, doch ist dies meist langwierig und umständlich. Im allgemeinen wird er halbempirisch oder mittels Näherungsmethoden festgelegt (s. z. B. [2]). Dabei kommt eine wichtige Eigenschaft zu Hilfe: Bei geometrisch ähnlicher Änderung des Kreises bleibt der Streufaktor konstant. Daraus folgt, daß der Verlauf des Streuflusses an kleinen Modellen studiert werden kann.

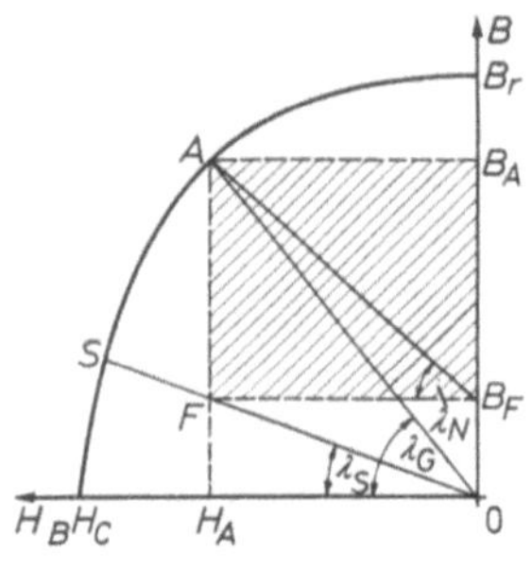

Bild 15.1.
Der remanentmagnetische Kreis.

Die Magnetisierung muß nach dem Zusammenbau geschehen. Im Außenraum ist dann die Gesamtenergie $(BH)_{max} \cdot V_M$ aufgespeichert[1]. Die Gesamtenergiedichte $(BH)_{max} = B_A \cdot H_A$ ist dabei proportional dem größten einbeschriebenen Rechteck unter der Entmagnetisierungskurve. Der Teil σ^{-1} der Gesamtenergiedichte entfällt als *Nutzenergiedichte* auf den Nutzraum und ist in Bild 15.1 als Fläche $(B_A - B_F) H_A$ schraffiert dargestellt. Der nicht schraffierte Teil, die Fläche $B_F \cdot H_A$, stellt die *Streuenergiedichte* dar. Dabei ist angenommen, daß für den gesamten magnetischen Streufluß die volle magnetische Spannung zur Verfügung steht. Dies setzt bei den Flußleitstücken eine magnetische Permeabilität $\mu \to \infty$ voraus, was angenähert nur bei Vermeidung der Übersättigung gilt.

Die bisherigen Betrachtungen zur optimalen Dimensionierung des Kreises können durch Umstellung der Gl. (15.5) in die Form

$$B_L^2 \cdot V_L = \frac{1}{\sigma} (BH)_A V_M \qquad (15.6)$$

folgendermaßen ausgedrückt werden: Die links stehende Nutz- oder *Luftspaltinduktion* soll bei Vorgabe des Luftspaltvolumens V_L und bei minimalem Magnetvolumen V_M ein Optimum werden. Dies ist nur möglich, wenn das remanentmagnetische Produkt der Energiedichte (BH) maximal (und der Streufluß minimal) wird. Mit Hilfe der Gln. (15.1) bis (15.6) kann diese Dimensionierung des remanentmagnetischen Kreises durchgeführt werden, wenn in einem Nutzvolumen gegebenen Inhalts die optimale Luftspaltinduktion gewünscht wird. Die Dimensionierung läuft auf eine Optimierung der Nutzenergie entsprechend Gl. (15.6) hinaus.

Die optimale Nutzenergie scheint aber bei einem Teil der wichtigsten Anwendungen von Dauermagnetwerkstoffen, z. B. bei Drehspulinstrumenten und Lautsprechersystemen, nicht das Kriterium für die Dimensionierung des Kreises zu sein. Im Nutzraum soll mittels des Induktionsgesetzes eine Kraftwirkung auf

---

[1] Es ist allgemein üblich, diesen Ausdruck als Gesamtenergie anzugeben, obwohl sinngemäß nur die Hälfte einzusetzen wäre. Wo es nur auf Energieunterschiede ankommt, soll in diesem Kapitel der übliche Ausdruck beibehalten werden. In Abschnitt 4 dieses Kapitels wird jedoch nur der halbe Betrag eingesetzt.

einen elektrischen Leiter ausgeübt werden. Diese Kraft soll optimal werden. Sie ist proportional der elektrischen Stromstärke, dem Leitervolumen und der Luftspaltinduktion. Daraus folgt, daß beim Magnetsystem das Produkt $B_L V_L$ optimal werden sollte. Diese Aufgabe ist aber nicht allgemein lösbar. In vielen Fällen hat das Produkt kein Maximum im Endlichen (s. z. B. Bild 15.2); bei einigen Formen des magnetischen Kreises ist infolge starker Zunahme des Streufaktors bei größer werdendem Luftspalt ein technisch sinnloses Maximum vorhanden. Es ist also nicht so leicht eine Optimierung des Kreises möglich. Hinter einer solchen Optimierung steckt aber meist keine echte technische Fragestellung. Aus technischen und wirtschaftlichen Bedingungen heraus wird das Luftspaltvolumen immer vorgegeben werden müssen. Außerdem wird aus Raumgründen entweder das Volumen des gesamten Kreises oder aus wirtschaftlichen Gründen

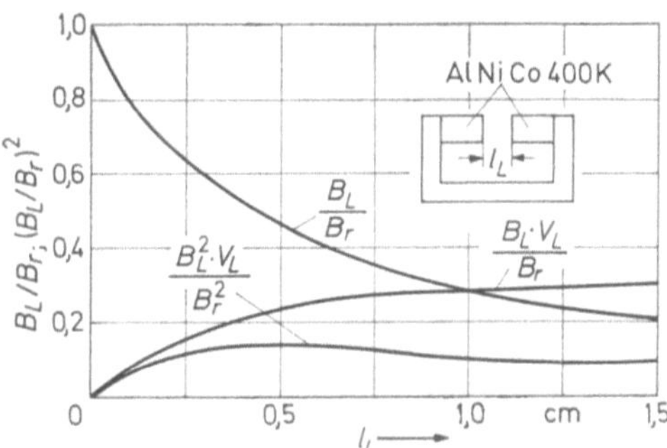

Bild 15.2. Normierte Luftspaltinduktion B_L/B_r, Luftspaltenergie $B_L^2\, V_L/B_r$ und $B_L V_L/B_r$ als Funktion der Luftspaltlänge l_L bei Dauermagnetsystemen aus AlNiCo 400 K mit Luftspaltfläche $F_L = 1{,}2$ cm².

die benötigte Luftspaltinduktion vorgegeben. Dann ist aber nach den Gln. (15.1) bis (15.6) eine Optimierung nach energetischem Gesichtspunkt möglich. Auf Ausnahmen wird in den betreffenden Anwendungsfällen näher eingegangen.

Diese Optimierung soll hier an einem [-förmigen Dauermagnetsystem aus AlNiCo 400 K betrachtet werden (s. Bild 15.2). Es ist ein Luftspalt der Fläche $F_L = 1{,}2$ cm² und der Länge l_L vorhanden. Die Luftspaltinduktion B_L ist bei konstantem Magnetvolumen und Luftspaltquerschnitt eine Funktion der Luftspaltlänge. Mit abnehmender Luftspaltlänge steigt die Luftspaltinduktion, wie Bild 15.2 zeigt. Bei verschwindendem Luftspalt ist die Luftspaltinduktion gleich der Remanenz, da hier die Streuung vernachlässigt werden kann. In das Bild ist außerdem die Luftspaltenergie $B_L^2\, V_L$ eingetragen. Sie hat bei der Luftspaltlänge $l_L = 5$ mm ein Maximum. Das Maximum zeigt an, daß die Luftspaltenergie optimisierbar ist. Die weiter eingetragene berechnete Größe $B_L\, V_L$ hat kein Maximum. Alle Größen sind auf die Remanenz bezogen.

Die Berechnungen für Bild 15.2 wurden unter der vereinfachenden Annahme eines konstanten Streufaktors durchgeführt. Mit zunehmender Luftspaltlänge wird aber der Streufaktor zunehmen und damit die Luftspaltinduktion noch schneller sinken als es Bild 15.2 entspricht. Damit wird auch für die Größe $B_L\, V_L$ ein Maximum möglich. Die Messungen zeigen, daß für das System nach Bild 15.2 ein flaches Maximum von $B_L\, V_L$ bei der Luftspaltlänge $l_L \sim 10$ bis 15 mm liegt. Wie schon erwähnt, ist es aber technisch sinnlos.

Zur vereinfachenden Berechnung des magnetischen Kreises wird der magneti-

6*

sche Leitwert Λ benutzt. Der *Gesamtleitwert* ist durch Gl. (15.7) gegeben und ist die Summe von *Nutz-* und *Streuleitwert*:

$$\Lambda_G = \frac{\Phi}{\Theta} = \frac{1}{R_M} = \frac{B_M F_M}{H_M l_M} = \Lambda_N + \Lambda_S. \qquad (15.7)$$

Unter den gemachten Voraussetzungen liegen Nutz- und Streufluß parallel, und damit addieren sich auch ihre spezifischen Leitwerte λ_N und λ_S zum Gesamtleitwert λ_G, wie die Bilder 15.1 und 15.3 zeigen.

$$\lambda_G = \lambda_N + \lambda_S. \qquad (15.8)$$

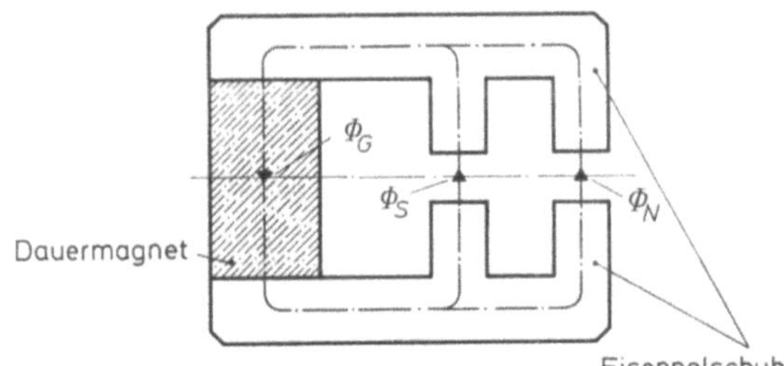

Bild 15.3. Dauermagnetkreis mit Streufluß (schematisch).

Damit kann die rechnerische Trennung von Nutz- und Streufluß besser durchgeführt werden. Es ist aber dabei der *Einheitsleitwert des Nutzluftspaltes* gegeben durch

$$\lambda_N = -\frac{F_L l_M}{l_L F_M} = -\frac{\Lambda_N l_M}{F_M} = \frac{\overline{AF}}{H_A}. \qquad (15.9)$$

Der *Einheitsleitwert der Streuung* ist gegeben durch

$$\lambda_S = -\frac{\Lambda_S l_M}{F_M} = -\frac{\overline{FH_A}}{H_A}. \qquad (15.10)$$

Außerdem gilt für den *Streufaktor* (s. Gl. (15.4))

$$\sigma = \frac{\Phi_G}{\Phi_N} = \frac{B_A}{B_A - B_F} = \frac{\lambda_G}{\lambda_N} = 1 + \frac{\lambda_S}{\lambda_N} = \frac{\Lambda_G}{\Lambda_N} = 1 + \frac{\Lambda_S}{\Lambda_N}. \qquad (15.11)$$

Die Kenntnis des Streufaktors ist also äquivalent der Kenntnis der Leitwerte und umgekehrt.

Wie in Kapitel 19 näher behandelt, gelten für die Leitwerte Λ und λ die *Kirchhoffschen Gesetze* der Elektrotechnik in entsprechender Form. Dies wird im Folgenden vorausgesetzt und laufend benutzt.

Der $(BH)_{\mathrm{max}}$-Wert gibt den größten Wert der vom Dauermagneten im Außenraum zu speichernden Gesamtenergie pro Volumeneinheit des Dauermagneten an. Dabei ist nichts über die Aufteilung der Energiedichte in Nutz- und Streuenergie gesagt. In vielen Fällen ist der Streufaktor $\sigma > 2$ bis 3. Aus Bild 15.1 ist dann ersichtlich, daß der Arbeitspunkt A vorteilhaft oberhalb des $(BH)_{\mathrm{max}}$-Punktes gelegt werden sollte. Dann ist zwar die Gesamtenergiedichte im Außenraum kleiner, aber es steigt das Verhältnis von Nutz- und Streufluß, und damit sinkt der Streufaktor. Besonders beachtenswert ist das bei Werkstoffen mit gestreckter Entmagnetisierungskurve und hoher Koerzitivfeldstärke, wie bei den Hartferriten. Beim Bau von Lautsprechersystemen mit Ferriten wird bekanntlich davon Gebrauch gemacht. Die Verlegung des Arbeitspunktes oberhalb des $(BH)_{max}$-Punktes empfiehlt sich auch deshalb, weil der magnetische Kreis infolge inhomogener Entmagnetisierung über einen Arbeitsbereich verfügt.

Der *remanentmagnetische Kreis* ist ausgezeichnet durch fehlende Wechselwirkung zwischen dem Primärfeld des magnetischen Kreises und dem durch die Induktion hervorgerufenen Sekundärfeld. Jedoch ist dieser Grenzfall theoretisch nur angenähert zu erreichen. Dieser Kreis ist deshalb im allgemeinen instabil gegen entmagnetisierende Einflüsse durch Temperatur oder Fremdfelder. Die einzige Ausnahme bilden Kreise mit Dauermagnetwerkstoffen, welche eine geradlinige Entmagnetisierungskurve aufweisen, wie z. B. Bariumferrit.

15.2 Statisch-permanentmagnetischer Kreis

Wenn aus bestimmten Gründen der Dauermagnet vor dem Zusammenbau magnetisiert wird, muß die Energiebetrachtung geändert werden. Es liegt der statisch-permanente Kreis vor [1]. Jetzt ist die Scherungsgerade $\overline{OA}$ die des losen Magneten nach dem Magnetisieren vor dem Einbau und wird beschrieben

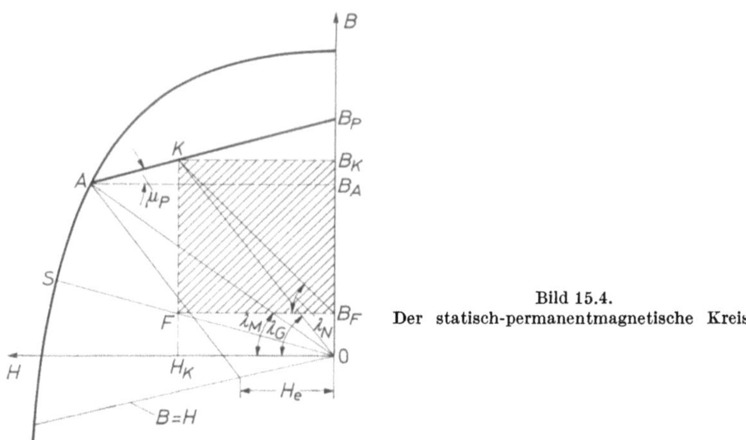

Bild 15.4.
Der statisch-permanentmagnetische Kreis.

durch den spezifischen Leitwert λ_M. Beim Einbau bewegt sich der Arbeitspunkt entlang der permanenten Zustandsgeraden zum Punkt K in Bild 15.4. Diese Gerade stellt eine Annäherung dar, sie hat die Steigung μ_P (= permanente Permeabilität); ihre wirkliche Form ist lanzett- oder sichelartig [3]. Der Punkt K ist der Schnittpunkt von permanenter Zustandsgeraden durch Punkt A und Scherungsgeraden OK des eingebauten Magneten und hat den spezifischen Gesamtleitwert λ_G. Der Dauermagnet ist nach dem Einbau nahezu stabil gegen die entmagnetisierende Wirkung eines weiteren Ausbaues. Außerdem ist er stabil gegen ein entmagnetisierendes Feld H_e, dessen Größe im B,H-Diagramm auf der Geraden $B = H$ bestimmt werden kann [4]. Die vom Dauermagneten im Außenraum zur Verfügung gestellte Gesamtenergiedichte ist nun gegeben durch die Fläche $B_K H_K$. Stellt σ den Streufaktor des Gesamtsystems mit eingebautem Magneten dar, so ist auch hier der Teil $1/\sigma$ der Gesamtenergiedichte als Nutzenergiedichte im Nutz-raum vorhanden; er ist gegeben durch die Fläche $(B_K - B_F)H_K$. Die Streuenergie-dichte ist proportional der Fläche $B_F H_K$. Auch hier kann

$$\sigma \approx \frac{B_K}{B_K - B_F}$$

gesetzt werden. Der Schnittpunkt der permanenten Zustandsgeraden mit der B-Achse ist die *Permanenz* B_P.

Der statisch-permanentmagnetische Kreis ist dann am günstigsten dimensio-niert, wenn der Arbeitspunkt K maximale permanente Nutzenergiedichte ergibt. Dies hängt von den Abmessungen des Magneten, des fertigen Kreises und vom Streuverhalten ab. Dabei muß unterschieden werden zwischen dem Streuleitwert λ_S des gesamten Systems und dem Streuleitwert λ_M des losen Magneten.

Für den Fall $\lambda_S = 0$, d. h. für verschwindende Streuung, ist die Lösung von FISCHER [5] angegeben worden. Für $\lambda_M > \mu_P$ ist die Nutzenergie (hier $B \cdot H$) aller Punkte einer permanenten Zustandsgeraden kleiner als für den Schnittpunkt der betrachteten Zustandsgeraden mit der Entmagnetisierungskurve. Der Punkt K

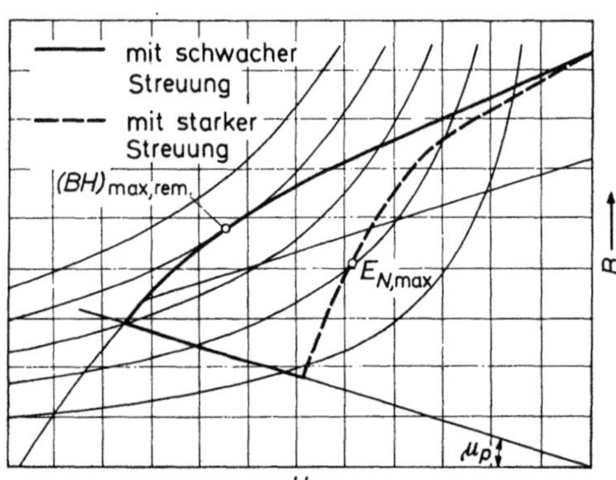

Bild 15.5. Einfluß der Streuung auf den optimalen Arbeitspunkt beim statisch-permanentmagnetischen Kreis.

sollte also möglichst nahe A gelegt werden, d. h. $\lambda_G \to \lambda_M$. Für $\lambda_M < \mu_P$ hat der Punkt der hierdurch bestimmten permanenten Zustandsgeraden die größte Nutzenergiedichte, für den $\lambda_G = \mu_P$ gilt. In Bild 15.5 sind die Orte maximaler Nutzenergie aller permanenten Zustandsgeraden für verschwindende Streuung dick ausgezogen worden. Die verschwindende Streuung ist ein nicht realisierbarer Grenzfall. Mit steigender Streuung kommt der Streuleitwert λ_S des Systems in die Größenordnung des Leitwertes λ_M des losen Magneten. Dabei wandern die Punkte maximaler permanenter Nutzenergie der permanenten Zustandsgeraden immer mehr vom Schnittpunkt A mit der Entmagnetisierungskurve in Richtung des Permanenzpunktes B_P. Für den nicht möglichen Grenzfall $\lambda_S = \lambda_M$ liegen die Punkte maximaler permanenter Nutzenergie auf einer Kurve, welche in Bild 15.5 gestrichelt ist. Diese ist der Ort aller Punkte K, für die gilt: $\overline{AK} = \overline{KB_P}$. Der Punkt $E_{N,\max}$ ist der Ort größter Nutzenergiedichte. Seine Berechnung ist iden-tisch mit der Berechnung des Ortes maximaler dynamischer Energiedichte in Abschnitt 15.3. Bei realisierbaren statisch-permanentmagnetischen Kreisen liegt der günstigste Arbeitspunkt ungefähr auf einer Geraden zwischen den beiden Punkten $(BH)_{max}$ und $E_{N,max}$.

In allen Überlegungen über den Einfluß der Streuung ist die Annahme enthalten, daß der Streuleitwert unabhängig von Nutz- bzw. Gesamtleitwert ist. Er soll sich durch Änderung von Luftspalt- und Magnetabmessungen nicht ändern. Dies ist gewiß nicht allgemein, aber in bestimmten Grenzen gültig, was für die hier durchgeführten prinzipiellen Überlegungen ausreichend ist.

15.3 Dynamisch-permanentmagnetischer Kreis

15.3.1 Energieaufteilung beim dynamisch-permanentmagnetischen Kreis

Eine weitere Abänderung der Energiebetrachtung liegt vor, wenn der Magnet im eingebauten Zustand magnetisiert wird, aber der Nutzraum wechselnde Größe hat, d. h. wechselnder Entmagnetisierung ausgesetzt ist. Als Beispiele dienen Haftmagnete oder ein zwischen Dauermagneten eintauchende schwingende Spule mit Eisenkern. Es liegt dann ein Verhalten ähnlich Bild 15.4 vor und ist in Bild 15.6 dargestellt. Ein solcher Kreis ist ein *dynamisch-permanentmagnetischer Kreis* [1].

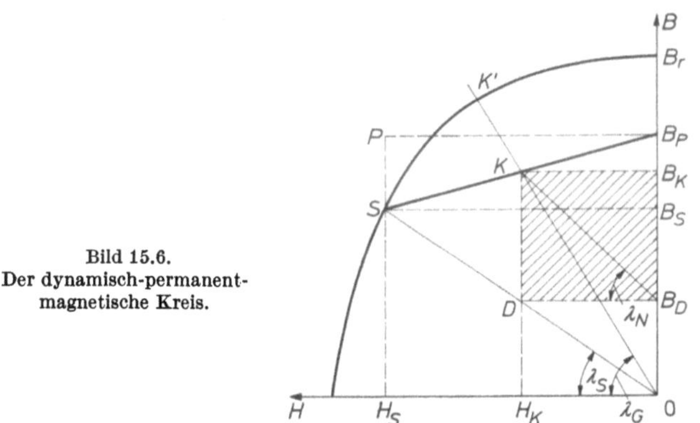

Bild 15.6.
Der dynamisch-permanent-
magnetische Kreis.

Erstmals haben EDWARDS und HOSELITZ [6] die Energieverhältnisse unter Berücksichtigung von Nutz- und Streuenergie betrachtet. Von DESMOND [7] wurde das Verfahren für die praktische Berechnung magnetodynamischer Probleme benutzt.

Nach dem Magnetisieren im eingebauten Zustand liege der Arbeitspunkt des Systems in K'. Wird jetzt der Kreis geöffnet, so wandert der Arbeitspunkt auf der äußeren Entmagnetisierungskurve bis S, dem Schnittpunkt mit der Scherungsgeraden des geöffneten Kreises. Beim Wiederschließen wandert der Arbeitspunkt des Systems nun auf der permanenten Zustandsgeraden nach K, dem Schnittpunkt der Zustandsgeraden mit der Scherungsgeraden OK' des geschlossenen Kreises. Daraus folgt die in Bild 15.6 gezeichnete Aufteilung von Nutzenergiedichte, dargestellt durch die schraffierte Fläche $(B_K = B_D) H_K$, und Streuenergiedichte, dargestellt durch die Fläche $B_D H_K$. Der Punkt D ist hier der Schnittpunkt der Scherungsgeraden $\overline{OS}$ mit der Geraden konstanter Feldstärke H_K. Bei gegebener Scherung des maximal geöffneten Kreises, dargestellt durch die Scherungsgerade $\overline{OS}$, ist der günstigste Arbeitspunkt K gegeben durch $\overline{SK} = \overline{KB_P}$; dann ist die Nutzenergie im hier vorhandenen Nutzraum am größten. Die günstigste Scherung $\overline{OS}$ ist dadurch gekennzeichnet, daß Punkt S etwas unterhalb des $(BH)_{\text{max}}$-Punktes liegt. Die maximale Nutzenergiedichte bei gegebener offener Scherung $\overline{OS}$ und Nutzscherung $\overline{OK}$ ist gegeben durch $E_{N,\text{max}} = 1/4\, B_P H_S$[1], wobei $B_P H_S$ das *magnetomechanische Energiedichteprodukt* ist [8].

15.3.2 Energieumwandlung im dynamisch-permanenten Kreis

Wird der Zyklus zwischen geschlossenem und geöffnetem magnetischem Kreis mehrfach durchlaufen, dann wird abwechselnd mechanische in magnetische Energie umgewandelt und umgekehrt. Dabei setzt sich die magnetische Energie zusammen aus zwei begrifflich verschiedenen Energien, der potentiellen Energie VHB und der Magnetisierungs- bzw. Induzierungsenergie entsprechend Gl. (14.1). Beim letzteren Anteil handelt es sich entsprechend der Theorie der Thermodynamik um eine innere Energie U. Für diese gilt bekanntlich, daß bei isothermen Vorgängen nur der (hier gegebene) Anteil F, freie Energie genannt, der inneren Energie in (z. B. mechanische) Arbeit A umwandelbar ist. Dabei gilt für die Umwandlung die Gl. (15.12)

$$\Delta F = F_2 - F_1 \leqq - A_{T\,=\,\text{const}} \tag{15.12}$$

wobei das Gleichheitszeichen für reversible Vorgänge und das Kleiner-Zeichen für irreversible Vorgänge, z. B. bei Auftreten von Hysteresewärme, gilt. Im ersten Falle ist also die Abnahme der freien Energie gleich der gewinnbaren maximalen Arbeit, im zweiten Falle ist sie kleiner, da der restliche Teil der mechanischen Arbeit als Wärme irreversibel verbraucht wird. Die Wärme tritt hier als Hysteresewärme z. B. dann auf, wenn die permanente Zustandsgerade zyklisch durchlaufen wird, denn nach Bild 15.17 handelt es sich dabei eigentlich nicht um eine Gerade, sondern um eine meist lanzett- oder sichelförmige innere Hysteresekurve. Für die potentielle Energie gilt bei isothermen reversiblen Vorgängen dasselbe.

Zum Verschieben eines ferromagnetischen Körpers mit der Induktion B in einem inhomogenen magnetischen Feld muß die infinidezimale Arbeit $\mathrm{d}A = P\,\mathrm{d}l_L$ aufgebracht werden, wobei P die magnetische Anziehungskraft im Luftspalt der Länge l_L ist. Die gesamte mechanische Arbeit A_{me} wird durch Integration erhalten. Bei der hier angenommenen quadratischen Abnahme der Luftspaltinduktion B_L im Luftspalt zunehmender Länge wird dann die Änderung der mechanischen Energie gegeben durch die rechte Seite von Gl. (15.13) [9]. Die linke Seite der Gleichung stellt die Änderung der magnetischen Energie als Summe der Änderung von potentieller und freier Energie dar. Somit wird [13]:

$$W_{\text{dy}} = \frac{1}{2}\,VBH\,\Big|_{B_P}^{K} + V\int\limits_{B=B_P}^{K} H\,\mathrm{d}B = \frac{1}{2}\,V\left[\int\limits_{H=0}^{H_K} B\,\mathrm{d}H - \int\limits_{B=B_P}^{K} H\,\mathrm{d}B\right] = W_{\text{me}} \tag{15.13}$$

Wenn im nachfolgenden von innerer und äußerer Energie bzw. Energiedichte geschrieben wird, so ist darunter folgendes zu verstehen:

---

[1] Siehe Fußnote auf S. 82.

Unter äußerer Energie wird die potentielle Energie verstanden, die als Feld-energie außerhalb des Ferromagnetikums auftritt. Für die potentielle Energie gilt, daß ihr Raumintegral, über den gesamten Raum erstreckt, verschwindet. Daraus folgt, daß der Energieanteil im Ferromagnetikum entgegengesetzt gleichgroß dem äußeren Anteil ist. Unter innerer Energie wird die Induzierungsenergie verstanden, da ihr Anteil Magnetisierungsenergie nur im Ferromagnetikum auftritt.

Beim Öffnen und Schließen des Kreises wird der Gesamtleitwert λ_G des Kreises laufend verändert. Er kann dabei zwischen λ_S im geöffneten Zustand und ∞ im völlig geschlossenen Zustand schwanken. Dementsprechend kann der Nutzleit-wert λ_N zwischen O und ∞ variieren. Es wird also definitionsgemäß angenommen, daß im geöffneten Zustand S nur Streufluß vorhanden ist. Die gesamte magnetische Energiedichte entsprechend $B_S H_S$ ist im Außenraum als Streuenergiedichte vor-handen, die Nutzenergiedichte gleich Null. Die innere Energiedichte entsprechend der Fläche $(B_P - B_S) H_S$ ist im Dauermagneten gespeichert worden. Wird der Kreis völlig geschlossen, ist Streu- und Nutzenergiedichte gleich Null, die Nutz-energiedichte deshalb, weil kein Nutzraum vorhanden ist.

Beim teilweisen Schließen des Kreises, z. B. bis zum Punkt K in Bild 15.6, wird die magnetische Energiedichte auf die Fläche $H_K B_P$ verkleinert, da die Energiedichte entsprechend der Fläche $(H_S - H_K) B_P$ in mechanische Energie-dichte umgewandelt worden ist. Die im Inneren des Magneten gespeicherte Rest-energiedichte ist proportional der Fläche $(B_P - B_K) H_K$. Die im Außenraum vor-handene Energiedichte entspricht der Fläche $B_K H_K$. Davon tritt der Anteil $B_D H_K$ als Streuenergiedichte auf. Als Nutzenergiedichte im Nutzluftspalt bleibt ein Betrag entsprechend der Fläche $(B_K - B_D) H_K$ übrig.

Die nur teilweise schließenden Kreise sind dann wichtig, wenn im übrig blei-benden Nutzspalt die Nutzenergiedichte optimal werden soll, also z. B. bei einem Generator mit mehrpoligem Dauermagnetläufer bei größeren Polabständen. Im geschlossenen Zustand muß der Gesamt-Einheitsleitwert λ_G entsprechend der Geraden $\overline{OK}$ in Bild 15.6 sein. Die im Nutzluftspalt zur Verfügung stehende Nutz-energiedichte bei sich änderndem Einheits-Gesamtleitwert λ_G und Einheits-Streu-leitwert λ_S wird im folgenden Absatz berechnet. Wie sich aber weiterhin zeigen wird, ist diese Berechnung auch wichtig für Kreise, bei denen es hauptsächlich auf Energieumwandlung ankommt, wie z. B. bei den Haftmagneten.

15.3.3 Berechnung der dynamischen Nutzenergiedichte

Für die Berechnung der *magnetodynamischen Nutzenergiedichte* E_N wird voraus-gesetzt, daß der Kreis völlig zu schließen ist, der Arbeitspunkt K also bis zum Permanenzpunkt B_P wandern kann. Außerdem werde der Kreis nur bis Punkt S geöffnet, also der Magnet nicht ausgebaut. Dann ist die dynamische Energiedichte E_N des Punktes K gegeben durch

$$E_N = H_K (B_K - B_D). \tag{15.14}$$

Weiter ist für die *permanente Zustandsgerade*

$$B_K - B_S = \mu_P (H_K - H_S), \tag{15.15}$$

und für die *Scherungsgerade* $\overline{OS}$ gilt

$$B_D = \frac{B_S}{H_S}\, H_D = \frac{B_S}{H_S}\, H_K\,. \tag{15.16}$$

Damit wird für die Energiedichte im Nutzluftspalt

$$E_N = H_K^2\left(\mu_P - \frac{B_S}{H_S}\right) + H_K\,(B_S - \mu_P H_S)\,. \tag{15.17}$$

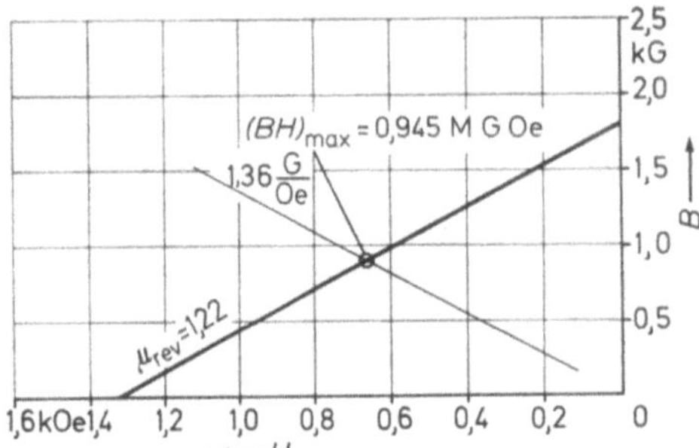

Bild 15.7. Dynamische Energiedichte von Bariumferrit 100.

Bei der Berechnung muß beachtet werden, daß die Feldstärke (und damit die Energiedichte!) mit positivem Vorzeichen einzusetzen sind. Die maximale dynamische Energiedichte wird durch Nullsetzen der Wurzel der quadratischen Energie erhalten. In den Bildern 15.7 bis 15.10 ist die Dichte der Nutzenergie, dynamische Energiedichte genannt, für vier wichtige Werkstoffe berechnet worden.

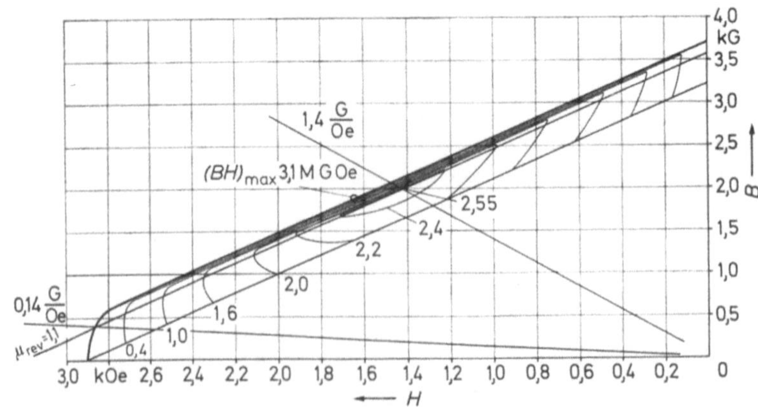

Bild 15.8. Dynamische Energiedichte von Strontiumferrit 330.

Die Maßzahlen an den Kurven konstanter Energiedichte haben die Dimension MGOe. Es ist ersichtlich, daß zum Erreichen des Punktes maximaler dynamischer Energiedichte der Leitwert des geöffneten magnetischen Kreises etwas unterhalb des $(BH)_{max}$-Punktes gelegt wird.

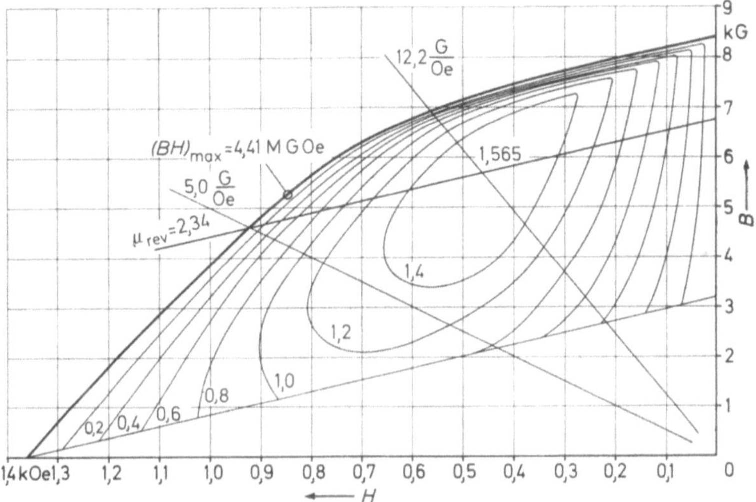

Bild 15.9. Dynamische Energiedichte von AlNiCo 450.

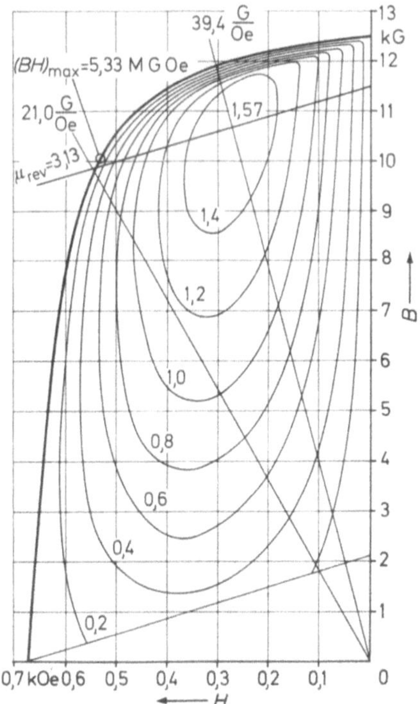

Bild 15.10. Dynamische Energiedichte von AlNiCo 500.

Bei der Auswahl geeigneter Werkstoffe für den dynamisch-permanenten Kreis ist folgendes zu beachten:

Das Verhältnis von dynamischer zu remanenter Energiedichte wird um so günstiger, je gestreckter die Entmagnetisierungskurve ist. Daraus könnte auf die besondere Eignung der hochkoerzitiven Werkstoffe für dynamische Anwendungen geschlossen werden. Dabei ist aber vorausgesetzt, daß der magnetische Kreis durch einen Arbeitspunkt beschrieben werden kann, d. h. homogene Entmagnetisierung vorliegt, und daß dieser Arbeitspunkt eingehalten, d. h. die Dimensionierung entsprechend genau durchgeführt werden kann. Beides ist aber nur sehr entfernt möglich. Deshalb sei hier angenommen, daß sich der Kreis nicht im Punkt $E_{N,\mathrm{max}}$ der maximalen dynamischen Energiedichte befindet, sondern im Bereich von z. B. $0{,}9 \cdot E_{N,\mathrm{max}}$, wie Bild 15.11 zeigt. Dann kann der Gesamtleitwert des Kreises im teilweise geschlossenen Zustand zwischen $\lambda_{G,U}$ und $\lambda_{G,O}$ schwanken. Wie

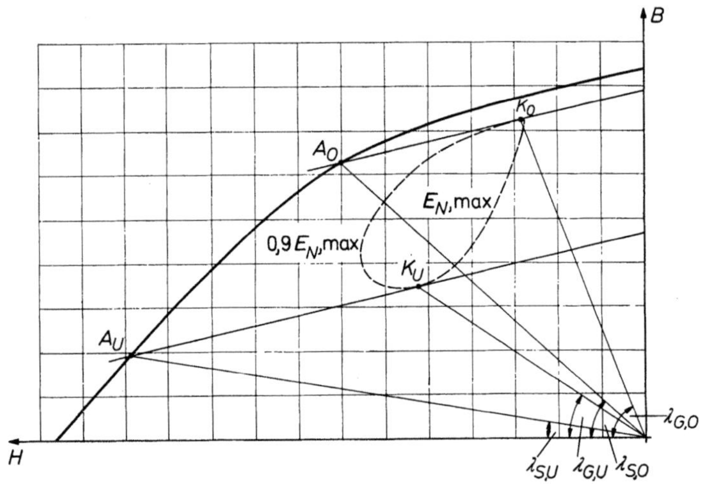

Bild 15.11. Möglicher Bereich der Arbeitspunkte beim dynamisch-permanentmagnetischen Kreis, wenn 10% Abfall der maximalen dynamischen Energiedichte $E_{N,\mathrm{max}}$ zugelassen sind.

Tabelle 15.1 zeigt, schwanken die Bereiche der Werkstoffe untereinander sehr stark, aber das Verhältnis $\lambda_{G,U}/\lambda_{G,O}$ viel weniger. Dieser mögliche Arbeitsbereich beim angenommenen Verlust der dynamischen Energiedichte bis zu 10% kann also hervorgerufen werden durch nicht genaue Berechnung des Arbeitspunktes oder durch Vorliegen eines Bereiches von Arbeitspunkten. Dies wird noch deutlicher, wenn der mögliche Bereich im geöffneten Zustand, d. h. auf der Entmagnetisierungskurve, betrachtet wird. Dem entspricht dann der Bereich des Streuleitwertes zwischen $\lambda_{S,U}$ und $\lambda_{S,O}$. Auch hier schwankt der Bereich der Werkstoffe untereinander stark, aber das Verhältnis $\lambda_{S,U}/\lambda_{S,O}$ geringer. Daraus kann entnommen werden, daß die Werkstoffe, unabhängig vom $(BH)_{\mathrm{max}}$-Wert, alle mit ähnlichem Wirkungsgrad für dynamische Anwendungen einsetzbar sein sollten. Aber bei diesem Anwendungsbereich sind aus technischen oder wirtschaftlichen Gründen meist magnetische Kreise mit kleinem Streu- oder Gesamtleitwert vorhanden. Die Werkstoffe mit hoher Koerzitivfeldstärke und gestreckter Entmagnetisierungskurve sind dann besonders voreilhaft einsetzbar.

Wegen der Wichtigkeit der dynamischen Energiedichte sei hier nochmals auf ihre Bedeutung eingegangen:

Sie gibt in einem magnetischen Kreis mit veränderlichem Nutzraum, d. h. veränderlichem Einheits-Gesamtleitwert λ_G, bei konstantem Einheits-Streuleitwert λ_S die jeweils vorhandene Nutzenergiedichte des betreffenden Nutzraumes

Tabelle 15.1. *Kennwerte magnetischer Werkstoffe beim dynamisch-permanentmagnetischen Kreis*

Werkstoff	$(BH)_{max}$ MGOe	$(BH)_{max}$ $\frac{Ws}{cm^3}$	$(BH)_{max}$ Merg	$E_{N,max}$ MGOe	$E_{N,max}$ $\frac{Ws}{cm^3}$	$E_{N,max}$ Merg	$\frac{E_{N,max}}{(BH)_{max}}$	$\lambda_{G,U}$	$\lambda_{G,O}$	$\frac{\lambda_{G,U}}{\lambda_{G,O}}$	$\lambda_{S,U}$	$\lambda_{S,O}$	$\frac{\lambda_{S,U}}{\lambda_{S,O}}$
Bariumferrit 100	1,0	0,008	0,08	1,0	0,008	0,08	1,0	0,7	2,0	0,3	0,7	2,0	0,3
Strontiumferrit 330	3,1	0,025	0,25	2,55	0,020	0,20	0,82	1,3	2,0	0,65	0,05	0,15	0,3
AlNiCo 450	4,4	0,035	0,35	1,57	0,012	0,12	0,35	6,5	26,0	0,25	2,0	9,0	0,2
AlNiCo 500	5,5	0,044	0,44	1,57	0,012	0,12	0,3	28,0	49,0	0,6	13,0	24,0	0,5

an. Die den Streuleitwert beschreibende Arbeitsgerade sollte dabei immer etwas unterhalb des $(BH)_{max}$-Punktes verlaufen.

Wie aber noch aus Abschnitt 15.4 hervorgehen wird, gibt die dynamische Energiedichte auch ein Maß für die mögliche Umwandlung mechanische → magnetische Energie in Abhängigkeit von Einheits-, Gesamt- und Streuleitwert. Deshalb werden die folgenden drei Spezialkreise noch behandelt.

15.3.4 Nicht voll zu öffnender Kreis

Die bisherigen Betrachtungen müssen modifiziert werden, wenn der Kreis nicht voll geöffnet werden kann. Dies trifft z. B. zu, wenn der Magnet vor dem Einbau magnetisiert wird. Nach Bild 15.12 sei $\overline{OS}$ die

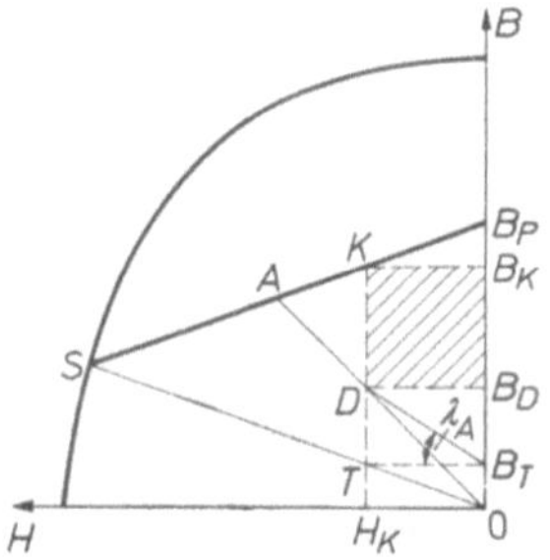

Bild 15.12. Der nicht voll zu öffnende dynamisch-permanentmagnetische Kreis.

Scherungsgerade des losen Magneten, $\overline{OA}$ die des geöffneten Kreises und λ_A der Leitwert des nicht mehr zu öffnenden Luftspaltes. Als Nutzenergiedichte gilt nun die Fläche $(B_K - B_D) \cdot H_K$, als Streuenergiedichte die Fläche $B_T H_K$. Der Energiedichtebetrag $H_K^2 \cdot \lambda_A = = (B_D - B_T) H_K$ wurde beim Einsetzen des Dauermagneten als mechanische Energie wiedergewonnen. Die Nutzenergiedichte ist um diesen Betrag verkleinert. Der Punkt maximaler Nutzenergiedichte ist gegeben durch $\overline{AK} = \overline{KB_P}$. Für die dynamische Energiedichte jedes Punktes im II. Quadranten gilt dann

$$E_N = H_K^2 \left[\mu_P - \frac{B_S}{H_S} - \lambda_A \right] + H_K \left[B_S - \mu_P H_S \right].$$

$$(15.18)$$

15.3.5 Nicht voll zu schließender Kreis

Eine ähnliche Überlegung gilt, wenn der Kreis nicht völlig geschlossen werden kann, sondern z. B. nur bis zum Punkt L, also ein Restluftspalt der Länge L_0 bleibt. Dann sind die Energiebeziehungen entsprechend

Bild 15.13. In jedem Schließungszustand bleibt der Leitwert des Restluftspaltes der Länge L_0 konstant λ_{L_0}. Demzufolge ist die Nutzenergiedichte durch die Fläche K, I, D, G gegeben zu $(B_K - B_D)\,(H_K - H_I)$. Die im konstanten Luftspalt gespeicherte Energiedichte ist proportional $B_K H_I$. Die Streuenergiedichte ist proportional $B_D H_K$.

Maximale dynamische Energiedichte ist dann vorhanden, wenn $SK = KL$ gilt. Die dynamische Energiedichte jedes Punktes im II. Quadranten ist gegeben durch

$$E_N = H_K^2 \left[\mu_P - \frac{B_S}{H_S} + \frac{1}{\lambda_{L0}} \left(\mu_P^2 + \frac{B_S^2}{H_S^2} - 2\mu_P \frac{B_S}{H_S} \right) \right] +$$

$$+ H_K \left[B_S - \mu_P H_S + \frac{2}{\lambda_{L0}} \left(-\mu_P^2 H_S + 2\mu_P B_S - \frac{B_S^2}{H_S} \right) \right] +$$

$$+ \frac{1}{\lambda_{L0}} \left(-2\mu_P H_S B_S + B_S^2 + \mu_P^2 H_S^2 \right). \tag{15.19}$$

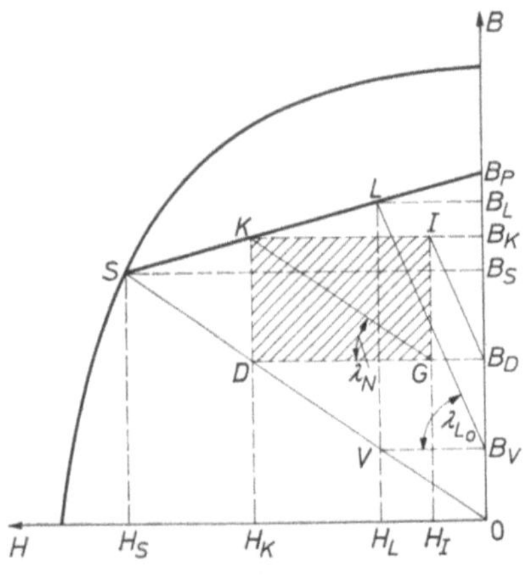

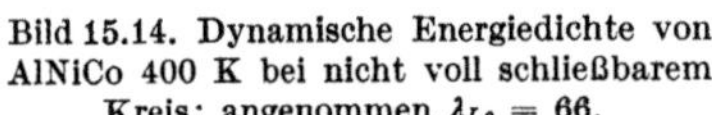

Bild 15.13. Der nicht voll zu schließende dynamisch-permanentmagnetische Kreis.

Bild 15.14. Dynamische Energiedichte von AlNiCo 400 K bei nicht voll schließbarem Kreis; angenommen $\lambda_{L0} = 66$.

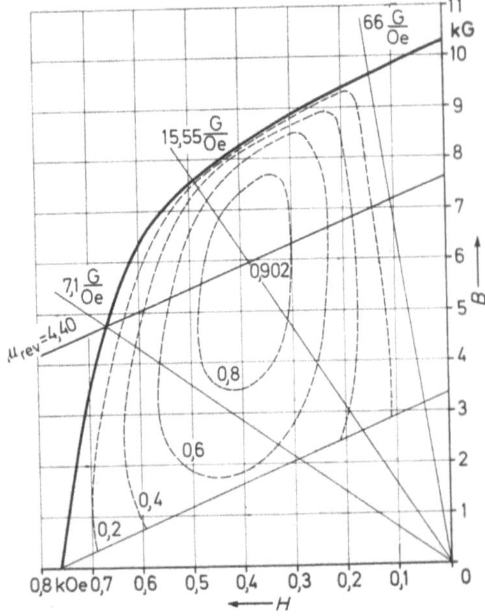

Entsprechend dieser Gleichung sind in Bild 15.14 die Kurven der dynamischen Energiedichte für den Werkstoff AlNiCo 400 K berechnet worden. Dabei wurde der Leitwert des Restluftspaltes $\lambda_{L0} = 66$ angenommen, was einem Luftspalt von einigen zehntel Millimetern entspricht. Bei voll schließbarem Kreis beträgt die maximale dynamische Energiedichte 1,32 MGOe.

15.3.6 Kreis mit konstantem Parallel-Luftspalt

Ein weiteres Beispiel betrifft noch die Wirkung eines parallel zum Nutzluftspalt liegenden konstanten Luftspaltes des Leitwertes λ_F, wie z. B. für ein Haftsystem in Bild 15.15 links oben gezeichnet ist.

Der Arbeitspunkt A ist bei geöffnetem Kreis gegeben durch die beiden parallel liegenden Leitwerte λ_F des festen Luftspaltes und λ_S des Streuflusses. Gegenüber dem Kreis ohne festen Luftspalt ist Punkt A und damit B_P zu größeren Induktionswerten verschoben, und die Haftkraft steigt an. Trotz des festen Luftspaltes kann der Kreis bis nahezu B_P geschlossen werden, da dann dieser Luftspalt überbrückt wird. Der Kreis darf erst nach Anbringen des Nebenluftspaltes magnetisiert werden. Die Nutzenergiedichte ist proportional $(B_K - B_D)H_K$. Die Streuenergiedichte ist proportional $B_T H_K$ und die Energiedichte im festen Luftspalt proportional $(B_D - B_T)H_K$. Der üblicherweise *Remanenzhalter* genannte Nebenluftspalt müßte besser „Permanenzerhöher“ genannt werden.

Bei der Dimensionierung dieses Kreises muß neben den Dimensionen des Dauermagneten auch beachtet werden, wie weit das Gesamtsystem geöffnet und geschlossen wird.

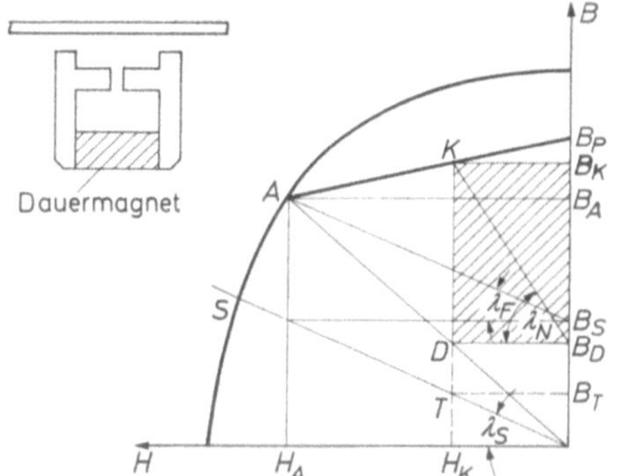

Bild 15.15. Der Haftmagnet mit Nebenluftspalt.

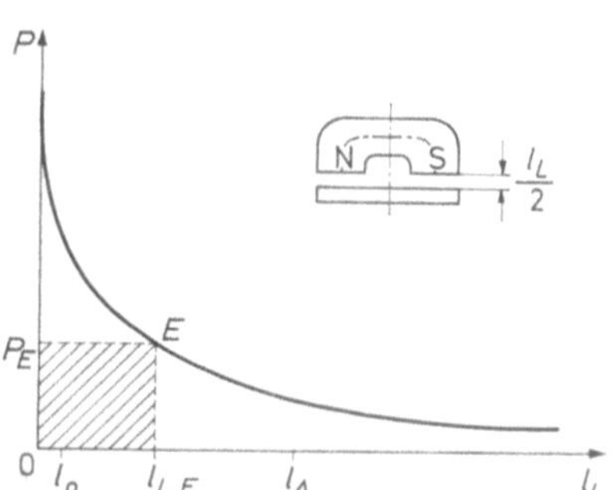

Bild 15.16. Anziehungskraft P als Funktion des Luftspaltes l_L beim Haftmagneten.

15.4 Maximale Energieumwandlung bei Dauermagneten

Wie schon in Abschnitt 15.3.2. erwähnt, eignet sich der Dauermagnet im dynamisch-permanenten Zustand gut dazu, magnetische Energie zu transformieren. Dies soll anhand des Dauermagneten als Haftmagnet, z. B. entsprechend Bild 15.16 rechts oben, näher betrachtet werden [10].

Beim Anziehen des Ankers wird mechanische Energie gewonnen und magnetische Energie verbraucht. Beim Öffnen des Kreises muß umgekehrt mechanische Arbeit aufgewendet werden. Diese wird als magnetische Energie inner- und außerhalb des Dauermagneten gespeichert. Während des Öffnens oder Schließens durchläuft der Arbeitspunkt die permanentmagnetische Zustandsgerade in Bild 15.6 zwischen den Punkten S und B_P. Im Bild 15.16 der mechanischen Energie wird dabei die Kurve der Anziehungskraft P durchlaufen. Dabei wird beim Öffnen oder Schließen die mechanische Energie W_{me} geändert um den Betrag

$$W_{\mathrm{me}} = \int\limits_{l_L = l_1}^{l_2} P \, \mathrm{d}l_L, \qquad (15.20)$$

wobei l_1, l_2 die Luftspalte im Zustand der Permanenz bzw. der größten Öffnung des Kreises sind. Währenddessen wird aber auch die magnetische Energie W_{dy} des

dynamischen Kreises geändert. Wie aus Bild 15.16 hervorgeht, wird beim Durchlaufen der permanentmagnetischen Zustandsgeraden zwischen den Punkten S und
B_P die magnetische Energie um den Betrag[1]

$$W_{\mathrm{dy}} = \frac{B_P H_S}{2}\, V_M \tag{15.21}$$

geändert. Für die *Umwandlung zwischen magnetischer Energie* W_{dy} *und mechanischer
Energie* W_{me} gilt dann die Beziehung (15.13) in erg, wobei die magnetische Energie
in GOe einzusetzen ist. Mit Hilfe der Gln. (15.20) und (15.21) wird dann

$$W_{\mathrm{me}} = \int\limits_{l_L=l_1}^{l_2} P\,\mathrm{d}l_L \geqq \frac{V_M}{4\pi} \cdot \frac{B_P H_S}{2} = W_{\mathrm{dy}} \ \mathrm{erg}. \tag{15.22}$$

Das Gleichheitszeichen gilt bei Vernachlässigung der Ummagnetisierungsverluste
entsprechend Bild 15.17 und Gl. (15.12).

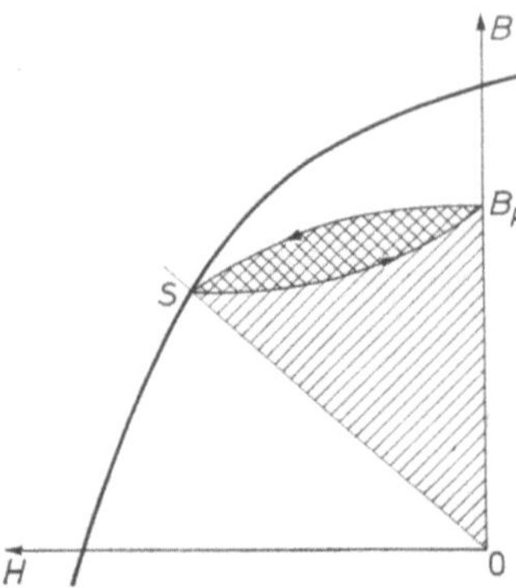

Bild 15.17. Umwandlung von mechanischer in
magnetische Energiedichte unter Berücksichtigung
der magnetitischen Hysterese der permanenten
Zustandskurve.

Wie aus Bild 15.6 hervorgeht, kann die dynamische magnetische Energiedichte
E_{dy} umgewandelt werden. Sie werde deshalb E_{tr} genannt. Diese Energiedichte E_{tr}
hängt eng mit der dynamischen Nutzenergiedichte E_N zusammen. Für jeden
Streuleitwert gilt

$$E_{tr} = \frac{B_P H_S}{2} = 2\,E_{N,\,\mathrm{opt}}, \tag{15.23}$$

wobei $E_{N\mathrm{opt.}}$ nach Gl. (15.15) durch $H_K = 1/2\,H_S$ festgelegt ist (s. gestrichelte
Kurve in Bild 15.5). Die maximal zu transformierende magnetische Energiedichte
ist also dann entsprechend den Gln. (15.22) und (15.23)

$$E_{tr,\mathrm{max}} = \frac{(B_P H_S)_{\mathrm{max}}}{2} = 2\,E_{N,\mathrm{max}} \tag{15.24}$$

gleich der vierfachen[1] maximalen Energiedichte $E_{N,\,\mathrm{max}}$ und dem halben[1] magneto-
mechanischen Energiedichteprodukt $(B_P H_S)_{\mathrm{max}}$. Die beiden Größen $E_{tr,\mathrm{max}}$ und
$E_{N,\mathrm{max}}$ haben ganz verschiedene Bedeutung und dürfen nicht verwechselt werden.
Bei der maximal zu transformierenden Energiedichte $E_{tr,\,\mathrm{max}}$ handelt es sich um die

---

[1] Siehe Fußnote auf S. 82.

gesamte Energieänderung bei Veränderung des Gesamtleitwertes, in Bild 15.16 als Fläche unter der Haftkraftkurve dargestellt. Die maximale dynamische Energiedichte $E_{N,\text{max}}$ ist die Nutzenergie bei festem optimalem Luftspalt, dargestellt durch das größte einbeschriebene Rechteck $P_E \cdot l_{L,E}$ unter der Haftkraftkurve in Bild 15.16.

Die für die Umwandlung zur Verfügung stehende magnetische Energiedichte ist im Ferromagnetikum und Außenraum gespeichert. Je nach Form der Entmagnetisierungskurve ist der Anteil der beiden Speicher verschieden. Je gestreckter die Entmagnetisierungskurve ist, um so größer ist das Verhältnis von Energiedichteveränderung im Ferromagnetikum zum Außenraum; bei völlig gestreckter Kurve wird es gleich ∞, da hier nur noch Energiedichte im Ferromagnetikum gespeichert ist. Die Energiedichteänderung im Ferromagnetikum ist proportional dem Produkt $(BH)_M$, im Außenraum proportional dem Produkt H^2, also im Ferromagnetikum viel wirtschaftlicher. Daher werden auch Werkstoffe mit gestreckter Entmagnetisierungskurve für die Energieumwandlung günstiger. Bei völlig gestreckter Entmagnetisierungskurve beträgt die maximal umwandelbare magnetomechanische Energiedichte $B_P \cdot H_S = B_r \cdot {}_BH_c$ und ist das Vierfache der maximalen remanentmagnetischen Energiedichte $(BH)_{\text{max}}$. Die umwandelbare Energiedichte ist hier optimal.

Die *maximal zu transformierende magnetische Energiedichte* gibt gleichzeitig auch an, wieviel Energie pro Volumeneinheit dem Dauermagneten entzogen werden kann, ohne daß ihm äußere Energie zugeführt wird. Wenn dem magnetischen Kreis nach dem Öffnen keine äußere Energie mehr zugeführt wird, kann höchstens die beim Öffnen aufgewendete mechanische Arbeit, welche als magnetische gespeichert wird, wieder in mechanische Arbeit (oder eine andere Energieform) zurückverwandelt werden. Dies gilt allen Erfindern des Perpetuum mobile, die leider nicht aussterben, zum Trotze.

Der Energieentzug kann mit geeigneten Hilfsmitteln bei reibungsarmen Konstruktionen in nahezu periodischer Form geschehen. Aber die nicht zu vermeidende Restreibung sowie die in Wirklichkeit vorhandene Ummagnetisierungsarbeit beim Öffnen und Schließen infolge Lanzettform der permanenten Zustandskurven verbrauchen nach endlicher Zeit die hineingesteckte Energie durch Umwandlung in Wärme und verhindern damit die periodische, d. h. reversible Form der Umwandlung. Diese Umwandlung soll noch kurz erläutert werden:

Die zum Öffnen notwendige mechanische Energiedichte ist in Bild 15.17 dargestellt durch die einfach schraffierte Fläche. Die beim Schließen wiedergewonnene mechanische Energiedichte ist gegeben durch denselben Bereich ohne die Lanzettfläche. Der in Magnetisierungswärme umgewandelte Anteil der Energiedichte entsprechend dem doppelt schraffierten Flächeninhalt der Lanzette ist für eine weitere Energieumwandlung verloren. Daher geht bei Berücksichtigung dieses Energieanteils W_{Hy} die Gl. (15.22) über in die Form

$$W_{\text{me}} = W_{\text{tr}} + W_{\text{Hy}}. \tag{15.25}$$

Die maximal zu entziehende Energie pro cm³ Dauermagnetwerkstoff beträgt nach Gl. (15.22) $(8\,\pi)^{-1}\,(B_P H_S)_{\text{max}}$ erg, entsprechend bei guten Werkstoffen (z. B. AlNiCo 450, AlNiCo 500, Bariumferrit 300) ca. 3 MGOe. Bei 1 cm³ Magnetvolumen steht also eine Energie von ca. 0,03 Wsec für die Rückumwandlung zur Verfügung, was ein verhältnismäßig niedriger Wert ist. Dies würde ausreichen, um 1 kg Bariumferrit 300 um 3 mm, bzw. 5 g $\triangleq$ 1 cm³ Bariumferrit 300 um 15 mm zu heben. Als Vergleich dazu diene eine elektrische Batterie. Eine kleine Mallory-Quecksilber-Zelle [11] enthält 0,35 Ah bei 7 V entsprechend 2,45 Wh = 8,6 kWsec, die Masse beträgt ca. 23 g. Die Energie würde ausreichen, um die Batterie ca. 38 km zu heben. Daraus ist ersichtlich, daß der Dauermagnet bzw. *der dauermagnetische Kreis ein* nicht sehr günstiger *Energiespeicher* ist. Trotzdem kann das magnetische Luftfeld ca. die 10⁴-fache Energiedichte eines elektrischen Feldes speichern [12], und das führt auch zur Anwendung der Dauermagnete.

Literatur

1. SCHÜLER, K.: Z. angew. Phys. 21 (1966) 119—125.
2. SIXTUS, K., u. V. ZEHLER: AEG Mitt. 52 (1962) 205—210. — KOCH, J.: Valvo-Berichte 7 (1961) 131—158.
3. Siehe z. B. RAIDL, F.: Ber. d. Arbeitsgemeinsch. Ferromagnetismus (1958) 132—136.
4. SCHÜLER, K.: Z. angew. Phys. 18 (1965) 492—495.
5. FISCHER, J.: Abriß der Dauermagnetkunde. Berlin/Göttingen/Heidelberg: Springer 1949, 91.
6. EDWARDS, A., u. K. HOSELITZ: Electrical Review, 4. 8. 1944.
7. DESMOND, D. J.: J. Inst. Electr. Eng. II, 92 (1945) 229—252.
8. SCHWABE, E.: Ber. d. Arbeitsgemeinsch. Ferromagnetismus, (1958) 74—80.
9. KOCH, J.: Vortrag II. Europ. Dauermagnettagung Mailand (1969).
10. SCHÜLER, K.: Z. angew. Phys. 22 (1967) 481—484.
11. Mehrzellige Quecksilberbatterien, Prospekt der Firma Mallory Nr. 1/9 (Okt. 1964).
12. Siehe z. B. KÜPFMÜLLER, K.: Einführung in die theoretische Elektrotechnik, 8. Aufl., Berlin/Heidelberg/New York: Springer 1965, 108.
13. SCHÜLER, K.: DEW Techn. Ber. 10 (1970) (in Druck).

16 Magnetischer Leitwert und Streufaktor

16.1 Bestimmung des magnetischen Streuleitwertes

16.1.1 Zusammenhang zwischen Streuleitwert und Streufaktor

Wie aus Kapitel 15 hervorgeht, ist die Berechnung des dauermagnetischen Kreises und damit des Dauermagneten abgeschlossen, wenn die Einheitsleitwerte des Streu- und Nutzraumes bekannt sind. Die Gln. (15.1) bis (15.7) zeigen, daß dabei als unbekannt der *Streuleitwert* Λ_S angesehen werden kann. Aus Gl. (15.11) folgt, daß dieser eng mit dem *Streufaktor* σ verbunden ist [1]. Die Kenntnis des Streufaktors ist also äquivalent der Kenntnis der Leitwerte Λ_S und Λ_N und umgekehrt. Trotz der Verschiedenheit der Begriffe ergibt sich aber damit die Notwendigkeit der gemeinsamen Behandlung von Leitwerten und Streufaktoren. Dabei wird in diesem Kapitel besonders der Streuleitwert Λ_S betrachtet, da sich herausstellen wird, daß die Berechnung des Streufaktors die Berechnung von Teilstreuleitwerten voraussetzt. Die Berechnung des Nutzleitwertes und des Gesamtleitwertes wird hauptsächlich dem Absatz 2 dieses Kapitels überlassen.

Der Leitwert ist dabei begrifflich vom Einheitsleitwert zu unterscheiden: Der *Leitwert* ist ein „wahrer" Leitwert mit der Einheit M/Gb = cm bzw. Vs/A, der *Einheitsleitwert* ist ein „scheinbarer" Leitwert mit der Einheit 1 bzw. Vs/A cm.

16.1.2 Theoretische Bestimmung des Streuflusses

Aus der Gl. (3.10) folgt, daß die magnetische Feldstärke H der Gradient eines skalaren Potentials ψ ist. Wenn auf diese Größe ψ die Rechenregeln der Potentialtheorie angewendet werden, dann kann mit Hilfe der Laplace-Gleichung im Prinzip der Verlauf des magnetischen Feldes eines magnetischen Kreises inner- und außerhalb der Magnete berechnet werden [2]. Besonders wichtig ist bei der hier interessierenden Fragestellung natürlich der Verlauf des magnetischen Feldes außerhalb der magnetisierbaren Teile des Kreises, also in Nutz- und Streuraum. Dabei können nur ebene Probleme gelöst werden. Als Randbedingung wird angenommen, daß die Magnetoberflächen zugleich Äquipotentialflächen sind. Dazu muß die Permeabilität als unendlich angenommen werden. Dies kann angenähert für nicht gesättigte Weicheisenleitstücke vorausgesetzt werden, gilt aber nicht für die Dauermagnetwerkstoffe. Die hier vorhandenen niedrigen Werte der Permeabilität ($\mu < 10$) verhindern eine exakte Berechnung der Feldverteilung.

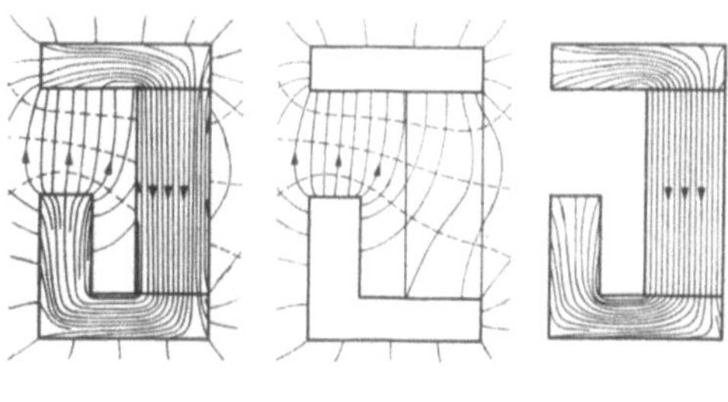

Bild 16.1. Dauermagnetsystem mit homogen magnetisiertem Dauermagneten und Weicheisenpolschuhen (nach [3]).

Rechts: Verteilung der Magnetisierung $4\pi\,I$;
mitte: Verteilung der Feldstärke H;
links: Verteilung der Induktion B.

Von MAHNER [3] wurde darauf hingewiesen, daß sich die Berechnung von Dauermagnetsystemen vereinfacht, wenn der Dauermagnetwerkstoff eine *starre Magnetisierung* aufweist. Eine starre Magnetisierung liegt vor, wenn die Magnetisierung in einem bestimmten Feldstärkebereich (nahezu) unabhängig von der entmagnetisierenden Feldstärke ist, wie z. B. bei Bariumferrit. Dann kann der Dauermagnet homogen magnetisiert werden. Für die Berechnung der Feldverteilung im Außenraum brauchen dann keine Annahmen über den Verlauf des magnetischen Potentials an der Mantelfläche des Dauermagneten gemacht zu werden. Es tritt hier auch kein Streufluß aus, sondern nur an den Stirnflächen der Nutzfluß.

Die Berechnung des gesamten Systems wird damit auf die Bestimmung des Leitwertes der Weicheisenteile beschränkt. In Bild 16.1 ist ein so berechnetes Dauermagnetsystem mit homogen magnetisierten Dauermagneten dargestellt, wobei rechts die Verteilung der Magnetisierung, in der Mitte diejenige der Feldstärke und links diejenige der Induktion eingezeichnet ist. Unter denselben Voraussetzungen wurden von HELMER [4] die Feldverteilungen verschiedener Magnetanordnungen berechnet. Von BARAN und HELLBARDT [5] wurden danach die Feldverteilung für mehrpolige Dauermagnetkupplungen und von BARAN [6] die Anzugs- und Haftkräfte für Quader berechnet.

Es werden verschiedene Näherungsverfahren angegeben, um die Feldverteilung im Dauermagnetkreis mit nicht starrer Magnetisierung berechnen zu können. Dabei wird der betrachtete Raumbereich mit einem Rastergitter überzogen und die Potentialgleichung in den Knotenpunkten gelöst [7]. Von WOLFF und ZEHLER [8] wurde dies rechnerisch durchgeführt und von REICHERT [9] ein numerisches Verfahren für Rechenmaschinen angegeben. Von TSCHOPP und FREI [10] wurde die Feldverteilung grafisch mit Hilfe von Analogienetzwerken und Widerständen berechnet. Mit diesem Verfahren wurden von verschiedenen Autoren [11, 12] Magnetsysteme für die Fokussierung von Elektronenstrahlen in Wanderfeldröhren berechnet. Bei anderen grafischen Näherungsverfahren wird das zu untersuchende Gebiet in einzelne Flußröhren unterteilt. Die seitlichen Begrenzungen werden so gewählt, daß der Teilfluß innerhalb der Röhre und die Teilspannung zwischen den Potentialflächen konstant sind. Für das dazu notwendige Netz von Feld- und Äquipotentiallinien werden mittlere Länge und mittlere Breite jeder Zelle (rechtwinklige Kurvenvierseite) gleichgroß. Das Verfahren setzt aber einige Erfahrung voraus.

16.1.3 Halbempirische Bestimmung des Streuflusses

Die besprochenen Methoden sind nicht unbedingt den Möglichkeiten der Praxis angepaßt. Hier hat sich vielmehr ein Verfahren eingeführt, welches halbempirische Formeln verwendet. Es geht davon aus, daß der Gesamtstreufluß Φ_S die Summe von parallelgeschalteten Teilstreuflüssen $\Phi_{S,\nu}$ ist. Für jeden Flußanteil gilt aber das *Ohmsche Gesetz der Magnetostatik* $\Phi = \Lambda \Theta$, so daß insgesamt wird:

$$\Phi_S = \sum_{\nu=1}^{n} \Phi_\nu = \sum_{\nu=1}^{n} \Lambda_\nu \, \Theta_\nu . \tag{16.1}$$

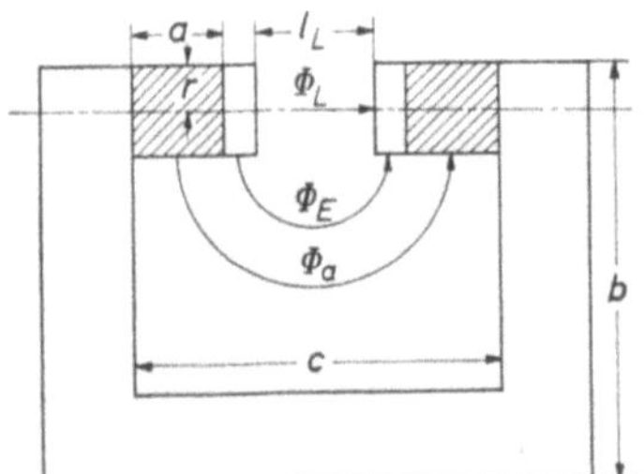

Bild 16.2. Dauermagnetsystem mit Teilstreuflüssen; Dauermagnete schraffiert.

Damit folgt aus Gleichung (15.11) für den *Streufaktor* σ, wenn $\Lambda_N = \Lambda_L$ gesetzt wird:

$$\sigma = 1 + \frac{\Phi_S}{\Phi_L} = 1 + \frac{\sum\limits_{\nu=1}^{n} \Lambda_\nu \, \Theta_\nu}{\Lambda_L \, \Theta_L}$$

$$= 1 + \frac{1}{\Lambda_L} \cdot \sum_{\nu=1}^{n} \frac{\Theta_\nu}{\Theta_L} \cdot \Lambda_\nu = 1 + \frac{1}{\Lambda_L} \sum_{\nu=1}^{n} K_\nu \Lambda_\nu . \tag{16.2}$$

Für das Verhältnis der magnetischen Spannungen wurde dabei nach TENZER [13] die Größe K eingesetzt.

Mit Hilfe der Beziehung (16.2) wurde von VAN URK [14] der Streufaktor für das in Bild 16.2 gezeigte System berechnet. Als *Teilstreuflüsse* sind der Fluß Φ_E

zwischen den Polplatten und der Fluß Φ_a zwischen den Dauermagneten angenommen. Eine Streuung zwischen Dauermagnet und Joch wurde vernachlässigt. Zur Berechnung des Nutzflusses $\Phi_N = \Phi_L = \Lambda_L \Theta_L$ wird eine sehr gute Leitfähigkeit der Polplatten vorausgesetzt. Damit wird

$$\Theta_L = H_M \, 2 \, l_a \tag{16.3}$$

und

$$\Lambda_L = \frac{F_M}{l_L} = \frac{\pi r^2}{l_L}. \tag{16.4}$$

Damit wird der Nutzfluß

$$\Phi_L = \frac{\pi r^2}{l_L} \, 2 \, H_M \, l_a. \tag{16.5}$$

Bei der Berechnung des Streuflusses Φ_E werden für den Streuleitwert Λ_E halbkreisförmige Feldlinien als mittlere Länge des Flusses der eingezeichnete Halbkreis und als Streufläche die Ringfläche angenommen. Damit wird, wenn β ein Korrekturfaktor ist:

$$\Phi_E = \beta \cdot \frac{2 \pi r \, l_E}{\pi \dfrac{l_L + l_E}{2}} \cdot 2 \, H_M \, l_a. \tag{16.6}$$

Für den Streufluß Φ_a wird mit dem Korrekturfaktor α und einer mittleren magnetischen Spannung $\overline{\Theta_a} = H_M \, l_a$ dann

$$\Phi_a = \alpha \, \frac{2 \pi r \, l_a}{\pi \dfrac{l_L + l_a + 2 \, l_E}{2}} \, H_M \, l_a. \tag{16.7}$$

Bei den sehr überschlägigen Rechnungen wurden von van Urk [14] durch Vergleich mit Messungen der Flüsse folgende Werte der Konstanten ermittelt: $\alpha = 3{,}43$ und $\beta = 4{,}14$.

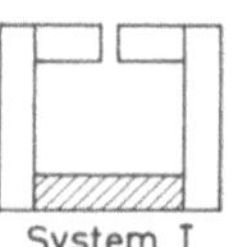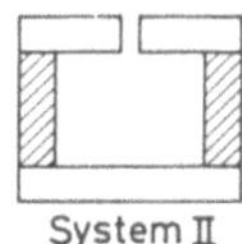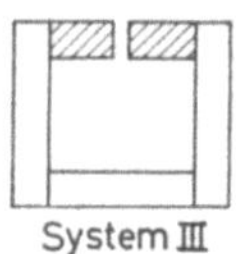

Bild 16.3.
Dauermagnetsysteme mit verschiedener Anordnung der Dauermagnete (schraffiert).

Der Wert dieser Arbeit besteht darin, daß mit den Konstanten und den Gln. (16.5) bis (16.7) eine Reihe gleich aufgebauter Kreise, aber stark verschiedener Abmessungen der Dauermagnete ebenfalls berechnet werden konnten. Von Tenzer [13] wurde derselbe Kreis untersucht, wobei aber verallgemeinernd angenommen wird, daß sich der Dauermagnet an verschiedenen Stellen des Kreises befinden kann, wie Bild 16.3 zeigt. Als mögliche Teilstreuflüsse können auftreten (s. Bild 16.2):

Φ_a zwischen den beiden Teilen a des Kreises,
Φ_b zwischen den beiden Teilen b des Kreises und
Φ_c zwischen den beiden Hälften des Teiles c.

Damit wird aus Gl. (16.2)

$$\sigma = 1 + \frac{1}{\Lambda_N}\,(K_a\Lambda_a + K_b\Lambda_b + K_c\Lambda_c).\qquad(16.8)$$

Dabei ist der Leitwert Λ_a gegeben durch

$$\Lambda_a = 1{,}7\,U_a\,\frac{a_{\mathrm{eff}}}{a_{\mathrm{eff}} + l_L},\qquad(16.9)$$

wobei zur Verallgemeinerung der Umfang U_a eingeführt wurde. Außerdem wird die effektive Länge der Teil a eingeführt. Sie ist für Weicheisen mit der geometrischen Länge identisch. Für Dauermagnete beträgt sie wegen der Lage der neutralen Ebene nur $^2/_3$ der geometrischen Länge.

Der Leitwert Λ_b ist gegeben durch

$$\Lambda_b = 1{,}4\,b_{\mathrm{eff}}\sqrt{\frac{U_b}{c} + 0{,}25}\qquad\text{für } 0{,}25 \leqq 4.\qquad(16.10)$$

Diese Formel ist die Näherung für den Leitwert zweier unendlich langer, paralleler Zylinder. Wie Sixtus und Zehler [15] gezeigt haben, stimmt sie in dem nach Gl. (16.10) angegebenen Bereich befriedigend mit dem Leitwert der parallelen Zylinder überein.

Wie Parker [16] gezeigt hat, kann im gleichen Bereich auch die in Absatz 3.2 dieses Kapitels näher behandelte Formel für den Leitwert zweier Kugelpole [17] verwendet werden.

Der Leitwert Λ_c ist gegeben durch Vereinfachung der Gleichung (16.9) zu

$$\Lambda_c = 0{,}5\,U_c.\qquad(16.11)$$

Von Sixtus und Zehler [15] wird das Magnetteil c als Stabmagnet aufgefaßt und aus zwei Kugelpolen aufgebaut. Damit wird dort

$$\Lambda_c' = 1{,}8\,\sqrt{S},\qquad(16.12)$$

wobei S die Oberfläche des Magneten ist.

Für die Berechnung des Streufaktors σ nach Gleichung (16.8) fehlen noch die Werte der Konstanten K_{ν}. Diese sind aber für die drei Anordnungen nach Bild 16.3 verschieden.

Beim Kreis III werden die Spannungsverhältnisse $K_b = K_c = 0$, da kein Streufluß zwischen den Teilen b und c angenommen zu werden braucht. Dies folgt aus der Annahme, daß in den Weicheisenteilen kein Spannungsabfall auftritt. Es wird auch der Streufluß zwischen den Dauermagneten und den anschließenden Weicheisenteilen vernachlässigt, was für sehr kurze Nutzluftspalte wegen der stark vereinfachten Betrachtungen getan werden kann. Bei zunehmender Länge des Nutzluftspaltes wird aber dieser Streufluß größer. Er sollte durch einen Korrekturfaktor berücksichtigt werden, wenn der Anteil $K_b\Lambda_b$ in Gleichung (16.8) größer als Eins wird.

Für die Konstante wird wegen des linearen Spannungsverlaufes entlang des Dauermagneten eine effektive Spannung $\Theta_a = 2/3\,\Theta_N$ angenommen; damit wird $K_a = 0{,}67$.

Aus den Gln. (16.8) und (16.9) folgt für den Kreis III

$$\sigma = 1 + \frac{1}{\varLambda_L}\,0{,}67 \cdot 1{,}7\,U_a\,\frac{0{,}67\,a}{0{,}67\,a + l_L} \cdot \tag{16.13}$$

Beim Kreis II wird wegen fehlenden Spannungsabfalles $K_c = 0$. Da hier der Dauermagnet die Stellung b einnimmt, wird $K_b = 0{,}67$. Die Konstante K_a wird $K_a = 1$. Damit wird aus den Gln. (16.8) bis (16.10)

$$\sigma = 1 + \frac{1}{\varLambda_L}\,1{,}7\,U_a \cdot \frac{a}{a + l_L} + 0{,}67 \cdot 0{,}67 \cdot 1{,}4\,b \cdot \sqrt{\frac{U_b}{c} + 0{,}25}. \tag{16.14}$$

Beim Kreis I werden $K_a = K_b = 1$. Wegen der Stellung c des Dauermagneten wird $K_c = 0{,}67$. Damit wird aus den Gln. (16.8) bis (16.12) nach [13] und [15]

$$\sigma = 1 + \frac{1}{\varLambda_L}\left(1{,}7\,U_a\,\frac{a}{a + l_L} + 1{,}4\,b\,\sqrt{\frac{U_b}{c} + 0{,}25} + 0{,}67 \cdot 1{,}8\,\sqrt{S}\right). \tag{16.15}$$

Mit Hilfe der Gln. (16.13) bis (16.15) wurden von SIXTUS und ZEHLER [15] verschiedene Anordnungen untersucht. Beim Kreis III wurden als Dauermagnete

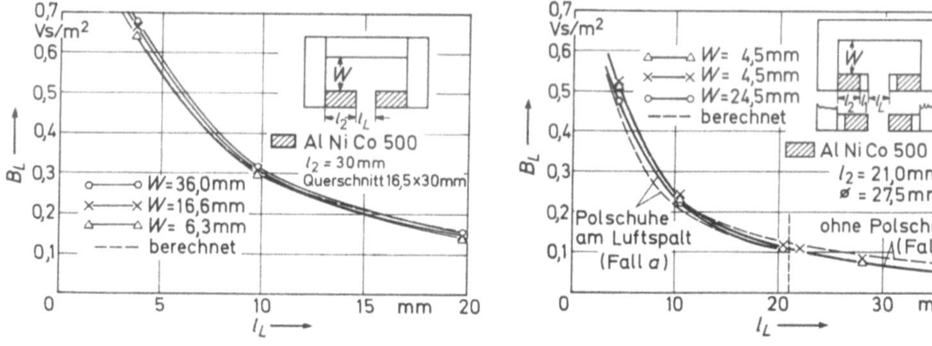

Bild 16.4. Berechnete und gemessene Luftspaltinduktion B_L im abgebildeten Dauermagnetsystem mit Dauermagneten aus AlNiCo 500 als Funktion des Jochabstandes W (nach [15]). Links: Dauermagnet-Querschnitt rechteckig; rechts: Dauermagnet-Querschnitt rund; Polschuhe am Joch oder am Luftspalt.

AlNiCo 500-Klötze mit rechteckigem Querschnitt gewählt. Außerdem wurde der Jochabstand W variiert. Wie Bild 16.4 zeigt, ist in einem weiten Bereich des Abstandes W die Übereinstimmung von berechneter und gemessener Luftspaltinduktion für rechteckigen und runden Magnetquerschnitt sehr gut. Die Luftspaltinduktion wurde dabei nach Gl. (15.5) berechnet, der Streufaktor nach Gl. (16.15). Die Verwendung von Weicheisenpolschuhen am Luftspalt oder am Joch beeinflußt nur gering die Übereinstimmung. Wie vom Außenmagnetsystem für Drehspulmeßwerke her bekannt ist (s. Kapitel 44), beeinflußt der Abstand W auch bei Systemen nach Kreis I den Streufaktor nur sehr gering. Dabei kann der Abstand W bis auf einige Millimeter verringert werden.

In einer sehr ausführlichen Arbeit wurde von KOCH [18] ebenfalls das Streuverhalten der Kreise I, II und III untersucht. Die Aufteilung des Streuflusses in

Teilstreuflüsse geschah dabei durch Analyse von mit Hilfe von Eisenfeilspänen aufgenommenen Feldlinienbildern. In Bild 16.5 ist z. B. der so abgeleitete schematische Verlauf von Feld- und Induktionslinien innerhalb und außerhalb des Dauermagneten beim Kreis III gezeigt.

Die in etwas größerer Entfernung vom Luftspalt aus dem Dauermagneten austretenden Induktionslinien gehen nicht zum anderen Dauermagneten, sondern biegen auf derselben Seite wieder zum Dauermagneten zurück. Der Streufluß über den Dauermagneten nimmt weiter außen den entgegengesetzten Verlauf gegenüber demjenigen in unmittelbarer Nähe des Luftspaltes. Die beiden Anteile verschieben sich in Abhängigkeit von der Länge des Luftspaltes.

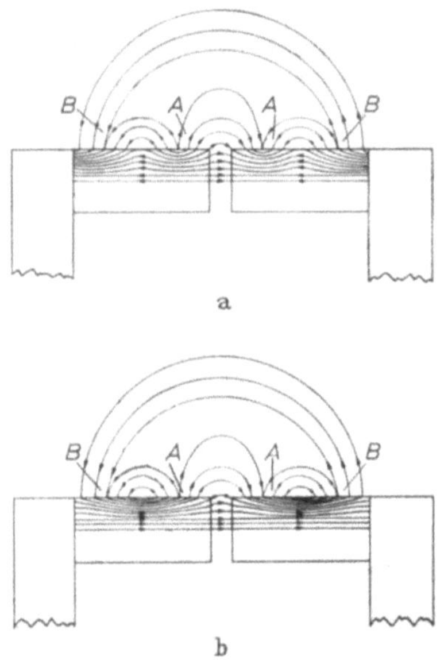

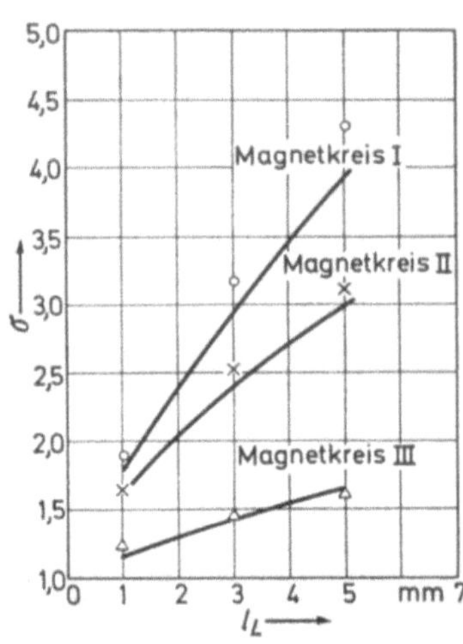

Bild 16.5. Verlauf der Feldlinien (a) und Induktionslinien (b) im Dauermagneten und Luftspalt des Systems II (nach [18]).

Bild 16.6. Streufaktor σ als Funktion der Länge des Luftspaltes l_L für die drei Dauermagnetsysteme nach Bild 16.3.

Mit Hilfe einer so verfeinerten Betrachtung wurden von KOCH [18] Ausdrücke für den Streufaktor der Kreise I, II und III angegeben, die ähnlich den Gln. (16.13) bis (16.15) sind. In Bild 16.6 ist danach der Streufaktor σ als Funktion der Luftspaltlänge l_L für alle drei Kreise aufgetragen. Daraus folgt das bekannte und wichtige, allgemein gültige Ergebnis:

Der Streufaktor σ ist um so kleiner, je näher der Dauermagnet dem Nutzluftspalt liegt.

Dieses Ergebnis gilt nicht nur für remanente, sondern auch für permanente Kreise. Aus geometrischen oder technologischen Gründen ist dies nicht immer gut möglich. Dann muß darauf geachtet werden, daß die Oberfläche der weichmagnetischen Leitstücke minimal wird, da die Streuung proportional der Oberfläche ansteigt.

Über die Aufteilung der Streuung in einzelne Streuflüsse beim Kreis III wurden von UGRIN-SPARAC [19] Berechnungen angestellt. Dabei wurden die Polspitzen so berechnet, daß in ihnen eine homogene Induktion vorhanden ist.

Mit Hilfe der bisher erläuterten Methode der Flußaufteilung kann grundsätzlich für jeden dauermagnetischen Kreis der Streufaktor bestimmt werden. Dies
erfordert aber oft eine sehr umfangreiche Rechenarbeit. Wie aus den durchge-
rechneten Beispielen von Koch [18], Sixtus und Zehler [15], Tenzer [13] u. a.
hervorgeht, sind auch sehr viele Näherungen zu machen und Korrekturen einzuführen, die nicht immer ohne weiteres einsichtig sind. Soll die Rechenarbeit in
der Praxis auf ein vernünftiges Maß reduziert werden, ist es einfacher, den Streufaktor zu schätzen und anhand eines danach gebauten Versuchssystems den
wirklichen Wert des Streufaktor zu bestimmen. Dann kann das eigentliche
System gebaut werden, da sich der Streufaktor erfahrungsgemäß bei kleinen
Änderungen der Dimensionierung nicht wesentlich ändert. Dieses Verfahren hat
den Vorteil, daß es auch für geometrisch sehr große Systeme eingesetzt werden
kann. Nach van Urk [14] bleibt der Streufaktor bei mathematisch ähnlicher
Änderung des Kreises nahezu konstant, so daß die Mustersysteme ähnlich verkleinert untersucht werden können.

Die Bestimmung des *Streufaktors* hat den Vorteil, daß er unabhängig davon
ist, ob das untersuchte System durch einen einzigen Arbeitspunkt oder durch
einen Bereich von Arbeitspunkten beschrieben werden kann. Die Berechnung ist
immer so, als ob nur ein Arbeitspunkt vorhanden ist. Dadurch kann das jeweilige
Ergebnis aber nur für Kreise mit nicht sehr verschiedener Form verallgemeinert
werden.

Außer für die bisher betrachteten Dauermagnetsysteme kann auch für lose
Dauermagnete, z. B. Stabmagnete, der Streufaktor bestimmt werden. Dabei wird
als Nutzfluß der an der Stirnfläche austretende Fluß, als Streufluß der von den
Seitenflächen austretende Fluß betrachtet. Hier ist die Kenntnis des Streufaktors
aber meist von sekundärer Bedeutung. Er soll in einem anderen Zusammenhang
im Abschnitt 2 dieses Kapitels besprochen werden.

16.1.4 Experimentelle Bestimmung des Streuflusses

Außer durch Berechnung kann der Streufluß durch Ausmessung eines Versuchssystems ermittelt werden. Dabei werden die Teilstreuflüsse mittels Fluß-
spule und ballistischem Galvanometer oder Fluxmeter oder nach dem Meß-
generator-Verfahren [20] und die magnetische Spannung mittels magnetischem
Spannungsmesser oder Hallsonde bestimmt. Näher wird auf die Meßmethoden
in Kapitel 33 eingegangen. Von Hug [21] wurde dabei vorgeschlagen, den Dauermagneten im System durch einen Elektromagneten zu ersetzen. Die elektrische
Erregung wird entsprechend der benötigten Nutzenergie eingestellt. Die Aufteilung der Streuflüsse läßt sich mit zusätzlichen Spulen erfassen. Allerdings wird
diese Verteilung nicht richtig wiedergegeben, da sich der weichmagnetische Kern
des Elektromagneten infolge größerer Permeabilität streumäßig anders als der
Dauermagnet verhält. Damit wird auch hier der Bau eines Mustersystems nicht zu
umgehen sein.

16.2 Bestimmung des Nutzleitwertes Λ_N

Wie aus Kapitel 15 und den Gln. (15.7) bzw. (15.8) hervorgeht, ist für die
Berechnung des magnetischen Kreises immer die Kenntnis zweier Leitwerte notwendig; dann kann auch der dritte berechnet werden. Entweder müssen Gesamt-

leitwert Λ_G und Nutzleitwert Λ_N oder Streuleitwert Λ_S und Nutzleitwert Λ_N bekannt sein. Bei Kenntnis der Leitwerte Λ können aber nach Gl. (14.4) auch die spezifischen oder Einheitsleitwerte λ berechnet werden. Damit ist dann der Gesamt-Einheitsleitwert λ_G bekannt; er ist, wie gleichfalls Gl. (14.4) zeigt, das Reziproke des *Entinduzierungsfaktors* N'_B. Dieser Faktor N'_B kennzeichnet den Arbeitspunkt des Systems. Für eine optimale Dimensionierung des Systems muß dieser Arbeitspunkt bekannt sein. Dabei ist vorausgesetzt, daß der Spannungs-abfall in den Weicheisen-Leitstücken des Kreises vernachlässigt werden kann.

Für Dauermagnetsysteme wurde die Bestimmung des Streuleitwertes Λ_S in Absatz 1 erläutert. Die Bestimmung des Nutzleitwertes $\Lambda_N \equiv \Lambda_L$ ist bei allen Luftspalten mit homogenem Feld sehr einfach. Sie ist durch die Definition des Leitwertes gegeben zu

$$\Lambda_L = \frac{F_L}{l_L}. \tag{16.16}$$

Die Fläche F_L des Nutzluftspaltes ist dabei die Fläche von Dauermagnet oder Weicheisen am Luftspalt. Bei Zylinderform des Luftspaltes mit dem Radius r wird also dann der Leitwert

$$\Lambda_L = \frac{r^2 \pi}{l_L}. \tag{16.17}$$

Bei Rechteckform mit den Kantenlängen a und b wird der Leitwert

$$\Lambda_L = \frac{ab}{l_L}. \tag{16.18}$$

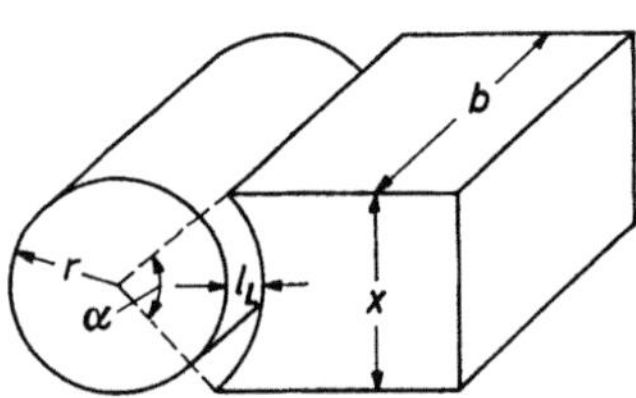
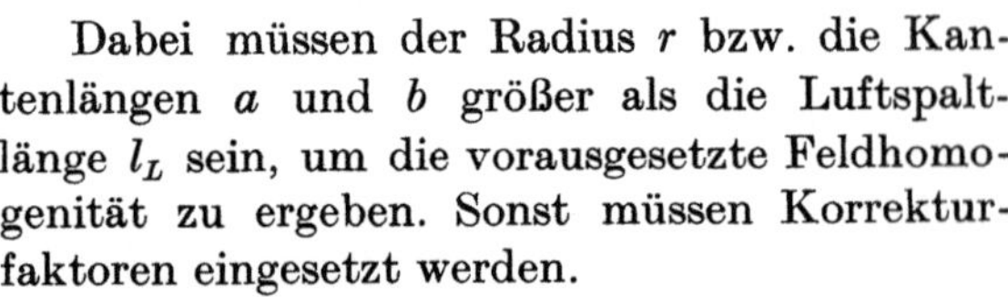

Dabei müssen der Radius r bzw. die Kantenlängen a und b größer als die Luftspalt-länge l_L sein, um die vorausgesetzte Feldhomo-genität zu ergeben. Sonst müssen Korrektur-faktoren eingesetzt werden.

Wenn der Luftspalt zwischen zylindrischen Oberflächen entsprechend Bild 16.7 liegt, dann ist der Leitwert Λ_L gegeben zu

Bild 16.7. Zum Leitwert zwischen zylindrischen Flächen.

$$\Lambda_L = \frac{b\alpha}{\ln\left(1 + \dfrac{l_L}{r}\right)}. \tag{16.19}$$

Wenn $l_L/r < 0{,}02$ wird, vereinfacht sich Gl. (16.19) nach PARKER [16] zu

$$\Lambda_L = \frac{b\,\alpha\,r}{l_L}. \tag{16.20}$$

Wenn das Feld im Luftspalt wegen eines sehr großen Verhältnisses F_L/l_L stark inhomogen wird, helfen auch keine Korrekturfaktoren mehr. Dann müssen entweder Feldhomogenisatoren zu Hilfe genommen werden, wie in Abschnitt 31.1 näher beschrieben wird, oder es muß die Feldverteilung mittels Näherungsmetho-den berechnet werden (s. Abschnitt 1.2 dieses Kapitels). Wie schon anfänglich ge-zeigt wurde, können aber auch oft infolge der Parallelen zwischen Magnetostatik und Elektrostatik die Berechnungen der Felder von Kondensatoren mit Hilfe der Maxwellschen Gleichungen herangezogen werden. Von PARKER [16] sowie CRAMP und CALDERWOOD [22] wurden mit dieser Methode verschiedene Nutzleitwerte berechnet.

In Bild 16.8 ist für Luftspalte mit rundem Querschnitt und verschiedene Magnetformen der effektive Nutzleitwert Λ_L in Abhängigkeit vom Verhältnis F_L/l_L aufgetragen. Dieses Verhältnis ist der ideale Nutzleitwert [s. Gl. (16.16)] für

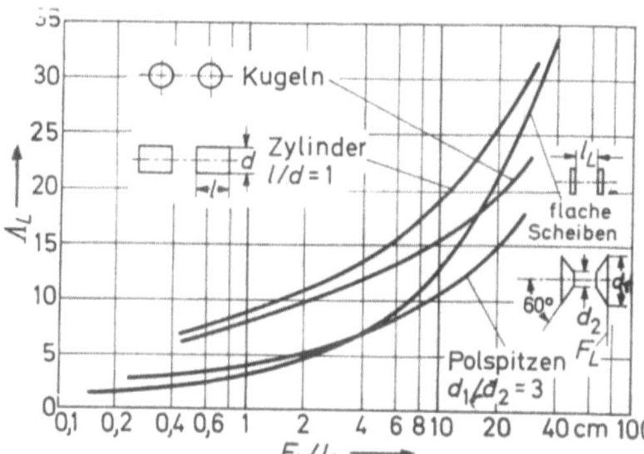

Bild 16.8. Wirksamer Nutzleitwert Λ_L als Funktion der Luftspaltabmessungen für runden Luftspalt-Querschnitt (nach [16]).

$d_L \geqq l_L$, d. h. homogenes Feld. Mit abnehmender Fläche bzw. zunehmender Länge des Luftspaltes sinkt der wirkliche Nutzleitwert langsamer als der ideale. Dies ist auf die mit steigendem Achsenabstand zunehmende Krümmung der Feldlinien im Luftraum zurückzuführen. Die verjüngten Polschuhe verhalten sich am günstigsten, d. h., hier wird auch bei langen Luftspalten noch ein relativ homogenes Feld erreicht. Die Verjüngung wird deshalb auch allgemein zur Homogenisierung ausgenutzt.

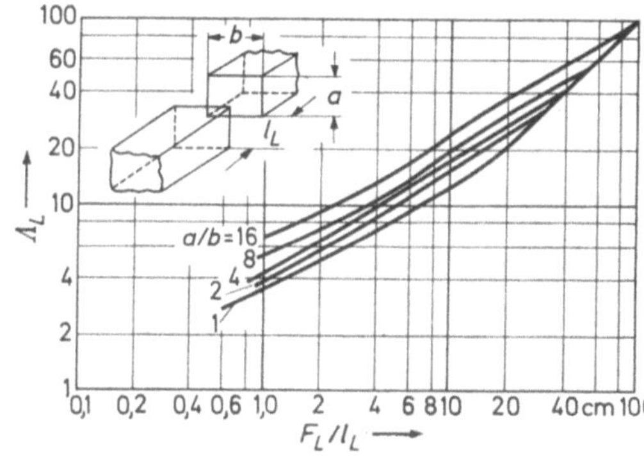

Bild 16.9. Wirksamer Nutzleitwert Λ_L als Funktion der Luftspaltabmessungen für rechteckigen Luftspalt-Querschnitt und verschiedene Seitenverhältnisse a/b (nach [16]).

Für rechteckigen Querschnitt des Luftspaltes ist die zunehmende Inhomogenität des Feldes im Luftspalt aus Bild 16.9 zu entnehmen. Als Parameter ist das Verhältnis a/b der Seiten gewählt worden. Je größer die Abweichung vom Quadrat ist, bei um so kürzeren Luftspalten ist ein inhomogenes Feld vorhanden.

Mit Hilfe der vorgenannten Berechnungen und Kurven kann auch das Verhältnis der Luftspaltfeldstärke auf der Achse an der Polfläche, B_F, und auf der

Achse und Mitte Luftspalt, B_L, berechnet werden. Es ist in Abhängigkeit von den Polschuhabmessungen für runde Polschuhe (Bild 16.10a) und für rechteckige Polschuhe (Bild 16.10b) aufgetragen [16].

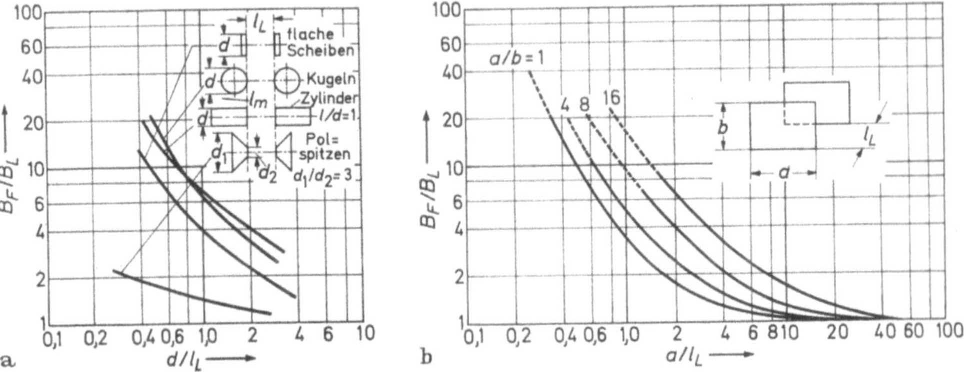

Bild 16.10. Verhältnis der Luftspaltinduktionen B_F/B_L (nach [16]). a) Für verschiedene runde Polschuhe als Funktion der Luftspaltabmessungen; b) für rechteckige Polschuhe bei verschiedenen Seitenverhältnissen a/b.

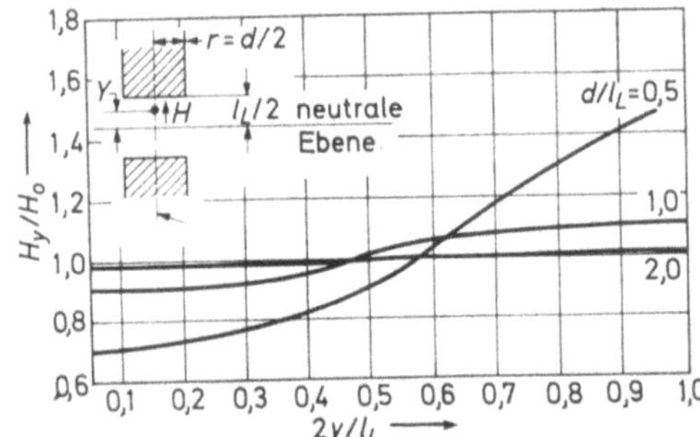

Bild 16.11. Verhältnis der Luftspaltfeldstärken H_y/H_0 auf der Achse für runden Luftspalt-Querschnitt (nach [16]).

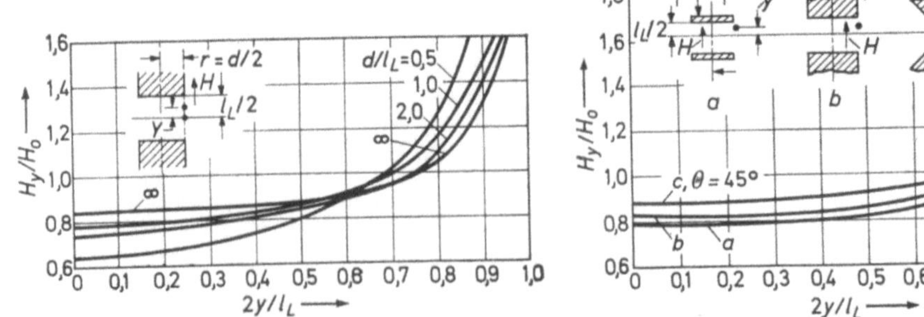

Bild 16.12. Verhältnis der Luftspaltfeldstärken H_y/H_0 parallel zur Achse von Polkante zu Polkante (nach [16]). Links: für runde Polschuhe, mit Luftspaltabmessungen als Parameter; rechts: für verschiedene rechteckige Polschuhe mit unendlicher Ausdehnung senkrecht zur Bildebene.

Weiterhin sollen hier noch einige Bilder über die Feldverteilungen in Luftspalten gebracht werden. Dabei ist auf der Ordinate immer das Verhältnis H/H_0 aufgetragen. Es ist $H_0 = \Theta_L/l_L$ der Quotient aus Nutzspannung $\Theta_N \equiv \Theta_L$ dividiert durch Luftspaltlänge l_L, also die optimale Luftspaltfeldstärke.

In Bild 16.11 ist die Feldverteilung in Achsrichtung bei runden Polschuhen aufgetragen. Als Parameter dient das Verhältnis d/l_L des Luftspaltes.

In Bild 16.12 ist die Feldverteilung an der Polkante parallel zur Luftspaltachse aufgetragen. Bild 16.12 links gilt für runde Polschuhe, Bild 16.12 rechts

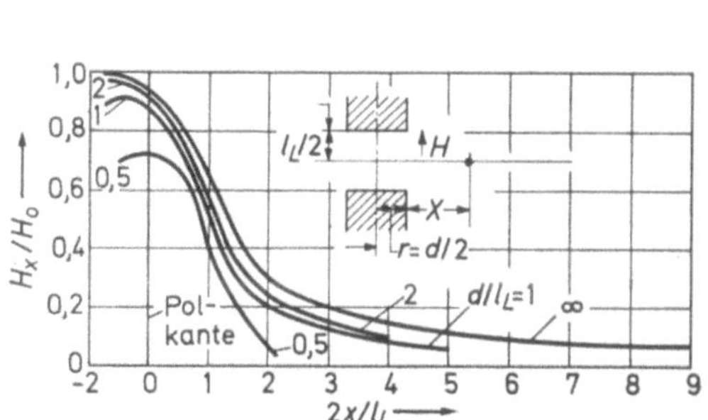
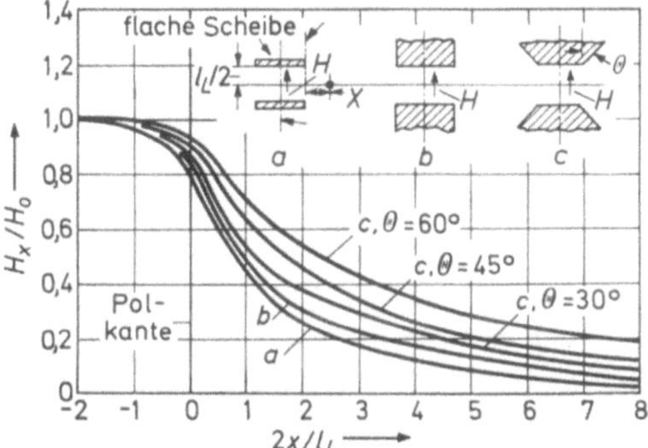

Bild 16.13. Verhältnis der Luftspaltfeldstärke H_x/H_0 in der neutralen Ebene, wobei $x = 0$ der Polkante entspricht (nach [16]). Links: für runde Polschuhe, mit Luftspaltabmessungen als Parameter; rechts: für verschiedene rechteckige Polschuhe mit unendlicher Ausdehnung senkrecht zur Bildebene.

gilt für rechteckige Polschuhe, welche eine unendlich große Ausdehnung senkrecht zur Bildebene haben.

In Bild 16.13 ist die Feldverteilung in der neutralen Ebene als Funktion des Achsenabstandes von der Polkante aufgetragen. Bild 16.13 links gilt wieder für runde Polschuhe, Bild 16.13 rechts für unendlich tiefe Polschuhe.

16.3 Bestimmung des Gesamtleitwertes Λ_G

Wenn der Nutzfluß nicht eindeutig bestimmbar ist, wie z. B. bei Systemen mit sehr langen Nutzluftspalten oder bei einzelnen Dauermagneten, dann muß die Dimensionierung mit Hilfe der direkten Bestimmung der *Gesamtleitwerte* Λ_G bzw. λ_G vorgenommen werden. Da die einzelnen Dauermagnete meist einfache geometrische Formen besitzen, sollen auch diese hier nur betrachtet werden.

16.3.1 Berechnung beim Ellipsoid

Wie in Kapitel 17 beschrieben wird, ist das *Ellipsoid* dadurch ausgezeichnet, daß es bei homogener Magnetisierung auch homogen entmagnetisiert wird. Der Entmagnetisierungsfaktor N_I ist eine reine Funktion der geometrischen Form. Hier soll nur das Rotationsellipsoid betrachtet werden. Die Halbachsen sind dabei: lange Achse a und kurze Achse $b = c$. Das Achsenverhältnis $p = a/b$ wird Dimensionsfaktor genannt.

Der *Entmagnetisierungsfaktor* N_I des Rotationsellipsoides ist mit Hilfe der Potentialtheorie streng berechenbar (s. z. B. Bild 17.1). Anhand der Gln. (14.4) bis (14.7) kann daraus dann der Einheits-Gesamtleitwert λ_G bestimmt werden.

16.3.2 Berechnung mit Hilfe des Kugelpoles

Bei Dauermagneten mit nichtellipsoidaler Form läßt sich der Gesamtleitwert nicht streng berechnen. Hier hat sich ein Verfahren eingebürgert, welches von

EVERSHED [17] angegeben wurde. Es benutzt die Parallele zwischen Elektro- und Magnetostatik. In Analogie zur Kapazität einer Kugel wird als *Leitwert eines magnetischen Kugelpoles* mit dem Radius r der Ausdruck

$$\Lambda_K = 4\pi r \tag{16.21}$$

angegeben. Ein *Stabmagnet* kann nach EVERSHAED aus zwei Kugelpolen aufgebaut werden. Sein Gesamtleitwert wird durch Reihenschaltung der beiden Einzelleitwerte nach Gl. (16.21) erhalten zu

$$\Lambda_{St} = 2\pi r . \tag{16.22}$$

Um diesen Ausdruck verallgemeinern zu können, wird für den Radius r des Kugelpoles die Oberfläche $S = 4\pi r^2$ eingesetzt. Damit wird aus Gl. (16.22) für den Stabmagnet

$$\Lambda_{St} = 1{,}8\,\sqrt{S} . \tag{16.23}$$

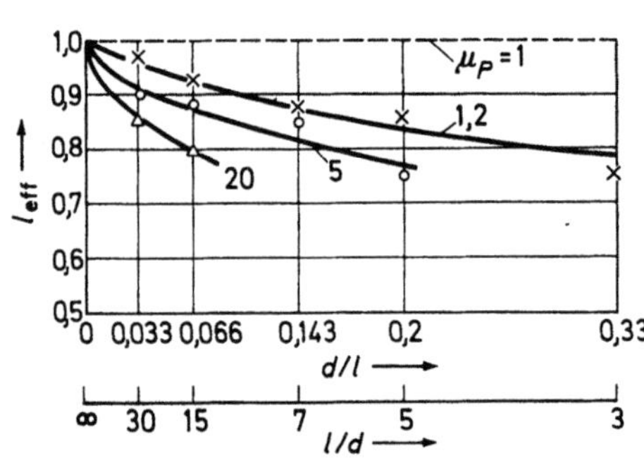

Bild 16.14. Effektive Magnetlänge l_{eff} bei Stabmagneten als Funktion des Dimensionsverhältnisses bei verschiedener permanenter Permeabilität (nach [23]).

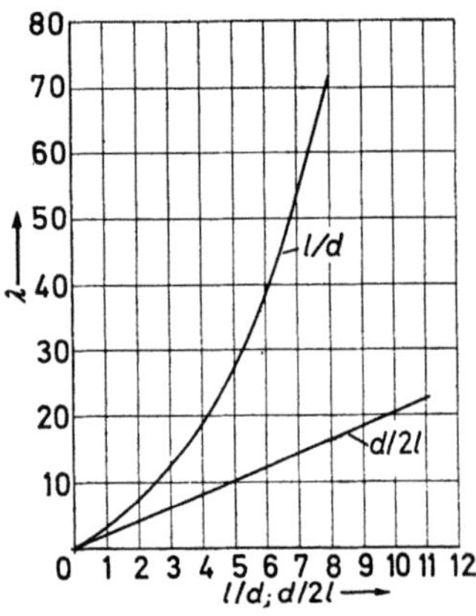

Bild 16.15. Einheitsleitwert λ eines Stabmagneten als Funktion des Dimensionsverhältnisses (nach [24]). Obere Kurve: längsmagnetisierter Stabmagnet; untere Kurve: quermagnetisierter Stabmagnet.

Dieser Ausdruck kann verallgemeinernd sowohl für runde als auch für quadratische Stäbe verwendet werden. Für die Berechnung des Einheitsleitwertes λ_{St} aus Gl. (16.23) muß noch eine effektive Magnetlänge l_{eff} eingeführt werden. Damit wird dann für den runden Stab mit dem Radius r und der geometrischen Länge l

$$\lambda_{St} = \frac{\Lambda_{St}\, l_{eff}}{F_{St}} = \frac{l_{eff}}{r^2}\,\sqrt{r(l+r)} . \tag{16.24}$$

Die *effektive Magnetlänge* berücksichtigt, daß mit zunehmender permanenter Permeabilität μ_P der Polabstand von Stäben gleicher Länge durch Wanderung der Pole von den Endflächen des Stabes in das Innere verringert wird. In Bild 16.14 sind einige effektive Magnetlängen (Polabstände) nach Messungen von JOKSCH [23] für verschiedene permanente Permeabilitäten μ_P bzw. die entsprechenden Werkstoffe eingetragen. Die effektive Magnetlänge (Polabstand) wurde dabei definiert als Länge, welche sich rechnerisch aus den Messungen des magnetischen Momentes des Stabes und des magnetischen Flusses in der neutralen Zone ergibt.

Nach der Gl. (16.24) wurde in Bild 16.15, obere Kurve, der Einheits-Gesamt-leitwert λ eines längsmagnetisierten Stabmagneten des Durchmessers d und der geometrischen Länge l in Abhängigkeit vom Dimensionsverhältnis $p = l/d$ be-rechnet. Dabei wurde hier die effektive Länge entsprechend für Werkstoffe mit $\mu_P = 5$ gewählt [24].

Für den in Bild 16.15, untere Kurve, ebenfalls eingezeichneten Einheits-Gesamtleitwert λ des quermagnetisierten Stabmagneten mit dem Radius r, dem Durchmesser d und der geometrischen Länge l in Abhängigkeit vom Verhältnis $d/2l$ wurde die folgende Beziehung verwendet:

$$\lambda = \frac{\pi\, l_{\text{eff}}}{2rl} \cdot \sqrt{r\,(r+1)} = \frac{d}{2l}\sqrt{\frac{\pi^4}{16\,r}\,(r+l)}, \tag{16.25}$$

wobei für die Werkstoffe mit $\mu_P \geq 3$ als effektive Länge $l_{\text{eff}} = \pi d/4$ eingesetzt wurde [24].

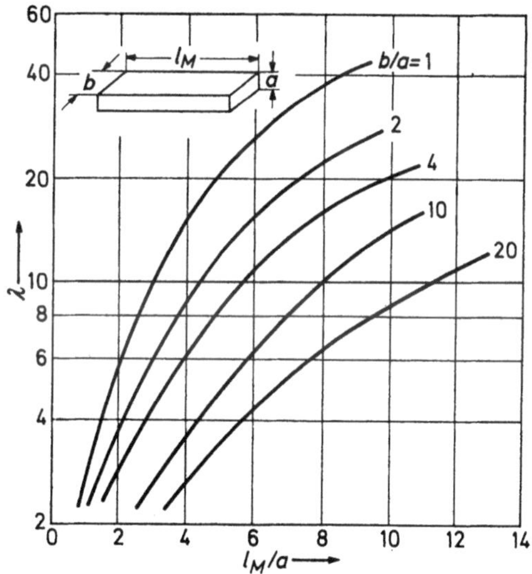

Bild 16.16. Einheitsleitwert λ eines längsmagnetisierten, rechteckigen Stabmagneten als Funktion des Dimensions-verhältnisses für verschiedene Seitenverhältnisse b/a (nach [16]).

Beim rechteckigen, längsmagnetisierten Stabmagneten kann gleichfalls von Gl. (16.24) ausgegangen werden. Es ergibt sich mit der Länge l, der Höhe a und der Breite b für den Einheits-Gesamtleitwert

$$\lambda = \frac{l_{\text{eff}}}{b}\sqrt{2\pi\left(\frac{l}{a} + \frac{b}{a} + \frac{b\,l}{a^2}\right)}. \tag{16.26}$$

Anhand dieser Beziehung wurde in Bild 16.16 der Einheits-Gesamtleitwert über dem Verhältnis $\dfrac{l_M}{a}$ aufgetragen; als Parameter wurde das Verhältnis b/a des Querschnittes gewählt [16].

Eine Erweiterung der Formel für den Stabmagneten wurde von TYLER [25] gegeben. Es wird der Gesamtleitwert eines Stabmagneten berechnet, der an den Stirnflächen quadratische, dünne Scheiben aufgesetzt hat. Die Polfläche F_E ist größer als die Fläche F_M des Dauermagneten senkrecht zur Flußrichtung.

Für den Einheits-Gesamtleitwert von längsmagnetisierten Hohlzylindern mit dem Innendurchmesser d_i, dem Außendurchmesser d_a und der Länge l wurde von Parker [16] die folgende Beziehung angegeben:

$$\lambda = \frac{0{,}7\,l_{\text{eff}}}{d_a^2 - d_i^2}\sqrt{\frac{l_M\,(d_a - d_i)}{2} + \frac{(d_a^2 + d_i^2)}{4}}\,. \tag{16.27}$$

In Bild 16.17 wurde danach der Einheits-Gesamtleitwert als Funktion vom Dimensionsverhältnis l_M/d_a eingetragen; als Parameter wurde das Durchmesser-

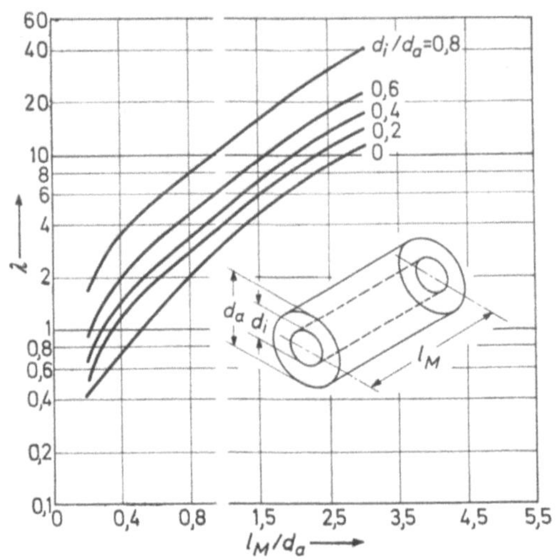

Bild 16.17. Einheitsleitwert λ eines längsmagnetisierten Hohlzylinders als Funktion des Dimensionsverhältnisses für verschiedene Wandstärken (nach [16]).

Verhältnis d_i/d_a gewählt. Die untere Kurve ist mit der oberen Kurve in Bild 16.15 identisch. In Bild 16.18 wurde für diesen Ringmagneten außerdem das Verhältnis des Leitwertes Λ_a des außerhalb des Ringes vorhandenen magnetischen Flusses zum Gesamtleitwert Λ_G (von Innen- und Außenfluß) in Abhängigkeit vom

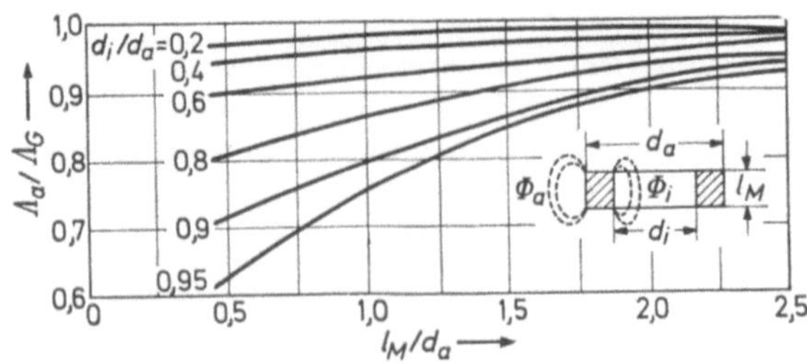

Bild 16.18. Verhältnis der Leitwerte $\lambda_a/\lambda_G = \Lambda_a/\Lambda_G$ für längsmagnetisierte Hohlzylinder als Funktion des Dimensionsverhältnisses für verschiedene Wandstärken (nach [16]).

Dimensionsverhältnis bestimmt [16]; als Parameter wurde wieder das Durchmesserverhältnis gewählt.

Von Foy und Parker [26] wurde die Gl. (16.27) experimentell überprüft und mit ihrer Hilfe Ringmagnete aus AlNiCo- und Ferrit-Werkstoffen für Magnetronröhren (s. z. B. Abschnitt 71.2) dimensioniert.

Von Parker [16] wurde der Einheits-Gesamtleitwert für mehrpolige Rotoren mit hervorstehenden Polflächen berechnet zu

$$\lambda = \frac{1{,}77\,l_{\text{eff}}}{a\,b}\,\sqrt{4a(a+b)+ab} \qquad (16.28)$$

Die Bedeutung der Größen a und b geht aus Bild 16.19 hervor, worin der Leitwert über dem Dimensionsverhältnis d/b aufgetragen ist. Dabei wurde vorausgesetzt, daß die halbe Rotoroberfläche als Polfläche dient, d. h., es gilt, wenn n Pole vorhanden sind: $a = d/2n$. Als Länge l_M wird angenommen $l_M \approx 2a$.

Das vorgenannte Ergebnis gilt auch für mehrpolige Rotoren, deren Pole nicht hervorstehen, also Zylinderform vorliegt. Diese Form wird besonders bei den hochkoerzitiven Werkstoffen bevorzugt, da hier trotz fehlender äußerer Polausbildung gut abgegrenzte Pole magnetisiert werden können.

16.3.3 Berechnung mit Hilfe der Zonenmethode

Die bisherigen Methoden für die Berechnung des Gesamtleitwertes ergeben einen Leitwert für den gesamten Magneten. Die fast immer vorhandene inhomogene Flußverteilung im Magneten durch inhomogene Entmagnetisierung wird durch Einführung einer effektiven Magnetlänge l_{eff} einigermaßen berücksichtigt. In manchen Fällen ist es aber sehr erwünscht, die Flußverteilung etwas besser zu berücksichtigen. Dies trifft besonders für sehr kurze Magnete zu, deren stark inhomogene Entmagnetisierung nicht mehr nur durch die effektive Magnetlänge berücksichtigt werden kann. Deshalb wird ein Verfahren gewählt, bei dem der Magnet in Teile (Zonen) zerlegt wird, welche einen bestimmten Teilleitwert besitzen. Anders ausgedrückt heißt das: Dem Magneten wird auf der remanenten oder permanenten Entmagnetisierungskurve statt eines Arbeitspunktes ein *Arbeitsbereich* zugeordnet (s. Kapitel 18).

Von PARKER [16] wurde dazu ein Verfahren angegeben, welches am Stabmagneten erläutert werden soll.

Der in Bild 16.20 links oben dargestellte Stabmagnet aus AlNiCo 500 hat die Länge l_M und den Querschnitt F_M. Er wird der Länge nach in drei Zonen aufgeteilt, wobei sich die Längen der Zonen verhalten sollen wie $l_1:l_2:l_3 = 3:2:1$. Diese Verhältnisse werden gewählt, weil sie erfahrungsgemäß bei den AlNiCo-Werkstoffen zu befriedigenden Ergebnissen führen. Der weitere Rechnungsgang ist aus Tab. 16.1 ersichtlich. Dabei bedeuten B_1 und H_1 die magnetischen Werte, welche aus den äußeren Maßen der Stabmagnete und aus Bild 16.20 folgen. Sie können als Koordinaten des Schnittpunktes von der Entmagnetisierungskurve des Stab-Werkstoffes mit der Arbeitsgeraden unter dem Winkel λ zur Abszisse abgelesen werden. Die in praxi stetig abnehmende Induktion wird durch eine stufenförmige Abnahme ersetzt. Der Sprung der Induktion wird in die Mitte der Zonen gelegt. Jede Zone erhält einen Einheitsleitwert λ zugeteilt. Er errechnet sich aus dem Gesamtleitwert Λ nach Gl. (16.12) infolge Division durch die halbe Magnetlänge $l_M/2$ (da die andere Hälfte spiegelbildlich ist!). Daraus folgt:

$$\lambda = \frac{\Lambda}{\dfrac{l_M}{2}} = 3{,}5\,\sqrt{\frac{S}{l_M^2}} \approx 2{,}5\,\sqrt{\frac{U}{l_M}}, \qquad (16.29)$$

wobei für den Umfang $U = 2S/l_M$ gilt.

Als Rechenbeispiel ist nach Tab. 16.1 in Bild 16.19 der quadratische Stabmagnet mit der Fläche $F_M = 1$ cm² und der Länge $l_M = 5$ cm, d. h. $l/d \approx 4{,}4$ für AlNiCo 500 berechnet worden.

Aus den Abmaßen des Stabes folgt dann nach Bild 16.20 für die neutrale Zone $\lambda = B_1/H_1 = 21$. Aus den Entmagnetisierungskurven folgen die numerischen Werte für B_1 und H_1. Es ergibt sich der Berechnungsgang entsprechend Tab. 16.1.

Die am AlNiCo-Stab entsprechend Tab. 16.1 ermittelte Induktionsverteilung ist zum Vergleich mit gemessenen Verteilungen in Bild 18.2 gestrichelt eingetragen. Die Übereinstimmung ist befriedigend. Wenn dieselbe Berechnung auf einen Stabmagneten z. B. aus Bariumferrit 100 mit dem gleichen Dimensionsverhältnis angewendet wird, stimmt sie nicht mit den gemessenen Werten über-

Tabelle 16.1. *Berechnete Verteilung der Induktion eines quadratischen Stabmagneten der Fläche F_M, der Länge l_M und des mittleren Einheitsleitwertes $\lambda = 2{,}5 \sqrt{\dfrac{U}{l_M}}$.*

Allgemein	Rechenbeispiel: AlNiCo 500, $\dfrac{l}{d} = 4{,}4$
λ	≈ 2
$F_M = F_1 = F_2 = \cdots$	1 cm²
$\lambda_1 = \dfrac{B_1}{H_1}$	$\dfrac{10\,500}{500} = 21$
B_1	10 500 G*
H_1	500 Oe*
$\dfrac{l_M}{2} = l_1 + l_2 + l_3$	2,5 cm
mit $l_1 : l_2 : l_3 = 3 : 2 : 1$	1,25 : 0,84 : 0,42
$\Theta_1 = H_1 \cdot l_1$	$500 \cdot 1{,}25 = 625$ Gb
$\Delta_1 B = \dfrac{\lambda \cdot l_1 \cdot \Theta_1}{F_1}$	$\dfrac{2 \cdot 1{,}25 \cdot 625}{1} = 1560$ G
$B_2 = B_1 - \Delta_1 B$	$10\,500 - 1550 = 8950$ G
H_2	590 Oe*
$\Theta_2 = \Theta_1 + H_2 \cdot (l_1 + l_2)$	$625 + 590 \cdot 2{,}1 = 1865$ Gb
$\Delta_2 B = \dfrac{\lambda \cdot l_2 \cdot \Theta_2}{F_2}$	$\dfrac{2 \cdot 0{,}84 \cdot 1865}{1} = 3100$ G
$B_3 = B_2 - \Delta_2 B$	$8950 - 3100 = 5850$ G
H_3	640 Oe*
$\Theta_3 = \Theta_2 + H_3(l_2 + l_3)$	$1865 + 640 \cdot 1{,}25 = 2665$ Gb
$\Delta_3 B = \dfrac{\lambda \cdot l_3 \cdot \Theta_3}{F_3}$	$\dfrac{2 \cdot 0{,}42 \cdot 2665}{1}$
$B_4 = B_3 - \Delta_3 B$	$5850 - 2250 = 3600$ G

* Die Größen wurden der Entmagnetisierungskurve entnommen

ein. Der berechnete Abfall der Induktion ist viel zu stark. Infolge der sehr niedrigen Permeabilität μ_P der ferritischen Dauermagnete versagt hier das Verfahren zumindest bei Dimensionsverhältnissen $l/d > 2$. Für kurze Stäbe, welche einen

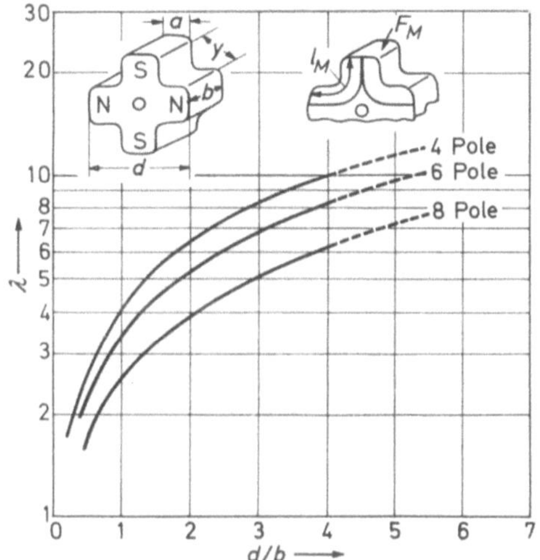

Bild 16.19. Einheitsleitwert λ eines mehrpoligen Rades als Funktion des Verhältnisses d/b (nach [16]).

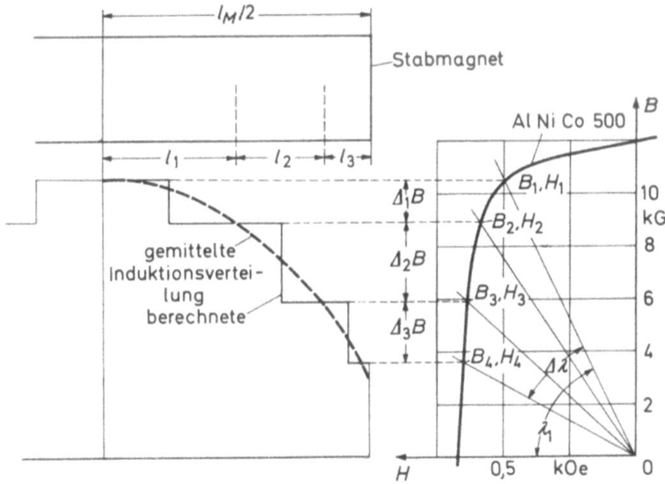

Bild 16.20. Berechnung der Induktionsverteilung an kurzen Stabmagneten mit $l/d = 4{,}4$ aus AlNiCo 500 durch Aufteilung in Zonen. Links oben: Stabmagnet mit Zoneneinteilung; links unten: Berechnete Induktionsverteilung; rechts: Entmagnetisierungskurve mit Arbeitspunkten der Zonen.

stärkeren Abfall aufweisen, ist aber die Berechnung nach diesem Verfahren auch zu grob. Es muß dann die Verteilung so gut wie möglich abgeschätzt bzw. gemessen werden.

Literatur

1. DESMOND, D. J.: J. Inst. Electr. Eng. II (1945) 229—252.
2. Siehe z. B. RETTER, G.: Magnetische Felder und Kreise, Berlin: VEB Verlag Technik 1961. — OLLENDORFF, F.: Berechnung magnetischer Felder, Berlin/Göttingen/Heidelberg: Springer 1952.

8*

3. Mahner, H.: ETZ-A 83 (1962) 780—786.

4. Helmer, J. C.: Proc. IRE (1961) 1528—1537.

5. Baran, W., u. G. Hellbardt: Techn. Mitt. Krupp, Forsch.-Ber. 20 (1962) 18—28.

6. Baran, W.: Techn. Mitt. Krupp, Forsch.-Ber. 20 (1962) 50—55, 21 (1963) 72—83, 22 (1964) 101—124, 23 (1965) 1—13.

7. Benedikt, O.: Acta Technica Acad. Sci. Hungarica 19 (1957) 169—191.

8. Wolff, W., u. V. Zehler: Ber. d. Arbeitsgem. Ferromagnetismus (1959) 241—246.

9. Reichert, K.: Arch. Electrotechn. 52 (1968) 176—195.

10. Tschopp, P. A., u. A. H. Frei: Arch. Elektrotechn. 44 (1959) 441—454.

11. Henne, W.: ETZ-A 82 (1961) 819—823; Z. angew. Phys. 14 (1962) 269—272. — Brück, L.: Le Vide 12 (1957) 327—335. — Müller, M.: Ber. d. Arbeitsgem. Ferromagnetismus (1959) 247—255.

12. Okoshi, T.: J. appl. Phys. 36 (1965) 2382—2387.

13. Tenzer, R. K.: Electr. Manufact. (Febr. 1957) 94—97.

14. van Urk, A. Th.: Phil. techn. Rdsch. 5 (1940) 29—36.

15. Sixtus, K. J., u. V. Zehler: AEG-Mitt. 52 (1962) 205—210.

16. Parker, R. J.: Electr. Manufact. (Sept. 1960) 102—109.

17. Evershed, S.: J. Inst. Electr. Eng. 58 (1920) 780—837.

18. Koch, J.: Valvo-Berichte 7 (1961) 131—158.

19. Urgin-Sparac, D.: ZAMP 12 (1961) 38—53.

20. Friedrich, G.: Dissertation, TH Aachen 1951.

21. Hug, A.: Bull. Schweiz. Elektrotechn. Ver. 41 (1950) 661—667.

22. Cramp, W., u. N. J. Calderwood: IEEE 61 Oktober (1923) 1061—1070.

23. Joksch, C.: DEW Techn. Ber. 5 (1965) 119—123.

24. Joksch, C.: Interne Untersuchung, DEW (1965).

25. Tyler, P. M.: Brit. J. appl. Phys. 13 (1962) 345—348, J. sci. Instr. 39 (1962) 630—632.

26. Foy, J. E., u. R. J. Parker: J. appl. Phys. 31 (1960) 188S—189S.

17 Entmagnetisierungsfaktor und seine Bestimmung

17.1 Geometrischer Entmagnetisierungsfaktor N

Es werde ein Ferromagnetikum in eine elektrische Spule gebracht, in der ein magnetisches Feld H_a vorhanden ist. Wird nun das magnetische Feld H_i im Magneten gemessen, so stellt sich heraus, daß $H_a \neq H_i$ ist. Das äußere Feld H_a ist größer als das innere Feld H_i. Durch die an den Endflächen des Magneten vorhandenen freien Flächenladungen wird ein Feld H_e erzeugt, welches dem äußeren entgegengesetzt gerichtet ist. Damit wird

$$H_i = H_a - H_e. \tag{17.1}$$

Dieses entmagnetisierende Feld rührt von der Oberflächen-Divergenz der Magnetisierung her und ist damit proportional der Magnetisierung I [s. Gl. (7.1)]. Der Proportionalitätsfaktor N ist allgemein eine Funktion der Probenform, der Feldstärke und der Permeabilität; er wird Entmagnetisierungsfaktor genannt und ist dimensionslos. Aus den Gln. (14.6) und (14.7) folgt für den dauermagnetischen Kreis, also bei Abwesenheit eines äußeren Feldes, ein enger Zusammenhang zwischen spezifischem magnetischem Leitwert λ und Entmagnetisierungsfaktor N. Daraus ist zu entnehmen, daß die Berechnung des Gesamtleitwertes gleichzeitig die Berechnung des Entmagnetisierungsfaktors ist (s. Kapitel 16). Wegen dieser speziellen Einschränkung auf den Kreis ohne Fremdfeld und der begrifflichen Verschiedenheit soll der Entmagnetisierungsfaktor und seine Berechnung hier gesondert behandelt werden.

Für das innere Feld folgt aus den Gln. (7.1) und (17.1) dann die Gl. (7.3):

$$H_i = H_a - N I. \tag{7.3}$$

Die Darstellung des entmagnetisierenden Feldes in dieser Form ist nur sinnvoll bei homogener Magnetisierung und daraus folgender *homogener Entmagnetisierung*. Es folgt daraus auch ein homogenes äußeres Feld. Dann ist aber der Faktor N unabhängig von der äußeren Feldstärke und nur eine Funktion der geometrischen Form. Dieser Fall ist ausschließlich bei *magnetisch isotropen Ellipsoiden* vorhanden. Angenähert ist er außerdem bei magnetischen Kreisen mit sehr kurzen Luftspaltlängen und ellipsoidähnlicher Form, wie z. B. dem sehr langen Zylinder oder sehr langen Stab.

Seien die drei Hauptachsen des Ellipsoids a, b, c, dann gilt im Gaußschen Maßsystem die Beziehung [1, 2]

$$N_a + N_b + N_c = 4\pi. \tag{17.2}$$

Die Gleichung sagt aus, daß sich ein Magnet nie weiter als bis zur Koerzitivfeldstärke $_BH_c$ selbst entmagnetisieren kann, denn aus der Gl. (17.2) folgt, daß der einzelne Entmagnetisierungsfaktor nie größer als 4π werden kann (dies ist anhand der senkrecht zur Fläche magnetisierten unendlich ausgedehnten und unendlich dünnen Scheibe leicht einzusehen). Dann ist aber die Gleichung für den Punkt auf der Entmagnetisierungskurve mit der größtmöglichen Selbstentmagnetisierung gegeben durch $N = 4\pi$. Nach Gl. (7.2) bedeutet dies $H = -4\pi I$ bzw. $B = 0$. was nur für die Koerzitivfeldstärke $_BH_c$ zutrifft.

Die Gl. (17.2) ist an die Voraussetzung der homogenen Magnetisierung gebunden. Diese homogene Magnetisierung ist bei Ellipsoiden durch ein homogenes äußeres Feld zu erreichen. In anderen mikroskopischen magnetischen Körpern ist dies nur angenähert erfüllt, und die Gl. (17.2) gilt um so weniger, je weniger ellipsoidähnlich der betrachtete Körper ist.

In der *Mikromagnetik* dagegen liegt im *Elementarbereich*, unabhängig von der Form, ein homogen magnetisierter Körper vor, ohne daß das äußere Feld homogen zu sein braucht. Von Brown und Morrish [3], Rowlands [4] sowie Steinert und Gengnagel [5] wurde nun die Entmagnetisierung homogen magnetisierter Partikel mit nichtellipsoidaler Gestalt berechnet. Infolge dieser Gestalt ist ein inhomogenes Entmagnetisierungsfeld vorhanden. Wie Schlömann [2] gezeigt hat, kann dieses inhomogene Entmagnetisierungsfeld durch verallgemeinerte Entmagnetisierungsfaktoren $N_{x,y}$ beschrieben werden. Dabei ist x die Komponente des magnetischen Feldes und y die Komponente der Magnetisierung. Damit erhalten die bisher *skalaren Entmagnetisierungsfaktoren* tensoriellen Charakter (Tensor zweiter Stufe) und sind ortsabhängig. Für sie gilt die verallgemeinerte Gl. (17.2) in der Form

$$N_{xx} + N_{yy} + N_{zz} = 4\pi, \tag{17.3}$$

wobei die N_{ii} die *körperfesten Entmagnetisierungsfaktoren* in den Hauptachsenrichtungen, d. h. die diagonalen Tensorkomponenten sind. Bei nichtellipsoidaler Gestalt sind sie über das Volumen gemittelte Größen. Daraus folgt das *Brown-Morrish-Theorem* [6]: Ein Einbereichspartikel allgemeiner Gestalt verhält sich in einem homogenen äußeren Feld energiemäßig wie ein passend gewähltes

Ellipsoid desselben Volumens, wenn Hauptachsen und Magnetisierung übereinstimmen.

Von JOSEPH und SCHLÖMANN [7] wurden in erster und zweiter Näherung die
nicht gemittelten Entmagnetisierungsfaktoren eines allgemeinen, homogen
magnetisierten Körpers berechnet. In der ersten Näherung gilt auch hier für die
nicht homogen entmagnetisierten Körper eine Beziehung entsprechend Gl. (17.3),
wobei aber die N_{ii} ortsabhängig sind.

Aus Gl. (17.2) lassen sich einige Entmagnetisierungsfaktoren sofort ableiten:
Bei der Kugel ist z. B. $a = b = c$. Für alle Richtungen gilt also

$$N = \frac{4\,\pi}{3}. \tag{17.4}$$

Bei einem sehr langen Kreiszylinder mit der Länge $a \gg$ Durchmesser $b = c$
wird

$$N_b = N_c \approx 2\,\pi,$$

$$N_a \approx 0. \tag{17.5}$$

Bei einem sehr kurzen Kreiszylinder wird mit verschwindender Dicke dann
$N_a \to 4\pi$, und daraus folgt mit Hilfe der Gl. (17.3) $N_b = N_c \to 0$.

Für die *Rotationsellipsoide* $(a \neq b = c)$ ergibt sich bei Magnetisierung parallel
zur Rotationsachse a nach WARMUTH [8] und FISCHER [9]

$$N_a = \frac{4\,\pi}{p^2 - 1} \left[\frac{p}{\sqrt{p^2 - 1}} \ln\,(p + \sqrt{p^2 - 1}) - 1 \right] \quad \text{für } p = \frac{a}{b} > 1,$$

$$\approx \frac{\ln 2p - 1}{p^2} \qquad\qquad\qquad\qquad\qquad \text{für } p \gg 1,$$

$$N_a = \frac{4\,\pi}{1 - p^2} \left[1 - \frac{p}{\sqrt{1 - p^2}} \arccos p \right] \qquad \text{für } p < 1,$$

$$\approx 0{,}25\,\pi p - 0{,}5\,p^2 \qquad\qquad\qquad\qquad \text{für } p \ll 1. \tag{17.6}$$

Bei Magnetisierung senkrecht zur Rotationsachse a können die Entmagnetisierungsfaktoren $N_b = N_c$ mit Hilfe der Gl. (17.2) für alle Werte von p gewonnen
werden. Die daraus berechneten Entmagnetisierungsfaktoren $N' = N/4\pi$ sind
in Bild 17.1 zusammengestellt [9]; als Parameter dient das Achsenverhältnis
$p = a/b$. Diese Ergebnisse gelten für die Permeabilität $\mu = \infty$. Von WARMUTH
[8] wurden die Entmagnetisierungsfaktoren für verschiedene Permeabilität des
Ellipsoides berechnet. In Bild 17.2 sind sie gleichzeitig nochmals mit Zylindern
verschiedener Permeabilität verglichen [10]. Für allgemeine Ellipsoide $(a \neq b = c)$
wurden die Entmagnetisierungsfaktoren für verschiedene Achsenverhältnisse b/a
und c/a von OSBORN [11] berechnet.

In der Praxis werden selten Ellipsoide, meist zylindrische Stäbe untersucht.
Da keine streng homogene Entmagnetisierung vorliegt, können die Entmagnetisierungsfaktoren nur unter vereinfachenden Annahmen berechnet werden [5, 8,
12]. Dabei wird homogene und feldunabhängige Magnetisierung vorausgesetzt,

und die Entmagnetisierungsfaktoren werden aus der Streufeldenergie berechnet. Damit sind die Ergebnisse nur für hohe Felder gültig.

Für Kreiszylinder mit der Länge a und dem Durchmesser b wird im homogen magnetisierten Zustand nach STEINERT und GENGNAGEL [5] der Entmagnetisierungsfaktor in Richtung der Achse:

$$N_a = 5,33\,\frac{b}{a} - \frac{\pi}{2}\left(\frac{b}{a}\right)^2 + \frac{\pi}{16}\left(\frac{b}{a}\right)^4 - \frac{5\pi}{128}\left(\frac{b}{a}\right)^6 \pm \cdots \quad \text{für } \frac{a}{b} \lessgtr 1.$$

$$(17.7\,\mathrm{a})$$

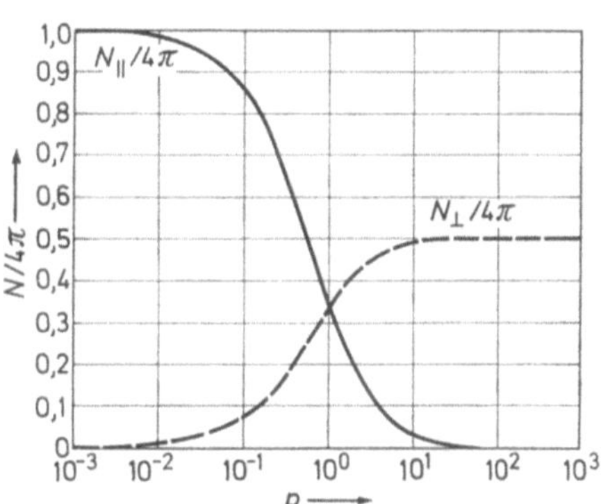

Bild 17.1. Entmagnetisierungsfaktor $N' = N/4\pi$ für Rotationsellipsoid, parallel und senkrecht zur langen Achse a als Funktion des Achsenverhältnisses $p = a/b$ (nach [9]).

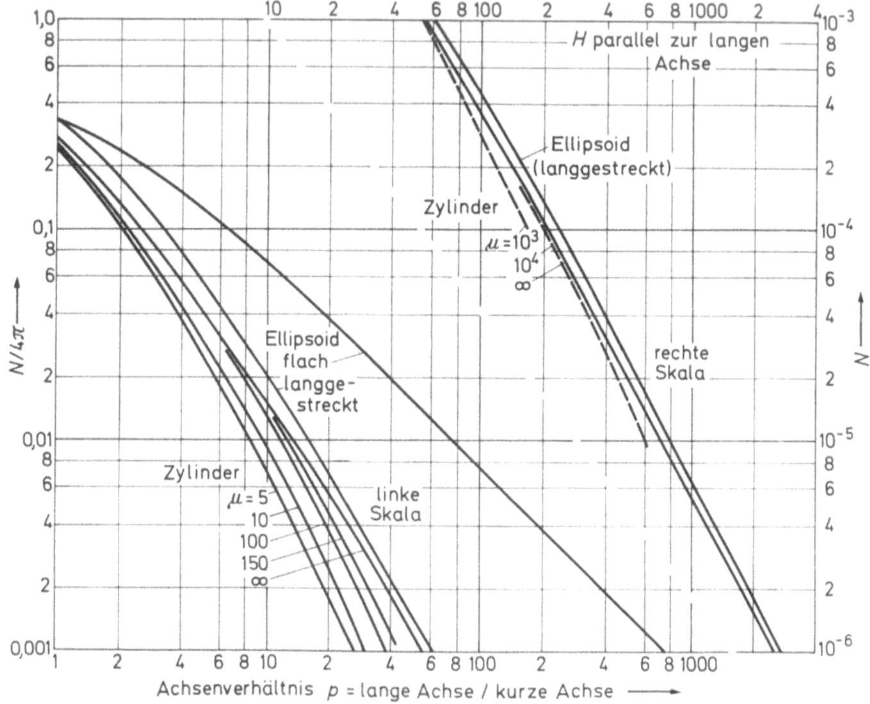

Bild 17.2. Entmagnetisierungsfaktor $N' = N/4\pi$ als Funktion des Achsenverhältnisses p bei Ellipsoid und Zylindern (nach [10]).

Für eine dünne Kreisscheibe wird daraus nach STEINERT [13]

$$N_a = 4\pi - 20\,\frac{a}{b} - 8\,\frac{a}{b}\cdot\ln\frac{4b}{a} - \frac{a^3}{b^3}\cdot\ln\frac{4b}{a}\quad\text{für }\frac{a}{b}\ll 1\,. \qquad (17.7\,\text{b})$$

Aus den Überlegungen von WÜRSCHMIDT [12] wurde für eine dünne Kreisscheibe von SNOEK [14] gefolgert, daß der Entmagnetisierungsfaktor $N_b = N_c$ linear mit dem Verhältnis a/b anwächst, solange $a/b < 0{,}01$ ist. Es wurde gefunden, daß dann in befriedigender Näherung gilt

$$N_b = N_c = 14{,}2\,\frac{a}{b}\quad\text{für }\frac{a}{b} < 0{,}01\,. \qquad (17.8)$$

Neben den zylindrischen Stäben sind für die Praxis außerdem rechteckförmige Körper wichtig, weil bei den ausscheidungsfähigen Werkstoffen die Ausscheidungen oft Stangenform haben. Für Stangen mit quadratischem Querschnitt

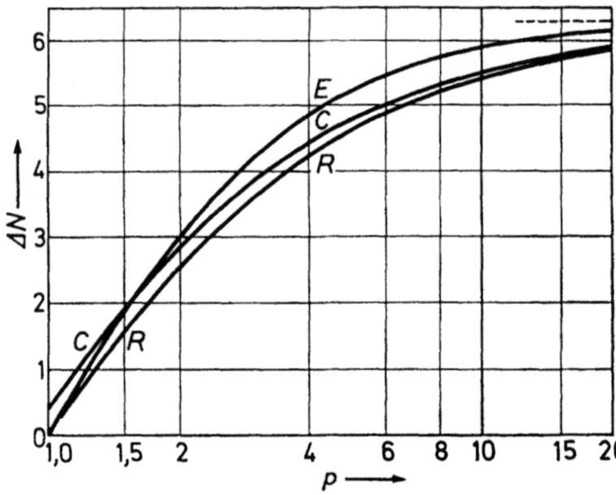

Bild 17.3. Entmagnetisierung $\Delta N = N_b - N_a$ bei verschiedenen Magnetformen als Funktion des Dimensionsverhältnisses $p = a/b$ (nach [15]).

wurden von RHODES, ROWLANDS und BURGALL [15] die Entmagnetisierungsfaktoren berechnet. In Bild 17.3 ist der Formanisotropiefaktor $\Delta N = N_a - N_b$ (für $N_b = N_c$) über dem Dimensionsverhältnis p für Stangen mit quadratischem Querschnitt (a), rundem Querschnitt (b) und für Rotationsellipsoide (c) eingetragen. Sie unterscheiden sich nicht sehr stark. Wenn diese Stäbe seitliche Dendriten haben, ist der Formanisotropiefaktor gegenüber Ellipsoiden wesentlich kleiner. Von BROWN [16] wurden gleichfalls Stangen mit quadratischem Querschnitt betrachtet. Für das Bildungsfeld von Ummagnetisierungskeimen bei kohärenter bzw. inkohärenter (curling) Ummagnetisierung wurden obere und untere Grenzen berechnet.

17.2 Magnetometrischer Entmagnetisierungsfaktor

Der *magnetometrische Entmagnetisierungsfaktor* ergibt sich entsprechend der Messung beim Magnetometer als Mittelwert über das gesamte Probenvolumen [8, 12]. Deshalb wird hier meist eine solche Probenform gewählt, die homogene Entmagnetisierung erzeugt, so daß der Entmagnetisierungsfaktor konstant und feldunabhängig wird. In allen Körpern, welche nicht homogen magnetisiert sind, verläuft die magnetische Feldstärke nicht mehr parallel zur Magnetisierung (und damit auch nicht mehr parallel zur Induktion). Der Entmagnetisierungsfaktor ist dann eine ortsabhängige Funktion, und der magnetometrische Entmagnetisierungsfaktor kann als Mittelwert nur noch eine pauschale Auskunft liefern.

17.3 Ballistischer Entmagnetisierungsfaktor

Der *ballistische Entmagnetisierungsfaktor* ergibt sich aus der ballistischen Messung der Entmagnetisierungskurve und kann so ihre Scherung beschreiben [12]. Er bezieht sich entsprechend der Messung der magnetischen Induktion auf den maximalen magnetischen Fluß in der neutralen Ebene der stabförmigen Probe. Damit wird der ballistische Entmagnetisierungsfaktor stets kleiner als der magnetometrische. Eine Ausnahme bildet das *Ellipsoid*, bei dem beide Entmagnetisierungsfaktoren gleichgroß sind [8]. Bei Annahme einer bestimmten Magnetisierungsverteilung entlang der Stabachsen kann der ballistische Entmagnetisierungsfaktor mittels angepaßter Potenzreihen berechnet werden [12].

17.4 Innerer Entmagnetisierungsfaktor N_i

Die bisherigen Betrachtungen über den äußeren oder geometrischen Entmagnetisierungsfaktor setzen ein homogenes Ferromagnetikum voraus. Dies trifft insbesondere bei den modernen Dauermagnetwerkstoffen selten zu. Zwischen den Elementarbereichen befinden sich nichtferromagnetische Luftspalte bzw. Werkstoffschichten, wie in Bild 17.4 angedeutet, oder solche mit einer anderen

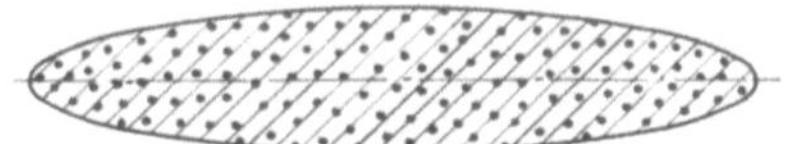

Bild 17.4. Mischkörper, bestehend aus ferromagnetischen Partikeln, die in eine nichtmagnetisierbare Matrix eingelagert sind.

Permeabilität. Diese bewirken zusätzlich eine innere Entmagnetisierung, welche in zwei Teile zerlegt werden kann. Sie wird hervorgerufen durch die Luftspalte neben einem ferromagnetischen Partikel und durch die Luftspalte hinter einem ferromagnetischen Partikel, wobei die Flußrichtung als Bezugsrichtung gilt. Die Nebenluftspalte erniedrigen die Magnetisierung, die Reihenluftspalte die magnetische Spannung. Beide Teile sind aber meßtechnisch schwer zu trennen. Deshalb wird die innere Entmagnetisierung durch nur einen Entmagnetisierungsfaktor N_i beschrieben.

Die Entmagnetisierung durch die äußere Form wird durch den Entmagnetisierungsfaktor N_a erfaßt. Infolge der äußeren Form-Entmagnetisierung, charakterisiert durch die Feldstärke H_{Fa}, ist das magnetische Feld H_{ai} im Inneren des inhomogenen Ferromagnetikums nach Bild 17.4 gegeben durch

$$H_{ai} = H_a - H_{Fa} = H_a - N_a I_P = H_a - N_a I (1 - p), \qquad (17.9)$$

wobei I_P die pauschale Magnetisierung der Probe, I die wahre Magnetisierung des Ferromagnetikums, p der Packungsfaktor des ferromagnetischen Volumenanteils v_M und v das Gesamtvolumen sind. Dabei gilt für den *Packungsfaktor* p die Gleichung

$$p = 1 - \frac{I_P}{I} = 1 - \frac{v_M}{v}. \qquad (17.10)$$

Infolge der inneren Form-Entmagnetisierung, charakterisiert durch die Feldstärke H_{Fi}, ist das magnetische Feld H_{ii} im Inneren des inhomogenen Ferromagnetikums gegeben durch

$$H_{ii} = H_a - H_{Fi} = H_a - N_i I_P \cdot \frac{1}{1-p} = H_a - N_i I. \qquad (17.11)$$

Auf das einzelne ferromagnetische Teilchen wirkt dann insgesamt das Feld

$$H_i = H_a - N_a I_P - N_i I_P \frac{1}{1-p} = H_a - N_a I (1-p) - N_i I. \qquad (17.12)$$

Der Entmagnetisierungsfaktor N_i ist abhängig von der Porosität, Teilchenform, Teilchenverteilung und unterhalb der magnetischen Sättigung noch vom äußeren Magnetfeld [17 bis 21].

In einzigen Spezialfällen kann der innere Entmagnetisierungsfaktor N_i aus dem Entmagnetisierungsfaktor N_T der den Makrokörper aufbauenden ferromagnetischen Teilchen berechnet werden.

Wegen der sehr schwierigen Erfassung der Teilchenverteilung ist der innere Entmagnetisierungsfaktor meist nicht im voraus berechenbar. Deshalb wird vereinfachend der Faktor $(1-p)^{-1}$ in Gl. (17.12) zu N_i zugeschlagen. Dann folgt aber daraus

$$H_i = H_a - N_G I_P, \qquad (17.13)$$

wobei der Gesamtentmagnetisierungsfaktor N_G gegeben ist durch

$$N_G = N_a + N_i. \qquad (17.14)$$

Der innere Entmagnetisierungsfaktor N_i kann dann durch die experimentelle Bestimmung des gesamten Entmagnetisierungsfaktors aus Messungen der anhysteretischen oder idealen Magnetisierungskurve (s. Abschnitt 6.6) ermittelt werden. In einem geschlossenen Joch verschwindet der äußere Entmagnetisierungsfaktor, und aus Gl. (17.14) folgt dann $N_G = N_i$.

Die Kenntnis des inneren Entmagnetisierungsfaktors gestattet rückwirkend Aussagen über den inneren Aufbau des porösen Ferromagnetikums bzw. den Mischkörper, insbesondere über die Packungsdichte. Dabei muß beachtet werden, daß das Problem der inneren Entmagnetisierung eng mit dem der Wechselwirkung verknüpft ist [22]. Da nach WOHLFARTH [23] das Problem der Anhysterese sehr kompliziert ist, verliert die Bestimmung von N_i an theoretischer Aussagekraft. Er ist dennoch geeignet, qualitativ anhysteretische Eigenschaften zu beschreiben.

17.5 Entmagnetisierungsfaktor für unmagnetische Körper im Ferromagnetikum

Gute dauermagnetische Eigenschaften werden erhalten, wenn ferromagnetische Elementarbereiche in eine schwach- oder nichtferromagnetische Matrix eingebettet sind. Es taucht dabei die Frage auf, wie sich *ein Ferromagnetikum* verhält, *das unmagnetische Einschlüsse* bestimmter Form hat. Dazu wurde von HUMPHREYS und RHODES [24] die Verteilung der Magnetisierung von (hier kugelförmig angenommenen) nichtferromagnetischen Einschlüssen berechnet. Neben dem Verhalten der Magnetisierung als Funktion der Feldstärke wurde dabei der von MEIKLEJOHN [25] eingeführte „effektive" Entmagnetisierungsfaktor N_e betrachtet

$$N_e \leqq \frac{(\overline{H_i} - H)}{I}.\tag{17.15}$$

Dabei ist $\overline{H_i}$ das Feld im Inneren des Einschlusses in Richtung des äußeren Feldes. Nach [24] wird für verschwindende Austausch-Wechselwirkung der berechnete Entmagnetisierungsfaktor N_e stark von der Feldstärke abhängig und

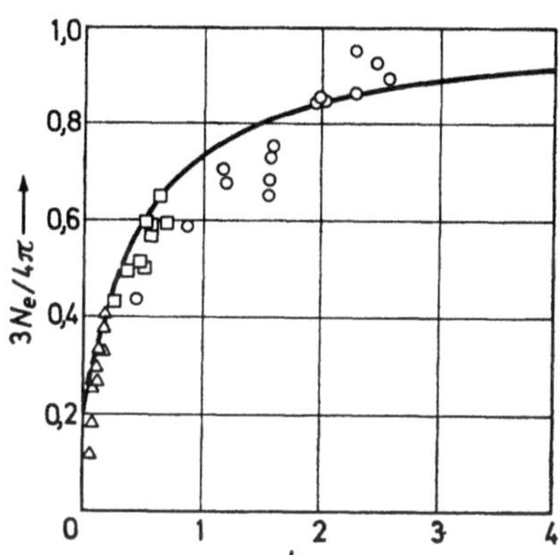

Bild 17.5. Entmagnetisierungsfaktor $3\,N_e/4\,\pi$ einer nichtmagnetisierbaren Kugel in ferromagnetischer Umgebung (nach [24]).
△ = Eisen; □ = Nickel; ○ = Monel.

ist in Bild 17.5 mit den Ergebnissen von MEIKLEJOHN [25] verglichen. Der Entmagnetisierungsfaktor strebt dem Wert der Kugel, $4\pi/3$, asymptotisch mit steigender relativer Feldstärke $h = H/4\pi I_s$ zu.

17.6 Entmagnetisierungsfaktoren N_B' und N_I'

Die bisherigen Betrachtungen dieses Kapitels gehen vom I,H-Diagramm aus, d. h., es wurde hier ausschließlich der Entmagnetisierungsfaktor N_I' betrachtet. Er ist für den II. Quadranten gegeben durch $N_I' = \text{arc tg }\alpha_I$ (s. Bild 14.3). Entsprechend dazu kann für den Einsatz von Dauermagneten im B,H-Diagramm ein Entmagnetisierungsfaktor $N_B' = \text{arc tg }\alpha_B$ (eigentlich *Entinduzierungsfaktor*) definiert werden. Wie Bild 14.3 zeigt, gilt im II. Quadranten immer $N_B' \geqq N_I'$. Beide Entmagnetisierungsfaktoren sind voneinander abhängig, wie die Gln. (14.2) und (14.3) zeigen. Näher wurde darauf in Kapitel 14 eingegangen.

Der Zusammenhang zwischen den Entmagnetisierungsfaktoren N_I' und N ist entsprechend Gl. (7.2) gegeben durch $N_I' = N/4\pi$. Bei Verwendung des Entmagnetisierungsfaktors N im Gaußschen System kann dieser nach Gl. (17.2) liegen in dem Bereich

$$0 \leqq N \leqq 4\pi.\tag{17.16}$$

Dabei muß das $4\pi I,H$-Diagramm vorliegen. Bei Verwendung des Entmagnetisierungsfaktors N' im $4\pi I,H$- bzw. B,H-Diagramm liegen dann diese Faktoren in dem Bereich

$$0 \leqq N' \leqq 1.\tag{17.17}$$

Dies folgt aus der Definition entsprechend Bild 14.3 und den Gln. (14.2) bis (14.5). Wenn das Giorgische Maßsystem verwendet wird, folgt aus der Verknüpfungsgleichung (4.15) für den Entmagnetisierungsfaktor N_{Giorgi} die Beziehung

$$N_{\text{Giorgi}} = N' = \frac{N}{4\pi}. \tag{17.18}$$

Bei der Benutzung von Tabellen sind die Beziehungen (17.16) bis (17.18) sorgfältig zu beachten.

Der Vollständigkeit wegen sollen hier entsprechend den Beziehungen (14.2) und (14.3) zwischen den Faktoren N'_B und N'_I auch die Beziehungen zwischen den Faktoren N_B und N_I angegeben werden. Mit der Definition $N'_I = N_I/4\pi$ und $N'_B = N_B/4\pi$ wird dann

$$N_B = \frac{N_I}{1 - \dfrac{N_I}{4\pi}} = \frac{N_I}{1 - N'_I}, \tag{17.19}$$

$$N_I = \frac{N_B}{1 + \dfrac{N_B}{4\pi}} = \frac{N_B}{1 + N'_B}. \tag{17.20}$$

In Ergänzung zu dem in den Kapiteln 7 und 14 Geschriebenen sei hier jedoch bemerkt, daß in Unterschied zur Einführung von N_I die Einführung von N_B hier rein formal erfolgt. Ein praktischer Zweck liegt dem nicht zugrunde.

Literatur

1. Siehe z. B. BECKER, R., u. F. SAUTER: Theorie der Elektrizität, Stuttgart: Teubner 1964, 76 ff.
2. SCHLÖMANN, E.: J. appl. Phys. 33 (1962) 2825—2826.
3. BROWN, W. F., u. A. H. MORRISH: Phys. Rev. 105 (1957) 1198—1201.
4. ROWLANDS, A.: Dissertation; Universität Leeds 1956.
5. STEINERT, J., u. H. GENGNAGEL: Z. angew. Phys. 17 (1964) 352—356.
6. Siehe z. B. BROWN, W. F.: Magnetostatic Prinziples in Ferromagnetism, Amsterdam: North-Holland 1962, 51 ff.
7. JOSEPH, R. J., u. E. SCHLÖMANN: J. appl. Phys. 36 (1965) 1579—1593.
8. WARMUTH, K.: Arch. Elektrotechn. 33 (1939) 747—763.
9. FISCHER, J.: Abriß der Dauermagnetkunde, Berlin/Göttingen/Heidelberg: Springer 1949, 65 ff.
10. BOZORTH, R. M.: Ferromagnetism, New York: Van Nostrand 1955, 846 ff.
11. OSBORN, J. A.: Phys. Rev. 67 (1945) 35—45.
12. WÜRSCHMIDT, J.: Theorie des Entmagnetisierungsfaktors, Braunschweig: Vieweg 1925. — JOSEPH, R. J.: J. appl. Phys. 37 (1966) 4639—4643.
13. STEINERT, J.: private Mittelung (1966).
14. SNOEK, J. L.: Physica 1 (1933) 649—654.
15. RHODES, P., G. ROWLANDS u. D. R. BURGALL: J. Phys. Soc. Japan 17, B I (1962) 543 bis 547.
16. BROWN, W. F.: J. appl. Phys. 33 (1962) 3026—3031.
17. HOFMANN, U.: Berichte über die II. Intern. pulvermetall. Tagung Eisenach, Berlin: Akademie-Verlag 1962, 237—246.
18. VOGLER, G.: Annal. Phys., 6. Folge, 19 (1956) 229—232.
19. VOGLER, G.: Naturwissensch. 46 (1959) 423—425.
20. VOGLER, G.: Annal. Phys., 7. Folge, 7 (1961) 268—279.

21. KRANZ, J., in: W. KÖSTER: Ferromagnetismus, Berlin/Göttingen/Heidelberg: Springer 1956, 180—187.
22. WOHLFARTH, E. P.: Proc. Roy. Soc., London, A 232 (1955) 208—227.
23. WOHLFARTH, E. P.: Ber. III. Intern. pulvermetall. Tagung, Eisenach, Berlin: Akademie-Verlag 1966, 15—28.
24. HUMPHREYS, A., u. P. RHODES: Proc. of the Internat. Conf. on Magentism, Nottingham 1964, 689—692.
25. MEIKLEJOHN, W. H.: J. Phys. Rad. 9 (1948) 186.

18 Arbeitsbereich

Alle Energiebetrachtungen sowie die Bestimmung von Entmagnetisierungsfaktor und Leitwert geschehen unter der Voraussetzung, daß der Dauermagnet oder das System durch einen einzigen Arbeitspunkt beschrieben werden können. Dieses ist aber nur möglich, wenn eine homogene Entmagnetisierung, wie z. B. beim Ellipsoid, vorliegt, worauf schon in Kapitel 17 eingegangen wurde. Bei in-

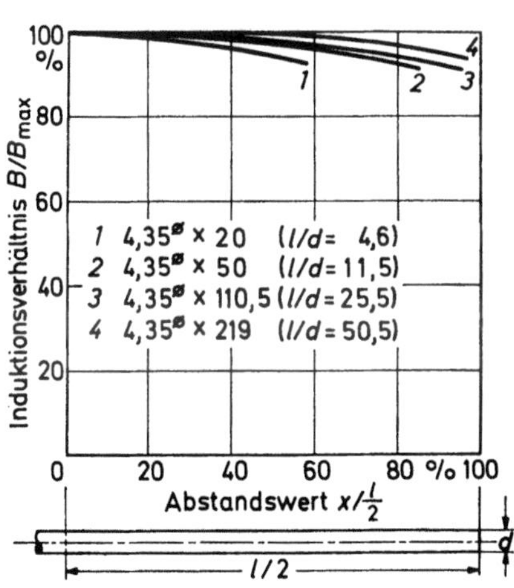

Bild 18.1. Induktionsverteilung bei einem Stab aus Bariumferrit 100 für verschiedene l/d-Werte (nach [2]).

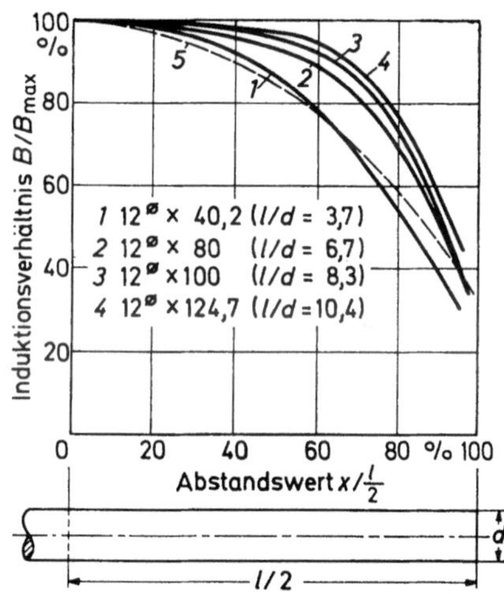

Bild 18.2. Gemessene Induktionsverteilung bei einem Stab aus AlNiCo 500 für verschiedene l/d-Werte (nach [2]). Gestrichelt: Berechnet für $l/d = 4.4$.

homogener Entmagnetisierung liegt dann ein *Arbeitsbereich* vor. Ein eindrucksvolles Beispiel bildet ein Lautsprechersystem mit einem Ringmagneten aus Bariumferrit. Nach SCHWABE [1] schwankt hier die entmagnetisierende Feldstärke zwischen 700 und 1 200 Oe. Weitere Beispiele sind in den Kapiteln der Anwendung von Dauermagneten anzutreffen und werden dort rechnerisch behandelt. Hier wird nur auf das Grundsätzliche eingegangen.

Die *inhomogene Entmagnetisierung* wurde z. B. beim Stabmagneten näher untersucht. Die Abnahme der Induktion zu den Enden bei einem Stabmagneten der Länge l und des Durchmessers d aus Bariumferrit ist vom Dimensionsverhältnis $p = l/d$ abhängig, wie es z. B. JOKSCH [2] in Bild 18.1 gezeigt hat. Mit zunehmendem Dimensionsverhältnis wird der Abfall der Induktion wegen der immer besseren homogenen Entmagnetisierung immer geringer. Dabei ist jedoch die Permeabilität des Magnetwerkstoffes ausschlaggebend. Beim höherpermeablen AlNiCo 500 sinkt, wie Bild 18.2 zeigt, die Induktion an den Enden stark ab. Dies

rührt daher, daß mit zunehmender Permeabilität der effektive Polabstand sinkt,
d. h. die Magnetisierung an den Enden eher inhomogen wird. Das eine Permeabilität ähnlich der Luft aufweisende Bariumferrit kann als Stabmagnet nach homogener Magnetisierung nicht sehr inhomogen entmagnetisiert sein, da die Permeabilität nie kleiner als Eins werden kann. Außerdem hat es eine fast *starre*
Magnetisierung (s. Kapitel 16). Eine verfeinerte Vorausberechnung des magnetischen Kreises muß auf die *inhomogene Entmagnetisierung* Rücksicht nehmen. Sie
führt über die Berechnung des Einheitsleitwertes, wie z. B. PARKER und STUDDERS
[3] gezeigt haben. Durch eine Aufteilung des Dauermagneten in Abschnitte kann
der Leitwert für jeden Abschnitt berechnet werden. Darauf wurde in Kapitel 16
näher eingegangen.

In Bild 18.2 wurde die so berechnete Verteilung für einen Stabmagneten aus
AlNiCo 500 mit dem Dimensionsverhältnis 4,4 gestrichelt eingetragen. Die Übereinstimmung mit der gemessenen Verteilung ist verhältnismäßig gut. Sie führt zu

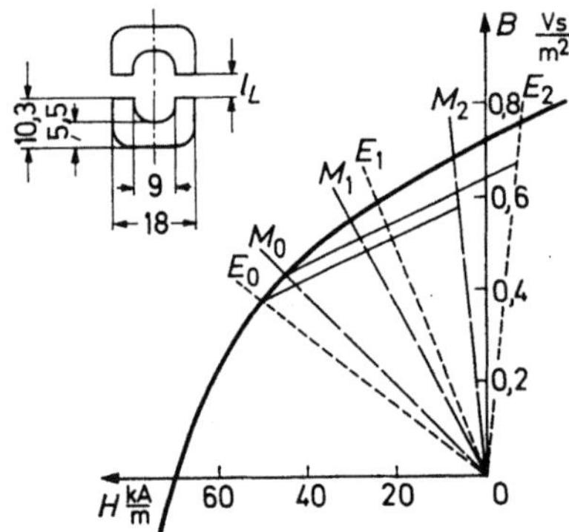

Bild 18.3. Arbeitsbereich bei gekrümmten
Dauermagneten und verschiedener Länge des
Luftspaltes l_L.

der bekannten *parabelförmigen Verteilung der Induktion* entlang der Achse [2,
4, 5]. Aber die Übereinstimmung wird ungünstiger beim gekrümmten Magneten,
und sie wird bei einem beliebig geformten System ungenügend, da hier die
EVERSHED-Formel für die Leitfähigkeit des Kugelpoles [Gl. (16.23)] nicht mehr
benutzt werden kann. In einigen Fällen kann dann unter Umständen die Formel
für den Leitwert zweier paralleler Zylinder bessere Übereinstimmung ergeben.
Beide Grundformeln sind für eine erste Betrachtung ein gutes Hilfsmittel und
können mit entsprechender Erfahrung auch sinnvoll abgewandelt werden. Dabei
ist es jedoch ratsam, durch entsprechende Kontrollmessungen an der Probeform
die Annahmen zu prüfen.

Die zu einem Arbeitsbereich führende inhomogene Entmagnetisierung soll an
einem Beispiel besprochen werden [6]:

Der Kreis besteht aus zwei sich gegenüberliegenden, U-förmigen Magneten,
welche durch zwei Luftspalte voneinander getrennt sind, wie Bild 18.3 zeigt. Mit
schrittweiser kleiner werdendem Luftspalt wandern die Arbeitspunkte aller Abschnitte in Richtung der Remanenz, aber jeder Abschnitt verschieden weit, wie
aus dem Bild zu ersehen ist. Darin bedeuten: E die Scherung des Querschnittes
am Luftspalt und M die Scherung der neutralen Zone; Index 0 gilt für $l_L \to \infty$,
Index 1 für $l_L = 2{,}3$ mm und Index 2 für $l_L = 0$ mm. Je näher die Abschnitte
am Magnetende liegen, um so geringer wird mit kleiner werdendem Luftspalt ihre

Streuung. Die Flußdichte und damit der Arbeitspunkt der Endabschnitte steigen stark an. Wird der Luftspalt klein genug, kann der Arbeitspunkt der Endabschnitte sogar in den I. Quadranten wandern, wie das Bild gleichfalls zeigt. Ein Teil der Energie der anderen Abschnitte wird also benutzt, um den Endabschnitt höher zu magnetisieren. Der Dauermagnetwerkstoff des Endbereiches fungiert damit als schlechter Weichmagnet. Eine Abhilfe ist durch Vergrößerung des Querschnittes des Endabschnittes möglich. Die andere Möglichkeit besteht darin, den Endabschnitt durch weichmagnetischen Werkstoff zu ersetzen.

Ein weiteres interessantes Beispiel ist der in Kapitel 65 näher behandelte AlNiCo-Greifermagnet [6]. Im geöffneten Zustand liegt der Arbeitspunkt entsprechend Bild 18.4 für den Magnetquerschnitt 3 an der Haftseite am tiefsten. Der Arbeitsbereich befindet sich zwischen den Punkten 1 und 3 auf der Entmagnetisierungskurve. Dabei liegt der Magnetquerschnitt 1 am oberen Ende, der Querschnitt 2 etwas unterhalb der Mitte des Dauermagneten.

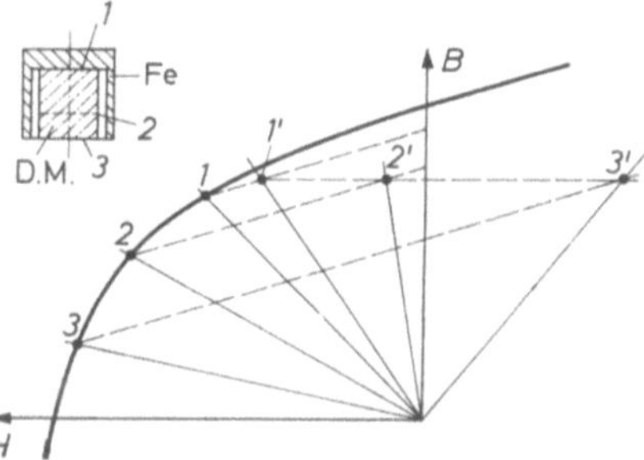

Bild 18.4. Arbeitsbereich bei AlNiCo-Greifermagneten im offenen Zustand (ungestrichene Zahlen) und geschlossenen Zustand (gestrichene Zahlen).

Im geschlossenen Zustand kann die Induktion im Dauermagneten als nahezu konstant angenommen werden, wenn dort völlige Streufreiheit vorhanden ist. Dann reicht der Arbeitsbereich von Punkt 1′ bis Punkt 3′. Die Arbeitspunkte dieses Bereiches sind die Schnittpunkte der Geraden konstanter Induktion mit den jeweiligen permanenten Zustandsgeraden. Dabei befindet sich der der Haftseite zugewandte Teil des Dauermagneten im I. Quadranten, wird also vom oberen Teil aufmagnetisiert. Wie Punkt 2′ zeigt, wird ca. 1/3 des Dauermagneten aufmagnetisiert und wirkt deshalb als schlecht leitendes Weicheisen.

Es soll hier noch einmal der *Stabmagnet* betrachtet werden. Wie besprochen, ist er im offenen Zustand inhomogen entmagnetisiert. Wird er mit Hilfe eines Rückschlußbügels im geschlossenen Zustand magnetisiert, dann ist bei Vernachlässigung der Streuung der Fluß konstant, d. h. der Magnet homogen entmagnetisiert, wobei der Zustandspunkt im Remanenzpunkt liegt. Wenn der offen magnetisierte Stab in den Rückschlußbügel geschoben wird, kann wiederum bei Vernachlässigung der Streuung konstanter Fluß angenommen werden. Dann ist es aber allgemein unmöglich, daß der Zustandspunkt im B_r-Punkt liegt, da der Zustand des Stabendes beim Kurzschließen entlang der permanenten Zustandsgeraden wandert. Diese Gerade endet allgemein nicht in der Remanenz, sondern bei stark inhomogener Entmagnetisierung im I. Quadranten. Damit wirkt aber trotz des magnetischen Kurzschlusses, ähnlich wie bei den vorhergehenden Beispielen, ein Teil des Dauermagneten als schlecht leitender Weichmagnet. Daraus folgt, daß bei Vorliegen eines Bereiches von Arbeitspunkten remanenter und permanenter Zustand sich nicht nur in der Höhe der Induktion, sondern vor allem im Magnetisierungszustand stark unterscheiden können.

Literatur

1. SCHWABE, E.: Z. angew. Phys. 9 (1957) 182—187.
2. JOKSCH, C.: DEW Techn. Ber. 5 (1965) 119—123.
3. PARKER, R. J., u. R. J. STUDDERS: Permanent Magnets, New York: Wiley 1962, 172 ff.
4. SOMMERFELD, A.: Vorlesungen über theoretische Physik, Bd. III, 4. Aufl., Akad. Verlagsges. Leipzig: 1964, 71 ff.
5. WÜRSCHMIDT, J.: Theorie des Entmagnetisierungsfaktors und der Scherung von Magnetisierungskurven, Braunschweig: Vieweg 1925.
6. JOKSCH, C.: Z. angew. Phys. 26 (1969) 165—167.

19 Magnetischer Kreis in der Φ,Θ-Darstellung

19.1 Begründung der Φ,Θ-Darstellung

Die Eigenschaften des dauermagnetischen Kreises werden hauptsächlich durch die des Dauermagneten beeinflußt. Diese können aus der Darstellung der *Entmagnetisierungskurve* abgelesen werden, welche als Kurvenzug $B = f(H)$ bzw. $4\pi I = f(H)$ vorliegen kann. Die B,H-Darstellung ist die technisch interessante, die I,H-Darstellung die physikalisch wichtige. Beide sind durch die bekannte Gleichung $B = H + 4\pi I$ verknüpft.

In dieser Darstellungsweise können die Energiebeziehungen des magnetischen Kreises befriedigend geklärt werden. Der Kreis kann bei Kenntnis des Arbeitspunktes des Dauermagneten und des Streuflusses des Kreises dimensioniert werden.

Diese speziell dem Dauermagneten angepaßte Betrachtensweise muß bei einer umfassenderen Betrachtung mehr derjenigen der allgemeinen Elektrotechnik angeglichen werden. Dazu ist es notwendig, die beiden Betrachtensweisen kurz gegenüberzustellen. In der Magnetik des einfachen magnetischen Kreises werden primär die Größen: Magnetischer Fluß Φ bzw. Flußdichte B und magnetische Spannung Θ bzw. Feldstärke H benutzt. Es ist nicht üblich, da nicht notwendig, zwischen magnetischem Innenwiderstand R_i und Außenwiderstand R_a zu unterscheiden, wie Kapitel 15 verdeutlicht. Dies gilt aber nicht mehr für den Kreis mit mehreren Dauermagneten, wie gezeigt wird. In der Elektrotechnik werden neben den allgemeinen Begriffen Stromstärke J, Spannung U und Widerstand R die ersten beiden Größen im Kurzschluß- und Belastungsfall sowie innerer und äußerer Widerstand gebraucht, äquivalent zum Widerstand R der Leitwert Λ.

Im Zuge der „Elektrifizierung" unserer Umwelt ist es daher sinnvoll, die in den theoretischen Grundlagen durch die Maxwellschen Gleichungen bestehende gemeinsame Begriffswelt auch auf die praktischen Anwendungen zu übertragen. Dazu wird einmal der schon bekannte, aber nicht oft verwendete *magnetische Widerstand* $R_M = \Theta/\Phi$ benutzt. Außerdem wird sein Kehrwert, der *magnetische Leitwert* $\Lambda_M = \Phi/\Theta$ eingeführt (s. Kapitel 15). Dies führt dann auf die Φ,Θ-Darstellung. Das Bevorzugen des Leitwertes gegenüber dem Widerstand R ist nicht allgemein sinnvoll, empfiehlt sich aber überall da, wo der meist parallel zum Nutzfluß vorhandene Streufluß (s. Bild 15.3) berücksichtigt werden muß.

Die Einführung der Φ,Θ-Darstellung bringt den Vorteil, daß die Energie als Größe $\Phi \cdot \Theta$ direkt in der Darstellung ablesbar ist, ähnlich wie bei der U,J-Darstellung der Elektrotechnik. In der normalen B,H-Darstellung handelt es sich dagegen um Energiedichten. Allgemein ist der Vorteil der direkten Energiedarstellung teuer erkauft, weil Länge und Querschnitt des Dauermagneten bekannt sein müssen. Diese sollen aber meist erst bestimmt werden. Für die Dimensionierung des magnetischen Kreises ist es deshalb oft sinnvoll, zur B,H-Darstellung zurückzukehren. Hier muß dann anstelle des Leitwertes Λ der *spezifische Leitwert* $\lambda = B/H$ entsprechend der Gl. (14.4) eingesetzt werden. Dies empfiehlt sich meist, wenn der magnetische Kreis durch einen Arbeitspunkt dargestellt werden kann. Das ist aber, wie in Kapitel 18 gezeigt, wegen inhomogener Entmagnetisierung oft nicht möglich. Dann ist die Ermittlung eines mittleren Arbeitspunktes mit Hilfe der Φ,Θ-Darstellung einfacher möglich als mit der B,H-Darstellung.

Die äußerliche Parallele zwischen elektromagnetischer J,U- und magnetostatischer Φ,Θ-Darstellung ermöglicht es, die Darstellung von elektrischen Kreisen durch *Ersatzschaltbilder* auch auf den *magnetischen Kreis* zu übertragen. Es gelten dann alle durch die *Kirchhoffschen Gesetze* gegebenen Beziehungen auch hier. Selbstverständlich gelten sie in sinnvoll abgewandelter Form ebenfalls für die B,H-Darstellung (s. Kapitel 14). Aber diese Abwandlung ist nicht mehr sinnvoll bei komplizierteren magnetischen Kreisen, wie z. B. im Kapitel 20 noch deutlich wird.

Die grundlegende Darstellung der Magnetik ist die I,H-Darstellung. Es wird deshalb eine der Φ,Θ-Darstellung adäquate Φ',Θ-Darstellung eingeführt [1]. Beide sind durch die bekannte Gl. (3.4) miteinander verknüpft.

19.2 Φ,Θ-Darstellung

Der magnetische Fluß des Dauermagneten ist gegeben durch

$$\Phi_M = B_M \cdot F_M = B_L \cdot F_L + B_S F_S = \Phi_L + \Phi_S. \tag{19.1}$$

Die *Streuung* ist entsprechend Bild 15.3 unter der vereinfachenden Annahme eingeführt, daß dafür die gesamte magnetische Spannung zur Verfügung steht. Die magnetische Spannung des Dauermagneten ist bei Vernachlässigung des Spannungsabfalls in den weichmagnetischen Leitstücken gegeben durch

$$\Theta_M = H_M \cdot l_M = H_L \cdot l_L = \Theta_L = \Theta_S. \tag{19.2}$$

In der Φ,Θ-Darstellung in Bild 19.1 ist dann der Arbeitspunkt A gegeben durch den Schnittpunkt der Arbeitsgeraden mit der Φ,Θ-Kurve. Hat die Arbeitsgerade den Winkel α mit der Ordinate, dann gilt bei gleichem Maßstab für Fluß und Spannung

$$\operatorname{tg}\alpha = \frac{\Theta_M}{\Phi_M} = R_M = \frac{l_M}{F_M \cdot \lambda_M} = \frac{1}{\Lambda_M} \quad (0° \leqq \alpha \leqq 135°). \tag{19.3}$$

Das *Ersatzschaltbild der Φ,Θ-Darstellung* ist in Bild 19.2, rechts, dargestellt. Dabei ist Θ_C die magnetomotorische Kraft des magnetischen Kreises. Sie ist gegeben durch die geradlinige Verlängerung des Stückes der (hier durch zwei Geraden dargestellten) Entmagnetisierungskurve bis zur Θ-Achse, auf dem der Arbeitspunkt liegt. Der Magnetwiderstand R_M ist damit der innere Widerstand R_i des Kreises. Der äußere Widerstand R_a ist durch die Parallelschaltung von Streu- und Nutzwiderstand gegeben. Es gilt mit $\Phi_M = \Phi_L + \Phi_S$:

$$\Theta_L = (R_i + R_a)\,\Theta_M = R_i\Phi_M + \Theta_M, \tag{19.4}$$

$$\Theta_M = \frac{\Theta_C \cdot \Lambda_i}{\Lambda_L + \Lambda_S + \Lambda_i} = \frac{\Theta_C \cdot \lambda_i}{\lambda_L + \lambda_S + \lambda_i}. \tag{19.5}$$

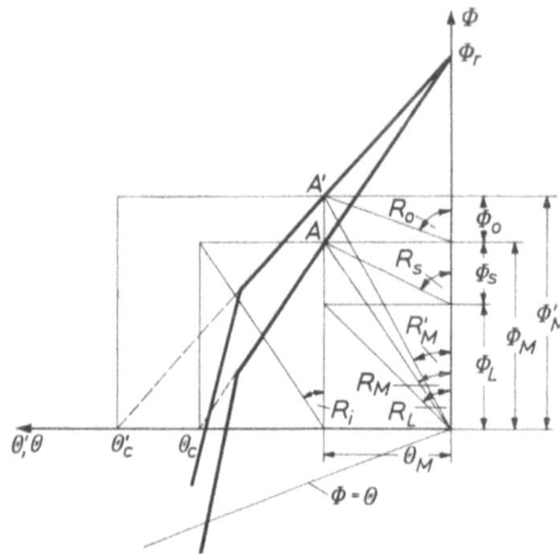

Bild 19.1. Entmagnetisierungskurve in der Φ,Θ- bzw. Φ',Θ-Darstellung (nach [1]).

Die gesamte optimale Dimensionierung des remanentmagnetischen Kreises folgt nach der aus der Elektrotechnik bekannten Bestimmungsgleichung $R_i = R_a$, d. h., der Kreis ist dann am besten dimensioniert, wenn

$$R_i = R_M = R_a = \frac{R_S + R_L}{R_S \cdot R_L}$$

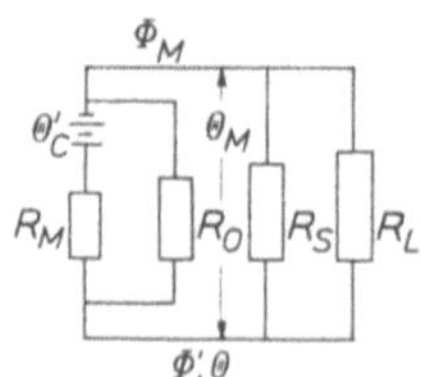

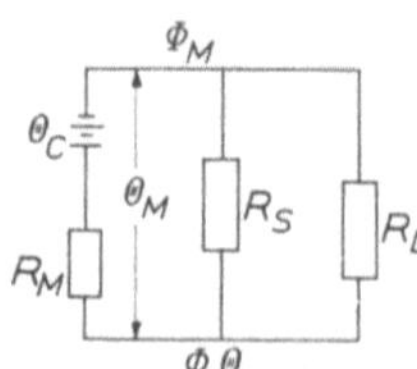

Bild 19.2. Ersatzschaltbild des dauermagnetischen Kreises in der Φ,Θ- bzw. Φ,Θ'-Darstellung (nach [1]).

gemacht wird. Bei einer geradlinigen Entmagnetisierungskurve bedeutet das bekanntlich, daß $1/2\,\Theta_C = \Theta_M$ bzw. $\Phi_r/\Theta_C = \mu_A \cdot F_M/l_M = \Lambda_M = 1/R_M$ werden muß, wobei $\mu_A = B_A/H_A$. Das sind aber die bekannten Fluß- und Spannungsgleichungen. Bei einer gekrümmten Entmagnetisierungskurve ist diese durch ihre Tangenten ersetzt zu denken. Jede Tangente hat bestimmte Werte von Φ_C^x und Θ_r^x. Der günstige Arbeitspunkt ist auch hier bestimmt durch vorgenannte Beziehungen. Dies ist in Bild 19.3 nochmals gezeigt. Dabei ist $\Phi_r^x/\Theta_C^x = \operatorname{tg}\beta$ genannt worden.

19.3 Φ',Θ-Darstellung

Die zur $4\pi I, H$-Darstellung adäquate ist die Φ',Θ-Darstellung in Bild 19.1. Dabei ändert sich die magnetische Spannung Θ_M nicht gegenüber der Φ,Θ-Darstellung, aber die MMK wird hier Θ_C. Für den magnetischen Fluß wird

$$\Phi_M = 4\pi I \cdot F_M = (B + H)\, F_M = \Phi_M + \Phi_0, \qquad (19.6)$$

wobei mit $\Phi_0 = H_M F_M$ und $\Theta_M = H_M l_M$ wird

$$R_0 = \frac{\Theta_M}{\Phi_0} = \frac{l_M}{F_M} = \frac{1}{\Lambda_0}. \qquad (19.7)$$

Damit wird

$$\operatorname{tg} \alpha' = \frac{\Theta_M}{\Phi'_M} = R'_M = \frac{F_M \cdot R_0}{R_M + R_0} = \frac{1}{\Lambda_M + \Lambda_0}\ (0° \leqq \alpha' \leqq 90°). \qquad (19.8)$$

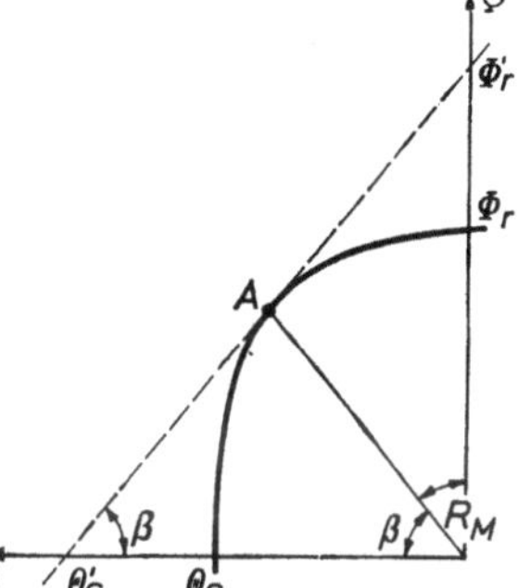

Bild 19.3. Optimale Dimensionierung des Φ,Θ-Kreises, dargestellt an einer gekrümmten Φ,Θ-Kurve (nach [1]).

Daraus folgt, daß sich das *Ersatzschaltbild der Φ',Θ-Darstellung* in Bild 19.2, links, gegenüber der Φ,Θ-Darstellung nur um den parallel zum Widerstand R_M geschalteten Widerstand R_0 unterscheidet. Damit wird der innere Widerstand der Spannungsquelle verkleinert und die vergrößerte MMK Θ'_C auf Θ_C erniedrigt. Bei Änderung des äußeren Widerstandes ändert sich auch der innere, aber der Zusatzwiderstand R_0 bleibt konstant.

Der innere Widerstand R_i ist gegeben durch

$$R_i = \frac{1}{\Lambda_i} = \frac{l_M}{F_M \cdot \lambda_i}, \qquad (19.9)$$

wobei, wie aus Bild 19.3 ersichtlich, $R_i = \Theta_C/\Phi_r$ ist. Auf der äußeren Entmagnetisierungskurve, also im remanentmagnetischen Kreis, ist dabei $\lambda_i = \mu_{\mathrm{diff}}$ des jeweiligen Arbeitspunktes einzusetzen. Der Stabilitätsbereich ist dann bei den meisten Werkstoffen auf einen Punkt zusammengeschrumpft. Liegt der Arbeitspunkt auf einer permanenten Zustandsgeraden, also im permanentmagnetischen Kreis, dann ist dabei $\lambda_i = \mu_P$ einzusetzen. Die Berechnung von R_i ist bei den bisherigen Betrachtungen noch nicht notwendig, da die Berechnung des magnetischen Kreises auch im Φ,Θ-Diagramm genauso verläuft wie im B,H-Diagramm. Außer zwei müssen alle Bestimmungsstücke des einfachen magnetischen Kreises bekannt sein; R_i kann dann berechnet werden.

19.4 Wirkung eines äußeren entmagnetisierenden Feldes

Wenn auf den magnetischen Kreis ein äußeres entmagnetisierendes Feld ΔH einwirkt, können die Vorgänge auch im Φ,Θ-Diagramm beschrieben werden. Die entmagnetisierende Spannung $\Delta\Theta = l_M \cdot \Delta H$ (s. Bild 19.4) verschiebt den remanenten Arbeitspunkt A_r nach A_Δ. Beim Überschreiten des Knickes der Φ,Θ-Kurve ändert sich μ_{diff} und damit der innere Widerstand. Die Größe der

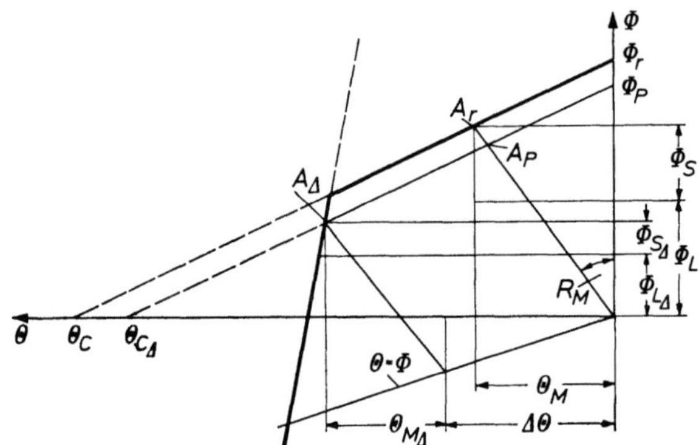

Bild 19.4. Wirkung eines äußeren entmagnetisierenden Feldes in der Φ,Θ-Darstellung (nach [1]).

entmagnetisierenden Spannung $\Delta\Theta$ ist mit Hilfe der Geraden $\Theta = \Phi$ bestimmt, ähnlich wie bei der B,H-Darstellung durch die Gerade $B = H$. Wenn das äußere entmagnetisierende Feld wieder abgeschaltet wird, wandert der Arbeitspunkt auf der permanenten Zustandsgeraden von A_Δ nach A_P, dem Schnittpunkt mit der Arbeitsgeraden. Diese hat nach Gl. (19.3) den Winkel $\alpha = \text{arc tg } R_M$ mit der Ordinate.

19.5 Dauermagnetischer Kreis mit zwei Dauermagneten

Wenn durch bestimmte Bauformen des magnetischen Kreises mehrere Dauermagnete in einem Kreis vorhanden sind, können diese in Parallel- oder Reihenschaltung oder in beiden Anordnungen vorliegen. Es soll hier nur der Fall von zwei Dauermagneten behandelt werden.

19.5.1 Parallelschaltung von zwei Dauermagneten

Die Anordnung sei entsprechend Bild 19.5, links, so daß sich der magnetische Fluß beider Dauermagnete, M_1 und M_2, nur über einen Luftspalt schließt. Der

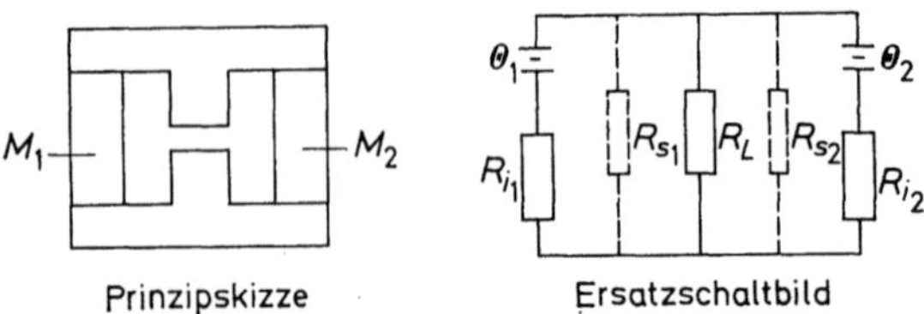

Bild 19.5. Parallelschaltung von zwei Dauermagneten (nach [1]).

einfachste Fall liegt vor, wenn beide Dauermagnete gleichgroß sind und aus gleichem Werkstoff bestehen. Dann können zur Berechnung des Kreises beide Dauermagnete als ein einziger mit doppeltem Querschnitt betrachtet werden. Dies ist nicht mehr ohne weiteres möglich, wenn beide Magnete ungleiche Form haben bzw. aus ungleichem Werkstoff bestehen. Die rechnerischen Überlegungen können anhand der Ersatzschaltung in Bild 19.5, rechts, durchgeführt werden. Dabei ist das *Überlagerungsprinzip der Elektrotechnik* [2] zu Hilfe zu nehmen.

Der Gesamtfluß durch den Luftspalt wird dann nach [1]

$$\Phi_L = {}_1\Phi_L + {}_2\Phi_L = \frac{\Theta_1 R_{i_2} + \Theta_2 R_{i_1}}{R_L (R_{i_1} + R_{i_2}) + R_{i_1} R_{i_2}}. \qquad (19.10)$$

Damit sind die Arbeitspunkte beider Dauermagnete bestimmbar.

Die bisherige Rechnung wurde ohne Berücksichtigung der Streuung durchgeführt. Diese muß als bekannt vorausgesetzt werden und kann durch Einführung der Parallelwiderstände R_{S1} und R_{S2} in Bild 19.5 berücksichtigt werden. Vereinfacht kann es auch mit einem Streuwiderstand geschehen [3]. Um diese Berechnungen durchzuführen, müssen aber alle Maße von beiden Magneten und vom Luftspalt bekannt sein. Die Aufteilung der Widerstände bzw. Energien ist dann aus Bild 19.6 zu entnehmen. Daraus kann der Luftspaltfluß berechnet werden.

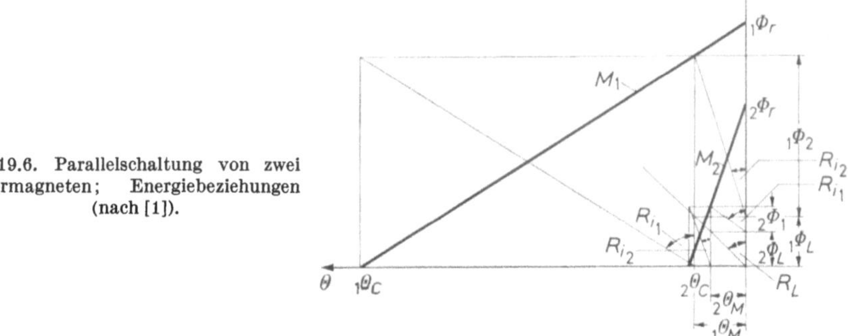

Bild 19.6. Parallelschaltung von zwei Dauermagneten; Energiebeziehungen (nach [1]).

Aus den Berechnungen ist wegen der Wechselwirkung der beiden Dauermagnete nicht zu entnehmen, wie sich bei Änderung der Maße der Magnete der Nutzfluß ändert. Eine Optimierung der Kreise, d. h. kleinste Dauermagnetvolumina für gegebene Luftspaltenergie, ist also nur durch Probieren möglich. Wie eine Überlegung anhand der Berechnung nach [1] zeigt, ist es insbesondere allgemein nicht möglich, beide Dauermagnete, wenn sie aus verschiedenen Werkstoffen bestehen, im $(BH)_{\max}$-Punkt arbeiten zu lassen. Eine ungleichmäßige gegenseitige Schwächung der beiden Dauermagnete ist nur dann zu verhindern, wenn gleiche Spannung der Dauermagnete, Θ_M, und gleiche innere Widerstände vorliegen. Da aber beide Größen beider Dauermagnete voneinander abhängig sind, kann dies nur in Ausnahmefällen auftreten. Dieser Umstand ist es auch, der eine allgemeine Dimensionierung dieses Kreises verhindert. Die gesuchten Magnetmaße müssen vorher bekannt sein, um damit die inneren Widerstände und Flüsse zu berechnen. Diese werden aber benötigt, um daraus wieder die Abmessungen zu gewinnen. Das wird nicht immer genügend beachtet.

Bei der Berechnung ist zu berücksichtigen, daß es nicht sehr einfach ist, das System remanent aufzubauen. Es wird meist quasistatisch-permanent arbeiten, so daß also die permanente Permeabilität als bekannt anzusehen ist. Außerdem muß die Scherung der losen Magnete bekannt sein.

19.5.2 Hintereinanderschaltung von zwei Dauermagneten

Die Anordnung sei entsprechend Bild 19.7, links, so daß sich wiederum der magnetische Fluß beider Dauermagnete, M_1 und M_2, über einen Luftspalt schließt. Der einfachste Fall liegt dann vor, wenn beide Dauermagnete gleichgroß sind und aus gleichem Werkstoff bestehen. Dann können zur Berechnung des Kreises beide Dauermagnete als ein einziger mit doppelter Länge betrachtet werden. Dies ist nicht mehr ohne weiteres möglich, wenn beide Magnete ungleiche Formen haben bzw. aus ungleichem Werkstoff bestehen, wie z. B. bei HELMER [4] gezeigt ist.

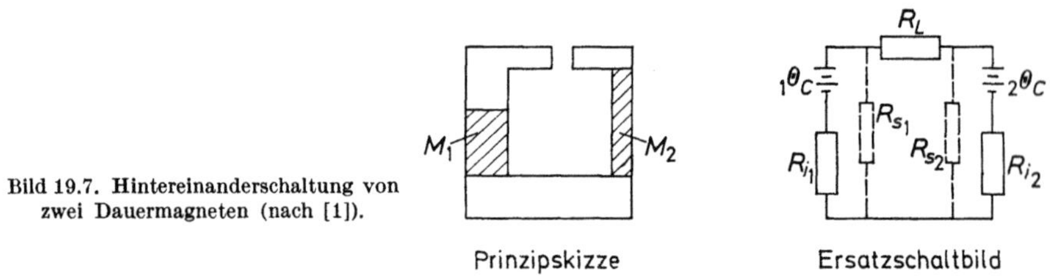

Bild 19.7. Hintereinanderschaltung von zwei Dauermagneten (nach [1]).

Die Gleichungen können nun anhand des Ersatzschaltbildes in Bild 19.7, rechts, aufgestellt werden. Nach dem Überlagerungsprinzip ist, wie aus den Berechnungen nach [1] folgt, ohne Berücksichtigung der Streuung die magnetische Spannung an den beiden Dauermagneten:

$$_1\Theta_C = {}_1\Theta_1 + {}_1\Theta_2 + {}_1\Theta_L, \tag{19.11}$$

$$_2\Theta_C = {}_2\Theta_1 + {}_2\Theta_2 + {}_2\Theta_L. \tag{19.12}$$

Jeder Dauermagnet magnetisiert in dieser Darstellung einmal sich selbst, zusätzlich den anderen Dauermagneten und den Luftspalt. Die resultierende Spannung an jedem Dauermagneten ist damit

$$\Theta_1 = {}_1\Theta_1 + {}_2\Theta_1, \tag{19.13}$$

$$\Theta_2 = {}_1\Theta_2 + {}_2\Theta_2, \tag{19.14}$$

also größer, als wenn er allein da ist. Darauf beruht auch wieder hier die Schwierigkeit der Dimensionierung dieses Kreises. Wenn alle Daten der Magnete und die Geometrie des Kreises bekannt sind, kann der Luftspaltfluß berechnet werden. Aber wegen der Wechselwirkung der Dauermagnete können diese nicht a priori optimal dimensioniert, sondern nur die Arbeitspunkte hinterher bestimmt werden. Auch hier ist es, wie bei der Parallelschaltung, nicht allgemein möglich, beide Dauermagnete immer im günstigsten Arbeitspunkt zu haben.

In Bild 19.8 sind die Energiebeziehungen für die Hintereinanderschaltung zweier Dauermagnete dargestellt. Die Φ,Θ-Kurven sind zur Vereinfachung wieder als Gerade dargestellt. Alle Beziehungen gelten genauso für gekrümmte Kurven. Aus dem Bild ist gut zu sehen, daß nicht beide Dauermagnete im günstigsten

Arbeitspunkt arbeiten. Dieser ist gekennzeichnet durch die Koordinaten $\Theta_C/2$, $\Phi_r/2$. Die beiden Arbeitspunkte A_1 und A_2 ergeben sich aus der Forderung, daß durch jeden Dauermagneten der Gesamtfluß, hier Φ_L genannt, fließen muß. Im hier gewählten Beispiel liegt der Arbeitspunkt A_1 im I. Quadranten. Das bedeutet, daß ein Teil der Spannung Θ_2 verbraucht wird, um den Magneten M_1 soweit vorzumagnetisieren, daß es selbst keinen Beitrag mehr zum Luftspaltfluß leistet. Es ist $\Theta_L = \Theta_{A2} - \Theta_{A1}$. Daraus folgt, daß der Luftspaltfluß höher sein würde, wenn der Magnet M_1 nicht vorhanden wäre. Dann ist der Luftspaltfluß Φ_L gegeben durch den Schnittpunkt A des Luftspaltswiderstandes R_L mit der Φ,Θ-Kurve des Magneten M_2, und dieser Schnittpunkt liegt bei größerem magnetischen Fluß und kleinerer magnetischer Spannung als bei Vorhandensein beider

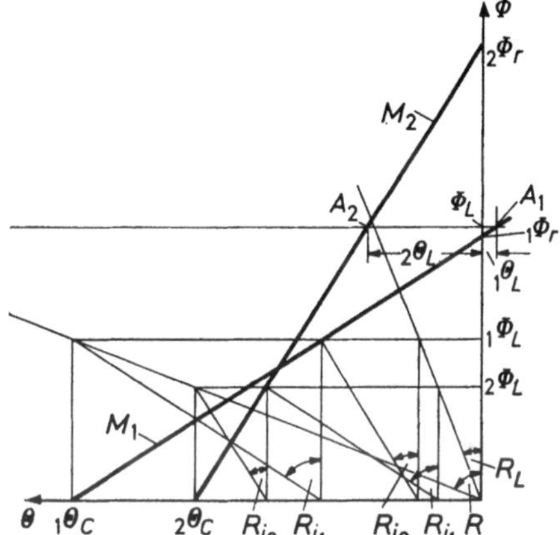

Bild 19.8. Hintereinanderschaltung von zwei Dauermagneten; Energiebeziehungen (nach [1]).

Magnete. Auch wenn der Magnet M_1 allein vorhanden ist, liefert er einen Luftspaltfluß, wie Bild 19.8 zeigt, der jedoch kleiner als der des Magneten M_2 ist.

Zusammenfassend folgt aus der Hintereinanderschaltung von Dauermagneten, daß der Gesamtnutzfluß höher oder niedriger als der jedes einzelnen Dauermagneten sein kann.

19.6 Fluß- und Spannungsscherung im Φ,Θ-Diagramm

Aus dem Bisherigen folgt durch Erweiterung des Begriffs der Scherung eine Möglichkeit, die Kennlinie von magnetischen Systemen zu konstruieren. Dazu soll noch einmal die Scherung betrachtet werden:

Bei der *Scherung im B,H-Diagramm* wird aus der Entmagnetisierungskurve des geschlossenen Kreises (Werkstoffkennlinie) die des offenen Kreises gewonnen, indem die H-Koordinate um $N_B \cdot B$ vermehrt wird. Die Kurve wird dabei um den Winkel $\mathrm{tg}\,\alpha = H/B = N_B' = 1/\lambda$ gedreht, wobei die Koerzitivfeldstärke $_IH_c$ konstant bleibt. Im Φ,Θ-Diagramm entspricht dem dann eine Drehung um den Winkel $\mathrm{tg}\,\beta = \Theta/\Phi = R_M = 1/\Lambda$, wobei hier sinngemäß Θ_C konstant bleiben muß.

Neben dieser Scherung, welche hier *Spannungsscherung* genannt werden soll, existiert auch noch die *Flußscherung* [5]. Eine solche Scherung ist z. B. der Übergang vom physikalisch sinnvollen Φ',Θ- zum technisch wichtigen Φ,Θ-Diagramm. Wie Bild 19.1 zeigt, bleibt dabei der remanente Fluß Φ_r konstant.

Bei der Betrachtung der *Ersatzschaltbilder* in Bild 19.2 zeigt sich, daß die Flußscherung durch den Parallelwiderstand R_0 hervorgerufen wird. Außerdem folgt, daß die beschriebene Spannungsscherung durch den Nutzwiderstand R_L hervorgerufen wird. Dieses Ergebnis läßt sich verallgemeinern: Ein Parallelwiderstand führt zu einer Flußscherung, ein Reihenwiderstand zu einer Span-

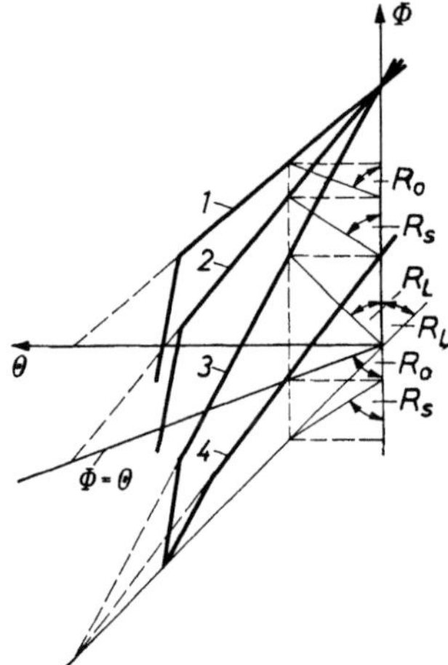

Bild 19.9. Fluß- und Spannungsscherung im Φ',Θ bzw. Φ,Θ-Diagramm für den magnetischen Kreis mit Streuung nach ([1]).

nungsscherung. Dies wird in Bild 19.9 noch einmal anhand des Ersatzschaltbildes von Bild 19.2 gezeigt. Dabei ist hier ein Parallelwiderstand $\Theta/\Phi = R_0$ und führt von der Φ',Θ-Kurve 1 zur Φ,Θ-Kurve 2. Ein weiterer Parallelwiderstand R_S berücksichtigt die Streuung und führt zu Kurve 3. Sie ist also die Kennlinie bei Berücksichtigung der Streuung. Kurve 4 ist die spannungsgescherte Kennlinie des Kreises, wobei der Reihenwiderstand der Nutzwiderstand R_L ist.

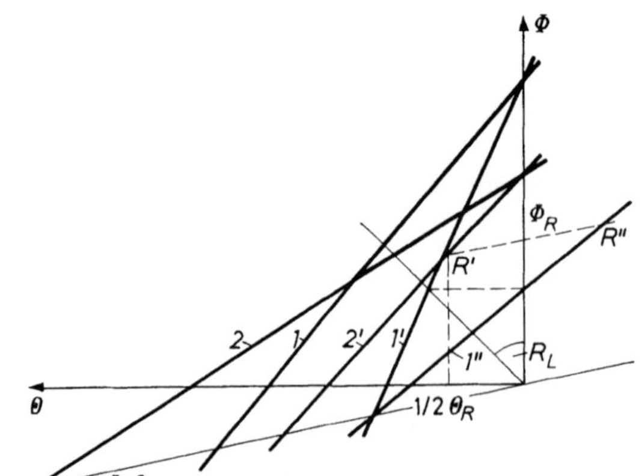

Bild 19.10. Reihenschaltung von zwei verschiedenen Dauermagneten 1 und 2 unter Berücksichtigung der Streuung (nach [1]).

Hier wurde die Streuung durch einen einzelnen Parallelwiderstand berücksichtigt. Im allgemeinen Fall muß dies durch ein Widerstandsnetzwerk geschehen. Dann zeigt sich der eigentliche Wert dieser Scherungsoperationen. Auch die schon betrachteten Reihen- und Parallelschaltungen von mehreren Dauermagneten können mit Hilfe dieser Methode untersucht werden. Dies soll hier nochmals für den Fall zweier Dauermagnete kurz geschehen.

Bei der Reihenschaltung der zwei Dauermagnete 1 und 2 entsprechend Bild 19.10 werden zuerst durch Flußscherung infolge der Streuflüsse die beiden Kurven 1′ und 2′ gewonnen. Die Berücksichtigung des Luftspaltes als Reihenwiderstand führt über die Spannungsscherung, z. B. am Magnet 1, zu Kurve 1″. Der resultierende Fluß Φ_R ist der, bei dem die Differenz der beiden Spannungen

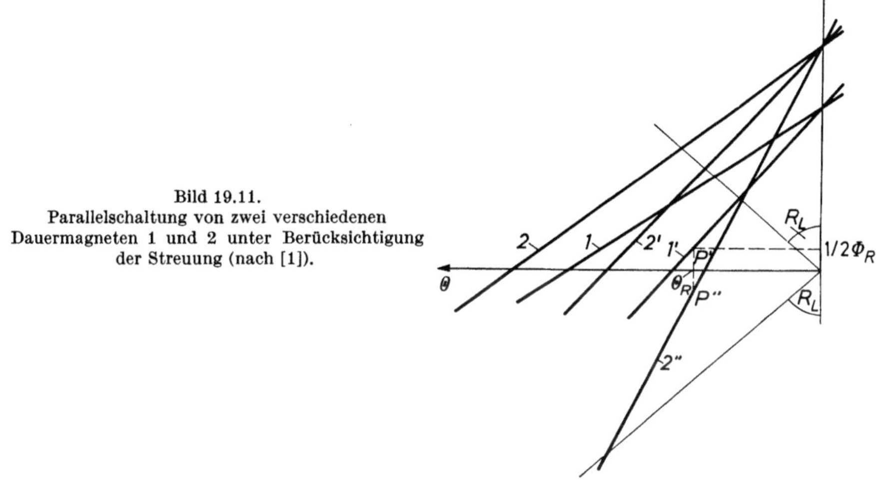

Bild 19.11.
Parallelschaltung von zwei verschiedenen Dauermagneten 1 und 2 unter Berücksichtigung der Streuung (nach [1]).

verschwindet, d. h., es muß $\overline{R'\Phi_R} = \overline{\Phi_R R''}$ sein. Dabei muß wiederum beachtet werden, daß die Spannungsscherung an der Geraden $\Phi = \Theta$ geschieht. Deshalb muß die Gerade $\overline{R'R''}$ parallel der Geraden $\Theta = \Phi$ sein. Von HERMANN [5] wurde auch der Fall der Gegeneinanderschaltung untersucht.

Bei der Parallelschaltung der zwei Dauermagnete entsprechend Bild 19.11 werden wieder durch Flußscherung infolge der Streuflüsse die beiden Kurven 1′ und 2′ gewonnen. Die Berücksichtigung des Luftspaltes als Parallelwiderstand führt über die Flußscherung, z. B. am Magnet 2, zu Kurve 2″. Die resultierende Spannung Θ_R ist die, bei der die Differenz der beiden Flüsse verschwindet, d. h., es muß $\overline{P'\Theta_R} = \overline{\Theta_R P''}$ sein.

19.7 Magnetischer Kreis mit Dauermagneten veränderlichen Querschnitts

Alle Betrachtungen über den magnetischen Kreis gelten im allgemeinen für Dauermagnete, bei denen der Querschnitt senkrecht zur Flußrichtung in Form und Größe über die gesamte Länge konstant bleibt. Für einige Einsatzfälle, z. B. Lautsprecher mit Magnetkern, werden jedoch auch *Dauermagnete mit veränderlichem Querschnitt* eingesetzt. Dabei handelt es sich fast ausschließlich um konische Formen, so daß auch nur diese hier betrachtet werden.

Der konische Dauermagnet kann als Hintereinanderschaltung mehrerer Dauermagnete gleicher Länge und veränderlichen Querschnitts betrachtet werden. Es gelten dafür alle Betrachtungen von Abschnitt 5.1 dieses Kapitels. Dabei ist vereinfachend der Fluß Φ durch alle Querschnitte als konstant anzusehen (was aber nur für nicht zu starke Konizität zutrifft). Die Induktion B ist nicht konstant. Anstelle der Gl. (19.2) ist nun

$$\Theta_M = \int\limits_{x=0}^{l} H_x \, \mathrm{d}x \qquad\qquad (19.15)$$

zu setzen. Der Arbeitspunkt dehnt sich in einen Arbeitsbereich auf der Entmagnetisierungskurve aus. Gleichzeitig ist auch $\Theta_C = R_M \Phi$, wobei der Gesamtwiderstand $R = R_L + R_i$ ist. Für den inneren Widerstand R_i ist nun wegen des sich ändernden Querschnittes d zu setzen:

$$R_i = \int\limits_{x=0}^{l} \frac{1}{\mu_P \cdot F_x} \, \mathrm{d}x = \frac{4}{\mu_P \cdot \pi} \int\limits_{x=0}^{l} \frac{\mathrm{d}x}{d_x^2}. \qquad\qquad (19.16)$$

Für einen Konus z. B. mit dem größten Durchmesser d_1, dem kleinsten Durchmesser d_2 und der Länge l wird daraus

$$R_i = \frac{4}{\mu_P \pi} \cdot \frac{l}{d_1 d_2}. \qquad\qquad (19.17)$$

Aus der Rechnung folgt, daß ein konischer Magnet mit den Durchmessern d_1, d_2 durch einen gleichlangen mit dem Durchmesser $\bar{d} = \sqrt{d_1 d_2}$ ersetzt werden kann. Wie die Rechnung beim Kegel, $d_2 = 0$, ergibt, stimmt das Ergebnis nur für $d_1 \lesssim d_2$, also für schwache Konizität. Wenn $d_2 \ll d_1$ wird, kann wegen der Streuung nicht für alle Querschnitte $\Phi = \text{const}$ angenommen werden. Von PARKER [6] wird die Streuung so berücksichtigt, daß sie proportional der Oberfläche des Magneten ist. Der Durchmesser des äquivalenten Zylindermagneten ist gegeben durch die Bedingung, daß rechts und links dieses Durchmessers die Oberflächen gleichgroß sind.

Von ROHMER [7] wird für die Berechnung des konischen Magneten die sogenannte *Formkennlinie* eingeführt. Dazu wird dieser durch eine Reihe abgestufter Zylindermagnete ersetzt. Für jede Stufe wird aus der Bedingung konstanten Flusses die magnetische Feldstärke und die magnetische Spannung berechnet. Die resultierende magnetische Spannung, dividiert durch die Magnetlänge, ergibt die mittlere Feldstärke H_d. Die dazugehörige mittlere Induktion B_d wird aus dem angenommenen Fluß Φ, dividiert durch den neutralen Querschnitt, bestimmt. Die Formkennlinie ist dann $B_d = f(H_d)$ und ist die gemessene Entmagnetisierungskurve des konischen Magneten, wenn Induktion und Feldstärke in der neutralen Zone gemessen werden. Bei schwacher Konizität ist damit, wie Bild 19.12 zeigt, eine einigermaßen befriedigende Berechnung der Werkstoffkennlinie aus der gemessenen Entmagnetisierungskurve möglich.

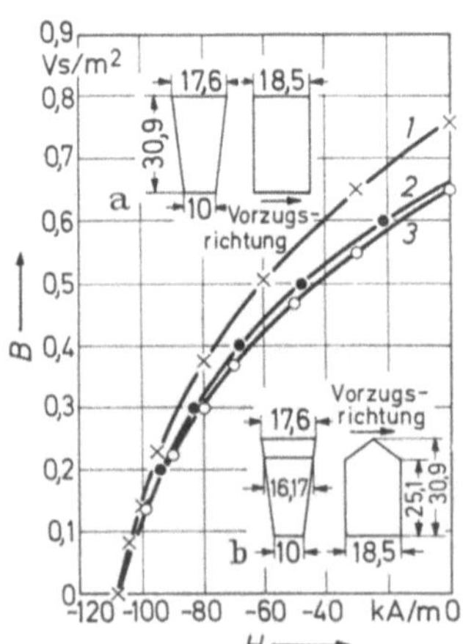

1 Werkstoffkennlinie
2 Formkennlinie, berechnet
3 Formkennlinie, gemessen

Bild 19.12. Entmagnetisierungskurve und Formkennlinie von Dauermagneten mit inhomogenem Querschnitt (nach [7]).

Die stark konische Form ist bisher technisch unwichtig und kann unbetrachtet bleiben. Die schwach konischen Magnete dagegen finden Anwendung bei unsymmetrischen Kreisen, wie z. B. Lautsprechersystem mit Kernmagnet. Der mit zunehmendem Abstand vom Luftspalt größer werdende Durchmesser des Dauermagneten soll dem zunehmenden Streufluß entgegenwirken. Zu beachten ist jedoch dabei, daß die Konizität nicht zu groß gewählt wird, da sonst die dünneren Teile des Magneten mit kleinerem Durchmesser von denen mit größerem Durchmesser magnetisiert werden, ihren Arbeitspunkt zum I. Quadranten verschieben und dann nicht mehr als dauermagnetisch anzusehen sind.

Literatur

1. SCHÜLER, K.: Feinwerktechnik 70 (1966) 523—528.
2. Siehe z. B. KÜPFMÜLLER, K.: Einführung in die theoretische Elektrotechnik, 8. Aufl., Berlin/Heidelberg/New York: Springer 1965, 21.
3. EMMERICH, P.: Frequenz 17 (1963) 339—343.
4. HELMER, J. C.: Proceed IRE (1961) 1528—1537.
5. HERMANN, P. K.: ETZ-A 86 (1965) 364—370.
6. PARKER, R. J.: Electr. Manufacturing (Sept. 1960) 102—109.
7. ROHMER, K.: ETZ-A 85 (1964) 372—375.

20 Elektromagnetischer Kreis

20.1 Energieverhältnisse beim dynamisch-elektromagnetischen Kreis

In der letzten Zeit mehren sich die Anwendungsfälle, in denen Dauer- und Elektromagnet kombiniert eingesetzt werden. Dazu ist es notwendig, kurz auf den elektromagnetischen Kreis einzugehen. Die Berechnung dieses Kreises wird hier nicht besprochen, da hierüber genügend Literatur [1, 2] existiert. Es sollen jedoch die Energieverhältnisse beim elektromagnetischen Kreis mit sich ändernder Scherung betrachtet werden, wie sie z. B. beim elektromagnetischen Relais vorliegen. Dabei ist es üblich, von der J,Φ-Kurve auszugehen [3], wobei J die elektrische Stromstärke ist. Dann bereitet es aber keine Schwierigkeit, zur Φ,Θ-Kurve zu gelangen, da für die magnetische Spannung $\Theta = H \cdot l = \dfrac{J \cdot n \cdot l}{l}$
$= Jn \sim J$ ist. Zu beachten ist aber, daß hier $H = H_E \mp H_L$ ist. Der Übergang zur magnetischen Spannung Θ ist eine Streckung der J-Achse; Θ wird als Abszisse genommen.

Die magnetische Energie W_M der vorerst hysteresefrei gedachten Φ,Θ-Kurve ist dann gegeben durch

$$W_M = \int_{\Phi=0}^{1} \Theta \, \mathrm{d}\Phi = \int_{V=0}^{V} H B \, \mathrm{d}V \tag{20.1}$$

und in Bild 20.1 dargestellt.

Mit Hilfe mechanischer Arbeit wird der magnetische Kreis geöffnet. Dazu wird die elektrische Energie überwunden. Diese wird an das Netz zurückgegeben. Außerdem wird dabei ein magnetisches Feld aufgebaut, also magnetische Energie gespeichert. Der Arbeitspunkt sei A_1 auf der Φ,Θ-Kurve des geöffneten Kreises in Bild 20.1.

Beim Loslassen des Ankers wird dieser angezogen und der magnetische Kreis geschlossen. Der Arbeitspunkt sei nun Punkt A_2 auf der Φ,Θ-Kurve des geschlossenen Kreises. Es ist dann der Strom von J_1 auf J_2 (Θ_1 auf Θ_2) gestiegen. Zu der vorhandenen magnetischen Energie $W_{M_1} = 0$, A_1, Φ_1[1] ist die elektrische Energie $W_{el} = \Phi_1$, A_1, A_2, Φ_2 hinzugekommen. Die magnetische Energie ist nun $W_{M_2} = 0$, A_2, Φ_2. Die Energie entsprechend 0, A_1, A_2 ist dabei gewonnen worden; es handelt sich um die mechanische Energie W_{me}. Damit wird also

$$W_{M_1} + W_{el} = W_{M_2} + W_{me} \qquad (20.2)$$

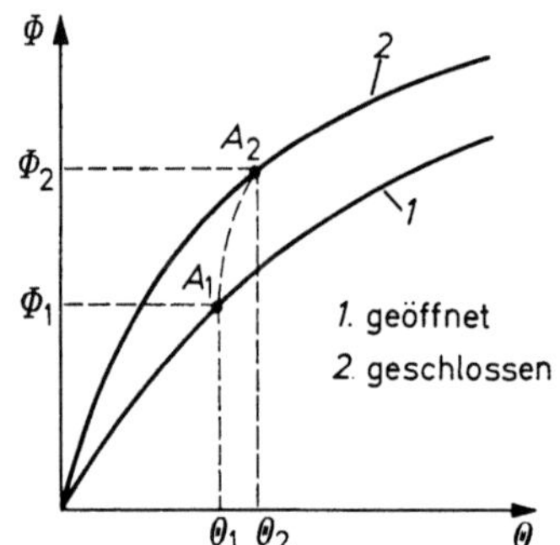

Bild 20.1 in gescherter Darstellung.
Der dynamisch-elektromagnetische Kreis bei hysteresefreiem Ferromagnetikum.

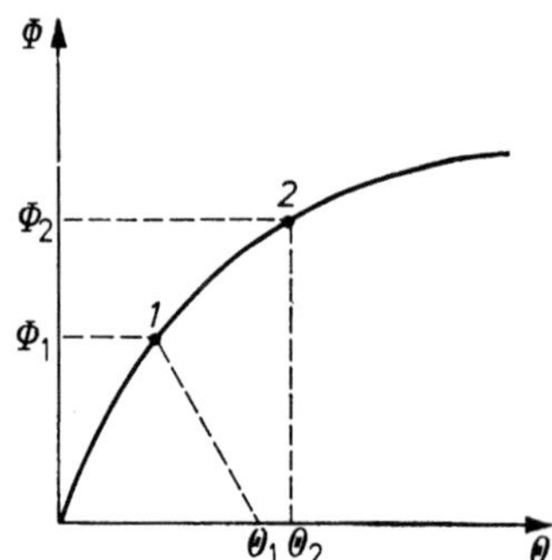

Bild 20.2 in entscherter Darstellung.
Energieaufteilung beim dynamisch-elektromagnetischen Kreis mit hysteresefreiem Ferromagnetikum bei konstantem Strom und konstanter Permeabilität.

Da es sich um hysteresefreie Vorgänge handelt, sind alle Vorgänge reversibel. Beim Schließen des Kreises wird die elektrische Energie verbraucht, die beim Öffnen wiedergewonnen wird. Die beim Öffnen aufgewendete mechanische Energie wird beim Schließen wiedergewonnen. Die magnetische Energie ist als Feldenergie vorhanden, da das weichmagnetische Ferromagnetikum als Energieträger vernachlässigt werden kann. Diese Feldenergie nimmt mit zunehmendem Luftspalt ab, denn beim Öffnen wird weniger mechanische Energie verwendet als elektrisch abgegeben wird [4]. In Bild 20.2 ist Kurve 1 in Kurve 2 zurückgeschert. Diese Darstellung ist die bei Dauermagneten übliche, wie sie auch in Kapitel 15 gewählt wurde.

Im folgenden wird zur Vereinfachung vorausgesetzt, daß bei den betrachteten Vorgängen die elektrische Stromstärke J konstant bleibt. Damit ergeben sich sehr einfach zu übersehende Energiebeziehungen. Diese Vereinfachung ist eine Einschränkung, welche hier nicht von Belang ist. Sie macht sich vor allem beim Ein- und Ausschalten bemerkbar, bei dem sich der Strom ändert. Die aus dieser Voraussetzung entstehende Schwierigkeit ist dadurch zu beseitigen, daß entweder der Schaltvorgang unendlich langsam vorgenommen wird [1] oder beim Schalten der Anker solange festgehalten wird, bis der elektrische Strom seinen stationären Wert erreicht hat [2]. Vor und nach der Ankerbewegung wird der elektrische Strom ausschließlich für Wärme verbraucht, dazwischen zur Arbeitsleistung. Bei der

---

[1] Im Gegensatz zu Kapitel 17 werden hier nicht die doppelten Flächen benutzt, um Irrtümer zu vermeiden.

Ankerbewegung bleibt die elektrische Stromstärke konstant und damit auch die magnetische Durchflutung θ. Die für eine Energieumwandlung notwendige Änderung der magnetischen Energie wird hier durch Änderung des magnetischen Flusses Φ erreicht.

Um im allgemeinen die elektrische Stromstärke J konstant zu lassen, muß zusätzliche äußere Energie zugeführt werden. Soll also wieder die Gleichung (15.12) gelten, muß die äußere Energiequelle mit in das abgeschlossene System einbe-

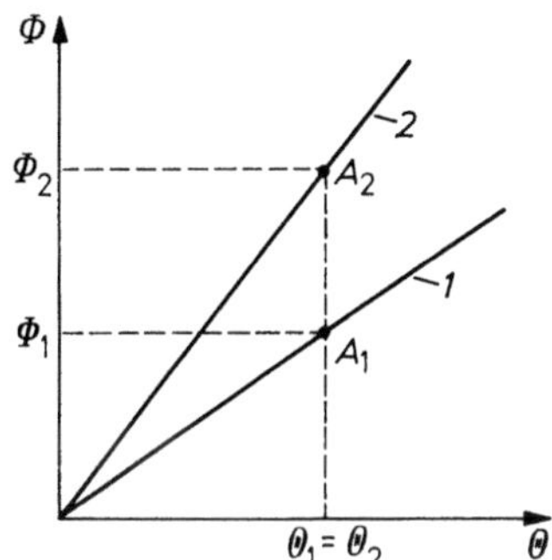

Bild 20.3 in gescherter Darstellung.

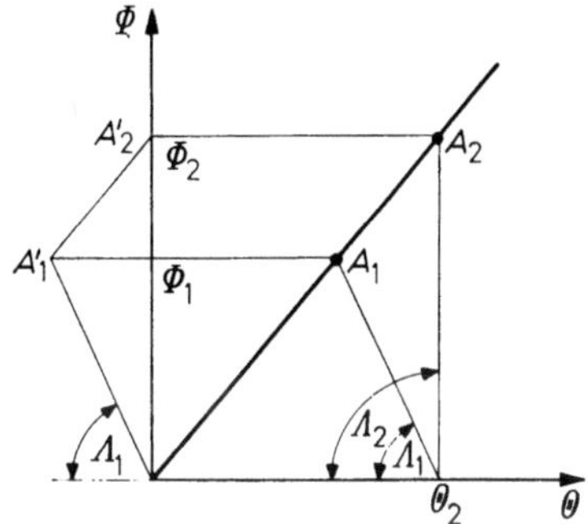

Bild 20.4 in entscherter Darstellung.

zogen werden. Dann deckt die Energie der Stromquelle die mechanische Arbeitsleistung und auch die durch die Verschiebung des Ankers eingetretene Vermehrung der magnetischen Energie [5]. Wenn außer der elektrischen Stromstärke auch die Permeabilität als konstant vorausgesetzt wird, dann werden aus den Bildern 20.1 und 20.2 die Bilder 20.3 und 20.4. Die elektrische Arbeit ist hier gleich der doppelten mechanischen Arbeit, denn in Bild 20.3 ist die Fläche Φ_1, A_1, A_2,

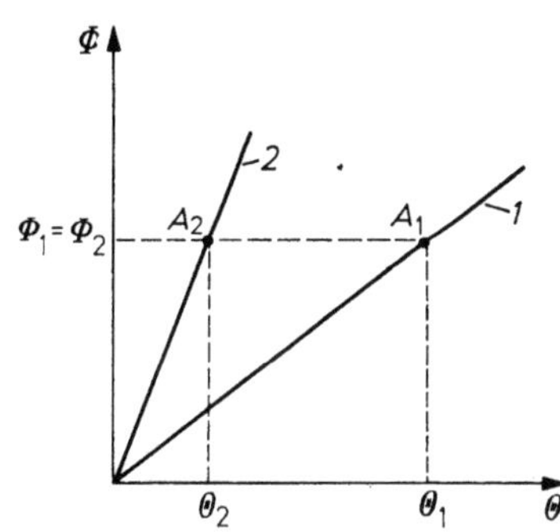

Bild 20.5. Energieverhältnisse beim dynamisch-elektromagnetischen Kreis mit konstantem magnetischem Fluß, konstanter Permeabilität und hysteresefreiem Ferromagnetikum.

$\Phi_2 = 2 \times$ Fläche 0, A_1, A_2. Die beim Schließen aufzuwendende elektrische Energie wird je zur Hälfte für die Erhöhung der magnetischen Feldenergie im Luftspalt und für die zu gewinnende mechanische Arbeit verbraucht. Beim Öffnen wird die zu gewinnende elektrische Energie durch die aufzuwendende mechanische Arbeit und aus dem magnetischen Feld des Luftspaltes wieder je zur Hälfte zurückgeliefert. In Bild 20.4 ist wieder die entscherte Darstellung gewählt.

Wenn der elektrische Strom so gesteuert wird, daß der Fluß konstant bleibt, dann ergeben sich beim hysteresefreien Werkstoff die Beziehungen nach Bild 20.5

Dies entspricht gleichzeitig dem Fall der bei A_2 abgeknickten Magnetisierungskurve, die, wie z. B. bei der Sättigung, zwischen A_1 und A_2 waagerecht verläuft.

Hier ist keine elektrische Energie für das Schließen notwendig. Die beim Öffnen aufgewendete mechanische Arbeit ist gleich der Zunahme der magnetischen Energie und umgekehrt. Es herrschen ähnliche Verhältnisse wie beim dauermagnetischen Kreis. Die verbrauchte elektrische Energie wird vollständig irreversibel in Spulenwärme umgesetzt und ist proportional $J^2 R_{el}$. Aber doch bestehen feinere Unterschiede zum Dauermagneten. Dazu muß noch die Aufteilung der magnetischen Energie in Luftspalt- und Magnetenergie betrachtet werden:

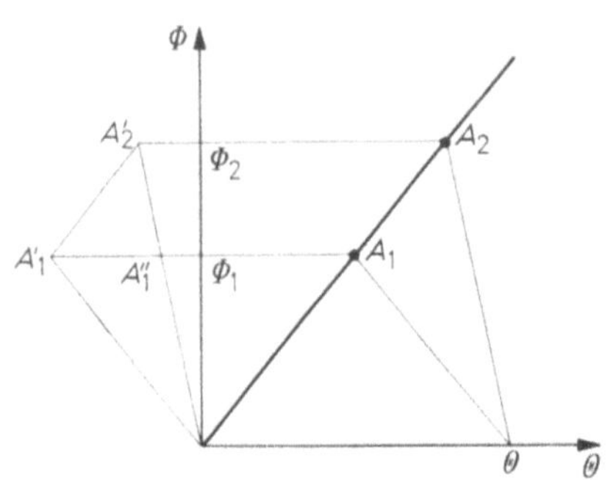

Bild 20.6. Energieverhältnisse beim nicht voll schließbaren dynamisch-elektromagnetischen Kreis mit konstantem elektrischem Strom, konstanter Permeabilität und hysteresefreiem Ferromagnetikum.

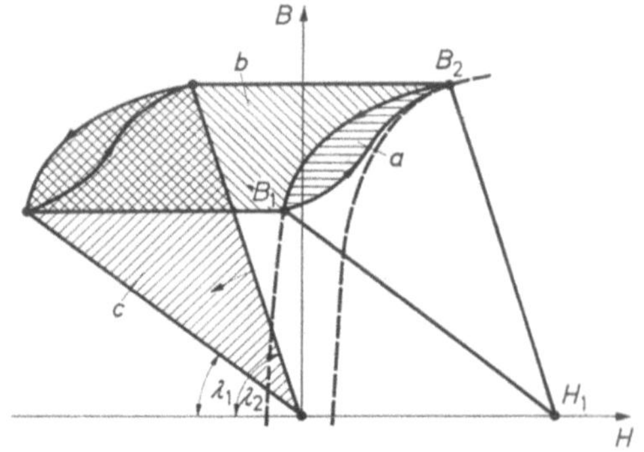

Bild 20.7. Energieverhältnisse beim nicht voll schließbaren dynamisch-elektromagnetischen Kreis mit konstantem elektrischem Strom unter Berücksichtigung der Hysterese in der B,H-Darstellung (nach [4]).

Wie Bild 20.1 schon deutlich macht, entspricht die zwischen Magnetisierungskurve und Ordinate liegende Fläche der reversiblen inneren Energie des Weichmagneten. Wenn entsprechend [6] die entscherte Kurve, z. B. Bild 20.4, gewählt wird, dann ist im II. Quadranten die Luftspaltenergie eingetragen. In Bild 20.4 entspricht also im geöffneten Zustand die Fläche 0, A_1, Φ_1 der Luftspaltenergie und die Fläche Φ, Φ_1, A_1 der inneren Energie. Im geschlossenen Zustand ist nur noch innere Energie entsprechend der Fläche 0, Φ_2, A_2 vorhanden. Die elektrische Energie Φ_1, A_1, A_2, Φ_2 ist für die Erhöhung der inneren Energie verbraucht worden. Die elektrische Energie Φ_1, A_1, A_2 wird zusammen mit der Luftspaltenergie 0, A_1, Φ_1 für die mechanische Energie verbraucht. Umgekehrt wird also die mechanische Energie beim Öffnen für die Erzeugung des Luftspaltfeldes und die Erzeugung von elektrischer Energie für das Netz verbraucht.

Alle Betrachtungen setzen voraus, daß einmal die elektrische Stromstärke J konstant bleibt und weiterhin der Zustand 2 der Zustand des völlig geschlossenen magnetischen Kreises ist. Wenn die letzte Annahme fallengelassen wird, ändert sich also z. B. Bild 20.4 in Bild 20.6. Dann ist auch im „geschlossenen" Zustand noch Luftspaltenergie entsprechend 0, A_2, Φ_2 vorhanden. Die gesamte mechanische Energie wird durch die Fläche 0, A_1', A_2' dargestellt. Nur ein Teil der Luftspaltenergie wird für die mechanische Energie verbraucht. Der Rest der mechanischen Energie wird durch elektrische Energie gedeckt. Die im Zustand 2 vorhandene Luftspaltenergie ist größer als der vom Zustand 1 nach Abzug des mechanischen

Anteils noch übrigbleibende Anteil 0, A_1'', Φ_1. Deshalb muß die elektrische Energie noch den Anteil A_1'', Φ_1, Φ_2, A_2' aufbringen.

Wenn auch die Annahme des konstanten elektrischen Stromes J fallengelassen wird, dann ergeben sich für die Konstruktion der Fläche der elektrischen Energie nicht mehr die einfachen rechteckförmigen Flächen und es muß mehr elektrische Energie aufgewendet werden, als magnetische und mechanische zusammen gewonnen werden.

Wenn die Hysterese mit betrachtet wird, ändert sich für konstanten elektrischen Strom und nichtkonstante Permeabilität Bild 20.6 in Bild 20.7. Es ist daraus ersichtlich, daß die Hystereseenergie (Fläche a) durch die mechanische Energie (Fläche c) mit gedeckt werden muß [6]. Die elektrische Energie wird davon nicht betroffen. Für den nicht voll schließbaren Kreis wurde hier die B,H-Darstellung gewählt; es handelt sich also um Energiedichte-Flächen.

20.2 Energieverhältnisse beim dynamischen, kombinierten elektro-permanentmagnetischen Kreis

Für die Energieverhältnisse in einem gescherten Kreis mit Dauer- und Elektromagneten muß unterschieden werden zwischen Kreisen mit und ohne Wechselwirkung der beiden Magnete aufeinander. Eine Wechselwirkung liegt dann vor, wenn eine Änderung des Arbeitspunktes eines Magneten, z. B. des Elektromagneten, auch zu einer Änderung des Arbeitsproduktes des anderen Magneten führt. Dies ist z. B. bei einer Reihenschaltung der beiden Magnete der Fall. Eine verschwindende Wechselwirkung wird z. B. durch eine Parallelschaltung der beiden Magnete errreicht. Auch mittels *Flußverdrängung* kann die Wechselwirkung verringert werden. Dabei wird der magnetische Kreis so aufgebaut, daß eine Änderung des magnetischen Flusses durch Nebenluftspalte vom Nutzluftspalt ferngehalten wird [7] (s. z. B. Abschnitt 65.6).

20.2.1 Verschwindende Wechselwirkung zwischen Dauer- und Elektromagnet

Wenn die *magnetische Wechselwirkung* zwischen den beiden Magneten vernachlässigt werden kann, dann ist die Luftspaltenergiedichte z. B. für die Reihenschaltung nach [4] durch die Summe der von beiden Magneten gelieferten Einzelenergiedichten gegeben. Daraus folgt, daß bei diesem dynamischen Kreis mit veränderlicher Scherung die Energiebeziehungen gegeben sind durch arithmetische Addition der entsprechend Abschnitt 15.3 für den Dauermagneten und Absatz 1 dieses Kapitels für den Elektromagneten berechenbaren Energiedichten bzw. Energien. Ein solcher Kreis mit verschwindender Wechselwirkung liegt z. B. als Parallelschaltung bei einigen Überstrom-Schutzschaltern (s. Kapitel 53) vor.

20.2.2 Starke Wechselwirkung zwischen Dauer- und Elektromagnet

Es mehren sich die Fälle, in denen beide Magnetarten in einem Kreis parallel oder in Reihe geschaltet sind und sich stark beeinflussen können. Dies kann z. B. bei den von BAUMANN [8] beschriebenen Vibrator-, Schwing-, Impuls- und Umschlagmagneten der Fall sein. Für alle diese Fälle soll hier zusammenfassend die Anordnung betrachtet werden, bei der die Spule direkt den Dauermagneten beeinflußt, also z. B. auf diesen gewickelt ist. Dann lassen sich die Energieverhältnisse nach Bild 20.8 bestimmen. Es ist hier nach [6] die B,H-Darstellung gewählt. Diese Energiedichte-Betrachtung wird bekanntlich durch einfache Maßstabänderung aus der Φ,Θ-Darstellung gewonnen. Es ist hier der Fall des nicht völlig geschlossenen magnetischen Kreises behandelt. Dann ist die zum Öffnen notwendige mechanische Energiedichte gegeben durch die Fläche c. Gewonnen wird die elektrische Energiedichte entsprechend Fläche b und die innere reversible

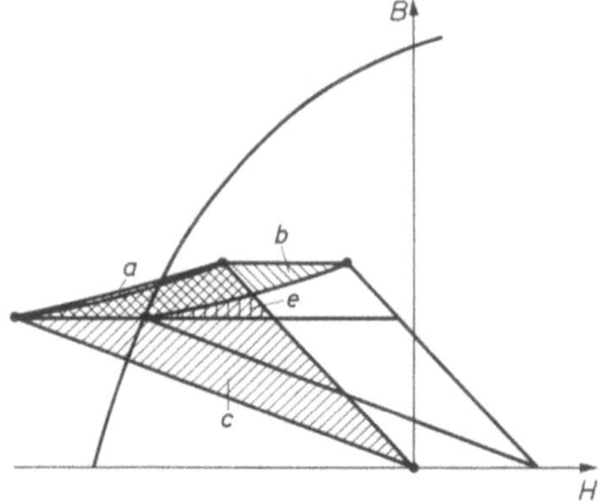

Bild 20.8. Energieverhältnisse beim nicht voll schließbaren, kombiniert elektro-permanentmagnetischen Kreis mit konstantem elektrischen Strom in der B,H-Darstellung (nach [4]).

Energiedichte des Dauermagneten entsprechend Fläche e. Beim Schließen wird also einmal die gesamte elektrische Energiedichte und außerdem der gesamte Teil der inneren Energiedichte benötigt, um die aufgewendete mechanische Energiedichte wiederzugewinnen [9]. Sie ist allerdings um die irreversiblen Hystereseverluste entsprechend Fläche a verkleinert. Auch hier wird nur der Fall mit konstantem elektrischen Strom J betrachtet. Wenn der Kreis völlig geschlossen werden kann, fällt die obere Scherungsgerade mit der Ordinate zusammen.

Literatur

1. Siehe z. B. Kallenbach, E.: Der Gleichstrommagnet, Leipzig: Akad. Verlagsges. 1969.
2. Küpfmüller, K.: Einführung in die theoretische Elektrotechnik, 8. Aufl., Berlin/Heidelberg/New York: Springer 1965, 270 ff.
3. Jasse, E.: Die Elektromagnete, Berlin: Springer 1930, 8 ff.
4. Siehe auch Fischer, J.: Abriß der Dauermagnetkunde, Berlin/Heidelberg/New York: Springer 1949, 71 ff.
5. Schaefer, Cl.: Einführung in die theoretische Physik, Bd. III/1, Berlin: de Gruyter 1950, 222 ff.
6. Siehe auch Hermann, P. K.: ETZ-A 86 (1965) 364—370.
7. Siehe z. B. Steingroever, E.: DBP Nr. 1 022 712 vom 17. 3. 1952.
8. Baumann, W.: Elektromagnetische Geräte mit Anker, München: Hanser 1965.
9. Schüler, K.: DEW Techn. Ber. 10 (1970) (in Druck).

21 Temperaturkompensation von dauermagnetischen Kreisen

21.1 Temperaturkoeffizienten von Dauermagneten

Der magnetische Kreis eines Dauermagneten besteht im allgemeinen aus einem oder mehreren Dauermagneten als magnetische Energiequelle und weichmagnetischen Leitstücken. Diese Leitstücke leiten den magnetischen Fluß zum Nutzraum. Bei einer Gruppe von Dauermagnetanwendungen, z. B. den Drehspulmeßwerken, soll die magnetische Energie im Nutzraum in einem bestimmten Temperaturbereich konstant bleiben. Bei einer zweiten Gruppe, z. B. den Wirbelstromtachometern und Zählerbremssystemen, soll das Wirbelstrom-Bremsmoment im Nutzraum in einem bestimmten Temperaturbereich konstant bleiben. Diese Forderung setzt gleichfalls mindestens die temperaturunabhängige Nutzraumenergie voraus. Die Temperaturabhängigkeit der ferromagnetischen Eigenschaften führt aber zu einer temperaturabhängigen magnetischen Nutzenergie. Sie steht damit der bei beiden Gruppen vorhandenen Forderung nach temperaturunabhängiger Nutzraumenergie entgegen. Diese Temperaturabhängigkeit kann in einigen Fällen durch Einsatz von magnetischen Temperaturkompensations-Werkstoffen befriedigend erreicht werden. Sie wird nachfolgend zuerst betrachtet; das temperaturunabhängige Wirbelstrom-Bremsmoment wird in Abschnitt 3.2.2 dieses Kapitels näher behandelt.

Die im Nutzraum aufgespeicherte Energie W_N ist entsprechend den Gln. (15.1) bis (15.5) gegeben zu

$$W_N = B_L^2 \cdot V_L = \frac{1}{\sigma} (BH)_A \cdot V_M. \qquad (15.6)$$

Die Temperaturabhängigkeit der Nutzraumenergie folgt aus der Temperaturabhängigkeit der Energiedichte $(BH)_A$ des Dauermagneten. Dieses ist aber abhängig von der Temperaturabhängigkeit der Entmagnetisierungskurve und vor allem von der Remanenz B_r und der Koerzitivfeldstärke $_BH_c$. Sie wird in Kapitel 30 näher beschrieben. Aus den Bildern 30.1 und 30.9 ist aber ersichtlich, daß in dem hier hauptsächlich interessierenden Temperaturbereich $-30\,°C \leq T \leq +70\,°C$ Remanenz und Koerzitivfeldstärke für beide Werkstoffe annähernd linear von der Temperatur abhängen. Die Temperaturabhängigkeit kann deshalb mittels eines konstanten *Temperaturkoeffizienten* Tk meist befriedigend beschrieben werden. Der Temperaturkoeffizient Tk, bezogen auf die Zimmertemperatur für den hier wichtigen, nur reversibel zu durchlaufenden Temperaturbereich $-30\,°C \leqq T \leqq +70\,°C$, ergibt sich danach zu

$$Tk_{B_r} \text{ AlNiCo} \approx -0{,}02\%/°C \qquad\qquad Tk_{_BH_c} \text{ AlNiCo} \approx -0{,}02\%/°C$$

$$Tk_{B_r} \text{ BaFe} \quad\approx -0{,}2\%/°C \qquad\qquad Tk_{_BH_c} \text{ BaFe} \quad\approx +0{,}5\%/°C.$$

Diese Koeffizienten gelten nicht nur für AlNiCo 500 bzw. Bariumferrit 300, sondern für alle AlNiCo- bzw. Bariumferrit-Werkstoffe.

Der Wert der Energiedichte des Dauermagneten im Arbeitspunkt, $(BH)_A$, hängt im allgemeinen von beiden Temperaturkoeffizienten, $Tk_{_BH_c}$ und Tk_{Br}, ab, da sich der optimale Arbeitspunkt in der Nähe des Knickes der Entmagnetisierungskurve befindet. Dabei können sehr unübersichtliche Verhältnisse infolge irreversibler Verluste der Magnetisierung auftreten, wie SCHWABE [1] für Bariumferrit gezeigt hat. Zur Vermeidung dessen wird vorausgesetzt, daß der Arbeitspunkt des Bariumferrit-Dauermagneten bei der tiefsten Gebrauchstemperatur sich noch oberhalb des Knickes der Entmagnetisierungskurve befindet. Dann kann sein Verhalten mit steigender Temperatur ausschließlich mittels Tk_{B_r} festgelegt werden, wie das z. B. in Kapitel 30 näher behandelt wird. Für AlNiCo ist das Temperaturverhalten weniger übersichtlich; es wird gleichfalls in Kapitel 30

darauf eingegangen. Aber auch hier sind oberhalb des Knickes der Entmagnetisierungskurve fast ausschließlich reversible Verluste der Magnetisierung vorhanden. Der Knick ist nicht bei allen AlNiCo-Werkstoffen deutlich ausgeprägt.

Die vorher angegebenen Werte des Temperaturkoeffizienten sind, worauf
schon JOKSCH [2] hinweist, von der Scherung des Systems abhängig, jedoch ist
die Schwankung innerhalb ca. 10% und kann meist vernachlässigt werden.

21.2 Temperaturabhängigkeit der weichmagnetischen Leitstücke

Außer den dauermagnetischen Eigenschaften sind auch die weichmagnetischen
der Leitstücke temperaturabhängig. Maßgebend dafür ist der Verlauf der Permeabilität als spezifische Leitfähigkeit in Abhängigkeit von der magnetischen Feldstärke oder Induktion (s. Abschnitt 29.1). Die Dimensionierung der Leitstücke
wird so vorgenommen, daß durch ausreichenden Querschnitt ihr magnetischer
Widerstand $R_M = l_E / F_E \mu_E$ und damit der Spannungsabfall vernachlässigt

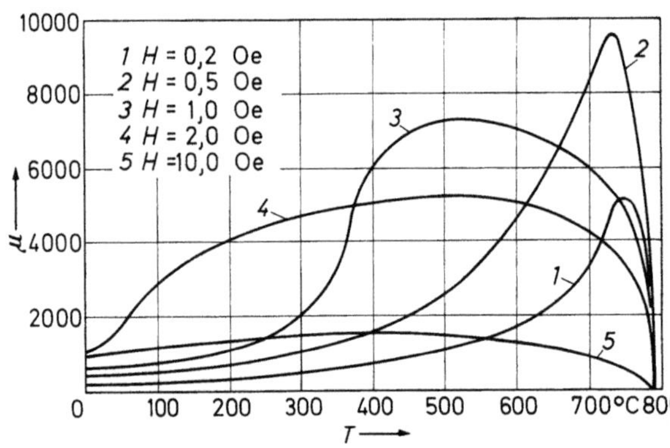

Bild 21.1. Abhängigkeit der Permeabilität μ von der Temperatur bei Weicheisen für verschiedene Feldstärken nach Glühung 1 h, 800 °C; 0,01 % C (nach [3]).

werden kann. Bei sich ändernder Temperatur ändert sich auch die Leitfähigkeit
des Weichmagneten. Zur richtigen Festlegung des Querschnittes muß die Permeabilität des Weichmagneten als Funktion der Temperatur bekannt sein. Dazu ist
bisher meist die Änderung von $\mu = f(T)$ bei konstanter magnetischer Spannung,
d. h. H = const, gemessen worden, wie z. B. Bild 21.1 für Weicheisen zeigt [3].
Das bekannte Maximum der Permeabilität bei niedriger Feldstärke kurz unterhalb der Curie-Temperatur ist gut sichtbar. Dieses Maximum wird durch den
starken Abfall der Kristallanisotropie für $T \to T_c$ erzeugt. Im Dauermagneten
ändert sich aber die vom Dauermagneten erzeugte Spannung mit der Temperatur.
Damit geht die Permeabilität des Weicheisens von einer Kurve $\mu = f(T)_{H=\text{const}}$
zu einer für niedrigere Feldstärke über. Wie Bild 21.1 zeigt, kann die Permeabilität
dabei steigen oder fallen. Eine allgemeine Voraussage des Einflusses ist daher nicht
möglich. Um aber dem Einfluß der Temperaturabhängigkeit der Dauermagnete zu
begegnen, ist es deshalb notwendig, bei Zimmertemperatur mit höherem Spannungsabfall zu arbeiten. Bei zunehmender Temperatur, also abnehmender
Spannung des Dauermagneten, nimmt die Permeabilität zu, so daß die Luftspaltinduktion weniger abnimmt, als nach der Temperaturabhängigkeit des Dauermagneten zu vermuten wäre.

Wird einerseits berücksichtigt, daß sich die Spannungsabfälle im Weicheisen und Luftspalt wie $\mu_E^{-1}:1$ verhalten, dann ist sofort einzusehen, daß im Normalfall der Einfluß der Temperaturabhängigkeit des Weicheisen-Polschuhmaterials auf das System vernachlässigt werden kann. Unter „Normalfall" ist dabei zu verstehen, daß die Querschnitte von Dauermagnet und Weicheisen ungefähr gleichgroß sind und die Streuung der Weicheisenteile des Kreises nicht bewußt vergrößert wird. Andererseits treten bei den meisten Systemen Verengungen des Weicheisenkreises ein, welche durch Befestigung und Einbau verursacht werden. Für diese Systeme ist dann zwar eine größere Streuung, aber auch ein kleinerer Temperaturkoeffizient zu erwarten, wie noch näher in Abschnitt 3.3 dieses Kapitels gezeigt wird.

21.3 Temperaturkompensation von Kreisen mit temperaturabhängigen Nebenschlüssen

21.3.1 Reihenschaltung

Eine Temperaturkompensation der reversiblen Magnetisierungsänderungen und damit eine temperaturunabhängige magnetische Nutzraumenergie kann mit Hilfe der in Kapitel 29 behandelten Kompensationswerkstoffe erreicht werden.

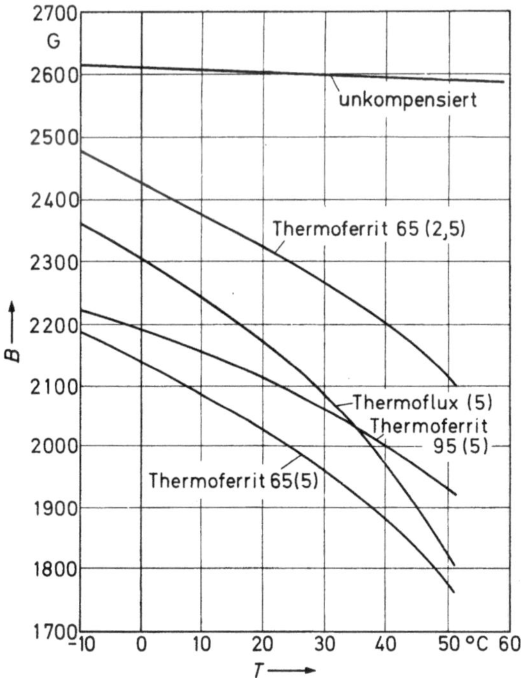

Bild 21.2. Abhängigkeit der Luftspaltinduktion von der Temperatur bei einem AlNiCo-System mit Reihenschaltung von Nutzraum und Kompensationswerkstoff (nach [4]).

Wie schon in [4] gezeigt, ist bei einer *Reihenschaltung von Kompensationswerkstoff und Nutzraum* eine Kompensation grundsätzlich nicht zu erreichen. Durch den Kompensationswerkstoff wird sogar die Temperaturabhängigkeit vergrößert. Dies ist experimentell für ein solches System mit AlNiCo-Dauermagneten bei Verwendung verschiedener ferro- und ferrimagnetischer Kompensationswerkstoffe in

10*

Bild 21.2 gezeigt. Das System ist ein magnetischer Kreis, wobei der Kompensationswerkstoff in Reihe zum Dauermagneten angebracht wurde. Die Zahlen in den Klammern geben den Querschnitt des Kompensationswerkstoffes an.

Mit Hilfe einer Reihenschaltung des Kompensationswerkstoffes zum Nutzraum kann die Nutzraumenergie nicht temperaturunabhängig werden. Daraus folgt auch die Unmöglichkeit eines temperaturunabhängigen WirbelstromBremsmomentes mittels Reihenschaltung.

21.3.2 Parallelschaltung

21.3.2.1 Temperaturkompensation der magnetischen Nutzraumenergie. Bei einer *Parallelschaltung von Nutzluftspalt und Kompensationswerkstoff* ist eine Temperaturkompensation der temperaturabhängigen magnetischen Nutzraumenergie möglich, wie noch einmal kurz gezeigt wird [4]. Ausgehend von der Flußgleichung, mit dem Index K für den Kompensationswerkstoff, wird für die Parallelschaltung:

$$B_M F_M = B_K F_K + B_L F_L. \tag{21.1}$$

Es soll sein:

$$\frac{\Delta B_L}{\Delta T} = 0 = \frac{F_M}{F_L} \cdot \frac{\Delta B_M}{\Delta T} - \frac{F_K}{F_L} \cdot \frac{\Delta B_K}{\Delta T}. \tag{21.2}$$

Die Differenz verschwindet nur, wenn der zweite Summand dieselbe Potenz der Temperaturabhängigkeit hat wie der erste. Für den ersten Summanden wird entsprechend Kapitel 29 eine lineare Abnahme des Flusses mit der Temperatur vorausgesetzt. Damit gilt:

$$B_{K,T} = B_{K,20°} (1 + T k_K \Delta T). \tag{21.3}$$

Es folgt aus den Gleichungen (21.2) und (2.3)

$$F_M B_{M_{20}°} T k_M = F_K B_{K_{20}°} T k_K. \tag{21.4}$$

Wird vorausgesetzt, daß Kompensationswerkstoff und Luftspalt gleichen Spannungsabfall $\Delta\Theta$ haben, $\Delta\Theta_K = \Delta\Theta_L$, dann wird für den Querschnitt des Kompensationswerkstoffes

$$F_K = \frac{B_{M_{20}°} T k_M}{B_{K_{20}°} T k_K} \cdot F_M = \frac{B_{M_{20}°} l_K T k_M}{B_L \mu_{K_{20}°} l_L T k_K} \cdot F_M. \tag{21.5}$$

Der Querschnitt des Kompensationswerkstoffes kann also umso kleiner sein, je größer der Temperaturkoeffizient des Kompensationswerkstoffes ist. Außerdem muß nach Gl. (21.3) die magnetische Induktion B_K des Kompensationswerkstoffes bei konstanter Feldstärke in einem bestimmten Temperaturbereich linear von der Temperatur abhängen; dies ist aber befriedigend erfüllt. Dann ist innerhalb dieses Bereiches eine ideale Kompensation möglich. Da in Gl. (21.5) die Permeabilität μ_K wegen der Streuung des Kreises nicht vorher bekannt ist, kann danach der Querschnitt F_K nur abgeschätzt werden. Die genaue Bestimmung muß durch Versuche erfolgen.

In Bild 21.3 ist an einem Bariumferrit-System die Wirksamkeit der Parallelschaltung von Kompensationswerkstoff und Nutzraum gezeigt. Es sind verschiedene oxydische und metallische Kompensationswerkstoffe benutzt worden [4].

21.3.2.2 Temperaturkompensation des Wirbelstrom-Bremsmomentes. Einige wichtige praktische Anwendungsfälle temperaturkompensierter Magnetsysteme sind das in Kapitel 47 behandelte System für Wirbelstromdämpfung an elektrischen Zählern und das in Kapitel 50 behandelte System für Wirbelstromtachometer. Bei beiden soll das Wirbelstrommoment temperaturunabhängig sein. Dieses setzt neben der Kompensation der Temperaturabhängigkeit der Dauermagneteigenschaften auch die Kompensation des temperaturabhängigen elektrischen Widerstandes der Wirbelstromscheibe, unabhängig von ihrer Geschwindigkeit v, voraus [5 bis 7]. Es muß eine „Überkompensation" vorhanden sein.

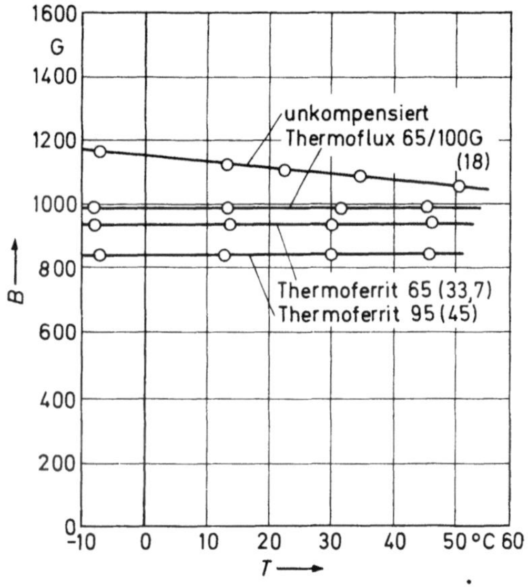

Bild 21.3. Temperaturkompensation der Luftspaltinduktion eines Bariumferrit-Dauermagnetsystems bei Parallelschaltung von Nutzraum und Kompensationswerkstoff mit Hilfe verschiedener ferri- und ferromagnetischer Kompensationswerkstoffe (die Zahlen in den Klammern geben den Querschnitt des Kompensationswerkstoffes an) (nach [4]).

Aus den Berechnungen von BRINKMANN [7] geht hervor, daß die Temperaturabhängigkeit von elektrischem Widerstand und dauermagnetischen Eigenschaften zu einem Anzeigefehler f_S führt, der bis zu ca. 60 °C durch eine Gerade nach Gl. (21.6) angenähert werden kann:

$$f_S \approx aT - b \qquad (21.6)$$

Dabei sind a, b Konstante, die von α und γ abhängen.

Durch die Parallelschaltung eines Kompensationswerkstoffes mit dem Querschnitt F_K entsteht infolge Temperaturabhängigkeit der Induktion B_K ein anderer Anzeigefehler f_K, welcher durch Gl. (21.7) gegeben ist.

$$f_K = -\frac{2F_K}{B_P F_M} \cdot \frac{\mathrm{d} B_K}{\mathrm{d} T} \, \mathrm{grd}^{-1}\, C. \qquad (21.7)$$

Dabei ist F_M der Querschnitt und B_P die Permanenz des Dauermagneten. Der Gesamtfehler f ist die Summe der beiden Anzeigefehler. Er wird dann gleich Null, wenn $f_K = -f_S$ ist, also der Anzeigefehler f_K, wie der Anzeigefehler f_S, linear von der Temperatur abhängen. Die Temperaturabhängigkeit muß aber reziprok sein, wie in Bild 21.4 gestrichelt angedeutet ist.

Der Fehler f_K, berechnet aus der in Bild 21.5 gegebenen B_K,T- bzw. T, $\mathrm{d}B_K/\mathrm{d}T$-Kurve eines Kompensationswerkstoffes sowie der Gesamtfehler f sind in Bild 21.4 eingetragen. Wie zu sehen ist, verschwindet im hier gewünschten Kompensationsbereich nur bei einer Temperatur der Gesamtfehler. Für zwei Temperaturen, $T = 10\,°\mathrm{C}$ und $T = 50\,°\mathrm{C}$, ist in Bild 21.4 der Gesamtfehler f mit eingezeichnet worden.

Wie muß nun die ideale B,T-Kurve eines Kompensationswerkstoffes sein, um den Gesamtfehler im gewünschten Bereich weitgehend verschwinden zu lassen? Aus den Gln. (21.6) und (21.7) sowie aus [8] folgt, daß sein muß

$$\left(\frac{\mathrm{d}B_K}{\mathrm{d}T}\right)_{\text{ideal}} = f_K \cdot \frac{B_P F_M}{2 F_K} = f_S \cdot \frac{B_P F_M}{2 F_K} \approx \frac{B_P F_M}{2 F_K}\,(-\,aT + b), \qquad (21.8)$$

und daraus folgt durch Integration

$$B_{K,id.} \approx \frac{B_P F_M}{2 F_K}\left(-\,\frac{a}{2}\,T^2 + b\,T + c\right). \qquad (21.9)$$

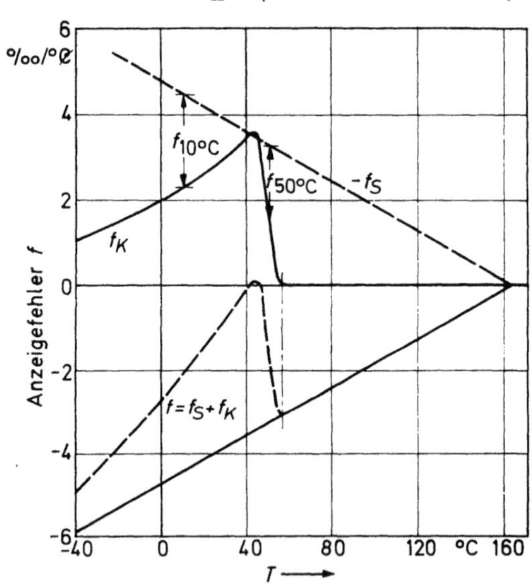

Bild 21.4. Anzeigefehler f_S des unkompensierten Wirbelstromtachometers, Anzeigefehler f_K des Kompensationswerkstoffes und Gesamtanzeigefehler f (nach [7]).

Diese Gleichung beschreibt einen Kegelschnitt, dessen schematischer Verlauf gestrichelt in Bild 21.5 eingetragen wurde. Der ideale Kompensationswerkstoff müßte also eine durchhängende B,T-Kurve besitzen, bei der die Steigung mit der Temperatur linear abnimmt. Der wirkliche Verlauf bei den bisher bekannten Kompensationswerkstoffen ist nahezu umgekehrt, wie Bild 21.5 zeigt.

Aus dem bisherigen folgt, daß es mit der Parallelschaltung der bekannten Kompensationswerkstoffe zum Nutzraum nicht möglich ist, für Systeme für Wirbelstrom-Bremsmomente neben der Temperaturabhängigkeit magnetischer Eigenschaften auch diejenige von elektrischen Eigenschaften („Überkompensation") zu kompensieren.

Der im gewünschten Kompensationsbereich auftretende Gesamtfehler f der Anzeige des Wirbelstromtachometers ist aus der Größe $f \cdot (B_P F_M)/(2\,F_K)$ in

Bild 21.5 zu entnehmen. Dieser Fehler wird noch vergrößert durch den Streubereich der magnetischen Eigenschaften des Kompensationswerkstoffes. Der Streubereich ist in Bild 21.5 durch die beiden gestrichelten $\mathrm{d}B_K/\mathrm{d}T$-Kurven dargestellt.

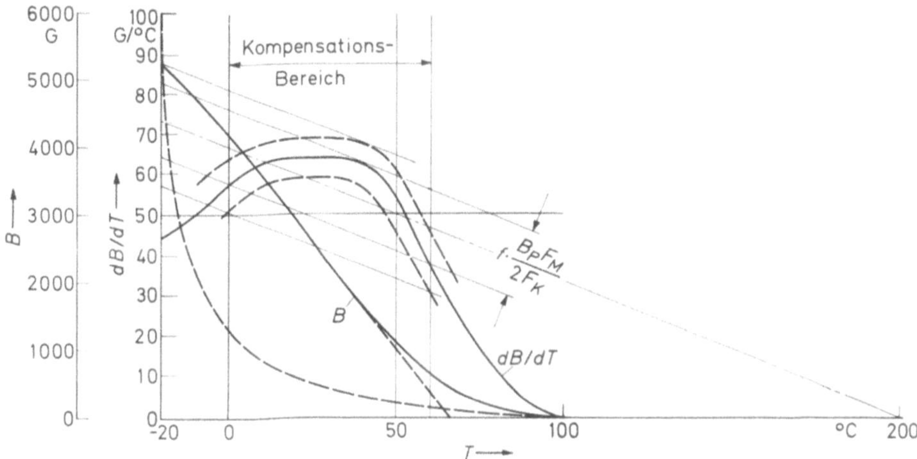

Bild 21.5. B_K, T- und $\mathrm{d}B_K/\mathrm{d}T$-Kurven eines wirklichen Kompensationswerkstoffes und B_K,T- und $\mathrm{d}B_K/\mathrm{d}T$-Kurven eines theoretischen Werkstoffes (gestrichelt) für nahezu vollständige Kompensation (nach [7]).

21.3.3 Isthmus-Methode

In Absatz 2 dieses Kapitels wurde angedeutet, daß die Temperaturabhängigkeit der Luftspaltinduktion verringert werden kann, wenn die magnetische Leitfähigkeit des Weicheisens mit der Temperatur steigt. Die Leitfähigkeit wird gesteigert, wenn der Spannungsabfall im Weicheisen eine bestimmte Größe überschreitet. Die damit erzeugte Verringerung der Temperaturabhängigkeit hängt von den Abmessungen des Kreises und von dem betrachteten Temperaturbereich ab. Damit kann nur ein bestimmter Teil der Temperaturabhängigkeit des Dauermagneten kompensiert werden. In praxi ist aber meist eine weitgehende Kompensation notwendig.

Eine temperaturunabhängige Luftspaltfeldstärke H_L ist nur dann möglich, wenn die Spannungsänderung $\Delta\Theta = l_M \cdot \Delta H$ im Dauermagneten bei Temperaturänderung durch eine gleichgroße im Weicheisen kompensiert wird. Es muß also gelten

$$l_M\,\Delta H_M(T) = l_E\,\Delta H_E(T). \tag{21.10}$$

Diese Forderung ist trotz der verschiedenen Temperaturkoeffizienten scheinbar leicht zu erfüllen durch genügend große Länge l_E des Weicheisens. Da sich aber im Normalfall $H_M:H_E \approx 100:1$ verhalten, würde dieser Weg zu großen Eisenlängen führen und damit unwirtschaftlich sein. Eine Verbesserung ist nur durch starke Anhebung der Feldstärke im Weicheisen zu erreichen. Nur bei $|H_E| \approx |H_M|$ ist eine fast vollständige Kompensation zu erwarten. Der Spannungsabfall in der Größenordnung von einigen tausend Gb wird im Weicheisen durch eine starke Verringerung des Querschnittes des Weicheisens erreicht. Es führt zu einer vollständigen Übersättigung des Weicheisens und damit zu starken Streuungen desselben.

Die Änderung $\Delta H_E(T)$ rührt von der Änderung der Leitfähigkeit des Weicheisens bei Änderung der Temperatur her und ändert damit gleichzeitig den Streufluß. Bei steigender Temperatur nimmt die Feldstärke H_M des Dauermagneten und damit die Übersättigung des Weicheisens ab, die Leitfähigkeit des Weicheisens nimmt also zu. Damit sinkt aber die Feldstärke im Weicheisen, und der Streufaktor nimmt ab. Durch die bewußt herbeigeführte Übersättigung wird die erstrebte Zunahme der Permeabilität des Weicheisens mit der Temperatur erreicht.

Der Nachteil dieser Kompensation besteht darin, daß mit verbesserter Kompensation die Luftspaltinduktion zwar immer temperaturunabhängiger, aber leider auch immer kleiner wird. Die beste Kompensation führt zu verschwindender Luftspaltinduktion. Eine Überkompensation ist hiermit nicht möglich, wie die Rechnungen in [8] ergeben.

Vorgenannte Überlegungen werden gut gestützt durch experimentelle Untersuchungen von FAHLENBRACH [9] an Haftsystemen mit und ohne Luftspalt im Bereich von $+20\,°\mathrm{C} \leqq T \leqq +80\,°\mathrm{C}$, welche in Bild 21.6 zusammengestellt sind.

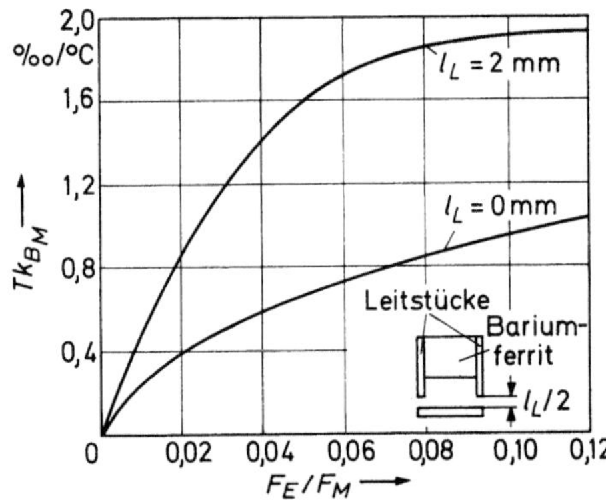

Bild 21.6. Abhängigkeit des Temperaturkoeffizienten der Induktion in den Leitstücken des Haftsystems bei Änderung des Verhältnisses der Querschnitte F_E/F_M von den Leitstücken und dem Dauermagneten.

Dort ist $Tk_{B,M} \sim Tk_{Br}$ über F_E/F_M aufgetragen. Bei geschertem und ungeschertem Kreis wird die Temperaturabhängigkeit der Induktion im Eisen und damit im Luftspalt mit verschwindendem Querschnitt der Leitstücke beseitigt. Der höhere Temperaturkoeffizient des gescherten Systems rührt von der infolge der Scherung verringerten Übersättigung der Leitstücke her. Somit wird die Permeabilität des Weicheisens erst zu kleineren Querschnitten F_E temperaturunabhängiger als beim ungescherten Kreis.

Die nächsten Beispiele zeigen, daß in der Praxis eine Reihe von Systemen existieren, welche einen kleineren Temperaturkoeffizienten haben, als dem Dauermagnetwerkstoff entspricht. Auch hier beruht dies auf einer teilweisen Übersättigung von Flußleitstücken. Der Fluß eines Haftsystems mit Eisenkern hat nach FAHLENBRACH [9] im Bereich $+20\,°\mathrm{C} < T < +80\,°\mathrm{C}$ einen Temperaturkoeffizienten $Tk = -0,08\%/°\mathrm{C}$. Der Dauermagnetwerkstoff ist Bariumferrit 300 mit einem Temperaturkoeffizienten der Remanenz von $Tk_{Br} = -0,2\%/°\mathrm{C}$. Die Übersättigung tritt hier an der abgesetzten Haftfläche ein. Der Fluß eines in Kapitel 38 beschriebenen Lautsprecher-Topfsystems mit einer Luftspaltinduktion $B_L \approx 15\,\mathrm{kG}$ hat im Bereich $-50\,°\mathrm{C} < T < +80\,°\mathrm{C}$ einen Temperaturkoeffizienten $Tk \approx -0,001\%/°\mathrm{C}$. Der Dauermagnetwerkstoff ist ein Zylinder aus AlNiCo 500 und hat einen Temperaturkoeffizienten der Remanenz $Tk_{B_r} = -0,02\%/°C$. Die starke Übersättigung tritt bekanntlich im Weicheisenzylinder am Luftspalt auf.

21.4 Magnetische Abschirmung

Wie die Erfahrung lehrt, existiert — mit Ausnahme von Supraleitern (s. Kapitel 28) — kein Werkstoff mit verschwindender Permeabilität. Demzufolge gibt es also keinen Werkstoff, der bei normaler Temperatur als ein magnetischer Isolator angesehen werden kann. Manchmal ist es aber notwendig, dauermagnetische Kreise entweder gegenüber Fremdfeldern abzuschirmen oder aber die Umgebung vor den Streufeldern von Dauermagneten bzw. -systemen zu schützen. Wichtig wird dies z. B. bei Gebrauch oder Lagerung von elektrischen Meßgeräten, welche mit Dauermagneten ausgerüstet sind [10], beim Versand von magnetisierten Dauermagneten, bei Lautsprechersystemen für Fernsehgeräte oder bei beschränkter Einbaugröße von Dauermagnetsystemen [11].

Die *magnetische Abschirmung* erfolgt dadurch, daß der nach innen oder außen zu schützende Raum mit einem Weicheisenkäfig hoher Permeabilität umgeben wird. Dieser Käfig sammelt infolge seiner guten magnetischen Leitfähigkeit einmal die äußeren Störfelder (s. z. B. Bild 3.1) und leitet sie um den zu schirmenden Gegenstand herum. Andererseits sammelt er die Streufelder von im Inneren befindlichen Dauermagnetsystemen und verhindert damit, daß die Streufelder nach außen dringen.

Bei der Dimensionierung von Dauermagnetsystemen ist eine notwendige Abschirmung besonders zu berücksichtigen. Die Abschirmung erhöht immer das abzuschirmende Streufeld des Systems, da der gut leitende Schirm als ein teilweiser magnetischer Kurzschluß anzusehen ist. Der Streuleitwert wird erhöht. Nach Kapitel 15 ist damit eine Änderung des Arbeitspunktes verbunden. Die Änderung wächst mit geringer werdendem Abstand des Schirmes von dem System. Für optimal ausgelegte Systeme führt daher die Abschirmung zu einer Erniedrigung der Nutzenergiedichte.

Es existieren verschiedene Arbeiten über die Berechnung der Abschirmungen [12]; darauf soll hier nicht näher eingegangen werden. Auf die mit Hilfe von Supraleitern mögliche Abschirmung wird in Kapitel 28 näher eingegangen.

Literatur

1. SCHWABE, E.: Z. angew. Phys. 9 (1957) 183—187.
2. JOKSCH, C.: DEW Techn. Ber. 4 (1964) 182—188.
3. REINBOTH, H.: Technologie und Anwendung magnetischer Werkstoffe, Berlin: VEB Verlag Technik 1958, 57.
4. HAARMANN, M.: DEW Techn. Ber. 2 (1962) 159—166.
5. VIAL, H.: Ber. d. Arbeitsgem. Ferromagnetismus (1959) 267—270.
6. HEIMKE, G.: VDI-Z. 107 (1965) 689—700.
7. BRINKMANN, K.: Feinwerktechnik 77 (1966) 370—374.
8. SCHÜLER, K.: DEW Techn. Ber. 5 (1965) 64—73.
9. FAHLENBRACH, H.: Techn. Mitt. Krupp 21 (1963) 113—119.
10. Siehe z. B. VDE-Vorschrift 0410/8.64, §§ 38, 41, Berlin: VDE-Verlag 1966.
11. Siehe z. B. MÜLLER, M.: Ber. d. Arbeitsgem. Ferromagnetismus (1959) 247—255.
12. SCHLOSSER, E. G.: ATM J 024-5 (Juli 1957), J 024-6 (Aug. 1957). — STÄBLEIN, F.: Techn. Mitt. Krupp, Forschungsberichte 3 (1940) 99—102.

IV. Werkstoffkunde

22 Herstellungsverfahren und technologische Eigenschaften von Dauermagneten

22.1 Allgemeines

Beim Einsatz von Dauermagneten besteht der Wunsch nach hoher Remanenz und hoher Koerzitivfeldstärke $_BH_c$, wobei — je nach Anwendung — mehr die eine oder die andere Kenngröße wichtig wird. Beide Eigenschaften beeinflussen direkt die maximale remanentmagnetische Energiedichte $(BH)_{max}$. Die Entwicklung der Dauermagnetwerkstoffe ist deshalb durch Versuche gekennzeichnet, die maximale Energiedichte durch Steigerung der Remanenz oder der Koerzitivfeldstärke zu vergrößern.

Die magnetischen Werte lassen sich einerseits durch die Variation der Zusammensetzung, andererseits durch Variation der Herstellungsverfahren und -technologie steigern. In diesem Kapitel sollen nur die verschiedenen Verfahren und Technologien besprochen werden. Aus der Anzahl von verwendeten bzw. bekannten Dauermagnetwerkstoffen werden die AlNiCo- und Bariumferrit-Werkstoffe herausgegriffen. Wie Tab. 22.1 zeigt, sind sie die technisch wichtigsten Werkstoffe. Bei den AlNiCo-Werkstoffen handelt es sich um metallische, bei den Bariumferriten um keramische Werkstoffe.

22.2 Herstellung durch Gießen

22.2.1 Metallische Gußmagnete aus AlNiCo

Die schmelzmetallurgische Herstellung von Dauermagneten wird bei den modernen und wichtigen Dauermagnetwerkstoffen für AlNiCo, PtCo und Vicalloy gewählt. Hier soll nur auf die technisch wichtige Werkstoffgruppe AlNiCo näher eingegangen werden. Die Legierungsbestandteile, außer Aluminium und Titan, werden in MF-Induktionsöfen von 100 bis 1000 kg Fassung geschmolzen und dabei durch elektromagnetische Kräfte gemischt. Die Zugabe des schnell oxydierenden Aluminiums geschieht kurz vor dem Gießen. Gegossen wird bei ca. 1400 bis 1600°C in Sandformen, Kokillen oder Formmasken. Die *Formmasken* bestehen aus Quarzsand mit 3 bis 4% Kunstharz als Bindemittel. Sie werden bei ca. 200 bis 300°C 10 Minuten gebrannt und müssen für jeden Guß neu gefertigt werden. Sie eignen sich gut für kompliziertere Körper, welche in größeren Stückzahlen benötigt werden. Die Masken lassen sich, wie Bild 22.1 gut erkennen läßt, zu großen Stapeln zusammenbauen und benötigen dann nur einen Eingußtrichter pro Stapel. Nach dem Erstarren hängen alle Magnete eines Stapels zusammen, können aber leicht durch Abschlagen vom „Baum" getrennt werden. Für geometrisch einfache Körper wird bei kleinen Stückzahlen Sandguß, sonst Kokillenguß angewendet.

Ein wichtiges Verfahren für die Herstellung von einfachen Gußstücken bildet außerdem der *Riegelguß*. Wie Bild 22.2 zeigt, sind die Gußstücke durch Stege miteinander verbunden. Sie werden meist in dieser Form warmbehandelt und ausgeliefert. Nach dem Zerbrechen in die Einzelteile erfolgt keine weitere spanabhebende Bearbeitung. Der Einsatz dieser preisgünstigen Magnete mit den mechanischen Rohteiltoleranzen (s. Kapitel 35) erfolgt in Massenartikeln, wie z. B. Möbelverschlüssen.

Durch den relativ hohen Aluminium-Gehalt werden die Schmelzen sehr zähflüssig und lassen sich dadurch schlecht vergießen. Es bilden sich vor allem bei

Bild 22.1. Formmaske (links) mit Gußbaum (rechts) von AlNiCo in Form von Ringen.

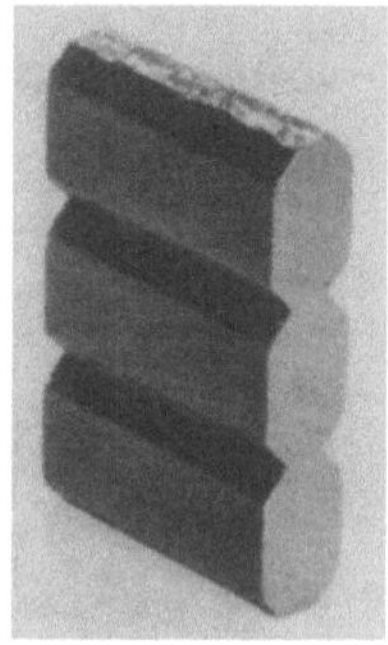

Bild 22.2. Riegelguß aus AlNiCo.

größeren Werkstücken leicht Lunker (s. Bild 22.3), welche mechanische Festigkeit und magnetische Eigenschaften stark vermindern. Die *Lunkerbildung* muß durch geeignete „Anschnittechnik", d. h. günstig gelegene Angußstelle beim Magneten, und durch große Einguß- und Steigeröffnungen verringert werden. Dies führt aber zu einem kleinen Ausbringen von nutzbarem Werkstoff, d. h. einer großen Menge Kreislaufmaterial. Die Menge des Kreislaufmaterials nimmt mit abnehmen-

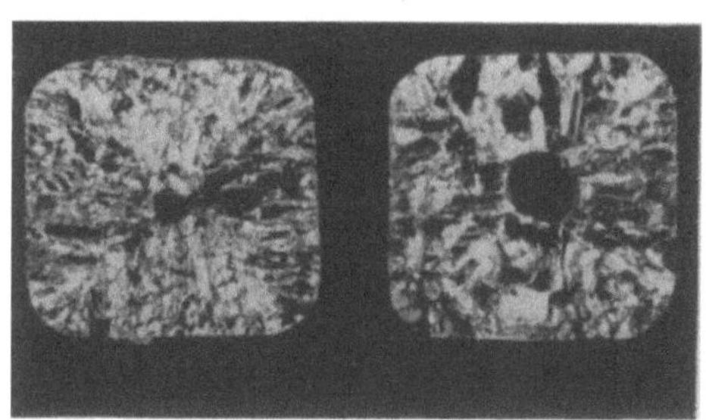

Bild 22.3. Zentrallunker in Guß-AlNiCo-Stangen.

Bild 22.4. Großer Gußmagnet aus AlNiCo 500; Gewicht ca. 20 kg.

dem Magnetgewicht zu, so daß das Gießen kleinerer Magnete unwirtschaftlich wird. Zur Vermeidung von Lunkern sind auch schroffe Querschnittsänderungen sowie dünne Querschnitte zu umgehen.

Bei Gußstücken aus AlNiCo (s. Bild 22.4) kann durch die notwendige Wärmebehandlung leicht Rißbildung bzw. Bruch eintreten. Beim Schleifen können durch die Sprödigkeit die Kanten ausbröckeln. Auch besteht die Gefahr, daß aus den Flächen einzelne Körner ausbrechen. Wie CURRAN und MENDELSOHN [1] für

AlNiCo 500 gezeigt haben, kann jedoch dieses Ausbrechen durch Herabsetzen der Abkühlgeschwindigkeit von der Schmelze auf 250 °C/min verhindert werden.

Beim Erstarren der Schmelze treten außerdem Seigerungen, d. h. Entmischungen, ein, welche zu ungleichmäßigen magnetischen Eigenschaften des Gußstückes führen. Wegen der ungünstigen Gießeigenschaften müssen die Rohtoleranzen relativ hoch angesetzt werden. Eine spanabhebende Bearbeitung ist

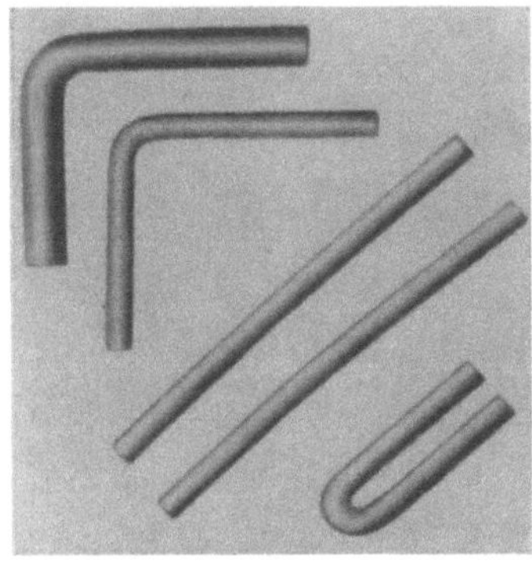

Bild 22.5.
Verformte AlNiCo-Gußstangen
(nach [3]).

nur durch Schleifen möglich. Die Schwierigkeiten beim Vergießen und die Sprödigkeit der Gußstücke nehmen mit wachsendem Titan-, Niob- bzw. Tantal-Gehalt zu. Diese Legierungen weisen eine hohe Koerzitivfeldstärke auf. Infolge der hohen Sprödigkeit sind sie beim Wärmebehandeln und spanabhebenden Bearbeiten besonders rißanfällig.

Es sind mehrere Versuche unternommen worden, AlNiCo-Magnete nach dem Gießen auch spanlos durch Walzen, Strangpressen oder Schmieden zu verformen

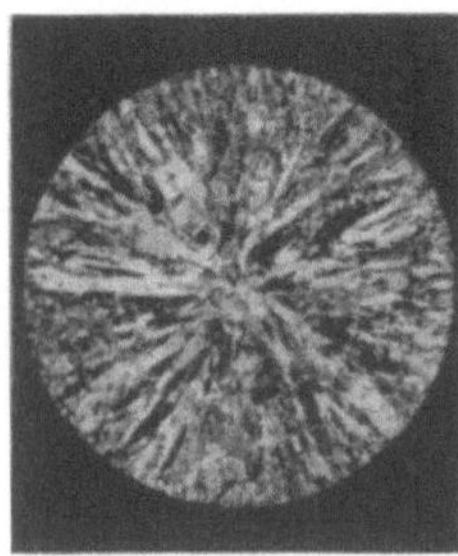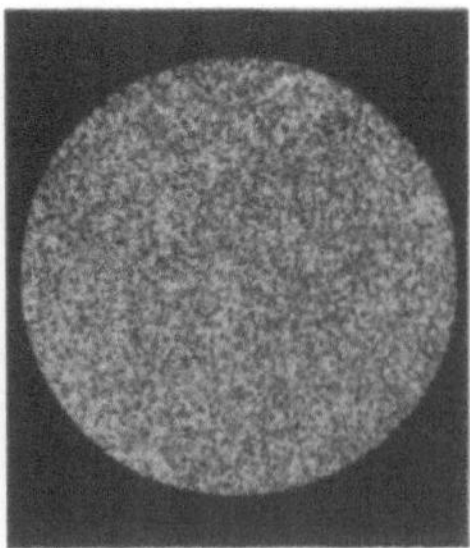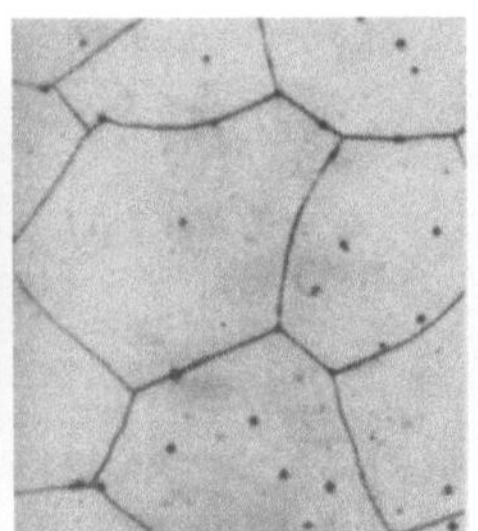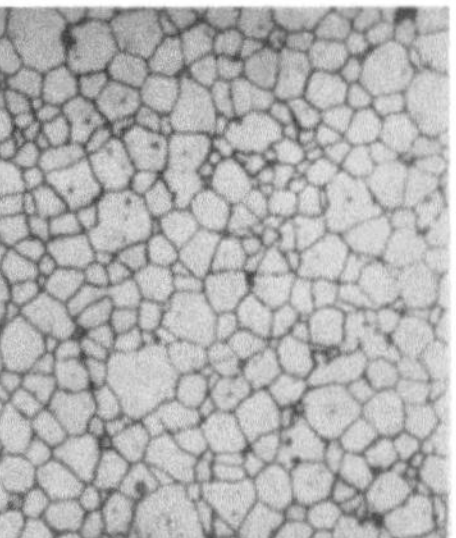

Bild 22.6a. Makrogefüge von Guß-(links)- und Sinter-(rechts)-AlNiCo-500-Zylindern.   Bild 22.6b. Mikrogefüge von Guß-(links)- und Sinter-(rechts)-AlNiCo 500 (10×).

[2, 3]. Dabei muß aber unbedingt im Vakuum gegossen werden, um die Oxydation der Schmelze zu vermeiden. Zu einem wirtschaftlichen Verfahren ist es jedoch bisher nicht gekommen. Plastisch verformte AlNiCo-Gußstangen sind in Bild 22.5 zu sehen.

Das Gießen führt zu einem grobkörnigeren Gefüge als das Sintern, wie aus dem Vergleich des Makro- und Mikrogefüges für AlNiCo 500 in den Bildern 22.6a und b hervorgeht. Das Gefüge wird insgesamt feiner, wenn der Werkstoff Titan enthält. Aber auch hier ist das Sintergefüge feinkörniger als das Gußgefüge.

Bei der Untersuchung des Makrogefüges des Gußlings in Bild 22.6a sind deutlich mehrere Zonen unterscheidbar. Der äußere dünne Rand besteht aus sehr feinkristallinem Gefüge mit regelloser Verteilung der Kristalle. Er rührt von der schnellen Keimbildung durch Unterkühlung her, wenn der Guß auf die kalte Formwand trifft. Dann folgt eine Zone von *Stengelkristallen*, deren lange Achsen in Richtung des Wärmeflusses liegen. Dieses ist fast immer die Richtung senkrecht

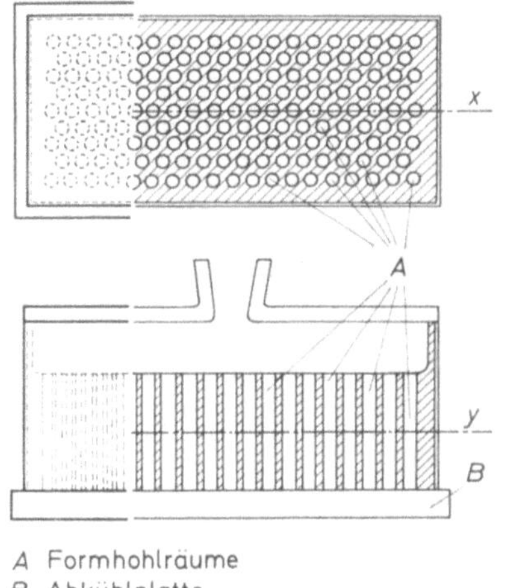

Bild 22.7. Schema einer Formmaske mit Abkühlplatte für stengelkristallisiertes AlNiCo (nach [6]).

Bild 22.8. Ätzbild eines stengelkristallisierten AlNiCo-500-Zylinders, hergestellt durch Gießen in Formmaske mit Abschreckplatte.

zur Formwand, beim Zylinder also radial angeordnet. Die Längsrichtung der Stengelkristalle entspricht dabei einer bestimmten Kristallachse. Bei AlNiCo ist es eine [100]-Richtung, welche gleichzeitig Vorzugsrichtung der Magnetisierung ist, wie z. B. Zijlstra [4] für AlNiCo V gezeigt hat. Nach Chalmers [5] ist dies für kubische Systeme auch zu erwarten. Weiter innen liegt wieder eine Zone mit ungeordneten Kristallen unregelmäßiger Gestalt. Hier existiert keine bevorzugte Richtung des Wärmeabflusses mehr. Als *Erstarrungskeime* wirken hier die Verunreinigungen, die vor der Erstarrungsfront hergeschoben wurden.

Die magnetischen Werte eines Dauermagnetwerkstoffes in Gebrauchsrichtung werden erhöht, wenn die Stengelrichtung mit dieser späteren Gebrauchsrichtung übereinstimmt. Bei Zylindern ist die Gebrauchsrichtung als Richtung des magnetischen Flusses meist die Achse, bei Platten die Richtung senkrecht zur Plattenebene. Für Zylinder gelingt das richtige Wachstum der Kristalle, die Herstellung der *Kristallorientierung*, z. B. durch Einlegen von Eisenplatten in die Formmasken, wie Bild 22.7 zeigt [6]. Zum Erreichen einer guten Ausrichtung der Stengel ist es wichtig, die Form vor dem Gießen genügend zu erhitzen und den Einguß groß genug zu wählen. Nach [7] wurden bei AlNiCo 500 die besten Eigenschaften beim Erhitzen der Formen auf ca. 1 100 °C erzielt. Der Eingußkanal hatte dabei denselben Durchmesser wie das Gußstück. Die Erhitzung der Formen kann evtl. durch *exotherme Formmassen* oder durch seitliche Wärmung mittels eines

Ringes aus überschüssigem Gußwerkstoff [8] erfolgen. In Bild 22.8 ist ein nach dem Formmaskenverfahren hergestellter Zylinder zu sehen. Deutlich ist das ungeordnete Wachstum der Keime auf der Seite der Abschreckplatte (unten) sichtbar. Diese Platte war nur unzureichend gekühlt worden.

Ein weiteres Verfahren der Kristallorientierung ist bei der Herstellung von plattenförmigen Magneten das Gießen zwischen zwei *Abschreckplatten*. In Bild 22.9 ist die Orientierung der Stengel an einer hiernach hergestellten Platte zu sehen. Die Trennzone in der Symmetrieebene der Erstarrung ist manchmal so scharf, daß sich die Platte hier leicht spalten läßt und die Bruchfläche fast eben ist. Die unterkühlte Zone ist sehr dünn.

Für die Herstellung von langen Stengeln in Zylindern kann nach [6, 9] das *Zonenschmelzen* verwendet werden; es ist in Bild 22.10 gezeigt. Der Zylinder, bestehend aus Guß- oder Sinterblöcken verschiedener Länge, wird mit einer Geschwindigkeit von $v \sim 2$ mm/sec durch eine *HF*-Spule der Frequenz $f \approx 500$ kHz gezogen und schmilzt etwa 15 bis 20 mm des Stabes auf. Beim Erstarren bilden sich die stabförmigen Kristalle parallel zur Achse. Es entsteht ein Stab, der praktisch unendlich lang werden kann. Bei diesem Verfahren steht der Stab vertikal. Die Ziehgeschwindigkeiten v sind vom Strangdurchmesser d abhängig; von MAKINO und KIMURA [10] wurden dafür angegeben:

$$\text{für } d = 10 \text{ mm} \qquad v = 25 \text{ mm/min,}$$
$$\text{,, } d = 13 \text{ bis } 15 \text{ mm} \qquad v = 15 \quad \text{,,}$$
$$\text{und} \qquad \text{,, } d = 20 \text{ mm} \qquad v = 5 \quad \text{,,} \quad .$$

Damit kann aus wirtschaftlichen Gründen als größter Durchmesser höchstens 20 mm angenommen werden.

Von HOFFMANN und STÄBLEIN [11] wurde ein *horizontales Zonenschmelzverfahren* mit Tiegel beschrieben, bei dem mit Ziehgeschwindigkeiten von einigen mm/h an Stäben die maximale Energiedichte $(BH)_{max}$ bei AlNiCo 450 von 5,2 auf 9,3 MGOe gesteigert wurde.

Außerdem wird noch das *Stranggießen* für die Erzeugung von kristallorientierten Zylindermagneten benutzt [12]. Hierbei wird der Strang durch Einpacken in wärmedämmende Stoffe vor seitlicher Wärmeabgabe geschützt. Mittels Molybdän-Heizwicklung wird außerdem zusätzlich von der Seite Wärme zugeführt [13]. Es wird im Lichtbogen unter Argon geschmolzen. Als Rohstoff wird zerkleinertes AlNiCo-Gut zugegeben. Die Absenkung des erstarrten Stranges erfolgt meist diskontinuierlich. Die mittlere Gießgeschwindigkeit bei Stäben mit 10 bis 20 mm Durchmesser beträgt dabei ca. 5 bis 7 mm/min. Ein hiernach hergestellter Zylindermagnet ist in Bild 22.11 zu sehen; er zeigt durchgehende Stengel.

Ein weiteres Verfahren ist das von HRUSKA [14] beschriebene *Umschmelzverfahren* unter Elektroschlacken. Der Grad der Stengelkristallisation ist stark von der Stromdichte in der Elektrode abhängig.

Die bisherigen Bilder zeigen titanfreie Magnete. Bei den titanhaltigen AlNiCo-Magneten ist es erst neuerdings gelungen, das sehr feine Gefüge zur Stengelkristallisation mit größeren Kristallen zu bringen. Nach [15] wird dies durch Beimischen von ca. 0,2% Schwefel oder Selen unmittelbar vor dem Abstich erreicht, jedoch scheint es sich nach den hervorragenden magnetischen Werten schon fast um Einkristalle gehandelt zu haben. Auch in [16] wird die gerichtete Bildung von Einkristallen untersucht. Dabei wurden u. a. Kristallisationskeime verwendet.

Nach dem Gießen muß der AlNiCo-Gußmagnet durch eine Warmbehandlung in den magnetisch wertvollen Zustand gebracht werden. Diese Warmbehandlung gliedert sich in drei Schritte: Homogenisieren, Abkühlen, Anlassen.

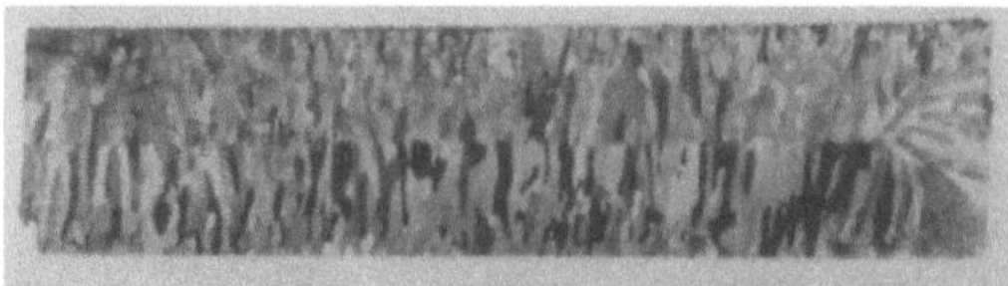

Bild 22.9. Ätzbild einer stengelkristallisierten AlNiCo-500-Platte, hergestellt durch Gießen zwischen zwei Abschreckplatten (2 ×).

Bild 22.10. Schematisches Bild des Zonenschmelzens von AlNiCo; (nach [6]).

Bild 22.11. Abschnitt eines stranggezogenen AlNiCo-500-Zylinders mit durchgehender Stengelkristallisation; Durchmesser ca. 20 mm.

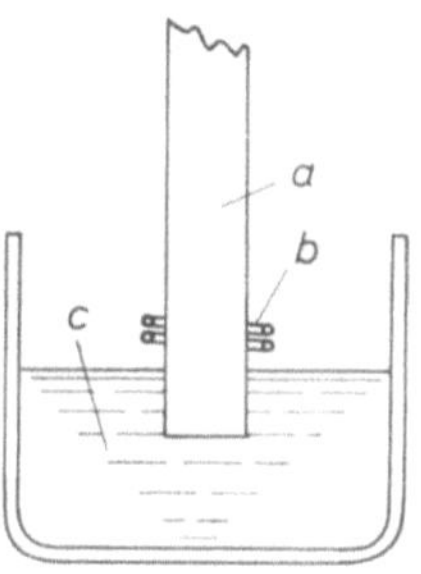

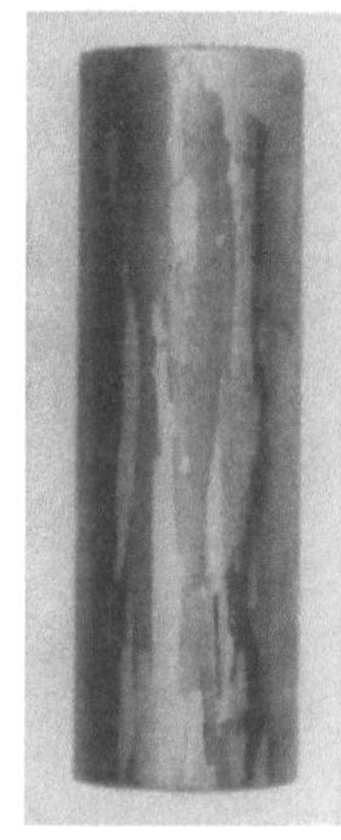

a Magnet
b Induktionsspule
c Kühlmittel

Bild 22.10   Bild 22.11

Das Homogenisierungsglühen wird in elektrisch beheizten Rohröfen unter Schutzgasatmosphäre durchgeführt. Beim folgenden Abkühlen kann eine magnetische Anisotropie erzeugt werden, indem dabei ein magnetisches Feld auf den Magneten einwirkt. Die notwendige Feldstärke von 1 bis 2 kOe wird mit Luftspulen oder Elektromagneten, seltener mit Dauermagnetjochen, erzeugt. Bei gewünschter *gekrümmter Vorzugsrichtung* des zu behandelnden Dauermagneten muß auch das Feld gekrümmt werden. Dieses wird mit entsprechend gekrümmten Luftspulen oder bestimmten Anordnungen von Kupfer-Rohren oder -Bändern versucht. Dabei ist zu beachten, daß die Feldstärke mit dem Abstand r vom Leiter entsprechend r^{-1} abnimmt, also sehr hohe elektrische Stromstärken notwendig sind.

Das nachfolgende *Anlassen* erfolgt bei Temperaturen von 550 bis 650 °C meist in Kammeröfen unter Schutzgasatmosphäre.

22.2.2 Preßmagnete aus AlNiCo

Das einfachste Gußverfahren, der Sandguß, ergibt sehr große Gußtoleranzen. Die Stengelkristallisationsverfahren sind demgegenüber meist schon Feingußverfahren mit engeren Toleranzen. Um noch toleranzengere Werkstücke aus Gußwerkstoff herzustellen, wurden die sogenannten *Preßmagnete* [17] geschaffen. Sie bestehen aus zerkleinertem AlNiCo im Korngrößenbereich von ca. 0,01 mm bis ca. 1 mm. Dieses zerkleinerte AlNiCo-Material kann entweder aus Guß- oder

Sinterschrott oder aus eigens dafür angesetzten Gußchargen hergestellt werden.
Eine vorteilhafte Korngrößenverteilung ergibt einen hohen Füllfaktor. Das zerkleinerte AlNiCo wird mit einigen Prozent Bindemittel vermischt und bei Drücken
von 1 bis 4 Mp/cm² heiß verpreßt. Es lassen
sich damit sehr toleranzenge Werkstücke
herstellen, deren Toleranzen senkrecht zur
Preßrichtung $> \pm 0,025$ mm und parallel
zur Preßrichtung $> \pm 0,25$ mm sind [17].
Wegen des Mischens sind auch die magnetischen Toleranzen sehr eng zu halten; sie
betragen allgemein $\pm 3\%$ [17].

In Bild 22.12 ist eine Auswahl von Preß-
magneten gezeigt[1]. Wie zu sehen ist, können
hierbei auch komplizierte Preßteile hergestellt werden. Vorteilhaft ist dabei, daß
besondere Metallteile, z. B. zur Halterung
oder Temperaturkompensation, in das Preß-
werkzeug eingelegt und beim Preßvorgang
mit dem Magneten verbunden werden können. Außerdem ist gleichzeitig das Einlegen von Kantenschutz sowie das Mitein-
pressen von Achsen möglich. Es können
auch örtlich Verdichtungen für mehrpolige

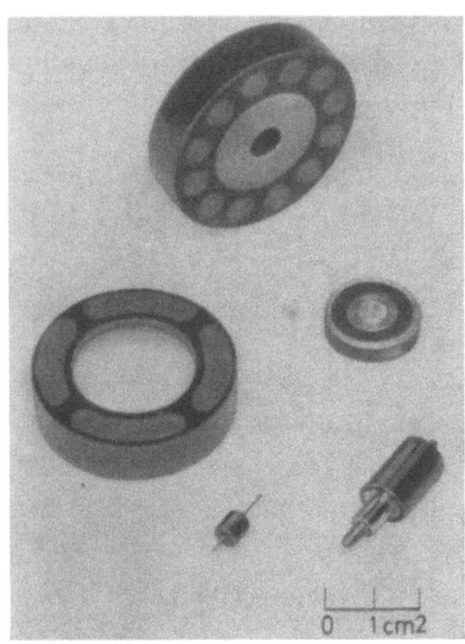

Bild 22.12. Preßmagnete aus AlNiCo.

Anordnungen durch Verwendung von vorgepreßten Teilen erzeugt werden. Die
Druckfestigkeit beträgt ca. 1 200 kp/cm², die Biegefestigkeit ca. 120 kp/cm².

22.2.3 Keramische Gußmagnete aus Bariumferrit

Wie HILPERT [18] schon 1909 erwähnte, können Magnete auf ferritischer
Basis, bestehend aus Metalloxyden, auch schmelzmetallurgisch hergestellt werden.
Von SNOEK [19] wurde dazu bemerkt, daß die einfachste Gießmethode — Gießen
in die Endform — versagt, weil die Schmelze Sauerstoff abgibt und der Ferrit
wegen des Sauerstoffmangels magnetisch unbrauchbar ist. Nach Untersuchungen
von BERGMANN [20] kann diese Schwierigkeit vermieden werden, indem die er-
starrte Schmelze zu Pulver zerkleinert und das so erzeugte *Schmelzferrit*-Pulver
in die Endform gepreßt und dann formgesintert wird. Der Sauerstoffmangel wird
bei dieser Sinterung in Luftatmosphäre behoben. Es wurde danach hauptsächlich
weichmagnetischer Mangan-Zink-Ferrit hergestellt, jedoch wird auch die Herstellung von Bariumferrit erwähnt. Weitere Versuche sind nicht bekannt geworden.

22.3 Herstellung durch Sintern

Neben dem Gießen wird, wie Tab. 22.1 zeigt, besonders in Deutschland eine
große Menge von Dauermagneten auf dem Sinterwege hergestellt. Dabei fällt die
Lunkerbildung und Seigerung weg, und es liegt ein sehr gleichmäßiges und feinkörniges Gefüge vor, wie die Bilder 22.6a und b zeigen. Die Feinkörnigkeit führt

---

[1] Hergestellt von Firma Baermann, Bensberg b. Köln.

zu hoher Bruchfestigkeit, guter Kantenbeständigkeit und ausreichender spanabhebender Bearbeitbarkeit.

Da beim *Sintern* fast kein Kreislaufmaterial vorhanden ist, liegt eine sehr hohe Materialausbringung vor, wodurch besonders kleine Magnete mit Gewichten < ca. 50 p wirtschaftlich durch Sintern herstellbar werden. Belastend wirkt die notwendige Benutzung von Preßwerkzeugen und das pulverförmige Ausgangsmaterial der Legierungspartner.

Tabelle 22.1. *Monatliche Produktion von Dauermagneten für das Jahr 1967*

Land	monatliche Produktion Mp	Anteil in % AlNiCo gegossen	gesintert	Barium-ferrit	sonstige Magnete
Deutschland (BR)	300—350	15	20	60	5
Frankreich	300	30	2	65	3
England	200—220	70	10	10	10
Italien	ca. 100	58	2	40	—
USA	1 000—1 200	40	5	40	15
Japan	700—800	80	1	15	4

Beim Sinterprozeß handelt es sich — im Gegensatz zur Legierungsbildung in der Schmelze — um eine Festkörperreaktion. Dabei wird das Material aus dem Zustand des feinverteilten, heterogenen Pulvers mit großer spezifischer Oberfläche in den des homogenen Festkörpers mit minimaler spezifischer Oberfläche überführt. Der Schmelzpunkt des Materials wird nicht erreicht. Ein äußerer Überdruck ist mindestens bei den gesinterten Dauermagnetwerkstoffen auch nicht vorhanden. Die Triebkraft des Sinterns ohne Druck ist die Verkleinerung der totalen Oberflächenenergie unter dem Einfluß der Oberflächenspannung. Durch diese Spannung tritt beim Erhitzen des pulverförmigen Materials eine Materialbewegung auf, welche die geometrische Form der Partikel verändert und die Dichte des Sinterlings vergrößert. Nach [21] sind folgende Möglichkeiten des Materialtransportes beim Sintern denkbar:

1. Viskoses oder plastisches Fließen,
2. Verdampfung und Wiederkondensation,
3. Volumen- bzw. Gitterdiffusion,
4. Korngrenzendiffusion,
5. Oberflächendiffusion.

Außerdem ist dabei zu unterscheiden, ob alle Phasen unterhalb des Schmelzpunktes bleiben oder eine oder mehrere Phasen flüssig sind. Bei den Dauermagnetwerkstoffen scheint kein Sintern in flüssiger Phase vorzuliegen, wie z. B. ALTMAN [22] für AlNiCo-Legierungen deutlich zeigen konnte. Der Materialtransport wird wahrscheinlich durch die Prozesse 3 und 4 hervorgerufen.

Als Beispiele sollen die Herstellung von metallischen (AlNiCo-) und keramischen (Bariumferrit-) Sintermagneten kurz betrachtet werden.

22.3.1 Metallische Sintermagnete aus AlNiCo

In Bild 22.13 ist schematisch der Fertigungsgang dargestellt; in Bild 22.14 werden einige Sintermagnete gezeigt. Außer Aluminium werden alle Komponenten

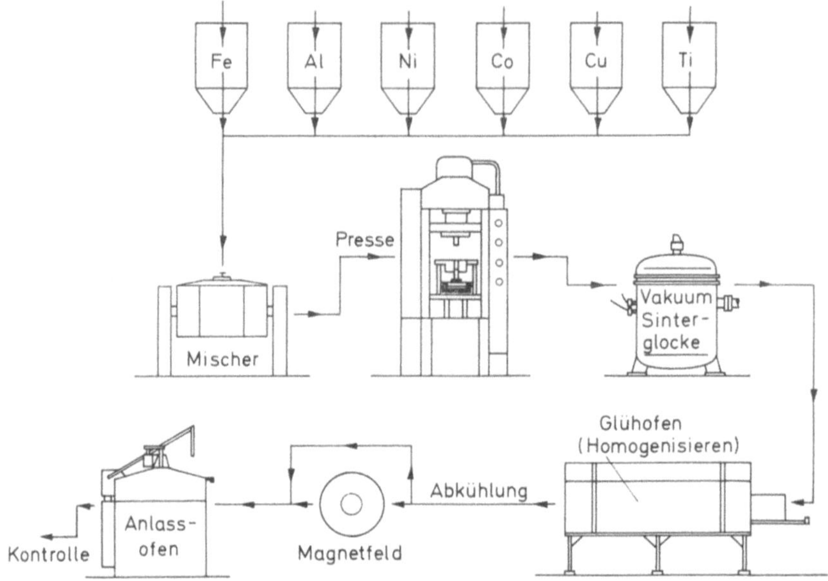

Bild 22.13. Schema einer Fertigung von AlNiCo-Sintermagneten.

Bild 22.14. Auswahl von AlNiCo-Sintermagneten.

als Pulver zugegeben. Das Aluminium muß wegen seines niedrigen Schmelzpunktes in Form einer Eisen-Aluminium-Vorlegierung zugesetzt werden. Bekannt sind auch Versuche mit Kobalt-Aluminium- bzw. Nickel-Aluminium-Vorlegierungen. Die Vorlegierung wird nach dem Gießen gebrochen und zermahlen. Das Sieben geschieht, um ein kleines Korngrößenspektrum zu erhalten. Es muß ausreichend lange gemischt werden. Alle Pulver müssen möglichst geringe Gehalte an Sauerstoff und Kohlenstoff aufweisen und dürfen nur so gelagert werden, daß dabei keine Oxydation eintritt.

Die Mischung wird auf hydraulischen oder mechanischen Pressen gepreßt, wie Bild 22.15 zeigt. Der Preßdruck liegt im Bereich von ca. 5 bis 10 Mp/cm². Seine Höhe beeinflußt die *Schwindung beim Sintern*, welche ca. 10% beträgt und vorher bei der Werkzeugherstellung berücksichtigt werden muß. Der Preßdruck ist außerdem formbedingt. Um ihn, besonders bei großen und komplizierten

Bild 22.15. Pressen von AlNiCo-Sintermagneten auf hydraulischen Pressen.

Teilen, nicht zu sehr erhöhen zu müssen, können *preßerleichternde Schmiermittel* zugesetzt werden. Problematisch ist dabei der meist hohe Kohlenstoff-Gehalt dieser Mittel, der, wie Bild 22.16 zeigt [23], zu einer Aufkohlung der Randzone führt. Insbesondere bei titanhaltigen Legierungen entsteht dann durch Bildung von TiC eine irreversible, starke Verschlechterung der magnetischen Eigenschaften.

Das Pulver kann, wie Bild 22.17 in der oberen Reihe zeigt, nach den verschiedensten Verfahren gepreßt werden [24]. Heute ist meist das sogenannte *Abzugsverfahren* üblich. Dabei steht der Unterstempel fest. Der obere Stempel und die Matrize sind beweglich. Beim Einfüllen bewegt sich die Matrize nach oben, beim Pressen — ähnlich wie der Oberstempel — nach unten. Durch diese kombinierte Bewegung wird einmal eine sehr günstige gleichmäßige Verdichtung erreicht, wie es in der unteren Reihe in

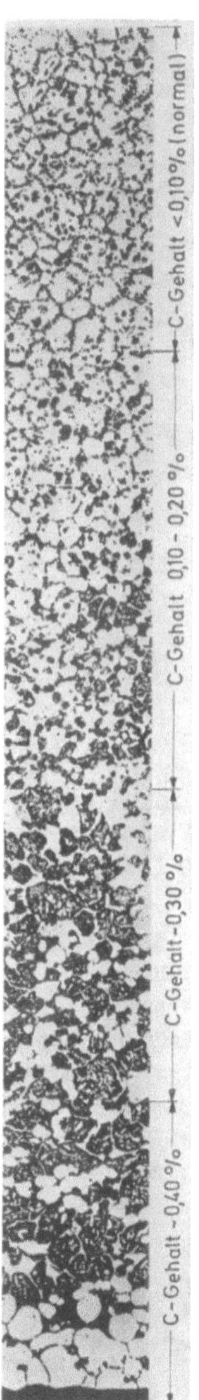

Bild 22.16. Starke Aufkohlung von AlNiCo-Sintermagneten bei zu starker Beigabe von kohlenstoffhaltigen Schmiermitteln (nach [23]) (500 ×).

Bild 22.17 angedeutet ist, und gleichzeitig der schädlichen Bildung von Preß-
kegeln und damit der Gefahr von Überpressungen entgegengearbeitet. Unter *Überpressungen* wird das Aufspalten des Preßlings in tellerartige, horizontale Schichten
beim Ausstoßen aus der Matrize oder beim Zerschlagen verstanden. Nach UNKEL
[25] entstehen beim Pressen infolge nichthydrostatischer Druckausbreitung para-
bolisch gekrümmte, schubspannungsfreie Flächen (Hauptspannungsflächen) im

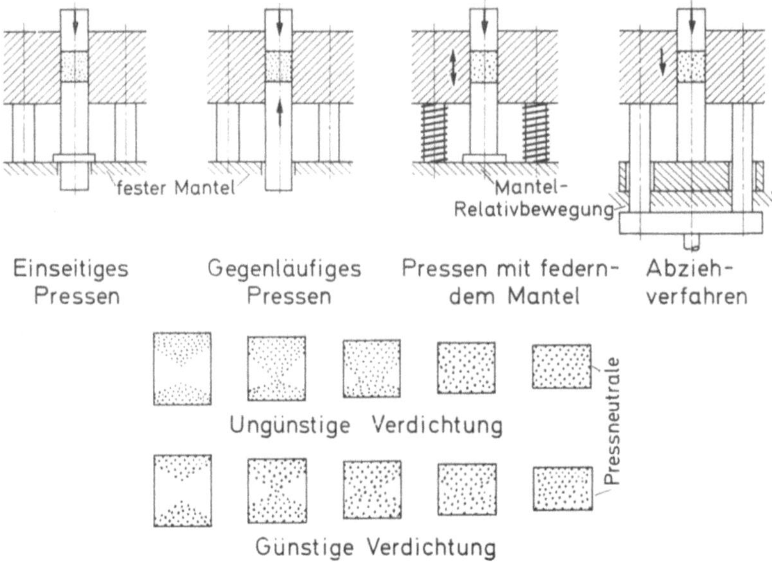

Bild 22.17. Die verschiedenen Preßverfahren der Metallurgie (nach [24]).

Preßling. In diesen Flächen tritt keine tangentiale Bewegung von Pulverteilchen
gegeneinander ein, und somit findet hier keine Kaltverschweißung statt (s. z. B.
Bild 22.25).

Zur Verhinderung von Oxydation wird entweder in Schutzgasöfen (meist
Wasserstoff) oder in Vakuumöfen bei Drücken von $p < 10^{-2}$ Torr gesintert, wie
sie z. B. Bild 22.18 zeigt. Zu beachten ist dabei die genügende Entgasung der
Preßlinge bei Temperaturen $< 500\,°C$, da sonst die Preßlinge auch hierdurch
oxydieren können [26]. Die Oxydation führt zu Al_2O_3-Häutchen an den Korngrenzen und damit zu geringer Festigkeit des Magneten. Bei stärkerer Oxydation
werden im Gefüge-Schliffbild des wärmebehandelten Magneten Al_2O_3-Inseln
sichtbar (Bild 22.19). Durch die Aluminium-Oxydation wird dem Gefüge Aluminium entzogen. Damit werden optimale magnetische Eigenschaften verhindert.
Die Sintertemperaturen liegen, je nach Legierung, im Bereich von 1 200 bis 1 400 °C,
die Sinterzeiten bei 1 bis 3 Stunden.

Durch gemeinsames Verpressen und Sintern von Dauermagnetwerkstoff und
Weicheisen für Polschuhe können außerdem *kombinierte Sintermagnete* hergestellt
werden, wie Bild 22.20 zeigt. Die angesinterten Weicheisenteile können gebohrt
und gefräst werden. Dadurch lassen sich Befestigungsprobleme besser lösen. Die
Herstellung dieser kombiniert gesinterten Dauermagnete erfordert viel Sorgfalt.
In neuerer Zeit wird deshalb die Löt- oder Klebverbindung bevorzugt.

In der neueren Zeit wurden zahlreiche Versuche unternommen [27], auch bei gesintertem AlNiCo ein gerichtetes Kornwachstum zu erreichen. Diese Versuche

Bild 22.18. Vakuum-Sinterglocken für Sinter-AlNiCo-Dauermagnete.

sowie eigene zeigen, daß wohl sehr grobe Kristalle wachsen können, aber die Orientierung der einzelnen Kristalle völlig regellos ist. Das Kristallwachstum kann soweit getrieben werden, daß *Einkristalle* beachtlicher Größe auftreten.

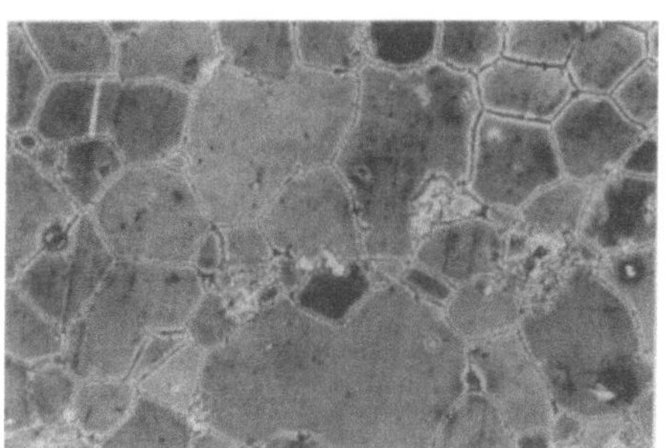

Bild 22.19. Al$_2$O$_3$-Inseln in wärmebehandeltem AlNiCo 500 S (100×).

Bild 22.20. Auswahl von kombiniert gesinterten Dauermagnetsystemen; weiß: Weicheisen; schwarz: AlNiCo.

22.3.2 Keramische Sintermagnete aus Bariumferrit

In Bild 22.21 ist schematisch der Fertigungsgang für Bariumferrit-Dauermagnete dargestellt, in Bild 22.22 werden einige Bariumferritmagnete gezeigt.

Nach dem Mischen und Brikettieren erfolgt bei normaler Atmosphäre das *Reaktionssintern* bei Temperaturen $> 1000\,°C$, wobei das spinellähnliche Bariumferrit entsteht. Sein Gitter ist durch die großen Barium-Ionen hexagonal verzerrt. Es bildet sich eine Magnetoplumbitstruktur aus (s. Kapitel 24). Je nach Höhe der Reaktions-Sintertemperatur wird ein fein- bis grobkörniges Gefüge im Ferrit ausgebildet. Dieses Sintergut wird dann naß oder trocken auf mittlere Korngrößen von ca. 1 μm Durchmesser gemahlen. Dabei haben sich nach Untersuchungen von MAURER und RICHTER [28] als besonders wirtschaftlich die diskontinuierlich

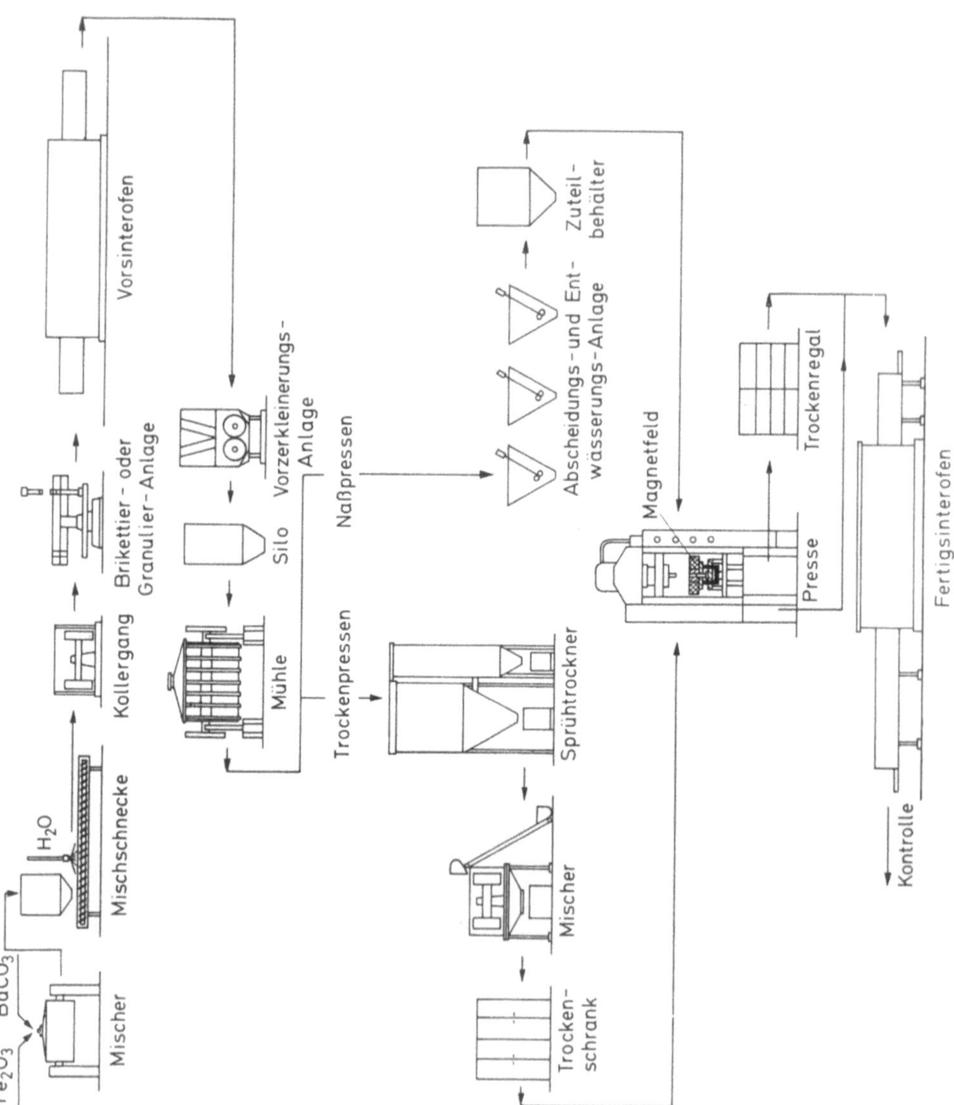

arbeitende Vibrations-Schwingmühle und die kontinuierlich arbeitende Molinex-Mühle erwiesen.

Anschließend wird das Pulver wie bei jedem Sinterwerkstoff gepreßt und *formgesintert*. Bei anisotropen Werkstoffen wird das Pulver naß in Form einer Suspension in die Preßform gedrückt oder trocken magnetisch und mechanisch in die Preßform gesaugt und in mechanischen oder hydraulischen Pressen bei Drücken von 0,3 bis 2 Mp/cm² gepreßt.

Bei dem *naß zu pressenden Pulver* wird bei Anwendung des *Abzugsverfahrens* beim Einfahren des Oberstempels in die Matrize das (meist) axiale Magnetfeld eingeschaltet. Es richtet die in der Flüssigkeit (20 bis 45 Gew.-% Anteil Flüssig-

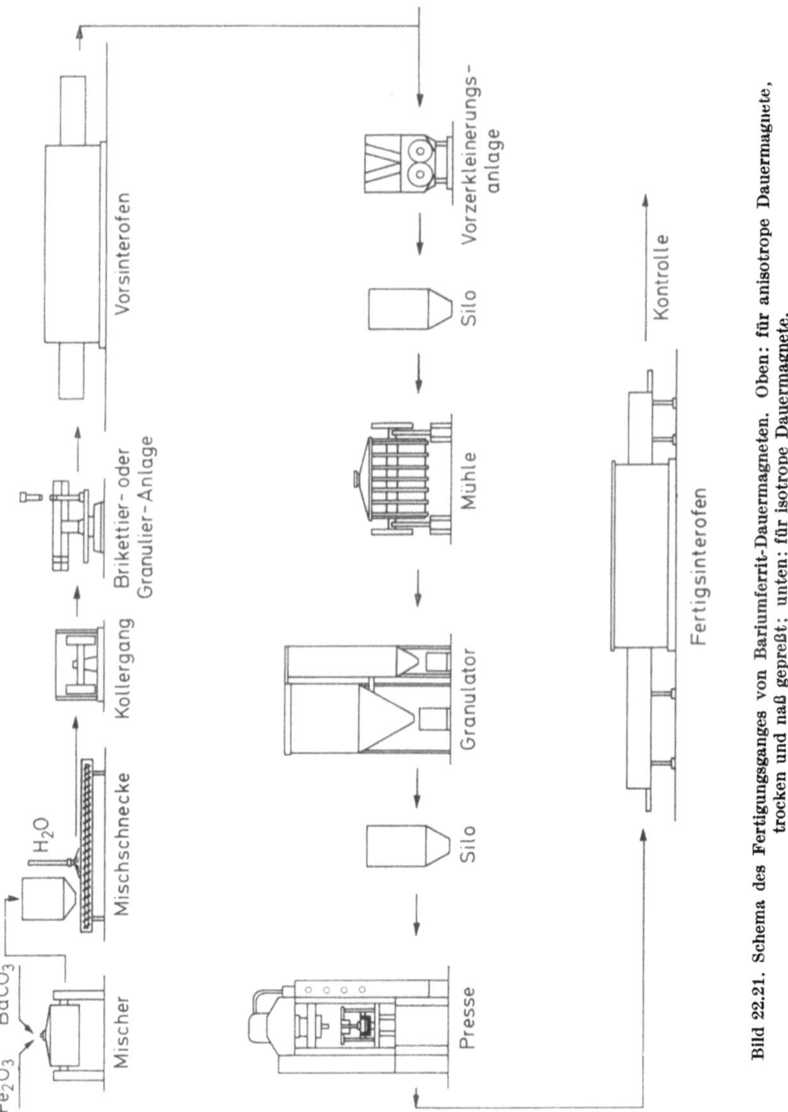

Bild 22.21. Schema des Fertigungsganges von Bariumferrit-Dauermagneten. Oben: für anisotrope Dauermagnete, trocken und naß gepreßt; unten: für isotrope Dauermagnete.

keit) noch frei beweglichen, vorwiegend plättchenartigen Körner der sich in der Preßmatrize befindlichen Schlempe so aus, daß die magnetische Vorzugsrichtung prallel zur Preßrichtung liegt. Das Pressen verstärkt diese Ausrichtung, da die magnetische Vorzugsrichtung, hervorgerufen durch die Kristallanisotropie, senkrecht zur Plättchenebene der Pulverteilchen liegt. Beim Pressen muß die Flüssigkeit mit abgesaugt oder abgepreßt werden, was eine gewisse Preßverzögerung mit sich bringt. Dies Absaugen erfolgt durch feine Löcher in Ober- und Unterstempel, über die zur Vermeidung einer Verstopfung durch heraustretenden Feststoff Filtertücher gespannt werden. Das Abpressen erfolgt gleichfalls mittels auf die Stempel gelegter Filtertücher, wobei das Wasser nach außen abfließt. Zur Verstärkung des Abfließens kann Preßluft zu Hilfe genommen werden.

In Bild 22.23 ist links die Oberfläche eines Naßpreßlings nach einer Trocknung von 72 Stunden bei ca. 25 °C zu sehen. Der Wassergehalt beträgt noch ca. 0,5 bis

Bild 22.22. Auswahl von gesinterten Bariumferrit-Dauermagneten.

Bild 22.23. Naßgepreßte Scheibe aus Bariumferrit mit Filtermuster. Links: 72 Stunden getrocknet; rechts: gesintert, ca. 100 mm Durchmesser.

1 Gew.-%. Die Schwindung beim Sintern ist am Sinterling rechts zu sehen. Die lange Lufttrocknung kann unter Umständen durch eine kürzere Ofentrocknung ersetzt werden. Jedoch ist dabei die Gefahr von Trocknungsrissen, vor allem bei voluminösen Preßteilen, sehr groß.

Bei dem *trocken zu pressenden Pulver* wird das axiale Magnetfeld schon beim Einfüllen des Pulvers in das Preßhohl eingeschaltet. Dabei wird das trockene Pulver vom Feld in die Preßmatrize gesaugt und gleichzeitig vor-ausgerichtet [29, 30]. Mit herunterfahrendem Oberstempel schließt sich der magnetische Kreis.

Das anfänglich für den Füllvorgang notwendigerweise inhomogene, einsaugende Feld wird dabei homogen und richtet die Teilchen aus. Auch hier wird durch die Preßanisotropie das Pulver zusätzlich ausgerichtet.

In den magnetischen Werten besteht meistens zwischen trocken- und naßgepreßten Magneten kein beachtenswerter Unterschied. Für sehr große Teile dürfte das Naßpressen wegen der gleichmäßigeren Füllung und Verdichtung des

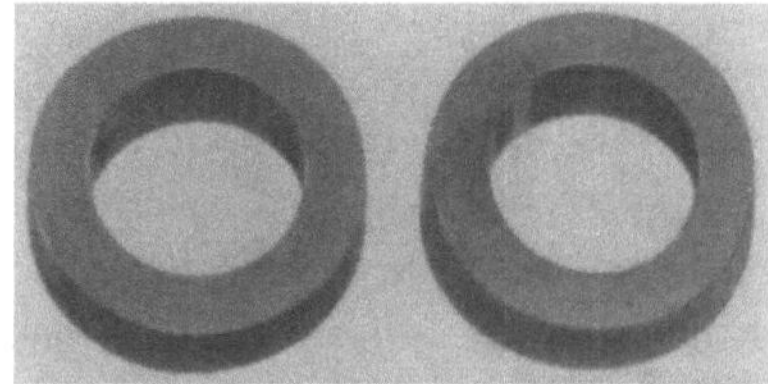

Bild 22.24. Gesinterte Ringe aus Bariumferrit. Links: Preßrichtung parallel zur Feldrichtung; rechts: Preßrichtung senkrecht zur Feldrichtung (ergibt ovalen Ring).

homogenen Ausrichtfeldes vorteilhafter sein, für kleinere Teile das Trockenpressen wegen der kürzeren Preßzeit. Die Größe des Ausrichtfeldes liegt beim Trocken- und Naßpressen im Bereich von 5 bis 10 kOe.

Beim Pressen müssen nicht unbedingt Feldrichtung und Preßrichtung übereinstimmen. Es können auch radiale oder diametrale Vorzugsrichtungen erzeugt werden. Die zusätzliche *Preßanisotropie* wirkt dabei jedoch verschlechternd auf die magnetischen Eigenschaften in Vorzugsrichtung. Bei der diametralen Vorzugsrichtung wird infolge der verschiedenen *Schrumpfung* parallel und senkrecht zur Vorzugsrichtung ein Ring beim Sintern oval, wie Bild 22.24 zeigt.

Anstelle der Ausrichtung mit Magnetfeld kann eine ausschließliche Ausrichtung durch mechanische Kräfte treten. Es wird eine *Preßanisotropie* erzeugt. Diese Möglichkeit wird beim Formgeben durch *Strangpressen* ausgenutzt. Dabei wird Pulver mit Wasser und preßerleichternden Zusatzstoffen zu lederharter Konsistenz vermischt, durch ein entsprechend geformtes Mundstück gepreßt und abgelängt. Senkrecht zur Strangrichtung und zur Oberfläche des Preßlings tritt eine magnetische Vorzugsrichtung infolge der Plättchenform des Pulvers ein [30].

Auch beim Pressen von Bariumferrit ist darauf zu achten, daß eine gleichmäßige Druckverteilung auftritt, um Preßfehler durch Preßkegel bzw. Überpressungen (s. Bild 22.25) zu vermeiden [25]. Dazu müssen Magnetform, Preßverfahren, Preßzeit und Preßdruck aufeinander abgestimmt werden.

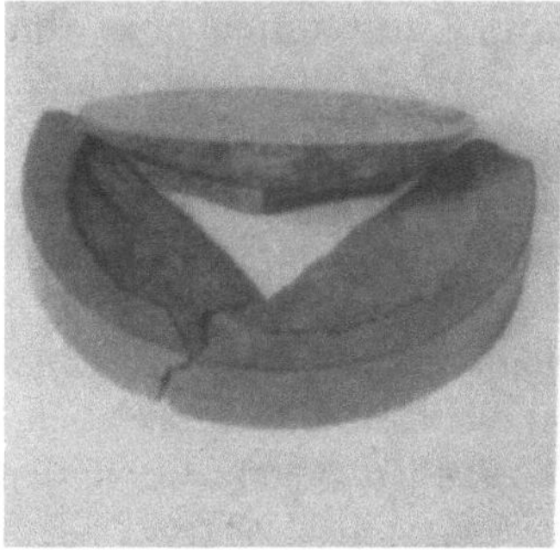

Bild 22.25. Preßkegel bei Überpressung von trocken gepreßter Scheibe (links) bzw. trocken gepreßtem Ring (rechts) aus Bariumferrit.

Die bei den keramischen Bariumferrit-Dauermagneten allgemein einhaltbaren *Sintertoleranzen* entsprechen denen nach DIN 40680 [31].

Bei isotropen Werkstoffen wird zur Verbesserung der Rieselfähigkeit der Pulver beim Einfüllen in die Preßform vorher das reaktionsgesinterte Pulver granuliert, d. h. mehrere Pulverkörner „zusammengeklebt". Der Preßdruck bei isotropem Bariumferrit beträgt ca. 1 bis 2 Mp/cm² [30].

Es ist jedoch auch möglich, beim isotropen Werkstoff das Vorsintern einzusparen. Nach dem Mischen der Ausgangskomponenten wird das *Pulver granuliert*, in die Preßform direkt eingefüllt und gepreßt. Gegenüber dem Verfahren mit Vorsinterung ist hierbei die Schwindung nicht sehr gut vorausberechenbar, so daß die Sintertoleranzen größer werden (s. z. B. KOCH [32]). Auch bei diesem Verfahren sind die Toleranzen vom Preßdruck abhängig.

Eine weitere Möglichkeit, Bariumferrit-Werkstoffe herzustellen, bildet das *isostatische Pressen* des reaktionsgesinterten Pulvers. Infolge des allseitigen Druckes werden die Pulver gleichmäßig verdichtet, so daß keine Überpressung auftreten kann [33]. Es entstehen dabei Preßlinge mit isotropen magnetischen Eigenschaften. Das Einwirken eines entsprechend starken Feldes (s. Abschnitt 24.3.1) vor dem Verdichten müßte jedoch zu einer magnetischen Vorzugsrichtung im Preßling führen können.

Die Festkörperreaktion beim Sintern von Bariumferrit ist im wesentlichen dieselbe wie bei metallischen Pulvern. Die Schwindung geschieht infolge Volumendiffusion [34, 35]. Die freie Oberflächenenergie wird dabei irreversibel erniedrigt. Nach STÄBLEIN [36] sind deutlich drei Bereiche beim Sintern zu unterscheiden: Im Bereich I findet im wesentlichen nur eine Kristallerholung statt, die Gitterfehler werden ausgeheilt. Im Bereich II läuft der eigentliche Sinterprozeß mit Schwindung und anfänglichem Kornwachstum ab. Im Bereich III nimmt durch anormales Kornwachstum die Koerzitivfeldstärke stark ab; die Schwindung ist beendet.

Die Fertigsinterung erfolgt in normaler Atmosphäre bei Temperaturen von 1100 bis 1300°C, die Sinterdauer beträgt einige Stunden. Die Sinterung erfolgt in elektrisch oder gasbeheizten Öfen unter normalem Luftdruck. Die Öfen sind meist als Plattendurchstoß-, seltener als Herdwagenöfen aufgebaut. Wegen der Sprödigkeit des Werkstoffes müssen die Sinterlinge langsam aufgeheizt und abgekühlt werden.

Anstelle des Formpressens mit folgender Sinterung kann auch das Einmischen und Verarbeiten des Bariumferritpulvers in Kunststoffen oder Gummi treten. Die Verarbeitung kann als Extrudieren, Spritzen, Gießen, Heißpressen bzw. Kalandrieren erfolgen. Es werden mit Hilfe von Duroplasten sehr formgenaue Preßmagnete, mit Hilfe von Thermoplasten oder Gummi elastische Dauermagnete hergestellt (s. z. B. [37]). Diese können geschnitten oder gestanzt werden, jene benötigen keine Nachbearbeitung.

Es wurden mehrere Versuche unternommen [38 bis 41], Einkristalle von Bariumferrit herzustellen. Jedoch ist hierbei nichts über technisch bemerkenswerte magnetische Eigenschaften an diesen Einkristallen bekanntgeworden. An ihnen wurden vor allem Ummagnetisierungsvorgänge studiert.

22.4 Technologische Eigenschaften

In diesem Absatz soll noch einiges über die chemische Beständigkeit und mechanische Bearbeitung der Dauermagnetwerkstoffe sowie ihre Verbindung mit anderen Bauteilen geschrieben werden. Dabei ist die Aufzählung sicher unvollständig, da hier fast ausschließlich auf eigene Versuche zurückgegriffen wird. Als Literatur standen lediglich noch die Werkstoffprospekte einiger Hersteller [42 bis 45] zur Verfügung. Es sollen auch hier nur die beiden wichtigsten Werkstoffe AlNiCo und Bariumferrit betrachtet werden.

22.4.1 AlNiCo

22.4.1.1 Chemische Beständigkeit [1]

Bedingt beständig:		*Unbeständig*:	
Essigsäure	50%ig	Ammoniumacetat	10%ig
Gerbsäure	10%ig	Ammoniumchlorid	10%ig
Harnsäure	10%ig	Ammoniumpersulfat	10%ig
Kaliumbichromat	10%ig	Bariumchlorid	10%ig
Kaliumchlorat	10%ig	Borsäure	10%ig
Kaliumnitrat	10%ig	Flußsäure	
Kalziumhydroxid	10%ig	Hydrozinsulfat	10%ig
Natriumkarbonat	10%ig	Kaliumchlorid	10%ig
Natriumnitrit	10%ig	Kaliumsulfat	10%ig
Wasserstoffperoxid	30%ig	Kalziumchlorid	10%ig
		Kupfersulfat	10%ig
		Natriumchlorid	10%ig
		Natriumhydroxid	
		Natriumthiosulfat	10%ig
		Oxalsäure	10%ig
		Phosphorsäure	
		Pikrinsäure	alkoholische Lösung
		Salpetersäure	
		Salzsäure	
		Seewasser	
		Schwefelsäure	
		Schweflige Säure	
		Schweflige Säure	6%ig
		Weinsäure	10%ig
		Zitronensäure	10%ig

Neben diesen Flüssigkeiten existieren noch eine Reihe von organischen Lösungsmitteln, wie z. B. Brommethanol oder Bromazeton usw., in denen sich AlNiCo-Legierungen leicht lösen. Ferner sind AlNiCo-Legierungen gegen alle stark alkalischen Lösungen wegen des hohen Aluminiumgehaltes unbeständig. Die

---

[1] Die Untersuchungen der Beständigkeit wurden nur während eines relativ kurzen Zeitraumes bei Raumtemperatur durchgeführt.

AlNiCo-Legierungen zeigen im allgemeinen eine ähnliche Widerstandsfähigkeit wie Eisen-Nickel-Legierungen mit entsprechenden Nickel-Gehalten (ohne Zusatz weiterer Legierungselemente, wie Chrom usw.), jedoch ist dabei zu berücksichtigen, daß die AlNiCo-Legierungen im allgemeinen einen Aluminiumgehalt von 7 bis 8% haben und daher die chemische Beständigkeit herabgesetzt wird.

Die Angaben über die Beständigkeit der AlNiCo-Legierungen gegen verschiedene Lösungen (s. obige Tabelle) sind mit Vorsicht zu behandeln, da naturgemäß die Beständigkeit der Werkstoffe von der Einsatzart in diesen Lösungsmitteln abhängt. Es kommt im wesentlichen darauf an, ob der AlNiCo-Magnet dauernd in der Flüssigkeit verbleibt oder zeitweilig aus der Flüssigkeit herausgenommen, vorübergehend dem Luftsauerstoff ausgesetzt und wieder in die Lösung eingetaucht wird. Eine weitere Schwierigkeit besteht darin, zu entscheiden, ob der Magnet dauernd von einer Lösung konstanter Konzentration umspült wird, oder aber, ob der Magnet in einer stillstehenden Flüssigkeit eingesetzt wird, wobei sich zu dem Magneten hin ein Konzentrationsgefälle im Lösungsmittel ausbilden kann. Im letzteren Falle wird die Beständigkeit des Werkstoffes gegenüber der Lösung erhöht.

Auf Grund der Tatsache, daß die Korrosionsversuche normalerweise nur während eines relativ kurzen Zeitraumes durchgeführt werden können, ist es nicht ohne weiteres möglich, Lösungen anzugeben, gegenüber denen AlNiCo absolut beständig ist. Daher wurde in jedem Falle die Einschränkung der bedingten Beständigkeit gemacht.

22.4.1.2 Elektrische und sonstige Eigenschaften

Curie-Temperatur	$T_C \approx 700$ bis $850\,°C$
maximale Gebrauchstemperatur[1]	$T = 500\,°C$
Dichte	$\varrho \approx 6,9$ bis $7,3$ g/cm^3
spezifischer elektrischer Widerstand (20 °C)	$\varrho \approx 45$ bis $60 \cdot 10^{-6}\,\Omega \cdot$ cm
linearer Ausdehnungskoeffizient	$\alpha \approx 11$ bis $14 \cdot 10^{-6}$/grd
Zugfestigkeit	$\sigma_z \approx 10$ bis 30 kp/mm^2

22.4.1.3 Mechanische Bearbeitung. Wie schon erwähnt, können AlNiCo-Gußmagnete nur durch Schleifen, AlNiCo-Sintermagnete in bestimmten Gefügezuständen auch durch Drehen spanabhebend bearbeitet werden. In Bild 22.26 ist der mittlere Sinterring gedreht worden. Bei dem im Vordergrund abgebildeten Gußling mißlingt wegen der Grobkörnigkeit das Drehen. Es treten starke Ausbrüche und Ausbröckelungen auf.

Eine weitere spanabhebende Bearbeitung von AlNiCo-Magneten im kalten oder warmen Zustand ist mittels Trennscheiben möglich. Besonders ist dabei die Mikroriß-Anfälligkeit beim Trockentrennen zu beachten. Die Bearbeitung mittels Funkenerosion ist möglich. Es treten aber bei wirtschaftlich großem Vorschub Oberflächenrauhigkeiten auf, die Rauhtiefen bis 1 mm ergeben. Bei geringeren Rauhtiefen von 0,1 mm muß mit der ungefähr zehnfachen Trennzeit gerechnet werden.

---

[1] Näheres s. Kapitel 30.

22.4.1.4 Mechanische Verbindung. Die Verbindung z. B. mit Polschuhen oder Leitstücken oder anderen Bauteilen kann, außer durch das schon bekannte kombinierte Sintern, durch Weich- oder Hartlöten geschehen. Weiterhin kommt das Ein- oder Umspritzen mit Metall oder Kunststoff in Frage. Eine andere Verbin-

Bild 22.26. AlNiCo-Sintermagnete,
vor dem Anlassen abgedreht.

dungsmethode ist das Kleben. Wegen der meist nicht großen Klebeflächen wird oft das System zusätzlich zusammengeschraubt. Gegenüber dem früher fast ausschließlich angewandten Schrauben kann damit jetzt die Anzahl der Schrauben bzw. ihr Durchmesser verringert werden.

22.4.1.5 Galvanische Behandlung. Vor der galvanischen Behandlung von Gußmagneten muß die Gußhaut, bei Sintermagneten die Sinterhaut entfernt werden, nach einer Wärmebehandlung außerdem die Oxydhaut. Zu Korrosion führen Lötmittelrückstände in Lötnähten, die Lunker und Poren in Guß- oder Sinterteilen sowie enge Sacklöcher. Bei Sintereisen mit Dichten $< 7{,}0 \ \mathrm{g/cm^2}$ gelingt eine korrosionsbeständige galvanische Behandlung nur bei großer Erfahrung.

Die galvanischen Schutzschichten können hauptsächlich durch folgende Verfahren erzeugt werden:

Verkupfern, Verchromen, Verkadmen, Verzinnen, Vernickeln, Bichromatisieren, Passivieren; bei Sintereisen jedoch meist nur Verchromen.

Die außerdem bekannten Schutzverfahren durch Diffusionsschutzschichten, z. B. das Inkromieren [46], scheiden wegen der hierzu notwendigen hohen Temperaturen aus, da sie die dauermagnetischen Eigenschaften des Dauermagneten vernichten. Eine andere Oberflächenschutzschicht wird durch Farbspritzen erreicht, eine weitere, aber nur gering schützende, durch Primern (Phosphatieren). Über weitere Schutzverfahren [47] liegen bisher keine gesicherten Erfahrungen vor.

22.4.2 Bariumferrit

22.4.2.1 Chemische Beständigkeit[1]

Bedingt beständig:		*Unbeständig:*	
Ammoniak		Flußsäure	
Benzin		Oxalsäure	
Benzoltrichloräthylen	50:50	Phosphorsäure	bedingt, je nach Konzentration
Entwickler		Salpetersäure	bedingt, je nach Konzentration
Essigsäure		Salzsäure	

---

[1] Die Untersuchungen der Beständigkeit wurden nur während eines relativ kurzen Zeitraumes bei Raumtemperatur durchgeführt.

Fixierbad	Schwefelsäure	bedingt, je nach Konzentration
Kalilauge		
Kresol		
Natronlauge		
Natriumchloridlösung	30%ig	
Natriumsulfatlösung		
phenolische Lösungen		
Wasserstoffperoxid	15%ig	
Wasserstoffperoxid	30%ig	
Zitronensäure	5%ig	
Zitronensäure	10%ig	

Es soll hier außerdem noch die Beständigkeit der kunststoff- bzw. gummigebundenen Werkstoffe Oxilit G, Ga und D[1] angeführt werden:

Oxilit G und Ga

Bedingt beständig:	*Unbeständig*:
Aceton	Salzsäure
Äther	Salpetersäure
Ammoniak	Schwefelsäure
Benzol	Xylol
Benzin	
Chloroform	
Essigsäure	
Methanol	
Natronlauge 30%ig	
Öl	
Petroleum	
Tetrachlorkohlenstoff	
Tetrahydrofuran	
Trichloräthylen	

Oxilit D

Frigen 113
100 h, 130 °C, 8,9 atü

22.4.2.2 *Elektrische und sonstige Eigenschaften*

Curie-Temperatur	$T_C \approx 450\,°C$
Dichte	$\varrho \approx 4{,}7$ bis $5{,}1$ g/cm^3
linearer Ausdehnungskoeffizient (20—300 °C)	$\alpha \approx 8{,}5 \cdot 10^{-6}$/grd
Wärmeleitfähigkeit	$\lambda \approx 14 \cdot 10^{-3}$ cal/s · cm · grd
spezifischer elektrischer Widerstand	$\varrho \approx 10^6$ bis $10^8\ \Omega \cdot$ cm
Zugfestigkeit	$\sigma_z \approx 5$ bis 10 kp/mm^2 (aus Knickfestigkeit berechnet)
Druckfestigkeit	$\sigma_d \approx 70$ kp/mm^2
Mohshärte	6 bis 7
maximale Gebrauchstemperatur[2]	$T \approx 200\,°C$

---

[1] Geschützte Handelsnamen der Firma DEW.   [2] Näheres s. Kapitel 30.

22.4.2.3 Mechanische Bearbeitung. Bariumferritmagnete sind spanabhebend durch Schleifen, Läppen und Honen wirtschaftlich bearbeitbar. Dabei muß auf die große Bruchgefahr geachtet werden. Weniger wirtschaftlich ist die spanabhebende Bearbeitung mittels Ultraschallbohrens [48, 49]. Sie gestattet aber komplizierte Formen und dünne Zylinder mit $d > 0{,}2$ mm herzustellen. wie z. B. Bild 22.27 zeigt. Je nach Länge werden die Zylinder dabei etwas konisch. Die Toleranzen entsprechen ungefähr dem Grobschleifen.

22.4.2.4 Mechanische Verbindung. Die Verbindung mit anderen Bauteilen kann durch Kleben [50], Wirbelsintern oder Umspritzen bzw. Einspritzen geschehen.

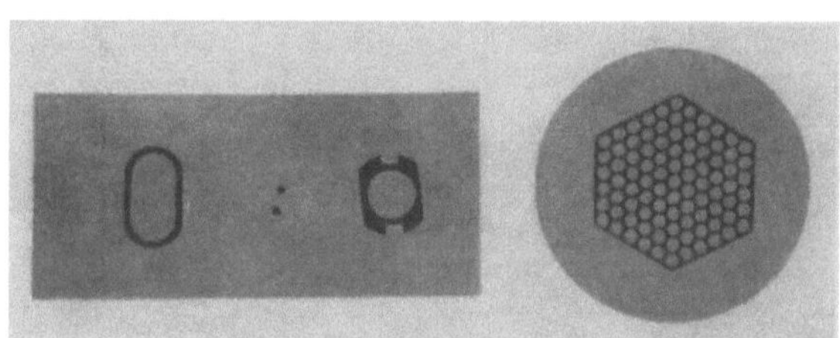

Bild 22.27. Bearbeitung von gesintertem Bariumferrit mittels Ultraschallbohrens.

Vorteilhaft für das Kleben sind die verhältnismäßig großen Klebflächen. Diese sind notwendig, da eine Klebverbindung eine große Zugfestigkeit, aber nur eine kleine Scherfestigkeit aufweist. Da die Kleber fast immer etwas wasserlöslich sind, muß entweder der Zutritt von Feuchtigkeit jeder Art verhindert werden (Vakuumkammer), oder aber das Kleben wird nur als Vorverbindung zum Fixieren der Teile benutzt. Als Kleber werden meist kaltklebende Zweikomponentenkleber eingesetzt.

Neuerdings wird für das Verbinden das Wirbelsintern [51] benutzt. Dabei wird das zu verbindende System auf ca. 150 °C erhitzt und dann in aufgelockerte Kunststoffgranalien gehalten. Diese schmelzen und bedecken die Oberfläche mit einer haltbaren und klebbaren Schicht.

Die mit Bariumferritpulver vermischten gummi- oder kunststoffgebundenen thermo- oder duroplastischen Werkstoffe können durch Kleben oder Klemmen verbunden werden. Bei kunststoffgebundenen Rotormagneten können z. B. die Achsen eingespritzt oder bei der Formgebung in einem Arbeitsgang eingepreßt werden [52].

Literatur

1. CURRAN, R. E., u. L. J. MENDELSOHN: J. appl. Phys. 37 (1966) 1106—1107.
2. KOLBE, C. L., u. D. L. MARTIN: J. appl. Phys. 31 (1960) 84S—85S.
3. WITTIG, R., E. LINDNER, K. FISCHER u. P. KLEMM: Metallische Spezialwerkstoffe, Berlin: Akademie-Verlag 1963, 174—183. — RASSMANN, G., u. P. KLEMM: Neue Hütte 8 (1963) 550—551.
4. ZIJLSTRA, H.: J. appl. Phys. 27 (1956) 1249—1250.
5. Siehe z. B. CHALMERS, B.: J. Met. 6 (1954) 519—532.
6. MAKINO, N.: Kobalt Nr. 17 (Dez. 1962) 3—9.
7. LINDNER, E., R. WITTIG u. K. PÄSSLER: Neue Hütte 8 (1963) 557—561.
8. McCAIG, M.: J. appl. Phys. 35 (1964) 958—965.
9. Firma Tokyo Magnet Co.: Jap. Patent Nr. 40854 (5. 10. 1960); Franz. Patent Nr. 1 275 991 (1960).
10. MAKINO, N., u. Y. KIMURA: J. appl. Phys. 36 (1965) 1185—1190.

11. HOFFMANN, A., u. H. STÄBLEIN: Z. angew. Phys. 21 (1966) 88—90; Techn. Mitt. Krupp, Forschungsber. 24 (1966) 113—119.
12. Firma Philips: Brit. Patent Nr. 860127 (1956).
13. MARKS, C. P.: Z. angew. Phys. 21 (1966) 83—85; Firma Philips: Niederl. Patent Nr. 289045
14. HRUSKA, A.: Z. angew. Phys. 21 (1966) 85—87.   ⌊(1963).
15. HARRISON, J., u. Swift, Levick u. Sons Ltd.: Engl. Patente Nr. 987636 (1962) und 993523 (1962).
16. STEINORT, E., E. CRONK, S. GARVIN u. H. TIDERMAN: J. appl. Phys. 33 (1962) 1310 bis 1313. — STEINORT, E.: Ber. d. Tagung d. Arbeitsgemeinsch. Ferromagnetismus, Karlsruhe 1962, Beitrag III.
17. DEHLER, H.: ETZ 62 (1951) 601—604 und 983—986, 65 (1944) 93—95. — HENNIG, G.: Product Engineering (April 1956) 182—186.
18. HILPERT, S.: DRP 226347 (1909).
19. SNOEK, J. L.: Neuentwicklungen von ferromagnetischen Werkstoffen, Berlin: VEB Verlag Technik 1953, 66.
20. BERGMANN, F.: Ber. d. Arbeitsgem. Ferromagnetismus (1958) 84—86.
21. FISCHMEISTER, H., u. E. EXNER: Metall 18 (1964) 932—941.
22. ALTMAN, A. B.: Fisika metal. metalloved. 6 (1958) 456—465.
23. Interne Untersuchung DEW (1955).
24. SILBEREISEN, H.: Sintern, ein wirtschaftliches Verfahren zur Herstellung metallischer Genauteile, Firmenschrift Mannesmann-Pulvermetall GmbH, Mönchengladbach.
25. UNKEL, H.: Arch. Eisenhüttenw. 18 (1944/45) 161—167.
26. BOHNSTEDT, U., H. GREWE u. P. KASSNER: DEW Techn. Ber. 8 (1968) 225—234.
27. STÄBLEIN, H.: Ber. d. Tagung d. Arbeitsgem. Ferromagnetismus Karlsruhe 1962, Beitrag IV. — HEIMKE, G., u. E. STEINGROEVER: Z. angew. Phys. 15 (1963) 265—268. — LUBORSKY, F. E., u. K. T. AUST: Transact. Metallurg. Soc. AIME 227 (1963) 791—793.
28. MAURER, T., u. H. RICHTER: Sprechsaal für Keramik, Glas, Email, Silikate 99 (1966) 1084 bis 1089.
29. Firma DEW: DBP Nr. 1054188 vom 1. 7. 1957.
30. RICHTER, H. G., u. H. VÖLLER: DEW Techn. Ber. 8 (1968) 214—221.
31. DIN 40680 Keramische Werkstoffe für die Elektrotechnik, Toleranzen (Sept. 1954).
32. KOCH, J.: Valvo-Berichte 10 (1964) 285—292.
33. MÜLLER, C.: Sprechsaal für Keramik, Glas, Email, Silikate 99 (1966) 467—476.
34. HEISTERMANN, L.: in Valvo: Keramische Bauteile für Elektronik und Magnetik, Ausgabe November 1965, S. 217—233.
35. BUNGARDT, K., P. KASSNER u. F. THÜMMLER: DEW Techn. Ber. 8 (1968) 157—187.
36. STÄBLEIN, H.: Techn. Mitt. Krupp, Forsch.-Ber. 26 (1968) 1—7.
37. BRINKMANN, K., u. W. HOTOP: Umschau in Wissenschaft und Technik, H. 13 (1961) 392—395.
38. BRIXNER, L. H.: J. Am. Chem. Soc. 80 (1958) 4424. — GAMBINO, R. J., u. F. LEONHARD: J. Am. Ceram. Soc. 44 (1961) 221—224.
39. HARRISON, F. W.: Proc. Brit. Ceram. Soc. Nr. 2 (Dez. 1964) 97—115. — PAULUS, M., u. C. LACOUR: Z. angew. Phys. 21 (1966) 39—45.
40. JAHN, L.: Wissensch. Z. Hochsch. Verkehrsw., Dresden, 14 (1967) 327—338.
41. KOOY, C., u. V. ENZ: Phil. Res. Rep. 15 (1960) 7—29. — KOJIMA, H., u. K. GOTO: J. appl. Phys. 36 (1965) 538—543.
42. Valvo-Handbuch (März 1964), Teil: Premanentmagnete.
43. Prospekt der Firme Krupp-Widia: Koerzit Koerox, 2. Ausg. (Febr. 1962).
44. Prospekt der Firma DEW: Dauermagnete Werkstoffeigenschaften (Dez. 1963).
45. Prospekt der Firma Magnetfabrik Bonn: Dauermagnete, 3.
46. Merkblatt 247 der Beratungsstelle für Stahlverwendung, Düsseldorf.
47. Siehe z. B. DIN 50902 Oberflächenbehandlung der Metalle für den Korrosionsschutz (Entwurf 1965).
48. NEPPIRAS, E. S., u. R. D. FOSKETT: Phil. techn. Rdsch. 19 (1957/58) 37—48, 98—110.
49. VETTER, T., u. J. ABTHOFF: VDI-Z. 108 (1966) 459—462, 512—515.
50. BÄDER, E.: Feinwerktechnik 64 (1960) 79—84.
51. HUBLER, E.: ETZ-B 17 (1965) 817—819.
52. CASPAR, H. J., u. G. SAMOW: Valvo-Berichte 11 (1965) 136—145.

23 AlNiCo-Dauermagnetwerkstoffe

23.1 Allgemeines

Die Gruppe der AlNiCo-Legierungen hat ihren Ursprung in den Kobalt-freien
AlNi(Fe)-Legierungen. Hier fand MISHIMA 1932 [1], daß dieses Dreistoffsystem
ausscheidungsfähig ist. Es liegt also eine temperaturabhängige Löslichkeit der
Legierungspartner vor. Durch Abschrecken von Temperaturen oberhalb der
Löslichkeitsgrenze wird eine feste Lösung erhalten. Ein folgendes Anlassen bei

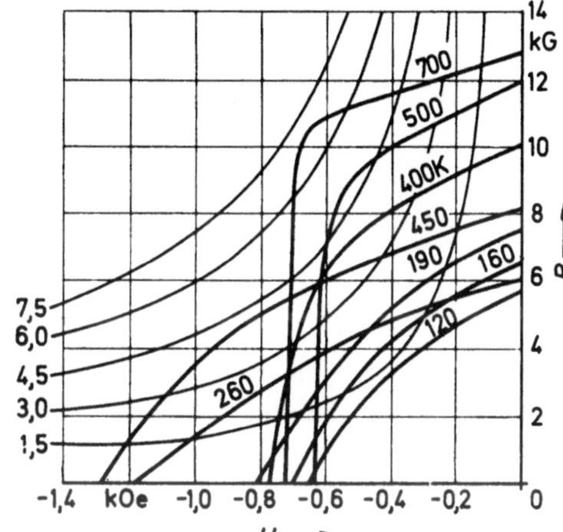

Bild 23.1. Entmagnetisierungskurven von
handelsüblichen AlNiCo-Werkstoffen.

Tabelle 23.1. *Magnetische Eigenschaften gebräuchlicher AlNiCo-Legierungen und ihre ungefähre chemische Zusammensetzung*

Werkstoff	B_r G	$_BH_c$ Oe	$(BH)_{max}$ MGOe	μ_P	Dichte g/cm³	Ungefähre chemische Zusammensetzung (Rest: Eisen) Al %	Ni %	Co %	Cu %	Ti %
AlNiCo 120	5600	650	1,3	4,7	6,9	13	16	4	3	1
160	6500	710	1,7	4,5	7,1	10	21	17	3	0,5
190	7500	820	2,1	4,3	7,1					
260	6100	1180	2,5	2,8	7,2	7	15	28	5	8
400K	9900	750	4,0	4,0	7,2	9	15	24	3	1
450	8300	1250	4,3	3,0	7,3	7	15	32	4	5
500	12100	640	4,9	5,0	7,3	8	15	24	3	—
700	12600	720	6,8	5,0	7,3					

Temperaturen merklicher Platzwechselgeschwindigkeiten hebt den übersättigten
Zustand teilweise auf. Eine zweite Phase scheidet sich in feinverteilter Form aus
der Matrix aus. Die Matrix ist Aluminium-Nickel-reich, die Ausscheidung Eisen-
bzw. Eisen-Kobalt-reich. Die Ausscheidung hat eine viel höhere Magnetisierung
als die Matrix. Liegt die Ausscheidung in Form von Elementarbereichen vor,
dann unterbleiben wegen der nur schwach magnetischen Matrix die Wandver-

schiebungen, und damit besteht die Voraussetzung für einen guten Dauermagnetwerkstoff. Einen Überblick über die Mittelwerte der magnetischen Eigenschaften von heute verwendeten AlNiCo-Werkstoffen gibt Tab. 23.1 und Bild 23.1. In der Tabelle ist gleichzeitig die ungefähre chemische Zusammensetzung der Werkstoffe aufgeführt.

Die *Entmagnetisierungskurven* sind in Bild 23.1 gezeigt. (Nach DIN 27410 bedeutet die Zahl hinter dem Werkstoff die Größe der maximalen remanentmagnetischen Energiedichte $(BH)_{max}$ in 10^{-4} G · Oe.) Daraus ist ersichtlich, daß der $(BH)_{max}$-Wert stark von der Zusammensetzung abhängig ist. Ein hoher $(BH)_{max}$-Wert kann entweder durch hochgezüchtete Remanenz oder hochgezüchtete Koerzitivfeldstärke erreicht werden. Es soll hier deshalb zwischen AlNiCo mit hoher Remanenz (und niedrigerer Koerzitivfeldstärke) und AlNiCo mit hoher Koerzitivfeldstärke (und niedriger Remanenz) unterschieden werden.

23.2 AlNiCo-Legierungen mit hoher Remanenz

Die Entwicklung ging hierbei von den isotropen Werkstoffen aus. Deren magnetische Werte sind stark von der Zusammensetzung, vor allem vom Kobalt-Gehalt, abhängig. In Bild 23.2 sind nach Zumbusch [2] die magnetischen Eigenschaften von isotropen AlNiCo-Legierungen in Abhängigkeit vom Kobalt-Gehalt gezeigt. Dabei liegen die Legierungsbestandteile in folgenden Bereichen: Alu-

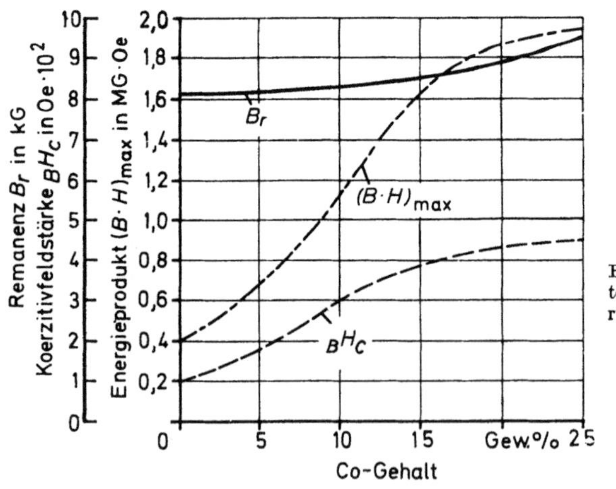

Bild 23.2. Magnetische Eigenschaften von isotropen AlNiCo-Legierungen ohne Titan als Funktion des Kobalt-Gehaltes (nach [2]).

minium 8—10%; Nickel 14—16%; Kobalt 0—25%; Kupfer 2—5%; Rest Eisen. Der Anstieg der Remanenz durch Kobalt ist eine Folge der Erhöhung der magnetischen Sättigung. Der Anstieg der Koerzitivfeldstärke beruht wahrscheinlich auf dem wachsenden Unterschied der Magnetisierung zwischen Matrix und Ausscheidung.

Um eine AlNiCo-Legierung in den optimalen magnetischen Zustand zu bringen, ist eine bestimmte Wärmebehandlung notwendig: Zur Beseitigung des nach dem Gießen oder Sintern undefinierten Gefügezustandes teilweiser Ausscheidung muß der Werkstoff homogenisiert werden, damit er nur die kubisch-raumzentrierte α-Phase aufweist (s. z. B. Tab. 23.2), [3]. Die Homogenisierungsglühung wird

Tabelle 23.2. *Phasengebiete im thermischen Gleichgewicht in AlNiCo 500 (nach* [3])

Temperatur °C	Phasen	Kristallstruktur
> 1200	α	α kubisch raumzentriert mit CsCl-Überstruktur ($a = 2{,}87$ Å)
1200—850	$\alpha + \gamma_1$	α' kubisch raumzentriert
< 850	$\alpha + \alpha'$	γ_1 kubisch flächenzentriert
600	$\alpha + \alpha' + \gamma_2$	γ_2 kubisch flächenzentriert ($a = 3{,}56$ Å)

meist oberhalb der Löslichkeitsgrenze (ca. 1250 bis 1300 °C), d. h. im *oberen Homogenitätsbereich*, durchgeführt. Anschließendes schnelles Durchlaufen des Existenzgebietes der γ_1-Phase ist notwendig, um deren Bildung möglichst zu unterdrücken. Etwa vorhandene γ_1-Phase führt nach KOCH u. Mitarbeitern [4] zu einer irreversiblen Umwandlung sonst ausscheidungsfähiger Matrix in eine sehr feinkörnige α_γ-Phase und verschlechtert die magnetischen Werte. Diese bei tieferen Temperaturen aus der γ_1-Phase entstandene α_γ-Phase ist im Schliffbild eines zu langsam abgekühlten gesinterten Magneten aus AlNiCo 500 gut zu sehen, wie z. B. Bild 23.3a zeigt. Die damit nach der Warmbehandlung erhaltene charakteristische *Entmagneti-*

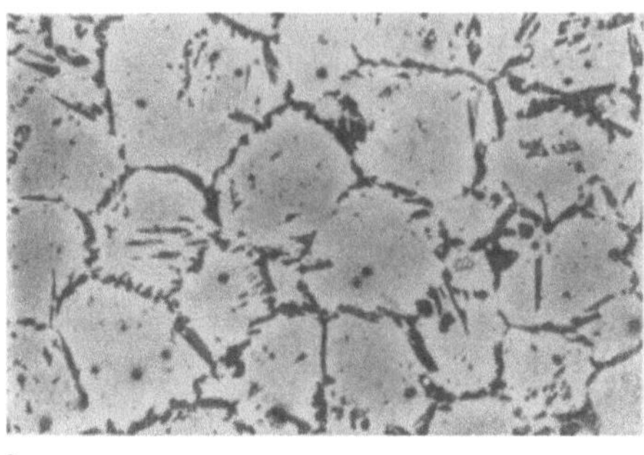

a

Bild 23.3. Bildung von nadelförmiger α_γ-Phase nach langsamer Abkühlung von 1250 °C bei gesintertem AlNiCo 500. a) Gefügebild (200×); b) Entmagnetisierungskurve.

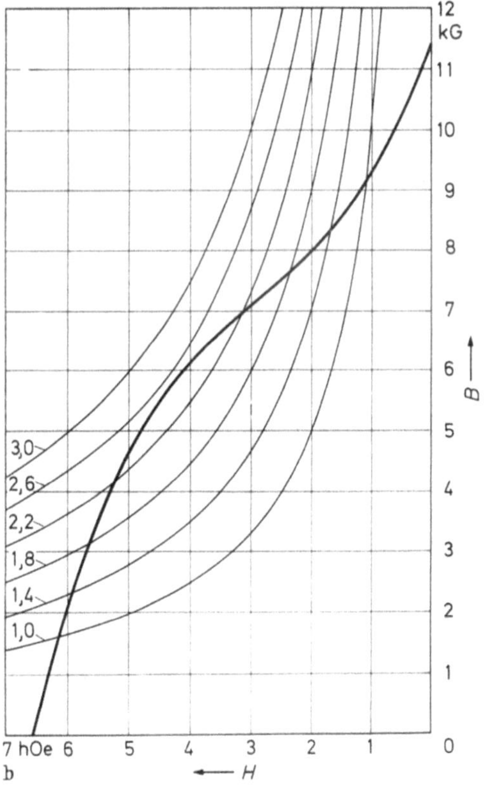

sierungskurve zeigt Bild 23.3b. Sie ist gekennzeichnet durch eine *konkave* Form und läßt sich bei Titan-freien Werkstoffen leicht aus zwei normalen Kurven zusammensetzen.

Nach PLANCHARD u. a. [5] wird die γ_1-Ausscheidung durch Aluminium und Titan vermindert, durch Nickel erhöht. Nach CLEGG [6] führen auch steigende Niob- und Tantal-Zusätze zu verstärkter γ_1-Ausscheidung. Die Bildung der γ_1-Phase kann nach PLANCHARD u. Mitarbeitern [7] durch 0,2 bis 0,4% Silizium

hinausgezögert werden. Verzögernd wirken außerdem Silizium + Zirkon und
Vanadium [8]. Durch steigenden Kupfer-Zusatz wird nach VAN DER STEEG und
DE VOS [9] der Anteil der γ_1-Phase immer stabiler, der Übergang in die α_γ-Phase
verschiebt sich zu immer niedrigeren Temperaturen. Bei nach dem Gießen oder
Sintern schnell abgekühlten Dauermagneten kann die Homogenisierungsglühung
auch im *unteren Homogenitätsbereich* um ca. 950 °C durchgeführt werden. Die Ab-
grenzungen von oberem und unterem Homogenitätsbereich sind jedoch von der
Zusammensetzung abhängig, also nicht für alle AlNiCo-Werkstoffe gleich.

Eigene Untersuchungen und solche von CLEGG [6] zeigen, daß Dauermagnete,
welche nach dem Gießen oder Sintern den γ_1-Bereich langsam durchlaufen haben
und deshalb viel α_γ-Gefüge aufweisen, im unteren Homogenitätsbereich nicht vollkommen homogen geglüht werden können. Die magnetischen Eigenschaften werden unzureichend.

23.2.1 Wärmebehandlung ohne Magnetfeld

Unterhalb der Curie-Temperatur beginnt die Ausscheidung von Stäbchen einer
Eisen-Kobalt-reichen Phase in einer Aluminium-Nickel-reichen Matrix. Dabei
sind nach NESBITT und HEIDENREICH [10] die [100]-Richtungen als Stabachsen
bei Matrix und Ausscheidung gleich. Diese stäbchenförmige Ausscheidung für
eine Legierung mit 24% Kobalt ist schematisch in Bild 23.4 gezeichnet. Wie

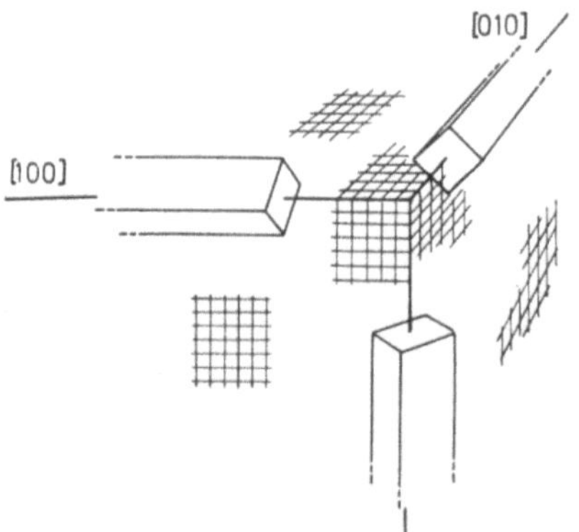

Bild 23.4. Schema der ausgeschiedenen Partikel
bei isotropem AlNiCo (nach [10]).

ZIJLSTRA [11] gezeigt hat, bilden sich die Stäbchen auch bei Legierungen mit verschwindendem Kobalt-Gehalt. Dies wird ebenfalls durch die Drehmomenten-
messungen von NESBITT u. a. [12] nahegelegt. Elektronenmikroskopische Untersuchungen von DE VOS [13] an Kobalt-freien AlNi-Magnetlegierungen zeigen auch
hier im interessierenden Bereich Fe_2NiAl deutlich die Stäbchenform. Wie das
schematische Bild 23.5 zeigt, ändert sich die Stabform stark mit der Zusammensetzung. Sie ist außerdem sehr von der Wärmebehandlung abhängig [13].

Die Stäbchen sind ähnlich den Ellipsoiden formanisotrope Bereiche. Als Elementarbereiche ergeben sie deshalb gute Dauermagneteigenschaften. Mit abnehmendem Kobalt-Gehalt bildet sich die Stabform aber infolge der Volumendiffusion nach ZIJLSTRA [14] bei immer längerer Ausscheidungszeit aus. Damit
sind die Ausscheidungen, wenn die Stabform erreicht ist, schon zu groß, um noch

als Elementarbereiche zu wirken. Die Koerzitivfeldstärke ist dann sehr niedrig. Bei hohen Kobalt-Gehalten dagegen werden die Stäbchen bei den gewählten Wärmebehandlungen so schnell gebildet, daß sie noch als Elementarbereiche mit hoher Koerzitivfeldstärke vorliegen.

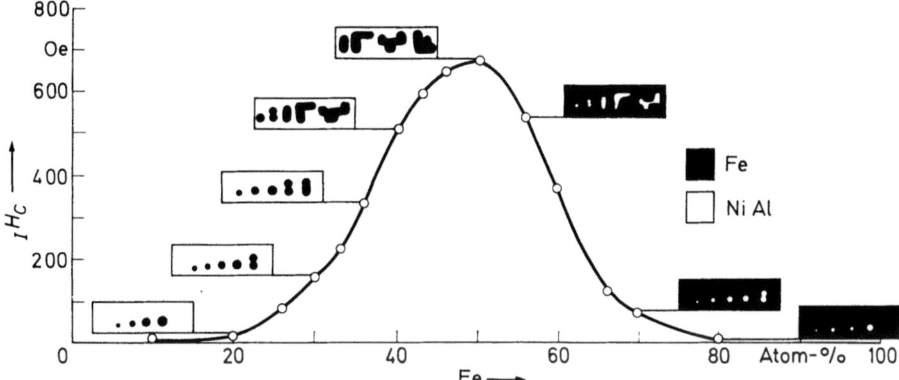

Bild 23.5. Koerzitivfeldstärke $_IH_c$ und schematisierte Struktur von AlNi-Legierungen bei Änderung des Eisen-Gehaltes (nach [13]).

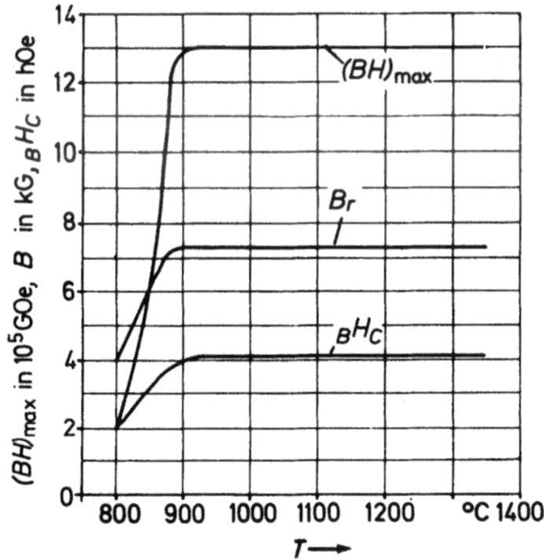

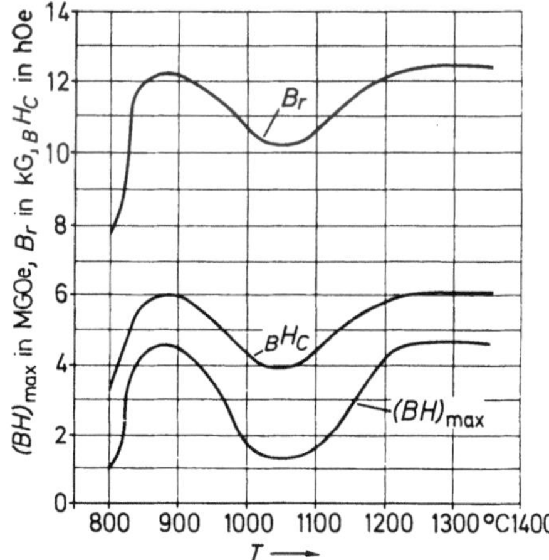

Bild 23.6. Einfluß der Starttemperatur der Wärmebehandlung auf die magnetischen Eigenschaften von AlNiCo 90 nach dem Anlassen (nach [15]).

Bild 23.7. Einfluß der Starttemperatur der Magnetfeldbehandlung auf die magnetischen Eigenschaften von AlNiCo 500 nach dem Anlassen (nach [15]).

Bei den niedrig Kobalt-haltigen AlNiCo-Werkstoffen besteht nur ein Homogenitätsbereich, wie z. B. Bild 23.6 für die magnetischen Eigenschaften von AlNiCo 90 in Abhängigkeit von der Starttemperatur für die Wärmebehandlung nach Ritzow [15] zeigt. Der Zwischenbereich der schädlichen γ_1-Phase ist nicht vorhanden, bzw. wahrscheinlich wird er erst bei langen Verweilzeiten gebildet. Bei Legierungen mit steigendem Kobalt-Gehalt bildet er sich immer schneller aus. Dies ist sicher auf den niedrigeren Aluminium- und etwas höheren Nickel-Gehalt zurückzuführen. Dieser γ_1-Bereich nimmt bei AlNiCo 500 schon einen breiten Temperaturbereich ein, wie Tab. 23.2 und Bild 23.7 [15] zeigen. Unterhalb des γ_1-Bereiches ist dann noch ein unterer Homogenitätsbereich vorhanden. Dieser kann auch für die Homogenisierungsglühung ausgenutzt werden; s. jedoch vorhergehenden Absatz.

Nach älterer Ansicht [16] nimmt mit zunehmender Ausscheidung der α'-Phase die Menge dieser Phase zu, wobei jeder Ausscheidungskeim immer mehr wächst. Die neueren Vorstellungen gehen von dem Bild der spinodalen Entmischung aus, bei der unmittelbar nach Unterschreiten der kritischen Temperatur der Zerfall spontan eintritt und sich rasch Endzusammensetzung und Phasenmengen einstellen.

23.2.2 Spinodale (kohärente) Entmischung

Zum Verständnis der *spinodalen Entmischung* sei unter Beachtung thermodynamischer Gesetze ein Zweistoffdiagramm mit Mischungslücke entsprechend Bild 23.8 oben betrachtet [17]. In Bild 23.8 unten ist die Kurve der Helmholtzschen freien Energie f pro Einheitsvolumen bei der Temperatur T über der Kon-

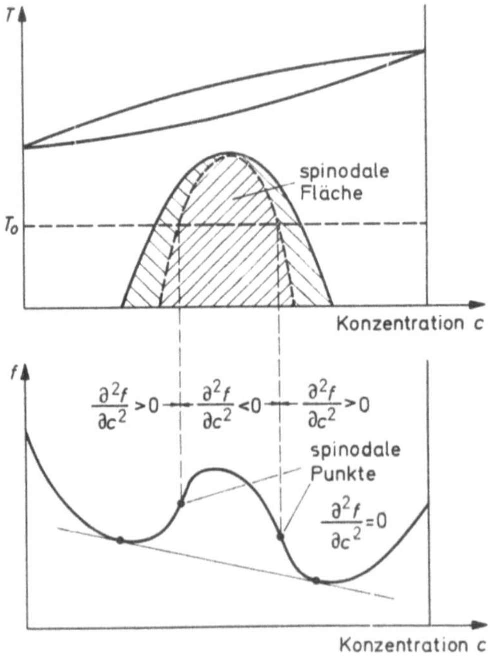

Bild 23.8. Zur Thermodynamik der spinodalen Entmischung bei einem Zweistoffdiagramm.

zentration c in Atom-% aufgetragen. Für die beiden Wendepunkte von f gilt $\partial^2 f/\partial c^2 = 0$. Diese beiden Punkte sind die spinodalen Punkte bei der Konzentration c und damit die Schnittpunkte der so definierten *Spinodalen* [18]. Die Spinodale gibt die Grenze zwischen zwei Gebieten sehr verschiedenen Ausscheidungsverhaltens an.

Alle Konzentrationen außerhalb der Spinodalen bis zur Grenze der Mischungslücke haben $\partial^2 f/\partial c^2 > 0$. Diese Legierungen sind stabil gegenüber kleinen Schwankungen der Zusammensetzung. Es scheidet sich nicht ohne weiteres eine

zweite Phase aus, sondern dazu muß eine Schwelle der Aktivierungsenergie überwunden werden. Ausscheidungen entstehen deshalb bevorzugt an Stellen gestörten Kristallaufbaus, wie Versetzungen und Korngrenzen, und sind im Inneren
des Kristalls mehr oder weniger regellos verteilt. Dies wurde z. B. von NICHOLSON
und TUFTON [17] für Kobalt-Ausscheidungen in Kupfer-Kobalt gezeigt. Auch
DE VOS [13] hat dies sehr gut für Eisen-reiche bzw. Aluminium-Nickel-reiche
Legierungen des Systems FeNiAl auf der Konode Fe—NiAl gezeigt.

Innerhalb der Spinodalen gilt $\partial^2 f / \partial c^2 < 0$, und dies ist der Bereich der
spinodalen Entmischung. Hier herrscht labiles Gleichgewicht. Eine kleine Störung
der Homogenität des Mischungsverhältnisses infolge Konzentrationsschwankung
erzeugt durch negative Diffusionsvorgänge eine Vergrößerung der Inhomogenität,
es findet eine spinodale Ausscheidung statt. Dafür ist keine Aktivierungsschwelle
mehr zu überwinden [19], weil die freie Energie bei infinitesimaler Änderung der
Konzentration abnimmt.

Nach Untersuchungen von HILLERT [20], CAHN und HILLIARD [21] sowie
CAHN [22] wird bei der spinodalen Entmischung eine kontinuierliche Zunahme der
Konzentrationsänderung erwartet, wenn gilt

$$\frac{\partial^2 f}{\partial c^2} + 2k\beta^2 + \frac{2\eta^2 E}{(1-\nu)} < 0, \tag{23.1}$$

wobei k eine Konstante ist, welche durch die Grenzflächenenergie zwischen den
beiden Phasen bestimmt ist; β ist eine Wellenzahl, ν ist die reziproke Poissonsche
Zahl, η ist die lineare Ausdehnung des Gitters pro Einheit Konzentrationsänderung und E der Elastizitäts-Modul. Beim Gelten der Beziehung (23.1) wird
sich eine sinusförmige Änderung der Konzentration c mit der Mindestwellen-
länge $2\pi/\beta$ einstellen. Dabei beschreibt der erste Term als rein thermodynamischer
Term die Änderung der freien Energiedichte durch die Änderung der Bindungsverhältnisse beim Entmischen und durch das Auftreten der magnetostatischen
Energie der stabförmigen Ausscheidung. Der zweite Term beschreibt die Wirkung
der Grenzflächen-Energiedichte zwischen den beiden Phasen und der dritte Term
die Spannungs-Energiedichte. Diese letzten beiden Terme beeinflussen neben dem
rein thermodynamischen ersten Term die zu überwindende Energieschwelle für
das Einsetzen der Ausscheidung.

Bei dieser spinodalen Ausscheidung wird nicht eine räumliche Ausdehnung der
Konzentrationsänderung, sondern eine Vergrößerung der Änderung der Amplitude erwartet. Die Grenzschicht ist dabei anfangs diffus und wird zunehmend
schärfer. Dabei werden also große Teilchen wenig auf Kosten der kleineren
wachsen. Die Entmischung erfolgt räumlich periodisch und kristallographisch
orientiert. Die Ausscheidung findet nahezu unabhängig von Gitterbaufehlern
statt. An den Korngrenzen ist sie nicht verstärkt, sondern es erfolgt nur eine
Orientierungsänderung. Im Anfangsstadium tritt die Ausscheidung punktförmig
periodisch auf. Infolge sinusförmiger Verteilung der Ausscheidung ist demnach
ein dreidimensionales Netz von Fäden oder Stangen zu erwarten, welche an den
Kreuzungsstellen verdickt, also hantelförmig ausgebildet sind. Die kristallo-
graphische Orientierung der Ausscheidungen hängt dabei von den elastischen
Konstanten des homogenen Mischkristalls vor der Ausscheidung ab. Die Ausscheidung ist nach CAHN sofort in Menge und Form festgelegt.

Von CAHN [23] wurde auch die *Wirkung eines äußeren magnetischen Feldes auf die spinodale Entmischung* untersucht. Dabei kommt es entsprechend Beziehung (23.1) auf das Verhältnis von magnetostatischer zu elastischer Anisotropie-Energie an. Es werden k und η verschieden für sonst gleichwertige Raumrichtungen. Bei großer magnetostatischer Energie wird die bei der spinodalen Entmischung im Feld schon im Anfangszustand aus hantelförmigen Ausscheidungen entstehende stabförmige Ausscheidung in Feldrichtung ausgerichtet. Dies ist so zu verstehen, daß die sin-Welle in Feldrichtung unterdrückt wird und nur die beiden sin-Wellen senkrecht dazu einwirken. Danach sollten stabförmige Ausscheidungen senkrecht zur Feldrichtung völlig unterdrückt werden. Wenn die elastische Energie sehr groß ist, entstehen die Ausscheidungen vor allem in bestimmten Kristallrichtungen, z. B. in {100}-Richtungen. Dabei werden dann die Richtungen der jeweiligen Schar bevorzugt, welche dem Feld am nächsten liegen.

In der Nähe der Curie-Temperatur ist die elastische Energie und damit ihre Änderung mit der Temperatur gering. Dagegen ist hier die Änderung der magnetostatischen Anisotropie-Energie mit der Temperatur, welche proportional $(\partial I/\partial c)^2$ ist, sehr groß. Deshalb ist die Richtwirkung des Feldes in der Nähe der Curie-Temperatur am größten. Mit abnehmender Temperatur nimmt diese Richtwirkung schnell ab, da der Einfluß der elastischen Energie stark überwiegt.

Die Anwesenheit eines Magnetfeldes während der spinodalen Ausscheidung führt zu einem zusätzlichen magnetostatischen Term in Gl. (23.1). Bei CAHN wird die dadurch bedingte magnetostatische Energiedichte-Änderung unabhängig vom Magnetfeld. Der Berechnung wird eine Reihenentwicklung der lokalen Magnetisierung nach der Legierungszusammensetzung zugrunde gelegt. Durch Berücksichtigen eines quadratischen Gliedes dieser Reihe wurde von LENZ [24] gezeigt, daß der magnetostatische Term feldstärkenabhängig wird. Infolge dieser Abhängigkeit wird die Stabilitätsgrenze gegenüber periodischen Ausscheidungen verändert. In der Nähe der Curie-Temperatur kann so bei ausreichend hoher magnetischer Feldstärke bei ohne Magnetfeld stabiler übersättigter Legierung dann eine Ausscheidung stattfinden.

Nach der Auffassung von ZIJLSTRA [14], der auch eine Stabbildung aus kugelförmigen Keimen heraus annimmt, besteht die Wirkung des Feldes in einem Zulassen einer einzigen Wachstumsrichtung in Feldrichtung. Dabei verschwindet die magnetostatische freie Energie. Dies ist ähnlich der Auffassung von NESBITT und HEIDENREICH [10], die auch ein Wachsen der Keime in Feldrichtung annehmen. Ohne magnetisches Feld wird sich nach ZIJLSTRA aus den Kugeln kein Stab bilden, da der große Betrag der Grenzflächenenergie nur zu einer Kugelform führt.

Die theoretischen Untersuchungen von CAHN werden durch die experimentellen Untersuchungen vor allem von DE VOS [13, 25] weitgehend für AlNiCo bestätigt und vervollkommnet. Danach ist sofort nach dem Einsetzen der Entmischung das Gesamtvolumen der Ausscheidungen vorhanden. Mit zunehmender Ausscheidung ändert sich ΔI_s, die Differenz der Sättigungsmagnetisierung von Matrix und Ausscheidung. Mit abnehmender Temperatur wird diese Differenz kleiner. Dies ist in Übereinstimmung mit der Beobachtung, daß ein von der Wärmebehandlungstemperatur abkühlender Magnet bei ca. 300 bis 500°C mehr

Haftkraft als bei Zimmertemperatur hat. In Abhängigkeit von der Zeit bei gegebener Ausscheidungstemperatur ändert sich hauptsächlich die Form der Ausscheidung. Entgegen der Annahme von CAHN [23] werden aber im Anfangszustand der Ausscheidung bei AlNiCo auch senkrecht zur Feldrichtung Stangen ausgebildet. Diese verschwinden mit zunehmender Dauer der Magnetfeldbehandlung.

Nach theoretischen Betrachtungen von DE VOS [13] unterbleibt die anfängliche Stangenbildung senkrecht zum magnetischen Feld nur, wenn die Feldeinwirkung innerhalb eines engen Temperaturbereiches nahe der Curie-Temperatur erfolgt. Das Einhalten dieser Bedingungen ist in der industriellen Praxis nicht möglich. Die immer vorhandenen Diskontinuitäten der Ausscheidungen bei allen elektronenoptischen Bildern von AlNiCo könnten entweder entsprechend CAHN und HILLIARD [21] von einem Wellenspektrum der spinodalen Entmischung herrühren oder durch verschiedene Ausgangspunkte der spinodalen Entmischung bedingt sein.

HEIMKE u. a. [26] haben die Ausscheidungsvorgänge an AlNiCo-500-Proben mit Stengelkristallisation durch Aufnahme von ganzen Hysteresekurven in der Nähe der Curie-Temperatur verfolgt. Sie bestätigen DE VOS' Befund, daß die spinodale Entmischung bereits oberhalb der Curie-Temperatur einsetzt. Sie kommen zu dem Schluß, daß die ferromagnetischen Ausscheidungen um so schneller entstehen und um so mehr Querverbindungen senkrecht zum Magnetfeld aufweisen, je tiefer die Behandlungstemperatur unter der Curie-Temperatur liegt.

Von DE VOS [25] wurden vor allem die Legierungsbereiche Fe—NiAl zwischen Fe und NiAl elektronenoptisch untersucht. Im mittleren Bereich wurde dabei spinodale Entmischung gefunden, wie Bild 23.5 schematisch zeigt. Bei den hoch und niedrig Eisen-haltigen Legierungen war keine Periodizität der Ausscheidung vorhanden. Hier trat bei allen Temperaturen keine spinodale Entmischung, sondern ein Zerfall über Keimbildung auf. Bei einigen dazwischen liegenden Legierungen trat, je nach Behandlungstemperatur, regelmäßige oder unregelmäßige Ausscheidung ein. Wie aus der thermodynamischen Theorie folgt und aus Bild 23.8 ersichtlich wird, ist dies durch die Temperaturabhängigkeit der spinodalen Entmischung bedingt.

23.2.3 Wärmebehandlung im Magnetfeld

Wie insbesondere OLIVER und SHEDDEN [27] und dann JONAS und MEERKAMP VAN EMBDEN [28] gefunden haben, können bei Legierungen mit höheren Kobalt-Gehalten ($\gtrless 10\%$) durch eine Abkühlung der Magnete von Temperaturen kurz oberhalb der Curie-Temperatur im magnetischen Feld gute dauermagnetische Eigenschaften hervorgerufen werden. Dabei wird eine magnetische Anisotropie erzeugt. Der Vergleich von Kurve a und b z. B. für AlNiCo 500 in Bild 23.9 zeigt, daß hier die maximale Energiedichte mindestens verdoppelt werden kann.

Um bei der *Magnetfeldbehandlung* optimale Werte zu erhalten, ist es — wie schon erwähnt — notwendig, die Magnete kurz oberhalb der Curie-Temperatur, bei der kritischen Temperatur, ins Feld zu bringen. Bei AlNiCo 500 beträgt die Curie-Temperatur $T_c \approx 850\,°\mathrm{C}$. Die Feldeinwirkung erfolgt bis herab zu Temperaturen von ca. 600 °C. Versuche zeigen jedoch, daß der Haupteinwirkungsbereich des Feldes in der Nähe der Curie-Temperatur liegt. Wenn eine Probe von 900 °C an nur bis 800 °C im Feld ist, werden fast schon die vollen magnetischen Werte erhalten, wie wenn bis 600 °C abgekühlt wird. Wird eine Probe aber erst bei 840 °C ins Feld gebracht und bei 600 °C herausgenommen, kann zwar eine hohe Remanenz, aber nur eine sehr niedrige Koerzitivfeldstärke mit starker Streuung der Werte erreicht werden. Auch aus den theoretischen Untersuchungen

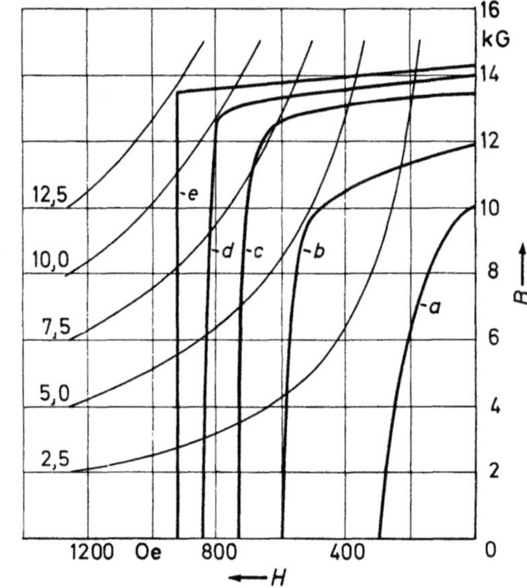

Bild 23.9. Entmagnetisierungskurve des Werkstoffes AlNiCo 500 nach verschiedener Wärmebehandlung (Kurve *e* nach [29]).

von CAHN [23] über die Wirkung des magnetischen Feldes bei spinodaler Entmischung ergibt sich, daß bei der Curie-Temperatur das magnetische Feld am wirksamsten ist. Es bildet sich dann parallel zum Feld eine magnetische Vorzugsrichtung aus.

Die für die *Magnetfeldabkühlung* notwendige innere Feldstärke muß so groß sein, daß sie zur Sättigung der Magnetisierung der Eisen-Kobalt-reichen Ausscheidung führt. Bei den nicht Titan-haltigen AlNiCo-Werkstoffen ist dies bei einer Feldstärke $H > 1$ kOe erreicht, d. h., bei dieser Feldstärke wird trotz innerer Entmagnetisierung der Magnet gesättigt.

An der Legierung AlNiCo 500 wurde der Mechanismus dieser *thermomagnetischen Behandlung* besonders gut untersucht. Die durch NESBITT und WILLIAMS [30] an dieser Legierung nachgewiesene Stäbchenform wurde von ZIJLSTRA [11] und anderen [31] bestätigt. Die Stäbchen bilden sich nun nicht mehr entlang aller drei Würfelkantenrichtungen im Elementarbereich. Durch das Feld wird die [100]-Richtung der Matrix als Wachstumsrichtung der Ausscheidung bevorzugt. welche mit der Feldrichtung übereinstimmt oder ihr am nächsten liegt. Dies zeigt Bild 23.10 sehr deutlich. Das Feld liegt in Bild 23.10b parallel zur Bildebene, in Bild 23.10a senkrecht zur Bildebene.

Bildet die [100]-Richtung mit dem Feld einen Winkel, so wird die magnetische Vorzugsrichtung wieder nahezu in Feldrichtung liegen. Von verschiedenen Autoren [30, 32] wurde daraus indirekt geschlossen, daß die Stabrichtung mit der Feldrichtung mehr oder weniger nach der Wärmebehandlung im Feld übereinstimmt. Von DE VOS [25] wird dagegen aus den Überlegungen von CAHN [23] abgeleitet, daß die Stabrichtung mit der durch die Kristallanisotropie-Energie vorgeschriebenen Kristallrichtung übereinstimmt und nicht eindreht. Aber die ungünstiger zur Feldrichtung liegenden möglichen Wachstumsrichtungen werden im Verlaufe der Wärmebehandlung im Wachstum unterdrückt. Es wird so ausgewählt, daß die resultierende Entmagnetisierungsenergie der Stabausscheidungen ein Minimum darstellt.

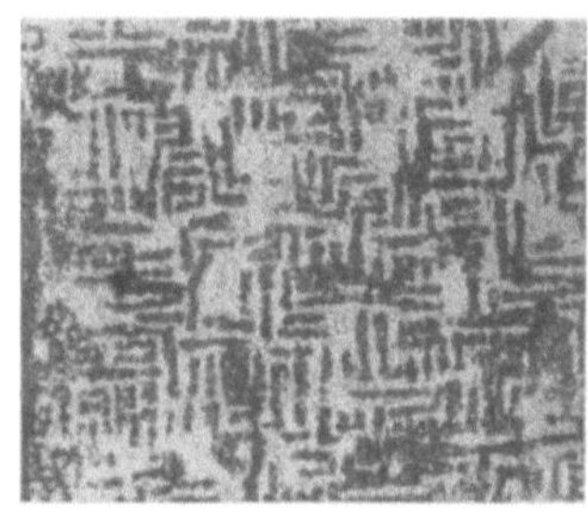 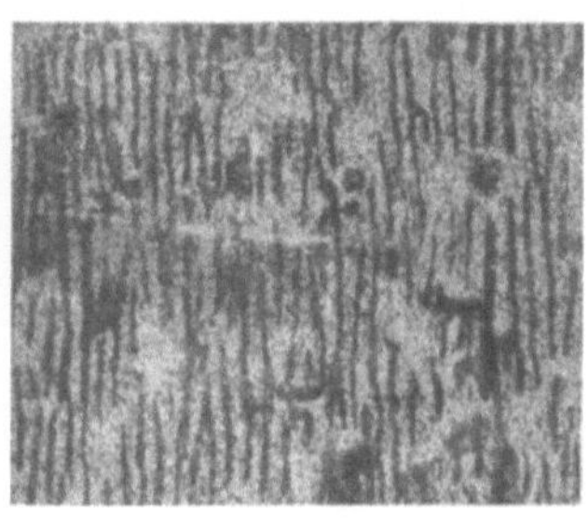

a b

Bild 23.10. Wirkung des magnetischen Feldes bei der Abkühlung von AlNiCo 500 (nach [30]). (8000 ×)

Zwischen diesen beiden Ansichten ist noch nicht eindeutig zu entscheiden Gegen die Ansicht von DE VOS [25] scheint z. B. die sin 2φ-Form der Drehmomentkurve von AlNiCo-Einkristallen zu sprechen, wenn in der (100)-Ebene in [011]-Richtung wärmebehandelt wurde, wie NESBITT und HEIDENREICH [10] gezeigt haben. Es müßte bei Ausscheidung in [010]- und [001]-Richtung eine sin 4φ-Form resultieren. Allerdings zeigen die elektronenoptischen Bilder von HEIDENREICH und NESBITT [10] bei Feldrichtung in [110]-Richtung, daß doch die Stäbchen in [100]- und [010]-Richtung ausgebildet sind. Die Messungen der maximalen Energiedichte von ZIJLSTRA [33] ähnlich Bild 23.13 können wieder als Beweis für die Ansicht von DE VOS angesehen werden. Auch der folgende Versuch von ZIJLSTRA [14] ist damit nicht in Widerspruch. Es wurde eine Probe eines Einkristalls aus AlNiCo 500 zuerst in [100]-, dann in [010]-Richtung wärmebehandelt. Wie Bild 23.11 zeigt, ist deutlich das Bevorzugen der neuen Feldrichtung zu sehen. Dies beruht nicht auf einem Eindrehen, sondern einem Unterdrücken der bisherigen bevorzugten Kristallrichtung. Bei AlNiCo 500 bildet die Würfelkante die energetisch bevorzugte Ausscheidungsrichtung. Aus den experimentellen Ergebnissen geht nicht eindeutig hervor, ob sich die Ausscheidungen in Feld- oder Kristallrichtungen ausbilden. Von DE VOS [13] wurde daher vermutet, daß außer der magnetostatischen und Grenzflächenenergie auch die elastische Energie noch von Einfluß sein wird.

Wie schon erwähnt, ist die durch die *gerichtete Ausscheidung* bewirkte Anisotropie unabhängig vom Kobalt-Gehalt, aber nur bei hohem Kobalt-Gehalt mit guten Dauermagneteigenschaften gekoppelt. Das sehr schnell hier einsetzende

Stäbchenwachstum beruht auf dem hohen Kobalt-Gehalt, welcher die Curie-Temperatur T_c der sich ausscheidenden Phase stark erhöht. Damit liegt die Curie-Temperatur im Bereich der oberen Temperaturgrenze des Ausscheidungsbeginns. Hier ist aber nach den Vorstellungen von CAHN [23] die größte Wirkung des Feldes zu erwarten.

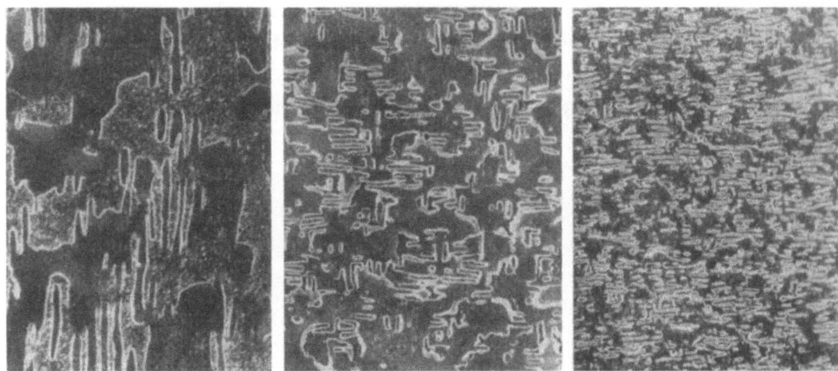

Bild 23.11. Magnetisches Gefüge von AlNiCo 500-Einkristall nach Einwirken gekreuzter Felder beim Glühen im magnetischen Feld in der (001)-Ebene.

Rechts: nach Glühen 7 h 748 °C in [100]-Richtung;　Mitte: nach anschließendem Glühen 24 h 748 °C in [010]-Richtung;　links: nach weiterem anschließendem Glühen 24 h 748 °C in [010]-Richtung (nach [14]).

Die Curie-Temperatur von AlNiCo 500 mit 24% Kobalt ist sehr hoch. Das Feld kann also bei der Ausscheidung der α'-Phase deren Bildung in der bevorzugten [100]-Richtung intensiv beeinflussen. Die Feldeinwirkung benötigt eine bestimmte Zeit, so daß die Abkühlungsgeschwindigkeit im Bereich von 900 bis

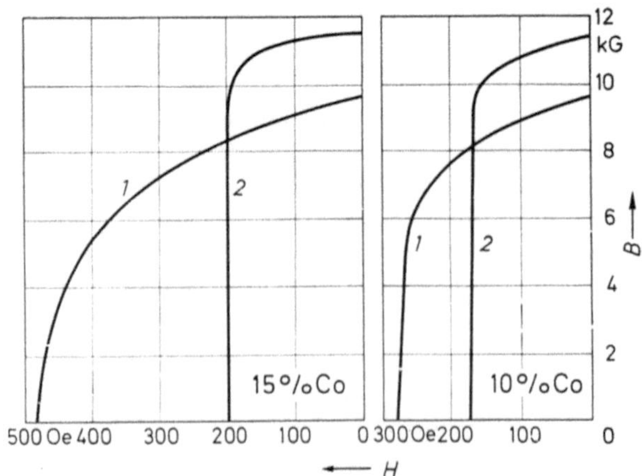

Bild 23.12. Entmagnetisierungskurven von AlNiCo-Werkstoffen mit 10 und 15% Kobalt nach *1* normaler kontinuierlicher Wärmebehandlung; *2* isothermer Wärmebehandlung (nach [35]).

700 °C erfahrungsgemäß 100 °C/min betragen muß. Versuche mit *isothermer Wärmebehandlung* von WITTIG [34] zeigten, daß bei AlNiCo 500 nur mit zweistufiger isothermer Feldbehandlung bei 860 bzw. 830 °C gleiche maximale Energiedichte $(BH)_{max}$ wie mit normaler kontinuierlicher Abkühlung im Feld erreicht wurde. Ähnlich fand DE VOS [35] bei der isothermen Wärmebehandlung von AlNiCo mit

10 bzw. 15% Kobalt nur die gleiche maximale Energiedichte wie bei normaler Abkühlung. Bei niedrigerer Koerzitivfeldstärke war der Ausbauchungsfaktor aber größer als normal, wie Bild 23.12 zeigt. Die isotherme Feldbehandlung läßt hier die Ausscheidung wahrscheinlich so schnell ablaufen, daß der Elementarbereichszustand schnell durchlaufen wird und damit die Koerzitivfeldstärke ihren Maximalwert überschritten hat.

23.2.4 Einfluß der Änderung der Zusammensetzung

Infolge der großen technischen Wichtigkeit der Legierung AlNiCo 500 sind zahlreiche Versuche unternommen worden, durch Änderung der Zusammensetzung die magnetischen Werte zu verbessern. Bei dieser (mindestens) 5-Stoff-Legierung ist eine theoretische Voraussage der Wirkung nicht möglich, und über das Zustandsdiagramm können nur Vermutungen geäußert werden [15, 36]. Die Zusammensetzung der beiden Phasen ist bisher nicht eindeutig bestimmt. Mit Hilfe von Berechnungen wurde versucht [37], einen Bereich der Zusammensetzung als wahrscheinlich abzugrenzen:

Ausscheidung: Fe: 50—57%,   Co: 37—45%,   Ni: 0—5%,
$\qquad\qquad$ Al: 0—0,3%,   Cu: < 5%;
Matrix:$\qquad\quad$ Fe: 42—52%,   Co: 0—7%, $\quad$ Ni: 26—36%,
$\qquad\qquad$ Al: 18—19%,   Cu: < 7%.

Auch die mit der Mikrosonde in [38] festgestellten Zusammensetzungen dürften infolge zu großen Durchmessers des analysierten Bereiches eine gewisse Unsicherheit aufweisen.

Der Einfluß von Aluminium wurde schon frühzeitig untersucht [39] und als sehr kritisch angesehen. Neuere Untersuchungen bestätigen [94], daß der Aluminium-Gehalt im Bereich von 8,0 bis 9,0% liegen muß, um gute Dauermagneteigenschaften zu erhalten. Die besten Werte der Remanenz werden bei 8%, die besten Werte der Koerzitivfeldstärke bei 9% erreicht. Der $(BH)_{max}$-Wert fällt dazwischen nur gering ab.

Über den Einfluß des Kupfer-Gehaltes liegen Untersuchungen von VAN DER STEEG und DE VOS [9] vor. Sie zeigen, daß durch steigenden Kupfer-Zusatz die Homogenisierungstemperatur ansteigt, die γ_1-Phase stabiler wird und die Temperatur des Einsatzes der Magnetfeldbehandlung absinkt. Der Anlaßprozeß wird durch Kupfer beschleunigt, die Werte der Koerzitivfeldstärke steigen erst oberhalb 2,5% Kupfer etwas an. Nach RITZOW und EBERT [40] wird durch Kupfer vor allem die notwendige Geschwindigkeit der Abkühlung durch das γ_1-Gebiet verringert.

Der Nickel-Gehalt ist von ZUMBUSCH [41] dadurch festgelegt, daß Nickel- + Kobalt-Gehalt 30 bis 60% betragen sollen, wobei das Verhältnis Co:Ni $\approx$ 1,5 bis 1,7 sein soll. Nach den Untersuchungen von PLANCHARD u. a. [5] wird durch Silizium-Zusatz die α-γ_1-Umwandlung verzögert und damit die kritische Abkühlgeschwindigkeit von Temperaturen oberhalb des γ_1-Bereiches verkleinert.

23.2.5 Einfluß der Stengelkristallisation

Die magnetische Anisotropie ist am größten und die Dauermagneteigenschaften sind am besten, wenn Feldrichtung und [100]-Richtung der Matrix übereinstimmen. Dies wurde von EBELING und BURR [42] eindeutig an gesinterten und von ZIJLSTRA [33] an gegossenen Einkristallen sowie von MAKINO u. a. [43] an stengelkristallisierten Vielkristallen festgestellt (s. z. B. Bild 23.13). Dabei wurde immer die Richtung der Feldbehandlung zur [100]-Richtung variiert. Die Meßrichtung wurde aber entweder in [100]-Richtung [43] oder in Richtung der Feldbehandlung gelegt [42, 33]. Es setzt voraus, daß alle Bereiche des Dauermagneten gleiche Kristallorientierung haben. Beim Einkristall ist dies exakt der Fall. Darauf soll später noch eingegangen werden.

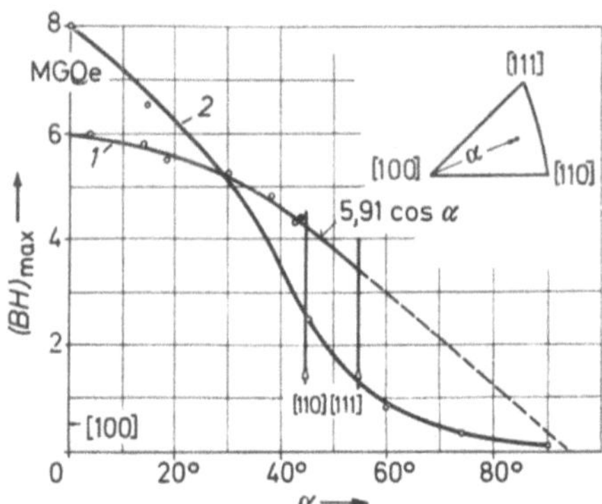

Bild 23.13. Abhängigkeit der maximalen Energiedichte $(BH)_{max}$ vom Winkel zwischen der [100]-Richtung und der Richtung der Magnetfeldbehandlung.

1 Bei gesintertem Einkristall aus AlNiCo 500, wenn in Meßrichtung magnetfeldbehandelt (nach [42]).

2 Bei Stengelkristallisation in AlNiCo 500, wenn in [100]-Richtung = Stengelrichtung gemessen und unter Winkel α magnetfeldbehandelt (nach [43]).

Wie in Kapitel 22 schon erwähnt (s. z. B. Bild 22.8), können beim Gießen von AlNiCo *Stengelkristalle* entstehen. Die Stengelrichtung liegt in Richtung des Gradienten des Wärmeflusses. Erfahrungsgemäß ist diese Stengelrichtung, wie bei vielen kubisch-raumzentrierten Legierungen, identisch mit der [100]-Richtung der Matrix (α-Phase), die gleichzeitig Richtung leichter Magnetisierung ist. Daraus folgt die Notwendigkeit, die Stengelrichtung in die spätere Richtung des magnetischen Flusses zu legen. Umgekehrt ergibt sich damit, daß für die gerichtete Stengelkristallisation nur einfache Magnetformen, wie Platten oder Stäbe, geeignet sind. Die Wirkung der Abweichung der Stengelrichtung von der gewünschten Richtung wurde in [42] untersucht.

Die gerichtete Stengelkristallisation kann, wie schon in Kapitel 22 beschrieben, durch Aufbau der Gußform aus gut und schlecht wärmeleitenden Stoffen, wie z. B. Abschreckplatten [44, 45] oder durch Aufheizen der Form mittels exothermer Massen [46] geschehen. Durch Kombinieren von heißer Form (1 000 bis 1 100 °C) mit Abschreckplatten und vergrößertem Eingußquerschnitt wurden von LINDNER, WITTIG und PÄSSLER [44] bei der Legierung AlNiCo 500 maximale Energiedichten $(BH)_{max}$ bis 8,0 MGOe erreicht (s. Kurve *c* in Bild 23.9). Von MISHIMA [47] wurde angegeben, daß mit zunehmender Länge des Gußstückes von 15 auf 100 mm bei 10 mm Durchmesser die mittlere maximale Energiedichte von 5,5 bis auf 8,1 MGOe stieg. Die Länge der Stengelkristalle stieg von 15 auf 75 mm an.

Von MAKINO und Mitarbeitern [45, 48, 49] wurde außerdem das Zonenschmelzen als geeignet angegeben. Es ermöglicht gegenüber den bisherigen Methoden sehr lange Stengelkristalle bis 500 mm durch Einsatz von kurzen Guß- oder Sinterstäben guter Reinheit herzustellen.

In letzter Zeit ist das Stranggußverfahren für die Herstellung von unendlich langen Stengelkristallen bekannt geworden [50]. Dazu wird die überhitzte Schmelze in eine senkrechte keramische Kokille zylindrischer Form abgegossen.

Trotz verschiedener erfolgreicher Versuche, Grobkristallisation bei Sintermagneten zu erreichen, ist es bisher nicht gelungen [51, 52], diese groben Kristalle mit bestimmter Orientierung wachsen zu lassen. In Meßrichtung schwankt deshalb die maximale Energiedichte zwischen ca. 5 und 6,5 MGOe [42], was unbefriedigend ist.

Es sind verschiedene Versuche unternommen worden, eine noch bessere Orientierung des Kristallgefüges und damit eine weitere Erhöhung der magnetischen Werte durch *Einkristallbildung* zu erhalten. Die ersten Ergebnisse an AlNiCo 500 [33, 42] waren nicht sehr ermutigend. Es ergab sich in [100]-Richtung eine maximale Energiedichte $(BH)_{max} = 7,6$ MGOe. Von Steinort [53] wurden umfangreiche systematische Versuche angestellt, Einkristalle aus normalen Gußstäben von AlNiCo 500 zu erhalten. Es wurden dabei maximale Energiedichten bis 8,5 MGOe erreicht. Weitere Versuche von Steinort u. a. [36] führten mit Hilfe der sekundären Rekristallisation zu maximalen Energiedichten von ca. 10 MGOe, wie z. B. Kurve d in Bild 23.9 zeigt. Wie jedoch auch Makino und Kimura [49] betonen, ist es schwierig, eine kontrollierte Orientierung zu erhalten. Nach mehreren anderen Untersuchungen [54, 55] sollen die Versuche von Steinort u. a. [36, 53] zu keinen reproduzierbaren Ergebnissen führen.

Alle diese Verfahren der Einkristallherstellung sind bisher trotz der verlockenden magnetischen Werte jedoch zu unwirtschaftlich, um schon eine Bedeutung zu haben. In Bild 23.9 ist als Kurve e der theoretische Grenzwert nach Baran [29] mit $(BH)_{max} \approx 12,5$ MGOe eingetragen. Er ergibt sich aus einem Energieansatz, welcher annimmt, daß Matrix und Ausscheidung magnetisch sind.

Von Zijlstra [33] wurde die maximale remanente Energiedichte für nicht ideale Stengelkristallisation berechnet. Liegen die Stengel auf einem Konus des Öffnungswinkels 2φ, dann ändert sich für $0 \leq \varphi \leq \pi/4$ die maximale Energiedichte $(BH)_{max}$ zwischen 7,5 und 4,9 MGOe. Liegt radiale Stengelkristallisation von Zylindern vor und wird die Meßrichtung um den Winkel α aus der Stengelebene gedreht, dann ändert sich für $0 \leq \alpha \leq \pi/4$ die maximale Energiedichte zwischen 6,0 und 4,9 MGOe. Bei Abwesenheit von Stengelkristallisation ist die maximale Energiedichte ca. 5 MGOe, was mit eigenen Ergebnissen an Sinterwerkstoffen gut übereinstimmt.

23.3 AlNiCo-Legierungen mit hoher Koerzitivfeldstärke

23.3.1 Einfluß von Kobalt und Titan

Wie die bisherigen Betrachtungen zeigen, können die AlNiCo-Legierungen sehr hohe maximale Energiedichte $(BH)_{max}$ mit Hilfe hoher Remanenz erreichen. Es begannen frühzeitig Versuche, auch die Koerzitivfeldstärke durch andere Legierungspartner zu steigern. Von Honda [56] stammt die Entdeckung, daß Titan dafür besonders gut geeignet ist. Da durch den Titan-Gehalt die Sprödigkeit sehr ansteigt, aber die magnetische Sättigung stark sinkt, ist er auf höchstens 9% beschränkt. Um das Absinken der magnetischen Sättigung zu vermindern, wird bei steigendem Titan-Gehalt der Kobalt-Gehalt mit erhöht, wie z. B. aus Tab. 23.1 hervorgeht. Mit dieser Erhöhung kann die Koerzitivfeldstärke bis auf ca. 2 kOe gesteigert werden. Die Anisotropie kann auch hier durch Wärmebehandlung im magnetischen Feld erzeugt werden. Die Erhöhung der maximalen Energiedichte ist gegenüber der isotropen Kurve *a* durch Kurve *b* in Bild 23.14

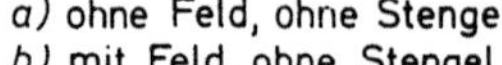

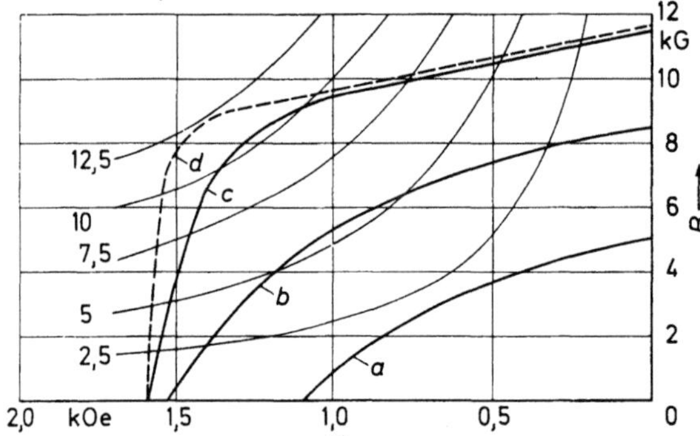

Bild 23.14. Entmagnetisierungskurven des Werkstoffes AlNiCo 450 nach verschiedener Herstellungsart und isothermer Wärmebehandlung.

Tabelle 23.3. *Phasengebiete im thermischen Gleichgewicht in AlNiCo* 450 (nach [3])

Temperatur °C	Phasen	Kristallstruktur
> 1250	α	α kubisch raumzentriert mit Überstruktur ($a = 2{,}86$ Å)
1250—845	$\alpha + \gamma_1$	α' kubisch raumzentriert ($a = 2{,}90$ Å)
845—800	$\alpha + \alpha' + \gamma_1$	γ_1 kubisch flächenzentriert ($a = 3{,}65$ Å) (auf 800 °C)
< 800	$\alpha + \alpha' + \gamma_2$	γ_2 kubisch flächenzentriert ($a = 3{,}59$ Å)

für den sehr gebräuchlichen Werkstoff AlNiCo 450 (ca. 32 bis 34% Kobalt), 14,5% Nickel, 5% Titan, 7% Aluminium) dargestellt und beträgt mehr als 100%. Bei Erhöhung des Titan-Gehaltes auf 7 bis 8%, wie bei der isotropen Legierung AlNiCo 260, kann durch die Magnetfeld-Wärmebehandlung nur eine Erhöhung der maximalen Energiedichte um ca. 20% erreicht werden. Für den Werkstoff AlNiCo 450 sind nach KOCH, VAN DER STEEG und DE VOS [3] der Phasenaufbau und die Kristallstrukturen in Abhängigkeit von der Temperatur in Tab. 23.3 wiedergegeben. Er ist ähnlich dem Aufbau der nicht Titan-haltigen AlNiCo-Legierungen (s. Tab. 23.2), wobei jedoch die γ_1-Phase in einem größeren Temperaturbereich existiert. Sie tritt sogar noch unterhalb der Curie-Temperatur $T_c \approx 845$ °C auf. Daraus folgt die Unmöglichkeit, bei AlNiCo 450 noch einen unteren Homogenitätsbereich ähnlich wie bei AlNiCo 500 zu finden. Die Homogenisierung kann nur oberhalb 1250 °C durchgeführt werden [57].

Bis vor einigen Jahren gelang es nicht, die durch den Titan-Gehalt sehr feinkörnigen AlNiCo-Legierungen *stengelkristallisiert* herzustellen. In England [58] wurde entdeckt, daß ein Zusatz von 0,2 % Schwefel bzw. Selen das Stengelwachstum stark fördert. Es können dann Entmagnetisierungskurven erhalten werden, wie sie von GOULD [59] entsprechend Kurve c in Bild 23.14 angegeben wurden. Von WRIGHT und THOMAS [60] wurde außerdem gefunden, daß bevorzugt Stengelkristalle bei Titan-haltigen Guß-AlNiCo-Werkstoffen nur dann gebildet werden, wenn bei gegebenem Titan-Gehalt der Aluminium-Gehalt eine bestimmte Grenze nicht übersteigt. Von WITTIG [61] wurde eine große Anzahl weiterer Elemente auf die Stengelkristallbildung untersucht. Positive Wirkungen bei AlNiCo 450 wurden mit Cer, Blei, Cadmium und Wismut erreicht, die maximalen Energiedichten lagen im Bereich von 7 bis 8 MGOe. Es wird daher angenommen, daß die Stengelkristallisation nur bei Zufügen solcher Elemente eintritt, die in jedem Legierungselement von AlNiCo 450 nahezu unlöslich sind; dazu gehören die vier angegebenen Elemente. Von MAKINO u. a. [62] wurde die Wirkung des Schwefels im Bereich von 0 bis 1,0% für AlNiCo 450 mit und ohne Stengelkristallisation untersucht. Die Stengelkristallisation setzt erst oberhalb 0,15% Schwefel ein und bildet sich bis 1% Schwefel immer leichter, jedoch oberhalb 0,3% nimmt die Koerzitivfeldstärke sehr schnell ab, während die Remanenz konstant bleibt. Nach KAMATA und CHIKAMATSU [63] beruht die Wirkung des Schwefels darin, den Gehalt an Stickstoff und Sauerstoff stark zu verringern. Von NAASTEPAD [64] wird der Effekt des Schwefels auf einen Flotations-Reinigungsprozeß von Kristallkeimen infolge Titansulfidbildung zurückgeführt. Dagegen zeigen Versuche von DIETRICH [65] sowie WITTIG u. a. [66], daß bei geeigneter Temperaturführung während des Schmelzens auch ohne Schwefel-Zusatz Stengelkristallisation eintritt.

Der Einfluß von inneren Spannungen, erzeugt durch Walzen bei 1 000 und 1 200 °C, auf die Rekristallisationstextur von AlNiCo 8 (6,5% Titan, 38% Kobalt) wurde von KIMURA und ABE [67] untersucht. Die Walztextur bestand aus drei Komponenten: (100)[011], (112)[110] und (111)[112], die Rekristallisationstextur war aus den gleichen Komponenten aufgebaut. Damit ist hierdurch kein magnetisch günstiges, einheitliches Stengelwachstum erzielbar.

Über *Einkristalle* von AlNiCo 450 (Ticonal XX) liegen die Untersuchungen von LUTEIJN und DE VOS [68] vor. Sie stellten mit hochreinen Ausgangswerkstoffen nach der Czochralski-Methode dünne Einkristalle her, deren [100]-Richtung annähernd mit der Meßrichtung übereinstimmte. Die magnetischen Werte waren: Maximale Energiedichte $(BH)_{max} \approx 11$ MGOe bei niedriger Koerzitivfeldstärke (1 315 Oe) und hoher Remanenz (11 600 G). Später wurde von KOCH u. a. [3] eine maximale Energiedichte von 12,0 MGOe erhalten (s. Kurve d in Bild 23.14). Sie wurde von NAASTEPAD [64] auf 13,5 MGOe erhöht; dabei wurde gleichzeitig die Wirkung von Schwefel, Cadmium und Cer untersucht. Ähnlich den Überlegungen von BARAN [29] für nicht Titan-haltige AlNiCo-Werkstoffe können auch hier Betrachtungen über den theoretischen Grenzwert angestellt werden. Nach verschiedenen Untersuchungen [4, 69] ist bei den jetzigen Titan-haltigen Werkstoffen die zugrundegelegte einheitliche Stabform viel besser ausgebildet als bei den nicht Titan-haltigen AlNiCo-Werkstoffen. Demzufolge ist durch eine variierte Wärmebehandlung ohne Änderung der Zusammensetzung wahrscheinlich kein wesentlicher Anstieg der Koerzitivfeldstärke mehr zu erwarten, und die maximale Energiedichte kann auch nicht mehr erheblich gesteigert werden.

23.3.2 Isotherme Wärmebehandlung im Magnetfeld

Alle Kurven in Bild 23.14 sind Höchstwerte im Labor. Sie wurden durch eine spezielle Wärmebehandlung im Feld, die sogenannte isotherme Behandlung, gewonnen. Dabei wird die Wärmebehandlung im magnetischen Feld isotherm kurz unterhalb der Curie-Temperatur durchgeführt. Wie mehrere Untersuchungen zeigten [4, 70, 71], läßt sich insbesondere bei hoch Kobalt-haltigen AlNiCo-

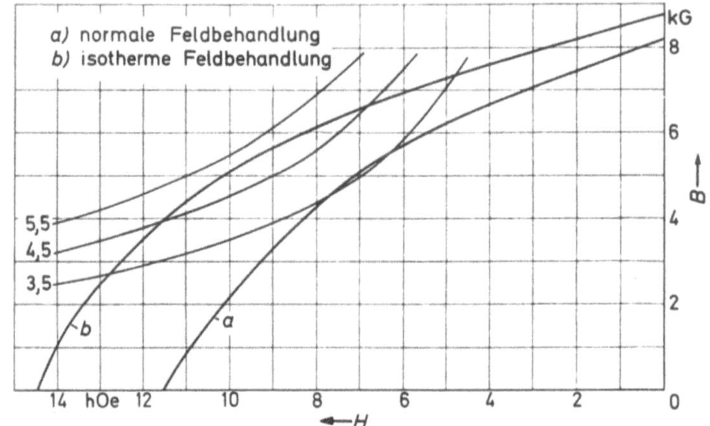

Bild 23.15. Entmagnetisierungskurven von AlNiCo 450 nach verschiedener Feldbehandlung.

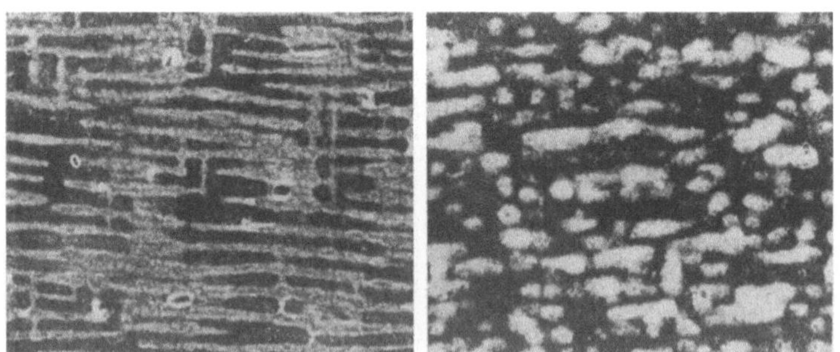

Bild 23.16. Wirkung des magnetischen Feldes bei der Abkühlung für AlNiCo mit hohem Titan-Gehalt auf die Ausscheidung.
Links: Isotherme Wärmebehandlung; rechts: Normale, kontinuierliche Wärmebehandlung (nach [3]).

Legierungen die Koerzitivfeldstärke gegenüber der normalen Feldbehandlung mit kontinuierlicher Abkühlung wesentlich steigern. Dies zeigt z. B. Bild 23.15 für den Werkstoff AlNiCo 450, wo die Koerzitivfeldstärke um ca. 300 Oe gestiegen ist. In Bild 23.16 ist anhand der elektronenmikroskopischen Bilder die bessere Stäbchenform bei der isothermen Wärmebehandlung deutlich zu sehen. Die verbessernde Wirkung der isothermen Behandlung ist nach DE VOS [13] wahrscheinlich auf den großen Radius des Titan-Atoms zurückzuführen. Titan hat im Eisenmischkristall eine sehr geringe Diffusionsgeschwindigkeit und benötigt daher zur Einstellung des Gleichgewichtes längere Haltezeiten bei ausreichend hohen Temperaturen.

Angeregt durch die Steigerung der Koerzitivfeldstärke infolge der isothermen Wärmebehandlung bei AlNiCo 450, ergab sich der Wunsch nach noch höheren Koerzitivfeldstärken. Durch die Untersuchungen von KOCH u. a. [3] wurde nahegelegt, dazu den Kobalt-Gehalt über 34% und den Titan-Gehalt über 5% zu steigern. Bei Kobalt-Gehalten von ca. 34 bis 40% und Titan-Gehalten von ca. 5 bis 8% lassen sich damit bisher Koerzitivfeldstärken bis $_BH_c \approx 2100$ Oe und maximale Energiedichten bis $(BH)_{max} \approx 6{,}0$ MGOe erreichen [70, 71, 72]. Die Untersuchungen von BRONNER u. a. [71] zeigten, daß die maximale Energiedichte bis zu ca. 45% Kobalt gleich ist. Mit zunehmendem Kobalt-Gehalt muß dabei der Nickel-Gehalt verringert werden. Es handelt sich dabei um Sinter- oder Gußmagnete ohne Stengelkristallisation. Durch Stengelkristallisation konnte von FAHLENBRACH und STÄBLEIN [73] bei einer Koerzitivfeldstärke $_BH_c \approx 2$ kOe eine maximale Energiedichte $(BH)_{max} > 8$ MGOe erreicht werden. Die Schwierigkeit bei der Wärmebehandlung dieser hoch Titan-haltigen Werkstoffe liegt darin, daß der bei allen Legierungen mit niedrigem Titan-Gehalt (ähnlich AlNiCo 500) noch auftretende untere Homogenitätsbereich [74] hier wahrscheinlich verschwindet und sich die Curie-Temperatur praktisch im γ_1-Gebiet befindet. Damit wird Einsatztemperatur und -zeit der isothermen Wärmebehandlung sehr kritisch. Wie z. B. JULIEN und JONES [75] an einer Legierung mit 32% Kobalt und 6,5% Titan (AlNiCo 8) zeigten, ist bei einer Wärmebehandlung bei 900 °C schon nach ca. 15 Minuten eine starke γ_1-Phase vorhanden. Diese erniedrigt die remanente Energiedichte $(BH)_{max}$ gegenüber einer nicht bei 900 °C geglühten Probe um fast 50%. Weiterhin wird, wie JULIEN und JONES [76] fanden, durch zunehmendem Kupfer-Gehalt die Ausbildung der γ_1-Phase verstärkt, durch Titan allerdings verzögert [72]. Die obere Homogenitätszone liegt außerdem kurz unterhalb der Schmelztemperatur der Legierungen [72].

Durch zu langsames Abkühlen gebildetes γ-Gefüge macht sich beim fertig wärmebehandelten Dauermagneten, genau wie bei Titan-freien AlNiCo-Dauermagneten, in einer *konkaven Entmagnetisierungskurve* bemerkbar (s. Bild 23.3). Die Kurve kann hier manchmal unschwer aus drei normalen konvexen Kurven zusammengesetzt werden.

Zusammenfassend ist bei den sehr hoch Titan-haltigen AlNiCo-Werkstoffen zu sagen, daß die magnetischen Werte durch Variation von Zeit und Temperatur beim Feldbehandeln und Anlassen sicher noch mehr als durch Variation der Zusammensetzung gesteigert werden können.

Die Feldstärke für die Wärmebehandlung der Titan-haltigen AlNiCo-Werkstoffe muß auch hier die Eisen-Kobalt-reiche Ausscheidung magnetisch sättigen. Sie ist proportional der Koerzitivfeldstärke und muß daher hier erheblich höher als bei den Werkstoffen ohne Titan sein. Dies trifft auch in praxi zu; sie beträgt hier ca. 2 bis 3 kOe.

23.3.3 Einfluß anderer Zusätze

Außer Titan erhöhen auch Zusätze von Niob und Tantal die Koerzitivfeldstärke, wie KOCH u. a. [3] fanden. Sie gaben z. B. der Gußlegierung AlNiCo 500 2% Niob zu und erhöhten dadurch die Koerzitivfeldstärke auf 800 Oe. Von CRONK [77] wurde mitgeteilt, daß eine Zugabe von 0,45% Niob zu mit Schwefel modifiziertem Oerstit 450 die Stengelkristallbildung verbessert und die Koerzitivfeldstärke um ca. 50 bis 100 Oe gesteigert werden kann. In England wurde mit Hilfe von Niob und Tantal die sehr gebräuchliche Legierung Alcomax III [78] entwickelt, welche zwischen den deutschen Legierungen AlNiCo 500 und 400 K liegt.

Eigene Untersuchungen sowie die von SUGIYAMA und SHIDA bzw. ALTMAN und GLADYSCHEW [79] zeigten, daß bei gesintertem AlNiCo 500 der Niob-Zusatz in gewissen Grenzen ein dichtes Sintergefüge ergibt. Auch ist ein leichter Anstieg der Koerzitivfeldstärke zu verzeichnen. Die hohen Kosten von Niob sind der Verwendung sehr hinderlich.

Die Zumischung von 8% Tantal kann die Koerzitivfeldstärke bei AlNiCo 500 sehr stark bis auf ca. 1 kOe erhöhen. Dabei sinkt aber die Remanenz schon merkbar ab und demzufolge auch die maximale Energiedichte. Auch hier spielen die Rohstoffkosten eine wesentliche Rolle; Mischmetalle von Niob + Tantal sind billiger, ergeben aber keine beachtenswert besseren magnetischen Eigenschaften.

23.3.4 Einfluß des Anlassens

Der Anlaßprozeß bei allen AlNiCo-Legierungen hat die Aufgabe, die Ausscheidungen so weit zu fördern, bis bei noch beachtlichen Werten der Remanenz die Koerzitivfeldstärke nahezu ihr Maximum erreicht hat. Bei den Legierungen mit verschwindendem Kobalt-Gehalt reicht dazu das langsame Abkühlen von der Homogenisierungstemperatur. Die anderen Legierungen benötigen eine längere Temperung im Bereich von ca. 600°C. Dabei hat sich allgemein ein *zweistufiges Anlassen* — ca. 3 bis 5 Stunden bei 620 bis 640°C und ca. 20 bis 30 Stunden bei 550 bis 580°C — als sehr geeignet erwiesen.

Beim Anlassen wird die *spinodale Entmischung* wahrscheinlich fortgesetzt, wobei das Konzentrationsgefälle an den Grenzen der ausgeschiedenen Partikel schärfer wird. Damit ist sicher eine Vergrößerung der Differenz ΔI_s der Sättigungsmagnetisierungen von Matrix und Ausscheidung und somit der Anisotropieenergie verbunden [13]; ähnlich wurde von KOCH u. a. [3] vermutet. Über die Wirkung des Anlassens wurden aber noch andere Ansichten geäußert. Von KITTEL u. a. [16] wurde angenommen, daß die durch das Feld gestreckt gewachsenen Ausscheidungen beim Anlassen noch formanisotroper werden. Von HANSEN [80] sind Ordnungs-Unordnungsvorgänge vorgeschlagen worden.

Wie die Mößbauer-Untersuchungen von v. WIERINGEN und RENSEN [81] sowie von SHTRIKMAN und TREVES [82] weiter zeigen, liegt nach dem Anlassen eindeutig eine ferromagnetische und eine paramagnetische, Nickel-Kupfer-reiche Phase vor. Auch dies könnte auf eine Vergrößerung der Differenz der Sättigungsmagnetisierung hinweisen. Die Untersuchungen von verschiedenen Autoren [80, 83] über die im Bereich von 560 bis 700°C reversibel von der Anlaßtemperatur abhängige Koerzitivfeldstärke stützen ebenfalls die Annahme einer Vergrößerung der Differenz der Sättigungsmagnetisierungen. Dabei sinkt die Koerzitivfeldstärke $_iH_c$ durch Anlassen bei 650 bis 700°C und steigt wieder durch nachfolgendes Anlassen bei 560 bis 600°C. Diese Vorgänge können beliebig oft wiederholt werden. Mit Hilfe der Mößbauer-Untersuchungen von v. WIERINGEN [81] kann dies so gedeutet werden, daß durch das Anlassen die Übergangszonen

$\alpha - \alpha'$ schmaler werden, also das Konzentrationsprofil rechteckiger wird. Dieser Vorgang ist aber temperaturabhängig und führt deshalb zu einer von der Temperatur reversibel abhängenden Koerzitivfeldstärke $_IH_c$. Allerdings scheint hier noch ein Unterschied zwischen normaler, kontinuierlicher und isothermer Feldbehandlung vorzuliegen. Bei isotherm behandelten Proben, die danach abgeschreckt und dann angelassen wurden, fand DE VOS [13, 25] noch eine *Sekundärstruktur der Ausscheidung* nach dem Anlassen, deren Rolle noch ungeklärt ist. Sie wird als Ausdruck einer *sekundären spinodalen Entmischung* der Nickel-Aluminium-reichen α-Phase angesehen [25]. Diese setzt schon bei Temperaturen von 300 bis 400 °C ein [84].

Durch die Anlaßbehandlung steigt die Koerzitivfeldstärke. Nach [85] soll eine noch höhere Koerzitivfeldstärke zu erreichen sein, wenn der Magnet vor dem Anlassen mit ca. 10^8 Röntgen bestrahlt wird.

23.4 Ummagnetisierung von AlNiCo-Werkstoffen

Nach den bisherigen Untersuchungen ist als entscheidender Anisotropieanteil derjenige der Formanisotropie anzusehen. Anhand von vergleichenden Betrachtungen zwischen ESD- und AlNiCo-Werkstoffen konnten von LUBORSKY u. a. [86, 87] Aussagen über die Art der *Ummagnetisierung* gemacht werden. Bei den hochremanenten Werkstoffen scheint buckling-ähnliches Verhalten vorzuliegen. Die beste Übereinstimmung mit den Experimenten ergab sich bei dem Modell einer Brückenbildung zwischen benachbarten Kugelketten. Damit treten Wechselwirkungen auf, welche die magnetostatische und die Austauschanisotropie-Energie durch örtliche Variation der Elementarbereichs-Konfiguration erniedrigen. Dies sollte dann zu einer buckling-ähnlichen Ummagnetisierung führen. Die danach zu erwartende negative Wechselwirkung wurde auch bei diesen Werkstoffen von HENKEL durch Untersuchung der Wechselfeldhysterese [88] und der Remanenzkurven [89] gefunden. Bei den hochkoerzitiven AlNiCo-Werkstoffen wird mit steigender Koerzitivfeldstärke eine zunehmend *kohärente Ummagnetisierung* eintreten [86].

23.5 AlNiCo-Preßmagnete

Die Herstellung dieser Magnete wurde in Kapitel 22 näher beschrieben [90]. Die Entmagnetisierungskurven von verschiedenen Werkstoffen sind in Bild 23.17 dargestellt [91]. Die verhältnismäßig niedrigen magnetischen Werte sind durch die innere Scherung infolge des nicht magnetisierbaren Bindemittels hervorgerufen. Dabei bleibt entsprechend Bild 7.1 zwar die Koerzitivfeldstärke $_IH_c$ konstant, aber die Koerzitivfeldstärke $_BH_c$ und die Remanenz werden wegen des niedrigen Verhältnisses $\delta = {}_BH_c/B_r$ stark verringert. Die Variation der magnetischen Werte wird durch Variation von Ausgangswerkstoff, Körnung, Preßdruck und Gehalt an Bindemittel erreicht. Der Gehalt an Bindemitteln kann dabei in Gewichts-% oder in Volumen-% angegeben werden. Zwischen beiden existiert folgende Beziehung, angegeben für die ν-Komponente eines Stoffes, der aus mehreren Komponenten besteht:

$$\text{Gew.-\%}_\nu = \gamma_\nu \frac{V}{G} \cdot \text{Vol.-\%}_\nu, \tag{23.2}$$

wobei γ_ν das spezifische Gewicht der ν. Komponente, V das Gesamtvolumen und G das Gesamtgewicht sind.

Durch das geschilderte Herstellungsverfahren werden isotrope Werkstoffe erzeugt. Wegen der hohen Sättigungsmagnetisierung und der niedrigen Kristallanisotropie kann hier eine magnetische Anisotropie nur mit Hilfe der Formanisotropie durch Verpressen im magnetischen Feld erreicht werden. Dabei muß aber von vorzugsgerichteten, aber nicht notwendigerweise kristallorientierten Aus-

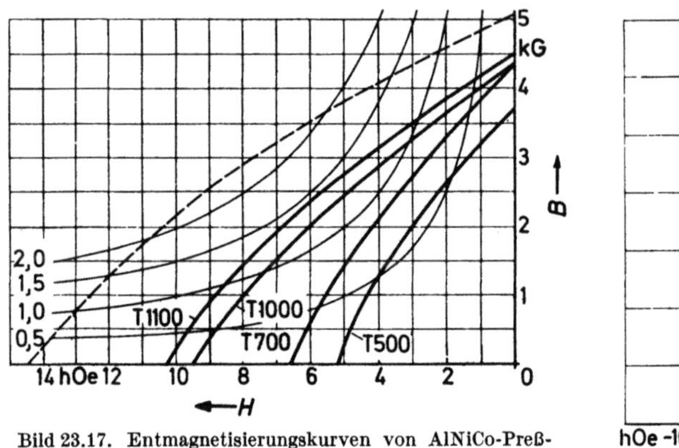

Bild 23.17. Entmagnetisierungskurven von AlNiCo-Preß-magneten (nach [91]).

Bild 23.18. Entmagnetisierungskurven von AlNiCo-Preß-magneten, mit und ohne magnetischem Feld verpreßt (nach [92]).

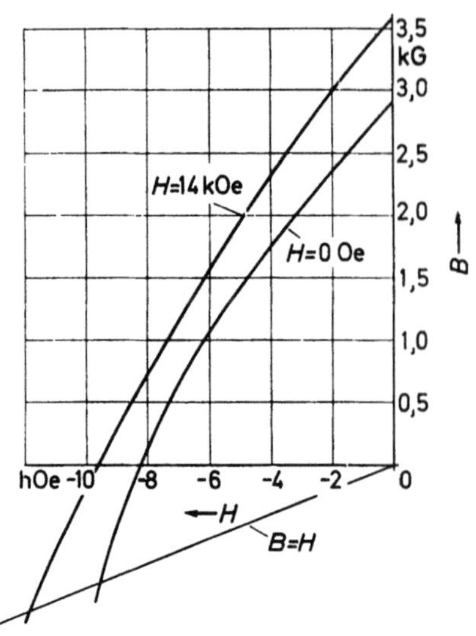

gangswerkstoffen ausgegangen werden [92]. Zur überschlägigen Berechnung der notwendigen *Ausrichtfeldstärke* kann entsprechend den Vorstellungen für Bariumferrit in Kapitel 24 nach RATHENAU u. a. [93] vorgegangen werden, da die Formanisotropie auch einachsig ist. Danach ist ein Maximum an Ausrichtung bei der Feldstärke $H \approx 1{,}5\,K/I_s$ zu erwarten. Dies entspricht bei AlNiCo ca. 1 kOe. Versuche von DIETRICH [92] mit optimal wärmebehandeltem AlNiCo 450, auf Korngröße $< 0{,}04$ mm gemahlen und auf einen Packungsfaktor von ca. 55% gepreßt, ergeben aber erst bei einer Orientierungsfeldstärke oberhalb 10 kOe einen (s. Bild 23.18) merkbaren Anisotropieeffekt. Ähnlich zeigte sich auch bei AlNiCo 600 erst oberhalb einer Ausrichtfeldstärke von 10 kOe ein Anisotropieeffekt. Von BAERMANN [91] wurde gleichfalls ein *anisotroper Preßmagnet* labormäßig hergestellt, der aber wohl höheren Packungsfaktor hatte. Das Orientierungsfeld ist unbekannt, als Entmagnetisierungskurve wurde die in Bild 23.17 gestrichelte angegeben. Die maximale Energiedichte liegt bei 2,6 MGOe.

Literatur

1. MISHIMA, T.: Iron Age 130 (1932) 346.
2. ZUMBUSCH, W.: Elektrotechnik-Maschinenbau 60 (1942) 533—547.
3. KOCH, A. J., M. G. VAN DER STEEG u. K. J. DE VOS: Ber. d. Arbeitsgem. Ferromagnetismus (1959) 130—139.
4. KOCH, A. J., M. G. VAN DER STEEG u. K. J. DE VOS: Proc. of the Conf. on Magnetism and Magnetic Materials, Boston 1956, 173—183.
5. PLANCHARD, E., C. BRONNER u. J. SAUZE: Z. angew. Phys. 21 (1966) 63—65.

6. CLEGG, A. G.: Z. angew. Phys. 21 (1966) 77—79.

7. PLANCHARD, E., R. MEYER u. C. BRONNER: Z. angew. Phys. 17 (1964) 174—178.

8. HIGUCHI, A.: Z. angew. Phys. 21 (1966) 80—83.

9. VAN DER STEEG, M. G., u. K. J. DE VOS: Z. angew. Phys. 17 (1964) 98—104.

10. NESBITT, E. A., u. R. D. HEIDENREICH: J. appl. Phys. 23 (1952) 352—365, 366—371.

11. ZIJLSTRA, H.: Z. angew. Phys. 14 (1962) 251—253.

12. NESBITT, E. A., H. J. WILLIAMS u. R. M. BOZORTH: J. appl. Phys. 25 (1954) 1014—1020.

13. DE VOS, K. J.: Z. angew. Phys. 17 (1964) 168—174; Phil. Res. Rep. 20 (1965) 667—673; J. appl. Phys. 37 (1966) 1100 Dissertation TH Eindhoven 1966.

14. ZIJLSTRA, H.: Dissertation, Universität Amsterdam 1960.

15. RITZOW, G.: Ber. II. Intern. pulvermetall. Tagung Eisenach, Berlin: Akademie-Verlag 1962, 247—257.

16. Siehe z. B. KITTEL, C., E. A. NESBITT und W. SHOCKLEY: Phys. Rev. 77 (1960) 839—840.

17. NICHOLSON, R. B., u. P. J. TUFTON: Z. angew. Phys. 21 (1966) 59—62.

18. Siehe z. B. DEHLINGER, U.: Theoretische Metallkunde, Berlin/Göttingen/Heidelberg: Springer 1955, 129ff. (2. Aufl. 1968).

19. BORELIUS, G.: Ann. Phys., Leipzig, 28 (1937) 507—519, 33 (1938) 517—531.

20. HILLERT, M.: Acta Met. 9 (1961) 525—535.

21. CAHN, I. W., u. I. E. HILLIARD: J. Chem. Phys. 28 (1958) 258—267, 31 (1959) 688—699.

22. CAHN, I. W.: Acta Met. 9 (1961) 795—801, 10 (1962) 179—183.

23. CAHN, I. W.: J. appl. Phys. 34 (1963) 3581—3586.

24. LENZ, M.: Wissensch. Z. Hochsch. Verkehrsw., Dresden 14 (1967) 343—346.

25. DE VOS, K. J.: Z. angew. Phys. 21 (1966) 381—385; Proc. of the Internat. Conf. on Magnetism, Nottingham 1964, 772—775.

26. HEIMKE, G., H. VAN KEMPEN u. R. KOHLHAAS: IEEE Transact. Magnetics 2 (1966) 411–415.

27. OLIVER, D. A., u. J. W. SHEDDEN: Nature 142 (1938) 209.

28. JONAS, B., u. H. J. MEERKAMP VAN EMBDEN: Phil. techn. Rev. 6 (1941) 8—11.

29. BARAN, W.: Techn. Mitt. Krupp 17 (1959) 150—152.

30. NESBITT, E. A., u. H. J. WILLIAMS: J. appl. Phys. 26 (1955) 1217—1221.

31. CAPENOS, J. M., u. B. R. BANERJEE: J. appl. Phys. 32 (1961) 323. — SCHULZE, D.: Experim. Techn. Phys. 4 (1956) 193—204.

32. HOSELITZ, K., u. M. McCAIG: Proc. Phys. Soc., London, B 62 (1949) 163—170, B 64 (1951) 549—559, B 65 (1952) 229—235. — McCAIG, M.: J. appl. Phys. 24 (1953) 366.

33. ZIJLSTRA, H.: J. appl. Phys. 27 (1956) 1249—1250.

34. WITTIG, R.: Z. angew. Phys. 14 (1962) 248—250.

35. DE VOS, K. J.: Z. angew. Phys. 14 (1962) 253—254.

36. STEINORT, E., E. R. CRONK, S. J. GARVIN u. H. TIDERMAN: J. appl. Phys. 33 (1962) 1310—1313.

37. KRONENBERG, K. J.: Ber. d. Tagung d. Arbeitsgem. Ferromagnetismus, Karlsruhe 1962, Bericht II. — DRAPIER, J. M., D. COUTSOURADIS, L. HABRAKEN, C. BRONNER, J. P. HABERER, J. SAUZE u. E. PLANCHARD: J. appl. Phys. 40 (1969) 1305—1306.

38. PATER, M., R. BLÖCH u. E. KRAINER: Z. angew. Phys. 15 (1963) 261—263.

39. JELLINGHAUS, W:: Arch. Eisenhüttenw. 16 (1942) 247—252.

40. RITZOW, G., u. W. EBERT: Deutsche Elektrotechnik 11 (1957) 527—530.

41. ZUMBUSCH, W.: Arch. Eisenhüttenw. 16 (1942) 101—112.

42. EBELING, D. G., u. A. A. BURR: J. Metals 5 (1953) 537—544.

43. MAKINO, N., Y. KIMURA u. J. YAMAKI: J. Japan Inst. Metals 27 (1963) 582—587.

44. LINDNER, E., R. WITTIG u. K. PÄSSLER: Neue Hütte 8 (1963) 557—561.

45. MAKINO, N.: Kobalt Nr. 17 (1962) 3—9.

46. GOULD, J. E.: Kobalt Nr. 23 (1964) 69—73.

47. MISHIMA, T.: Rev. Metallur. 62 (1965) 1—7.

48. Jap. Patent Nr. 8160 (1962).

49. MAKINO, N., u. Y. KIMURA: J. appl. Phys. 36 (1965) 1185—1190.

50. Firma Philips: Britisches Patent Nr. 860127 (1956).

51. HEIMKE, G., u. E. STEINGROEVER: Z. angew. Phys. 15 (1963) 265—268.

52. STÄBLEIN, H.: Ber. d. Tagung d. Arbeitsgem. Ferromagnetismus, Karlsruhe 1962, Bericht IV.

53. Steinort, E.: Ber. d. Tagung d. Arbeitsgem. Ferromagnetismus, Karlsruhe 1962, Bericht III. — DAS 1204247 (1965).
54. Wright, W., u. R. Ogden: Kobalt Nr. 24 (1964) 140—144.
55. Luborsky, F. E., u. K. T. Aust: Trans. Met. Soc. AIME 227 (1963) 791—793.
56. Honda, K.: Metallwirtschaft 13 (1934) 425—427.
57. Planchard, E., C. Bronner u. J. Sauze: Kobalt Nr. 28 (1965) 1—8.
58. Firma Swift Lewick and Sons: Brit. Pat. Nr. 987636 und Nr. 999523.
59. Gould, J. E.: Kobalt Nr. 23 (1964) 1—6.
60. Wright, W., u. A. Thomas: Kobalt Nr. 13 (1961) 40—43.
61. Wittig, R.: Z. angew. Phys. 21 (1966) 98—101.
62. Makino, N., Y. Kimura u. J. Yamaki: Annual Meeting of Japan Inst. Metals (1964) (s. [49]).
63. Kamata, Y., u. N. Chikamatsu: Annual Meeting of Japan Inst. Metals (1964) (s. [49]).
64. Naastepad, P. A.: Z. angew. Phys. 21 (1966) 104—107.
65. Dietrich, H.: Diskussionsbeitrag I. Europ. Tagung f. Magnetismus, Wien 1965. — D.P.-Anmeldung D 49532 VIa/406 (1966).
66. Wittig, R.: Vortrag Intern. Tagung Magnetismus, Dresden 1966.
67. Kimura, Y. u. T. Abe: in [49].
68. Luteijn, A. J., u. K. J. de Vos: Phil. Res. Rep. 11 (1956) 489—490.
69. de Jong, J. J., J. M. Smeets u. H. B. Haanstra: J. appl. Phys. 29 (1958) 297—298. — Paine, T. O., u. F. E. Luborsky: J. appl. Phys. 31 (1960) 78S—80S.
70. Wyrwich, H.: Z. angew. Phys. 15 (1963) 263—265. — Stäblein, H.: Techn. Mitt. Krupp, Werksberichte 21 (1963) 171—184.
71. Bronner, C., E. Planchard u. J. Sauze: Kobalt Nr. 31 (1966) 57—61; Z. angew. Phys. 21 (1966) 95—98.
72. Vallier, G., C. Bronner u. R. Pfeffen: Kobalt Nr. 34 (1967) 9—15.
73. Fahlenbrach, H., u. H. Stäblein: Proc. of the Internat. Conf. on Magnetism, Nottingham 1964, 767—771.
74. Ritzow, G.: Neue Hütte 8 (1963) 282—290.
75. Julien, C. A., u. F. G. Jones: Kobalt Nr. 27 (1965) 66—68.
76. Julien, C. A., u. F. G. Jones: J. appl. Phys. 36 (1965) 1173—1174.
77. Cronk, E. R.: J. appl. Phys. 37 (1966) 1097—1100.
78. Siehe z. B. Werkstoffprospekt der PMA, Sheffield/England.
79. Sugiyama, M., u. K. Shida: Trans. I.R.M. 3 (1962) 76—78. — Altman, A. B., u. P. A. Gladyschew: Ber. II Intern. pulvermetall. Tagung Eisenach, Berlin: Akademie-Verlag 1962, 275—280.
80. Hansen, J. R.: Proc. of the Conf. on Magnetism and Magnetic Materials, Pittsburgh 1955, 198—204.
81. van Wieringen, J. S., u. J. S. Rensen: Z. angew. Phys. 21 (1966) 69—70; Solid. State Comm. 4 (1966) 1—6.
82. Shtrikman, S., u. S. Treves: J. appl. Phys. 37 (1966) 1103—1105.
83. Lifshitz, B. G.: Zhur. Tekn. Fiz 10 (1940) 1981—1983. — Clegg, A. G., u. M. McCaig: Proc. Phys. Soc. B (1957) 817—822. — van der Steeg, M. G., u. K. J. de Vos: J. appl. Phys. 27 (1956) 1250.
84. McCaig, M.: Z. angew. Phys. 21 (1966) 66—68.
85. Kanadisches Patent Nr. 703138 (1958).
86. Paine, T. O., u. F. E. Luborsky: J. appl. Phys. 31 (1960) 78S—80S. — Luborsky, F. E., u. T. O. Paine: J. appl. Phys. 31 (1960) 66S—68S, 32 (1961) 171S—183S.
87. Luborsky, F. E., u. T. O. Paine: J. appl. Phys. 37 (1966) 1091—1094.
88. Henkel, P.: phys. stat. sol. 2 (1962) K268—271.
89. Henkel, O.: phys. stat. sol. 15 (1966) 211—223, Z. angew. Phys. 21 (1966) 32—38.
90. Siehe auch z. B. Pawlek, F.: Magnetische Werkstoffe, Berlin/Göttingen/Heidelberg: Springer 1952, 60ff.
91. Baermann, M.: persönliche Mitteilung (1965).
92. Dietrich, H.: F.I.-Bericht 144 (1965) DEW, intern.
93. Stuijts, A. L., G. W. Rathenau u. G. H. Weber: Phil. techn. Rdsch. 16 (1954—55) 221—228.
94. Lange, G.: DEW Techn. Ber. 8 (1968) 209—214.

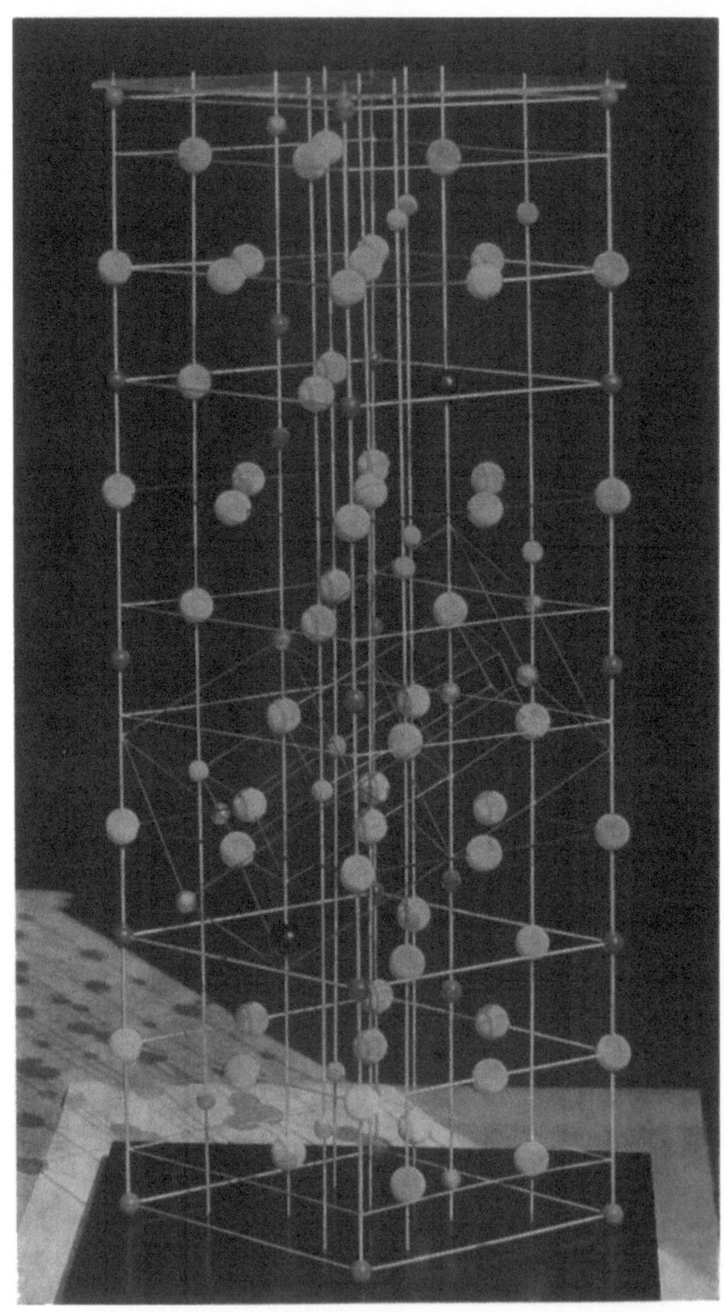

Bild 24.1. Gitteraufbau von Bariumferrit (BaO · 6 Fe$_2$O$_3$).

24 Ferrite mit Dauermagneteigenschaften

24.1 Kristallaufbau von MeO · 6 Fe₂O₃

Bei den *hexagonalen Ferriten* mit Dauermagneteigenschaften handelt es sich um eine Werkstoffgruppe mit spinellähnlichem Kristallaufbau entsprechend der Formel $MeO \cdot 6 Fe_2O_3 = MeFe_{12}O_{19}$. Das Bild 24.1 versucht, einen Überblick über den noch näher zu beschreibenden Gitteraufbau zu vermitteln. Dabei ist die c-Achse senkrecht nach oben gerichtet.

Von ADELSKÖLD [1] wurde zuerst die Struktur der hexagonalen Ferrite bestimmt. Danach handelt es sich um eine hexagonale D_{6h}^4-C6/mmc-Struktur, welche dem *Magnetoplumbit* $PbO \cdot 6 Fe_2O_3$ entspricht. ADELSKÖLD fand gleichzeitig, daß Barium- und Strontiumferrit dem Bleiferrit isomorph sind. Der Aufbau des Gitters soll nachfolgend anhand des Bildes 24.1 näher beschrieben werden. Wegen der großen wirtschaftlichen Bedeutung wird dabei das Bariumferrit gewählt.

Beim *Spinell* enthält jede Schicht vier zweiwertige Sauerstoff-Ionen (große weiße Kugeln) als Anionen. Zwischen je zwei Schichten liegen die metallischen dreiwertigen Kationen (kleine weiße Kugeln). Diese metallischen Kationen sitzen beim Spinell auf Tetraederplätzen, sind hier von vier Sauerstoff-Ionen umgeben, und auf Oktaederplätzen, wo sie von sechs Sauerstoff-Ionen umgeben sind. Bei den normalen Spinellen sitzt das zweiwertige Metall-Ion auf den Tetraederplätzen, das dreiwertige Eisen-Ion auf Oktaederplätzen. Bei den inversen Spinellen sitzt das zweiwertige Metall-Ion auf Oktaederplätzen, die Eisen-Ionen auf dreiwertigen Oktaeder- und zweiwertigen Tetraederplätzen gleichmäßig verteilt. Nur *inverse Spinelle* haben ferrimagnetische Eigenschaften.

Das Bariumferrit besteht aus zwei *Spinellblöcken* mit je vier Sauerstoff-Schichten. Dazwischen liegt eine Schicht, in der ein Sauerstoff-Ion durch Barium (große schwarze Kugel) ersetzt ist. Dadurch ist in dieser Schicht ein dritter Platz für ein Eisen-Ion (rot) vorhanden. Bei diesem ist es von fünf Sauerstoff-Ionen umgeben und sitzt im Schwerpunkt eines Hexaeders. Die Eisen-Ionen auf Tetraederplätzen sind durch silberne, die Eisen-Ionen auf Oktaederplätzen sind durch grüne, gelbe und blaue Kugeln gekennzeichnet.

Zu einer *Elementarzelle des Bariumferrits* gehören zwei mal fünf Sauerstoff-Schichten, die zwei Spinellblöcke und zwei Bariumschichten. Die 6. bis 10. Schicht sind um 180° um die c-Achse gegenüber der 1. bis 5. Schicht gedreht. Die Sauerstoff-Ionen liegen in den zwei Blöcken in kubisch dichtester Kugelpackung, in den Barium-Schichten in hexagonal dichtester Kugelpackung. Die c-Achse ist die [111]-Richtung des Gitters in den Spinellblöcken. Die Lage des kubischen Gitters im Spinellblock ist in Bild 24.1 angedeutet. Deutlich ist dabei die Verzerrung durch das Barium-Ion zu sehen.

Aus den Untersuchungen von GORTER [2], welche auf den Überlegungen von NEEL [3] fußen, folgt, daß für die Berechnung der Sättigungsmagnetisierung in grober Näherung die Elementarzelle aus zwei Spin-Untergittern mit entgegengesetzter Spinrichtung aufgebaut werden kann. Dabei weisen die Momente von zwölf (gelben) und zwei (grünen) Ionen auf Oktaederplätzen und von zwei (roten) Ionen auf Hexaederplätzen in eine Richtung, die Momente von vier (blauen)

Ionen auf Oktaeder- und vier (silbernen) Ionen auf Tetraederplätzen in die entgegengesetzte Richtung. Da alle Ionen ein magnetisches Moment von ca. 5 μ_B haben, ist die Magnetisierung pro Formeleinheit $(8 - 4) \, 5 \, \mu_B = 20 \, \mu_B$ beim Bariumferrit. Daraus folgt bei Zimmertemperatur eine spezifische Sättigungsmagnetisierung $\sigma = 72 \, \text{G} \cdot \text{cm/g}$ und damit eine Sättigungsmagnetisierung $4 \pi I_s = 4775 \, \text{G}$ [4]. Von CASIMIR u. a. [5] wurde die Sättigungsmagnetisierung experimentell zu $4 \pi I_s = 4700 \, \text{G}$ angegeben.

Bei den antiferromagnetischen und ferrimagnetischen Oxyden sind die Metall-Ionen viel zu weit voneinander entfernt, um direkt in Wechselwirkung miteinander treten zu können. Zum Verständnis dieser Art Wechselwirkung hat ANDERSON [6] beigetragen. Danach vermittelt das zwischen den Metall-Ionen angeord-

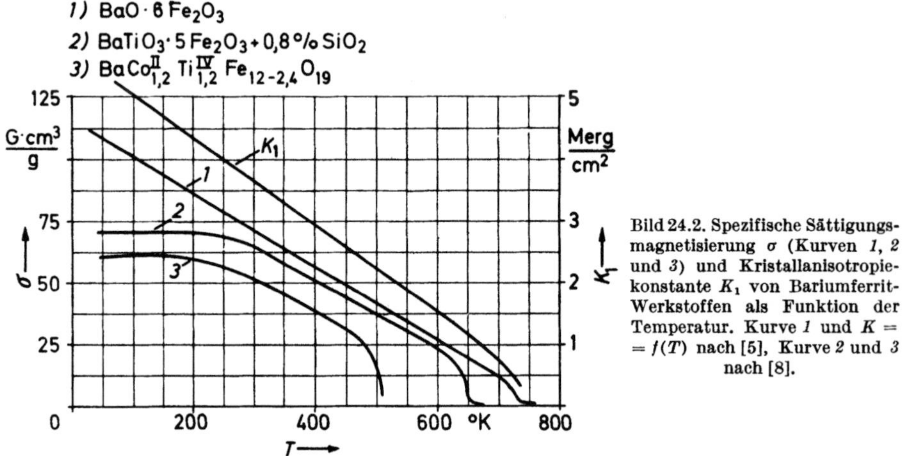

Bild 24.2. Spezifische Sättigungsmagnetisierung σ (Kurven *1*, *2* und *3*) und Kristallanisotropiekonstante K_1 von Bariumferrit-Werkstoffen als Funktion der Temperatur. Kurve *1* und $K = f(T)$ nach [5], Kurve *2* und *3* nach [8].

nete Sauerstoff-Ion durch den sogenannten *Superaustausch* die Richtwirkung der magnetischen Momente. Die Stärke der Wechselwirkung ist von den Abständen der Metall-Ionen vom Sauerstoff-Ion und dem Winkel Metall-Ion—Sauerstoff-Ion—Metall-Ion abhängig.

Alle hexagonalen Ferrite haben wegen der zwei sich teilweise kompensierenden magnetischen Untergitter (Ferrimagnetismus) nur eine niedrige Sättigungsmagnetisierung entsprechend der Differenz der Untergittermagnetisierungen. Infolge der hexagonalen Verzerrung des Spinellgitters durch die zweiwertigen Metall-Ionen ist aber eine sehr hohe einachsige Kristallanisotropie ($K_K \sim 10^6$ bis $10^7 \, \text{erg/cm}^3$) vorhanden. Damit sind die so aufgebauten Ferrite als Dauermagnetwerkstoffe gut geeignet.

Ungünstig ist dabei die starke Temperaturabhängigkeit der resultierenden Sättigungsmagnetisierung, wie Kurve 1 in Bild 24.2 zeigt. Sie nimmt nahezu linear mit der Temperatur ab. Ihr Verlauf ist abhängig von dem Temperaturverhalten der Untergitter. Dieses Temperaturverhalten wurde von ZINN u. a. [7] durch Bestimmung der Temperaturabhängigkeit der Untergitter mittels Mößbauer-Effekt berechnet. Es stimmt befriedigend mit den magnetischen Meßergebnissen überein. Die Curie-Temperatur beträgt bei der stöchiometrischen Zusammensetzung $T_c = 450 \, °\text{C}$. Es wurde deshalb versucht, z. B. durch Einbau von zweiwertigen Kobalt- und vierwertigen Titan-Ionen anstelle von zweiwertigen Eisen-

Ionen [5] die Unsergitter zu ändern und damit die Temperaturabhängigkeit zu verringern. Wie Kurve 3 in Bild 24.2 zeigt, gelingt dies aber nur in kleinen Temperaturbereichen und unter Verringern der Sättigung. Von HEIMKE [8] wurde gleichfalls versucht, durch Zufügen von nichtferromagnetischen Titan-Ionen die Temperaturabhängigkeit zu verbessern. Dazu wurde anstelle von $BaCO_3$ das $BaTiO_3$ verwendet und noch 1,5% $CaSiO_3$ zugefügt. Das Ergebnis ist in Kurve 2 Bild 24.2 zu sehen. Die starke Temperaturabhängigkeit ist leider nur im Bereich tiefer Temperaturen verringert worden.

24.2 Isotropes Bariumferrit

In Bild 24.3, Kurve a, ist die Entmagnetisierungskurve von isotropem Bariumferrit eingezeichnet. Im II. Quadranten des B,H-Diagramms ist sie nahezu eine Gerade. Daraus folgt u. a., daß bei Magnetsystemen mit isotropem Bariumferrit

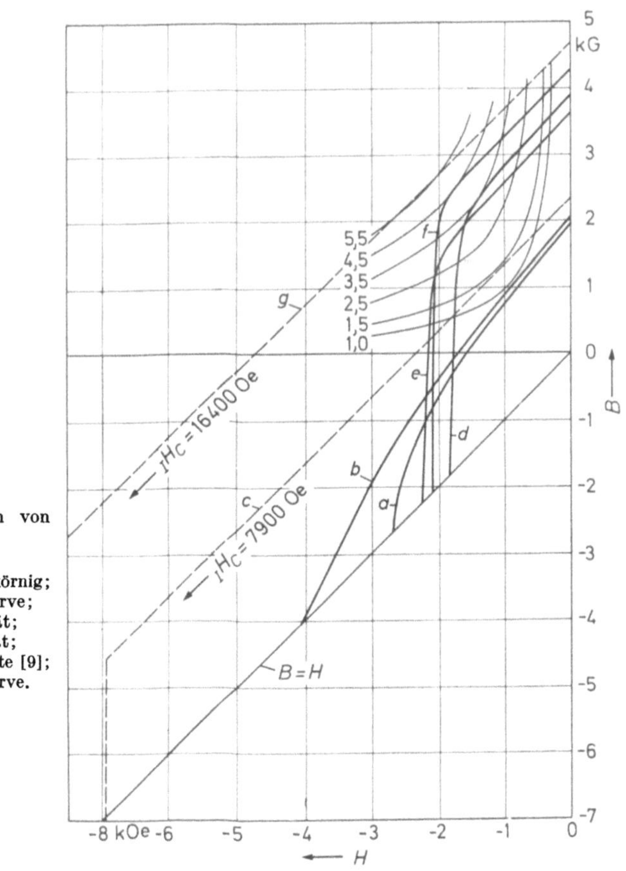

Bild 24.3. Entmagnetisierungskurven von Bariumferrit

a isotropes Bariumferrit, normal;
b   ,,   ,,   , sehr feinkörnig;
c   .,   ,,   , ideale Kurve;
d anisotropes Bariumferrit, R-Qualität;
e   ,,   ,,   , K-Qualität;
f   ,,   ,,   , Laborwerte [9];
g   ,,   ,,   , ideale Kurve.

remanenter und permanenter Zustand praktisch gleich sind. Die Koerzitivfeldstärke $_IH_c$ liegt bei 2,75 kOe. Die theoretische Koerzitivfeldstärke ist bei isotropem Werkstoff gegeben durch $_IH_c = 0,96\ K/I_s$. Mit einer mittleren Anisotropiekonstanten $K_1 = 3,2$ Merg/cm³ [10, 11] und einer Sättigungsmagnetisierung

$4\,\pi\,\mathrm{I}_s = 4775$ G ergibt sich daraus die Koerzitivfeldstärke $_IH_c \sim 8{,}0$ kOe. Wenn die Formanisotropie berücksichtigt wird, erniedrigt sich die Koerzitivfeldstärke $_IH_c$ auf ca. 5,5 kOe. Die ideale Kurve für isotropes Bariumferrit ist durch Kurve c in Bild 24.3 dargestellt; sie ist im I,H-Diagramm eine rechteckige Kurve, d. h. die Magnetisierung $4\,\pi\,I$ ist bis zur Koerzitivfeldstärke $_BH_c$ unabhängig von der Feldstärke und gleich der Sättigungsmagnetisierung. Für diese Entmagnetisierungskurve ist aber notwendig die Remanenz B_r gleich der Koerzitivfeldstärke $_BH_c$. Der ideale Wert der maximalen Energiedichte $(BH)_{\mathrm{max}}$ ist dann nach Gl. (9.8)

$$(BH)_{\mathrm{max}} = \left(\frac{4\pi I_s}{4}\right)^2 = 1{,}4 \ \mathrm{MGOe}. \tag{24.1}$$

Bild 24.4. Abhängigkeit der Koerzitivfeldstärke $_IH_c$ von der Mahldauer des Pulvers in der Schwingmühle für isotrope Bariumferrit-Dauermagnete.

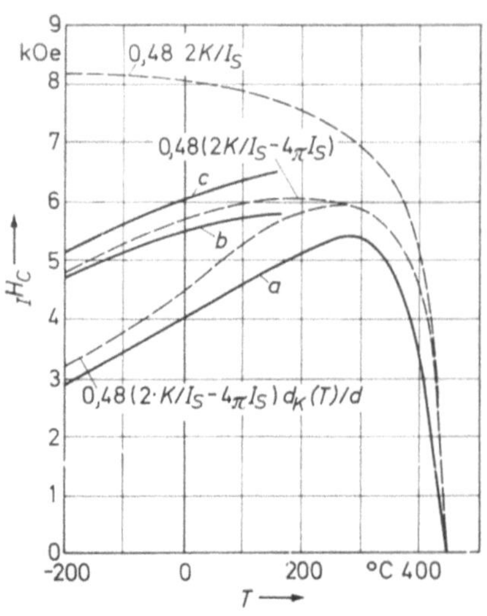

Bild 24.5. Koerzitivfeldstärke $_IH_c$ von isotropem Bariumferrit als Funktion der Temperatur.
a nach [15]; b nach [17] (Bariumferrit-Pulver);
c nach [17] (Strontiumferrit-Pulver).

Eine Steigerung der Koerzitivfeldstärke ist zu erwarten, wenn alle Körner im Elementarbereichszustand vorliegen. Dies ist von der Mahldauer abhängig. Wie Bild 24.4 zeigt, kann bei 12-stündiger Mahlung in der Schwingmühle die Koerzitivfeldstärke am fertig gesinterten Magneten auf ca. 4 kOe erhöht werden. Die so erhaltene Entmagnetisierungskurve ist als Kurve b in Bild 24.3 eingetragen. Für die Praxis ist diese lange Mahldauer jedoch unwirtschaftlich.

Wie den Untersuchungen von WENT u. a. [12] zu entnehmen ist, können die magnetischen Eigenschaften von Bariumferrit nicht allein aus der Kristallanisotropie K erklärt werden. Dann müßte z. B. die Temperaturabhängigkeit der Koerzitivfeldstärke entsprechend der von K/I_s verlaufen. Wie aber z. B. Bild 24.5 für isotrope Proben zeigt, trifft dies nicht zu. Von HUTNER [13] wurde deshalb die Formanisotropie der Plättchenform der Bariumferritkörner mit berücksichtigt. Dabei ist zu beachten, daß die kristallografische Vorzugsrichtung die c-Achse ist, welche senkrecht zur Scheibenebene liegt. Deshalb wird für die Koerzitivfeldstärke hier

$$_IH_c = 0{,}48 \left(\frac{2K}{I_s}\right) - 4\,\pi\,I_s. \tag{24.2}$$

Für den Entmagnetisierungsfaktor wird dabei $N \approx 4\,\pi$ angenommen, was sicher zu groß ist. Von RATHENAU [14] wird $4\,\pi/3$ angenommen. Wie Bild 24.5 zeigt, ist durch Berücksichtigung der inneren Entmagnetisierung eine bessere Übereinstimmung mit den Meßwerten (Kurve a) von SIXTUS [15] an der feinkörnigen Probe erreicht worden. Diese Übereinstimmung wird noch verbessert, wenn bei der Berechnung der Kurve nach Gl. (24.2) berücksichtigt wird, daß die für das Elementarbereichsverhalten wichtige kritische Korngröße d_K temperaturabhängig ist [15, 16].

Von MEE und JESCHKE [17] wurde durch elektrolytische Abscheidung sehr feinkörniges Bariumferrit hergestellt. Die so hergestellten Körner hatten einen Durchmesser von ca. 800 bis 1500 Å und ein Verhältnis von Durchmesser zu Dicke von ca. 15. Damit sind sie aber im Temperaturbereich unter 0 °C sicher auch noch Elementarbereiche. Demzufolge sollte die Temperaturabhängigkeit der Koerzitivfeldstärke $_IH_c$ direkt nach Gl. (24.2) verlaufen. Dies ist auch an Kurve b in Bild 24.5 gut zu sehen. In Kurve c ist das ähnliche Verhalten von feinkörnigem Stromtiumferrit dargestellt.

24.3 Anisotropes Bariumferrit

24.3.1 Erzeugung der Vorzugslage durch Pressen im magnetischen Feld

Eine wesentliche Verbesserung der magnetischen Eigenschaften gelang auch bei den Bariumferrit-Werkstoffen durch Erzeugung einer Vorzugsrichtung. Die so erhaltenen Entmagnetisierungskurven sind in Bild 24.3, Kurven d und e, enthalten. Dabei handelt es sich — je nach Fertigsintertemperatur — um einen remanenzbetonten und einen koerzitivkraftbetonten Werkstoff gleicher Zusammensetzung. Die Erzeugung der Vorzugsrichtung gelingt, wie RATHENAU u. a. [18] fanden, mit Hilfe einer magnetischen Ausrichtung des zu pressenden, fertig reagierten Pulvers in der Preßmatrize. Dabei ist es für eine gute Ausrichtung notwendig, daß sich alle Pulverkörner wie magnetische Elementarbereiche verhalten und daß sie sich während der Ausrichtung frei drehen können. Dies wird einmal, wie in Abschnitt 22.3.2 näher ausgeführt, beim *Naßpressen* erreicht durch Aufschwemmen des Pulvers in Wasser, Einfüllen dieser Suspension in die Preßmatrize und Anlegen des magnetischen Feldes parallel zur Preßrichtung. Beim *Trockenpressen* [19] wird das trockene Pulver durch ein anfänglich etwas inhomogenes magnetisches Feld in die Matrize gesaugt und dabei vor-ausgerichtet. Beim Herunterfahren des magnetisierbaren Oberstempels wird das Feld stärker und zunehmend homogen, und die Ausrichtung des Pulvers wird noch verbessert. Wie eigene Untersuchungen zeigen, wird beim magnetischen Einsaugen trotz der verhältnismäßig niedrigen Feldstärke ca. 80% der Ausrichtung erreicht, der Rest wird beim Vergrößern des Feldes während des Einfahrens des Oberstempels ausgerichtet. Mit den beiden Verfahren des Trocken- und Naßpressens lassen sich nahezu dieselben magnetischen Eigenschaften erhalten. Nach dem Pressen wird der Preßling zur leichteren Handhabung zumindest teilweise entmagnetisiert.

Wichtig *für* eine gute *Ausrichtung des Pulvers* beim Pressen ist eine genügend hohe *magnetische Feldstärke*. Zur überschlägigen Ermittlung wurden Überlegungen angestellt [20]. Danach müßte zur Ausrichtung die Feldstärke ca. 10 kOe betragen. Die in der Praxis angewandten Feldstärken betragen ca. die Hälfte der theoretischen Feldstärke, was aus der praktisch niedrigeren Koerzitivfeldstärke $_IH_c < 2\,K/I_s$ verständlich ist. Eine Erhöhung der Feldstärke bringt keine meßbare Verbesserung der Ausrichtung. Mit impulsförmigen Feldern konnten annähernd ähnliche magnetische Eigenschaften wie mit Gleichfeldern erreicht werden [21].

Es wurde auch versucht, durch Glühung im Magnetfeld bei Bariumferrit die magnetische Anisotropie zu verbessern. Wie eigene Untersuchungen und die von FAHLENBRACH [22] zeigen, ist gegenüber den im Feld verpreßten Proben eine Änderung der magnetischen Eigenschaften nicht eingetreten.

Bei idealer Ausrichtung müßte nach Kapitel 13 die Remanenz senkrecht zur Vorzugsrichtung verschwinden. Nach Messungen von JOKSCH [23] in Bild 24.6 ist aber noch ca. 20% der Remanenz in Vorzugsrichtung erhalten. Von STÄBLEIN und

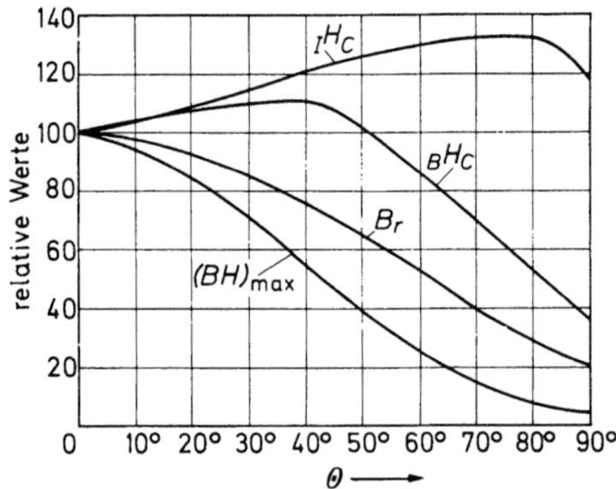

Bild 24.6. Abhängigkeit der magnetischen Eigenschaften vom Winkel Θ zur Vorzugsrichtung bei anisotropem Bariumferrit (nach [23]).

WILLBRAND [24] wurde dies mittels magnetischer und röntgenografischer Messungen bestätigt. Ihre Röntgen-Untersuchungen zeigten, daß mit Hilfe des magnetischen Feldes beim Pressen die c-Achsen ausgerichtet werden. Die c-Achsen bilden dabei eine Ringfasertextur mit der Feldrichtung als Texturachse. Die Basisebenen (Plättchenebenen) orientierten sich nicht zum Feld. Dies folgt aus dem kleinen Unterschied der Kristallanisotropie in der Basisebene. Die Untersuchungen der Remanenz bestätigen sehr gut die Gl. (13.4), woraus zu schließen ist, daß bei Bariumferrit keine nennenswerte Wechselwirkung zwischen benachbarten Bereichen auftritt.

Die nach Bild 24.6 vorhandene Restremanenz quer zur Vorzugsrichtung ist einmal durch schlechte Ausrichtung der Pulverteilchen an der Magnetoberfläche infolge Wandreibung in der Preßmatrize hervorgerufen, zum anderen durch Behinderung der freien Drehung im Pulver selbst. Der Verlauf der Koerzitivfeldstärke $_IH_c$ in Abhängigkeit vom Winkel in Bild 24.6 weist ein Maximum nahezu senkrecht zur Vorzugsrichtung auf. Bei weniger dicht gesintertem Werkstoff ist dieses Maximum weniger ausgeprägt. Es könnte auf Dichte-Inhomogenitäten parallel und senkrecht zur Preßrichtung zurückzuführen sein oder entsprechend Bild 12.7 auf inkohärente Ummagnetisierung, auf Wechselwirkung oder auf Ummagnetisierung durch 180°-Blochwandverschiebung [25] hinweisen. Weitere Experimente sind notwendig.

Infolge der in Bild 24.7 [26] gut sichtbaren *Plattenform* der *Bariumferrit*körner wirkt der Einfluß der Formanisotropie dem der Kristallanisotropie bei der

Ausrichtung entgegen. Die Plattenform bedingt ferner eine erhöhte Reibung der Teilchen untereinander. Gleichzeitig ist sie aber günstig beim Pressen. Durch sie bildet sich ohne magnetisches Feld eine *Preßanisotropie* in Preßrichtung, welche die magnetische Ausrichtung verbessert. Bei den normalen Preßdrucken von ca. 0,5 Mp/cm² wird, wie vom isotropen Bariumferrit bekannt, eine schwache Anisotropie erhalten. In Preßrichtung ist dabei die Remanenz und damit die maximale Energiedichte $(BH)_{max}$ um ca. 10% gegenüber echt isotropen Werten erhöht. Mit zunehmendem Preßdruck steigt die Preßanisotropie, und damit steigen die magnetischen Werte in Preßrichtung, wie z. B. Bild 24.8 zeigt. Die Anwendung höherer Preßdrücke wird aber aus wirtschaftlichen Gründen unterlassen. Auch beim Pressen im magnetischen Feld wird die Remanenz durch die zusätzliche Preßanisotropie erhöht [15].

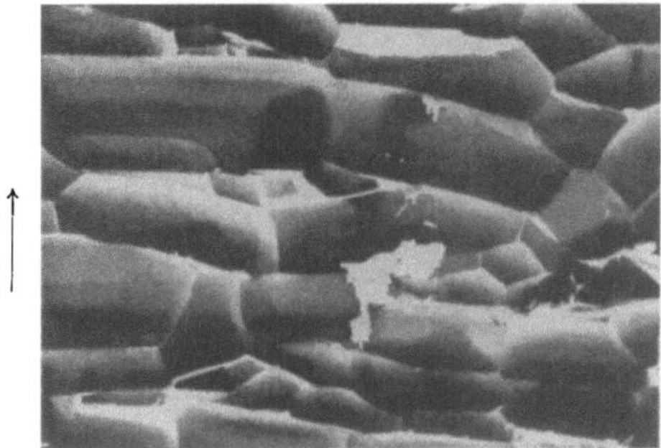

Bild 24.7. Plattenform der Kristalle bei anisotropem Bariumferrit-Magneten mit Vorzugsrichtung in Pfeilrichtung (nach [26]). (500 ×)

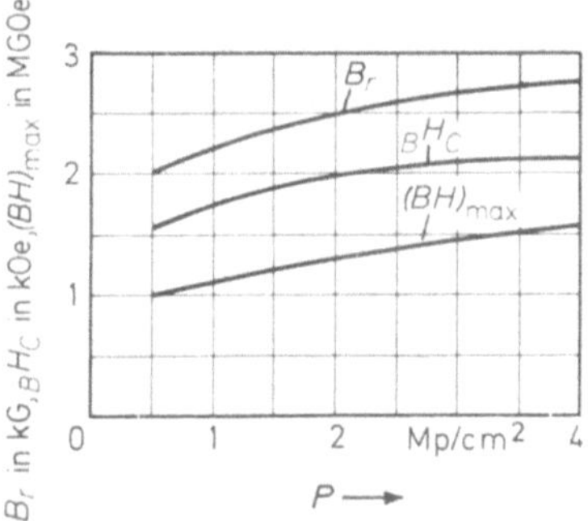

Bild 24.8. Magnetische Eigenschaften von Bariumferrit-Dauermagneten, ohne Feld verpreßt, als Funktion des Preßdrucks in Preßrichtung.

Beim *Fertigsintern* schwinden isotrope Magnete isotrop um ca. 20% der Linearabmessungen, anisotrope in Vorzugsrichtung um ca. 25%, senkrecht dazu um ca. 15%. Gleichzeitig wird bei anisotropen Magneten während des Sinterns die Ausrichtung verbessert [20, 24, 27]. Dies ist auf ein selektives Kornwachstum zurückzuführen, wobei die schlecht orientierten Kristalle auf Kosten der ausgerichteten aufgezehrt werden. Dieses Aufzehren erfolgt nach [20] durch die vergrößerte Grenzflächenenergie zwischen verschieden orientierten Nachbarkristallen. Dabei wird die Grenzflächenenergie vermindert. Allerdings ist die mittels Röntgenfeinstruktur festgestellte Verbesserung der Orientierung größer als die durch magnetische Messungen ermittelte [24, 27].

Die infolge magnetischer Ausrichtung erreichten magnetischen Werte bei anisotropem Bariumferrit sind durch die Entmagnetisierungskurven d und e in Bild 24.3 dargestellt. Beide unterscheiden sich nur durch verschieden hohe Endsintertemperatur. Mit höherer Endsintertemperatur steigt die Dichte und damit die Remanenz. Infolge Wechselwirkung und erhöhtem Kornwachstum sinkt die Koerzitivfeldstärke. Die theoretisch zu erwartende Entmagnetisierungskurve unter idealen Bedingungen ist durch Kurve g in Bild 24.3 angedeutet. Der theoretische Wert der Koerzitivfeldstärke wäre ohne Berücksichtigung der Formanisotropie: $_IH_c = 2 K/I_s = 16400$ Oe, und daraus folgt eine maximale Energiedichte $(BH)_{max} = 5,7$ MGOe. Von TOMHOLT [9] wurde unter sorgfältigsten Laborbedingungen die Kurve f in Bild 24.3 erhalten. Nach [9] kann der theoretische $(BH)_{max}$-Wert nur erreicht werden, wenn der Werkstoff

1. die theoretische Dichte $\gamma = 5{,}3$ g/cm³ hat,
2. nur aus der Phase $BaFe_{12}O_{19}$ besteht,
3. vollständig orientiert ist und
4. die Koerzitivfeldstärke $_IH_c >> B_r/2$ ist.

Da alle diese Punkte in der Praxis nur teilweise erfüllbar sind, müßte die maximale Energiedichte $(BH)_{max} < 5$ MGOe sein. Bei der Kurve c wurde erreicht: $(BH)_{max} = 4{,}45$ MGOe, $B_r = 4320$ G und $_BH_c = 2080$ Oe.

Ähnlich wie bei isotropem Bariumferrit kann die Koerzitivfeldstärke bei anisotropem durch längeres Mahlen gesteigert werden. SIXTUS [15] erhielt bei 142-stündigem Mahlen an gesintertem Werkstoff eine Koerzitivfeldstärke $_IH_c \approx$ 4 kOe, ähnlich dem Wert bei isotropem Werkstoff.

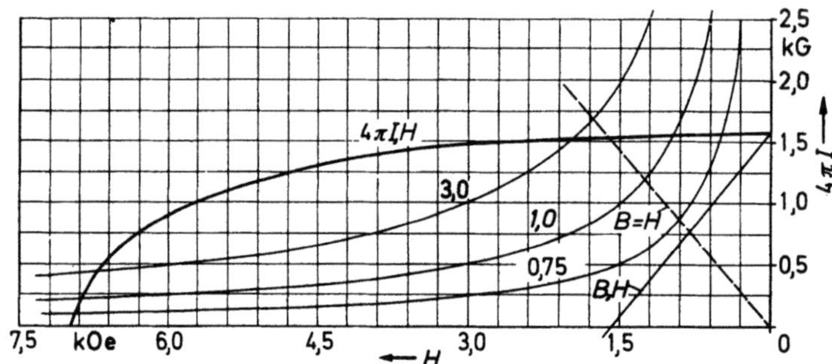

Bild 24.9. Entmagnetisierungskurve von anisotropem Bariumferrit mit sehr hoher Koerzitivfeldstärke infolge starker Untersinterung und mit ca. 1% Al_2O_3 (nach [28]).

Nach der Theorie sollte die Koerzitivfeldstärke $_IH_c$ beim anisotropen Werkstoff ungefähr doppelt so groß wie beim isotropen sein. In der Praxis zeigt sich aber, daß sie bei beiden Werkstoffen etwa gleich groß ist. Als plausible Erklärung kann sicher angenommen werden, daß infolge der parallelen Ausrichtung der Teilchen ihr Kornwachstum und die Blochwandbildung wesentlich beschleunigt werden und die Koerzitivfeldstärke dadurch erniedrigt wird. Wenn das Kornwachstum durch Übersinterung und Zusatzmittel unterdrückt wird, ist es jedoch leicht möglich, die Koerzitivfeldstärke bei anisotropen Werkstoffen auf $_IH_c >$ 6 kOe zu bringen. Die Entmagnetisierungskurve einer solchen Probe ist in Bild 24.9 zu sehen [28].

Beim bisher besprochenen Pressen von anisotropen Magneten liegen Preß- und Feldrichtung (magnetische Vorzugslage) parallel zueinander. Es sind Versuche unternommen worden, die *Feldrichtung senkrecht zur Preßrichtung* zu legen, um z. B. bei Ringen oder Teilen von Ringen (Segmenten) *diametrale* oder *radiale Vorzugsrichtung* zu erzeugen. Dabei wirkt sich nachteilig aus, daß die Preßanisotropie der Kristallanisotropie entgegenwirkt. Bei diametral vorzugsgerichteten Ringen ist außerdem die verschiedene Schwindung parallel und senkrecht zur Vorzugsrichtung störend. Wie aus Bild 22.24 ersichtlich ist, entstehen beim Fertigsintern aus runden Ringen dann ovale. Abhilfe schafft nur das Pressen von ovalen Ringen oder das Rundschleifen; beides sind aber sehr unwirtschaftliche Arbeitsgänge.

Auch bei der Erzeugung von radial vorzugsgerichteten Ringen macht sich die starke Schwindung in Vorzugsrichtung unangenehm bemerkbar. Sie läßt nach eigenen Untersuchungen [29] nur die Herstellung von Ringen zu, bei denen das Verhältnis von Innen- zu Außendurchmesser $\leqq 1:1,3$ bis 1,4 beträgt, weil sonst an der Außenfläche Schrumpfrisse auftreten. Die besten erzielten Werte z. B. an Ringen $28^\varnothing/18^\varnothing$, 15 mm hoch, waren: $B_r = 3000$ G, $_BH_c = 1680$ Oe, $(BH)_{max} = 1,95$ M G Oe. Das Richtfeld betrug ca. 3 kOe, der Preßdruck ca. 1,5 Mp/cm² [29].

24.3.2 Strangpressen

Wie schon erwähnt, kann bei Anwendung genügend hoher Preßdrücke bei Bariumferrit eine *Preßanisotropie* erzeugt werden. Beim normalen Pressen sind diese hohen Drücke unwirtschaftlich, da sie zu hohem Werkzeugverschleiß führen. Beim *Strangpressen* mit Kolbenstrangpressen können die benötigten hohen Drücke durch geeignete Ausführung des Mundstückes wirtschaftlicher erzeugt

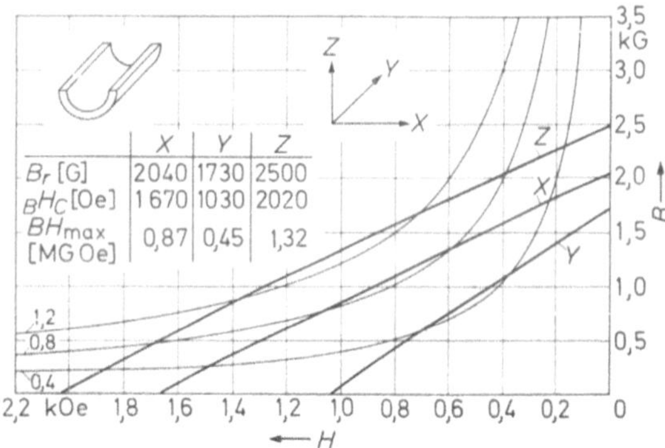

Bild 24.10. Magnetische Eigenschaften einer stranggepreßten Schale aus Bariumferrit (Meßprobe aus der Mitte der Schale entnommen).

werden. Infolge des Materialflusses, welcher durch ca. 10 bis 20% Wasserbeigabe verbessert wird, und der Plättchenform der Bariumferrit-Partikel kann damit eine Preßanisotropie senkrecht zur Preßrichtung erzeugt werden [30]. Die Strangpreß-Anisotropie liegt somit senkrecht zur normalen Preßanisotropie.

Die magnetischen Werte eines stranggepreßten Segmentes sind in Bild 24.10 zu sehen. Dabei wird deutlich, daß neben der starken Preßanisotropie in Z-Richtung eine schwächere in X-Richtung auftritt. Dies hängt mit der Schalenform zusammen. Es sind dabei bisher $(BH)_{max}$-Werte bis ca. 2 M G Oe, d. h. ca. $^2/_3$ des Wertes für magnetfeldgerichtete Ferrite, erreicht worden. Die besonders günstig herstellbaren dünnwandigen Segmente bis zu 150° Umschlingungswinkel haben dabei eine große Gleichmäßigkeit der magnetischen Werte über den Winkel zur Folge. Die *radiale Vorzugsrichtung* wird besonders vorteilhaft, wenn sie durch eine radiale Magnetisierung unterstützt wird [31].

24.3.3 Einfluß des Mahlens

Um gute Dauermagneteigenschaften zu erzielen, ist es notwendig, die Koerzitivfeldstärke des fertig gesinterten Werkstoffes so groß wie möglich zu erhalten.

Dazu ist es wiederum notwendig, das preßfertige Pulver auf Elementarbereichsgröße zu mahlen. Dies kann mit verschiedenen Mühlen geschehen. In Abhängigkeit
von der Mahldauer ergibt sich nach Heimke [32], daß vor der Mahlung schon
hochkoerzitive Pulver beim Mahlen eine Verringerung der Koerzitivfeldstärke
(Kurve b in Bild 24.11), niedrigkoerzitive eine Erhöhung der Koerzitivfeldstärke
(Kurve a) erfahren (s. auch Bild 24.4). Werden die Pulver nach dem Mahlen bei
ca. 1000 °C geglüht (gestrichelte Kurven a' und b'), folgt immer ein Anstieg. Aus
diesen Ergebnissen wird der Schluß gezogen, daß der Verlauf der Koerzitivfeldstärke nicht nur von der Zerkleinerung, sondern auch von beim Mahlen ent-
standenen Fehlern im Kristallaufbau bestimmt wird. Die bei Röntgenfeinstruktur-
Aufnahmen gefundene Linienverbreiterung wird als Wirkung solcher Störzentren
angesehen [32]. Auch die Untersuchungen von
Heinecke [33] stützen die Ansicht über das Vorhandensein von Kristallbaufehlern, welche nach
der Ansicht von Rathenau u. a. [18, 34] die
Kristallanisotropieenergie lokal erniedrigen können. Dazu haben Abraham und Aharoni [35]
berechnet, daß Bereiche mit $K = 0$ in einem
sonst ungestörten Kristall ($K = $ const) zu einer
Erniedrigung der Koerzitivfeldstärke um etwa
den Faktor 10 führen können.

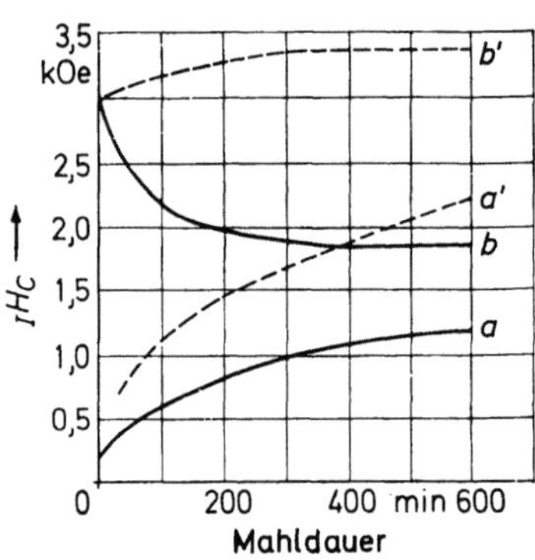

Bild 24.11. Koerzitivfeldstärke $_IH_c$ von
Bariumferrit-Pulver als Funktion der
Mahldauer (gestrichelte Kurven: nach dem
Mahlen bei 1000 °C geglüht) (nach [32]).

Von Tenzer [36] wird das Verhalten des Pulvers beim Mahlen dagegen auf das Auftreten von
superparamagnetischen Teilchen zurückgeführt.
Die Abnahme der Koerzitivfeldstärke des
hochkoerzitiven Materials ist danach durch
Übergang Elementarbereich → superparamagnetisches Teilchen, die Zunahme durch Über-
gang Mehrbereichsteilchen → Elementarbereich zu erklären. Beim nachfolgenden
Glühen sintern die immer vorhandenen superparamagnetischen Bereiche zu
Elementarbereichen zusammen, wobei die Koerzitivfeldstärke $_IH_c$ ansteigt.
Nach Auffassung von Heimke [37] kann die gemessene Abhängigkeit der Sätti-
gungsmagnetisierung von der Mahldauer nicht durch superparamagnetische Teil-
chen erklärt werden, da deren Anteil bei den untersuchten Pulvern < 1% war.
Die von Tenzer [38] festgestellte erhöhte Koerzitivfeldstärke bei den Pulvern mit
zunehmendem Preßdruck bis 6 kp/mm² kann wohl durch Zunahme des effektiven
Partikeldurchmessers infolge stärkerer Berührung gedeutet werden. Die von
Tenzer angenommene Abnahme der Versetzungsdichte mit zunehmendem
Druck scheint zur Erklärung der dabei erfolgenden Zunahme der Koerzitivfeld-
stärke weniger plausibel.

Zur weiteren Klärung wurden auch von Fahlenbrach [39] Experimente mit
gemahlenen und geglühten Pulvern unternommen. Die Ergebnisse von [32, 36]
wurden dabei bestätigt. Zur Deutung wurde ein Kompromiß der beiden Thesen
versucht durch die Annahme, daß sich durch Einwirkung von Gitterfehlern die
kritische Korngröße für das Auftreten des Superparamagnetismus zu größeren
Durchmessern verschiebt. Sehr umfangreiche Untersuchungen von Richter [40]
zeigen jedoch, daß der bekannte $_IH_c$-Abfall beim Mahlen hauptsächlich durch

Gitterfehler hervorgerufen wird. Die Wirkung des Mahlprozesses ist dabei so stark, daß mit zunehmender Mahldauer eine zweite, sehr niedrigkoerzitive Phase erscheint [41]. Dabei könnte es sich um besonders stark gestörtes Gefüge an der Oberfläche handeln.

24.3.4 Wirkung von Zusätzen

Es wurden zahlreiche Versuche unternommen [42 bis 45], die magnetischen Eigenschaften von Bariumferrit durch Beifügen anderer Stoffe zu verbessern. Dabei ist zu unterscheiden zwischen Substitution und Hinzufügen. Bei der Substitution werden meist dreiwertige Eisen-Ionen durch zwei-, drei- oder vierwertige Metall-Ionen ersetzt. Die Wirkung durch Hinzufügen anderer Stoffe ist dagegen komplexer.

Der Zusatz von As_2O_3 bzw. Bi_2O_3 durch TAKAI und SUGIMOTO [42] ergab magnetische Werte, die bei sorgfältiger Fertigung auch ohne Zusätze erreichbar sind. Relativ verbesserte Eigenschaften werden durch das meist vorhandene SiO_2 erreicht [43], wobei der Sintervorgang beschleunigt wird. Von japanischen Autoren [44] wurden außer den Wirkungen dieser Stoffe u. a. noch die von TiO_2 und Al_2O_3 untersucht. Besonders bei Al_2O_3 wurde mit steigendem Gehalt bis 5% die Koerzitivfeldstärke erhöht. Eine eigene Versuchsreihe mit $BaO \cdot 5{,}6\ Fe_2O_3$- und Al_2O_3-Zusätzen zeigt Bild 24.12 [28]. Auf die anderen Untersuchungen soll hier nicht näher eingegangen werden.

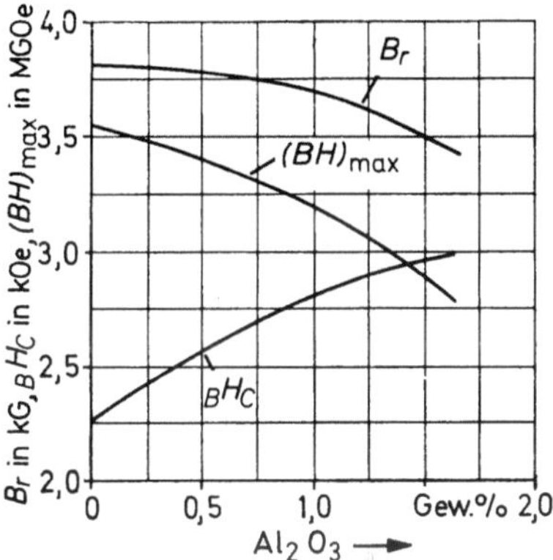

Bild 24.12. Magnetische Eigenschaften von anisotropem Bariumferrit ($BaO \cdot 5{,}6\ Fe_2O_3$) als Funktion des Al_2O_3-Zusatzes (nach [28]).

24.4 Bariumferrit mit Bindemittel

Es soll hier noch kurz erwähnt werden, daß das Bariumferrit auch als nicht kompakter Dauermagnetwerkstoff benutzt wird. Es wird, wenn elastische Eigenschaften erforderlich sind, mit Gummi oder Thermoplasten, oder wenn große Maßhaltigkeit erforderlich ist, mit Duroplasten vermischt. Dabei ist es bei einiger Erfahrung möglich, bis zu 94 Gew.-% (nach Gl. (23.2) ca. 67 Vol.-%) Bariumferrit einzumischen [46]. Bei 67 Vol.-% Bariumferrit ist dann für eine ideale Ausrichtung zu erwarten:

$$(BH)_{max} \approx \left(\frac{2}{3} \cdot \frac{4\pi I_s}{2}\right)^2 \approx 2{,}5\ \mathrm{MGOe}. \tag{24.3}$$

Bei diesem Werkstoff findet — ähnlich wie beim Strangpressen (s. Abschnitt 24.3.2) — eine *Ausrichtung infolge Preßanisotropie* durch hohe Preßdrücke mittels Walzens, Pressens oder Extrudierens des Gemisches aus Ferritpulver und Bindemittel statt [47]. Sei hier auch eine mögliche Ausrichtung von ca. 60% angenommen, dann wird also eine maximale Energiedichte $(BH)_{max}$ von ca. 1,5 MGOe erreichbar. Ähnliche Werte wurden auch von HABERSTROH [48] angegeben. Beim

isotropen Werkstoff ist bei gleicher Dichte entsprechend Gl. (9.8) eine maximale
Energiedichte von ca. $^1/_4$ des Wertes in Gl. (24.3) zu erwarten; dies entspricht
ca. 0,6 MGOe, wie z. B. auch CASPAR und SAMOW [49] fanden.

In Bild 24.13 sind zum Vergleich die Entmagnetisierungskurven von isotropem
(a) und anisotropem (b) Werkstoff mit Gummibindung und 82 Gew.-% Bariumferritpulver zu sehen. Um gute Dauermagneteigenschaften des Pulvers zu erhalten,
ist es notwendig, nach dem Reaktionssintern und Mahlen eine Glühung bei
ca. 1000°C vorzunehmen. Dabei steigt die Koerzitivfeldstärke an, wie Bild 24.11
gezeigt hat.

Ein etwas anderes Verfahren zur Erzeugung der Anisotropie besteht darin [50],
das Ferritpulver mit Gummi zu vermischen und es zu dünnen anisotropen Platten

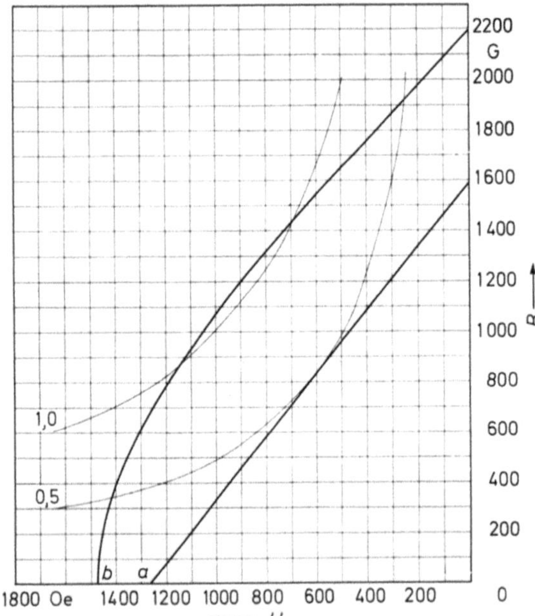

Bild 24.13. Entmagnetisierungskurven von Bariumferrit mit
Gummibindung (92 Gew.-% Bariumferrit). *a* isotroper Werkstoff, *b* anisotroper Werkstoff.

zu walzen. In einem anschließenden Sintern soll dann das Gummi verdampfen und
daraus ein dichter anisotroper Dauermagnet hervorgehen. Es sollen damit
maximale Energiedichten von ca. 3 MGOe erreichbar sein.

Es soll hier nicht auf das Problem der Verwendung von Bariumferrit- oder
anderem Ferritpulver für Magnetbänder jeder Art eingegangen werden. Dazu
sei vielmehr auf die Arbeiten von MEE [51] und WOHLFARTH [52] sowie auf das
ausgezeichnete Buch von MEE [53] hingewiesen.

24.5 Bleiferrit

Parallel zum Bariumferrit wurde die Eignung des *Bleiferrits* als Dauermagnetwerkstoff frühzeitig erkannt [54]. Dies folgt aus der Gittergleichheit, welche durch
ähnliche Ionenradien für Ba^{2+} (1,43 Å) und Pb^{2+} (1,32 Å) hervorgerufen wird.
Von PAWLEK u. a. [55] wurde ausführlich das Bleiferrit $PbO \cdot 6 Fe_2O_3$ untersucht.

Als ferrimagnetisch ist bei den Bleiferriten danach nur diese Verbindung $PbO \cdot 6\,Fe_2O_3$ anzusehen. Die Sättigungsmagnetisierung hat ähnliche Werte wie bei $BaO \cdot 6\,Fe_2O_3$ und beträgt nach PAUTHENET und RIMET [56] ca. $4\pi I_s \approx 4020\,G$. Die Kristallanisotropiekonstanten betragen $K_1 = 2{,}2\,Merg/cm^3$ und $K_2 = 3{,}1\,kerg/cm^3$. Ähnlich wie bei Bariumferrit muß auch hier mit einem leichten Unterschuß an Fe_2O_3 gegenüber der stöchiometrischen Zusammensetzung gearbeitet werden, um die besten Dauermagneteigenschaften zu erreichen. Ein besonderer Vorteil ist die sehr niedrige Vorsintertemperatur von 900 bis 950 °C (bei Bariumferrit 1200 bis 1300 °C) und Fertigsintertemperatur von 1050 bis 1100 °C (bei Bariumferrit 1150 bis 1250 °C). Wahrscheinlich wird dies durch den Blei-Überschuß erzeugt. Ähnlich wie bei Bariumferrit hat sich das Zufügen von

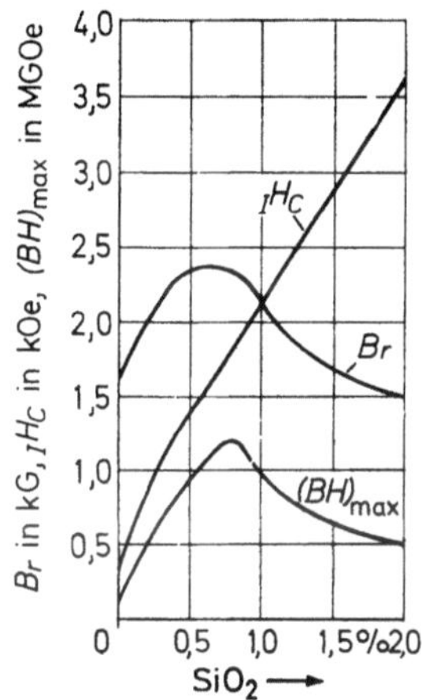

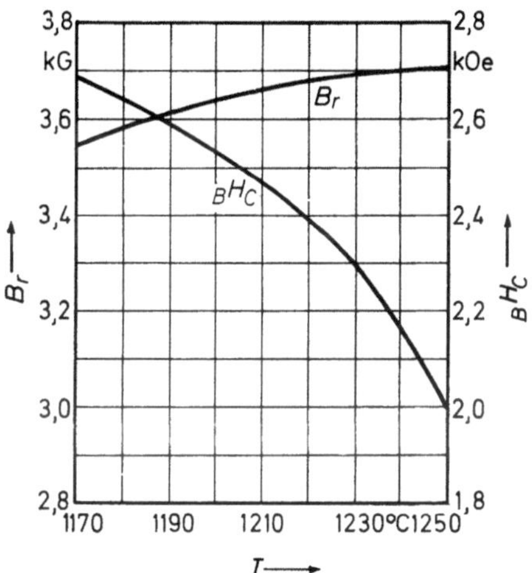

Bild 24.14. Magnetische Eigenschaften von Bleiferrit als Funktion des SiO_2-Gehaltes (nach [55]).

Bild 24.15. Magnetische Eigenschaften von Bleiferrit mit 1 % $PbSiO_2$ nach verschiedenen Fertigsintertemperaturen (nach [58]).

Kieselsäure SiO_2 als vorteilhaft für die magnetischen Eigenschaften herausgestellt. In Bild 24.14 ist der Einfluß von SiO_2 untersucht worden [55]. Die sehr hohen Remanenzwerte sind aber sicher nicht an isotropen Magneten gemessen worden. Bei Bleiferrit ist eine sehr starke *Preßanisotropie* erzielbar. Wie KOJIMA [57] gezeigt hat, liegen hexagonale Platten vor, deren Durchmesser ≈ 10 bis 20 µm und deren Dicke $\approx 0{,}1$ µm betragen. Infolge dieser sehr flachen Platten ist eine hohe Preßanisotropie zu erwarten.

Die stark gesundheitsschädigende Wirkung der Bleidämpfe beeinträchtigt die technische Herstellung von Bleiferrit. Es wurde jedoch versucht, durch Zusätze von Bleioxyd den Vorteil der Erniedrigung der Sintertemperaturen auch bei Bariumferrit auszunutzen.

Die schon erwähnte verbessernde Wirkung von SiO_2 wurde noch näher untersucht [58]. Dabei wurde besonders der Einfluß auf die Sintertemperaturen betrachtet. Bei Zufügen von ca. 1 % $PbO \cdot SiO_2$ wurden nach einer Vorsintertemperatur von 1200 °C und verschiedenen Fertigsintertemperaturen die in Bild 24.15 wiedergegebenen magnetischen Eigenschaften erzielt. Insbesondere steigt dabei die Koerzitivfeldstärke gegenüber Bariumferrit stark an, wie durch Vergleich mit Bild 24.3 zu ersehen ist. In den Arbeiten [58 bis 60] wurden die magnetischen Eigenschaften im Dreistoffsystem $BaO-PbO-Fe_2O_3$ weiter untersucht.

24.6 Strontiumferrit

Da auch Sr^{2+} einen Ionenradius (1.27 Å) in der Nähe von Ba^{2+} hat [61], ist hier gleichfalls ein inverser verzerrter Spinell mit guten Dauermagneteigenschaften zu erwarten. Von BERTAUD u. a. [62] wurde festgestellt, daß die Sättigungsmagnetisierung etwas höher als bei Bariumferrit ist. Von MEE und JESCHKE [17] wurden dagegen für die spezifische Sättigungsmagnetisierung $\sigma_{max} = 55\,G \cdot cm^3/g$ gegenüber $68\,G \cdot cm^3/g$ bei Bariumferrit angegeben. Von JAHN [10] wurde jedoch für Barium- und Strontiumferrit-Einkristalle eine ungefähr gleiche spezifische Sättigungsmagnetisierung von $\sigma_{max} \approx 77\,G \cdot cm^3/g$ gefunden. Die starken Streuungen der verschiedenen Ergebnisse sind wahrscheinlich durch nicht einfach zu vermeidende Dichte- und Zusammensetzungsschwankungen bedingt. Dabei kommt den Ergebnissen von MEE und JESCHKE [17] wohl die geringere Wahrscheinlichkeit zu, da sich hiermit die magnetischen Eigenschaften von Dauermagneten aus Strontiumferrit sehr schlecht erklären lassen.

Die wirtschaftliche Bedeutung wurde auch hier sehr frühzeitig erkannt [54], aber nicht weiter benutzt. Im System $BaO-PbO-SrO-CaO-Fe_2O_3$ wurde besonders ein breiter Bereich von Zusammensetzungen, geeignet für isotrope Werkstoffe, festgestellt. Von COCHARDT [60] wurde später ein Werkstoff mit guten, magnetisch anisotropen Eigenschaften im ternären System $[SrO_{1-x} \cdot CaO_x]\alpha \cdot Fe_2O_3$ mit $\alpha = 5,6$ nahe $x = 0,5$ gefunden. Weiter wurde gefunden, daß Zufügen von $SrSO_4$ die magnetischen Werte verbessert. Die besten Werte wurden erreicht, wenn das Mineral *Cölestin* als Ausgangswerkstoff verwendet wurde. Es besteht aus ca. 92% $SrSO_4$, ca. 4,5% Alkalisulfat, ca. 1,5% SiO_2, ca. 1,5% $BaSO_4$ und ca. 0,5% Al_2O_3 [63]. Als damit erreichbare typische Werte werden angegeben: $B_r = 4,1\,kG$, $_IH_c = 4,0\,kOe$ und $(BH)_{max} = 4,0\,MGOe$.

Von FRIES [64] wurde gefunden, daß sich die magnetischen Eigenschaften weiter verbessern lassen, wenn der Unterschuß von Fe_2O_3 vergrößert wird, wobei α von 5,6 auf 5,1 verringert wird. Es werden damit erreicht: $B_r = 4,3\,kG$, $_IH_c = 2,8\,kOe$, $_BH_c = 2,5\,kOe$ und $(BH)_{max} = 4,3\,MGOe$.

Bemerkenswert bei dem Strontiumferrit ist die im allgemeinen etwas höhere Koerzitivfeldstärke gegenüber Bariumferrit bei gleicher Remanenz. Nach BROKMAN u. a. [65] beträgt für Strontiumferrit mit $\alpha = 6$ die Kristallanisotropie $K = 3,3\,Merg/cm^3$ gegenüber $2,8\,Merg/cm^3$ bei Bariumferrit mit $\alpha = 6$. Daraus wäre eine 10- bis 20%ige Erhöhung der Koerzitivfeldstärke bei Stromtiumferrit zu erwarten. Eine bei Stromtiumferrit gegenüber Bariumferrit um ca. 10% vergrößerte Konstante der Kristallanisotropie wurde auch an Einkristallen gefunden [10]. Die Meßwerte lagen aber höher als in [65], decken sich jedoch mit anderen Messungen [66].

Von HEINECKE und MÜLLER [67] wurde versucht, den Ummagnetisierungsprozeß von Strontiumferritmagneten zu analysieren. In Weiterführung der Gedanken von KOOY und ENZ [68] wurde gezeigt, daß bei einem großen Anteil des Probenvolumens die Ummagnetisierung durch Keimbildung und Wandverschiebung geschehen kann. Bei gesättigten Proben wird die Ummagnetisierung wahrscheinlich durch eine positive Wechselwirkung behindert, welche zu der hohen Koerzitivfeldstärke bei Strontiumferrit führen wird.

Die etwas ungeklärte Wirkung von SiO_2, $CaCO_3$ sowie der Sulfate wurde von KRIJTENBURG [69] näher untersucht. Mit dem reinen Strontiumkarbonat wurden die besten magnetischen Werte bei SrO-Überschuß entsprechend $\alpha \approx 5{,}75$ erreicht: $B_r \approx 3{,}6$ kG und $_IH_c \approx 2{,}1$ kOe. Beim Zufügen von SiO_2 in Form von *Bentonit* werden beste magnetische Eigenschaften erreicht, wenn die SiO_2-Menge molar ungefähr gleichgroß dem Überschuß an SrO ist, wie z. B. Bild 24.16 zeigt. Günstig ist dabei ein Gehalt von ca. 0,6 bis 1,0% Bentonit. Wird der SrO-Überschuß gegenüber dem Bentonit-Gehalt zu groß, fällt die Koerzitivfeldstärke stark

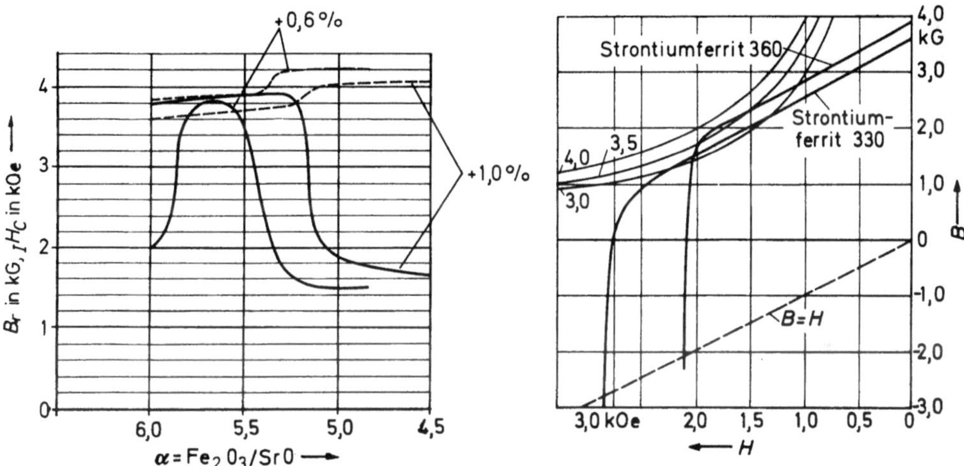

Bild 24.16. Remanenz und Koerzitivfeldstärke von anisotropem Stromtiumferrit bei 0,6 bzw. 1,0% Bentonit-Gehalt in Abhängigkeit vom Überschuß an SrO nach Ergebnissen von [69]. ——— $_IH_c$; — — — — B_r.

Bild 24.17. Entmagnetisierungskurven von Strontiumferrit-Dauermagneten.

ab. Es kommt also wesentlich auf das Verhältnis von SrO-Überschuß zu SiO_2 an. Bei optimalen Fertigungsbedingungen und günstigem Verhältnis SrO-Überschuß : SiO_2 wurden maximale Energiedichten $(BH)_{max} > 4{,}6$ MGOe erreicht [69].

Mit reinem Strontiumkarbonat ohne Sulfatzusätze können die magnetischen Eigenschaften entsprechend den Entmagnetisierungskurven von Bild 24.17 erhalten werden. Im Vergleich mit den Bariumferrit-Kurven von Bild 24.3 ist die Erhöhung der Koerzitivfeldstärke gut zu sehen. Die Koerzitivfeldstärke $_IH_c$ beträgt bei der *R*-Qualität in Bild 24.3 ca. 2100 Oe und bei der *K*-Qualität ca. 2800 Oe. Die Sintertemperaturen und Preßfeldstärken sind ganz ähnlich denen bei Bariumferrit. Untersuchungen von HEINECKE und MÜLLER [70] zeigen dabei, daß die magnetischen Eigenschaften bei Strontiumferrit im Gegensatz zum Bariumferrit von dem eingesetzten Eisenoxyd unabhängig werden.

Von HUTNY [71] wurden isotrope Werkstoffe durch Mischen von Barium- und Strontium-Ferriten hergestellt. Bei der Zusammensetzung $(Ba_{0{,}75} \cdot Sr_{0{,}25})O \cdot 6\,Fe_2O_3$ wurde eine um ca. 15% höhere Remanenz gegenüber reinem Bariumferrit gefunden.

Von DE BITETTO [66] wurde bei Strontiumferrit der teilweise Ersatz von Eisen- durch Aluminium-Ionen untersucht. Ähnlich wie bei Bariumferrit wird auch hier die Koerzitivfeldstärke mit steigendem Aluminium-Gehalt erhöht und die Sättigungsmagnetisierung erniedrigt. Die wurde von COCHARDT [63] bestätigt. Bei einem höheren Al_2O_3-Gehalt wurden folgende magnetische Werte erreicht: $_IH_c \approx 11\,kOe$, $B_r \approx 1,8\,kG$, $(BH)_{max} = 0,8\,MGOe$ [72].

Literatur

1. ADELSKÖLD, V.: Ark. Kemi och Geologi 12 A (1938) 1—9.
2. GORTER, E. W.: Phil. Res. Rep. 9 (1954) 295—320, 321—365, 403—443.
3. NEEL, L.: Ann. Phys., Paris 3 (1948) 137—198.
4. Siehe z. B. WIJN, H. P. J.: Valvo-Berichte 10 (1964) 252—263.
5. CASIMIR, H. B., J. SMIT, U. ENZ, J. F. FAST, H. P. J. WIJN, E. W. GORTER, A. J. DUIJVESTIJN, J. D. FAST u. J. J. DE JONG: J. Phys. Rad. 20 (1959) 360—373.
6. ANDERSON, P. W.: Phys. Rev. 79 (1950) 350—356, 705—710.
7. ZINN, W., S. HÜFNER, M. KALVIUS, P. KIENLE u. W. WIEDEMANN: Z. angew. Phys. 17 (1964) 147—153.
8. HEIMKE, G.: J. appl. Phys. 31 (1960) 271S—272S; Fragen der Physik und Chemie der Ferrite, Berlin: Akademie-Verlag 1961, 59—68.
9. TOMHOLT, F.: Ber. d. Tagung d. Arbeitsgem. Ferromagnetismus, Karlsruhe 1962, Bericht VII.
10. JAHN, L.: Wissensch. Z. Hochsch. Verkehrsw., Dresden 14 (1967) 327—338; phys. stat. sol. 19 (1967) K75—77. — SHIRK, B. T., u. W. R. BUESSEM: J. appl. Phys. 40 (1969) 1294—1296.
11. MONES, A. H., u. E. BANKS: J. Phys. chem. Sol. 4 (1958) 217—222. — SMIT, J. J., u. H. P. J. WIJN: Ferrite, Phil. techn. Bibliothek, Eindhoven, 1962, 234.
12. WENT, J. J., G. W. RATHENAU, E. W. GORTER u. G. W. OOSTERHOUT: Phil. techn. Rdsch. 13 (1951/52) 361—376.
13. HUTNER, R. A.: 4. Progress Report, Signal Corps Projekt Nr. 31-2005D (Juni 1953).
14. RATHENAU, G. W.: Rev. mod. Phys. 25 (1953) 297—301.
15. SIXTUS, K. J.: WADC Technical Report 56—198 (1956); Astia Dokument Nr. AD 110551.
16. KITTEL, C.: Rev. mod. Phys. 21 (1949) 541—583.
17. MEE, C. D., u. J. C. JESCHKE: J. appl. Phys. 34 (1963) 1271—1272.
18. RATHENAU, G. W., J. SMIT u. A. L. STUIJTS: Z. Phys. 133 (1952) 250—260.
19. Siehe z. B. Firma DEW: BP 1054188 (1957).
20. STUIJTS, A. L., G. W. RATHENAU u. G. H. WEBER: Phil. techn. Rdsch. 16 (1954/55) 221 bis 228.
21. WIPPERMANN, A.: Dissertation, T.H. Aachen 1968.
22. FAHLENBRACH, H.: Techn. Mitt. Krupp 14 (1965) 12—15.
23. JOKSCH, C.: DEW Techn. Ber. 4 (1964) 182—188.
24. STÄBLEIN, H., u. J. WILLBRAND: Z. angew. Phys. 21 (1966) 47—51; IEEE Transact. Magetics 2 (1966) 459—463.
25. BECKER, J. J.: J. appl. Phys. 38 (1967) 1017—1018.
26. KOCH, J.: Valvo-Berichte 10 (1964) 285—292.
27. DENES, P. A.: Americ. Ceramic Soc. Bull. 41 (1962) 509—512. — GILLAM, E., u. E. SMETHURST, : Proc. Brit. Ceram. Soc. (Dez. 1964) Nr. 2, 129—137.
28. RICHTER, H.: Interne Untersuchung, DEW (1965).
29. BÜTTNER, K. H., u. H. VÖLLER: Interne Untersuchung, DEW (1963).
30. RICHTER, H. G., u. H. VÖLLER: DEW Techn. Ber. 8 (1968) 214—221.
31. JOKSCH, C.: DEW Techn. Ber. 7 (1967) 22—28.
32. HEIMKE, G.: Z. angew. Phys. 15 (1963) 271—272; Ber. Dtsche. Keram. Ges. 39 (1962) 326—330.

33. HEINECKE, U.: Dissertation, Universität Halle 1964. — MÜLLER, H. G., u. U. HEINECKE: Wissensch. Z. Hochsch. Verkehrsw., Dresden 13 (1966) 219—221.
34. ZIJLSTRA, H.: Z. angew. Phys. 21 (1966) 6—13.
35. Siehe z. B. ABRAHAM, C., u. A. AHARONI: Phys. Rev. 120 (1960) 1576—1579.
36. TENZER, R. K.: J. appl. Phys. 34 (1963) 1267—1268.
37. HEIMKE, G.: Z. angew. Phys. 17 (1964) 181—183.
38. TENZER, R. K.: J. appl. Phys. 36 (1965) 1180—1181.
39. FAHLENBRACH, H.: Techn. Mitt. Krupp, Forschungsber. 23 (1965) 26—35.
40. RICHTER, H. G.: Dissertation, TU Clausthal 1968. — DEW Techn. Ber. 8 (1968) 192 bis 208.
41. RICHTER, H. G., u. H. E. DIETRICH: IEEE Transact. Magnetics 4 (1968) 263—267.
42. TAKEI, T., u. M. SUGIMOTO: Rep. sci. Res. Inst., Tokyo, 31 (1955) 191—195.
43. MÜLLER, H. G., u. G. HEIMKE: Ber. d. Arbeitsgem. Ferromagnetismus (1958) 101—104.
44. OKAMURA, T., H. KOJIMA u. S. WATANABA: Sci. Rep. RJTU 7 (1955) 411—417, 418—424. — KOJIMA, H.: Sci. Rep. RJTU 7 (1955) 502—506, 507—514, 8 (1956) 540—546, 10 (1958) 175—182.
45. GUILLAUD, C., u. G. VILLERS: C. R. Acad. Sci., Paris, 242 (1956) 2817—2820. — VAN UITERT, L. G.: J. appl. Phys. 28 (1957) 317—319. — VAN UITERT, L. G., u. F. W. SWANE-KAMP: J. appl. Phys. 28 (1957) 482—485. — AHARONI, A., u. M. SCHIEBER: Phys. Rev. 123 (1961) 807—809. — LAROIA, K. K., u. A. P. SINHA: Indian J. pure appl. Phys. 2 (1964) 48—53. — ROBBINS, M., u. E. BANKS: J. appl. Phys. 34 (1963) 1260—1261.
46. SCHÜLER, K.: DEW Techn. Ber. 2 (1962) 72—78.
47. BLUME, W. S.: USA-Patent Nr. 2999275 (1961), Nr. 3141050 (1964).
48. HABERSTROH, G.: in Valvo: Keramische Bauelemente für Elektronik und Magnetik. Ausg. November 1965, 9—30.
49. CASPAR, H. J., u. G. SAMOW: Valvo-Ber. 11 (1966) 136—145.
50. BRAILOWSKI, V.: USA-Patent Nr. 3110675 (1963).
51. MEE, C. D.: Proc. IEEE (Juli 1964) 399—408.
52. WOHLFARTH, E. P.: J. appl. Phys. 35 (1964) 783—790.
53. MEE, C. D.: The Physics of Magnetic Recording, Amsterdam: North-Holland 1963.
54. Firma Philips: DBP Nr. 977105 (1951).
55. BERGER, F., u. F. PAWLEK: Arch. Eisenhüttenw. 28 (1957) 101—108. — PAWLEK, F., u. K. REICHEL: Arch. Eisenhüttenw. 28 (1957) 241—244.
56. PAUTHENET, R., u. C. RIMET: C. R. Acad. Sci., Paris 249 (1959) 1875—1877.
57. KOJIMA, H.: Sci. Rep. RJTU 7 (1955) 591—594.
58. RICHTER, H.: Interne Untersuchung, DEW (1964).
59. CROWLEY, H. L.: USA Patent Nr. 2778803 (1957).
60. COCHARDT, A.: J. appl. Phys. 34 (1963) 1273—1274.
61. Siehe z. B. WETZLAR, K. E., DEW Techn. Ber. 5 (1965) 179—180.
62. BERTAUD, E. F., A. DESCHAMPS, R. PAUTHENET u. S. PICKART: J. Phys. Rad. 20 (1959) 404—408.
63. COCHARDT, A.: Scientific Paper 65 — 1 B 1 — CPMAG — Pl, (9. 11. 1965) Westinghouse, Pittsburgh/USA. — COCHARDT, A.: J. appl. Phys. 33 (1966) 1112—1115.
64. FRIES, K.: Z. angew. Phys. 21 (1966) 90—92.
65. DE BITETTO, D. J., F. K. DU PRE u. F. G. BROCKMAN: Final Report: Hexagonal magnetic materials for microwave applications (May 1956—July 1961), Irvington, N.Y. (nicht ver-öffentlicht).
66. DE BITETTO, D. J.: J. appl. Phys. 35 (1964) 3482—3487.
67. HEINECKE, U., u. H. G. MÜLLER: phys. stat. sol. 15 (1966) 575—583, 18 (1966) 569—578; J. appl. Phys. 39 (1968) 881—882.
68. KOOY, C., u. V. ENZ: Phil. Res. Rep. 15 (1960) 7—29.
69. KRIJTENBURG, G. S.: 1. Europ. Tagung für Magnetismus, Wien 1965, Vortrag 2.13.
70. HEINECKE, U., u. H. G. MÜLLER: Z. angew. Phys. 21 (1966) 92—95.
71. HUTNY, P.: Fiz. metal. metalloved. 16 (1963) 132—133.
72. SCHÖFEL, L.: Siemens-Bauteile-Informationen 1 (1966) 19—21.

25 Synthetische Werkstoffe aus Eisen- und Eisen-Kobalt-Partikeln

25.1 Formisotrope Partikel

Aus der in den Kapiteln 8 und 9 beschriebenen Elementarbereichstheorie der Dauermagnetwerkstoffe folgt, daß durch Verdichten von Pulvern in Größe der Elementarbereiche *synthetische Dauermagnetwerkstoffe* herstellbar sein sollten. Dabei kann die für einen Dauermagnetwerkstoff notwendige Anisotropie hauptsächlich als Form- und Kristallanisotropie zur Verfügung stehen. Hier soll vorerst die Formanisotropie entfallen.

Bei der Kristallanisotropie soll nach den älteren Vorstellungen von NEEL [1] und KITTEL [2] das Elementarbereichsverhalten unterhalb eines bestimmten Pulverdurchmessers d_k auftreten und im fertigen Magnetwerkstoff erhalten bleiben,

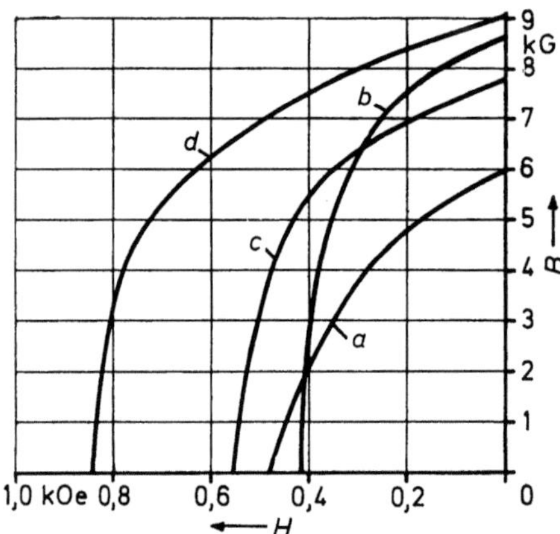

Bild 25.1. Entmagnetisierungskurven von Dauermagneten aus Eisen- bzw. Eisen-Kobalt-Pulvern ohne Formanisotropie (nach [5]).

wenn die einzelnen Pulverteilchen nach dem Verdichten noch einigermaßen voneinander isoliert sind. Nach den diesbezüglichen Vorstellungen von NEEL [1] wurden bei der Firma Ugine in Frankreich [3] aus kugeligem Eisen-Pulver in Elementarbereichsgröße *Dauermagnete* hergestellt. Da das Pulver pyrophor ist, muß es unter Flüssigkeiten aufbewahrt werden. Anschließend wird es in die Endform gepreßt, wobei mit oder ohne Binder gearbeitet wird. Anstelle reinen Eisens wurden auch Eisen-Kobalt-Legierungen genommen, um die höhere magnetische Sättigung und damit die Remanenz auszunutzen.

Entsprechend den Vorstellungen von NEEL wurden an den so hergestellten Dauermagneten aus Eisen- bzw. Eisen-Kobalt-Pulvern hohe Koerzitivfeldstärken $_iH_c$ gefunden, wobei Eisen ca. 500 Oe und Eisen-Kobalt ca. 1400 Oe aufwiesen. Jedoch ist nach den Messungen von WEIL [4] eine starke *Abnahme der Koerzitivfeldstärke mit steigendem Preßdruck* vorhanden. Da die Koerzitivfeldstärke bei den annähernd kugeligen Pulvern ausschließlich von der Kristallanisotropie herrührt, ist diese Abhängigkeit vom Preßdruck nicht ohne weiteres zu verstehen (s. Kapitel 9 und 12). Sie könnte hier durch die schon erwähnten Kristallbaufehler erzeugt werden, wobei diese proportional dem hohen Preßdruck ansteigen und die Kristallanisotropie örtlich erniedrigen. Vielleicht ist die Abhängigkeit auch auf die Brückenbildung zwischen den vorher isolierten Körnern zurückzuführen. Die Partikeln wachsen durch hohen Preßdruck etwas zusammen und sind nicht mehr Elementarbereiche. Die Blochwände werden gebildet und erniedrigen die Koerzitivfeldstärke. Die nicht erwartete Abhängigkeit vom Preßdruck hängt sicher auch mit inkohärenten Ummagnetisierungsprozessen zusammen.

Diese Werkstoffe aus Pulvern mit vernachlässigbarer Formanisotropie haben wieder ihre Bedeutung verloren, da die erzielten magnetischen Eigenschaften nicht sehr ermutigend sind. In Bild 25.1 sind die Entmagnetisierungskurven für Magnete aus Eisen-Pulver bzw. Eisen-Kobalt-Pulvern dargestellt [5]. Der hohe Kobalt-Gehalt von 30% erhöht erwartungsgemäß die Remanenz infolge Erhöhung der magnetischen Sättigung.

25.2 Formanisotrope Partikel (ESD)

Die Theorie der Koerzitivfeldstärke legt es nahe (s. Kapitel 12), bei Werkstoffen mit niedriger Sättigungsmagnetisierung zum Erreichen hoher Koerzitivfeldstärken eine hohe Kristallanisotropie (bzw. Spannungsanisotropie) und bei hoher Sättigungsmagnetisierung eine hohe Formanisotropie anzustreben. In Tab. 25.1 ist zum Vergleich für die drei ferromagnetischen Elemente Eisen,

Tab. 25.1. *Wirkung der verschiedenen Anisotropieanteile auf die Koerzitivfeldstärke von Elementarbereichen; nach* [2]

Element	$4\pi I_s$ G	$2K/I_s$ Oe	$2\pi I_s$ Oe	$3\lambda\sigma_i/I_s$ Oe	K_1 erg/cm^3	λ
Eisen	21400	500	10700	600	$4{,}2\cdot10^5$	$\approx -7\cdot10^{-6}$
Kobalt	17600	6000	8800	600	$4{,}1\cdot10^6$	$\approx -50\cdot10^{-6}$
Nickel	6300	135	3150	4000	$-3{,}4\cdot10^4$	$\approx -34\cdot10^{-6}$

Kobalt und Nickel der Einfluß der verschiedenen Anisotropien auf die maximal erreichbare Koerzitivfeldstärke dargestellt. Bei der Formanisotropie ist die Koerzitivfeldstärke gegeben durch $_I H_c = \Delta N \cdot I_s$, und es ist das *Anisotropieverhältnis* $\Delta N = (N_a - N_b) = 2\pi$ angenommen worden, was dem Grenzfall des unendlich langen Zylinders oder Ellipsoids entspricht. Bei der Spannungsanisotropie ist für die inneren Spannungen $\sigma_i = 200$ kp/mm^2 als obere Grenze angenommen worden. Dabei ist keine Wechselwirkung berücksichtigt. Anhand der Tabelle ist ersichtlich, daß bei formanisotropen Eisen- bzw. Eisen-Kobalt-Partikeln sehr hohe Koerzitivfeldstärken zu erwarten sind. Die Herstellung dieser länglichen Partikeln bzw. von Dauermagneten aus diesen Partikeln gelang PAINE u. a. [6, 7, 8] mit Hilfe eines *Amalgam-Verfahrens.* Das so erzeugte Pulver wird im magnetischen Feld ausgerichtet und dabei in die endgültige Magnetform gepreßt.

Ein anderes Verfahren der Herstellung von Dauermagneten aus ESD-Partikeln benutzt das Kaltextrudieren anstelle des Magnetfeldpressens [8].

Wie durch zahlreiche Untersuchungen belegt wird, z. B. durch die Winkelabhängigkeit [9] und den Temperaturkoeffizienten [10] der Koerzitivfeldstärke und das Integral der Rotationshysterese [11], werden durch das vorgenannte Verfahren *kugelkettenähnliche Partikeln* in Elementarbereichsgröße erzeugt. Dies ist auch gut in Bild 25.2 zu sehen. Dabei liegt in Achsrichtung eine [111]-Richtung, welche für die Kristallanisotropie eine Richtung schwerer Magnetisierung ist [12].

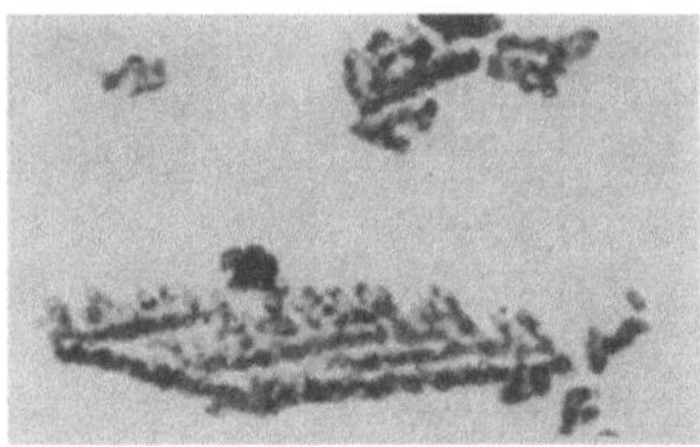

Bild 25.2. ESD-Kugelketten (40 000 ×).

Bild 25.3. Abhängigkeit der magnetischen Eigenschaften von der Packungsdichte p bei ESD-Dauermagneten mit 40% Kobalt (nach [5]).

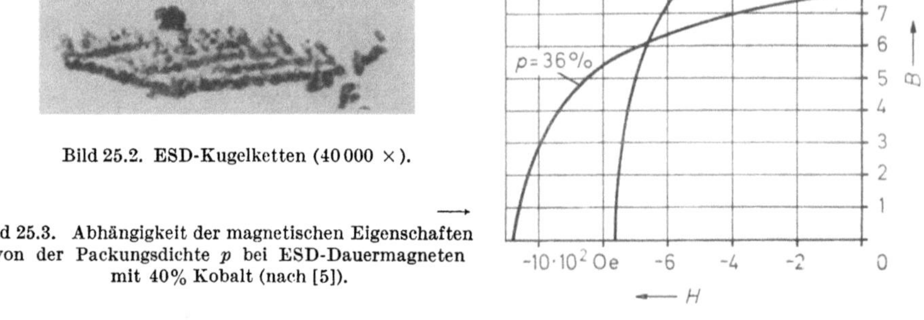

Es erfolgt hier eine inkohärente Ummagnetisierung infolge Fächerung, welche die Koerzitivfeldstärke wesentlich herabsetzt [6]. Infolge der Formanisotropie, welche bei den Eisen-Kobalt-Legierungen nach LUBORSKY [13] bis zu 80% Kobalt vorherrscht, ist eine Abhängigkeit der Koerzitivfeldstärke und Remanenz von der

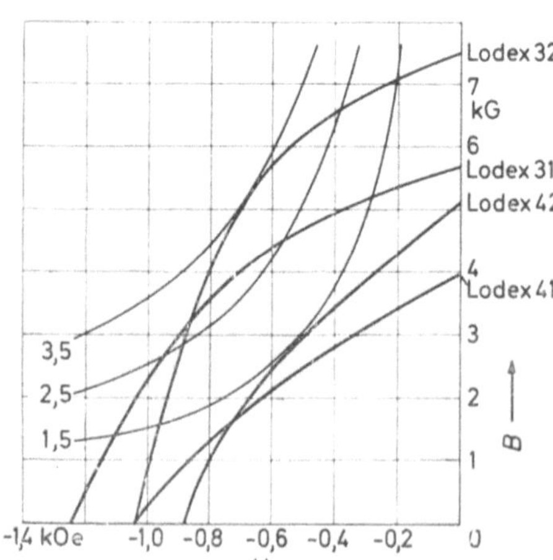

Bild 25.4. Entmagnetisierungskurven von handelsüblichen ESD-Dauermagneten mit Blei-Matrix (nach [15]).

Packungsdichte p vorhanden, wie Bild 25.3 zeigt. Dabei steigt die Remanenz mit zunehmender Packungsdichte (s. auch Bild 13.2), und die Koerzitivfeldstärke sinkt (s. auch Bild 12.9). Der beste Kompromiß wird nach MENDELSOHN u. a. [5] bei der Packungsdichte $p \approx 0,5$ bis 0,6 erreicht.

Wenn ideale Ausrichtung, fehlende Wechselwirkung sowie kohärente Ummagnetisierung vorausgesetzt werden, dann müßte entsprechend Kapitel 9.4 und Gleichung (9.7) die remanente Energiedichte $(BH)_{max} = (2 \pi J_s)^2$ sein. Der vorhandene Einfluß der Packungsdichte auf Remanenz und Koerzitivfeldstärke

(s. Kapitel 12 und 13) führt zu einer Erniedrigung des $(BH)_{max}$-Wertes. Danach ist bei einer Packungsdichte von $p = 0,6$ dann zu erwarten: Für reines Eisen $4\pi I_s = 14300$ G und $(BH)_{max} \approx 39$ MGOe; für Eisen-Kobalt (65:35) $4\pi I_s = 16300$ G und $(BH)_{max} \approx 50$ MGOe [7, 14]. In Tab. 25.2 sind zum Vergleich die besten Laborwerte $(ESD)_{Fe}$ und $(ESD)_{FeCo}$ sowie die Werte der vier im Handel befindlichen *ESD-Qualitäten*, deren Entmagnetisierungskurven in Bild 25.4 gezeigt sind, zusammengestellt. Der starke Unterschied zwischen Theorie und Experiment ist mittels des vorher Geschriebenen zu erklären.

Die beiden Qualitäten Lodex[1] 41 und 42 sind isotrop, Lodex[1] 31 und 32 anisotrop, wobei also das Pulver im Feld gepreßt wird. Die in der Praxis erhaltenen magnetischen Werte betragen damit höchstens 10% der für eine kohärente Ummagnetisierung abgeschätzten Höchstwerte. Dieses wie auch die nicht einfache Technologie haben bisher den größeren technischen Einsatz dieser Werkstoffgruppe verhindert.

25.3 Oberflächlich oxydiertes Pulver

Das Eisen-Kobalt-Pulver kann noch oberflächlich oxydiert werden [16]. Es bildet sich dort eine dünne Schicht von Kobalt-Ferrit. Dieses Material kann ohne Matrix z. B. im magnetischen Feld (ca. 3 kOe) zu anisotropen Magneten verpreßt werden und hat dann brauchbare magnetische Eigenschaften, wie FALK und HOOPER [17] fanden. Der so erhaltene Werkstoff ist als Lodex[1] 55 in Tab. 25.2 mit aufgenommen worden. Er weist Austauschanisotropie auf (s. Bild 10.3) [18 bis 23].

---

[1] Lodex ist ein geschützter Handelsname der Firma General Electric, USA, für ESD-Werkstoffe (ESD = Elongated Single Domains).

Tabelle 25.2. *Zusammensetzung und magnetische Eigenschaften von Dauermagneten aus länglichen Eisen- bzw. Eisen-Kobalt-Partikeln; nach* [15]

Bezeichnung	Nominale Zusammensetzung				Magnetische Werte				T_c	$-\alpha$	Dichte
	Co %	Fe %	Pb %	Sb %	$(BH)_{max}$ MGOe	$_BH_c$ Oe	B_r G	$4\pi I_s$ G	°C	%/°C	g/cm³
ESD_{Fe}*	—	35,0	61 Hg	4 Sn	(4,3	765	9150	10000)**	770	—	—
ESD_{FeCo}*	14	22	60 Hg	4 Sn	(6,5	980	10800	11600)**	980	—	—
Lodex 41[1]	7,5	11,5	72	9	1,3	1050	4000	~6400	980	0,015	9,9
Lodex 42[1]	10	15	66	9	1,5	880	5300	~8200	980	0,015	9,6
Lodex 31*[1]	7,5	11,5	72	9	2,8	1250	5700	~6400	980	0,015	8,9
Lodex 32*[1]	10	15	66	9	3,5	1050	7500	~8200	980	0,015	8,6
Lodex 55*[1]	31	57	—	(12% O_2)	4,0	1550	6200	6900	520	<0,01	3,6

* anisotrop   ** Laborwerte

25.4 Gezogene Drähte

Eine weitere Methode zum Herstellen synthetischer Dauermagnetwerkstoffe bildet die von LEVI [24]. Dabei werden Eisen-Drähte als Bündel in einer Kupfer-Matrix immer dünner gezogen bis zu Durchmessern der einzelnen Drähte von 300 Å = 0,03 µm. Die Ummagnetisierung dieser gleichförmigen Filamente geschieht wahrscheinlich nach einem curling-ähnlichen, heterogenen Drehprozeß [25]. Hinderlich ist die niedrige Packungsdichte. Bei einer Packungsdichte von $p \approx 0,45$ konnte eine Koerzitivfeldstärke $_iH_c$ bis 400 Oe erreicht werden.

25.5 Whisker

Unter *Whiskern* werden fadenförmige, extrem dünne Kristalle verstanden. Die bisher vor allem untersuchten Eisen-Whisker wurden hauptsächlich durch Wasserstoff-Reduktion aus den Halogeniden erzeugt [26]. Sie haben, wie Untersuchungen von LUBORSKY u. a. [27] zeigen, z. B. als Fadenachse meist eine [100]-Richtung, einen quadratischen Querschnitt und sind Einkristalle. Wenn sie als

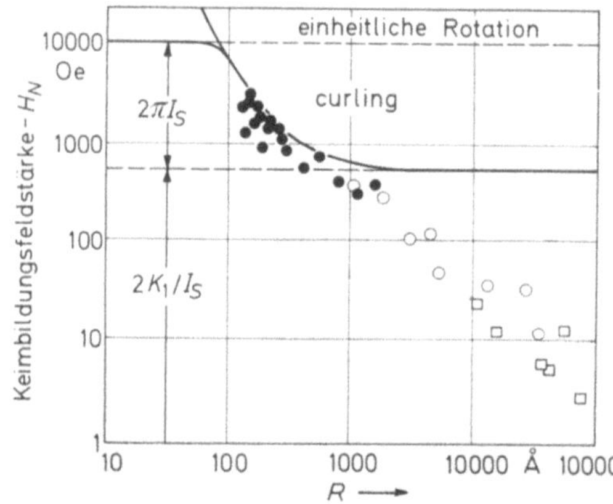

Bild 25.5. Keimbildungsfeldstärke von Eisen-Whiskern in Abhängigkeit vom Durchmesser (nach [28]). ● Messungen an vielen Proben mit planar regellos verteilten Achsen (nach [25]); □ Messungen an ausgerichteten Whiskern (nach [25]); ○ Messungen nach MEIKLEJOHN (unveröffentlicht).

magnetische Elementarbereiche vorliegen, müßten bei der großen Formanisotropie sehr gute Dauermagneteigenschaften zu erwarten sein. Infolge des außerdem beachtlichen Anteils an Kristallanisotropie sollten diese Eigenschaften noch steigen. Bei Vorliegen einer kohärenten Ummagnetisierung müßten außerdem die magnetischen Eigenschaften unabhängig vom Durchmesser der Whisker werden.

Die Untersuchungen an *Eisen-Whiskern* sind in Bild 25.5 zusammengefaßt [28]. Sie zeigen insgesamt eine Abnahme der Keimbildungsfeldstärke als Maß für die Koerzitivfeldstärke. Die ausgezogene Kurve entspricht dem theoretischen Verhalten von unendlich langen Zylindern bei Ummagnetisierung nach dem curling-Prozeß. Whisker mit einem Durchmesser unter 1000 Å entsprechen einem solchen Verhalten, sind also als Elementarbereiche anzusehen. Nach der Theorie des Mikromagnetismus sollte der von der Kristallanisotropie herrührende Anteil der Koerzitivfeldstärke unabhängig vom Durchmesser der Whisker sein, wie die ausgezogene Kurve zeigt. Die Experimente zeigen auch hier einen Abfall. Dieser kann nach Rechnungen von HOLZ [29] durch das Auftreten von *Ummagnetisierungskeimen* an den Stirnflächen der Whisker entsprechend Bild 8.3 erklärt werden. Damit werden die Überlegungen von SHTRIKMAN und TREVES [30] über das Auftreten dieser Keime an scharfen Ecken etwas modifiziert. Von SCOTT und COLEMAN [31] wurden im Durchmesserbereich oberhalb 1000 Å mittels Pulvermustern an den Enden die so zu erwartenden Flußschließungsgebiete sichtbar gemacht. An Whiskern mit 15 µm Durchmesser fanden DEBLOIS u. a. [32], daß in der Mitte der Whisker nahezu die theoretisch erwarteten Keimbildungsfeldstärken herrschen, die aber nach den Enden zu abfielen. Dieser Abfall ist nach [29, 31] gut zu verstehen.

Bei Whiskern mit Durchmessern im Bereich von 30 bis 200 µm fanden COLEMAN und SCOTT [33] die nach dem kubischen Gitter zu erwartenden Blochwand-Konfigurationen. Hier ist endgültig der Übergang zum Mehrbereichsverhalten vollzogen. Die Ummagnetisierung findet nur noch durch Wandverschiebungen statt.

Die von LUBORSKY u. a. [27] untersuchten *Eisen-Kobalt-Whisker* hatten bis zu ca. 60% Kobalt gleichfalls eine [100]-Fadenachse. Trotz der zunehmenden Kristallanisotropie hat sie keinen Effekt auf die Ummagnetisierung. Diese findet auch hier bei Whisker-Durchmessern $< 1\,000$ Å durch den „curling"-Prozeß statt. Bei größeren Durchmessern ist auch hier der Übergang zum Mehrbereichsverhalten zu erwarten.

Von LUBORSKY und MORELOCK [34] wurden auch *Kobalt-Whisker* untersucht. Dabei liegt die *c*-Achse des hexagonalen Kobalts meist senkrecht zur Fadenachse. Die Whisker wurden durch Verdampfen von Kobalt-Draht im Vakuum hergestellt. Bei den Whiskern mit einem mittleren Durchmesser < 250 Å ist eine kohärente Ummagnetisierung vorhanden, wobei Koerzitivfeldstärken bis 3 kOe auftreten. Die Kristallanisotropie ergibt hier eine Erniedrigung der theoretischen Koerzitivfeldstärke (für Formanisotropie $_IH_c$ ca. 5 kOe), da die *c*-Achse als Richtung leichter Magnetisierung senkrecht zur langen Achse liegt. Damit wirken Form- und Kristallanisotropie gegeneinander. Oberhalb eines Durchmessers von 250 Å ist wahrscheinlich eine Ummagnetisierung durch den buckling-Prozeß vorhanden. Bei steigendem Durchmesser wird aber dann Mehrbereichsverhalten erwartet.

Beim „*curling*"-*Prozeß* sind infolge sehr kleiner Oberflächenpoldichte keine Streufelder senkrecht zur langen Achse zu erwarten [11, 35]. Diese Komponenten der Magnetisierung sind in sich geschlossen. Somit können Whisker mit curling-Ummagnetisierung sehr dicht gepackt werden, ohne daß eine wesentliche Abnahme der Koerzitivfeldstärke infolge Wechselwirkung zu befürchten ist. Dies setzt allerdings voraus, daß die Whisker vollkommen parallel ausgerichtet werden können. Unter Beachtung dessen sollten sich mit Hilfe von Whiskern bei entsprechender Packungsdichte gute Dauermagnetwerkstoffe herstellen lassen [36, 37]. Der dabei vorauszusetzende reine „curling"-Prozeß ist nach den Rechnungen von HOLZ [29] aber wohl etwas in Frage zustellen.

Die Herstellung von synthetischen Dauermagnetwerkstoffen ist, wie bisher gezeigt, nicht sehr einfach, und die magnetischen Eigenschaften sind sehr stark von den Herstellungsparametern abhängig. Eine einfachere Herstellungstechnologie müßte dann gegeben sein, wenn es gelingt, Werkstoffe zu finden, bei denen sich z. B. Eisen- oder Eisen-Kobalt-Whisker aus einer schwach- oder nichtferromagnetischen Matrix parallel ausscheiden. Von HEIMKE [36] wurde dafür eine Reihe eutektischer Legierungen vorgeschlagen. Eine experimentelle Prüfung steht noch aus.

Literatur

1. NEEL, L.: C. R. Acad. Sci., Paris, 224 (1947) 1488—1490.
2. KITTEL, C.: Rev. mod. Phys. 21 (1949) 541—583.
3. Firma Ugine: Brit. Pat. Nr. 590392 (1947) und Nr. 594681 (1947).
4. WEIL, L.: C. R. Acad. Sci., Paris, 225 (1947) 229—230, 227 (1948) 48—50 und 231 (1950) 829—831.
5. MENDELSOHN, L. J., F. E. LUBORSKY u. T. O. PAINE: Proc. of the Conf. on Magnetism and Magnetic Materials, Pittsburgh 1955, 176—183.
6. PAINE, T. O., L. J. MENDELSOHN u. F. E. LUBORSKY: Phys. Rev. 100 (1955) 1055—1059. — LUBORSKY, F. E., T. O. PAINE u. L. J. MENDELSOHN: Powder Metallurgy Nr. 4 (1959) 57—78. — LUBORSKY, F. E., T. O. PAINE u. L. J. MENDELSOHN: G. E. Res. Labor. Report Nr. 59 — RL — 2267 M (1959). — LUBORSKY, F. E.: J. appl. Phys. 33 (1962) 2385—2390.
7. DIETRICH, H., u. G. SCHMELZER: DEW Techn. Ber. 1 (1961) 66—77. — Firma DEW: D. P. Anmeldung D 42995 (1963).
8. FALK, R. B.: J. appl. Phys. 33 (1962) 1108—1112.
9. LUBORSKY, F. E., u. T. O. PAINE: J. appl. Phys. 31 (1960) 66S—68S.
10. PAINE, T. O., L. J. MENDELSOHN u. F. E. LUBORSKY: Proc. of the Conf. on Magnetism and Magnetic Materials, Pittsburgh 1955, 158—165.
11. AHARONI, A.: J. appl. Phys. 30 (1959) 70S—78S.
12. LUBORSKY, F. E., E. F. FULLAM u. D. S. HALLGREN: J. appl. Phys. 29 (1958) 989—993.
13. LUBORSKY, F. E.: J. appl. Phys. 34 (1963) 1706—1710.
14. PAINE, T. O.: Proc. of the Conf. on Magnetism and Magnetic Materials, Boston 1956, 101—114.
15. LUBORSKY. F. E.: Electro-Technology, (Juli—Sept. 1962).
16. DBP Nr. 1169142, 1171160 und 1171625.
17. FALK, R. B., u. G. D. HOOPER: J. appl. Phys. 32 (1962) 190S—191S.
18. MEIKLEJOHN, W. H., u. C. P. BEAN: Proc. of the Conf. on Magnetism and Magnetic Materials, Boston 1956, 16—33.
19. MEIKLEJOHN, W. H.: J. appl. Phys. 29 (1958) 454—455.
20. SCHMID, H.: Ber. d. Arbeitsgem. Ferromagnetismus (1959) 15—29.
21. BERKOWITZ, A. E., u. J. H. GREINER: J. appl. Phys. 36 (1965) 3330—3341.
22. MEIKLEJOHN, W. H.: J. appl. Phys. 33 (1962) 1328—1335.
23. ZIJLSTRA, H.: Z. angew. Phys. 21 (1966) 6—13.
24. LEVI, F. P.: J. appl. Phys. 31 (1960) 1469—1471.
25. LUBORSKY, F. E., u. C. R. MORELOCK: J. appl. Phys. 35 (1964) 2055—2060.
26. Siehe z. B. BRENNER, S. S.: Acta Met. 4 (1956) 62—74. — FRENSSEN, N., H. S. SCHLADITZ u. H. BORCHERS: Metall 19 (1965) 423—434.
27. LUBORSKY, F. E., E. F. KOCH u. C. R. MORELOCK: J. appl. Phys. 34 (1963) 2905—2909.
28. KRONMÜLLER, H.: Z. angew. Phys. 23 (1967) 130—146.
29. HOLZ, A.: Z. angew. Phys. 23 (1967) 170—173. — DEHLINGER, U., u. A. HOLZ: Z. Metallk. 59 (1968) 822—823.
30. SHTRIKMAN, S., u. D. TREVES: J. appl. Phys. 31 (1960) 72S—73S.
31. Siehe z. B. SCOTT, G. G., u. R. V. COLEMAN: J. appl. Phys. 28 (1957) 1512—1513.
32. DE BLOIS, R. W., u. C. P. BEAN: J. appl. Phys. 30 (1959) 225S—226S, 32 (1961) 1561—1563.
33. COLEMAN, R. V., u. G. G. SCOTT: J. appl. Phys. 29 (1958) 526—527.
34. LUBORSKY, F. E., u. C. R. MORELOCK: Proc. of the Internat. Conf. on Magnetism, Nottingham 1964, 763—766.
35. WOHLFARTH, E. P.: Ber. III. Intern. pulvermetall. Tagung, Eisenach, Berlin: Akademie-Verlag 1966, 15—28.
36. HEIMKE, G.: Magnetismus, Vorträge Intern. Konferenz Dresden 1966, Leipzig: VEB Deutsch. Verl. Grundstoffindustrie 1967, 227—235.
37. Firma General Elektric. USA: Britische Patente Nr. 981172 (1962) und 978790 (1962).

Tabelle 26.1. *Magnetische und technologische Eigenschaften von Chrom- und Chrom-Kobalt-Walzstahlmagneten*

Werkstoff	$(BH)_{max}$ MGOe	B_r G	$_BH_c$ Oe	μ_P	Ungefähre Zusammensetzung in Gew.-% C	Cr	Co	W	Mo	Fe	Dichte g/cm³	Herstellungsverfahren	Bearbeitungsverhalten
Cr 30	0,25—0,3	9000—10000	75— 55	30	1	3	—	—	—	Rest	7,8	Gießen, anschließend Schmieden bzw. Walzen	Vor dem Härten spanlos und spangebend in jeder Weise bearbeitbar.
Cr 35	0,3—0,35	9000—10000	74— 58	28	1	4,5	—	—	(1 Mn)	Rest	7,8		
Co 40	0,3—0,4	9000—10300	85— 65	25	1	4	2	0,5	—	Rest	7,9		
Co 50	0,4—0,5	8400— 9500	135—110	15	1	8	6	—	1,2	Rest	7,9		Nach dem Härten nur durch Schleifen bearbeitbar
Co 60	0,5—0,6	8400— 9300	175—145	12	1	8	11	—	1,4	Rest	7,9		
Co 70	0,6—0,7	8400— 9300	200—175	10	1	8	16	—	1,5	Rest	8,0	wie oben; auch Formguß möglich	
Co 90	0,8—1,1	8400—9500	275—230	8	1	4,5	35	4,5	—	Rest	8,1		

15 Schüler/Brinkmann, Dauermagnete

26 Weniger gebräuchliche Dauermagnetwerkstoffe

26.1 Walzstahlmagnete

In allen bisherigen Büchern über magnetische Werkstoffe nahmen die *Walzstahlmagnete* einen breiten Platz ein. Es handelt sich hierbei um hochlegierte Eisen-Chrom- bzw. um Eisen-Chrom-Kobalt-Stähle, wie

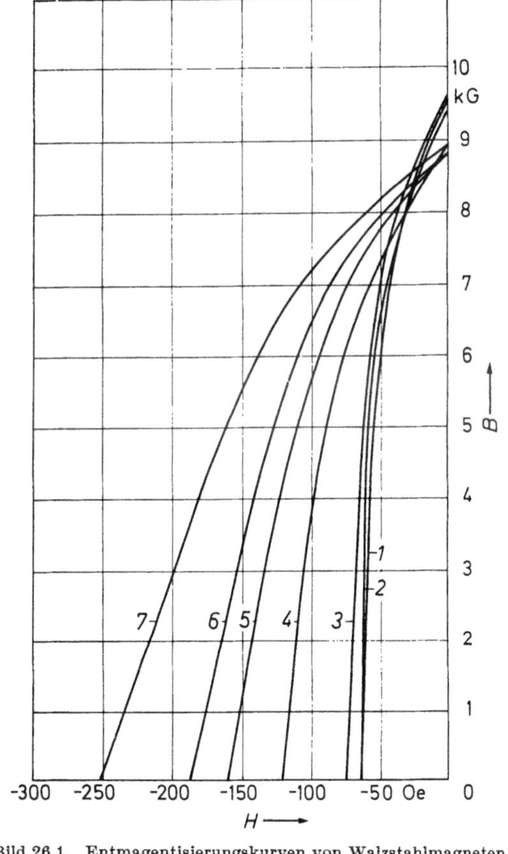

Bild 26.1. Entmagentisierungskurven von Walzstahlmagneten (Zuordnung der Kurven s. Tab. 26.1).

Tab. 26.1 zeigt [1], bei denen die Dauermagneteigenschaften durch die bekannte Stahlhärtung erreicht werden. Vor der Härtung, im walzharten bzw. geglühten Zustand, können diese Werkstoffe durch Walzen spanlos verformt werden. Im Vergleich zu den heute gebräuchlichen AlNiCo- und Ferrit-

Dauermagneten sind die Dauermagneteigenschaften der Walzstähle nicht mehr befriedigend (s. Bild 26.1 und Tab. 26.1).

Infolge der niedrigen magnetischen Werte bei hohen Werkstoffkosten hat diese Werkstoffgruppe fast jede Bedeutung verloren. Ungünstig ist besonders die sehr niedrige Koerzitivfeldstärke, welche zu einer großen Störanfälligkeit gegenüber Fremdfeldern führt, und die geringe Gefügestabilität der magnetischen Eigenschaften, welche eine maximale Gebrauchstemperatur kleiner 100 °C ergibt [2]. Aus vorgenannten Gründen soll diese Werkstoffgruppe hier nicht näher behandelt werden. Es wird auf die ausführliche Beschreibung in verschiedenen Büchern [3] verwiesen. Als noch erwähnenswertes Anwendungsbeispiel für die Walzstähle seien die Hysteresemotoren und -kupplungen genannt [4] (s. die Kapitel 60 und 63).

26.2 Platin-Kobalt

Das Zweistoffsystem *Platin-Kobalt* ist dadurch bekannt geworden, daß die Legierung PtCo (ca. 76 Gew.-% Platin) sehr gute Dauermagneteigenschaften aufweist, insbesondere eine sehr hohe Koerzitivfeldstärke, wie schon aus den ersten Versuchen von JELLINGHAUS [5] ersichtlich war. Die heute erreichbaren Werte sind aus Bild 26.2 zu entnehmen.

Die Legierung gehört zu dem Bereich 40 bis 60 Atom-% Platin, der oberhalb 800 °C bis zur Erstarrungstemperatur (ca. 1 500 °C) als flächenzentriert kubischer Mischkristall vorliegt. Zu tieferen Temperaturen ordnet sich das Gitter zum Cu—Au-Typ [6]. Bei der Legierung PtCo mit 50 Atom-% Platin beträgt die Temperatur beginnender Ordnung 825 °C. Die Temperatur beginnender magnetischer Umwandlung (para-ferromagnetisch) der von oberhalb 800 °C abgeschreckten, homogenisierten Legierung liegt bei ca. 580 °C.

Wie die Untersuchungen z. B. von NEWKIRK u. a. [7] zeigen, ist die ungeordnete Phase ferromagnetisch, die geordnete nicht. Beim Abschrecken von oberhalb der Ordnungs- auf Zimmertemperatur ist eine sehr hohe Remanenz (ca. 7 kG) vorhanden. Mit zunehmender Anlaßzeit, also beginnender Ordnung, nimmt diese und damit die magnetische Sättigung stetig ab. Gleichzeitig nimmt die Koerzitivfeldstärke stark zu. Der Unterschied in der Sättigungsmagnetisierung der beiden Phasen ist beträchtlich. Dabei hat die homogenisierte Probe, die weitgehend im ungeordneten Zustand vorliegt, die höhere Sättigungsmagnetisierung.

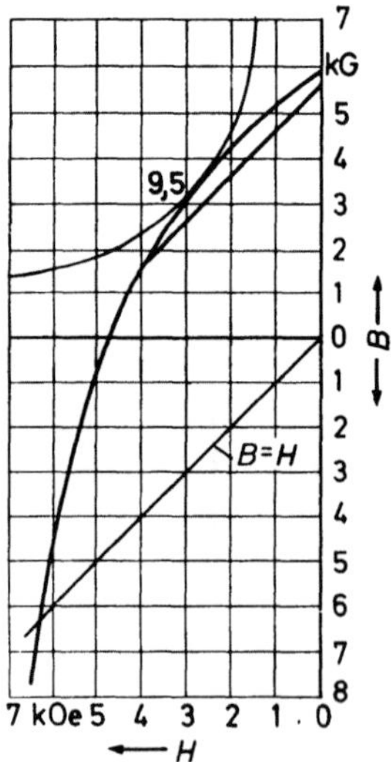

Bild 26.2. Entmagnetisierungskurve von PtCo (77:23).

In [7] wurden die magnetischen Eigenschaften in Abhängigkeit von der Wärmebehandlung untersucht. Zur Herstellung wurden die Legierungen geschmolzen bzw. gesintert und dann warm und kalt geschmiedet sowie gezogen. Der ungeordnete Werkstoffzustand ist am besten für die Bearbeitung geeignet. Etwa vorhandener Schwefel-Gehalt fördert die Sprödigkeit und muß minimal gehalten werden. Von SAUZE [8] wurde die pulvermetallurgische Herstellung und die damit zu erreichenden magnetischen Eigenschaften sehr gründlich untersucht.

Die besten magnetischen Eigenschaften werden in einem teilweise geordneten Zustand erhalten, wobei die günstigste Temperatur des Anlassens 600 °C beträgt. Diese Temperatur hat den Vorteil, daß die Ordnungsreaktion langsam genug abläuft, um kontrollierbar, aber nicht unwirtschaftlich zu sein. Derselbe Zustand ist erreicht bei einer Temperatur von 700 °C nach 15 Minuten, bei einer Temperatur von 600 °C nach 20 Stunden und bei einer Temperatur von 500 °C nach 250 Stunden. Im günstigsten magnetischen Zustand sind beide Phasen etwa je zur Hälfte vorhanden. Wichtig ist bei der Wärmebehandlung außerdem die Abkühlungsgeschwindigkeit von der Homogenisierungs- zur Anlaßtemperatur. Beim langsamen Abkühlen ist eine viel höhere Koerzitivfeldstärke als beim Wasserabschrecken vorhanden [9]. Die Wärmebehandlung muß in Schutzgas oder in dichten Behältern oder unter Vakuum durchgeführt werden, so daß Oxydation nicht möglich ist.

Von GAUNT u. a. [10] wurde die Anisotropie als Kristallanisotropie identifiziert und ihre Konstanten bestimmt. Für die kubische Phase beträgt sie $K_{K,k} \approx -6 \cdot 10^5$ erg/cm^3, die magnetische Vorzugsrichtung liegt in [111]-Richtung. Für die hexagonale Phase beträgt die Anisotropiekonstante $K_{K,h} \approx 2 \cdot 10^7$ erg/cm^3, die magnetische Vorzugsrichtung liegt in [001]-Richtung. Hiermit wird nahegelegt, daß die hohe Koerzitivfeldstärke von der Kristallanisotropie herrührt (s. auch [11]). Die Vorzugsrichtungen wurden von WALMER [12] an Einkristallen bestätigt. Von BRISSOUNEAU u. a. [13] wurde die hohe Anisotropiekonstante an geordneten Einkristallen bestätigt. Als Sättigungsmagnetisierung wurde für $H_s \approx 30$ kOe der Wert $I_s \approx 790$ cgs angegeben. Die Daten wurden aus Messungen der Magnetisierungskurve abgeleitet.

Das beobachtete hohe Remanenzverhältnis $j_R \approx 0,86$ (s. Kapitel 13) deutet auf den großen Einfluß der Kristallanisotropie hin. Außerdem zeigt es an, daß durch eine Anisotropie keine wesentliche Steigerung der Remanenz mehr möglich ist. Nach WALMER [12] ist auch eine Erhöhung der Koerzitivfeldstärke durch eine Anisotropie nur noch wenig zu erwarten. Demzufolge kann für die remanente

Tabelle 26.2. *Technische Eigenschaften von PtCo*

Spezifischer elektrischer Widerstand	angelassen	$\varrho \approx 25\ \mu\Omega$ cm
Dichte	,,	$\varrho \approx 15,74$ g/cm^3
Elastizitäts-Modul	,,	$E \approx 20\,000$ kg/m^2
Härte	homogenisiert	$R_c \approx 29$ kg/mm^2
	angelassen	$R_c \approx 31$ kg/mm^2
Linearer Ausdehnungskoeffizient		
(0 bis 100°)		$\alpha = 9,3 \cdot 10^{-6}$

Energiedichte $(BH)_{max}$ durch eine Anisotropie auch nur noch eine geringe Steigerung auf ca. 12 MGOe erwartet werden. Dieser Wert wurde neuerdings von EURIN und PAULAVE [14] auch in der magnetischen Vorzugsrichtung eines Einkristalles gemessen.

Die meistens angewendeten Sättigungsfeldstärken von 20 bis 24 kOe reichen noch nicht voll zur Sättigung aus, so daß das Remanenzverhältnis j_R etwas zu groß gemessen sein kann.

Eine sehr gute Zusammenfassung bringt DARLING [15]. Von ihm stammen auch einige der in der Tab. 26.2 aufgeführten technologischen Eigenschaften.

15*

Korrosionsfest ist PtCo gegen Säuren und Laugen bei normaler Temperatur. Der Werkstoff PtCo kann in gezogener oder gewalzter Form hergestellt und nach dem Walzen und Homogenisierungsglühen gestanzt werden. Einige Anwendungsformen sind in Bild 26.3 zu sehen. Als Größenvergleich ist eine Briefmarke mit aufgenommen werden. Die magnetischen Eigenschaften sind in Tab. 26.3 angegeben.

Die hier mitgeteilten Werte sind nur als Richtwerte aufzufassen. Da die magnetischen Eigenschaften sehr stark von der Wärmehandlung abhängen,

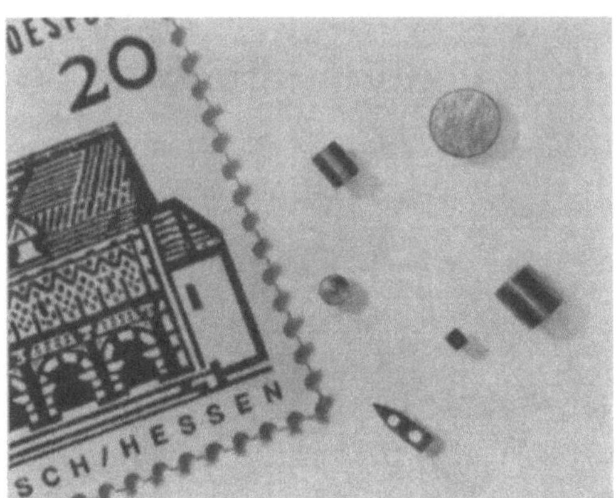

Bild 26.3. Anwendungsformen
von PtCo-Dauermagneten.

können leicht Änderungen bis 10% eintreten. Außerdem sind, worauf auch MINTERN [16] hinweist, die gemessenen magnetischen Eigenschaften sehr stark von der aufgewendeten Magnetisierungsfeldstärke H_s abhängig. Es sollte zur Erreichung der Sättigungswerte die Feldstärke $H_s > 20$ kOe sein. Diese Feldstärke wird aus Mangel an großen Magnetisierungsgeräten meist nicht erreicht.

Tabelle 26.3. *Magnetische Eigenschaften von PtCo*

$4\pi I_s{}^*$	$=$	7200 G
B_r	$=$	6000 G
$_I H_c$	$=$	6500 Oe
$_B H_c$	$=$	4800 Oe
$(BH)_{max}$	$=$	9,5 MGOe
μ_P	$=$	1,1 bis 1,2
B_A	$\approx$	3500 G
H_A	$\approx$	2600 Oe
T_c	$\approx$	530 °C
T_{max}	$\approx$	300 °C

*) gemessen bei $H_s = 20$ kOe

Wird magnetisiert mit einer Feldstärke $H_s \approx 12$ kOe, so werden Remanenz und Koerzitivfeldstärke $_B H_c$ um ca. 6% und die maximale Energiedichte um ca. 10% niedriger liegen können. Vereinbarte Werte sollten deshalb mit Magnetisierungsfeldstärken von 10 bis 12 kOe erreichbar sein. Genauso schwierig wie die Magnetisierung ist die Entmagnetisierung von PtCo.

Über die Eigenschaften von *gesintertem Platin-Kobalt* wurden auch von ANGUS [17] und von gepulvertem von MENDELSOHN [18] Untersuchungen angestellt.

Von ALTMAN [19] wurden Versuche unternommen, das sehr teure Platin durch Palladium zu ersetzen. Bei Ersatz bis zu 5% Platin durch Palladium erhielt er praktisch keinen Abfall der magnetischen Eigenschaften.

26.3 Eisen-Kobalt-Vanadium-(Chrom)-Dauermagnetlegierungen

Werkstoffe der Legierungsgruppe Eisen-Kobalt-Vanadium haben, je nach Vanadium-Gehalt, eine erstaunliche Variation der magnetischen Eigenschaften. Bei ca. 50% Kobalt und 0 bis 4% Vanadium sind weichmagnetische, bei 4 bis 15% Vanadium Dauermagneteigenschaften vorhanden. Die älteren, nicht kalt-verformten Legierungen hatten 4 bis 11% Vanadium, die jetzt benutzten Werkstoffe haben mehr als 11% Vanadium [20]. Der hauptsächlich benutzte Werkstoff hat die ungefähre Zusammensetzung Eisen-Kobalt-Vanadium (35:52:13) [20]. Es wurde gefunden, [21] daß ein Teil des Vanadiums durch Chrom ersetzbar ist, ohne daß sich magnetische oder mechanische Eigenschaften ändern. Die Zusammensetzung der Eisen-Kobalt-Vanadium-Chrom-Legierung ist dann ungefähr (36:52:8:4).

Bei dieser Werkstoffgruppe, für die sich allgemein der Name *Vicalloy* eingebürgert hat, handelt es sich um eine umwandlungsfähige Legierung. Oberhalb ca. 450 °C wandelt sich der kubisch-raumzentrierte ferromagnetische Ferrit (α-Phase) in den kubisch-flächenzentrierten Austenit (γ-Phase) um. Als Umwandlungstemperatur wird ca. 600 °C gewählt. Die damit erhaltenen magnetischen Werte des isotropen Werkstoffes mit 52% Kobalt, 39,5% Eisen und 9,5% Vanadium sind durch Kurve a in Bild 26.4 dargestellt [22].

Dieser Werkstoff ist im homogenen Zustand, also vor dem Anlassen, kalt verformbar. Beim Anlassen nach dem Walzen bekommt er in Walzrichtung eine magnetische Vorzugsrichtung. Die Entmagnetisierungskurven für gewalztes Band und gezogenen Draht zeigt Bild 26.4, Kurven b und c [22, 23]. Wie die Untersuchungen zeigen [22], entstehen die guten magnetischen Werte beim Anlassen oberhalb 450 °C, obwohl sich dabei die magnetische Sättigung nicht wesentlich ändert. Nach dem Anlassen ist der Werkstoff hart und spröde, so daß er nur noch gesägt und geschliffen werden kann.

Die Ursache der einachsigen Vorzugsrichtung ist trotz zahlreicher Untersuchungen [22 bis 30] noch unklar.

Die Werkstoffe dieser Legierungsgruppe verlieren mit abnehmendem Vanadium- und Chrom-Gehalt ihre Dauermagneteigenschaften. Bei verschwindendem Vanadium- und Chrom-Gehalt liegt die Eisen-Kobalt-(50:50)-Legierung vor, welche sich durch eine hohe Sättigung auszeichnet (s. Kapitel 29). Infolge des sehr hohen Kobalt-Gehaltes haben alle Vicalloy-Legierungen eine hohe Sättigung.

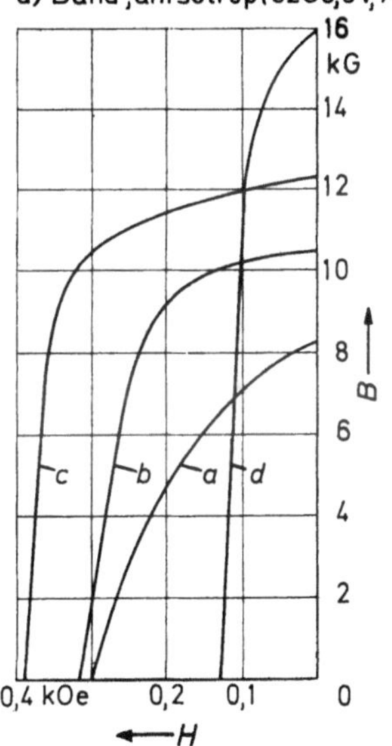

Bild 26.4. Entmagnetisierungskurven der Werkstoffgruppe Eisen-Kobalt-Vanadium-(Chrom) (nach [22]).

Mit steigender Sättigung steigt auch die Remanenz. Gleichzeitig sinkt aber die Koerzitivfeldstärke stark, so daß auch die maximale Energiedichte mit dem Vanadium- und Chrom-Gehalt abnimmt. In Bild 26.4, Kurve d, ist die Entmagnetisierungskurve eines Werkstoffes mit 52% Kobalt, 7% Chrom, 3% Vanadium, Rest Eisen, dargestellt [29]. Die Remanenz beträgt bei einer Koerzitivfeldstärke

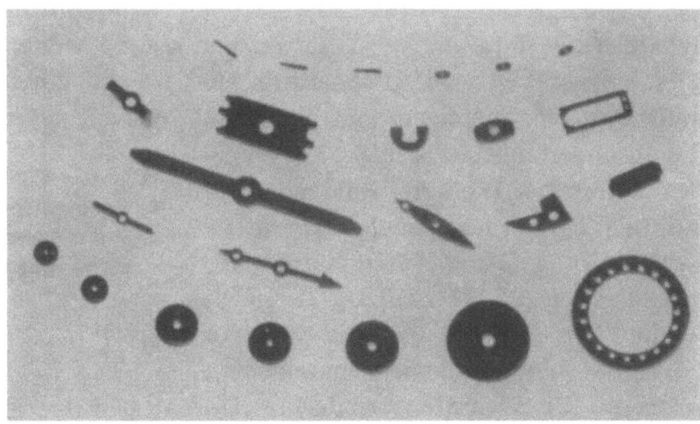

Bild 26.5. Anwendungsformen von Eisen-Kobalt-Vanadium-(Chrom)-Dauermagneten (nach [30]).

$_BH_c \approx 130$ Oe   ca. $B_r \approx 16$ kG. Die magnetische Sättigung und Remanenz nehmen infolge der α-γ-Umwandlung mit wachsender Anlaßzeit ab.

Die Anwendungsbereiche dieser Werkstoffe sind vor allem durch die Herstellbarkeit von dünnen Scheiben und Ringen sowie von Stanzteilen gegeben [30], wie z. B. Bild 26.5 zeigt.

26.4 Eisen-Kupfer-Nickel-Dauermagnetlegierungen

Im Dreistoffsystem Eisen-Kupfer-Nickel tritt eine große Mischungslücke zwischen Eisen und Kupfer ein, welche stark temperaturabhängig ist [31]. Im Bereich Eisen-Kupfer-Nickel (20:60:20) ist deshalb die Möglichkeit der Ausscheidung einer Eisen-Nickel-reichen Phase aus einer Kupfer-reichen Matrix gegeben. Dazu muß der Werkstoff oberhalb 1050°C homogenisiert werden. Nach Abschrecken auf Raumtemperatur und Anlassen bei einer Temperatur von ca. 550°C sind dann bei einer so erhaltenen isotropen Legierung mit 18% Eisen, 59% Kupfer und 23% Nickel die magnetischen Werte entsprechend der Entmagnetisierungskurve in Bild 26.6 [32]. Der Werkstoff ist isotrop.

Mehrere Arbeiten [33 bis 36] untersuchten das Verhalten während der Ausscheidung. Aus ihnen ist zu schließen, daß bei Eisen-Kupfer-Nickel-Dauermagnetwerkstoffen eine spinodale Entmischung vorliegt.

Wie schon NEUMANN u. a. [37] fanden, kann bei diesen Legierungen eine magnetische Vorzugsrichtung erzeugt werden, wenn sie nach dem Homogenisieren stark kaltverformt (ca. 90 bis 95% Querschnittsabnahme) und dann angelassen werden. Die Walzrichtung wird hier magnetische Vorzugsrichtung. Durch Messungen der Drehmomentkurven und der Rotationshysterese [38] konnte gezeigt werden, daß auch bei den verformten Proben, wie vermutet [39], die Formanisotropie entscheidend ist.

Die magnetischen Werte des anisotropen Werkstoffes mit 20% Eisen, 60% Kupfer und 20% Nickel sind durch die äußere Entmagnetisierungskurve in Bild 26.6 dargestellt. Eine Verbesserung der magnetischen Werte durch Glühen

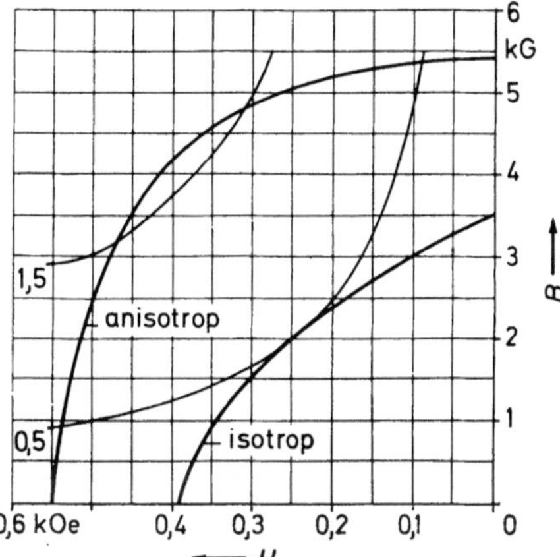

Bild 26.6. Entmagnetisierungskurven von Eisen-Kupfer-Nickel (20:60:20) nach verschiedener Behandlung.

im Magnetfeld, insbesondere eine Verbesserung der einachsigen Anisotropie in Feldrichtung, ist nicht erreicht worden [40], obgleich dies wegen der spinodalen Entmischung erwartet werden könnte. Das negative Ergebnis ist hier dadurch begründet, daß die Curie-Temperatur unterhalb der Temperaturgrenze der Ausscheidung liegt. Damit kann das Feld erst wirken, wenn die Entmischung weitgehend abgelaufen ist.

Literatur

1. Werkstoffeigenschaften von Dauermagnetwerkstoffen, Prospekt Nr. B 91/457 der Firma DEW.
2. DIETRICH, H.: Kobalt Nr. 30 (März 1966) 3—16.
3. PAWLEK, F.: Magnetische Werkstoffe, Berlin/Göttingen/Heidelberg: Springer 1952, 12 ff. — HADFIELD, D.: Permanent Magnets and Magnetism, New York: Wiley 1962. — ZAIMOWSKIJ, A. S., u. L. A. TSCHIDNOWSKAJA: Magnetische Werkstoffe Moskau: Staatl. Energie-Verlag: 1957.
4. KASSNER, P., H. E. ARNTZ u. H. DIETRICH: DEW Techn. Ber. 8 (1968) 221—225. — DIETRICH, H.: ETZ 87 (1966) 665—673.
5. JELLINGHAUS, W.: Z. techn. Phys. 17 (1936) 33—36.
6. GEBHARDT, E., u. W. KÖSTER: Z. Metallk. 32 (1940) 253—261. — VAN LAAR, B.: J. Phys. Rad. 25 (1964) 600—603.
7. NEWKIRK, J. B., A. H. GEISLER, D. L. MARTIN u. R. SMOLUCHOWSKI: Transact. AIME 188 (1950) 1249—1260. — NEWKIRK, J. B., R. SMOLUCHOWSKI, A. H. GEISLER u. D. L. MARTIN: J. appl. Phys. 22 (1951) 290—298. — MARTIN, D. L.: Transact. AIME 212 (1958) 478—485.
8. SAUZE, L.: Le 2. Cycle de Journees sur les Aimants Permanents, Paris (1965) 10 S.
9. MARTIN, D. L.: Proc. of the Conf. on Magnetism and Magnetic Materials, Boston 1956, 188—202.
10. MC CURRIE, R. A., u. P. GAUNT: Phil. Mag., London, 13 (1966) 567—577. — GAUNT, P.: Phil. Mag., London, 13 (1966) 579—588; Proc. of the Internat. Conf. on Magnetism, Nottingham 1964, 780—782.
11. MISCHIN, D. D., J. SCHUR u. V. J. TIMOSCHUK: Fizika metall. metalov. 19 (1965) 793—796.

12. WALMER, M. S.: Engelhard Industr. Techn. Bullet. 2 (1962) 117—121; J. appl. Phys. 40 (1969) 1296—1297.
13. BRISSONEAU, P., A. BLANCHARD u. H. BARTHOLIN: IEEE Transact. Magnetics 2 (1966) 479—482.
14. EURIN, P., u. J. PAULAVE: IEEE Trans. Magnetics 5 (1969) 216—219.
15. DARLING, A. S.: Platinum Metals Rev. 7 (1963) 96—104.
16. MINTERN, R. A.: Platinum Metals Rev. 5 (1961) 82—88.
17. ANGUS, H. C.: Powder Metallurgy 7 (1964) 1—12.
18. MENDELSOHN, L. J.: J. appl. Phys. 29 (1958) 407—408.
19. ALTMAN, A. B.: Izvest. Akad. Nauk SSSR 4 (1959) 135—142.
20. NESBITT, E. A., u. G. A. KELSALL: Phys. Rev. 58 (1940) 203.
21. FAHLENBRACH, H.: Metall 7 (1953) 413—421.
22. BARAN, W., W. BREUER, H. FAHLENBRACH u. K. JANSSEN: Techn. Mitt. Krupp 18 (1960) 81—90.
23. FAHLENBRACH, H., u. W. BARAN: Techn. Mitt. Krupp 22 (1964) 15—23.
24. HENKEL, O.: Z. angew. Phys. 21 (1966) 112—115.
25. HENKEL, O.: phys. stat. sol. 2 (1962) 725—733.
26. FOUNTAIN, R. W., u. J. F. LIBSCH: J. Metals 5 (1953) 349—356.
27. MÜLLER, H. G., u. G. K. SCHMIDT: phys. stat. sol. 2 (1962) 217—219, 3 (1963) 354—357.
28. SCHUR, J., M. G. LUZHINSKAYA u. L. A. SCHUBINA: Fizika metall. metallov. 4 (1957) 54—60.
29. FAHLENBRACH, H.: Techn. Mitt. Krupp, Werksber. 20 (1962) 141—147.
30. FAHLENBRACH, H.: Kobalt Nr. 25 (1964) 160—167. — STÄBLEIN, H.: Techn. Mitt. Krupp, Werksber. 21 (1963) 171—184.
31. KÖSTER, W., u. W. DANNÖHL: Z. Metallk. 27 (1935) 220—226.
32. DAHL, O., J. PFAFFENBERGER u. N. SCHWARZ: Metallwirtschaft 14 (1935) 665—670.
33. DANIEL, V., H. LIPSON: Proc. Roy. Soc., London, A 181 (1943) 368—378; A 182 (1944) 378—388.
34. BIEDERMANN, E., u. E. KNELLER: Z. Metallk. 47 (1956) 289—301, 760—774.
35. HENKEL, O.: phys. stat. sol. 6 (1964) 365—377.
36. NICHOLSON, R. B., u. P. J. TUFTON: Z. angew. Phys. 21 (1966) 59—62.
37. NEUMANN, H., A. BÜCHNER u. H. REINBOTH: Z. Metallk. 29 (1937) 173—185.
38. SCHÜLER, K.: Ber. d. Arbeitsgem. Ferromagnetismus (1958) 56—60, (1959) 140—147.
39. KNELLER, E.: Ber. d. Arbeitsgem. Ferromagnetismus (1958) 33—42.
40. BECKER, J. J.: J. appl. Phys. 36 (1965) 1182—1183.

27 Noch nicht gebräuchliche Dauermagnetwerkstoffe

27.1 Allgemeines

In den vorhergehenden Kapiteln wurden die technisch gebräuchlichen bzw. theoretisch wichtigen Dauermagnetwerkstoffe schon behandelt. Hier sollen einige technisch nicht bzw. noch nicht gebräuchliche Werkstoffe beschrieben werden, wozu vor allem *intermetallische Verbindungen*, wie z. B. MnBi, MnAl(Ge), (Fe,Co)P, gehören. Diese konnten bisher meist aus wirtschaftlichen Gründen nicht zu brauchbaren Dauermagnetwerkstoffen verarbeitet werden, sind aber doch bemerkenswert. Es werden außerdem einige weitere Legierungen kurz betrachtet, deren dauermagnetische Eigenschaften untersucht wurden. Auch diese sind bisher nicht so bedeutend, daß sie technisch benutzt wurden, noch neuere Einblicke in die Problematik der Mikromagnetik ergaben. Ein Teil dieser Werkstoffe wird ausführlich in zwei umfassenden Arbeiten von WOHLFARTH [1] behandelt. Ihre ausführliche Besprechung übersteigt den Rahmen des Buches. Von DE VOS u. a. [2, 3] wurde über intermetallische Verbindungen berichtet. In [2] wurden die hier kurz behandelten Verbindungen MnBi, MnAl(Ge) und $(Fe,Co)_2P$ ausführlich besprochen, in [3] handelt es sich um Phosphide, Boride, Phosphorboride, Germanide, Stannide, Mn—Al-Verbindungen u. a. Aus magnetischen und wirtschaftlichen Erwägungen scheiden bisher alle untersuchten intermetallischen Verbindungen außer Mn—Al aus. Bei diesem Werkstoff scheint sich danach eine weitere Entwicklungsarbeit zu lohnen. Ähnlich ist es bestimmt noch bei einigen Kobaltreichen intermetallischen Verbindungen (s. Abschnitt 27.7).

27.2 Eisen-Nickel-Chrom-Dauermagnetlegierungen

Wie allgemein bekannt, können die nichtrostenden, metastabilen, austenitischen *Eisen-Nickel-Chrom-Legierungen* durch Verformung teilweise martensitisch und damit ferromagnetisch werden (s. z. B. Kapitel 29). Die durch die Verformung entstehende ferromagnetische Phase wird durch Anlassen bei 550 bis 600 °C teilweise rückgebildet [4]. Dabei entstehen mäßige Dauermagneteigenschaften $(B_r \approx 2,5\ \text{kG}, \ _BH_c \approx 0,4\ \text{kOe}, \ (BH)_{\max} \approx 0,5\ \text{MGOe}$ [5]. Wie Rassmann und Henkel [6] gezeigt haben, können durch eine mehrfache, sehr starke Warm- bzw. Kaltverformung mit Zwischenglühungen bei Temperaturen von ca. 500 °C die magnetischen Eigenschaften, vor allem die Koerzitivfeldstärke, wesentlich verbessert werden. An einer Legierung mit 12% Chrom, 15,2% Nickel, 0,28% Kohlenstoff, Rest Eisen, wurden z. B. nach einer dreifachen Verformung erreicht: $B_r \approx 5,5\ \text{kG}, \ _BH_c \approx 0,8\ \text{kOe}, \ (BH)_{\max} \approx 2,5\ \text{MGOe}$.

Durch weitere Untersuchungen konnten Dietrich [4] sowie Rassmann und Henkel [7 bis 9] klären, daß der wesentliche Anisotropieanteil die Formanisotropie der ferromagnetischen Partikel ist und die Ummagnetisierung durch den curling-Prozeß stattfindet.

27.3 MnBi

Der Dauermagnetwerkstoff *MnBi* gehört zu den intermetallischen Verbindungen des Mangans, welche nach Überlegungen von Guillaud [10] wahrscheinlich ein negatives Austauschintegral haben und damit ferromagnetisch werden. Besonders durch die Untersuchungen von Guillaud [10] wurden die magnetischen Eigenschaften des MnBi-Pulvers bekannt. Insbesondere wurde die hohe einachsige Kristallanisotropie der hexagonalen Verbindung entdeckt. Bei Zimmertemperatur betragen die Anisotropiekonstanten $K_1 = 8,9\ \text{Merg/cm}^3$ und $K_2 = 2,7\ \text{Merg/cm}^3$. Unangenehm ist jedoch die sehr starke Temperaturabhängigkeit der Kristallanisotropie, welche bei Zimmertemperatur ca. 0,5%/°C beträgt; mit zunehmender Temperatur sinkt also die Koerzitivfeldstärke. Die Curie-Temperatur liegt bei 340 bis 360 °C. Die Ergebnisse von Guillaud wurden u. a. von Albert und Carr [11] bestätigt.

Bei einem Partikeldurchmesser von 3 μm wurde die höchste Koerzitivfeldstärke von $_IH_c \approx 12\ \text{kOe}$ gemessen [10]. Nach der Elementarbereichstheorie folgt für die Koerzitivfeldstärke $_IH_c = 2K/I_s \approx 35\ \text{kOe}$. Nach Guillaud haben besonders Schur u. a. [12] die magnetischen Eigenschaften in Abhängigkeit vom Partikeldurchmesser untersucht. Es zeigten sich sehr hohe Koerzitivfeldstärken im Bereich unterhalb eines Durchmessers von $d = 10\ \mu\text{m}$. Oberhalb $d = 10\ \mu\text{m}$ scheinen Mehrbereichsteilchen vorhanden zu sein. Die starke Abnahme der Koerzitivfeldstärke mit wachsendem Durchmesser d verläuft ähnlich der z. B. von KITTEL [13, 14] sowie KNELLER und LUBORSKY [15] angegebenen Relation, wonach die Koerzitivfeldstärke proportional $1/d$ absinkt (s. z. B. Bild 12.4). Der kritische Durchmesser d_K liegt nach KITTEL im Bereich um 10 μm.

Von ADAMS u. a. [16, 17) wurden die Möglichkeiten der Herstellung von MnBi-Dauermagneten untersucht. Da die MnBi-Bildung durch eine peritektische Reaktion erfolgt, ist die Herstellung nicht einfach. Das Pulver wird im magnetischen Feld bei ca. 20 kOe gepreßt. Durch weitere Verbesserung der Herstellungstechnik wurden von ADAMS und HUBBARD [18] folgende Werte bei einer Dichte von $\gamma = 8,1$ g/cm³ erreicht: $4\pi I_s = 7,3$ kG, $B_r = 4,3$ kG, $_I H_c = 7,0$ kOe, $_B H_c = 3,4$ kOe, $(BH)_{max} = 4,3$ MGOe. Der von GUILLAUD [10] erwartete Höchstwert der remanenten Energiedichte beträgt ca. 18 MGOe. Bei der besten Ausrichtung wurde eine reduzierte Remanenz von $j_R \approx 0,9$ erreicht. Für reines MnBi ergibt sich die Sättigungsmagnetisierung $4\pi I_s = 8,8$ kG [19].

In Tab. 27.1 sind die Eigenschaften von MnBi mit denen anderer intermetallischer Verbindungen verglichen worden [3]. Der technischen Anwendung der MnBi-Magnete steht neben dem hohen Wismut-Preis die starke Korrosion im Wege. Wie ADAMS [20] fand, handelt es sich dabei um eine magnetisch induzierte *Spannungsrißkorrosion* infolge der hohen Kristallanisotropie, so daß sie schwierig zu beseitigen ist. Von VELGE und DE VOS [3] wurde mitgeteilt, daß die Korrosion durch Überziehen mit dünnen metallischen Filmen zu beseitigen sei; allerdings sei das Verfahren unwirtschaftlich.

Nach Untersuchungen von ALTMAN [21] sinkt die Koerzitivfeldstärke mit steigendem Preßdruck. Bei Erhöhung des Preßdruckes von 1 auf 3 Mp/cm² sinkt die Koerzitivfeldstärke $_B H_c$ um ca. 50%.

27.4 Mangan-Aluminium-(Germanium)-Dauermagnetlegierungen

Im Zuge der Untersuchung *intermetallischer Verbindungen des Mangans* wurde von KOCH u. a. [22] entdeckt, daß im System *Mangan-Aluminium* selbst eine metastabile, teilweise geordnete τ-Phase existiert, welche eine sehr hohe, nur schwach temperaturabhängige Kristallanisotropiekonstante K von ca. 10 Merg/cm³ besitzt. Dies wurde von KAWAGUCHI u. a. [23] bestätigt. Während die intermetallische hexagonale Phase MnAl paramagnetisch ist, ist bei der Manganreicheren Zusammensetzung $Mn_{1,11}Al_{0,89}$ ($\approx 72\%$ Mn) unterhalb 700 °C eine tetragonale Struktur vorhanden. Aus der Bestimmung der Anisotropiekonstanten wurde die Sättigungsmagnetisierung $4\pi I_s = 6,20$ kG abgeleitet. Die Curie-Temperatur liegt bei $T_c \approx 380$ °C. Die Struktur der Legierung wurde röntgenographisch [24] und mit Hilfe von Neutronenbeugung [25] untersucht.

Die Koerzitivfeldstärke des homogenisierten und mit einer Geschwindigkeit von 30 °C/s von 800 bis 600 °C abgekühlten Werkstoffes beträgt $_I H_c \approx 0,5$ bis 1 kOe. Nach dem Zerkleinern des sehr spröden Werkstoffes wurde mit abnehmendem Durchmesser von 300 μm bis < 40 μm die Koerzitivfeldstärke auf 2600 bis 3750 Oe erhöht. Dabei sinkt die Magnetisierung etwas ab. An einer gegossenen Stange wurde durch Rundhämmern in einer Hülle gleichfalls eine Erhöhung der Koerzitivfeldstärke erreicht. Es entstand außerdem eine Vorzugsrichtung in Stangenrichtung. Dort wurden als magnetische Eigenschaften ge-

Tabelle 27.1. *Die wichtigsten Eigenschaften einiger ferromagnetischer intermetallischer Verbindungen;* nach [3, 46, 47]

Werkstoff:		MnBi	Mn—Al 72/28	(Fe, CO)$_2$P 85/15	MnAlGe	Co$_5$Y
Struktur		hexagonal	tetragonal	hexagonal	tetragonal	hexagonal
Stabilität		stabil	metastabil	metastabil	stabil	stabil
Dichte	g/cm³	8,8	5,2	6,9	5,65	7,59
T_c	°C	360	380	150	245	630
$4\pi I_s$	G	7200	7300	5700	3900	10600
K	erg/cm³	$11,6 \cdot 10^6$	$13,0 \cdot 10^6$	$3,1 \cdot 10^6$	$6,5 \cdot 10^6$	$5,7 \cdot 10^7$
$K_{-196°C}$	erg/cm³	$-1 \cdot 10^5$	$15,0 \cdot 10^6$	$7,1 \cdot 10^6$	—	—
$H_A = \dfrac{2K}{I_s}$	Oe	40000	45000	14000	43000	129000
$_IH_c$ (experim.)	Oe	12000	6000	3100	6400	3000
Tk_IH_c	%/°C	$+0,5$ bis $+1,0$	$-0,1$ bis $-0,2$	$-1,0$	$-0,3$ bis $-0,5$	—
Rohstoffpreis	DM/kg	15	2,8	3,0	400	270
Technik		g + w + m + p	a) g + w + m + p b) g + w + k	g + l + p + w	g + m + p + w	g + w + m + w + p
Korrosionsbeständigkeit		schlecht	gut	gut	—	gut
Empfindlichkeit gegenüber mechanischer						
Beanspruchung: $4\pi I_s$			—	—	—	
$_IH_c$			+	—	—	

Die Verhältnisse Mn:Al und Fe:Co sind ausgedrückt in Gew.-%. g gießen; w Wärmebehandlung; m mahlen; l laugen; p pressen in einem Magnetfeld; k kaltverformen. — wird erniedrigt; + wird erhöht.

messen: $B_r = 4280$ G, $_IH_c = 4600$ Oe, $_BH_c = 2750$ Oe, $(BH)_{max} = 3,5$ MGOe. Der Werkstoff ist aber so spröde, daß eine Kaltverformung für die Herstellung kompakter anisotroper Dauermagnete unmöglich ist. Die sehr hohe *Koerzitivfeldstärke nach einer plastischen Deformation* scheint von der Deformation selbst herzurühren und nicht von der Korngröße. Durch Elektrolyse gewonnenes, sehr feines Pulver hat nur eine niedrige Koerzitivfeldstärke, ähnlich dem nicht deformierten Werkstoff. Da die magnetische τ-Phase metastabil ist, sind es auch die Dauermagneteigenschaften. Jedoch wandelt sich die τ-Phase in die stabile Modifikation erst oberhalb der Curie-Temperatur von 380 °C um.

Von BOHLMANN [26] wurden allgemein die Angaben von KOCH u. a. [22] bestätigt. Es wurde an einer geschmiedeten Probe bei einer Magnetisierungsfeldstärke $H_s = 12$ kOe eine Sättigungsmagnetisierung von $4\pi I_s \approx 7,1$ kG gemessen, jedoch steigt diese mit steigender Feldstärke weiter an. Bei den allgemein benutzten Feldstärken wird keine magnetische Sättigung erreicht, aber bei der Feldstärke $H_s > 7,5$ kOe wurden reproduzierbare Entmagnetisierungskurven erzielt.

CAMPBELL und JULIEN [27] schließen aus Elektronenbeugungsaufnahmen, daß für die sehr hohe, aber variable Koerzitivfeldstärke kohärente Spannungen verantwortlich sein können. Diese sollen von dem Aufspalten in geordnete und ungeordnete Gitterbereiche herrühren. Von ZIJLSTRA und HAANSTRA [28] werden Versetzungen und *Stapelfehler* für die Koerzitivfeldstärke verantwortlich gemacht. Die damit zusammenhängende Bezirksstruktur wurde mittels Lorentz-Mikroskopie sichtbar gemacht.

Von TSUBOYA und SUGIHARA [29] wurde, ausgehend vom System Mangan-Aluminium, noch die Wirkung der Zulegierung von Kobalt, Kupfer, Eisen und Nickel untersucht. Es konnten keine Legierungen mit Dauermagneteigenschaften gefunden werden. Beim Zulegieren von Germanium tritt dagegen nach WERNICK u. a. [30] eine hohe Anisotropieenergie auf. Weitere Untersuchungen von VELGE und DE VOS [31] ergaben bei der Legierung $Mn_{1,02}Al_{1,02}Ge_{1,0}$ eine sehr niedrige Curie-Temperatur von ca. 245 °C. Durch *plastische Verformung* der Pulver wird auch hier die *Koerzitivfeldstärke gesteigert.* Im Gegensatz zu Mangan-Aluminium steigt diese durch nachfolgende Glühung bei 750 °C ähnlich der Sättigungsmagnetisierung weiter an. Wahrscheinlich ist hier, wie bei Mangan-Aluminium, die Koerzitivfeldstärke stark von Strukturfehlern im Gitter abhängig. Der sehr hohe Preis von Germanium, die niedrige Sättigungsmagnetisierung und die sehr niedrige Curie-Temperatur verhindern den technischen Einsatz des Werkstoffes (s. Tab. 27.1).

Von KAWAGUCHI u. a. [23] wurde gefunden, daß Zulegieren von 2% Bor zu Mangan-Aluminium gute Dauermagneteigenschaften ergibt. Bei höherer Remanenz und niedrigerer Koerzitivfeldstärke wurde, wie bei Mangan-Aluminium, eine maximale Energiedichte von ca. 3,5 MGOe gefunden. Im Werkstoff zeigten sich nadelförmige Ausscheidungen, welche wahrscheinlich aus einer Mangan-Bor-Legierung bestehen.

27.5 (Fe, Co)P

Auf der Suche nach Legierungen mit hoher Kristallanisotropie fanden DE VOS u. a. [2, 3] das System Fe_2P–Co_2P im Bereich Eisen-Kobalt (70:30 bis 90:10 Gew.-%.) Die Koerzitivfeldstärke kann hier bei Pulvern bis 2 kOe betragen, ist aber sehr stark temperaturabhängig. Bei Temperaturen von ca. 700 °C wandelt sich die hexagonale Struktur in eine orthorhombische um; diese hat eine kleinere Koerzitivfeldstärke. Die Sättigungsmagnetisierung beträgt im genannten Legierungsbereich ca. $4\pi I_s = 5{,}7$ kG. Wird der kompakte Werkstoff zu Pulver gemahlen, tritt — je nach Ausgangskorngröße — ein Absinken der Koerzitivfeldstärke bei feiner und Ansteigen bei grober Ausgangskorngröße ein, ähnlich wie bei Bariumferritpulver. Bei Glühungen von ca. 450 °C steigt die Koerzitivfeldstärke $_I H_c$ wieder stark an. Es wurden folgende magnetische Eigenschaften erhalten: $B_r = 4{,}0$ kG, $_I H_c = 2{,}2$ kOe, $_B H_c = 1{,}6$ kOe, $(BH)_{\max} \approx 2{,}0$ MGOe. Die technische Verwendung scheitert wahrscheinlich an den niedrigen Werten von Sättigungsmagnetisierung und Curie-Temperatur sowie dem hohen Temperaturkoeffizienten der Koerzitivfeldstärke (s. Tab. 27.1).

27.6 Kobalt-Dauermagnete

Reines Kobalt hat eine sehr hohe hexagonale Kristallanisotropie mit einer Anisotropiekonstanten $K_K \approx 5{,}5$ Merg/cm³ bei Raumtemperatur [32]. Daraus ergibt sich eine theoretische Koerzitivfeldstärke entsprechend Tab. 25.1 zu $_I H_c \approx 6$ kOe. Bei einer Remanenz $B_r \approx 17$ kG ist dann eine maximale remanente Energiedichte von $(BH)_{\max} \approx 65$ MGOe zu erwarten [33]. Entsprechend der theoretischen Auflösung des Brownschen Paradoxons (s. Abschnitt 12.3) sollten diese Werte auch für Kobalt bei idealem Kristallaufbau nicht unabhängig von der Kristallgröße sein. Infolge unvermeidlicher Kristallfehler und der störenden Phasentransformation kubisch-hexagonal bei 400 °C kann aber hier eine Korngrößenabhängigkeit der magnetischen Eigenschaften ganz bestimmt angenommen werden. Die kritische Korngröße liegt nach McCAIG [33] bei ca. 1 μm. Dauermagnete aus Pulvern dieser Größe im Feld verpreßt könnten danach immer noch remanente Energiedichten von $(BH)_{\max} \approx 25$ MGOe erwarten lassen. Hinderlich ist die starke Temperaturabhängigkeit der Kristallanisotropie und damit der magnetischen Eigenschaften.

Von THOMAS [34] wurde ein Verfahren zur *Herstellung von Kobalt-Partikeln* mit Durchmessern im Bereich von ca. 200 Å beschrieben. Es bilden sich dabei kugelkettenähnliche Anordnungen, wobei allgemein die Kugeln einen Abstand d besitzen. Bei isotroper Anordnung der Ketten wurden erhalten: Koerzitivfeldstärke $_I H_c \approx 550$ Oe, Remanenzverhältnis $j_R \approx 0{,}6$; bei anisotroper Anordnung: $_I H_c \approx 600$ Oe, $j_R \approx 0{,}83$.

Die Koerzitivfeldstärke bei isotroper Anordnung steigerte sich bei verschwindendem Abstand d von 550 auf 1300 Oe. Bei Partikeln mit einem Durchmesser unter 80 Å trat superparamagnetisches Verhalten auf. Ähnliche Ergebnisse fand vorher MEIKLEJOHN [35] durch Abscheiden von nahezu formisotropen Kobalt-Partikeln an einer Quecksilber-Kathode.

Wie LUBORSKY [36] gezeigt hat, ist bei Kobalt-Partikeln durch Umhüllen mit Zinn hier, im Gegensatz zu den Eisen- bzw. Eisen-Kobalt-Partikeln der ESD-Dauermagnete, keine Verbesserung der Koerzitivfeldstärke aufgetreten. Eine Abhängigkeit von der Packungsdichte war nicht vorhanden. Dies ist auf Grund der vorherrschenden hohen Kristallanisotropie und der hohen Anisotropiefeldstärke $H_A = 2K/I_s$ zu verstehen.

Von LUBORSKY und MORELOCK [37] wurden durch Aufdampfen Kobalt-Whisker hergestellt. Dabei wirkt die Kristallanisotropie der Formanisotropie entgegen (s. Abschnitt 25.5). In einem bestimmten Durchmesserbereich erfolgt aber die Ummagnetisierung anscheinend kohärent.

27.7 Kobaltreiche Dauermagnetlegierungen bzw. -verbindungen

Es ist verlockend, neben der hohen Kristallanisotropie auch die Formanisotropie auszunutzen. Dies könnte nach Vorschlag von Mc CAIG [33] z. B. durch ausscheidungsfähige kobaltreiche Zweistofflegierungen ermöglicht werden. Die Ausscheidungen des hexagonalen Kobalts in einer nicht- oder schwachmagnetischen Matrix sollten dabei zum Ziele führen. Es wurden bisher einige kobaltreiche Zweistofflegierungen untersucht.

27.7.1 Kobalt-Aluminium-Dauermagnetlegierungen

Von MASUMOTO u. a. [38] wurde berichtet, daß im Zweistoffsystem Kobalt-Aluminium auf der kobaltreichen Seite im Bereich von 10 bis 20 Gew.-% Aluminium Legierungen mit guten Dauermagneteigenschaften vorhanden sind. Nach Wasserabschrecken der gegossenen Legierung von Temperaturen oberhalb 1380 °C und folgendem Anlassen 20 bis 30 Stunden bei Temperaturen im Bereich 500 bis 550 °C wurden z. B. folgende isotrope magnetische Werte erreicht:

bei 13,5% Aluminium
$$B_r \approx 5200 \text{ G}, \quad _BH_c \approx 1000 \text{ Oe}, \quad (BH)_{max} \approx 2,1 \text{ MGOe},$$
bei 15% Aluminium
$$B_r \approx 4200 \text{ G}, \quad _BH_c \approx 1200 \text{ Oe}, \quad (BH)_{max} \approx 1,7 \text{ MGOe}.$$

Erstaunlich sind die hohen Koerzitivfeldstärken. Als Ursache werden Kristall- und Formanisotropie angesehen. Nach Tab. 25.1 kann dies theoretisch erwartet werden. Wie FAHLENBRACH [39] feststellt, muß die Abschreckgeschwindigkeit einen optimalen großen Wert haben. Sie verhindert damit leider die Einwirkung eines äußeren magnetischen Feldes zur Erzeugung einer Anisotropie.

27.7.2 Intermetallische kobaltreiche Verbindungen mit seltenen Erden

Verschiedene binäre intermetallische Verbindungen von seltenen Erden mit Kobalt sind ferro- bzw. ferrimagnetisch und haben nichtkubische Kristallstrukturen. Es wurden besonders folgende Verbindungen des Kobalts untersucht: $Co_{17}R_2$, Co_5R, Co_7R_2, Co_3R und Co_2R, wobei R entweder Yttrium oder eine seltene Erde bedeutet [40 bis 42]. Dabei stellte sich heraus, daß insbesondere einige intermetallische Verbindungen der Formel Co_5R ferromagnetisch sind, eine antiferromagnetische Kopplung aufweisen und eine hohe Kristallanisotropie besitzen. Die Kristallstruktur ist hexagonal, vom Typ $CaCu_5(D2_d)$, wobei ein R-Atom von je 6 Co-Atomen umgeben ist.

Werden bei dieser Verbindungsreihe Co_5R die drei für den Einsatz als Dauermagnetwerkstoffe wichtigen Eigenschaften Curie-Temperatur, magnetische Sättigungsmagnetisierung und Kristallanisotropie untersucht, so bleiben als wichtige Legierungspartner nur die *leichten seltenen Erden* Yttrium (Y), Lanthan (La), Cer (Ce), Praseodym (Pr) und Samarium (Sm) übrig, die glücklicherweise auch nicht allzu selten vorkommen. Bei allen Verbindungen Co_5R dieser Partner mit Kobalt ist die c-Achse die magnetische Vorzugsrichtung [43 bis 45]. Die zu erwartenden magnetischen Eigenschaften sind in Tab. 27.2 zusammengestellt.

Als Herstellungsmethode bietet sich infolge der hohen Anisotropiefeldstärke H_A an, den Werkstoff peritektisch zu schmelzen, auf Elementarbereichsgröße zu mahlen, im magnetischen Feld auszurichten, zu verpressen und evtl. anschließend dichtzusintern. Dabei wurden vor allem die Verbindungen Co_5Y, Co_5Ce und Co_5Sm untersucht [42, 46, 47]. Besonders bei Yttrium und Cer traten jedoch bei den Mahlversuchen trotz zum Teil sehr langer Mahldauern nur verhältnismäßig niedrige Koerzitivfeldstärken $_IH_c$ von einigen tausend Oersted auf, obwohl die theoretisch zu erwartenden Werte nach Tab. 27.2 erheblich höher sind. Die Untersuchungen [47, 48] legen die Deutung nahe, daß das Mahlen zu einer plastischen Verformung der Oberfläche mit vielen *Gitterstörungen* führt, welche wiederum die Kristallanisotropie stark erniedrigen. Werden die Oberflächen der gemahlenen Partikel anschließend durch Abätzen geglättet, steigt die Koerzitivfeldstärke $_IH_c$ bis auf den vierfachen Wert der nicht geätzten Pulver an; bei Co_5Sm dagegen verschlechtert sie sich durch das Mahlen nur gering, so daß hier an Pulvern Koerzitivfeldstärken von 10 bis 20 kOe gemessen werden.

Wenn die Ummagnetisierung durch Drehprozesse erfolgt, sollte $_IH_c \sim K/I_s$ sein. Die sehr niedrigen experimentellen Werte der Koerzitivfeldstärke $_IH_c$ in Tab. 27.2

Tabelle 27.2. *Eigenschaften von Co_5R-Verbindungen*; nach [42, 47, 55]

Verbindung:		Co_5Y	Co_5La	Co_5Ce	Co_5Pr	Co_5Sm	Co_5(Ce-M.M.)
T_c	°C	~650	−570	~380	~620	~730	~500
K	$10^7 \frac{\text{erg}}{\text{cm}^3}$	~ 5,5	—	~ 7,2	~ 7,7	~ 7,7	~ 6,0
$4\pi I_s$ (theoret.)	kG	10,6	9,1	8,7	12,0	9,65	8,9
$4\pi I_s$ (experim.)	kG	6,7	3,6	3,75	5,75	8,7	4,5
$_IH_c$ (theoret.) $= H_A = \dfrac{2K}{I_s}$	kOe	129	~175	~200	~160	290	~180
$_IH_c$ (experim.)	kOe	3,0	—	6,0	5,75	28,7	4,0
$_BH_c$	kOe	1,6	—	3,25	2,7	2,7	1,6
$(BH)_{\max}$ (theoret., $\gamma = 100\%$) $= (2\pi I_s)^2$	MGOe	28,1	20,6	18,8	36,0	23,5	19,8
$(BH)_{\max}$ (theoret., $\gamma = 70\%$)	MgOe	13,8	10,1	9,2	17,6	11,4	9,7
$(BH)_{\max}$ (experim.)	MGOe	1,5	—	8,0	4,35	20,0	2,34
γ	g/cm³	7,59	—	8,54	8,34	8,5	8,3

legen demnach die Wandverschiebung als wahrscheinlichen Ummagnetisierungs-prozeß nahe. Dann kann z. B. durch Gitterfehler zwar die Wandverschiebung behindert werden, aber durch das stärkere gleichzeitige Absinken der Kristall-anisotropie sinkt die Koerzitivfeldstärke $_IH_c$ trotzdem ab. Ihre Erhöhung ist also demnach nur durch gitterstörungsarme Pulver zu erwarten, wie sie z. B. bei den geätzten Pulvern vorliegen. Dann hängt die Koerzitivfeldstärke $_IH_c$ mehr von der *Keimbildungsfeldstärke* als von der Wandverschiebungsfeldstärke ab. Wie BECKER [49] gezeigt hat, steigt sie dann nahezu linear mit der Aussteu-erungsfeldstärke an.

Bemerkenswert an den gemahlenen und geätzten Pulvern ist weiterhin die Abnahme der Koerzitivfeldstärke $_IH_c$ durch Alterung. Sie kann durch erneutes Ätzen rückgängig gemacht werden, ist also wiederum ein Oberflächeneffekt und nicht auf Oxydation zurückzuführen.

Bei dem nach dem Mahlen folgenden Pressen der Pulver muß eine hohe Dichte erreicht werden, da das Produkt der maximalen Energiedichte, $(BH)_{max}$, bei der sehr hohen Koerzitivfeldstärke quadratisch von der Remanenz [s. Gl. (9.7)] und damit von der Dichte der ferromagnetischen Phase abhängt. Die gewünschte hohe Dichte ohne Abnahme von $_BH_c \sim {}_IH_c$ zu erhalten, scheint sehr schwierig zu sein. Trotzdem ist es gelungen [50], auf diesem Wege bei Co$_5$Sm einen Wert von $(BH)_{max} \approx 18{,}5$ MGOe zu erreichen. Die Dichte kann durch Sintern leichter erhöht werden. Dabei muß jedoch eine Erniedrigung der Koerzitivfeldstärke $_IH_c$ vermieden werden. Dies scheint gut gelungen zu sein. Die besten so erhaltenen magnetischen Eigenschaften sind [51]: $B_r = 8$ bis 9 kG, $_IH_c = 25$ kOe, $_BH_c = 8$ bis 9 kOe, $(BH)_{max} = 20$ MGOe. Dieser Wert des maximalen Produktes der Energiedichte entspricht nach Tab. 27.2 ca. 85% des theoretischen Höchstwertes.

An einem Einkristall der Verbindung Co$_5$Sm, welche die höchste Anisotropie-konstante K aufweist, wurde wegen der gleichzeitig hohen Sättigungsmagnetisie-rung auch die höchste Anisotropiefeldstärke $H_A = 290$ kOe gemessen [47].

Für die meisten bisherigen Untersuchungen wurden sehr reine und damit sehr teure seltene Erden benutzt (s. Tab. 27.1). Dies ist nicht notwendig. Aber auch technisch reine seltene Erden sind noch sehr teuer (1 kg Samarium kostet jetzt noch ca. 1 000 DM!). Es wurden deshalb einige Untersuchungen mit dem erheblich billigeren cerreichen *Mischmetall* Co$_5$(Ce-M.M.) bzw. dem yttriumreichen Mischmetall Co$_5$(Y-M.M.) durchgeführt; aussichtsreich dürfte auch ein Lanthan-Mischmetall sein. Der große Unterschied zwischen den theoretischen und prakti-schen Werten in Tab. 27.2 zeigt, daß hier noch ein erfolgversprechendes Gebiet auf seine Erschließung wartet.

Neben der bisher behandelten pulvermetallurgischen Herstellung der Magnete wurde auch die schmelzmetallurgische untersucht. Anstelle des Mahlens und Pressens wird durch Zulegieren von Kupfer eine ausscheidungsfähige Legierung erhalten, welche aus der Co$_5$R-Matrix eine nichtferromagnetische Cu$_5$R-Verbin-dung ausscheiden kann. Dieses Verfahren wurde für Samarium [52] und für Cer [53] studiert. Dabei wurden Koerzitivfeldstärken $_IH_c \approx 29$ kOe erreicht. Zur Erhöhung der Sättigungsmagnetisierung wurde Kobalt teilweise durch Eisen er-setzt. Dabei konnte ein Wert $(BH)_{max} \approx 9$ MGOe erreicht werden [54]. Leider läßt sich bisher nur sehr wenig Eisen substituieren, da es über eine Fe—Cu-Legie-rung eingebracht werden muß.

Mit Hilfe des schmelzmetallurgischen Weges können zwar alle Fehler vermieden werden, welche durch Oberflächenfehler der Pulver zu starker Erniedrigung der Koerzitivfeldstärke führen, aber die Magnete sind als intermetallische Verbindungen so spröde, daß sie bisher voller Makro- und Mikrorisse sind und damit unbrauchbar werden. Weiterhin scheint hier keine Alterung vorhanden zu sein, dafür aber eine bemerkenswerte Nachwirkung [55]. Außerdem erniedrigt das Vorhandensein der nichtferromagnetischen Phase die mögliche, ferromagnetisch wirkende Dichte des Werkstoffes, so daß diese Werkstoffe eine niedrigere Sättigungsmagnetisierung und damit einen niedrigeren $(BH)_{max}$-Wert als die kupferfreien Werkstoffe ergeben.

Literatur

1. WOHLFARTH, E. P.: Advanc. Physics 8 (1959) Nr. 30, 87—224. — WOHLFARTH, E. P.: Kap. 7, 351—393, in G. T. RADO u. H. SUHL: Magnetism, Bd. III, New York: Academic Press 1963.
2. DE VOS, K. J., W. A. VELGE, M. G. VAN DER STEEG u. H. ZIJLSTRA: Z. angew. Phys. 15 (1963) 256—261; J. appl. Phys. 33 (1962) 1320—1322.
3. VELGE, W. A. u. K. J. DE VOS: Z. angew. Phys. 21 (1966) 115—119.
4. DIETRICH, H.: DEW Techn. Ber. 4 (1964) 111—133, 163—181.
5. FAHLENBRACH, H.: Ber. d. Tagung d. Arbeitsgem. Ferromagnetismus, Karlsruhe 1962, IX. Bericht.
6. RASSMANN, G., u. O. HENKEL: Ber. d. Arbeitsgem. Ferromagnetismus, 1958, 120—126.
7. RASSMANN, G., u. O. HENKEL: phys. stat. sol. 1 (1961) 517—522, 2 (1962) 78—84.
8. RASSMANN, G., u. O. HENKEL: Z. angew. Phys. 14 (1962) 245—248.
9. RASSMANN, G., u. O. HENKEL: Nachrichtentechnik 11 (1961) 307—313.
10. GUILLAUD, C.: Dissertation, Universität Straßburg (1943); C. R. Acad. Sci., Paris 229 (1949) 992—993.
11. ALBERT, P. A., u. W. J. CARR, jr.: J. appl. Phys. 32 (1961) 201S—202S.
12. SCHUR, J. S., E. W. SCHTOLZ u. G. S. KANDAUROWA: Fizika metall. metallov. 5 (1957) 234—240, 412—420, 421—427, 6 (1958) 229—236, 420—425.
13. KITTEL, C.: Phys. Rev. 73 (1948) 810—811.
14. KITTEL, C.: Rev. mod. Phys. 21 (1949) 541—583.
15. KNELLER, E. F. u. F. E. LUBORSKY: J. appl. Phys. 34 (1963) 656—658.
16. ADAMS, E.: Rev. mod. Phys. 25 (1953) 306—307.
17. ADAMS, E., W. M. HUBBARD u. A. M. SYELES: J. appl. Phys. 23 (1952) 1207—1211.
18. ADAMS, E., u. W. M. HUBBARD: Navard Rep. Nr. 2686 (1953).
19. ELLIS, W. C., H. J. WILLIAMS u. R. C. SHERWOOD: J. appl. Phys. 29 (1958) 534—536.
20. ADAMS, E.: Proc. of the Conf. on Magnetism and Magnetic Materials, Boston 1956, 212—215.
21. ALTMAN, A. B.: Deutsche Elektrotechnik 11 (1957) 525—527.
22. KOCH, A. J., P. HOGGELING, M. G. VAN DER STEEG u. K. J. DE VOS: J. appl. Phys. 31 (1960) 75S—77S.
23. KAWAGUCHI, K., M. NAGAKURA u. K. KAMINO: IEEE Transact. Magnetics 2 (1966) 506 bis 510.
24. BRAUN, P. B., u. A. J. VAN BOMMEL: Phil. techn. Rdsch. 22 (1960—61) 189—202.
25. GOEDKOOP, J. A.: Phil. techn. Rdsch. 23 (1961—62) 33—47.
26. BOHLMANN, M. A.: J. appl. Phys. 33 (1962) 1315—1316.
27. CAMPBELL, R. B., u. C. A. JULIEN: J. appl. Phys. 32 (1961) 346S—347S.
28. ZIJLSTRA, H., u. H. B. HAANSTRA: J. appl. Phys. 37 (1966) 1105, 2853—2856.
29. TSUBOYA, I., u. M. SUGIHARA: Phys. Soc. Japan 17, BI (1962) 172—175.
30. WERNICK, J. H., S. E. HASZKO u. W. J. ROMANOW: J. appl. Phys. 32 (1961) 2495.
31. VELGE, W. A., u. K. J. DE VOS: J. appl. Phys. 34 (1963) 3568—3571.

32. Barnier, Y., R. Pauthenet u. G. Rimet: Kobalt Nr. 15 (1962) 12—17; Z. angew. Phys. 21 (1966) 1—6. — Träuble, H., O. Boser, H. Kronmüller u. A. Seeger: phys. stat. sol. 10 (1965) 283—302.

33. McCaig, M.: Kobalt Nr. 31 (1966) 73—76.

34. Thomas, J. R.: J. appl. Phys. 37 (1966) 2914—2915.

35. Meiklejohn, W. H.: Rev. mod. Phys. 25 (1953) 302—306.

36. Luborsky, F. E.: J. appl. Phys. 33 (1962) 2385—2390.

37. Luborsky, F. E., u. C. R. Morelock: Proc. Internat. Conf. on Magnetism, Nottingham 1964, 763—766.

38. Masumoto, H., T. Kobayashi u. K. Watanabe: Transact. Japan Inst. Metals 6 (1965) 187—191; DAS Nr. 1216551 (1966), Engineers Digest 27 (1966) 91—92.

39. Fahlenbrach, H.: Techn. Mitt. Krupp, Forsch.-Ber. 26 (1968) 89—94.

40. Nassau, K., L. V. Cherry u. W. E. Wallace: J. Phys. Chem. Solids 16 (1960) 131—137. — Lemaire, R.: Kobalt Nr. 32 (1966) 117—124, Nr. 33 (1966) 175—184.

41. Nesbitt, E. A., H. J. Williams, J. H. Wernick u. R. C. Sherwood: J. appl. Phys. 33 (1962) 1674—1678, 32 (1961) 342S—343S.

42. Strnat, K. J., G. J. Hoffer, I. C. Olson, W. Ostertag u. J. J. Becker: J. appl. Phys. 38 (1967) 1001—1002.

43. Strnat, K. J., G. J. Hoffer, W. Ostertag u. I. C. Olson: J. appl. Phys. 37 (1966) 1252—1253.

44. Hoffer, G. J., u. K. J. Strnat: IEEE Transact. Magnetics 2 (1966) 487—489.

45. James, W., R. Lemaire u. F. Bertaut: C. R. Acad. Sci., Paris 225 (1962) 896—898.

46. Strnat, K. J., u. G. J. Hoffer: Air Force Materials Laboratory, Wright-Patterson Air Force, Ohio: Technical Report, AFML-TR-65-446 (30 Seiten). — Hoffer, G. J., u. K. J. Strnat: J. appl. Phys. 38 (1967) 1377—1378.

47. Buschow, K. H., u. W. A. Velge: Z. angew. Phys. 26 (1969) 157—160.

48. Strnat, K., I. C. Olson u. G. Hoffer: J. appl. Phys. 39 (1968) 1263—1265.

49. Becker, J. J.: J. appl. Phys. 38 (1967) 1015, 39 (1968) 1270—1271; IEEE Trans. Magnetics 5 (1969) 211—214.

50. Buschow, K. H.: Phil. techn. Rev. 29 (1968) 336—337. — Buschow, K. H., W. Luiten u. F. F. Westendorf: J. appl. Phys. 40 (1969) 1309.

51. Das, D. K.: IEEE Trans. Magnetics 5 (1969) 214—216.

52. Nesbitt, E. A., R. H. Willens, R. C. Sherwood, E. Buehler u. I. A. Wernick: Appl. Phys. Letter 12 (1968) H. 11, 361.

53. Tawara, Y., u. H. Senno: Japan J. appl. Phys. 7 (1968) 966.

54. Nesbitt, E. A.: J. appl. Phys. 40 (1969) 1259—1265.

55. Strnat, K. J.: Persönliche Mitteilung (1969).

28 Supraleiter als Dauermagnete

In der neueren Zeit sind *Supraleiter* bekannt geworden, welche — in Draht- oder Bandform zu Spulen aufgewickelt — bei fließendem elektrischem Dauerstrom ein Verhalten ähnlich „normalen" Dauermagneten aufweisen [1, 2], und es erscheint notwendig, hier kurz darauf einzugehen. Dabei werden die Begriffe der Supraleitung vorausgesetzt (s. z. B. [3, 4]).

28.1 Harte Supraleiter

Die zu betrachtenden Werkstoffe sind die *harten Supraleiter* [5 bis 7]. Bei diesen verschwindet die Supraleitung erst bei hohen magnetischen Feldstärken. Zu ihnen gehört eine Gruppe duktiler Legierungen von Übergangselementen der Gruppen 4 bis 7 aus der 4. bis 6. Periode des periodischen Systems, wie z. B. 3Nb—Zr, 2Nb—Ti, 2Mo—Re und PbBi, die gewalzt und gezogen werden können [8]. Außerdem gehört dazu eine Gruppe von intermetallischen Verbindungen mit β-Wolfram-Struktur, wie z. B. Nb_3Sn, V_3Ga, V_3Si und Nb_3Al, die sehr hart und spröde sind [8]. Aus Werkstoffen dieser beiden Gruppen hergestellte Drähte oder Bänder werden für Magnetfeldspulen verwendet, womit Spulenfeldstärken bis 100 kOe erreichbar sind [9].

28.2 Anwendungen der harten Supraleiter

Als echte Anwendungsbereiche sind bisher hauptsächlich zwei bekannt geworden [10]: Einerseits die Konzentration und Stabilisierung von Gasentladungen zur Kernfusion, andererseits unmittelbare Gewinnung elektrischer Energie aus heißen Plasmastrahlen mittels magnetohydrodynamischer Verfahren. Da die dafür notwendigen Feldräume meist sehr groß sind, bleibt dieses

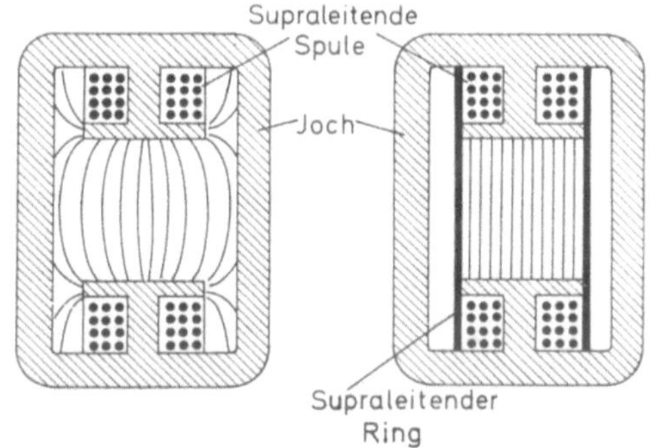

Bild 28.1. Durch supraleitende Spulen erzeugtes magnetisches Feld. Links: großer Streufluß; rechts: verschwindender Streufluß infolge eines supraleitenden Ringes (nach [12]).

Gebiet für Dauermagnete verschlossen. Von LANGE [11] wurden weitere Untersuchungen über die Eignung von Supraleitern für elektrische Maschinen (Generatoren, Motoren, Transformatoren) angestellt, ohne dabei die Kostenfrage zu klären.

Eine für die Anwendung besonders wichtige Eigenschaft der Supraleiter ist das *Nichteindringen des magnetischen Feldes*. Damit ist es nach einem Vorschlag von CIOFFI [12] möglich, ein magnetisches Feld zu homogenisieren und so die Feldstärke zu erhöhen. Die Anordnung zeigt Bild 28.1 rechts. Das Feld, erzeugt von supraleitenden Spulen, kann die supraleitenden PbBi-Zylinder nicht durchdringen. Damit wurde der Streufluß auf ca. $^1/_{10}$ erniedrigt. Das Magnetgewicht sank von 375 kg bei AlNiCo auf 5 kg bei Anwendung der Supraleiter. Die Homogenisierung des Feldes der Spule durch den Supraleiter wurde von WILLIAMS u. a. [13] näher untersucht. Durch Verengen des Ringdurchmessers am Luftspalt kann hier sogar eine Konzentrierung des magnetischen Flusses erreicht werden.

Zu berücksichtigen ist aber bei allen Anwendungen, daß zum Erreichen der für die Supraleitung notwendigen tiefen Temperaturen um 10 °K flüssiges Helium notwendig ist. Daher werden nur in einigen wissenschaftlich interessanten Fällen Dauermagnete durch Supraleiter ersetzt werden können [14].

16*

Literatur

1. Siehe z. B. BEAN, C. F., u. M. V. DOYLE: J. appl. Phys. 33 (1962) 3334—3337.
2. DIETRICH, H.: ETZ:A 86 (1965) 833—839.
3. DIETRICH, J., R. WEYL u. U. ZWICKER: Z. Metallk. 53 (1962) 721—728.
4. Siehe z. B. SHOENBERG, D.: Superconductivity, Cambridge Univers. Press, 1962, 138ff. — LANGE, F.: Elektrie, H. 12 (1964) 401—407, H. 4 (1965) 176—182.
5. KUNZLER, J. E.: Rev. mod. Phys. 33 (1961) 501—509.
6. SQUIRE, C. F.: Low temperature physics, McGraw Hill 1953, 115.
7. MENDELSSOHN, K.: Proc. Roy. Soc. A 152 (1935) 34—42.
8. WERNICK, J. H., F. J. MORIN, F. S. HSU, J. P. MAITA, D. DORSI u. J. E. KUNZLER: Proc. of the Internat. Conf. on High Magnetic Fields, 1961, Wiley 1962, 609—614.
9. Siehe z. B. GAUSTER, W.: Plenarvorträge, Physikertagung Düsseldorf 1964. — BOGNER, G.: Siemens Zeitschr. (1965) 357—359.
10. GRASSMANN, P.: Kältetechnik 13 (1961) 333—334.
11. LANGE, F.: Elektrie, H. 6 (1965) 261—266.
12. CIOFFI, P. P.: J. appl. Phys. 33 (1962) 1042—1048.
12. CIOFFI, P. P.: J. appl. Phys. 33 (1962) 1042—1048.
13. WILLIAMS, W. L., M. J. STEPHEN u. C. T. LANE: Phys. Rev. Letters 9 (1964) 102—103.
14. SCHÜLER, K.: Feinwerktechnik 72 (1968) 169—174.

29 Hilfswerkstoffe des dauermagnetischen Kreises.

Beim Aufbau von Dauermagnetsystemen werden neben den schon besprochenen Dauermagnetwerkstoffen vor allem weichmagnetische Werkstoffe für die Flußleitung zum Nutzraum eingesetzt. Außerdem sind noch nichtferromagnetische (bzw. nichtferrimagnetische) Werkstoffe von Belang, um z. B. magnetische Kurzschlüsse zu vermeiden.

29.1 Weichmagnetische Werkstoffe

Diese Werkstoffe haben hier den hauptsächlichen Zweck, den Fluß so gut zu leiten, daß kein wesentlicher Spannungsabfall in den Flußleitstücken auftritt. Der magnetische Leitwert Λ wird dargestellt durch die Gleichung

$$\Lambda = \frac{\mu \cdot F}{l} = \lambda \cdot \frac{F}{l} , \qquad (29.1)$$

so daß die Permeabilität μ als *spezifischer magnetischer Leitwert* λ angesehen werden kann. Entsprechend dem Einsatzzweck wird das Leitstück vom Dauermagneten aufmagnetisiert, so daß sich sein Arbeitspunkt im I. Quadranten des B,H-Diagrammes befindet. Es muß also die Permeabilität in diesem Quadranten bekannt sein. Dazu wird die Kommutierungskurve, welche ähnlich der Neukurve ist, bestimmt und daraus $\mu = B/H$ errechnet. Die so berechnete Permeabilität ist wegen der sehr schmalen Hystereseschleife der weichmagnetischen Werkstoffe ähnlich der auf der äußeren Schleife, kann also zur Beurteilung der Verwendungsfähigkeit des untersuchten Werkstoffes herangezogen werden.

Für den Einsatz im dauermagnetischen Kreis ist es sinnvoll, die Permeabilität μ über der Flußdichte B aufzutragen. Die Flüsse in den einzelnen Abschnitten des magnetischen Kreises lassen sich meßtechnisch gut bestimmen. Durch Vergleich mit der μ, B-Kurve ist dann schnell zu übersehen, ob an Stellen mit hoher Flußdichte die magnetische Leitfähigkeit noch ausreicht und der Spannungsabfall zu vernachlässigen ist.

29.1.1 Ferrimagnetische Weichmagnete

Die mehr oder weniger große Brauchbarkeit dieser Gruppe kann anhand von Bild 29.1 gut entschieden werden. Hier sind zum Vergleich die μ, B-Kurven mehrerer ferromagnetischer und eines repräsentativen ferrimagnetischen Weichmagneten eingezeichnet.

Bei den technisch wichtigen Flußdichten $B > 10\,\mathrm{kG}$ ist die Permeabilität bei den Weichferriten auf nahezu eins abgesunken. Dies hängt mit der im Ver-

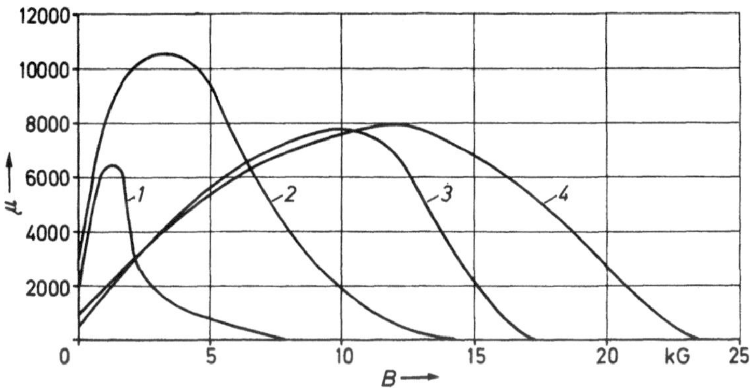

Bild 29.1. Magnetische Leitfähigkeit einiger ferro- bzw. ferrimagnetischer weichmagnetischer Werkstoffe.

gleich zu Ferromagneten sehr kleinen magnetischen Sättigung der Ferrimagnete zusammen. Damit erweisen sich die Ferrite für Leitstücke im dauermagnetischen Kreis als sehr ungeeignet. Im Wege stehen außerdem die starke Temperaturabhängigkeit der magnetischen Eigenschaften und ihre verhältnismäßig tiefe Curie-Temperatur von $\leq 450\,°\mathrm{C}$.

29.1.2 Ferromagnetische Weichmagnete

Nach dem vorher Besprochenen ist für die Weichmagnete im dauermagnetischen Kreis eine hohe Sättigungsmagnetisierung schon bei kleiner Feldstärke und eine hohe Permeabilität bis zu hohen Flußdichten notwendig. Es fallen alle hochpermeablen Legierungen der reversiblen Eisen-Nickel-Reihe (Nickel-Gehalt $> 30\%$) für diesen Anwendungsbereich aus, da trotz hoher maximaler Permeabilität μ_{max} die Permeabilität bei hohen Flußdichten sehr niedrig ist. Dies hängt mit der in Bild 29.2 sichtbaren starken Abnahme der Sättigungsmagnetisierung mit zunehmendem Nickel-Gehalt zusammen. Diese Werkstoffe sind außerdem wegen des hohen Nickel-Gehaltes sehr teuer. Die Werkstoffe mit einem Nickel-Gehalt von $< 30\%$ haben irreversible magnetische Eigenschaften und sind hier deshalb ohne Bedeutung.

Sehr gut geeignet sind dagegen alle *technischen Eisensorten*, da sie eine hohe Sättigungsmagnetisierung haben, zum Teil hochpermeabel und außerdem wirtschaftlich sind [1, 2]. Als ein Beispiel ist in Bild 29.1, Kurve 3, die μ, B-Kurve eines gewalzten Weicheisens mit 0,02% Kohlenstoff eingezeichnet. Bei den weichmagnetischen Eisensorten sind, je nach Herstellungsart, hauptsächlich drei Gruppen zu unterscheiden:

a) Walz- und Schmiedewerkstoffe (Reineisen),
b) Gußwerkstoffe,
c) Sinterwerkstoffe.

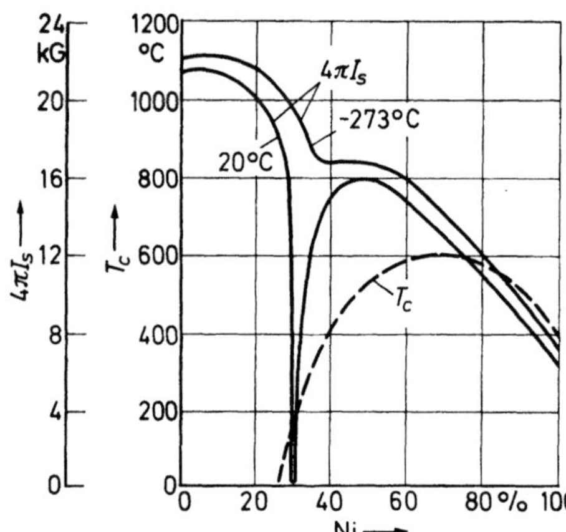

Bild 29.2. Sättigungsmagnetisierung $4\pi I_s$ bei verschiedener Temperatur und Curie-Temperatur T_C als Funktion des Nickel-Gehaltes bei Eisen-Nickel-Legierungen.

29.1.2.1 *Walz- und Schmiedewerkstoffe*. Hierbei handelt es sich um schmelzmetallurgisch erzeugte Werkstoffe, welche weiter zu Stab-, Draht- oder Sonderprofilen gezogen, gewalzt oder auch geschmiedet werden. Für die wichtigen Qualitäten werden hauptsächlich unlegierte Eisen-Kohlenstoff-Legierungen mit Kohlenstoff $< 0,1\%$ genommen. Andere Elemente, vor allem Mangan, sind in geringen Gehalten zur besseren Warm- oder Kaltverformung enthalten. Wenn der Kohlenstoffgehalt so niedrig wie hier wird, sind die Legierungen teuer und lassen sich wegen ihrer mechanischen Weichheit schlecht spanabhebend bearbeiten. Es ist dann sinnvoll, diese Werkstoffe im naturharten oder kritisch kaltverformten Zustand spanabhebend zu bearbeiten.

Bei allen durch Kalt- und zum Teil Warmverformung bearbeiteten Eisenqualitäten treten innere Spannungen auf, die zwar die spanabhebende Bearbeitung verbessern, aber die magnetische Leitfähigkeit um so mehr herabsetzen, je magnetisch weicher die Qualität ist. Eine Spannungsfreiglühung ist deshalb unbedingt notwendig. Dazu genügt meist eine Glühung von $^1/_2$ bis 1 Stunde bei Temperaturen von 600 bis 700°C im Vakuum oder Schutzgas und langsames Abkühlen im Ofen. Noch günstigere magnetische Eigenschaften werden erhalten, wenn der Werkstoff kritisch verformt ist und die Glühung oberhalb der Rekristallisations-, aber noch unterhalb der α-γ-Umwandlungstemperatur bei ca. 800 bis 850°C vorgenommen wird. In Bild 29.3 ist die Wirkung des *Rekristallisations-*

glühens auf einen kaltgezogenen Lautsprechertopf aus Weicheisen zu sehen. Das zu einem Lautsprechertopf kaltverformte Weicheisen einer Tiefziehqualität enthält 0,08% Kohlenstoff, 0,036% Phosphor, 0,026% Schwefel und 0,41% Mangen. Die Rekristallisationsglühung $^1/_2$ Stunde bei 900 °C, in Luft abgekühlt, hat das feine Ausgangsgefüge von Bild 29.3 a stark vergröbert (Bild 29.3 b) und damit die

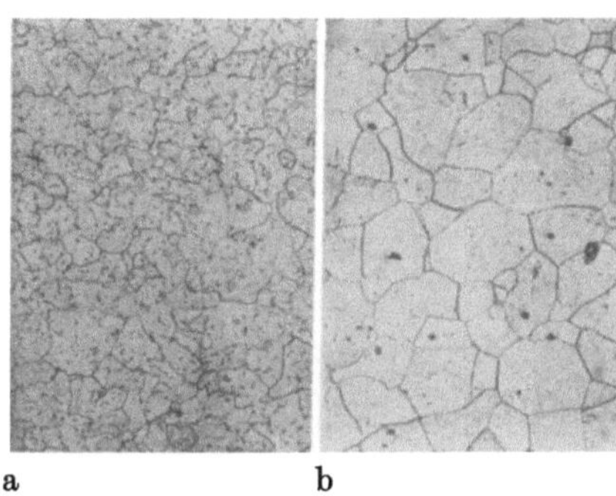

Bild 29.3. Mikrogefüge von gezogenem Weicheisen. a) nach dem Ziehen; b) nach dem Ziehen und Glühen, $^1/_2$ Stunde bei 900 °C in Wasserstoff, Ofenabkühlung (200×).

mechanischen Spannungen beseitigt. Die Verbesserung der magnetischen Leitfähigkeit ist in Bild 29.4 gut zu sehen; sie beträgt hier ca. 100%. Eine so starke Verbesserung ist nicht immer durch die Glühung zu erwarten, insbesondere dann nicht, wenn nicht der *kritische Verformungsgrad* (ca. 5 bis 10%) eingehalten wird.

Bei dem Drang nach kleineren Bauformen wird oft versucht, die Querschnitte der Leitstücke zu verkleinern. Außerdem werden die Energiedichten der Dauer-

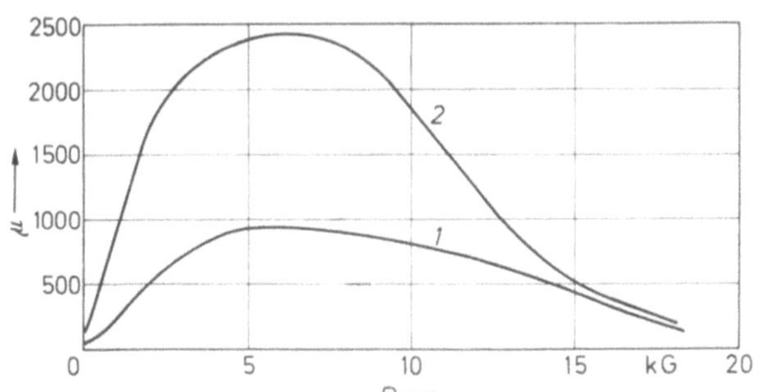

Weicheisen mit 0,08 %C; 0,04 %Al; 0 017 %P; 0 021 %S; 0 34 %Mn
1) $_IH_C$ = 2,8 Oe, gezogen zum Lautsprechertopf; ungeglüht
2) $_IH_C$ = 1,1 Oe,   „   „   „   ;geglüht 1/2 h bei 900 °C in H$_2$,Ofenabkühlung

Bild 29.4. Magnetische Leitfähigkeit von gezogenem Weicheisen, nach dem Ziehen ungeglüht bzw. geglüht.

magnetwerkstoffe immer höher. Beides erhöht die Flußdichten in den Leitstücken immer mehr. Die maximalen Flußdichten sind deshalb in den letzten zehn Jahren von ca. 10 kG auf 12 bis 15 kG, in Ausnahmefällen bis 18 kG gestiegen. In den meisten magnetischen Kreisen ist es deshalb nicht notwendig, die *maximale Permeabilität* sehr hoch zu wählen. Viel wichtiger ist, daß die Permeabilität bei Induktionen von 10, 12 und 15 kG noch wenigstens $\mu \geqq 100$ ist.

Aus der Fülle der geeigneten Werkstoffe hat sich als ein sehr wirtschaftlicher Werkstoff die Qualität St 37 K erwiesen; deren μ,B-Kurve ist in Bild 29.5 zu sehen. Auch diese Qualität ist, wie Bild 29.5, Kurven 1 und 2, zeigen, als sehr guter Weichmagnet empfindlich gegen Verformung bzw. mechanische Bearbeitung. Aus dem weichgeglühtem Material eines Rückschlußbügels wurde der zum Messen notwendige Ring herausgedreht. Die dabei abgesunkene Permeabilität

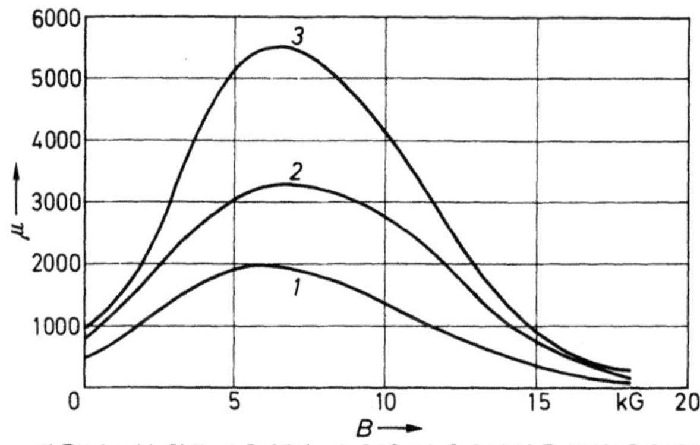

Bild 29.5. Magnetische Leitfähigkeit von gewalztem Weicheisen.

1) Rückschlußbügel, St 37K, mit 0,094% C; 0,03%P; 0,01%S; 0,40%Mn; nach Kaltverformung weichgeglüht 1h bei 900°C, danach Meßring gedreht 39ø/34ø, 10 hoch

2) Behandlung 1) + Glühung 1h bei 900°C, Ofenabkühlung

3) Gewalztes Reinsteisen mit 0,01%C; 0,04%P; 0,028%S 0,02%Mn; $_IH_c = 1,1$ Oe; $4\pi I_S = 21500$ G

wurde durch anschließendes Weichglühen wesentlich gesteigert. Der Werkstoff ist bis zu Flußdichten von ca. 18 kG einsetzbar.

Werden die für hohe Flußdichten geeigneten verformbaren Eisenqualitäten untersucht, so kann für die Gehalte an — die magnetischen Eigenschaften störenden — anderen Elementen folgende ungefähre obere Grenze angegeben werden: Kohlenstoff < 0,1%, Schwefel < 0,03%, Phosphor < 0,03%, Mangan < 0,5%. Bei Erniedrigung der Flußdichten können die Gehalte der Störelemente ansteigen. In Bild 29.5 ist außerdem die μ,B-Kurve eines sehr hochwertigen gewalzten Reineisens zum Vergleich eingezeichnet. Sein Einsatz muß unter Berücksichtigung seines Preises geschehen. Seine spanabhebende Bearbeitung ist wegen der Weichheit nicht gut, der Werkstoff neigt stark zum Verschmieren.

29.1.2.2 Weichmagnetische Gußwerkstoffe werden in der Elektrotechnik vor allem für komplizierte Formteile verwendet. Die magnetischen Eigenschaften, insbesondere die magnetische Leitfähigkeit, sind infolge Fehlens einer Kaltverformung und der deshalb beschränkten Möglichkeit der Rekristallisation meist schlechter als die der entsprechenden Walz- oder Schmiedequalität. Praktische Bedeutung als weichmagnetische Werkstoffe haben nur die Eisen-Kohlenstoff-Gußlegierungen. Diese teilen sich ein nach dem Kohlenstoff-Gehalt in

Reineisenguß   < 0,05% C   Temperguß   1,5—3,2% C
Stahlguß   0,05—2,0% C   Gußeisen   2,8 — ≈4% C.

Beim Bau von Dauermagnetsystemen haben bisher nur die beiden letzten Gruppen Beachtung gefunden. Sie sollen deshalb hier auch nur betrachtet werden.

1. *Temperguß*. Temperguß hat im Gußzustand ein zementitisches Gefüge. Durch langzeitiges Glühen (Tempern) wird der Kohlenstoff entweder ausgeschieden (weißer Temperguß) oder in Graphit umgewandelt (schwarzer Temperguß). Dabei steigt die magnetische Sättigung an.

Wichtig ist hier der *schwarze Temperguß*, da der weiße nur bei sehr dünnen Wandstärken möglich ist. Der schwarze Temperguß besteht aus Ferrit und ein-

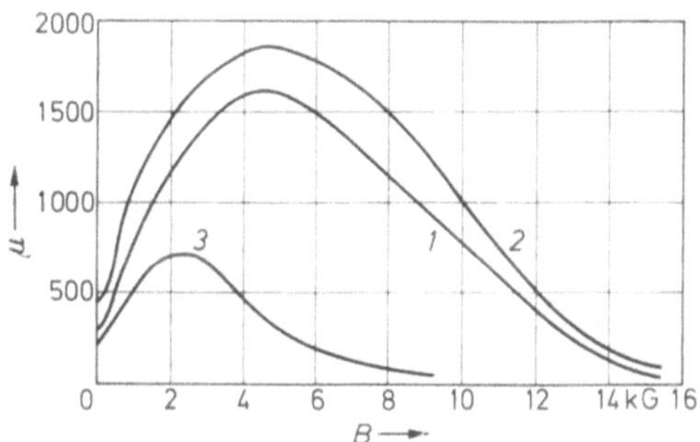

Bild 29.6. Magnetische Leitfähigkeit von weichmagnetischen Gußlegierungen.

1) Schwarzer Temperguß mit 2,0%C; 1,4%Si; 0,4%Mn; 0,06%Ni nach dem Tempern. $_jH_c$ = 1,75 Oe; ϱ = 0,390 Ω mm²/m

2) Gußeisen mit Kugelgraphit mit 3,8%C; 3,0%Si; 0,4%Mn; ferritisch getempert 4h bei 950°C in H_2. Ofenabkühlung; $_jH_c$ = 1,37 Oe; ϱ = 0,651 Ω mm²/m

3) Gußeisen mit Lamellengraphit mit 3,3%C; 3,3%Si; 0,58%Mn; 0,06%Ni; ferritisch getempert 3h bei 920°C in H_2. Ofenabkühlung; $_jH_c$ = 2,52 Oe; ϱ = 0,661 Ω mm²/m

gelagerter Kohle. In Bild 29.6 ist in Kurve 1 die μ, B-Kurve eines schwarzen Tempergusses mit 2,0% Kohlenstoff und 1,4% Silizium gezeigt [1]. Die Werte der magnetischen Leitfähigkeit sind gut, so daß ein solcher Guß für Flußdichten bis 15 kG bedenkenlos eingesetzt werden kann. Im Gußzustand ist Temperguß schlecht bearbeitbar, wohl aber nach dem Tempern.

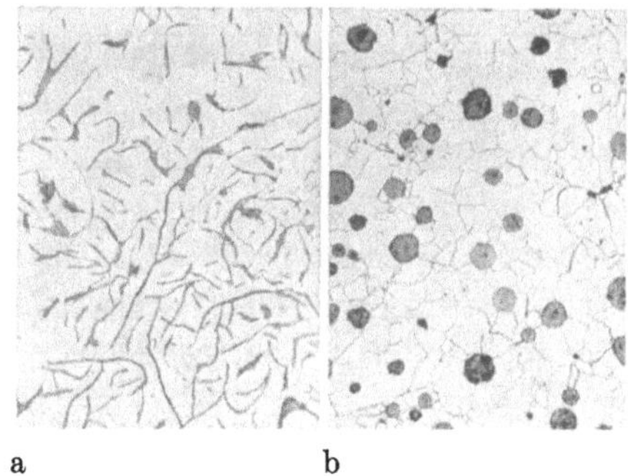

Bild 29.7. Mikrogefüge von ferritischem Gußeisen. a) Gußeisen mit Lamellengraphit; b) Gußeisen mit Kugelgraphit. (150×).

2. *Gußeisen mit Kugelgraphit*. Gegenüber dem früher üblichen Gußeisen mit lamellarem Graphit (Bild 29.7a) gewinnt solches mit kugeligem Graphit (Bild 29.7b) für magnetische Zwecke immer mehr an Bedeutung. Wie schon anhand der Gefügebilder 29.7a und b zu vermuten, ist die magnetische Leitfähigkeit bei kugeligem Graphit erheblich besser. Da die Blochwandverschiebung weniger behindert wird, ist die Koerzitivfeldstärke kleiner und damit die Per-

meabilität höher als bei lamellarem Graphit. Um die magnetische Sättigung möglichst hoch zu halten, müssen die Legierungsanteile im Grundwerkstoff ($\approx 3\%$ Kohlenstoff) minimal sein. Die μ, B-Kurven der beiden Formen des Gußeisens im ferritisch geglühten Gefügezustand sind in Bild 29.6, Kurven 2 und 3, zu sehen und bestätigen die Voraussage der besseren magnetischen Leitfähigkeit des Gußeisens mit kugeligem Graphit.

Neben der besseren Leitfähigkeit läßt sich *Gußeisen mit Kugelgraphit* auch besser spanabhebend bearbeiten und ist gut schweißbar. Sein Einsatz als magnetischer Leiter im dauermagnetischen Kreis dürfte damit gesichert sein.

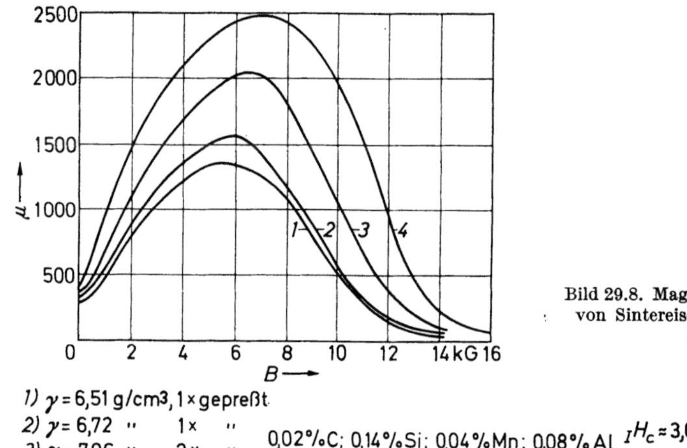

Bild 29.8. Magnetische Leitfähigkeit von Sintereisen bei verschiedener Dichte.

1) $\gamma = 6{,}51$ g/cm3, 1× gepreßt
2) $\gamma = 6{,}72$ '' 1× ''
3) $\gamma = 7{,}06$ '' 2× ''
4) $\gamma = 7{,}25$ '' 2× ''

$0{,}02\%$C; $0{,}14\%$Si; $0{,}04\%$Mn; $0{,}08\%$Al $_I H_c \approx 3{,}6$ Oe $_I H_c \approx 1{,}3$ Oe

29.1.2.3 Sintereisen-Werkstoffe. Die Sinterung von Leitstücken hat sich als eine wirtschaftliche Möglichkeit erwiesen, sehr maßgenaue Körper herzustellen, so daß nur noch wenig spanabhebende Bearbeitung notwendig ist. Die Herstellung enthält reichhaltige Möglichkeiten der Formgebung und u. a. des Einpressens von Aussparungen, Bohrungen und Absätzen. Die gegenüber gegossenen Werkstücken niedrigere Dichte von gesinterten rührt von den im Inneren vorhandenen Hohlräumen her. Diese Hohlräume sowie das noch größere Volumen der Oxydeinschlüsse rufen eine innere Scherung der Hysteresekurve hervor, welche zu einem Absinken der Permeabilität, d. h. der magnetischen Leitfähigkeit gegenüber dem kompakten Werkstoff führt.

Die bei gesinterten Werkstücken erreichte Dichte ist abhängig von Preßdruck und Sintertemperatur. Die Leitfähigkeit des Werkstückes ist natürlich proportional der Dichte, wie z. B. in Bild 29.8 für vier verschiedene Dichten bei demselben Sintereisen zu sehen ist. Aus allen durchgeführten Untersuchungen folgt, daß Sintereisen für Flußdichten > 15 kG eine Dichte von mindestens $\gamma \approx 7{,}0$ g/cm³, also mehr als 90% der physikalischen Dichte [3], haben muß. Nur für magnetisch sehr gering beanspruchte Teile kann die Dichte bis auf ca. 6.5 bis 7,0 g/cm³ absinken. Die notwendigen hohen Dichten sind nur durch verhältnismäßig hohe Preßdrücke und eventuelles Nachverdichten durch zweimaliges Pressen möglich. Dies führt natürlich zu einer Verteuerung des Stückpreises.

Die Festigkeit von gesintertem Weicheisen kann wegen der immer vorhandenen Porosität und Oxydeinschlüsse nie so hoch wie die des gegossenen sein. In der letzten Zeit wurde durch das Dampfbehandlungs-Verfahren [4] die Festigkeit und Härte gesinterter Eisenteile gesteigert. Die bei Temperaturen von 300 bis 600 °C im reinen Wasserdampf eintretende Reaktion, die *Bläuung*, führt zu dem folgenden chemischen Vorgang:

$$3\,\mathrm{Fe} + 8\,\mathrm{H_2O} \rightarrow \mathrm{Fe_3O_4} + 4\,\mathrm{H_2O} + 4\,\mathrm{H_2}. \tag{29.2}$$

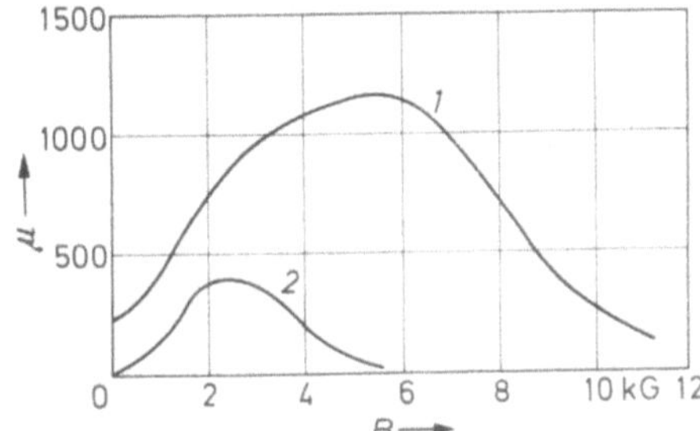

Bild 29.9 Magnetische Leitfähigkeit von Sintereisen aus Schwammpulver vor und nach der Dampfbehandlung.

1) $\gamma \approx 6{,}4\,\mathrm{g/cm^3}$, 1× gepreßt und gesintert, $_IH_c = 4{,}2\,\mathrm{Oe}$
2) $\gamma \approx 6{,}4\,\mathrm{g/cm^3}$, „ „ „ und dampfbehandelt, $_IH_c = 5{,}1\,\mathrm{Oe}$

Es bildet sich an allen Oberflächen, also auch in den Poren, eine höchstens 0,005 mm dicke Schicht des blauen Eisenoxydes $\mathrm{Fe_3O_4}$. Dieses hat, wie aus Bild 29.9 hervorgeht, aber eine sehr verschlechternde Wirkung auf die magnetische Leitfähigkeit. Durch die Bläuung entsteht eine Dauermagnet-Schicht, welche die Koerzitivfeldstärke erhöht und die Permeabilität erniedrigt. Sie ist deshalb unbedingt zu unterlassen. Zur Verbesserung der Dichte und der Bearbeitbarkeit wird dem Sintereisen manchmal Schwefel zugesetzt [5], wobei der Gehalt im Bereich 0,25 bis 0,75 Gew.-% Schwefel liegt. Aus magnetischen Gründen sollte jedoch dieser Gehalt ca. 0,2% Schwefel nicht überschreiten.

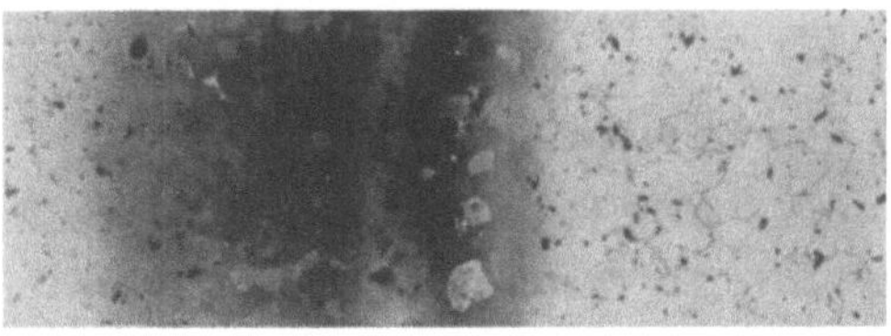

Bild 29.10. Mikrogefüge der Diffusionszone in kombiniert gesinterten AlNiCo-Dauermagnetsystemen.

Beim *Galvanisieren von Sintereisen* ist darauf zu achten, daß die Dichte des Eisens mindestens 6,8 g/cm³ beträgt, da sonst infolge undichter Oberfläche nur sehr schwer ein einwandfreier Korrosionsschutz gewährleistet ist (s. auch [6]).

29.1.2.4 Kombiniert gesinterte Werkstoffe. Ein bei Sintermagneten bisher sehr verbreiteter Einsatz von Sintereisen erfolgte bei den kombiniert gesinterten Systemen (s. Abschnitt 22.3.1). Es entsteht eine sehr feste Verbindung an der Trennzone zwischen Sintereisen und Dauermagnet. Die hohe Festigkeit der Verbindung wird nur durch starke Diffusion der beiden Werkstoffe ineinander erreicht. Diese Diffusion ist in Bild 29.10 gut zu erkennen. Sie setzt aber voraus, daß beide Werkstoffe

beim Sintern gleich schrumpfen. Dazu müssen dem Eisen der Leitstücke noch
— je nach Zusammensetzung des Dauermagneten — Aluminium bzw. Silizium in
bestimmten Mengen beigegeben werden [7]. Zur Verbesserung der Sintereigen-
schaften des legierten Werkstoffes wird dem AlNiCo außerdem Bor in geringen
Mengen zugesetzt [8]. Dadurch wird die Dichte und damit die Permeabilität bei
gleicher Sintertemperatur und -zeit erhöht.

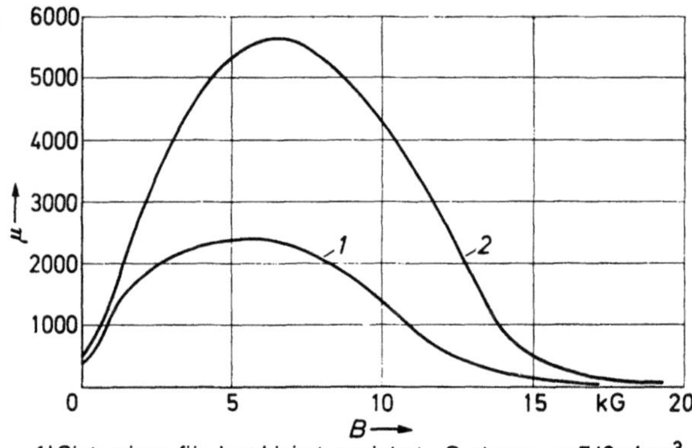

Bild 29.11. Magnetische Leitfähigkeit von Eisen-Silizium-
(Aluminium)-Legierungen.

1) Sintereisen für kombiniert gesinterte Systeme, $\gamma = 7{,}43\,g/cm^3$
$_jH_c = 3{,}0$ Oe, mit 2,0 %Si; 1,5 %Al; 0,05 % B

2) Warmgewalztes Dynamoblech III, 0,5 mm dick, $\gamma = 7{,}7\,g/cm^3$,
$_jH_c = 0{,}75$ Oe mit 3,2 % Si

Die magnetische Leitfähigkeit dieser weichmagnetischen Fe—Si—Al-Legierungen ist dabei nicht sehr hoch, wie Bild 29.11 zeigt, reicht aber für viele Zwecke
aus, wie z. B. aus Bild 22.20 ersichtlich ist. Wie der Vergleich mit Bild 29.8 zeigt,
ist die magnetische Leitfähigkeit der Fe—Si—Al-Legierungen ähnlich der von
unlegiertem Sintereisen.

Diese Art der Verbindung durch kombiniertes Sintern wird immer weniger
eingesetzt, da das kombinierte Pressen infolge großer Sorgfalt und niedriger
Preßgeschwindigkeit sehr unwirtschaftlich ist. Die breite Trennzone besitzt außerdem weder gute Dauermagnet- noch Weichmagnet-Eigenschaften.

29.1.3 Sonderqualitäten

29.1.3.1 Rostfreie weichmagnetische Werkstoffe. Die bisher betrachteten weichmagnetischen Werkstoffe sind, außer den noch zu besprechenden sehr teuren
Eisen-Kobalt-Werkstoffen, alle nicht rostbeständig bzw. korrosionsfest. Ein
Rostschutz bzw. gute Korrosionsfestigkeit kann nur durch entsprechenden Ober-
flächenschutz (Vernickeln, Vercadmen, Verchromen usw.) erreicht werden. Ein
besserer Schutz gegenüber Rost, Säure oder Verzunderung wird durch Einsatz
von rostfreien bzw. zunderbeständigen Stählen erreicht [9]. Als besonders geeignet für den Einsatz bei Dauermagnetsystemen, z. B. korrosionsfesten Mikro-
fonen, hat sich dabei ein Stahl mit ca. 17% Chrom erwiesen [10]. Seine μ,B-Kurve
ist in Bild 29.12 für verschiedene Temperaturen gezeigt (Kurven 1). Auch bei
hohen Temperaturen hat dieser Stahl eine gute magnetische Leitfähigkeit und ist
bis zu Flußdichten von 12 bis 13 kG einsetzbar. Er läßt sich gut mechanisch
bearbeiten.

Der spezifische elektrische Widerstand des eben besprochenen Chrom-Stahles X 8 CrTi 17 mit $\varrho = 0{,}65\ (\Omega \cdot \text{mm}^2)/\text{m}$ ist schon verhältnismäßig hoch. Es sind jedoch legierte Stähle mit noch höherem elektrischem Widerstand entwickelt worden, die korrosions- und temperaturfest sind und außerdem auch noch befriedigende weichmagnetische Eigenschaften haben. Hier sind Legierungen mit Silizium, Aluminium und höherem Chrom-Gehalt zu erwähnen [9, 11]. Mit zu-

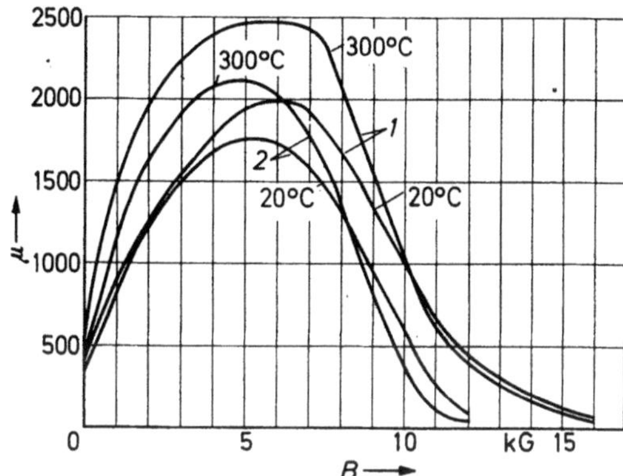

Bild 29.12. Magnetische Leitfähigkeit von zwei korrosionsfesten weichmagnetischen Werkstoffen mit hohem elektrischen Widerstand bei verschiedenen Temperaturen.

nehmendem Chrom-Gehalt steigt der elektrische Widerstand an. Ein zunderbeständiger Stahl X 10 CrAl 18 mit 0,1% Kohlenstoff, 1,0% Silizium, 1,0% Aluminium und 18% Chrom hat z. B. den spezifischen elektrischen Widerstand $\varrho = 0{,}93\ (\Omega \cdot \text{mm}^2)/\text{m}$. In Bild 29.12 ist die μ, B-Kurve dieses zunderbeständigen Stahles mit eingezeichnet (Kurven 2). Die magnetisch optimalen, ferritischen Eigenschaften sind nur nach einer entsprechenden Wärmebehandlung bei ca. 800 °C vorhanden.

29.1.3.2 Weichmagnetische Werkstoffe mit hohem elektrischen Widerstand. Sollen in magnetischen Kreisen Wirbelströme vermieden werden, z. B. bei Magnetisierungsjochen, Motoren, Generatoren oder entsprechenden Kupplungen, so muß der elektrische Widerstand aller Bauteile entsprechend hoch sein. Bei den Dauermagnetwerkstoffen ist dies fast immer gesichert. Die weichmagnetischen Werkstoffe müssen dazu neben der Forderung nach hohem elektrischem Widerstand außerdem die Forderung eines ausreichenden magnetischen Leitwertes erfüllen. Diese Forderungen sind einmal durch Walzen der weichmagnetischen Werkstoffe zu Blechen zu erfüllen. Dabei bleiben die magnetischen Eigenschaften weitgehend erhalten, aber die Bildung von Wirbelströmen wird durch den geblechten Aufbau stark unterdrückt. Eine andere Möglichkeit zum Erfüllen der Forderungen besteht in dem Legieren der weichmagnetischen Werkstoffe mit geeigneten Elementen.

Bei der bekannten Gruppe der *Trafobleche* wird die Verringerung der elektrischen Leitfähigkeit durch Zulegieren von Silizium bzw. Aluminium erreicht. Oberhalb 5% Silizium bzw. Aluminium sind die technologischen Eigenschaften allerdings so schlecht, daß der Werkstoff üblicherweise nur noch durch Schleifen bearbeitbar ist. Er wird im allgemeinen nicht hergestellt. Die μ, B-Kurve eines Trafobleches mit ca. 3% Silizium (Dynamoblech III) ist in Bild 29.11 mit eingezeichnet. Die magnetischen Eigenschaften sind bei ähnlicher Zusammensetzung von gesinterter und gewalzter Qualität beim gewalzten Dynamoblech erheblich besser. Dies folgt wiederum aus der kritischen Verformung mit nachfolgendem Rekristallisationsglühen. Die Oberfläche der Bleche ist durch Oxydation mit einer elektrischen Isolationsschicht versehen.

Die Eisen-Silizium-Aluminium- bzw. Eisen-Aluminium-Legierungen haben ähnliche magnetische Eigenschaften wie die Eisen-Silizium-Legierungen, sind aber mechanisch viel härter und deshalb für verschleißfeste Bauteile gut geeignet.

29.1.3.3 Weichmagnetische Werkstoffe mit sehr hoher magnetischer Sättigung. Weichmagnetische Legierungen der Eisen-Kobalt-Reihe weisen die höchste magnetische Sättigung auf. Dabei hat die Sättigungsmagnetisierung im Bereich von 10 bis 50% Kobalt ein flaches Maximum von 23 kG. Die Legierung mit 35% Kobalt hat eine Sättigungsmagnetisierung $4\pi I_s = 23\,600$ G. Alle Legierungen dieses Bereiches sind hochpermeabel bis zu hohen Flußdichten und besitzen eine kleine Koerzitivfeldstärke. Technisch werden bisher vor allem zwei Legierungen verwendet, welche 35% bzw. 50% Kobalt enthalten. In Bild 29.1, Kurve 4, ist die μ, B-Kurve der Legierung mit 50% Kobalt eingezeichnet. Neuerdings gewinnt eine Legierung mit 27% Kobalt an Bedeutung [12]. Bei Induktionen bis über 23 kG ist hier die Permeabilität > 100.

Die Legierungen sind bei den hohen Kobalt-Gehalten meist sehr spröde. Die Legierung mit 35% Kobalt läßt sich nur warm verformen, diejenigen mit 27% und 50% Kobalt lassen sich kalt verformen. Um die Kaltverformung zu erleichtern, werden den Legierungen allgemein ca. 2% Vanadium oder Chrom zugefügt. Eine wesentliche Verbesserung der Kaltverformung der Eisen-Kobalt-Legierungen läßt sich außerdem durch Vakuumerschmelzung erreichen.

Die Eisen-Kobalt-Legierungen werden wegen ihres hohen Preises nur für Sonderzwecke eingesetzt. Bei den Gußstücken ist sehr auf Lunkerfreiheit bzw. -armut zu achten, da sonst die magnetische Leitfähigkeit stark herabgesetzt ist. Eine Röntgen-Grobstrukturuntersuchung ist zu empfehlen.

29.2 Nichtmagnetisierbare Werkstoffe

Beim Bau bzw. Einsatz von Dauermagnetsystemen werden nichtferromagnetische (und nichtferrimagnetische) Werkstoffe hauptsächlich für zwei Anwendungen benötigt: Vermeidung von magnetischen Kurzschlüssen und Vermeidung von Wirbelströmen. Im ersten Anwendungsfall muß die Permeabilität klein sein, im zweiten außerdem die elektrische Leitfähigkeit.

Nichtferromagnetische Eigenschaften werden entweder durch Einsatz von para- oder diamagnetischen Metallen, wie z. B. Kupfer, Messing, Aluminium, Dural, erreicht oder durch Eisenwerkstoffe, bei denen der ferromagnetische α-Zustand durch das γ-Gebiet erweiternde Legierungspartner erst unterhalb Raumtemperatur auftritt.

Bei den para- oder diamagnetischen Metallen ist es meistens sehr schwierig, sie von jeglichen ferromagnetischen Verunreinigungen freizuhalten [13, 14]. Diese

Verunreinigungen rühren hauptsächlich vom Eisen her, welches in ausgeschiedener Form vorliegt. Die Ausscheidung wird gefördert durch Warm- oder Kaltbearbeitung. Sie kann durch Lösungsglühung und anschließendes Abschrecken rückgängig gemacht werden. Der Einsatz dieser zum Teil teuren Werkstoffe ist nur im Meßgerätebau notwendig. Hier kommt es auf einen sehr gleichmäßig nichtferromagnetischen Werkstoff an, wobei die Permeabilität $\mu \leq 1{,}01$ beträgt. Die Festigkeitseigenschaften der Werkstoffe sind nicht sehr gut, was aber hier kein Nachteil ist.

Bei allen Anwendungen außerhalb des Meßgerätebaues werden an die schlechte magnetische Leitfähigkeit keine scharfen Anforderungen gestellt. Dagegen müssen die Festigkeitseigenschaften etwas besser sein. Hierfür sind die nichtferromagnetischen austenitischen Stähle [15] und Gußeisensorten [16, 17] gut geeignet.

29.2.1 Austenitische Stähle

Die *austenitischen Stähle* sind vielfach nur in einem bestimmten Temperaturgebiet gefügestabil. Bei Unterschreitung einer entsprechenden Temperatur wandelt sich bei ihnen der Austenit in den ferromagnetischen Martensit um. Für die Umwandlung spielt außerdem der Verformungsgrad eine wichtige Rolle [15]; mit steigendem Verformungsgrad nimmt der Martensitgehalt zu.

Tabelle 29.1. *Technologische Eigenschaften von nichtmagnetisierbaren austenitischen Stählen; nach* [17]

DIN-Bezeichnung	Behandlung Zustand	Streckgrenze kp/mm² mind.	Zugfestigkeit kp/mm²	Permeabilität μ höchstens	spez. elektrischer Widerstand bei 20°C $\dfrac{\Omega \cdot mm^2}{m}$
X 40 MnCr N 19	abgeschreckt	30	75—95	1,01	
	warmkaltverformt	40	85—105	1,01	0,7
	kaltverformt	50	85—105	1,03	
X 5 MnCr 1813	abgeschreckt	30	65—80	1,01	
	warmkaltverformt	40	70—90	1,02	0,71
	kaltverformt	50	80—100	1,03	
X 4 CrNi 1813	abgeschreckt	20	50—70	1,01	0,7
	kaltverformt	50	65—85	1,01	
X 4 CrNiMo N 1814	abgeschreckt	30	50—70	1,01	0,75
X 25 CrNiMn P 1810	ausgehärtet	55	75—95	1,01	0,76

Geeignet für diese Zwecke sind eine Reihe von Stählen (s. z. B. Tab. 29.1), welche hauptsächlich Eisen, Mangan, Chrom, Nickel enthalten und meist, wie z. B. die unteren drei Stähle in Tab. 29.1 von der bekannten 18/8 (Cr/Ni)-Zusammensetzung abgeleitet werden. Je nach Zusammensetzung können die Festigkeitseigenschaften eingestellt werden. Dabei bleibt immer die Permeabilität $\mu \leq 1{,}05$, was für die Verwendung an Dauermagnetsystemen völlig ausreicht. Alle diese Stähle können bis auf Temperaturen von mindestens $-180\,°C$ abgekühlt werden, ohne dabei ferromagnetisch zu werden. Sie sind gut tiefziehfähig.

Außer diesen Stählen mit schon verhältnismäßig hohem elektrischen Widerstand ($\varrho \approx 0{,}75$ ($\Omega \cdot$ mm²)/m gibt es noch einen nichtmagnetisierbaren Stahl mit noch höherem spezifischen elektrischen Widerstand von $\varrho \approx 1{,}0$ ($\Omega \cdot$ mm²)/m. Der Stahl mit der DIN-Bezeichnung X8NiCrSi 3616 enthält 0,12% Kohlenstoff, 1,8% Silizium, 16% Chrom, 36% Nickel und ist besonders gut zur Vermeidung von Wirbelströmen für Trennwände bei magnetischen Kupplungen und andere diesbezügliche Stellen geeignet. Der Stahl ist bedingt tiefziehfähig.

29.2.2 Nichtmagnetisierbares Gußeisen

Der Einsatz von nichtferromagnetischem Gußeisen beim Bau von Dauermagnetsystemen geschieht sehr selten; er ist auf komplizierte Gußstücke beschränkt. Dementsprechend soll nur kurz darauf hingewiesen werden. Die dafür geeigneten Werkstoffe vom NOMAG-[1] bzw. NOduMAG-Typ[1] und vom Ni-Resist-Typ[2] wurden von DIETRICH [16] näher besprochen.

29.3 Temperaturkompensationswerkstoffe

29.3.1 Eisen-Nickel-Werkstoffe

Weichmagnetische metallische und oxydische Werkstoffe haben in der Nähe der Curie-Temperatur einen großen Temperaturkoeffizienten Für die Kompensation in einem bestimmten Temperaturbereich sollte also die Curie-Temperatur des Kompensationswerkstoffes kurz oberhalb des betreffenden Temperaturbereiches

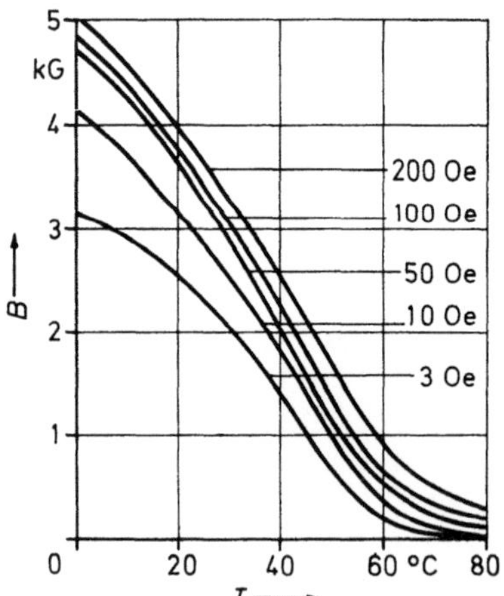

Bild 29.13. Feldstärkenabhängigkeit der B,T-Kurve bei Thermoflux* 65/100-S (nach [18]).

* Thermoflux ist ein geschützter Handelsname der Firma VAC, Hanau.

liegen. Bei dem hier interessierenden Temperaturbereich in der Nähe der Zimmertemperatur werden als metallische Werkstoffe besonders Eisen—Nickel-Legierungen des Grenzbereiches irreversibel-reversibel ($\approx 30\%$ Nickel) eingesetzt (s. Bild 29.2). Die in Frage kommenden Legierungen liegen bei Nickel-Gehalten in der Nähe des Minimums der Sättigungsmagnetisierung. Die B,T-Kurven eines solchen Werkstoffes mit einer Curie-Temperatur $T_c \approx 65\,°C$ [18] sind für verschiedene Feldstärken in Bild 29.13 zu sehen. Die daraus leicht berechenbaren

---

[1] NOMAG und NOduMAG sind geschützte Handelsnamen der Firma Ferranti, Lim., England.

[2] Ni-Resist ist ein geschützter Handelsname der Firma Intern. Nickel Comp., USA.

Werte der Permeabilität sind hoch, aber die Kurve verläuft nicht linear. Damit ist, wie in Kapitel 21 näher betrachtet wurde, bei linearer Änderung des Flusses des Dauermagneten, was vorausgesetzt wird, notwendigerweise eine gewisse Temperaturabhängigkeit der magnetischen Nutzraumenergie vorhanden [19]. Wie in Kapitel 21 weiter behandelt wurde, ist infolge der Krümmung nach Bild 29.13 auch bei Wirbelstromdämpfung eine Temperaturabhängigkeit zu erwarten. Zu beseitigen ist das nur durch eine entgegengesetzte Krümmung der B,T-Kurve des Dauermagneten, welche aber praktisch nicht zu verwirklichen ist.

Ein Maß für die zulässige Krümmung einer B,T-Kurve des Kompensationswerkstoffes für die *Temperaturkompensation der magnetischen Nutzraumenergie* läßt sich folgendermaßen gewinnen (s. Bild 29.14):

Sei der benötigte Kompensationsbereich durch die Temperaturen T_1, T_2 begrenzt, dann wird die S-förmig gebogene B,T-Kurve durch eine Gerade angenähert, welche in T_1 und T_2 die B,T-Kurve schneidet. Die Gerade hat die Steigung

$$\frac{B_1 - B_2}{T_1 - T_2} = \operatorname{tg} \alpha_K . \tag{29.3}$$

Mit Hilfe dieser Beziehung kann nach Gl. (21.5) der Querschnitt F_K des Kompensationswerkstoffes bestimmt werden. Dazu wird Gl. (21.5) umgeformt in

$$F_K = \frac{\dfrac{\Delta B_M}{\Delta T}}{\dfrac{\Delta B_K}{\Delta T}} \cdot F_M = \frac{\operatorname{tg} \alpha_M}{\operatorname{tg} \alpha_K} \cdot F_M . \tag{29.4}$$

Infolge der S-Form der Kurve wird aber eine Abweichung $\Delta B_L \sim \Delta B_K$ der Luftspaltinduktion vom Kompensationswert bei Temperaturänderung auftreten. Dabei kann ΔB_L mittels der Gln. (21.1), (21.7) und (21.5) aus ΔB_K und ΔB_M gewonnen werden. Die Abweichungen $\pm \Delta B_K$ sind in Bild 29.14 eingetragen. Sie sind der größte senkrechte Abstand zwischen der Geraden und der gekrümmten B,T-Kurve. Es ist dabei meistens $+\Delta B_K = -\Delta B_K$. Die Abweichung wird umso größer, je stärker gekrümmt die B,T-Kurve bei gegebenem Temperaturbereich T_1, T_2 ist. Bei gewünschter Begrenzung von ΔB_L ist damit die Krümmung, d. h. der Werkstoff, oder der Kompensationsbereich T_1, T_2 vorgegeben.

Wie Bild 29.14 zeigt, ist aber bei einer bestimmten zulässigen Abweichung ΔB der mögliche *Kompensationsbereich* größer als T_1, T_2. Zu seiner Ermittlung werden zwei um $\pm \Delta T$ verschobene B,T-Kurven so eingezeichnet, daß sie die ideale Kompensationsgerade tangieren. Der Schnittpunkt der Geraden mit den verschobenen Kurven ist dann der mögliche Kompensationsbereich T_1', T_2', in dem die Luftspaltinduktion um $\pm \Delta B_L$ schwanken kann. Ähnliche Überlegungen hat CLARK [20] angestellt.

Die gebräuchlichste Herstellung der Eisen-Nickel-Kompensationswerkstoffe geschieht durch Gießen und Walzen, wobei die Ist-Analyse etwas schwankt. Die Curie-Temperatur ist aber sehr stark vom Nickel-Gehalt abhängig und wird durch 1% Nickel um ca. 25 °C verschoben, wie Bild 29.15 für irreversible Eisen-Nickel-Legierungen zeigt. Vom Hersteller werden daher z. B. im Temperaturbereich um 60 °C Schwankungen des Curie-Punktes von $\pm 20\%$ angegeben [21]. Wie eigene

Untersuchungen zeigen [22], kann durch Herstellung mittels Sintern der Schwankungsbereich auf etwa die Hälfte herabgedrückt werden. Die magnetischen Eigenschaften hängen dabei stark von Sinterzeit und -temperatur ab.

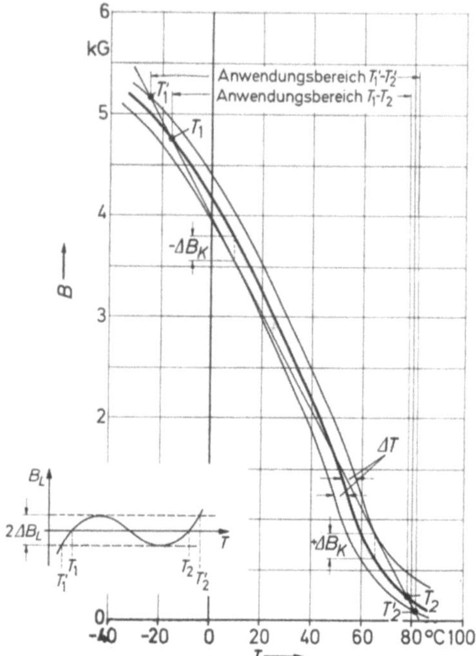

Bild 29.14. Anwendungsbereich eines gesinterten Temperatur-Kompensationswerkstoffes mit 69,2% Eisen, 29,9% Nickel, 0,7% Chrom und 0,2% Bor; $\Delta T = \pm 8\,°C$.

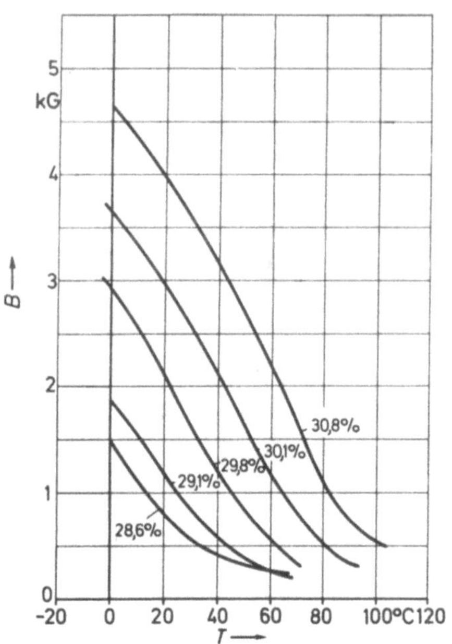

Bild 29.15. Abhängigkeit der Curie-Temperatur T_C vom Nickel-Gehalt bei Eisen-Nickel-Legierungen; $H = 50$ Oe (nach [22]).

29.3.2 Eisen-Nickel-Chrom-Werkstoffe

Die gebräuchlichen Eisen-Nickel-Legierungen mit Curie-Temperaturen im Bereich $50\,°C \leqq T_c \leqq 80\,°C$ entstammen dem reversiblen Bereich der Eisen-Nickel-Reihe. Aus wirtschaftlichen Erwägungen wurden auch irreversible Legierungen mit einem Nickel-Gehalt $< 31\%$ untersucht [22]. Bei diesen Legierungen findet die $\gamma - \alpha$-Umwandlung bei der Abkühlung im Bereich von ca. $0\,°C$ bis $30\,°C$ statt, liegt also im gewünschten Kompensationsbereich. Die für den Einsatz notwendigen stabilen Legierungen sind nur durch Aufweiten des γ-Bereiches zu erreichen. Es wurden verschiedene, das γ-Gebiet aufweitende Legierungspartner untersucht [22]. Als günstig erwiesen sich u. a. Chrom, Mangan, Kobalt. Dabei kann z. B. der Stabilitätsbereich durch Zusatz bis 1% Chrom bis auf eine Temperatur von $-35\,°C$ ausgedehnt werden. Wegen der guten Reproduzierbarkeit wurde ausschließlich das Sintern angewendet. Die Sinterzeit betrug 10 Stunden bei einer Temperatur von $1\,200\,°C$ im Vakuum.

Die leichte Variabilität der Sinterbedingungen gestattet es auch, durch Mischen verschiedener Legierungen und teilweises Sintern völlig gerade B,T-Kurven zu erhalten [23].

29.3.3 Mangan-Zink-Ferrite

Wie in früheren Arbeiten schon berichtet wurde [24], haben Mangan-Zink-Ferrite bestimmter Zusammensetzung gleichfalls ihre Curie-Temperatur in der Nähe der Zimmertemperatur. Neuere Untersuchungen zeigten, daß es mit dieser Werkstoffgruppe gelingt, Curie-Temperaturen im Bereich $-20\,°C \leqq T_c \leqq +250\,°C$ einzustellen [25]. Die Steigung der B,T-Kurve beträgt bei den *metallischen Kompensationswerkstoffen* ca. 70 G/°C, bei den *oxydischen Kompensationswerkstoffen* ist sie auf ca. 25 bis 35 G/°C erniedrigt, so daß nach Gl. (21.5) ein ungefähr doppelter Querschnitt des Kompensationswerkstoffes notwendig ist.

Literatur

1. DIETRICH, H.: Gießerei, Techn. wissensch. Beihefte 14 (1962) 79—91.
2. DIETRICH, H.: Z. Metallk. 52 (1961) 232—235.
3. KIEFFER, R., u. W. HOTOP: Sintereisen, Sinterstahl, Wien: Springer 1948, 471 ff.
4. REGEL, W.: Werkstatt u. Betrieb 26 (1963) 497—500.
5. BOCKSTIEGEL, G.: Powder Metallurgy Nr. 10 (1962) 171—189; US-Patent 2942334 (28. 6. 1960); Höganäs-Eisenpulver Information (Juni 1964).
6. KÜHNEL, M.: Neue Hütte 12 (1967) 355—360.
7. HOTOP, W., u. W. ZUMBUSCH: DPA D 90430 (1943).
8. FREHN, F., u. W. HOTOP: Symposium on Powder Metallurgy, London (1954) S. 137—143, Report Nr. 58.
9. BUNGARDT, K., u. H. DIETRICH: Arch. Eisenhüttenw. 33 (1962) 783—790.
10. Siehe z. B. DEW Techn. Mitt. Qualitätsstelle Krefeld „Perminox" (Jan. 1964).
11. Siehe z. B. DEW Druckschrift 1125/2 (1962) „Thermax".
12. GÖDDECKE, H.: ETZ-A 86 (1965) 718—723.
13. DIETRICH, H.: Metall 20 (1966) 957—974.
14. GROSS, M. R., u. H. C. ELLINGHAUSEN: US Naval Engineering Experiment Station, Report 4 E (1) 66904 und 4 P (1) 66918 (April 1951).
15. DIETRICH, H.: Nickel-Berichte 24 (1966) 33—43; DEW Techn. Ber. 4 (1964) 111—133, 163—181.
16. DIETRICH, H.: Gießerei, Techn. wissensch. Beihefte (1963) 45—58, 59—73.
17. DEW Druckschrift 1123/3 (1964) Edelbaustähle, Teil: Nichtmagnetisierbare Stähle, S. 61—64.
18. Werkstoffprospekt „Thermoflux", VAC, Hanau (1961).
19. SCHÜLER, K.: DEW Techn. Ber. 5 (1965) 64—73.
20. CLARK, C. A.: Firmenschrift Mond Nickel Co. Ltd., Birmingham (1960).
21. Werkstoffprospekt „Koerzit, Koerox", Krupp-Widia, Essen (1962) S. 32.
22. BODDEN, W.: Dipl.-Arbeit, Bergakademie Clausthal-Zellerfeld 1961.
23. Deutsches Patent 743249.
24. SMIT, J., u. H. P. J. WIJN: Ferrite, Philips Technische Bibliothek, Eindhoven 1962, 182. REINBOTH, H.: Technologie und Anwendung magnetischer Werkstoffe, Berlin: VEB Verlag Technik 1958, 177.
25. HAARMANN, M.: DEW Techn. Ber. 2 (1962) 159—166.

30 Stabilität von Dauermagneten gegenüber äußeren Einflüssen

Es werden hier nur die technisch wichtigen Werkstoffe Bariumferrit, Strontiumferrit, AlNiCo, Vicalloy, PtCo sowie isotropes ESD betrachtet. In umfassenden Arbeiten von DIETRICH [1 bis 3] werden auch andere Dauermagnetwerkstoffe besprochen.

17*

30.1 Einleitung

Der Ferro- und Ferrimagnetismus ist ein Ordnungsprozeß, welcher auf der Wechselwirkung einiger Spins von Elektronen benachbarter Atome oder Ionen beruht. Als ein solcher Prozeß ist er notwendigerweise von der Wärmeenergie kT abhängig. Daraus folgt, daß die magnetischen Eigenschaften bei isothermer Auslagerung zeitabhängig sind und bei nicht isothermer Auslagerung temperaturabhängig. Oberhalb der Curie- bzw. Neel-Temperatur verschwinden die ferro- bzw. ferrimagnetischen Eigenschaften völlig; es tritt bei den hier betrachteten Werkstoffen Paramagnetismus auf. Außerdem reagieren die ferro- bzw. ferrimagnetischen Eigenschaften natürlich auf innere oder äußere Felder, wie schon in den Kapiteln 7 und 14 näher erwähnt wurde. Auch starke Stöße sowie Reibung können die magnetischen Eigenschaften beeinflussen.

Bei der Berücksichtigung des Temperatureinflusses sind — je nach Dauer und Höhe der Temperaturen — drei verschiedene Arten der Änderung der magnetischen Eigenschaften zu berücksichtigen:

30.1.1 Reversible Änderungen der Magnetisierung

Wird ein Dauermagnet einer Temperaturänderung unterworfen, so ändert sich sein magnetischer Zustand. Nach Wiedererreichen der Ausgangstemperatur stellt sich, wenn die Temperaturänderung nicht zu groß war, im allgemeinen der magnetische Ausgangszustand wieder her. Es liegen dann nur reversible Änderungen vor. Sind die Änderungen annähernd linear mit der Temperatur, dann kann zur Beschreibung der Änderung ein *Temperaturkoeffizient Tk* benutzt werden. Er ist definiert als Änderung der betrachteten Eigenschaft in %/°C, bezogen auf den Zustand bei der Ausgangstemperatur, welche in der Regel die Raumtemperatur ist. Reversible Änderungen, begleitet von irreversiblen Änderungen der Magnetisierung, sind im ganzen Temperaturbereich von 0 °K bis zur Curie-Temperatur T_c vorhanden.

30.1.2 Irreversible Änderungen der Magnetisierung

Rein reversible Änderungen der Magnetisierung sind meist nur bei kleinen Temperaturänderungen hinreichend weit unterhalb der Curie-Temperatur zu erwarten. Bei größeren Temperaturzyklen wird der magnetische Ausgangszustand nicht wieder erreicht. Es sind irreversible Verluste der Magnetisierung eingetreten. Wird derselbe Zyklus mehrfach durchlaufen, treten normalerweise nur noch reversible Verluste auf. Dasselbe gilt sinngemäß für einen folgenden kleineren Zyklus. Die bleibende Änderung der betrachteten magnetischen Eigenschaft nach dem Temperaturzyklus in % des Ausgangszustandes, bezogen auf den durchlaufenen Temperaturbereich, ist der *irreversible Temperaturkoeffizient*. Die irreversiblen Magnetisierungsänderungen können nur durch erneutes Magnetisieren beseitigt werden.

30.1.3 Irreversible Änderungen des Gefüges

Oberhalb, gelegentlich auch unterhalb einer für jeden Werkstoff charakteristischen Temperatur ändert sich der Werkstoffzustand, und damit ändern sich auch die magnetischen Eigenschaften. Wird der Temperaturzyklus bis in das Gebiet dieser Temperaturen ausgedehnt, entstehen dadurch auch irreversible Verluste der Magnetisierung. Diese können aber nicht durch Neumagnetisierung wieder beseitigt werden. Der Werkstoff muß neu wärmebehandelt werden. Die Höhe dieser irreversiblen Verluste hängt dabei mit zunehmender Temperatur von der Verweilzeit innerhalb der Temperatur ab. Die *maximale Gebrauchstemperatur* $T_{G,\mathrm{max}}$ gibt die Temperatur an, unterhalb der die Verweilzeit mindestens 10^3 Stunden betragen kann, ohne zu merklichen Gefügeänderungen zu führen. Die maximale Gebrauchstemperatur $T_{G,t}$ gilt dann sinnentsprechend für t Stunden.

Unter Berücksichtigung der vorhergehenden Unterteilung kann allgemein folgendes gesagt werden (s. auch Abschnitt 21.1):

Solange der Arbeitspunkt des Dauermagneten bei jeder Temperatur des gewünschten Temperaturbereiches oberhalb des Knickes der Entmagnetisierungskurve bleibt, treten fast ausschließlich reversible Verluste der Magnetisierung auf. Dabei muß beachtet werden, ob der Dauermagnet im remanentmagnetischen oder permanentmagnetischen Zustand arbeitet. Außerdem muß die Temperatur unterhalb der maximalen Gebrauchstemperatur T_G bleiben, um irreversible Verluste durch Gefügeänderungen zu vermeiden.

Oberhalb des Knickes der Entmagnetisierungskurve ist der Magnetisierungszustand bei Feldstärken- und Temperaturänderungen annähernd stabil. Dies gilt besonders für die Ferritwerkstoffe, da hier die reversible Permeabilität μ_{rev} in diesem Bereich konstant ist (s. Abschnitt 21.1). Außerdem ist bei ihnen der Knick verhältnismäßig scharf. Bei den AlNiCo-Werkstoffen dagegen ist der Knick sehr abgerundet, so daß hier ein stabiler Magnetisierungszustand meist nur bei Arbeitspunkten bis zur halben Koerzitivfeldstärke $_BH_c$ vorhanden ist.

Unterhalb des Knickes der Entmagnetisierungskurve ist der Magnetisierungszustand bei Feldstärke- und Temperaturänderungen sehr instabil. Jede kleine Zusatzfeldstärke oder Temperaturänderung, z. B. thermische Fluktuation, entmagnetisiert den Werkstoff weiterhin.

30.2 Barium- und Strontiumferrit

30.2.1 Zeitliche Änderungen

Hierüber hat NEEL [4] Betrachtungen angestellt. Das wichtigste Ergebnis ist, daß die zeitliche Änderung proportional dem Logarithmus der Zahl der Einwirkung, also hier der Zeit, sein wird.

Nach Messungen von KRONENBERG und BOHLMANN [5] wurde bei isotropem Bariumferrit mit der Koerzitivfeldstärke $_IH_c = 4020$ Oe und dem Dimensionsverhältnis $p = l/d = 0{,}9$ nach 10^5 Stunden Auslagerung bei Zimmertemperatur keine meßbare Änderung der scheinbaren Remanenz festgestellt. Bei anisotropem Bariumferrit mit der Koerzitivfeldstärke $_IH_c = 2030$ Oe ($p = 0{,}8$) wurde innerhalb einer Lagerzeit von 10^5 Stunden $0{,}4\%$ Abnahme der Remanenz gemessen. Die Änderung kann durch Magnetisieren wieder aufgehoben werden. Es handelt sich also nicht um eine Gefügealterung, sondern um eine Magnetisierungsalterung. Die Änderung ist nahezu logarithmisch mit der Zeit. Die Untersuchungen von ASSAYAG [6] bestätigen bei isotropem Werkstoff die Ergebnisse von KRONENBERG und BOHLMANN. Anisotroper Werkstoff mit hoher Koerzitivfeldstärke

($_BH_c \approx 2500$ Oe) bei einem Dimensionsverhältnis $p = 0,55$ verhält sich nach 10^3 Stunden wie isotroper, bei niedriger Koerzitivfeldstärke $_BH_c$ und hoher Remanenz ($B_r \approx 1900$ G) nimmt nach 10^3 Stunden Auslagerung die Magnetisierung um $5,8\%$ ab. Zusammenfassend kann gesagt werden, daß die natürliche Alterung von dem Dimensionsverhältnis des Dauermagneten abhängig ist. Mit abnehmendem Dimensionsverhältnis nimmt die natürliche Alterung zu. Wie DIETRICH [3] gezeigt hat, gilt dieselbe Gesetzmäßigkeit auch für Dauermagnete, die in Systeme eingebaut sind.

In Bild 30.1 ist dazu nach DIETRICH [3] die zeitliche Änderung der Luftspaltinduktion von Dauermagnetsystemen auf Grund natürlicher Alterung bei Raum-

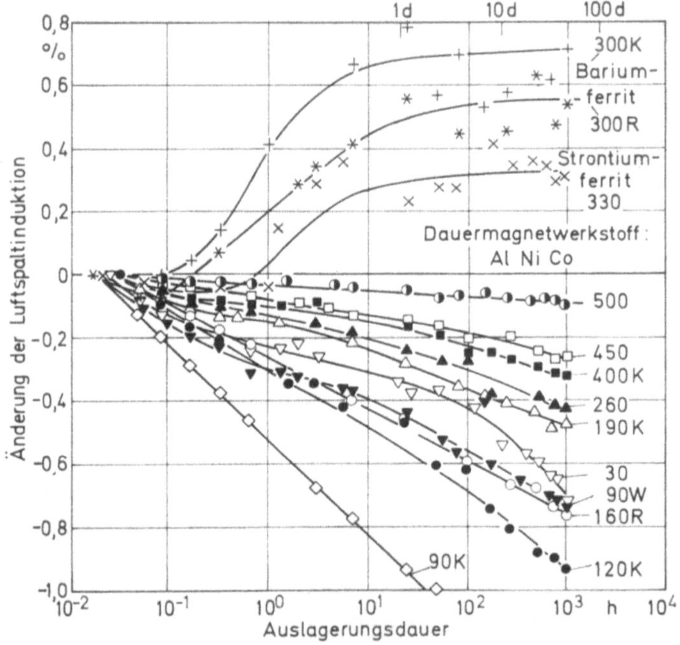

Bild 30.1. Zeitliche Änderung der Luftspaltinduktion von Dauermagnetsystemen, ausgestattet mit den jeweils bezeichneten Dauermagnetwerkstoffen. Der Arbeitspunkt der Systeme liegt oberhalb des (BH)-max-Punktes (nach [3]).

temperatur in Abhängigkeit von den verwendeten Dauermagnetwerkstoffen dargestellt. Dazu wurden die Systeme im Impulsmagnetisator voll aufmagnetisiert. Alle Werkstoffe befolgen befriedigend das logarithmische Gesetz. Dies gilt auch für die Barium- und Strontiumferrit-Magnete. Der S-förmige Anstieg der Luftspaltinduktion in den ersten Stunden nach dem Aufmagnetisieren ist ausschließlich eine Folge der Temperaturänderung infolge Wirbelstrombildung und hat nichts mit der Alterung zu tun. Er verschwindet bei streng isothermer Versuchsführung. Die Form des Anstieges ist dabei stark von der Art der Aufmagnetisierung abhängig. Aus dem Bild folgt weiter, daß sich Strontiumferrit ähnlich wie Bariumferrit verhält.

Zur Vermeidung einer Änderung der Luftspaltinduktion von mit Ferrit-Dauermagneten ausgestatteten Systemen infolge Langzeit-Alterung bieten sich gewisse Stabilisierungsbehandlungen an. Wie DIETRICH [3] fand, wird eine sehr gute *Stabilität durch Abmagnetisieren* mittels eines homogenen Wechselfeldes von $f \approx 50$ Hz erreicht. Der Abmagnetisierungsgrad, d. h. Änderung der Luftspaltinduktion bezogen auf den Ausgangszustand, betrug für Systeme mit optimalem Arbeitspunkt ca. 2%. Dabei ist es nicht notwendig, daß die Feldrichtung mit der Magnetisierungsrichtung übereinstimmt. Aus wirtschaftlichen Gründen ist dies aber meist zu empfehlen. Wichtig ist dabei, daß die Frequenz des Wechselfeldes eine ausreichende Eindringtiefe und damit eine genügende Homogenität des Wechselfeldes aufweist.

30.2.2 Temperaturabhängige Änderungen

Während die isotherme Langzeitänderung bei Zimmertemperatur für Bariumferrit sehr klein ist, wird die Abhängigkeit der magnetischen Eigenschaften von der Temperatur sehr groß. Dies rührt von der starken Temperaturabhängigkeit der Sättigungsmagnetisierung und Koerzitivfeldstärke her. Sie ist in Bild 30.2 für den

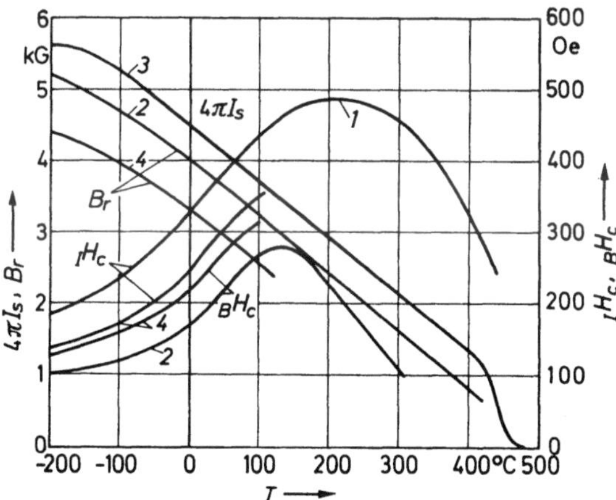

Bild 30.2. Temperaturabhängigkeit der magnetischen Eigenschaften von anisotropem Bariumferrit. Kurve *1* nach [8]; Kurven *2* nach [9]; Kurve *3* nach [7]; Kurven *4* nach [10].

anisotropen Werkstoff dargestellt. In Bild 30.3 ist die Abhängigkeit der Entmagnetisierungskurve von Bariumferrit 300 K von der Temperatur nach [2, 7] dargestellt. Dabei wurde die Probe bei jeder Meßtemperatur $^1/_2$ Stunde gehalten; deutlich ist das Maximum der Koerzitivfeldstärke $_IH_c$ bei ca. 250 bis 300 °C zu sehen. Ähnliche Messungen stammen von WENT u. a. [8] und IRELAND [9]. In Bild 30.4 ist außerdem noch die Entmagnetisierungskurve des hochkoerzitiven Werkstoffes Strontiumferrit 330 für verschiedene Temperaturen dargestellt. Aus den Bildern ist ersichtlich, daß im Temperaturbereich $-30\,°C < T < 100\,°C$ die magnetischen Eigenschaften im wesentlichen linear von der Temperatur abhängen.

Die bei Temperaturänderungen auftretenden Verluste für drei verschieden lange Magnete aus Bariumferrit wurden von TENZER [11] gemessen. Sie sind in

Bild 30.5 eingezeichnet. Die Verluste wurden in reversible und irreversible auf-
getrennt. Die reversiblen Verluste wurden erst gemessen, nachdem durch vorher-
gehendes mehrmaliges Durchlaufen des betreffenden Temperaturzyklus alle

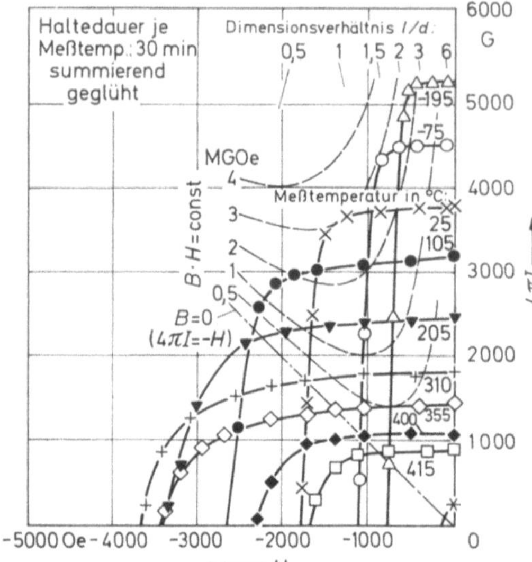

Bild 30.3. Abhängigkeit der Entmagnetisierungskurve von Bariumferrit 300 K von der Temperatur
(nach [2]).

irreversiblen Magnetisierungsverluste abgelaufen und bestimmt waren. Im
Temperaturbereich $-50\,°C < T < +350\,°C$ sind für die gewählten Arbeitspunkte,
wenn als Ausgangstemperatur $20\,°C$ gewählt wird, die reversiblen Verluste linear

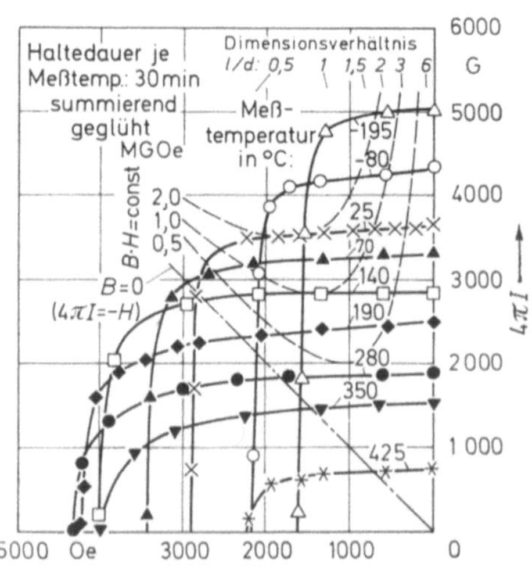

Bild 30.4. Abhängigkeit der Entmagnetisierungskurve von Strontiumferrit 330
von der Temperatur (nach [2]).

von der Temperatur T abhängig. Es kann deshalb hier *für die scheinbare Remanenz*
von isotropen und anisotropen Werkstoffen *ein Temperaturkoeffizient* $Tk_{Br} =$
$-0,19\%/°C$ angegeben werden. Irreversible Magnetisierungsverluste treten bei
den gewählten Magnetabmessungen nur bei Abkühlung auf. Sie sind sehr stark

davon abhängig, wie weit der gewählte Arbeitspunkt ($\sim p$) vom Knick der Entmagnetisierungskurve entfernt ist.

Bleibt der Arbeitspunkt beim Abkühlen oberhalb des Knickes, dann sind nur reversible Verluste zu erwarten. Hier stimmt die Entmagnetisierungskurve mit der

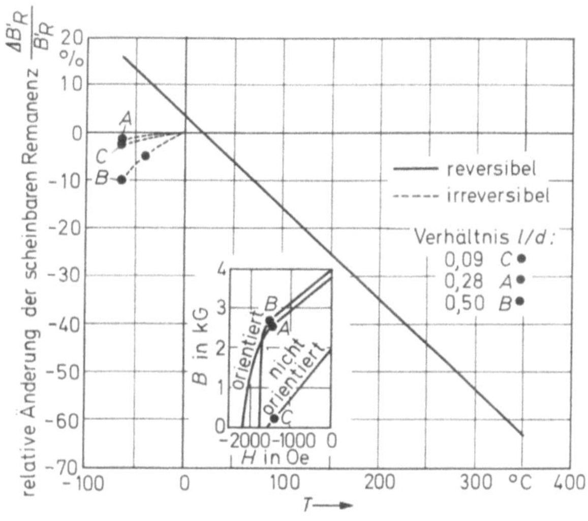

Bild 30.5.
Reversible und irreversible Verluste der scheinbaren Remanenz bei isotropen und anisotropen Bariumferrit-Dauermagneten als Funktion der Temperatur bei verschiedenem Dimensionsverhältnis l/d (nach [11]).

permanenten Zustandskurve überein, also wird sie reversibel durchlaufen. Dies trifft für alle Arbeitspunkte nahe der Remanenz zu. Rückt der Arbeitspunkt näher zum Knick, d. h. wird sein Einheitsleitwert λ kleiner, so unterschreitet er bei Abkühlung den Knick, wie z. B. aus den Bildern 30.3 und 30.4 zu ersehen ist. Bei Wiedererwärmung wird nicht der Ausgangszustand erreicht, da die Magnetisierung kleiner geworden ist. Es sind irreversible Verluste eingetreten. Von SCHWABE [12] wurde gezeigt, daß die irreversiblen Verluste steigen, je kleiner das Dimensionsverhältnis p ist, d. h. je tiefer der Arbeitspunkt liegt. Er gab gleichzeitig ein Verfahren an, um überschlägig die irreversiblen Verluste bestimmen zu können.

Die Zunahme der irreversiblen Verluste bei kleiner werdendem Dimensionsverhältnis wird durch den zunehmenden Einfluß der *Temperaturabhängigkeit der Koerzitivfeldstärke* hervorgerufen. Deren Temperaturabhängigkeit kann im Bereich $-40\,°\mathrm{C} < T < +100\,°\mathrm{C}$ infolge der Linearität befriedigend *durch den reversiblen Temperaturkoeffizienten* $Tk_{H_c} = +0,5\%/°\mathrm{C}$ wiedergegeben werden [1].

Für jeden Temperaturzyklus existiert ein *kritischer spezifischer Leitwert* λ_K des Werkstoffes im Arbeitspunkt, bei dessen Unterschreitung ($\lambda < \lambda_K$) irreversible Verluste auftreten. Von SCHWABE [12] und FAHLENBRACH [13] wurde gezeigt, daß bei Arbeitspunkten oberhalb des $(BH)_{\mathrm{max}}$-Punktes nur reversible Verluste auftreten, unterhalb auch irreversible Verluste. Der kritische spezifische Leitwert $\lambda_K = B_K/H_K$ ist jedoch einigermaßen berechenbar [14].

In Bild 30.6 ist der kritische Leitwert λ_K über der Temperatur T für einige anisotrope Ferritwerkstoffe aufgetragen. Für $\lambda > \lambda_K$ treten ausschließlich reversible Verluste auf. Das Temperaturverhalten kann dann ausschließlich mittels des Temperaturkoeffizienten der Remanenz festgelegt werden. Zu beachten ist, daß die Kurven in Bild 30.6 von den magnetischen Werten und der Form der Entmagnetisierungskurve abhängen.

Die für die Aussagen zu Bild 30.6 notwendigen Bestimmungen der Temperaturkoeffizienten der Magnetisierung sind noch von der Scherung des magnetischen Kreises abhängig [14]. Jedoch ist die dadurch hervorgerufene Schwankung $< 10\%$ und kann meist vernachlässigt werden. Unabhängig von der Scherung sind aber die Temperaturkoeffizienten der Remanenz und der Koerzitivfeldstärke.

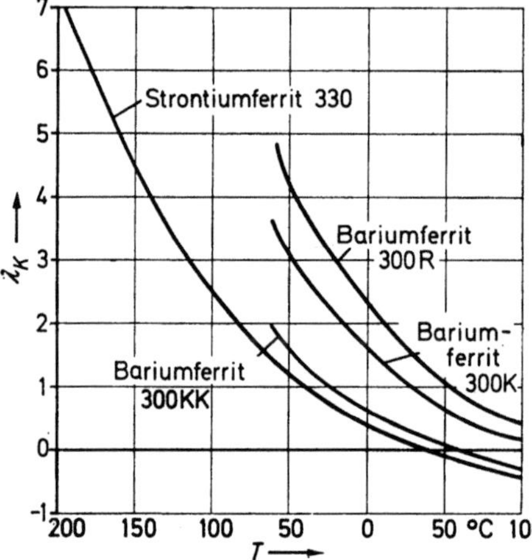

Bild 30.6. Abhängigkeit der kritischen spezifischen Leitfähigkeit λ_K von der Temperatur für anisotropes Barium- bzw. Strontiumferrit (nach [10]).

Die bisherigen Betrachtungen gelten für Temperaturen < 150 bis $200\,°\text{C}$. Bei der Temperatur $+200\,°\text{C}$ haben die reversiblen Verluste der scheinbaren Remanenz B_r' ca. 40% (Haftkraftabnahme also ca. 65%, da proportional $B_r'^2$) erreicht. Der Einsatz oberhalb dieser Temperatur ist deshalb unwirtschaftlich. Hinzu kommt,

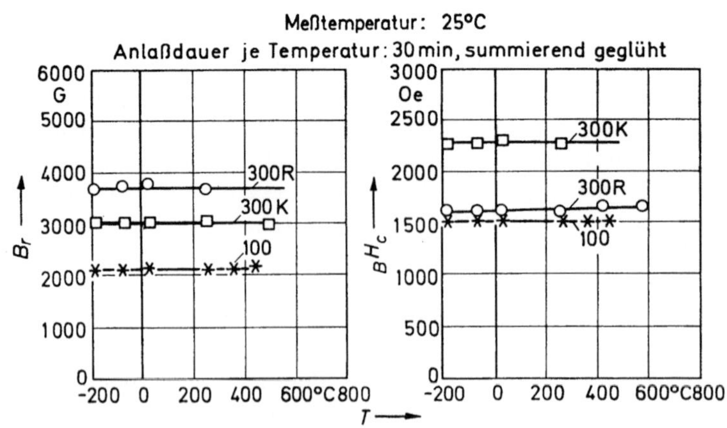

Bild 30.7. Untersuchungen zur Gefügeänderung bei Bariumferrit-Werkstoffen als Funktion der Anlaßtemperatur (nach [2]).

daß oberhalb des Maximums der Koerzitivfeldstärke $_BH_c$ bei ca. $200\,°\text{C}$ mit steigender Temperatur nun auch die Koerzitivfeldstärke $_BH_c$ abnimmt. Demzufolge treten außen den reversiblen Verlusten im Temperaturbereich oberhalb ca. $300\,°\text{C}$ noch irreversible Verluste auf. Diese werden um so größer, je kleiner die Koerzitivfeldstärke $_IH_c$ ist und je näher der Arbeitspunkt dem Knick der Entmagnetisierungskurve liegt. Als maximale Gebrauchstemperatur entsprechend der gewählten Definition ist wegen der hohen reversiblen Verluste für Bariumferrit $+200\,°C$ anzusehen. Wegen der geringen irreversiblen Magnetisierungsverluste kann der Werkstoff aber zwischendurch beliebig lange auf Temperaturen bis ca. 350 bis 400 °C erhitzt werden. Beim nachfolgenden Gebrauch ist dann keine Neumagnetisierung notwendig.

Wie erwartet und von DIETRICH [1, 2] untersucht, ändert sich das Gefüge zu hohen Temperaturen nicht, wie Bild 30.7 zeigt. Bei den anderen Ferrit-Werkstoffen Bleiferrit und Strontiumferrit ist grundsätzlich dasselbe Temperaturverhalten wie bei Bariumferrit zu erwarten.

30.2.3 Sonstige Änderungen

Von FAHLENBRACH [13] wurde untersucht, wie sich bei isotropem und anisotropem Bariumferrit die Entmagnetisierungskurven ändern, wenn *Wechselfeldentmagnetisierung* bestimmter konstanter Größe vorhanden ist. Dabei bleibt die Remanenz bei Feldstärken $H_\sim < _BH_c$ nahezu konstant, aber die Koerzitivfeldstärke $_BH_c$ nimmt entsprechend der Beziehung $_BH'_c = {}_BH_c - H_\sim$ ab, wobei $_BH'_c$ die „Koerzitivfeldstärke" nach der Entmagnetisierung ist.

Bei isotropem Bariumferrit ergibt ein in Längsrichtung angelegtes Wechselfeld der Frequenz 50 Hz und der Feldstärke $H_\sim$ ca. 200 Oe bei einem Stabmagneten mit dem Dimensionsverhältnis $p = 2,4$ keine Abnahme der Magnetisierung [15]. Um bei diesem Stabmagneten eine bleibende Flußabnahme von 1% zu erhalten, müssen Feldstärken $H_\sim$ ca. 500 Oe angelegt werden, für 5% Abnahme sind Feldstärken $H_\sim$ ca. 1 250 Oe notwendig [16].

Die gegenseitige Störung von Bariumferrit-Dauermagneten ist sehr stark von der Entfernung und der Form der Dauermagnete bzw. der Art der Magnetisierung abhängig.

Wie SERY u. a. [17] fanden, können Strahlendosen von Neutronen von ca. 10^{12} cm^{-2} sec^{-1} über mehrere Wochen die magnetischen Eigenschaften nicht meßbar verändern. Bei integrierten Strahlendosen von $6 \cdot 10^{13}$ n · cm^{-2} ändern sich die magnetischen Eigenschaften gering [17], bei integrierten Strahlendosen von $4 \cdot 10^{20}$ n · cm^{-2} nimmt dagegen die scheinbare Remanenz um ca. 60% ab [18]. Bei Steigerung der Temperatur sinkt für die gleiche integrierte Strahlendosis die Remanenz noch stärker [19]. Eine Radioaktivität tritt nach Bestrahlung nicht auf. Über die allgemeine werkstoffkundliche *Wirkung von energiereicher Strahlung auf Dauermagnetwerkstoffe* wird von SCHMELZER [20] berichtet.

30.3 AlNiCo

30.3.1 Zeitliche Änderung

Die zeitliche Änderung der scheinbaren Remanenz bei den AlNiCo-Werkstoffen wurde u. a. von KRONENBERG und BOHLMANN [5, 21] gemessen. Es zeigt sich, daß der Werkstoff bei gleichem Dimensionsverhältnis um so stabiler wird, je größer die Koerzitivfeldstärke ist. Die Verluste steigen mit abnehmendem Dimensionsverhältnis, jedoch wurde bei keinem Werkstoff mit $p > 2,2$ in 10^4 Stunden ≈ 1 Jahr mehr als 3% Abnahme der scheinbaren Remanenz gefunden. Das logarithmische Gesetz wird ziemlich gut befolgt. Von KRONENBERG [22] wurde beim Dimensionsverhältnis $p \approx 6$ nach dreijähriger ruhiger Lagerung bei allen Werkstoffen eine Abnahme der scheinbaren Remanenz von $< 1{,}5\%$ gemessen. Nach Messungen von WEBB [23] hängt die Langzeitstabilität von AlNiCo-Legierungen bei Arbeitspunkten oberhalb des $(BH)_{max}$-Punktes wenig von der Form der Entmagnetisierungskurve ab. Dies wurde von DIETRICH [3] für Arbeitspunkte in der Nähe des $(BH)_{max}$-Punktes bestätigt, wie Bild 30.1 zeigt. Unterhalb dieses Punktes nimmt die Stabilität ab. Dies beruht sicher auf dem statistischen Charakter der Ummagnetisierung. Untersuchungen von GOULD [15] an Alcomax III (= AlNiCo 500) zeigen, daß eine Langzeitstabilisierung beim Dimensionsverhältnis $p \approx 21$ erreicht wird, wenn eine Abmagnetisierung um 2% mit einem Wechselfeld der Frequenz $f = 50$ Hz und eine Auslagerung 1 Stunde bei $100\,°C$ gekoppelt werden. Wie ZINGERY u. a. [24] an Kronenmagneten fanden, ist die Langzeitstabilität bei gleicher Scherung um so besser, je höher die Koerzitivfeldstärke ist. Dieses Ergebnis ist allgemein gültig, da die natürliche Alterung bei Arbeitspunkten zur Koerzitivfeldstärke hin zunimmt. Daraus folgt, daß komplette Dauermagnetsysteme geringer altern als lose Dauermagnete gleicher Abmessungen. Indirekt folgt daraus auch das Ergebnis [3], daß anisotrope Dauermagnetwerkstoffe weniger als isotrope altern. Dies gilt jedoch nur, wenn Magnetisierungs- und Vorzugsrichtung übereinstimmen.

Die *Stabilität von Dauermagnetsystemen*, ausgestattet mit AlNiCo-Werkstoffen, gegenüber natürlicher Alterung kann durch Abmagnetisierung verbessert werden. Als besonders geeignet hat sich eine *Abmagnetisierung* im homogenen Wechselfeld bei einer Frequenz von ca. 50 Hz erwiesen [3, 21]. Der Grad der notwendigen Abmagnetisierung nimmt mit steigender Scherung zu. Deshalb sollte die Wechselfeld-Abmagnetisierung bei Systemen nach dem Zusammenbau erfolgen [3, 24]. Die Dauer der erreichten Stabilität, d. h. der alterungsfreien Zeit, steigt mit zunehmendem Abmagnetisierungsgrad.

Nach unsymmetrischer oder inhomogener Wechselfeld-Abmagnetisierung werden instabile Magnetisierungszustände erreicht. Diese führen zu unbestimmtem Anstieg oder Abfall der Luftspaltinduktion bei Systemen. Ähnlich verhält es sich mit Gleichfeld- oder Impuls-Abmagnetisierung [3].

Die Richtung des notwendigen Stabilisierungs-Wechselfeldes ist unabhängig von der Magnetisierungsrichtung. Nicht bis zur Sättigung magnetisierte Dauermagnete haben eine geringere Stabilität als bis zur Sättigung magnetisierte [3].

30.3.2 Temperaturabhängige Änderungen

Ähnlich wie bei Bariumferrit treten bei den AlNiCo-Werkstoffen reversible und irreversible Änderungen der Magnetisierung bei Temperaturänderungen auf. Infolge der meist weichen Krümmung der Entmagnetisierungskurve können irreversible Verluste fast bei allen Temperaturen auftreten. Jedoch sind die magnetischen Eigenschaften weniger stark von der Temperatur abhängig, so daß im Bereich um Zimmertemperatur wieder meist nur reversible Verluste zu berücksichtigen sind.

In den Bildern 30.8a und 30.8b ist der Verlauf der Sättigungsmagnetisierung als Funktion der Temperatur für verschiedene AlNiCo-Legierungen zu sehen [2].

Bei den nicht- bzw. schwach-titanhaltigen Werkstoffen in Bild 30.8a stimmen bei der gewählten Temperaturführung hin- und rücklaufende Kurve nahezu überein. Bei den hochtitanhaltigen Werkstoffen in Bild 30.8b dagegen tritt infolge beschleunigter γ-Phasenbildung bei Temperaturen oberhalb 850 °C eine Temperaturhysterese ein, die abhängig von der Haltezeit bei ca. 900 °C ist.

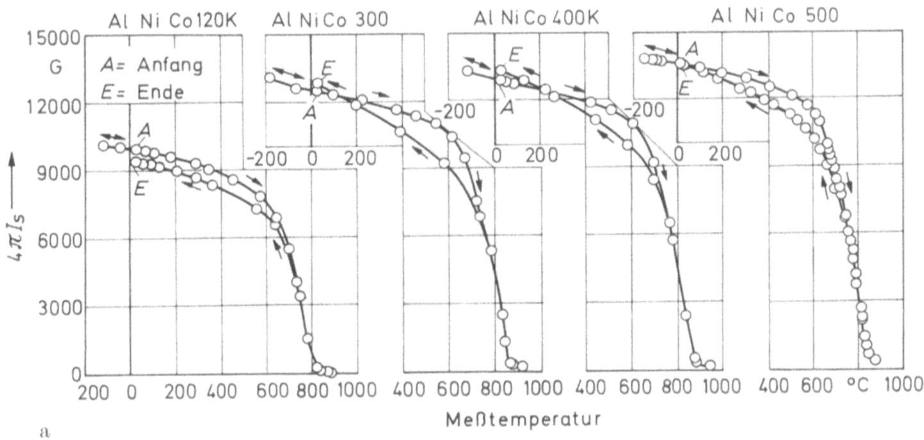

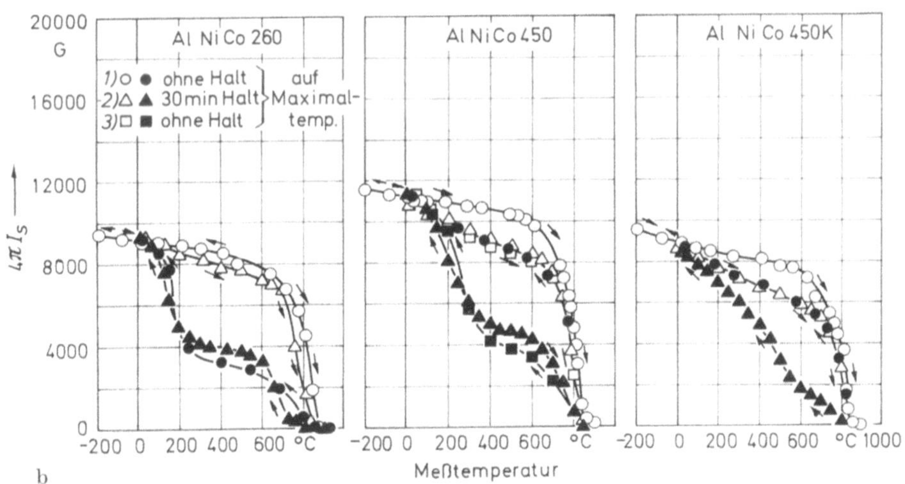

Bild 30.8. Abhängigkeit der Sättigungsmagnetisierung von der Temperatur für verschiedene AlNiCo-Werkstoffe (nach [2]). a) Titan-Gehalt < 0,5%; b) Titan-Gehalt > 5%.

In Bild 30.9 ist der Verlauf von Remanenz B_r und Koerzitivfeldstärke $_BH_c$ als Funktion der Temperatur für verschiedene AlNiCo-Legierungen eingetragen [2]. Er ist bei der Koerzitivfeldstärke, je nach Legierung und Wärmebehandlung, sehr verschieden [25]. Der Verlauf der Koerzitivfeldstärken $_IH_c$ und $_BH_c$ kann bei AlNiCo gleichgesetzt werden [19, 25, 26]. Wie insbesondere CLEGG [27], LACKHORST u. a. [28] sowie HENNIG [29] fanden, ist bei einer Temperatur von ca. 70 °K bei AlNiCo 500 ein Minimum der Koerzitivfeldstärke, dessen Ursache noch unklar ist. Wahrscheinlich deutet es auf einen zunehmenden Einfluß der Kristallanisotropie infolge Abnahme der Formanisotropie hin. Diese Abnahme wiederum könnte durch eine Abnahme der Differenz der Sättigungsmagnetisierungen ΔI_s zwischen Matrix und Ausscheidung hervorgerufen sein, also durch verschiedene Temperaturabhängigkeit von Kristall- und Formanisotropie.

Wie LUBORSKY u. a. [30] gezeigt haben, ist der Temperaturkoeffizient von AlNiCo-Werkstoffen ähnlich dem von ESD-Partikeln, was also auch auf die vorherrschende Formanisotropie bei AlNiCo hinweist.

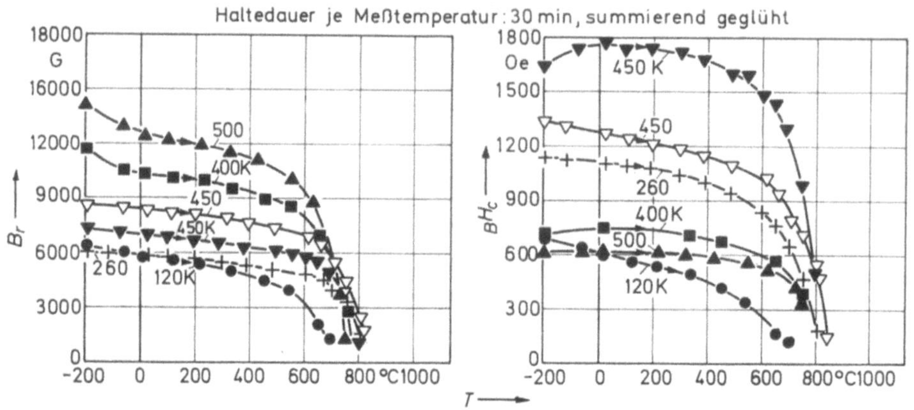

Bild 30.9. Abhängigkeit von Remanenz B_r und Koerzitivfeldstärke $_BH_c$ von der Temperatur für verschiedene AlNiCo-Werkstoffe (nach [2]).

Der am meisten untersuchte AlNiCo-Werkstoff ist der technisch sehr wichtige Werkstoff AlNiCo 500 (= AlNiCo V ≈ Alcomax III). Die Temperaturabhängigkeit seiner magnetischen Eigenschaften ist in den Bildern 30.8 und 30.9 mit enthalten. In Bild 30.10 ist außerdem die Entmagnetisierungskurve dieses Werkstoffes für verschiedene Meßtemperaturen zu sehen. Im Bereich $-40\,°C < T < +100\,°C$ kann für die Remanenz B_r und die Koerzitivfeldstärke $_BH_c$ wieder je ein *Temperaturkoeffizient* für die *reversiblen* Verluste angegeben werden. Er ist, wie die Bilder 30.8 und 30.9 andeuten, für alle AlNiCo-Werkstoffe nicht sehr stark verschieden und beträgt für die Remanenz $Tk_{B_r} \approx -0{,}02\%/°C$ und für die Koerzitivfeldstärke $Tk_{_BH_c} \approx -0{,}02$ bis $0\%/°C$ [29]. Beide betragen damit ca. 1/10 des betreffenden Temperaturkoeffizienten bei Bariumferrit. Allerdings fand HENNIG [29], daß bei ungünstiger Wärmebehandlung der Temperaturkoeffizient der Koerzitivfeldstärke bei AlNiCo, besonders bei AlNiCo 500, sehr stark zunimmt. Dies dürfte auf starkes Überwiegen der Kristallanisotropie beruhen, da hier wahrscheinlich die Formanisotropie klein wird.

Infolge der Krümmung der Entmagnetisierungskurve bei AlNiCo kann diese nicht aus zwei Geraden zusammengesetzt werden, und damit ist kein *kritischer spezifischer Leitwert* λ_K für das Einsetzen irreversibler Verluste der Magnetisierung berechenbar wie bei Bariumferrit (s. jedoch Abschnitt 30.1).

Von TENZER [11] wurden die reversiblen und irreversiblen Verluste für mehrere AlNiCo-Werkstoffe bestimmt. Mit zunehmender Koerzitivfeldstärke nehmen die irreversiblen Verluste ab, während die reversiblen ungefähr gleich bleiben, wie z. B. die Bilder 30.11a und 30.11b für AlNiCo 500 und 450 nach ASSAYAG [6] zeigen. Danach werden die reversiblen Verluste des hochkoerzitiven Ticonal 1500 ($\approx$ AlNiCo 450) bei kleinem Dimensionsverhältnis p im Bereich $+20°C < T < +150°C$ sogar positiv, d. h. die scheinbare Remanenz nimmt zu. Bei diesem Werkstoff kann für das Dimensionsverhältnis $p \approx 2{,}5$ im Bereich $+20°C < T < +100°C$ die scheinbare Remanenz deshalb als nahezu konstant angesehen werden.

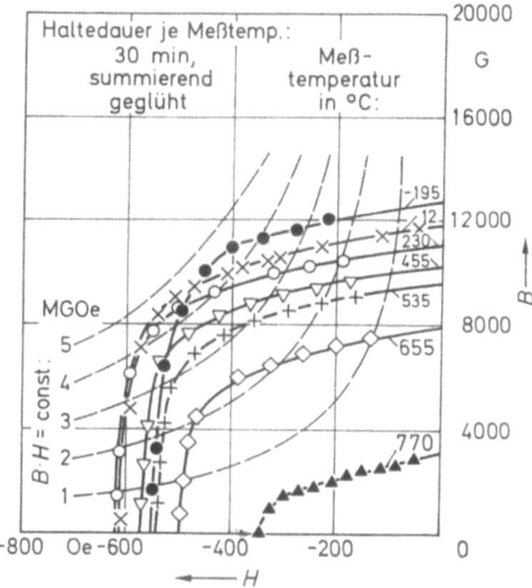

Bild 30.10. Entmagnetisierungskurven von AlNiCo 500 bei verschiedenen Temperaturen (nach [2]).

Diese reversiblen Verluste sind auch für Dimensionsverhältnisse $p > 2$ nahezu unabhängig vom Arbeitspunkt, wie z. B. Bild 30.12 für Alcomax III nach Messungen von CLEGG [27] zeigt. Die irreversiblen Verluste nehmen natürlich stark mit abnehmendem Dimensionsverhältnis zu. Bei Temperaturzunahme bewirken beide Verluste abnehmende scheinbare Remanenz. Bei Abkühlung unter Zimmertempe-

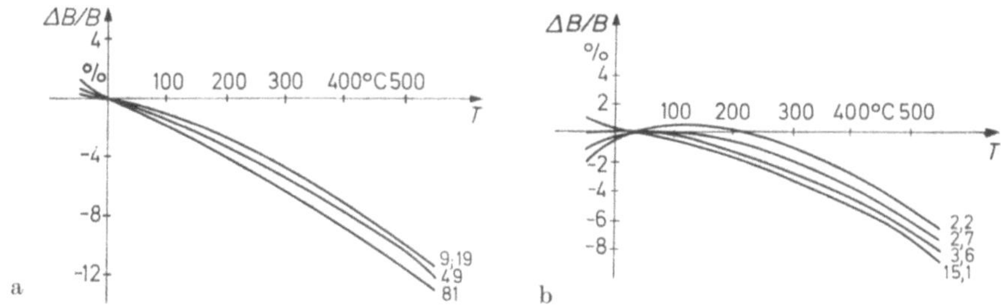

Bild 30.11. Reversible Änderung der scheinbaren Remanenz als Funktion der Temperatur bei Stäben mit verschiedenem Dimensionsverhältnis $p = l/d$ (nach [6]). a) für AlNiCo 500; b) für AlNiCo 450.

ratur nimmt durch die irreversiblen Verluste die scheinbare Remanenz ab, durch die reversiblen Verluste jedoch zu, ähnlich wie bei Bariumferrit. Die reversiblen Verluste gehen für Arbeitspunkte nahe der Remanenz linear mit der Temperatur bis zu Temperaturen $> 550°C$. Für Arbeitspunkte mit $H_A \approx {}_BH_c$ nehmen die reversiblen Verluste bei hohen Temperaturen ($T >$ ca. $300°C$) mehr als linear zu, entsprechend dem Abfall der Koerzitivfeldstärke in Bild 30.9. In den Tab. 30.1 und 30.2 sind noch einmal verschiedene Meßergebnisse zusammengestellt.

Zusammenfassend kann gesagt werden, daß für $T < 300\,°C$ irreversible Verluste nicht auftreten, solange die Feldstärke H_A des betreffenden Leitwertes $\lambda = B_A/H_A$ kleiner als 0,5 bis 0,6mal der niedrigsten Koerzitivfeldstärke des Temperaturzyklus bleibt. Ist die Feldstärke aber größer, so treten irreversible Verluste beim ersten Temperaturzyklus auf. Auch die nächsten zwei bis drei Zyklen ergeben noch schwache irreversible Verluste. Jeder dann folgende, höchstens gleichgroße Zyklus führt nur noch zu reversiblen Verlusten. Dies ist in Bild 30.11 durch die reversibel durchlaufenen (nahezu) Geraden zu erkennen.

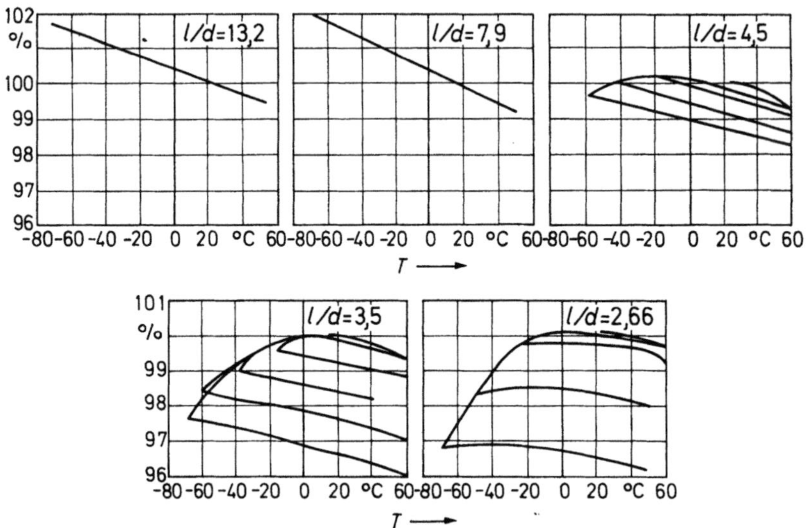

Bild 30.12. Änderung der Anfangsmagnetisierung (20 °C) in % bei verschiedenen Temperaturzyklen für verschiedene Dimensionsverhältnisse l/d bei Alcomax III (ähnlich AlNiCo 500) (nach [27]).

Wenn AlNiCo-Magnete unter Zimmertemperatur abgekühlt werden, dann können auch hier reversible und irreversible Verluste auftreten. Die irreversiblen Verluste sind nach CLEGG [27] abhängig von der Kurvenform. Je größer die Ausbauchung ist, umso größer sind die irreversiblen Verluste, wie z. B. Tab. 30.2 nach PARKER und STUDDERS [33] zeigt. Mit abnehmendem Dimensionsverhältnis kann der Temperaturkoeffizient der reversiblen Verluste, wie ersichtlich, sogar sein Vorzeichen umkehren. Demzufolge muß es ein kritisches Dimensionsverhältnis $p_K = (l/d)_K$ geben, bei dem der Temperaturkoeffizient verschwindet, also keine reversiblen Verluste bei Abkühlung (bis ca. $-200\,°C$) vorhanden sind.

Außer durch einen vorhergehenden Temperaturzyklus können die irreversiblen Verluste auch weitgehend durch eine *Wechselfeldentmagnetisierung*, d. h. also Stabilisierung, unterdrückt werden. Eine solche Wechselfeldentmagnetisierung bei einer Frequenz von 50 Hz ergibt nach Messungen von HADFIELD [34] eine angenäherte Linearität zwischen Gegenfeldstärke und Abnahme der scheinbaren Remanenz B_r' bis zu ca. 10%. Die Abnahme beträgt dabei ca. 0,10%/Oe. Beim Temperaturzyklus $-70\,°C < T < +70\,°C$ fand CLEGG [27], daß eine Wechselfeldentmagnetisierung von 5% beim Dimensionsverhältnis $p \approx 3$ die irreversiblen

Tabelle 30.1. *Verluste von AlNiCo-Werkstoffen nach Erhitzen auf verschiedene Temperaturen und Abkühlen auf Raumtemperatur*

Werkstoff	Literatur	p	Gesamtverlust in % nach Erhitzen auf		Irreversibler Verlust in % nach Erhitzen auf folgende Temperaturen und Abkühlen auf Zimmertemperatur		Temperatur-koeffizient	Temperatur-bereich
			300 °C	500 °C	300 °C	500 °C	%/°C	°C
AlNiCo 90	[25]	6	14,1	27,2	5,9	11,5	0,024	0–200
		4,5	16,2	32,0	8,3	15,6	0,022	
		2,5	17,3	37,0	11,1	24,1	0,014	
AlNiCo 90	[31]	6,5	—	—	3,3	—	—	0–80
		3,5	—	—	8,0	—	0,022	
		1,5	—	—	11,6	—	—	
AlNiCo 160	[25]	6	9,2	18,2	3,2	5,6	0,019	0–200
		4,5	11,0	21,5	4,6	8,3	0,014	
		2,5	10,7	20,8	5,4	9,7	0,016	
AlNiCo 500	[25]	6	6,5	12,6	0,6	1,0	0,022	0–200
		4,5	6,3	11,3	1,0	2,0	0,013	
		2,5	5,4	11,5	1,1	1,9	0,013	
AlNiCo 500	[31]	6,5	—	—	—	—	0,022	0–80
		3,5	—	—	1,1	—	0,016	
		1,5	—	—	2,1	—	0,016	
AlNiCo 500	[32]	10,0	—	—	1,8	1,5	0,010	0–200
		6,5	—	—	6,8 *	6,5 *	0,012	
		1,0	—	—	10,5	13,0	0,0125	
AlNiCo 400 K	[31]	6,5	—	—	0,5	—	0,032	0–80
		3,5	—	—	1,6	—	0,020	
		1,5	—	—	2,9	—	0,000	
AlNiCo 400 K	[32]	10,0	—	—	1,2	1,8	0,0078	0–200
		6,5	—	—	2,7 *	3,5 *	0,0078	
		1,0	—	—	6,7	10,5	0,0052	

* Verlust nach mehreren Zyklen zwischen −70 °C und angegebener Temperatur

Tabelle 30.2. *Temperaturverhalten von AlNiCo-Werkstoffen unterhalb Raumtemperatur; nach [33]*

Werkstoff	entspricht	p	Irreversibler Verlust in % nach Abkühlen auf folgende Temperaturen und Erhitzen auf Raumtemperatur		Temperaturkoeffizient
			−190 °C	−60 °C	%/°C
AlNiCo 2	AlNiCo 160	5,3	0	0	−0,025
		3,7	0	0	−0,021
		2,7	0	0	−0,018
		1,8	0	0	−0,009
		0,9	0	0	−0,014
AlNiCo 5	AlNiCo 500	8,0	0	0	−0,022
		5,4	4,6	1,4	−0,012
		3,6	9,0	2,5	−0,002
		2,7	6,2	3,6	+0,010
		1,8	7,9	3,1	+0,016
		0,9	8,5	3,4	+0,007
AlNiCo 8	AlNiCo 450	5,6	0	0	−0,013
		2,85	0,5	0,1	+0,003
		1,9	0,7	0,3	+0,015
		1,0	1,3	0,5	+0,033

Verluste von ca. 3,5% auf ca. 0,5% erniedrigte. ASSAYAG [6] fand, daß bei der Temperaturstabilisierung mit abnehmendem Dimensionsverhältnis eine zunehmende Anzahl von Zyklen notwendig ist, um die irreversiblen Verluste zu beseitigen.

Infolge der hohen Temperaturstabilität des Gefüges von AlNiCo-Dauermagneten wurde das Verhalten auch für Temperaturen oberhalb 300 °C untersucht, wie Tab. 30.1 zeigt. Bis zu Temperaturen von ca. 500 °C treten nach Messungen von

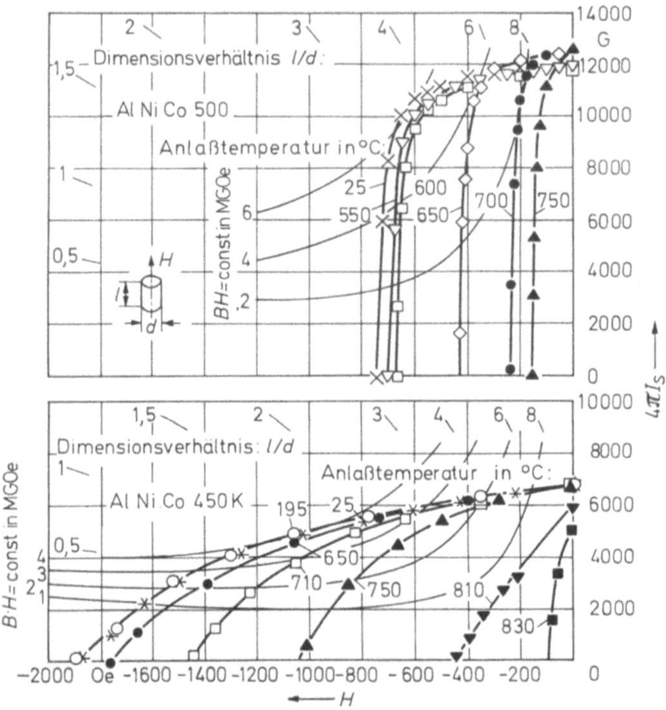

Bild 30.13. Änderung der Entmagnetisierungskurven von AlNiCo 500 und 450 K durch Anlassen bei verschiedener Temperatur. Anlaßzeit je Temperatur 30 Minuten, summierend geglüht, Meßtemperatur: 25 °C (nach [1]).

CLEGG und MCCAIG [35] keine Gefügeänderungen auf. Die reversiblen Änderungen sind dabei jedoch nicht mehr linear von der Temperatur abhängig, sondern haben noch eine zusätzliche quadratische Abhängigkeit von der Temperatur. Für ein Dimensionsverhältnis von $p \approx 4$ beträgt die reversible Abnahme bei Erhitzung auf 500 °C für alle AlNiCo-Werkstoffe ca. 10%. Auch von ROBERTS [36] wurde bis 500 °C bei AlNiCo V (= AlNiCo 500) und AlNiCo VI ($\approx$ AlNiCo 400 K) keine Gefügeänderung entdeckt. Die quadratische reversible Abnahme der scheinbaren Remanenz mit der Temperatur wurde von GOULD [15] für verschiedene AlNiCo-Werkstoffe mit einem Dimensionsverhältnis $p \approx 2,5 - 4,0$ bis 550 °C bestimmt.

Von TENZER [31, 37] wurden AlNiCo V-Magnete mit einem Dimensionsverhältnis $p = 3 - 56$ bis 550 °C untersucht. Sie zeigen keine Gefügeänderung und nach Temperaturstabilisierung bei 558 °C keine Abnahme der Remanenz B_r. Wenn die Magnete dagegen keine vollständige normale Warmbehandlung erfahren haben, nimmt bei kurzen Stäben die Remanenz für Temperaturen $T > 450\,°C$ zu. Auch ASSAYAG [6] und GOULD [38] geben an, daß unterhalb 550°C keine Gefügeänderungen vorhanden sind; die bestätigt im wesentlichen ebenfalls Bild 30.13 [1].

Da die Anlaß-Warmbehandlung von AlNiCo-Magneten bei Temperaturen $T \geq 560\,°C$ stattfindet, ist oberhalb 550°C mit Gefügeänderungen zu rechnen wie Bild 30.13 zeigt. Die Einsatzmöglichkeiten sind daher hier stark von der Verweilzeit bei der jeweiligen Temperatur abhängig. Von CLEGG und McCAIG [39]

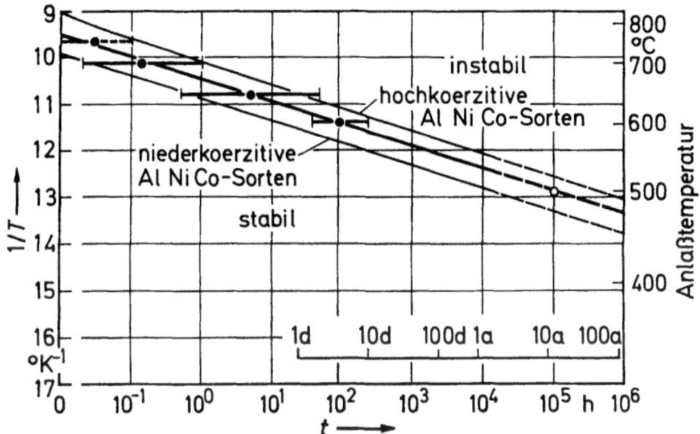

Bild 30.14. Gefügestabilität bei AlNiCo-Werkstoffen als Funktion von Anlaßzeit und -temperatur (nach [1]).

wurden Untersuchungen an Alcomax III bei Temperaturen von 650 und 700°C über Zeiträume von 5 Minuten bis 21 Stunden durchgeführt. Nach 5 Minuten Verweilzeit bei einer Temperatur von 650°C wird beim Dimensionsverhältnis $p \approx 4{,}5$ ca. 5% irreversibler Verlust der Magnetisierung und ca. 2% Verlust der Magnetisierung durch Gefügeänderung festgestellt; bei 700°C ca. 5% irreversibler und ca. 5% Gefügeverlust. Nach 21 Stunden Verweilzeit bei einer Temperatur von 650°C werden bei dieser Temperatur ca. 42% Gesamtverlust und bei Zimmertemperatur ca. 17% Gesamtverlust gemessen; bei einer Temperatur von 700°C entsprechend 73% bzw. 61%. Dabei ist zu beachten, daß die bei diesen Temperaturen auftretenden Gefügeänderungen bekanntlich durch Wärmebehandlungen bei tieferen Temperaturen (ca. 560 bis 590°C) weitgehend wieder rückgängig gemacht werden können [25, 40, 41].

Eingehende Untersuchungen über das Verhalten bei hohen Temperaturen wurden von DIETRICH [1] unternommen. Es wurde dabei die *Zeitabhängigkeit der Gefügeänderungen* geklärt und in Bild 30.14 zusammengefaßt. Daraus sind die *maximalen Gebrauchstemperaturen* $T_{G,t}$ für Anlaßzeiten zwischen 1 Minute und 1 Jahr zu entnehmen, d. h. die Temperatur, unterhalb der in der benötigten Einsatzzeit der Werkstoff sich nicht verändert. Nicht betrachtet sind dabei die auftretenden reversiblen und irreversiblen Magnetisierungsänderungen. Die waagerechten Balken in Bild 30.14 geben den Streubereich infolge unterschiedlicher Legierungszusammensetzung der verschiedenen AlNiCo-Werkstoffe an. Die hochkoerzitiven, titanhaltigen AlNiCo-Legierungen sind temperaturstabiler als die niederkoerzitiven, titanfreien, wie das Bild zeigt.

30.3.3 Sonstige Änderungen

An Magneten aus AlNiCo 160 und 500 mit einem Dimensionsverhältnis von $p \approx 15$ wurde von McCAIG [42] die Abnahme der scheinbaren Remanenz durch Berühren mit Weicheisen gemessen. Dabei wurden 25 bzw. 40% Abnahme festgestellt. Diese Abnahme kann durch nichtferromagnetische Zwischenschichten sehr stark verhindert werden. Zu beachten ist weiterhin, daß durch das Abziehen des Weicheisens der ursprüngliche Magnetisierungszustand des Dauermagneten stark verzerrt werden kann. Eine vor dem Berühren nahezu homogene Magnetisierung kann nach dem Abziehen sehr inhomogen geworden sein. Bei mehrmaligem Kurzschließen wandert der Arbeitspunkt auf permanenten Zustandskurven zu niedrigeren Induktionswerten. Die Abnahme nimmt zu mit abnehmendem Dimensionsverhältnis, wie RAIDL [43] an AlNiCo 120 fand.

Von ROBERTS [36] wurden an AlNiCo V und VI Rütteluntersuchungen mit Beschleunigungen von 20 g im Frequenzbereich von 5 bis 2000 Hz und verschiedenen Temperaturen durchgeführt. Die Änderung der scheinbaren Remanenz war $< \pm 1\%$.

Bei AlNiCo-Werkstoffen tritt durch Strahlendosen von Neutronen von 10^{11} bis 10^{12} cm^{-2} sec^{-1} innerhalb von 2 bis 4 Wochen keine Änderung der magnetischen Eigenschaften ein [44]. Bei höheren Flüssen ist mit Verringerung der scheinbaren Remanenz [45] und der Koerzitivfeldstärke [19] zu rechnen. Zu beachten ist außerdem die *Radioaktivität* des bestrahlten Werkstoffes [20].

30.4 Vicalloy, Eisen-Kobalt-Vanadium-(Chrom)-Legierung

In Bild 30.15 ist u. a. die Temperaturabhängigkeit der Sättigungsmagnetisierung, in Bild 30.16 diejenige von Remanenz und Koerzitivfeldstärke einer Legierung mit 52% Kobalt, 8% Vanadium, 4% Chrom, Rest Eisen, abgebildet.

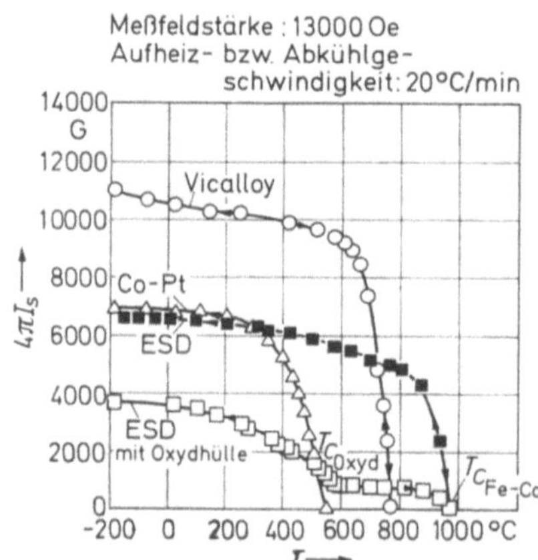

Bild 30.15. Temperaturabhängigkeit der Sättigungsmagnetisierung $4\pi I_s$ für verschiedene Dauermagnetwerkstoffe (nach [2]).

Bemerkenswert ist die geringe Abhängigkeit von Remanenz und Koerzitivfeldstärke von Zimmertemperatur bis 200 bzw. 400 °C, wie auch Bild 30.17 anhand der Entmagnetisierungskurven zeigt. Die geringe Temperaturabhängigkeit dehnt sich auch nach tieferen Temperaturen aus [46]. Bei Temperaturen von zumindest

—200 °C bis +200 °C sind demzufolge keine Verluste vorhanden. Im Bereich von +200 °C bis +400 °C steigt die Remanenz schwach an, so daß beim Wiederabkühlen irreversible Verluste der Magnetisierung zu erwarten sind. Außerdem deutet der Anstieg der Remanenz Gefügeänderungen in diesem Temperatur-

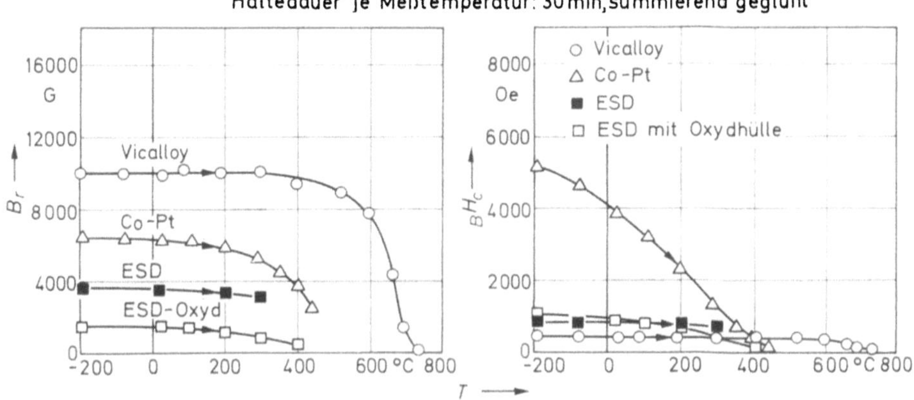

Bild 30.16. Temperaturabhängigkeit von Remanenz B_r und Koerzitivfeldstärke $_BH_c$ für verschiedene Dauermagnetwerkstoffe (nach [2]).

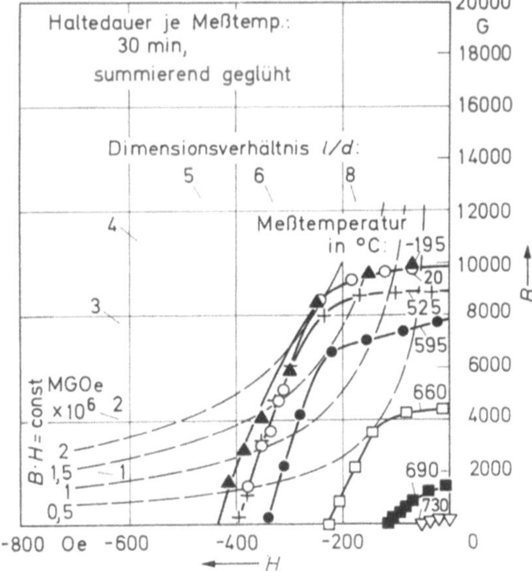

Bild 30.17. Abhängigkeit der Entmagnetisierungskurve von der Temperatur für Vicalloy (nach [2]).

bereich an. Von DIETRICH wurde die Gesamtalterung gemessen [1, 2]. Oberhalb einer Temperatur von 550 °C werden die Gefügeänderungen sehr stark. Dies geht einmal aus den Entmagnetisierungskurven der bis 730 °C geglühten Proben in Bild 30.17 hervor; außerdem ist es aus Bild 30.18 ersichtlich. Dort ist die Änderung von Remanenz und Koerzitivfeldstärke bei Anlaßzeiten von $^1/_2$ Stunde für verschiedene Temperaturen aufgezeichnet. Als maximale Gebrauchstemperatur $T_{G,\mathrm{max}}$ kann für diesen Werkstoff ca. 450 bis 500 °C eingesetzt werden.

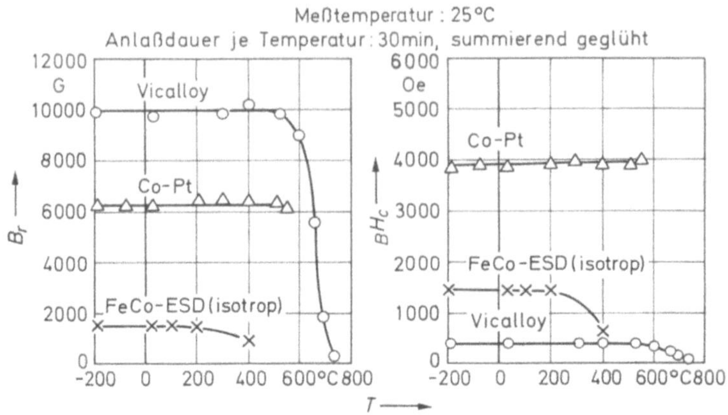

Bild 30.18. Einfluß einer Anlaßbehandlung von 30 Minuten bei verschiedener Temperatur auf die Gefügealterung von PtCo-, Vicalloy- und ESD-Dauermagneten (nach [1]).

30.5 PtCo

Die magnetischen Eigenschaften von PtCo sind sehr empfindlich vom Ordnungszustand und damit von der Wärmebehandlung abhängig. Dies beeinflußt auch das Verhalten des fertig wärmebehandelten Magneten in Abhängigkeit von der Temperatur. Nach Messungen von DIETRICH [2] sind die Sättigungsmagnetisierung sowie die Koerzitivfeldstärken $_IH_c$ und $_BH_c$ als Funktion der Temperatur in den

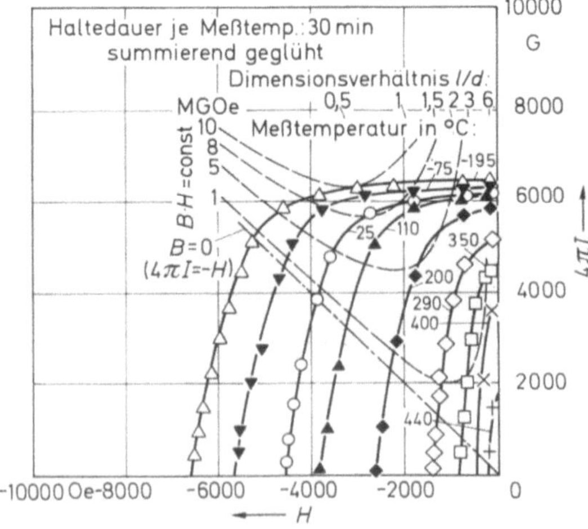

Bild 30.19. Abhängigkeit der Entmagnetisierungskurve von der Temperatur für PtCo (nach [2]).

Bildern 30.15 und 30.16 aufgetragen. Dabei war die Aufheizungsgeschwindigkeit ca. 20°C/min. Das Bild zeigt die starke Temperaturabhängigkeit der Koerzitivfeldstärke, wobei zu bemerken ist, das es sich noch um instabile Zustände handelt, also bei längerer Auslagerzeit noch stärkere Abnahmen zu erwarten sind. In Bild 30.19 ist dies anhand der Entmagnetisierungskurven für verschiedene Temperaturen gut zu sehen, außerdem in Bild 30.18 anhand der Anlaßkurven.

In Tab. 30.3 ist nach MINTERN [47] die Abnahme des Flusses in % bei verschiedenen Temperaturen und Zeiten aufgetragen. Die größte Abnahme des Flusses geschieht in den ersten fünf Minuten. Es handelt sich dabei bis zu Temperaturen von 250 °C fast ausschließlich um reversible und irreversible Magnetisierungsverluste, welche durch Neumagnetisierung wieder beseitigt werden können. Für Temperaturen im Bereich $-60\,°C < T < +100\,°C$ fanden ZINGERY und WIRT [48],

Tabelle 30.3. *Abnahme des magnetischen Flusses bei Platin-Kobalt in %, bezogen auf Zimmertemperatur, bei verschiedenen Meßtemperaturen und Haltezeiten; nach [47]*

Temperatur	Haltezeit		
°C	5 Minuten	2 Stunden	10^3 Stunden
120	3 %	5,5%	7,5%
200	16 %	18,5%	22,5%
250	21,5%	26 %	28 %
350	43,5%	50,5%	51 %

daß praktisch nur reversible Verluste der Magnetisierung vorhanden sind, wobei der *reversible Temperaturkoeffizient der scheinbaren Remanenz* für ein Dimensionsverhältnis $p \approx 20$ mit $Tk_{B_r} = -0,042\%/°C$ angegeben wird und damit etwa doppelt so groß wie bei den AlNiCo-Legierungen sein sollte. Aus den Messungen von DIETRICH [2] ist dagegen ein Temperaturkoeffizient der scheinbaren Rema-

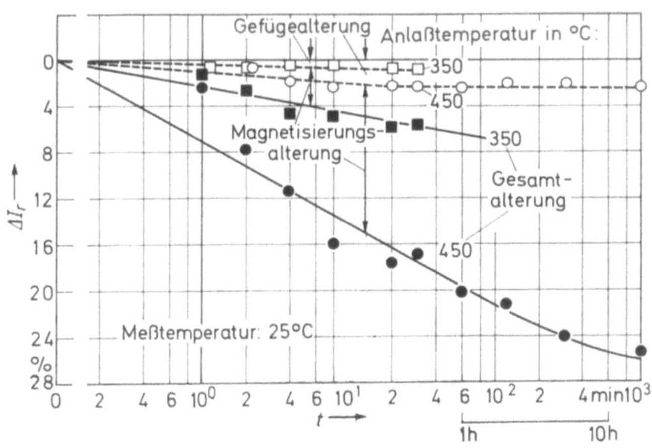

Bild 30.20. Trennung der Gesamtalterung von PtCo in Gefüge- und Magnetisierungsalterung als Funktion von Anlaßtemperatur und -dauer (nach [1]).

nenz von $Tk_{B_r} = -0,02\%/°C$ zu entnehmen (s. Bild 30.19). Zu tiefen Temperaturen bis $-200\,°C$ sind nach PARKER und STUDDERS [49] auch nur noch reversible Verluste der Magnetisierung vorhanden, und zwar unabhängig vom Dimensionsverhältnis, wie auch Bild 30.18 andeutet. Als Temperaturkoeffizient der scheinbaren Remanenz wird $Tk_{B_r} \approx -0,015\%/°C$ angegeben. Wenn die Temperatur auf 250 °C ansteigt, ist nach ca. 1 Stunde jedoch schon ein irreversibler Verlust der Magnetisierung von ca. 3% vorhanden, welcher aber noch mit der Zeit ansteigt.

Bei Temperaturen $T > 250$ bis $300\,°C$ treten merkliche Gefügeänderungen nur nach langen Glühzeiten auf, wobei z. B. die maximale Energiedichte für eine Glühung 10^3 Stunden bei $350\,°C$ von $9{,}2$ MGOe auf $8{,}4$ MGOe abfällt. Bei kurzen Glühzeiten wurden von DIETRICH [1] bis zu Temperaturen von $600\,°C$ nur schwache Gefügeänderungen gefunden, wie Bild 30.20 zeigt. Die Gesamtalterung bei Temperaturen von 350 und $450\,°C$ ist in Bild 30.20 zu sehen. Infolge der hohen reversiblen Magnetisierungsverluste wegen der niedrigen Curie-Temperatur von $550\,°C$ kann aber als *maximale Gebrauchstemperatur* $T_{G,\mathrm{max}}$ von PtCo höchstens $300\,°C$ eingesetzt werden.

Bei PtCo wird durch eine integrierte Strahlendosis an Neutronen von $10^{13}\,\mathrm{n}\cdot\mathrm{cm}^{-2}$ eine geringfügige Zunahme der magnetischen Eigenschaften erreicht [17], bei Steigerung der integrierten Strahlendosis auf $4\cdot10^{20}\,\mathrm{n}\cdot\mathrm{cm}^{-2}$ ist aber schon eine Abnahme der scheinbaren Remanenz um ca. 40% zu erwarten [17]. Außerdem wird der Werkstoff bei der Bestrahlung *radioaktiv*.

30.6 ESD

Die Abhängigkeit der magnetischen Eigenschaften von der Temperatur ist in den Bildern 30.15 und 30.16 gezeigt, die Abhängigkeit der Entmagnetisierungskurve von der Temperatur in Bild 30.21. Die Stabilität von ESD-Magneten ist noch wenig untersucht. Von YAMARTINO u. a. [50] wurden Legierungen mit

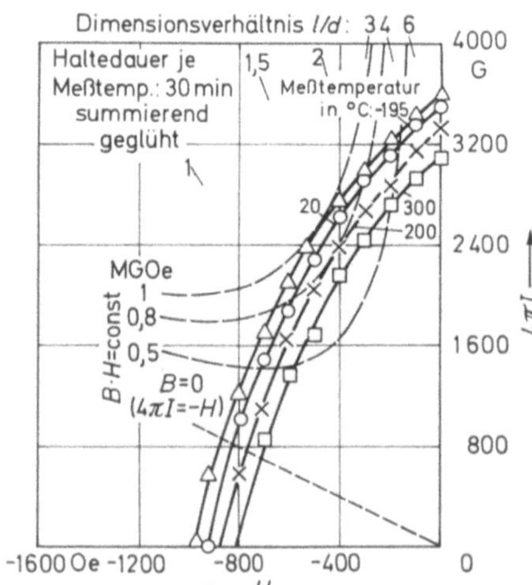

Bild 30.21.
Abhängigkeit der Entmagnetisierungskurven von der Temperatur für isotrope ESD-Dauermagnete (nach [2]).

metallischer Matrix 30 Tage bei einer Temperatur von $250\,°C$ ausgelagert. Dabei nahm der Fluß um ca. 2% ab. Bei Dauermagneten mit organischer Matrix wurde von MENDELSOHN und NORMAN [51] bei einer Auslagerung von zwei Monaten bei einer Temperatur von $100\,°C$ eine Abnahme der maximalen Energiedichte um 10% gefunden. Wegen der Matrixerweichung und eventuellen weiteren Alterung der ESD-Partikel können ESD-Dauermagnete höchstens bis zu Temperaturen von $200\,°C$ eingesetzt werden, wie auch Bild 30.18 zeigt [1]. Als *maximale Gebrauchstemperatur* $T_{G,\mathrm{max}}$ ist ca. $150\,°C$ anzunehmen. Bei ESD-Dauermagneten mit oxydierter Pulveroberfläche ist qualitativ für die Entmagnetisierungskurve (nicht für die Sättigungsmagnetisierung!) dieselbe Temperaturabhängigkeit wie bei normalen ESD-Dauermagneten vorhanden, wie die Bilder 30.15 und 30.16 zeigen.

30.7 Nachbemerkung

In Abschnitt 30.1 wurde versucht, nach den bisherigen Erkenntnissen einige allgemeine Gesetzmäßigkeiten für das Verhalten von Dauermagnetwerkstoffen vor allem unter dem Einfluß von höheren bzw. tieferen Temperaturen aufzustellen. Die Fülle der in den anderen Absätzen dieses Kapitels mitgeteilten Einzelergebnisse läßt sich nicht immer ganz zwanglos den Vorstellungen unterordnen und auch oft nicht miteinander vergleichen. Wegen der vielen möglichen Parameter, welche die Ergebnisse beeinflussen, ist dies auch nicht verwunderlich. Trotzdem scheint es möglich, aus den vielen Versuchsergebnissen folgende Richtlinien für die Herstellung von Dauermagnetsystemen mit *alterungsfreier*, d. h. konstanter *Luftspaltinduktion*, abzuleiten [3, 52]:

Die verwendeten Dauermagnetwerkstoffe müssen bei Gebrauchstemperatur gefügestabil sein.

Der mechanische Aufbau der Magnetsysteme sowie die hierzu verwendeten Werkstoffe müssen bis zur maximalen Gebrauchstemperatur stabil bleiben.

Die reversiblen Temperaturkoeffizienten der verwendeten Dauermagnetwerkstoffe, insbesondere die der Remanenz und Koerzitivfeldstärke, sollen bei Gebrauchstemperatur möglichst klein sein.

Der Arbeitspunkt der Magnete ist möglichst weit oberhalb des $(BH)_\text{max}$-Punktes zu legen.

Die Magnete sind im komplett zusammengebauten Magnetsystem, ohne Eisenrückschluß im Luftspalt, möglichst hoch aufzumagnetisieren.

Die Magnetsysteme sind anschließend, ohne Eisenrückschluß im Luftspalt, in einem homogenen Wechselfeld technischer Frequenz um mindestens 5% abzumagnetisieren (je größer die Scherung, desto höher muß die Abmagnetisierung sein).

Werden die Magnetsysteme später größeren mechanischen Erschütterungen und/oder Temperaturschwankungen ausgesetzt, so ist es angebracht, sie vor dem Gebrauch kurzzeitig in derselben Weise, nur noch etwas verstärkt, zu beanspruchen.

Literatur

1. DIETRICH, H.: Z. angew. Phys. 21 (1966) 125—129; Kobalt Nr. 30 (1966) 3—16.
2. DIETRICH, H.: Kobalt Nr. 30 (1966) 3—16.
3. DIETRICH, H.: Kobalt Nr. 35 (1967) 71—87.
4. NEEL, L.: J. Phys. Rad. 11 (1950) 49—54, 12 (1951) 339—351.
5. KRONENBERG, K. J., u. M. A. BOHLMANN: WADC-Techn. Rep. 58—535 (Dez. 1958).
6. ASSAYAG, P.: Bull. Soc. Franc. Electric., Serie 8, 4 (1963) 5—23.
7. RICHTER, H.: Dipl.-Arbeit, Bergakademie Clausthal-Zellerfeld 1962.
8. WENT, J. J., G. W. RATHENAU, E. W. GORTER u. G. W. VAN OSTERHOUT: Phil. techn. Rdsch. 12 (1952) 361—375.
9. IRELAND, J. R.: Appl. Magnetics, Indiana General Corp. 7 (1959).
10. SCHÜLER, K.: DEW Techn. Ber. 5 (1965) 64—73.

11. Tenzer, R. K.: Proc. of the Conf. on Magnetism and Magnetic Materials, Boston 1956, 203—211.
12. Schwabe, E.: Z. angew. Phys. 9 (1957) 183—187.
13. Fahlenbrach, H.: Techn. Mitt. Krupp 14 (1956) 2—11.
14. Joksch, C.: DEW Techn. Ber. 4 (1964) 182—188.
15. Gould, J. E.: Instrument Practice 12 (1958) 1083—1091.
16. Technical Bulletin PMA, Sheffield, Nr. 2 (1964).
17. Sery, R. S., D. J. Gordon u. R. H. Lindsten: Navard-Report 6276 (1959). — Lindsten, R. H., R. S. Sery u. D. J. Gordon: Mat. Res. Navy Symp., Philadelphia (1959) 253—292.
18. Sery, R. S., R. H. Lindsten u. D. J. Gordon: Mat. Design Eng. 55 (1962) 90—92, 133.
19. Prospekt der Firma General Magnetics Corp.: Temperature and Radation Effects on Permanent Magnets, Detroit (1966).
20. Schmelzer, G.: DEW Techn. Ber. 3 (1963) 103—118.
21. Kronenberg, K. J., u. M. A. Bohlmann: J. appl. Phys. 31 (1960) 82S—84S.
22. Kronenberg, K. J.: Arch. Eisenhüttenw. 24 (1953) 441—446.
23. Webb, C. E.: Inst. Electr. Eng. Monograph Nr. 427 M (Jan. 1961) 317—324.
24. Zingery, W. L., T. M. Wirt, A. Belland u. T. V. Rewes: Canad. J. Phys. 40 (1962) 274—282. — Zingery, W. L., W. B. Whalley, E. B. Romberg u. F. W. Whieler: J. appl. Phys. 37 (1966) 1101—1103.
25. Clegg, A. G., u. M. McCaig: Proc. Phys. Soc., London, B 70 (1957) 817—822.
26. Schur, J. S., L. M. Magat u. A. S. Yermolenko: Fiz. metal. metalloved 14 (1962) 458—461.
27. Clegg, A. C.: Brit. J. appl. Phys. 6 (1955) 120—123.
28. Lackhorst, D. A., A. van Itterbeek u. G. J. van den Berg: Appl. sci. Res. Hague B 3 (1954) 451—455.
29. Hennig, G.: IEEE Transact. Magnetics 2 (1966) 165—166; Dissertation T.U. Berlin 1966.
30. Luborsky, F. E., E. F. Fullam u. D. S. Hallgren: J. appl. Phys. 29 (1958) 989—993.
31. Tenzer, R. K.: J. appl. Phys. 30 (1959) 115S—116S.
32. Roberts, W. H., u. D. L. Mitchell: Report APEX-384, U.S. Office of Technical Services (1958).
33. Parker, R. J., u. R. J. Studders: Permanent Magnets, New York: Wiley 1962, 345.
34. Hadfield, D.: Dissertation, Universität London 1956.
35. Clegg, A. C., u. M. McCaig: Eletcr. Res. Assoc., Techn. Ref. N/T 86.
36. Roberts, W. H.: J. appl. Phys. 29 (1958) 405—407.
37. Tenzer, R. K.: Appl. Magnetics, Indiana Gen. Corp. 2nd Quarter 9 (1961) 2—9.
38. Gould, J. E.: Electronics 32 (1959) 119.
39. Clegg, A. C., u. M. McCaig: Brit. J. appl. Phys. 9 (1958) 194—199.
40. van der Steeg, M. G., u. K. J. de Vos: J. appl. Phys. 27 (1956) 1250.
41. Hansen, J. R.: Proc. of the Conf. on Magnetism and Magnetic Materials, Pittsburgh 1955, 198—204.
42. McCaig, M.: J. sci. Instrum. 33 (1956) 311—312.
43. Raidl, F.: Ber. d. Arbeitsgem. Ferromagnetismus (1958) 132—136.
44. Fennel, J., N. H. Hamcack u. R. S. Barnes: AERE-Report M/TN 48 (1958).
45. Gordon, D. J.: Electro-Technology (1961) 118—125.
46. Baran, W., W. Breuer, H. Fahlenbrach u. K. Janssen: Techn. Mitt. Krupp 18 (1960) 81—90.
47. Mintern, R. A.: Platin Met. Rev. 5 (1961) 82—88.
48. Zingery, W. L., u. T. M. Wirt: Canad. J. Phys. 39 (1961) 1384—1385.
49. Parker, R. J., u. R. J. Studders: in [33, S. 347].
50. Yamartino, E. J., H. R. Broadley u. R. C. Lever: J. appl. Phys. 30 (1959) 144—145.
51. Mendelsohn, L., u. R. S. Norman: J. appl. Phys. 30 (1959) 142—143.
52. Dietrich, H.: Feinwerktechnik 72 (1968) 313—322, 425—433.

V. Magnetisieren, Entmagnetisieren und Messen von Dauermagneten

31 Magnetisieren

Über die im Werkstoff bei der Magnetisierung stattfindenden Vorgänge wurde in Kapitel 8 gesprochen. Hier wird auf die *Methoden der Magnetisierung* eingegangen. Es soll dabei erwähnt werden, daß in der letzten Zeit die Anwendung von Dauermagneten durch die Weiterentwicklung der Technik des Magnetisierens befruchtet worden ist. Dies trifft besonders für die Gebiete der Haft- und Fangmagnete sowie für diejenigen für Motoren und Generatoren zu. In den entspre-

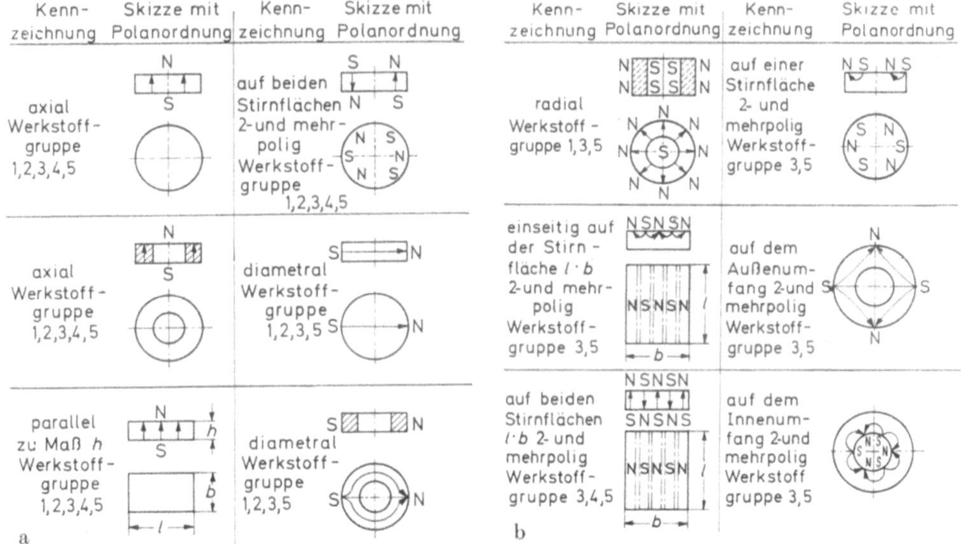

Bild 31.1 a) u. b).　Magnetierungsarten.

chenden Abschnitten wird näher darauf eingegangen. Es können folgende Methoden der Magnetisierung unterschieden werden:

1. Magnetisierung mit Elektromagneten,
2. Magnetisierung mit Luftspulen,
3. Magnetisierung mit Impulsen,
4. Magnetisierung mit Dauermagneten.

Die anzuwendende Methode der Magnetisierung richtet sich einmal nach der Art des zur Verfügung stehenden Stromes, vor allem aber nach Größe und Form der Dauermagnete sowie Anzahl der zu magnetisierenden Pole. In den Bildern 31.1a und b sind die gebräuchlichen Formen der Magnetisierung abgebildet. Dabei ist jedesmal die dafür in Frage kommende Werkstoffgruppe angegeben. Die Gruppen sind:

1. isotrope AlNiCo-Werkstoffe,　　　　4. anisotrope Ferrit-Werkstoffe,
2. anisotrope AlNiCo-Werkstoffe,　　　5. Ferrit-Werkstoffe mit Bindemitteln.
3. isotrope Ferrit-Werkstoffe,

31.1 Magnetisieren mit Elektromagneten

Bei der Magnetisierung mit Elektromagneten (Jochmethode) ist der Weicheisenkern mit einem Luftspalt versehen, in den der zu magnetisierende Dauermagnet gelegt oder gespannt werden kann. Zum Erreichen der Sättigungsmagnetisierung sind *Mindestfeldstärken* notwendig, welche bei niedrigkoerzitiven Werkstoffen ($_IH_c < $ ca. 1,5 kOe) ca. vier- bis fünffache Koerzitivfeldstärke, bei hochkoerzitiven wenigstens ca. zwei- bis dreifache Koerzitivfeldstärke betragen sollten [1]. Dabei handelt es sich meist um die Erreichung der sogenannten *technischen Sättigung*, d. h., es wird beim Abschalten nahezu die äußere Entmagnetisierungskurve durchlaufen. Zum Erreichen der wirklichen Sättigung sind dagegen viel höhere Feldstärken notwendig, z. B. bei Bariumferrit ca. 15 kOe, bei PtCo ca. 36 kOe. Der Elektromagnet muß dementsprechend ausgelegt werden. Seine Berechnung ist z. B. aus [2] zu entnehmen. Beim Bau des Elektromagneten ist darauf zu achten, daß die Spulen möglichst nahe dem Luftspalt angeordnet werden, um die magnetische Streuung minimal zu halten.

Die *Joch-Methode* wird nur für axiale Magnetisierung gerader Dauermagnete benutzt. Es können bei Jochen mit kurzen Luftspalten hohe Feldstärken bis ca. 20—25 kOe erzeugt werden [3]. Zu beachten ist, daß bei konstanter Polfläche und zunehmender Länge des Luftspaltes die Homogenität des Feldes immer geringer wird. Deshalb sollte die Fläche der Polschuhe, wenn möglich, drei- bis viermal so groß wie die des Dauermagneten sein. Die Homogenität des Luftfeldes ist am besten in der Umgebung der Achse und nimmt zum Rand immer mehr ab. Die Form der Feldlinien nähert sich nach außen zunehmend dem Halbkreis. Eine Verbesserung der Homogenität kann u. a. durch Verwendung von nichtebenen Polflächen erreicht werden. In der Praxis werden dafür meist sogenannte *Ringshims* benutzt, d. h. auf einen zylindrischen Polschuh aufgesetzte Weicheisenringe bestimmter Höhe und Breite, wie Bild 31.2 schematisch zeigt. Dabei können für sehr homogene Felder mehrere Ringe mit abnehmender Dicke zur Achse konzentrisch angeordnet werden [4].

Über die Homogenität des Feldes in Abhängigkeit von den Abmessungen der Shims bei $d_P < l_L$ wurden von ANDREW und RUSHWOORTH [5] Berechnungen angestellt, bei $d_P > l_L$ von HOFMANN [6] Messungen durchgeführt.

Von CIOFFI und HAGELBARGER [7] wird zur Homogenisierung des Luftspaltfeldes die Verwendung eines *Flußhomogenisators* vorgeschlagen. Hierbei handelt es sich, wie Bild 31.3 zeigt, um ein Rohr mit veränderlichem Querschnitt aus weichmagnetischem Werkstoff. Die größte Dicke hat das Rohr an den Enden. Die Außenform ist elliptisch. Es wurde z. B. in einem Luftspalt von ca. 110 mm mit einem Homogenisator von 50 mm Innendurchmesser eine axiale Feldstärke von $H_L \approx 1{,}5$ kOe auf 0,1% homogenisiert. Der Homogenisator kann nur für Feldstärken unterhalb seiner Sättigungsfeldstärke benutzt werden. Eine andere Methode zur Homogenisierung wird von GOODMAN [8] vorgeschlagen. Sie besteht darin, daß in den Luftspalt anschließend an die Polflächen mehrere Schichten nichtferromagnetischer Platten eingefügt werden, welche durch hochpermeable Platten voneinander getrennt sind. Die Plattenebenen sind parallel zur Polflächenebene.

Bei der Jochmethode kann die Einwirkungsdauer des Feldes groß genug gewählt werden, so daß die beim Einschalten entstehenden Wirbelströme abklingen können. Diese Wirbelströme können sowohl im Joch als auch im metallischen Dauermagneten entstehen. Zur Verhinderung der Wirbelströme im Joch wird dieses meist aus lamellierten Blechpaketen aufgebaut.

Für ein lamelliertes Joch aus metallischem, weichmagnetischem Werkstoff wurde der zeitliche Aufbau des Feldes im Ferromagnetikum unter Einwirkung von Wirbelströmen nach RADEMAKERS und v. SUCHTELEN [9] beschrieben.

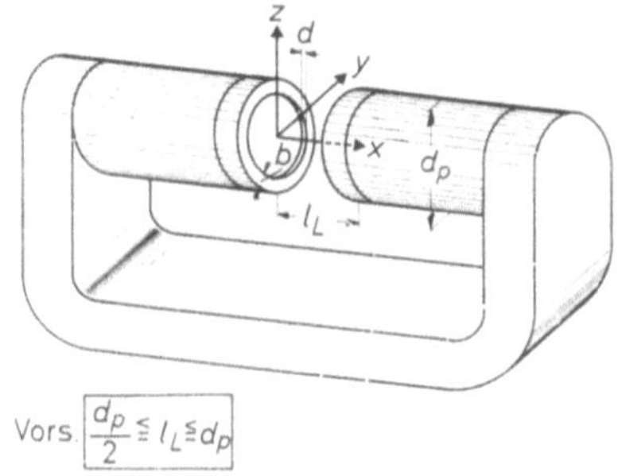

Bild 31.2. Anordnung von Ringshims zur Homogenisierung des Feldes in langen Luftspalten (nach [6]).

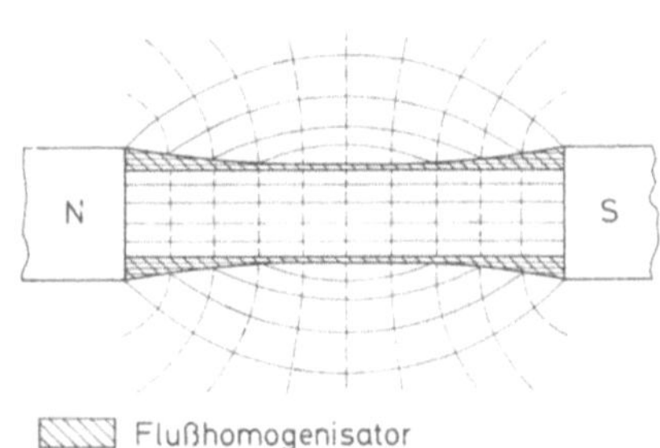

Bild 31.3. Prinzip eines Flußhomogenisators (nach [7]).

Wenn die *elektrische Leitfähigkeit des Ferromagnetikums* (wie bei den Ferriten) vernachlässigbar ist, bestimmt allein die Halbwertzeit des Elektromagneten den Anstieg des äußeren Feldes und damit des Feldes im Ferromagnetikum. Die Halbwertzeit ist dann L/R, wobei L die Selbstinduktion und R der Ohmsche Widerstand des Joches sind.

Die mit Elektromagneten erreichbare Luftspaltinduktion ist begrenzt durch die Sättigungsmagnetisierung des Kernes. Sie beträgt bei Einsatz von Eisen-Kobalt-(50:50)-Polschuhen ca. 24 kG bzw. bei Verengung des Flusses durch geeignete Polschuhform [2] ca. 50 kG. Dabei besteht jedoch die Notwendigkeit, die sehr große Stromwärme durch geeignete Kühlvorrichtungen abzuführen. Infolge der großen Kupfermenge der Spulen sind solche Elektromagnete sehr schwer und entsprechend teuer. Über den Aufbau unterrichten Untersuchungen von LANGE u. a. [3].

Bei der *Magnetisierung sehr großer Dauermagnete* in Jochen muß zwischen diese und die Polflächen eine nichtferromagnetische Scheibe von einigen Millimetern Dicke gelegt werden, um die großen Haftkräfte beim Herausnehmen überwinden zu können. Dabei kann durch seitliches Abschieben unter Umständen die homogene Magnetisierung des Dauermagneten gestört werden.

Wenn möglich, sollen Dauermagnete im eingebauten Zustand magnetisiert werden. Handelt es sich um Systeme mit axial magnetisierten Dauermagneten, wie z. B. Haftsysteme oder normale Lautsprechersysteme, so können auch diese im Joch magnetisiert werden. Die Weicheisenleitstücke stören dabei nicht, da ihre magnetische Leitfähigkeit bei den zur Sättigung der Dauermagnete notwendigen hohen Feldstärken von derjenigen der Luft nicht sehr verschieden ist.

31.2 Magnetisieren mit Luftspulen

Bei Einsatz von *Luftspulen* lassen sich die erreichbaren Feldstärken wesentlich steigern: Bei Dauerbetrieb bis zu ca. 100 kOe, bei Kurzzeitbetrieb bis zu 1 s auf 250 kOe, bei Impulsbetrieb bis zu einigen ms bis auf 500 kOe. Jedoch wird die dafür notwendige elektrische Leistung sehr hoch und kommt leicht in den Bereich von MW [10], da die Verlustleistung der Spulen mit dem Quadrat der Durchflutung steigt. Für Felder mit längerer Einschaltdauer und kurzer Schaltfolge entstehen schwierige Kühlprobleme. Durch Abkühlen in flüssigem Stickstoff erreichten ELLENKAMP und ZIJLSTRA [11] Felder bis $7{,}2 \cdot 10^4$ Oe.

Ein anderer Einsatzbereich der Luftspulen umfaßt das Gebiet von Feldstärken unter 2 bis 3 kOe. Die Spulen werden dabei für die Magnetisierung von kleineren Magneten mit nicht zu hoher Koerzitivfeldstärke verwendet, wenn sie in großer Stückzahl anfallen. Bei der *Berechnung der* damit erreichbaren *Feldstärke* muß besonders das Verhältnis von Durchmesser und Länge der Spule beachtet werden. In Spulen- und Achsenmitte einer Zylinderspule kann die erzeugte Feldstärke H aus der Stromstärke J und der Windungszahl n/l pro cm berechnet werden zu

$$H = \frac{4\pi}{10} \cdot \frac{n}{l} \cdot J \quad \text{Oe} \tag{31.1}$$

Der Abfall der Feldstärke in Achsrichtung x zu den Spulenenden ist um so größer, je kürzer die Spule ist. Als Näherungsformel für die Feldstärke in Achsrichtung kann genommen werden, wobei $x = 0$ in Spulenmitte liegt:

$$H(x) = \frac{n \cdot J}{2} \left(\frac{l + x}{\sqrt{(l + x)^2 + R^2}} + \frac{(l - x)}{\sqrt{(l - x)^2 + R^2}} \right). \tag{31.2}$$

Dabei ist $2l =$ Spulenlänge, $R =$ Spulenradius.

Wenn in Achsrichtung ein homogenes Feld benötigt wird, muß die Spule bei gleichmäßiger Bewicklung entweder sehr lang sein [12] oder zu den Enden müssen Zusatzwindungen gewickelt werden [13]. Mit Hilfe der bekannten *Helmholtz-Spulen* [14] kann zwar ein sehr homogenes Feld erreicht werden, aber die erzielbare Feldstärke ist verhältnismäßig gering.

Beim Magnetisieren in der Luftspule ist die Selbstentmagnetisierung der Dauermagnete entsprechend ihrem Dimensionsverhältnis l/d zu beachten. Die auf das Ferromagnetikum wirkende Feldstärke H_i ist um den Faktor $N \cdot I$ kleiner als die von der Spule entsprechend den Gln. (31.1) bzw. (31.2) erzeugte äußere Feldstärke H_a [s. auch Gl. (7.3)]. Zu beachten ist bei der Spule weiterhin, daß die damit gegebenen Werte erst nach Anstieg der Stromstärke auf ihren Endwert erreicht sind. Dieser Anstieg erfolgt nach der Beziehung

$$H(t) = H(\infty) \left[1 - e^{-\frac{R}{L}t} \right], \tag{31.3}$$

wobei $H(\infty)$ der Endwert der Feldstärke, R der elektrische Widerstand und L die Selbstinduktion der Spule sind.

31.3 Magnetisieren mit Impulsen

Unter Beachtung der Wirkung von Wirbelströmen lassen sich die Magnetisierungszeiten soweit abkürzen, daß in den meisten Fällen eine *Impulsmagnetisierung* vorgenommen werden kann. Diese wird mit Elektromagneten oder Luftspulen durchgeführt; sie gehört damit eigentlich in die Absätze 1 und 2 dieses Kapitels. Wegen ihrer Wichtigkeit wird die Impulsmagnetisierung getrennt behandelt. Dabei wird nach den verschiedenen Arten der Impulserzeugung unterschieden:

31.3.1 Gesteuerter Stromstoß aus dem Wechselstromnetz

Der zu steuernde Stromstoß wird direkt dem Netz entnommen. Ein Thyratron sperrt die unerwünschte negative Halbwelle. Durch eine elektrische Hilfsschaltung [15] wird die Gleichrichterröhre sofort nach Zündung wieder gesperrt, so daß nur einige Halbwellen impulsartig magnetisieren können. Die Belastung des Wechselstromnetzes darf höher als sein Anschlußwert sein, da die Sicherungen nicht so schnell ansprechen. Die Dauer jedes Magnetisierungsimpulses ist durch die Netzfrequenz auf 10^{-2} s begrenzt. Der Ausgang der elektrischen Schaltung ist notwendigerweise niederohmig. Die Magnetisierungsspule muß dementsprechend ausgelegt werden.

31.3.2 Impulstransformator

Beim *Impulstransformator* handelt es sich um einen mit Gleichstrom betriebenen Transformator mit aufgetrennter Sekundärwicklung [16]. Durch Ein- oder Ausschalten des die Spulenenergie speichernden Primärkreises entsteht im Sekundärkreis eine Induktions-Spannungsspitze, welche zum Magnetisieren benutzt wird. Dabei können elektrische Stromstärken bis 30 kA erzeugt werden. Die Transformatorwicklung muß so ausgelegt werden, daß die Zeitkonstante des Einschaltvorganges ein Mehrfaches der des Ausschaltvorganges ist, sonst würde eine Entmagnetisierung stattfinden. Dazu wird beim Ausschalten die Primärwicklung an mehreren Stellen unterbrochen. Der Ausgang ist notwendigerweise sehr niederohmig, so daß nur kurze Stromleiter in die Sekundärwicklung eingefügt werden können. Dementsprechend können nur einfache, vor allem konzentrische Magnetsysteme magnetisiert werden. Dabei ist zu beachten, daß zwischen Strom- und Feldstärke entsprechend Gl. (31.1) die Beziehung

$$H = \frac{J}{2\pi r}\,\frac{\mathrm{A}}{\mathrm{cm}} = \frac{J}{5\,r}\,\mathrm{Oe} \tag{31.4}$$

besteht, wobei J die Stromstärke in A und r der Abstand zwischen Leitermitte und Aufpunkt im Magneten in cm sind. Für die Berechnung der erreichbaren Feldstärke muß sinngemäß der größte Abstand (beim Ring also der halbe Außendurchmesser) eingesetzt werden. Die Berechnung der Stromstärke J beim Stoßtransformator erfolgt nach der folgenden Gl. (31.5), wobei hier sinngemäß der Strom J_2 der Sekundärseite einzusetzen ist:

$$J_2 = \frac{n_1\,n_2}{\left(\dfrac{l}{\mu \cdot F}\right)_{\mathrm{Fe}}} \cdot \frac{1}{R_2} \cdot \frac{\mathrm{d}J_1}{\mathrm{d}t}\,. \tag{31.5}$$

Dabei bedeuten $n_{1,2}$ die Windungszahlen der Primär- und Sekundärspule und R_2 den elektrischen Widerstand der Sekundärspule. Die Magnetisierung eines Dämpfungssystems mit dem Stoßtransformator ist in Bild 31.4 gezeigt [17]. Durch entsprechende Formung des Querschnittes des elektrischen Leiters kann auch eine bestimmte Form der Feldlinien erreicht werden [18]. Mit zunehmendem

Bild 31.4. Magnetisierung eines Dämpfungsmagneten mittels Stromschiene und Stoßtransformator (nach [17]).

Abstand vom elektrischen Leiter werden die Feldlinien aber immer kreisähnlicher. Eine Brechung der Feldlinien in das Ferromagnetikum ist bei Dauermagneten fast nicht vorhanden, da die permanente Permeabilität bei den aufgewendeten Feldstärken nicht viel größer als die Permeabilität der Luft ist.

31.3.3 Kondensatorentladung

Anstatt einer Speicherung der für den Impuls notwendigen elektrischen Energie in Spulen kann eine solche in Kondensatoren der Kapazität C und der Ladespannung V entsprechend $1/2\, C\, V^2$ vorgenommen werden. Die dafür zu verwendende Kondensatorbatterie wird auf ca. 1 kV aufgeladen und über ein Ignitron auf die Magnetisierungsspule entladen [19]. Bei geringer Dämpfung des Schwingkreises wird folgende Anfangsamplitude der Stromstärke erreicht:

$$J_{\max} = n \cdot \sqrt{\frac{C}{L}} \cdot \mathrm{e}^{-\frac{R}{2}\sqrt{\frac{C}{L}}}. \tag{31.6}$$

Das Ignitron verhindert ein Schwingen des Schwingkreises und damit ein Entmagnetisieren durch die negative Halbwelle. Um ein Rückzünden des Ignitrons und damit eine Entmagnetisierung zu vermeiden, muß in den Entladekreis ein Dämpfungswiderstand eingeschaltet werden. Dieser muß entsprechend der Induktivität der benötigten Magnetisierungsspule gewählt werden, so daß eine aperiodisch gedämpfte Schwingung entsteht. Dazu muß $R = 2\sqrt{\dfrac{L}{C}}$ sein. Dann wird die Anfangsamplitude entsprechend Gl. (31.6) zu

$$J_{\text{max,aper}} = n\,\sqrt{\frac{C}{L}} \cdot \frac{1}{e} \cdot V\,. \qquad (31.7)$$

Die richtige Wahl kann entweder mittels eines Oszillographen oder Messung der Magnetisierung bzw. Induktion kontrolliert werden.

Die *Magnetisierung mittels Kondensatorentladung* wird wegen der sehr universellen Anwendung immer gebräuchlicher. Es ist dabei jedoch zu beachten, daß sehr große Dauermagnete bei der sehr kurzen Impulszeit von ca. 1 µs eventuell nicht voll magnetisiert werden, weil die Eindringtiefe kleiner als der Radius ist. Entsprechend den Überlegungen von BECKER und DÖRING [20] kann eine *Eindringtiefe* δ abgeleitet werden, bei der die magnetische Feldstärke auf den e-ten Teil abgenommen hat, zu

$$\delta = \frac{c}{\sqrt{2\pi\,\mu\,\omega\,\sigma}} = \frac{c}{2\pi\sqrt{\mu f \sigma}}\,, \qquad (31.8)$$

Dabei ist c die Lichtgeschwindigkeit. Bei AlNiCo beträgt im Mittel die elektrische Leitfähigkeit $\sigma \approx 2 \cdot 10^4\,\Omega^{-1}\,\text{cm}^{-1}$ und die (permanente) Permeabilität $\mu \approx 5$. Damit wird für die Impulsmagnetisierung bei einer Frequenz von $f = 10^3\,\text{s}^{-1}$ dann $\delta_{\text{AlNiCo}} \approx 1\ \text{cm}$.

Bei Bariumferrit mit einer elektrischen Leitfähigkeit $\sigma = 10^{-6}\,\Omega^{-1}\,\text{cm}^{-1}$ und der (permanenten) Permeabilität $\mu \approx 1$ wird dann bei der Impulsmagnetisierung mit derselben Frequenz die Eindringtiefe $\delta_{\text{BaFe}} \approx 10^4\ \text{cm}$.

Bild 31.5. Impulsmagnetisierungsgerät mit Magnetisierköpfen und -spulen (nach [17]).

Zu beachten ist, daß diese Werte nur rohe Schätzwerte darstellen, da die notwendigen Werkstoffkonstanten nicht genau bekannt bzw. nicht genau definiert sind.

Allgemein haben die Impuls-Magnetisierungsgeräte einen sehr hochohmigen Ausgang, so daß auch vielpolige *Magnetisierungsköpfe* einsetzbar sind. (Die Herstellung solcher Köpfe erfordert wegen der Beherrschung der beim Impuls auftretenden großen mechanischen Kräfte eine gewisse Erfahrung.) Die meisten Arten der Magnetisierung nach Bild 31.1 sind mit diesen Geräten durchführbar. Ein *Impuls-Magnetisierungsgerät* mit einigen Magnetisierköpfen ist in Bild 31.5 zu sehen. Für dieses Gerät gibt es Impulstransformatoren, um niederohmige, dicke Kupfer-Leiter anzuschließen [21]. Es existieren aber auch Geräte mit direkt niedrigohmigem Ausgang [22], welche ähnlich den Impulstransformatoren einsetzbar sind. In Bild 31.6 ist der niedrigohmige Ausgang durch den Anschluß der dicken Kupferschiene verdeutlicht. Die Entladungsenergie bei den Geräten mit hochohmigem Ausgang und mit einer Kapazität $C = 2 \cdot 700\,\mu\mathrm{F}$ liegt bei 150

Bild 31.6. Meßjoch mit niedrigohmigem Kondensator-Magnetisierungsgerät (nach [17]).

bis 750 Ws mit Impulsstromspitzen von ca. 10 kA, bei Geräten mit niedrigohmigem Ausgang und mit einer Kapazität $C = 700\,\mu\mathrm{F}$ bei $E = 1400$ Ws und ca. 10^5 A Spitzenstrom. Die mittlere *Impulsdauer* beträgt hier ca. 2 µs. Den Aufbau eines Impulsgerätes für eine Spitzenstromstärke von 160 kA beschreibt [23]; ein kleineres Gerät ist in [24] beschrieben. Zur Messung der Stromdichte wurde von WETZEL [25] u. a. ein optisches Verfahren angegeben.

31.4 Magnetisieren mit Dauermagneten

In einigen Fällen kann es angebracht sein, eine Magnetisierung mittels Dauermagneten oder -systemen vorzunehmen. Damit kann, unabhängig von Stromquellen oder Stromschwankungen, die Feldstärke sehr konstant gehalten werden [26]. Bei Systemen mit veränderlichem Luftspalt [27] ist eine Variation der Feldstärke möglich, wie z. B. Bild 63.14 b zeigt. Bei abnehmender Länge des Luftspaltes geht die Luftspaltinduktion B_L gegen die Remanenz B_r des Dauermagnetmaterials. Durch die unvermeidliche Streuung des magnetischen Kreises kann $B_L \geqq B_r$ jedoch nur dann erreicht werden, wenn die Polfläche F_L kleiner als die Fläche F_M des Dauermagneten ist (s. z. B. [26]). Bei sehr großen Systemen sind dabei Feldstärken im Luftspalt bis 60 kOe erreicht worden [28].

Eine andere Möglichkeit der Variation der Luftspaltfeldstärke ist durch einen variablen magnetischen Kurzschluß infolge Drehung des Systems möglich [29]. Eine dritte Möglichkeit der Variation ist das Kurzschließen des Dauermagneten mittels überschiebbarer Weicheisenmäntel [30].

Literatur

1. JOKSCH, C.: Feinwerktechnik 70 (1966) 505—517.
2. JELLINGHAUS, W.: Magnetische Messungen an ferromagnetischen Stoffen, Berlin: de Gruyter 1952, 35. — Siehe z. B. auch KUPFMÜLLER, K.: Einführung in die theoretische Elektrotechnik, 8. Aufl., Berlin/Heidelberg/New York: Springer 1965, 228 ff.
3. LANGE, H., u. P. ST. POTTER: Über die Konstruktion von Laboratoriumsmagneten Teil I, Forschungsberichte des Landes Nordrhein-Westfalen, Nr. 107 (1955). — LANGE, H., u. R. KOHLHAAS: Teil II, Forschungsberichte des Landes Nordrhein-Westfalen, Nr. 662 (1958).

4. NEUMANN, H.: ATM Z 60—1 (Nov. 1940), Z 60—2 (Dez. 1940), Z 60—3 (Jan. 1941).

5. ANDREW, E. R., u. RUSHWOORTH, F. A.: Proc. Phys. Soc. 15 (1952) 801—805.

6. HOFMANN, O.: Ber. d. Arbeitsgem. Ferromagnetismus (1958) 81—83.

7. CIOFFI, P. P., u. D. W. HAGELBARGER: IEEE Transact. Magnetics 2 (1966) 122—126.

8. GOODMAN, L. S.: Rev. Sci. Instrum. 31 (1960) 1351—1352.

9. RADEMAKERS, A., u. H. v. SUCHTELEN: Matronics Nr. 12a (Apr. 1957) 205—215.

10. MONTGOMERY, D. B.: J. appl. Phys. 36 (1965) 893—900. — SCHWINK, C.: Z. angew. Phys. 17 (1964) 131—136. — COTTI, P.: ZAMP 11 (1960) 17—32.

11. ELLENKAMP, L. A., u. H. ZIJLSTRA: Z. angew. Phys. 16 (1964) 400—405.

12. MURRMANN, H., u. C. SCHWINK: Z. angew. Phys. 12 (1960) 155—157.

13. FANSELAU, G.: Z. Geophysik 13 (1937) 235—247.

14. BERGER, W., u. H. J. BUTTERWECK: Arch. Elektrotechn. 43 (1956) 216—222.

15. HENNER, G.: Die Maschine 16 (1962) 49—50.

16. REDEPENNING, W.: AEG-Mitt. 28 (1938) 553—557.

17. JOKSCH, C.: Feinwerktechnik 70 (1966) 505—517.

18. KÜPFMÜLLER, K.: Einführung in die theoretische Elektrotechnik, 8. Aufl., Berlin:/Heidelberg/New York: Springer 1965, 242. — HOFMANN, S., H. MOSEL, L. POUPLIER u. S. SCHMIDT: ETZ-A 84 (1963) 560—567.

19. WINTERHOFF, H.: AEG-Mitt. 47 (1957) 458—464. — DAMBIER, T., u. K. RUSCHMEYER: AEG-Mitt. 50 (1960) 388—391. — BATE, D. G., u. R. F. SAXE: J. sci. Instrum. 37 (1960) 378—381.

20. BECKER, R., u. W. DÖRING: Ferromagnetismus Berlin/Heidelberg/New York: Springer 1939, 225.

21. FEISTEL, E.: Feinwerktechnik 65 (1961) 63—66.

22. Siehe z. B. Prospekt der Firma Impulsphysik Dr. F. Früngel, Hamburg-Rissen.

23. Permanent Magnet Handbook, Hrsg.: M. UNDERHILL, Crucible Steel Comp., USA (Mai 1957) 11. 19—20.

24. HESSELBACH, H.: Elektrotechnik, 6 (1956) 49—51.

25. WETZEL, R.: Experim. Techn. Phys. 12 (1964) 259—268.

26. LANGE, H., u. R. KOHLHAAS: Z. angew. Phys. 10 (1958) 461—467.

27. STEINGROEVER, E.: Arch. Elektrotechn. 38 (1952) 275—279.

28. Anonym: ETZ B 20 (1968) 238.

29. STEINGROEVER, E.: ATM (April 1962) R 33—34.

30. Variflux-Magnete: Rev. Sci. Instrum. 29 (1958) 1071.

32 Entmagnetisieren von Dauermagneten

Es tritt sehr oft die Notwendigkeit ein, einen Dauermagneten oder ein System zu entmagnetisieren. Dieses kann durch Wechselfeld, Gleichfeld oder Erwärmen oberhalb der Curie-Temperatur erfolgen. Obwohl alle drei Verfahren die intergrale Magnetisierung Null herstellen, ist der Weg dahin und damit die Verteilung der Magnetisierung im Ferromagnetikum bei jedem Verfahren anders. Allgemein kann gesagt werden, daß eine vollständige *Entmagnetisierung* sehr schwierig und zeitraubend herzustellen, allerdings auch sehr schwer zu messen ist. Außerdem sind die Vorgänge beim Entmagnetisieren noch schwer überschaubar. Bei der Entmagnetisierung mit Wechselfeld fanden z. B. BARBIER und FERLIN-GUION [1] an isotropen polykristallinen Proben, daß sie nach dem Entmagnetisieren anisotrop waren. Dies ist natürlich bei Entmagnetisierung mit Drehfeld nicht zu erwarten.

Im folgenden sollen die verschiedenen *Verfahren der Entmagnetisierung* besprochen werden:

19*

32.1 Entmagnetisieren durch Wechselfeld

Diese kann in Luftspulen oder Elektromagneten geschehen. Die Anfangs-amplitude muß größer als die notwendige Sättigungsfeldstärke des Dauermagneten sein. Die Amplitude muß genügend langsam abnehmen, da sonst, wie Bild 32.1 zeigt, *Restmagnetismus* bleibt [2]. Die Abnahme muß so langsam erfolgen, daß das Durchlaufen der jeweiligen inneren Hysteresekurve bis in den 3. Quadranten erfolgt. Dabei muß, wie Bild 32.1 andeutet, besonders zu kleinen Amplituden die

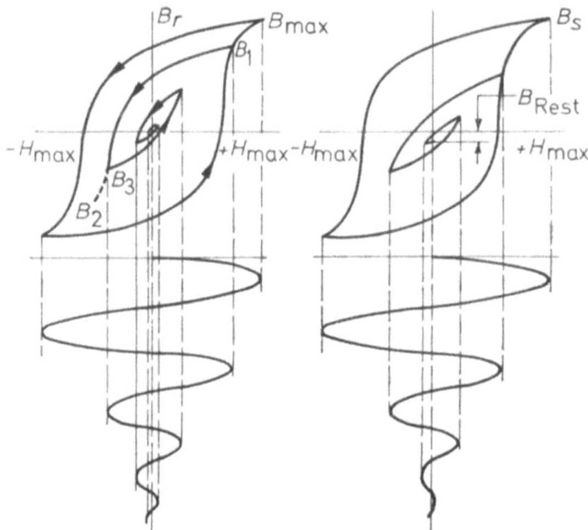

Bild 32.1. Verlauf der Induktion bei Wechselfeld-Entmagnetisierung. Links: Langsame Abnahme des Feldes, kein Restmagnetismus. Rechts: Schnelle Abnahme des Feldes, bleibender Restmagnetismus (nach [2]).

Abnahme entsprechend gering sein. Zeitmäßig am günstigsten ist dann eine etwa parabel- oder e-Funktions-förmige Abnahme der Feldstärke, jedoch führt auch eine entsprechend langsame lineare Abnahme zum Ziel. Diese Abnahme kann durch zeitliche Änderung des Feldes bei ruhender Probe oder durch langsames Herausziehen der Dauermagnete aus dem Feld erreicht werden.

Bei Gebrauch von Luftspulen müssen die Magnete besonders langsam an den Spulenenden bewegt werden, da hier der größte Feldgradient vorhanden ist. In der Zusammenstellung [3] ist der *Aufbau von Entmagnetisierungsspulen* für Feld-stärken von 1,7 kOe und 1,5 kOe angegeben. Beim Bau der Spulen ist unbedingt der induktive Widerstand zu beachten. Bei Gebrauch von Elektromagneten müssen die Polschuhe entsprechend geformt werden. Wie von OLLENDORF [4] berechnet wurde, sind dafür einfache *Rechteckpole* gut geeignet. In Bild 32.2 ist die relative Feldstärke H/H_0 in der Symmetrieebene (y,z-Ebene) zwischen den Rechteckpolen für das Luftspaltverhältnis $l_L/h = 1,55$, d. h. für einen sehr langen Luftspalt, dargestellt, wobei H_0 die Feldstärke im Symmetriezentrum ist. Wegen der angenommenen sehr großen Tiefe ($y > l_L$) wird das Problem als ebenes gerechnet. Die Form der Kurve ist stark von den Abmessungen der Pole abhängig: Die Kurve fällt um so langsamer ab, je länger der Luftspalt ist. Damit sinkt aber auch die maximale Feldstärke im Luftspalt bei konstanter magneti-scher Spannung Θ des elektromagnetischen Joches (s. auch Bild 16.13). Um die Ausgangsfeldstärke nicht unnötig hoch zu halten, sollten bei kurzen Magneten mehrere hintereinandergelegt werden. Der Entmagnetisierungsfaktor kann auch durch Vergrößerung der wirksamen Länge mittels Eisenleitstücken verkleinert werden.

Beim Entmagnetisieren wird der zu entmagnetisierende Dauermagnet in das Feldmaximum gezogen, da hier die Induktivität von Spule und Magnet am größten wird. Die dabei entstehenden Wirbelströme bremsen das Hereinziehen etwas ab. Beim Entfernen der Magnete aus dem Feld zum Entmagnetisieren muß dann Kraft aufgewendet werden. Sie ist zur Überwindung der Wirbelströme und des Energieminimums notwendig.

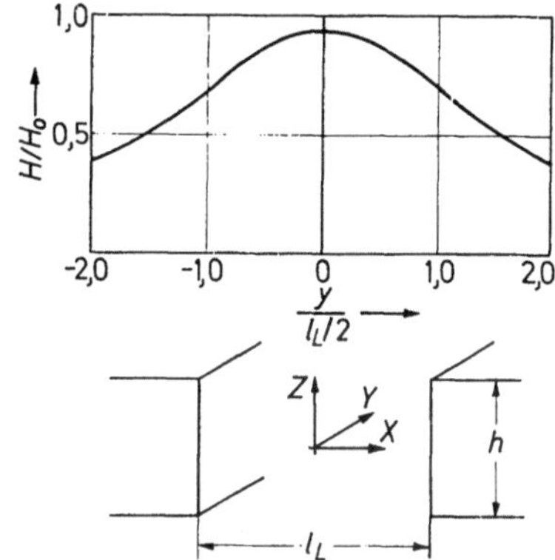

Bild 32.2. Relative Feldstärke H/H_0 in der Symmetrieebene (y, z-Ebene) zwischen zwei Rechteckpolen für das Luftspaltverhältnis $l_L/h = 1{,}55$. H_0 ist die Feldstärke im Symmetriezentrum (nach [4]).

Eine *Wechselfeldentmagnetisierung* kann auch mittels Impulsgerät durch Kondensator erfolgen, wenn die Kondensatorenbatterie aus zwei Teilen besteht [5]. Dabei muß auch die Entmagnetisierungsspule aus zwei Wicklungen bestehen, die fest gekoppelt sind. Ein Teil der Kondensatorenbatterie sowie eine Wicklung liegen im Primärkreis mit dem Ignitron, der zweite Teil der Kondensatorenbatterie und die zweite Wicklung bilden den Sekundärkreis. Der beim Zünden des Ignitrons im Primärkreis entstehende Impuls regt den Sekundärkreis zu einer gedämpften Schwingung an, welche zur Entmagnetisierung ausgenutzt werden kann.

Eine sehr interessante Möglichkeit der Entmagnetisierung mit der Netzfrequenz $f = 50\ \text{Hz}$ wurde von GERDSEN [6] beschrieben. In Reihe zur Entmagnetisierungsspule wird ein NTC-Widerstand (Heißleiter) gelegt. Sein mit der Temperatur zunehmender elektrischer Widerstand verringert den Spulenstrom schnell auf sehr kleine Werte. Der Nachteil besteht in der niedrigen Strombelastbarkeit von NTC-Widerständen.

Bei der *Impuls-Entmagnetisierung* stört meist die hohe Impulsfrequenz, welche eine große Eindringtiefe verhindert. Von HADFIELD und JOHNSON [7] wurde deshalb eine Methode angegeben, bei der zwei Ignitrons abwechselnd mit entgegengesetzter Polarität auf eine Spule gezündet werden. Dabei ist die Impulsfrequenz mit ca. 1 bis 2 Hz sehr niedrig und somit gut zur Entmagnetisierung geeignet.

32.2 Entmagnetisieren durch Gleichfeld

Dabei kann, ähnlich wie bei Wechselfeldern, die Amplitude durch Regeln und laufendes Umschalten langsam erniedrigt werden. Dieses Verfahren ist aber sehr zeitraubend und nur für große Querschnitte sinnvoll [8]. Einfacher ist die Ausnutzung der durch den Ursprung gehenden inneren Zustandskurve entsprechend Bild 32.3. Die dafür notwendige Kenntnis der Feldstärke $-H_e$, bis zu der nach vorhergehender Sättigung in entgegengesetzter Richtung magnetisiert werden muß, kann durch Stichversuche ermittelt werden. Bei vorzugsgerichteten Dauermagneten ist die Feldstärke $-H_e$ stark von der Richtung der Entmagnetisierung abhängig und wird am kleinsten, wenn in Vorzugsrichtung entmagnetisiert wird. Dies gilt, obwohl hier die Koerzitivfeldsstärke am größten ist.

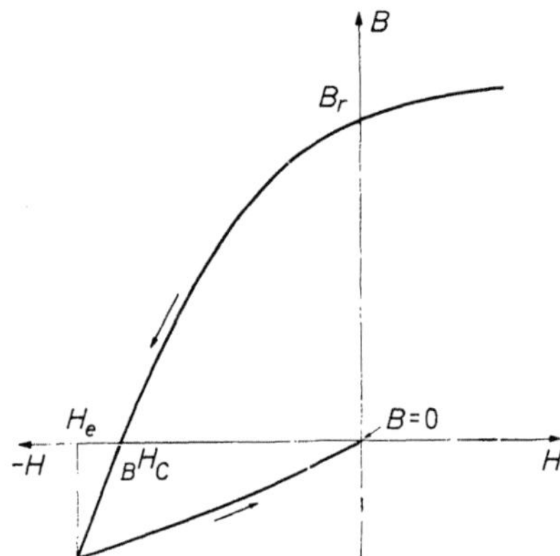

Bild 32.3. Entmagnetisierung eines Dauermagneten über die permanente Zustandskurve.

32.3 Entmagnetisieren durch Drehfeld

Selbstverständlich ist es auch möglich, mit einem Drehfeld zu entmagnetisieren. Dabei sind entsprechend den Überlegungen zur Rotationshysterese in Kapitel 11 niedrigere Ausgangsfeldstärken als für Wechselfeld-Entmagnetisierung notwendig. Dies ist besonders für partielle Entmagnetisierungen, z. B. für Stabilitätszwecke, zu beachten.

Auch bei der *Entmagnetisierung mit Drehfeld* ist auf eine stetige, ausreichend langsame Abnahme der Feldamplitude zu achten, um Restmagnetismus ähnlich Bild 32.1 zu vermeiden. In der Literatur ist über dieses Verfahren bisher nichts veröffentlicht. Wahrscheinlich ist dies auf die nicht einfache Erzeugung eines genügend hohen Drehfeldes zurückzuführen.

32.4 Entmagnetisieren durch Erwärmen

Die Entmagnetisierung von hochkoerzitiven Werkstoffen durch alternierende Felder kann sehr schwierig und kostspielig sein. Es besteht oft Neigung, die Methode der Erwärmung auf Temperaturen oberhalb der Curie-Temperatur T_c dafür einzusetzen; dies trifft besonders für Ferrite und PtCo zu. Für den Werkstoff PtCo verbietet sich die Methode, weil bei Erwärmung auf Temperaturen $T \approx T_c \approx 450\,°C$ schon merkbare Änderungen des Gefüges und damit der magnetischen Eigenschaften auftreten, wie z. B. Bild 30.20 zeigt. Diese Änderungen sind nur durch eine erneute vollständige Warmbehandlung zu beheben. Dagegen kann die *Entmagnetisierung durch Erwärmung* bei den Ferriten angewendet werden. Dabei ist aber sehr wichtig, daß beim Erwärmen der Dauermagnet vom Erdfeld abgeschirmt wird. In der Nähe der Curie-Temperatur ist die Kristallanisotropie verschwindend klein, d. h. die Permeabilität sehr groß. Das sehr geringe Erdfeld reicht bei dieser Temperatur zu einer teilweisen Magnetisierung aus, die beim Abkühlen erhalten bleibt. Wegen der großen Sprödigkeit der Ferrite muß die Temperatur aber langsam geändert werden.

32.5 Entmagnetisierungsfeldstärke

Wie in Abschnitt 32.1 schon angedeutet, muß die Anfangsamplitude der *Entmagnetisierungsfeldstärke* so groß sein, daß die infolge der Entmagnetisierung reduzierte innere Feldstärke H_i größer als die Sättigungsfeldstärke H_s ist. Dabei ist entsprechend der Gl. (31.8) die *Eindringtiefe* δ als Funktion der Entmagnetisierungsfrequenz zu beachten.

Für Wechselstrom mit der Frequenz $f = 50\ \text{Hz}$ wird dann bei AlNiCo $\delta \approx 3\ \text{cm}$, d. h., die Anfangsamplitude der abnehmenden Entmagnetisierungsfeldstärke muß für einen Radius $r = 3\ \text{cm}$ ca. 4,5 kOe betragen und für $r = 1\ \text{cm}$ ca. 3 kOe. Wenn die Entmagnetisierungsfrequenz ca. 1 Hz beträgt,

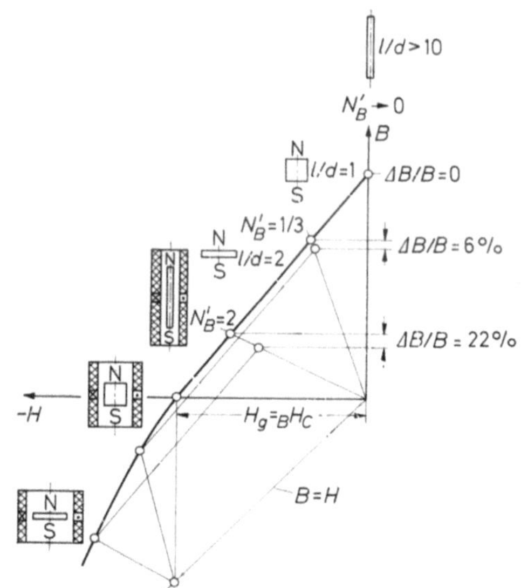

Bild 32.4. Wirkung eines konstanten Gegenfeldes $H_g = {}_B H_c$ auf Rundstäbe aus isotropem Bariumferrit 100 mit verschiedenen Dimensionsverhältnissen l/d (nach [9]).

erhöht sich die Eindringtiefe auf das Siebenfache. Bei $r = 1\ \text{cm}$ wird dann eine Anfangsamplitude von ca. 1,8 kOe, bei $r = 2\ \text{cm}$ von ca. 2 kOe notwendig. Hier macht sich eine Verringerung der Frequenz sehr stark in der Abnahme der notwendigen Feldstärke bemerkbar.

Für Bariumferrit mit einem Radius $r \leqq 10\ \text{cm}$ muß die Anfangsamplitude dann ca. 10 kOe betragen, ist also in diesem Bereich von Abmessungen schon unabhängig von der Frequenz. Zu beachten ist auch hier, daß es sich um roh abgeschätzte Werte handelt, da die Werkstoffkennwerte nicht so genau bekannt bzw. nicht genau definiert sind.

Wenn die *äußere Entmagnetisierung* (durch Fremdfeld) zusätzlich zur inneren (durch Eigenentmagnetisierung) angewendet wird, ist auf folgendes zu achten: Eine bestimmte äußere entmagnetisierende Feldstärke H_g, z. B. in der Größenordnung der Koerzitivfeldstärke $_BH_c$, ruft — je nach dem Dimensionsverhältnis des zu entmagnetisierenden Magneten — ganz verschiedene Entmagnetisierung hervor. Dies ist in Bild 32.4 für drei verschiedene Rundstäbe (langer Stab, kurzer Stab, Scheibe) aus Bariumferrit 100 in der B,H-Kurve dargestellt [9]. Dabei ist für alle drei Rundstäbe einmal ihr Arbeitspunkt auf der Entmagnetisierungskurve infolge innerer Entmagnetisierung dargestellt, außerdem ihr Arbeitspunkt nach zusätzlicher äußerer Entmagnetisierung durch das konstante Gegenfeld H_g. Infolge der Krümmung der Entmagnetisierungskurve ist die Erniedrigung der Induktion bei der flachen Scheibe am größten.

32.6 Gegenseitige Entmagnetisierung

Es soll noch die *gegenseitige Entmagnetisierung* zweier gleichgroßer Magnete betrachtet werden, wenn sie mit gleichen Polen aufeinanderliegen [9]. Vereinfacht sei angenommen, daß sie aus Bariumferrit bestehen. Die Selbstentmagneti-

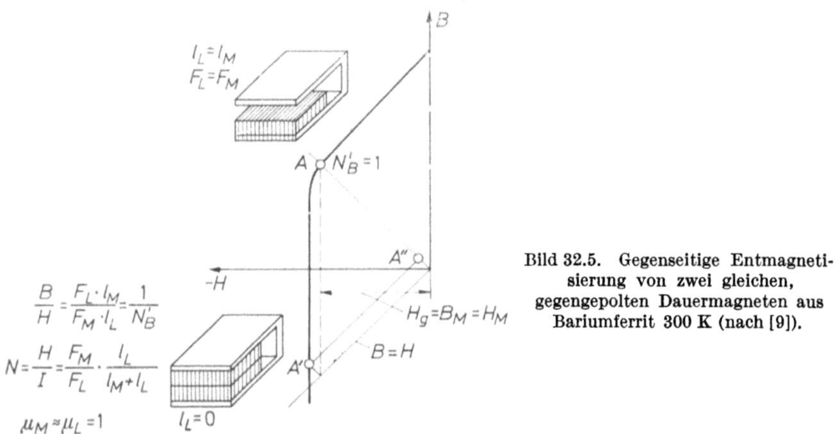

Bild 32.5. Gegenseitige Entmagnetisierung von zwei gleichen, gegengepolten Dauermagneten aus Bariumferrit 300 K (nach [9]).

sierung des einen, in der oberen Skizze von Bild 32.5 dargestellt, ist durch den Entmagnetisierungsfaktor $N_B = 1$ dargestellt. da bei dem gewählten Aufbau

$$\frac{B_M}{H_M} = \frac{1}{N_B'} = 1$$

und damit

$$\frac{I_M}{H_M} = \frac{1}{N_I} = \frac{1}{2\pi}$$

ist [s. Gln. (7.2) und (14.2)]. Der Arbeitspunkt ist durch den Punkt A gegeben.

Wird der Luftspalt durch einen entgegengesetzt magnetisierten Dauermagneten ausgefüllt, dann ist dessen Gegenfeldstärke wiederum gegeben durch $H_M = B_M$, da hier die Permeabilität im Dauermagneten $\mu_M \approx \mu_L = 1$ ist. Damit rutscht der Arbeitspunkt beim Einbau von Punkt A nach A' und beim Wiederausbau nach A''. Bei der Verwendung von AlNiCo ist die Überlagerung schwieriger, da hier wegen $\mu_M > \mu_L$ die Gegenfeldstärke $H_M < B_M$ ist. Diese gegenüber Bariumferrit kleinere Entmagnetisierungsfeldstärke ruft aber wegen der hohen Remanenz und niedrigen Koerzitivfeldstärke eine viel stärkere Entmagnetisierung als bei Bariumferrit hervor.

Literatur

1. BARBIER, J. C., u. B. FERLIN-GUION: J. appl. Phys. 33 (1962) 1226—1228.
2. PARKER, R. J.: Electrical Manufacturing (Sept. 1956), 116—123.
3. Permanent Magnet Handbook, Hrsg. M. UNDERHILL,: Crucible Steel Comp., USA (Mai 1957), 11,25—26.
4. OLLENDORFF, F.: Berechnung magnetischer Felder, Wien: Springer 1952, 154 ff.
5. DAMBIER, T., u. K. RUSCHMEYER: AEG-Mitt. 50 (1960) 388—391.
6. GERDSEN, P.: Valvo-Berichte 12 (1966) 11—19.
7. HADFIELD, D., u. H. JOHNSON: Electronic and Rad. Engr. 36 (1959) 242—245.
8. DIETRICH, H.: Gießerei, Techn.-wissensch. Beihefte 15 (1963) 45—58, DEW Techn. Ber. 6 (1966) 15—31.
9. SCHÜLER, K.: Z. angew. Phys. 18 (1965) 492—495.

33 Messen von dauermagnetischen Eigenschaften

Der Sinn dieses Kapitels soll nicht die vollständige Aufzählung der für Dauermagnete möglichen Meßmethoden sein. Darüber liegen Bücher von JELLINGHAUS [1] und GUMLICH [2] vor sowie Abschnitte in mehreren Büchern [3 bis 5] sowie das Archiv für technisches Messen (ATM). Hier sollen nur noch einmal kurz die wichtigsten Methoden und Geräte besprochen werden.

33.1 Messung der Magnetisierungskurve

33.1.1 Neumann-Joch, induktives Jochverfahren [6]

Für die Aufnahme der gesamten *Hysteresekurve* kommen hauptsächlich die Jochmethoden in Frage. Ein Gerät, welches die absolute Messung von Induktion und Feldstärke gestattet, ist das *Spannungsmesserjoch* nach NEUMANN [7], wie es schematisch Bild 33.1 zeigt. Dabei wird die Induktion mit Hilfe einer Wicklung

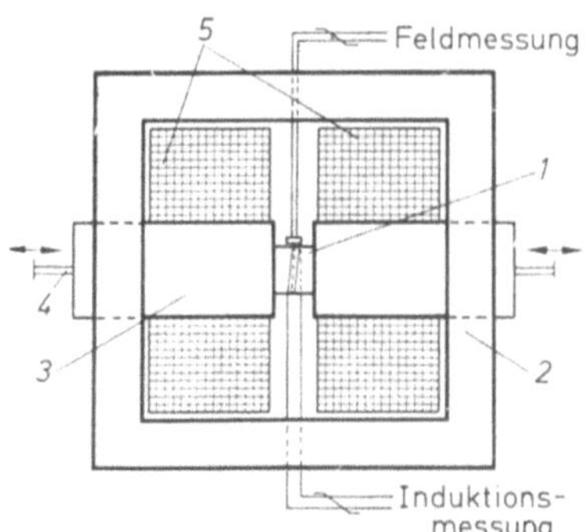

Bild 33.1. Doppeljoch für die Messung der Hysteresekurve mit Induktionswicklung für die *B*-Messung und magnetischem Spannungsmesser für die *H*-Messung (nach [6]).

um den Prüfling bestimmt, welche den Fluß in der neutralen Zone mißt. Die Feldstärke wird mit dem *magnetischen Spannungsmesser* nach ROGOWSKI und STEINHAUS gemessen. Er besteht aus einer (meist starren) Spule, die auf der Oberfläche des Prüflings flach aufliegt und in der beim Ein- oder Ausschalten des Magnetisierungsstromes ein Spannungsstoß induziert wird. Dieser Spannungsstoß ist infolge Stetigkeit der Tangentialkomponente der Feldstärke an der Oberfläche des Ferromagnetikums proportional der magnetischen Spannung an der Oberfläche und damit im Ferromagnetikum.

Die magnetische Induktion und Feldstärke werden mittels eines *ballistischen Galvanometers* [4, 8, 9] angezeigt. Dies ist ein Drehspulgalvanometer mit sehr langer Schwingungsdauer (> 10 s) infolge großen Trägheitsmomentes. Der zu messende Spannungsstoß muß bereits abgelaufen sein, bevor sich das Meßsystem merklich in Bewegung setzt. Damit ist der erste Ausschlag proportional dem Zeitintegral der elektrischen Spannung U. Die daraus zu bestimmende Induktionsänderung ΔB errechnet sich daraus zu

$$\Delta B = \frac{1}{F \cdot n} \int_{t=0}^{\infty} U \, \mathrm{d}t, \tag{33.1}$$

wobei F die Windungsfläche und n die Windungszahl der Meßspule ist. Die Eichung erfolgt mit einem Selbstinduktions-Normal. Der Meßwert kann z. B. mittels *Autokollimationsfernrohr* [10] abgelesen werden. Die Windungsfläche kann entweder rechnerisch, mittels ballistischem Galvanometer oder mittels Digital-fluxmeter [11] bestimmt werden.

Anstelle des infolge aperiodischer Dämpfung und langer Schwingungsdauer sehr langsam arbeitenden ballistischen Galvanometers kann das *Fluxmeter* ein-

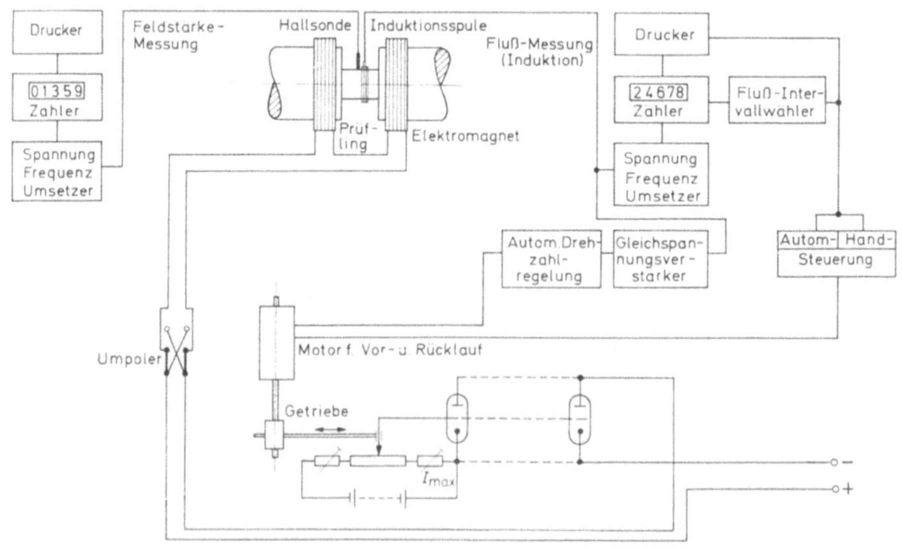

Bild 33.2. Automatische Meßapparatur für die Hysteresekurve durch Jochmessung mit Induktionsspule und Hall-Sonde und Digital-Voltmeter (nach [13]).

gesetzt werden. Dieses Galvanometer hat keine Rückstellkraft, so daß der sehr schnell erfolgende Meßausschlag stehen bleibt und gut abgelesen werden kann.

Bei sehr dünnen Proben stimmen Spulenquerschnitt F_{Sp} und Prüflingsquerschnitt F_M nicht sehr befriedigend überein. Es muß eine *Luftlinienkorrektur* vorgenommen werden, da der wahre Wert der magnetischen Induktion B und der gemessene Wert B' verschieden sind. Sie sind voneinander abhängig nach Gl. (33.2).

$$B = \frac{B' \cdot F_{Sp}}{F_M} - H \frac{(F_{Sp} - F_M)}{F_M} \approx B' - \Delta B. \tag{33.2}$$

Kommt die Größe des Korrekturgliedes ΔB in die Größenordnung des Meß-
wertes selbst, so empfiehlt es sich, statt der Induktion die Magnetisierung $4\pi I$
zu messen. Dies geschieht mittels einer Kompensationsspule, welche denselben
Spulenquerschnitt, aber umgekehrten Windungssinn wie die Meßspule hat. Die
Remanenz wird, wie aus Gl. (33.2) ersichtlich, unverfälscht gemessen, da hier
wegen verschwindender Feldstärke das Korrekturglied verschwindet.

Nach BROCKMANN und STENECK [12] wurde für das Neumann-Joch eine
Integrationsschaltung mit Hilfe eines RC-Netzwerkes entwickelt, um $B = f(H)$
automatisch registrieren zu können. Diese Schaltung hat außerdem den Vorteil,
daß die bis zu mehreren Sekunden vorhandenen Nachwirkungserscheinungen mit
berücksichtigt werden. Von CAPPTULLER [13] wurde ein Verfahren mit elektro-
nischen Integratoren für die Messung der Induktion gewählt, um das Relaxations-
verhalten von Dauermagnetwerkstoffen zu berücksichtigen (s. Bild 33.2). Die
Messung der magnetischen Feldstärke geschieht hier mittels Hall-Sonde und an-
geschlossenem Zähler.

33.1.2 Doppeljoch-Magnetstahlprüfer [14]

Das Neumann-Joch ist für Betriebsmessungen wegen geringer Arbeits-
geschwindigkeit nicht geeignet. Dafür bietet sich der *Doppeljoch-Magnetstahl-
prüfer* nach STÄBLEIN und STEINITZ [15, 16] an. Dieses Meßverfahren beruht, im
Gegensatz zum Neumann-Joch, auf einer relativen Messung von Feldstärke und
Induktion. Sein prinzipieller Aufbau ist in Bild 33.3 zu sehen. Dabei fließt der vom

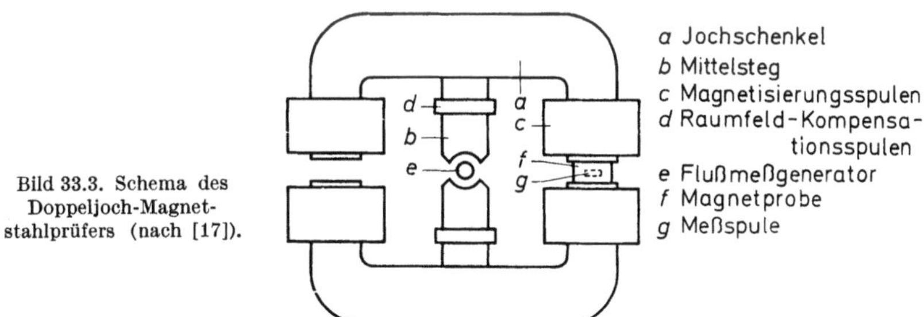

Bild 33.3. Schema des
Doppeljoch-Magnet-
stahlprüfers (nach [17]).

Prüfling erzeugte Fluß durch einen Mittelsteg, der einen *Meßgenerator* zur Messung
der Magnetisierung enthält. Der veränderliche Vorwiderstand wird so eingestellt,
daß der Gesamtwiderstand des Meßkreises dem Querschnitt des Prüflings umgekehrt proportional ist. Dabei muß der leere Luftspalt als magnetischer Parallelwiderstand, der von der Probenlänge abhängig ist, berücksichtigt werden. Ein
zweiter Generator dicht an der Oberfläche des Prüflings mißt die Feldstärke H.
Durch elektrische Differenzbildung kann statt der Magnetisierung die Induktion
$B = H - 4\pi I$ angezeigt werden.

Zur Messung der Feldstärke wird anstelle eines Meßgenerators heute die
Schwingsonde [17] verwendet. Sie benötigt ein kleineres Meßvolumen und kann
deshalb dichter an die Probenoberfläche gebracht werden. Die schwingende Meßspule wird durch eine in dem Luftspalt eines Permanentmagnetsystems schwingende Treibspule erregt, indem diese Treibspule mit Wechselstrom beschickt

wird. Es können damit Proben mit einer Länge $> 1{,}1$ cm und einem Querschnitt $> 1{,}5$ cm² gemessen werden.

Die Messung der magnetischen Eigenschaften mit dem Doppeljoch kann nur bis zu Feldstärken von einigen kOe ausgedehnt werden. Bei weiterer Erhöhung werden die mechanischen Kräfte auf die beiden Jochhälften so groß, daß sie sich verspannen können. Außerdem wird durch Streufelder der Fluß aus dem Mittelsteg gedrängt. Damit wird die Anzeige der Magnetisierung bzw. der Induktion bei hohen Feldstärken ($H > 3$ kOe) zu klein.

33.1.3 Permagraph

Im *Permagraph-Magnetprüfer* [18] wird die magnetische Induktion, wie Bild 33.4 zeigt, wahlweise durch eine Flußwindung um den Prüfling oder mittels einer in den einen Polschuh eingelassenen Flußwindung gemessen. Die Flußwindung muß dabei direkt am Prüfling anliegen. Während die umfassende Wicklung einen Mittelwert der Induktion über den Meßquerschnitt gibt, erfaßt die Polspule den ihr aufliegenden Probenquerschnitt. Es kann deshalb hiermit die

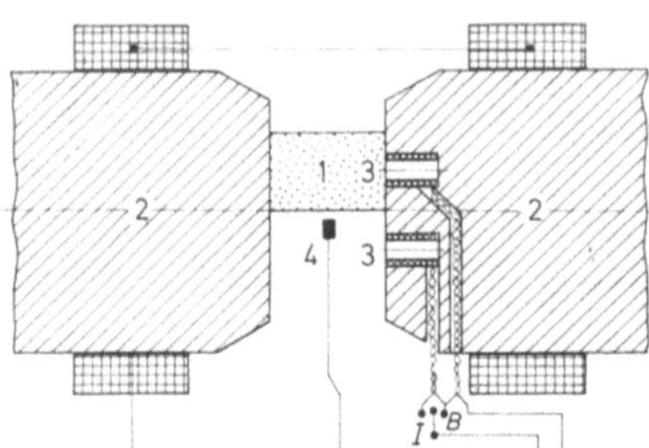

Bild 33.4. Prinzip der Messung beim Permagraph. *1* Meßprobe; *2* Jochschenkel; *3* feste Spulen für die Messung von Induktion bzw. Magnetisierung; *4* Hall-Sonde für die Messung der magnetischen Feldstärke (nach [18]).

(magnetische) Inhomogenität von Dauermagneten bestimmt werden [19]. Eine Bestimmung des Querschnittes des Prüflings ist bei der Polspule nicht erforderlich. Zur Messung der Magnetisierung I ist der Induktionsspule noch eine gleichgroße Spule gegengeschaltet. Sie darf nicht von der Probe bedeckt werden. Die Feldstärke wird mit der Hall-Sonde gemessen.

Die bisher betrachteten Methoden gestatten die Messung der Entmagnetisierungskurve. Diese stimmt mit der *Werkstoffkennlinie* überein, wenn der Querschnitt des Dauermagneten senkrecht zur Flußrichtung konstant ist. Bei konischen Magneten muß die Werkstoffkennlinie aus der gemessenen Entmagnetisierungskurve berechnet werden. Dies kann z. B. mit Hilfe der *Formkennlinie* nach ROHMER [20] geschehen, wie in Kapitel 19 näher beschrieben wurde.

33.2 Messung der magnetischen Feldstärke

33.2.1 Messung der Feldstärke mittels Hall-Sonde

Die bisher besprochenen Verfahren der Feldstärkemessung beruhen fast alle auf dem Induktionsgesetz, wobei ein der Feldstärke proportionaler elektrischer Spannungsstoß induziert wird. Demgegenüber zeigt die schon in Abschnitt 33.1.3 kurz erwähnte *Hall-Sonde* eine der Feldstärke direkt proportionale elektrische Gleichspannung an. Das Prinzip ist in Bild 33.5 gezeigt:

Wird in einem elektrischen Leiter der Dicke d, Breite b und Länge l senkrecht zur Richtung des elektrischen Stromes J, also in Richtung d, ein magnetisches Feld H angelegt, dann werden die elektrischen Ladungsträger (meist Elektronen) aus ihren Bahnen abgelenkt. Senkrecht zur ursprünglichen Trägerbahn und senkrecht zur Richtung des magnetischen Feldes entsteht dann eine elektrische Querspannung, welche bei dem Verhältnis $l/b > 1$ gegeben durch

$$U_0 = R_\mathrm{H} \frac{[J \cdot H]}{d}, \tag{33.3}$$

wobei die Hall-Konstante R_H eine Werkstoffkonstante ist.

Von WELKER und Mitarbeitern [21] wurden die großen Hall-Konstanten der intermetallischen Halbleiter des $A^{III}B^{V}$-Typs Indiumantimonit (InSb) und -arsenid (InAs) gefunden. Wegen der geringeren Temperaturabhängigkeit wird für Hall-Sonden meist Indiumarsenid benutzt [21]. Die Hall-Sonden sind elektrische Vierpole, die wegen ihrer Temperaturabhängigkeit nur in bestimmten Temperaturbereichen eine zur Feldstärke lineare Spannung erzeugen. Es existieren eine Reihe von Feldstärkemeßgeräten, welche mit Hall-Sonden ausgestattet sind [22]. Dabei ist

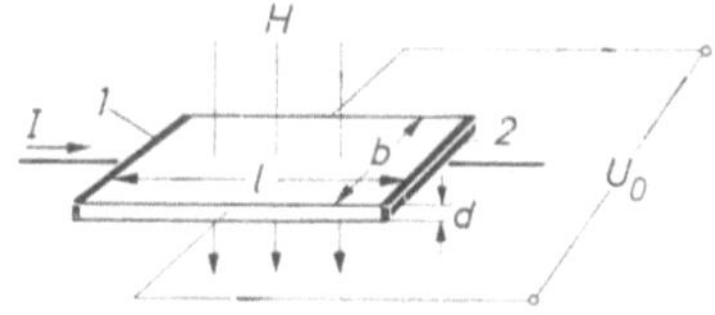

Bild 33.5.
Prinzip der Messung des Hall-Effektes.

zu beachten, daß die Richtung des Ausschlages beim Hall-Sonden-Meßgerät abhängig von der Feldrichtung ist.

Eine interessante Anwendung für die Jochmessung besteht darin [23], für Induktions- und Feldstärkemessung je eine Hall-Sonde zu benutzen, wobei die Hall-Spannung der einen Sonde den Steuerstrom für die zweite Sonde liefert. Die Hall-Spannung der zweiten Sonde ist dann proportional dem Produkt aus Induktion und Feldstärke.

Von TIMPL und FRIEDRICH [24] wurde ein Verfahren angegeben, räumliche Felder mit nur einer Hall-Sonde auszumessen. Für das Messen mit der Hall-Sonde im räumlich inhomogenen Feld wurden von MENZEL [25] Beziehungen zur Ermittlung des wahren Mittelwertes angegeben. Von HARTEL [26] wurden weitere Anwendungen der Hall-Sonde beschrieben.

33.2.2 Messung der Feldstärke mittels Widerstandsänderung

Die Veränderung der Trägerbahn im magnetischen Feld hat außer der Querspannung auch eine Änderung des elektrischen Widerstandes R in Stromrichtung zur Folge. Lange Zeit war nur die verhältnismäßig hohe Änderung des Widerstandes bei Wismut bekannt. Sie ist aber doch zu gering, um eine befriedigende Meßgenauigkeit zu ergeben. Sie nimmt im Bereich der Feldstärke zwischen 0 und 20 kOe um etwa das Doppelte des Wertes bei Raumtemperatur zu [5].

Von WEISS [27] wurden nun als magnetisch steuerbare Widerstände die *Feldplatten* beschrieben. Hierbei handelt es sich um Indiumantimonit mit metallisch leitenden Einschlüssen aus nadelförmigen Nickelantimonid-Bereichen. Wie Bild 33.6 zeigt [28], kann bei den Feldplatten der elektrische Widerstand im Bereich der magnetischen Feldstärke zwischen 0 und 10 kOe um den Faktor 6 bis

18 zunehmen. Der Faktor ist vom verwendeten Werkstoff abhängig. Für ein hiernach arbeitendes *Widerstands-Gauß-Meter* wird als kleinste zuverlässig zu messende Feldstärke 500 Oe angegeben [28]. Die Abmessungen der Feldplatte betragen ca. $3 \times 1{,}5 \times 0{,}5 \text{ mm}^3$. Zu beachten ist die Temperaturabhängigkeit der Messung. Außerdem ist die Richtung des Ausschlages unabhängig von der Feldrichtung.

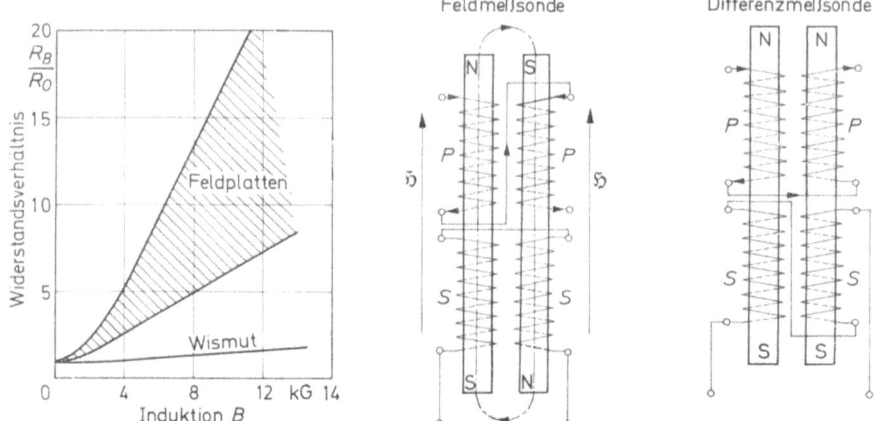

Bild 33.6. Widerstandsänderung von Wismutsonden und Feldplatten im Magnetfeld (nach [28]).

Bild 33.7. Elektrische Schaltung der Förster-Sonde als Feldmeßsonde (links) und Differenzmeßsonde (rechts) (nach [29]).

33.2.3 Messung der Feldstärke mittels Förster-Sonde

Die *Förster-Sonde* [29] benutzt im Prinzip die starke Änderung der Permeabilität einer hochpermeablen Eisen-Nickel-Legierung bei einer Vormagnetisierung durch das zu messende Gleichfeld. Die Förster-Sonde kann nicht für die Messung hoher Feldstärken benutzt werden, da hier infolge Sättigung des Eisen-Nickel-Stabes die elektrische Spannung nicht mehr linear von der magnetischen Feldstärke abhängt. Deshalb wird hier auf die nähere Beschreibung verzichtet.

In Bild 33.7 links ist die notwendige Schaltung der Förster-Sonde für die Feldstärkemessung dargestellt. In Bild 33.7 rechts ist die Schaltung für die Messung des Feldgradienten oder der Koerzitivfeldstärke $_iH_c$ [29] gezeigt.

33.2.4 Messung der Feldstärke mittels Protonenresonanz

Die bisher besprochenen absoluten und relativen Methoden gestatten es, ohne besondere Vorkehrungen die Feldstärke im Bereich von einigen Prozent genau zu messen. Die Genauigkeit kann durch Verwendung geeichter Prüfspulen auf einige Promille und bei Null-Methoden auf Bruchteile von einem Promille gesteigert werden. Dabei wird die Messung jedoch sehr aufwendig.

Erheblich genauer ist die Methode der *Protonenresonanz*. Bei diesem Absolutverfahren wird der Umstand ausgenutzt, daß Elementarteilchen, welche einen Drehimpuls und ein magnetisches Moment besitzen, in einem äußeren magnetischen Feld H eine Präzessionsbewegung, die sogenannte Larmorpräzession, ausführen. Die Winkelgeschwindigkeit ω_L der Präzession ist gegeben durch die verallgemeinerte Gleichung (2.1) [30]

$$\omega_L = \gamma \boldsymbol{H} = g\,\frac{e}{m_p c}\cdot\boldsymbol{H}, \tag{33.4}$$

wobei γ das gyromagnetische Verhältnis, e die Ladung des Protons, m_p die Masse des Protons und g eine numerische Konstante ist. Da das gyromagnetische Verhältnis für Protonen auf 10^{-5} genau bekannt ist und die Kreisfrequenz ω_L sich auch so genau bestimmen läßt, kann damit die Feldstärke entsprechend genau bestimmt werden.

Es wurden entsprechende Apparaturen zur Eichung von Hall-Sonden und Wicklungsflächen von Spulen sowie für Alterungsmessungen gebaut [31]. Die Messung mittels Resonanz setzt ein homogenes Feld am Ort der Probe voraus. Zur Messung inhomogener Felder muß der Feldgradient am Meßort z. B. durch ein Quadrupolfeld kompensiert werden. Ein solches Verfahren wurde von FRICKE und NEUHAUSEN [32] angewendet, um das Feld eines doppelt fokussierenden magnetischen Spektrometers auszumessen.

Eine andere Art der Feldstärkemessung mittels Resonanzabsorption verwendet ein dem Feld ausgesetztes, hochfrequente Strahlung absorbierendes Gas [33]. Anstelle der Atomkernresonanz wird hier die Resonanz in der Schale von metastabilen $^3S_1$-Heliumatomen ausgenutzt.

33.3 Messung der Koerzitivkraftfeldstärke mittels Koerzimeter

Die Koerzitivfeldstärke $_IH_c$ ist dadurch ausgezeichnet, daß die Magnetisierung I Null wird. Damit verschwindet nach Gl. (7.3) die Selbstentmagnetisierung eines Magneten im offenen magnetischen Kreis, und es wird $H_i = H_a$, d. h., das äußere Feld geht ohne Störung durch das Ferromagnetikum. Befindet sich der Dauermagnet in einem regelbaren homogenen Außenfeld, z. B. einer Spule, dann verschwindet im Zustand der Koerzitivfeldstärke $_IH_c$ die Querkomponente des entmagnetisierenden Eigenfeldes. Ein Meßgerät, welches das Verschwinden dieser Querkomponenten anzeigt, ist damit ein Indikator für die Koerzitivfeldstärke $_IH_c$. Vor jeder Messung muß der Prüfling bis zur Sättigung magnetisiert werden, um sicher zu sein, daß die äußere Entmagnetisierungskurve durchlaufen wird. Am einfachsten ist, wenn diese Sättigung im selben Feld wie die Messung stattfindet. In diesem offenen Kreis sind aber meist nicht so hohe Feldstärken herstellbar, so daß in geschlossenen Jochen gesättigt werden muß. Bei sehr hohen Koerzitivfeldstärken reicht die Feldstärke einer Luftspule auch nicht mehr zur Bestimmung der Koerzitivfeldstärke aus. Dann kann mit Hilfe eines Joches ein *Differentialkoerzimeter* benutzt werden [34]. In das offene Joch mit festem Luftspalt werden zwei gegeneinander geschaltete Hall-Sonden gebracht. Beide Hall-Sonden liegen auf derselben Jochbacke auf, die eine zwischen Jochbacke und Prüfling, die andere in einiger Entfernung vom Prüfling. Vor dem Einlegen des Prüflings verschwindet der Gesamtausschlag der Hall-Spannung da überall gleiche Feldstärke herrscht. Der magnetisierte Prüfling wird dann dicht an eine Hall-Sonde gelegt und das Feld solange erhöht, bis wieder Nullanzeige der Hall-Sonde vorhanden ist. Dann ist das Feld wieder homogen, d. h., die Koerzitivfeldstärke $_IH_c$ ist erreicht. Anstelle der Hall-Sonden können auch Förster-Sonden eingesetzt werden.

Zur Messung der Koerzitivfeldstärke allgemein ist zu sagen, daß der Meßwert stark von der Meßzeit nach dem Magnetisieren abhängt und, wie z. B. STREET und WOLEY [35] an AlNiCo gezeigt haben, sich um einige Prozent ändern kann.

Von ELLENKAMP [36] wurde ein registrierendes Koerzimeter angegeben; es kann bis zu Temperaturen von ca. 1000 °C benutzt werden.

33.4 Messung der Remanenz B_r und scheinbaren Remanenz B_2^r

Die Remanenz wird in geschlossenen Kreisen mittels des magnetischen Flusses gemessen. Dabei ist besonders bei den hochremanenten Werkstoffen auf wirkliches Schließen des Kreises zu achten. Die notwendige Flußänderung kann durch Stromabschalten erzeugt werden. Resonanzmesser wurden u. a. von NEUMANN und ZUMBUSCH [37] angegeben.

Zur *Messung der scheinbaren Remanenz* des Magneten wird dieser aus einem entsprechend der gewünschten Scherung geöffneten Jochkreis gezogen, wobei z. B. die Flußänderung im Joch gemessen wird. Diese Flußänderung ist der scheinbaren Remanenz proportional. Wird eine Meßwicklung vom Prüfling in den feldfreien Raum abgezogen, ist die gemessene Flußdichte gleich der scheinbaren Remanenz. Bei Ringen ist der innerhalb des Innenradius befindliche, von der Feldstärke herrührende Fluß zu berücksichtigen, indem die Innenspule gegen die Außenspule geschaltet ist. Bei Dauermagneten in Magnetsystem ist zwischen der scheinbaren Remanenz von Magnet und System zu unterscheiden.

33.5 Messung der Sättigungsmagnetisierung $4\pi I_s$

Die Sättigungsmagnetisierung $4\pi I_s$ ist eine wichtige Werkstoffkenngröße. Sie ist bei den üblichen Dauermagnetwerkstoffen als isotrop anzusehen, obwohl infolge der magnetischen Anisotropie-Energie eine Anisotropie der spontanen Magnetisierung zu erwarten ist. Die Anisotropie ist jedoch meist zu klein, um meßbar zu sein. Die *Sättigungsfeldstärke H_s* weist jedoch eine merkbare Anisotropie auf. Zum Erreichen der Sättigungsmagnetisierung werden meist sehr hohe Feldstärken benötigt. Die *Einmündung in die Sättigung* in Abhängigkeit von der Feldstärke kann für Ferromagnetika näherungsweise dargestellt werden durch eine Reihe [38]. Auf die daraus entstehenden Probleme wird in [39 bis 41] näher eingegangen.

Die Sättigungsmagnetisierung wird wegen der hohen benötigten Feldstärken meistens in geschlossenen Jochen gemessen. Dort werden Feldstärken bis 10 kOe erzeugt. Die wahre Feldstärke kann dabei z. B. nach einem Verfahren von GEISSLER und MÜLLER [42] bestimmt werden. Für noch höhere Felder bis 10^5 Oe wurde von ELLENKAMP und ZIJLSTRA [41] eine offene Spule benutzt, welche mit flüssigem Wasserstoff gekühlt wurde. Damit wurde die Anisotropiekonstante von intermetallischen Verbindungen durch Extrapolation bestimmt.

33.6 Bestimmung des magnetischen Momentes

Bei angenommener homogener Magnetisierung ist das *magnetische Moment m* eines Ferromagnetikums gleich dem Produkt aus Magnetisierung und Volumen. Es kann mit Hilfe von Magnetometern oder magnetischen Waagen bestimmt werden.

33.6.1 Magnetometer [43]

Die *Magnetometer* werden danach unterschieden, ob zur Messung der Magnetisierung Kraft- oder Induktionsmethoden verwendet werden. Bei der Kraftmethode wird die Kraft gemessen, die der Prüfling im homogenen Feld auf einen leicht beweglichen Magneten ausübt. Bei dem jetzt mehr gebräuchlichen Verfahren nach der Induktionsmethode wird eine Flußänderung erzeugt durch Entfernen der Probe von einer Spule im Meßfeld oder der Spule von der Probe im Meßfeld oder durch Umkehrung des Meßfeldes oder durch Vibrieren von Spule oder Probe im Meßfeld [44 bis 46].

Die Kraftmethode wird z. B. für die klassische Bestimmung des magnetischen Momentes mit Hilfe der Gaußschen Hauptlagen verwendet. Dabei wird das Verhältnis von m/H bestimmt. Durch Messen der Schwingungsdauer im gleichen Feld wird das Produkt $m \cdot H$ bestimmt. Aus beiden Beziehungen ist dann das magnetische Moment und damit die Magnetisierung berechenbar. Die Kraftmethode kann nach STEINGROEVER [47] auch benutzt werden, um die Entmagnetisierungskurve zu messen.

Das magnetische Moment m ist nur befriedigend vorausberechenbar, wenn die Magnetisierung annähernd homogen ist [48]. Dann wird im elektromagnetischen cgs-System [s. Kapitel 3 und 4, besonders die Gln. (3.1) und (4.29)]

$$I = \frac{m}{V} = \frac{B - H}{4\,\pi} \tag{33.5}$$

und

$$V = \frac{4\,\pi\,m}{B-H}, \tag{33.6}$$

wobei zu beachten ist, daß in Gl. (33.5) auf der linken Seite I, nicht $4\pi I$, stehen muß. Die meist nicht homogene Magnetisierung wird mit abnehmendem Verhältnis l/d immer größer. Dann muß die Verteilung der Induktion entsprechend Kapitel 16 beachtet werden.

33.6.2 Magnetische Waagen

Auch hier wird das magnetische Moment mit Hilfe mechanischer Kräfte bestimmt. Dabei befindet sich der Prüfling im inhomogenen magnetischen Feld, und die auf ihn wirkende Kraft P ist dann proportional dem Produkt $m \cdot (\mathrm{d}H/\mathrm{d}x)$, wobei x die Bewegungsrichtung des Prüflings ist. Die magnetische Waage eignet sich besonders gut für Messungen bei verschiedenen Temperaturen.

Um eine einfache Auswertung zu erhalten, ist es notwendig, die Polschuhe des das inhomogene Feld erzeugenden Magneten so zu gestalten, daß das Produkt $H \cdot (\mathrm{d}H/\mathrm{d}x)$ konstant wird. Dazu wurden die Konturen berechnet von SPYRA [49] bzw. BEISSWENGER und WACHTEL [50].

33.6.3 Drehmagnetometer

Das *Drehmagnetometer* kann für die Bestimmung von verschiedenen Werkstoffkonstanten benutzt werden. Aus der Größe des Drehmomentes kann die Konstante der vorliegenden Anisotropie entnommen werden, wie Abschnitt 10.7.3 zeigt. Als gebräuchlichste Methode ist die Extrapolation der Amplitude des Drehmomentes als Funktion der äußeren Feldstärke für $H \to \infty$ anzusehen. Eine weitere Methode benutzt die Steigung der Drehmomentkurve bei den Nulldurchgängen derselben. Aus der Form der Drehmomentkurve kann auf die Art der vorliegenden Anisotropie geschlossen werden, wie z. B. in Abschnitt 11.4 näher erläutert wurde. Außerdem können daraus Rückschlüsse auf die Art der Ummagnetisierungsvorgänge gewonnen werden.

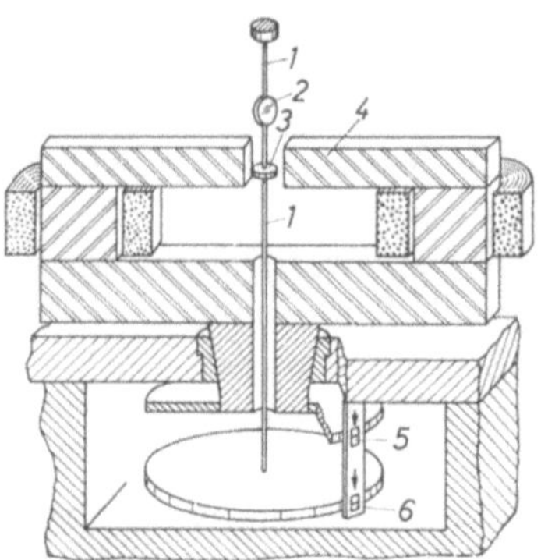

Bild 33.8. Schema des Drehmagnetometers.
1 Torsionsfaden; *2* Ablenkspiegel; *3* Meßprobe;
4 Weicheisen-Joch; *5* Nullpunkteinstellung;
6 Ausschlag-Ablesung (nach [52]).

Der *Aufbau des Drehmagnetometers* wird im Prinzip durch Bild 33.8 [51] gezeigt. Dabei wird die Probe meist als Scheibe frei drehbar in einem homogenen Magnetfeld aufgehängt. Die Drehachse ist senkrecht zur Scheibenebene, das Magnetfeld parallel zur Scheibenebene angeordnet. Beim Einschalten des Feldes sucht sich die Scheibe mit ihrer Vorzugsrichtung in Feldrichtung einzustellen. Die zahlreichen existierenden Bauformen (umfangreiche Zusammenstellung s. z. B. [52]) unterscheiden sich nur in der Art, wie das dabei auftretende Drehmoment gemessen wird, bzw. in der Empfindlichkeit der Anordnung [53].

33.7 Ringmessung an weichmagnetischen Werkstoffen

Um die wahren magnetischen Eigenschaften eines Ferromagnetikums zu messen, wird ein geschlossener magnetischer Kreis benutzt. Wegen der niedrigen Sättigungsfeldstärke wird aber bei weichmagnetischen Werkstoffen kein Joch benötigt, sondern die Probe wird als Ring ausgebildet und gleichmäßig mit Magnetisierungswindungen bewickelt. Die Entmagnetisierung ist so gleich Null. Die Induktion wird mittels einer zweiten Meßwicklung ballistisch gemessen, die Feldstärke aus den Ampère-Windungen $n \cdot J$ pro cm berechnet. Wenn die Wandstärke im Bereich $r_a/(r_a - r_i) \geqq 5$ liegt, sollte dazu Gl. (33.7) benutzt werden:

$$H = \frac{n\,i}{\pi(r_i + r_a)}. \tag{33.7}$$

Dabei ist r_i der innere und r_a der äußere Radius des Ringes. Das Berechnen der Feldstärke nach Gl. (33.7) ergibt keine hohe Genauigkeit. Sie reicht jedoch dafür aus, die magnetische Leitfähigkeit von weichmagnetischen Werkstoffen, welche als Flußleiter im dauermagnetischen Kreis verwendet werden sollen, zu ermitteln.

33.8 Meßmethoden für kleine Dauermagnete

Die bisher beschriebenen Meßverfahren setzen alle eine Mindestgröße des Prüflings voraus. Nach DIN 50470 [6] muß die Länge des Prüflings beim induktiven Jochverfahren mindestens 5 mm betragen. Die anderen Abmessungen dürfen nicht wesentlich kleiner sein, wenn der Meßfehler nicht untragbar werden soll. Diese Mindestmaße werden von vielen gebräuchlichen Dauermagneten nicht erreicht. Von HEISZLER [54] wurde ein Verfahren für die Bestimmung der Remanenz B_r an kleinen Dauermagneten angegeben, wobei die Kantenlängen bis zu

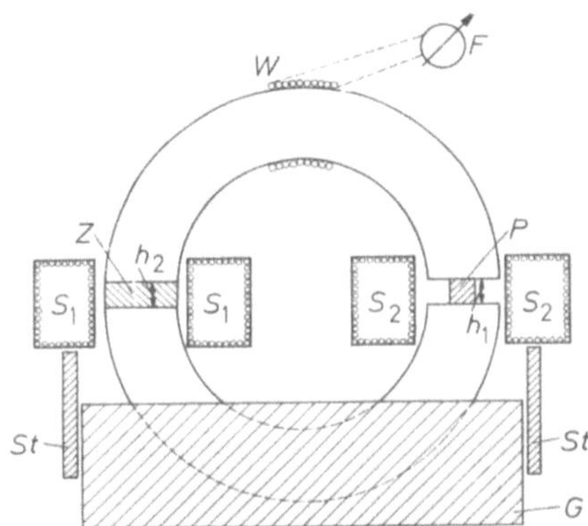

Bild 33.9. Bestimmung der Remanenz B_r von kleinen Dauermagneten P in einem hochpermeablen Schnittbandkern durch Abheben der oberen Jochhälfte (nach [54]).

Bild 33.10. Messung der scheinbaren Remanenz B_r' von Kleinstmagneten im gescherten Joch durch Flußmessung mit der Hall-Sonde (nach [55]).

ca. 3 mm gesenkt wurden. Die Meßmethode zeigt Bild 33.9. Die Probe P ist in einen hochpermeablen Schnittbandkern eingelegt, wobei dessen Querschnitt sehr groß gegenüber dem des Dauermagneten sein soll. Nach der Magnetisierung mit den Spulen S_1 und S_2 wird die obere Jochhälfte abgehoben und die Änderung des Flusses in der Windung W mit Flußmesser F gemessen. Sie ist gleich dem Fluß des Dauermagneten P. Das nichtferromagnetische Distanzstück Z im linken Luftspalt soll durch die Bedingung $h_2 = h_1$ eine saubere Auflage des Joches auf der Probe ergeben.

Zur *Messung der scheinbaren Remanenz* (= Arbeitspunkt) sehr kleiner Dauermagnete kann auch ein Aufbau nach Bild 33.10 dienen [55]. Die Dauermagnete (z. B. $5 \times 5 \times 0,5$ mm³) werden in einem Joch mit fest eingestelltem Luftspalt gesättigt. Nach Abschalten des Feldes wird mit einer Hall-Sonde, welche in den unteren Jocharm eingebaut ist, ein Fluß proportional dem der scheinbaren Remanenz gemessen. Um Übersättigungen und damit unnötige Streuungen zu vermeiden, ist das Joch im Querschnitt abgesetzt. Von REINBOTH [56] wurde ein weiteres Verfahren für die Messung der scheinbaren Remanenz bei kleinen Magneten angegeben.

33.9 Meßmethoden der magnetischen Alterung von Dauermagneten

Um die Alterung von Dauermagneten befriedigend genau verfolgen zu können, muß die Genauigkeit von Feld- und Induktionsmessung im Bereich von weniger als 1 Promille liegen. Wie in Absatz 2.4 dieses Kapitels gezeigt, kann dazu die Protonenresonanz [31] dienen. Ein älteres und einfacheres, gut in der Praxis bewährtes Verfahren ist in Bild 33.11 gezeigt [57]. Dabei wird durch Herausziehen einer Spule aus dem Nutzluftspalt des Prüflings ein Spannungsstoß erzeugt. Gleichzeitig wird ein entgegengesetzter Stoß durch Öffnen eines zweiten

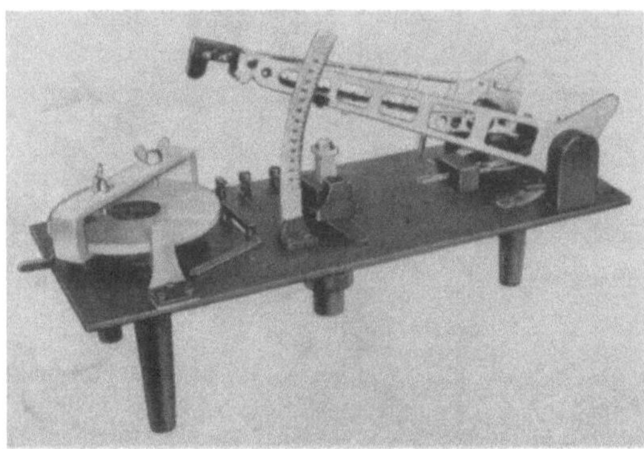

Bild 33.11. Apparatur zur Messung der magnetischen Alterung von Dauermagnetsystemen (nach [57]).

Stromkreises, welcher ein Induktionsnormal enthält, erzeugt. Beide Stöße gehen auf ein Galvanometer, und der Strom der Induktivität wird so eingeregelt, daß sich beide Stöße kompensieren. Mit dieser Nullmethode ließ sich die Änderung der scheinbaren Remanenz auf ca. 10^{-5} genau ermitteln. Die benötigte Normal-Induktivität ist dabei jedoch, da es sich um eine Luftspule handeln muß, sehr groß und deshalb sehr schwer und aufwendig.

33.10 Bestimmung der Temperaturabhängigkeit der Entmagnetisierungskurve

In diesem Absatz sollen nicht sämtliche brauchbaren Meßmethoden aufgeführt werden, da sie aus der Besprechung der einzelnen Meßapparaturen, wie z. B. Koerzimeter, Magnetometer, magnetische Waage, hervorgehen. Es soll hier

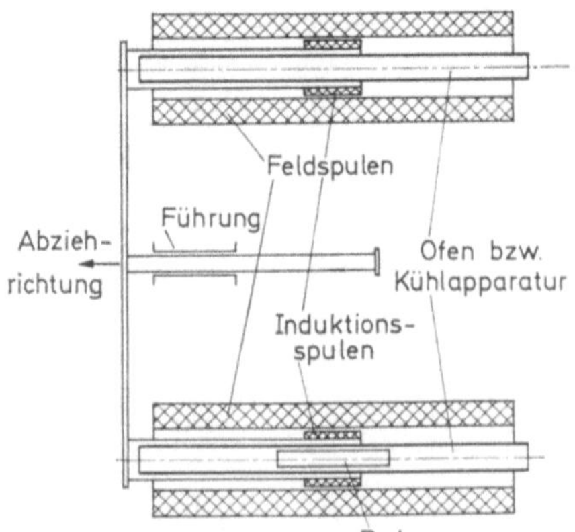

Bild 33.12. Prinzip der Abziehmethode zur Messung der Entmagnetisierungskurve bei verschiedenen Temperaturen (nach [58]).

nur auf das Abziehverfahren eingegangen werden, da es die Messung der Entmagnetisierungskurve auch von Dauermagnetwerkstoffen mit hoher Koerzitivfeldstärke gestattet.

Bei der Abziehmethode wird die Induktion stabförmiger Magnete durch Abziehen einer Spule von der Probenmitte ballistisch gemessen. Um die bei den hohen Feldstärken notwendige Luftlinienkorrektur [Gl. (33.2)] zu vermeiden, wird die Magnetisierung gemessen. Das Prinzip ist in Bild 33.12 gezeigt [58]. Die obere Induktionsspule dient zur Kompensation des inneren Feldes und ist entgegengesetzt der unteren geschaltet. Beide Feld- und Induktionsspulen müssen jeweils symmetrisch aufgebaut sein. Nach dieser Methode wurden die Entmagnetisierungskurven der Dauermagnetwerkstoffe von DIETRICH [58] im Temperaturbereich $-200\,°C < T < 1\,000\,°C$ aufgenommen (s. Kapitel 30).

Literatur

1. JELLINGHAUS, W.: Magnetische Messungen an ferromagnetischen Stoffen, Berlin: de Gruyter 1952.
2. GUMLICH, E.: Leitfaden der magnetischen Messungen, Braunschweig: Vieweg 1918.
3. REINBOTH, H.: Technologie und Anwendungen magnetischer Werkstoffe, 2. Aufl., Berlin: VEB Verlag Technik 1963.
4. WESTPHAL, W.: Physikalisches Praktikum, Braunschweig: Vieweg 1959, 232ff.
5. KOHLRAUSCH, F.: Praktische Physik, Bd. 2, Stuttgart: Teubner 1962, 72—116.
6. DIN 50470: Bestimmung der Entmagnetisierungskurve und der permanenten Permeabilität in einem Joch; induktives Verfahren (November 1964).
7. NEUMANN, H.: ATM J 64-1 (1934); Z. techn. Phys. 15 (1934) 473—477; ATM V 951-1 (Mai 1955).
8. MEYER, E., u. C. MOERDER: Spiegelgalvanometer und Lichtzeigerinstrumente, Leipzig: Akad. Verlagsges. Geest u. Portig 1957.
9. KARO, D.: Brit. J. appl. Phys. 14 (1963) 704—707.
10. ATM J 721-6 (Sept. 1934).
11. CAPPTULLER, H.: PTB-Mitteilungen 1 (1954) 8—9.
12. BROCKMANN, F. G., u. W. G. STENECK: Phil. techn. Rdsch. 7 (1955) 189—199.
13. CAPPTULLER, H.: Acta IMEKO III, Stockholm 1964, 115—121.
14. DIN 50471: Bestimmung der Entmagnetisierungskurve und der permanenten Permeabilität im Doppeljoch; magnetostatisches Verfahren (Entwurf August 1967).
15. STEINITZ, R., u. F. STÄBLEIN: Arch. Eisenhüttenw. 8 (1935) 549—554.
16. NITSCHE, G., u. J. PFAFFENBERGER: VDE-Fachberichte 9 (1937) 185—188.
17. HERMANN, P. K., u. H. WINTERHOFF: AEG-Mitt. 46 (1956) 128—136.
18. Prospekt der Firma Elektrophysik, Köln, 70/65, 16—20.
19. STEINGROEVER, E.: J. appl. Phys. 33 (1966) 1116—1117.
20. ROHMER, K.: ETZ-A 85 (1964) 372—375.
21. WELKER, H.: ETZ-A 76 (1955) 513—517. — KUHRT, F.: Siemens-Zeitschr. 28 (1954) 370—376.
22. Hersteller sind z. B. die Firmen: Siemens u. Halske, München; Elektrophysik, Köln; Bell, USA; Förster, Reutlingen.
23. DAS 1167974 vom 16. 4. 1964, Kl. 21e — 37/10.
24. TIMPL, F., u. R. FRIEDRICH: Elektrie 19 (1965) 239—240.
25. MENZEL, P.: ATM V 392-2 (April 1961) 83—86.
26. HARTEL, W.: Siemens-Zeitschr. 28 (1954) 376—384.
27. WEISS, H.: ETZ-B 17 (1965) 289—293; IEEE Transact. Magnetics 2 (1966) 540—542.
28. HENNIG, G.: Elektronik 14 (1965) 225—229; Prospekt der Firma Magna-Ohm, Gauting.
29. FÖRSTER, F.: Z. Metallk. 46 (1955) 358—370; ATM J 66-6 (März 1957); J 66—7 (April 1957). — BRANDSTETTER, F.: E. u. M. 72 (1955) 12—15.
30. KROON, D. J.: Phil. techn. Rdsch. 21 (1959—60) 274—288.
31. SPYRA, W.: DEW Techn. Ber. 1 (1961) 30—38. — WINTERHOFF, H.: AEG Mitt. 50 (1960) 382—388, 53 (1963) 277—283.
32. FRICKE, G., u. R. NEUHAUSEN: Z. angew. Phys. 17 (1964) 446—448.

33. DAS 1233058 vom 6. 10. 1959.
34. HENNIG, G.: Ber. d. Arbeitsgem. Ferromagnetismus (1959) 234—240; Hersteller ist z. B. die Firma Förster, Reutlingen.
35. STREET, R., u. WOLEY, J. C.: Proc. Phys. Soc. A 62 (1949) 562—572; B 63 (1950) 509 bis 519.
36. ELLENKAMP, L. A.: Rev. sci. Instr. 33 (1962) 383—384.
37. NEUMANN, H., u. W. ZUMBUSCH: Wiss. Veröffentl. Siemens-Konzern, Werkstoff-Sonderheft (1940) 21—36.
38. BECKER, R., u. W. DÖRING: Ferromagnetismus, Berlin: Springer 1939, 169 ff. — NEEL, L.: J. Phys. Rad., Serie VIII, 9 (1948) 184—192. — DIETRICH, H., u. E. KNELLER: Z. Metallk. 47 (1956) 672—684.
39. GANS, R.: Ann. Phys., Leipzig, 15 (1932) 28—44.
40. Siehe z. B. SEEGER, A., u. H. KRONMÜLLER: J. Phys. Chem. Solids 12 (1960) 298—313.
41. ELLENKAMP, L. A., u. H. ZIJLSTRA: Z. angew. Phys. 16 (1964) 400—405.
42. GEISSLER, K. G., u. S. MÜLLER: Z. angew. Phys. 15 (1963) 237—238.
43. Siehe z. B. KUSSMANN, A.: ATM J 62-1 (Febr. 1954); J 62-2 (Mai 1954); J 62-3 (Juli 1954); J 62-4 (Febr. 1958); J 62-5 (März 1958).
44. FELDMANN, D., u. R. P. HUNT: Z. Instrumentenkde. 72 (1964) 259—265. — FELDMANN, D.: Dissertation, T. H. Wien (1965).
45. VAN OOSTERHOUT, G. W., u. L. J. NOORDERMEER: Phil. techn. Rdsch. 25 (1963/64) 226 bis 232.
46. STRNAT, K., u. L. BARTIMAY; J. appl. Phys. 38 (1967) 1305—1307.
47. STEINGROEVER, E.: Arch. Elektrotechn. 39 (1949) 391—394. — Siehe z. B. KUSSMANN, A.: ATM J 62-6 (Dez. 1961); J 62-7 (Jan. 1962); J 62-8 (Febr. 1962).
48. JOKSCH, C.: DEW Techn. Ber. 5 (1965) 119—123.
49. SPYRA, W.: DEW Techn. Ber. 4 (1964) 24—32.
50. BEISSWENGER, H., u. E. WACHTEL: Z. Metallk. 46 (1955) 504—507.
51. BOZORTH, R. M.: Ferromagnetism, New York: Van Nostrand 1951, 557.
52. GENGNAGEL, H., H. DRESSEL, W. BAUMERT u. H. SAUERTEIG: Experim. Technik der Phys. 11 (1963) 301—311.
53. SCHÜLER, K.: Z. Metallk. 52 (1961) 492—500.
54. HEISZLER, B.: ATM (Okt. 1961) R. 137—R. 139.
55. JOKSCH, C.: Feinwerktechnik 70 (1966) 505—517.
56. in [3, S. 396].
57. TENZER, R. K.: Arch. Elektrotechn. 40 (1952) 407—421; ATM J 66-5 (Dez. 1955).
58. DIETRICH, H.: DEW Techn. Ber. 7 (1967) 29—38.

34 Prüfung von Dauermagneten und Magnetsystemen

Unter der Prüfung von Dauermagneten und Magnetsystemen wird hier die Prüfung in der *magnetischen Endkontrolle* des Magnetherstellers verstanden. Sie ist für den Hersteller und Verbraucher der Magnete gleich wichtig, aber bisher wenig in der Literatur behandelt [1, 2].

Als *Prüfverfahren* kommen grundsätzlich drei in Frage [2]:

1. Messung der gesamten Entmagnetisierungskurve,
2. Messung eines oder mehrerer Punkte der Entmagnetisierungskurve,
3. Prüfung entsprechend dem Anwendungsfall.

34.1 Prüfen durch Messung der gesamten Entmagnetisierungskurve

Die bisher erwähnten Meßmethoden der ersten Gruppe werden wohl für grundlegende Untersuchungen an Werkstoffen benutzt, scheiden aber vor allem aus Zeitgründen sowohl für eine Stück-für-Stück-Prüfung als auch eine Stichprobenprüfung aus. Es bedarf dazu einer besonderen Magnetform mit konstantem Querschnitt und teurer Meßgeräte. Die Probe muß zur Prüfung demontiert und auf gleichen Querschnitt über die Länge geschliffen werden, wird also meist maßlich verändert und ist nicht mehr liefertauglich. Die Messung nach Verfahren 1 wird aber an Einzelstücken dazu verwendet, um die Meßwerte nach den Verfahren 2 und 3 auf absolute Werte zurückzuführen. Zu beachten ist dabei jedoch, daß sich durch eventuelles Schleifen auch die magnetischen Meßwerte verändern, und zwar verbessern können. Dies trifft für gesinterte und gegossene metallische Magnete zu. Die Ferrite zeigen diese Erscheinung nicht.

34.2 Prüfen durch Messung eines oder mehrerer Punkte der Entmagnetisierungskurve

Bei den Messungen nach dem Verfahren 2 handelt es sich um die *Messung der scheinbaren Remanenz* B_r' und der *Koerzitivfeldstärke* $_IH_c$, wobei der Meßpunkt möglichst in der Nähe des *wirklichen Arbeitspunktes* gelegt wird. Bei Arbeitspunkten in der Nähe der Remanenz kann dies durch *innere Entmagnetisierung*, bei tiefer gelegenen am besten durch *äußere Entmagnetisierung* geschehen. Es

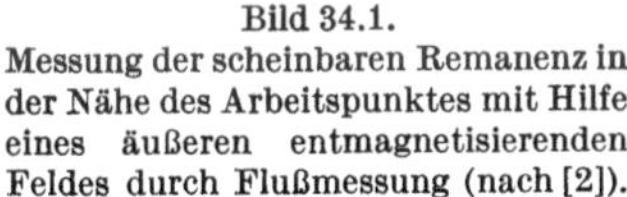

Bild 34.1.
Messung der scheinbaren Remanenz in der Nähe des Arbeitspunktes mit Hilfe eines äußeren entmagnetisierenden Feldes durch Flußmessung (nach [2]).

kann die äußere Entmagnetisierung zusätzlich zur inneren angewendet werden, um einen bestimmten Arbeitspunkt zu erreichen. Dabei muß beachtet werden, daß die Wirkung des entmagnetisierenden Feldes im B,H-Bild zu untersuchen ist (s. Kapitel 14). Die Messung erfolgt dann z. B. im Joch, wie die Bilder 34.1 und 33.10 zeigen, wobei die scheinbare Remanenz oder Permanenz mit Hilfe einer Sonde gemessen werden kann [2].

Für die Messung rechteckiger Magnete mit Kantenlängen bis 210 mm wurde von TYLER [3] eine Anordnung beschrieben. Hierbei wird der Dauermagnet in eine Spule gebracht. Sein Prüfpunkt wird mittels Spulenfeld und Eisenplatten variabler Dicke, angebracht an den Stirnflächen, eingestellt.

Von GÖDDECKE [4] wurde auf die *Prüfung diametral vorzugsgerichteter Rundmagnete* für Motoren eingegangen. Diese Prüfung wird üblicherweise in einem Joch vorgenommen, wobei die Scherung ungefähr dem Arbeitspunkt entspricht. In diesem Joch wird aufmagnetisiert und der magnetische Fluß des Prüflings im Joch durch Entfernen des Prüflings entsprechend Bild 34.2, links, gemessen. Um bei diametral vorzugsgerichteten Prüflingen Magnetisierungs- und Vorzugsrichtung zusammenfallen zu lassen, wurde von GÖDDECKE in das Joch noch ein

Dauermagnet entsprechend Bild 34.2, rechts, eingefügt. Sein permanenter Fluß dreht den Prüfling vor dem Magnetisieren in die Vorzugsrichtung. Entsprechend eigenen Erfahrungen dreht sich jedoch ein drehbar gelagerter Dauermagnet beim

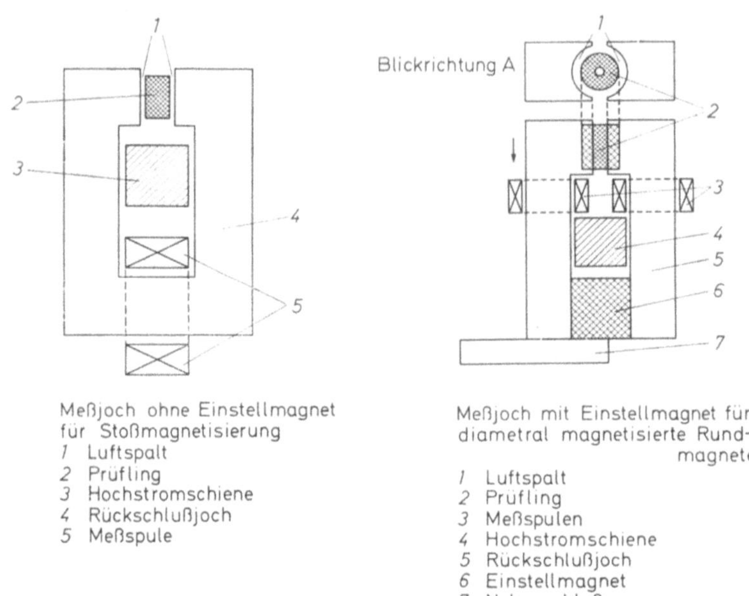

Meßjoch ohne Einstellmagnet
für Stoßmagnetisierung
1 Luftspalt
2 Prüfling
3 Hochstromschiene
4 Rückschlußjoch
5 Meßspule

Meßjoch mit Einstellmagnet für
diametral magnetisierte Rundmagnete
1 Luftspalt
2 Prüfling
3 Meßspulen
4 Hochstromschiene
5 Rückschlußjoch
6 Einstellmagnet
7 Nebenschluß

Bild 34.2. Joch für Magnetisierung und Messung von diametral vorzugsgerichteten Rundmagneten (nach [4]) Links: ohne Einstellmagnet; rechts: mit Einstellmagnet.

Magnetisieren selbständig in die Vorzugsrichtung, so daß auf den Dauermagenten dann verzichtet werden kann. Außerdem scheidet diese Methode bei Kernmagneten für Meßwerte aus, da hier die Vorzugsrichtung durch Kerbe gekennzeichnet ist.

34.3. Prüfen entsprechend dem Anwendungsfall

Bei den Prüfmethoden nach dem Verfahren 3 muß zwischen den einzelnen Anwendungsgebieten unterschieden werden.

34.3.1 Erzeugen von elektrischer Energie durch periodische bzw. nichtperiodische Bewegung

34.3.1.1 Periodische Bewegung. Unter der Voraussetzung, daß der magnetische Kreis nicht geändert wird, gilt für sich drehende Dauermagnete das Induktionsgesetz. Die in der ruhenden Spule erzeugte elektrische Spannung U wird

$$U = -n \frac{\mathrm{d}\Phi}{\mathrm{d}t} = n \cdot l \cdot v \cdot B \sim B. \tag{34.1}$$

Dabei ist n die Windungszahl der Spule, v die Geschwindigkeit und l die Länge des Magneten.

Damit kann also für jeden *Generatormagnet* (Lichtmaschine, Fahraddynamo, Induktormagnet usw.) durch Messen der elektrischen Spannung die magnetische

Bild 34.3. Prüfung eines Dauermagneten für Fahrraddynamo durch Messen der induzierten elektrischen Spannung (nach [2]).

Bild 34.4. Prüfung der Luftspaltenergie eines Lautsprechersystems mit der geeichten Windungssonde und dem Fluxmeter (nach [2]).

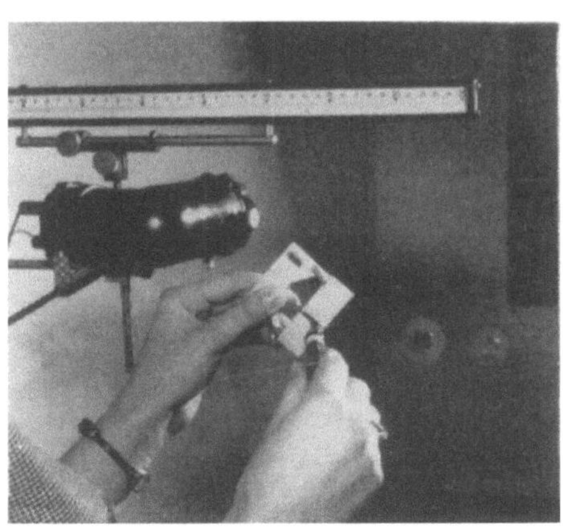

Bild 34.5. Prüfung der Luftspaltenergiedichte eines Dämpfungssystems mit der geeichten Windungssonde und dem ballistischen Galvanometer (nach [2]).

Induktion geprüft werden, wie z. B. Bild 34.3 zeigt [2]. Die Prüfung kann am besten am belasteten Generator, der Gegenfelder erzeugt, nachgebildet werden.

34.3.1.2 Nichtperiodische Bewegung. Die *Prüfung* der Luftspaltinduktion *von Lautsprecher- oder Wirbelstromdämpfungssystemen* geschieht entweder mittels

Windungssonde (kleine Luftspule), die angeschlossen wird an ein Fluxmeter, wie
Bild 34.4 zeigt, oder an ein ballistisches Galvanometer, wie Bild 34.5 zeigt, oder

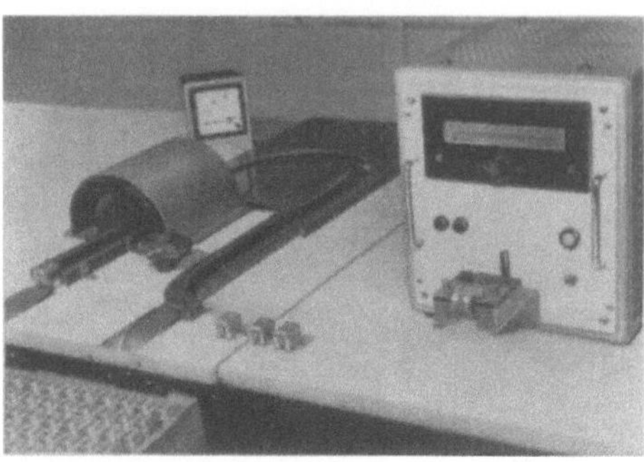

Bild 34.6.
Prüfung der Luftspaltinduktion von
Dauermagnetsystemen für elektrische
Zähler mit der Hall-Sonde (nach [2]).

mittels Hall-Sonde, wie Bild 34.6 zeigt. Bei beiden Verfahren ist es gleich, ob
die Spule oder der Dauermagnet bewegt werden [1]. Es kommt ausschließlich
auf die Relativbewegung zueinander an.

34.3.2 Erzeugen von Bewegung durch elektrische Energie

Als Umkehrung des Verfahrens von Absatz 3.1 ist die Motorprüfung anzusehen [5]. Es gilt hier sinngemäß, daß das Drehmoment M gegeben ist durch

$$M = P \cdot 2r = n \cdot J \cdot l \cdot 2r \cdot B = n\,J \cdot \Phi \sim B. \tag{34.2}$$

Dabei ist P die Kraft, r der Hebelarm, J die elektrische Stromstärke und l die
Länge des Magneten. Mit dieser Methode können alle *Motorenmagnete*, die Ringe
oder Ringsegmente sind, *geprüft* werden. Dabei ruht meist der Magnet, und die
Spule rotiert.

Bild 34.7. Prüfung eines Dauermagneten für ein
Außenmagnet-Meßwerksystem durch Herausziehen
des Dauermagneten aus dem Kreis und Anzeige
des Spannungsstoßes (nach [2]).

Nach diesem Prinzip wird auch die *Gebrauchsprüfung von Außenmagnetsystemen* für elektrische Meßinstrumente vorgenommen [6]. Dazu wird, wie Bild 34.7
zeigt [2], dem Drehspulinstrument ohne Magnetsystem ein konstanter Strom zugeführt. Am hochgezogenen Dom wird das zu prüfende System angelegt, und der

Ausschlag ist ein Maß des magnetischen Flusses des Prüflings. Außerdem werden natürlich alle Dauermagnete für Motoren bei der Festlegung ihrer Maße im Motor nach dem Verfahren entsprechend Gl. (34.2) geprüft.

34.3.3 Bremsen und Dämpfen durch Wirbelströme

Das Bremsmoment M ist gegeben durch

$$M \sim \frac{1}{\varrho}\, B^2 F \cdot d \cdot w \cdot r^2 \sim \Phi \cdot B. \qquad (34.3)$$

Dabei sind ϱ die elektrische Leitfähigkeit, d die Dicke und w die Winkelgeschwindigkeit der Bremsscheibe, F die Magnetfläche und r der Radius Magnet-Drehpunkt. Wenn alle nichtmagnetischen Parameter konstant bleiben, wird das gewünschte Bremsmoment durch eine Fluß- oder Induktionsmessung prüfbar. Danach werden *Dämpfungssysteme geprüft*, wie z. B. die Bilder 34.5 und 34.6 zeigen.

34.3.4 Haftkraftmessung

Die Haftkraft P ist gegeben durch

$$P = a \cdot B^2 \cdot F_M \sim \Phi \cdot B, \qquad (34.4)$$

wobei a eine Umrechnungskonstante ist. Die Haftkraft P ist sehr stark vom Luftspalt l_L abhängig, da hierbei $P \sim B^2 \sim 1/l_L^2$ sehr schnell mit steigendem Luftspalt absinkt. Die *Haftkraftmessung* ist schwierig, da ein genau senkrechter Abriß gewährleistet sein muß, um ein Abscheren oder Kanten zu vermeiden. Wenn möglich, sollte mit definiertem Luftspalt gemessen werden, um den starken Einfluß der Oberflächenrauhigkeit zu vermeiden. Eine einfache Prüfanordnung ist in Bild 34.8 zu sehen [2].

Bild 34.8. Prüfung der Haftkraft eines Haftrades mit ebenem Anker und Federwaage (nach [2]).

34.4 Ermittlung der magnetischen Vorzugsrichtung

Bei der *Prüfung von diametral magnetisierten Zylindern* tritt oft das Problem des *Suchens der magnetischen Vorzugsrichtung* auf. Dazu wird der Magnet auf einen Drehteller in das magnetische Feld gelegt, wobei dieses Feld ein Gleich- oder Wechselfeld sein kann. Bei Verwendung eines Gleichfeldes wird ein entmagnetisierter Dauermagnet bei langsam bis zu hohen Werten ansteigender Feldstärke mit der Vorzugsrichtung parallel zum äußeren Feld gedreht. Bei Verwendung eines Wechselfeldes wird ein vormagnetisierter Dauermagnet entweder auch parallel zum äußeren Feld gedreht oder er beginnt entsprechend der Wechselfrequenz zu rotieren. Ein entmagnetisierter Dauermagnet stellt sich in nicht zu schwachen Wechselfeldern mit der Vorzugsrichtung senkrecht zur Feldrichtung ein. Diese Einstellung ist empfindlicher als die mittels Gleichfeld. Die Induktivität von Magnetspule und Dauermagnetkern ist dabei am kleinsten, da die Permeabilität quer zur Vorzugsrichtung am niedrigsten ist.

Bei beiden Feldarten besteht beim Einsatz von vormagnetisierten Dauermagneten die Gefahr, daß die Magnetisierungsrichtung nicht mit der Vorzugsrichtung übereinstimmt. Erst bei Feldstärken oberhalb der Sättigungsfeldstärke stimmen beide Richtungen nahezu überein.

Literatur

1. FAHLENBRACH, H., u. H. DEHNEN: ATM J 66-8 (Nov. 1958); J 66-9 (Febr. 1959); J 66-10 (März 1959).
2. JOKSCH, C.: Feinwerktechnik 70 (1966) 505—517.
3. TYLER, P. M.: J. sci. Instr. 39 (1962) 630—632.
4. GÖDDECKE, H.: ETZ-B 19 (1967) 119—122.
5. PAGENKEMPER, P.: Feinwerktechnik 73 (1969) 79—83.
6. Siehe z. B. BUMANN, H.: ATM J 66-4 (April 1948).

35 Zur Qualitätskontrolle von Dauermagneten und Magnetsystemen

35.1 Allgemeines zur Qualitätskontrolle

In Kapitel 33 wurde über das Messen von dauermagnetischen Eigenschaften allgemein gesprochen. In Kapitel 34 wurden die Verfahren beschrieben, welche bei der Prüfung der hergestellten Dauermagnete und Magnetsysteme angewendet werden. Hier soll noch etwas auf die Gesichtspunkte eingegangen werden, unter denen eine solche Prüfung durchgeführt wird. Die Prüfung geschieht einmal als Zwischenprüfung, vor allem aber als *Ausgangsprüfung* und übt damit wichtige Kontrollfunktionen aus. Dabei dient sie vor allem drei Aufgaben [1]:

1. Der *Qualitätsfestlegung*, d. h. der Ausarbeitung der dem Betrieb angepaßten Vorschriften und Richtlinien,
2. der *Qualitätsbeherrschung*, d. h. dem Steuern der Fertigung für zweckmäßiges Zustandebringen der Erzeugnisse,
3. der *Qualitätsbeurteilung*, d. h. der kritischen Beurteilung von Entwurf und Erzeugnis.

Alle drei Aufgaben dienen der zweckmäßigen Organisation, beeinflussen darüber hinaus aber das Verhältnis vom Hersteller zum Kunden. Dabei ist zu beachten, daß sich bei wirtschaftlich ausgelegter, zweckentsprechender Fertigung in den gelieferten Partien immer Ausschußstücke befinden. Sie sind nur dann nicht vorhanden, wenn die Genauigkeit aller Fertigungsvorgänge größer als die verlangte Toleranz sind. Dies würde aber eine zu teure Fertigung voraussetzen.

Es ist noch wichtig, zu betonen, daß die Qualitätskontrolle nicht die Güte der Erzeugnisse erhöhen kann, wohl aber die Gründe mangelnder Qualität erkennen hilft und damit zu größerer Liefersicherheit beiträgt.

35.2 Qualtitätsbeherrschung mittels Stichproben

Um die Fertigung steuern zu können, muß sie kontrolliert werden. Die Kontrolle kann einmal bei 100 Prozent der Stückzahlen geschehen, was sicher, aber teuer ist; andererseits kann sie stichprobenartig geschehen. Dabei ist zu beachten, daß die Qualität des Erzeugnisses bei der Kontrolle einer ausreichenden Menge n

von Prüflingen üblicherweise gekennzeichnet wird durch den *Mittelwert* $\bar{\bar{x}}$ und die Streuung oder *Standardabweichung* S [1 bis 4].

Dabei ist der Mittelwert $\bar{\bar{x}}$ gegeben durch:

$$\bar{\bar{x}} = \frac{\sum\limits_{i=1}^{n} f_i x_i}{n} = \frac{\sum\limits_{i=1}^{n} f_i x_i}{\sum\limits_{i=1}^{n} f_i}, \tag{35.1}$$

wobei $x_i =$ beliebiger Wert der Beobachtungsreihe,
  $f_i =$ seine Häufigkeit,
  $n =$ Anzahl der Beobachtungen,

und die Streuung oder Standardabweichung ist der mittlere quadratische Fehler der Einzelbeobachtung

$$S = \frac{\sum\limits_{i=1}^{n} (x_i - \bar{\bar{x}})^2}{n-1}. \tag{35.2}$$

Die vorher genannten Kenngrößen $\bar{\bar{x}}$ und S der Qualität bei der Prüfung einer sehr großen Menge n von Erzeugnissen ($n > 100$) geben diese Qualität befriedigend wieder. Dies liegt an dem Umstand, daß die Beobachtungswerte der Erzeugnisse in der industriellen Praxis fast immer von mehreren unabhängigen Ursachen ver-

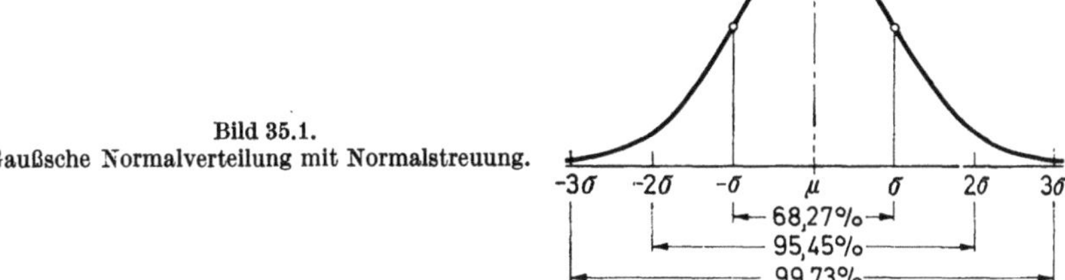

Bild 35.1.
Gaußsche Normalverteilung mit Normalstreuung.

schieden beeinflußt, aber nur jeweils gering verändert werden. Dann gehorchen die Beobachtungswerte aber einer sogenannten *Normalverteilung*, der sogenannten *Gaußschen Verteilung*. Sie ist dargestellt durch eine symmetrische *Glockenkurve*, wie Bild 35.1 zeigt.

Die Gaußsche Verteilung gilt streng nur für $n \to \infty$. Für sehr große Beobachtungsanzahlen n folgt aber, daß die in diesem Falle mit $\bar{\bar{x}}$ und S beschriebenen Häufigkeitsverteilungen sich der normalen Gaußschen Verteilung nähern. Dann geht der praktisch wahre Mittelwert $\bar{\bar{x}}$ gegen den theoretisch wahren Mittelwert μ und die praktisch wahre Streuung S gegen die theoretisch wahre Streuung σ. Diese Annahme ist allgemein für $n > 100$ befriedigend erfüllt, und deshalb wird die Gaußsche Normalverteilung zugrundegelegt. Damit bestimmen aber die beiden Größen $\bar{\bar{x}}$ und σ die Qualität.

Die Normalverteilung stellt eine symmetrische Kurve dar, wobei der Mittelwert μ auf der Symmetriegeraden liegt. Die Wendepunkte der Kurve liegen bei $\pm\,\sigma$. Der Flächeninhalt unter der Kurve beträgt zwischen

$$\bar{\bar{x}} \pm \sigma \;\;\triangleq\; 68\%,$$
$$\bar{\bar{x}} \pm 2\,\sigma \triangleq 95\%,$$
$$\bar{\bar{x}} \pm 3\,\sigma \triangleq 99,7\%.$$

Daraus folgt sofort, daß das *Toleranzfeld* wenigstens $6\,\sigma$ betragen sollte, damit der Ausschuß kleiner als 0,3 Prozent bleibt. Dies gilt aber nur für ein symmetrisch zu $\bar{\bar{x}}$ liegendes Toleranzfeld. Bei unsymmetrischem Toleranzfeld ist der Ausschuß größer. Betrage das Toleranzfeld $4\,\sigma$, dann gibt es bei symmetrischer Lage zum Mittelwert 5 Prozent Ausschuß. Liegt aber der Mittelwert $\bar{\bar{x}}$ um σ aus der Mitte des Toleranzfeldes, dann sind ca 16 Prozent Ausschuß zu erwarten.

Die *Prüfung mittels Stichproben* ist sehr anziehend, da sie billiger als die Vollprüfung wird. Dabei sind aber folgende Gesetzmäßigkeiten zu beachten: Die Mittelwerte $\bar{x}$ von Stichproben schwanken weniger als die Einzelwerte. Mit wachsender Anzahl n in der Stichprobe verringert sich die Streuung σ_x der Mittelwerte immer mehr. Es gilt, da praktisch für $n > 15$ wird, $\bar{x} \approx \bar{\bar{x}}$

$$\bar{\bar{x}} - \frac{3\,\sigma}{\sqrt{n}} < \bar{x} < \bar{\bar{x}} + \frac{3\,\sigma}{\sqrt{n}}, \tag{35.3}$$

d. h. solange der *Stichprobenmittelwert* $\bar{x}$ innerhalb dieser Grenzen liegt (wobei also, z. B. aus Erfahrung, x und S als bekannt anzunehmen sind), ist die Fertigung in Ordnung.

Aus vorgenanntem folgt, daß die Beurteilung der Qualität bei bekannten, praktisch wahren Werten von $\bar{\bar{x}}$ und S mittels Stichproben besser als mittels Einzelwerten möglich ist.

Für $n < 15$ kann anstelle der Stichprobenstreuung S besser die *Schwankung* R (= Differenz zwischen Höchst- und Niedrigstwert) genommen werden.

In der Praxis sind meistens die praktisch wahren Werte $\bar{\bar{x}}$ und σ nicht bekannt, und aus den Stichprobendaten $\bar{x}$ und S soll auf $\bar{\bar{x}}$ und σ geschlossen werden. Aus Gl. (35.3) folgt aber, daß bei nicht zu kleiner Anzahl n der Stichproben ihr Mittelwert $\bar{x}$ nie mehr als $3\,\sigma_{\bar{x}}$ von $\bar{\bar{x}}$ und ihre Streuung nie mehr als $3\,S$ von σ abweichen.

Zur besseren Übersichtlichkeit sollen hier noch einmal die von der geprüften Anzahl n abhängigen benutzten Zeichen für Mittelwert und Streuung (Standardabweichung) zusammengestellt werden:

Anzahl	Mittelwert	Streuung	Bemerkung
$n \to \infty$	μ	σ	theoretisch wahre Werte
$n > 100$	$\bar{\bar{x}}$	S	praktisch wahre Werte
$15 < n < 100$	$\bar{\bar{x}}$	S	gut angenäherte wahre Werte
$n > 15$	$\bar{x}$	R	Spannweite, bei kleinen Stichproben

35.3 Qualitätsbeurteilung mittels Stichproben

Hierbei handelt es sich um die Probleme, welche den Kunden bei Annahme der beim Hersteller gefertigten und geprüften Erzeugnisse betreffen. Bei der Kontrolle dieser Erzeugnisse ist also die Vorgeschichte nicht bekannt. Deshalb muß aus den Ergebnissen der *Stichproben* auf die Qualität der gesamten Sendung geschlossen werden, wobei außerdem bestimmte Werte für $\bar{x}$ und σ vorausgesetzt werden.

Das Hauptproblem besteht darin, daß bei zugelassenem Ausschuß von p Prozent in einer Stichprobe auch z. B. $p \pm 1, 2, 3\%$ gefunden werden können, obwohl in der Partie insgesamt nur die geforderten p Prozent Ausschuß vorhanden sind. Es gibt also eine gewisse Wahrscheinlichkeit, gute Partien damit abzulehnen und schlechte Partien anzunehmen: Die sogenannte *Annahmewahrscheinlichkeit P*.

Wenn die Annahmewahrscheinlichkeit als Funktion von p berechnet wird, entsteht als grafisches Bild die *Annahmekennlinie*, wie z. B. in Bild 35.2 schematisch zu sehen ist. Dabei wurde der wahre Fehler zu $2,5\%$ angenommen. Anhand

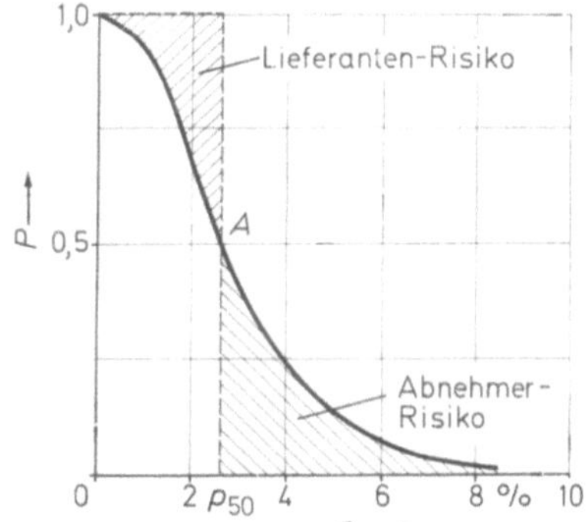

Bild 35.2. Vergleich der Annahmekennlinien bei Stichproben- oder Vollkontrolle.

dieser Kurve sind die Risiken von Hersteller und Abnehmer für eine vereinbarte Stichprobenprüfung im voraus berechenbar. Wenn z. B. nach Bild 35.2 eine Lieferung mit 1% Ausschuß ausgeliefert wird, besteht zu ca. 90% Wahrscheinlichkeit, daß die Lieferung angenommen wird. Wenn eine Lieferung mit 4% Ausschuß ausgeliefert wird, besteht zu ca. 25% Wahrscheinlichkeit der Annahme. Würde also zugelassen, daß zur Annahme nur 1% Ausschuß gefunden werden darf, ist das *Lieferantenrisiko* sehr groß. Die Annahmebedingung ist dann Abnehmerfreundlich. Wenn dagegen zur Annahme noch 4% Ausschuß gefunden werden dürfen, ist das *Kundenrisiko* sehr groß; die Annahmebedingung ist Lieferantenfreundlich. Um beide Parteien nicht zu benachteiligen, bürgert sich allgemein ein, die Annahmewahrscheinlichkeit von 50% zugrundezulegen. Dann ist im Beispiel von Bild 35.2 bei Sendungen mit der Fehlerzahl $p_{50} \approx 2,5\%$ die Wahrscheinlichkeit der Annahme 50%, und Abnehmer- und Lieferantenrisiko sind gleich. Die Risiken sind im Bild 35.2 schraffiert dargestellt. Dort ist auch gestrichelt die Kennlinie für die *Vollkontrolle* eingezeichnet.

Wie aus dem folgenden Absatz hervorgeht, können für die Einhaltung der notwendigen *Lieferschärfe* der Ausgangsprüfung aber ganz verschiedene *Stichprobenschemata* herangezogen werden.

35.4 Stichprobenschemata

Bei dem *einfachen Stichprobenschema* entscheidet eine einzige Stichprobe über die Annahme. In Bild 35.3 sind die Annahmekennlinien bei einfacher Stichprobe aufgetragen, wobei der pro Stichprobe zugelassene Fehleranteil bei den Kurven I, II und III 3% und bei IV 4,5% beträgt. Die Menge c ist die Anzahl der pro Stichprobe zugelassenen fehlerhaften Stücke.

Es muß, um die Wahrscheinlichkeit der Annahme schlechter Partien möglichst gering zu halten, eine große Stichprobe vollkommen kontrolliert werden. Um bei sehr guten oder sehr schlechten Partien schnell anhand einer kleinen Stichprobe

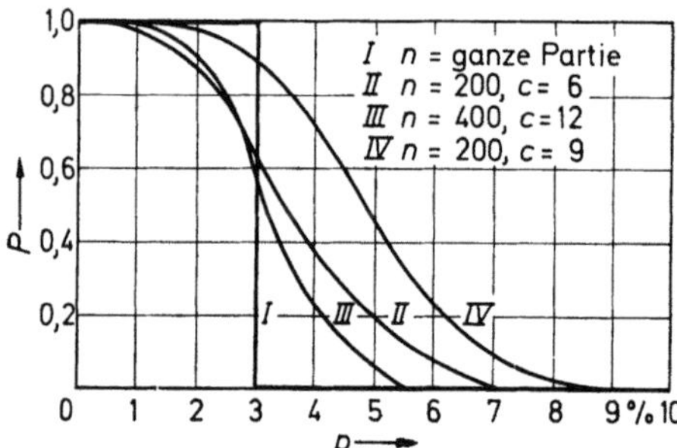

Bild 35.3. Prüfungskennlinien bei einfacher Stichprobe. n = Stichprobengröße; c = Anzahl der zugelassenen Fehler in der Stichprobe (nach [1]).

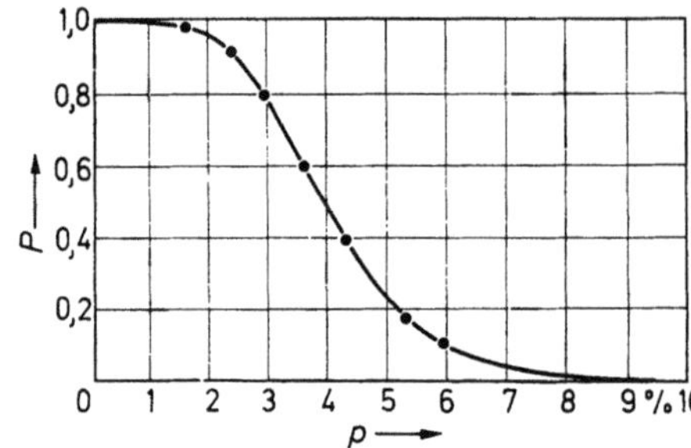

Bild 35.4. Prüfungskennlinie bei doppelter Stichprobe mit $n_1 = 100$; $n_2 = 200$; $c_1 = 2$; $c_2 = 6$; $c_3 = 10$ (nach [1]).

entscheiden zu können, wird das *doppelte Stichprobenschema* gewählt. Hier wird die Partie sofort angenommen, wenn in der ersten Stichprobe n_1 Stück die Fehleranzahl $< c_1$ ist, und sofort abgewiesen, wenn die Fehleranzahl $> c_2$ ist. Liegt die Anzahl der Fehler im Bereich $c_1 < c < c_2$, wird eine zweite Stichprobe mit der Stückzahl n_2 genommen. Die Partie wird dann angenommen, wenn in den $n_1 + n_2$ Stück die Fehleranzahl $< c_3$ ist. Dabei kann aber die Anzahl n_1 allgemein ca. 20 Prozent kleiner sein als die Anzahl n bei der einfachen Stichprobe. In Bild 35.4 ist die Annahmekennlinie für ein doppeltes Stichprobenschema eingetragen. Es wird neuerdings üblich, $n_2 = 2\,n_1$ und $c_3 = c_2$ zu nehmen.

35.5 Toleranzen

Bei der Wahl für die zweckentsprechende Prüfung sind eine Reihe von Gesichtspunkten zu beachten: Stückzahl, Werkstoffqualität, Magnetisierungsart, Temperaturbereich, Form und vor allem Toleranzen. Für die *magnetischen Toleranzen* kann ein Schwankungsbereich von ca. $\pm$ 7 Prozent angenommen werden. Für Drehmoment und Haftkraft resultiert daraus eine Schwankung bis zu 30 Prozent. Dies müßte auch für die maximale remanente Energiedichte $(BH)_{\mathrm{max}}$ bzw. für die maximale permanente Energiedichte $(B_P H_s)_{\mathrm{max}}$ gelten. Infolge der Eigentümlichkeit, daß sich innerhalb bestimmter Grenzen Koerzitivfeldstärke und Remanenz gegenläufig verhalten, kann dafür deshalb eine Schwankung von $\pm$ 10 Prozent angenommen werden. Näheres ist den einzelnen Firmenprospekten zu entnehmen.

Bei den magnetischen Toleranzen können bei spanabhebend zu bearbeitenden Flächen fast alle gewünschten Toleranzen im allgemeinen hergestellt werden. Bei

Lieferung von Rohmagneten gelten für die Ferritwerkstoffe allgemein die Toleranzen nach DIN 40680 (September 1954), Toleranzreihe mittel, wie sie auch in DIN 17410 (Januar 1963) festgehalten sind. Dort sind gleichfalls die Toleranzen für gegossene und gesinterte AlNiCo-Magnete angegeben worden. Werden andere Dauermagnetwerkstoffe verwendet, muß bei den Herstellern rückgefragt werden.

Es ist bei allen Toleranzen zu beachten, daß magnetische und mechanische Toleranzen innerhalb derselben Lieferung im allgemeinen weniger schwanken als den vorgeannten Bereichen entspricht. Aber es schwanken zusätzlich die Mittelwerte von Lieferung zu Lieferung. Es ist deshalb irreal, für die *Festlegung von Toleranzen bzw. Prüfanweisungen* einige Probestücke oder eine kleine Lieferung zugrundezulegen.

35.6 Verpackung, Versand, Lagerung

Eine Reihe von *Reklamationen* ist immer wieder auf Verpackungsfehler zurückzuführen. Deshalb muß die *Verpackung* so stabil sein, daß keine mechanische Beschädigung beim Transport auftritt. Dabei ist die Sprödigkeit der meisten Dauermagnetwerkstoffe zu beachten. Als günstige Verpackungsart hat sich das Verskinnen herausgestellt (s. Bild 35.5); auch die Blisterverpackung ist hierbei zu erwähnen

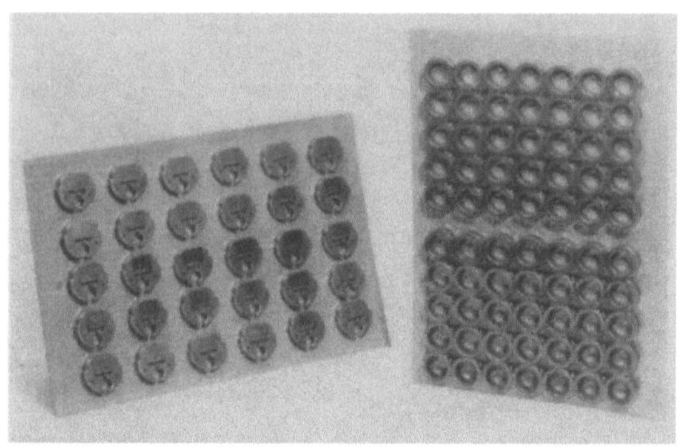

Bild 35.5. Durch Verskinnen verpackte Dauermagnete bzw. -magnetsysteme.

Um *magnetische Störungen beim Transport* zu vermeiden, sollte die Magnetisierung möglichst erst beim Kunden geschehen. Diese Störungen können darin bestehen, daß sich die Magnete gegenseitig beeinflussen, durch äußere Störfelder beeinflußt werden oder Störungen außerhalb der Verpackung (Tonbänderversand, magnetische Briefcodierung oder Störung von Navigationsinstrumenten) hervorrufen. Außerdem wirkt jeder magnetisierte Magnet als Schmutzfänger, wobei leider nicht nur ferromagnetischer Schmutz eingefangen wird, wie jeder Fachmann weiß.

Ähnliche Gesichtspunkte wie beim Versand sind bei der *Lagerung von Dauermagneten und -systemen* zu beachten. In diesem Zusammenhang soll nochmals auf die Korrosionsgefahr der AlNiCo-Dauermagnete bzw. Eisenteile der Systeme hingewiesen werden (s. Abschnitt 22.4.1.5). Es empfiehlt sich hier besonders, vorher zwischen Kunden und Lieferant eindeutige Absprachen über Schutzschichten bzw. Prüfbedingungen zu treffen.

Literatur

1. SCHAAFSMA, A. H., u. F. G. WILLEMZE: Moderne Qualitätskontrolle, 3. Aufl., Phil. techn. Bibliothek, Eindhoven 1961. — HAMAKER, H. C.: Phil. techn. Rdsch. 11 (1949) 186 bis 193, 264—274. — HAMAKER, H. C., J. M. TAUDIN CHABOT u. F. G. WILLEMZE: Phil. techn. Rdsch. 11 (1949) 370—379.
2. Sonderheft Telefunken-Zeitung 36 (1963) H. 1/2.
3. Sonderheft Technische Rundschau, Bern 26 (1959), 13 (1960).
4. DIN 1319 (Januar 1962).

Zweiter Teil

Anwendung von Dauermagneten

VI. Akustische Wandler

36 Lautsprecher

36.1 Allgemeines

Der größte Teil der produzierten Dauermagnete wird zur Herstellung von Lautsprechern verwendet. Diese arbeiten zur Zeit fast ausschließlich nach dem magnet-dynamischen Prinzip, das von SIEMENS [1] im Jahre 1877 angegeben wurde. Die ersten praktisch brauchbaren dynamischen Lautsprecher stellten RICE und KELLOG [2] im Jahre 1925 her. Allerdings waren deren Modelle noch elektrisch erregt. Zuvor wurden Lautsprecher nach dem zwei- und vierpoligen magnetischen Prinzip und als Freischwinger gebaut [3]. Die sogenannten Bändchenlautsprecher sowie die plattenförmigen ‚Ortophase'-Lautsprecher stellen Abwandlungen der dynamischen Bauart dar.

Über Lautsprecher gibt es eine Anzahl von DIN-Normblättern [4 bis 9].

36.2 Dynamisches Prinzip

In dem Bild 36.1 ist ein dynamischer Tauchspul-Lautsprecher mit konischer Membran schematisch dargestellt. Wird die Spule von einem Wechselstrom durchflossen, dann entsteht an ihr eine Kraft, die dem Produkt $B_L \cdot l_w \cdot I$ (B_L = Luftspaltinduktion, l_w = Länge des vom Feld durchdrungenen Drahtes, I = Strom)

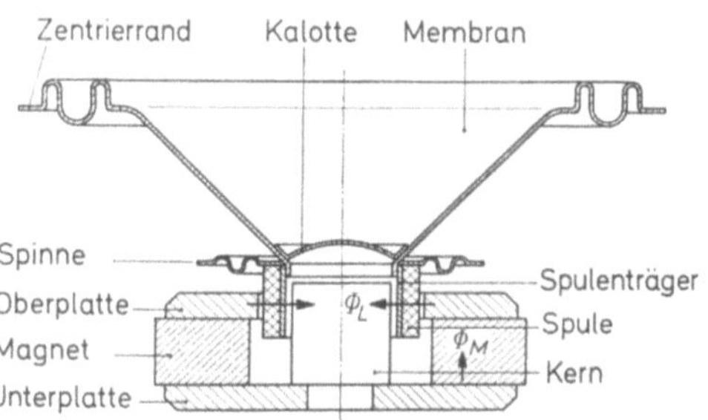

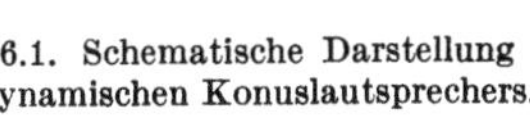
Bild 36.1. Schematische Darstellung eines dynamischen Konuslautsprechers.

proportional ist. Auf Grund der Membransteife und der Membranmasse entsteht eine Schwingung, deren Amplitude in Abhängigkeit von der Frequenz f eine Resonanzstelle (Membranresonanz) aufweist und nach hohen Frequenzen hin mit f^{-1} abfällt. Durch Dämpfungsmaßnahmen und Schaffung von weiteren Resonanzstellen versuchen die Lautsprecherhersteller, den Frequenzgang zu linearisieren. Dies gelingt jedoch nicht vollständig, so daß bei hohen Ansprüchen an die Schallqualität für das Tief-, Mittel- und Hochtongebiet jeweils ein besonderer Lautsprecher verwendet wird.

Nach BRIGGS [10] werden die Empfindlichkeit, die Impedanz, der Frequenzbereich, das Einschwingverhalten und die Leistungsaufnahme des Lautsprechers von der Stärke des Magnetfeldes beeinflußt. Besonders die Ein- und Ausschwingvorgänge als Funktion der Stärke des Magnetfeldes hat NEUMANN [11] untersucht. BUCHMANN und KÜPFMÜLLER [12] haben auf zwei weitere Effekte hingewiesen, die vom Magnetfeld herrühren, nämlich Klirrerscheinungen durch

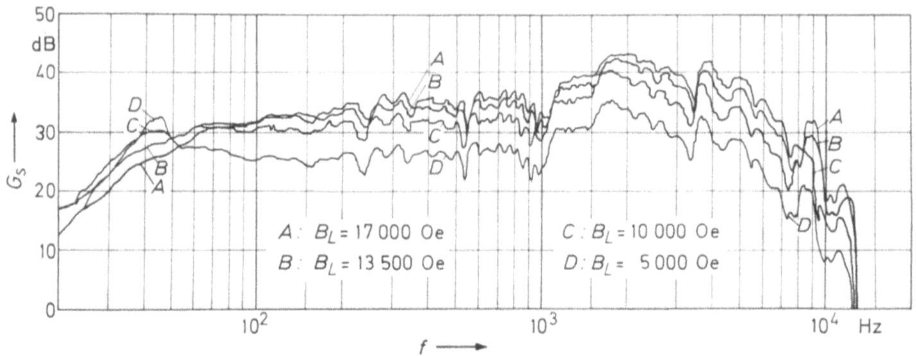

Bild 36.2. Schalldruck-Frequenzkurve eines Lautsprechers mit 12 Zoll Korbdurchmesser (nach BRIGGS [10, S. 131]).

inhomogenes Feld und durch Ankerrückwirkung. Bild 36.2 ist dem Buch von BRIGGS [10] entnommen und zeigt, wie beispielsweise die Schalldruck-Frequenzkurve eines Radiolautsprechers mit 12 Zoll Korbdurchmesser von der Stärke des Magnetfeldes beeinflußt wird: im Gebiet der tiefen Frequenzen bringt ein starkes Feld die Eigenresonanz (bei 45 Hz) zum Verschwinden, und im mittleren und oberen Bereich wird die Frequenzkurve angehoben. Im allgemeinen weist ein Lautsprecher, der eine gleichmäßige Schalldruck-Frequenzkurve hat, die an den Enden angenähert nach einer cos-Funktion abfällt, auch eine gute akustische Übertragungsgüte auf [13].

36.3 Wirkungsgrad

Als Wirkungsgrad eines Lautsprechers wird das Verhältnis von abgegebener Schall-Leistung zu aufgenommener elektrischer Leistung bezeichnet. BUCHMANN und KÜPFMÜLLER [12] haben eine Näherungsformel zur Abschätzung des Wirkungsgrades angegeben, aus der zu erkennen ist, daß der Wirkungsgrad entscheidend von der magnetischen Feldenergie im Kupfervolumen $W_{Cu} = (1/2\,\mu_0)B_L^2 \cdot V_{Cu}$ (V_{Cu} = aktives Kupfervolumen) abhängt, die ihrerseits der Feldenergie im gesamten Luftspalt $W_L = (1/2\,\mu_0)\,B_L^2 \cdot V_L$ proportional ist. Im allgemeinen sind die Wirkungsgrade von Lautsprechern recht niedrig und erreichen nur Werte von 0,5 bis 3%.

36.4 Ein- und Ausschwingvorgänge

Welchen Einfluß die Größe der Luftspaltinduktion auf die Einschwingzeit hat, geht aus dem Bild 36.3 hervor, das der Arbeit [11] entnommen ist. Es zeigt sich deutlich, daß bei dem System mit großer Feldstärke (20 kOe) die 200 Hz-Schwin-

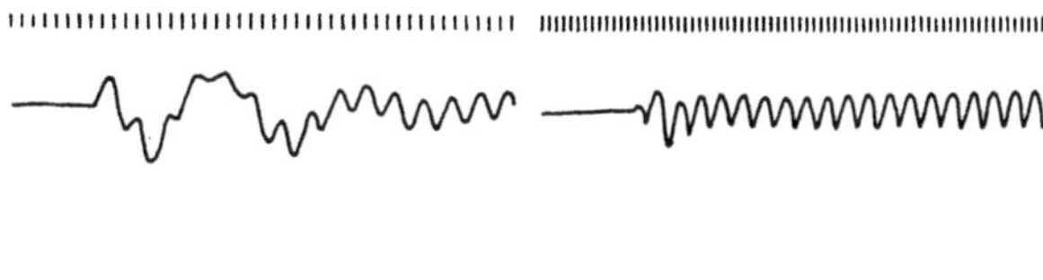

Bild 36.3. Einschwingvorgang eines Lautsprechers bei zwei verschiedenen Luftspaltinduktionen (nach NEUMANN [11]).

gung der Membran ohne Überlagerung der Eigenresonanz einsetzt, während der Einschwingvorgang des Systems mit einer Feldstärke von 5 kOe eine deutliche Überlagerung mit der Eigenresonanz aufweist. Lautsprecher mit großem Frequenzumfang haben grundsätzlich eine kleine Ein- und Ausschwingzeit [14].

36.5 Klirrerscheinungen

Bild 36.4, das der Arbeit von BUCHMANN und KÜPFMÜLLER [12] entnommen ist, zeigt, daß die Luftspaltinduktion beidseits der Polplatte innerhalb einiger Millimeter Abstand mit verschiedenen Gradienten auf kleine Werte abfällt. Die Folge hiervon ist, daß die Antriebskraft der Spule bei konstantem Strom von der

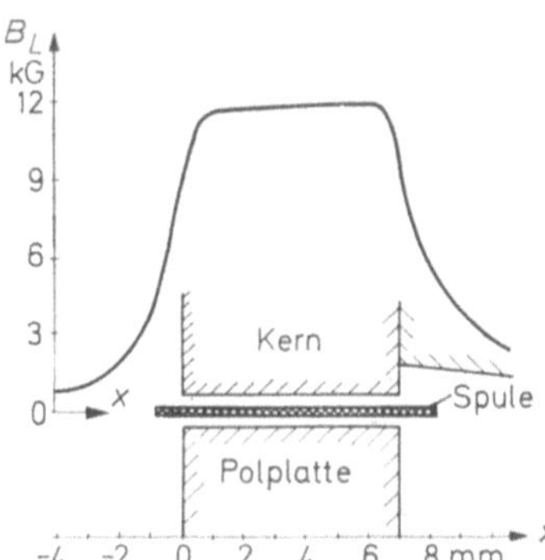

Bild 36.4. Verteilung der Luftspaltinduktion B_L über den Luftspalt eines Lautsprechers (nach BUCHMANN u. KÜPFMÜLLER [12]).

Amplitude abhängig wird, was zu einem Klirren führt. Der Effekt wird bei symmetrischer Lage der Spule um so größer sein, je stärker sich die Induktionskurven beidseits der Polplatte unterscheiden. Die gleichen Verfasser haben eine zusätzliche Klirrerscheinung durch die Ankerrückwirkung, d. h. durch den Stromfluß in der Spule festgestellt und ihn für die Luftspaltverhältnisse des Systemes nach Bild 36.4 zu ca. 2,5% errechnet.

36.6 Frequenzbereich von Lautsprechern

Zur verzerrungsfreien Abstrahlung des gesamten Hörbereiches (ca. 16 bis 16000 Hz) ist eine Aufteilung in Tief-, Mittel- und Hochtonlautsprecher erforderlich [15 bis 20].

Das wesentliche Merkmal der Tieftonlautsprecher ist ihre niedrige Eigenresonanz. Sie liegt in der Gegend von 50 Hz und wird hauptsächlich durch die Befestigung des Membranrandes bestimmt. Normale Tieftonlautsprecher besitzen Membrandurchmesser von ca. 300 mm und lassen einen Hub der Spule von ca. ± 5 mm zu. Bei Bauarten mit Gummieinspannung beträgt der Membrandurchmesser nur 100 mm, während der Hub ± 18 mm groß ist. In der Tab. 36.1 auf S. 353 sind einige Werte für die Luftspaltenergie von Tieftonsystemen angegeben. Ihr Frequenzbereich erstreckt sich von 16 bis 500 Hz.

Im allgemeinen bereitet die Abstrahlung des mittleren Frequenzbereiches von 300 bis 3 000 Hz die geringsten Schwierigkeiten [21], so daß Mitteltonlautsprecher mit extremen Baumaßen hergestellt werden können, beispielsweise Ovallautsprecher bei Fernsehempfängern und extrem kleine und flache Lautsprecher für Taschenempfänger [13]. Für diese sind besonders die Barium- und Strontiumferitmagnete wegen ihrer geringen Dicke geeignet.

Sogenannte Hochtonlautsprecher, deren Frequenzbereich über ca. 3 000 Hz liegt, besitzen eine Membran mit kleinem Durchmesser, wobei die Schallabstrahlung im wesentlichen über die Kalotte erfolgt. Weil der akustische Strahlungswiderstand näherungsweise konstant ist, fällt die akustische Leistung nach hohen Frequenzen hin stark ab. Dies kann nur durch eine hohe Luftspaltinduktion ausgeglichen werden, so daß moderne HiFi-Lautsprecher mit Magnetsystemen ausgerüstet werden, deren Luftspaltinduktion 12 bis 16 kG beträgt.

36.7 Dimensionierung des Magnetsystemes

Die obere Grenze für die Luftspaltenergie des Magnetsystemes ist dadurch gegeben, daß die Oberplatte keine größere Induktion zuläßt, als der Sättigungsinduktion des Eisens entspricht [22, 23]. Diese hat eine Größe von ca. 21 kG $=$ $2,1 \cdot 10^{-4}$ V s/cm², so daß die oberste Grenze der Luftspaltenergiedichte theoretisch folgenden Wert besitzt:

$$E_{L_{\max}} = \left(\frac{W_L}{V_L}\right)_{\max} = \frac{1}{2}\frac{1}{\mu_0} \cdot B_{L_{\max}}^2 = 1,75 \;\frac{\text{Ws}}{\text{cm}^3}.$$

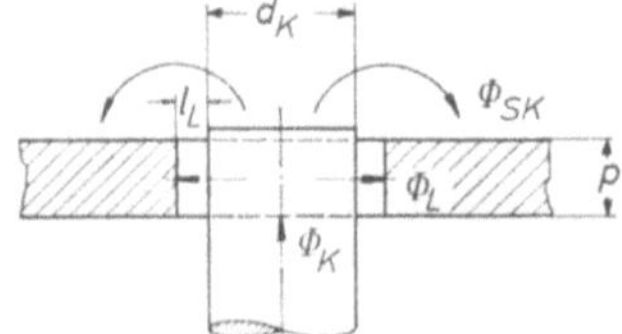

Bild 36.5. Magnetflüsse eines Lautsprechersystemes.

Ein anderer Grenzwert ist durch die Sättigung des Kerneisens gegeben. Wie das Bild 36.5 zeigt, wird der Kern sowohl vom Luftspaltfluß Φ_L als auch vom Kernstreufluß Φ_{SK} durchdrungen. Bezeichnet man das Verhältnis $\sigma_1 = \Phi_K/\Phi_L$ als Streufaktor, dann folgt für das Verhältnis von Luftspaltinduktion B_L zur Kerninduktion $B_K (l_L \ll d_K;\; p =$ Plattenhöhe)

$$\frac{B_L}{B_K} = \frac{d_K}{4p} \cdot \frac{1}{\sigma_1}.$$

Die magnetische Luftspaltenergie hat die Größe

$$W_L = \frac{1}{2}\frac{B_L^2}{\mu_0}\,V_L = \frac{\pi}{32\mu_0\sigma_1^2}\cdot B_K^2\cdot d_K^3\cdot\frac{l_L}{p}.$$

Das Verhältnis l_L/p ist bei normalen Systemen mit Werten zwischen 0,15 und 0,17 relativ gleich. Auch σ_1 hat meist Werte um 1,2. Dann ist die maximal mögliche Luftspaltenergie, bezogen auf einen Kerndurchmesser von $d_K = 1$ cm, nur noch von der Kerninduktion B_K abhängig. Für $B_K = 12\cdots 16\,\mathrm{kG} = 1,2\cdots 1,6\cdot 10^{-4}\,V\mathrm{s/cm^2}$ hat sie den Wert:

$$\left(\frac{W_L}{d_K^3}\right)_{\max} \cong 12\cdots 24\,\frac{\mathrm{mWs}}{\mathrm{cm^3}}.$$

Wie nahe die tatsächliche Luftspaltenergie W_L an diesen Grenzwert herankommt, hängt von der Größe des Dauermagneten ab. Ist dessen Volumen V_M, dann gilt:

$$W_L = \frac{1}{2}\frac{B_L^2}{\mu_0}\,V_L = \frac{1}{2\mu_0}\,(B_M H_M)\cdot V_M\,\frac{1}{\sigma\cdot\gamma}. \tag{36.1}$$

Hierin ist σ der Streufaktor und γ der sogenannte Spannungsfaktor. Weil keine merkliche Rückwirkung des Spulenfeldes auf den Magneten erfolgt und das System nach der Montage magnetisiert wird, liegt ein remanenter Magnetkreis vor. Der Magnet ist nach Abschnitt 15.1 so zu dimensionieren, daß der spezifische Gesamtleitwert λ_G einem Optimalwert entspricht. Es muß sein:

$$\lambda_{\mathrm{Gopt}} = (\varLambda_L + \varLambda_S)\cdot\frac{l_M}{F_M} = \frac{\sigma}{\gamma}\cdot\frac{F_L}{l_L}\cdot\frac{l_M}{F_M}.$$

Hieraus folgt für das optimale Abmessungsverhältnis des Magneten:

$$\left(\frac{l_M}{F_M}\right)_{\mathrm{opt}} = \lambda_{\mathrm{Gopt}}\cdot\frac{\gamma}{\sigma}\cdot\frac{l_L}{F_L}\,\frac{1}{\mathrm{cm}}.$$

Ist diese Bedingung erfüllt, dann kann in die Gl. (36.1) das maximale Energiedichteprodukt $(BH)_{\max}$ des betreffenden Materiales eingesetzt werden. Werte für λ_{Gopt} und $(BH)_{\max}$ finden sich in den Werkstofftabellen der Kapitel 22 bis 27.

Ohne Zweifel ist diese summarische Art der Dimensionierung nur in Anwendungsfällen möglich, bei denen die Luftspalt- und Magnetinduktionen halbwegs homogen sind und ausreichendes Erfahrungsmaterial über die Größe des Streufaktors σ sowie des Spannungsfaktors γ vorliegt. Von STEINGROEVER [24] wurde versucht, den Streuleitwert $\varLambda_S$ rechnerisch zu ermitteln, um so die Unsicherheit der Schätzung zu umgehen. Es ergab sich jedoch eine wenig befriedigende Übereinstimmung mit den Messungen.

36.8 Bauformen von Lautsprecher-Magnetsystemen

Diese sind in dem Bild 36.6 zusammenfassend dargestellt. Ihre Kennzeichnung erfolgt nach einem Schema, das teilweise dem DIN-Blatt 45578 entnommen ist.

Sie lautet beispielsweise:

16   /   4   /   74 — 0,8

$\longrightarrow$ Luftspaltlänge l_L in mm

$\longrightarrow$ 1/100 der Luftspaltinduktion in Gauß

$\longrightarrow$ Höhe der Oberplatte p in mm

$\longrightarrow$ Kerndurchmesser d_K in mm.

Aus diesen Daten läßt sich die Luftspaltenergie W_L nach folgender Formel errechnen:

$$W_L = 1{,}25 \cdot 10^{-11}\,(d_K + l_L) \cdot l_L \cdot p \cdot B_L^2 \quad \mathrm{Ws}.$$

Darin sind B_L in Gauß und entgegen den sonstigen Gepflogenheiten der Magnettechnik d_K, l_L und p in mm einzusetzen.

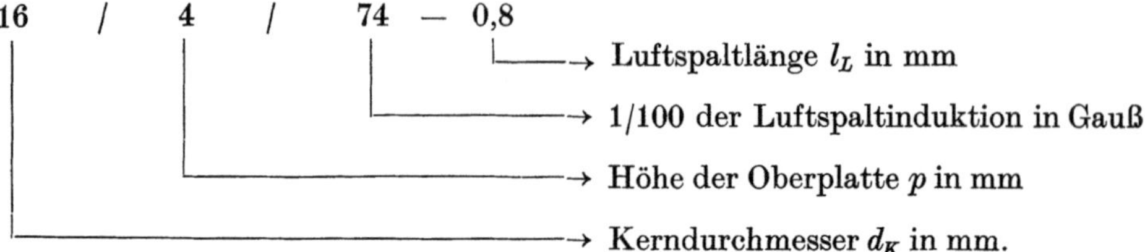

Bild 36.6. Bauformen von Lautsprecher-Magnetsystemen.

In Deutschland und Frankreich wird der größte Teil von Lautsprechermagneten aus Ferriten gefertigt. In den restlichen Ländern ist diese Entwicklung noch nicht derart weit fortgeschritten. Je nachdem, welche Fertigungseinrichtungen zur Herstellung der Magnete, der Eisenteile und der Montage vorhanden sind, erweist sich die AlNiCo- oder die Ferritkonstruktion als zweckmäßiger. Im einzelnen ist zu den Systemaufbauten nach Bild 36.6 folgendes zu bemerken:

Die *AlNiCo-Außenmagnetsysteme* (Bild 36.6a) sind nach dem derzeitigen Stand der Technik etwas veraltet. Sie weisen eine große Außenstreuung und damit verbunden einen recht großen Streufaktor auf. Ihre Verwendung beschränkt sich auf

Sondersysteme, z. B. solche mit einem zweiten Luftspalt im Eisenkern, wie ihn das Bild 36.7 zeigt.

AlNiCo-Kernmagnetsysteme (Bild 36.6 b) haben in Deutschland an Bedeutung verloren, werden jedoch in einigen Ländern in großen Mengen produziert. Man

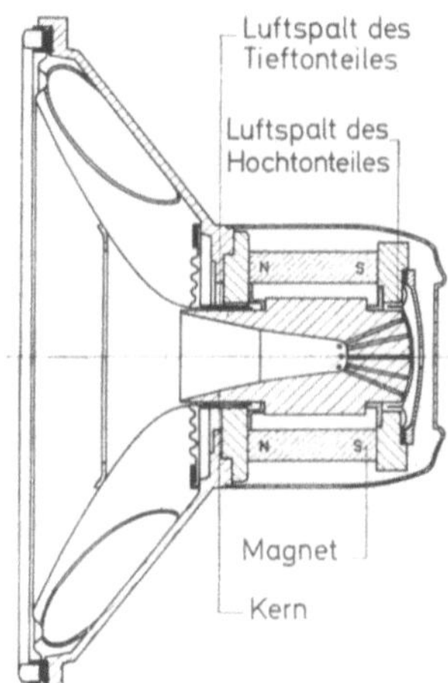

Bild 36.7. AlNiCo-Außenmagnetsystem mit zwei Luftspalten (Hersteller Fa. Tannoy).

unterscheidet Bügel- und Topfsysteme. Die Bügelsysteme, von denen Bild 36.8 zwei Ausführungen zeigt, sind im wesentlichen nach dem Grundsatz größter Sparsamkeit aufgebaut. Bei der geteilten Ausführung nach Bild 36.8 a werden die Oberplatte und der Bügel aus Bandmaterial gefertigt. Die Oberplatte enthält

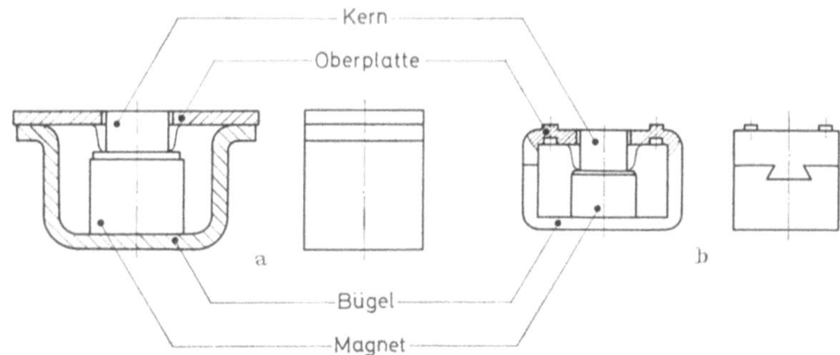

Bild 36.8. AlNiCo-Kernmagnetsysteme für Lautsprecher. a) Bügelsystem mit getrennter Oberplatte; b) desgl. mit Oberplatte und Rückschluß aus einem Stück.

die feingestanzte oder gestanzte und geräumte Polbohrung. Oberplatte und Bügel werden durch elektrische Punktschweißung aneinander befestigt, wobei der Kern über einen etwas federnden Messingring auf den Magneten gedrückt wird. Der Messingring dient außerdem als Staubschutz. Bei einer anderen Bauart (Bild 36.8 b) wird der gesamte Bügel aus einem Stück hergestellt. Nach dem Abschlagen und Stanzen des Polloches wird das Material zum Viereck gebogen und an der Seite elektrisch verschweißt.

Die *AlNiCo-Topfsysteme* (Bild 36.6 b) haben eine relativ kleine Außenstreuung, wodurch die Materialausnutzung gut wird. Sie können in der Nähe von Fernsehröhren betrieben werden, was bei Bügelsystemen meist nicht der Fall ist. Bild 36.9 zeigt das Schnittbild eines AlNiCo-Kernmagnet-Lautsprechers mit Topfsystem.

Systeme mit Luftspaltinduktionen über 14 kG werden hauptsächlich unter Benutzung von magnetisch gut leitfähigem Eisen für den Kern und die Oberplatte hergestellt (s. Absatz 29.1.3.3.). Bild 36.10 zeigt das Schnittbild eines amerika-

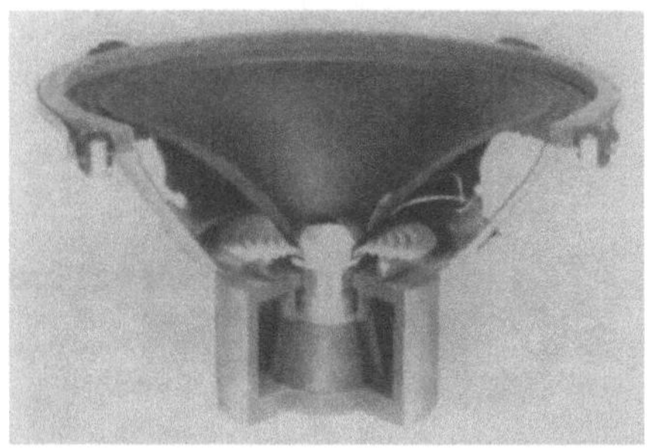

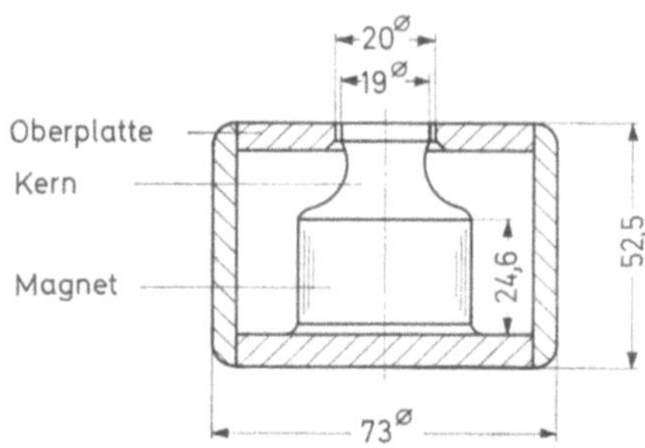

Bild 36.9. Schnittbild eines Lautsprechers mit AlNiCo-Kernmagnet (Topfsystem).

Bild 36.10. AlNiCo-Kernmagnetsystem für HiFi-Lautsprecher mit $B_L = 17$ kG.

nischen Mittel- und Hochton-Lautsprechermagneten, dessen Kern und Oberplatte aus 50%igem Kobalteisen besteht. Das System hat eine Luftspaltinduktion von 17 kG, was zu extrem kleinen Ein- und Ausschwingzeiten führt.

Die allergrößten Systeme mit Luftspaltenergien bis herauf zu 2000 mWs sind zumeist Topfsysteme, von denen das Bild 36.11 ein Beispiel zeigt.

Sehr kleine Systeme für tragbare Radiogeräte werden ebenso als Topfsysteme ausgebildet. Bild 36.12 zeigt ein Schnittbild. Bemerkenswert an diesem System ist,

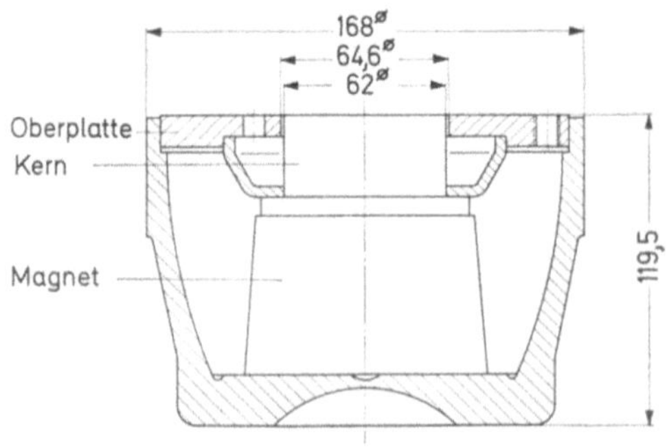

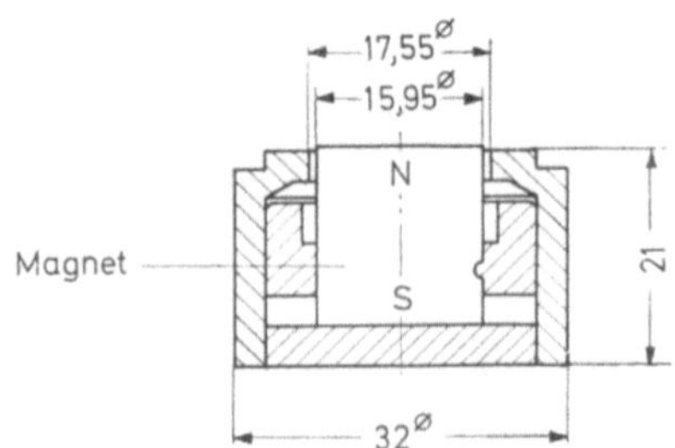

Bild 36.11. AlNiCo-Kernmagnetsystem für Tiefton-Lautsprecher. $B_L = 13$ kG; $W_L = 1,58$ Ws.

Bild 36.12. AlNiCo-Kernmagnetsystem für Kleinst-Lautsprecher. $B_L = 7,5$ kG; $W_L = 28$ mWs.

daß kein besonderer Eisenkern auf dem Magneten vorhanden ist. Infolgedessen herrscht im Luftspalt eine inhomogene Feldstärkeverteilung, die ein Klirren des Lautsprechers zur Folge hat. Derartige Systeme werden nur für Kleinstradio-apparate verwendet, so daß diese Erscheinung weniger stört.

Wie zuvor gesagt, sind die *Ferrit-Außenringsysteme* (Bild 36.6c) in Deutsch-land und Frankreich zur Zeit die am häufigsten verwendeten Lautsprechersysteme (Bild 36.13). Diese Systeme bestehen im allgemeinen aus vier Teilen: dem Magnetring aus anisotropem Ferrit (zur Zeit Barium- oder Strontiumferrit), der Ober- und Unterplatte und dem Kern. Der Zusammenhalt des Systemes ist entweder durch eine Umspritzung mit thermoplastischem Kunststoff (s. Bild 36.6 c) oder durch Verkleben gesichert. Die Form des Magneten ist im allgemeinen rund; für kleinste Taschenradio-Lautsprecher gibt es jedoch auch viereckige Formen, wovon in dem Bild 36.13 b ein Beispiel gezeigt ist.

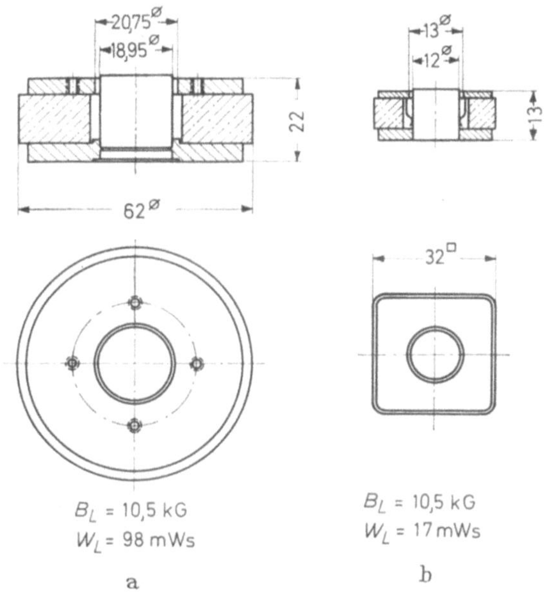

Bild 36.13. Beispiele von geklebten Ferrit-Außenringsystemen.
a) Normale Ausführung;   b) Sonderausführung für Kleinst-Lautsprecher.

Der Durchmesser der Ferrit-Außenmagnetsysteme liegt zwischen 35 mm und 200 mm, wobei die Luftspaltenergien Werte von 10 bis 1000 mWs haben. Die Vorausberechnung der Luftspaltfeldstärke und der magnetischen Energie im Luftspalt ist unter gewissen Bedingungen möglich, sofern der Streufaktor σ bekannt ist. Allerdings ist zu beachten, daß bei den Bariumferritmaterialien mit einem Knickpunkt im II. Quadranten der Arbeitspunkt höher gelegt werden muß, als es dem $(BH)_{max}$- und dem λ_{Gopt}-Wert bei Zimmertemperatur entspricht. [25]. Zur Bestätigung dieser Angabe wurde für eine Anzahl von Systemen, die mit Ringen aus Bariumferrit 300 (B_r = 3,7 kG; $_BH_c$ = 1,8 kOe) ausgerüstet waren, zunächst die Steigung der Arbeitsgeraden λ_G bestimmt und anschließend der irreversible Abfall der Luftspaltfeldstärke nach Abkühlung auf −30 °C gemessen. Das Ergebnis ist in dem Bild 36.14 dargestellt. In Richtung der Ordinate ist das Verhältnis der irreversibel veränderten Luftspaltfeldstärke $H_{L-30°}$ zur ursprünglichen Luftspaltfeldstärke $H_{L20°}$ aufgetragen. Nach einer Temperaturabsenkung auf −30 °C und neuerlicher Messung bei Zimmertemperatur haben Systeme, die unterhalb eines Wertes von λ_G = 5 liegen, eine untragbar starke Temperaturabsenkung. Der Grund, weshalb trotz des verhältnismäßig großen Abstandes des Arbeitspunktes vom Knickpunkt eine Absenkung auftritt, wurde von SCHWABE [25] geklärt. Er wies durch Messungen nach, daß die Dauermagnete nicht homogen entmagnetisiert sind. Teile des Magnetmateriales erfahren eine große Entmagnetisierung und zeigen daher eine irreversible Induktionsänderung. Aus dem Bild 36.14 läßt sich als Dimensionierungsregel ableiten, daß zwischen der Scherung im Knickpunkt λ_K und der mittleren Systemscherung λ_G die empirische Beziehung

$$\frac{\lambda_G}{\lambda_K} = \frac{5}{1,2} = 4$$

bestehen soll. Sofern die Induktion in den Eisenteilen kleiner als 12 kG ist, kann darauf verzichtet werden, den Spannungsfaktor γ zu berücksichtigen. Für übliche

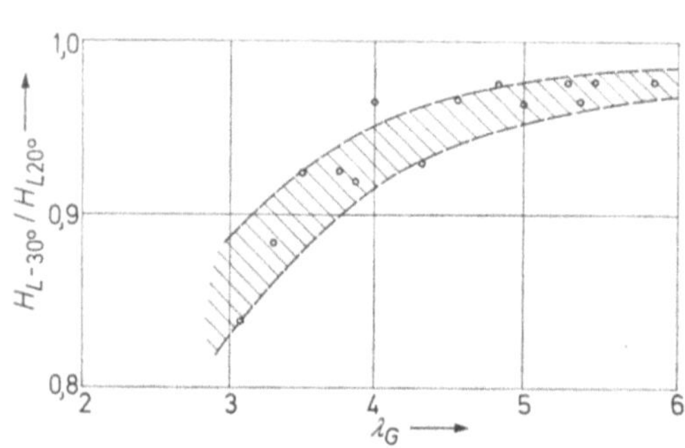

Bild 36.14. Verhältnis der irreversibel veränderten Luftspaltfeldstärke (nach $-30\,°$C) $H_{L-30°}$ zur Luftspaltfeldstärke nach Frischmagnetisierung $H_{L20°}$ in Abhängigkeit von λ_G für Systeme mit Bariumferritringen ($B_r = 3,7$ kG; $H_c = 1,8$ kOe).

Bild 36.15. Schnittbild einer kleinen HiFi-Box. Die beiden Lautsprecher enthalten Bariumferritsysteme. (Werkbild Fa. Heco, Schmitten.)

Systeme ist mit einem Streufaktor σ von $2,5 \cdots 3,8$ zu rechnen. KRIEGER [26] sowie REYNST und LANGENDAM [27] machen weitergehende Angaben über die Berechnung derartiger Ferritsysteme.

Zur Erzielung einer höchstmöglichen Induktion hat es sich als zweckmäßig erwiesen, die Ober- und Unterplatte um rd. 1 bis 2 mm gegen den Magnetring zurückstehen zu lassen. In die gleiche Richtung wirken ein geringfügig über die Oberplatte vorstehender Kern sowie ein Abkanten der Ober- und Unterplatte.

Das Bild 36.15 zeigt als Beispiel eine kleine HiFi-Box mit zwei Lautsprechern, beide sind mit Bariumferritmagnetsystemen ausgerüstet.

Tabelle 36.1 enthält die Luftspaltabmessungen sowie die magnetischen Luftspaltdaten von AlNiCo- und Ferritmagnetsystemen, soweit sie sich heute auf dem Markt befinden.

36.9 Streufreie Systeme

Von SCHWABE [28] wurde ein Ferritsystem angegeben, das fast frei von Außenstreuung ist und daher direkt neben einer Fernsehbildröhre angeordnet werden kann. Bild 36.6c (unten) zeigt dieses System im Schnitt, während Bild 36.16 die Feldstärkewerte in der Umgebung verschiedener Systeme wiedergibt. In einer

Tabelle 36.1. *Daten verschiedener gebräuchlicher Magnetsysteme für Lautsprecher*

Magnet-material	System-aufbau	Verwendungszweck	Kern-$\varnothing$ d_K mm	Oberplatten-höhe p mm	Luftspalt-induktion B_L G	Luftspalt-fluß Φ_L M	Luftspalt-länge l_L mm	Luftspalt-energie W_L mWs
AlNiCo 500 600	Außenring	Nur noch für Sonderausführung gebräuchlich (s. Bild 36.7)	—	—	—	—	—	—
700	Kern	Kleinstlautsprecher für Taschen-radio (ähnlich Bild 36.12)	12 bis 16	2 bis 4	6000 bis 8000	4500 bis 16000	0,5 bis 0,8	10 bis 40
		Normalausführung (ähnlich Bild 36.8)	16 bis 37	4 bis 10	7000 bis 12000	14000 bis 140000	0,8 bis 1,15	35 bis 700
Barium-ferrit 300	Außenring	Kleinstlautsprecher für Taschen-radio (ähnlich Bild 36.13b)	12	2 bis 3	7500 bis 12000	5000 bis 10000	0,4 bis 0,7	6 bis 25
Strontium-ferrit 330		Normalausführung (ähnl. Bild 36.13a)	16 bis 62	3 bis 10	6000 bis 12000	10000 bis 250000	0,8 bis 1,3	18 bis 1000
	Außenring und- platte	Streuarme Ausführg. (ähnl. Bild 36.6c und Bild 36.17)	16 bis 25	3 bis 6	7500 bis 12000	14000 bis 60000	0,8 bis 1,0	41 bis 280
	Kern	Sonderausführung (ähnl. Bild 36.6d)	50,2	6,8	11500	126000	1,3	760

Entfernung von 10 cm zeigt beispielsweise das streuarme System Feldstärkewerte unter 1 Oe, während gleichgroße Bariumferrit- und AlNiCo-Systeme Streufelder von ca. 5 Oe besitzen. Bild 36.17 zeigt die Schnittfotografie eines Lautsprechers mit einem streuarmen Bariumferritsystem.

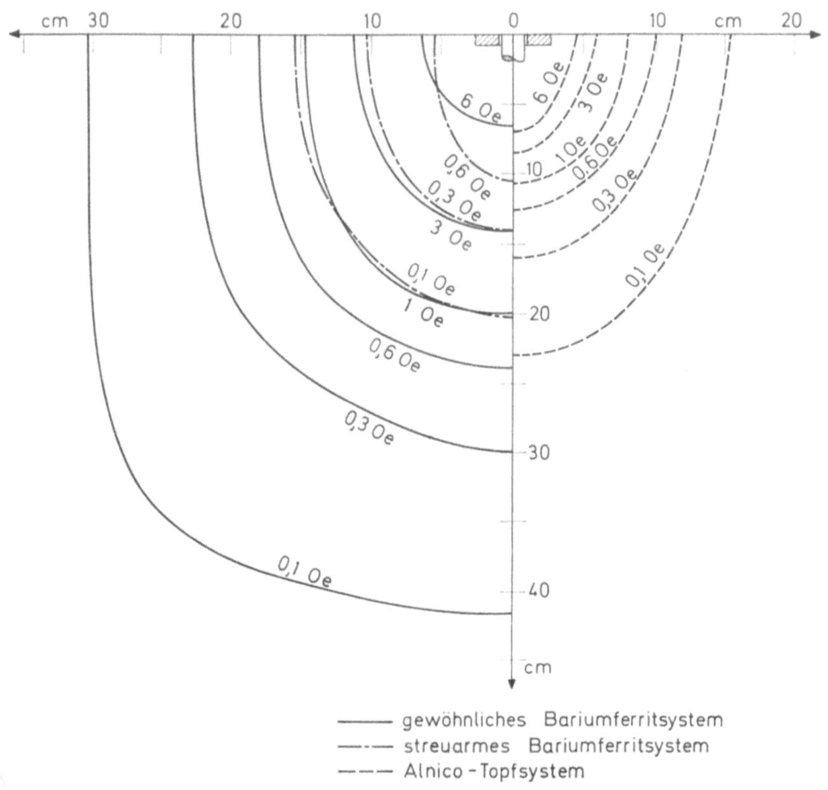

Bild 36.16. Gemessene Feldstärkenwerte in der Umgebung verschiedener Lautsprecher-Magnetsysteme.

Wegen des hohen Preises derartiger Systeme hat es nicht an Versuchen gefehlt, die Außenstreuung durch billigere Maßnahmen herabzusetzen. Beispielsweise wird in einer Ausführungsform der eiserne Lautsprecherkorb nach unten vergrößert

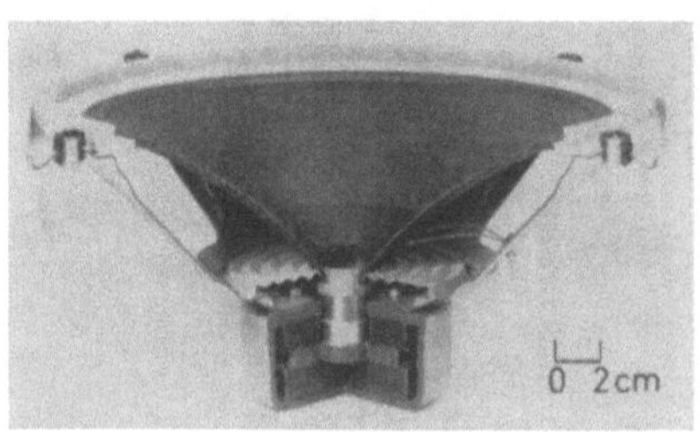

Bild 36.17. Schnittbild eines Lautsprechers mit streuarmem Bariumferrit-Magnetsystem (Werkbild Fa. DEW Magnetfabrik).

und das Magnetsystem in ihn hineingesetzt. Der Abschirmeffekt ist jedoch nicht sehr groß. Wirksamer ist eine Bauform, bei der sich das Magnetsystem innerhalb des Membrankonusses selbst befindet. Diese Konstruktion hat den zusätzlichen

Vorteil einer niedrigen Bauhöhe. Gelegentlich kompensieren die Fernsehgerätehersteller den Einfluß des Lautsprechersystemes, indem sie kleine Ferritmagnete auf die Fernsehröhre selbst kleben.

36.10 Sonderbauformen

Bei den sogenannten Ortophase-Lautsprechern [29, 30] befindet sich an der Unterseite einer viereckigen Schaumstoffplatte eine mäanderförmige Spule. Diese Spule schwingt in entsprechend gerichteten Magnetfeldern. Trotz ihrer guten akustischen Eigenschaften konnten sich solche Systeme wegen des hohen Preises und des geringen Wirkungsgrades nicht durchsetzen.

Eine Lautsprecherform, bei welcher krafterzeugendes und schallabstrahlendes Element vereinigt sind, ist der sogenannte Bändchenlautsprecher, den SCHOTTKY

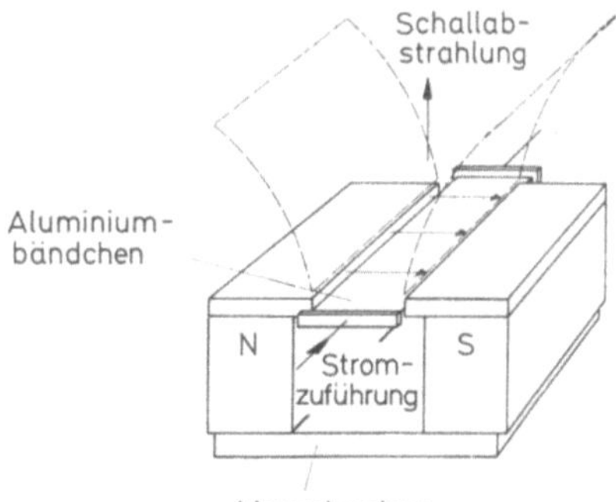

Bild 36.18. Prinzipieller Aufbau eines
Bändchen-Lautsprechers.

[31] zuerst beschrieben hat. Bild 36.18 zeigt sein Prinzip. Weil es bei dem Wirkungsgrad des Lautsprechers auf die magnetische Energie innerhalb des aktiven Leitermaterials ankommt und das stromdurchflossene Blättchen nur eine Dicke von einigen hundertstel Millimeter hat, liegt er außerordentlich niedrig, wie STEFFEN [21] nachwies. Die große Luftspaltlänge läßt außerdem nur eine geringe Luftspaltfeldstärke bei erträglichem Aufwand an Magnetmaterial zu. Wegen der geringen Verzerrungen sind die akustischen Eigenschaften jedoch ausgezeichnet. Die englische Firma Kelly stellt einen Bändchenlautsprecher für den Hochtonbereich von 2,5 bis 25 kHz [32] her.

Literatur

1. SIEMENS, W.: Deutsches Patent 2355 (14. 12. 1877).
2. RICE, C. W., u. E. W. KELLOG: Journ. Amer. Inst. El. Engrs. 44 (1925) 982—991.
3. SCHIENER, H.: ETZ-B, 6 (1954) I: S. 375—378, II: S. 413—416, III: S. 443—446.
4. DIN 45570 Blatt 1 (Febr. 1960), Blatt 2 (Juni 1962).
5. DIN 45571 (Dez. 1956).
6. DIN 45573 Blatt 1 (Juli 1962), Blatt 2 (Dez. 1962).
7. DIN 45574 (Mai 1962).
8. DIN 45575 (Mai 1962).
9. DIN 45578 Blatt 1 Entwurf (Sept. 1964), Blatt 2 (Nov. 1959).
10. BRIGGS, G. A.: Loudspeakers, 5. Aufl., Idle, Bradford, Yorkshire: Wharfedale Wireless
    Works 1958.

11. NEUMANN, H.: Z. techn. Physik 12 (1931) 627—632.
12. BUCHMANN, G., u. K. KÜPFMÜLLER: FTZ 4 (1951) 253—261.
13. BUCHMANN, G.: radio mentor (1961) 027—031.
14. MAYER, N.: Funk und Ton 5 (1954) 239—243.
15. HUSZTY, D.: Acustica 15 (1965) 151—156.
16. HUSZTY, D.: Acustica 15 (1965) 157—163.
17. AVEDON, R. C., W. KOOY u. J. E. BRUCHFIELD: Audio März (1959) 22—26, 68—69.
18. BOTTKE, E.: radio und fernsehen 14 (1965) 171—172.
19. KLINGER, H. H.: Fernmeldepraxis 36 (1959) 697—706.
20. KLINGER, H. H.: Radio-Fernseh-Phono-Praxis (1964) 282—284.
21. STEFFEN, D.: radio mentor 16 (1958) 212—215.
22. BARTELS, H. J.: Elektronorm 10 (1956) 3—7.
23. HOTOP, W., u. H. G. MEESE: radiomentor 13 (1955) H. 10, 616—618.
24. STEINGROEVER, E.: radio mentor 10 (1952) 486—487.
25. SCHWABE, E.: Z. angew. Physik 9 (1957) 183—187.
26. KRIEGER, H.: radio mentor 16 (1958) 837—839.
27. REYNST, M. F., u. W. TH. LANGENDAM: Philips-Techn. Rdsch. 24 (1962/63) 156—162.
28. SCHWABE, E.: radio mentor 16 (1958) 032—036.
29. LAFAURIE, R.: Revue de Son 97 (1961) 123—128.
30. RICH, ST. R.: Electronics 34 (1961) 49—51.
31. SCHOTTKY, W.: Z. techn. Physik 12 (1924) 574—577.
32. ETZ-B 15 (1963) 158—159 (o. Verfasser).

37 Telefonhörer

37.1 Allgemeines

Telefon- und Kleinhörer werden sowohl nach dem dynamischen Prinzip — d. h. wie kleine Lautsprecher — als auch nach dem magnetischen Prinzip betrieben. Der erste Hörer stammte von PHILIP REIS (1861), der hierzu einen magnetostriktiven Wandler verwendete [1, 2]. Bereits 1877 gaben BELL [3] und 1878 SIEMENS [4] das magnetische Prinzip an. Bild 37.1 ist der Siemensschen Patentschrift entnommen und zeigt einen der ersten Hörer dieser Bauart.

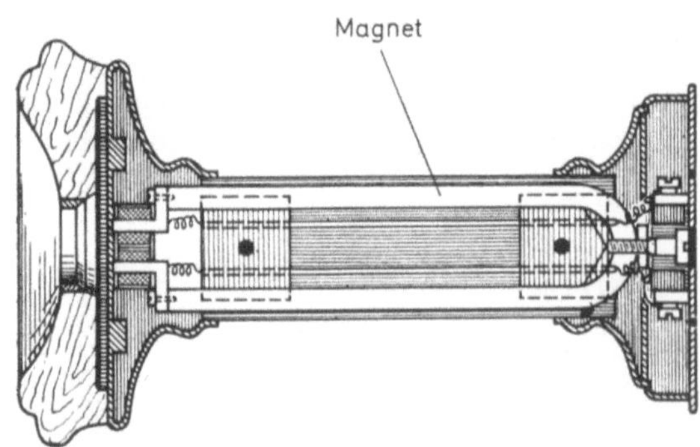

Bild 37.1. Telefonhörer nach dem magnetischen Prinzip von WERNER SIEMENS (1878) (nach [4]).

In einer um die gleiche Zeit herausgegebenen Patentschrift von SIEMENS [5] ist außerdem ein dynamisches Telefon mit einem Dauermagneten abgebildet (Bild 37.2), so daß die in Kapitel 36 erwähnte Erfindung des dynamischen Lautsprechers durch RICE und KELLOG im Jahre 1925 eine Abwandlung des von Siemens bereits 1877 angegebenen Prinzipes darstellt.

Während in Deutschland (West) von der Postverwaltung zur Zeit nur Hörer nach dem dynamischen Prinzip zugelassen sind, werden in anderen Ländern (z. B. der Schweiz, England, USA) vielfach Hörerkapseln nach dem magnetischen Prinzip verwendet. Der wesentliche Unterschied liegt in ihrem verschiedenen

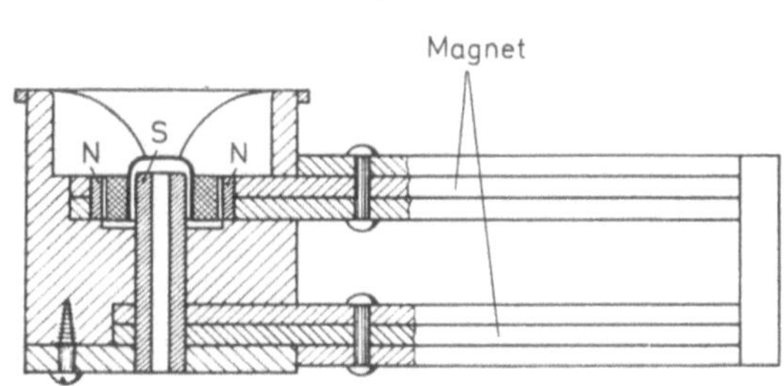

Bild 37.2 Telefonhörer nach dem dynamischen Prinzip von WERNER SIEMENS (nach [5]).

Scheinwiderstand. Beim dynamischen Prinzip ist der Widerstand der Spule praktisch gleich dem Ohmschen Widerstand und frequenzunabhängig. Die Vorschriften der Deutschen Bundespost [6] erfordern für Hörerkapseln nach dem dynamischen Prinzip einen Scheinwiderstand von 300 $\Omega \pm 20\%$. Demgegenüber ist beim magnetischen Prinzip der Scheinwiderstand frequenzabhängig. In den

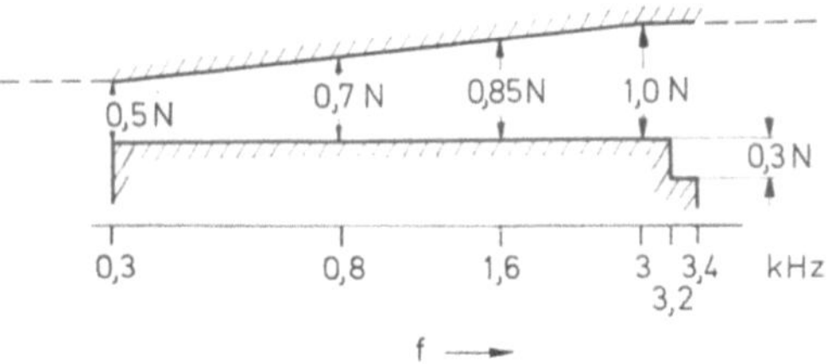

Bild 37.3. Zulässigkeitsbereich der Bezugsdämpfung für Hörerkapseln als Funktion der Frequenz nach der FTZ-Norm [6].

älteren deutschen Postvorschriften wird folgender Sollwert des Scheinwiderstandes Z in Abhängigkeit von der Frequenz mit einer Toleranz von $+60\%$ bis -30% gefordert:

f	300	800	1 600	3 400	Hz
Z	100	200	350	550	Ω

Die genannte Postnorm [6] gibt für die Bezugsdämpfung, d. h. für den relativen Schalldruck in Abhängigkeit von der Frequenz, eine Grenzkurve an, die in Bild 37.3 dargestellt ist. Es ist die Aufgabe des Entwicklers einer neuen Hörerkapsel, die Bezugsdämpfungskurve durch passende Wahl gewisser Resonanzen so zu legen, daß sie innerhalb des umrandeten Gebietes verläuft.

Um die Lautstärke der Hörerkapseln den wechselnden Leitungslängen und Abhörverhältnissen anpassen zu können, werden diese in vier Lautstärkegruppen eingeteilt (s. Tab. 37.1). Die Bezugsdämpfung hängt bei vorgegebenem Spulenwiderstand unmittelbar mit den Daten des Magnetsystemes zusammen, was den nun folgenden Absätzen zu entnehmen ist.

37.2 Hörer nach dem permanentdynamischen Prinzip

Bild 37.4 ist der Arbeit [7] entnommen und zeigt eine moderne dynamische Hörerkapsel. Grundsätzlich würde eine Membran, die frei vor dem Ohr schwingt, nur einen sehr geringen Schalldruck erzeugen. Erst die Ausnutzung von Reso-

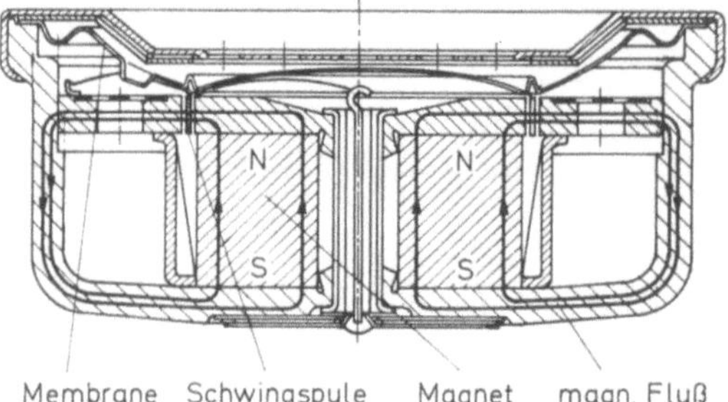

Bild 37.4. Dynamische Hörerkapsel mit AlNiCo-Kernmagnet (nach MÜLLER [7]).

nanzen (sogenannte Resonatoren) in verschiedenen Hohlräumen der Kapsel ermöglicht es, die Empfindlichkeit auf die verlangten Werte zu steigern.

Im Hinblick darauf, daß der Streufaktor derartiger lautsprecherähnlicher Konstruktionen nicht allzu stark schwankt und meist zwischen 3 und 4,5 liegt,

Tabelle 37.1. *Bezugsdämpfung der vier Lautstärkegruppen nach der FTZ-Norm* [6]

Gruppe	Bezugsdämpfung
I	0 N bis −0,3 N
II	−0,3 N bis −0,6 N
III	−0,6 N bis −0,9 N
IV	−0,9 N bis −1,2 N

lassen sich die nach Tab. 37.1 erforderlichen Bezugsdämpfungen bei Kapseln der Gruppe I und II mit Ringmagneten aus Bariumferrit 300, bei Kapseln der Gruppe IV mit Kernmagneten aus AlNiCo 600—700 erzielen. Bild 37.5 zeigt eine Kapsel, die einen Bariumferrit-Ringmagneten enthält. Kapseln der Gruppe III

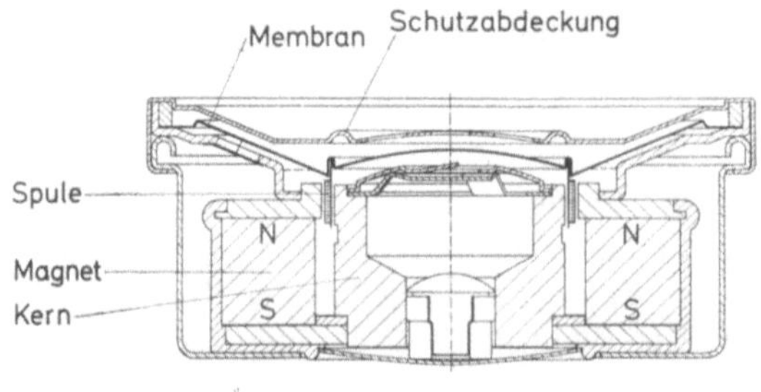

Bild 37.5. Dynamische Hörerkapsel mit Bariumferrit 300 Außenringmagnet (Werkzeichnung Fa. Telefonfabrik Reiner, München).

lassen sich erfahrungsgemäß sowohl mit Bariumferritmagneten 300 herstellen, deren $(BH)_{max}$-Werte im oberen Teil des Streubereiches liegen, als auch mit Kernmagneten der Qualität AlNiCo 500 und 600.

Wegen des geringen Hubes der Spule wird die Spulenhöhe klein und nur wenig größer als die Höhe der Oberplatte gewählt.

Bild 37.6a zeigt das Ergebnis der Vermessung eines Hörersystemes, das mit einem Bariumferrit-Ringmagneten ausgerüstet ist. Zur Erhöhung der Anschaulichkeit sind die Flußwerte in normierter Form angeschrieben, wobei der Remanenzfluß $\Phi_r = 1$ gesetzt ist. Bei der Übertragung der Werte in die normierte Entmagnetisierungskurve (Bild 37.6b) ergeben sich zwei Arbeitspunkte: A_1 durch die Summe des Luftspaltflusses φ_L und der Streuflüsse φ_{SE} zwischen den Eisenteilen; A_2 wenn hierzu noch der (inhomogene) Streufluß φ_{SM} am Magneten selbst addiert wird. Diese Inhomogenität erschwert eine Vorausberechnung.

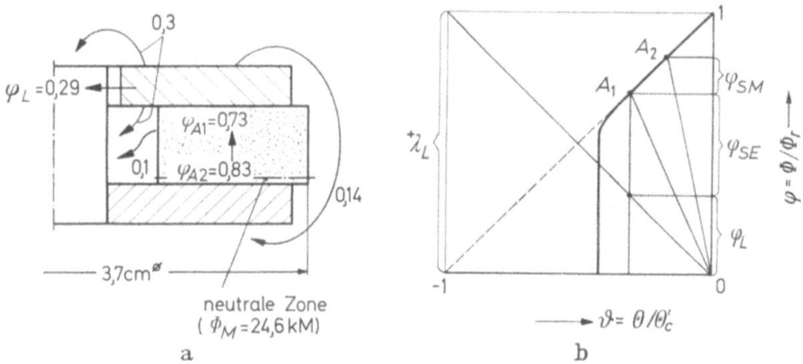

Bild 37.6. Flußmessung an einem Bariumferrit 300 Hörersystem. a) Meßergebnis (eingetragen sind die normierten Flußwerte, bezogen auf einen Remanenzfluß $\Phi_r = 2{,}96$ kM); b) Übertragung der Flußwerte in die normierte Entmagnetisierungskurve $\varphi = f(\vartheta)$.

Das Hörersystem mit Außenringmagnet ist ein Beispiel für die optimale Dimensionierung eines magnetischen Kreises unter etwas anderen Bedingungen als sie üblicherweise bestehen. Die Optimierungsaufgabe besteht darin, für gegebenen Systemdurchmesser D, gegebene Magnethöhe l_M, gegebene Luftspaltlänge l_L und gegebene Plattenhöhe p einen optimalen Kerndurchmesser d_K zu finden. Der Luftspaltleitwert hat die Größe:

$$A_L = \frac{F_L}{l_L} \cong \frac{d_K \pi p}{l_L}$$

während das Verhältnis

$$\frac{l_M}{F_M} = \frac{l_M \cdot 4}{[D^2 - (d_K + a)^2]\,\pi}$$

ist. (a ist die konstant angenommene Differenz zwischen Lochdurchmesser des Magneten und Kerndurchmesser.) Damit die im Außenraum vorhandene Magnetenergie ein Maximum wird, muß das Produkt $A_L \cdot l_M/F_M \cdot \sigma$ gleich dem Optimalwert λ_{Gopt} sein:

$$\lambda_{\text{Gopt}} = \frac{l_M}{l_L} \cdot \frac{4\,p\,d_K}{D^2 - (d_K + a)^2} \cdot \sigma.$$

Diese Gleichung 2. Grades hat folgende Lösung für d_K:

$$d_{\text{Kopt}} = (a + b)\left[\sqrt{1 + \frac{D^2 - a^2}{(a + b)^2}} - 1\right]$$

mit $b = (2\,p/\lambda_{\text{Gopt}}) \cdot (l_M/l_L) \cdot \sigma$. Der Streufaktor σ besitzt Werte zwischen 3 und 4,5. Im allgemeinen führt diese Berechnung zu relativ kleinen Kerndurchmessern. Es muß jeweils nachgeprüft werden, daß im Kern keine größere Induktion als ca. 14 kG auftritt. Die Optimierung kann ebenso daran scheitern, daß ein sehr kleines Luftspaltvolumen errechnet wird, in dem der erforderliche Spulenwiderstand von 300 Ω nicht unterzubringen ist, denn die Verarbeitung von Kupferdrähten mit weniger als 0,04 mm Durchmesser bereitet einige Schwierigkeiten.

37.3 Hörer nach dem magnetischen Prinzip

In einer ähnlichen Form, wie sie das Bild 37.7 a zeigt, werden auch heute noch billige Ohrhörer gebaut [8]. Auf dem Magneten sind zwei Polschuhe befestigt, welche die vom Sprechwechselstrom durchflossenen Spulen tragen. Die Bezeich-

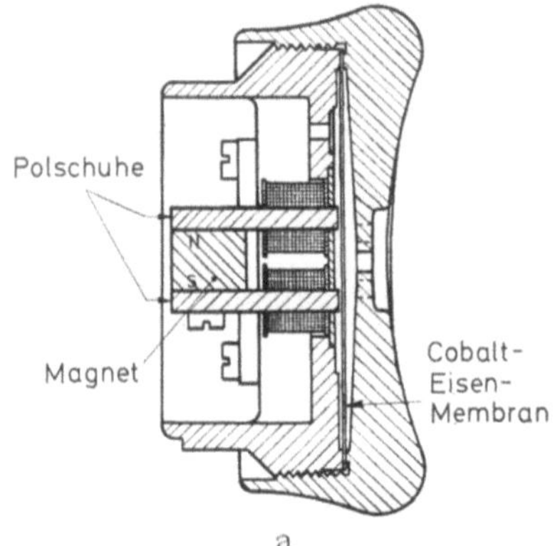

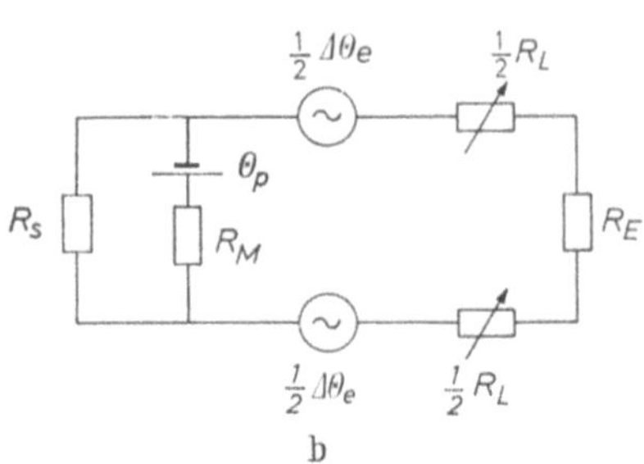

Bild 37.7. Zweipoliger magnetischer Hörer
a) Systemaufbau; b) vereinfachtes magnetisches
Schaltbild.

nung „zweipolig" soll darauf hinweisen, daß der bewegten Membran zwei Magnetpole gegenüberstehen.

Die Wirkung des Permanentmagneten besteht darin, einen magnetischen Grundfluß zu erzeugen, so daß der zusätzliche elektrisch erregte Wechselfluß eine frequenzgleiche Membranbewegung hervorrufen kann. Wäre der Magnet nicht vorhanden, dann würde die Membran mit der doppelten Frequenz schwingen, weil sie bei jeder Halbwelle des Stromes einmal angezogen wird.

Die Kraft zwischen der ferromagnetischen Membran und den Polschuhen folgt aus der in Kapitel 60 abgeleiteten Beziehung zu

$$P = F_L \left(\frac{B_L}{157}\right)^2 = c_1 \frac{\Phi_L^2}{F_L}\ \text{p}. \qquad (37.1)$$

Der Luftspaltfluß Φ_L setzt sich aus einem permanentmagnetischen Anteil Φ_{LM} und einem elektrisch erregten Anteil $\Delta\Phi_{Le}$ zusammen. Bild 37.7 b zeigt das zugrunde liegende magnetische Schaltbild. Es ist in dem Bild 37.8 in das $\Phi = f(\theta)$-Diagramm übertragen. Dabei ist vorausgesetzt, daß die Membran noch nicht gesättigt ist, so daß ihr magnetischer Widerstand R_E vernachlässigt werden kann.

Der Luftspaltfluß folgt dann aus dem Schnittpunkt A mit der Luftspalt-Leitwert-
geraden zu:

$$\Phi_L = \Phi_p \frac{1}{1 + R_L (\Lambda_p + \Lambda_s)}. \tag{37.2}$$

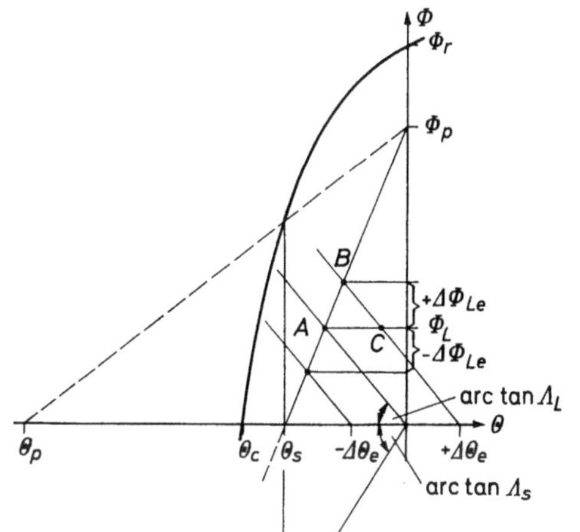

Bild 37.8. $\Phi = f(\Theta)$-Diagramm des Magnetkreises für einen zweipoligen Hörer.

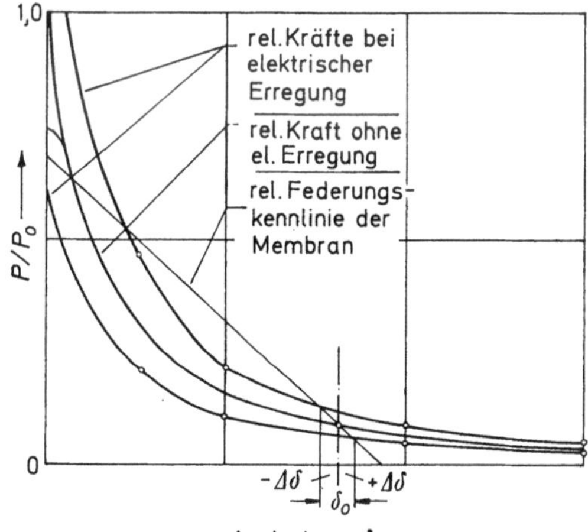

Bild 37.9. Allgemeiner Verlauf der Kräfte
in einem zweipoligen Hörersystem.

Mit Hilfe des Dreiecks ABC läßt sich leicht ableiten, daß die Flußänderung
$\Delta\Phi_{Le}$ als Funktion einer Spulenerregung $\pm \Delta\Phi_e$ die Größe hat:

$$\Delta\Phi_{Le} = \pm \Phi_L \frac{\Delta\Theta_e}{\Theta_s}$$

Auf Grund der Beziehung (37.1) folgt dann für die Kraft:

$$P = \frac{c_1}{F_L} (\Phi_L \pm \Phi_{Le})^2 = \frac{c_1}{F_L} \Phi_L^2 \left[1 \pm 2 \frac{\Delta\Theta_e}{\Theta_s} + \left(\frac{\Delta\Theta_e}{\Theta_s} \right)^2 \right] \tag{37.3}$$

In dem Bild 37.9 ist der allgemeine Verlauf dieser Funktion dargestellt, wobei
mit P_0 die ideelle Haftkraft $P_0 = (c_1 \Phi_L^2)/F_L$ beim Luftspalt $l_L = 0$ und der

Erregung $\Delta\Theta_e = 0$ bezeichnet ist. Sie wird als ideell angegeben, weil die tatsächliche Anlagekraft wegen der Sättigung der Membran niedriger ist. In dem Bild ist außerdem die Federungskennlinie der Membran eingetragen. Sie führt zu einer bestimmten Grundauslenkung δ_0, welche durch die elektrische Erregung eine überlagerte Auslenkung von $\pm\,\Delta\delta$ erfährt.

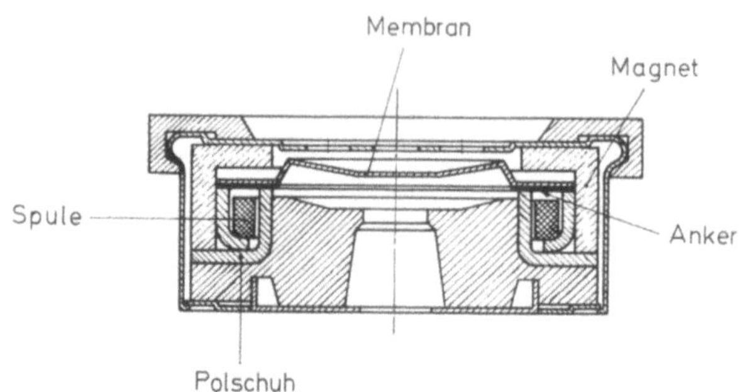

Bild 37.10. Aufbau des sogenannten Ringankerhörers (nach KARMANN u. HOFMANN [11]).

Ist die elektrische Erregung $\Delta\Theta_e$ klein gegen die magnetische Spannung $\Theta_s = \Theta_p\cdot[\Lambda_p/(\Lambda_p + \Lambda_s)]$, dann kann das quadratische Glied $(\Delta\Theta_e/\Theta_s)$ in der Gl. (37.3) vernachlässigt werden. Unter der Voraussetzung einer konstanten Membransteife besteht ein fast linearer Zusammenhang zwischen Erregung und Amplitude. Bei großen Erregungen hingegen besteht keine Proportionalität mehr. Die Federungskennlinie der Membran muß eine etwas größere Steilheit (Steife) aufweisen als die magnetische Zugkraftkurve, damit ein stabiler Arbeitspunkt bei δ_0 zustande kommt. Es ist zu erkennen, daß bei größerer Erregung die Amplitude der Auslenkung nach beiden Seiten nicht mehr gleich ist, was Klirren zur Folge hat. GÖDDECKE [9] macht praktische Angaben über die Dimensionierung einer solchen Kapsel und gibt Hinweise über die Wahl der Materialien sowohl für den Magneten als auch für die Membran. Es ist günstig, einen Magneten mit großer reversibler Permeabilität μ_p, großer Remanenz B_r und geringer Länge zu wählen und das Verhältnis von Magnetfläche zu Luftspaltfläche groß zu machen.

Die in Bild 37.7 dargestellte Form eines zweipoligen magnetischen Systemes hat den Nachteil, daß die Kraftwirkung an zwei Stellen der Membran erfolgt. Vorteilhafter sind rotationssymmetrische Antriebe [10], von denen ein Beispiel, der sogenannte „Ringankerhörer" [11], in dem Bild 37.10 dargestellt ist. Dieses Prinzip wurde zuerst in den USA von der Western Electric Corporation angegeben [12]. Bei dieser und ähnlichen Konstruktionen ist die Luftspalt-Übertrittsfläche wesentlich vergrößert und damit der magnetische Luftspaltwiderstand verkleinert. Je nach der erforderlichen Lautstärkeklasse werden die Ringankerhörer mit Magneten aus verschiedenen Materialien ausgerüstet. Für die Klassen I und II genügen Tromalitmagnete, für die Klassen III und IV werden gesinterte oder im Feingußverfahren hergestellte AlNi-Magnete verwendet.

Der Nachteil einer unsymmetrischen Bewegungsamplitude ist bei Hörersystemen vermieden, die eine kräftefreie Mittelstellung besitzen. Das Bild 37.11 zeigt zwei Ausführungsformen. Bild 37.11 a stellt den Siemens-Ringmagnethörer Fg thp 52 dar, der im Jahre 1952 entstand [13]. Bild 37.11 b ist der „Schwinganker-

Hörer" (Rocking Armature Receiver) der Firma Standard Tel. & Cables Ltd. England [14]. Beiden Ausführungen ist gemeinsam, daß die Bewegung eines Ankers die Länge zweier Luftspalte im entgegengesetzten Sinn verändert, so daß eine Brückenschaltung gebildet wird, wie es in den magnetischen Schaltbildern (Bild 37.12a und b) dargestellt ist.

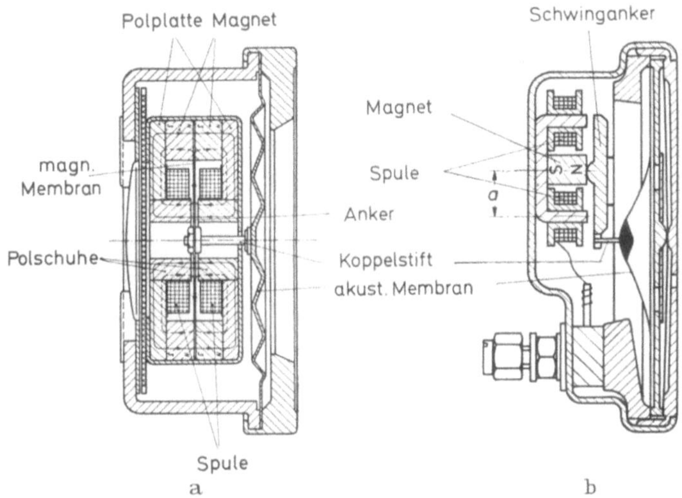

Bild 37.11. Hörer mit kräftefreier Mittelstellung des Ankers.
a) Ringmagnethörer der Firma Siemens (nach GOSEWINKEL u. KOSCHEL [13]); b) Schwingankerhörer der englischen Firma STC (nach ROBERTON [14]).

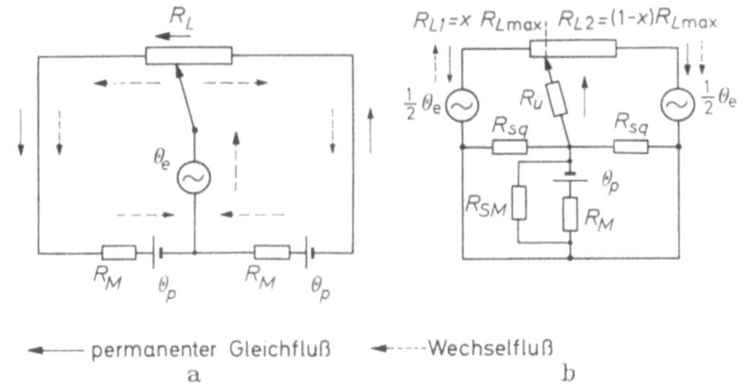

Bild 37.12. Magnetische Schaltbilder verschiedener Hörersysteme.
a) Ringmagnethörer (nach Bild 37.11a); b) Schwingankerhörer (nach Bild 37.11b).

Auf den Anker des Schwingankerhörers (Bild 37.11b) wirkt ein Moment, das sich aus den Zugkräften P_1 und P_2 an den beiden Luftspalten zusammensetzt:

$$M = a(P_1 - P_2) \quad (a = \text{Radius}).$$

Die Zugkräfte lassen sich nach der Beziehung (37.1) aus den Luftspaltflüssen errechnen:

$$M = \frac{a \cdot c_1}{F_L}(\Phi_{L1}^2 - \Phi_{L2}^2). \tag{37.4}$$

Die Luftspaltflüsse setzen sich aus einem Anteil Φ_{LM} zusammen, der vom Permanentmagneten stammt, sowie einem Anteil Φ_{Le}, der von der Spulenerregung herrührt. Im Luftspalt 1 seien die Anteile einander entgegengesetzt, im Luftspalt 2 gleich gerichtet. Damit wird das Moment

$$M = \frac{a \cdot c_1}{F_L} \left[(\Phi_{LM1} - \Phi_{Le1})^2 - (\Phi_{LM2} + \Phi_{Le2})^2 \right]. \tag{37.5}$$

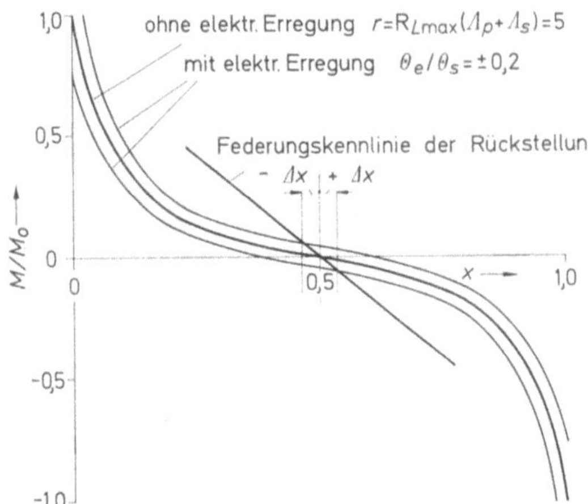

Bild 37.13. Relatives Moment M/M_0 am Anker eines Schwingankerhörers als Funktion des relativen Luftspaltwiderstandes $x = R_L/R_{Lmax}$ nach Gl. (37.7).

Mit den Bezeichnungen $r = R_{Lmax}/R_{ps}$ und $x = R_L/R_{Lmax}$ unter Vernachlässigung von R_{sq} und $R_{\ddot{u}}$ folgt für die Luftspaltflüsse:

$$\left. \begin{array}{ll} \Phi_{LM1} = \Phi_p \dfrac{1-x}{1 + r(x - x^2)}; & \Phi_{Le1} = \Phi_p \dfrac{1}{2} \dfrac{\Theta_e}{\Theta_s} \dfrac{2 + r(1-x)}{r[1 + r(x - x^2)]} \\[3mm] \Phi_{LM2} = \Phi_p \dfrac{x}{1 + r(x - x^2)}; & \Phi_{Le2} = \Phi_p \dfrac{1}{2} \dfrac{\Theta_e}{\Theta_s} \dfrac{2 + rx}{r[1 + r(x - x^2)]} \end{array} \right\} \tag{37.6}$$

Diese Werte in (37.5) eingesetzt, führen zu folgendem Ausdruck für das Moment:

$$M = \frac{a c_1}{F_L} \cdot \Phi_p^2 \left[\frac{1 - 2x}{[1 + r(x - x^2)]^2} - \frac{\Theta_e}{\Theta_s} \frac{1 + \dfrac{2}{r} - 2(x - x^2)}{[1 + r(x - x^2)]^2} + \left(\frac{\Theta_e}{\Theta_s}\right)^2 \frac{\left(\dfrac{1}{4} + \dfrac{1}{r}\right)(1 - 2x)}{[1 + r(x - x^2)]^2} \right]. \tag{37.7}$$

Bei einseitiger Anlage des Ankers (x = 0 oder $x = 1$) hat das Moment den Wert $M_0 = a\,(c_1/F_L)\,\Phi_p^2$. Der erste Summand in der eckigen Klammer stellt den vom Dauermagneten herrührenden Anteil dar. Der zweite Summand kennzeichnet die Veränderung des Momentes durch die elektrische Erregung. Der dritte Summand kann vernachlässigt werden, weil $\Theta_e \ll \Theta_s$ ist. In dem Bild 37.13 ist M/M_0 als Funktion von x dargestellt, wobei $r = R_{Lmax}/R_{ps} = R_{Lmax}\,(\Lambda_p + \Lambda_s) = 5$ und $\Theta_e/\Theta_s = \pm 0,2$ gewählt wurde. Es zeigt sich, daß durch die elektrische Erregung der Spule im wesentlichen eine Parallelverschiebung der s-förmig gekrümmten Momentenkurve eintritt. In dem Bild 37.13 ist außerdem die Federungskennlinie der Rückstellung mit eingezeichnet, die im Fall des Schwingankerhörers als Torsionsstab ausgebildet ist.

Der Schwingankerhörer nach Bild 37.11b enthält einen AlNiCo190-Magneten der Abmessung $14 \times 7 \times 5$ mm³, der über das Maß 5 magnetisiert ist. Um sowohl die Toleranzen der Magnete als auch die des Torsionsstabes und der Spule zu eliminieren, wird die Empfindlichkeitseinstellung durch Entmagnetisieren im Wechselfeld vorgenommen.

Der maximal mögliche Fluß derartiger Kapseln wird durch die magnetischen Eigenschaften der Membran oder des Ankers bestimmt. Für beide verwendet man eine Eisensorte mit extrem hoher Sättigungsmagnetisierung, beispielsweise Kobalteisen (s. Absatz 29.1.3.3).

Literatur

1. BRILL, W.: Siemens-Z. 35 (1961) 738—740.
2 DEHN, G., u. W. LANGSDORFF: Frequenz (Sonderausg.) 15 (1961) 9—17.
3. BELL, A. G.: USA-Patent 186787 (15. 1. 1877).
4. SIEMENS, W.: Deutsches Patent 3396 (8. 5. 1878).
5. SIEMENS, W.: Deutsches Patent 2355 (14. 12. 1877).
6. FTZ-Norm 438 2 TV 1 Hörerkapseln, Techn. Vorschriften.
7. MÜLLER, E.: FWT 69 (1965) 399—404.
8. ROBERTON, J. S. P.: J.S.E.C. Technical Publication 1938, 1010—1038.
9. GÖDDECKE, H.: Z. angew. Physik 18 (1965) 484—491.
10. JACOBY, H., u. H. PANZERBIETER: Elektr. Nachr. Techn. 13 (1936) 75—84.
11. KARMANN, R., u. HOFFMANN, H.: Siemens-Z. 33 (1959) 154—158.
12. MOTT, E. E., u. R. C. MINER: Bell-Syst. Techn. Z. 30 (1951) 110—140.
13. GOSEWINKEL, M., u. H. KOSCHEL: FTZ 6 (1953) 80—85.
14. ROBERTON, J. S. P.: The Post Off. El. Engrs. Journal, April (1956) 1—7.

38 Mikrophone

38.1 Allgemeines

Die ersten Mikrophone waren Kohle-Mikrophone, wie sie auch heute noch in sämtlichen Telefonapparaten enthalten sind. Ihr Preis ist niedrig. Zur Aufnahme eines breiten Frequenzbandes — beispielsweise für Musikübertragung von 20 bis 16000 Hz — werden u. a. dynamische und magnetische Mikrophone verwendet [1].

38.2 Dynamische Tauchspul-Mikrophone

In dem Bild 38.1 sind zwei Bauformen von Tauchspul-Mikrophonen dargestellt. Beide enthalten eine domförmig gewölbte Membran (meist aus Duraluminium der Stärke 0,01 mm), an der die Spule befestigt ist, welche im Spalt eines Magnetsystemes schwingt. Dieses ist bei dem Mikrophon nach Bild 38.1a ein Kernmagnetsystem mit einem Dauermagneten aus stengelkristallisiertem AlNiCo 700. Die Luftspaltinduktion beträgt 12,5 kG [2]. Das Mikrophon nach Bild 38.1b enthält einen Topfmagneten aus isotropem AlNiCo-Gußmaterial [3]. Die Magnetisierungswicklung muß im System verbleiben. Billigere Mikrophone enthalten Außenringsysteme mit Bariumferritmagneten.

Am Spulenausgang eines dynamischen Mikrophones soll bereits bei sehr kleiner Spulenbewegung eine möglichst große Spannung auftreten. Beispielsweise bewegt sich eine Mikrophonspule bei einem Schalldruck von 100 µbar und 50 Hz nur um 5 μm. Dies zwingt dazu, die Luftspaltinduktion möglichst hoch zu wählen. Die Grenzen sind wie beim Lautsprecher entweder durch die Sättigung des Kernes oder der Oberplatte gegeben. Unter Verwendung normaler Eisensorten liegt die obere Grenze der Luftspaltinduktion bei ca. 14 kG. Für die näherungsweise Berechnung der Spaltinduktion gelten die in Kapitel 36 gemachten Angaben.

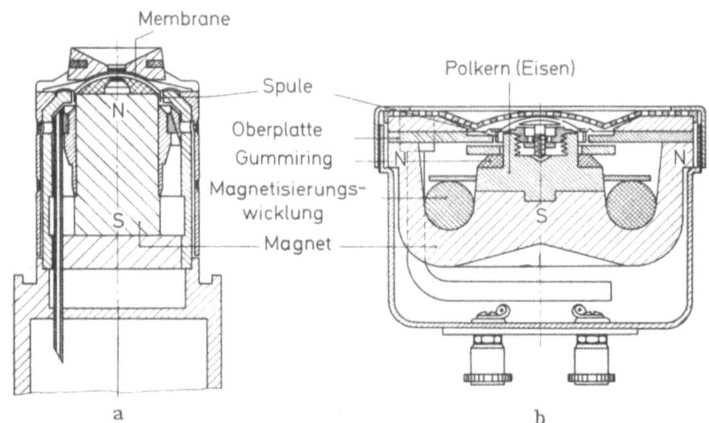

Bild 38.1. Bauformen dynamischer Tauchspulmikrophone.
a) Richtmikrophon der Fa. Sennheiser Electronic (nach WARNING [2]);
b) dynamisches Mikrophon (aus ROBERTSON [3]).

Wegen der geringen Spulenbewegung wird die Spule meist kürzer als die Oberplatte gemacht, wodurch sie sich stets im homogenen Feld bewegt, was den Vorteil einer geringen Verzerrung mit sich bringt. Der Luftspalt ist enger als bei Lautsprechern und hat Werte bis zu 0,35 mm. Weil nur ein verschwindend kleiner Strom fließt, sind Rückwirkungseffekte vermieden, die Anlaß zu einem Klirren geben könnten.

An verschiedenen Stellen des Innenraumes werden künstliche Resonanzräume geschaffen, die teilweise bedämpft sind und die Empfindlichkeitskurve ausgleichen. Mit dem Magnetsystem hat dies nur insofern zu tun, als am Kern und den Eisenteilen wohldefinierte Öffnungen vorhanden sein müssen. Eine eingehende Beschreibung der notwendigen Ausgleichsmaßnahmen findet sich bei BAER [4] und GROSSKOPF [5]. Bei einer Mikrophonausführung der Firma AKG wird ein großer Frequenzumfang durch Einbau eines Hochton- und eines Tieftonsystemes in eine gemeinsame Kapsel erreicht [6].

38.3 Dynamische Bändchen-Mikrophone

Die Spule des Tauchspul-Mikrophones stellt eine zusätzliche störende Masse dar, die weit größer ist als die der eigentlichen Membran. Dies führte schon frühzeitig [7] zur Konstruktion des Bändchen-Mikrophones. Sein bewegtes Teil ist ein dünnes Aluminiumbändchen, das in einem Magnetfeld zwischen zwei Polschuhen schwingt. Bild 38.2 zeigt zwei verschiedene Systeme. Das Bändchen des Systemes a hat die Abmessung $25,4 \times 2,5$ mm² bei 3,2 mm Polabstand. Veröffentlichungen von HARWOOD [8] sowie Shorter und HARWOOD [9] enthalten u. a. Angaben über den Luftspaltfluß in Abhängigkeit von der Form der Polschuhe. In dem Beispiel nach Bild 38.2a erzeugt ein u-förmig gebogener Magnet aus AlNiCo 500 eine Luftspaltfeldstärke von ca. 2 kOe. Die Magnetlänge ist 4,6 cm und die Luftspaltlänge 0,32 cm. Das gesamte Magnetvolumen beträgt ca. 5,5 cm³. Bei der Bauform nach Bild 38.2b kommen zwei Magnetklötze aus AlNiCo 700 zur Verwendung.

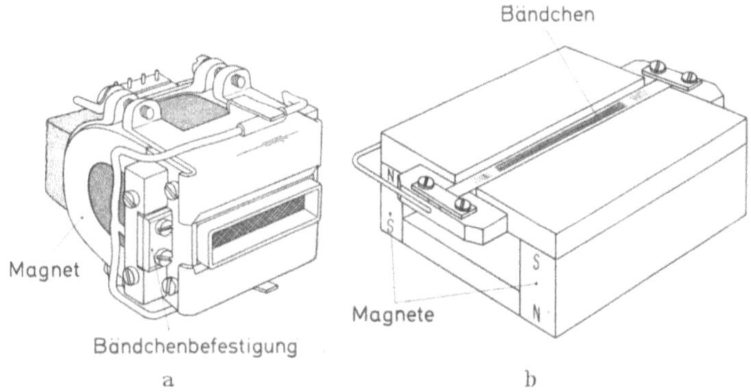

Bild 38.2. Bauformen von Bändchen-Mikrophonen.
a) Bauart Fa. STC (nach HARWOOD [8]);   b) Bauart Fa. Beyer (Firmenkatalog).

Die Anpassung der Empfindlichkeitskurve erfolgt wie beim Tauchspul-Mikrophon durch verschiedene gedämpfte Resonanzräume innerhalb und außerhalb des Magnetsystemes. Von W. REICHARDT [10] wurden mehrere Typen von Bändchen-Mikrophonen beschrieben.

Als Sonderform eines Bändchen-Mikrophones kann das sogenannte Isophase-Mikrophon angesehen werden [11]. Bei diesem ist die Membran eine dünne Platte, auf welche eine Mäanderwicklung aufgedruckt ist. Sie bewegt sich im Streufeld mehrerer Klotzmagnete aus Bariumferrit.

38.4 Magnetische Mikrophone

Diese enthalten relativ viel Wickelraum für die (stationäre) Spule, so daß ihre Impedanz und der ohmsche Widerstand groß sind, wie es für Transistorverstärker, die in Schwerhörigengeräten verwendet werden, erforderlich ist [12].

Bild 38.3 zeigt zwei Bauformen magnetischer Miniatur-Mikrophone. Die Abmessungen sind in den Zeichnungen eingetragen. Sie beweisen, daß es sich hier um extrem kleine Gebilde handelt. Ein von GRIESÉ und ANKERMANN [13] beschriebenes Mikrophon (Bild 38.3a) enthält einen AlNiCo-500-Magneten. Durch dessen seitliche Anordnung und die relativ großen Polschuhe treten beträchtliche Streuflüsse auf. Auch HOLLEUFER [14] behandelt eine ähnliche Ausführung, die jedoch mit zwei symmetrisch zur Ankerzunge liegenden AlNiCo-Magneten ausgestattet ist.

In modernen Systemen (Bild 38.3b) sind die AlNiCo-Magnete durch Bariumferritmagnete ersetzt worden [15]. Diese werden beidseits des Nutzluftspaltes angeordnet und zu diesem hin mit dünnen Jochplatten bedeckt. Den Rückschluß bilden ein Gehäusedeckel und eine Zwischenwand. Ein solches Mikrophon wiegt ca. 1,2 g bei einer äußeren Abmessung von ca. 10 × 10 × 4 mm³. Der Magnet aus

Bariumferrit 300 hat die Abmessung von nur $7 \times 2 \times 0{,}8$ mm³. Es sind dies — abgesehen von den Magneten für elektrische Armbanduhren — die kleinsten Magnete, welche zur Zeit gefertigt werden.

Bild 38.4 zeigt das magnetische Schaltbild des Magnetkreises derartiger Kleinst-Mikrophone. Es wird nach der Größe der Flußänderung in der Mittel-

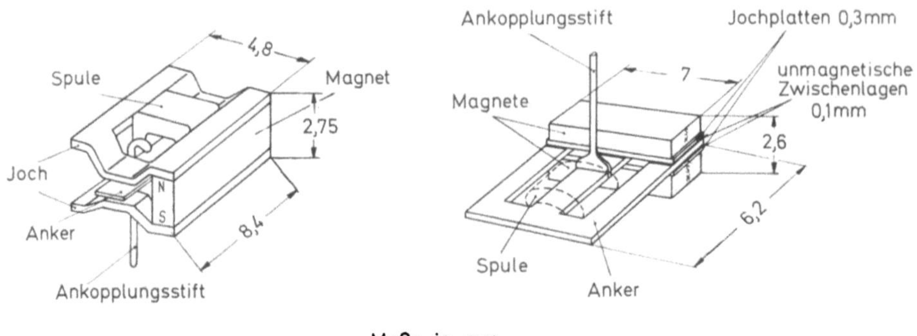

Bild 38.3. Bauformen magnetischer Miniatur-Mikrophone.
a) Mit seitlich angeordnetem AlNiCo-Magnet (nach GRIESÉ u. ANKERMANN [13]);
b) mit zwei Bariumferrit-Magneten (Rückschluß nicht gez.) (nach BAUER [15]).

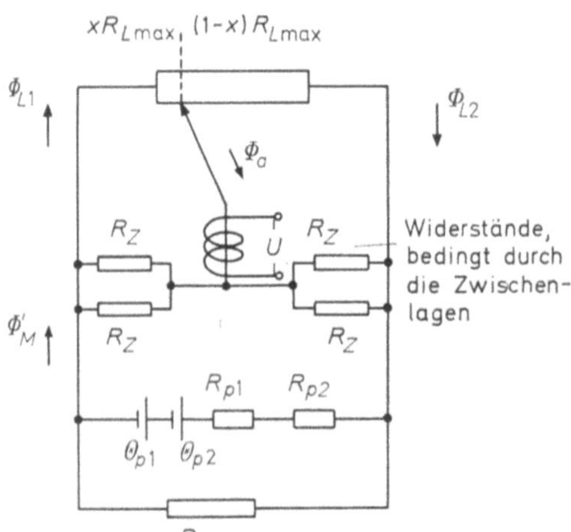

Bild 38.4. Magnetisches Schaltbild des Miniatur-Mikrophones (nach Bild 38.3 b).

zunge gefragt. Erfolgt die Bewegung der Zunge nach der Funktion $\delta = \delta_0 \sin \omega t$ mit δ_0 als maximaler Amplitude, dann ist die Bewegungsgeschwindigkeit $d\delta/dt = \delta_0 \cdot \omega \cdot \cos \omega t$. Die Spannung an der Spule hat die Größe ($w =$ Windungszahl):

$$u = w \frac{\mathrm{d}\Phi_a}{\mathrm{d}t} = w \cdot \frac{\mathrm{d}\Phi_a}{\mathrm{d}\delta} \cdot \delta_0 \cdot \omega \cdot \cos \omega t$$

mit dem Effektivwert

$$U = w \frac{\delta_0 \, 2\pi f}{\sqrt{2}} \cdot \frac{\mathrm{d}\Phi_a}{\mathrm{d}\delta} = w \frac{x_0 \, 2\pi f}{\sqrt{2}} \cdot \frac{\mathrm{d}\Phi_a}{\mathrm{d}x}, \qquad (38.1)$$

wobei $x = \delta/\delta_{\max}$ die relative Auslenkung bedeutet. $d\Phi_a/dx$ ist die noch unbekannte Flußänderung. Der Ankerfluß Φ_a ist die Differenz der in Bild 38.4 mit Φ_{L2} und Φ_{L1} bezeichneten Luftspaltflüsse. Diese haben die Größen

$$\Phi_{L2} = \Phi'_M \frac{R_q}{R_q + (1-x)\,R_{L\max}} \quad \text{und} \quad \Phi_{L1} = \Phi'_M \frac{R_q}{R_q + x\,R_{L\max}}$$

mit $R_z/2 = R_q$. Hieraus folgt für den Ankerfluß

$$\Phi_a = \Phi'_M \frac{1 - 2x}{1 + R_{L\max}/R_q\,(1 + x - x^2)}. \tag{38.2}$$

Die gesuchte Flußänderung ist für die Mittelstellung der Zunge $(x = 0{,}5)$:

$$\left(\frac{d\Phi_a}{dx}\right)_{0,5} = \Phi'_M \frac{2}{1 + 1{,}25\ R_{L\max}/R_q}.$$

Der Fluß Φ'_M verändert sich bei diesem Aufbau mit der Zungenbewegung nur wenig. Bei $x = 0{,}5$ hat er die Größe:

$$\Phi'_{M0,5} = \Phi_p \frac{1 + 0{,}5\ R_{L\max}/R_q}{1 + 0{,}5\ R_{L\max}/R_q + R_{L\max}/R_{ps}},$$

wobei $1/R_{ps} = \Lambda_p + \Lambda_s$ ist. Für das Modell nach Bild 38.3 b werden mit Auslenkungen von ca. 1 μm bei $f = 1000$ Hz Spannungen von ca. 0,1 mV erzeugt. HOLLEUFER [14] hat darauf hingewiesen, daß der starke Anstieg der magnetischen Zugkraft in der Nähe der Endlagen durch eine Sättigung der Eisenteile vermieden werden kann.

Aus der Formel für die Spannung (38.1) könnte der Schluß gezogen werden, daß eine Erhöhung des Magnetflusses die Spannungsausbeute steigert. Dem ist eine Grenze durch den Sättigungsfluß der Jochteile gesetzt. Weil der Anker auf dem größten Teil seiner Länge nur den sehr kleinen Differenzfluß führt, kommt es für sein Material weniger auf eine hohe Sättigungsmagnetisierung als auf gute magnetische Leitfähigkeit, d. h. eine hohe Permeabilität an.

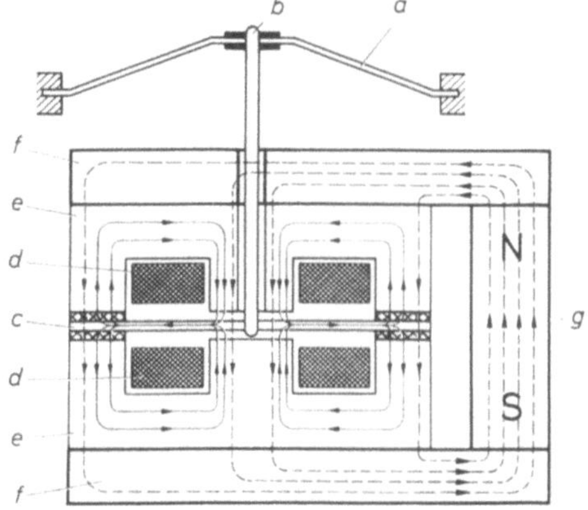

Bild 38.5. Prinzipieller Aufbau des magnetischen Mikrophones zum batterielosen Fernsprecher der Firma Siemens (nach DEHN [17]).

Ein anderes Anwendungsgebiet für magnetische Mikrophone ist bei batterielosen Fernsprechanlagen gegeben [16, 17]. Der prinzipielle Aufbau ist in Bild 38.5

dargestellt, während Bild 38.6 Einzelheiten der Ausführung wiedergibt. Das magnetische Schaltbild ist das gleiche, wie es in dem Bild 38.4 für das magnetische Kleinst-Mikrophon angegeben wurde.

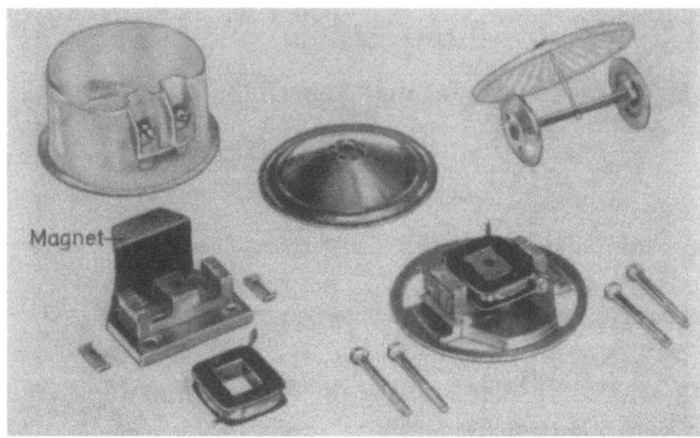

Bild 38.6. Einzelteile des magnetischen Mikrophones zum batterielosen Fernsprecher (nach DEHN [17]).

Literatur

1. GOSEWINKEL, M.: Messung der Übertragungseigenschaften von Telephonen, Mikrophonen und Fernsprechern. Karlsruhe: Braun 1953.
2. WARNING, P. F.: Funkschau (1964) 634—646.
3. ROBERTSON, A. E.: Microphones, London: JLJFFE Books, New York: Hayden Book 1963.
4. BAER, W.: Akustische Z. 8 (1943) 127—135.
5. GROSSKOPF, H.: ETZ-B 5 (1953) Teil I: S. 337—341, Teil II: S. 369—374.
6. WEINGARTNER, B.: Funktechnik 20 (1965) 345—347.
7. OLSON, H. F.: J. acoust. Soc. Amer. 3 (1931/32) 56—68.
8. HARWOOD, H. D.: BBC Monograph. No. 7, 1956.
9. SHORTER, D. E. L., u. H. D. HARWOOD: BBC Monograph No. 4, 1955.
10. REICHARDT, W.: Grundlagen der Elektroakustik, Leipzig: Akad. Verlagsanstalt 1960, 405 ff.
11. FAVRE, M.: Revue du Son 110 (1962) 239—242.
12. DE BOER, B.: Philips Techn. Rdsch. 27 (1966) 185—190.
13. GRIESÉ, H. J., u. H. ANKERMANN: radio mentor (1957) 606—607.
14. HOLLEUFER, W. O.: ETZ-A 79 (1958) 533—536.
15. BAUER, B. B.: J. acoust. Soc. Amer. 25 (1953) 867—869.
16. BRUMERT, O., u. H. HOFMANN: ETZ 73 (1952) 550—553.
17. DEHN, G.: Siemens Z. 10 (1956) 515—520.

39 Magnetische Tonabnehmer

Für diese wird sowohl das dynamische als auch das magnetische Prinzip verwendet. Die Einführung der Stereoschallplatten führte zu einer Weiterentwicklung der magnetischen Abnehmer [1, 2]. Weil die Luftspalte dieser Systeme meist relativ groß und die Bewegungen außerordentlich klein sind, spielen die rückstellenden Kräfte zwischen Magneten und Eisenjochen kaum eine Rolle, so daß die bei anderen magnetischen Systemen (z. B. Hörern) auftretenden Unlinearitäten und daraus resultierenden Klirrerscheinungen hier nur in geringerem Maße vorhanden sind.

Für die Abspielung von Monoplatten hat WITTENBERG [3] ein System beschrieben, das in Bild 39.1 dargestellt ist. Der Magnet besteht aus einem diametral magnetisierten Stab aus Bariumferrit 100 mit 1 mm Durchmesser und 12 mm Länge. Durch eine Auslenkung von 0,1 mm an der Nadel wird in dem umgebenden Eisenjoch eine Flußänderung von ca. 1,4 M hervorgerufen. Die induzierte Spannung, bezogen auf eine Geschwindigkeitsamplitude von 1 cms^{-1} ist ungefähr 4 mV/cms^{-1}. Ein dynamischer Tonabnehmer mit bewegter Spule und feststehendem Magneten wurde von BRAUN [4] beschrieben.

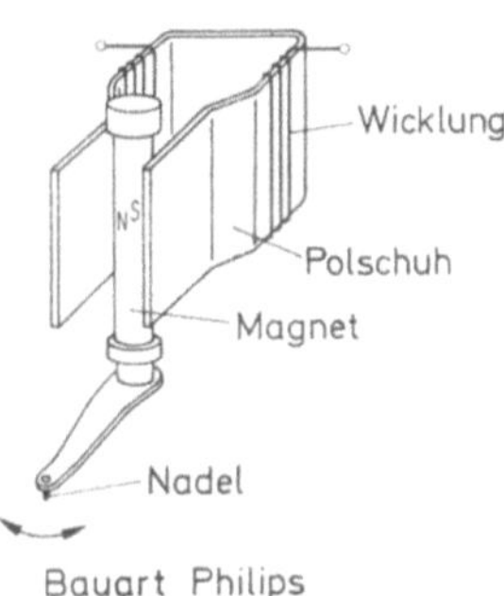

Bild 39.1. Magnetischer Tonabnehmer für Monoschallplatten (nach WITTENBERG [3]).

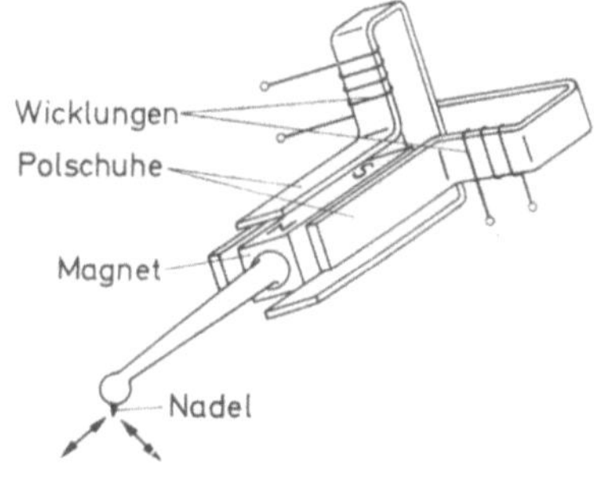

Bild 39.2. Magnetischer Tonabnehmer für StereoSchallplatten (nach [6]).

Magnetische Tonabnehmer für Stereoplatten sind meist nach Art des Bildes 39.2 aufgebaut [5, 6]. Eine Bewegung des Magneten ruft in den Jochen Flußänderungen hervor und induziert in den zwei Spulen Spannungen, die jeweils einem der Rillenanteile, d. h. einem der beiden Stereokanäle, entsprechen. Der Magnet ist außerordentlich klein. Er hat die Abmessungen $1 \times 1 \times 4$ mm^3 und besteht aus AlNiCo 500, das in Richtung der Längsachse vorzugsgerichtet und magnetisiert ist [7]. Ein Aluminium- oder Messingrohr enthält sowohl den Magneten als auch den Abtast-Diamanten (oder Saphir). Trotz ihres im Prinzip einfachen Aufbaues sind derartige Abnehmer schwierig herzustellen. Um einen ausgeglichenen Frequenzgang zu erreichen [8], muß die Resonanzfrequenz des Nadelarmes größer als die höchste abzugreifende Frequenz sein, d. h., sie soll über 20 kHz liegen. Schwierigkeiten bereitet beim magnetischen Tonabnehmer die Abschirmung. Sie muß sehr sorgfältig vorgenommen werden, damit keine Einstreuung durch den Plattentellermotor oder andere Bauteile erfolgt.

Außer dem beschriebenen System des Tonabnehmers mit bewegtem Magneten gibt es auch solche mit ruhendem Magneten. Bei letzteren werden elektromagnetische und dynamische Systeme unterschieden [9]. Die Wirkungsweise der elektromagnetischen Systeme beruht darauf, daß an der Abtastnadel ein Eisenplättchen befestigt ist, dessen Bewegung den Fluß durch ein Eisenjoch verändert. Der Grundfluß wird dabei von einem Dauermagneten erzeugt [10, 11]. Durch einen ausreichend großen Abstand zwischen dem bewegten Eisenteil und dem Polschuh sowie durch kleine Bewegungen ist dafür zu sorgen, daß keine Unlinearitäten beim Abtasten auftreten.

Das dynamische Prinzip ist frei von solchen Fehlermöglichkeiten, weist jedoch eine kleinere Empfindlichkeit auf. Bei ihm werden eine oder zwei Spulen im Feld eines Magneten bewegt. Wegen der großen erforderlichen Luftspalte ist die Induktion und damit die erzielbare Ausgangsspannung gering. Diese Systeme werden nur für Studiozwecke eingesetzt.

Literatur

1. LOESCHER, F. A.: Funkschau 37 (1965) 411—415.
2. WALTON, J.: Wireless World (1961) 407—413.
3. WITTENBERG, N.: Philips Techn. Rdsch. 18 (1956/57) 105—114.
4. BRAUN, K.: radio mentor (1963) 014.
5. Funkschau 31 (1959) 209 (o. Verfasser).
6. DBPa 1 105 628 (30. 10. 1957).
7. radio mentor (1961) 891 (o. Verfasser).
8. ANDERSON, C. R., J. H. KOGEN u. R. S. SAMSON: Audio Engineering Soc. Preprint No. 393, 1965.
9. BASTIAANS, C. R.: Funkschau 32 (1960) 231—232.
10. LOESCHER, F. A.: Techn. Rdschau (Bern) 36 (1966) 17—23, 39 (1966) 57—59.
11. radio mentor (1966) 670 (o. Verfasser).

40 Wechselstromwecker

Sie besitzen ein polarisiertes Antriebssystem, bei dem der Anker durch den Fluß eines Dauermagneten in zwei Endlagen festgehalten wird. Diesem Dauermagnetfluß ist der elektrisch erregte Wechselfluß überlagert, der den Anker zu einer Schwingbewegung mit der Frequenz des Wechselflusses anregt.

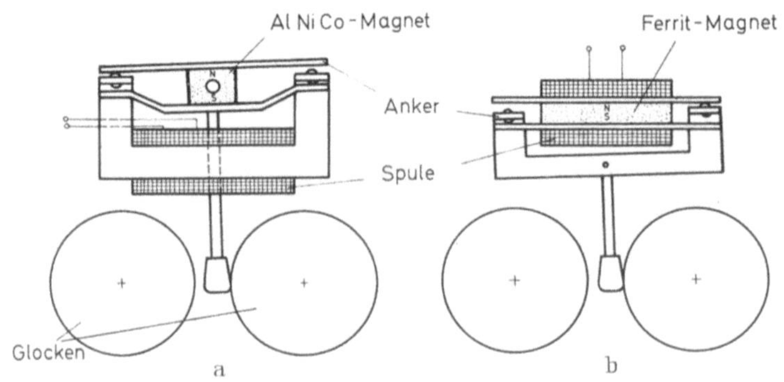

Bild 40.1. Bauarten von Weckersystemen.
a) Mit AlNiCo-Magnet im Anker; b) mit Bariumferritmagneten innerhalb der Spule.

Das Bild 40.1 zeigt das Prinzip zweier Antriebssysteme moderner Bauart. Bei der Ausführung a befindet sich der Magnet innerhalb des Ankers und bewegt sich mit diesem. Das Material des Magneten ist AlNiCo 160. Im Ruhestand wird jedes Polblech gleichpolig magnetisiert, so daß der Anker in einer der Endlagen haftet. Die Ausführung b besitzt einen ruhenden Magneten aus Bariumferrit 100,

der zwischen zwei Polblechen befestigt ist [1, 2]. Diese Einheit befindet sich innerhalb der Spule. Auch hier tritt eine gleichpolige Vormagnetisierung der Polbleche
ein. Die Wirkung des überlagernden Wechselflusses ist am besten an Hand eines
magnetischen Schaltbildes zu erkennen. Bild 40.2a bezieht sich auf den dauermagnetisch erregten, Bild 40.2b auf den elektrisch erregten Magnetkreis. Für die vom
Magneten herrührenden Flüsse $\Phi_{L1m} = \Phi_{L4m}$ und $\Phi_{L2m} = \Phi_{L3m}$ lassen sich ableiten:

$$\Phi_{L1m} = \Phi_p \frac{1 - x}{1 + 2r\,(x - x^2)}; \quad \Phi_{L2m} = \Phi_p \frac{x}{1 + 2r\,(x - x^2)} \tag{40.1}$$

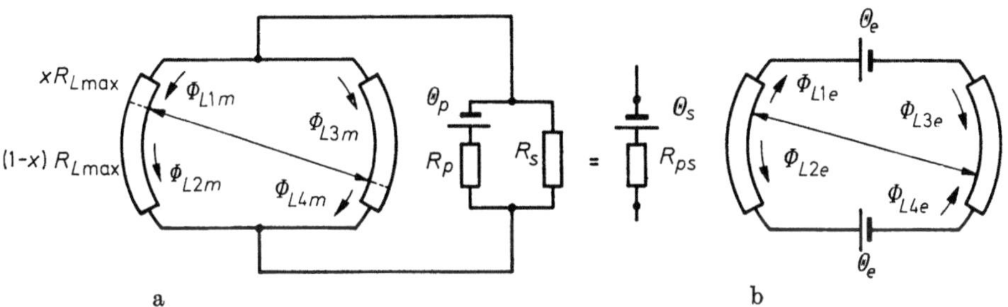

Bild 40.2. Magnetische Schaltbilder des Weckersystemes nach Bild 40.1b.
a) Dauermagnetisch erregte Flüsse; b) elektrisch erregte Flüsse.

mit $r = R_{Lmax}/R_{ps}$ und $x = R_L/R_{Lmax} = l_L/l_{Lmax}$. Die von der Spule erregten
Luftspaltflüsse sind näherungsweise von der Ankerstellung unabhängig und
haben für sämtliche Luftspalte die Größe

$$\Phi_{L1e} = \Phi_{L2e} = \Phi_{L3e} = \Phi_{L4e} = \Phi_{Le} = \frac{\Theta_e}{R_{Lmax}}. \tag{40.2}$$

In zwei Spalten sind die beiden Flüsse einander entgegengesetzt, in zwei Spalten
addieren sie sich:

$$\Phi_{L1} = \Phi_{L4} = \Phi_{L1m} - \Phi_{Le}; \quad \Phi_{L2} = \Phi_{L3} = \Phi_{L2m} + \Phi_{Le}. \tag{40.3}$$

Mit Hilfe der Zugkraftformel (37.1) und der Gleichung $R_{ps} = \Theta_s/\Phi_p$ ergibt sich
nach einigen Umrechnungen für das Moment an dem Anker:

$$M = M_0 \left(\frac{1 - 2x}{[1 + 2r\,(x - x^2)]^2} - \frac{\Theta_e}{\Theta_s} \cdot \frac{1}{r} \cdot \frac{2}{1 + 2r(x - x^2)} \right). \tag{40.4}$$

Dabei ist (a = Ankerradius)

$$M_0 = \frac{2a\,c_1\Phi_p^2}{F_L}$$

das Moment an der Ankerachse bei $x = 0$ ohne elektrische Erregung. Der Verlauf von M/M_0 ist in dem Bild 40.3 dargestellt, wobei für $r = 7$ und
$\Theta_e/\Theta_s = 0; \pm 0,25$ sowie $\pm 0,5$ eingesetzt wurden.

Der Ankerhub darf nach den Vorschriften der Deutschen Bundespost [3]
0,4 bis 0,5 mm betragen. Auf dem Anker sitzen Trennstifte, deren Dicke 0,2 bis
0,3 mm ist. Diese Stifte verhindern das Kleben des Ankers in den Endlagen. Der
Bereich der normierten Luftspaltlänge $x = R_L/R_{Lmax} = l_L/l_{Lmax}$ geht daher ungefähr von 0,3 bis 0,7 mit $x = 0,5$ in der Mittelstellung. Damit sich der Anker

aus der einen Ruhelage (Punkt A des Bildes 40.3) abheben kann, muß die normierte Erregung $\Theta_e/\Theta_s \cong 0{,}4$ sein (Punkt B). Dann bewegt sich der Anker und

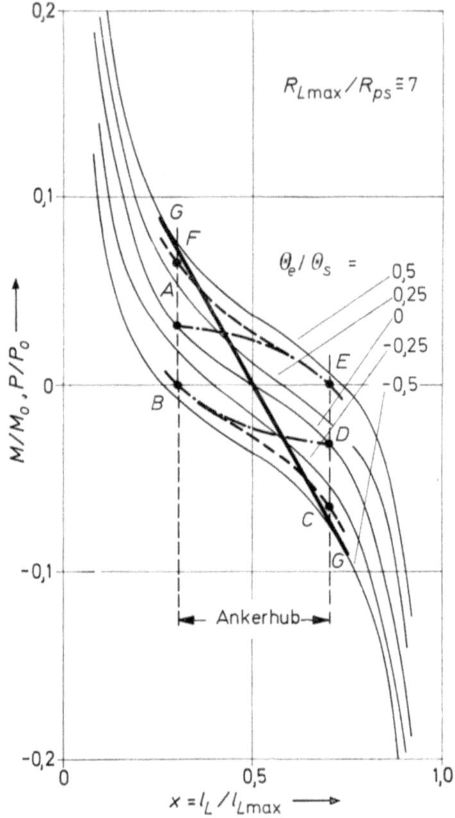

Bild 40.3. Normiertes Moment M/M_0 oder normierte Kraft P/P_0 am Anker eines Weckersystemes in Abhängigkeit von der relativen Ankerstellung $x = l_L/l_{L\,max}$ und der relativen elektrischen Erregung Θ_e/Θ_s.

würde den Punkt C erreichen, wenn die Erregung eingeschaltet bliebe. Dies ist jedoch nicht der Fall, weil der Strom inzwischen durch Null gegangen ist. Der tatsächliche Verlauf geht daher auf der strichpunktierten Kurve zum Punkt D.

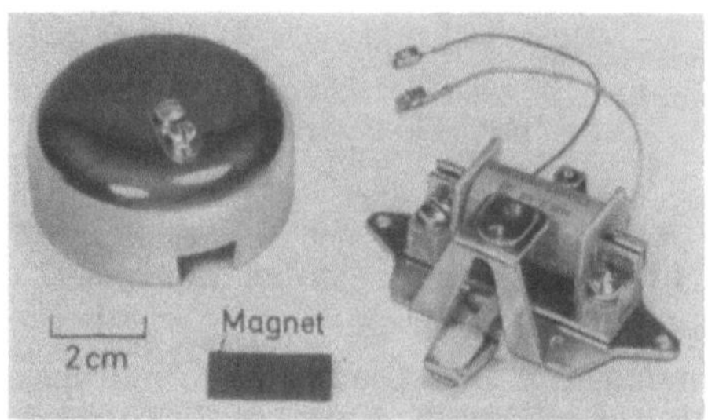

Bild 40.4. Weckersystem mit einem Bariumferritmagneten innerhalb der Spule (Werkbild Fa. Eichhoff-Werke, Schlitz).

Von dort aus wiederholt sich der Vorgang während der entgegengesetzten Stromhalbwelle (E—A). Die Ankeranlagekraft $P_A = M/a$ hat für $x = 0{,}3$ Werte von 10 bis 15 p. Die Genauigkeit dieser Rechnung ist nicht sehr groß, weil die

Größe des Streuwiderstandes R_s nicht bekannt ist. Bild 40.4 ist eine Fotografie des beschriebenen Weckersystemes.

An den Dauermagneten tritt in den Endstellungen eine magnetische Spannung von 30—60 AW auf. Dies ist bei Bariumferritwerkstoffen ohne Bedeutung. Bei den AlNiCo-Magneten ruft sie eine geringfügige Entmagnetisierung auf einen permanenten Arbeitspunkt hervor. Die Eichung besteht meist in der Einstellung auf eine bestimmte Haftkraft in den Endlagen des Ankers. Sie wird durch Verbiegen der Polbleche vorgenommen.

Für Resonanzwecker [4] kann das Trägheitsmoment und damit die Eigenfrequenz des Schwingsystems verstellt werden.

Außer den herkömmlichen Weckern werden in Rufanlagen auch Summer benutzt. Diese besitzen eine Membran, welche entweder nach dem dynamischen oder dem magnetischen Prinzip in Schwingungen versetzt wird.

Literatur

1. DBP 966845 (12. 9. 1957).
2. DBP 967503 (14. 11. 1957).
3. FTZ-Norm 181151 TV 1 (Aug. 1958).
4. DBPa 1159093 (27. 8. 1957).

VII. Meßgeräte für elektrische Größen

41 Normale Drehspulinstrumente

41.1 Drehspulinstrumente mit Außenmagneten

Bild 41.1 zeigt eine Zusammenstellung von Außenmagnet-Bauformen für Drehspulinstrumente mit Skalenwinkeln unter 100°. Magnetsysteme nach Bild 41.1a—c aus Walzstählen haben nur noch historisches Interesse. Derartige

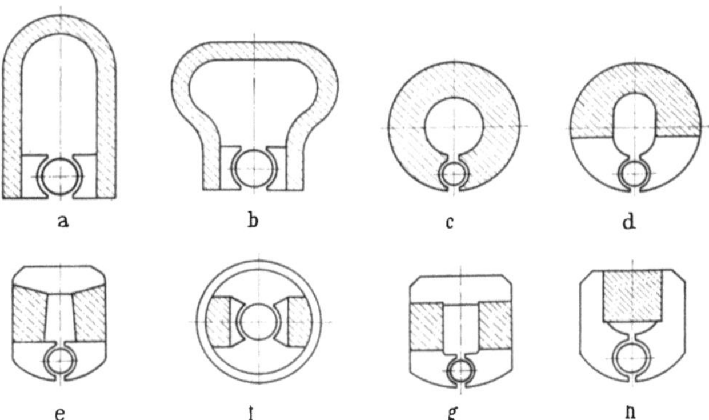

Bild 41.1. Bauformen von Außen-Magnetsystemen für Drehspulinstrumente.
a—d: Ältere Bauformen mit Walzstahl- oder AlNi-Magneten; e: kombiniert gesinterte Bauform; f—h: derzeitige Bauformen.

Magnete müssen relativ lang sein, um eine ausreichende magnetische Spannung zu erzielen [1]. Die Bauart nach Bild 41.1d stellt eine Übergangslösung von den Walzstählen zu den AlNi- und AlNiCo-Magneten dar. Bei diesen wurde die Bauform der Walzstahlsysteme beibehalten, als Material jedoch AlNi 120 verwendet. Die Ausführung nach Bild 41.1e wird in kombinierter Sintertechnik gefertigt (s. Absatz 22.3.1). Sie hat den Vorteil kleiner Streuverluste, jedoch den Nachteil, daß es nicht möglich ist, die Magnetklötze vor dem Systemzusammenbau auf ihre magnetischen Eigenschaften zu vermessen. Das ringförmige System (Bild 41.1f) hat zwar eine günstige Materialausnutzung, enthält jedoch viele Einzelteile, deren Montage relativ kompliziert und teuer ist. Die Bauart nach Bild 41.1g wird für Oszillographen bevorzugt.

Als Normalausführung hat sich das System mit einem seitlichen viereckigen Klotz aus AlNiCo-Magnetmaterial durchgesetzt (Bild 41.1h). Die Polschuhe bestehen entweder aus Temperguß, Sintereisen oder geblättertem Eisenblech. Die Verbindung zwischen den Magneten und dem Polschuh erfolgt durch Löten, Kleben und bei sehr großen Magneten auch durch Schrauben.

Ausgangspunkt für die Berechnung eines Drehspul-Meßsystems ist das Moment, welches durch den Strom I und das Magnetfeld erzeugt wird. Nach dem Biot-Savartschen Gesetz besteht in einem rückwirkungsfreien System folgender Zusammenhang zwischen dem Strom I, der Luftspaltinduktion B_L, der Leiterlänge l und der Kraft P:

$$P = 1{,}02 \cdot 10^{-4} \cdot B_L \cdot I \cdot l \quad \text{p,}$$

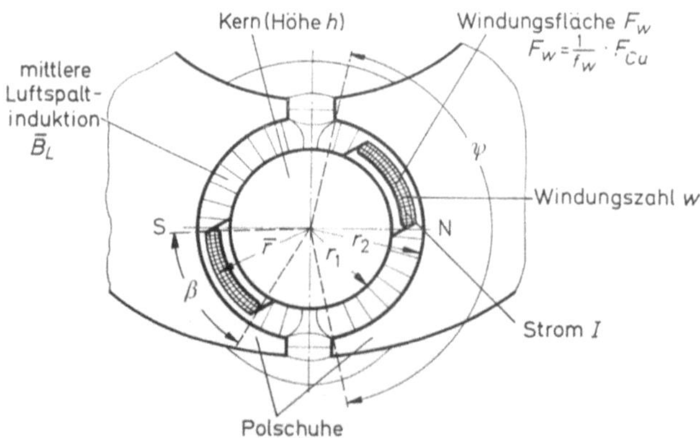

Bild 41.2. Anordnung der Drehspule beim Außenmagnetsystem.

wenn l in cm, I in A und B_L in G (oder Oe) eingesetzt werden. Hat die Drehspule w Windungen, sind ihr mittlerer Radius $\bar{r}$ sowie die aktive Spulenhöhe h ($=$ Kernhöhe), dann tritt an der Spulenachse folgendes Moment auf (s. Bild 41.2):

$$M_s = P \cdot \bar{r} = 1{,}02 \cdot 10^{-4} \cdot 2 \cdot h \cdot I \cdot w \cdot \overline{B_L} \cdot \bar{r} \quad \text{pcm.} \tag{41.1}$$

$\overline{B_L}$ soll kennzeichnen, daß es sich um eine mittlere Induktion handelt, denn der örtliche Wert von B_L in radialer Richtung variiert beträchtlich. Sofern aus thermischen Gründen nur eine bestimmte Stromdichte ($i = I/F_d = Iw/f_w F_w$) zugelassen wird, hat das Moment die Größe:

$$M_s = 1{,}02 \cdot 10^{-4} \cdot i \cdot f_w \cdot V'_w \cdot \overline{B_L} \cdot \bar{r} \quad \text{pcm.} \tag{41.2}$$

Dabei ist $V'_w = 2h \cdot F_w$ das aktive, innerhalb des Luftspaltes liegende Wicklungs-volumen. f_w ist der Wickelfaktor. Im Falle des Strommessers mit linearer Skala wirkt diesem Moment das winkelabhängige Moment M_f der Feder oder des Spannbandes entgegen:

$$M_f = \alpha \cdot D_f \qquad \text{pcm}, \qquad (41.3)$$

worin D_f die Federsteife in pcm/rad bedeutet. Hierdurch kommt der Winkel-ausschlag

$$\alpha = \frac{M_s}{D_f} \qquad \text{rad}$$

zustande. Das Direktionsmoment D an der Spule hat die Größe

$$D = \frac{\mathrm{d}M}{\mathrm{d}\alpha} = D_f \qquad \frac{\text{pcm}}{\text{rad}}.$$

Zwischen dem Direktionsmoment D und dem Gewicht G des bewegten Organes muß ein bestimmtes Verhältnis vorhanden sein, damit das Instrument befriedi-gend arbeitet [1 bis 4].

Die Gleichung (41.2) könnte zu der Annahme verleiten, daß ein Instrument, dessen Luftspaltinduktion extrem hoch ist (wobei die Grenze wieder durch die Sättigungsmagnetisierung des Eisens gegeben ist), auch eine besonders hohe Güte und daher günstige Anzeigeeigenschaften aufweist. Dies ist jedoch aus zwei Grün-den nicht der Fall:

Eine extrem große Luftspaltfeldstärke ergibt durchweg eine zu starke Dämp-fung der Anzeige

Der unvermeidliche Eisengehalt der verwendeten Buntmetalle (Rähmchen-aluminium, Wicklungskupfer, Messing für die Auswuchtgewichte) führt bei großen Luftspaltfeldstärken zu störenden Drehmomenten und damit zu Anzeige-fehlern.

Der Einfluß des Eisengehaltes wurde von MOEREL und RADEMAKERS [5] und MATUSCHKA [6] eingehend untersucht. Bild 41.3 ist der Arbeit von MATUSCHKA entnommen und zeigt den Feldverlauf im Luftspalt eines Drehspulmagneten bei einer exzentrischen Versetzung von je 0,2 mm, wie sie bei Fertigungsfehlern leicht vorkommen kann. Sofern die Inhomogenität symmetrisch zum mittleren Drehwinkel der Spule liegt, ist die Skalenteilung selbst zwar noch ausreichend linear, aber durch Eiseneinschlüsse kann bereits ein starker Fehler auftreten (Kurve b in Bild 41.3).

Kreuzspulinstrumente und Instrumente mit gedrängter Skala besitzen ein gewollt inhomogenes Feld. Die größte Vorsicht muß bei richtkraftfreien Instru-menten (Kriechgalvanometern, Flußmessern) angewendet werden. Bereits schwache Verunreinigungen und geringe Inhomogenitäten können bei diesen Instrumenten zu einer Auswanderung der Anzeige führen. Wegen der großen Verschiedenheit der Anwendung lassen sich kaum quantitative Aussagen machen. Ein Eisengehalt, der bei einem Schalttafel-Strommesser noch nicht stört, macht einen Flußmesser bereits unbrauchbar. Im allgemeinen untersuchen die instru-mentenbauenden Firmen die verwendeten Materialien entweder mit Magnetometern oder mit einer magnetischen Waage, deren Anzeige für die einzelnen Anwendungsfälle empirisch geeicht ist. Im Laufe der Jahrzehnte (das erste Drehspulinstrument wurde von d'ARSOVAL 1881 gebaut [7]) bildete sich als Erfahrungsregel heraus, daß die Luftspaltinduktion nicht größer als 4000 bis 5000 G sein soll. Die meisten Systeme haben Luftspaltinduktionen, die bei der Hälfte dieses Wertes liegen.

Im allgemeinen hat der Gerätekonstrukteur auf Grund der Instrumentengröße, des Zeigergewichtes usw. die mechanischen Abmessungen des Rähmchens und damit das Luftspaltvolumen bereits festgelegt. Angaben darüber, wie diese Abmessungen zu optimieren sind, finden sich bei MERZ [8].

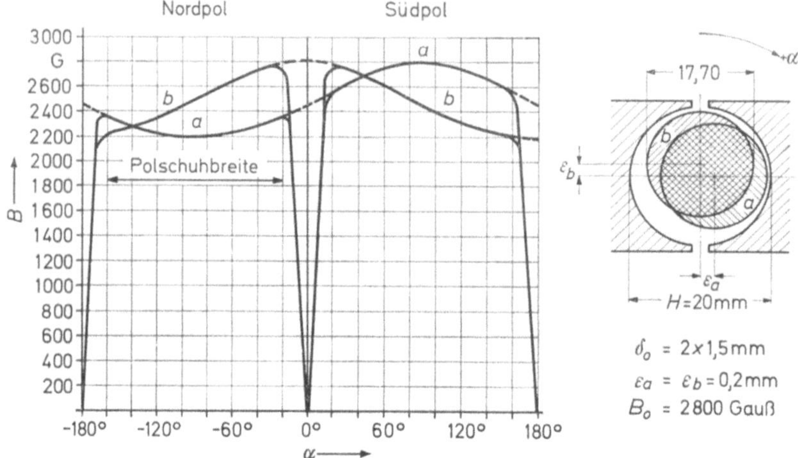

Bild 41.3. Feldverlauf im Luftspalt eines Drehspulinstrumentes bei exzentrischer Versetzung des Kerns (nach MATUSCHKA [6]).

Die Aufgabe für die Konstruktion des Magnetsystems besteht meist darin, bei vorgegebener Luftspaltinduktion, Luftspaltfläche und Luftspaltlänge ein System mit einem möglichst kleinen und daher billigen Magnetklotz zu finden. Sofern es nach dem Einsetzen des Kernes magnetisiert wird, handelt es sich um ein remanentes System, dessen Eigenschaften in Absatz 15.1 dargestellt sind. Wird ein bestimmtes Magnetmaterial gewählt, dann hat die optimale Leitfähigkeit für dieses Material den Wert λ_{Gopt}. Sind aus Messungen an ähnlichen Systemen der Streufaktor σ und der Spannungsfaktor γ bekannt, dann lautet die Gleichung für die Abmessungsverhältnisse:

$$\Lambda_{\mathrm{Gopt}} = \frac{\sigma}{\gamma} \cdot \Lambda_L$$

und daraus

$$\lambda_{\mathrm{Gopt}} = \frac{\sigma}{\gamma} \cdot \frac{l_L}{F_L} \cdot \frac{F_M}{l_M}$$

mit dem gesuchten Verhältnis

$$\frac{F_M}{l_M} = \lambda_{\mathrm{Gopt}} \cdot \frac{\gamma}{\sigma} \cdot \frac{F_L}{l_L} \,.$$

Aus der Energiebeziehung

$$\Phi_M \Theta_M = \sigma \Phi_L \cdot \gamma \Theta_L$$

leitet sich für das gesuchte minimale Magnetvolumen ab:

$$V_{M\min} = \frac{B_L^2}{(BH)_{\max}} \cdot V_L \cdot \sigma\gamma .$$

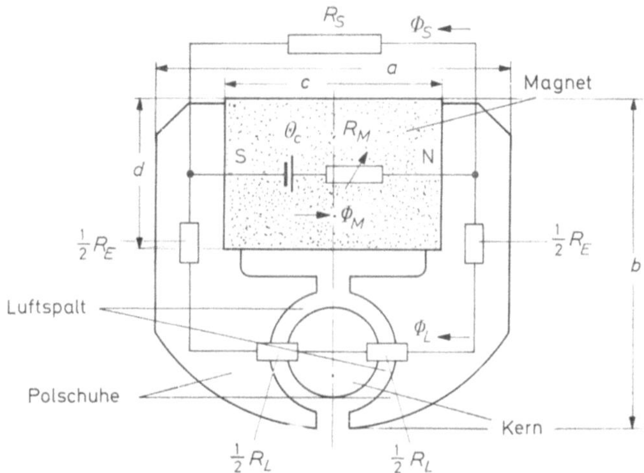

Bild 41.4. Drehspul-Außenmagnetsystem mit eingetragenem (vereinfachtem) magnetischem Schaltbild.

Im allgemeinen rechnet man mit Werten von $\sigma = 2{,}5 \cdots 4$ und $\gamma = 1{,}1 \cdots 1{,}2$. In dem Bild 41.4 sind ein Außensystem sowie sein vereinfachtes magnetisches Schaltbild dargestellt, während Bild 41.5 das dazugehörige $\Phi = f(\Theta)$-Diagramm

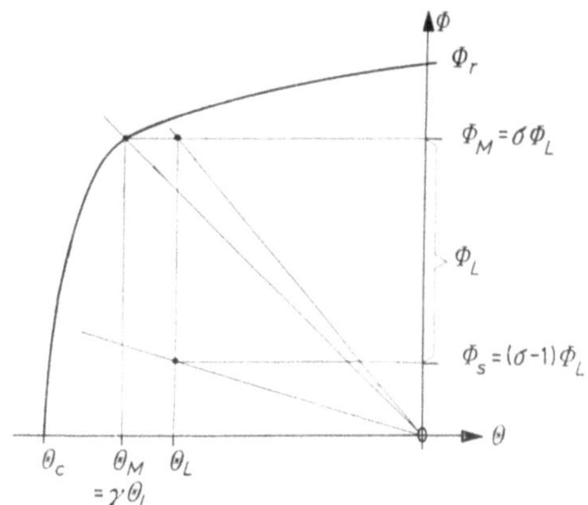

Bild 41.5.
$\Phi = f(\Theta)$-Diagramm des remanent
magnetisierten Drehspul-Außensystems.

wiedergibt. Aus ihm läßt sich ablesen, daß der Streuleitwert die Größe

$$\Lambda_s = (\sigma - 1)\,\Lambda_L$$

und der magnetische Widerstand des Eisenweges die Größe

$$R_E = \frac{\gamma - 1}{\sigma}\, R_L$$

hat. Weil es relativ unbefriedigend ist, den Streufaktor nur aus Erfahrungswerten zu kennen, hat es nicht an Versuchen gefehlt, den Streuleitwert Λ_s und damit den Streufaktor σ zu berechnen, denn die Festlegung der Faktoren σ und γ ist ein etwas unvollkommenes Hilfsmittel für die Berechnung magnetischer Kreise. Bei nicht allzu großen Veränderungen der Luftspaltabmessungen eines Magnetsystemes ist es eher charakteristisch, daß der Streuleitwert Λ_s konstant bleibt. Die Folge hiervon ist, daß σ auf Grund der Beziehung $\sigma = 1 + (\Lambda_s/\Lambda_L)$ eine starke Abhängigkeit vom Luftwiderstand aufweisen muß, worauf ZUMBUSCH [9] hingewiesen hat. Im Absatz 16.1 werden derartige halbempirische Rechenverfahren eingehend behandelt. An dieser Stelle sollen nur diejenigen Veröffentlichungen berücksichtigt werden, welche sich auf die Berechnung von Drehspulsystemen beziehen. KOCH [10] ermittelte den Streuleitwert Λ_s eines Systemes, wie es in dem Bild 41.6 dargestellt ist. Als Luftspaltleitwert gibt er an:

$$\Lambda_L = \frac{h \cdot \psi}{2\,ln\,(r_2/r_1)}\ \text{cm},$$

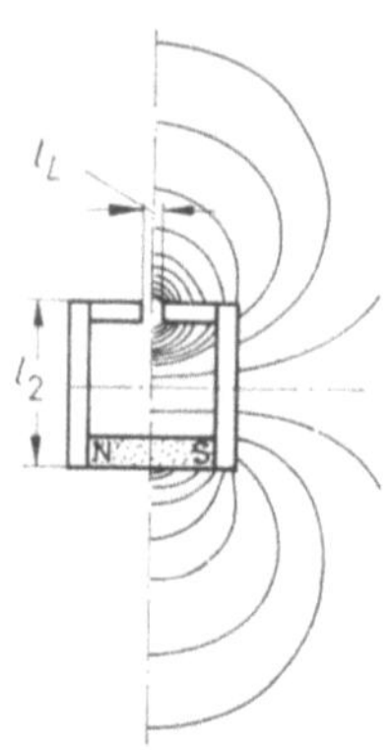

Bild 41.6. Feldbild eines dem Drehspulsystem ähnlichen Magnetsystems (nach KOCH [10]).

wobei die Bezeichnungen aus dem Bild 41.2 hervorgehen.

Eine weniger umfangreiche Betrachtung legen SIXTUS und ZEHLER [11] der Berechnung zweier Drehspulsysteme zugrunde, von denen eines wie in Bild 41.1h, das andere wie in Bild 41.1f aufgebaut sind. Bei der Berechnung des Streuleitwertes für das System mit einem Magneten (Bild 41.1h) nahmen sie eine Trennung in den Streuleitwert des Magneten Λ_{SM} und den der Polschuhe Λ_{SP} vor. Ersterer errechnet sich zu

$$\Lambda_{SM} = 1{,}8 \cdot \sqrt{S_M}\ \text{cm},$$

wobei S_M die halbe freie Mantelfläche des Magneten ist. Für die Berechnung von Λ_{SP} benutzen sie eine von TENZER angegebene Formel:

$$\Lambda_{SP} = \frac{2}{3} \cdot 1{,}7 \cdot U \cdot \frac{l_2}{l_2 + d}\ \text{cm},$$

wobei U der Umfang eines Polschuhes, l_2 die Länge des Polschuhes und d die Luftspaltlänge bedeuten. Sie ermitteln für ein System nach Art des Bildes 41.1h einen Wert von

$$\Lambda_S = 12{,}3\ \text{cm}; \qquad \Lambda_L = 4{,}3\ \text{cm}$$

und erhalten danach einen Streufaktor von $\sigma = 3{,}85$, was durchaus mit den bekannten Werten übereinstimmt.

Leider ist der praktische Nutzen derartiger Näherungsformeln nach Ansicht der Verfasser nicht sehr groß: die Notwendigkeit, zur Kenntnis des Feldlinienbildes doch ein dem Originalsystem ähnliches System zu bauen, läßt den parallellaufenden Rechenaufwand kaum gerechtfertigt erscheinen. Immerhin geben die Formeln zu erkennen, daß die Streuung um so größer ist, je größer die Oberflächen sind, durch die der Magnetfluß zum Nutzluftspalt gelangt.

Eine Berechnung des Widerstandes R_E der Eisenwege wurde noch nicht versucht. Die Polschuhquerschnitte sind derart ungleichmäßig, daß sich keine einfache Abhängigkeit $\Phi_E = f(\Theta_E)$ aufstellen läßt. Bei Sintereisenpolschuhen, die nicht ausreichend verdichtet sind (s. Abschnitt 45.3), kann R_E und damit der Spannungsfaktor γ relativ große Werte annehmen.

Die beschriebene Art der Optimierung gilt für den Fall, daß zwischen dem Luftspalt- und dem Magnetfluß Proportionalität besteht, d. h. daß sich der Streuleitwert zugleich mit dem Luftspaltleitwert ändert. Dies ist — wie erwähnt — durchaus nicht immer der Fall. Wie lassen sich die optimalen Daten des Magneten in diesem Fall ermitteln? Dazu ist in dem Bild 41.7a als Kurve 1 wieder die Ent-

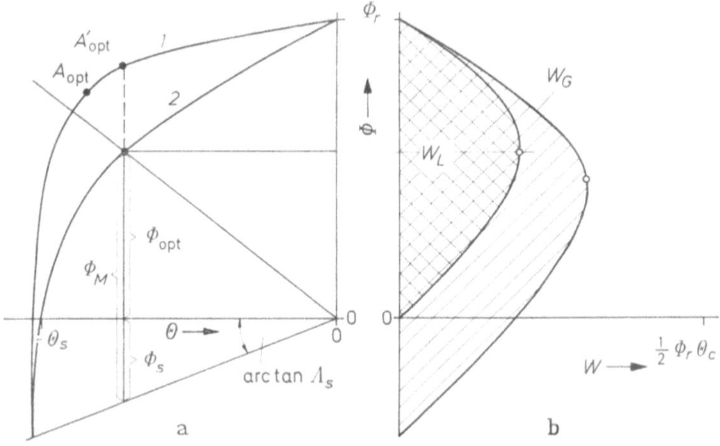

Bild 41.7. Entmagnetisierungskurven (a) und Energien (b) bei einem Außenmagnetsystem, dessen Streuleitwert Λ_S vorgegeben ist.

magnetisierungskurve $\Phi_M = f(\Theta_M)$ des Magnetmaterials dargestellt. Zur Veranschaulichung ist sie um den Winkel arc tan Λ_S nach unten geschert, wodurch Kurve 2 zustande kommt. Im rechten Diagrammteil sind die Energieverhältnisse dargestellt. Es zeigt sich, daß die Luftspaltenergie W_L ihr Maximum bei einem Arbeitspunkt A'_{opt} hat, der nicht mit dem $(BH)_{max} \cdot V_M$-Punkt A_{opt} identisch ist und etwas höher liegt. Für Magnetmaterialien der Qualität AlNiCo 500, 600 und 700 ist der Unterschied zwischen den Punkten A'_{opt} und A_{opt} allerdings nicht sehr groß.

Bisher wurden nur Optimierungsregeln für remanente Systeme behandelt. Aus Gründen der Montageerleichterung wird der Eisenkern samt dem bewegten Organ oftmals erst nachträglich eingesetzt. Wegen der magnetischen Instabilität sollte dies allerdings vermieden werden. Die Optimierungsregeln für diesen sogenannten statisch-permanentmagnetischen Kreis sind in dem Abschnitt 15.2 angegeben. An dieser Stelle sollen sie für den Fall erweitert werden, daß der Streuleitwert des Systemes bekannt ist und nach der maximalen Luftspaltenergie W_{Lmax} gefragt wird. Bild 41.8 zeigt wieder das $\Phi = f(\Theta)$-Diagramm (linker Bildteil) und die Energie (rechter Bildteil). Kurve 2 ist die um arc tan Λ_s gescherte Magnetkurve und die Gerade BE die (gescherte) permanente Gerade. Bei einer Änderung des Luftspaltleitwertes Λ_L ändert sich die Luftspaltenergie entsprechend W_L und besitzt einen Maximalwert beim Punkt C, der sich in der Mitte zwischen E und F befindet. Dem Punkt C entspricht der optimale Arbeitspunkt A''_{opt} auf der permanenten Geraden. Durch den Punkt A_{opt} sind der optimale Leitwert des Magneten $\Lambda_{M\,\text{opt}} = B_{A\text{opt}}/H_{A\text{opt}} \cdot F_M/l_M$ sowie sein Volumen festgelegt. Die Optimierung eines solchen Systemes ist nur schrittweise möglich, weil der Streuleitwert Λ_s im Arbeitszustand und der Leitwert im offenen Zustand $(\Lambda_{L\min} + \Lambda_s)$ kaum berechnet werden können.

Fragen der magnetischen Stabilität solcher Systeme werden in Kapitel 30, die der Wechselstrom-Entmagnetisierung (zum Zwecke des Eichens) in Kapitel 32 behandelt. An dieser Stelle sei kurz darauf hingewiesen, daß zur Vorwegnahme der

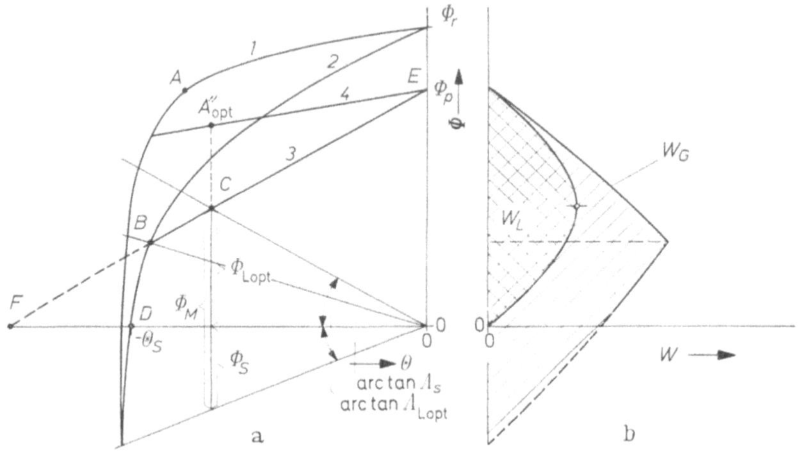

Bild 41.8. Entmagnetisierungskurven (a) und magnetische Energien (b) eines Außenmagnetsystems, falls Λ_s vorgegeben ist und der Kern nach dem Magnetisieren (permanent) eingesetzt wird.

Langzeit-Abnahme eine Wechselstrom-Entmagnetisierung vorgenommen werden sollte, deren Größe von der Systemscherung und dem Material abhängig ist. Das Bild 41.9 zeigt diese Abnahme nach DIETRICH [12]. Sie folgt einem logarithmischen Gesetz, so daß selbst bei dem Material AlNi 120 mit einer Systemscherung von $B/H = 1{,}9$ kaum eine größere Abnahme als 1,5% innerhalb von 10 Jahren zu erwarten ist. Es ist durchaus möglich, diese stabilisierende Entmagnetisierung mit einer Eichung des Instrumentes zu verbinden. Ein Zuviel an Wechselstrom-Entmagnetisierung hat keine nachteiligen Folgen für die Langzeit-Stabilität. Ein permanentes Einsetzen des Kernes ist hingegen nicht zu empfehlen, weil es die Wirkung einer vorangegangenen Stabilisierung wieder zunichte macht.

Die Verfasser haben die Erfahrung gemacht, daß die Ursache unsystematischer Änderungen bei Meßgeräten zunächst oft im Magneten gesucht wird, daß sich dieser aber nur in verschwindend wenig Fällen als wirkliche Fehlerquelle herausgestellt hat. Meist haben die Verarbeiter die früheren Walzstahlmagnete in Erinnerung, die tatsächlich Änderungen aufwiesen, welche um das Mehrfache größer waren als die der heutigen AlNiCo-Magnete.

Als Beispiel eines großen Außenmagnetsystems zeigt Bild 41.10 einen sogenannten Galvanometerblock, der nach Art des Bildes 44.1g aufgebaut ist. In ihn können 24 Spiegelgalvanometereinsätze eingesteckt werden. Abschließend sind in der Tab. 41.1 die Mindestluftspaltinduktionen $\overline{B_L}$ von Systemen nach Art der Bilder 41.2 und 41.4 für das Material AlNiCo 500 bei verschiedenen Abmessungen angegeben [13].

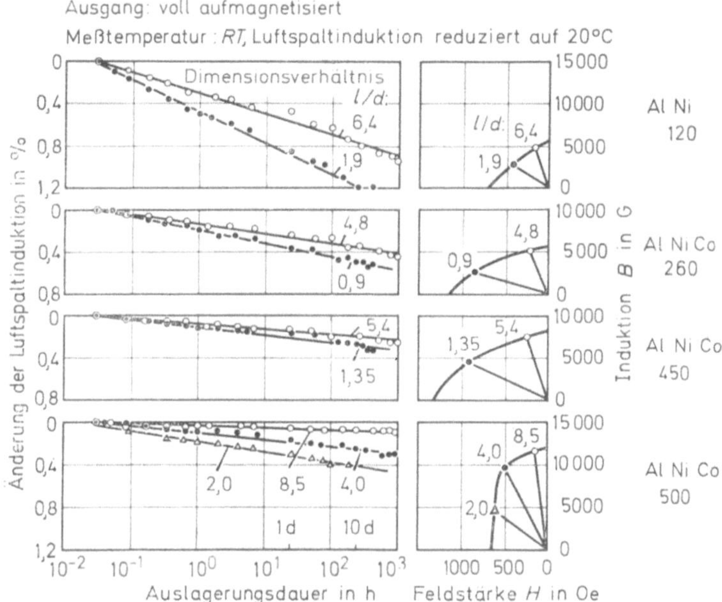

Bild 41.9. Einfluß des Dimensionsverhältnisses auf die zeitliche Änderung der Luftspaltinduktion bei Magnetsystemen (nach DIETRICH [12]).

Tabelle 41.1. *Mindestwerte der Luftspaltinduktion* $\overline{B_L}$ *für Außenmagnetsysteme nach Bild* **41.4**

System- und Magnet-abmessungen mm			Polbohrung mm	Luftspalt mm	Luftspalt-induktion
a	b	h	$2r_2$	$2 \cdot \delta$	$\overline{B_L}$
(c)	(d)				G
35	31	10	10	2 · 1,3	2800
(19)	(14)			2 · 1,5	2500
				2 · 1,7	2250
40	35	11	10	2 · 1,3	3500
(20)	(18)			2 · 1,5	3050
				2 · 1,7	2700
50	40	12	12	2 · 1,3	4250
(28)	(20)			2 · 1,5	3750
				2 · 1,7	3300
56	58	20	20	2 · 1,5	3800
(31)	(28)			2 · 2,0	3100
				2 · 2,5	2650

Die Bedeutung der Außenmagnetsysteme geht zurück, weil die im folgenden Absatz beschriebenen Kernmagnetsysteme wesentlich billiger sind. Für Mikroamperemeter, Geräte mit besonderer Skalenform, Schreiber und Galvanometer werden sie jedoch noch verwendet.

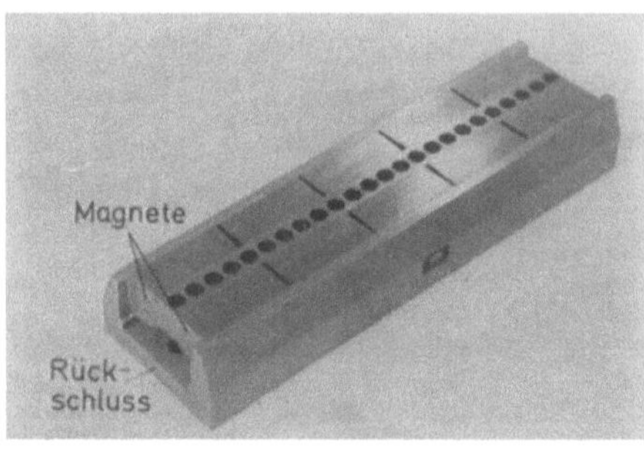

Bild 41.10.
Außenmagnetsystem der Firma
Hartmann & Braun für 24 Spiegel-
galvanometereinsätze (Werkbild
Fa. DEW Magnetfabrik).

41.2 Drehspulinstrumente mit Kernmagneten

Zur Vermeidung der großen Streuverluste von Außenmagnetsystemen schlug FISCHER 1939 [14] vor, einen Magneten als Kern des Systemes zu verwenden (Bild 41.11). In dem Bild 41.12 sind einige Ausführungsformen gezeigt, die im

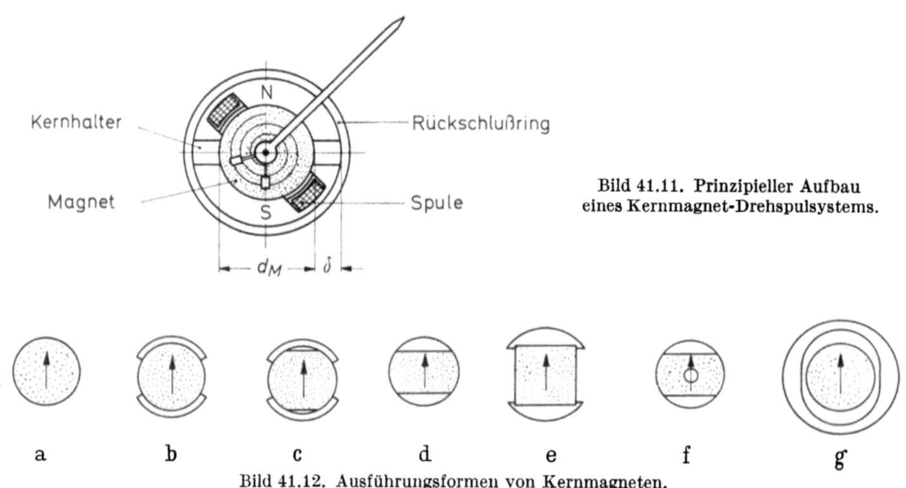

Bild 41.11. Prinzipieller Aufbau
eines Kernmagnet-Drehspulsystems.

Bild 41.12. Ausführungsformen von Kernmagneten.

Laufe der Jahre entstanden und teilweise wieder verschwunden sind. Das Interesse an dieser Systemausführung wuchs im gleichen Maße, in dem es gelang, AlNiCo-Magnete mit hoher Koerzitivfeldstärke herzustellen. Die Werkstoffentwicklung ist jetzt so weit fortgeschritten (s. Abschnitt 23.3), daß zumindest in Deutschland fast alle Geräte der Klassengenauigkeit $> 1,5$ [15] auf Kernmagnetausführung umgestellt sind.

Die Größe und Verteilung der Luftspaltinduktion eines nackten Kernmagneten wurden von JOKSCH [16] eingehend untersucht. Beim Kernmagneten sind der Streufaktor σ und der Spannungsfaktor γ nur wenig von 1 verschieden. Unter der Annahme, daß bei diametraler Magnetisierung die Feldlinien innerhalb des Magneten parallel zueinander verlaufen, hat die Magnetlänge (Bild 41.13) als Funktion des Winkels α die Größe $l_M = 2y = 2r \cdot \cos\alpha$. Die dazugehörige differentielle Magnetfläche ist $\Delta F_M = h \cdot \Delta x = h \cdot \Delta s \cdot \cos\alpha$ (h = Höhe des Magneten) und die differentielle Luftspaltfläche $\Delta F_L = h \cdot \Delta s$. Dann hat die Scherung die Größe:

$$\frac{B_M}{H_M} = \frac{l_M}{l_L} \cdot \frac{\Delta F_L}{\Delta F_M} = \frac{r}{\delta} \, .$$

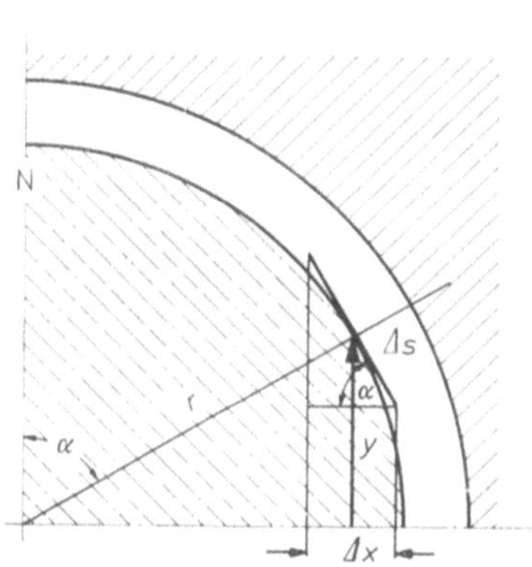
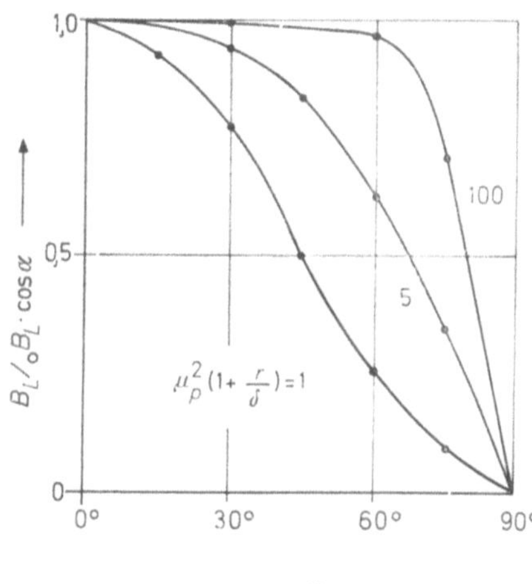

Bild 41.13. Zur Erläuterung der Scherung eines Kernmagnetsystems.

Bild 41.14. Abweichung der Luftspaltinduktion vom cos-förmigen Verlauf für verschiedene Winkel α und Faktoren $\mu^2(1 + r/\delta)$ bei Kernmagnetsystemen.

Sie ist für sämtliche Punkte des Magneten gleich, d. h. der Magnet ist homogen magnetisiert. Aus der Energiebeziehung $B_L^2 \cdot \Delta V_L = B_M H_M \cdot \Delta V_M$ folgt für die Verteilung der Luftspaltinduktion nach Einsetzen der Werte für $\Delta V_L = \Delta F_L \cdot 2\delta$ und $\Delta V_M = \Delta F_M \cdot l_M$ nach einigen Umrechnungen:

$$B_L = B_M \cdot \cos\alpha \, .$$

Diese einfache Gesetzmäßigkeit gilt jedoch nur, wenn ein radiales Luftspaltfeld vorliegt, d. h., wenn die Feld- und Induktionslinien senkrecht aus dem Kern aus- und senkrecht in den Rückschluß eintreten. Dies ist für Magnetwerkstoffe mit großer Permeabilität ($\mu_p > 5$ z. B. remanenzbetonte AlNiCo-Werkstoffe) der Fall; aber gerade bei den Kernmagneten werden hochkoerzitive Werkstoffe mit geringer Permeabilität verwendet. In diesem Fall muß das magnetische Brechungsgesetz beachtet werden. Es führt nach Joksch dazu, daß die Radialkomponente des Luftspaltfeldes B_{Ln} nun von der reversiblen Permeabilität μ_p des Magnetmaterials abhängt und der folgenden Beziehung folgt:

$$B_L/_0B_L = \cos\alpha \cdot 1/\left(1 + \frac{1}{1 + \dfrac{r}{\delta}} \cdot \frac{1}{\mu_p^2} \cdot \tan^2\alpha\right)$$

mit $_0B_L$ als Maximalwert. Weil hauptsächlich die Abweichung von der exakten Cosinusform interessiert, wurde in Bild 41.14 der Ausdruck $B_L/(_0B_L \cdot \cos\alpha)$

als Funktion des Winkels α und des Produktes $\mu_p^2 \cdot \big(1 + (r/\delta)\big)$ dargestellt. Große Luftspalte ($r/\delta < 3$) in Verbindung mit niedrigem μ_p (z. B. Bariumferrit mit $\mu_p = 1{,}2$) führen zu beträchtlichen Abweichungen vom cosinusförmigen Induktionsverlauf. Im Extremfall $\mu_p^2 \cdot \big(1 + (r/\delta)\big) \to 1$ (der jedoch tatsächlich nicht vorkommen kann) nähert sich die Funktion dem Wert $\cos^2\alpha$. Der Verlauf der Feldstärke ist dann:

$$\frac{B_L}{{}_0B_L} = \cos^3\alpha.$$

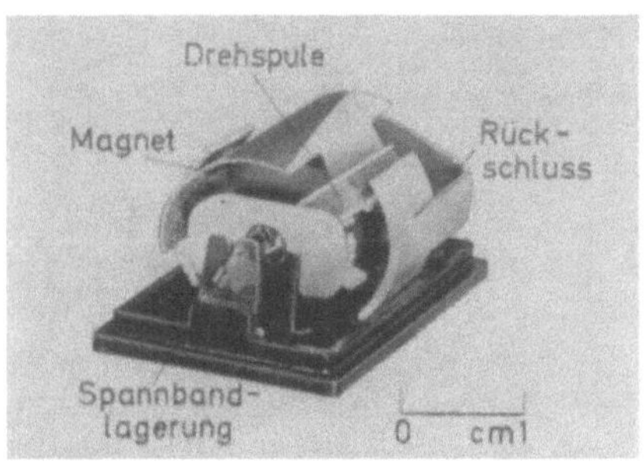

Bild 41.15.
Drehspulindikator mit Kernmagnet aus diametral anisotropem Bariumferrit 300 (Werkbild Fa. Schoeller, Frankfurt/M.).

Diese Abweichungen sind vor allen Dingen von Interesse, wenn es sich darum handelt, bestimmte gewollte Skalenformen für Strommesser zu erzielen, wie es bei FISCHER [14], MERZ [17] und HEUER [18] beschrieben ist. Die Skalenteilungen können bei Kernmagneten ohne Eisenpolschuhe zwar symmetrisch gemacht werden, zeigen aber bei den Strömen $I = 1/4\, I_{\max}$ und $3/4\, I_{\max}$ Abweichungen, so daß nackte Kernmagnete für etwas anspruchsvolle Instrumente nicht verwendet werden. Man findet sie nur bei Kreuzspulgeräten und Indikatoren. Bild 41.15 zeigt ein derartiges Instrument, das mit einem diametral magnetisierten Kernmagneten aus anisotropem Bariumferrit ausgerüstet ist.

Wenn der Luftspalt klein gegen den Magnetradius ($\delta \ll r$), die Systemhöhe größer als der Magnetradius ($h \geqq r$) und in dem Magneten kein Loch enthalten ist, dann ist B_M identisch mit der maximalen Luftspaltinduktion ${}_0B_L$. In Wirklichkeit üben diese drei Größen einen nicht vernachlässigbaren Einfluß aus. JOKSCH [19] hat für den korrigierten Wert von ${}_0B_L$ folgende Beziehung angegeben:

$${}_0B_L = B_M \cdot 2r/(2r + \delta) \cdot K_h \cdot K_L.$$

Der Faktor $2r/(2r + \delta)$ berücksichtigt, daß die Induktion für die Mitte des Luftspaltes gilt; der Korrekturfaktor K_h berücksichtigt die Kernhöhe und K_L den Einfluß eines Loches vom Radius r_L. K_h und K_L sind in dem Bild 41.16 auf Grund experimenteller Ergebnisse angegeben.

Optimale Auslegung des Magnetkreises besagt auch hier wieder, daß die Scherung dem optimalen Wert λ_{Gopt} entsprechen soll. Sofern das System nach dem Zusammenbau magnetisiert wird (remanenter Zustand), gilt für die Dimensionsverhältnisse:

$$\lambda_{\mathrm{Gopt}} = (r/\delta) \cdot (\sigma/\gamma).$$

Falls der Kern nach der Magnetisierung in den Rückschlußring eingebracht wird (permanenter Zustand), dann liegen ähnliche Verhältnisse wie bei dem permanent montierten Außenmagnetsystem vor, das in Abschnitt 41.1 behandelt wurde. Es ist jedoch darauf hinzuweisen, daß Kernmagnetsysteme selten nach dem magnetischen Optimalwert dimensioniert werden. Mit $\lambda_{\mathrm{Gopt}} = 6{,}5 = d_M/2\delta$ (AlNiCo 450) führt die Optimierung besonders bei kleinen Magnetdurchmessern zu sehr kleinen Luftspalten. Bei sehr großen nackten Magneten zur Verwendung in Kreuzspul-

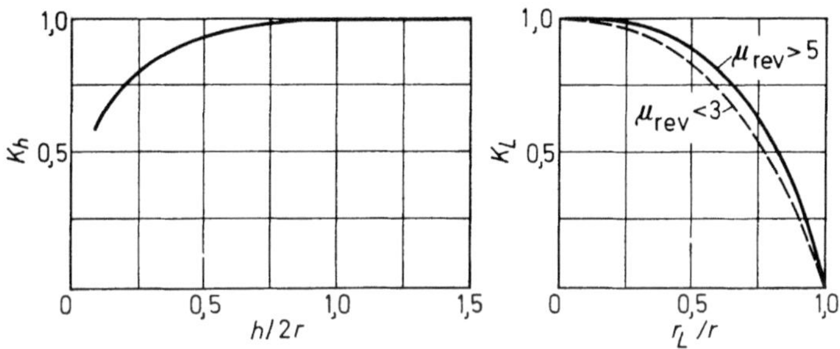

Bild 41.16. Korrekturfaktoren K_h und K_L (nach JOKSCH [19]).
r Magnetradius, r_L Lochradius, h Magnethöhe.

instrumenten mit sinusförmigem Feld ist etwas Vorsicht geboten. Geringe Inhomogenitäten im Magnetmaterial können dabei zu Skalenverzerrungen führen, besonders wenn der Kreuzungswinkel der Spulen klein ist.

Von größerem Interesse als die nackten Kernmagnete sind solche mit Polschalen aus Eisen oder ferromagnetischem Edelstahl, weil mit ihnen ein linearer Verlauf der Luftspaltinduktion erzielt werden kann. FISCHER [14] hatte u. a. vorgeschlagen, den Magneten rund zu lassen und statt dessen den Rückschluß oval auszufräsen (Bild 41.12g) oder die Aufmagnetisierung örtlich verschieden vorzunehmen. Beide Vorschläge konnten sich nicht durchsetzen: ersterer, weil ein definiert unrunder Rückschluß recht teuer kommt, letzterer, weil die Liefertoleranzen der Magnete (insbesondere die der Koerzitivfeldstärke) eine stufenweise verschiedene Aufmagnetisierung verbieten. Hingegen haben sich Formen durchgesetzt, wie sie in Bild 41.12b—f dargestellt sind. Zu Beginn der Entwicklung war es notwendig, möglichst viel Magnetvolumen in den Kern zu packen. Daher entstanden die Formen b und c mit dünnen Polschalen, sogenannten Lamellen. Sie haben den Nachteil, daß leicht Induktionsunterschiede durch verschieden dicke oder ungleichmäßig anliegende Schalen zustande kommen können. Die Folge davon sind Schwierigkeiten bei der Verwendung gedruckter Skalen. Mit höherwertigen Magnetwerkstoffen konnten sodann die Formen mit Polkalotten nach Bild 41.12d, e und f realisiert werden. Hierbei sind die Polschalen derart dick, daß sie an keiner Stelle magnetisch besonders stark belastet sind. Es ist die gleiche Feldhomogenität wie bei Außenmagnetsystemen zu erreichen.

Während sich bei den nackten Kernmagneten fast der gesamte Fluß im Luftspalt wiederfindet, geben die Weicheisenkalotten Anlaß zu Streuungen, so daß bei diesen Systemen Streufaktoren bis zu $\sigma = 1{,}4$ auftreten können. Am einfachsten sind Anordnungen nach Bild 41.12d und e zu berechnen. In dem Bild

41.17a ist ein solches System nochmals gesondert dargestellt. Die Scherung hat die Größe:

$$\frac{B_M}{H_M} = \frac{l_M}{l_L} \cdot \frac{F_L}{F_M}\, \sigma = \frac{r}{\delta} \cdot \frac{\alpha_{max}}{\tan \alpha_{max}} \cdot \sigma = \frac{r}{\delta} \cdot f_1 \cdot \sigma. \tag{41.4}$$

Die (konstante) Luftspaltinduktion des Systemes folgt sodann aus der Energiebeziehung zu:

$$B_L = \sqrt{B_M H_M \cdot \frac{V_M}{V_L} \cdot \frac{1}{\sigma}} = B_M \cdot \frac{1}{\sigma}\frac{\sin \alpha_{max}}{\alpha_{max}} = B_M \cdot \frac{1}{\sigma} \cdot f_2. \tag{41.5}$$

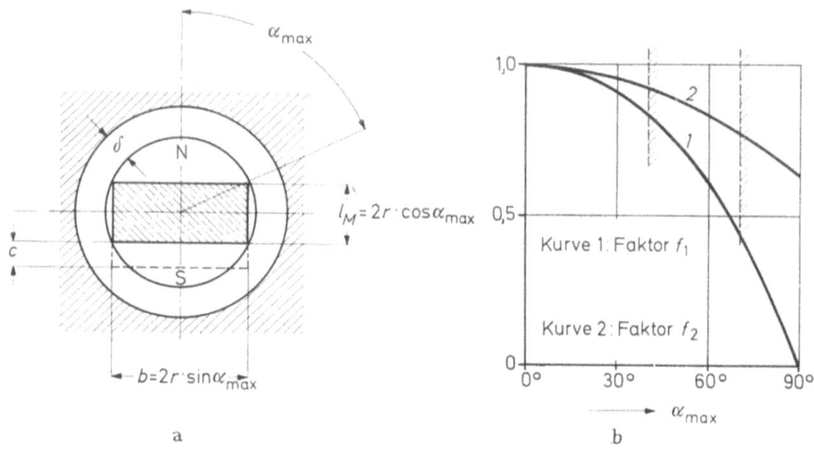

Bild 41.17. Kernmagnet mit Kalottenpolschuhen.
a) Prinzipieller Aufbau; b) Kurve *1*: Faktor f_1 zur Berechnung der Scherung des Kernmagneten mit Kalotten [nach Gl. (41.4)]; Kurve *2*: Faktor f_2 zur Berechnung der Luftspaltinduktion des Kernmagneten mit Kalotten [nach Gl. (41.5)].

Die Faktoren f_1 und f_2 sind in dem Bild 41.17b angegeben. Der Gültigkeitsbereich der beiden Beziehungen ist naturgemäß nach oben und unten stark eingeschränkt: sie gelten nicht für kleine Winkel, weil dabei kein homogenes Feld im Magneten vorhanden ist, und sie gelten nicht für Winkel $> 70°$, weil dann die Streuung zwischen den Kalotten zu groß wird. Die Formeln geben einen Hinweis für die optimale Konstruktion. Bei den hochkoerzitiven AlNiCo-Werkstoffen liegt der optimale Arbeitspunkt im allgemeinen bei einem Verhältnis von $(B_M/H_M)_{opt} = 6$. Unter der Annahme eines Winkels $2\alpha_{max} = 120°$ und eines Streufaktors $\sigma = 1,4$ folgt aus der Gl. (41.4) ein optimales Verhältnis von $(r/\delta)_{opt} = 7,3$. Ist der Kerndurchmesser beispielsweise $d = 20$ mm, dann hat der Luftspalt die optimale Länge $\delta_{opt} = 1,4$ mm. Bei AlNiCo 450 mit einem mittleren B_M von 5100 Gauß ist die Luftspaltinduktion sodann $B_{Lopt} = 5100 \cdot 0,82/1,4 = 3000$ G.

JOKSCH [19] hat für das Magnetmaterial AlNiCo 450 die Luftspaltinduktion sowohl für Kalottenpolschuhe (Bild 41.18) als auch für Lamellenpolschuhe (Bild 41.19) in Abhängigkeit vom Polschuhwinkel $2\alpha_{max}$ und vom Verhältnis Systemdurchmesser $D_S = 2r$ zum Luftspalt δ vermessen. Aus den Kurven ist zu sehen, daß bis zu einem Winkel von

$$2\alpha_{\max} = 120° \text{ bei } \frac{D_S}{\delta} = 4$$

und

$$2\alpha_{\max} = 140° \text{ bei } \frac{D_S}{\delta} = 15$$

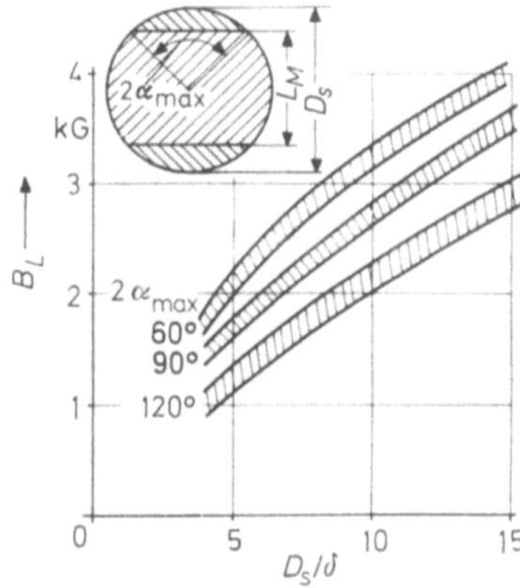
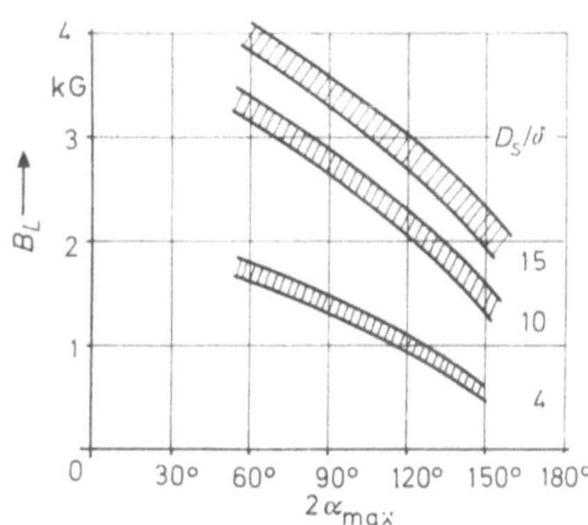

Bild 41.18. Remanente Luftspaltinduktion B_L für Kernmagnetsysteme aus AlNiCo 450 mit Kalottenpolschuhen in Abhängigkeit vom Verhältnis $\dfrac{\text{Systemdurchmesser } D_S}{\text{Luftspalt } \delta}$ und vom Polschuhwinkel $2\alpha_{\max}$ (nach JOKSCH [19]).

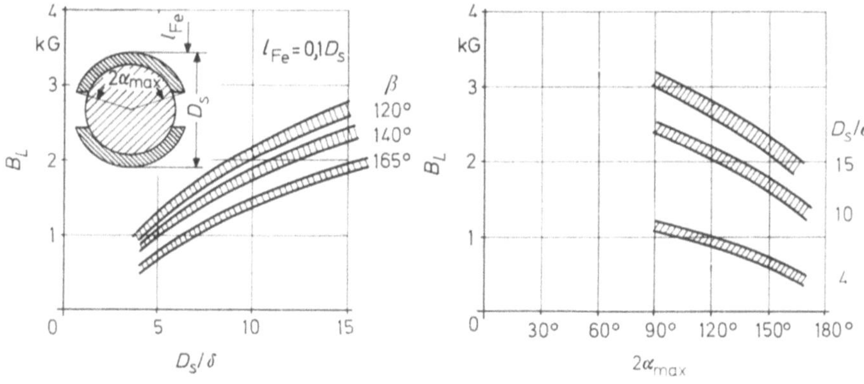

Bild 41.19. Remanente Luftspaltinduktion B_L für Kernmagnetsysteme aus AlNiCo 450 mit Lamellenpolschuhen in Abhängigkeit vom Verhältnis $\dfrac{\text{Systemdurchmesser } D_S}{\text{Luftspalt } \delta}$ und vom Polschuhwinkel $2\alpha_{\max}$ (nach JOKSCH [19]).

die Kalottenpolsysteme eine höhere Luftspaltinduktion als die Lamellenpolsysteme aufweisen.

Außer bei kleinen Schalttafelinstrumenten werden Kernmagnete mit Kalotten in Linienschreibern eingesetzt, wobei die Magnetdurchmesser bis zu 50 mm betragen [20].

Für die Optimierung im remanenten und permanenten Zustand gelten dieselben Betrachtungen, wie sie für die nackten Kernmagnete angestellt wurden.

Zu den Kernmagnetsystemen sind die sogenannten T-Spulmeßwerke der Firma AEG zu zählen [22, 23], deren Aufbau das Bild 41.20 zeigt. Das System zeigt den Quotienten zweier Ströme an und ist daher genau wie ein Kreuzspul-Quotientenmesser zur Anzeige von Widerständen geeignet.

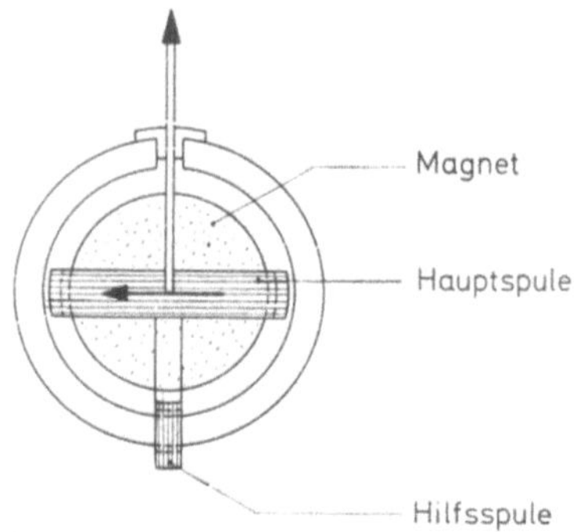

Bild 41.20. Prinzipieller Aufbau des T-Spul-Kernmagnet-Meßwerkes der Firma AEG.

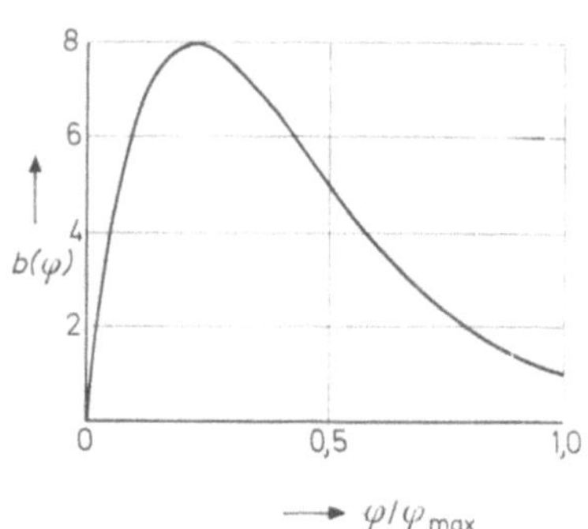

Bild 41.21. Erforderliche relative Induktionsverteilung $b(\varphi)$ zur Linearisierung der Skalenteilung eines Belichtungsmessers (I folgt log. Gesetz; $I_{max}/I_{min} = 10^2$).

41.3 Belichtungsmessersysteme

Für fotografische Belichtungsmesser [24] und ähnliche Kleingeräte werden aus Preisgründen fast nur noch Kernmagnetsysteme ohne Kalotten verwendet. An diese Instrumente und deren Magnetsysteme werden zwar keine besonderen Genauigkeitsforderungen gestellt, doch erschweren dafür andere Forderungen die Fertigung. Während für die Mehrzahl der Meßinstrumente eine lineare Skalenteilung erwünscht ist, benötigen Belichtungsmesser eine extrem unlineare Teilung.

Fotografische Schichten haben einen annähernd logarithmischen Verlauf der Empfindlichkeit. Damit auch der Belichtungsmesser einen großen Beleuchtungsstärkebereich überdeckt (2 bis 3 Zehnerpotenzen), muß seine Anzeigefunktion nach Möglichkeit diesem logarithmischen Verlauf angepaßt sein. Sollen beispielsweise der Beleuchtungsstärkebereich zwei Zehnerpotenzen umfassen und die Skala logarithmisch geteilt sein, dann liegt für die Skalenmitte ($\varphi = 45°$) ein Stromverhältnis $x = I/I_{max} = 0,1$ vor, d. h., die Skala muß am Anfang extrem auseinandergezogen sein. Diese Verzerrung versucht man durch eine unlineare Verteilung der Luftspaltinduktion zu erreichen. Bild 41.21 zeigt den errechneten Verlauf der relativen Induktionsverteilung $b(\varphi)$. Diese Funktion hat jedoch nur Gültigkeit, wenn die Drehspule extrem schmal ist. Die endliche Spulenbreite bedingt, daß der tatsächlich erforderliche Verlauf der Induktion noch wesentlich steiler sein sollte. Es ist praktisch nicht möglich, einen derartigen Induktionsverlauf zu erzielen. Zur optimalen Annäherung trifft man zwei Maßnahmen: einmal wird der Rückschluß deformiert oder unterbrochen und zum anderen wählt man ein hochkoerzitives Magnetmaterial mit niedriger Permeabilität. Bild 41.22 zeigt verschiedene Meßwerksysteme für Belichtungsmesser, Blendenversteller und Stromindikatoren. Die Magnete bestehen aus hochkoerzitivem AlNiCo 450 und aus diametral vorzugsgerichtetem Bariumferrit 300.

Die fortschreitende Ausstattung der fotografischen Kameras mit Batterien begünstigte die Entwicklung elektronischer Verschlüsse [25]. Bei diesen wird keine Blendenveränderung vorgenommen, sondern die Belichtungszeit wird mit Hilfe elektronischer Schaltungen verändert.

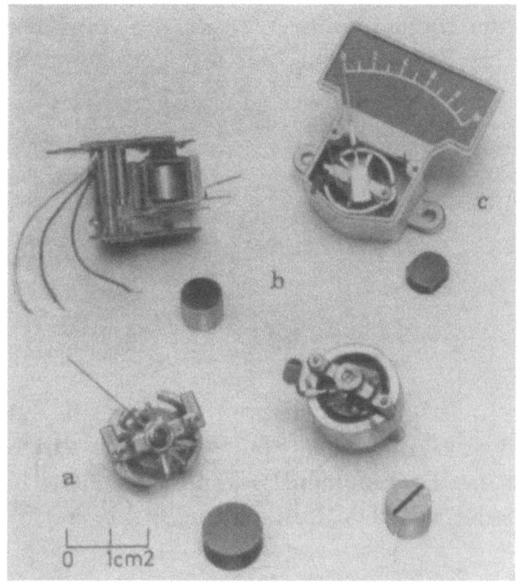

Bild 41.22. Verschiedene Kernmagnet-Meßwerke für Belichtungsmesser (a), Blendenversteller (b) und Stromindikatoren (c) (Hersteller: Fa. Bertram, München).

Literatur

1. KEINATH, G.: Die Technik elektrischer Meßgeräte, München/Berlin: Oldenbourg 1928.
2. MERZ, L.: ATM J 011-1.
3. BUBERT, J.: FWT 65 (1961), 235—242, 296—305; FWT 67 (1962) 237—247.
4. GÖTZE, S.: Bull. Schw. El. Ver. 53 (1962) 1268—1273.
5. MOEREL, P. G., u. A. RADEMAKERS: Philips Techn. Rdsch. 8 (1946) 316—320.
6. MATUSCHKA, H.: Dissertation TH Karlsruhe 1950.
7. JACKEL, W.: Techn. Rdsch. (Bern) 4 (1963) 17—19.
8. MERZ, L.: Habilitations-Schrift TH München 1949.
9. ZUMBUSCH, W.: VDI-Berichte 14 (1956) 47—58.
10. KOCH, J.: Valvo-Berichte 7 (1961) 131—158.
11. SIXTUS, K., u. V. ZEHLER: AEG-Mittlg. 51 (1962) 205—210.
12. DIETRICH, H.: FWT 72 (1968) 313—322, 425—433.
13. Magnetsysteme für Drehspulmeßwerke, aus Firmenschrift DEW Magnetfabrik.
14. FISCHER, W.: Dissertation TH Karlsruhe 1939; Luftfahrtforschung 16 (1939) 391—401.
15. VDE 0410/8. 64.
16. JOKSCH, CHR.: DEW Techn. Ber. 4 (1964) 32—41.
17. MERZ, L.: ATM J 721-9 (1948).
18. HEUER, H.: Elektrotechnik 6 (1952) 62—69.
19. JOKSCH, CHR.: FWT 71 (1967) 507—517.
20. PFEIFFENSTEIN, P.: Conti-Elektro-Ber. 9 (1963) 39—43.
21. EGGERS, H. R.: ETZ 71 (1950) 85—87.
22. EGGERS, H. R.: AEG-Mitt. 41 (1951) 47—53.
23. SATTELBERG, K.: ATM J 726-11 (1957) 255—258.
24. WEISE, H.: Photographische Korresp. 93 (1957) 163—170, 94 (1958) 53—60.
25. ATORF, H. H.: Umschau 19 (1966) 623—628.

42 Drehspul-Sondersysteme

42.1 Einspaltsystem

Bei dem Einspaltsystem der Firma AEG [1—3], das in dem Bild 42.1 dargestellt ist, grenzen die Magnete ohne Vermittlung von Polschuhen direkt an den Luftspalt. Es wird für Störungsschreiber mit geringer Schreibbreite verwendet

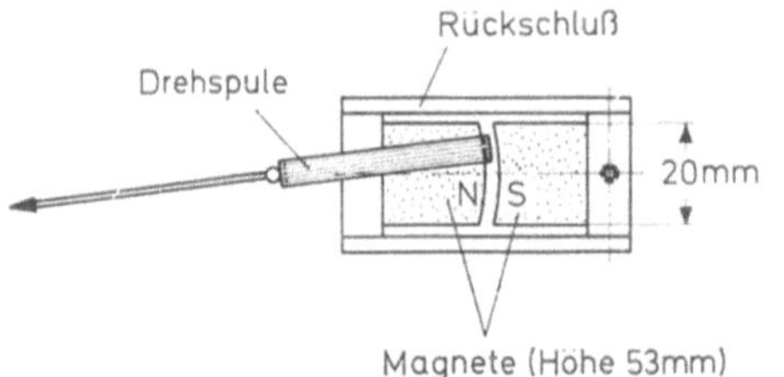

Bild 42.1. Einspalt-Magnetsystem für Störungsschreiber-Meßwerk der Fa. AEG.

(Skalenwinkel ca. 13—20°), wobei mehrere Systeme nebeneinander angeordnet werden können. Obwohl nur eine Spulenseite zur Drehmomentbildung ausgenutzt wird, reicht das Drehmoment wegen des großen Hebelarmes zur Betätigung der Schreiberfeder aus. Die Luftspaltinduktion hat Werte von 4,5···5 kG.

42.2 Flachmagnetsysteme

Die Drehspule ist hierbei eine Flachspule, deren radiale, im Luftspalt liegenden Teile ausgenutzt werden [4]. Das Magnetsystem (Bild 42.2) enthält einen anisotropen Magneten aus AlNiCo 500 der Abmessung 50 mm Durchmesser, ovalisiert auf 37 mm, bei 10 mm Höhe, der auf den Stirnflächen zweipolig magnetisiert ist. Der Luftspalt hat die Länge 4 × 2,5 mm. In dem Magnetsystem wird eine Luftspaltinduktion von 3 kG an der Stelle größter Induktion erzeugt.

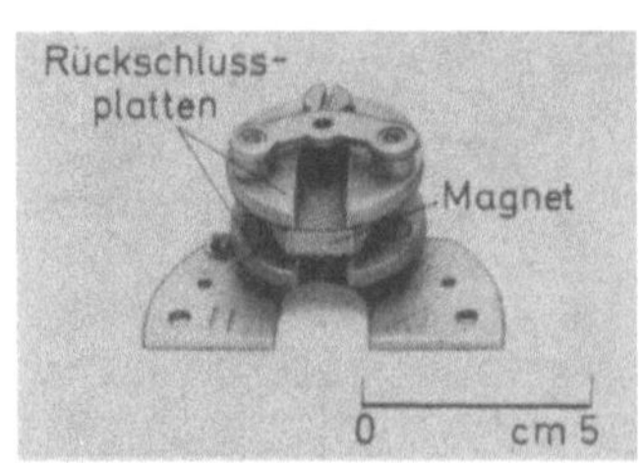

Bild 42.2. Magnetsystem eines flachen Drehspulinstrumentes (Fa. NEAF, Utrecht/Holland).

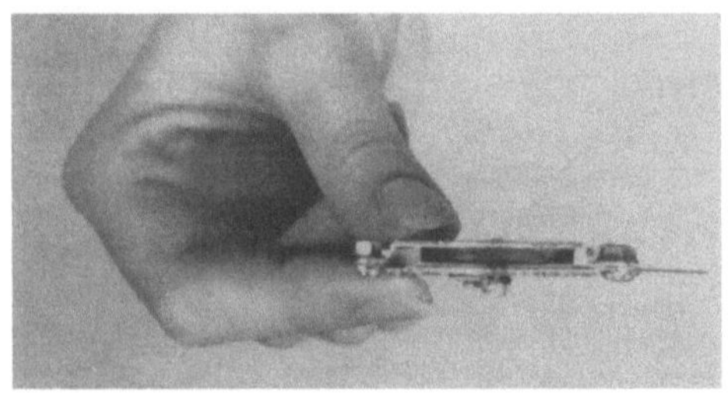

Bild 42.3. Flachmagnet-Drehspulsystem der Fa. Parker/USA. Bauhöhe 10 mm

Bei einer weiteren Flachmagnetbauart wird statt der gewickelten Spule eine zweiseitig gedruckte Leiterplatte verwendet [5] (Bild 42.3 und Bild 42.4). Sie besteht aus einer glasfiberkaschierten eloxierten Aluminiumplatte. Der Luftspalt kann mit 0,3 mm extrem kleingehalten werden, so daß die Scherung des Magneten trotz seiner geringen Dicke von 2 mm noch bei $B_M/H_M = 6 \cdots 7$ liegt. Die Magnetplatte hat die Abmessung 38 mm Durchmesser, mit einem Loch von 13 mm. Sie ist einseitig zweipolig magnetisiert. Die bemerkenswerteste Eigenschaft dieses Systemes ist seine extrem niedrige Bauhöhe von 10 mm, die es für manche Sonderanwendungen brauchbar macht.

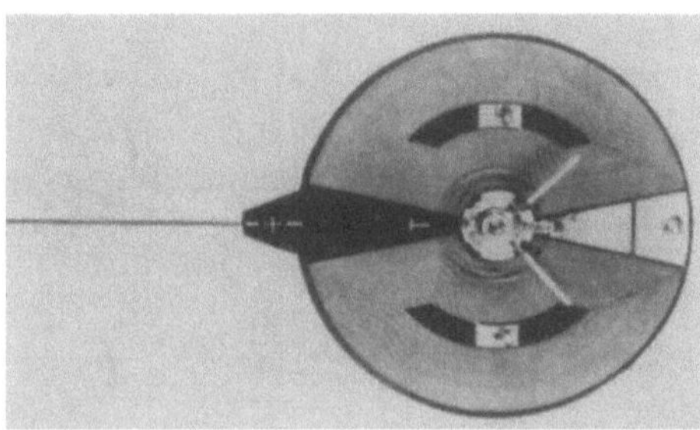

Bild 42.4. Gedruckte Leiterplatte des Instrumentes nach Bild 42.3. Durchmesser 37 mm.

42.3 Weitwinkel-Drehspulsysteme (Unipolarsysteme)

Bild 42.5 zeigt einige derartige Magnetsysteme, jedoch ist die Zusammenstellung keinesfalls vollständig. Bei dem System nach Bild 42.5a durchsetzt der Magnetfluß die Spule in axialer, bei den restlichen Systemen in radialer Richtung. Unabhängig davon, um welche Anordnung es sich handelt, muß der magnetische Fluß bei allen Systemen eine Engstelle passieren, bevor er in den

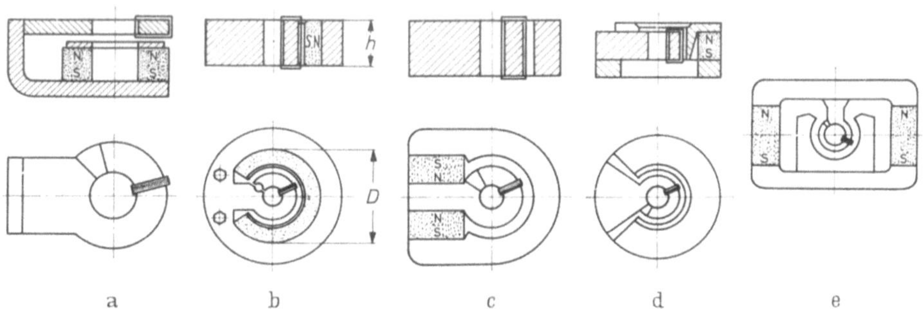

Bild 42.5. Magnetsysteme verschiedener Weitwinkel-Drehspulinstrumente.

hakenförmigen Eisenpol eintritt, um den sich die Spule dreht (Bild 42.6). An der engsten Stelle kann der Fluß nicht größer als $\Phi_E = B_E \cdot h \cdot 2r \sin{(\pi - (\alpha_{max}/2))}$ werden, wobei h die Höhe des Poles, r sein Radius und B_E die Induktion im Eisen ist, die nach Möglichkeit nicht mehr als 12 kG betragen soll. Der aus dem Eisenpol austretende Fluß ist: $\Phi_L = B_L \cdot h \cdot r \cdot \alpha_{max}$. Weil $\Phi_L = \Phi_E$ sein muß, ist die obere Begrenzung der Luftspaltinduktion:

$$B_L < B_E \frac{2 \sin{(\pi - (\alpha_{max}/2))}}{\alpha_{max}} .$$

Bild 42.6b zeigt den Verlauf dieser Funktion. Außer, daß sie den Fluß in seiner maximalen Höhe begrenzt, wirkt die Engstelle jedoch auch als magnetischer (erregungsabhängiger) Vorwiderstand. Dies äußert sich in einem relativ großen

Spannungsfaktor, der bei solchen Systemen die Größe $\gamma = 1{,}3 \cdots 1{,}6$ hat. Es ist wichtig, daß der Kern aus einem Weicheisen mit hoher Sättigungsmagnetisierung und großer Permeabilität hergestellt wird. Auf Grund der Systemscherung und der großen magnetischen Streuungen ist die Luftspaltinduktion wesentlich geringer, als es diesem Höchstwert entspricht, und liegt meist bei 2 kG [6]. Für das System nach Bild 42.5b kommt ein isotroper Magnet der Qualität AlNiCo 260 zur Verwendung. Diese Systeme sind in ihren Baumaßen durch die Aufmagnetisierungsmöglichkeit begrenzt. Der in die Innenbohrung gesteckte Kern der Magnetisierungsvorrichtung muß mindestens den doppelten Remanenzfluß $2\Phi_r = 2B_r \cdot$ $\cdot h \cdot D \cdot \pi$ des Magneten aufnehmen können. Die Induktion im Kern sollte beim

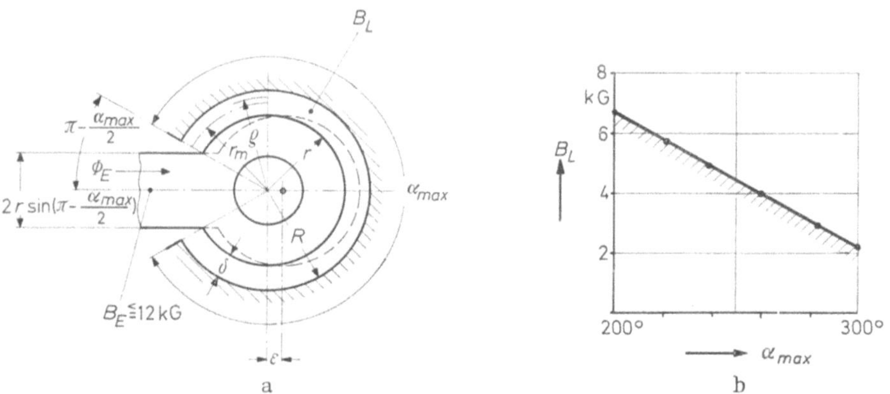

Bild 42.6. a) Hakenpol eines Weitwinkel-Drehspulgerätes; b) theoretische obere Grenze der Luftspaltinduktion B_L bei $B_E = 12$ kG; $\sigma = 1$ durch Sättigung des Hakenpoles.

Magnetisieren tunlichst unter 18 kG liegen, so daß die Grenzhöhe des Ringes bei Magnetisierung von zwei Seiten aus den Wert $h_{max} = 2/4 \cdot 18\,000/2\,B_r$ hat. Für einen radial magnetisierten Ring aus AlNiCo 260 ($B_r = 6$ kG) ergibt dies eine maximale Höhe von $h_{max} \leq 0{,}75\,D$.

Die Einhaltung einer bestimmten Skalenteilung bereitet bei den Weitwinkelsystemen große Schwierigkeiten [7]. Der tiefere Grund liegt darin, daß im Gegensatz zu den 90°-Systemen keine Kompensation der Momentenabweichung an den beiden Spulenseiten eintreten kann. Der Einfluß einer exzentrischen Versetzung des Innenteiles gegen die Polbohrung werde daher etwas eingehender betrachtet (Bild 42.6a). Wird die Luftspaltinduktion bei nicht versetztem Kern mit $_0B_L$ bezeichnet, die Induktion bei versetztem Kern an der Stelle größter Abweichung mit $_\varepsilon B_L$, dann gilt angenähert (ε = Exzentrizität):

$$\frac{_\varepsilon B_L - _0 B_L}{_0 B_L} = \frac{\varepsilon/\delta}{1 - (\varepsilon/\delta)}$$

Weil die Skalenteilung proportional der Luftspaltinduktion ist, entspricht dieser Wert zugleich dem Skalenfehler. Damit dieser $< 1\%$ ist, darf die Exzentrizität somit keinen größeren Wert als $\varepsilon = 10^{-2} \cdot \delta$ haben. Zu dieser Ungleichförmigkeit durch die Luftspaltinduktion tritt noch die ebenso unvermeidliche Exzentrizität der Stellung der Systemachse hinzu. Diese hat zur Folge, daß die Spule je nach dem Ausschlagswinkel in Zonen verschiedener Luftspaltinduktion taucht.

Die starke Abhängigkeit der Skalenteilung von den Exzentrizitäten führt dazu, daß die Mehrzahl der Weitwinkelsysteme mit besonderen magnetischen Eichvorrichtungen versehen sind. So enthält z. B. das System nach Bild 42.5 b zwei magnetische Engstellen, in die eiserne Schrauben eingedreht werden können. Bild 42.7 zeigt die Fotografie einiger Weitwinkelsysteme. System a ist ein komplettes Meßsystem, wie es in elektrischen Tachometern Verwendung findet, während in Bild 42.7 b—c nur die Magnetsysteme dargestellt sind.

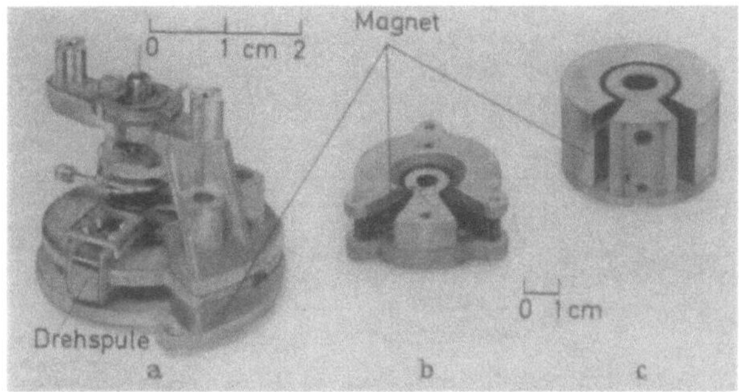

Bild 42.7. Drehspul-Weitwinkelsysteme.
a) Komplettes Meßwerk (Hersteller: Fa. VDO-Tachometer AG, Frankfurt/M.); b) Magnetsystem der Fa. Hartmann & Braun AG, Frankfurt/M.; c) Magnetsystem der Fa. Müller & Weigert, Nürnberg.

Literatur

1. OESINGHAUS, W.: ATM J 031—18 März 1955.
2. BUMANN, H., u. W. OESINGHAUS: ETZ 65 (1944) 295—297.
3. BUMANN, H.: Arch. Eisenhüttenw. 15 (1941/42) 547—549.
4. DBP 948535 (17. 6. 1952).
5. radio-mentor (1962) 082 (o. Verfasser).
6. THOMANDER, V. S., u. R. C. MAC INDOE: Trans. Amer. Inst. Electr. Eng. 78 (1959) 379—384.
7. MERZ, L.: VDE-Fachber. 12 (1948) 143—152.

43 Drehmagnetsysteme

Bild 43.1 zeigt den prinzipiellen Aufbau von Drehmagnetsystemen. Der magnetische Kreis ist weitgehend offen. In einem homogenen Feld, wie es beispielsweise in einer großen Helmholtz-Spule erzeugt werden kann, entsteht an dem diametral magnetisierten Magneten ein Drehmoment der Größe

$$M_d = m \cdot H \cdot \sin \vartheta \qquad \mathrm{dyn} \cdot \mathrm{cm},$$

wobei ϑ der Winkel zwischen der N-S-Achse des Magneten und der Richtung des Feldes ist. Das Direktionsmoment D, bezogen auf die Feldstärkeeinheit 1 Oe und einen Winkel von $\delta = 90°$, hat dann die Größe $D = M_d/H = m$. Das magnetische Moment m läßt sich mit Hilfe des Entmagnetisierungsfaktors als Funktion des Dimensionsverhältnisses h/d für die verschiedenen Materialien berechnen. Das Ergebnis dieser Rechnung ist in dem Bild 43.2 dargestellt, wobei die unüblichen Einheiten dyn · cm und Oe in die geläufigen Werte cm · p für das Drehmoment und A/cm für die Feldstärke umgerechnet wurden. Die Kurven zeigen, daß bei scheibenförmigen Drehmagneten ($h/d < 0,1$) die hochremanenten Werkstoffe Vicalloy und AlNiCo 500 die besten Werte liefern, daß jedoch oberhalb $h/d = 0,1$ die hochkoerzitiven Werkstoffe AlNiCo 450 und Bariumferrit 300 den

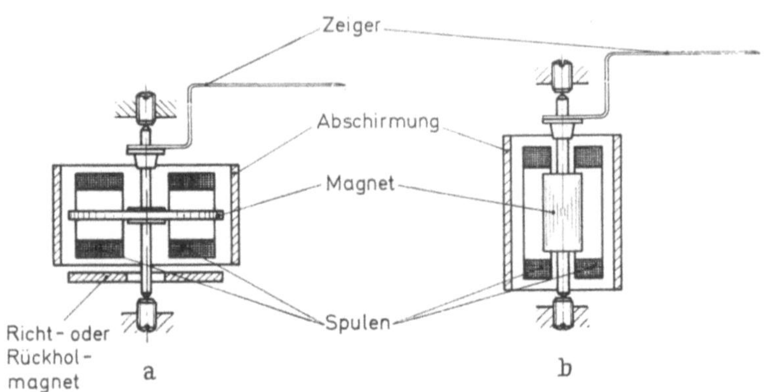

Bild 43.1. Prinzipieller Aufbau von Drehmagnet-Instrumenten.
a) Mit scheibenförmigem Magneten; b) mit walzenförmigem Magneten.

hochremanenten Werkstoffen überlegen sind. Durch den Rückschluß tritt eine Erhöhung des Drehmomentes um ca. 15—20% gegenüber den bisher angegebenen Werten ein. Zur Drehmomentbildung wird an den Längsseiten des Magneten die radiale Induktionskomponente $_rB_L$, an den Stirnseiten die axiale Induktionskomponente $_zB_L$ ausgenutzt. Bild 43.3 zeigt das Ergebnis einer Vermessung

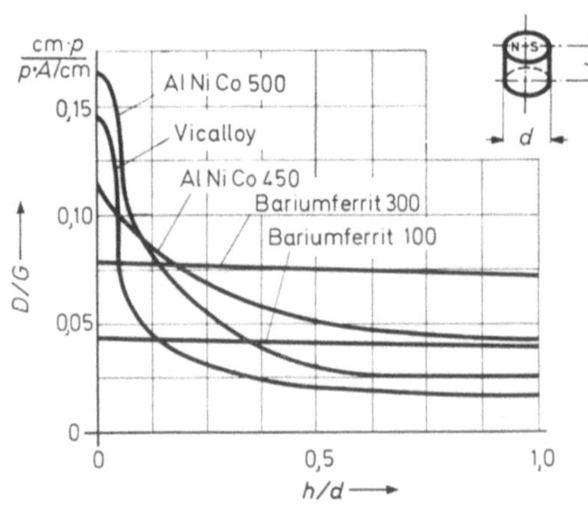

Bild 43.2. Direktionsmoment (pro 90°) von diametral magnetisierten Zylindermagneten im homogenen Spulenfeld von 1 A/cm, bezogen auf 1 p Gewicht.

mehrerer Drehmagnetmaterialien der Abmessung 20 mm Durchmesser und 20 mm Länge in einem eisernen Rückschlußring von 40 mm Innendurchmesser. Je nach der Ausdehnung der Spule im Luftspalt läßt sich hieraus eine mittlere Induktion für eine Spulenseite bilden und das Moment errechnen.

Im Gegensatz zum Kernmagnetgerät sind jedoch die Spulen des Drehmagnetgerätes niemals Durchmesserspulen. Sie liegen etwas exzentrisch, damit die Achse herausgeführt werden kann. Ist die Spulenmitte um den Winkel ξ gegen die N-S-

Achse versetzt (s. Bild 43.4), dann ist die mittlere Luftspaltinduktion um den Faktor $\sin \xi$ kleiner.

Weil sich der Magnet relativ zum Rückschlußring dreht, wird dieser ummagnetisiert, wozu eine Arbeit erforderlich ist, die sich als ein Hysteresemoment äußert. Dieses Moment ist konstant und ähnelt einem Reibungsmoment (Bild 43.5).

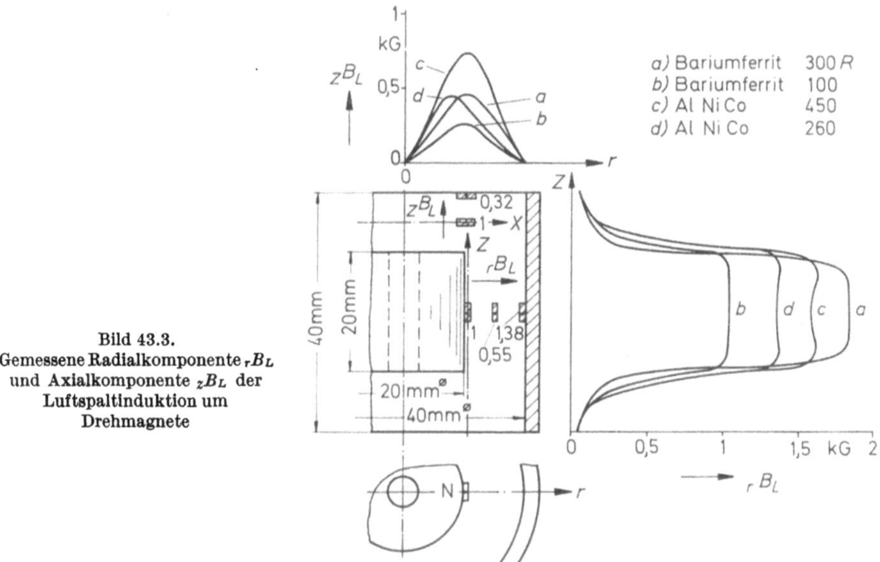

Bild 43.3.
Gemessene Radialkomponente $_rB_L$ und Axialkomponente $_zB_L$ der Luftspaltinduktion um Drehmagnete

Bei einer Drehung des Magneten um 360° wird die Hystereseschleife des Rückschlußmaterials einmal umfahren. Falls seine Dicke b so gewählt wird, daß an der magnetisch am stärksten belasteten Stelle ca. 14 kG auftreten, dann ist die zu der Drehung erforderliche Hysteresearbeit:

$$W_h = 0{,}812 \cdot 10^{-4} \cdot \cdot 1{,}4 \cdot 10^4 \cdot {}_hH_c \cdot V_h \quad \text{pcm}.$$

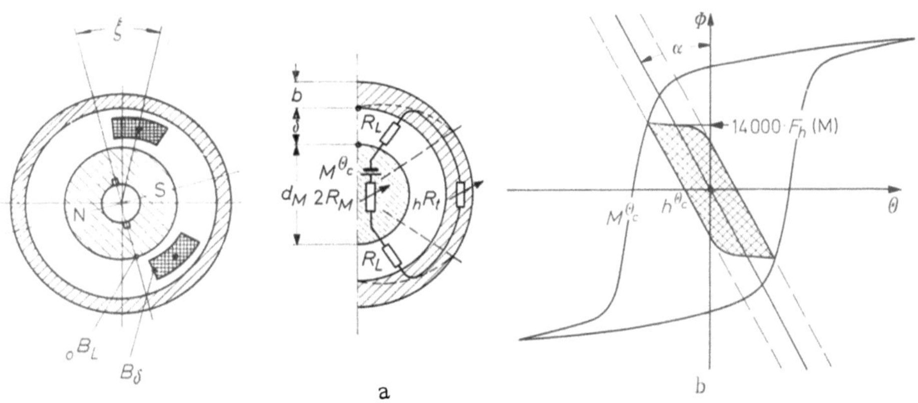

Bild 43.4.
Exzentrische Lage der Spule eines Drehmagnetgerätes.

Bild 43.5.
Hysteresemoment bei einer Drehung des Drehmagneten im Rückschlußmantel.

Darin ist $_hH_c$ die Koerzitivfeldstärke des Hysteresematerials (in Oe). Diese Arbeit muß bei einer Drehung um den Winkel 2π aufgebracht werden, so daß für das Hysteresemoment gilt:

$$M_\mathrm{h} = \frac{\mathrm{d}\,W_\mathrm{h}}{\mathrm{d}x} = \frac{W_\mathrm{h}}{2\pi} \cong 0{,}36 \cdot {_hH_c} \cdot V_h \quad \mathrm{pcm}\,.$$

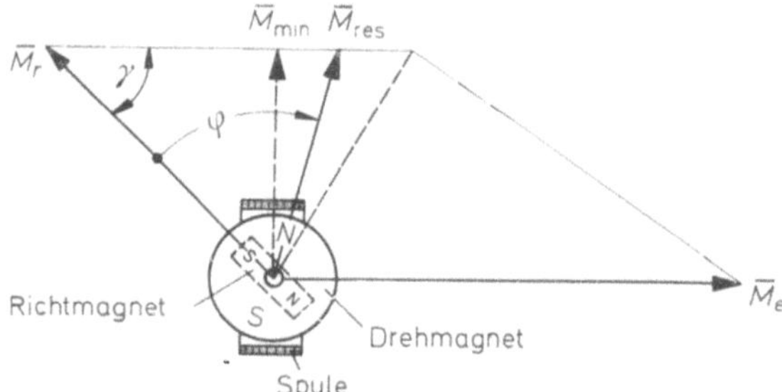

Bild 43.6. Vektorielle Zusammensetzung der Momente eines Drehmagnetinstrumentes.

Für V_h ist nur der Teil des Rückschlußvolumens einzusetzen, welcher der Höhe des Magneten h entspricht. Je weiter der Ring über den Magneten hinausragt, desto kleiner wird das Hysteresemoment.

Drehmagnetgeräte finden als Strommesser und als Quotientenmesser Verwendung. Für die Rückholung (bei Strommessern) und für die Nullstellung (bei Quotientenmessern) werden Dauermagnete oder Federn benutzt. In dem Bild 43.1a ist ein solcher Rückhol- oder Richtmagnet mit eingezeichnet. Im allgemeinen kann

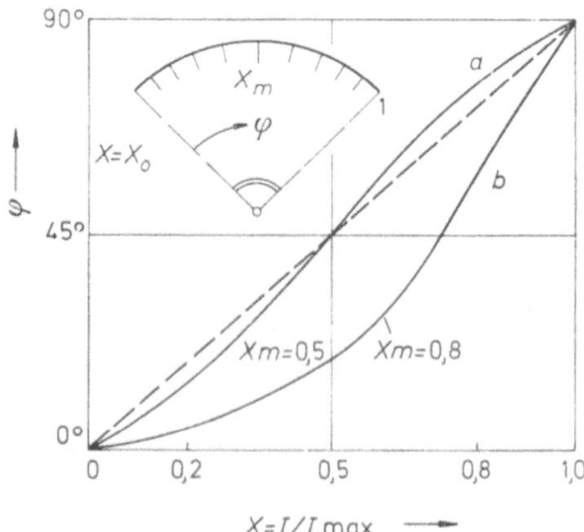

Bild 43.7. Skalenteilung eines Drehmagnetgerätes.

der Richtmagnet wesentlich kleiner als der Drehmagnet sein. Beispielsweise genügt zu einem Drehmagneten der Abmessung 10 mm Durchmesser und 0,5 mm Höhe aus Vicalloy ein Richtmagnet des gleichen Materials der Größe $10 \times 3 \times 0{,}5$ mm³. Dieser erzeugt am Ort des Drehmagneten eine Feldstärke von 3 bis 5 Oe.

Sowohl das Drehmoment zwischen dem Drehmagneten und dem Spulenfeld $\overline{M}_e$ als auch das Moment zwischen Drehmagnet und Richtmagnetfeld $\overline{M}_r$ besitzen einen sinusförmigen Verlauf in Abhängigkeit von dem Verdrehungswinkel. Die maximalen Momente können daher nach Art von Vektoren zu einem

Parallelogramm zusammengesetzt werden, wie es das Bild 43.6 zeigt. $\overline{M}_e$ verändert sich linear mit dem Spulenstrom I, wobei der resultierende Vektor $\overline{M}_{\mathrm{res}}$, in dessen Richtung sich der Drehmagnet einstellt, gegen den Vektor $\overline{M}_r$ den Skalenwinkel φ einnimmt. Durch Verändern des Winkels γ zwischen dem Richtmagneten und der Spule lassen sich verschiedene Skalenverteilungen erzielen. In dem Bild 43.7 ist als Ergebnis einer Rechnung der Skalenwinkel φ als Funktion des relativen Spulenstromes $x = I/I_{\max}$ aufgetragen. Je nach Stellung des Richtmagneten liegt die Skalenmitte ($\varphi = 45°$) bei einem relativen Strom von $x = 0,5$ (Kurve a) oder $x = 0,8$ (Kurve b). Die bestmögliche Annäherung an eine lineare Skalenteilung ist bei Kurve a gegeben, wobei die symmetrische Verzerrung $\pm\,4,5\%$ des Skalenendwertes ausmacht.

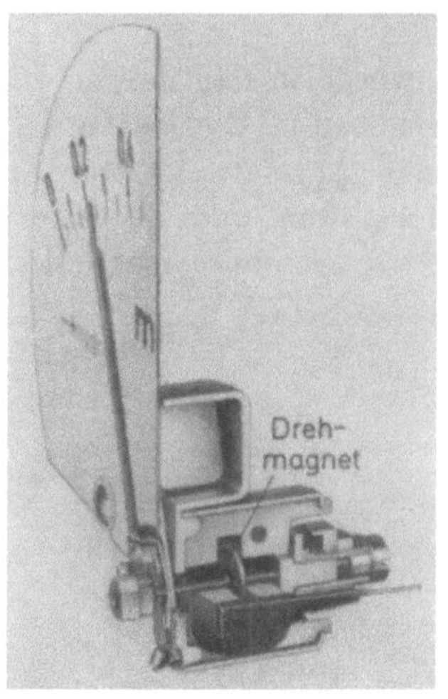

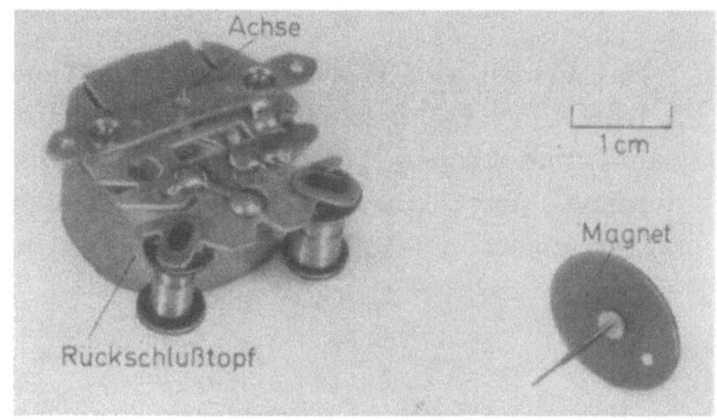

Bild 43.9. Drehmagnetsystem als Quotientenmesser (Hersteller: Fa. VDO Tachometer AG, Frankfurt/M.).

Bild 43.8. Schnittbild eines Drehmagnetsystems als Strommesser (Werkbild Fa. Siemens).

Die Dämpfung von Drehmagnetinstrumenten bereitet Schwierigkeiten. Meist wird hierfür ein Dämpfertopf oder -ring aus Kupfer mit kleinem Luftspalt um den Magneten angeordnet, der eine Wirbelstromdämpfung hervorruft, oder es wird eine Siliconöldämpfung verwendet.

Drehmagnetinstrumente werden sowohl als Strommesser wie auch als Kreuzspul-Quotientenmesser für die Anzeige von Benzinstand, Öldruck und Temperatur verwendet. Bei der letztgenannten Anwendung muß die Meßgröße in Form einer Widerstandsänderung vorliegen. Bild 43.8 zeigt einen Strommesser im Schnittbild, während Bild 43.9 einen Quotientenmesser darstellt, wie er in allergrößten Stückzahlen in Kraftfahrzeugen eingesetzt wird. In beiden Systemen ist der Magnet eine Scheibe aus Vicalloy von ca. 10 mm Durchmesser und einer Dicke von 0,5 mm. Die Entwicklung ähnlicher Geräte wurde während des letzten Krieges von der Firma Siemens durchgeführt [1]. Die Firma Hartmann & Braun fertigte zur gleichen Zeit ein Gerät mit walzenförmigen Tromalit-Magneten [2, 3]. Parallele Entwicklungen wurden in USA und England beschrieben [4, 5]. Außer für 90° Skalenwinkel werden Drehmagnetgeräte auch für 360° Skalenwinkel gebaut. In Verbindung mit einem Ringpotentiometer als Geber dienen sie in diesem Fall zur Winkelanzeige [6].

Literatur

1. Pflier, P. M.: Elektrische Meßgeräte und Meßverfahren, 2. Aufl., Berlin/Göttingen/Heidelberg: Springer 1957, 181—188.
2. Körner, E.: Dissertation TH Darmstadt 1944.
3. Blamberg, E.: Elektrische Meßgeräte, Wolfenbüttel: Wolfenbütteler Verl.-Anst. 1948, 56—57.
4. Levin, R. J.: Electronics 27 (1954) 160—161.
5. Ayer, J. B.: Electronics Automat. April 1963, S. 382—386.
6. Merz, L.: ATM V 3821-9 Okt. 1957.

44 Elektrizitätszähler

44.1 Allgemeines

Das Prinzip des Wechselstrom-Induktionszählers wurde in den Jahren 1887 bis 1889 von verschiedenen Erfindern gleichzeitig angegeben [1, 2]. Das Antriebssystem eines solchen Zählers besteht, wie Bild 44.1 nach [3] zeigt, aus einer Aluminium-Läuferscheibe, um die das sogenannte Triebsystem und der Bremsmagnet angeordnet sind. Im Triebsystem bestehen zwei getrennte magnetische

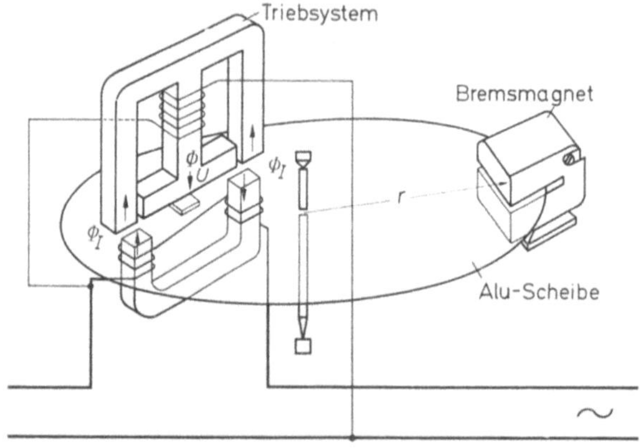

Bild 44.1. Wirkungsweise des Wechselstromzählers (nach Spälti [2]).

Kreise: in einem wird durch die Spannungsspule der Spannungstriebfluß Φ_U, im anderen der Stromtriebfluß Φ_I erzeugt. Beide haben einen zeitlich sinusförmigen Verlauf und sind um 90° gegeneinander phasenverschoben. Ihr An- und Abschwellen induziert in der Scheibe Wirbelströme, die als Kreisströme um die entsprechenden Pole verlaufen und ihrerseits um 90° gegen die erzeugenden Flüsse verschoben sind. Es bildet sich daher ein Stillstandsmoment M_0 auf die Scheibe aus, das proportional $\Phi_U \cdot \Phi_I \cdot \cos\varphi$ und damit auch $n_0 U I \cos\varphi$ ist (n_0: synchrone Drehzahl). Durch den Bremsmagneten mit dem Fluß Φ_L, dessen Moment sich geradlinig mit der Drehzahl n ändert, bildet sich eine Scheibendrehzahl n' folgender Größe aus [4]:

$$n' = n_0 \frac{2\Phi_I \Phi_U}{(\Phi_I^2 + \Phi_U^2) + 2\Phi_L^2} \cdot \cos\varphi.$$

Ein angeschlossenes Zählwerk addiert die Winkelbewegung der Scheibe und bildet daher — abgesehen vom Fehler — einen der elektrischen Arbeit $W_e = \text{const} \cdot \int U \cdot I \cdot dt$ proportionalen Wert. Während der Spannungstriebfluß Φ_U durch die Konstanz der Spannung weitgehend gleich und der von ihm herrührende Fehler daher eineichbar ist, schwankt der Stromtriebfluß moderner Großbereichzähler ungefähr im Verhältnis 1:120. Damit der Fehler der Strombremsung klein bleibt, muß $\Phi_L > \Phi_I$ sein, d. h. das Bremsmagnetsystem muß ein möglichst großes Moment ausüben und daher eine große Dämpfungskonstante haben. Moderne Zähler besitzen beim Nennstrom ein Drehmoment von 4 bis 5 cmp und eine Drehzahl von 10 bis 20 min^{-1}.

44.2 Brems- und Dämpfungskonstante des Magnetsystemes

Die Wirkungsweise des Bremsmagnetsystemes soll anhand des Bildes 44.2 in einer stark vereinfachten Betrachtungsweise erklärt werden. Eine ausgedehnte Leiterscheibe L bewege sich mit der Lineargeschwindigkeit v[cm/s] langsam durch

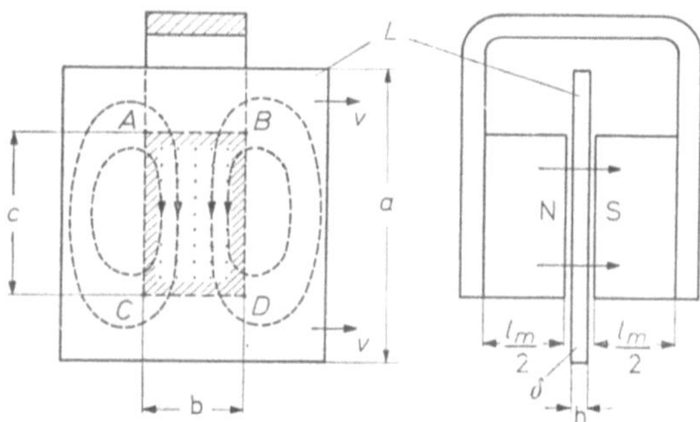

Bild 44.2. Ausbildung der elektrischen Wirbelströme bei der Bewegung einer Leiterscheibe L mit der Geschwindigkeit v zwischen den Polen N–S eines Magnetsystemes.

eine Polspur $ABCD$, in der die homogene Luftspaltinduktion B_LVs/cm² herrscht. Dann entsteht auf Grund des Induktionsgesetzes an den Begrenzungen der Fläche eine elektromotorische Kraft $E = -d\Phi/dt = -B_L \cdot c \cdot v$ V. Verläuft die Wirbelströmung innerhalb des Poles homogen und hat die Leiterscheibe dort den ohmschen Widerstand $R_i = (\varrho \cdot c)/(b \cdot h)\,\Omega$, so entsteht ein Strom der Größe

$$I = E/(R_i + R_a) = E/R_i\,[1 + (R_a/R_i)]\quad \text{A},$$

wobei R_a den unbekannten Widerstand außerhalb der Polspur darstellt. Die Wirkleistung des Stromes ist $N = EI$ W. Sie steht mit dem Moment M_B und der Bremskraft P in folgendem Zusammenhang:

$$N = M_B \cdot \omega = P \cdot v\quad \text{W},$$

so daß sich für die Bremskonstante k ergibt:

$$k = \frac{P}{v} = \frac{N}{v^2} = \frac{B_L^2 \cdot c \cdot b \cdot h}{\varrho[1 + (R_a/R_i)]}\quad \frac{\text{Ws}^2}{\text{cm}^2}.$$

Die Energiedichte im Luftspalt hat die Größe

$$E_L = \frac{1}{\mu_0}\,\frac{1}{2}\,B_L^2\quad \frac{\text{Ws}}{\text{cm}^3}.$$

Dann ist die Luftspaltenergie $W_L = E_L \cdot V_L$ Ws. Mit dem aktiven Leitervolumen $c \cdot b \cdot h = V_L \cdot h/\delta$ folgt für die Bremskonstante:

$$k = \frac{\mu_0}{\varrho} \cdot W_L \cdot \frac{h}{\delta} \cdot \alpha \quad \frac{\text{Ws}^2}{\text{cm}^2}. \tag{44.1}$$

Darin ist $\alpha = 2/(1 + R_a/R_i)$ ein zunächst unbekannter Faktor. Wird die Luftspaltenergie W_L in pcm eingesetzt (1 Ws $= 1{,}02 \cdot 10^4$ pcm), dann hat k die Dimension ps/cm, das ist eine Kraft pro Geschwindigkeitseinheit. Der Faktor α ist hauptsächlich vom Seitenverhältnis b/c der Polspur abhängig. In dem Bild 44.3a

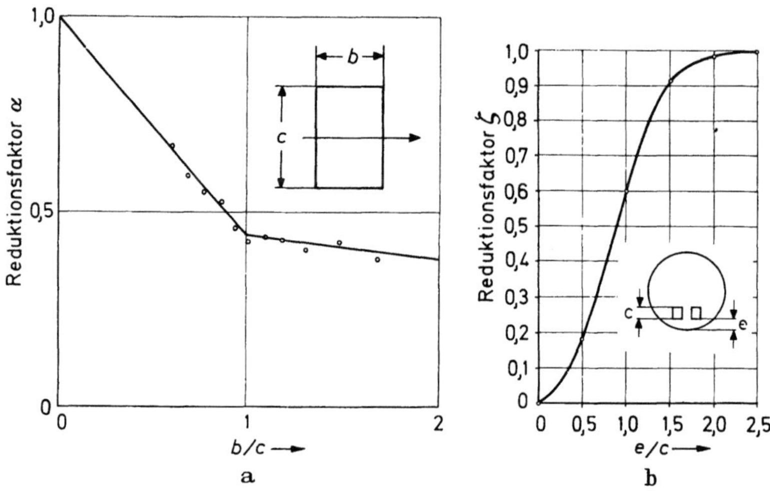

Bild 44.3. Reduktionsfaktoren α und ζ zur Ermittlung der Bremskonstante $k = P/v$ eines Wirbelstromsystemes. a) Faktor α in Abhängigkeit vom Seitenverhältnis b/c der Polspur; b) Faktor ζ in Abhängigkeit vom Verhältnis des Randabstandes e zur Polbreite c.

ist seine Größe aus Messungen an Bariumferritsystemen angegeben. Es zeigt sich, daß es günstig ist, die Polspur senkrecht zur Bewegungsrichtung lang und schmal zu machen. Für den Extremfall $b/c = 0$ wird $\alpha = 1$, woraus $R_a = R_i$ folgt. Für eine Scheibe aus Aluminium ($\varrho_{Al} = 2{,}9 \cdot 10^{-6}\ \Omega \cdot$ cm) hat die Bremskonstante den Wert:

$$k_{Al} = 4{,}33 \cdot 10^{-3} \cdot W_L \cdot \frac{h}{\delta} \cdot \alpha \quad \frac{\text{ps}}{\text{cm}}.$$

(Für Kupfer ist $k_{Cu} = k_{Al} \cdot 1{,}66$.) Ein Doppelspursystem mit $V_L = 0{,}3$ cm³ hat beispielsweise bei $B_L = 6$ kG; $\alpha = 0{,}5$; $h/\delta = 0{,}65$ eine Bremskonstante von $k_{Al} = 0{,}615$ ps/cm. Im Hinblick auf die Unsicherheit in der Festlegung des Faktors α ist es jedoch empfehlenswert, k_{Al} experimentell zu bestimmen.

Im Elektrizitätszähler ist das Bremssystem mit einem Radius r angeordnet. Dann hat die sogenannte Dämpfungskonstante C_0 den Wert:

$$C_0 = \frac{M_B}{\omega} = k \cdot r^2 \cdot \zeta \quad \text{pcm s}, \tag{44.2}$$

oder auf min^{-1} bezogen

$$C_m = \frac{M_B}{n} = \frac{2\pi}{60} \cdot k \cdot r^2 \cdot \zeta \quad \text{pcm min}. \tag{44.3}$$

Der Faktor ζ ist ein weiterer Reduktionsfaktor, der die Ausbreitungsmöglichkeit der Wirbelströmung berücksichtigt. Er wurde experimentell ermittelt und ist in dem Bild 44.3 b als Funktion des rel. Randabstandes e/c angegeben.

44.3 Bauarten von Zähler-Bremsmagneten

In dem Bild 44.4 sind verschiedene moderne Bremsmagnete zusammengestellt. Die Systeme a und b sind Doppelspur-, die Systeme c und d Einspursysteme. Als Werkstoff wird stets AlNiCo-Magnetmaterial der Qualität AlNi 120 bis 500 vorgesehen. Die Scherung der Systeme a bis c ist relativ gering und damit den

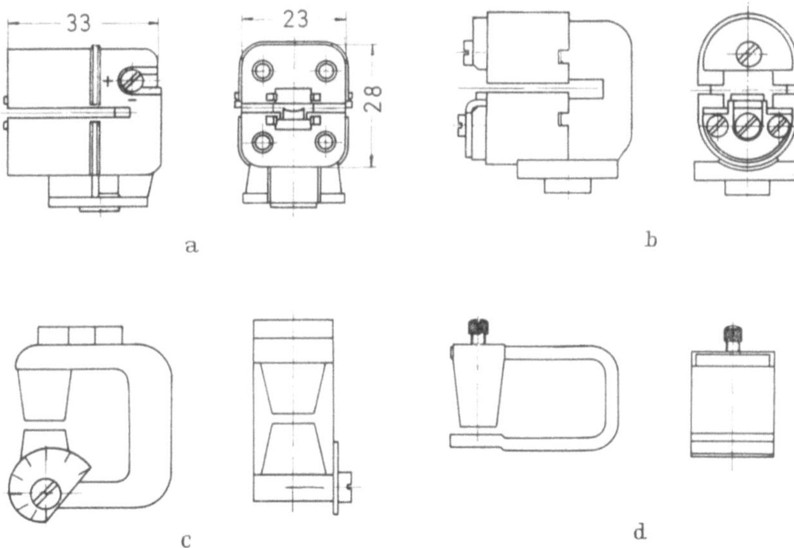

Bild 44.4. Ausführungsformen von Zählerbremsmagneten.
a u. b Doppelspur-Ausführung; c u. d Einspur-Ausführung.

remanenzbetonten Typen angepaßt, während das System d für koerzitivfeldstärkebetonte Werkstoffe ausgelegt ist. Der maximal mögliche Wert der Luftspaltenergiedichte E_L liegt vor, wenn die Scherung des Systems

$$\frac{B_M}{H_M} = \frac{l_M}{l_L} \cdot \frac{F_M}{F_L} \cdot \frac{\sigma}{\gamma}$$

dem Optimalwert λ_{Gopt} entspricht. Dann ist die magnetische Luftspaltenergie

$$W_L = W_{M\max} \frac{1}{\sigma \cdot \gamma} = \frac{1}{2}(BH)_{\max} V_M \frac{1}{\sigma \cdot \gamma}.$$

Das Produkt $\sigma \cdot \gamma$ von Streu- und Spannungsfaktor hat meist Werte zwischen 1,7 und 2,2. Im Hinblick auf die beschränkten Baumaße ist es nicht immer möglich, eine Optimalkonstruktion durchzuführen. Systeme nach Bild 44.4a haben Dämpfungskonstanten k_{Al} zwischen 0,6 ps/cm (für AlNiCo 120) und 1,6 ps/cm (für AlNiCo 500).

Das System nach Bild 44.4 c ist ein einspuriges System [6]. Es enthält zwei gesinterte AlNiCo-450-Magnetklötze in einem Rückschluß aus Temperguß. Bei einem Luftspalt von δ = 0,23 cm ist die Bremskonstante des Systems k_{Al} = 1,0 ps/cm. Andere Systeme wurden von WEBER [9], TIBUS [10], FRANCK [11] und SCHERTEL [12] beschrieben.

Bild 44.5. Doppelspur-Bremsmagnete mit Aluminium-Druckguß-Umhüllung.
a) u. b) Mit Schraubfuß; c) u. d) mit Drehfuß; b) u. d) mit Feineichung (Werkbild Fa. DEW Magnetfabrik).

In dem Bild 44.5 sind Doppelspursysteme mit zwei verschiedenen Ausführungen des Befestigungsfußes abgebildet. Jedes System enthält zwei u-förmige Magnete, die in einem Körper aus Aluminiumdruckguß eingespritzt sind. Neuerdings werden statt der u-Magnete auch viereckige Platten aus AlNiCo 260 verwendet, in denen die zwei- oder dreipolige Magnetisierung sodann bogenförmig verläuft.

44.4 Rüttel-, Temperatur- u. a. Fehler

Nach EDLER [5] sind Doppelspursysteme wegen der Vermeidung des sogenannten Rütteleffektes zu bevorzugen. Er entsteht durch Wirbelströme, welche von den Triebflüssen induziert werden. Im Felde des Bremsmagneten rufen sie Kräfte hervor, die mit 50 Hz schwanken. Dabei führt die tangentiale Komponente der Ströme zu radial gerichteten Rüttelkräften. Liegen jedoch zwei oder drei Polspuren des Magnetsystems relativ eng nebeneinander, dann sind die Kräfte einander entgegengerichtet und heben sich gegenseitig auf. Teilweise sind die Rüttelkräfte erwünscht, weil sie zu einer Verringerung der Zählwerkreibung führen, worauf CLAUS [16] hingewiesen hat.

Zum Ausgleich der Unterschiede im Trieb- und Bremssystem muß das Bremsmoment etwas verstellbar sein. Dies wird entweder durch eine Verdrehung des gesamten Systemes oder eine Veränderung der Luftspaltinduktion bewerkstelligt Die Doppelspursysteme nach Bild 44.5 a und b besitzen einen Verdrehfuß zur Grobeichung, während die Feineichung mit Hilfe einer eisernen Kulisse vorgenommen wird [13]. Mit der Feineinstellung kann das Bremsmoment um ca. $\pm 2\%$ verstellt werden. Andere Möglichkeiten der Grob- und Feineinstellung, beispielsweise durch Verändern der Luftspaltlänge, der Stellung des Magneten zu einem Rückschluß o. a., sind in den genannten Arbeiten [9 bis 14] beschrieben.

Weil der zulässige Fehler eines Elektrizitätszählers auf die momentane Meßgröße bezogen wird, sind die Anforderungen an die Konstanz des Bremsmomentes beträchtlich. Folgende Einflußgrößen müssen dabei berücksichtigt werden:

Temperatur, Stromüberlastung (auch durch Blitzeinschläge) und eine evtl. Langzeitalterung. Der Einfluß der Temperatur auf den Magneten wird durch Beilage eines thermomagnetischen Materials kompensiert [15, 17]. Soll der Arbeitsbereich des Zählers von $-20°$ bis $+60°C$ gehen, dann sind beispielsweise 1,6% Flußänderung zu kompensieren. Für die Fläche des parallelgeschalteten Kompensationsmaterials gilt die Beziehung:

$$F_K = F_M \cdot \frac{_0B_p \cdot \beta}{\Delta B_K / \Delta T} . \tag{44.4}$$

$_0B_p$ ist die Permanenz des Magnetmaterials bei Null °C und $\Delta B_K / \Delta T$ die Steilheit der $B = f\,(T)$-Kurve des Kompensationsmaterials. Es ist vorausgesetzt, daß dessen Curiepunkt T_c ungefähr mit der Maximaltemperatur $T_{\max}$ übereinstimmt. β ist ein Korrekturfaktor.

Diese Berechnung gilt nur näherungsweise, weil die nie ganz satte Auflage einen zusätzlichen Luftspalt hervorruft. Außerdem ist die $B = f(T)$-Kurve S-förmig gekrümmt. Die unvermeidlichen Fertigungsstreuungen sowohl der Steilheit

Bild 44.6. Drehstromzähler mit zwei Läuferscheiben (Hersteller Fa. Landis & Gyr, Frankfurt/M.).

$\Delta B / \Delta T$, die mit $\pm$ 10% angegeben wird, als auch der Remanenz des Magnetmaterials ($\pm$ 7%) haben zur Folge, daß auch die Güte der Kompensation eine beträchtliche Streuung aufweist.

EDLER [5] hat darauf hingewiesen, daß durch Stromstöße, wie sie als Folge von Kurzschlüssen oder Blitzeinschlägen auftreten können, die Möglichkeit einer irreversiblen Änderung der Luftspaltinduktion besteht. Es ist zweckmäßig, den Magneten vor dem Einbau einem Wechselfeld in der Größe des maximal möglichen Stromstoßfeldes auszusetzen. Eine Langzeitalterung, wie sie früher bei den Walzstahlmagneten vorhanden war, ist bei den AlNi- und AlNiCo-Magneten nicht mehr festzustellen, sofern diese durch ein Wechselfeld um ca. 7% abmagnetisiert wurden. Die genaue Größe der erforderlichen Abmagnetisierung richtet sich nach der Scherung des Systemes, worüber in Abschnitt 30.3 nähere Angaben gemacht werden.

Feineichverfahren, die auf einer Veränderung der Scherung durch Verstellen der Luftspaltlänge oder Verschiebung eines Nebenschlusses beruhen, schließen die Gefahr in sich, daß die stabilisierende Wirkung der Wechselfeldentmagnetisierung teilweise wieder aufgehoben wird. Die Induktionsänderung durch die Feineichung soll daher merklich kleiner als die Änderung durch die Wechselfeld-Entmagnetisierung sein.

Die Lagerung der Scheibenachse wird in zunehmendem Maße magnetisch bewerkstelligt: entweder kommen hierfür entgegengesetzt gepolte Magnete (Zug- oder Lagerentlastungsmagnete) oder gleich gepolte Magnete (Traglager) zur Verwendung. In den Abschnitten 52.4 und 57.3 wird hierüber berichtet.

Bild 44.6 zeigt einen Drehstromzähler moderner Bauart. Er enthält zwei Läuferscheiben, die von zwei Magnetsystemen abgebremst werden.

44.5 Gleichstromzähler

Zur Messung der elektrischen Arbeit bei Gleichstrom werden Meßmotoren verwendet, die ein Zählwerk antreiben [12]. Diese Motoren besitzen einen eisenlosen Rotor. Sie werden in Abschnitt 54.4 behandelt.

Literatur

 1. FRANCK, S.: ATM J 752-13 (13. 12. 1966).
 2. PETERS, W.: ETZ-B 20 (1968) 523—527.
 3. SPÄLTI, A.: VDE-Buchreihe Bd. 9, 1962, 102—123.
 4. GROSSE-BRAUCKMANN, H., u. E. HUETHER: ETZ-A 74 (1953) 505—508.
 5. EDLER, H.: ETZ-B 5 (1953) 330—333.
 6. GROSSE-BRAUCKMANN, H., u. K. ROTH: AEG-Mittlg. 52 (1962) 29—31.
 7. HÄMMERLING, F.: AEG-Mittlg. 41 (1951) 88—91.
 8. SCHMIDT, F. W. G.: Elektrotechnik 38 (1956) H. 2/3, 14—18.
 9. WEBER, K.: AEG-Mittlg. 46 (1956) 203—207.
10. TIBUS, B.: AEG-Mittlg. 46 [1956] 207—209.
11. FRANCK, S.: Der Aufbau der Elektrizitätszähler, Karlsruhe: Braun 1964.
12. SCHERTEL, G.: FWT 71 (1967) 9—15.
13. DBP 2046168 (13. 4. 1957).
14. LAUE, W., u. G. SCHERTEL: Siemens-Z. 41 (1967) 335—336.
15. HAARMANN, M.: DEW Techn. Ber. 2 (1962) 159—166.
16. CLAUS, G.: FWT 66 (1962) 111—118.
17. CHVATAL, D.: Tehniška Porocila Ind. „Iskra" 34 (1967) 25—28.

45 Bestandteile von Meßgeräten

45.1 Magnete für Meßgeräte

Den Meßgerätebauer interessieren im Hinblick auf die Magnete vor allen Dingen drei Fragen: Wie werden diese aufmagnetisiert, wie lassen sie sich definiert abmagnetisieren und wie verhält sich ihre zeitliche Konstanz. Über die Methoden zur Aufmagnetisierung wird in Kapitel 31 eingehend berichtet. Die Abmagnetisierung wird im Abschnitt 32.1 behandelt, und die Frage der zeitlichen Konstanz der Luftspaltinduktion ist Gegenstand des Abschnitts 30.3.

45.2 Weicheisenpolschuhe

Diese werden entweder aus Temperguß, Sintereisen oder in Fällen mit hoher magnetischer Beanspruchung aus Kobalteisen hergestellt. Letzteres kommt bei Meßgeräten jedoch selten vor. Im Abschnitt 29.1 sind die Eigenschaften dieser Eisensorten eingehend behandelt. Besonders bei den Sinterteilen kommt es zur Erzielung eines geringen magnetischen Widerstandes auf die Einhaltung einer möglichst großen Dichte (> 7.0 p/cm^3) und auf Kupferfreiheit an.

45.3 Magnetische Dämpfungseinrichtungen für Meßgeräte

Drehspulinstrumente werden hauptsächlich durch die Wirbelströme gedämpft, die im Aluminium des Rähmchens entstehen [1, 2]. Eine weitere Dämpfungswirkung entsteht durch die bei Spulenbewegungen induzierten Gegenströme, doch ist dieser Anteil vom Außenwiderstand abhängig. Bei Systemen mit einem Zeigerausschlag von 90° Winkel reicht die Rähmchen- und Stromdämpfung im allgemeinen zur Erzielung aperiodischer Schwingungseigenschaften aus. Gelegentlich werden statt der Aluminiumrähmchen solche aus Kupfer verwendet.

Bild 45.1. Schwenkbares Bremsmagnetsystem für die Dämpfung eines Linienschreibers (Werkbild Fa. Camille Bauer, Wohlen/Schweiz).

Bei Linienschreibern ist das Direktionsmoment D sehr groß, so daß durch die Rähmchen- und Stromdämpfung keine aperiodische Dämpfung erzielt werden kann. Als Zusatzeinrichtung wird sodann eine Wirbelstrombremse verwendet. Auf der Achse des Instrumentes befindet sich eine Aluminumscheibe, die in den Luftspalt eines oder mehrerer Magnetsysteme eintaucht. Bild 45.1 zeigt ein solches System aus einem Linienschreiber. Die Größe des Bremsmomentes kann durch Schwenken der Magnetsysteme eingestellt werden. Zur Berechnung der Bremskonstante k werde auf das Kapitel 44 verwiesen.

Die zur Dämpfung von Drehspulweitwinkelgeräten und Dreheisengeräten erforderlichen Momente sind sehr klein. Für derartige Instrumente werden in steigendem Umfang magnetische Dämpfungseinrichtungen verwendet. Einige davon sind in dem Bild 45.2 dargestellt. Die Ausführung a enthält zwei kleine billige Ferritmagnete, benötigt aber eine relativ große und schwere Dämpfungsfahne. Bei den Ausführungen b und c wird eine mehrpolig magnetisierte Magnetplatte aus Bariumferrit verwendet, wobei die Dämpfungsfahne klein und leicht sein kann. Ein Vorteil gegenüber der bisher üblichen Luftdämpfung ist, daß die Dämpferfahne wesentlich schneller justiert werden kann. Durch Variierung des Polabstandes kann das Bremsmoment dem Verlauf des Direktionsmomentes angepaßt werden. Sofern die Anordnung aus einem schmalen Schwert und einer großen Magnetplatte besteht (Bild 45.2 b—c), ist das Gewicht des Schwertes wesentlich kleiner als das eines vergleichbaren Luftdämpferflügels. Dreheiseninstrumente der Klassengenauigkeit 1 und 1,5 sind in Deutschland (West) bereits zum größten Teil auf magnetische Dämpfung umgestellt. Bei Dreheisengeräten höherer Klassengenauigkeit besteht etwas Zurückhaltung in der Einführung der

Magnetdämpfung, weil befürchtet wird, daß durch das Außenfeld des Dämpfungssystems eine Vormagnetisierung des bewegten Weicheisenorganes eintritt.
Dieses Streufeld kann jedoch durch einen geschlossenen Rückschlußbügel beträcht-

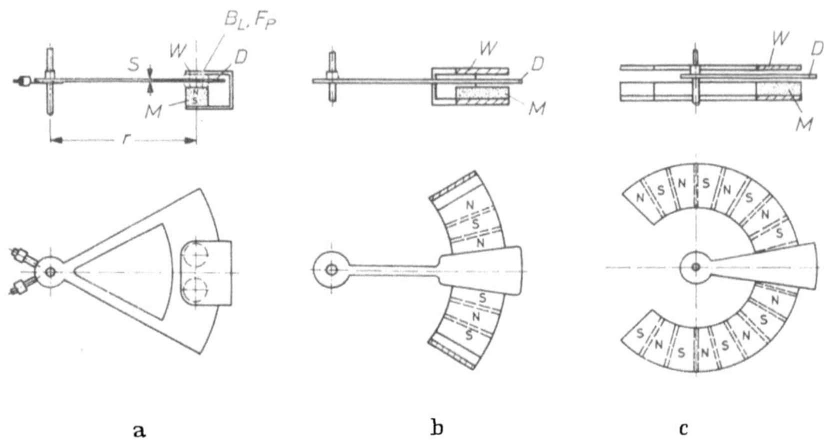

Bild 45.2. Magnetische Dämpfungsanordnungen für Dreheisen-Instrumente. a) Mit kleinen Magneten
und großer Fahne; b) u. c) mit Plattenmagneten und kleiner Fahne.

lich verringert werden. Auch ein enger Polabstand vermindert die Außenstreuung.
PARTENFELDER [3] hat ein Präzisions-Drehspulinstrument der Klasse 0,2 beschrieben, bei dem eine Wirbelstromdämpfung verwendet wird. VÖLKERLING [4]
geht auf die optimale Dimensionierung einer solchen Wirbelstrombremsung ein.

Literatur

1. MOERDER, C.: Grundlagen der Drehpulsinstrumente und verwandter Systeme, Karlsruhe:
   Braun 1960, 63ff.
2. HOFMANN, W.: ATM J 014-3, 1932, u. J 014-4, 1932.
3. PARTENFELDER, H.: ATM J 731-9, Sept. 1962.
4. VÖLKERLING, G.: Technica (Basel) 16 (1967) 17—21.

VIII. Meßgeräte für mechanische Größen
und elektromechanische Wandler

46 Wirbelstromtachometer

Die Erfindung der Wirbelstromtachometer stammt von TH. HORN [1], der
sie im Jahre 1884 für stationäre Drehzahlmessung konstruierte. Diese Geräte sind
robust, ausreichend gedämpft und im Verhältnis zur erzielbaren Genauigkeit
billig herzustellen. Mit verschwindend wenig Ausnahmen enthalten heute sämtliche Kraftfahrzeuge einen Wirbelstrom-Geschwindigkeitsmesser [2, 3]. Der
Systemaufbau ist in Bild 46.1 dargestellt. Innerhalb einer Aluminiumglocke dreht

sich der Magnet. Die in der Glocke entstehende Wirbelströmung ruft ein Mitnahmemoment hervor, das der Winkelgeschwindigkeit des Magneten proportional ist [4, 5]. Die Größe des Wirbelstrommomentes $M_B = C_m \cdot n$ wurde in Gl. (44.3) angegeben.

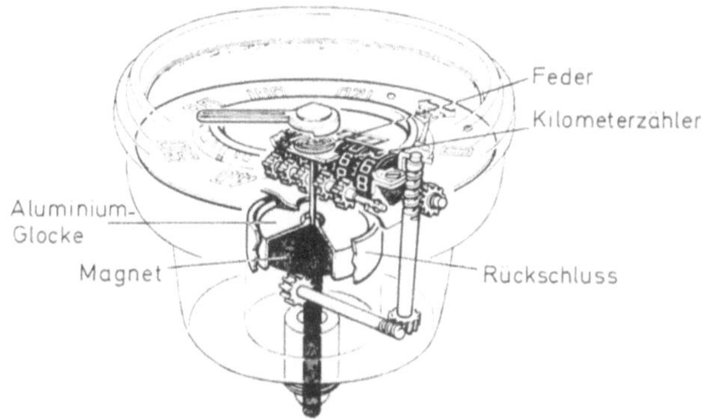

Bild 46.1. Schnittbild eines Automobil-Wirbelstromtachometers (Werkbild Fa. VDO Tachometer, Frankfurt/M.).

Bei den tachometerbauenden Firmen hat es sich eingebürgert, das Moment bei einer Drehzahl von 1000 min^{-1} zur Kennzeichnung zu benutzen. Dieses hat bei Verwendung einer Glocke aus Aluminium die Größe

$$M_{1000} = 0{,}488 \cdot W_L \cdot r^2 \cdot \frac{h}{\delta} \cdot \alpha \cdot \zeta \quad \mathrm{p\,cm}. \tag{46.1}$$

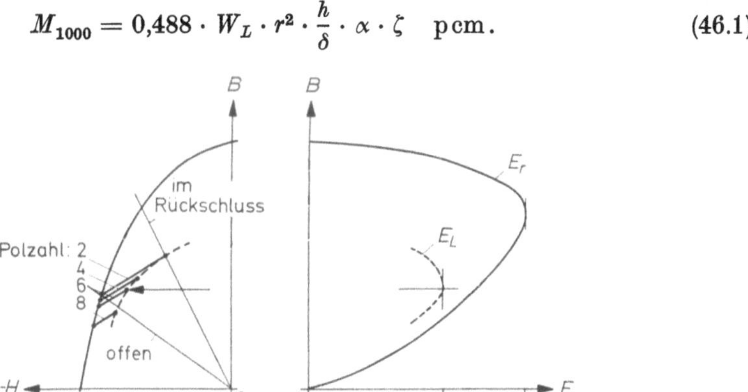

Bild 46.2. Äußere und innere Entmagnetisierungskurve sowie remanente und permanente Energiedichte eines Ringmagneten bei Magnetisierung mit verschiedener Polzahl p.

(W_L in p cm; r, h, δ in cm; α und ζ nach Bild 44.3a und b). Der Magnet kommt am billigsten, wenn die Luftspaltenergie $W_L = E_L \cdot V_L$ und damit auch die Energie $W_M = E_M \cdot V_M$ ein Maximum hat. Diese Aufgabe soll an Hand des Bildes 46.2 für einen mehrpolig am Außenumfang magnetisierten Ringmagneten erläutert werden, wie er für Tachometer oft verwendet wird. Ein solcher Ring kann nur nach dem Magnetisieren in den Rückschluß eingebracht werden, d. h. er ist permanent magnetisiert. Sofern die Ring- und Rückschlußabmessungen festliegen, was zumeist der Fall ist, steht nur die Polzahl für die Optimierung zur Verfügung. Im linken Teil des Bildes 46.2 sind im $B = f(H)$-Diagramm permanente innere Geraden für verschiedene Polzahlen eingezeichnet. Die Steigung der Leitfähigkeitsgeraden im Rückschluß ist $\lambda_L = l_M/l_L \cdot F_L/F_M = \text{const} \cdot p^{-1}$. Die Steigung der Leitfähigkeitsgeraden im offenen Zustand ist klein, folgt aber einer ähnlichen Gesetzmäßigkeit. Die endgültigen Arbeitspunkte sind in Bild 46.2 links durch eine gestrichelte Kurve miteinander verbunden. Im rechten Bildteil ist das Produkt $E_L = \dfrac{1}{2} B_L \cdot H_L$ dargestellt, das ein Maximum bei einer Polzahl von $p = 6$ aufweist. Sofern die relative Polbreite beim Magnetisieren gleich gewählt wurde, ist E_L proportional der gesamten Luftspaltenergie W_L und — falls nur wenig Streuung vorliegt — auch proportional der Energie W_M.

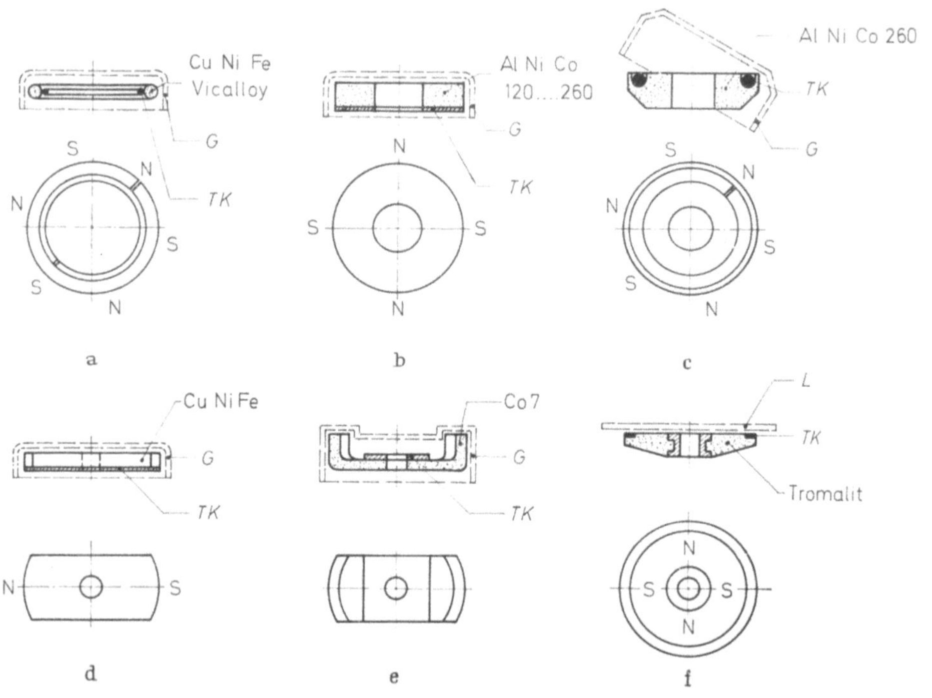

Bild 46.3. Bauformen von Magneten verschiedener Wirbelstromtachometer.
TK: Temperaturkompensation, G, L: Leiterglocke oder -scheibe.

Weil die Steigungen der Scherungsgeraden rechnerisch kaum zu bestimmen sind, läßt sich für die Lage des Maximums von E_L keine allgemein gültige Annahme machen. Die Optimierung kann nur durch eine Verbindung zwischen Experiment und Rechnung erfolgen.

Im allgemeinen sind die Luftspalte von Tachometersystemen groß, und die Induktionsverteilung ist infolgedessen inhomogen. In diesem Fall gilt die Beziehung (46.1) nur näherungsweise. Ist der Induktionsverlauf sinusförmig mit dem Maximalwert $B_{L\max}$, dann ist bei der Berechnung der Luftspaltinduktion der quadratische Mittelwert $\overline{B_L} = 1/2\, B_{L\max}$ einzusetzen.

Bild 46.3 zeigt eine Zusammenstellung von Magnetformen. Die mehrpoligen Magnete (Bild 46.3a, b, c, f) werden außerhalb des Rückschlusses aufmagnetisiert und anschließend in diesen eingebracht. Sie arbeiten daher im permanenten Magnetisierungszustand. Die zweipoligen Magnete werden von außen im Rückschluß magnetisiert, arbeiten daher remanent. Die Eichung der Instrumente erfolgt durch eine Wechselfeld-Entmagnetisierung, so daß die Stabilität während des späteren Betriebes sichergestellt ist.

Zur Erzielung günstiger Anzeigeeigenschaften haben moderne Tachometer ein Dämpfungsmoment von ungefähr $M_{1000} = 2,5$ p cm. Aus der Beziehung (46.1) errechnet sich für ein normales System mit $r = 1,5$ cm, $h/\delta = 0,5$, $\alpha = 0,5$,

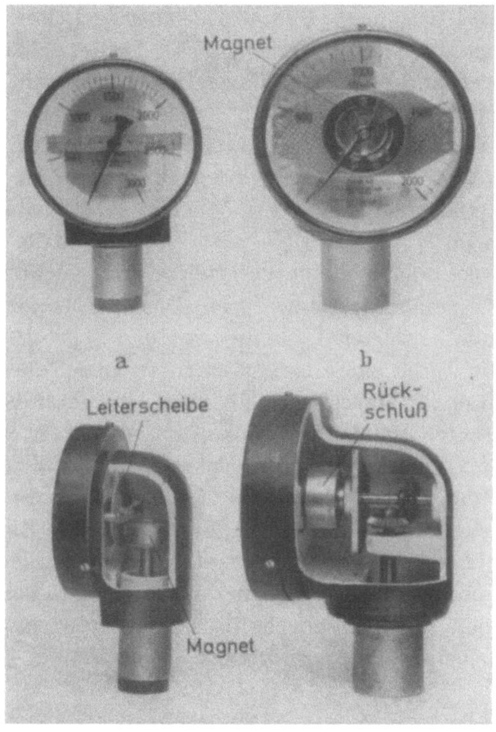

Bild 46.4. Ausführungsformen stationärer Wirbelstrom-Drehzahlmesser. a) Mit magnetischem Winkelantrieb; b) mit Kegelrad-Winkelantrieb (Hersteller Fa. Dr. Th. Horn, Schönaich).

$\zeta = 0,7$ eine erforderliche Luftspaltenergie von $W_L = 13$ pcm $= 1,6 \cdot 10^5$ G $\cdot$ $\cdot$ Oe $\cdot$ cm³. Das aktive Luftspaltvolumen ist $V_L = 1,4$ cm³, so daß die Luftspaltenergiedichte $E_L = 1,1 \cdot 10^5$ G $\cdot$ Oe wird. Sofern die Induktionsverteilung bei mehrpoliger Magnetisierung im Spalt einen sinusförmigen Verlauf hat, ist die erforderliche maximale Induktion $B_{L\max} = 940$ G.

Außer in anzeigenden Instrumenten werden Wirbelstromsysteme auch in schreibenden Geräten, den sogenannten Tachografen oder Fahrtschreibern, eingesetzt. Das erforderliche Moment ist wesentlich größer als bei anzeigenden Geräten, weil die Reibung an dem Schreibstift überwunden werden muß, und hat Werte für M_{1000} von 15 bis 20 pcm. Hierbei entsteht bei höheren Drehzahlen in der Glocke eine Überhitzung, deren Einfluß mit Hilfe einer Temperaturkompensation beseitigt wird. Weil der Temperaturausgleich zwischen der Glocke und dem Kompensationsmaterial Zeit in Anspruch nimmt, entsteht bei plötzlichen großen Geschwindigkeitsänderungen ein Anzeigefehler, der erst nach einigen Minuten verschwindet. Um den Ausgleich zu beschleunigen, hat es sich bewährt, das Kompensationsmaterial als dünnwandigen Topf um den Magneten oder als Ring um die Glocke anzuordnen.

Stationäre Drehzahlmesser für industrielle Zwecke haben Momente M_{1000} von 5 bis 10 pcm. In dem Bild 46.4 sind zwei Ausführungsformen gezeigt. Das rechts dargestellte Instrument (Bild 46.4b) arbeitet wie bisher beschrieben mit einer Leiterglocke, wobei sich der Rückschluß mit dem Magneten gemeinsam dreht. Das andere Instrument (Bild 46.4a) hat eine Leiterscheibe, zu deren Achse die Drehachse des Magneten senkrecht steht. Das erzielbare Dämpfungsmoment ist hierbei entsprechend niedriger. Beide Instrumente enthalten 6polig magnetisierte Ringmagnete aus AlNiCo 160.

Der Grund, weshalb Wirbelstromtachometer trotz ihres einfachen Aufbaues nicht für alle Drehzahl- und Geschwindigkeitsmessungen benutzt werden, ist in der schwierigen und nur begrenzt möglichen Kompensation des Temperaturfehlers zu suchen [6, 7].

Die Leiterglocke oder -scheibe vergrößert ihren elektrischen Widerstand um rd. 4% pro 10°C Temperatursteigerung. Dementsprechend verringert sich die Anzeige des unkompensierten Tachometers um 4% pro 10°C. Der Grundgedanke der Kompensation durch einen thermomagnetischen Nebenschluß ist, die Induktion im Luftspalt so zu verändern, daß diese Widerstandsänderung kompensiert wird (s. auch Kapitel 21). In der genannten Arbeit [7] ist angegeben, daß auf Grund der $B = f(T)$-Kurve des Kompensationsmaterials ohne Berücksichtigung von Chargenstreuungen ein Restfehler von $\pm$ 1,2% pro 10°C erreicht werden kann. Dieser Wert ist allerdings ein Idealwert, denn die Herstellung des Kompensationsmaterials ist schwierig, und es treten relativ große Toleranzen sowohl für die Einhaltung einer bestimmten Steilheit als auch eines bestimmten Curiepunktes auf. Dazu kommen noch die mechanischen Toleranzen, so daß der maximale Temperaturfehler bei Großserienproduktion ungefähr bei $\pm$ 2% pro 10°C liegt.

Literatur

1. DRP 31893 (16. 11. 1884).
2. NERRLICH, H.: FWT 60 (1956) 124—130.
3. KECK, A.: FWT 68 (1964) 77—84.
4. SCHWABE, E.: ETZ 78 (1957) 494—499.
5. Magnetsysteme zur Bremsung und Dämpfung, Firmenschrift DEW Magnetfabrik 1964.
6. VIAL, H.: Ber. d. Arb.-Gem. Ferromagnetismus 1959, 267—270.
7. BRINKMANN, K.: FWT 70 (1966) 370—374.

47 Tauchspulanordnungen

47.1 Schwingungsaufnehmer

Bild 47.1 zeigt ein typisches System dieser Art. Es wird hauptsächlich als Aufnehmer in größeren Auswuchtmaschinen verwendet. Kleinere Systeme können direkt an den zu prüfenden Maschinen, Turbinen o. a. befestigt werden. Die Spule sowie die Federungsmembran sind auf dem Bild zu erkennen. Das Magnetsystem ist ein remanentes statisches System. Meist lautet die Fragestellung so, daß in einem vorgegebenen Luftspaltvolumen V_L (s. Bild 47.2) entweder eine bestimmte oder eine möglichst große Luftspaltinduktion B_L erzeugt werden soll. Die Lösung dieser Dimensionierungsaufgabe ist in dem Abschnitt 15.1 angegeben.

Zuweilen wird bei solchen Tauchspulsystemen der Kern nicht abgesetzt, sondern er hat den gleichen Durchmesser wie der Magnet (Bild 47.3). Im allgemeinen ist der Streufaktor hierbei etwas günstiger. Sind die Abmessungen des Luftspaltes

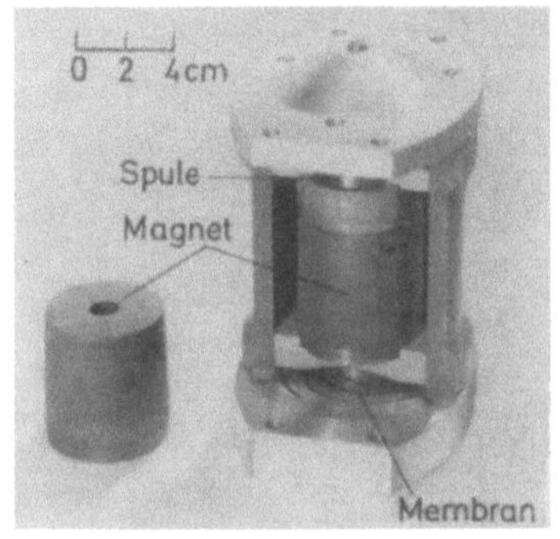

Bild 47.1.

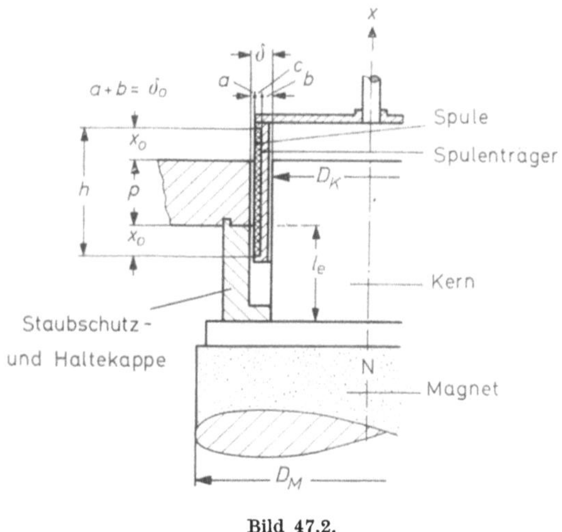

Bild 47.2.

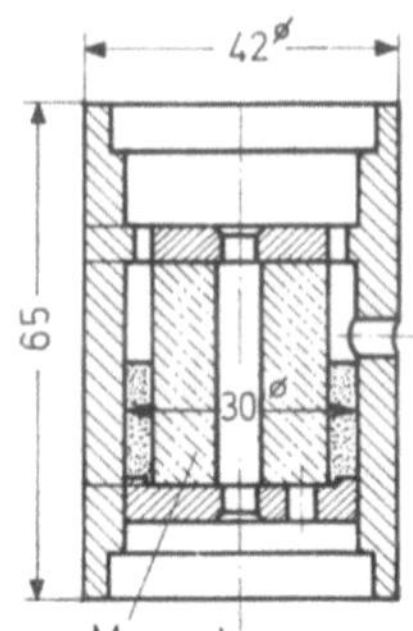

Bild 47.3.

Bild 47.1. Schwingungsaufnehmer für eine Auswuchtmaschine (Hersteller Fa. Schenck, Darmstadt).

Bild 47.2. Abmessungen am Kern eines Tauchspulsystemes.

Bild 47.3. Schnittzeichnung eines Tauchspul-Magnetsystemes mit gleichem Kern- und Magnetdurchmesser. (Maße in mm).

vorgegeben, dann folgt für die optimale Magnetlänge als einzige noch verfügbare freie Größe derartiger Systeme:

$$l_{M\,\text{opt}} = \lambda_{G\,\text{opt}} \frac{\delta \cdot D_K}{4 \cdot p} \cdot \frac{1}{\sigma} \quad \text{cm}$$

mit σ als Streufaktor. Auch die Luftspaltinduktion ist damit bestimmt und hat die Größe:

$$B_L = B_{a\,\text{opt}} \cdot \frac{D_K}{4p} \cdot \frac{1}{\sigma} \quad \text{G.}$$

Der Luftspalt von Schwingungsaufnehmern ist stets einige Millimeter lang. Die Luftspaltinduktionen sind recht verschieden und liegen zwischen 4 und 7 kG. Bild 47.4 stellt die Messung der Schwingungen eines Motors mit Hilfe zweier Aufnehmer dar. Die Koppelstangen sind mit Greifermagneten an dem Motorblech befestigt.

Normalerweise soll die bewegte Aufnehmerspule möglichst leicht sein, um geringe rückwirkende Kräfte auf das Meßobjekt auszuüben. Es gibt jedoch auch

Anordnungen, bei denen die Spule stillsteht und das an Federn aufgehängte Magnetsystem schwingen kann. Bild 47.5 zeigt einen sogenannten Wellenschwin-

Bild 47.4. Schwingungsmessung an einem Motor mit Hilfe zweier dynamischer Aufnehmer. Die Koppelstangen sind mit Greifermagneten befestigt (Werkbild Fa. Schenck, Darmstadt).

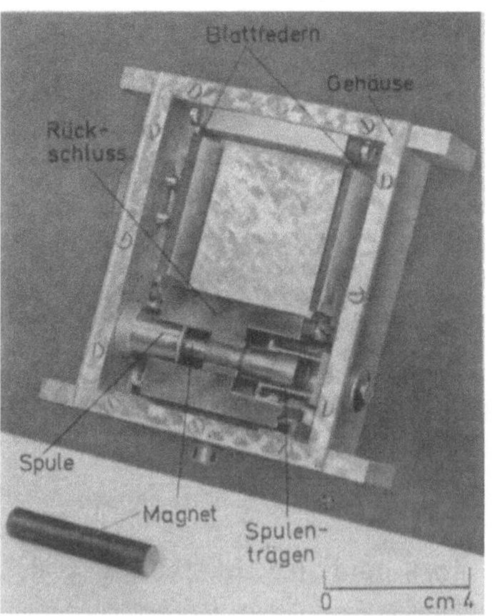

Bild 47.5. Schnittfotografie eines Wellenschwingungsmessers (nach [1]). (Hersteller Fa. Reutlinger & Söhne, Darmstadt.)

gungsmesser nach [1]. Die beiden Spulen, von denen eine entfernt wurde, sind am Gehäuse des Gerätes befestigt. Der Stabmagnet samt Rückschluß ist pendelnd auf zwei Federn befestigt, so daß er sich relativ zur Spule bewegen kann.

47.2 Krafterzeugende Tauchspulsysteme

In elektro-pneumatischen und elektro-hydraulischen Umformern werden Tauchspulmagnetsysteme zur Erzeugung einer mechanischen Kraft verwendet. Bild 47.6 ist einer Arbeit von KRONMÜLLER [2] entnommen und zeigt als Beispiel einen Druckmeßumformer nach dem Kraftvergleichsverfahren. Die Kraft auf die Tauchspule hat folgende Größe:

$$P = 1{,}02 \cdot 10^{-4} \cdot l_m \cdot w \cdot I \cdot B_L \quad \mathrm{p}.$$

Dabei sind l_m die Länge einer mittleren Windung (cm), I der eingeprägte Strom und B_L die Luftspaltinduktion (G). Soll das System entsprechend den VDE-Bestimmungen [3] explosionssicher sein, dann ist eine bestimmte Induktivität L als Funktion des Stromes I erforderlich.

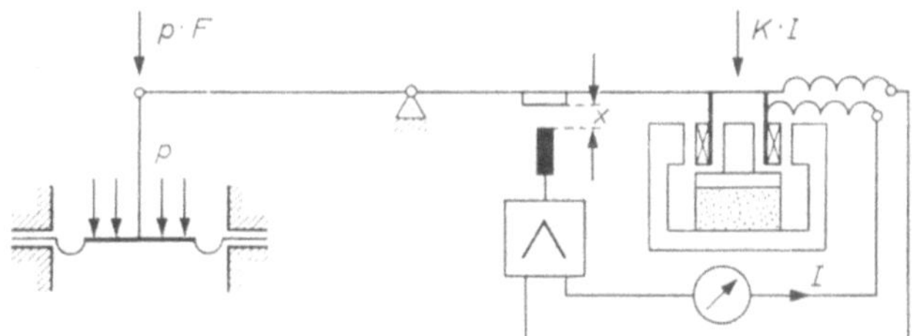

Bild 47.6. Schema eines elektrischen Druck-Meßumformers nach dem Kraftvergleichsverfahren (nach KRONMÜLLER [2]).

Bild 47.7. Fotografie eines Meßumformers (nach KRONMÜLLER [2]).

Bild 47.8. Funktionsschnittbild eines elektrohydraulischen ⟶ Tauchspulreglers mit Folgekolben (nach OPITZ [4]).
a Tauchspule, b Dauermagnet, c Folgekolben.

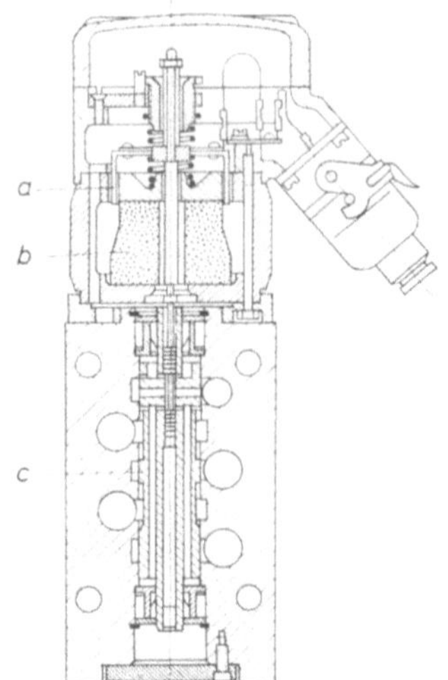

Gelegentlich soll der Spulenträger so dimensioniert sein, daß die in ihm entstehende Wirbelströmung eine Dämpfung von Spulenschwingungen hervorruft. Die Berücksichtigung dieser Forderung führt meist zu einem relativ kleinen Kerndurchmesser, weil die Größe der Dämpfung von B_L^2 abhängt. Bild 47.7 ist der Arbeit [2] entnommen und zeigt die Fotografie eines derartigen Meßumformers. Bei vollem Strom erreicht die Kraft an der Tauchspule nahezu den Wert von 600 p.

In elektro-hydraulischen Tauchspulreglern bewegt die Spule einen Steuerkolben, der den Öldurchfluß im Arbeitskreis beeinflußt. Bild 47.8 stellt das Schnittbild eines kompletten hydraulischen Steuergerätes dar. Es ist einer Arbeit von OPITZ [4] entnommen. Die Luftspaltinduktion des Magnetsystemes hat die Größe $B_L = 5{,}6$ kG, der Spulenweg ist $\pm$ 4 mm, wobei die Kraft bei einer Spulenleistung von 3,5 W 700 p beträgt. In einem wesentlich größeren System ähnlicher Art [5] wird bei $B_L = 6{,}5$ kG und einer Leistung von 40 W eine Kraft von 8 kp erzeugt. Der Spulenweg ist dabei $\pm$ 6 mm.

Bemerkenswert ist bei derartigen Systemen, daß die Steuerspule zwei Wicklungen trägt, die es gestatten, Quotientenschaltungen durchzuführen [6, 7].

Außer für Regel- und Steuerzwecke werden dauermagnetische Tauchspulsysteme für weitere Anwendungen benutzt, bei denen es auf Hysteresefreiheit und Proportionalität zwischen Strom und Kraft ankommt, beispielsweise für den Antrieb des Schneidstichels in Klischee-Graviermaschinen, Antriebe von Schwingspul-Kompressoren für Kühlschränke sowie Schwingtisch-Antriebe.

Literatur

1. ATM Febr. 1962 (313) R 16 (o. Verfasser).
2. KRONMÜLLER, H.: Siemens-Z. 31 (1957) 486—91.
3. VDE 0170/2. 61 und 0171/2. 61
4. OPITZ, G.: ATM J 065 Juni (1964) 127—130.
5. SUSSEBACH, W.: ATM J 065-3 April (1965) 91—94.
6. SUSSEBACH, W.: Werkstatt u. Betrieb 93 (1960) 7—11.
7. AXMANN, M.: Z. Automatisierung 4 (1959) 7—16.

48 Elektromagnetische Wandler

Diese gibt es als Drehmagnetwandler (sogenannter Teleperm-Abgriff der Fa. Siemens [1]) und als magnetische Wandler mit Eisenanker. Letztere wurden hauptsächlich für die Luftfahrttechnik entwickelt, doch beginnen sie auch auf anderen Gebieten vorzudringen, wie beispielsweise dem der Werkzeugmaschinensteuerungen. An dieser Stelle sollen nur Einrichtungen behandelt werden, die polarisiert sind, d. h. einen Dauermagneten enthalten. Bild 48.1 zeigt deren

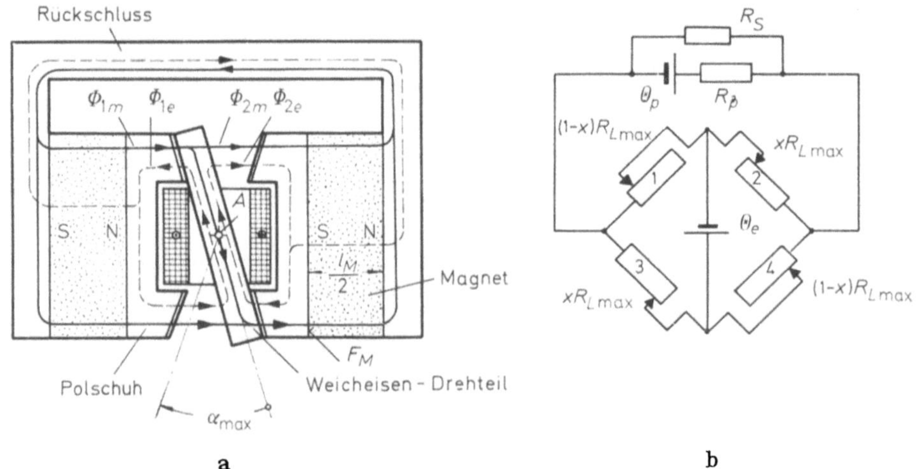

Bild 48.1. Vierpoliger magnetischer Wandler. a) Prinzipieller Aufbau; b) magnetisches Schaltbild. Es ist: $x = \alpha/\alpha_{max} = l_L/l_{L\,max} = R_L/R_{L\,max}$ und $l_{L\,max} = \alpha_{max} \cdot b$.

prinzipiellen Aufbau sowie das magnetische Ersatzschaltbild. Bei einer Drehung des Ankers A verändern sich die magnetischen Widerstände R_L der vier Luftspalte.

Das Moment an dem Anker hat die Größe (b = Radius)

$$M = 2b(P_1 - P_2) \tag{48.1}$$

wobei P_1 und P_2 die Zugkrägfte an den Luftspalten 1 und 2 sind. Wegen der Symmetrie sind die Kräfte an den zwei Luftspalten: $P_4 = P_1$ und $P_3 = P_2$.

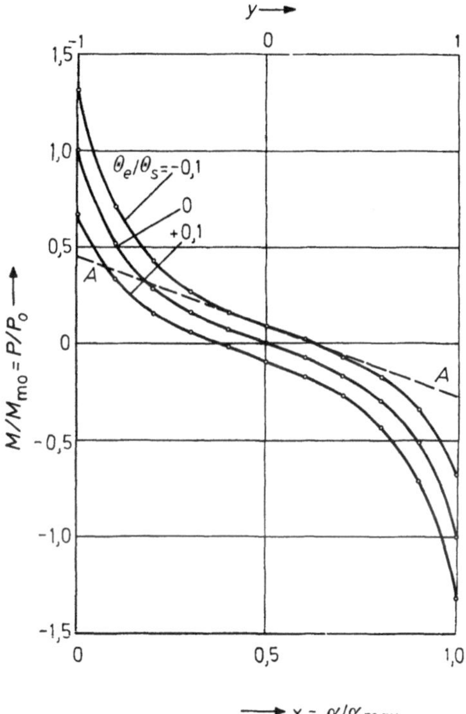

Bild 48.2. Relatives Moment M/M_{mo} am Anker eines vierpoligen magnetischen Wandlers in Abhängigkeit von der relativen Winkelstellung x.

Mit $a = 2b$ und den dortigen Bezeichnungen gelten für die weitere Rechnung die für den Schwingankerhörer abgeleiteten Gleichungen (37.4) und (37.5). Die vom Dauermagneten und von der Spule erregten Luftspaltflüsse haben hier die Größe:

$$\left. \begin{array}{ll} \Phi_{LM1} = \Phi_p \dfrac{1-x}{1+2r(x-x^2)}; & \Phi_{Le1} = \Phi_p \dfrac{\Theta_e}{\Theta_s} \dfrac{(1/r)+x}{1+2r(x-x^2)}; \\[3mm] \Phi_{LM2} = \Phi_p \dfrac{x}{1+2r(x-x^2)}; & \Phi_{Le2} = \Phi_p \dfrac{\Theta_e}{\Theta_s} \dfrac{(1/r)+x-1}{1+2r(x-x^2)}. \end{array} \right\} \tag{48.2}$$

Die Flüsse Φ_{Le1} und Φ_{Le2} können für die dargestellte Brückenschaltung nach den bekannten Gleichungen für den analogen elektrischen Kreis ermittelt werden [3].

Mit den Werten der Gleichungen (48.2) folgt nach Einsetzen in die Gleichung (37.5) unter Vernachlässigung des quadratischen Gliedes $(\Theta_e/\Theta_s)^2$ für das Moment:

$$M = \frac{2b\,c_1}{F_L} \cdot \Phi_p^2 \left[\frac{1-2x}{[1+2r(x-x^2)]^2} - 2\frac{\Theta_e}{\Theta_s} \cdot \frac{1}{r} \right]. \tag{48.3}$$

Das Haltemoment bei $x = 0$ ist $M_{m0} = 2bc_1 \Phi_p^2/F_L$. Die Größe des relativen Momentes $M/M_{m0} = P/P_0$ ist in dem Bild 48.2 für $\Theta_e/\Theta_s = 0$ und $\pm 0,1$ dargestellt.

Bemerkenswert ist, daß es zur Erzielung einer guten Linearität hauptsächlich auf einen kleinen Ankerweg relativ zur gesamten Luftspaltlänge ankommt. So

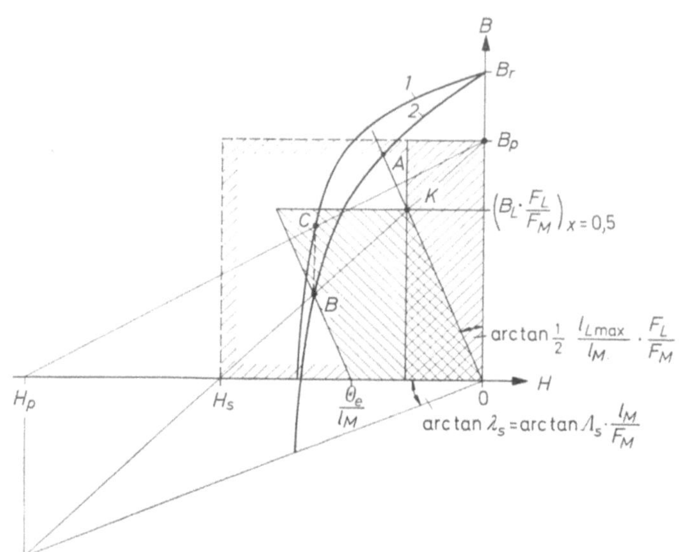

Bild 48.3. Entmagnetisierungskurve $B = f(H)$ eines vierpoligen permanentmagnetischen Wandlers für Mittelstellung des Ankers.

darf bei einer relativen Erregung $\Theta_e/\Theta_s = \pm 0,1$ der relative Ankerweg nicht größer als $\pm 0,07$ sein, falls die Linearitätsabweichung unter 1% bleiben soll. Für einen maximalen Luftspalt von beispielsweise $l_{L\max} = 1$ mm bedeutet dies einen Weg von nur 0,03 mm.

Die Fesselung des Ankers erfolgt durch einen Torsionsstab oder eine Spiralfeder.

Die Gleichung für das Moment an dem Anker enthält sowohl den Permanenzfluß Φ_p des Magneten als auch den Streuleitwert Λ_s, die untereinander in Verbindung stehen. Die Zusammenhänge mögen anhand der Entmagnetisierungskurve $B = f(H)$ des Bildes 48.3 erläutert werden. Wie immer werde angenommen, daß die Feldlinien sowohl im Magneten als auch im Luftspalt homogen verlaufen, so daß die $B = f(H)$-Darstellung als $\Phi = f(\Theta)$-Bild aufgefaßt werden kann, bei dem die Ordinate durch F_M und die Abszisse durch l_M geteilt wurden. Dann kann die Entmagnetisierungskurve 1 des Magnetmateriales um arc tan λ_s nach unten geschert werden, wodurch die Kurve 2 entsteht. Liegt der Anker bei frisch magnetisiertem System in der Endstellung am Polschuh an, dann entspricht der Arbeitspunkt des Magneten der Remanenz B_r, sofern keine Sättigung der Polschuhe oder im Anker vorliegt. Wird der Anker in die Mittelstellung gebracht, dann bewegt sich der Arbeitspunkt zum Punkt A. Eine Ankererregung der Größe Θ_e führt zum Arbeitspunkt B. Nach Abschalten des Stromes und Rückstellung des Ankers kehrt der Arbeitspunkt auf einer inneren Geraden zur Permanenz B_p zurück. Für eine Optimalkonstruktion wird man bestrebt sein, den Punkt C so zu wählen, daß er einen Punkt der optimalen permanenten Gerade des betreffenden Werkstoffes bildet. Die permanente Energie hat dann ihren Maximalwert. Während des Betriebes bewegt sich der Arbeitspunkt zwischen den Punkten K und B.

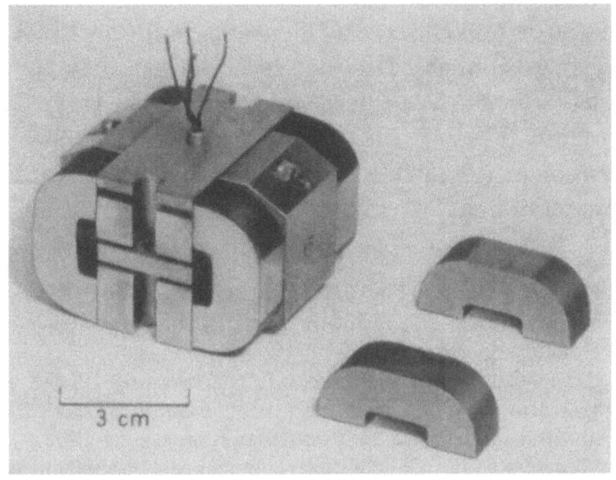

Bild 48.4. Kraftgeber nach dem magnetischen Prinzip. Weg $s = \pm 0,35$ mm (0,05 mA/cm); Kraft $P = 6$ kp; Moment $M = 13,8$ kpcm; Resonanzfrequenz $f_n = 400$ Hz (Werkbild Fa. Servo-Technik R. Versari, Wolfschlugen.

Bei derartigen Systemen ist die richtige Dimensionierung des Ankers von Bedeutung. Aus dem magnetischen Schaltbild 48.1b folgt mit $r = R_{L\max}/R_{ps}$ für den permanentmagnetisch erregten Ankerfluß

$$\Phi_{am} = \Phi_p \frac{1 - 2x}{1 + 2\,r\,(x - x^2)}$$

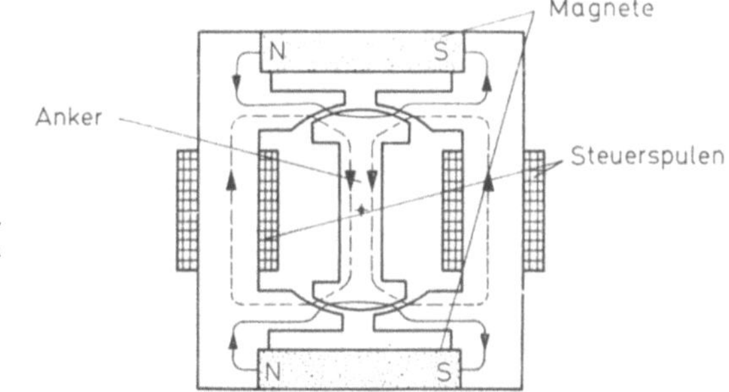

Bild 48.5. Kraftgeber (Torque-Motor) mit Radialluftspalt (nach CARTWRIGHT [3]).

und für den elektrisch erregten Ankerfluß

$$\Phi_{ae} = \Theta_e\,\Lambda_{L\min} \frac{1 + (2/r)}{2\,(x - x^2) + (1/r)}.$$

Bei kleinen Auslenkungen $(x \leqq 0,5 \pm 0,05)$ kann x^2 vernachlässigt werden, und der Ankerfluß ergibt sich nach einigen Umrechnungen zu:

$$\Phi_a = \Phi_{am} + \Phi_{ae} = \Phi_p \frac{1}{1 + 2\,r} \left(\frac{\Theta_e}{\Theta_s} + 1 - 2\,x\right).$$

Das Material des Ankers muß zur Vermeidung einer Stellungshysterese eine sehr kleine Koerzitivfeldstärke unter 0,03 Oe besitzen.

Bild 48.4 zeigt einen Kraftgeber nach dem magnetischen Prinzip, bei dem sich der Anker in der beschriebenen Art um seinen Mittelpunkt dreht. Bei einer anderen Ausführung (Bild 48.5) ist der Luftspalt in radialer Richtung angeordnet [3].

Naturgemäß gibt es eine große Zahl von Möglichkeiten, den Anker und die Steuerspulen sowie die Magnete relativ zueinander anzuordnen. BLACKBURN, REETHOF und SHEARER [4] weisen in ihrem Buch auf verschiedenartige Konstruktionen sowohl für Drehbewegungen als auch für Linearbewegungen hin. Bei den beschriebenen Wandlern und Kraftgebern verläuft nur ein Teil des elektrisch erregten Flusses über die Permanentmagnete. WINCKLER [5] beschreibt ein System, bei dem der Fluß, abgesehen vom Anteil des Streupfades, voll über den Magneten geht.

Literatur

1. HEBER, G., u. O. KNAPP: Siemens-Z. 38 (1964) 421—424.
2. KÜPFMÜLLER, K.: Einführung in die theoretische Elektrotechnik, Berlin/Göttingen/ Heidelberg: Springer 1959, 18.
3. CARTWRIGHT, J. B. F.: Raumfahrtforschung Bd. IX (1965) H. 4, 188—192.
4. BLACKBURN, J. F., G. REETHOF u. J. L. SHEARER: Fluid Power Control, II. Band: Regel- und Steuerelemente, Wiesbaden: Krausskopf 1962.
5. WINCKLER, R.: Conti-Elektro-Berichte 11 (1965) 81—87.

49 Schalter mit Dauermagneten

49.1 Mechanisch betätigte Schalter

Gelegentlich reichen bei Kontakten an Instrumentenzeigern, in Bimetallreglern und bei Schaltgalvanometern die Kontaktlast sowie die Bewegungsgeschwindigkeit nicht aus, um eine sichere und erschütterungsfreie Kontaktgabe zu

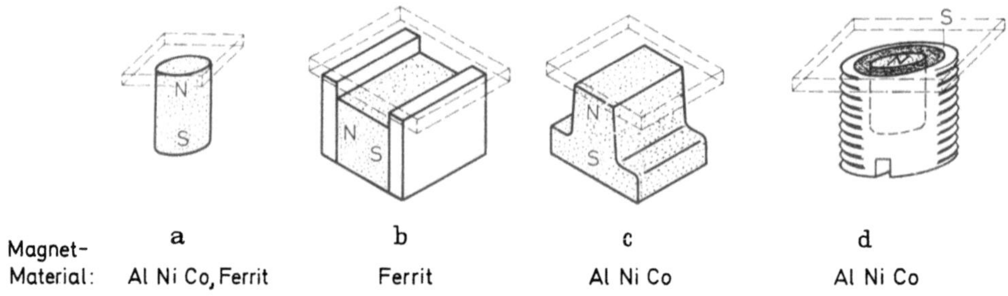

Bild 49.1. Verschiedene Formen von Schalthilfemagneten.

bewirken. In diesem Fall wird ein Dauermagnet als zusätzliche *Schalthilfe* verwendet [1]. Bild 49.1 zeigt Magnete und Magnetsysteme, wie sie beispielsweise in Kontaktmanometern, (a und d) Raumthermostaten (b) und Herdschaltern (c) verwendet werden.

Eine andere Art magnetischbetätigter Schalter sind *magnetische Mikroschalter*, von denen in dem Bild 49.2 zwei Ausführungen dargestellt sind [2, 3]. Das Prinzip des Schalters *a* mit Stahlzunge und stationärem Magnetsystem ist in Bild 49.3a nochmals schematisch herausgezeichnet, wobei die eigenelastische Stahlfeder zur

Veranschaulichung durch zwei Zugdruckfedern F ersetzt wurde. Bild 49.3 b stellt das Momentendiagramm bezogen auf den Drehpunkt A des Schalters dar. In der Ruhestellung liegt das Teil H an den Polschuhen des Magneten an. Den Feder-

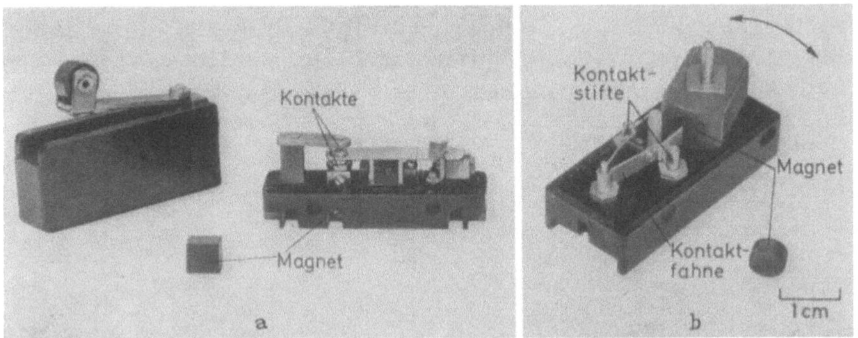

Bild 49.2. Magnetische Mikroschalter. a) Mit Stahlzunge und stationärem Haftsystem (Hersteller Fa. E. Hartmann, Schornbach/Württ.); b) mit Weicheisengabel und bewegtem Magneten (Hersteller Fa. Epeda-Werke, Wuppertal).

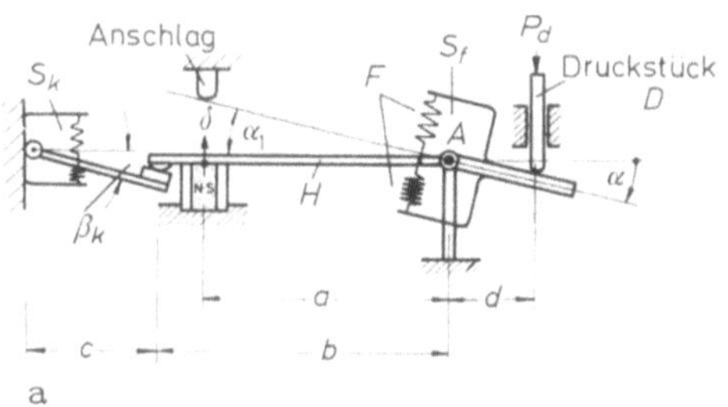

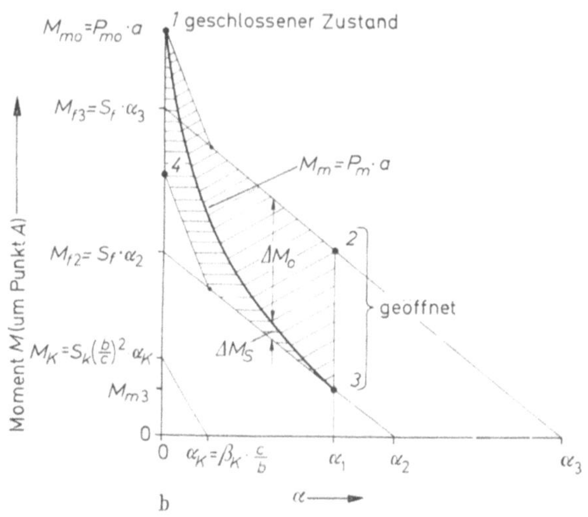

Bild 49.3. Magnetischer Schnapp- (Mikro-) Schalter. a) Prinzipskizze; b) Momentendiagramm $M = f(\alpha)$ bezogen auf den Drehpunkt A.

momenten wirkt das magnetische Zugmoment M_{mo} entgegen. Durch eine Druckkraft P_d auf das Druckstück D wird die Feder F gespannt. Das Haftteil H löst sich von dem Magnetsystem, sobald das Moment M_d größer als das

Moment $M_{m0} - M_k$ ist. Dies sei bei einem Winkel α_3 entsprechend einem Weg des Druckstückes $s_3 \cong \alpha_3 \cdot d$ der Fall. Das Teil H bewegt sich nun um den Winkel α_1 bis zum Anschlag, und der Kontakt wird geöffnet. Im Diagramm (Bild 49.3b) bedeutet dies eine Wanderung des Arbeitspunktes von 1 nach 2. Zum Schließen des Kontaktes wird die Kraft P_d auf das Druckstück verringert. Das Teil H löst sich vom Anschlag, sobald das Federungsmoment $S_f \cdot \alpha$ dem von dem Magneten herrührenden Moment M_{m3} gleich ist. Falls das

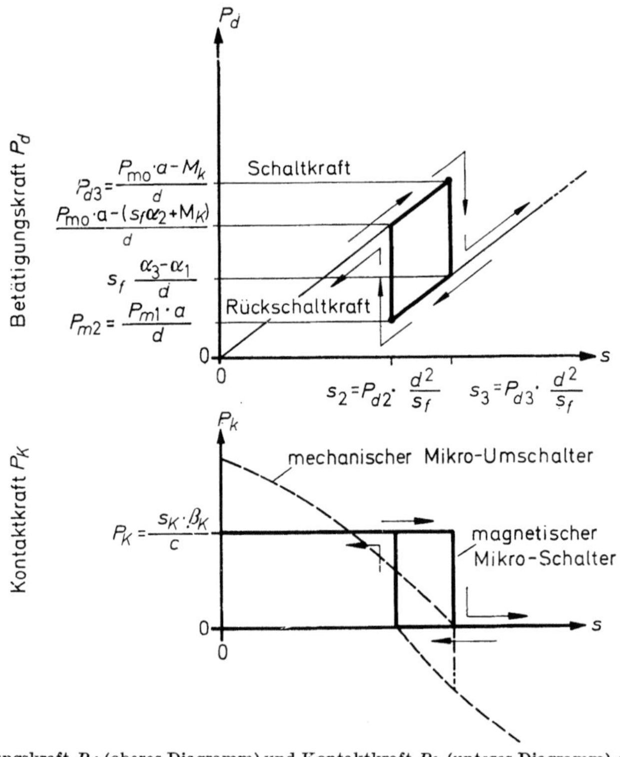

Bild 49.4. Betätigungskraft P_d (oberes Diagramm) und Kontaktkraft P_k (unteres Diagramm) eines magnetischen Schnapp-(Mikro-)Schalters. (Gestrichelt: Kontaktkraft eines mechanischen Mikro-Umschalters (nach [4]).

magnetisch erzeugte Moment überwiegt, wird das Teil H bis zum Winkel $\alpha = 0$ zurückgezogen und der Arbeitspunkt im Diagramm wandert von 3 nach 4. Der Öffnungsvorgang wird stets schlagartig vor sich gehen, weil das magnetische Moment wesentlich schneller als das mechanische Federmoment absinkt. Kritischer ist es bei dem Schließungsvorgang: dieser geht nur dann schnappend vor sich, wenn die Steilheit der magnetischen Momentenkurve im Punkt 3 zumindest gleich, möglichst aber größer als die Federsteife ist.

Beim Betrieb derartiger Schnappschalter und Kontakthilfsmagnete ist das Hauptaugenmerk darauf zu richten, daß die Haftkraft P_0 während des Betriebes konstant bleibt. Durch die ständigen Schläge kann die Polfläche geglättet werden, was eine Erhöhung der Haftkraft zur Folge hat. Auf der anderen Seite wird der Luftspalt leicht durch Korrosion vergrößert, wodurch sich die Haftkraft verringert. Es empfiehlt sich, eine dünne schlagfeste Folie (beispielsweise aus Hartmessing, Bronze, Titan o. ä.) über den Polschuh anzuordnen, so daß die Gefahr nachträglicher Haftkraftänderungen geringer wird. Die relativ großen Toleranzen der Federsteilheit in Verbindung mit der fertigungsmäßig bedingten Haftkrafttoleranz der Magnete von $\pm$ 15% machen es notwendig, vor Serienbeginn sorgfältig zu klären, daß auch grenzwertige Federn und Magnete noch ein Schnappen des Schalters ergeben.

Ein Vergleich der Kontaktkraftkurven des magnetischen und des mechanischen Mikroschalters geht zu Gunsten des magnetischen Schalters aus, wie aus dem Bild 49.4 hervorgeht. Im unteren Diagramm ist die Kontaktkraftkurve eines mechanisch betätigten Mikroschalters nach HOFER [4] gestrichelt eingezeichnet. Während die Kontaktkraft des mechanischen Schalters monoton auf den Wert Null abfällt, ist das Verhalten des magnetischen Schalters günstiger: die Kontaktkraft bleibt bis zum Kipp-Punkt konstant. Im oberen Teil des Bildes 49.4 ist der dazugehörige Verlauf der Betätigungskraft P_d angegeben.

Der in Bild 49.2b dargestellte Mikroschalter wird durch eine Drehbewegung betätigt, wobei der Magnet jeweils eine Seite der winkelförmigen Kontaktfahne an einen der Kontaktstifte heranzieht.

49.2 Strombetätigte Schalter

49.2.1 Haftrelais, Ordinatenschalter

Bei den sog. *Haftrelais* wird der Anker durch einen Dauermagneten, beispielsweise einen Greifermagneten in der geöffneten Stellung festgehalten [5].

Eine besondere Art von Haftrelais sind die *Ordinaten-Haftschalter* [6]. Bild 49.5 zeigt ihren prinzipiellen Aufbau. In der ausgeschalteten Stellung wird der Haftanker und damit der Betätigungssteg durch den dauermagnetischen Fluß gegen die Wirkung der geöffneten Kontaktfedern festgehalten. Zum Schließen der

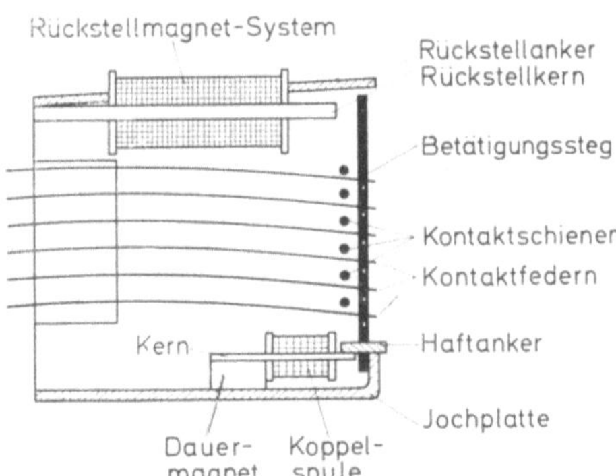

Bild 49.5. Funktionsprinzip eines Ordinaten-Haftschalters. Werkbild Fa. AEG Telefunken.

Kontakte einer Spalte (Ordinate) wird ein Stromimpuls durch die Koppelspule geschickt, so daß der elektrisch erregte Fluß den Magnetfluß aufhebt. Die Kontaktfedern drücken sodann den Haftanker sowie den Betätigungssteg nach oben. Sollen die Kontakte wieder ausgeschaltet werden, dann wird ein Strom durch die Rückstellspule geschickt. Hierdurch drückt der Rückstellanker den Betätigungssteg nach unten und den Haftanker in die Haftstellung. Es können jeweils beliebige Kontaktspalten (Ordinaten) eingeschaltet werden, während durch Betätigung des Rückstellsystemes sämtliche zuvor eingeschalteten Spalten auszuschalten sind. Derartige Schalter werden vornehmlich in der Fernsprech-Vermittlungstechnik verwendet. Die Dauermagnete bestehen aus Bariumferrit der Qualität 100 oder 300.

49.2.2 Drehspulrelais, dynamische Relais

Relais nach dem *Drehspul*prinzip werden als Schaltgalvanometer bezeichnet [7, 8]. Bild 49.6 zeigt eine Ausführung.

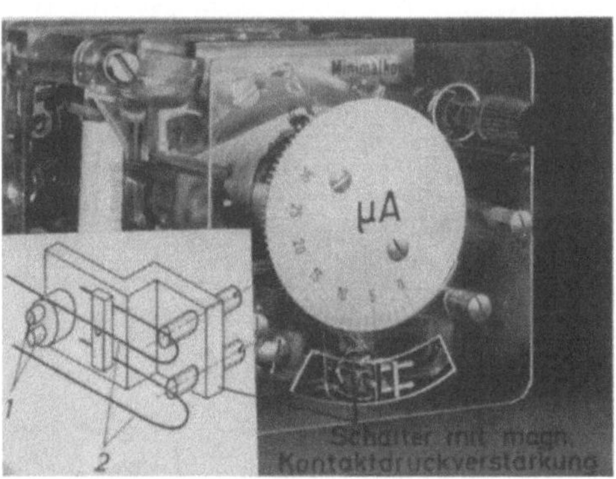

Bild 49.6. Schaltgalvanometer mit magnetischer Kontaktdruckverstärkung. *1* PtCo-Magnete, *2* Kontaktdrähte (Werkbild Fa. Siemens).

Auch *dynamische Relais* nach dem Tauchspulprinzip wurden gebaut. Sie bieten jedoch keine besonderen Vorteile, weil das Verhältnis der Reibungskraft zur Stellkraft ungünstig ist, wenn es sich darum handelt, extreme Empfindlichkeiten zu erzielen.

49.2.3 Polarisierte Relais und Schütze

Das Prinzip der zwei- und vierpoligen elektromechanischen Wandler, wie es in den Abschnitten 37.3 und 38.4 sowie im Kapitel 48 beschrieben wurde, findet sich in den polarisierten Relais wieder [9]. Die Wirkungsweise werde anhand des

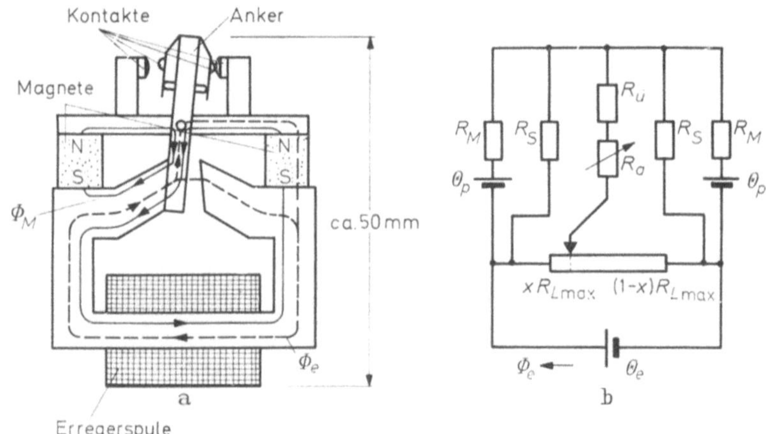

Bild 49.7. Polarisiertes Relais der Fa. Hasler, Bern (nach [9]). a) Grundsätzlicher Aufbau; b) magnetisches Schaltbild.

Bildes 49.7 erläutert, in dem sowohl der prinzipielle Aufbau (49.7 a) als auch das magnetische Schaltbild (49.7 b) dargestellt sind. Vom Fluß der beiden Dauermagnete wird der Anker in den beiden Endlagen gehalten. Zum Umklappen wird mit Hilfe der Durchflutung $\Theta_e = I \cdot w$ ein Gegenfluß erzeugt, der den Dauermagnetfluß aufhebt. In dem Bild 49.8 ist das $B = f(H)$-Diagramm des Magnetkreises darge-stellt. Unter Annahme homogenen Flußverlaufes kann es als $\Phi/F_M = f(\Theta/l_M)$-Diagramm aufgefaßt werden. Kurve 2 ist die um $\arc\tan \Lambda_s \cdot (l_M/F_M)$ gescherte Kurve 1 des Magnetmateriales, wobei meist gesintertes AlNiCo 120 oder 500 zur Verwendung kommt. Gerade 3 ist die Leitfähigkeitsgerade für den unvermeid-

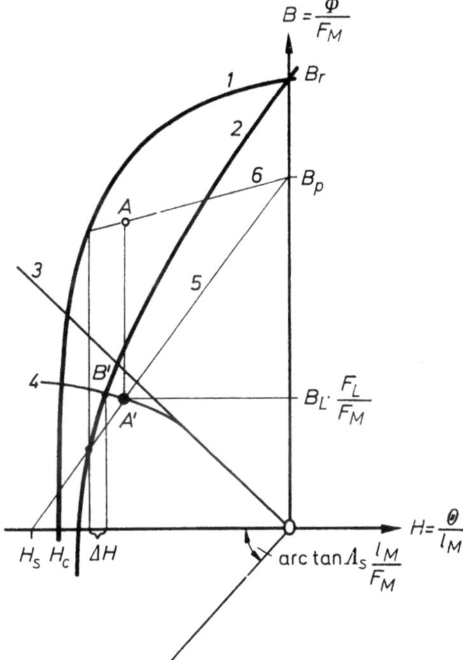

Bild 49.8. Entmagnetisierungskurve $B = f(H)$ eines polarisierten Relais für die Endlagenstellungen ($x = 0$ und $x = 1$).

lichen Übergangsluftspalt $R_{\ddot{u}}$. Als Zusatzluftspalt wirkt ferner der veränderliche Widerstand des Ankereisens R_a, woraus additiv die Arbeitskurve 4 folgt. Der Schnittpunkt von 2 und 4 sei der Arbeitspunkt B'. Durch den Einfluß der Gegen-feldstärke $\Delta H = \Theta_e/l_M$ verlagert er sich auf die innere permanente Gerade 5 und kehrt nach Abklingen der elektrischen Erregung auf A' zurück. Das Gegenfeld am Magneten ist nicht sehr groß. Im dargestellten Beispiel beträgt es ca. 50 Oe, wäh-rend die erforderliche Umklapperregung für den vollen Ankerweg bei ca. 100 AW liegt. Hochempfindliche Relais dieser Art werden allerdings so einjustiert, daß der Anker nur eine kleine Bewegung von ca. 0,07 mm ausführt, wozu eine Durch-flutung von ca. 15 AW notwendig ist.

Der allgemeine Verlauf des relativen Momentes am Anker ist in dem Bild 48.2 dargestellt.

In einer Schriftenreihe der Deutschen Bundespost [10] finden sich ausführliche Beschreibungen derartiger Relais. Sofern der Anker mit Hilfe einer Torsionsfeder oder einer Rastvorrichtung in der Mittelstellung fixiert wird, entsteht ein Relais mit neutraler Mittellage [11], wie man es für einige Schalt- und Regelaufgaben benötigt. Relais mit unsymmetrischer Feder haben eine einseitige Ruhelage des Ankers [12]. Die Kennlinie einer derartigen Feder ist in dem Bild 48.2 gestrichelt (A—A) eingezeichnet.

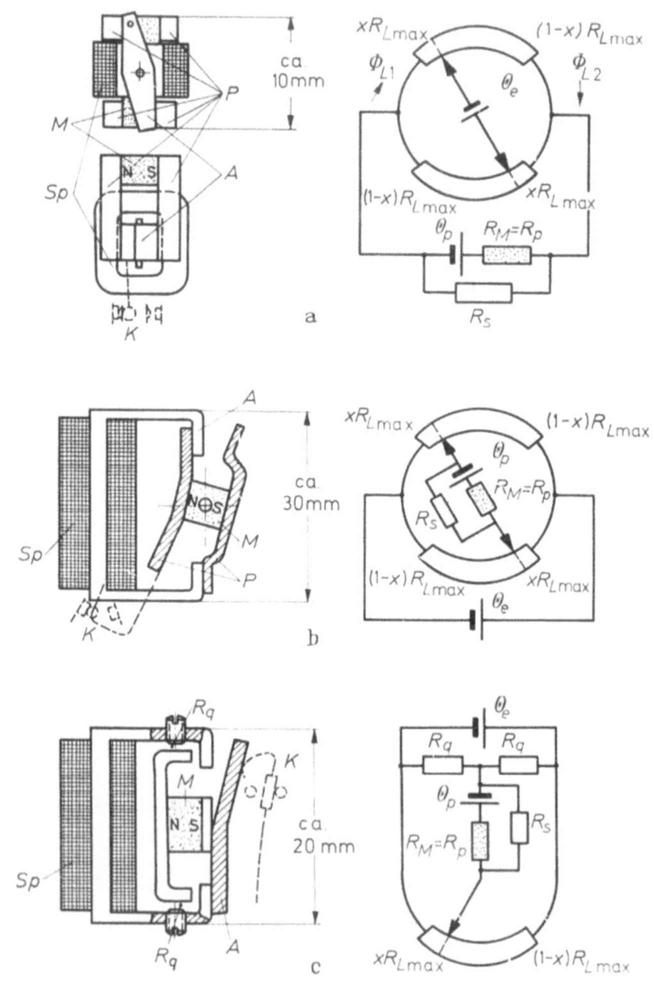

Bild 49.9. Verschiedene polarisierte Kleinrelais. Links: Prinzip; rechts: magnetische Schaltbilder.
a) Nach H. SAUER [14]; b) Zwergpolrelais der Fa. Siemens; c) Minipolrelais der Fa. Siemens.

Die Miniaturisierung elektrischer Kreise hat auch zu einer Verkleinerung der polarisierten Relais geführt [13]. In dem Bild 49.9 ist der prinzipielle Aufbau dreier polarisierter Kleinrelais mit den dazugehörigen magnetischen Schaltbildern dargestellt. Der magnetische Kreis des von SAUER [14] beschriebenen Relais (Bild 49.9a) entspricht dem des vierpoligen magnetischen Wandlers. Der Anker A

ist innerhalb der Spule Sp angeordnet, während der Magnet M aus AlNiCo 450 die vier beinchenförmigen Polschuhe P trägt. Beim Zweipolrelais nach Bild 49.9 b bewegt sich der Anker A samt dem Dauermagneten, wobei die Spule seitlich angeordnet ist. Das sogenannte Minipolrelais (Bild 49.9 c) besitzt einen Wälzanker und ebenso eine seitlich liegende Spule.

Anhand der angegebenen magnetischen Schaltbilder lassen sich die magnetischen Flüsse in den Luftspalten und daraus die Kräfte auf den Anker berechnen. Für die Bauarten nach Bild 49.9 a und b ergibt sich dieselbe Gleichung (48.3), wie sie für das Moment am Anker eines magnetischen Wandlers (Torque-Motor) abgeleitet wurde. Im Bild 48.2 ist der allgemeine Verlauf dieser Gleichung dargestellt. Je kleiner der Faktor $r = R_{L\max}/R_{ps} = R_{L\max}\,(\Lambda_p + \Lambda_S)$ ist, desto

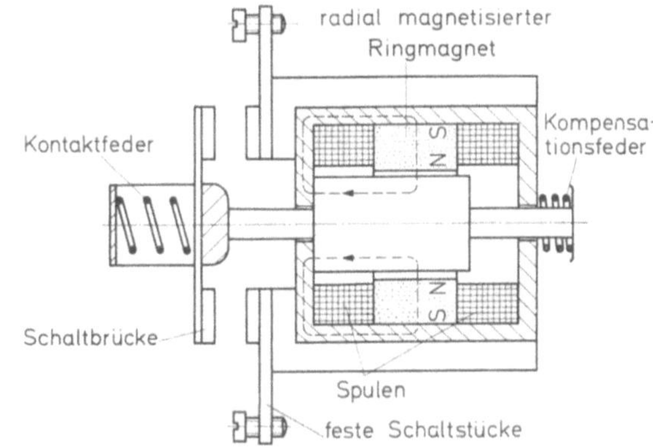

Bild 49.10. Schaltgerät mit polarisiertem Topfmagnetsystem (nach BRUNGSBERG [15]).

stärker ist die Kurve gekrümmt. In dem dargestellten Beispiel hat r ungefähr den Wert 1. Der 2. Summand in Gleichung (48.3) beschreibt den Einfluß der relativen Durchflutung Θ_e/Θ_S auf die relative Ankerkraft. Im Gegensatz zu dem polarisierten Relais nach Bild 49.7 kann der Magnetfluß bei diesen beiden Kleinrelais ohne einen weiteren Übergangswiderstand $R_{\ddot{u}}$ in den Anker eintreten. Die Luftspaltarbeitsgerade verläuft im geschlossenen Zustand senkrecht und hat ihre kleinste Neigung bei $x = 0{,}5$. Das größte entmagnetisierende Feld am Magneten tritt auf, wenn der Anker diese Mittelstellung einnimmt und die elektrische Durchflutung eingeschaltet ist. Die Ansprechdurchflutungen derartiger Kleinstrelais liegen bei 18 bis 42 AW, während die Betriebsdurchflutung rd. 50 AW beträgt. Der Mindestkontaktdruck ist 6 p.

Die Durchrechnung der Brückenschaltungen nach Bild 49.9 c ist etwas komplizierter, führt jedoch zu ähnlichen Ergebnissen.

Außer für Relais werden polarisierte Systeme in größerer Ausführung zur Impulsbetätigung von Schaltern und Schützen verwendet, worüber BRUNGSBERG [15] berichtete. Bild 49.10 ist seiner Arbeit entnommen und zeigt ein polarisiertes Topfsystem.

Bei schnellschaltenden Relais [16] wird der bewegte Anker direkt als Feder ausgebildet. Angaben über den Magnetkreis verschiedener Relais finden sich bei PEEK und WAGAR [17, 18]. Das dynamische Verhalten von Relais hat AHLBERG [19] in einer ausführlichen Arbeit behandelt. HELMRICH [20] beschäftigt sich mit dem grundsätzlichen Unterschied zwischen gepolten und ungepolten Magnetsystemen und kommt zu dem Ergebnis, daß die Leistungsempfindlichkeit (Verhältnis von mechanischer Arbeit zu elektrischer Leistung) beim gepolten System viermal so groß ist wie beim ungepolten System.

49.2.4 Impulsbetriebene Umpolschalter

In den bisher beschriebenen polarisierten Antriebssystemen ändert sich der Fluß des Dauermagneten während des Schaltvorganges nur wenig. Anders ist es

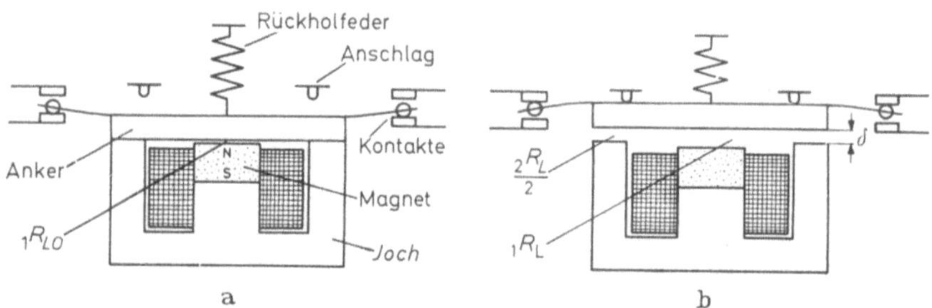

Bild 49.11. Prinzip eines impulsbetriebenen (Remanenz-) Umpolschützes. a) Anker angezogen; b) Anker abgefallen.

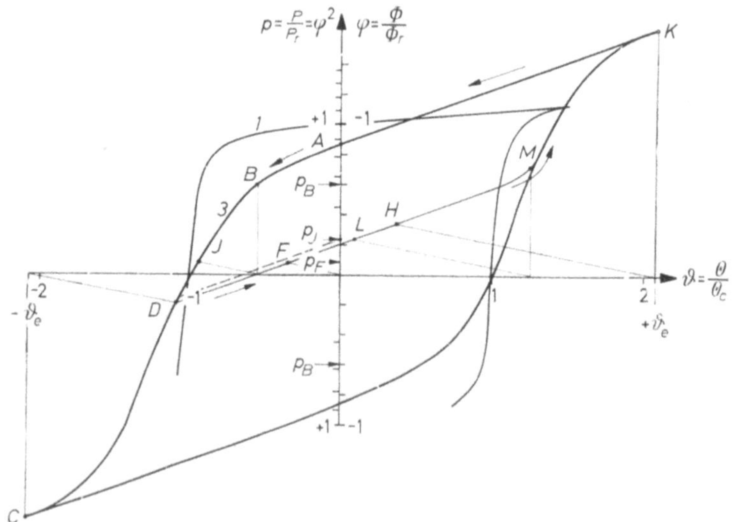

Bild 49.12. Normierte Magnetisierungskurve $\varphi = f(\vartheta)$ eines Umpolschützes nach Bild 49.11. Material: AlNiCo 500.

bei den impulsbetriebenen Umpolschaltern und Haftrelais, die auch als Remanenzschütze bekannt sind. Durch die Schaltdurchflutung wird der Fluß des Magneten entweder umgekehrt oder zumindest sehr stark irreversibel verändert. Bild 49.11 zeigt das Prinzip einer solchen Anordnung, bestehend aus dem Dauermagneten, dem rückschließenden Joch, dem Anker, der Spule und der Rückholfeder. In den Bildern ist der Anker jeweils in seinen Endstellungen gezeichnet. Bild 49.12 zeigt die normierte Entmagnetisierungskurve $\varphi = f(\vartheta)$ des Magnetkreises. Wie üblich werde die Entmagnetisierungskurve 1 des Magnetmaterials — im vorliegenden Fall AlNiCo 500 — um den Winkel arc tan Λ_S/Λ_0 nach unten und um den Winkel arc tan R_{L0}/R_0 nach rechts geschert, wodurch die Kurve 3 entsteht. R_{L0} ist der Luftspaltwiderstand des stets vorhandenen Grundluftspaltes. $\Lambda_0 = B_r/H_c \cdot F_M/l_M = 1/R_0$ ist ein Normierungsleitwert. Der restliche Luftspaltwiderstand R_L setzt sich aus den beiden Anteilen $_1R_L$ vor dem Magneten und $_2R_L$ an den Jochen zusammen:

$$R_L = {_1R_L} + {_2R_L} = \frac{\delta + \delta_0}{_1F_L} + \frac{\delta}{2 \cdot {_2F_L}} = R_{L0} + \frac{\delta}{F'_L}$$

mit $R_{L0} = \delta_0/{_1F_L}$ und $F'_L = {_1F_L} \cdot 2{_2F_L}/({_1F_L} + 2{_2F_L})$.

Die magnetische Zugkraft an dem Anker ist:

$$P = c_1 \cdot \left(\frac{_1\Phi_L^2}{_1F_L} + 2 \cdot \frac{_2\Phi_L^2}{_2F_L}\right) = c_1 \cdot \frac{_1\Phi_L^2}{F'_L} \qquad \text{mit } _2\Phi_L = 1/2 \cdot {_1\Phi_L}.$$

An der Kurve 3 kann der normierte Luftspaltfluß $\varphi = {_1\Phi_L}/\Phi_r$ abgelesen werden. Er entspricht der normierten Kraft

$$p = \frac{P}{P_r} = \frac{_1\Phi_L^2}{F'_L} \cdot \frac{F'_L}{\Phi_r^2} = \varphi_L^2$$

(Normierungsquotient der Kraft $P_r = c_1\, \Phi_r^2/F_L'$). An der Ordinate kann daher direkt die normierte Kraft abgelesen werden, wenn außer der linearen φ-Teilung noch eine φ^2-Teilung angebracht wird.

Nach diesen Vorbetrachtungen läßt sich das Kräftespiel relativ einfach darstellen. Ausgangspunkt sei der Zustand mit angezogenem Anker. Ohne elektrische Durchflutung gilt für den Luftspaltfluß der Arbeitspunkt A auf der Kurve 3. Die Rückholfeder sowie die Kontaktfeder üben eine Zugkraft auf den Anker aus und bewirken, daß die Zugkraft am Anker den Wert p_B hat. Wird die Spule erregt, dann wandert der Arbeitspunkt auf der äußeren Hysteresekurve von A aus in Richtung des Pfeiles. Beim Arbeitspunkt B ist die magnetische Zugkraft gleich der Kraft der Federn, und der Anker beginnt sich zu öffnen. Bei der weiteren Betrachtung sei vorausgesetzt, daß der Stromanstieg langsam erfolgt, der Anker daher den Gegenanschlag weit früher erreicht als die Gegendurchflutung ihren Höchstwert $-\vartheta_e$. Der entsprechende Arbeitspunkt bei geöffnetem Anker ist der Punkt D auf der Kurve 3. Nach Abschalten der Durchflutung bewegt sich der Arbeitspunkt auf einer inneren permanenten Geraden zum Punkt F. Es ist wichtig, daß die verbleibende magnetische Zugkraft p_F kleiner als die Federkraft p_J ist. Soll der Anker zurückbewegt werden, dann wird die Spule in der Gegenrichtung erregt. Beim Punkt L sind die magnetische Zugkraft und die zurückziehenden Federkräfte gleich. Der Anker schließt sich, und bei der maximalen Durchflutung $+\vartheta_e$ wird der Punkt K erreicht. Nach Abschalten der Durchflutung sinkt der Arbeitspunkt auf A zurück, und der Arbeitszyklus ist beendet.

Mit Hilfe des Bildes 49.12 besteht die Möglichkeit, die normierte Kraft/Weg-Charakteristik des Schalters zeichnerisch zu gewinnen (Bild 49.13). Statt des Ankerweges δ ist die normierte Größe

$$r_L = \frac{R_L}{R_0} = \frac{\delta}{l_M} \cdot \frac{F_M}{F'_L} \cdot \frac{B_r}{H_c}$$

auf der Abszisse aufgetragen. In die Abbildung ist die Kennlinie c der Rückholfeder samt den beiden Kennlinien der Kontaktfedern mit eingezeichnet. Die Fläche innerhalb der ausgesteuerten Hysteresekurve $K - A - B - D - H - K$ des Bildes 49.12, die einer Arbeit entspricht, muß mindestens gleich der Federarbeit sein, welche durch die Fläche unterhalb der Federkennlinie c in dem Bild 49.13 dargestellt wird. Soll ein bereits vorhandenes Schütz nachträglich als Impulsschütz umgebaut werden, dann sind die Federkennlinie, die Haltekraft P_A, der maximale Luftspalt sowie die zulässige Durchflutung $\pm \Theta_e$ auf Grund der

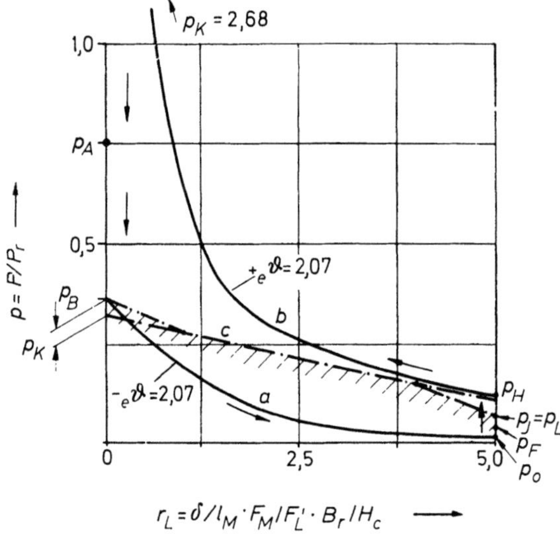

Bild 49.13. Normierte Kraft-Weg-Charakteristik des Umpolschützes nach Bild 49.11.

Kurve a: Abschaltkennlinie (Ankerbewegung wesentlich flinker als Stromänderung), Kurve b: Anzugskennlinie, Kurve c: Federkennlinie (p_k = normierte Kontaktkraft).

Wärmebelastbarkeit der Spule vorgegeben. Damit ist $\Theta_c = \Theta_e/2 = H_c \cdot l_M$ bestimmt. Durch die Haltekraft im angezogenen Zustand ist auch $\Phi_r = B_r \, F_M$ festgelegt, so daß es im wesentlichen auf eine passende Wahl der Koerzitivfeldstärke H_c ankommt. Auch bei Neukonstruktionen sind meist die Federkennlinie und die Haltekraft P_A fixiert. Damit sind φ_A, φ_B und φ_J bekannt, und bei gemessenem oder experimentell ermitteltem normiertem Streuleitwert Λ_S/Λ_0 kann $r_{L\max}$ dem Diagramm 49.12 entnommen werden.

Die enge Verknüpfung zwischen den Daten des Magnetsystems, der Stromanstiegszeit und der Ankerbewegungszeit bringt es mit sich, daß Angaben über eine Optimierung bei diesen Umpolanordnungen nur schwer gemacht werden können. Allenfalls läßt sich sagen, daß ein Magnetmaterial vorzuziehen ist, das ein möglichst großes Verhältnis zwischen der Fläche der Hystereseschleife und der zugehörigen Erregungsfeldstärke besitzt. Falls der Anker auf Grund seiner großen Masse oder einer mechanischen Dämpfung den Stromänderungen nur stark verzögert folgt, empfiehlt es sich, einen Kurzschlußring vorzusehen.

Es gibt sogenannte Remanenzschütze, bei denen entweder das ganze Joch oder der Jochkern aus halbhartem Material besteht und kein besonderer Dauermagnet vorgesehen ist [22]. Der Nachteil einer solchen Anordnung besteht darin, daß die erforderlichen halbharten Bleche nur schwer in den gleichen engen Grenzen der magnetischen Werte wie Dauermagnete hergestellt werden können. Gelegentlich enthalten der Anker und der Kern eines Relais Stahlnieten, die als magnetisierbare Haftmagnete wirken und ihm die Eigenschaften eines Haftrelais geben [23].

Bei einer Vorläuferkonstruktion des Ordinaten-Haftschalters (Bild 49.5) wurden polumschaltbare Haftrelais [24] eingesetzt. Es sei erwähnt, daß polumschaltbare Einrichtungen nicht nur zur Betätigung elektrischer Schalter, sondern auch zur Steuerung hydraulischer und pneumatischer Kreise benutzt werden. Das Bild 49.14 ist einer Arbeit von SCHRAFF [25] entnommen und zeigt ein sogenanntes Impulsventil mit Polumschaltung.

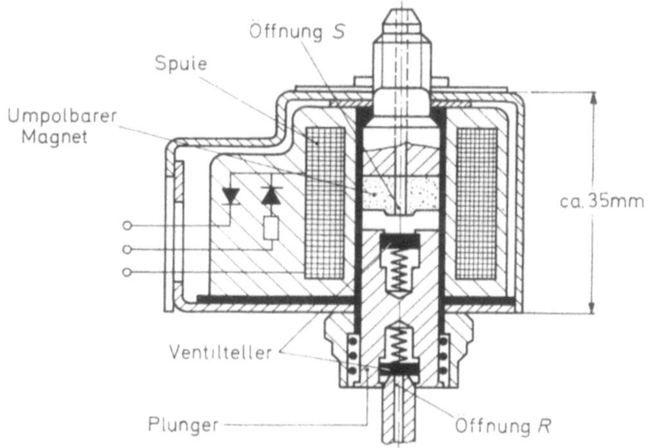

Bild 49.14. Impulsventil mit Polumschaltung (nach SCHRAFF [25]) (Werkbild Fa. Lucifer, Genf).

49.2.5 Auslöseschalter, Sperrschalter

Schalter, die nur ausschalten, werden Auslöser, Sperrschalter oder Sperrmagnete genannt. In dem Bild 49.15 ist das Prinzip einer solchen Anordnung in der Ausführungsform der Firma Siemens dargestellt [26]. Sie besteht aus einem Dauermagneten, der über zwei Polbleche ein Ankerplättchen hält. In den Blechen sind zwei Schlitze zur Aufnahme einer Wicklung ausgespart. Durch Nuten beidseits des Ankerplättchens werden zwei verengte Querschnitte gebildet. Diese sind so ausgelegt, daß der Arbeitspunkt auf der Magnetisierungskennlinie des Polblechmaterials in der Nähe des Knickpunktes liegt. Als Material kommt ein Weicheisen mit möglichst ausgeprägtem Knickpunkt zur Verwendung. Fließt ein Strom durch die Wicklung, dann wird die Induktion in einer Verengungsstelle verkleinert, in der anderen hingegen vergrößert. Wegen der gekrümmten Kennlinie überwiegt die Verkleinerung. Entsprechend verringert sich auch die Haltekraft, so daß die Feder in der Lage ist, den Anker abzureißen. Der Vorgang kann so gedeutet werden, als würde der Haltefluß des Dauermagneten zum Teil gesperrt, woraus sich die Bezeichnung „Sperrmagnet" ableitet. Es kommen Magnete aus Bariumferrit 300 zur Verwendung. Kleine Sperrmagnete der beschriebenen Art werden als Fehlerstrom-Schutzschalter benutzt [27 bis 29].

Wesentlich größere Haftkräfte weisen Schnellschalter in Hochspannungsanlagen auf. DUFFING [30] beschreibt einen solchen Schalter, dessen Magnetsystem eine Haftkraft von 25 kp besitzt (Bild 49.16). Der Magnet besteht aus AlNiCo 500.

Das Material für die Polschuhe soll eine hohe Sättigungsmagnetisierung und eine möglichst rechteckige Magnetisierungskurve haben, wie sie z. B. das Material Permenorm 5000 Z aufweist. Damit der Anker möglichst schnell abreißt, muß seine

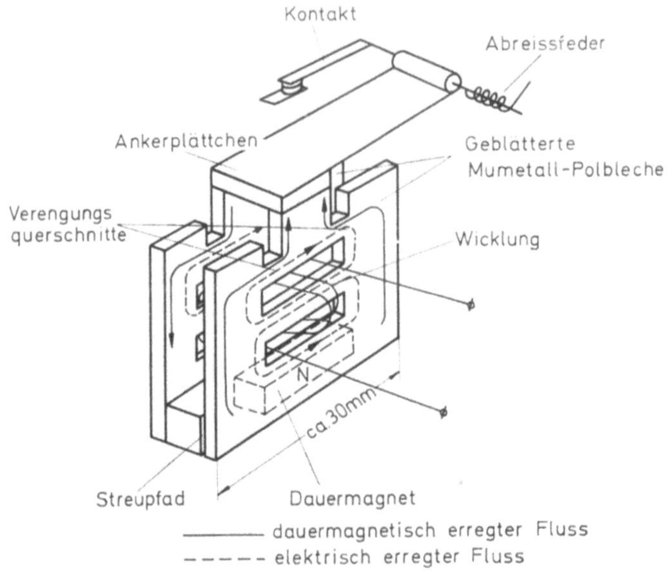

Bild 49.15. Prinzipieller Aufbau eines Sperrmagneten für einen Fehlerstrom-Schutzschalter (Hersteller Fa. Siemens).

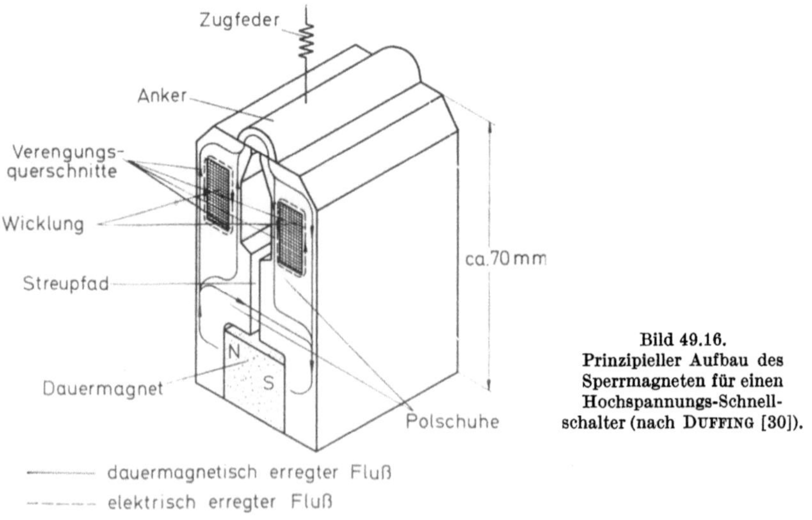

Bild 49.16.
Prinzipieller Aufbau des
Sperrmagneten für einen
Hochspannungs-Schnell-
schalter (nach DUFFING [30]).

Masse gering sein. Am günstigsten ist eine schlanke, nadelartige Form. Nach DUFFING ließ sich bei dem Sperrmagneten mit 25 kp Haftkraft eine Ankerbeschleunigung von 1 000 g erreichen. Weitere Sperrmagnete für Starkstrom-Schnellschalter werden von ERK [31] sowie GRÜNEFELD und SCHMELCHER [32] erwähnt.

49.2.6 Resonanzrelais

In dem Bild 49.17 ist das Prinzip einer einfachen Ausführung nach RAUCH und
ÜBERSCHUSS [33] dargestellt. Der eiserne Anker besteht aus einer Schwingzunge,
in welche der Fluß eines Dauermagneten eingeleitet wird. Wird die Spule von einem
Wechselstrom durchflossen, dann ist die Auslenkung der Zunge besonders groß,
wenn die Eigenfrequenz der Zunge mit der Frequenz des Wechselstromes übereinstimmt. In diesem Fall schlägt der Zungenkontakt an den Gegenkontakt an und
gibt je Periode einen kurzen Stromimpuls.

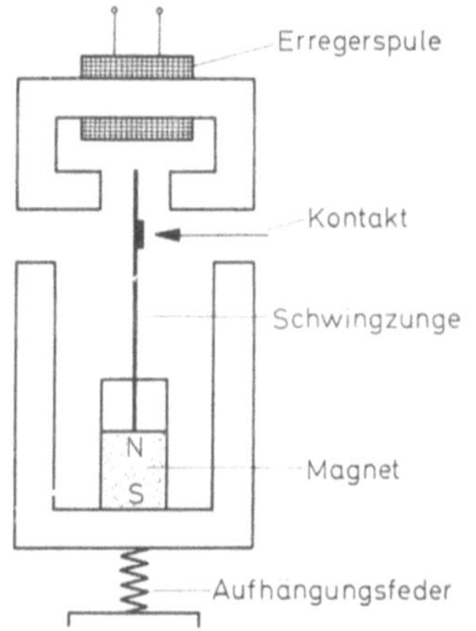

Bild 49.17. Schematische Darstellung eines
Resonanzrelais (nach RAUCH u. ÜBERSCHUSS [33]).

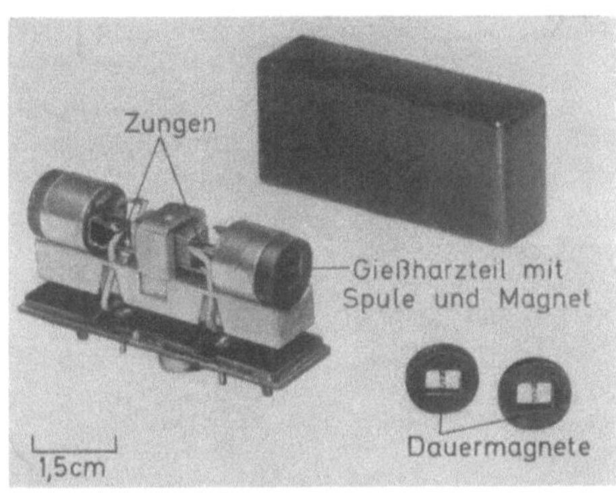

Bild 49.18. Transistorisiertes Zweizungen-Resonanzrelais
(Hersteller Fa. Hartmann & Braun, Frankfurt/M.).

In neueren mechanisch-elektrischen Filtern sind keine Kontakte mehr enthalten. Bild 49.18 stellt ein sogenanntes *Zungenfilter* der Firma Hartmann & Braun
dar. Es handelt sich um einen gekoppelten mechanischen Schwinger, bestehend
aus zwei Zungen mit nahe beieinanderliegender Resonanzfrequenz, die an einer
gemeinsamen Fassung befestigt sind. Die einstellbare Resonanzfrequenz liegt
zwischen 200 und 900 Hz, während die Bandbreite (bei einer EMK von 256 mV)
Werte zwischen ± 2,5 und ± 3,5 Hz hat. Der Dauermagnet ist ein runder Sinter-
magnet aus isotropem AlNiCo 260, der an dem inneren Vierkantfenster zweipolig
magnetisiert ist. KNOLL [35] hat ein Resonanzrelais mit leitwertgesteuertem
magnetischem Kreis beschrieben. Auf Grund der geringen Bandbreite sind solche
Resonanzrelais und Zungenfilter für die Verwendung in drahtlosen Personen-
Rufanlagen sowie in Fernwirk- und Fernsteueranlagen geeignet, bei denen es auf
die mehrfache Ausnutzung des Übertragungsweges ankommt [36].

49.3 Temperaturbetätigte Magnetschalter

Mit Hilfe der in Abschnitt 29.3 beschriebenen thermo-magnetischen Eisen-
Nickel-Legierungen sowie weichmagnetischer Ferrite können Temperaturschalter,
Temperaturregler und Temperaturmesser aufgebaut werden. Dieses Prinzip wurde
von WELLER [37] zur Temperaturregelung von Lötkolben benutzt. Bild 49.19 zeigt
den grundsätzlichen Aufbau. Das aus einer metallischen Eisen-Nickel-Legierung

bestehende thermo-magnetische Material ist fest in die Kolbenspitze eingepreßt. Der Magnet kann sich bewegen und betätigt über die Schaltbrücke den Kontakt.

Von BRUNGSBERG [38] sowie MENTEL und SEYSEN [39] wurde das thermo-magnetische Prinzip für die Konstruktion eines Geräteschutzschalters mit sogenannter Freiauslösung ausgenutzt (Bild 49.20). Das stationär angeordnete

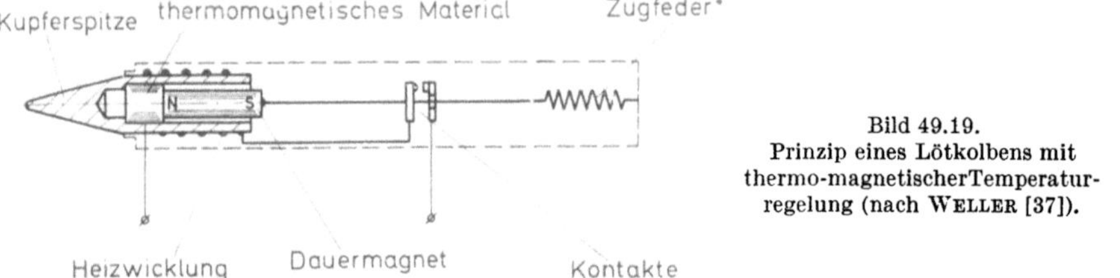

Bild 49.19.
Prinzip eines Lötkolbens mit
thermo-magnetischerTemperatur-
regelung (nach WELLER [37]).

Fe-Ni-Plättchen aus thermo-magnetischem Material trägt eine elektrisch isolierte Heizwicklung, die vom Gerätestrom durchflossen wird. Der auf einer Fläche zweipolig magnetisierte Magnet aus Bariumferrit ist beweglich und haftet bei niedrigen Temperaturen an dem Thermomaterial, wobei der Kontakt geschlossen ist. Erhöht sich der Strom unzulässig, dann erhitzt sich das Thermomaterial über seine

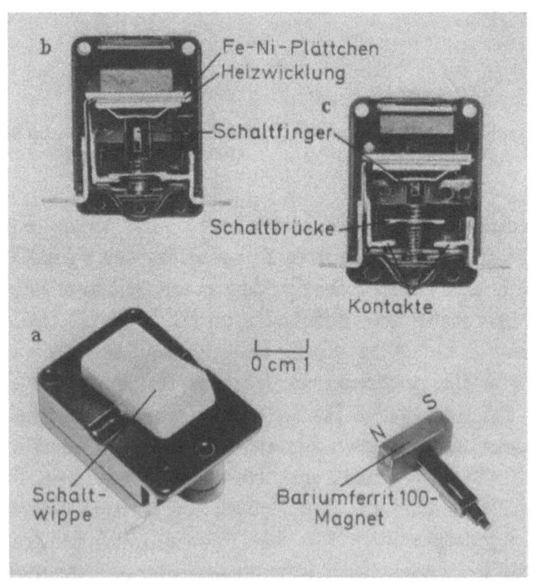

Bild 49.20. Thermo-magnetischer Kleingeräte-schutzschalter.
a) Gesamtansicht; b) Stellung „Ein"; c) Stellung ‚Aus'. (Hersteller Fa. Conti-Elektro, Frankfurt/M.).

Curie-Temperatur, und die Zugfeder kann den Magneten von dem Plättchen abziehen. Der am Magneten federnd befestigte Kontakt öffnet sich, und der Strom ist unterbrochen. Zum Wiedereinschalten wird der Magnet mit Hilfe des Wippenschalters dem thermo-magnetischen Plättchen auf ca. 1 mm genähert. Solange dieses noch seine hohe Temperatur hat, zieht es den Magneten nicht an. Erst wenn es abgekühlt ist und die Curie-Temperatur unterschritten wird, zieht es den Magneten an, und der Kontakt schließt sich. Solche Schalter werden beispielsweise als kombinierte Ein-, Aus- und Motorschutzschalter in Küchenmaschinen verwendet.

STRAUBEL [40] hat vorgeschlagen, als thermomagnetisches Material Mn—Zn-Ferrite zu verwenden. Es zeigte sich jedoch, daß die geringe Wärmeleitfähigkeit dieser Stoffe sie für die meisten Schalt- und Regelanordnungen unbrauchbar macht. Eine Ausnahme bildet ein Verzögerungsschalter, der in einem Reiskocher der Firma Philips eingebaut ist. Von STRAUBEL [40] stammt die Anregung, Thermoferrite für einen Kühlwasser-Thermostaten zu verwenden. An anderer Stelle wurde versucht, Ventilatorschalter, temperaturgesteuerte Drosselklappen u. a. mit thermo-magnetischem Material und Dauermagneten zu bauen. Zu einer Einführung ist es wegen des hohen Materialpreises bisher nicht gekommen.

49.4 Mit Dauermagneten betätigte Schalter

49.4.1 Vacuum- und Quecksilberschalter

In dem Bild 49.21 sind verschiedene Beispiele zusammengestellt. Besondere Verbreitung haben die Schutzrohrkontakte (sogenannte dry-reeds [41, 42]) gefunden, so daß diese etwas eingehender behandelt werden mögen. Ihr Vorteil ist die schlagartige Einschaltung sowie die Möglichkeit, durch zusätzlich angebrachte Dauermagnete die Schaltcharakteristik zu verändern.

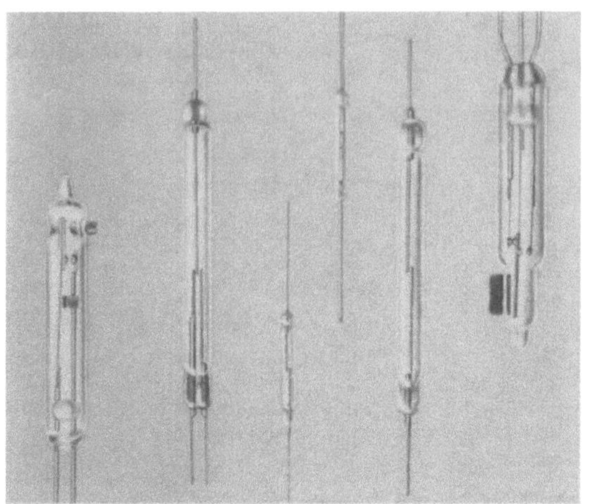

a   b

Bild 49.21. Zusammenstellung verschiedener dauermagnetisch betätigter Schutzrohrschalter.
a) Vakuum-Schutzrohrschalter; b) Quecksilberschalter (Werkbild Fa. Günther & Co., Nürnberg).

Die grundsätzlichen Schalteigenschaften eines runden Schutzrohrkontaktes, der mit Hilfe eines Dauermagneten geschaltet wird, sollen an Hand des Bildes 49.22 erklärt werden. Im Bildteil a ist das Prinzip der Anordnung, im Teil b das magnetische Schaltbild dargestellt. Weil es sich um einen weitgehend offenen Magnetkreis handelt, ist nur eine qualitative Betrachtung möglich. Eine rechnerische Behandlung kann allenfalls für einen elektrisch erregten Kontakt vorgenommen werden, bei dem das Abschirmgehäuse zugleich als Rückschluß dient. Sie wurde von PEEK [43] durchgeführt. Je größer der Abstand a des Magnetsystems ist, desto größer wird auch der Streuleitwert $\Lambda_s = R_s^{-1}$, weil ein ständig geringer werdender Teil des Flusses zu den Schaltzungen gelangt. In dem Diagramm c sind zugleich die Geraden für den magnetischen Widerstand des Luftspaltes R_{Lx} zwischen den Zungen und die Sättigungskurve des Zungenmaterials mit eingezeichnet. Diese

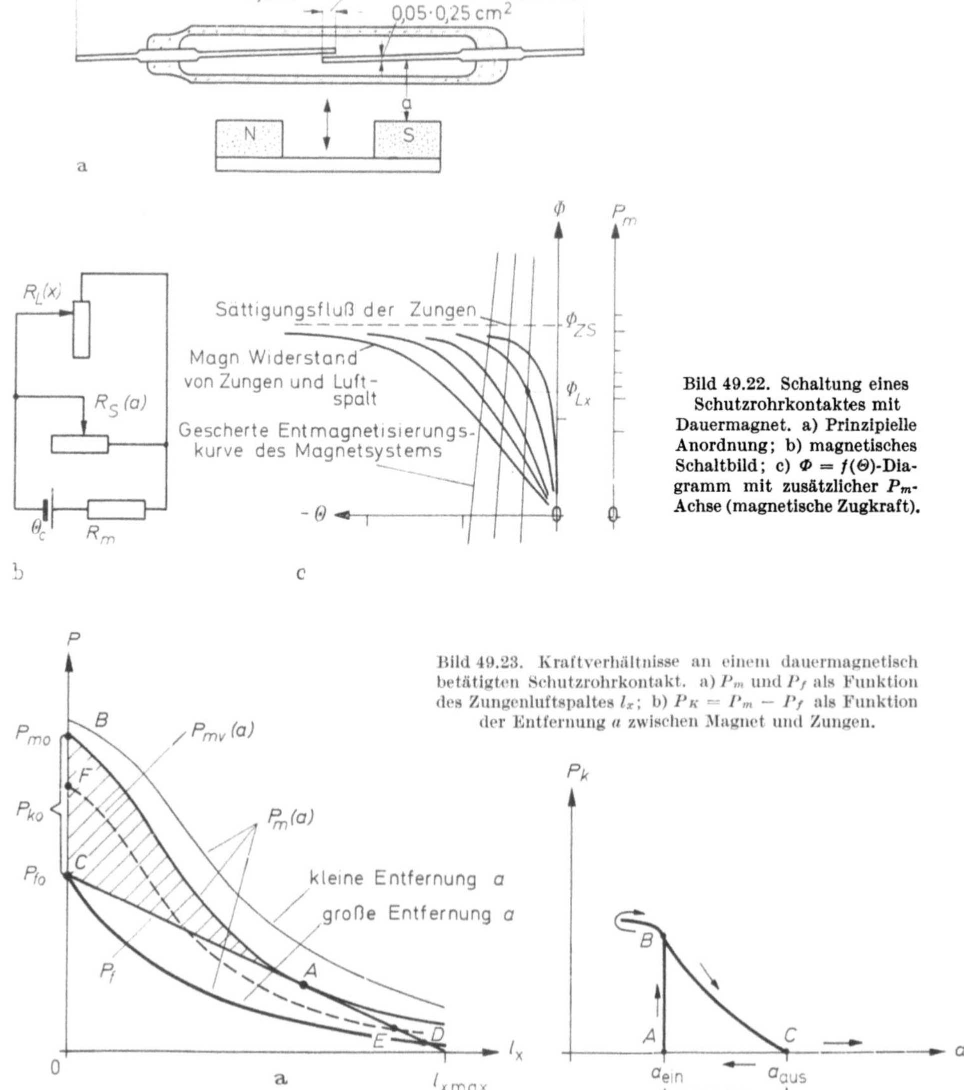

Bild 49.22. Schaltung eines Schutzrohrkontaktes mit Dauermagnet. a) Prinzipielle Anordnung; b) magnetisches Schaltbild; c) $\Phi = f(\Theta)$-Diagramm mit zusätzlicher P_m-Achse (magnetische Zugkraft).

Bild 49.23. Kraftverhältnisse an einem dauermagnetisch betätigten Schutzrohrkontakt. a) P_m und P_f als Funktion des Zungenluftspaltes l_x; b) $P_K = P_m - P_f$ als Funktion der Entfernung a zwischen Magnet und Zungen.

sind in Reihe geschaltet. Weil der Remanenzfluß des Magneten Φ_r um rund eine Größenordnung höher liegt als der Sättigungsfluß Φ_{zs} der Zungen, erscheinen die Entmagnetisierungskurven bzw. -geraden fast als Parallelen zur Ordinate. An den Schnittpunkten können die Luftspaltflüsse Φ_{Lx} entnommen werden, aus denen nach der Beziehung $P_m = c_1 \cdot \Phi_{Lx}^2 / F_L$ die magnetisch ausgeübte Zugkraft P_m folgt. In dem Bild 49.23 a ist die Funktion $P_m = f(l_x)$ eingetragen. Im kräftefreien Zustand haben die Zungen beispielsweise einen Abstand von $l_{rmax} = 0{,}023$ cm, während die Rückstellkraft beim Abstand $l_x = 0$ den Wert $P_f = 23$ p hat. Diese Werte gelten für einen von RENSCH [44, 45] beschriebenen Schutzrohrkontakt mit der Bezeichnung SRK H 80, dessen Abmessungen in Bild 49.22 eingetragen sind.

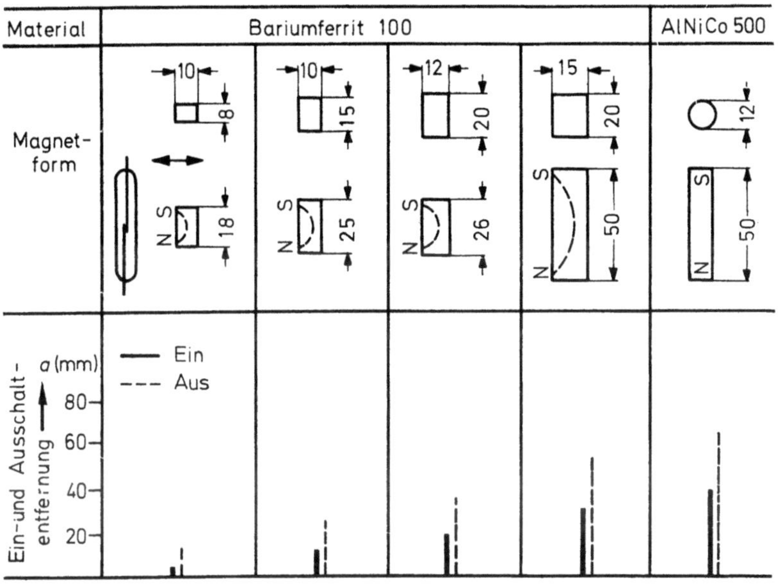

Bild 49.24. Ein- und Ausschaltentfernung für verschiedene Magnetformen und Qualitäten für Schutzrohrschalter.

Wird der Magnet aus größerer Entfernung a genähert, dann verringert sich der Spalt zwischen den Zungen. Im Punkt A ist die Steigung der magnetischen Zugkraftkurve dP_m/dl_x größer als die Federsteilheit P_{fo}/l_x. Von diesem Punkt aus schnappt der Schalter zu. Die Kontaktkraft im geschlossenen Zustand ist sodann $P_{ko} = P_{mo} - P_{fo}$. Wegen der Sättigung des Zungenmaterials vergrößert sie sich bei weiterer Annäherung des Dauermagneten nicht wesentlich. Wird der Magnet wieder entfernt, dann verringert sich die Kontaktkraft bis zum Punkt C auf den Wert Null. Die Zungen schnappen auf, jedoch nur bis zum Punkt D, von wo aus sie sich bei weiterer Entfernung des Magneten bis zum Wert l_{xmax} öffnen.

In Bild 49.24 ist zusammengestellt, welche Einschalt- und Abschaltentfernungen mit verschiedenen Magnetformen und Qualitäten erreicht werden. Das Bild gilt für die angegebene Bewegung quer zur Achse des Schalters. Werden die Magnete in Längsrichtung bewegt, dann schließen sich die Zungen unter Umständen dreimal, was Anlaß zu Fehlschaltungen geben kann. Auch KNIGHT [46, 47] macht Angaben über Betätigungsmöglichkeiten von Reedschaltern mit Dauermagneten. Neben der Schaltung durch Nähern und Entfernen eines Magneten besteht gelegentlich der Wunsch, eine stromrichtungsabhängige Schaltung vorzunehmen. SCHÜLER [48] hat hierfür Lösungen angegeben.

Sollen Schutzrohrschalter durch elektrische Impulse geschaltet werden, dann sind hierfür entweder Vorerregungswicklungen oder Haltemagnete erforderlich. Bild 49.25 stammt aus der genannten Arbeit [48] und zeigt das Prinzip einer Anordnung mit Haltemagnet. Unter Zuhilfenahme des Bildes 49.23a ist die Wirkungsweise leicht zu verstehen: Der Halte- oder Vormagnetisierungsmagnet erzeugt an den Zungen die Kraft P_{mv} (gestrichelt eingezeichnet). Diese reicht nicht aus, das Zuschnappen der Zunge zu bewirken, führt jedoch zu einer kleinen Bewegung (Punkt E). Ein elektrischer Impuls durch die Spule ergibt einen Zusatz-

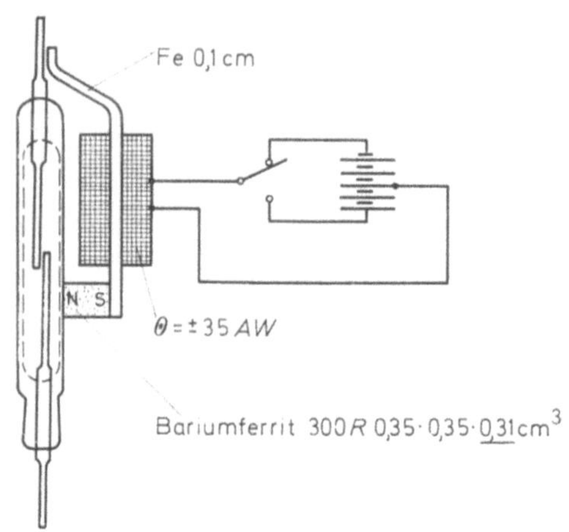

Bild 49.25. Impulsbetriebener Arbeitskontakt (nach SCHÜLER [48]).

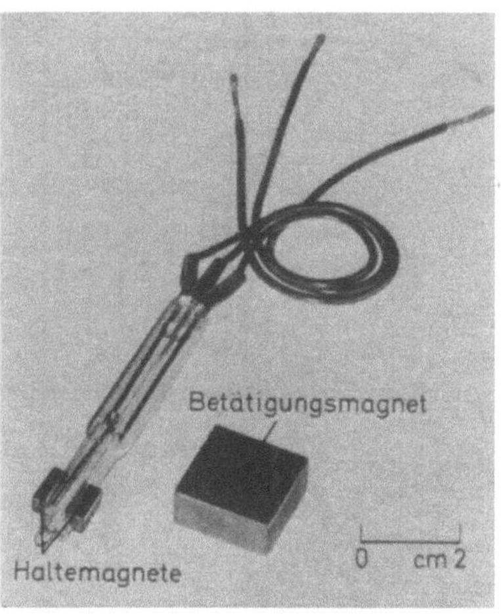

Bild 49.26. Schutzrohr-Umschalter zur Betätigung mit Dauermagnet (Hersteller Fa. Günther & Co., Nürnberg).

fluß, der die Zunge zum Schnappen bringt. Sofern die dann verbleibende magnetische Haftkraft ($Punkt\ F$) größer als die Federkraft P_{f0} ist, bleibt der Kontakt geschlossen. Erst ein Gegenimpuls bestimmter Größe öffnet ihn wieder.

Um die Schutzrohrkontakte auch mit Stromimpulsen von weniger als 10 μs Dauer betreiben zu können, wird statt des Dauermagneten ein halbhartes Ferritmaterial benutzt. Dieses wird durch die Schaltimpulse ummagnetisiert. Voraussetzung ist dabei, daß keine Weicheisenleitstücke in dem Kreis enthalten sind, in denen dämpfende Wirbelströme entstehen können. Die Entwicklung dieses Elementes, das „Ferreed" genannt wird, ging von der Firma Bell USA aus [49]. Das genannte halbharte Material ist ein Kobalt-Ferrit mit einer Koerzitivfeldstärke von ca. 40 Oersted. SCHÜLER [48] hat vorgeschlagen, statt dessen ein Bariumferrit zu verwenden, das einer Langzeitsinterung unterworfen wurde.

Die praktische Anwendung der Schutzrohrkontakte ist außerordentlich vielseitig. Sie finden sich beispielsweise dort, wo es auf vollkommen sicheres Ansprechen auch nach längeren Ruhepausen ankommt. Dies sind Flüssigkeitsstandschalter, Diebstahl-Sicherungsschalter, Druck- und Strömungs-Kontrollgeräte, Buchholzrelais zur Transformatorenüberwachung u. a. m. Auch als Endlagenschalter werden sie verwendet. Gelegentlich wird die Veränderung des Magnetfeldes nicht über eine Abstandsänderung, sondern über eine zwischengeschaltete eiserne Abschirmblende bewirkt.

Auch Umschalter werden als Schutzrohrschalter gebaut (Bild 49.26). Die beiden kleinen Magnete halten die Mittelzunge jeweils in den Endlagen. Der große Magnet ist in der Lage, die Zunge gegen die Wirkung der kleinen Magnete auf die Gegenseite zu ziehen.

Auf dem Bild 49.21 sind weitere magnetbetätigte Vakuumschalter abgebildet, die unterschiedliche Anforderungen erfüllen. In sogenannten Kugelrelais [44, 45, 50] verbindet eine bewegte ferromagnetische Kugel die eingeschmolzenen Kontakte. Die Kugel kann sowohl durch Spulen als auch durch ringförmige Dauermagnete bewegt werden. Solche Relais finden sich besonders in Tastenschaltern.

49.4.2 Halbleiterschalter

Zu den magnetbeständigen Schaltern gehören Ausführungen, die den Hall-Effekt und die Widerstandsänderung sogenannter Feldplatten ausnutzen. Der Hall-Effekt wurde in Abschnitt 33.2 bei der Besprechung magnetischer Meßverfahren behandelt. Zur Erzielung einer hohen Induktion sind auf dem Hall-Plättchen gelegentlich flußkonzentrierende Weichferritplatten aufgelegt und

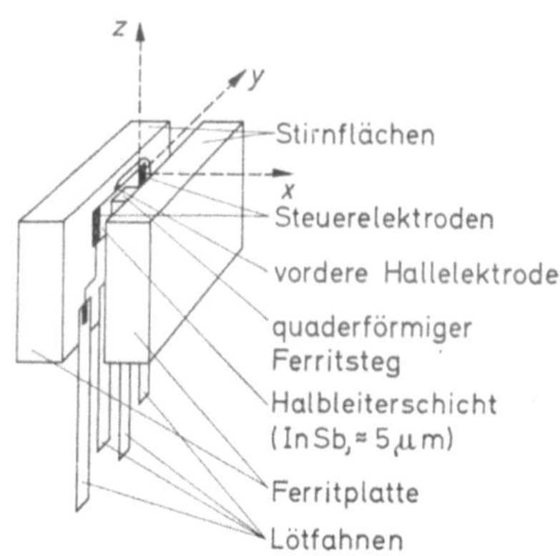

Bild 49.27. Armierter Hall-Generator für Schaltzwecke (nach BRUNNER [51]).
a) Außenansicht; b) Aufbau des elektrischen und magnetischen Kreises.

mit diesen zusammen vergossen. Bild 49.27 ist einer Arbeit von BRUNNER [51] entnommen und zeigt Ansicht und Aufbau eines solchen armierten Hall-Generators der Firma Siemens. Die hohe Empfindlichkeit läßt es zu, für die Steuerung relativ kleine Magnete zu verwenden. Allerdings verlangen die Hall-Geber stets den Anschluß eines Verstärkers, was ihre Verwendungsmöglichkeit gegenüber den Kontaktelementen etwas einschränkt.

Von ENGEL, KUHRT und LIPPMANN [52] wurden seitlich Polschuhe aus Weicheisen sowie eiserne Fangbleche auf den Hall-Generator aufgesetzt und untersucht, welche Hall-Spannung bei der Vorbeibewegung von axial magnetisierten und einseitig zweipolig magnetisierten Dauermagneten auftrat. Als Anwendung empfahlen sie die Verwendung zur Laufsteuerung von Transportwagen. LIPPMANN [53] befaßte sich mit der Schaltung von Hall-Generatoren durch vorbeibewegte Eisenteile.

Genau wie bei den Schutzrohrschaltern lassen sich auch mit Hall-Generatoren Zielsteuerungsanlagen aufbauen. Eine relativ einfache Anlage für Großrohrpostbehälter wurde von LIPPMANN und WIEHL [54] beschrieben. Aufwendiger sind Verfahren zur Lenkung des Material- und Teileflusses, wie sie von HÄUSLER und LIPPMANN [55] behandelt wurden. Hall-Generatoren haben den Nachteil, daß sie zum Betrieb eine Steuerspannung von rd. 24 V benötigen. Die sogenannten *Feldplatten* [56] besitzen diesen Nachteil nicht. Genau wie die früher zur Magnetfeldmessung benutzten Wismutspiralen weisen sie eine Änderung des Widerstandes in Abhängigkeit von der magnetischen Induktion auf. Mit nachgeschaltetem Transistorverstärker werden sie beispielsweise als Tastschalter und empfindliche Endschalter eingesetzt. In der Zwischenzeit erschien ein Buch von KUHRT und LIPPMANN [65], in dem die Betätigungsmöglichkeiten von magnetisch beeinflußbaren Halbleiterelementen eingehend dargestellt sind.

49.4.3 Drosselschalter, Bündigschalter usw.

Eine andere Art magnetischer Abfrageeinrichtungen, die von der Fahrgeschwindigkeit unabhängig sind, arbeitet mit Drosseln, deren Kerne durch das Schaltmagnetfeld vormagnetisiert werden [57]. Die Verfasser verwenden starke u-förmige Dauermagnete, um in die Seitenwände von stählernen Grubenwagen Polspuren einzumagnetisieren. Obwohl die Magnetisierung durch Erschütterungen etwas geschwächt wird, reicht sie doch aus, um die Drosselschalter über eine Entfernung von mehreren Zentimetern zum Ansprechen zu bringen. Auch hierbei handelt es sich um Anlagen für die selbsttätige Zielansteuerung.

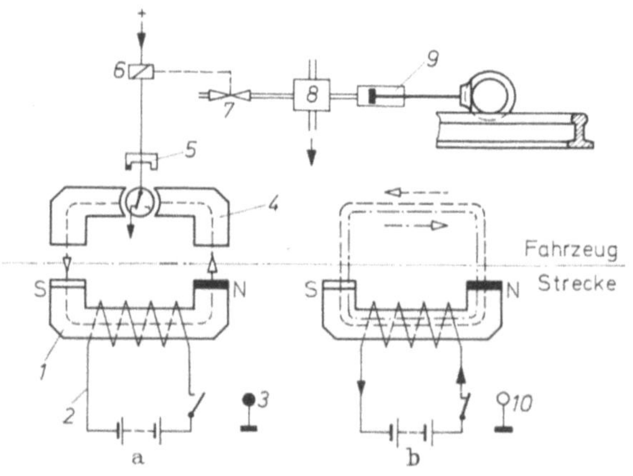

Bild 49.28.
Permanentmagnetische Zugbeeinflussung (nach BUDER [58]).

a) Steuerfluß beeinflußt magnetisches Relais im Empfangsmagneten; b) Steuerfluß in Wirkebene kompensiert. *1* Dauermagnet (wirksam), *2* Löschwicklung, *3* Signal auf „Halt", *4* Empfangsmagnet mit Relais (umgesteuert). *5* Polarisationsflußmagnet, *6* Bremsgruppe, *7* Übertragungsventil, *8* Notventil, *9* Bremsanlage (Druckluft), *10* Signal auf „Freie Fahrt".

Für die automatische Zugbeeinflussung gibt es eine Reihe von Einrichtungen, die mit Permanentmagneten ausgerüstet sind. Das Bild 49.28 ist einer Veröffentlichung von BUDER [58] entnommen. Dieses Übertragungssystem arbeitet sicher bis zu Geschwindigkeiten von ca. 200 km/h. Der Abstand zwischen Steuermagnet und Empfänger darf bis zu 5 cm betragen.

Nach einem ähnlichen Prinzip arbeiten sogenannte Bündigschalter für Aufzüge. Dies sind Schalter, die sicherstellen sollen, daß der Boden der Aufzugskabine mit dem Stockwerksboden bündig ist. Bild 49.29 zeigt eine Ausführungsart der Firma Haushahn. Die Bündigschalter befinden sich auf dem Kabinendach, während das Betätigungsblech in der erforderlichen Höhe im Aufzugsschacht angebracht wird. In der Ruhestellung (Bild 49.29 b oben) wird der Anker durch den Fluß des Dauermagneten in der gezeichneten Stellung gehalten. Tritt die Abschirmfahne in den Spalt ein, dann verringert sich der Haltefluß des Ankers

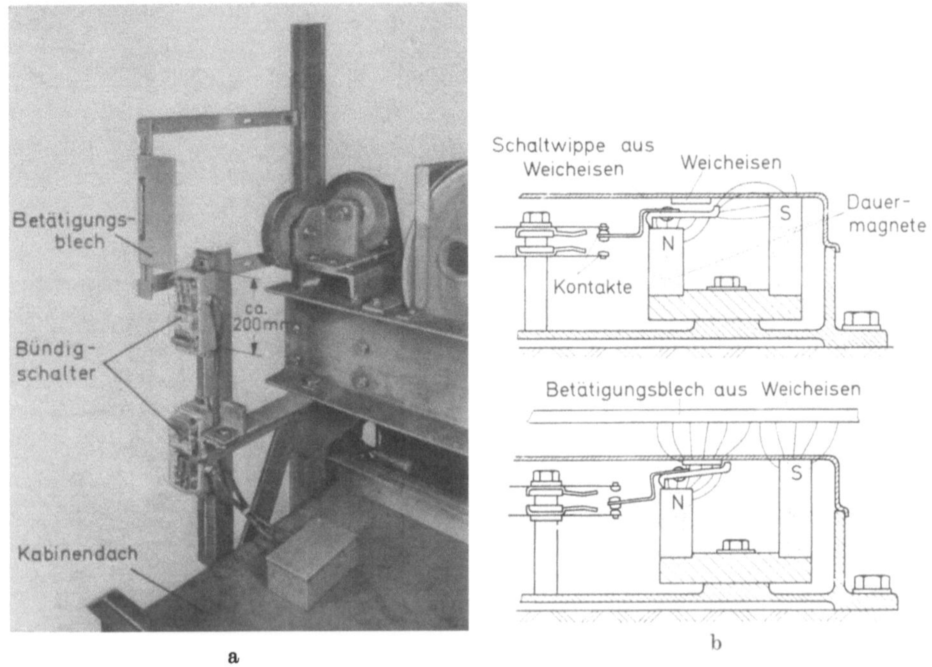

Bild 49.29. Bündigschalter zur Aufzugsteuerung. a) Anordnung von zwei Schaltern auf dem Dach einer Aufzugskabine; b) Wirkungsweise des Schalters: oberer Bildteil: ohne Betätigungsblech, unterer Bildteil: mit Betätigungsblech (Werkbild Fa. Haushahn, Stuttgart).

und dieser klappt in die Arbeitsstellung um (Bild 49.29 b unten). Die Reproduzierbarkeit der Schaltstellung der Fahne liegt bei ca. 1 cm.

Die bisher behandelten magnetbetätigten Schalter arbeiten unabhängig von der Betätigungsgeschwindigkeit, wenn man vom Einfluß der Wirbelströme oder

Bild 49.30. Prinzip eines Eisenmelde-gerätes für bahnenförmiges Material.

P Polschuhe, M Dauermagnete, B weicheiserne Blöckchen, L Spulen, Sp Spalt zwischen den Polschuhen (nach BLASBERG, DE GROOT [59]).

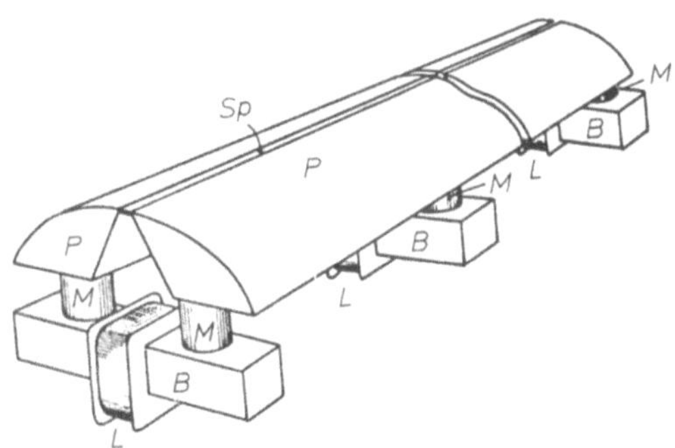

der mechanischen und elektrischen Zeitkonstanten absieht. Demgegenüber besitzen *induktiv betätigte Schalter* eine lineare Abhängigkeit der Schaltspannung von der Bewegungsgeschwindigkeit. Solche Schalter sind hauptsächlich für Eisenbahnzwecke anzutreffen. Die englische Bahn bedient sich eines solchen Systems. Wegen der Störungsmöglichkeit bei geringen Geschwindigkeiten verliert dieses Prinzip jedoch ständig an Bedeutung und wird durch Wechselstrom-Resonanzsysteme oder ähnliches ersetzt.

Von Bedeutung ist das induktive Schaltverfahren bei Eisen-Meldegeräten für bahnenförmiges Material [59]. Bild 49.30 ist diesem Aufsatz entnommen. Über die Polschuhe P gleitet die Stoffbahn. Befindet sich ein Eisenteilchen im Gewebe, dann entsteht im Moment des Vorbeiziehens über den Spalt Sp eine kleine Flußänderung, die in den Spulen L einen Spannungsstoß induziert. Dieser wird verstärkt und beispielsweise zur Abschaltung des Wickelmotors benutzt.

49.5 Bestandteile von Schaltern

Bei *Verzögerungsschaltern* und *Zeitschaltern* werden gelegentlich dauermagnetische Elemente verwendet. In einem Klein-Programmschalter befindet sich beispielsweise als Hemmung eine Wirbelstrombremse [60]. Sie besteht aus einer Aluminiumscheibe und dem stationären Bariumferritmagneten in einem eisernen U-Bügel. Eine ähnliche Hemmung findet sich auch an einem Programmschalter zum Anfahren von Elektrofahrzeugen.

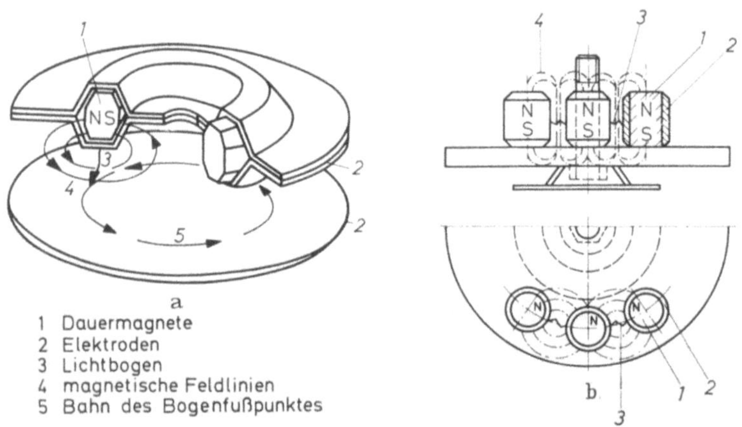

1 Dauermagnete
2 Elektroden
3 Lichtbogen
4 magnetische Feldlinien
5 Bahn des Bogenfußpunktes

Bild 49.31. Funkenstreckenelement für Überspannungsableiter mit dauermagnetischer Hilfsblasung. a) Nach WILLHEIM [63]; b) nach SCHOLZ [64].

Ein weiterer Bestandteil von Schaltern sind permanente *Blasmagnete* für Gleichstromschalter und -schütze. Als Erfahrungswert hat sich gezeigt, daß eine magnetische Feldstärke von 200 bis 500 Oersted erforderlich ist, wobei an die Homogenität des Feldes kaum Ansprüche gestellt werden. Dementsprechend sind auch die Blasmagnetsysteme recht verschieden in ihrem Aufbau. Bei einer Bauart [61] werden in die Wände der Löschkammer plattenförmige Ferritmagnete eingebracht, die in der Kammer eine Feldstärke von ca. 400 Oersted erzeugen. Ein Gleichstromschütz für Straßenbahnen enthält eine Walze aus Bariumferrit 300 mit ca. 1,7 cm Durchmesser und ca. 2 cm Länge, auf die zwei Polbleche aufgesetzt sind, die an der Wand der Löschkammer innen anliegen. Bei einfacheren Schaltern und Automaten wird ein kleiner Stabmagnet aus Bariumferrit 100 ohne besondere Polschuhe verwendet.

Außer für die Beblasung in Gleichstromschaltern werden Dauermagnete für den gleichen Zweck in Überspannungsableitern verwendet. Derartige Ableiter dienen dazu, Überspannungen in Gleich- oder Wechselstromnetzen, wie sie durch Abschalten von Kondensatoren, Blitzeinschlägen u. a. entstehen, zum Verschwinden zu bringen. Sie sprechen bei einer bestimmten Überspannung an und führen zum Teil Ströme bis 150 kA [62]. Zur Löschung der Lichtbogen werden Systeme benutzt, wie sie Bild 49.31 a (nach WILLHEIM [63]) und Bild 49.31 b (nach SCHOLZ [64]) zeigen.

Literatur

1. SCHMIDHEINI, J. F.: Control Eng. July (1962) 77—81.
2. Elektro-Technik 12 (1954) 344 (o. Verfasser).
3. HOTOP, W., u. K. BRINKMANN,: ETZ-A 80 (1959) 609—615.
4. HOFER, TH.: Bull. schweiz. elektrotechn. Ver. 57 (1966) 913—918.
5. BLÜMM, W., u. K. D. DEUTRICH: Siemens-Z. 38 (1964) 563—566.
6. SCHÖNFELD, W. H.: Techn. Rdsch. (Bern) 47 (1965) 17—21.
7. WEINGÄRTNER, F.: Siemens-Z. 32 (1958) 389—390.
8. WINTERER, G.: Siemens-Z. 34 (1960) 218—219.
9. WILDBERGER, A.: Hasler-Mitt. 14 (1955) 32—35.
10. Fernmeldetechnischer Atlas der DBP, Bd. 6: Die gepolten Relais Trls 63···69, Hamburg/ Berlin/Bonn: R. v. Decker's Verlag, G. Schenck 1954.
11. FISCHER, J., u. H. KRAUTWALD: Siemens-Z. 38 (1964) 314—315.
12. MURMANN, D.: Siemens-Z. 35 (1961) 74—79.
13. DARR, CHR.: Nachrichtentechn. Fachber. 6 (1957) 173—176.
14. DBP 1213917 (4. 3. 1965).
15. BRUNGSBERG, H.: ETZ-A 86 (1965) 371—375.
16. THIELE, O.: Dissertation TH Stuttgart 1962.
17. PEEK, R. L., u. H. N. WAGAR: Bell Syst. Techn. J. 33 (1954) 23—78.
18. PEEK, R. L., u. H. N. WAGAR: Switching Relay System, Princeton: Van Nostrand 1955.
19. AHLBERG, C.: Ericsson Technics 21 (1965) 2—10.
20. HELMRICH, H.: ETZ-A 80 (1959) 536—541.
21. DIETRICH, H.: ETZ-A 87 (1966) 665—673.
22. ETZ-B 14 (1962) 471 (o. Verfasser).
23. EDER, H., u. W. P. UHDEN: FWT 71 (1967) 249—261 (s. dort Abb. 19 a).
24. ZUPA, F. A.: Bell Labor. Rec. (1960) 457—462.
25. SCHRAFF, W.: Ölhydraulik u. Pneumatik 11 (1967) 131—136.
26. SCHERBAUM, R., u. F. EDELMAYR: Siemens-Z. 34 (1960) 229—231.
27. KEMMER, A.: ETZ-B 13 (1961) 689—691.
28. WILD, J.: Bull. SEV 55 (1964) 119—123.
29. EGGER, H.: Techn. Rdsch. (Bern) 21 (1961) 17—22.
30. DUFFING, P.: ETZ-A 74 (1953) 343—346.
31. ERK, A.: ETZ-B 14 (1962) 169—174.
32. GRÜNEFELD, E., u. T. SCHMELCHER,: Siemens-Z. 38 (1964) 262—264.
33. RAUCH, W., u. A. ÜBERSCHUSS: ETZ-A 81 (1960) 300—305.
34. HEBEL, M., u. W. VOLLMEYER: Das Fernmelderelais, 2. Aufl., München: Oldenbourg, 1961.
35. KNOLL, A.: Dissertation TH Stuttgart 1961.
36. STOLPMANN, H.: ETZ-B 13 (1961) 641—646.
37. DBP 1078708 (22. 8. 1958).
38. DBPa 1149092 (30. 9. 1961).
39. MENTEL, F., u. R. SEYSEN: Conti-Elektro-Ber. Jan./März (1964) 11—13.
40. STRAUBEL, H.: Z. f. angew. Phys. 11 (1959) 172—174.
41. HOVGAARD, O. M., u. G. E. PERREAULT: Bell. Syst. Techn. J. 34 (1955) 309—332.
42. BERGSTRÄSSER, G.: Nachrichtentechn. Z. 13 (1960) 375—378.

43. Peek jr., R. L.: Bell Syst. Techn. J. 40 (1961) 523—546.
44. Rensch, H.: Ber. d. Arb.-Gemeinsch. Ferromagnetismus 1959, 256—264.
45. Rensch, H.: VDI-Ber. 91 (1966) 63—70.
46. Knight, F.: Industr. Electronics 2 (1964) 558—563.
47. Knight, F.: Z. angew. Phys. 21 (1966) 141—143.
48. Schüler, K.: DEW Techn. Ber. 2 (1962) 148—152.
49. Feiner, A., C. A. Lovell, T. N. Lowry u. P. G. Ridinger: Bell. Syst. Techn. J. 39 (1960) 1—30.
50. Cooney, J. D.: Control Eng. 5 (1958) 82—87.
51. Brunner, J.: Siemens-Z. 36 (1962) 521—527.
52. Engel, W., F. Kuhrt u. H. J. Lippmann: ETZ-A 81 (1960) 323—327.
53. Lippmann, H. J.: ETZ-A 83 (1962) 367—372.
54. Lippmann, H. J., u. K. Wiehl: Siemens-Z. 37 (1963) 97—100.
55. Häusler, H., u. H. J. Lippmann: Siemens-Z. 40 (1966) 446—453.
56. Weiss, E.: ETZ-B 17 (1965) 289—293.
57. Kreipe, R., u. H. Lorenz: Siemens-Z. 40 (1966) 604—608.
58. Buder, K.: ETZ-A 87 (1966) 628—634.
59. Blasberg, E., u. A. de Groot: Philips Techn. Rdsch. 15 (1953) 1—10.
60. DBPa 1008696 (15. 3. 1955).
61. DBPa 1015893 (5. 5. 1953).
62. Greve, A. W.: ETZ-A 81 (1961) 103—106.
63. Willheim, R.: ETZ-A 83 (1962) 146—152.
64. Scholz, H.: Electrie (1963) 166—167.
65. Kuhrt, F.. u. H. J. Lippmann: Hallgeneratoren. Berlin: Springer 1968.

50 Der Magnet-Kompaß

50.1 Der Erdmagnetismus

Wie bekannt, ist auf der Erde ein magnetisches Feld vorhanden, welches die Bewegung der Erde mitmacht. Die Erde verhält sich für einen Betrachter außerhalb der Erde wie ein magnetischer Dipol und stellt somit selbst einen Magneten dar.

Der Ursprung der Magnetisierung der Erde ist bisher weitgehend unbekannt, könnte aber mit dem eisen-nickel-reichen Erdkern zusammenhängen. Die Magnetpole der Erde liegen in der Nähe der geografischen Pole (magnetischer Nordpol bei den Melville-Inseln in $70°5'$ nördlicher Breite, $96°46'$ westlicher Länge, magnetischer Südpol auf dem antarktischen Kontinent in $72°25'$ südlicher Breite, $154°$ östlicher Länge). Die örtliche Abweichung der Erdfeldlinien von der geografischen N—S-Richtung heißt Deklination oder Mißweisung eines Ortes. Die örtliche Abweichung der Erdfeldlinien von der Horizontalen heißt Inklination eines Ortes. Durch sie kann das Erdfeld in eine Vertikal- und Horizontalkomponente aufgespalten werden.

Infolge des magnetischen Erdfeldes richtet sich jeder frei drehbare stabförmige Dauermagnet auf der Erde in Richtung dieses Feldes aus, kann also als Kompaß benutzt werden. Diese Eigenschaft ist den Menschen seit einigen tausend Jahren bekannt und wird seitdem als Hilfsmittel zur Orientierung benutzt.

Damit wird aber ausschließlich die Horizontalkomponente ausgenutzt. Der Einfluß der Vertikalkomponente wird durch unsymmetrischen Aufbau der Kompaßmagnete bzw. -rose weitgehend berücksichtigt.

Auf die sehr aufschlußreiche Historie des Kompasses und seiner Verwendung soll hier aber nicht näher eingegangen werden. Es sei auf diesbezügliche Literatur [1,7] hingewiesen.

50.2 Aufbau des Magnet-Kompasses

Der Aufbau eines Magnet-Kompasses ist aus Bild 50.1 zu ersehen [2]. Es handelt sich hierbei um einen Flüssigkeits-Magnetkompaß. Ein solcher Flüssigkeitskompaß ist gegen störende mechanische Einflüsse nicht so empfindlich wie der früher übliche Trockenkompaß. Dabei sind der oder die Dauermagnete insgesamt mit der Rose auf einem Pinn frei drehbar gelagert. Die Flüssigkeit dient

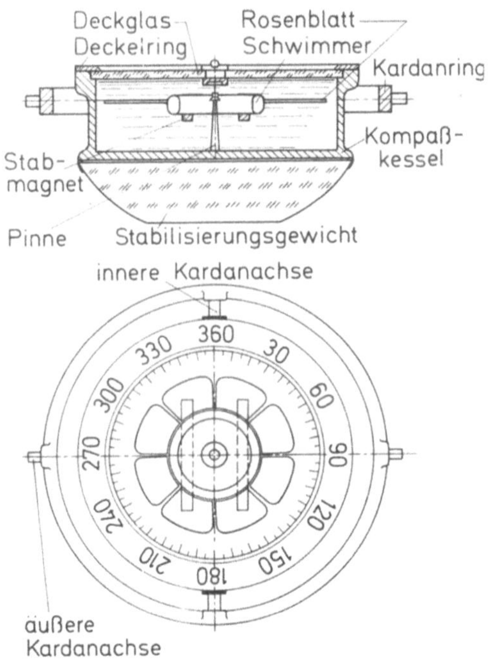

Bild 50.1. Aufbau eines Flüssigkeits-Magnetkompasses mit 2 Stabmagneten (nach BECKER [2]).

zur Dämpfung der Kompaßbewegung und bewirkt außerdem eine Verminderung des Lagerdruckes. Das Stabilisierungsgewicht und die kardanische Aufhängung dienen zur sicheren Ausrichtung der Rotationsachse des Kompasses in Richtung Schwerpunkt der Erde. Die Bauform mit der Gruppenanordnung hat sich aus der bekannten mit einem flachen Stabmagneten entwickelt, um den Störungen durch die Schiffsbewegungen entgegenzuwirken.

Bei den Schlinger- und Stampfbewegungen eines fahrenden Schiffes treten Auswanderungen der Rose auf, die zu Abweichungen von dem magnetischen Meridian, d. h. der geomagnetischen Nordrichtung, führen [2, 3]. Dabei stellt sich die Rose so ein, daß sich ihr magnetisches Richtmoment und das Störmoment das Gleichgewicht halten. Diese Abweichungen können dann für eine bestimmte Zeit permanent sein, wie Bild 50.2 andeutet, bis die Frequenzen und Amplituden der Störbewegungen sich ändern. Die Ablenkungen werden hervorgerufen durch die Reibung in den Lagern der kardanischen Aufhängung des Kompasses, die innere Reibung der Flüssigkeit und die Vertikalkomponente der erdmagnetischen Feldstärke [3]. Zur Abschwächung der Wirkung der Inklination erhält die Rose auf ihrer N—S-Linie eine Ausgleichsmasse. Für die nördliche Halbkugel befindet sich diese Masse auf der Südhälfte der Rose. Dieser horizontale Ausgleich stimmt dann streng aber nur für eine bestimmte magnetische Breite. Eine weitere Möglichkeit der Dauerauslenkungen scheint in der Verschiedenheit der Massenträgheitsmomente der Rose um ihre N—S- und O—W-Linie zu liegen [2, 4]. Die Ver-

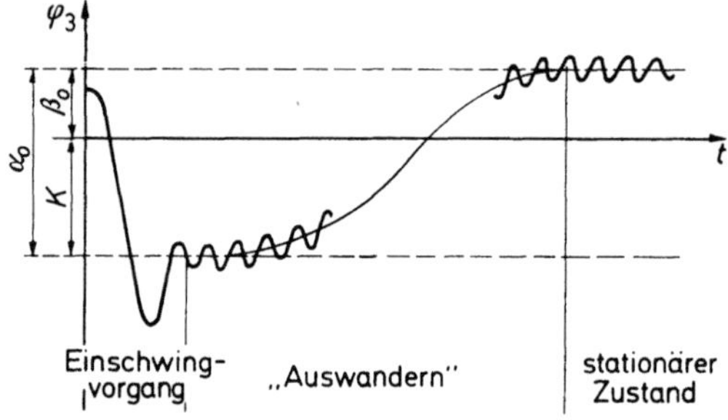

Bild 50.2. Schema der Auswanderung eines Magnetkompasses durch Änderung der Schiffsbewegung (nach BECKER [2]). K = Kurswinkel des Schiffes, α_0 = Auswanderungswinkel der Rose, β_0 = Mittellage der Rose nach dem Auswandern.

schiedenheit dieser Trägheitsmomente hat, wie Bild 50.1 zeigt, ihre Ursache in der Anordnung der Stabmagnete. Deshalb existieren Bauformen mit rotationssymmetrischen Magnetsystemen. Der Magnet ist dabei als diametral magnetisierter Ringmagnet ausgebildet; der Werkstoff ist AlNiCo 500.

Neben den Bewegungen des Schiffes führen auch Störfelder zu Abweichungen des Magnet-Kompasses. Diese Störfelder müssen durch geeignete Aufstellung des Kompasses und Anbringung von Kompensationsmagneten so weit wie möglich abgeschwächt werden.

50.3 Magnetisches Moment von Kompaßmagneten

Die Ausrichtung eines dauermagnetischen Dipols, z. B. eines Kompaßmagneten, im magnetischen Erdfeld beruht auf seinem magnetischem Moment m. Der energieärmste (also Gleichgewichts-) Zustand ist dann erreicht, wenn das magnetische Moment parallel zur Feldrichtung liegt, wie z. B. aus Gl. (50.1) hervorgeht. Es folgt für das Drehmoment D im Erdfeld H

$$D = m \cdot H = m \cdot H \cdot \sin \vartheta, \tag{50.1}$$

wobei $\sphericalangle \vartheta = \sphericalangle (m, H)$ ist.

Die bestimmende Größe des Kompasses ist also das magnetische Moment des Dauermagneten. Dieses ist je nach Definition gegeben durch die beiden Gln. (3.1) oder (4.29), wobei sich beide Größen des magnetischen Momentes um den Faktor 4π unterscheiden. Da diese Grundbegriffe bisher nicht Allgemeingut bei Herstellern und Verbrauchern sind, sollen sie nochmals kurz erläutert werden.

Aus der Definitionsgleichung (im Gaußschen Maßsystem)

$$m = 4\pi I \, \mathrm{d}V \quad \mathrm{G} \cdot \mathrm{cm}^3 \tag{3.1}$$

folgt für das magnetische Moment des Ferromagnetikums

$$m = 4\pi \int_V I\, dV, \qquad\qquad (50.2)$$

welches bei angenommener konstanter Magnetisierung in die bekannte Gleichung für das magnetische Moment übergeht:

$$m = 4\pi\, I \cdot V. \qquad\qquad (50.3)$$

Zur Berechnung des magnetischen Momentes muß also die Magnetisierung bzw. Magnetisierungsverteilung des betrachteten Dauermagneten bekannt sein. Dies führt darauf hinaus, daß der Arbeitspunkt oder der Arbeitsbereich des Systems zu bestimmen ist (s. die Kapitel 16 bis 18).

50.4 Bauformen der Kompaßmagnete

Bild 50.1 zeigt die beim Kompaß gebräuchlichsten Magnetformen. Dies sind aus traditionellen Gründen hauptsächlich Stabmagnete bzw. Gruppen von Stabmagneten. Für einzelne Stabmagnete sind die magnetischen Momente im

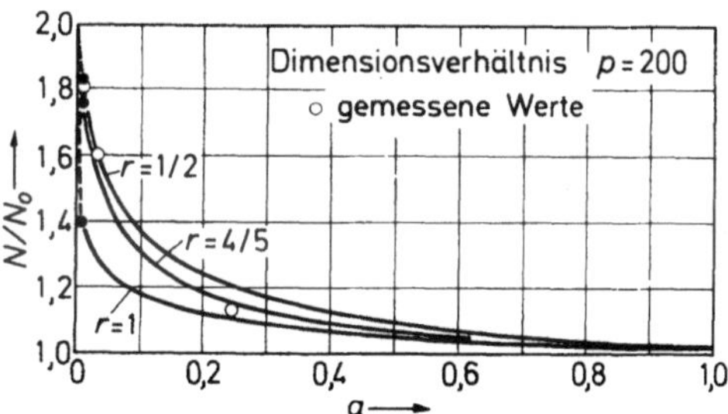

Bild 50.3. Veränderung des Gesamtentmagnetisierungsfaktors zweier paralleler Stäbe in Abhängigkeit vom relativen Abstand a (nach MAGER [5]).

Kapitel 17 angegeben, wobei das Dimensionsverhältnis den Entmagnetisierungsfaktor bestimmt und die Magnetisierungsverteilung beeinflußt. Sind mehrere Stabmagnete parallel angeordnet, so ist es nicht ohne weiteres möglich, den Gesamtentmagnetisierungsfaktor und damit das Gesamtmoment vorauszuberechnen. Die Schwierigkeit liegt darin, daß bei kleinem gegenseitigem Abstand die Einzelmomente in Wechselwirkung zueinander treten.

Von MAGER [5] stammt die Berechnung der relativen Entmagnetisierungsfaktoren N/N_0 zweier langer hochpermeabler paralleler Stäbe. Diese sind in Bild 50.3 über dem relativen Abstand $a = 2A/l$ aufgetragen. Dabei ist N_0 der Entmagnetisierungsfaktor und p das Dimensionsverhältnis eines Stabes, A deren Abstand und l deren Länge.

Die Kurven sind nach der Beziehung

$$N = N_0 + \frac{1}{p^2}\left(\ln \frac{2\sqrt{1-r^2}}{a} - 1\right) \qquad\qquad (50.4)$$

berechnet, wobei r eine Integrationskonstante ist. Damit läßt sich für den gebräuchlichen Kompaß, der meist 2 parallele Dauermagnete enthält, das magnetische Gesamtmoment angenähert berechnen.

Mit Hilfe der Gl. (50.4) läßt sich danach auch der Gesamtentmagnetisierungsfaktor einer Gruppe von mehreren parallelen Stabmagneten bestimmen.

Schwieriger wird die Aufgabe, wenn die Stäbe ungleiche Länge haben, wie
es bei der Kompaßrose des Doppelkompasses in Bild 50.4 zu sehen ist [6]. Für die

Bild 50.4. Der Doppelkompaß nach BINDLINGSMAIER mit einem System von Stabmagneten (nach WIESE u. a. [6]).

Berechnung des Entmagnetisierungsfaktors des schon erwähnten ringförmigen
Kompaß-Dauermagneten steht eine abschätzende Überlegung von MAGER [5]
für einen hochpermeablen Kreisring zur Verfügung. Danach gilt für diesen
Ring bei diametraler Magnetisierung

$$N \approx \frac{\pi}{p^2}. \tag{50.5}$$

Hier ist $p = D/(a \cdot b)^{-1/2}$, wobei D der mittlere Durchmesser des Ringes, a die
Dicke des Ringes und $2b = D_a - D_i$ ist.

Literatur

1. Siehe z. B. BALMER, H.: Beiträge zur Geschichte der Erkenntnis des Erdmagnetismus,
   Aarau: Säuerländer 1956.
2. BECKER, O.: Wissensch. Z. T. H. Magdeburg, 10 (1966) 221—231.
3. BECKER, O.: Dissertation T. H. Magdeburg 1965.
4. MATEZKY, F.: Deutsche Hydrogr.-Z. 8 (1955) 242—250.
5. MAGER, A.: Z. angew. Physik 23 (1967) 164—170.
6. WIESE, H., H. SCHMIDT, O. LUCKE u. F. FRÖLICH: Geomagnetische Instrumente u. Meßmethoden, B. II der Schriftenreihe Geomagnetismus und Aeronomie. Hrsg. G. FANSELAU,
   Berlin: VEB Deutscher Verlag der Wissenschaft 1960, 97.
7. HINE, A.: Magnetic Compasses and Magnetometers, London: Hilger 1968.

IX. Elektrische Uhren mit Dauermagneten

51 Batterieuhren

51.1 Allgemeines

Die Verwendung permanenter Magnete auf dem Uhrengebiet ist in stetiger
Ausweitung begriffen. 1870 konstruierte HIPP die erste elektromagnetisch an-
getriebene Pendeluhr [1]. FERRY-BRILLIE rüstete bereits 1901 eine Pendeluhr mit

einem Hufeisenmagneten aus. Die Erhöhung der magnetischen Energiewerte in Verbindung mit der Verkleinerung der Batterien hatte zur Folge, daß in der heutigen Zeit fast sämtliche Tisch- und Wanduhren mit magnet-elektrischen Werken ausgerüstet werden. Es ist anzunehmen, daß auch bei den Armbanduhrwerken, die durchweg noch mechanische Antriebe haben, in den nächsten Jahren eine ähnliche Entwicklung eintritt.

Der Energieverbrauch des Werkes ist bei der Batterieuhr von entscheidender Bedeutung. Die Batterie enthält je nach ihrer Größe eine bestimmte Menge elektrischer Arbeit (gemessen in Ws und Wh), die in mechanischer Arbeit zur Bewe-

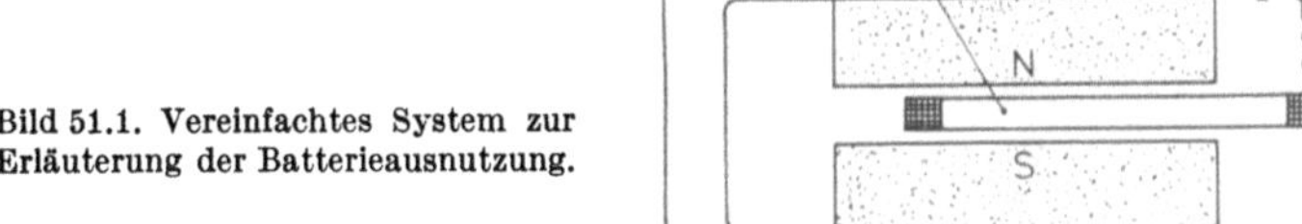

Bild 51.1. Vereinfachtes System zur Erläuterung der Batterieausnutzung.

gung des Räderwerkes und der Uhrzeiger umgewandelt wird. Diese Umwandlung kann elektromagnetisch — beispielsweise mit Hilfe eines Klappankers — oder dauermagnetisch erfolgen. Zunächst werde die Frage untersucht, von welchen Größen die Ausnutzung der Batterie abhängt. Dazu sei ein einfacher, relativ geschlossener Magnetkreis betrachtet (Bild 51.1). Die Spule werde vom Strom I_0 durchflossen. Bei der Spulengeschwindigkeit Null ist die Kraft an der Spulenseite (Länge L; Windungszahl w), die sich innerhalb des Feldes befindet:

$$P_0 = B_L \cdot L \cdot w \cdot I_0 \cdot c_1 \quad \text{p.}$$

Bewegt sich die Spule mit der Geschwindigkeit v, dann entsteht an den Klemmen der Spule eine Gegen-EMK der Größe

$$E = B_L \cdot L \cdot w \cdot v \cdot c_2 \quad \text{V.}$$

Ist eine Batterie mit der Spannung U an die Spule angeschlossen, dann gibt es eine Grenzgeschwindigkeit v_0, bei der kein Strom mehr fließt und keine Kraft mehr vorhanden ist. Sie hat die Größe:

$$v_0 = \frac{U}{B_L \cdot L \cdot w \cdot c_2} \quad \frac{\text{cm}}{\text{s}}.$$

Für Geschwindigkeiten zwischen Null und v_0 ist die Kraft an der Spule

$$P = P_0 \left(1 - \frac{v}{v_0}\right) \quad \text{p.}$$

Bei einer Bewegung der Spule um die Strecke s ist die mechanisch ausnutzbare Arbeit:

$$W_{\text{mech}} = P \cdot s \quad \text{pcm} \quad \text{oder} \quad P \cdot s \frac{c_1}{c_2} \quad \text{Ws.}$$

Die Leistungsentnahme aus der Batterie hat bei der Spulengeschwindigkeit Null ihren Maximalwert:

$$N_0 = U \cdot I_0 = v_0 P_0 \cdot \frac{c_1}{c_2} \quad \text{W}.$$

Sie verringert sich bei höheren Geschwindigkeiten auf:

$$N = N_0 \left(1 - \frac{v}{v_0}\right) \quad \text{W}.$$

Diese Leistung wird während der Zeit t entnommen:

$$t = \frac{v}{s} = \frac{s}{v_0 \, (1 - P/P_0)} \quad \text{s}.$$

so daß die elektrische Arbeit die Größe

$$W_{el} = N \cdot t = \frac{N_0 \, (1 - v/v_0)}{v_0 \, (1 - P/P_0)} = \frac{P \cdot s \cdot c_1}{1 - P/P_0} \quad \text{Ws}$$

hat. Das Verhältnis von mechanischer zu elektrischer Arbeit, das man als Ausnutzung a bezeichnen kann, ist

$$a = \frac{W_{mech}}{W_{el}} = 1 - \frac{P}{P_0} = \frac{v}{v_0}. \tag{51.1}$$

Die Ausnutzung einer Batterie ist demnach um so besser, je mehr sich die Spulengeschwindigkeit der Grenzgeschwindigkeit v_0 nähert. Umgekehrt ist eine gute Batterieausnutzung um so eher zu erreichen, je größer die Induktion B_L wird. Ist von einem Batteriewerk beispielsweise bekannt, daß es während eines bestimmten Zeitraumes die mechanische Arbeit W_{mech} benötigt, ferner die mittlere Kraft $\overline{P}$, dann läßt sich daraus der gesamte zurückgelegte Weg der Spule s_{ges} $= W_{mech}/\overline{P}$ errechnen. Die Batterieausnutzung ist dann:

$$a = 1 - \frac{W_{mech}}{P_0 \cdot s_{ges}}. \tag{51.2}$$

Auch hier zeigt sich wieder, daß zur Erzielung einer bestmöglichen Ausnutzung die Luftspaltinduktion groß sein soll. Bei der Betrachtung wurde von einem homogenen Magnetfeld, einer dünnen Spule und gleichmäßiger Geschwindigkeit ausgegangen. Diese Bedingungen liegen bei Uhranwendungen selten vor. Die Gl. (51.2) behält auch ihre Gültigkeit, wenn für die einzelnen Größen deren zeitliche und örtliche Mittelwerte gewählt werden.

51.2 Batterieuhren mit Motoraufzug

Das Antriebselement ist ein Gleichstrom-Kleinstmotor, der das Uhrwerk in regelmäßigen Abständen aufzieht. Kleinstmotoren dieser Art werden in dem Abschnitt 54.1 eingehend behandelt. Weil die Motoren nicht ständig eingeschaltet sind, gilt für die Batterieausnutzung eine ähnliche Beziehung wie (51.1), nur daß jetzt die Kräfte durch Momente und die Geschwindigkeiten durch Drehzahlen zu ersetzen sind:

$$a = 1 - \frac{M}{M_0} = \frac{n}{n_0}.$$

Bild 51.2 zeigt ein derartiges Uhrwerk. Während die Feder des abgebildeten Werkes in relativ großen Zeitabständen aufgezogen wird (40 min), dreht sich der Antriebsmotor eines Werkes der Firma Portescap ständig [2].

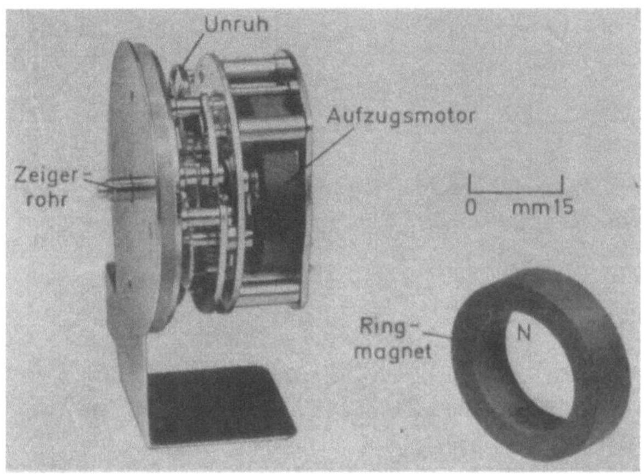

Bild 51.2. Batterieuhr mit Motoraufzug (Hersteller Fa. Montremo S. A., La Chaux-de-Fonds, CH).

51.3 Batterieuhren mit Pendel- und Unruhantrieb

Der von FERRY-BRILLIÈ (s. [1]) eingeführte Hufeisenmagnet wurde schon bald durch einen gebogenen Kobalt-Walzstahlmagneten und später durch einen geraden AlNiCo-Stabmagneten ersetzt [3, 4]. Um den elektrischen Kontakt zu vermeiden, fanden kurz nach ihrer Erfindung bereits Transistoren Verwendung [5, 6]. GLASER [6] hat den Verlauf der Spannung $E(z)$ für eine Pendeluhr mit Dauermagnet experimentell untersucht.

Das zeithaltende Element fast sämtlicher Uhren, die heutzutage hergestellt werden, ist eine Unruh. Nachdem sich der elektrische Antrieb bei Pendeluhren bewährt hatte, lag es nahe, auch die Unruh einer Schwingeruhr elektrisch anzutreiben. Die ersten Lösungen waren elektromagnetischer Art. Durch die Hysterese und den Restmagnetismus des Weicheisens wiesen diese Uhren jedoch Isochronismusfehler auf. Sie wurden von den dauermagnetischen Systemen mit Luftspule verdrängt.

Diese relativ junge Technik ist noch nicht zum Abschluß gekommen, so daß eine große Zahl verschiedenartiger Konstruktionen existieren. Bild 51.3 gibt eine Übersicht, die jedoch keinen Anspruch auf Vollständigkeit erheben kann. Soweit die Konstruktionen Schalttransistoren enthalten, erfolgt deren Ansteuerung beim augenblicklichen Stand der Technik durch eine induktiv erzeugte Steuerspannung. Magnetfeldabhängige Widerstände lassen auch andere Arten der Ansteuerung zu.

Die dargestellten Konstruktionen unterscheiden sich bezüglich des magnetischen Kreises. Die Bauarten a—c besitzen einen offenen Kreis, während die Bauarten d—i einen etwas geschlosseneren Magnetkreis haben. Im Sinn der Darlegungen des Abschnittes III sind sie als „halboffen" zu kennzeichnen. Im einzelnen ist zu den Konstruktionen folgendes zu sagen:

Nach Bild 51.3 a: Die von EYSEN konstruierte und von NOGARÈDE [7, 8] beschriebene Uhr trägt auf der Unruh einen axial vorzugsgerichteten Magneten aus AlNiCo 450.

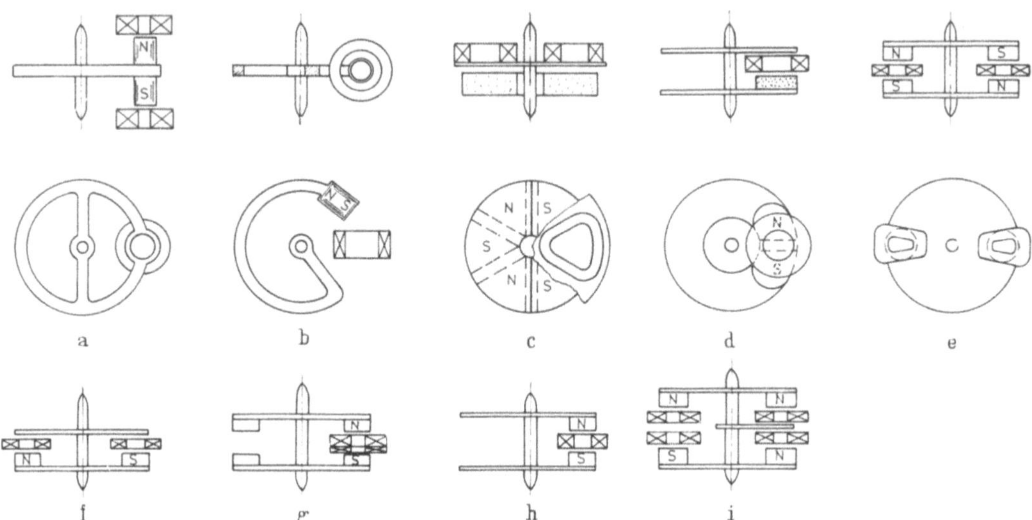

Bild 51.3. Schematische Darstellung verschiedener Bauarten von batteriegetriebenen Unruhschwingern.

Nach Bild 51.3 b: Diese Ausführung wurde von NEGRI [9] beschrieben. Am Unruhreif ist ein zylindrischer Platin-Kobalt-Magnet in tangentialer Richtung befestigt.

Nach Bild 51.3 c: Diese Konstruktion stammt von HELD [10]. Der Magnet ist stationär angeordnet, während die Spulen auf der Unruh befestigt sind. Ein deratiger Aufbau ist nur für eine Uhr mit Kontakten zu gebrauchen. Der Magnet besteht aus einer geschlitzten Scheibe oder zwei Halbscheiben aus Bariumferrit 100. Er ist einseitig sechspolig magnetisiert, so daß die Flußänderungen und damit die Spannungen beim Bewegen der Spule relativ groß werden.

Nach Bild 51.3 d—i: Die Magnete befinden sich auf der Unruh und die Unruhscheiben dienen als magnetische Rückschlüsse. Die Magnete bestehen durchweg aus Bariumferrit 300, mit Ausnahme des Westclock(USA)-Werkes (Bild 51.3 d), das eine bohnenförmige, zweipolig magnetisierte Scheibe aus anisotropem Magnetgummi enthält. Beschreibungen von Werken dieser Art finden sich unter [11 bis 17]. Die Fotografie Bild 51.4 zeigt ein serienmäßig hergestelltes Werk, dessen Unruh der schematischen Darstellung nach Bild 51.3 g entspricht.

Bei allen Schwinger- und Unruhantrieben ist die wesentliche Frage, welche Spannung an der Spule bei einer Bewegung zwischen Spule und Magnet entsteht.

Über die Ermittlung des Luftspaltfeldes speziell bei Bariumferritsystemen werden im Kapitel 16 Angaben gemacht. SIMSCH [18] hat in einer Dissertation über permanent-dynamische Unruhantriebe u. a. auch die Luftspaltinduktion in Spaltmitte vermessen und Werte von 750 G bis 1400 G festgestellt. Er errechnete eine Anzahl von Parameterkurven (Parameter: Unruh-Radius, gemittelte Spulenbreite

Bild 51.4. Batterieuhr mit Unruhantrieb und magnetischer Lagerentlastung
(Hersteller Fa. Junghans, Schramberg).

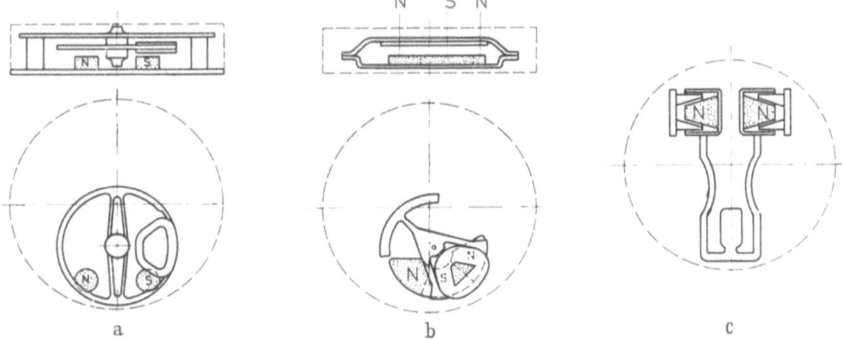

Bild 51.5. Bauprinzipien verschiedener batteriegetriebener Armbanduhren. a) Kontaktgesteuert, Magnete aus Platin-Kobalt; b) kontaktgesteuert, Magnet aus Strontiumferrit; c) transistorgesteuerter Stimmgabelschwinger, Magnete aus AlNiCo 600.

Luftspaltinduktion, Schwingungszahl, Drahtdurchmesser), anhand deren die Schwingungsweite und der Wirkungsgrad des Unruhantriebes errechnet werden können. Auch GLASER [19] behandelte dieses Problem ausführlich.

Während Wand- und Tischuhren heute durchweg elektrisch betrieben werden, hat sich eine solche Entwicklung bei den Armbanduhren erst angebahnt. Dies liegt daran, daß in der ständigen Bewegung des Armes eine kostenlose Energiequelle zur Verfügung steht, die in den sogenannten Automatic-Uhren ausgenutzt wird. Dadurch entfällt die zwingende Notwendigkeit zur Einführung der Batterie als Energiespeicher.

In Bild 51.5 sind die Magnetkreise einiger Armbanduhrsysteme zusammengestellt. Die Uhr der Firma Hamilton (USA) (Bild 51.5a) ist mit zwei Magneten aus Platin-Kobalt der Abmessung 2,3 mm Durchmesser und 2,6 mm Länge ausgerüstet [20].

Die Herren-Armbanduhr der Firma Laco (Bild 51.5b) enthält einen Formmagneten aus Strontiumferrit 330, der einseitig dreipolig magnetisiert ist [21 bis 23]. Diese sowie weitere von FRANKE [24], NARDIN und CACHIN [25] beschriebene Systeme sind kontaktbetrieben, obwohl es nicht an Vorschlägen gefehlt hat,

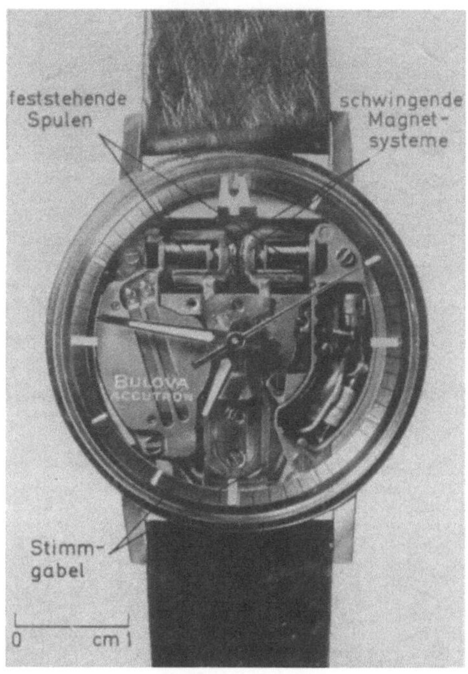

Bild 51.6. Stimmgabel- und transistorgesteuerte elektrische Armbanduhr (Werkbild Fa. Bulova Watch, Biel, CH).

auch hier Schalttransistoren einzuführen [26, 27]. Bemerkenswert ist eine von HETZEL [28, 29] konstruierte Stimmgabeluhr. An den Schenkeln der mit 360 Hz schwingenden Stimmgabel sind topfförmige Magnetsysteme angelötet, in denen sich konische Magnete aus AlNiCo 600 befinden. Bild 51.6 zeigt eine Fotografie dieses Uhrwerkes. Eine weitere, von HETZEL [30] stammende Uhr enthält statt der Topfsysteme flache plattenförmige Magnete, zwischen denen die stationäre Spule angeordnet ist.

Die Bemessung der Magnete ist bei Armbanduhren weniger durch Optimalkonstruktionen als durch den geringen Platz gegeben, der zur Verfügung steht. Ein geeigneter Werkstoff für derartige Uhren ist der in Bild 23.16 dargestellte Einkristall aus AlNiCo 450 (Ticonal XX), welcher hohe Koerzitivfeldstärke mit hoher Remanenz verbindet. GLASER [31] hat sich in einer neueren Arbeit mit Fragen der elektrischen Armbanduhren beschäftigt (s. daraus Bild 51.7). Er hat die Form der EMK E dargestellt, die an den Klemmen einer Spule auftritt, wenn

sich jeweils ein, zwei oder drei Pole des Magnetsystems an der Spule vorbei-
bewegen. In den Bildern ist außerdem der Kontaktwinkel α_K eingezeichnet,
währenddessen die Spule bei einer Schwingung eingeschaltet ist.

Es ist anzunehmen, daß höherfrequente Schwingungssysteme zunehmend an
Bedeutung gewinnen, weil die zeitliche Konstanz eines Schwingkreises um so

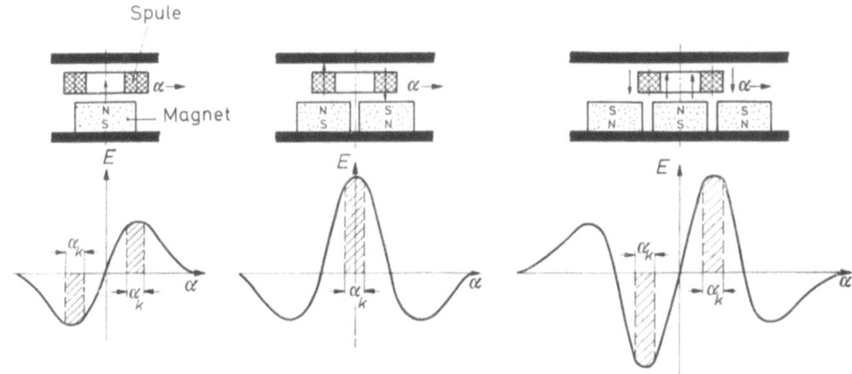

Bild 51.7: Induzierte EMK E bei Bewegung einer Spule in einem Magnetsystem mit einem,
zwei und drei Magnetpolen. α_K: Kontaktwinkel (nach GLASER [31]).

besser wird, je höher seine Frequenz ist. Auch für Tisch- und Wanduhren gibt es
bereits Werke mit höherfrequenten Unruh- und Stimmgabelschwingern. Eine umfassende Übersicht im Hinblick auf elektrische Batterieuhren findet sich in einer
Veröffentlichung von GLASER [32].

Literatur

1. LOSKE, L. M.: J. Suisse d'Horlogerie et de Bijouterie (1965) 824—828.
2. WEGER, F.: Die Uhr, H. 21 (1965) 30—38.
3. LAVET, M.: Berichtsbuch VI. Int. Kongr. Chronometrie 1959, 327—335.
4. HETTICH, A.: Die Uhr, H. 3 (1957) 18—24, H. 4 (1957) 12—16.
5. LAVET, M.: Franz. Pat. 1090564 (1953), DBPa 1039954 (25. 9. 1958),   DBPa   1043962
   (13. 11. 1958).
6. GLASER, G.: Jahrb. d. Dtsch. Ges. für Chronometrie 9, 1958, 46—54.
7. NOGARÈDE, M. A.: J. Suisse d'Horlogerie et de Bijouterie (1963) 217—220.
8. HOTOP, W., u. K. BRINKMANN: Die Umschau 14 (1961) 431—434.
9. NEGRI, M. E.: J. Suisse d'Horlogerie et de Bijouterie (1965) 135—139.
10. Die Uhr, H. 8 (1965) 38 (o. Verfasser).
11. Die Uhr, H. 18 (1962) 37—38 (o. Verfasser).
12. Die Uhr, H. 13 (1964) 27—29 (o. Verfasser).
13. GLASER, G.: Berichtsbuch VI. Int. Kongr. Chronometrie 1959, 349—351.
14. ASSMUS, F.: Die Uhr, H. 11 (1966) 62—64.
15. BEYNER, A., A. HUG u. J. SCHERRER: Berichtsbuch VI. Int. Kongr. Chronometrie 1959,
   339—345.
16. Die Uhr, H. 8 (1965) 47—48 (o. Verfasser).
17. DBP 1064122 (9. 4. 1955), DBP 1133676 (15. 12. 1959), DBPa 1150327 (10. 4. 1957).
18. SIMSCH, E.: Dissertation TH Stuttgart 1966.
19. GLASER, G.: Der permanentdynamische Unruhantrieb mit Kontaktsteuerung. Eigen-
   druck 1966 des Forschungsinstitutes für Uhren- und Feingerätetechnik Stuttgart.
20. Electrical Manufacturing Febr. (1957) 133—135 (o. Verfasser).
21. GARBE jr., G.: Neue Uhrmacherzeitung (Ulm) H. 5 (1963) 7—12.

22. ETZ-B 15 (1963) 386 (o. Verfasser).
23. USA Pat. 2972745.
24. FRANKE, D.: Die Uhr, H. 21 (1954) 63—66.
25. NARDIN, M., u. A. CACHIN: J. Suisse d'Horlogerie et de Bijouterie (1963) 7—9.
26. The Swiss Watch H. 3 (1957) 32—35 (o. Verfasser).
27. Elektronik H. 1 (1959) 17—18 (o. Verfasser).
28. HETZEL, M.: Techn. Rdsch. (Bern) H. 19 (1963) 13—15, 41—47.
29. USA Pat. 2971323.
30. Jahrbuch: Die Schweizer Uhr 43 (1966/67) 115—117 (o. Verfasser).
31. GLASER, G.: Neue Uhrmacherzeitung (Ulm) H. 16 (1966) 14—19.
32. GLASER, G.: VDI-Z. 107 (1965) I: S. 168—173, II: S. 421—424, III: S. 501—506.

52 Dauermagnetische Uhrenbestandteile

52.1 Nebenuhren, Synchronuhren und Synchron-Fortschalter

Zur Betätigung von *Nebenuhren* dienen elektrische Impulse, welche von einer Hauptuhr ausgehen. Ein Nebenuhrwerk kann daher auch als „Schrittmotor" bezeichnet werden. Bild 52.1 zeigt ein Nebenuhrwerk mit einem sechspoligen Magneten als Rotor. Ältere Konstruktionen, bei denen zum Teil noch besonders

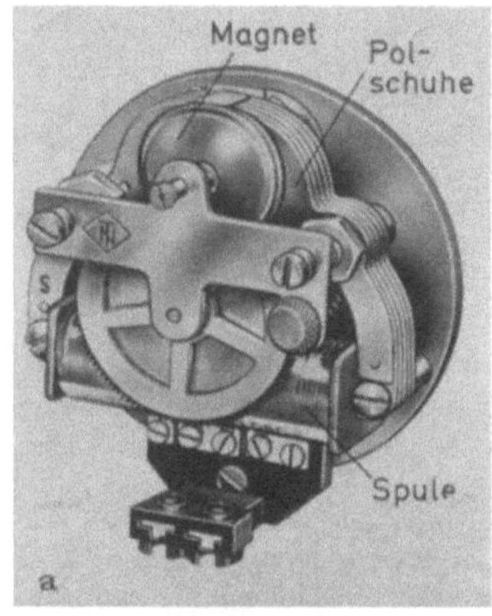

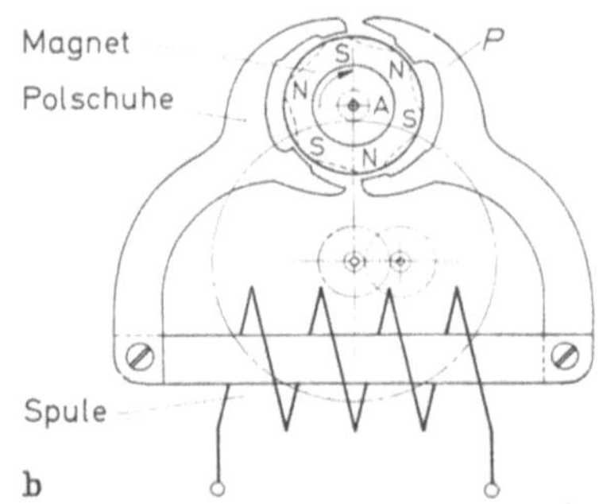

Bild 52.1. Nebenuhrwerk mit sechspoligem Drehmagneten aus AlNiCo 260. a) Gesamtansicht; b) schematischer Aufbau (Werkbild Fa. Telefonbau und Normalzeit, Frankfurt/M.).

geformte Rotoren aus Walzstählen verwendet wurden, hat SCHUMACHER [1] beschrieben. Moderne Rotoren bestehen aus einem hochkoerzitiven anisotropen AlNiCo-Werkstoff (AlNiCo 260). In der Ruhelage stellt sich der Rotor so ein, daß die Gesamtenergie ein Minimum wird, d. h. die Magnetpole rasten an den vorspringenden Nasen P ein. Der Magnet ruft einen Fluß durch das Statorjoch hervor. Der Stromimpuls erzeugt einen entgegengerichteten Fluß. Bei einer bestimmten Größe der Statordurchflutung bewegt sich der Magnet um eine Polteilung weiter. Der nächste ankommende Impuls hat die entgegengesetzte Richtung, gibt also wieder Anlaß zu einem Sprung um eine Polteilung. Damit die Laufrichtung gleich und eindeutig ist, sind die Pol-Zahnflanken unsymmetrisch ausgebildet.

Synchronuhren enthalten einen Synchronmotor mit permanentmagnetisch erregtem Rotor [2, 3]. Derartige Motoren werden im Abschnitt 55.6 behandelt.

Auch bei Batterieuhren finden sich neuerdings Synchronmotoren, und zwar als Ersatz der sogenannten Fortschaltung. Dieses Element überträgt die schwingende Bewegung der Unruh in eine gleichmäßige Drehbewegung des Räderwerkes. Üblicherweise besteht es bei Batterieuhren aus der Schaltweiche, dem Schaltrad und dem Sperrad. Diese Teile geben Anlaß zu Reibungen und Geräuschen. In der Patentliteratur hat es daher nicht an Vorschlägen gefehlt, magnetische oder synchronmotorähnliche Fortschaltungen zu bauen [4, 5].

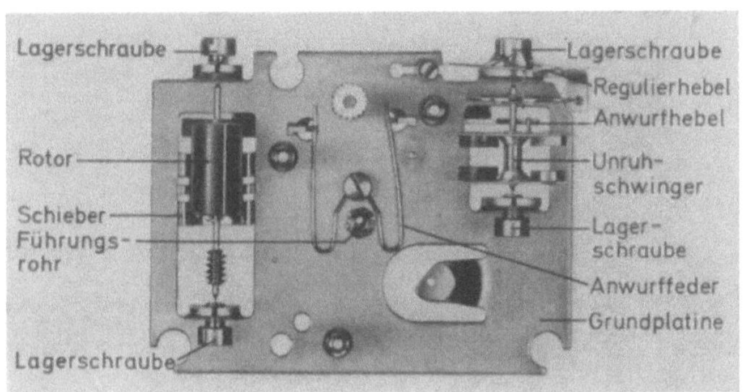

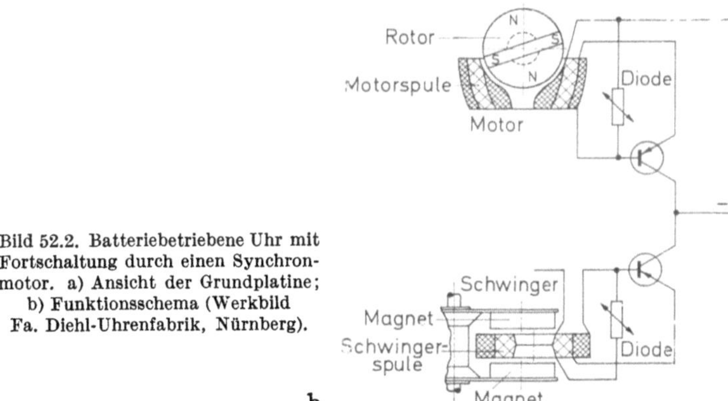

Bild 52.2. Batteriebetriebene Uhr mit Fortschaltung durch einen Synchronmotor. a) Ansicht der Grundplatine; b) Funktionsschema (Werkbild Fa. Diehl-Uhrenfabrik, Nürnberg).

Neuerdings ist eine Batterieuhr mit einer derartigen Fortschaltung auf den Markt gekommen. Ihre Grundplatine mit dem Unruhschwinger und dem Rotor ist in Bild 52.2a dargestellt. Um den Rotor sind offene Formspulen angeordnet, die sich samt der Schwingerspule auf einer nicht abgebildeten Isolierstoffplatte befinden. Der Magnetrotor besteht aus zwei Halbschalen aus anisotropem Ferritwerkstoff, die auf ein Weicheisenteil aufgeklebt sind und somit einen vierpoligen Rotor bilden [6, 7]. Die Schaltung des Antriebs mit zwei Schwingerspulen und zwei Motorspulen zeigt Bild 52.2b. Weil es sich hier um einen Motor mit offenen Luftspulen handelt, ist sein Drehmoment gering.

52.2 Magnetische Hemmungen

Es wurde erwähnt, daß die Fortschaltung Anlaß zu Störungen durch Reibung und Geräusche gibt. Bei den mechanisch angetriebenen Werken ist das in noch stärkerem Maße der Fall [8]. Dauermagnetisch kuppelnde Elemente scheinen die Möglichkeit zu bieten, den Hemmregler der mechanischen Uhren zu ersetzen [9]. Besondere Förderung erfuhr dieses Gebiet durch CLIFFORD [10, 11].

Bild 52.3 ist der Patentanmeldung von CLIFFORD [11] entnommen und zeigt die Einzelheiten das Aufbaus. Zeithaltendes Organ ist eine Schwingfeder, die aus einer Stahlfeder und einem daran befestigten U-förmigen Vicalloy-Magneten be-

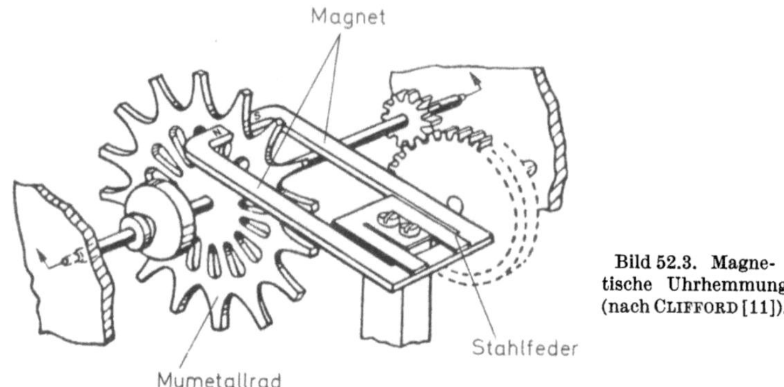

Bild 52.3. Magnetische Uhrhemmung (nach CLIFFORD [11]).

steht. Im Spalt des Magneten befindet sich ein Zahnrad aus Mumetall, an dessen Achse stets ein kleines Drehmoment aufrechterhalten wird. Hierzu dient eine nicht dargestellte Aufzugsfeder samt einem Übersetzungswerk. Schwingt die Feder, dann folgt die Kontur des Mumetall-Zahnrades der Bewegung, und es erfolgt eine gleichmäßige Drehung mit der Eigenfrequenz der Feder.

52.3 Rastmagnete

Damit die rücklaufende Schaltweiche oder die Schaltklinke das Sperrad nicht wieder zurücktransportiert, muß eine Rastung vorgesehen werden. Hierfür haben sich Dauermagnete besonders bewährt, denn sie bieten reibenden oder einklinkenden Vorrichtungen gegenüber den Vorteil der zeitlichen Konstanz, der Einstellbarkeit und der Geräuschfreiheit [12, 13]. Bei der elektrischen Armbanduhr nach Bild 51.5b besteht der Rastmagnet aus Platin-Kobalt der ungefähren Abmessung 0,5 mm Durchmesser und 0,5 mm Länge. Zur Einstellung der Haftkraft wird der Rastmagnet oftmals in einer Verstellschraube befestigt.

Auch für mechanische Uhren wurde bereits vorgeschlagen, die Ankerstifte als Magnete auszubilden oder sie durch außerhalb angeordnete Magnete zu magnetisieren [14]. Derartige Konstruktionen konnten sich jedoch in der Praxis bisher nicht durchsetzen.

52.4 Magnetische Lager

Bei Elektrizitätszählern werden schon seit langem magnetische Schwebe- und Zuglager verwendet. Das Bild 52.4 ist einer Arbeit von GLASER [15] entnommen und zeigt verschiedene Vorschläge, die im Laufe der Jahrzehnte hierzu gemacht wurden. Eine vollständige Übersicht gibt ein Buch von GEARY [16]. In dem elektrischen Batteriewerk nach Bild 51.4 ist ein magnetisches Schwebelager zu erkennen [17]. Die beiden Ringmagnete bestehen aus der Mischung eines Thermoplasten mit Bariumferrit 100. In magnetischen Schwebelagern befinden sich die beiden Teile im labilen Gleichgewicht. Deshalb ist es bei der abgebildeten Uhr erforderlich, durch ein Lochsteinlager für eine radiale Fixierung der Unruh zu sorgen. Über die Berechnung der abstoßenden Kräfte werden in Abschnitt 57.3 Angaben gemacht.

Eine andere Art der Lagerentlastung besteht darin, daß oberhalb der Unruh ein Zugmagnet angebracht ist, der gerade so viel Zugkraft aufbringt, um die Unruhwelle leicht gegen den oberen Deckstein zu ziehen und damit den unteren Lagerstein zu entlasten.

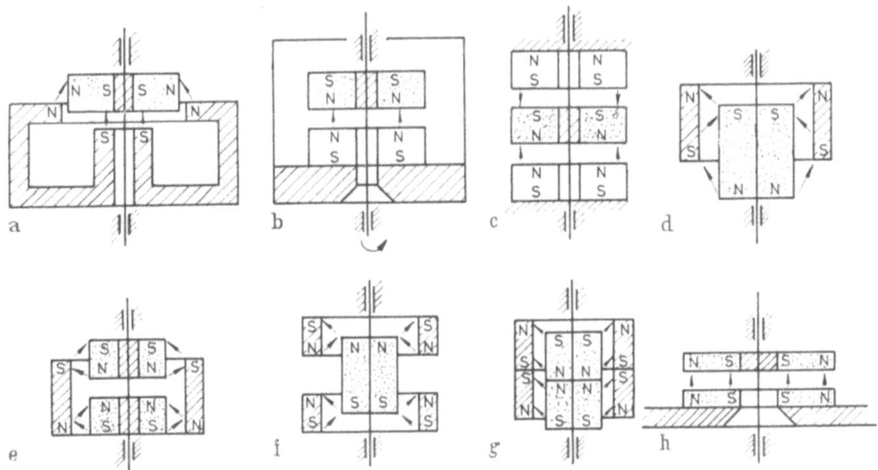

Bild 52.4. Verschiedene Vorschläge zur Lagerentlastung (nach GLASER [15]).

Literatur

1. SCHUMACHER, O.: ATM T 155-3, Okt. (1951).
2. RENELT, W.: ATM J 155-4, Sept. (1954).
3. Die Uhr, H. 3 (1957) 12—14 (o. Verfasser).
4. Franz. P. 1092411.
5. USA Pat. 3142012.
6. Elektronik-Ztg. H. 15 (1966) 9 (o. Verfasser).
7. MEISNER, A., u. F. MAYER: Die Uhr, H. 15 (1966) 8—10.
8. BRENNECKE, G.: FWT 55 (1951) 233—239.
9. MEYDING, L.: Neue Uhrmacherzeitung (Ulm), H. 7 (1950) 201—205.
10. CLIFFORD, C. F.: Berichtsbuch VI. Int. Kongr. Chronometrie 1959, 313—320.
11. DBPa 1146005 (13. 3. 1952).
12. DBPa 1201777 (16. 1. 1959).
13. DBPa 1140148 (16. 3. 1955).
14. DBPa 1087981 (25. 1. 1958).
15. GLASER, G.: Die Uhr, H. 17 (1963) 75—78.
16. GEARY, P. J.: Magnetic and Electric Suspensions, Brit. Sci. Instr. Res. Assoc. London, 1964.
17. GLASER, G.: Die Uhr, H. 13 (1955) 20—24.

X. Permanentmagnetisch erregte Maschinen

53 Allgemeines

Die ersten Maschinen zur Erzeugung elektrischen Stromes enthielten Dauermagnete zur Erregung des Magnetfeldes. Bild 53.1 zeigt eine etwa 1845 gebaute Demonstrationsmaschine zur Erzeugung von Wechselstrom. Auch W. SIEMENS beschäftigte sich zunächst mit dauermagnetisch erregten Maschinen, erkannte aber bald deren Nachteile [1]. Er ersetzte den Dauermagneten durch einen vom Strom der Maschine erregten Elektromagneten und schuf so das dynamoelektrische Prinzip. Diese Erfindung ermöglichte es, elektrischen Strom fast beliebiger Stärke

Bild 53.1. Eine der ersten magnet-elektrischen Maschinen. Demonstrationsmodell zur Erzeugung von Wechselstrom (Fabrikat Dr. Keil, München, etwa 1845).

zu erzeugen, und leitete damit den ungeheuren Aufschwung der Elektrizitätsanwendung ein. Erst als Koerzitivfeldstärke und Energiedichte der Magnetwerkstoffe gesteigert wurden, fanden sich wieder technisch sinnvolle Einsatzmöglichkeiten für Dauermagnete. Zunächst waren es Magnetzünder für Automobile und Krafträder, dann folgten Fahrradlichtmaschinen und kleine Synchronmotoren.

In den dreißiger Jahren führte die Erfindung der AlNi- und AlNiCo-Magnete einen großen Schritt vorwärts. Sie gestatteten die Konstruktion von Flugzeug-Bordnetzgeneratoren, Pendelgeneratoren, Gleichstromkleinstmaschinen und Scheibenwischermotoren. Während hierbei noch Rücksicht auf die maximale Koerzitivfeldstärke des AlNiCo-Materials (s. Zt. ca. 700 Oe) genommen werden mußte, entfiel diese Notwendigkeit bei den Ferritmagneten, die in den fünfziger Jahren entwickelt wurden. Diese können dem sogenannten Ankerquerfeld direkt ausgesetzt werden, so daß keine besonderen Polschuhe und Flußleitstücke aus Eisen notwendig sind. Hierdurch werden die Streuverluste klein, und trotz der geringeren Remanenz der Ferrite werden ausreichende Magnetflüsse erzielt. Solche Motoren finden sich in großer Anzahl in batteriebetriebenen Geräten und in Automobilen als Scheibenwischer- und Lüftermotoren. Auch für Synchron-Kleinstmotoren werden heute fast ausschließlich Ferrite benutzt. Während die Ferrit-Magnete wegen ihres geringen Preises den Massenabsatz von Motoren mit Dauermagneten stark förderten, fanden die AlNiCo-Magnete für immer größere Maschineneinheiten Verwendung. Als Beispiel sei ein französischer Wasserkraftgenerator mit 54 kW Leistung genannt, der 1954 gebaut wurde [2]. Neuere Hilfserreger maschinen für Großgeneratoren haben Leistungen bis zu 150 kVA. Insgesamt ist festzustellen, daß die Maschinen mit Dauermagneten nach ungefähr hundertjährigem Dornröschenschlaf jetzt dabei sind, auch im Elektromaschinenbau eine größere Rolle zu spielen.

Eine Zusammenfassung des Gebietes der elektrischen Maschinen mit Dauermagneten bringen Bücher von BALAGUROV, GALTEJEV und LARIONOV [3], WARRING [9], IRELAND [10], sowie Veröffentlichungen von MERRILL [4], FAHLENBRACH und SOMMERKORN [5], BARCUS [6], IRELAND [7] und KUKUTA [8].

Literatur

1. LEUKERT, W.: ETZ-A 87 (1966) 841—847.
2. SALESSE, M.: 2e Cycle de Journées sur les Aimants Permanents, Paris 1965, Vol. 2, S. K 1 bis K 8.
3. BALAGUROV, V. A., F. F. GALTEJEV u. A. N. LARIONOV: Élektričeskie mašiny s postojannymi magnitami, Moskau: Verlag Energija 1964.
4. MERRILL, F. W.: Electr. Manufac. (1947) 78—83, 180—190.
5. FAHLENBRACH, H., u. G. SOMMERKORN: ETZ 75 (1954) 299—303.
6. BARCUS jr., G. D.: Cobalt, Dez. (1960) 3—8.
7. IRELAND, J. R.: Electro-Technology 77 (1966) 48—51.
8. KUKUTA, A.: Z. Hitachi Hyoron (Japan) 47 (1965) 117—127.
9. WARRING, R. H.: Sub-Miniature Electric Motors, London, Arco Publications 1967.
10. IRELAND, J. R.: Ceramic Permanent-Magnet Motors, New York: Mc Graw-Hill 1968.

54 Gleichstrommotoren

54.1 Gleichstrom-Kleinstmotoren bis ca. 3 W mit Eisenrotor

Der Statoraufbau derartiger Kleinstmotoren ist in Bild 54.1 dargestellt. Sie werden für den Antrieb und die Steuerung von Spielzeugen, Tonbandgeräten, Plattenspielern, Fotoapparaten, Linsen u. a. benutzt [1 bis 4]. Ihre Verbreitung hängt mit der Entwicklung starker Batterien zusammen. Wichtigstes Beurtei-

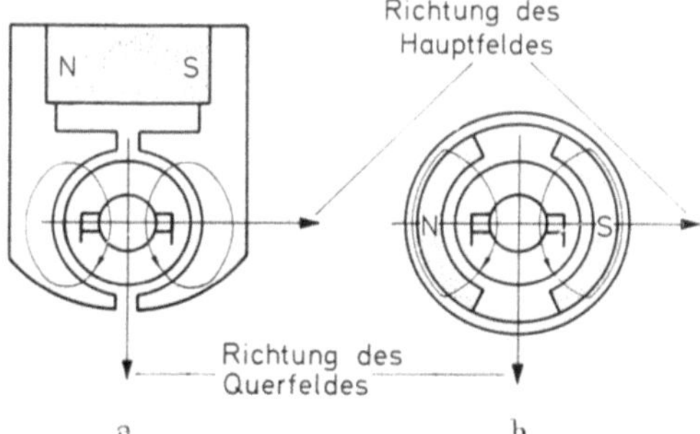

Bild 54.1. Zwei Bauprinzipien von Gleichstrommotoren mit bewickeltem Eisenrotor. a) Ankerquerfluß durch Polschuhe kurzgeschlossen (Magnetmaterial: AlNiCo); b) Ankerquerfluß durchdringt die Magnete (Magnetmaterial: Ferrit).

lungsmerkmal ist der Wirkungsgrad. Während bei Großmotoren die Wirbelstrom-
und Hystereseverluste die hauptsächlichen Verlustquellen darstellen, sind es bei
diesen Kleinstmotoren die Lager- und Kommutatorreibungsverluste. Diese können den 0,1—0,5fachen Betrag des Haltemomentes M_0 ausmachen.

Die Kennlinie $M = f(n)$ derartiger Motoren ähnelt den von Gleichstrom-
Nebenschlußmotoren und ist weitgehend gradlinig. In dem Bild 54.2 ist auf
der Momentenachse das Reibungsmoment M_r eingetragen. Es hat zur Folge,
daß der Motor nur bis zu einer Leerlaufdrehzahl n_l hochlaufen kann. Die
Leistungen sind im linken Teil des Bildes in Abhängigkeit von der Drehzahl n
dargestellt. Für N_0 (maximale elektrische Leistung) gilt:

$$N_0 = U \cdot I_b = M_0 \cdot n_0.$$

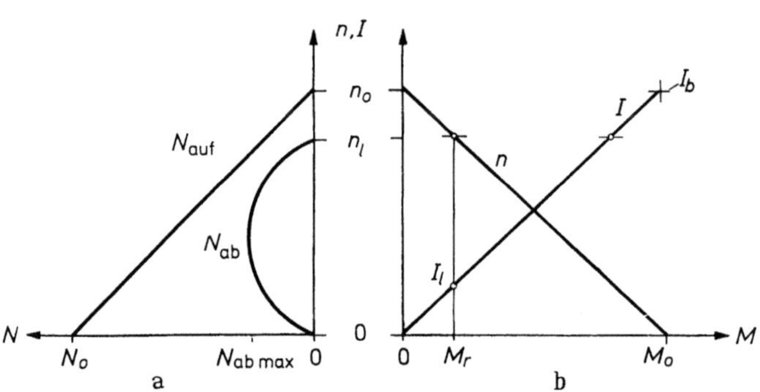

Bild 54.2. $M = f(n)$ sowie $I = f(n)$-Kennlinien Bildteil b) und $N = (fn)$ — Kennlinien Bildteil a)
von Gleichstrommotoren mit permanentmagnetischer Erregung.

Die aufgenommene elektrische Leistung hat die Größe:

$$N_{\mathrm{auf}} = N_0 - \frac{N_0}{n_0} \cdot n.$$

Die abgegebene mechanische Leistung N_{ab} besitzt den Wert:

$$N_{\mathrm{ab}} = M_0 \cdot n - \frac{M_0}{n_0} \cdot n^2 - M_r \cdot n = N_0 \left[\frac{n}{n_0} \left(1 - \frac{M_r}{M_0} \right) - \left(\frac{n}{n_0} \right)^2 \right].$$

Sie hat ein Maximum bei der Drehzahl:

$$n_{\max} = \frac{n_0}{2} \left(1 - \frac{M_r}{M_0} \right)$$

und einen Maximalwert von

$$N_{\mathrm{ab\,max}} = N_0 \cdot \frac{1}{4} \left(1 - \frac{M_r}{M_0} \right)^2.$$

Der Wirkungsgrad η ist der Quotient von abgegebener zu aufgenommener
Leistung:

$$\eta = \frac{N_{\mathrm{ab}}}{N_{\mathrm{auf}}} = \frac{n}{n_0} - \frac{M_r}{M_0} \cdot \frac{\dfrac{n}{n_0}}{1 - \dfrac{n}{n_0}}$$

Diese Funktion hat bei

$$\left(\frac{n}{n_0}\right)_{\mathrm{opt}} = 1 - \sqrt{\frac{M_r}{M_0}}$$

ein Maximum der Größe

$$\eta_{\max} = \left(1 - \sqrt{\frac{M_r}{M_0}}\right)^2$$

Die Momente M_0 und M_r sind meist schwer zu messen, während die Ströme I_b (Strom bei gebremstem Anker) und I_l (Strom im Leerlauf) einfach zu messen sind. Aus dem rechten Diagramm des Bildes 54.2 ist leicht abzulesen, daß M_r/M_0

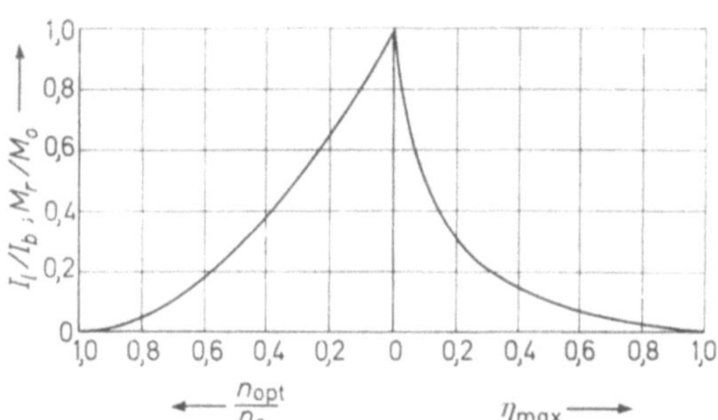

Bild 54.3. Relative optimale Drehzahl n_{opt}/n_0 und maximaler Wirkungsgrad eines Gleichstrom-Kleinstmotors in Abhängigkeit von I_l/I_b bzw. M_r/M_0 (nach BRINKMANN [5]).

$= I_l/I_b$ ist, so daß anhand dieser Formeln die Optimaldaten der Motoren ohne großen Meßaufwand leicht bestimmt werden können. In dem Bild 54.3 ist sowohl die relative optimale Drehzahl $(n/n_0)_{\mathrm{opt}}$ als auch der maximale Wirkungsgrad $\eta_{\max}$ als Funktion von M_r/M_0 und I_l/I_b dargestellt. Das Diagramm ist einer Veröffentlichung [5] entnommen, in der auch Angaben über $(n/n_0)_{\mathrm{opt}}$ und $\eta_{\max}$ ent-

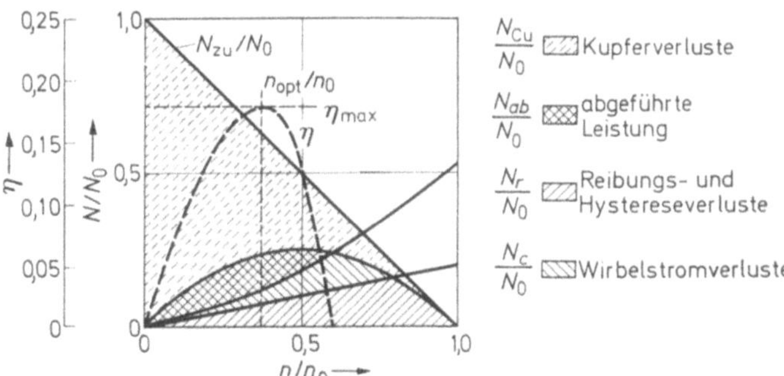

Bild 54.4. Normierte Verluste N/N_0 und Wirkungsgrad η als Funktion der normierten Drehzahl n/n_0 (nach BRINKMANN [5]).

halten sind, wenn Wirbelstromverluste vorliegen. Aus der gleichen Veröffentlichung [5] stammt Bild 54.4, das die verschiedenen normierten Verlustarten als Funktion von n/n_0 zeigt.

Billige Kleinstmotoren haben meist einen dreizähnigen T-Rotor, während der Stator als Magnetring oder aus Segmenten aufgebaut ist (Bild 54.5). Als Magnet-

material kommen Bariumferrit 100, Magnetgummi, plastgebundenes Ferritpulver, stranggepreßte oder anisotrope Ferrite der Qualität 300 oder 330 zur
Verwendung [6]. Für gehobene Ansprüche benutzt man Rotoren mit mehr als
5 Zähnen. Die Magnetmaterialien sind die gleichen, doch werden gelegentlich auch
Ringe aus AlNiCo-Material eingesetzt.

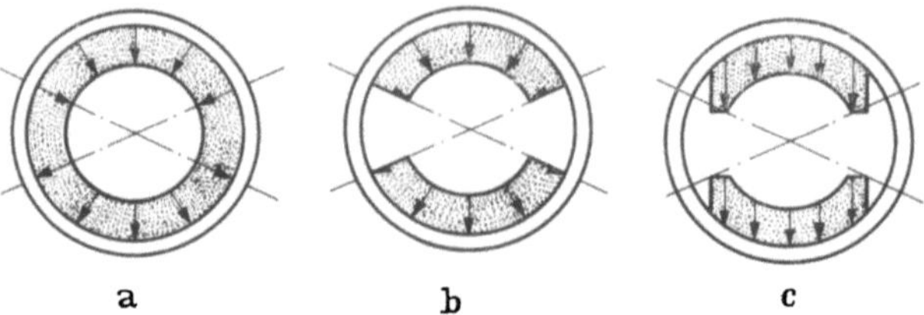

Bild 54.5. Statorbauarten von Gleichstrom-Kleinstmotoren. a) Isotroper oder radial anisotroper Ferritring;
b) isotrope oder radial anisotrope Ferritsegmente; c) diametral anisotrope Ferritsegmente.

Die Bauart der Statoren ist recht unterschiedlich. Entweder werden Magnetsegmente, die auf jeden Fall einen Rückschluß aus Eisen benötigen, in Spritz-
gußteile eingeklemmt, eingeklebt oder mit federnden Teilen gehalten. Magnetringe werden in Rohre geklebt, die entweder aus Kunststoff oder Eisen bestehen.
Zuweilen klebt man die Ringe auch achsial auf Platinen (s. z. B. Bild 51.2). Bemerkenswert ist eine Bauart, bei der Magnetsegmente oder Magnetringe mit den
evtl. erforderlichen Rückschlüssen zusammen in Kunststoff verspritzt werden,

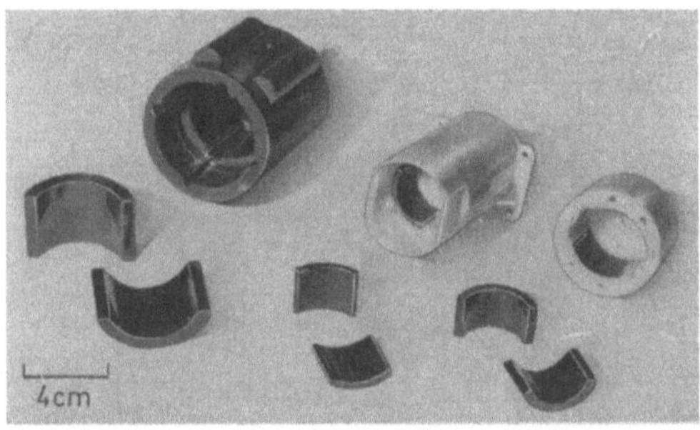

Bild 54.6. Kunststoffumspritzte
Statoren mit Ferrit und plast-
gebundenen Ferritmagneten und
Weicheisenrückschluß
(nach Joksch [6] (Werkbild Fa.
DEW Magnetfabrik).

wie es in Bild 54.6 an verschiedenen Beispielen gezeigt ist. Diese Bauarten
haben den Vorteil, daß ein Lagerschild samt einem Lager und gegebenenfalls
auch Aufnahmeteile für die Kohlebürsten mit angespritzt werden können.
Die Wandstärke der Ringe oder Segmente folgt meist aus einem Kompromiß
zwischen konstruktiven Gegebenheiten und der magnetischen Optimalkonstruktion. Beispielsweise kann die Wandstärke aus sintertechnischen Gründen kaum
kleiner als 2,5 mm gemacht werden.

Das Einschnürungsverhältnis der Zähne beim dreizähnigen Rotor ist meist
groß und hat Werte bis 4:1. In diesem Fall ist die maximal ausnutzbare Luftspaltinduktion rd. 12000:4 = 3000 G. Es hat dann keinen Sinn, durch extrem
kleine Luftspalte und Werkstoffe mit höherer Remanenz eine Induktions- und
Flußsteigerung erreichen zu wollen. Im allgemeinen wählt man ein Verhältnis
zwischen der Materialdicke und dem Ring- oder Segmentaußenradius von 0,17
bis 0,25. Ringe und Segmente aus Ferriten können sowohl radial als auch diametral

magnetisiert werden (s. Bild 54.5). Bei der radialen Magnetisierung wird der fertige Stator im allgemeinen auf einem zweipoligen Magnetisierungskopf von innen mit einem Stromstoß magnetisiert. Die diametrale Magnetisierung hingegen wird von außen vorgenommen. Es muß für eine ausreichend hohe Magnetisierungsfeldstärke gesorgt werden, damit die Eisenteile des Stators gesättigt werden. Es ist nicht empfehlenswert, mit eingesetztem Stator oder mit Hilfe des Rotors zu magnetisieren, weil sich dabei die Nuten am Magneten markieren. Weitere Einzelfragen über das Magnetisieren sind in Kapitel 31 behandelt.

Radial anisotrope Magnete führen (am glatten Anker gemessen) zu einer konstanten Luftspaltinduktion über den Segment- oder den Magnetisierungswinkel, diametral anisotrope Magnete hingegen zu einer sinusförmigen Induktionsverteilung. Zur Erzielung eines großen Luftspaltflusses ist daher die radiale Anisotropie zweckmäßig. Andererseits lassen sich diametral vorzugsgerichtete Segmente mit höherer Remanenz, d. h. vollständigerer Ausrichtung herstellen. Die maximale Luftspaltinduktion eines diametral vorzugsgerichteten und die konstante Luftspaltinduktion eines radial vorzugsgerichteten Segmenten lassen sich aus der Beziehung

$$_{\mathrm{diam}}B_{L\mathrm{max}} = {}_{\mathrm{rad}}B_L = B_r \cdot \frac{1}{1 + \mu_p \dfrac{\delta}{d}} \cdot c$$

errechnen, wobei B_r die Remanenz, μ_p die relative Permeabilität des Magnetmaterials (bei Bariumferrit durchweg $\mu_p = 1{,}15$), δ die Luftspaltlänge und d die Dicke des Segmentes oder Ringes bedeuten. c ist ein Korrekturfaktor, der Verluste durch Stirnstreuung und Streuung an den Kanten beinhaltet. (Üblicherweise ist $0{,}85 < c < 0{,}95$). Dann sind die Luftspaltflüsse bei glattem Rotor (L: Länge des Rotors in cm; r: Radius des Rotors in cm; α_p: Polwinkel im Bogenmaß):

für radiale Magnetisierung:

$$_{\mathrm{rad}}\Phi_L' = L \cdot r \cdot {}_{\mathrm{rad}}B_L \cdot \alpha_p = L \cdot r \cdot c \, \frac{1}{1 + \mu_p \dfrac{\delta}{d}} \cdot B_r \cdot \alpha_p$$

für diametrale Magnetisierung:

$$_{\mathrm{diam}}\Phi_L' = L \cdot r \cdot 2 \cdot {}_{\mathrm{diam}}B_{L\mathrm{max}} \int\limits_0^{\alpha_p/2} \cos \alpha \, \mathrm{d}\alpha$$

$$= L \cdot r \cdot c \cdot \frac{1}{1 + \mu_p \dfrac{\delta}{d}} \cdot B_r \cdot 2 \sin \frac{\alpha_p}{2}.$$

Der Wert

$$b = \frac{\Phi_L'}{L \cdot r \cdot c \, \dfrac{1}{1 + \mu_p \dfrac{\delta}{d}}}$$

stellt ein Maß für den relativen magnetischen Fluß dar. Bild 54.7 ist der Arbeit von JOKSCH [6] entnommen und gibt b für verschiedene Ferritmaterialien bei radialer und diametraler Magnetisierung an. Dabei wurde $b = 6{,}28\ \mathrm{kM/cm^2}$ für Bariumferrit 100 mit einem Polwinkel von 180° gleich 100 gesetzt. Soll hieraus

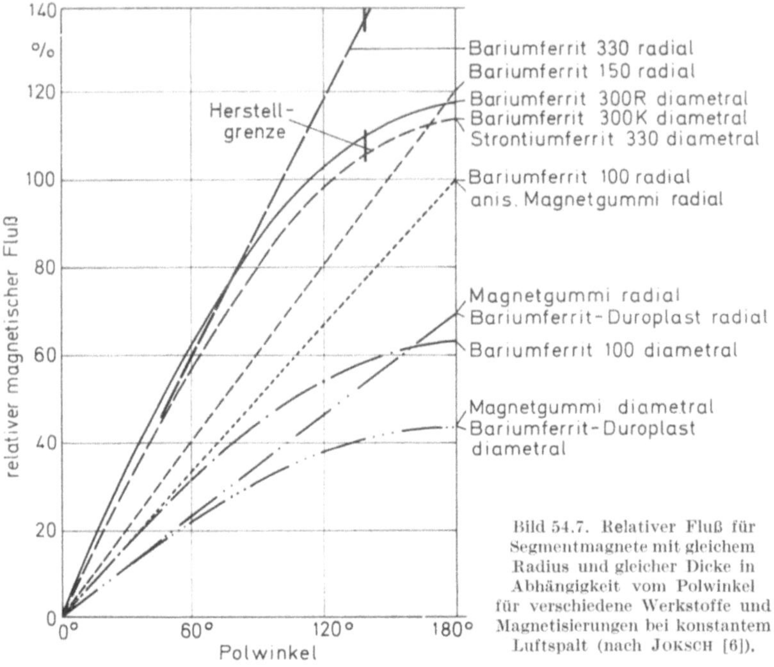

Bild 54.7. Relativer Fluß für Segmentmagnete mit gleichem Radius und gleicher Dicke in Abhängigkeit vom Polwinkel für verschiedene Werkstoffe und Magnetisierungen bei konstantem Luftspalt (nach JOKSCH [6]).

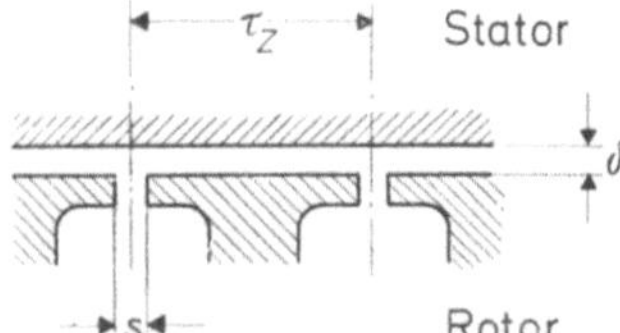

Bild 54.8. Zur Korrektur des Luftspaltflußwertes auf Grund der Zahnlücken.

Bild 54.9.
Motor eines Rasierapparates mit Segmenten aus stranggepreßtem Bariumferrit 150 (Hersteller Fa. Kardex, Saarbrücken).

der tatsächliche Fluß für einen bestimmten Rotor ermittelt werden, dann ist noch eine Korrektur wegen der Zahnlücken anzubringen (s. Bild 54.8). Der endgültige Rotorfluß hat die Größe:

$$\Phi_L = b \cdot \frac{L \cdot r \cdot c}{1 + \mu_p \dfrac{\delta}{d}} \cdot \frac{\tau_z - s}{\tau_z}.$$

Bild 54.7 zeigt, daß die höchsten Flußwerte mit dem radial vorzugsgerichteten Bariumferrit 330 [7] erreicht werden.

Nicht immer ist die Wandstärke der Segmente über den Umfang gleich. Das Bild 54.9 zeigt beispielsweise den Motor eines Rasierapparates sowie die eingebauten Segmente aus stranggepreßtem Bariumferrit 150. Der gerade Rücken dient zur Montageerleichterung.

Brauchbare Flußwerte sind nach Bild 54.7 mit anisotropem Magnetgummi zu erzielen. Der Grund liegt darin, daß die Anisotropie dieses Werkstoffes wegen seines Herstellungsverfahrens in Richtung der Plattendicke verläuft.

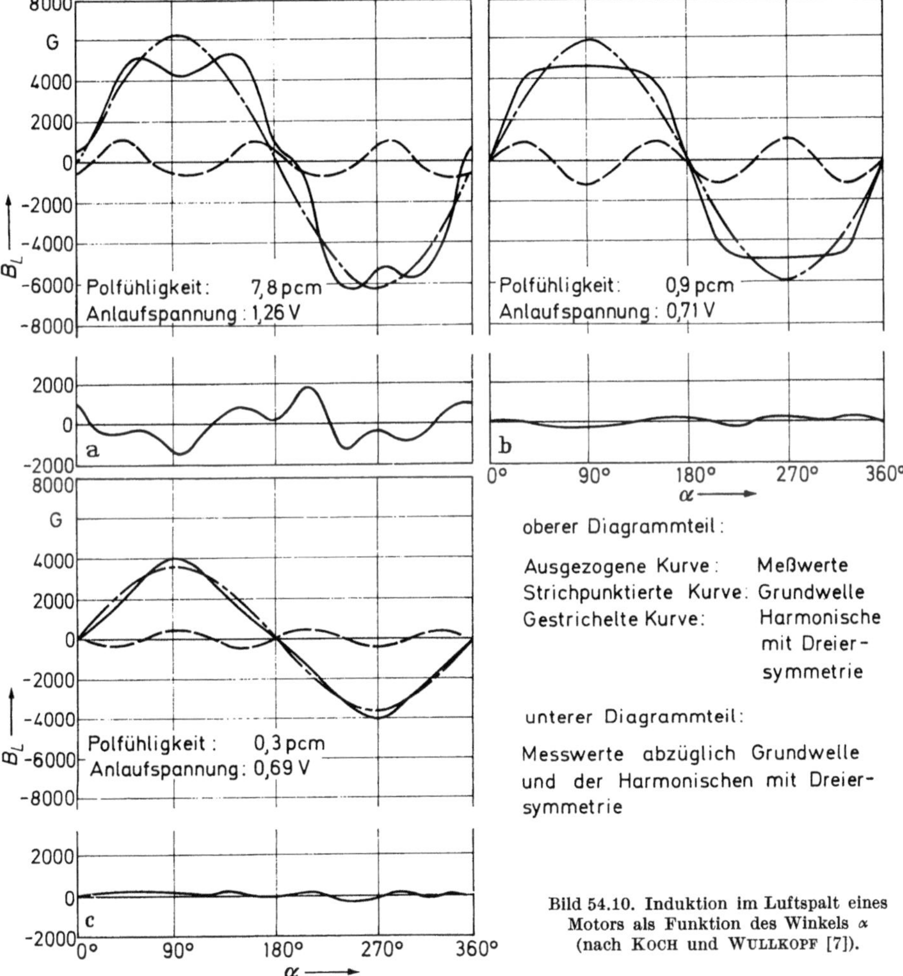

Bild 54.10. Induktion im Luftspalt eines Motors als Funktion des Winkels α (nach KOCH und WULLKOPF [7]).

Nicht in allen Fällen ist der große Magnetfluß das allein maßgebliche Kriterium eines Motors. Oftmals wird von Batteriemotoren verlangt, daß sie noch bis zu sehr niedrigen Spannungen anlaufen. Liegt eine Magnetisierung mit scharf abgesetzten Luftspaltinduktionssprüngen an den seitlichen Begrenzungen vor, dann „kleben" die dreizähnigen Anker an den Kanten, und die Anlaufspannung ist stark heraufgesetzt. KOCH und WULLKOPF [7] haben diese Erscheinung sehr anschaulich „Polfühligkeit" genannt. Bild 54.10a—c ist ihrer Arbeit entnommen.

Die Diagramme stellen die an offenen und auf verschiedene Arten magnetisierten Magnetringen der Abmessung $r_a = 10{,}75$ mm; $r_i = 8$ mm; $L = 12$ mm gemessenen Induktionsverteilungen dar. Diese Kurven wurden durch eine Fourier-Zerlegung in die einzelnen Harmonischen getrennt. Die Grundwelle sowie die 2. Harmonische sind in den oberen Darstellungen mit eingetragen. Im unteren Diagrammteil ist die Differenzkurve aus gemessener Induktion abzüglich der Grundwelle und der 2. Oberwelle aufgetragen. Die dazugeschriebenen Klebemomente (Polfühligkeit) und Anlaufspannungen lassen erkennen, daß die Induktionsverteilung mit betonten Kanten nach Bild 54.10a ungünstig ist, während sowohl die sinus- als auch die trapezförmige Induktionsverteilung (allerdings mit abgerundeten Kanten) vorteilhaft sind. Die trapezförmige Verteilung ist vorzuziehen, weil sie einen höheren Fluß und damit ein höheres Motormoment liefert. Es ist jedoch darauf zu achten, daß die Ecken der Induktionskurve abgerundet sind. Wie eine solche Induktionskurve erreicht wird, ist weitgehend eine Frage der Erfahrung [8].

Der Wirkungsgrad derartiger Kleinstmotoren ist nicht groß. Er beträgt maximal 50%, während allerkleinste Modelle nur bis 15% Wirkungsgrad haben. Die Leerlaufdrehzahlen liegen wegen des niedrigen Magnetflusses im allgemeinen relativ hoch, und zwar bei 6000 bis 10000 min^{-1}. Berechnungsunterlagen für das Moment der Kleinstmotoren mit dreizähnigem Rotor finden sich in der genannten Arbeit [7]. Leider bewirken die magnetischen und mechanischen Toleranzen (solche Magnete werden fast stets im rohen Sinterzustand verwendet), daß Flußtoleranzen von rd. $\pm 10\%$ auftreten können, die sich als entsprechende Steilheitsänderung der Kennlinie auswirken. In Tonbandgeräten, Plattenspielern u. a. Laufgeräten sind solche Motoren mit einem Fliehkraftregler zur Konstanthaltung der Drehzahl versehen [9, 10].

54.2 Gleichstrom-Kleinmotoren von 3 bis 100 W mit Eisenrotor

Bei dieser Gruppe handelt es sich um Motoren, die z. Zt. hauptsächlich als Lüfter-Scheibenwischer- und Fensterverstellungsantriebe in Kraftfahrzeugen Verwendung finden. Sobald durch die Verbilligung gesteuerter Gleichrichter ein Regelbetrieb auch bei Wechselstrom möglich ist, kann erwartet werden, daß der Produktionsumfang dieser Gruppe noch beträchtlich zunimmt. Im Kraftfahrzeugbau wurden die früher verwendeten elektrisch erregten Motoren verdrängt, weil die Belastung des Akkumulators durch die Erregerleistung entfiel. Bei Scheibenwischermotoren wurde außerdem die mechanische Bremse [11] überflüssig. Werden nämlich die Klemmen eines in Lauf befindlichen dauermagnetisch erregten Motors kurzgeschlossen, dann wirkt nur noch die Gegen-EMK, welche der vorher angelegten Klemmenspannung entgegengerichtet ist. Sie induziert einen Strom, der den Motor schnell abbremst.

Fragen des Klebemomentes und der niedrigen Anlaufspannungen spielen hier keine Rolle, weil diese Motorenart durchweg an Akkumulatoren angeschlossen ist, deren Spannung nur wenig absinken kann. Hingegen werden oft technische Grenzforderungen gestellt, welche die Möglichkeit einer Optimalkonstruktion stark einschränken. Beispielsweise wird von einem Scheibenwischermotor gefordert, daß er noch läuft, nachdem der Rotor bei vollem Haltestrom zwei Stunden blockiert war.

Die Rotoren besitzen durchweg mehr als 7 Zähne (meist 12), so daß der Magnetfluß während der Drehung weitgehend konstant ist und nach den üblichen Verfahren berechnet werden kann. Bild 54.1 zeigt zwei oft benutzte Motorbauformen. Die Luftspaltinduktion des Motors (a) erreicht den relativ hohen Wert von 7000 G. Zunächst werde diese etwas ältere Ausführung mit AlNiCo-Außenmagneten (a) behandelt. Das Ersatzschaltbild des Magnetkreises ist in dem Bild 54.11 dargestellt. Bei dem Luftspaltwiderstand R_L ist eine Korrektur mit Hilfe

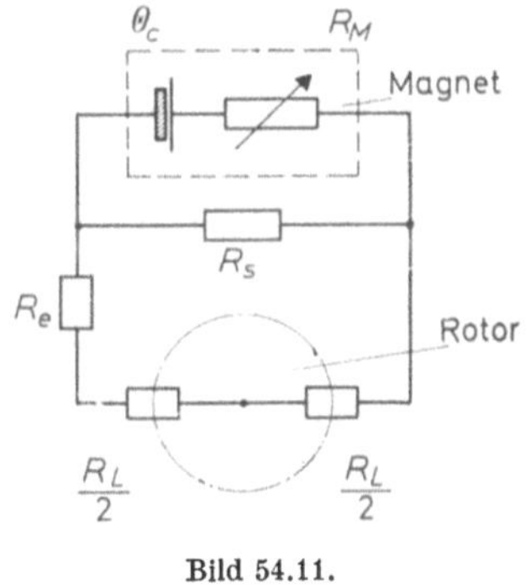

Bild 54.11.

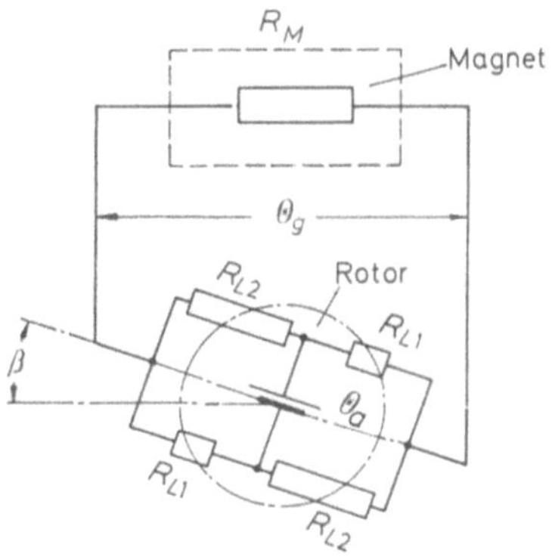

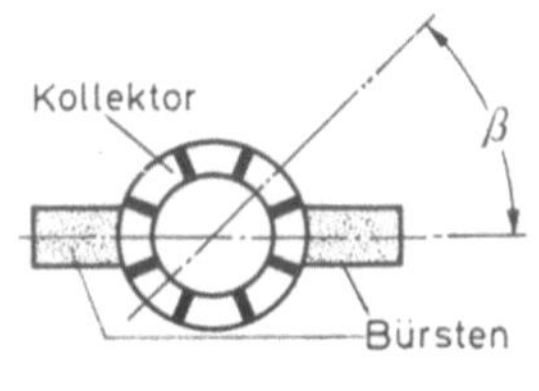

Bild 54.12.

Bild 54.13.

Bild 54.11. Magnetisches Schaltbild für den Hauptfluß eines Gleichstrommotors entsprechend Bild 54.1a.

Bild 54.12. Mögliche maximale Winkelabweichung des Ankerquerfeldes eines Gleichstrommotors mit geringer Nutzahl.

Bild 54.13. Magnetisches Schaltbild für den Querfluß des Gleichstrommotors mit Unsymmetrie.

des sogenannten Carterschen Faktors anzubringen. Dieser ist als Funktion von wirklicher Luftspaltlänge δ, Zahnlückenbreite s und Zahnteilung τ_z nach [12] näherungsweise

$$k_c \approx \frac{\tau_z}{\tau_z + \delta - 0{,}75\,s},$$

so daß der gesamte Luftspaltwiderstand die Größe

$$R_L = \frac{2\delta \cdot k_c}{\alpha_p \cdot r \cdot L}$$

hat. Als Gründe für eine Gegenspannung am Magneten wurden gefunden:

a) Das Querfeld verläuft nicht genau senkrecht zum Hauptfeld, sondern ist um einen Winkel β verschoben, der sich aus der halben Winkelbreite einer Kollektorlamelle plus der halben Bürste zusammensetzt (Bild 54.12).

b) Mimmel und Tendeloo [13] vermaßen, daß das Gegenfeld zum Teil auf das Streufeld zurückzuführen ist, welches vom Ankerquerfeld hervorgerufen wird.

Eine Berechnung ist nur für den zuerst genannten Fall möglich. Diese werde mit Hilfe des Bildes 54.13 durchgeführt. Das Verhältnis des Winkels β zum Polwinkel α_p werde mit $x = \beta/\alpha_p$ bezeichnet. Nun kann der Luftspalt an jedem Pol in zwei Anteile, nämlich

$$R_{L1} = R_L(1 - x)$$

und

$$R_{L2} = R_L(1 + x)$$

aufgeteilt werden. Diese Widerstände sind in der dargestellten magnetischen Brückenschaltung angeordnet. Unter den vereinfachenden Annahmen, daß die gesamte Ankerdurchflutung in einer Spule zusammengefaßt ist und die Größe Θ_a

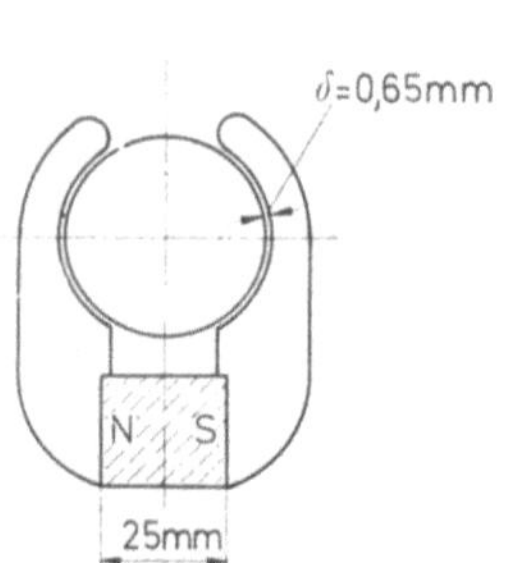

Bild 54.14. Stator eines Scheibenwischer-motors ($F_M = 3{,}45$ cm²; $\Phi_L = 30{,}6$ kM).

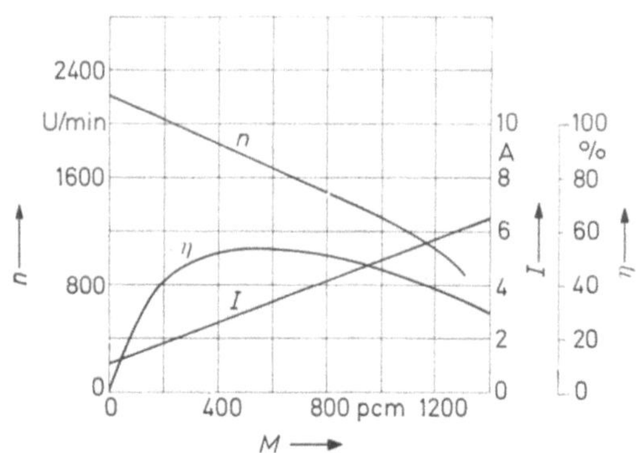

Bild 54.15. Ergebnis der Vermessung eines Scheiben-wischermotors entsprechend Bild 54.14 (entnommen MIMMEL und TENDELOO [13]).

hat (eine genauere Betrachtung müßte die Aufteilung der Erregung auf die verschiedenen Zähne und den daraus resultierenden Wicklungsfaktor ξ berücksichtigen), daß außerdem der Magnet einen konstanten magnetischen Widerstand $R_M = l_M/(\mu_p \cdot F_M)$ hat und der Eisen- sowie der Streuwiderstand vernachlässigt werden, ist der von der Ankerquerdurchflutung herrührende Fluß durch den Magneten

$$\Phi_{\mathrm{Ma}} = \Theta_a \frac{x}{R_M + R_L(1 - x^2)},$$

so daß die am Magneten auftretende magnetische Gegenspannung Θ_g die Größe

$$\Theta_g = \Phi_{Ma} \cdot R_M = \Theta_a \frac{x}{1 + \dfrac{R_L}{R_M}(1 - x^2)} = \Theta_a\, k_x$$

hat. Dabei ist zu beachten, daß für die Querfelddurchflutung stets der Strom bei blockiertem Rotor einzusetzen ist. Dieser tritt im Moment des Einschaltens auf und verringert sich bei einsetzender Drehung auf den Nennstrom. Bei einem Motor, wie er in Bild 54.14 dargestellt ist, hat der Winkel β (5teiliger Kollektor) die Größe 18°. Der Polbedeckungswinkel α_p ist ca. 90°, so daß $x = 0{,}2$ wird. Der Luftspaltwiderstand R_L ist wesentlich kleiner als der Widerstand des Magneten R_M. Damit hat die Gegendurchflutung näherungsweise die Größe $\Theta_g \approx \Theta_a \cdot x = 0{,}2 \cdot \Theta_a$. Auch eine gewollte Verschiebung der Bürsten aus der neutralen Zone hat eine Gegenspannung am Magneten zur Folge.

Für die optimale Konstruktion des magnetischen Kreises mit vorgegebenem Gegenfeld gelten die in Kapitel 15 angegebenen Richtlinien. Bild 54.15 ist der Arbeit [13] entnommen und zeigt das Ergebnis einer Messung an einem normalen Scheibenwischermotor (Bild 54.14). Das Magnetmaterial ist im vorliegenden Fall AlNiCo 700.

Aus Gründen der Wirtschaftlichkeit werden in neuerer Zeit die Statoren nicht mehr mit AlNiCo-Magneten ausgerüstet, sondern es wird auf Ringe und Segmente aus Bariumferrit und Strontiumferrit übergegangen. Bild 54.16 zeigt als Beispiel einen Scheibenwischermotor mit einem Ringmagneten aus Barium-

Bild 54.16. Schnittbild eines Scheibenwischermotors mit Ringmagnet aus Bariumferrit 100 (Werkbild Fa. SWF Gustav Rau, Bietigheim).

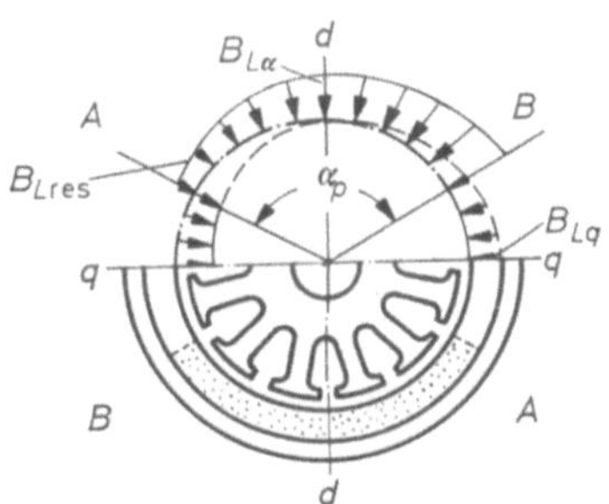

Bild 54.17. Resultierende Luftspaltinduktion B_{Lres}, zusammengesetzt aus konstantem Hauptfeld und Querfeld.

ferrit 100. Das Querfeld des Ankers wirkt nun direkt auf den Magneten ein (Bild 54.17). In den Teilen B verstärkt es den Hauptfluß, in den Teilen A schwächt es ihn. Wegen der gradlinigen Entmagnetisierungskurve sind beide Anteile von gleicher Größe, so daß sich im Endeffekt nichts an dem Luftspaltfluß Φ_L im Leerlauf ändert. Ist jedoch der Ring oder das Segment zu dünnwandig oder ist seine Koerzitivfeldstärke zu niedrig, dann kann der Magnet in den Bereichen A abmagnetisiert werden. Die Wandstärke von kleinen Ferritringen oder Segmenten muß im allgemeinen aus technologischen Gründen groß gewählt werden, so daß die Gefahr der Entmagnetisierung vermieden ist.

Der Luftspaltfluß derartiger Kleinmotoren kann nach den gleichen Formeln errechnet werden, wie der von Kleinstmotoren. Auch hierfür gelten die Werte nach Bild 54.7. Ringe aus Bariumferrit 100 und Segmente aus Bariumferrit 150 und 330, wie sie vorzugsweise für Scheibenwischermotoren verwendet werden, ergeben dabei Flüsse bis zu 70 kM.

Die vollständige Durchrechnung eines Scheibenwischermotors mit Ring- oder Segmentmagneten wurde von REYNST [14] durchgeführt. Er macht Angaben über die erreichbaren Flußwerte, die Bürsten-Übergangswiderstände und die Temperaturerhöhung des Rotors in Abhängigkeit von dessen Oberfläche bei verschiedener elektrischer Belastung, die im Hinblick auf die geforderte Blockierungssicherheit von Bedeutung ist. Bild 54.18 ist der Arbeit von REYNST entnommen. Der von ihm behandelte Motor war von halboffener Bauart ohne besondere Kühlung. Über ein Getriebe (Übersetzung 1:40) wird an der übersetzten Achse ein Moment von 100 kpcm gefordert. Unter Berücksichtigung eines Getriebewirkungsgrades von 0,6, eines Motor-Wirkungsgrades von 0,97 und einer Motornenn-drehzahl von 2000 min⁻¹ gelangt er zur Verwendung eines Segmentpaares aus Bariumferrit 250 K (diametral magnetisiert), das einen Innendurchmesser von 44 mm, eine Wandstärke von je 6 mm bei einer Länge von 50 mm aufweist. Der Winkel α_p ist 120°.

Auch MOHR [15] macht Angaben über die Berechnung dauermagnetisch erregter Motoren. Theoretische und praktische Angaben über die erreichbaren Flußwerte, welche mit Ferritmagneten verschiedener Qualität und Abmessung zu erzielen sind, finden sich bei WULLKOPF [16]. Anhand von Vergleichstabellen

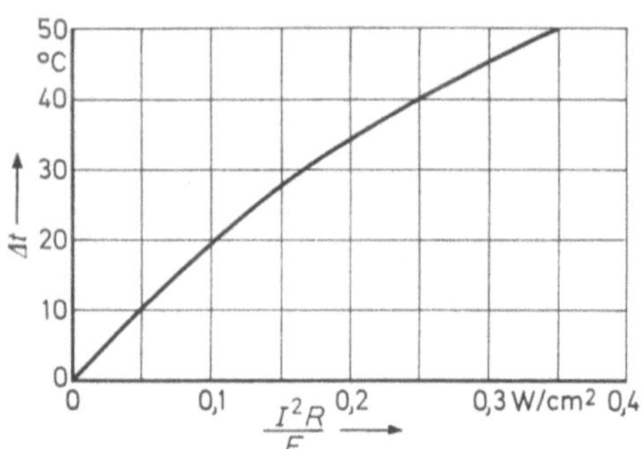

Bild 54.18. Erwärmung des Rotors eines Scheibenwischermotors in Abhängigkeit von den Joulschen Verlusten I^2R pro cm² Rotoroberfläche (nach REYNST [14]).

stellt er fest, daß die Vorausberechnung des Magnetflusses mit relativ guter Genauigkeit möglich ist. Abbildungen von Scheibenwischermotoren mit Dauermagneten werden in einer Arbeit von HOYLER [17] gezeigt. Er geht besonders auf die Möglichkeit ein, diese Motoren durch Anordnung einer dritten Bürste mit zwei Drehzahlen laufen zu lassen.

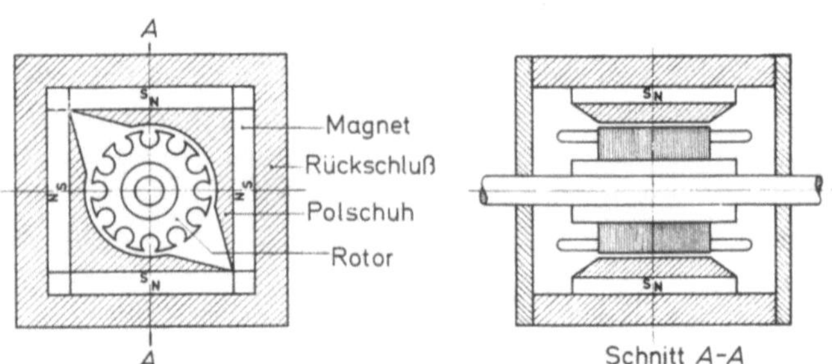

Bild 54.19. Prinzipieller Aufbau eines Gleichstrommotors mit plattenförmigen Ferritmagneten (nach COCHARDT und FINZI [18]).

COCHARDT und FINZI [18] schlugen vor, für Gleichstrom-Kleinmotoren einen Aufbau zu verwenden, wie ihn das Bild 54.19 zeigt. Bemerkenswert sind die Polschuhe, welche aus einer Mischung von Eisenpulver und Plastmaterial bestehen. Dies ist möglich, weil die Induktionen im Polschuh kaum über 7 kG hinausgehen. Der besondere Vorteil der Konstruktion liegt darin, daß die flachen Magnetplatten aus vollständig vorzugsgerichtetem Ferritmaterial bestehen können.

54.3 Gleichstrom-Großmotoren

Nachdem es lange Zeit den Anschein hatte, als ließen sich Dauermagnete nur für Gleichstrom-Kleinst- und Kleinmotoren sinnvoll verwenden, bewies WARK 1963 [19 bis 22] durch den Bau von Großmotoren, daß mit den jetzt vorhandenen Magnetmaterialien praktisch beliebig große Einheiten erstellt werden können. Bisher wurden Motoren für den Leistungsbereich von 5 bis 150 kW gebaut, was einem Drehmoment von 5 bis 150 mkp, bezogen auf eine Nenndrehzahl von 1 000 min^{-1}, entspricht [23, 24]. Ihr Vorteil den elektrisch erregten Moto-

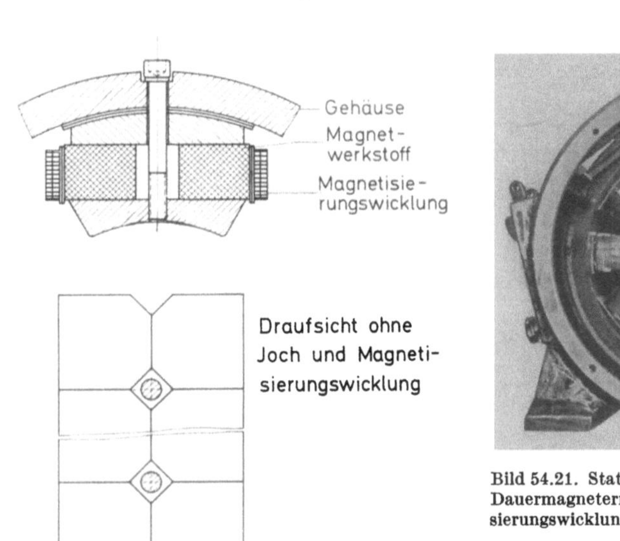

Bild 54.21. Stator eines großen Gleichstrommotors mit Dauermagneterregung. *H* Hauptpole mit Magnetisierungswicklung, *W* Wendepole (Werkbild Fa. AEG).

Bild 54.20. Schnittzeichnung des Polsystemes eines großen Gleichstrommotors mit Permanentmagneterregung (nach WARK [19]).

ren gegenüber besteht einmal darin, daß sie keine Erregerleistung benötigen. Zum anderen ist ihre Drehzahl konstanter, weil die Dauermagnete ihren magnetischen Fluß während des Betriebes nicht verändern. Bei vergleichbaren Motoren mit Feldwicklung tritt nach dem Einschalten eine Temperaturerhöhung der Wicklung mit entsprechender Flußverringerung und Drehzahlerhöhung ein. Eine Erhöhung der Gesamttemperatur führt bei Dauermagnetmotoren zu einem Drehzahlabfall, während sie bei felderregten Motoren einen Drehzahlanstieg hervorruft. Diese Eigenschaften der Dauermagnetmotoren machen sich besonders bei der Verwendung als Rollgang-Antriebsmotoren für Walzwerke als Vorteile bemerkbar. Bild 54.20 zeigt den Hauptpol eines derartigen Motors. Die Aufteilung des Magneten in Einzelmagnete ist technologisch bedingt, weil Öffnungen für die Befestigung der Polschuhe vorhanden sein müssen. Außerdem gelingt die Herstellung hochwertiger stengelkristallisierter Magnete, wie sie in Absatz 23.2 beschrieben werden, nur für relativ kleine Stücke. In dem Bild 54.21 ist der gesamte Motor mit abgenommenen Lagerschildern dargestellt. Zwischen den vier Hauptpolen befinden sich die Wendepole. In den Polschuhen sind die Nuten für die Kompensationswicklung zu sehen. Jeder Hauptpol trägt eine Magnetisierungswicklung. Es ist zweckmäßig, sie auf den Polen zu belassen, damit die Magnete nach Reparaturen oder Stoßüberlast (500% bzw. 800% sind zulässig) frisch magnetisiert werden können.

Zum Kostenfaktor ist zu sagen, daß Dauermagnetmotoren bisher zwar teurer als felderregte Motoren gleicher Leistung kommen, daß sich aber diese Verteuerung durch die Einsparung der Erregerleistung kompensiert, besonders wenn berücksichtigt wird, daß die Erregerwicklungen zur Sicherstellung konstanter Temperatur bei einigen Motorarten (z. B. Rollgangmotoren) ständig eingeschaltet bleiben müssen.

Die allgemeine Verwendung der Dauermagnetmotoren wird durch die fehlende Regelmöglichkeit der Drehzahl begrenzt. Felderregte Motoren lassen sich durch Veränderung des Erregerstromes einfach regeln.

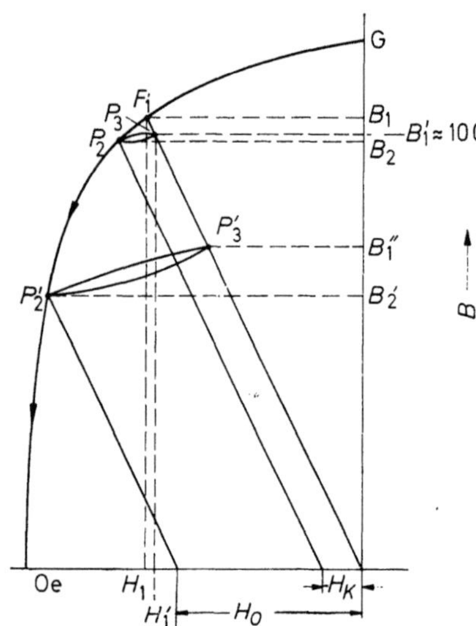

Bild 54.22. Entmagnetisierungskennlinien in einem dauermagnetischen Kreis mit Dauermagnetmaterial hoher Induktion. H_0 Ankerrückwirkung bei Maschinen ohne Kompensationswicklung; H_K Ankerrückwirkung bei Maschinen mit Kompensationswicklung (nach WARK [21]).

Etwas problematisch ist die Bestimmung des Streuleitwertes zwischen Poleisen, Magnet und dem Rückschlußjoch. Die aus dem Elektromotorenbau bekannten Formeln können wegen der geringen Permeabilität des Magnetmaterials nicht benutzt werden. Angaben über die Größe dieser Streuleitwerte wurden nach Wissen der Verfasser bisher nicht veröffentlicht. Die Länge der Magnete ist auch bei dieser Motorenart hauptsächlich durch die magnetische Gegenspannung bedingt. Der Grund für das Auftreten der magnetischen Gegenspannung liegt hier in Sättigungserscheinungen im Rotor und im Joch.

Für elektrisch erregte Gleichstrommotoren hat CETIN [25] neuerdings ein Berechnungsverfahren unter Berücksichtigung der Eisensättigungen angegeben. Immerhin gibt WARK [19] an, daß an einem Motor ohne Kompensationswicklung, der dem abgebildeten ähnelt, trotz 5facher Überlastung und Kurzschlußbremsung keine merkliche Änderung der Daten festzustellen ist. Hierzu trägt bei, daß um den Magneten eine kurzgeschlossene Dämpferwicklung angeordnet ist, welche die bei Kurzschlüssen auftretende steile Gegenerregung abdämpft. Diese Wicklung wird zugleich als Aufmagnetisierungswicklung benutzt.

Ein Verfahren zur teilweisen Beseitigung der magnetischen Querfeldspannung am Magneten ist die Anwendung einer Kompensationswicklung im Polschuh.

Wark [21] hat dieses Verfahren als erster für dauermagnetisch erregte große Gleichstrommaschinen angegeben. Seine Anwendung ist auch dann von Vorteil, wenn die sonstigen Beanspruchungen und Bemessungsmerkmale des Motors diese Kompensationswicklung nicht unbedingt erforderlich machen würden. Bild 54.22 ist der Arbeit [21] entnommen und zeigt den Einfluß der Kompensationswicklung. Ohne diese bewegt sich der Arbeitspunkt von $P_3{}'$ (Leerlauf) nach $P_2{}'$ (Stoßbelastung), mit ihr von P_3 nach P_2. Die Wicklung kann sowohl um den Magneten als auch in der üblichen Art in Nuten des Polschuhes angeordnet werden.

Gelegentliche Versuche, Fahrzeugtriebmotoren auf Dauermagneterregung umzubauen, waren bisher erfolglos, weil das Drehmoment des Dauermagnetmotors sofort einsetzt, während elektrisch erregte Motoren wegen der Induktivität der Feldwicklung einen langsameren Drehmomentanstieg haben. Zur Vermeidung eines Ruckes beim Anfahren ist der langsame Anstieg im vorliegenden Fall erwünscht.

54.4 Gleichstrommotoren mit eisenlosem Rotor

Ihr wesentlicher Vorteil liegt darin, daß der Klebeeffekt (Polfühligkeit) des eisernen Ankers vermieden ist. Dadurch wird die Anlaufspannung niedrig und die Motoren laufen sehr ruhig. Bei größeren Einheiten machen sich außerdem die fehlenden Wirbelstrom- und Hystereseverluste günstig bemerkbar. Das geringe

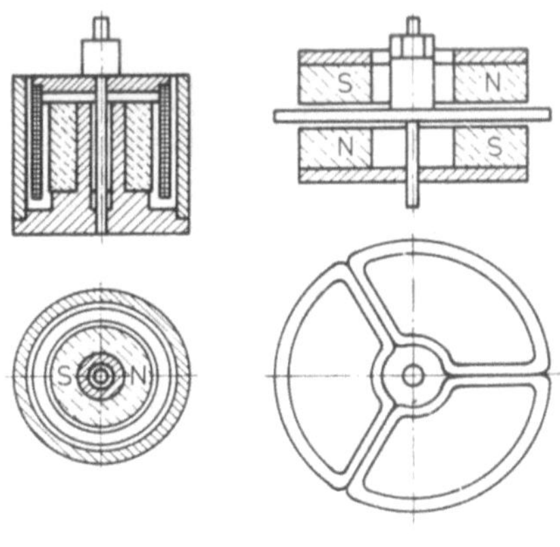

Bild 54.23. Bauprinzipien von Gleichstrommotoren mit „eisenlosem" Läufer. a) Mit glockenförmigem Rotor; b) mit scheibenförmigem Rotor.

Trägheitsmoment der Glocken- oder Scheibenanker, die in dem Bild 54.23 zu sehen sind, hat eine kleine Zeitkonstante zur Folge, wodurch sie besonders für Servosteuerungen geeignet sind. In Verbindung mit mechanischen Fliehkraftschaltern ist das geringe Trägheitsmoment von Vorteil, weil es die Frequenz der Regelschwingungen und damit die Regelgenauigkeit erhöht.

Die Magnete für Kleinstmotoren mit Glockenanker bestehen für billige Anwendungen aus Bariumferrit 100 und für gehobene Ansprüche aus hochkoerzitivem AlNiCo 450. Die Vorzugsrichtung ist diametral. Für die Luftspaltinduktion gelten die gleichen Berechnungsgrundsätze, wie sie von Joksch [71] bei den Kernmagnet-Meßgeräten angegeben wurden. Die maximale Luftspaltinduktion hat für Bariumferrit-100-Systeme Werte von 1 bis 1,7 kG, für AlNiCo-450-Systeme solche von 3 bis 4,5 kG.

Zur Herstellung des Glockenankers werden verschiedene Verfahren angewendet. In einer einfachen Ausführung werden drei oder mehr Formspulen zu dem Glockenanker verklebt oder in eine thermoplastische Masse eingebettet [26 bis 28]. Der für diese Ausführung benötigte Luftspalt ist relativ groß. Die Magnete sind direkt mit dem Befestigungsfuß verspritzt.

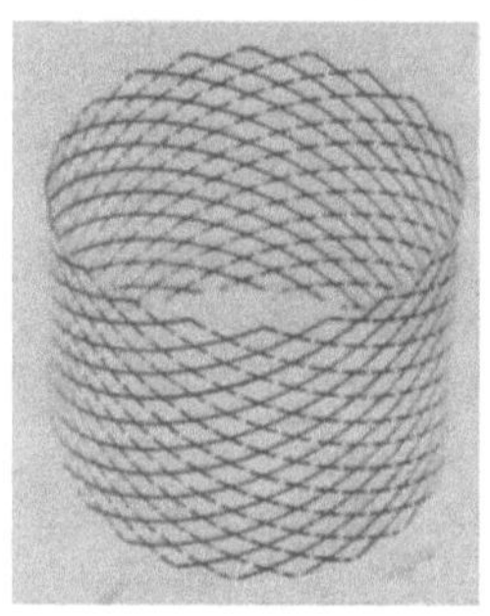

Bild 54.24. Wicklung des freitragenden Glockenankers (nach FAULHABER [34]).

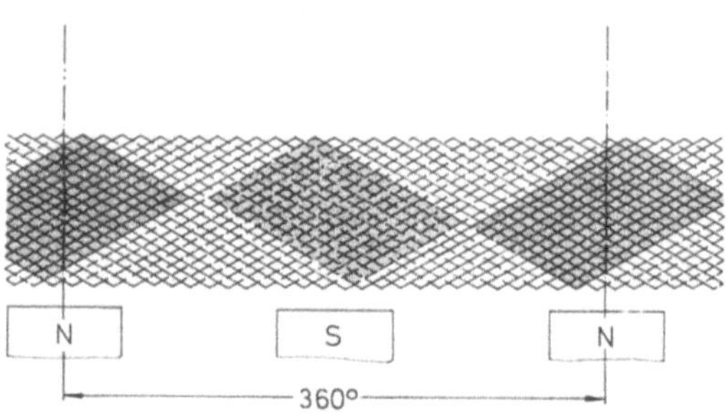

Bild 54.25. Abwicklung und zur Drehmomentbildung ausgenutzte Wicklungsflächen des Glockenankers (nach [34]).

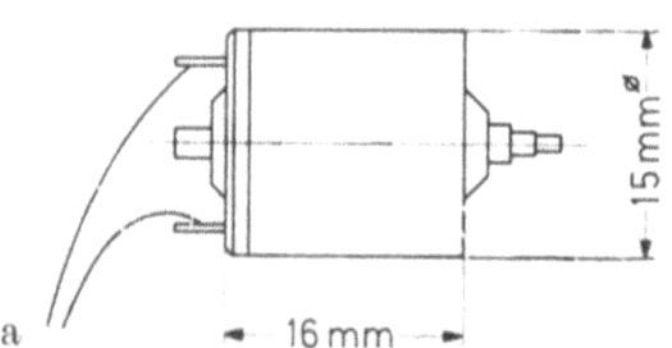

Bild 54.26. a) Abmessungen eines Motors nach FAULHABER [34]; b) Fotografie des AlNiCo-450-Magneten mit angespritztem Befestigungsfuß.

Auch Gleichstrom-Meßgeneratoren und -Meßmotoren besitzen eisenlose Glockenläufer mit drei Spulen [29 bis 32]. Während der von ZACHARIÄ [29] beschriebene Generator mit einem Kernmagneten aus AlNiCo 450 ausgerüstet ist, hat ein Meßmotor der Firma Siemens [30] einen Außenmagneten mit Polschuhen und thermomagnetischer Beilage zur Temperaturkompensation. Dieser Aufbau wird bereits seit langem für Gleichstromzähler verwendet [33].

FAULHABER [34 bis 37] hat ein elegantes Verfahren zur Herstellung einer Glockenankerwicklung ausgearbeitet. Dabei ist der Kupferdraht (Bild 54.24) im Zickzack um einen zylindrischen Dorn herumgewickelt, der anschließend entfernt wird. Hierdurch kommt eine zweilagige Wellenwicklung zustande. An fünf (oder je nach Lamellenzahl des Kollektors auch mehr) Stellen ist der Draht axial herausgeführt und an den Kollektorlamellen befestigt. Durch diese Wicklungsführung werden zwei trapezförmige, einander gegenüberliegende Wicklungsanteile zur Drehmomentbildung ausgenutzt, wie das Bild 54.25 zeigt, welches der Patentschrift [34] entnommen wurde. Weil diese Wicklungsart wenig aufträgt und keine Wickelköpfe besitzt, kann der Luftspalt sehr klein gewählt werden.

Bei einer mittleren Type mit 15 mm Außendurchmesser ist der Luftspalt $\delta = 1$ mm lang, wobei der Magnetdurchmesser 12 mm beträgt. Die Luftspaltinduktion bei Verwendung von AlNiCo 450 hat Werte um 4,5 kG. Bild 54.26a zeigt die Abmessungen eines solchen Motors und Bild 54.26b eine Fotografie des Magneten

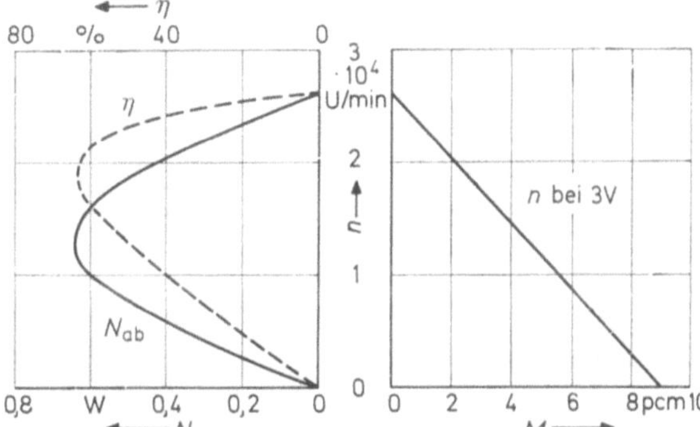

Bild 54.27.
Kennlinien des Glockenläufer-
motors nach Bild 54.26.

mit dem angespritzten Befestigungsfuß. In den Diagrammen des Bildes 54.27 sind seine Daten angegeben. Bemerkenswert ist, daß die Kupferbelastung im Nennbetrieb außerordentlich hoch gewählt werden kann (bis 40 A/mm²). Offensichtlich ist die Wärmeabfuhr durch den engen Luftspalt sehr gut. Andererseits

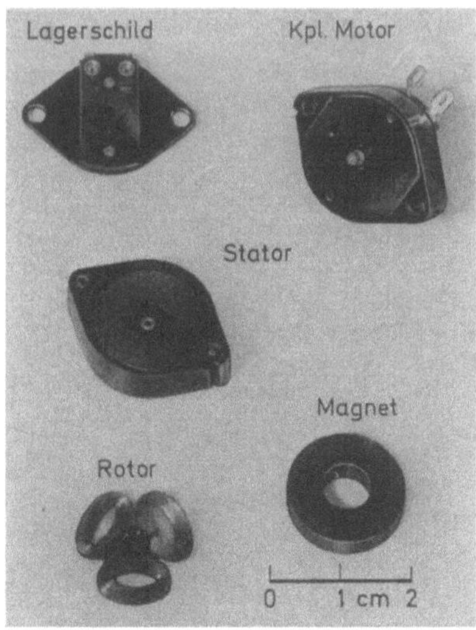

Bild 54.28. Kleinstmotor mit Flachanker und Scheibenmagnet aus Bariumferrit 300
(Hersteller Fa. Mauthe, Schwenningen).

lassen Kleinstmotoren grundsätzlich eine höhere Kupferbelastung zu, weil bei ihnen das Verhältnis des Volumens zur wärmeableitenden Oberfläche günstig ist.

Eine andere Form der eisenlosen Läufer sind die sogenannten „Flachanker". Bild 54.28 zeigt einen Kleinstmotor dieser Art, der als Antriebsmotor für fotografische Blenden, Objektive und Uhrwerke verwendet wird. Drei Rund- oder Ovalspulen sind auf einem Kunststoffträger aufgeklebt. Der Magnet ist ein ein-

seitig zweipolig magnetisierter, anisotroper Bariumferritmagnet mit rückseiti-
ger Eisenauflage. Ähnliche Modelle werden in etwas größerer Ausführung für
Uhrantriebe verwendet, wobei der Magnet eine flache U-Form hat und aus gegossenem AlNiCo-Material besteht.

Interessant sind die wesentlich größeren französischen Servalco-Motoren
[38 bis 41]. Bei ihnen wird die Wicklung direkt auf die Ankerplatte aufgedruckt,

Bild 54.29. Flachankermotor mit
gedruckter Läuferscheibe und
8-AlNiCo-500-Segmentmagneten
(Werkbild Fa. SEA, Courbevoie,
Frankreich).

so daß eine Rotorscheibe zustande kommt, wie sie in Bild 54.29 samt der übrigen
Bauteile eines solchen Motors dargestellt ist. Eine andere Type des gleichen Motors
ist mit einem einseitig 8polig magnetisierten Ring aus Bariumferrit 300 ausgerüstet. In diesem Fall ist die Luftspaltinduktion zwar kleiner, aber das Bauvolu-
men und der Preis verringern sich beträchtlich. Als Träger für die gedruckte

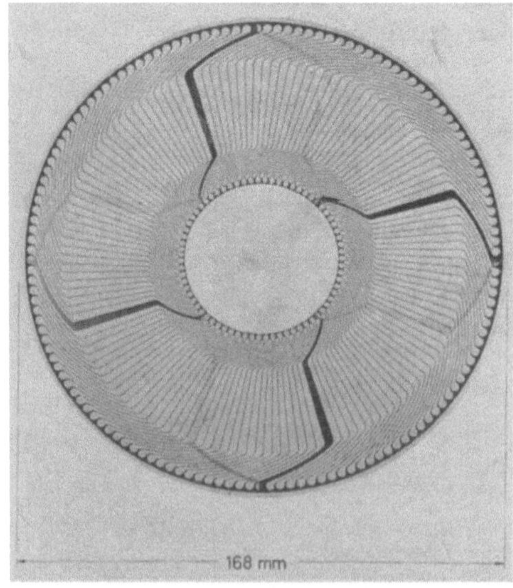

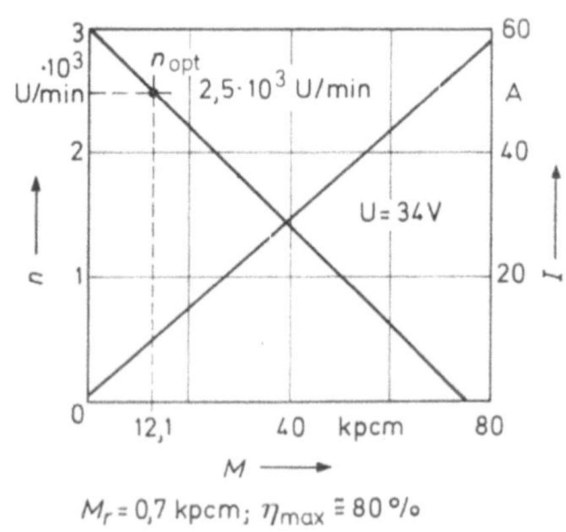

Bild 54.31. Kennlinien eines Flachankermotors
der Fa. SEA nach Bild 54.29.

← Bild 54.30.
Gedruckte Leiterscheibe eines Flachankermotors
(Werkbild Fa. SEA, Courbevoie, Frankreich).

Rotorwicklung kommt entweder glasfaserverstärkter Kunststoff oder Aluminium
mit einer eloxierten Isolierschicht (besonders bei Schrittmotoren, die gedämpft
sein sollen) in Frage. Die spezifische Belastung des Kupfers liegt sehr hoch. Im
Nennbetrieb beträgt sie 45 A/mm² und darf bei kurzzeitiger Spitzenbelastung auf
120 A/mm² ansteigen. Bild 54.30 zeigt eine Leiterscheibe. Die Kennlinien des

Motors nach Bild 54.29 sind in Bild 54.31 für eine Spannung von 34 V zusammengestellt. Über die geeignete Form der Leiterelemente wurden auch an anderer Stelle Untersuchungen angestellt [42]. Zur Zeit liegt das Hauptanwendungsgebiet dieser Motoren bei Servosteuerungen, weil ihre Anlaufzeit sehr kurz ist. Die Erfinder hoffen jedoch, daß sich weitere Anwendungen (beispielsweise beim Batterieantrieb von Kraftfahrzeugen) ergeben werden.

54.5 Gleichstrommotoren ohne Kollektoren

Die Kohlebürsten der Gleichstrommotoren sind dem Verschleiß ausgesetzt und versagen außerdem im Vakuum, weil die auf ihnen vorhandene und für den Betrieb notwendige Feuchtigkeitsschicht verdampft. Unter Verwendung von gesteuerten Halbleitern wurden daher kollektorlose Gleichstrommotoren entwickelt. Im Prinzip bestehen sie aus einem umlaufenden Magneten, der von zwei oder mehr Statorwicklungen umgeben ist. Diese Wicklungen sind jeweils an einem Transistor angeschlossen. Die Öffnung der Transistoren erfolgt über Betätigungselemente, die mit dem Magneten umlaufen. ZAUBITZER [43, 44] schlug vor, Steuerspulen zu verwenden, die über die Statorspulen gewickelt sind. Der umlaufende Magnet induziert in diesen Spannungen, die zur Öffnung der Transistoren dienen. Eine derartige Anordnung kann nur durch besondere Kunstschaltungen zum Selbstanlauf gebracht werden. Bei einer anderen Art der Steuerung wird der Hall-Effekt zur Schaltung ausgenutzt [45, 46]. Der umlaufende Magnet ändert die Hall-Spannung, die zur Öffnung der Transistoren benutzt wird. In USA wurden lichtelektrische Steuerungsvorrichtungen, bestehend aus einer umlaufenden Blende und drei oder mehr stationären fotoempfindlichen Elementen verwendet. Diese Motoren waren für Zwecke der Raumfahrt bestimmt [47 bis 53].

In Deutschland lag der Schwerpunkt der Entwicklung schleifring- und kollektorloser Gleichstrommotoren hauptsächlich beim Antrieb batteriegespeister Tonbandgeräte. Zunächst wurden nur die Schleifringe, die den Fliehkraftreglerstrom übertrugen, durch eine Hochfrequenzübertragung ersetzt, sonst aber der normale Motoraufbau mit stationärem Magneten und bewickeltem Läufer beibehalten [54, 55]. Im Jahre 1965 erschienen sodann Konstruktionen ohne Kollektoren. Hierbei steht die Wicklung still, während der Magnet sich dreht. Bei einer Konstruktion der Firma AEG [56 bis 58] wird ein Außenläufer-Ringmagnet aus Bariumferrit 100 verwendet. Bild 54.32 ist der Arbeit von MOCZALA [56] entnommen und zeigt den prinzipiellen Aufbau des AEG-Motors. Die Firma Bühler [59, 60] benutzt einen drehenden diametral magnetisierten Kernmagneten aus AlNiCo 450, der von der stationären Wicklung umgeben ist. Auch bei einer neueren Konstruktion der Firma Siemens [61] wird dieses Prinzip angewendet, wobei die Ansteuerung der Statorspulen durch 4 Hall-Generatoren geschieht, die im Luftspalt zwischen dem Drehmagneten und dem Rückschluß sitzen. SCHEMMANN [62] berechnete den Wirkungsgrad derartiger Motoren mit dauermagnetischem Läufer, wobei er den umgepolten Gleichstrom als Wechselstrom mit rechteckförmigem Spannungsverlauf behandelte. Er stellte fest, daß ein solcher Motor sehr günstige Werte des maximalen Wirkungsgrades erhält, wenn der Phasenverschiebungswinkel zwischen Strom und Spannung möglichst groß wird. Bei einem Winkel von 60° beträgt der Wirkungsgrad beispielsweise 85%. Allerdings bedingt eine derartige Phasenverschiebung eine große Induktivität der Spulenwicklungen, die bei den meisten Bauarten nur schwer zu erzielen ist.

Neuerdings wurde von der Firma Siemens ein kollektorloser Gleichstrommotor bekanntgemacht, der als Steuerungselemente Feldplatten (magnetfeld-

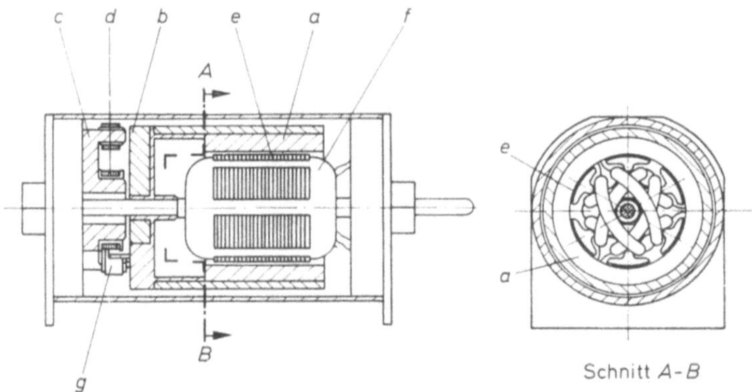

Bild 54.32. Aufbau des Gleichstrom-Kleinstmotors mit elektronischer Kommutierung. *a* umlaufender Magnetring, *b* Steuersegment, *c* Steuerkern, *d* Oszillatorspule, *e* Ständerpaket, *f* Ständerwicklung, *g* Steuerspule (nach MOCZALA [56]).

veränderliche Widerstände) enthält [63]. Ein langsam laufender Tonbandmotor der gleichen Firma ist mit Hall-Generatoren ausgerüstet und besitzt einen topfförmigen Außenläufer, in den 16 wechselpolig magnetisierte Magnetplättchen aus Bariumferrit 300 eingeklebt sind. Er wurde von OTT u. WENK [64] beschrieben.

54.6 Sonderbauarten von Gleichstrommotoren

Das niedrige Trägheitsmoment der Scheibenläufermotoren nach Bild 54.29 beruht weniger auf deren Durchmesser als auf ihrer geringen Masse. Die japanische Firma Yaskawa [65] entwickelte einen Gleichstrommotor, der sich durch

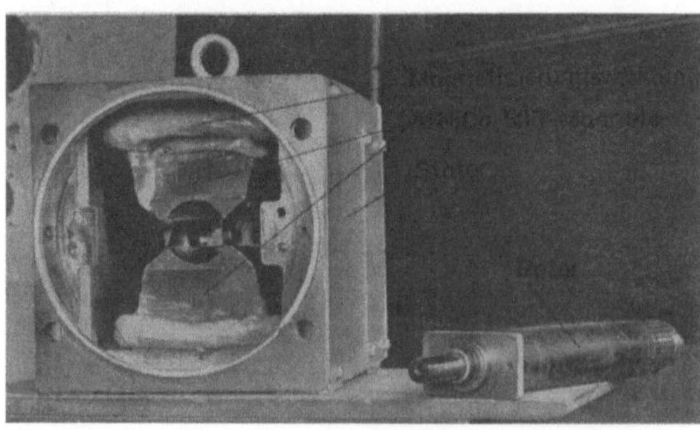

Bild 54.33. Gleichstrom-Servomotor mit stabförmigem Rotor und auf diesen aufgeklebte Wicklung. Abmessung ca. 200 × 200 × 260 mm³, Leerlaufdrehzahl n_l = 3 000 min⁻¹ (bei 82 V), Haltemoment M_0 = = 250 kpcm (bei 82 V), mechanische Zeitkonstante τ = 3,3 ms (Werkbild Fa. Yaskawa Co. Japan).

einen sehr geringen Rotordurchmesser auszeichnet. Die Wicklung ist nicht wie üblich in Nuten eingelegt, sondern mit Epoxydharz auf den glatten Rotor aufgeklebt und mit einer glasseidegefüllten Bandage umhüllt (Bild 54.33). Die Daten sind in der Bildunterschrift eingetragen. Diese Motorenart findet vornehmlich für schwere Servoantriebe Verwendung.

Die zuvor beschriebenen Scheibenläufermotoren mit gedruckter Läuferscheibe
haben den Nachteil, daß der Widerstand der Leiter sehr niedrig ist und sie daher
vornehmlich zum Betrieb an kleinen Spannungen geeignet sind. Bei einer Flach-
motorbauart, die von v. MÜCKE [66, 67] beschrieben wurde, ist dies vermieden, indem
gewickelte Formspulen außerhalb der Polspur angeordnet sind. Der magnetische
Fluß wird den Formspulen über eine flache eiserne Leitplatte zugeführt, die mit
entsprechenden Aussparungen versehen ist.

Zum Abschluß mögen noch Anordnungen erwähnt werden, die auf der sogenannten unipolaren Induktion beruhen. Zur Beschreibung dieser Erscheinung
diene Bild 54.34 a. Wird ein Zylinder aus magnetisierbarem oder nichtmagnetisier-
barem Material im Radialfeld eines Magnetsystems gedreht, dann entsteht an

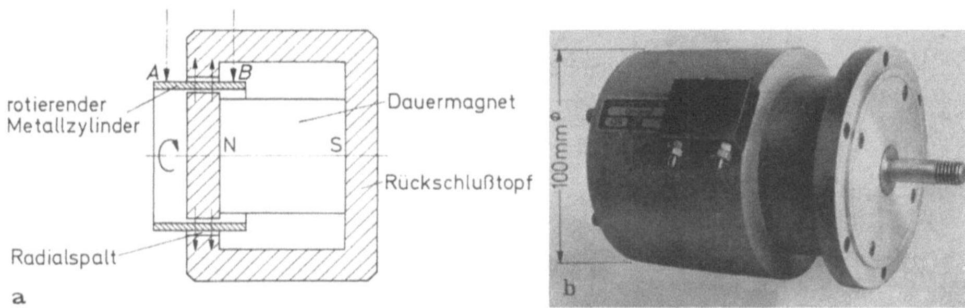

Bild 54.34. Drehzahlmesser nach dem Prinzip der unipolaren Induktion.
a) Prinzip; b) Geräteansicht (Werkbild Fa. Staiger, Mohilo & Co., Schorndorf).

dem Zylinder (beispielsweise an zwei Abnahmebürsten AB) eine Spannungs-
differenz der Größe $U_{AB} = f \cdot \Phi_{AB}$ (f = Frequenz). Dieses Ergebnis entspricht
dem Induktionsgesetz $U = \mathrm{d}\Phi/\mathrm{d}t = \mathrm{d}\Phi/\mathrm{d}\alpha \cdot \omega$, wenn man annimmt, daß das
Magnetfeld mit dem Zylinder rotiert [68, 69] und so eine ständige Zunahme an
Fluß gegenüber den Bürsten erfolgt. Dann ist nämlich $\mathrm{d}\Phi/\mathrm{d}\alpha = \Phi_{AB}/2\,\pi$, und
es erscheint die obige einfache Formel. Bei einer in die Einzelheiten gehenden
Betrachtung führen die Erscheinungen der unipolaren Induktion weit in das
Gebiet der theoretischen Elektrodynamik [70] und überschreiten den Rahmen
dieses Buches. Bild 54.34 b zeigt als technische Realisierung des Unipolar-Induk-
tionseffektes einen Drehzahl-Spannungsgeber. Sofern keine Ströme abgegriffen
werden, die als Wirbelströme einen bremsenden und feldschwächenden Einfluß
haben, ist die Spannung der Drehzahl streng proportional. Allerdings ist sie nicht
groß und hat für den abgebildeten Geber einen Wert von rd. 40 mV pro 1 000 min^{-1}.

Literatur

1. NENTWIG, K.: Elektro-Technik 39 (1957) 313—315.
2. BINDER, U.: VDI-Z. 99 (1957) 383—388.
3. MEIER, O. W.: Techn. Mitt. BRF 5 (1961) 198—201.
4. KATFANATIJ, VIK. T., u. VLAD. T. KAFTANATIJ: Energetik u. Elektroind. (russ.) 3 (1965) 17—19.
5. BRINKMANN, K.: ETZ-A 83 (1962) 665—668.
6. JOKSCH, CH.: DEW Techn. Ber. 7 (1967) 22—28.
7. KOCH, J., u. H. WULLKOPF: Valvo-Berichte 10 (1964) 317—333.
8. DBPa 1 189 187 (24. 9. 1963).

  9. Linke, R.: FWT 56 (1952) 336—338.
 10. Hannemann, L.: radio-mentor 9 (1964) 718—720.
 11. Gerold, S.: Elektrie 15 (1961) 54—56.
 12. Schuisky, W.: Berechnung elektrischer Maschinen, Wien: Springer: 1960, 108.
 13. Mimmel, H., u. K. Tendeloo: ETZ 83 (1962) 776—780.
 14. Reynst, M. F.: Valvo-Berichte 10 (1964) 334—349.
 15. Mohr, A. W.: ETZ-A 82 (1961) 481—485.
 16. Wullkopf, H.: Valvo-Berichte 10 (1964) 350—355.
 17. Hoyler, A.: Bosch Techn. Ber. 2 (1967) 45—52, 95—100.
 18. Cochardt, A., u. L. A. Finzi: Z. f. angew. Physik 21 (1966) 156—158.
 19. Wark, K.: AEG-Mittlg. 53 (1963) 400—402.
 20. Wark, K.: Z. Stahl u. Eisen 85 (1965) 452—455.
 21. Wark, K.: AEG-Mittlg. 56 (1966) 87—88.
 22. DBPa 1181309 (13. 4. 1963).
 23. Steelworking Weekly (USA) Juni 25 (1962) 75 (o. Verfasser). Iron Age (USA) Febr. 23
     (1967) 63—65 (o. Verfasser).
 24. Allegranza, C., u. C. Tomasini: Marelli-Z. (Italien) 40 H. 1—3 (1966) 33—39.
 25. Cetin, J.: Elektrotechn. u. Masch.-Bau 82 (1965) 391—399.
 26. Eisler, H.: ETZ-B 11 (1959) 7—9.
 27. Meier, O. W.: Techn. Mitt. BRF 5 (1961) 134—144.
 28. Adler, K.: Elektro-Revue (Schweiz) 58 (1966) 1357—1359.
 29. Zachariä, E.: ATM 325 (1963) R 13—R 15.
 30. Meßmotor 1963 — Firmenprospekt Siemens AG.
 31. Ryskovski, I. J.: Energetik (russ.) 8 (1965) 98—101.
 32. Belitz, W.: Elektrie 19 (1965) 8—11.
 33. Krukowski, W. v.: Grundlage der Zählertechnik, Berlin: Springer 1930, 133ff. sowie
     Abb. 72.
 34. DBP 1188709 (26. 4. 1958).
 35. Funkschau H. 16 (1960) 413 (o. Verfasser).
 36. VDI-Nachr. Nr. 2 (1962) 4 (o. Verfasser).
 37. VDI-Z. 105 (1963) 1355—1357 (o. Verfasser).
 38. Henry-Baudot, J.: Automatisme 4 (1959) 107—113.
 39. Henry-Baudot, J.: Automatisme 5 (1960) 319—323.
 40. Singer, R.: L'Electricien (1962) 114—121.
 41. radio-mentor (1963) 985 (o. Verfasser).
 42. Siitan, H. Ch.: Elektritschestwo (russ.) (1965) 80—83.
 43. Zaubitzer, R.: FWT 62 (1958) 60—64.
 44. Zaubitzer, R.: FWT 66 (1962) 51—63.
 45. Bonnefille, M. R.: Bull. Soc. Franc. Electr. 5 (1964) 757—760.
 46. Stanka, K.: Siemens-Z. 40 (1966) 342.
 47. Stuhlinger, E.: Jet Propulsion 26 (1956) 364—368.
 48. Duane, J. T.: Trans. Amer. Inst. Electr. Eng. 77 (1958) 365—372.
 49. Card, W. H.: Electronics 32 (1959) 60—61.
 50. Elektronik 12 (1963) 379 (o. Verfasser).
 51. Ratcliff, G., u. B. J. Clifton: J. Sci. Instr. 41 (1964) 268.
 52. Fetman, A. V., u. J. A. Cottingham: Rev. Sc. Instr. 35 (1964) 814—815.
 53. Kincer, R. D., u. R. G. Rakes: Design News 19 (1964) 140—144.
 54. Kusserow, B.: radio-mentor (1963) 044—046.
 55. Elektro-Technik H. 23 (1963) 458—459 (o. Verfasser).
 56. Moczala, H.: AEG-Mitt. 55 (1965) 114—117.
 57. Moczala, H., u. H. Pieplow: radio-mentor H. 5 (1965) 341—354.
 58. Krost, H., u. H. Moczala: ETZ-A 86 (1965) 628—632.
 59. Bergtold, F.: Funkschau H. 17 (1965) 470—472.
 60. Beier, H. G., u. H. Rich: Funkschau H. 17 (1965) 472—474.
 61. Dittrich, W., u. E. Rainer: Siemens-Z. 40 (1966) 690—693.
 62. Schemmann, H.: ETZ-A 88 (1967) 225—229.
 63. Jahn, W.: Der Elektroniker (Aarau) 6 (1967) 231—236.

64. OTT, H., u. J. WENK: Siemens-Zs. 44 (1970) 255—257.
65. Minertia Motor, Prospekt der Fa. Yaskawa El. Mfg. Co., Japan, 1965.
66. DBPa 1230486 (24. 3. 1964).
67. VON MÜCKE, D.: Z. f. angew. Physik 21 (1966) 148—152.
68. BÖNING, P.: Arch. Elektrotechn. XLVI (1961) 321—324.
69. BÖNING, P.: Techn. Rdsch. (Bern) H. 32 (1966) 27—28.
70. HINTEREGGER, H.: Österr. Ing. Arch. 6 (1952) 93—104.
71. JOKSCH, CHR.: DEW Techn. Ber. 4 (1964) 32—41.

55 Wechselstrommaschinen

55.1 Polradspannung, Kurzschlußstrom

Der Effektivwert der Spannung eines Wicklungsstranges mit der Windungszahl w pro Pol und Nut (p: ges. Polzahl), hat die Größe

$$E_1 = \frac{1}{\sqrt{2}} \cdot \omega \, aw \cdot \xi \cdot p \cdot 2\,r \cdot L_r \cdot B_{L1}. \tag{55.1}$$

Darin sind r: Rotorhalbmesser, L_r: Rotorlänge, B_{L1}: Maximalwert der Luftspaltinduktion der Grundwelle, $\omega = 2\pi n/60$, Frequenz $f = n/60 \cdot p/2$, a: Zahl der Nuten pro Pol, ξ: Wicklungsfaktor.

Bei einem Dauermagnetrotor können drei Arten des Rotoraufbaues unterschieden werden, wie sie die Bilder 55.1 bis 3 zeigen. Sieht man zunächst vom

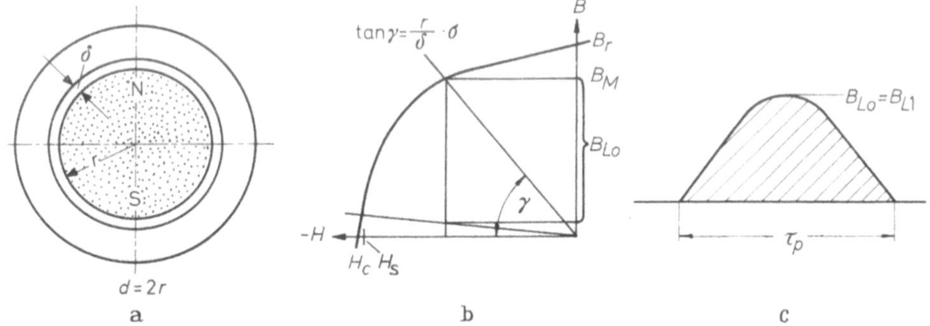

Bild 55.1. Vollpolläufer (Kernmagnet). a) Prinzip; b) Ermittlung der max. Luftspaltinduktion B_{Lo}; c) Verteilung der Luftspaltinduktion.

Einfluß des Querfeldes auf die Luftspaltinduktion ab, dann sind in die Gleichung (55.1) die folgenden Werte für B_{L1} einzusetzen, deren Index (z. B. $_aB_{L1}$) auf die Bauart hinweist:

a) *Rotor aus vollem Magnetmaterial* (Bild 55.1). Die Induktion im Magneten B_M ist homogen und überall gleich (s. Abschnitt 41.2). Sofern die Rotorlänge R_L größer als der Bohrungsdurchmesser $d = 2r$ ist, liegt keine große Stirnstreuung vor, und der Streuungsfaktor σ hat Werte von 1,1 bis 1,5. Die Zahnlücken des Stators können entweder brücksichtigt werden, indem die Luftspaltlänge δ mit dem Carterschen Faktor k_c multipliziert wird (s. Abschnitt 54.2), oder es wird anhand des Bildes 54.8 ein Minderungsfaktor $(t_z - s)/t_z$ gebildet. Dann gilt:

$$_aB_{L1} = B_{Lo} \cdot \frac{t_z - s}{t_z} \quad \text{und} \quad B_{Lo} = \frac{B_M}{\sigma} = B_M \cdot C_a. \tag{55.2}$$

B_M wird aus der Entmagnetisierungskurve $B_M = f(H_M)$ als Schnitt mit der Scherungsgeraden $B = -r/\delta \cdot \sigma \cdot H$ entnommen. Eine vorhandene Bohrung kann entsprechend Bild 41.16 berücksichtigt werden.

b) *Rotor aus vollem Magnetmaterial, jedoch abgesetzte Pole* (Bild 55.2). Mit dem Polbedeckungsfaktor $\alpha = (\tau_p/d\pi)\,p$ gilt nun für den Maximalwert der Grundwelle:

$$_b B_{L1} = B_{Lo} \cdot \alpha \left(1 + \frac{\sin \alpha \pi}{d\pi}\right) \cdot \frac{t_z - s}{t_z} \quad \text{und} \quad B_{Lo} = \frac{B_M}{\sigma} = B_M \cdot C_b. \quad (55.3)$$

B_M wird wie zuvor ermittelt, doch ist σ jetzt größer ($\sigma \sim 1{,}5 \cdots 2{,}5$).

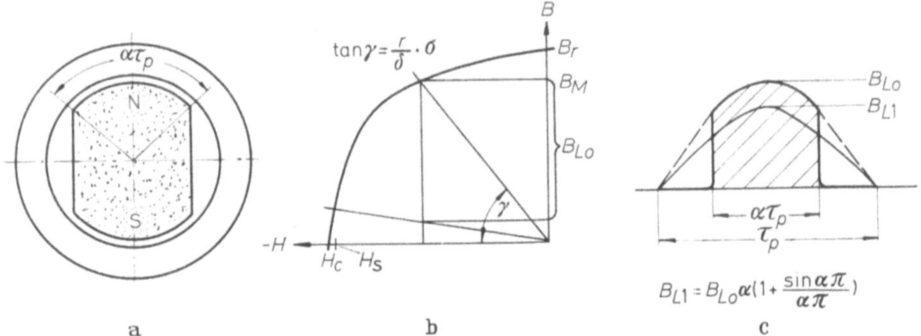

Bild 55.2. Magnetläufer ohne Polschuhe. a) Prinzip; b) Ermittlung der max. Luftspaltinduktion B_{Lo}: c) Errechnung der Grundwelle B_{L1}.

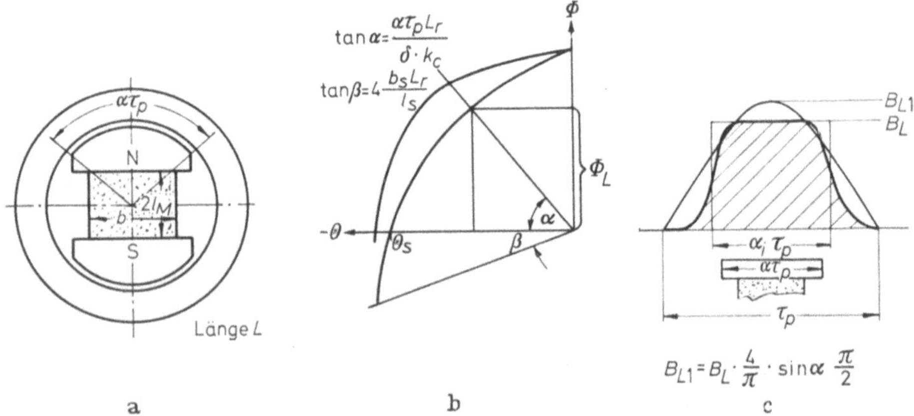

Bild 55.3. Schenkelpolläufer. a) Prinzip; b) Ermittlung der Luftspaltinduktion B_L; c) Errechnung der Grundwelle B_{L1}.

c) *Rotor aus rechteckigen Magnetklötzen mit Polschuhen* (Bild 55.3). Hierbei ist die Luftspaltinduktion B_L über den Polbogen $\alpha\,\tau_p$ konstant. Die Grundwelle dieser Rechteckfunktion ist

$$_c B_{L1} = B_L \cdot \frac{4}{\pi} \cdot \sin \alpha \,\frac{\pi}{2} = B_L \cdot C_c. \quad (55.4)$$

Statt α kann auch mit dem ideellen Polbedeckungsfaktor α_i (s. KLAMT [1]) gerechnet werden, welcher eine evtl. Kantenabflachung des Polschuhes berücksichtigt. B_L ist, wenn die Induktion im Magneten konstant angenommen wird, aus einer $\Phi = f(\Theta)$-Darstellung (s. Bild 55.3 b) zu entnehmen. Darin ist für $\tan \alpha$ und $\tan \beta$ einzusetzen: $\tan \alpha = \Lambda_L = \alpha \tau_p \cdot L_r/\delta \cdot k_c$ und (s. Bild 55.4) $\tan \beta = 4\Lambda_s = 4 \cdot b_s \cdot L_r/l_s$.

Die Polradspannung eines Drehstromstators ist sodann $E = 1{,}5\,E_1$ [2]. Sofern eine verteilte Wicklung mit mehreren Spulen (Nuten) pro Pol (Anzahl a) vorliegt, hat die magnetische Spannung am Luftspalt eine angenähert sinusförmige Verteilung. Ist i der Strom eines Stranges, dann ist der Maximalwert der magnetischen Spannung $\Theta_{e\max} = i \cdot aw\xi = \sqrt{2}I \cdot aw\xi$. Im Kurzschluß kann der Ohmsche Widerstand großer Maschinen gegen den induktiven Widerstand vernachlässigt werden. Es fließt ein reiner Blindstrom, der um 90° (elektrisch) gegen die Spannung verschoben ist. Diese Gegenerregung ruft einen Gegenfluß hervor, der den Luftspaltfluß (oder die Luftspaltinduktion) und damit die

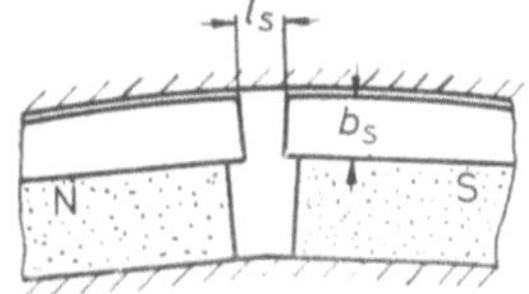

Bild 55.4.
Streuleitwert Λ_s von Polschuhen
mit geringem Abstand l_s.

Spannung vermindert. Bei Erreichung des Kurzschlußstromes I_K ist die Spannung auf Null abgesunken. Für Fall a) und b) gelten daher:

$$_aI_K = {}_bI_K = \frac{H_s \cdot d}{\sqrt{2}\,aw\xi} \tag{55.5}$$

und für Fall c), bei dem eine Korrektur der sinusförmigen Verteilung in eine Rechteckverteilung erforderlich ist:

$$_cI_K = \frac{\Theta_s}{\sqrt{2}\,a\,w\,\xi} \cdot C_c. \tag{55.6}$$

Es sei angemerkt, daß in den abgeleiteten Formeln die Werte für B in Vs/cm², für Φ in Vs und für H in A/cm einzusetzen sind, damit die Spannungen und Ströme in V und A herauskommen.

55.2 Blindleistung $E_1 J_K$; Blindwiderstand X_K

Die Blindleistung $E_1 I_K$ eines Stranges hängt eng mit den Energiedichtewerten des Magnetmateriales zusammen. Der Rotoraufbau nach Bild 55.3 (sog. Schenkelpolläufer) gestattet eine recht anschauliche Erklärung, weil hierbei die Magnetlänge konstant ist. Die Blindleistung und der Blindwiderstand mögen daher nur für diese Bauart c abgeleitet werden.

Der Luftspaltfluß Φ_{L1} hat unter Verwendung der Beziehung (55.4) die Größe $\Phi_{L1} = B_{L1} \cdot d \cdot \pi \cdot L_r/2$. Dann folgt aus den Gleichungen (55.1) und (55.5)

$$(E_1 I_K)_c = \omega p\,\frac{1}{2}\,\Phi_{L1}\,\Theta_S \cdot \frac{2}{\pi} \cong \omega p\,\frac{1}{2}\,\Phi_L \cdot \Theta_S \cdot C_c^2. \tag{55.7}$$

Sofern der Generator bereits auf einer permanenten Arbeitsgerade mit dem Permanenzfluß Φ_p und dem magnetischen Leitwert Λ_p arbeitet, gilt für den Luftspaltfluß (Λ_s: Streuleitwert zwischen zwei Polschuhen):

$$\Phi_L = \Phi_p \frac{1}{1 + \dfrac{R_L}{R_p}\left(1 + \dfrac{4\Lambda_s}{\Lambda_p}\right)} = \Phi_p \cdot k_{Lc}. \tag{55.8}$$

Weil $\Phi_p = B_p \cdot F_M$ und $\Theta_S = H_S \cdot h_M$ sind, wird dann:

$$(E_1 I_K) = \omega \frac{1}{2} B_p H_S \cdot V_M \cdot k_{Lc} \cdot C_c^2 = \omega E_p \cdot V_M \cdot k_{Lc} \cdot C_c^2 = \omega \cdot W_p \cdot k_{Lc} \cdot C_c^2. \qquad (55.9)$$

Darin ist das Magnetvolumen $V_M = p \cdot F_M \cdot h_M$ (h_M: Höhe eines Magneten). Zur Erzielung eines kleinstmöglichen Magnetvolumens ist man bestrebt, die dynami-

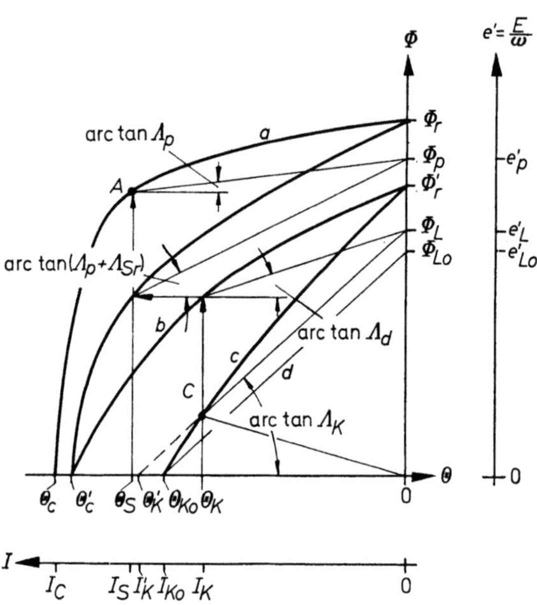

Bild 55.5. Entmagnetisierungskurven $\Phi = f(\Theta)$ und $e' = f(I)$ eines Generators.

sche oder permanente Energiedichte E_p des Magneten durch passende Wahl der Streuleitwerte zum Maximum zu machen. Der Blindwiderstand X_{Kc} als Quotient von E_1 und I_K hat die Größe [3]:

$$X_{Kc} = \omega (a w \xi)^2 \frac{\Phi_L}{\Theta_S} = \omega (a w \xi)^2 \cdot \Lambda_K \cdot k_L, \qquad (55.10)$$

wenn $\Phi_p / \Theta_S = \Lambda_K = B_p / H_S \cdot F_M / h_M$ gesetzt wird. In diesen Gleichungen ist die Größe der Permanenz B_p resp. des Permanenzflusses Φ_p unbekannt. Außerdem gelten sie nur bei vernachlässigbarem ohmschem und Stator-Blindwiderstand. Um auch diese Größe zu berücksichtigen, werde etwas genauer betrachtet, wie sich die Anker-(Stator-)durchflutung Θ_{a1} mit dem vom Magneten herrührenden Fluß zusammensetzt. Dazu soll eine $\Phi = f(\Theta)$-Darstellung des magnetischen Kreises benutzt werden (Bild 55.5). Die Kurve a stellt als Beispiel die Entmagnetisierungskurve des Materials AlNiCo 500 dar. Damit der Luftspalt-fluß Φ_L von Null beginnend auf der Flußachse abgelesen werden kann, wird diese Kurve zweimal geschert, einmal um den Winkel arc tan Λ_{sr} nach unten (Λ_{sr}: Rotor-Streuleitwert) und anschließend um den Winkel arc tan R_L nach rechts (R_L: magnetischer Luftspaltwiderstand). Es entsteht die Kurve b. Sie läßt sich als Kurve eines Ersatzmagneten deuten, der die fiktive Koerzitivspannung Θ_c' und den Remanenzfluß Φ_r' hat. Diese Verhältnisse gelten, solange der Anker-(oder

Stator-)streuleitwert Λ_{sa} klein gegen $\Lambda_p + \Lambda_{sr}$ ist. Hat die Ankerstreuung Λ_{sa} größere Werte, dann wirkt der Blindwiderstand des Ankers X_{sa} als zusätzlicher Vorwiderstand, und die Kurve b ist nochmals um arc tan Λ_{sa} nach unten zu scheren. Hierdurch entsteht die Kurve c. Die Steigung einer inneren Geraden ist nun entsprechend größer und hat den Wert $\Lambda_K + \Lambda_{sr}$. Im Fall des Generatorkurzschlusses bei vernachlässigbarem ohmschen Innenwiderstand R_i erreicht die Anker-

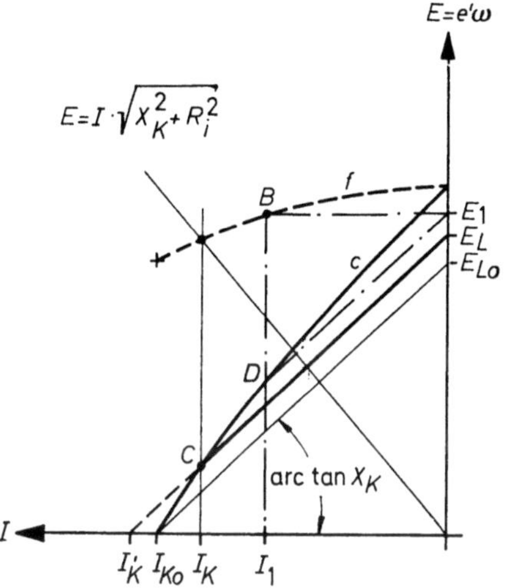

Bild 55.6. Zeichnerische Ermittlung der Polradspannung E_L eines Generators mit nicht vernachlässigbarem ohmschen Innenwiderstand R_i.

erregung den Wert Θ_{Ko}. Die Spannung kehrt sodann auf der inneren Geraden d zum stabilisierten Leerlauffluß Φ_{Lo} (entsprechend $e'_{Lo} = E'_{Lo}/\omega$) zurück. Im weiteren Verlauf arbeitet der Generator auf dieser Geraden. Sein Verhalten ist so, als bestände er aus der Hintereinanderschaltung einer Spannungsquelle $e'_{Lo} = E'_{Lo}/\omega$ mit einem Blindwiderstand der Größe X_{Ko}. Während der Leitwert Λ_K und der Kurzschlußblindwiderstand X_K konstante Größen einer Dauermagnetmaschine darstellen, ist die Polradspannung E von der Vorgeschichte (Kurzschlußbelastung), einem eventuell vorhandenem Anker-Streuleitwert und dem ohmschen Innenwiderstand R_i der Ankerwicklung abhängig. Sie läßt sich für Maschinen mit AlNiCo-Magneten nur anhand der Entmagnetisierungskurve konstruieren, während sie bei Maschinen mit Bariumferritmagneten auch errechnet werden kann.

Für die Größe der Polradspannung gelten folgende Regeln:

Bei einem Generator, dessen ohmscher Wicklungswiderstand R_i vernachlässigbar gegen seinen Blindwiderstand X_K ist, hat die Polradspannung E_L die Größe E_{Lo}.

Bei einem Generator, dessen ohmscher Innenwiderstand nicht vernachlässigt werden kann, folgt E_L aus einer Konstruktion, wie sie in Bild 55.6 dargestellt ist. Die innere Kurve c entspricht der gleichen Kurve des Bildes 55.5. Dann folgt der Kurzschlußstrom I_K als Schnitt der Geraden $E = I_a(X_K^2 + R_i^2)^{1/2}$ mit der gestrichelten Kurve f. Letztere stellt die Funktion $E_L = f(I)$ dar. Deren Gewinnung ist an einem Punkt B erläutert. Von E_1 aus wird eine innere Gerade mit der Steigung tan X_K zum Schnitt mit der Kurve c gebracht (Punkt D). Die strichpunktierten Parallelen zu den Achsen geben dann als Schnitt einen Punkt B der gesuchten Kurve f. Vom Schnittpunkt C aus kann nun die gesuchte Polradspannung E_L gewonnen werden. Der Punkt C wurde von Bild 55.6 in das Bild 55.5 übertragen. Die gepfeilten Linien kennzeichnen die Gewinnung des Arbeitspunktes A auf der äußeren Entmagnetisierungskurve.

Es sei ausdrücklich darauf hingewiesen, daß die gewonnenen Formeln nur Näherungswerte darstellen können, weil stets von einer homogenen Magnetisierung ausgegangen wurde, die aber bei Motorenmagneten nicht immer gegeben ist.

55.3 Kleinstgeneratoren bis rd. 10 W

Hierbei handelt es sich hauptsächlich um Fahrrad-Lichtmaschinen und Wechselstrom-Meßgeneratoren. Während Meßgeneratoren eine möglichst lineare Spannung in Abhängigkeit von der Drehzahl abgeben sollen, ist es bei den Lichtmaschinen erwünscht, daß die Spannung weitgehend konstant bleibt, damit die Fahrrad-Lämpchen auch bei großer Fahrgeschwindigkeit nicht durchbrennen. Charakteristisch ist, daß beide Generatorenarten mit variierender Drehzahl betrieben werden, so daß sich die Polradspannung E und das Produkt $E_{Lo} \cdot I_{Ko}$ mit der Drehzahl ändern. Weil meist kein Drehstrom, sondern einphasiger Wechselstrom vorliegt, gelten die Berechnungen nur in grober Annäherung. Für eine genauere Betrachtung müßte das Ankerwechselfeld in zwei gegenläufig umlaufende Drehfelder zerlegt werden. Das sogenannte Mitfeld rotiert sodann synchron mit dem Magneten, während das Gegenfeld mit der doppelten synchronen Drehzahl in Gegenrichtung umläuft. Es ruft eine Verzerrung der sinusförmigen Stromkurve sowie eine Schwankung des erforderlichen Momentes hervor. Für die folgenden Betrachtungen sei die Wirkung des gegenläufigen Feldes vernachlässigt. Bild 55.7 zeigt das Spannungs-Vektordiagramm eines derartigen Generators.

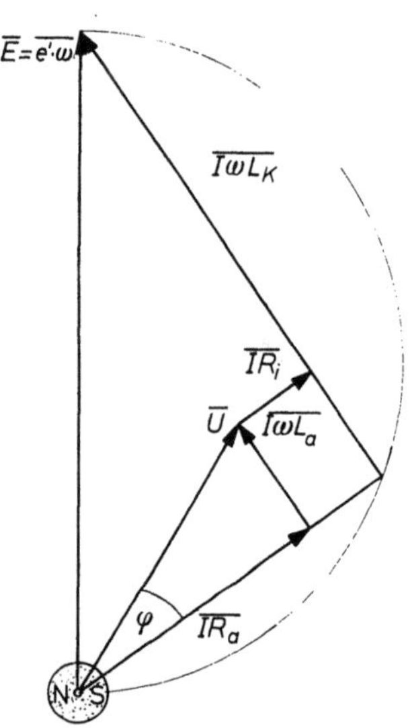

Bild 55.7. Spannungszeigerbild des Dauermagnetgenerators mit veränderlicher Drehzahl.

Wegen der veränderlichen Drehzahl und Winkelgeschwindigkeit ω ist es zweckmäßig, die Polradspannung durch $E = e'\omega$ auszudrücken, wobei e' die Polradspannung pro Winkelgeschwindigkeitseinheit ist. Auch in diesem Fall ist die Polradspannung an Hand einer Konstruktion nach Bild 55.6 zu ermitteln.

Mit L_a als äußerer und L_K als innerer Induktivität läßt sich aus dem Spannungsdreieck (Bild 55.7) ablesen:

$$(e'\omega)^2 = I^2 \omega^2 (L_K + L_a)^2 + I^2 (R_a + R_i)^2. \tag{55.11}$$

Mit $I'_K = E/X_K = e'\omega/\omega_K$ und $\omega_i = 2\pi R_i/L_K$ folgt für den auf den Kurzschlußstrom I'_K bezogenen normierten Strom:

$$\frac{I}{I'_K} = \frac{\omega/\omega_i}{\sqrt{(\omega/\omega_i)^2 [1 + (L_a/L_K)]^2 + [1 + (R_a/R_i)]^2}}. \tag{55.12}$$

Die Klemmenspannung U hat den Wert $U = I^2 \sqrt{R_a^2 + R_i^2}$.   Bezogen auf $\omega_i \cdot e'$ ist die normierte Spannung:

$$\frac{U}{\omega_i e'} = I/I_K' \sqrt{(R_a/R_i)^2 + (\omega/\omega_i)^2 (L_a/L_K)^2}. \tag{55.13}$$

Die normierte Wirkleistung ist:

$$\frac{N_W}{e' I_K'} = \left(\frac{I}{I_K'}\right)^2 \cdot \frac{R_a}{L_K}. \tag{55.14}$$

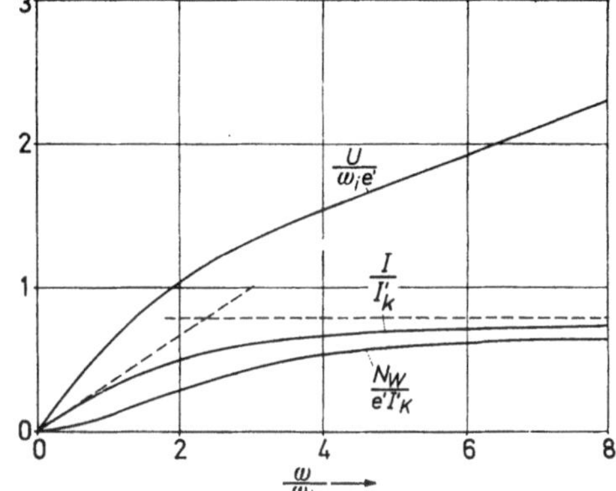

Bild 55.8. Normierter Strom I/I_K', normierte Klemmenspannung $U/\omega_i e'$ und abgegebene normierte Wirkleistung $N_W/e' I_K'$ eines Generators mit veränderlicher relativer Drehzahl ω/ω_i für $R_a/R_i = 2$; $L_a/L_K = 0{,}3$; $\omega_i = 2$; $R_i/L_K = 2$.

Der normierte Strom I/I_K' nähert sich bei großen Relativgeschwindigkeiten ω/ω_i asymptotisch dem Grenzwert

$$\left(\frac{I}{I_K'}\right)_{\omega \to \infty} = \frac{1}{1 + (L_a/L_K)},$$

während seine Anfangssteilheit den Wert

$$\left(\frac{\mathrm{d}\, I/I_K'}{\mathrm{d}\omega/\omega_i}\right)_{\omega = 0} = \frac{1}{1 + (R_a/R_i)}$$

hat. In dem Bild 55.8 sind die Funktionen (55.12 bis 14) für die Werte $R_a/R_i = 2$; $\alpha_a/\alpha_K = 0{,}3$; $\omega_i = 2$ dargestellt. Die normierten Strom- und Spannungswerte können auch graphisch gewonnen werden. Dazu sind sämtliche Werte des Vektordiagramms (Bild 55.7) durch $E = e' \cdot \omega$ zu teilen. Es entsteht das Diagramm des Bildes 55.9, aus dem die Werte für I/I_K' unmittelbar entnommen werden können. Je nach der Relativgeschwindigkeit ω/ω_i ändert sich der Winkel ψ auf Grund der Beziehung:

$$\tan \psi = \frac{\omega}{\omega_i} \frac{1 + (L_a/L_K)}{1 + (R_a/R_i)}. \tag{55.15}$$

Die Art der Konstruktion geht aus den in Bild 55.9 eingetragenen Hilfskreisen hervor.

Sofern die äußere Induktivität L_a vernachlässigbar klein oder Null ist, vereinfachen sich die Beziehungen (55.12 bis 14) zu:

$$\left(\frac{I}{I_K'}\right)_0 = \frac{\omega/\omega_i}{\sqrt{(\omega/\omega_i)^2 + [1 + (R_a/R_i)]^2}} \tag{55.16}$$

sowie

$$\frac{U}{\omega_i\, e'} = \left(\frac{I}{I_K'}\right)_0 \cdot \frac{R_a}{R_i} \quad \text{und} \quad \left(\frac{N_W}{e'\, I_K'}\right)_0 = \left(\frac{I}{I_K'}\right)_0 \cdot \frac{R_a}{L_k}. \tag{55.17}$$

Der normierte Strom I/I_K' nähert sich asymptotisch dem Wert 1, während die normierte Spannung $U/(\omega_i \cdot e')$ keinen Anstieg mehr aufweist, sondern gegen den Wert R_a/R_i strebt.

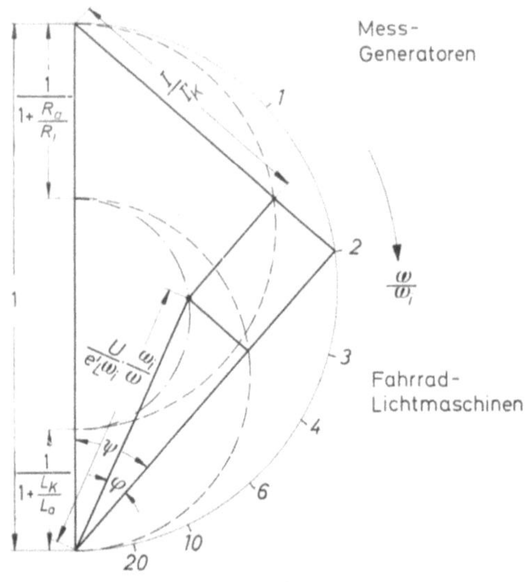

Bild 55.9. Diagramm zur graphischen Bestimmung des normierten Stromes I/I_K' und der normierten Spannung $U/e_L'\omega_i$ eines Generators mit veränderlicher relativer Drehzahl ω/ω_i (Werte wie Bild 55.8).

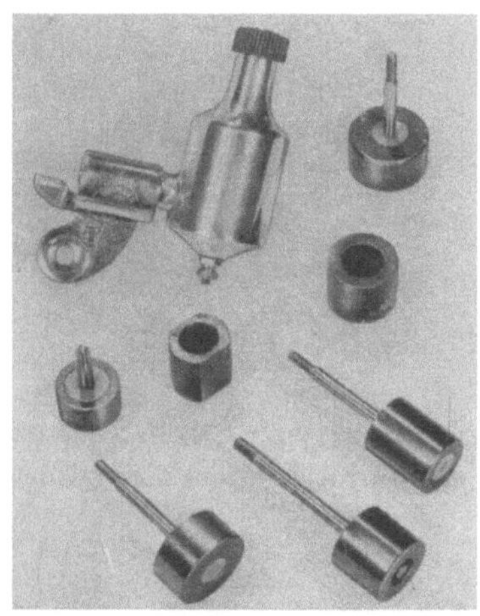

Bild 55.10.
Moderne Fahrradlichtmaschine sowie verschiedene Magnete aus Bariumferrit 100 hierfür (Werkbild Fa. DEW Magnetfabrik).

Zunächst seien die *Fahrrad-Lichtmaschinen* behandelt. Es besteht eine amtliche Vorschrift [4], nach der folgende Spannungskurve ($R_a = 12\,\Omega$) erforderlich ist:

Fahrtgeschwindigkeit	Spannung
5 km/h	> 3 V
15 km/h	$> 5,5$ V
30 km/h	< 7 V

Eine äußere Induktivität L_a ist bei der Fahrradlichtmaschine nicht vorhanden, so daß für den normierten Strom und die normierte Spannung die Gln. (55.16) und (55.17) gelten. Der Rotor ist ein mehrpolig magnetisierter Ringmagnet aus Bariumferrit 100, wie er in Bild 55.10 in verschiedenen Ausführungen samt einer kompletten Maschine dargestellt ist. Es ist klar, daß man danach trachten wird, schon bei geringen Fahrtgeschwindigkeiten mit einem großen Verhältnis ω/ω_i zu arbeiten. Im Diagramm des Bildes 55.9 liegt der Arbeitsbereich der Fahrradlichtmaschinen daher im unteren Teil des Kreises.

Die Wirkleistung N_W an dem Lämpchen läßt sich mit Hilfe der Gl. (55.17) errechnen. Das Produkt $e' I'_K$ hat im vorliegenden Fall jedoch nichts mit dem permanenten Energieinhalt W_p des Magneten zu tun. Der Magnet ist nur einer verschwindend geringen Entmagnetisierung ausgesetzt.

Etwas anders liegen die Verhältnisse bei AlNi-Magneten. Der Leitwert des Rotors Λ_r ist dann nicht mehr gegen den Statorleitwert Λ_{Sa} zu vernachlässigen, und die Berechnung wird wesentlich komplizierter. Weil AlNi-Magnete jedoch kaum mehr für Fahrradlichtmaschinen verwendet werden, sei auf eine Betrachtung verzichtet. WULLKOPF [5] hat die Spannungskurve von Fahrradlichtmaschinen eingehend untersucht und sich besonders mit dem Einfluß der Windungszahlen beschäftigt.

Während die Spannungskurve der Fahrradlichtmaschinen eine möglichst starke Krümmung aufweisen soll, besteht bei *Meßgeneratoren* die Forderung nach weitgehender Linearität auch bei größerer Belastung. In einer kurzen Überschlagsrechnung möge abgeschätzt werden, wie der Zusammenhang zwischen der Abweichung vom linearen Verlauf und der Belastung sowie der Drehzahl ist. Die äußere Last bestehe nur in einem ohmschen Widerstand R_a (d. h. $L_a = 0$). Die normierte Spannung genügt der Gl. (55.17), während die Steigung bei $\omega = 0$ den Wert $(R_a/R_i)/[1 + (R_a/R_i)]$ hat.

Als Abweichung vom linearen Wert werde die Größe

$$\alpha = 1 - \frac{U}{U_{\text{lin}}}$$

bezeichnet, wobei $U_{\text{lin}} = (\mathrm{d}U/\mathrm{d}\omega)_{\omega=0} \cdot \omega$ ist. Nach einigen Umrechnungen der Gln. (55.16) und (55.17) ergibt sich für die zulässige maximale Relativgeschwindigkeit $\omega_{\text{zul}}/\omega_i$ in Abhängigkeit von der Belastung R_a/R_i und der zulässigen Abweichung α:

$$\frac{\omega_i}{\omega_{\text{zul}}} = \frac{1+(R_a/R_i)}{1-\alpha}\sqrt{2\,\alpha - \alpha^2}. \tag{55.18}$$

Für kleine Werte von α gilt näherungsweise:

$$\frac{\omega_{\text{zul}}}{\omega_i} = \left(1 + \frac{R_a}{R_i}\right)\sqrt{2\,\alpha}. \tag{55.19}$$

In dem Bild 55.11 ist die Gl. (55.19) dargestellt. Damit die Meßgeneratorspannung bis zu einer möglichst hohen Geschwindigkeit ω_{zul} linear bleibt, müssen R_a/R_i und vor allem $\omega_i = 2\,\pi\,(R_i/L_K)$ groß sein. Dies wird erreicht, indem einmal der Stator-Streuleitwert Λ_{Sa} klein gehalten wird. Ringwicklungen mit Klauenpolen sind daher für Meßgeneratoren ungeeignet. Zum anderen soll auch der Rotor-Streuleitwert Λ_{Sr} möglichst klein sein, was Anlaß zur Verwendung eines Vollpolmagneten ohne Polschuhe mit möglichst geringer Polzahl gibt. Ein kleiner Leitwert des Magneten Λ_p wird erreicht, indem ein hochkoerzitives Material Verwendung findet, z. B. AlNiCo 450 oder 260. Bariumferritmagnete können wegen ihres ungünstigen

Temperaturganges für Meßgeneratoren nicht benutzt werden. Moderne Drehzahl-messer, von denen in Bild 55.12 ein Beispiel gezeigt ist, haben zumeist einen vier-polig magnetisierten Magneten aus AlNiCo 260, der von einem Stator umgeben ist, dessen Aufbau weitgehend dem normaler Generatoren ähnelt. Der Luftspalt ist

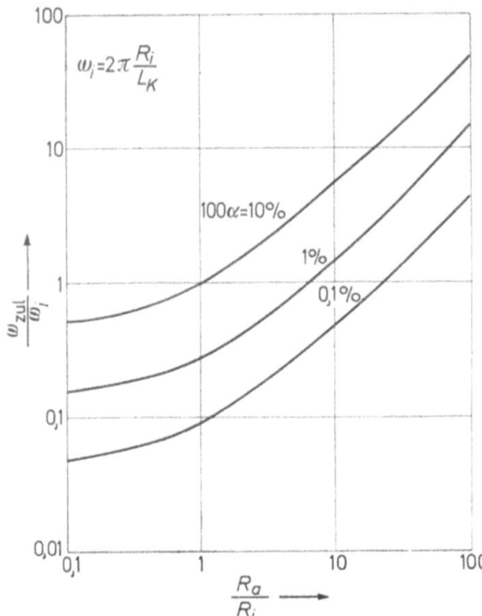

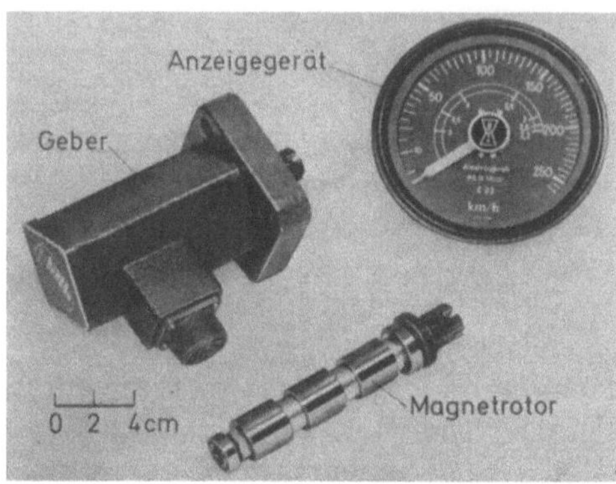

Bild 55.12. Drehzahl-Meßgenerator mit Anzeigegerät (Hersteller Fa. Deuta, Bergisch-Gladbach).

Bild 55.11. Zulässige relative Geschwindigkeit ω_{zul}/ω_i eines Meßgenerators in Abhängigkeit von der prozentualen Abweichung $100 \cdot \alpha$ sowie dem relativen Belastungswider-stand R_a/R_i.

jedoch relativ groß. Weitere Ausführungen werden von OESTERLIN [6] beschrieben. Zuweilen müssen Drehzahlgeber, besonders wenn sie zu Regelungs- und Steuerungs-zwecken benutzt werden, auch Leistung abgeben. Für die Leistungsabgabe eines solchen Generators gilt die Gl. (55.17).

55.4 Klein-Generatoren bis rd. 1000 W

Generatoren dieser Art werden hauptsächlich als Wechselstromgeneratoren in Kraftfahrzeugen und als Telefon-Rufinduktoren für Handantrieb verwendet. Auch hier handelt es sich um sogenannte „freie" (nicht auf ein Netz arbeitende) Generatoren.

Der Rotor von *Drehstrom-Generatoren für Kraftfahrzeuge* besteht meist aus einem axial vorzugsgerichtetem AlNiCo 500- oder 600-Ringmagneten, der von Klauenpolen umgeben ist. Demzufolge ist der Rotorstreuleitwert Λ_{Sr} relativ hoch, während der Statorstreuleitwert Λ_{Sa} meist klein ist. Die abgegebene relative Wirkleistung N_W folgt aus der Gleichung (55.17).

Ein Diagramm zur Ermittlung des Relativstromes I/I'_K und der Relativ-spannung $U/(e'_L\omega_i)$ ist im Bild 55.9 dargestellt. Es kann auch zur Errechnung der Daten eines solchen Generators benutzt werden.

Bei Rufinduktoren ist die Drehzahl weitgehend konstant, während Kraftfahr-zeug-Generatoren mit veränderlicher Drehzahl betrieben werden. In der Mehrzahl der Anwendungsfälle wird danach getrachtet, den Generator zu optimieren, d. h. ihm mit möglichst wenig Magnetmaterial eine möglichst große Wirkleistung zu verleihen. Dies bedeutet im Fall des freien Generators mit veränderlicher Drehzahl, daß der Rotorstreuleitwert Λ_{Sr} und der Innenwiderstand R_i so gewählt werden, daß der Arbeitspunkt der Entmagnetisierungskurve dem Fußpunkt der optimalen permanenten Geraden bei der Geschwindigkeit ω_{max} entspricht. Die ent-

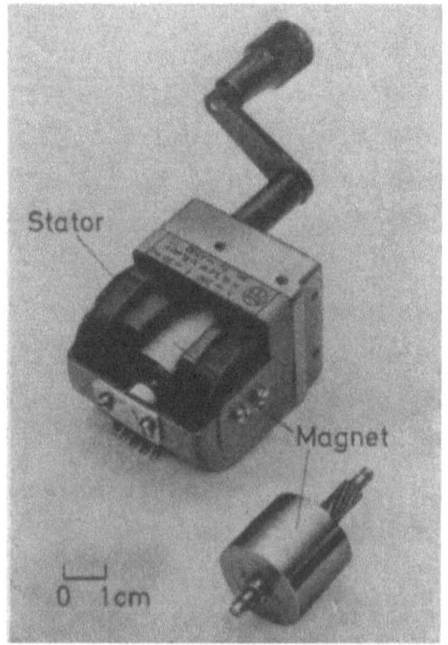

Bild 55.13. Rufinduktor mit diametral magnetisiertem Drehmagneten aus AlNiCo 450 (Hersteller
Fa. Telefonbau und Normalzeit, Frankfurt/M.).

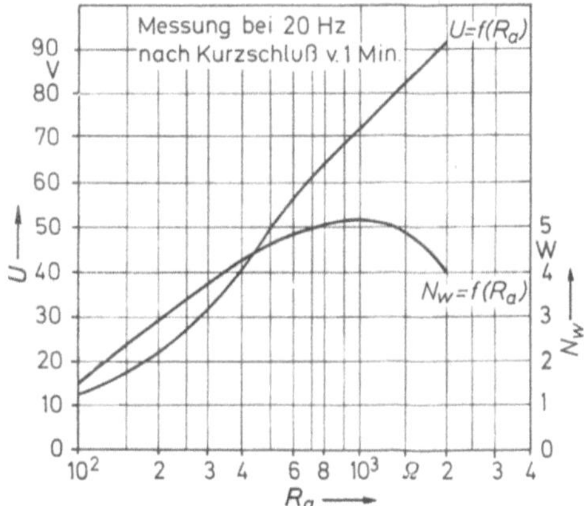

Bild 55.14. Leistungskurve eines Rufinduktors
(nach OTTO [8]).

nehmbare Wirkleistung ist dann von der Drehzahl abhängig. Die relativ komplizierte Form der Beziehung (55.17) erschwert weitere Aussagen. Bei der Berechnung der Großgeneratoren wird die Frage der Optimierung für einen Dreiphasengenerator eingehend behandelt.

Die Bedeutung der Rufinduktoren für Telefoniezwecke ist in Westdeutschland stark zurückgegangen, nachdem von der Post keine OB-(ohne Batterie-)Leitungen mehr betrieben werden. Für Feldfernsprecher sind solche Generatoren jedoch nach wie vor im Gebrauch. Bild 55.13 zeigt einen zerlegten Kurbelinduktor der Firma Telefonbau und Normalzeit [7]. Als Rotor kommt ein diametral vorzugsgerichteter und magnetisierter Zylindermagnet der Abmessung 30 mm Außendurchmesser, 12 mm Lochdurchmesser, 25 mm Länge aus hochkoerzitivem AlNiCo 450 zur Verwendung. Die maximale permanente Energiedichte für dieses Material ist 0,013 Ws/cm³. Dann hat die maximale permanente Energie den Wert 0,204 Ws. Bild 55.14 ist einer Arbeit von OTTO [8] entnommen. Das Diagramm zeigt, daß bei diesem Induktor bei 20 Hz die maximale Leistungsabgabe 5 W und demnach die maximale Energieabgabe $W_{ab} = N_{ab}/2\pi f = 0{,}04$ Ws beträgt. Sofern der ohmsche Innenwiderstand R_i wesentlich kleiner als der Außenwiderstand R_a ist, vereinfacht sich die Optimalbedingung zu $(R_a/X_K)_{opt} = 1$ und es wird $N_{ab\,opt} = E \cdot I_K/2$. Das Verhältnis der tatsächlich auftretenden Energie zur maximalen permanenten Energie ist daher $W_{ab}/W_{P\max} = 0{,}4$. Früher waren derartige Rufinduktoren mit großen hufeisenförmigen Walzstahlmagneten ausgerüstet, wobei der Strom aus dem rotierenden Doppel-T-Anker über Schleifringe entnommen wurde. Die Umstellung auf die abgebildeten AlNiCo 450 Drehmagnete brachte neben der Vermeidung der störanfälligen Schleifringe eine Verbesserung des Leistungsgewichtes von 457 auf 140 p pro Watt.

Der zweipolige Rotor ergibt in Verbindung mit dem zweipoligen Stator bereits ohne elektrische Belastung starke Klebekräfte. Durch besondere Gestaltung der Polschuhe [9] wird versucht, diesen Effekt klein zu halten.

Bild 55.15.
Rotor eines Schwungrad-Magnetzünders mit Magneten aus Bariumferrit 300; davor Magnete aus AlNiCo 450.

Während die Rufinduktoren durchweg einen zweipoligen Kernmagneten haben, sind Wechselstrom-Kleingeneratoren für Kraftfahrzeuge [10, 11], Schiffe [12] und Eisenbahnen [13] meist vielpolig. Die Rotoren bestehen wie erwähnt aus axial vorzugsgerichteten zylindrischen AlNiCo 500 bis 700 Gußmagneten, die von Polplatten mit klauenförmig ineinandergreifenden Polzähnen umgeben sind. Die Statoren sind meist normale Drehstromstatoren mit großer Nutenzahl.

Auch Magnetzünder, die hauptsächlich für Krafträder verwendet werden, fallen in diese Gruppe von Generatoren. Damit der Rotor zugleich die Funktion eines Schwungrades übernehmen kann, ist er als Außenläufer ausgebildet. Bild 55.15 zeigt eine Ausführung mit vier Magneten aus Bariumferrit 300, die von dünnen eisernen Polblechen bedeckt sind. Auf dem Bild befinden sich zugleich zwei Magnete aus AlNiCo 450, an denen Polschuhe mit gerader Unterseite befestigt werden. Bei der Ermittlung der Kenndaten muß der Unterschied des magnetischen Leitwertes in Längs- (d-Achse) und Querrichtung (q-Achse) beachtet werden. Angaben über die zeichnerische Ermittlung der Daten auch bei veränderlicher Frequenz werden im folgenden Absatz gebracht.

55.5 Generatoren über 1000 W

Dauermagnetisch erregte Generatoren haben den Vorteil, daß sie keine Schleifringe benötigen und die Erregerleistung entfällt. Aus diesem Grunde werden sie oft an Stellen eingesetzt, bei denen die Schleifringe zu Störungen führen, beispielsweise im Baustellenbetrieb, wo sie als 250 Hz-Generatoren zum Betrieb von Betonrüttlern und Werkzeugen dienen. Die Einsparung der Erregerleistung wird bei den Erregermaschinen für Großgeneratoren ausgenutzt. Ohne zusätzliche Stromquellen oder besondere Maßnahmen zur Selbsterregung besitzen Permanentgeneratoren beim Anlauf sofort Spannung an den Klemmen. Auch als sogenannte Pendelgeneratoren für die Drehzahlregelung von Wasserturbinen werden sie verwendet.

Bald nach der Erfindung der AlNiCo-Magnete erschienen die ersten Veröffentlichungen [14 bis 16] über derartige Generatoren. WALTER [17] vermaß u. a. die Entmagnetisierung im Stoßkurzschluß, während spätere amerikanische, italienische, deutsche und russische Arbeiten [18 bis 31] sich mit Einzelheiten der Berechnung befaßten.

Beim Anschluß an starre Netze ist von Nachteil, daß die Dauermagnetgeneratoren nicht wie die elektrisch erregten Synchrongeneratoren durch Veränderung des Erregerstromes geregelt werden können. Dies führte dazu, daß sie meist ohne Anschluß an ein Netz als sogenannte „freie" Generatoren verwendet werden. In Frankreich [32] wurde jedoch auch eine hydroelektrische Station von $N = 54$ kW Leistung mit einem Dauermagnetgenerator ausgerüstet. Durchweg handelt es sich bei den Rotoren um Schenkel- oder Klauenpolausführungen, so daß der Unterschied des magnetischen Leitwertes in der Hauptachse (Richtung der Achse der Dauermagnete) und der Querachse (Richtung der Pollücke) beachtet werden muß. Im Hinblick darauf, daß auch Maschinen für Frequenzen von 50 Hz gebraucht werden, ist der ohmsche Widerstand der Wicklung R_i nicht in allen Fällen gegen deren Blindwiderstand vernachlässigbar. Auch die Belastung ist nicht immer eine reine Wirkbelastung, sondern enthält Induktivitäten und unter Umständen Kapazitäten, obwohl Letzteres selten vorkommt.

Die bisher verwendeten Vektorschaubilder enthielten stets Vereinfachungen, die im Hinblick auf den jeweiligen Verwendungszweck gerechtfertigt waren. Diese größeren Maschinen hingegen lassen solche Vereinfachungen nicht mehr zu. Als Erleichterung macht sich bemerkbar, daß der Stator fast immer ein vielnutiger, symmetrischer Drehstromstator ist, so daß ein kreisförmiges Drehfeld vorliegt. Die Gleichungen für die Polradspannung E (55.1) und den Kurzschluß-Blindwiderstand X_K (55.10) gelten auch hier. Die bisherige stillschweigende Voraussetzung, daß die größte entmagnetisierende Belastung der Magnete durch den Dauerkurzschluß eintritt, trifft nicht immer zu. Zwei Fälle sind denkbar, bei denen möglicherweise eine größere Entmagnetisierung stattfindet. Der erste Fall ist der des Stoßkurzschlusses. Während bei dem Dauerkurzschluß der Strom sich langsam auf Null verringert und somit dynamische Erscheinungen vermieden sind, werden beim Stoßkurzschluß die Klemmen des vorher leerlaufenden Generators plötzlich kurzgeschlossen. Wird der Kurzschluß gerade im Nulldurchgang der Spannung vorgenommen, dann besteht im Stator der maximal mögliche Magnetfluß. Die kurzgeschlossene Ständerwicklung versucht, diesen Fluß festzuhalten. Hat sich das Polrad sodann um 180° gedreht, dann würde der nun umgekehrte Polradfluß den Ankerfluß aufheben. Damit er erhalten bleibt, muß sich die Statorerregung auf den doppelten Wert des stationären Kurzschlußwertes erhöhen. Der Magnet erhält demnach eine starke magnetische Gegenspannung, die jedoch durch kurzgeschlossene Dämpferwicklungen, die zugleich als Magnetisierungswicklungen dienen können oder durch einen Aluminiumausguß des kompletten Rotorrades zum größten Teil abzudämpfen sind [24]. Nach WALTER [17] sollte ein Dauermagnetgenerator nicht im Stoßkurzschluß beansprucht werden, doch stammte diese Anmerkung aus dem Jahre 1943. Die seitdem erfolgte Steigerung der Koerzitivfeldstärke läßt eine wesentlich höhere Entmagnetisierungsfeldstärke zu.

Der zweite Fall einer höheren Beanspruchung als im Dauerkurzschluß kann vorliegen, wenn das Polrad außerhalb der Maschine magnetisiert, dann in den offenen Zustand überführt und anschließend in den Ständer eingebracht wird. WALTER [17] nannte diesen Zustand „luftstabilisiert". Zur Veranschaulichung diene das Bild 55.16, in dem die Entmagnetisierungskurve eines im geschlossenen Zustand aufmagnetisierten Generators (Bild 55.16a) der Kurve des „luftstabilisierten" Generators (Bild 55.16b) gegenübergestellt ist. Der Wirkwiderstand R_i

wurde dabei als vernachlässigbar klein angenommen. Der Punkt größter Entmagnetisierung Θ_K ist beim Generator (a) der Schnittpunkt der Kurve c mit der Abszisse. Kurve c geht bekanntlich aus der äußeren Entmagnetisierungskurve $\Phi = f(\Theta)$ durch mehrfache Scherungsoperationen hervor. Beim „luftstabilisierten" Generator (b) wird die äußere Entmagnetisierungskurve bereits durch den Linienzug $A - \Phi_p$ repräsentiert. Nach Scherung um die gleichen Winkel wird der Punkt

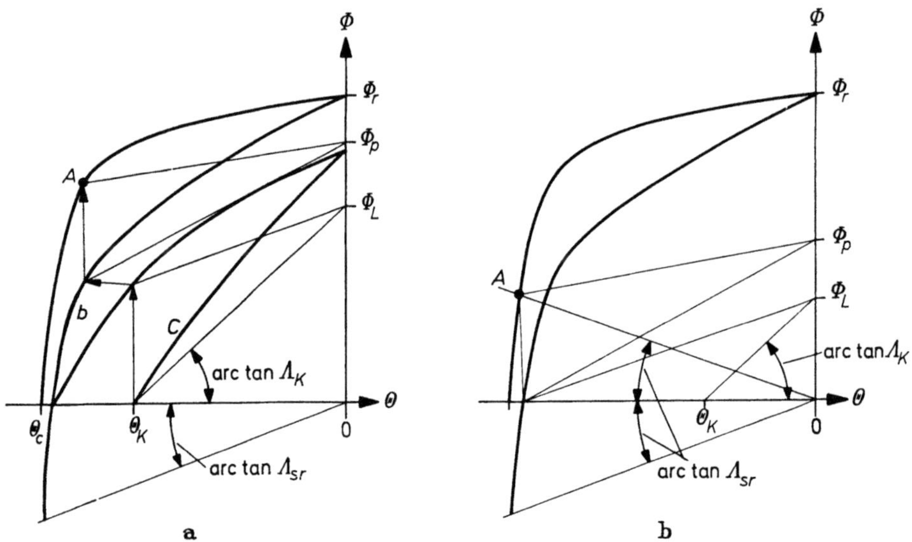

Bild 55.16. Ermittlung des Luftspaltflusses Φ_L. a) Bei einem Generator, dessen Magnete nach dem Zusammenbau aufmagnetisiert sind; b) bei einem „luftstabilisierten" Generator.

Θ_K bei wesentlich kleineren Werten erreicht. Entsprechend ist der Luftspaltfluß Φ_L des „luftstabilisierten" Generators kleiner als der des geschlossen magnetisierten Generators. Je größer die Polzahl eines Rotors ist, desto höher liegt im allgemeinen der Punkt A. Besondere Vorsicht ist bei 2- und 4-poligen Rotoren angebracht. Deren Streuleitwert Λ_{Sr} ist relativ klein, so daß der Punkt A sehr tief liegt. Solche Rotoren können meist nicht „luftstabilisiert" ausgeführt werden.

Bei einem Vollpolläufer aus isotropem Magnetmaterial ist der Leitwert Λ_K stets der gleiche, unabhängig davon, welchen Winkel das Polrad zum Ankerfeld einnimmt. Bei einem Polrad mit Polschuhen (Schenkelpolläufer nach Bild 55.3) ist dies jedoch nicht mehr der Fall, wie aus dem Bild 55.17 hervorgeht. Steht das Polrad in der sogenannten Hauptfeldrichtung (Bild 55.17a), dann wird der Leitwert nach der Beziehung

$$\Lambda_{Kd} = \Lambda_{Sa} + \Lambda_d = \Lambda_{Sa} + \frac{\Lambda_p + \Lambda_{Sr}}{1 + \dfrac{\Lambda_p + \Lambda_{Sr}}{\Lambda_p}}$$

errechnet. Senkrecht dazu, in der sogenannten Querachse ist der Leitwert jedoch wesentlich größer (Bild 55.17b). Durch die kleinere Polbedeckung entsteht jedoch eine Minderung, die nach HUMBURG [2, S. 59] eine Verringerung des Leitwertes auf folgenden Wert ergibt:

$$\Lambda_q = \Lambda_q' \cdot \frac{1 - \dfrac{\sin \alpha_i \pi}{\alpha_i \pi}}{1 + \dfrac{\sin \alpha_i \pi}{\alpha_i \pi}}.$$

Der gesamte Leitwert für die Querachse ist sodann:

$$\Lambda_{Kq} = \Lambda_q + \Lambda_{Sa}.$$

Die Blindwiderstände verhalten sich genau wie die Leitwerte, d. h. der Kurzschluß-Blindwiderstand des Dauermagnetgenerators für die Querachse $X_{Kq} = X_q + X_{Sa}$ ist größer als der für die Längsachse $X_{Kd} = X_d + X_{Sa}$ $(X_q \, X_d)$.

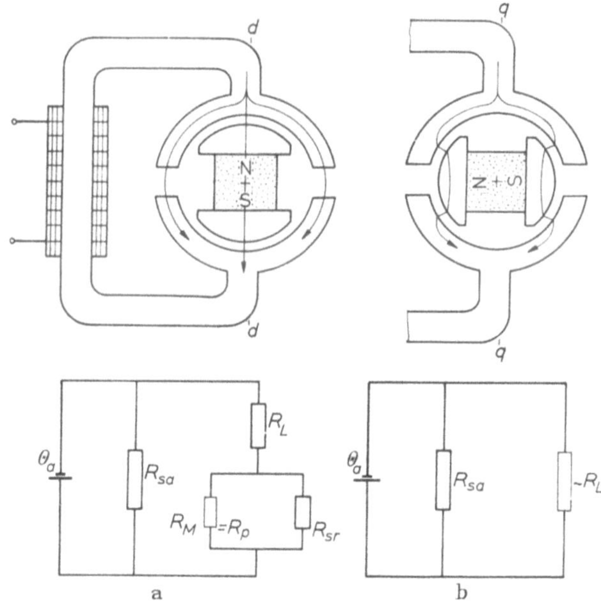

Bild 55.17. Unterschiedliche Leitwerte bei Stellung des Rotors in Hauptfeldrichtung $d-d$ (a) und in Querfeldrichtung $q-q$ (b).

VOLKRODT [3] hat hierauf im einzelnen hingewiesen und auch Werte für das Verhältnis X_q/X_d angegeben.

Mit der Gewinnung von X_d $(= X_{Ka})$, X_q $(= X_{Kq})$, X_{Sa} und E_L sind die Vorarbeiten für die Aufstellung des Spannungs-Zeigerbildes (Bild 55.18) abgeschlossen. In dem Diagramm ist $I R_a = U \cos \varphi$ der Wirkspannungsabfall am Außenwiderstand. $U \sin \varphi = R_a \cdot I \cdot X_a$ ist der Blindspannungsabfall an dem äußeren Blindwiderstand X_a. Das vollständige Diagramm ist nur unter starken Vernachlässigungen rechnerisch auswertbar. Als erstes soll daher die $U = f(I)$-Kennlinie eines Generators ermittelt werden, bei dem der ohmsche Innenwiderstand vernachlässigbar klein ist ($R_i = 0$). Außerdem werde $\Lambda_q = \Lambda_d$ angenommen (Vollpol-läufer). Dann läßt sich aus Bild 55.18 ableiten:

$$E^2 = U^2 \cos^2\varphi + (U \sin\varphi + I X_K)^2 .$$

Mit $I_K = E/X_K$ ergibt dies nach einigen Umrechnungen

$$1 = \left(\frac{U}{E}\right)^2 + \left(\frac{I}{I_K}\right)^2 + 2\,\frac{U}{E}\,\frac{I}{I_K}\,\sin\varphi . \tag{55.20}$$

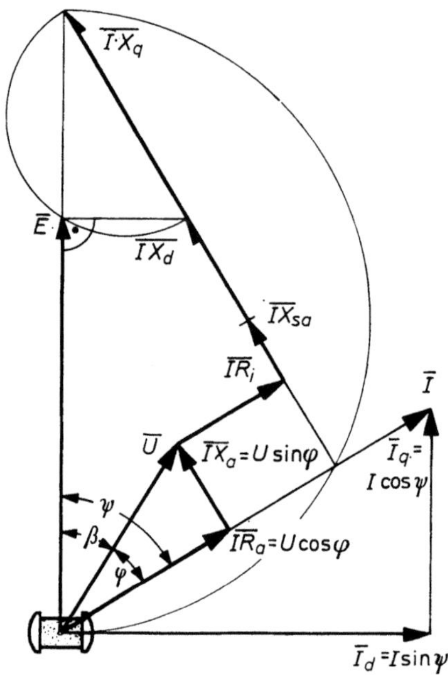

Bild 55.18. Spannungszeigerbild des Dauermagnetgenerators mit Schenkelpolläufer.

Für konstanten Winkel φ ist es die Gleichung einer unter 45° in dem Koordinaten-system liegenden Ellipse [33], wie sie in dem Bild 55.19 dargestellt ist. Für $\sin\varphi = 0$ (d. i. $\cos\varphi = 1$, reine Wirklast) entsteht ein Kreisbogen, für $\sin\varphi = 1$ ($\cos\varphi = 0$, reine Blindlast) entsteht eine Gerade. Im Fall der reinen Blindlast tritt der steilste Abfall der Klemmenspannung auf. In der Abbildung ist außerdem die Kurve für $\cos\varphi = 0,8$ und für eine kapazitive Belastung mit $\cos\varphi = 0,968$ eingezeichnet. Bei kapazitiver Belastung, wie sie beispielsweise durch einen Kompensationskondensator verwirklicht werden kann, besteht die Möglichkeit, eine annähernd konstante Spannung unabhängig von der Belastung zu erzielen. Dies wird nach ZIEGLER [24] bei amerikanischen Generatorkonstruktionen aus-genutzt. Allerdings ist Vorsicht geboten, denn bei kapazitiver Verschiebung des Ankerfeldes tritt eine aufmagnetisierende Komponente des Stromes $I \cdot \sin\psi$ auf. Dadurch kann die Wirkung einer vorhergegangenen Kurzschluß-Stabilisierung aufgehoben werden. Die Kipp-Punkte liegen bei $U/E = I/I_K$. Es ist nicht ratsam, zu nahe an den Kipp-Punkt heranzugehen, besonders wenn die Antriebsmaschine wenig Reserven hat. In dem Bild 55.19 sind außerdem die Hyperbeln für bestimmte normierte Blindleistungen $n_b = U/E \cdot I/I_K$ eingetragen.

Im allgemeinen werden bei einem zu konstruierenden Generator die abzu-
gebende Wirkleistung N_W, der Leistungsfaktor $\cos\varphi$ sowie die zulässige Spannungs-
absenkung $(U/E)_{\text{zul}}$ bekannt sein. Dann ist:

$$_{\text{erf}}n_b = \frac{UI}{EI_K} = \left(\frac{U}{E}\right)_{\text{zul}} \sqrt{1 - \left(\frac{U}{E}\right)_{\text{zul}}^2 \cos^2\varphi} - \left(\frac{U}{E}\right)_{\text{zul}} \sqrt{1 - \cos^2\varphi}.$$

$$(55.21)$$

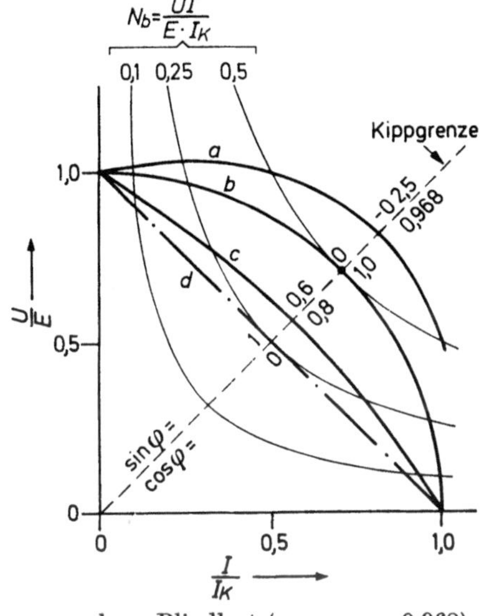

a: kap. Blindlast $(\cos\varphi = -\,0{,}968)$
b: Wirklast $(\cos\varphi = 1{,}0)$
c: ind. Blindlast $(\cos\varphi = 0{,}8)$
d: ind. Blindlast $(\cos\varphi = 0)$

Bild 55.19. Normierte Klemmenspannung U/E als
Funktion des normierten Stromes I/I_K eines
Dauermagnetgenerators.

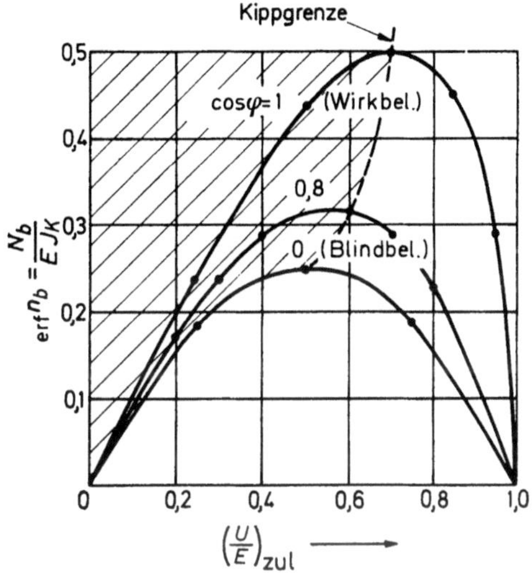

Bild 55.20. Erforderliche normierte Leistung
$n_{\text{erf}} = UI/EI_K = N_b/EI_K$ eines Dauermagnetgenerators als Funktion der zulässigen normierten
Mindest-Klemmenspannung $(U/E)_{\text{zul}}$
$(R_i = 0;\; A_{Sa} = 0;\; X_q = X_d)$.

Diese Funktion ist in dem Bild 55.20 dargestellt. Es können nur Gebiete ausgenutzt werden, die rechts von der gestrichelt eingezeichneten Kippgrenze
liegen. Mit $(E \cdot I_K)_{\text{erf}} = {}_{\text{erf}}n_b/U \cdot I$ folgt aus Gl. (55.9) für das erforderliche
Magnetvolumen (Schenkelpolgenerator):

$$V_M = \frac{(EI_K)_{\text{erf}}}{\omega \cdot E_p \cdot k_{Lc} \cdot C_c^2}.$$

$$(55.22)$$

Während es keine Schwierigkeiten bereitet, $_{\text{erf}}n_b$ nach Gl. (55.21) zu berechnen,
ist es zur Bestimmung der permanenten Energiedichte E_p und des Minderungsfaktors k_{Lc} erforderlich, den Streuleitwert A_{Sr} und den Luftspaltleitwert A_L zu
kennen. Letzterer läßt sich relativ genau berechnen [33]. Weil es fast unmöglich
ist, den Rotor-Streuleitwert A_{Sr} exakt vorauszuberechnen, geht man in der Praxis
so vor, daß man zunächst ein Modell baut und aus dessen Daten den Rotor-Streuleitwert bestimmt. Durch Veränderung der Magnete oder der Polschuhe versucht
man sodann bei einem zweiten Modell den Maximalwert der permanenten Energiedichte im Magneten zu erreichen.

Bei dem beschriebenen Generator mit vernachlässigbar kleinem Wirkwiderstand R_i und vernachlässigbarem Ständer-Streuleitwert Λ_{Sa} ist es theoretisch gleichgültig, ob der Magnetrotor innerhalb oder außerhalb des Stators aufmagnetisiert wird. Praktisch ist jedoch ein Unterschied vorhanden.

Sofern bei dem Dauermagnet-Generator auch der Wirkwiderstand R_i, der Ständer-Streuleitwert Λ_{Sa} und eine Verschiedenheit des Leitwertes in Längs- und

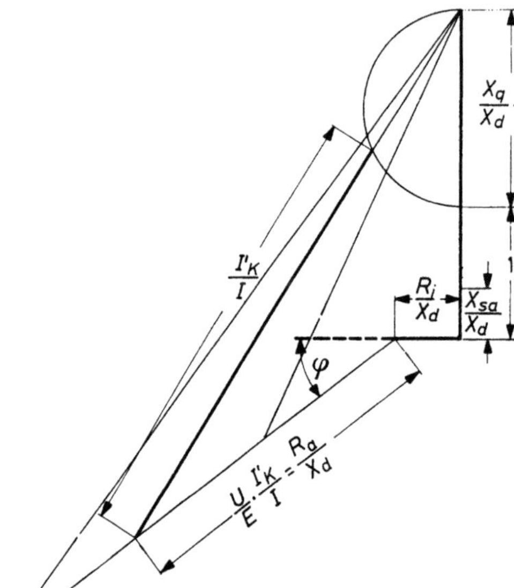

Bild 55.21. Diagramm zur Ermittlung der Kenndaten eines Dauermagnetgenerators.

Querrichtung $(\Lambda_{Kq}/\Lambda_{Kd})$ berücksichtigt werden sollen, ist die rechnerische Behandlung schwierig, und es wird zweckmäßigerweise zu graphischen Verfahren gegriffen. Dazu werden in dem Spannungszeigerbild (Bild 55.18) sämtliche Spannungen durch IX_d geteilt. Es entsteht das in Bild 55.21 dargestellte Diagramm, aus dem die Werte für $E/IX_d = I'_K/I$ sowie $U/IX_d = U/E \cdot I'_K/I$ unmittelbar abzulesen sind. Durch einfache Divisionen lassen sich daraus die relativen Ströme I/I'_K sowie die relativen Spannungen U/E gewinnen. In dem Bild 55.22a—c sind auf diese Art ermittelte relative Strom-Spannungskurven für drei Arten von Generatoren bei verschiedenem $\cos\varphi$ dargestellt.

Es zeigt sich, daß beim Schenkelpolläufer mit $X_q/X_d = 3$ und $R_i = 0$ (Bild 55.22b) eine Überhöhung der Belastungskennlinie eintritt, die unter Umständen zur Stabilisierung der Spannung bei verschiedener Belastung benutzt werden kann. Beim Schenkelpolläufer mit $R_i/X_d = 0$ ist diese Kennlinienüberhöhung verschwunden. Anhand des Bildes 55.21 läßt sich der relative Kurzschlußstrom errechnen, der in dem Generator tatsächlich auftritt. Er hat die Größe:

$$I_K/I'_K = \sqrt{1 + \left(\frac{R_i}{X_d}\cdot\frac{X_d}{X_q}\right)^2} \Big/ \left(1 + \left(\frac{R_i}{X_d}\right)^2\cdot\frac{X_d}{X_q}\right). \qquad (55.23)$$

Bild 55.23 zeigt das Polrad eines großen Dauermagnetgenerators mit $N_b = 3$ kVA, das mit 75 min^{-1} rotiert und nach dem Klauenpolprinzip aufgebaut ist. Dieser

Generator befindet sich in der Elektrizitätszentrale von Marckolsheim (Elsaß). Einer der größten Dauermagnetgeneratoren, die bisher gebaut wurden, ist ein im Jahre 1954 in Frankreich erstellter Wasserkraftgenerator, der eine Leistung von 54 kW bei 214 min⁻¹ abgibt. Sein Rotor hat einen Durchmesser von 60 cm und

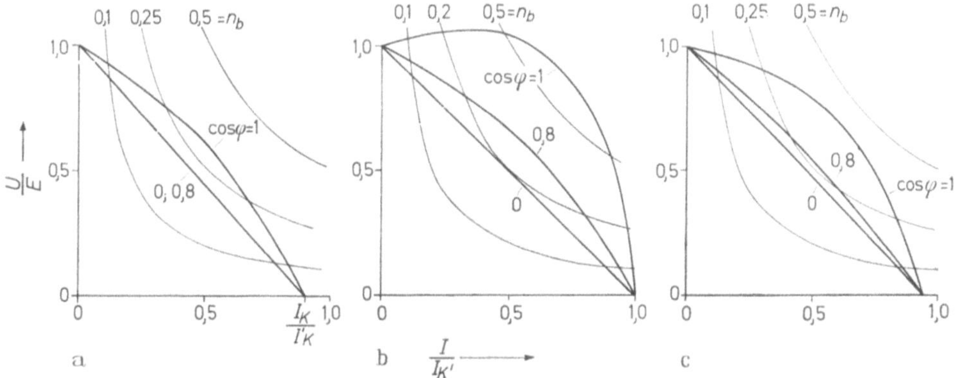

Bild 55.22. Relative Belastungskennlinien verschiedener Dauermagnetgeneratoren für verschiedene Werte von $\cos \varphi$ und X_q/X_d. a) Turboläufer ($X_q = X_d$); Wirkwiderstandverhältnis $R_i/X_d = 0{,}5$; b) Schenkelpolläufer $X_q/X_d = 3$; Wirkwiderstandverhältnis $R_i/X_d = 0$; c) Schenkelpolläufer $X_q/X_d = 3$; Wirkwiderstandverhältnis $R_i/X_d = 0{,}5$.

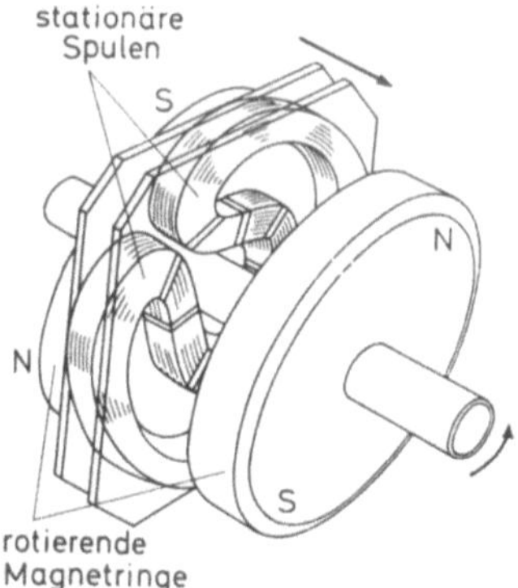

Bild 55.24. Dauermagnetgenerator mit 2 rotierenden axial zweipolig magnetisierten Bariumferritmagneten (Hersteller Fa. McCulloch, USA).

Bild 55.23. Polrad eines französischen Dauermagnetgenerators (aus der Wasserkraftzentrale von Marckolsheim) ($N_b = 3$ kVA; $n = 75$ min⁻¹).

eine Baulänge von 83 cm [32]. Die Firma BBC verwendet Permanentgeneratoren mit einer Leistung bis zu 150 kVA als Hilfserregermaschinen für große Turbogeneratoren.

Neuerdings werden auch Ferritmagnete in größeren Dauermagnetgeneratoren eingesetzt. Bild 55.24 zeigt die Prinzipskizze eines amerikanischen Generators der Firma Mc. Culloch, bei dem zwei rotierende, einseitig zweipolig magnetisierte Ferritringe verwendet werden. Die Spulen sind stationäre Luftspulen und enthalten keinen Rückschluß. Ein Baumodell mit zwei Magnetringen (Durchmesser

30 cm, Höhe je 3 cm) aus Bariumferrit 330 hat bei $n = 3600$ min^{-1} eine Leerlauf-spannung von $E = 220$ V (60 Hz), einen Kurzschlußstrom $I_K = 92$ A und eine Nennleistung von 3 kW. Der besondere Vorteil des Bariumferrits liegt in seiner großen permanenten Energie, die sich bei dieser Konstruktion gut ausnutzen läßt, so daß diese Art von Generatoren ein gutes Leistungsgewicht aufweist.

Es sei darauf hingewiesen, daß die gesamten Betrachtungen für homogen magnetisierte Magnete angestellt wurden. WAGENSOMMER [14] hat zwar Ansätze zu einer Berücksichtigung der Inhomogenität gemacht, indem er die Magnetklötze in einzelne aufeinandergelegte homogen magnetisierte Scheiben auflöste, doch existierte zur damaligen Zeit der Begriff der permanenten (oder dynamischen) Energiedichte noch nicht, so daß er keine Angaben über die Optimierung machen konnte.

55.6 Kleinst-Synchronmotoren mit Magnetläufern

Bis vor einigen Jahrzehnten wurden *Kleinst-Synchronmotoren* fast nur in elektrischen Synchronuhren eingesetzt [35]. Inzwischen hat sich ihre Anwendung sehr stark ausgeweitet, und sie werden jetzt als Antriebselemente für Zeitschalt-werke in allen erdenklichen Haushaltsgeräten gebraucht [36, 37]. Durch systema-

Bild 55.25. Kleinst-Synchronmotor mit Rotor aus Bariumferrit 100. Rotorachse eingespritzt (Hersteller Fa. Suevia GmbH., Sindelfingen).

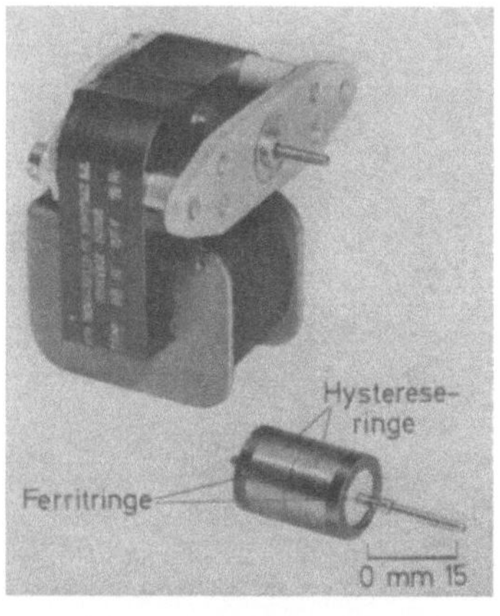

Bild 55.26. Synchronmotor mit Läufer aus 2 diametral magnetisierten Bariumferrit-100-Ringen und 2 Hystereseringen (Hersteller Fa. Soc. Ind. de Sonceboz, CH).

tische Verbesserung ihrer Anlauf- und Drehrichtungssicherheit ist es gelungen, sie in zunehmendem Maße auch für Steuerungs- und Schrittschalteinrichtungen, die vorher den Gleichstrommotoren vorbehalten waren, zu verwenden.

Der Aufbau der Rotoren ist, von einigen wenigen Ausnahmen abgesehen, bei fast allen Typen gleich. Sie bestehen aus einer Scheibe aus Bariumferrit 100, die am Außenumfang mit zwei oder mehr (bis 24) Polen versehen ist. Bild 55.25 zeigt einen derartigen Motor.

Die Achse der Rotoren wird meist durch Einspritzen von thermoplastischem Kunststoff befestigt. Die Kunststoffbuchse kann zusätzliche Getriebeteile, Ge-sperrzähne, Zahnräder und andere Hilfsorgane mit enthalten. Außer den reinen

Magnetläufern gibt es noch Rotorbauarten, die aus der Kombination eines meist zweipolig magnetisierten Scheiben- oder Ringmagneten mit einem asynchronen Anlaufteil aus Kupfer oder Hysteresematerial bestehen. Bild 55.26 zeigt einen solchen Motor mit Hystereseteil und Spaltpolstator. Die Statoren bestehen bei Kleinstmotoren mit großer Polzahl meist aus einer Ringspule mit Klauenpolen. Es gibt jedoch auch Bauarten mit einer seitlich angeordneten Spule. Eine vollständige Übersicht über fast alle in Westdeutschland hergestellten Ausführungen gibt eine Arbeit von MAGER [38].

Die Tatsache, daß außer einer russischen Arbeit von ŠAKIROV [39] bisher noch keine theoretischen Betrachtungen über Kleinst-Synchronmotoren veröffentlicht wurden, obwohl ihre jährliche Produktionsstückzahl weit in die Millionen geht,

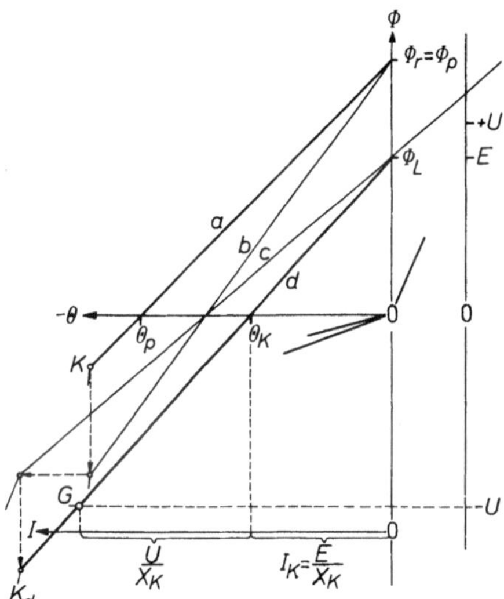

Bild 55.27.
Entmagnetisierung im Synchronmotor.
E Polradspannung, U Klemmenspannung.

kann als Beweis dafür genommen werden, daß die Eigenschaften dieser Motoren theoretisch schwer zu erfassen sind, so daß ihr Bau bisher und wohl auch weiterhin ein Feld praktischer Betätigung bleiben wird. Es darf nicht vergessen werden, daß die Größen, welche den Elektromotorenbauer interessieren, nämlich Wirkungsgrad, Leistungsaufnahme und ruhiger Lauf, hier nur von sekundärer Bedeutung sind. Allenfalls ist wichtig, daß ein bestimmtes Drehmoment anlauf- und richtungssicher zu einem niedrigen Preis erreicht wird.

Es werde danach gefragt, welchen entmagnetisierenden Einflüssen der Magnet im Motor ausgesetzt ist. Ein diametral magnetisierter Ringmagnet aus Bariumferrit 100 als Rotor erzeugt im Luftspalt eine sinusförmige Induktionsverteilung. Wird der Magnet gedreht, dann ruft er in der Ankerwicklung die Spannung E nach Gl. (55.1) hervor. In Bild 55.27 ist mit a die Entmagnetisierungsgerade des Bariumferrits 100 mit dem Knickpunkt K im III. Quadranten dargestellt. Nach dreifacher Scherung dieser Geraden in der mehrfach angegebenen Art entsteht die endgültige Gerade d, an der sowohl Φ_L als auch Θ_K abgelesen werden können. Damit sind der Leitwert $\Lambda_K = \Phi_L/\Theta_K$ und der Kurzschluß-Blindwiderstand X_K bestimmt. Genau wie beim Generator können dann die Flußachse in Spannungseinheiten und die magnetische Spannungsachse in Stromeinheiten geteilt werden.

Wird die Klemmenspannung U an die Ankerwicklung gelegt, dann sind Motor-
zustände möglich, bei denen die volle von U herrührende Gegenerregung auf den
Magneten einwirkt. Der Arbeitspunkt bewegt sich dabei bis zum Punkt G. Der
Knickpunkt K nimmt nach der dreimaligen Scherung die Lage K_d ein. Liegt der
Punkt G noch oberhalb des Knickpunktes K_d, dann kehrt er auf der Geraden d
zum Ausgangspunkt zurück. Liegt er jedoch unterhalb, dann entsteht eine irreversible Änderung der Geraden. Die Abbildung zeigt, daß es hauptsächlich die Streuung ist, welche den Magneten vor derartigen Entmagnetisierungen schützt. Zusätz-

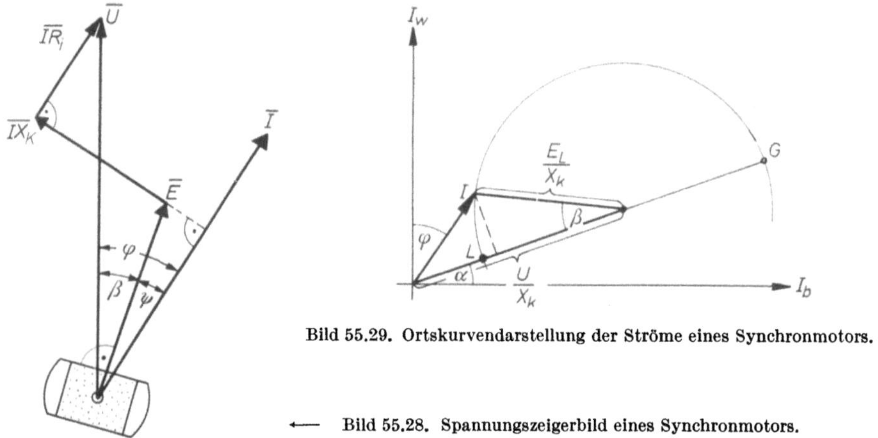

Bild 55.29. Ortskurvendarstellung der Ströme eines Synchronmotors.

⟵ Bild 55.28. Spannungszeigerbild eines Synchronmotors.

lich ist in Bild 55.27 der Strom U/X_K mit eingetragen, der entsteht, wenn die
Klemmenspannung U an der Ankerwicklung liegt, ohne daß sich der Magnet dreht.

Mit den gewonnenen Werten für die Polradspannung E_L und den Blindwider-
stand X_K kann das Spannungszeigerbild gezeichnet werden (Bild 55.28). Der
Spannungsabfall am ohmschen Innenwiderstand des Stators $I \cdot R_i$ wird durch den
Zeiger $\overline{IR_i}$ berücksichtigt. Er liegt in der Richtung des Stromes I, während der
Blindspannungsabfall $\overline{IX_K}$ senkrecht zum Strom verläuft. Dieses Diagramm gilt
für einen Drehstromstator.

Aus dem Spannungsdiagramm geht das Stromzeigerdiagramm hervor, indem
alle Spannungen durch den Kurzschluß-Blindwiderstand X_K geteilt werden,
was zugleich eine Schwenkung um $\pi/2$ bedeutet (Bild 55.29). Die Spitze des Strom-
zeigers $\bar{I}$ folgt bei steigender Belastung einem Kreis, der den Radius $I_K = E_L/X_K$
hat. Der Mittelpunkt des Kreises entspricht dem Strom U/X_K. Der Wicklungswiderstand wird durch eine Mittelpunktverschiebung des Ortskreises um den
Winkel α nach oben berücksichtigt. Dabei gilt $\tan \alpha = R_i/X_K$. Ein solcher
Motor hat auch im Leerlauf bereits eine Wirkstromaufnahme der Größe $I_{\text{leer}} =
(U - E)/X_K) \cdot (R_i/X_K)$. In der Gegend des Kipp-Punktes (Polradwinkel $\beta = \pi/2$)
ist seine Wirkstromaufnahme näherungsweise $I_{\text{Kipp}} = (U/X_K) \cdot (R_i/X_K) +
(E_L/X_K)$, wovon nur der Teil $I'_{\text{Kipp}} = E_L/X_K$ zur Drehmomentbildung beiträgt.
Die Größe des Wirkungsgrades in Abhängigkeit von $x = \beta/(\pi/2)$ ist näherungsweise

$$\eta = \frac{x}{x \cdot \left(1 + \dfrac{R_i}{X_K}\right) + \dfrac{R_i}{X_K}\left(\dfrac{U}{E_L} - 1\right)} \tag{55.24}$$

Daraus läßt sich der Wirkungsgrad im Kipp-Punkt ($\beta = \pi/2$; $x = 1$) zu

$$\eta_{max} = \frac{1}{1 + \dfrac{U}{E_L} \cdot \dfrac{R_i}{X_K}}. \tag{55.25}$$

errechnen. THEES [40] hat Wirkungsgrade für Kleinst-Synchronmotoren bekannt-gegeben, die bis zu 0,6 gingen. Im allgemeinen sind die Wirkungsgrade handels-üblicher Motoren dieser Art jedoch wesentlich niedriger.

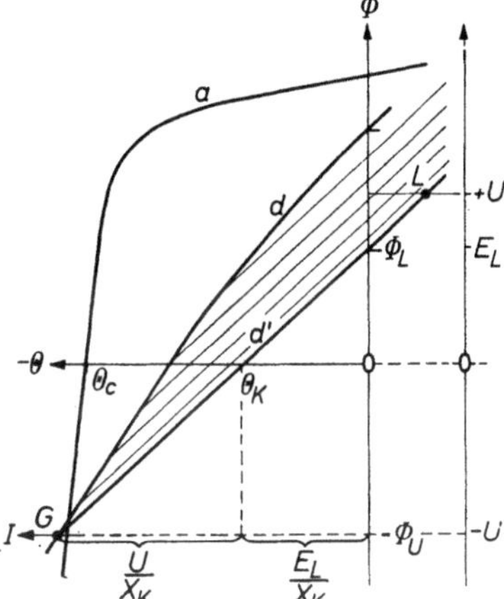

Bild 55.30. Ermittlung der max. Entmagnetisierung in einem Synchronmotor mit AlNiCo-Rotor. Kurve a: Entmagnetisierungskurve $\Phi = f(\Theta)$ des AlNiCo-Materials, Kurve d: Kurve des Gesamtleitwertes, Kurve d': Gerade des Gesamtleitwertes nach Entmagnetisierung durch Klemmenspannung U.

Um einen Zusammenhang zwischen den Magnetdaten und der Leistung des Motors zu finden, werde die abgegebene mechanische Leistung des Motors bestimmt. Diese hat die Größe $N_{ab} = M_d \cdot \omega$. Das Drehmoment hat seinen Maximalwert bei einem Polradwinkel von $\beta = \pi/2$, wobei der zur Drehmomentbildung beitragende Teil des Stromes $I \cdot \cos\varphi$ den Betrag $I_K = E_L/X_K$ hat. Die maximale Wirkleistung ist dann

$$N_{ab\,max} = U \cdot I_K = \frac{U}{E_L} \cdot E_L \cdot I_K. \tag{55.26}$$

Bei einer nichtoptimalen Konstruktion unter Verwendung eines AlNiCo-Magneten (Bild 55.30) wird die äußere Entmagnetisierungskurve a in der bekannten Art drei Mal zur Gesamtleitwertkurve d geschert. Der Klemmenspannung $-U$ entspricht ein bestimmter Fluß $-\Phi_U$, der als Schnittpunkt mit der Kurve d den Fußpunkt der Gesamtleitwertgeraden d' ergibt. Diese schneidet die Koordinatenachsen in den Punkten Φ_L und Θ_K, mit deren Hilfe unmittelbar die Energie $E_L I_K$ gewonnen werden kann. Aus dem Bild folgt, daß für alle Werkstoffe, bei denen der Fußpunkt der maximalen permanenten Energie im II. Quadranten liegt, eine optimale Dimensionierung des Synchronmotormagneten nicht möglich ist. Anders ist es für Werkstoffe, wie Bariumferrit 100, Bariumferrit 300 KK oder Strontiumferrit. Bei diesen liegt der betreffende Fußpunkt im III. Quadranten, und eine Optimierung ist theoretisch denkbar. Für kleinere Polradwinkel β hat das Moment die Größe $M_d \cong M_{d\,max} \cdot \sin\beta$. Leider liegt bei den Kleinst-Synchronmotoren niemals ein exaktes Drehfeld vor. Einige (meist größere) Bauarten, bei denen die zweite

Phase über einen Kondensator angeschlossen wird, besitzen ein elliptisches Drehfeld [40]. Die Folge ist, daß bremsende Momente entstehen, die sowohl den
Wirkungsgrad als auch das abgegebene Moment wesentlich herabsetzen. Sofern
die Zahl der Ständerpolklauen gleich der Anzahl der Rotorpole ist, haben diese
Motoren ein verhältnismäßig starkes Rastmoment (Klebemoment). Es kommt
dadurch zustande, daß ein Unterschied des magnetischen Luftspaltwiderstandes

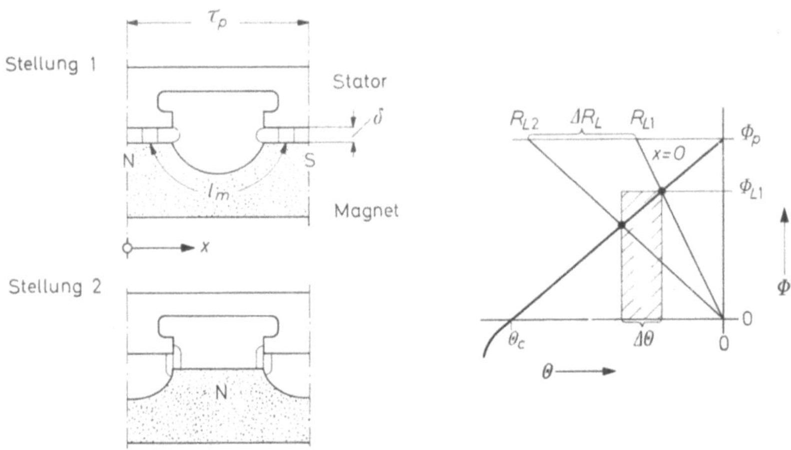

Bild 55.31. Zur Entstehung und Berechnung des Klebemomentes eines Synchronmotors.

vorhanden ist, je nachdem, ob der Magnetpol über den Polklauen oder zwischen
ihnen steht. Diese Änderung hat eine Energieänderung des gesamten Kreises zur
Folge. Bild 55.31 zeigt eine abgewickelte Polteilung sowie die dazugehörige Entmagnetisierungskurve $\Phi = f(\Theta)$. Der Unterschied der Luftspaltwiderstände ist
ΔR_L. Die Energieänderung ΔW ist proportional zu der halben Fläche des gestrichelten Viereckes. Unter der Annahme einer bestimmten Energieänderungs-
funktion lassen sich sodann nach der Beziehung $P = \mathrm{d}W/\mathrm{d}x$ die Klebekraft und
das Klebemoment berechnen. Es hat die doppelte Frequenz wie das elektrische
Moment. In gewissen Fällen ist das Klebemoment erwünscht, weil es, wie THEES
[40] beschrieben hat, den Rotor zum Stillstand in eine Winkelstellung bringt, die
verschieden von dem Winkel der maximalen Stromkraft ist. Dadurch wird der
Rotor beim Einschalten in eine Drehschwingung versetzt, die in eine Rotation
übergeht, sobald 180° elektrischer Winkel überschritten sind. Während des Laufes
selbst übt das Klebemoment keinen Einfluß auf das Moment aus, weil Energie-
verlust und -gewinn einander gleich sind.

Weitere Beschreibungen von Synchron-Kleinstmotoren sind in den Veröffentlichungen [41 bis 47] zu finden.

Außer durch Kondensatoren werden elliptische Drehfelder auch nach dem
Spaltpolprinzip erzeugt, indem ein Teil der Klauenpole von einem Kupferring
oder einem Kupferblech umgeben wird. Durch richtige Wahl der Klauenstellung
kann sogar erreicht werden, daß derartige Motoren ohne besondere mechanische
Vorrichtungen in der gewünschten Richtung anlaufen [48, 49]. Es sei auf eine weitere
Art von Motoren hingewiesen, die besonders als Uhrantrieb Verwendung finden.

Diese besitzen (Bild 55.32) einen zweipoligen Stator, dessen Zähne auf einer Seite
den Nordpolen, auf der anderen Seite den Südpolen des Rotors gegenüberstehen.
Wechselt die Polarität des Stators, dann setzt sich der Rotor schrittweise in Bewegung. Die Laufrichtung ist jedoch unbestimmt. Durch ein Gesperre wird eine
Drehung in der falschen Richtung verhindert. Die Bewegung derartiger Motoren,
deren Feld ein reines Pulsationsfeld ist, stellt eine Schwingungserscheinung dar.

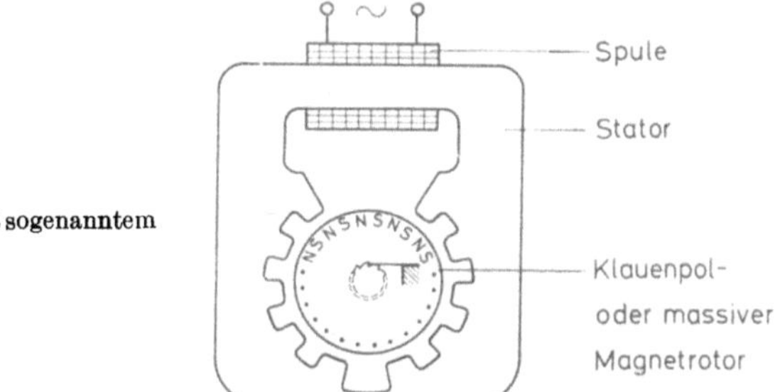

Bild 55.32. Synchronmotor mit sogenanntem „Zappelläufer".

Ihre Berechnung ist deshalb außerordentlich schwierig, weil das auf dem Läufer
wirkende Moment sowohl zeitlich als auch örtlich unlinear ist. Die Lösung der
zugrunde liegenden unharmonischen Schwingungsgleichung ist nur begrenzt
möglich.

55.7 Klein-Synchronmotoren mit Magnetläufern

Während die Kleinst-Synchronmotoren einer theoretischen Behandlung nur
begrenzt zugänglich sind, weil das Statorfeld kein Kreisdrehfeld, sondern ein
elliptisches oder ein pulsierendes Feld ist, liegen bei dieser Motorenart etwas
günstigere Bedingungen vor. Der Stator ist zumeist ein Drehstromstator mit einer
Dreiphasenwicklung, die ein Kreisdrehfeld mit einer sinusförmigen Verteilung der
Ankererregung erzeugt, oder es liegt ein Doppelmotor vor, dessen Pole um $90°$
elektrisch gegeneinander verdreht sind. Erschwerend macht sich bemerkbar, daß
der Leitwert je nach der Rotorstellung verschieden sein kann. Beim Kleinst-
Synchronmotor ist der magnetische Gesamtleitwert wegen des großen Luftspaltes unabhängig von der relativen Stellung des Polrades zum Statorfeld. Bei
diesen größeren Maschinen, besonders bei solchen mit ausgeprägten Polen, muß
zwischen dem Leitwert in der Hauptachse Λ_{Kd} und dem Leitwert in der Querachse
Λ_{Kq} unterschieden werden. Bild 55.33 zeigt das Spannungszeigerbild bei $R_i = 0$.
Die Leerlaufspannung $\overline{E}$ ist bei einer mechanischen Last um den Polradwinkel β
gegen die Netzspannung $\overline{U}$ verschoben. Sofern der Ohmsche Spannungsabfall
vernachlässigbar klein ist, muß sich das Spannungseck über eine Hauptfeld-
spannung $\overline{I_d \cdot X_d}$ in Richtung der Leerlaufspannung und einer Querfeldspannung
$\overline{I_q X_q}$ in der Richtung senkrecht dazu schließen. Die Stromortskurve (Bild 55.34)
entsteht aus dem Spannungsdiagramm, indem sämtliche Spannungen durch den
Blindwiderstand X_d geteilt werden. Dabei müssen alle Spannungszeiger um $\pi/2$
im Uhrzeigersinn gedreht werden. Sowohl der Kurzschlußstrom $E_L/X_K = I_K$ als
auch der Strom U/X_K können aus der umgeformten Entmagnetisierungskurve
(Bild 55.30) abgelesen werden. Der innerhalb des Kreises vom Radius I_K gelegene

Kreis mit dem Durchmesser $U[(X_q - X_d)/(X_q \cdot X_d)]$ ist der sogenannte Reaktionskreis. In dem Bild 55.34 ist die Konstruktion eines Punktes A der Ortskurve eingezeichnet. Aus dem Stromdiagramm läßt sich für die Größe des Wirkstromes I_W

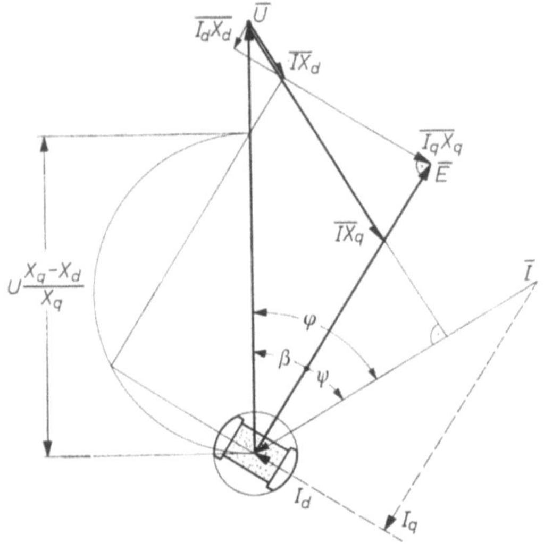

Bild 55.33. Spannungszeigerbild eines Synchronmotors, bei dem $X_d \neq X_q$ ist ($R_i = 0$).

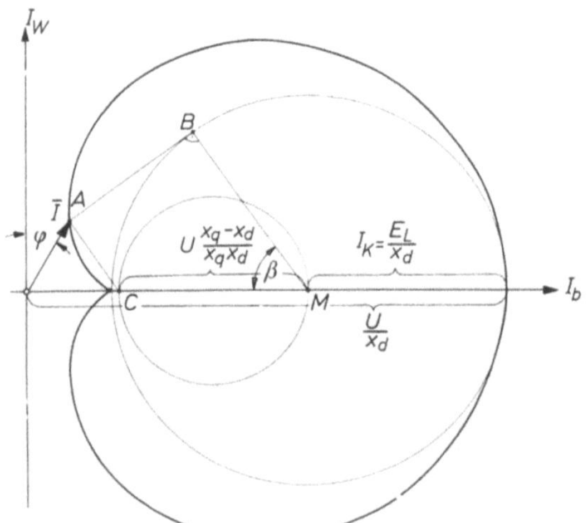

Bild 55.34. Stromortskurve eines Synchronmotors mit Dauermagneten ($X_d \neq X_q$; $R_i = 0$).

folgender Wert ablesen:

$$I_W = \left(\frac{E_L}{X_d} - U \, \frac{X_q - X_d}{X_q \, X_d} \cos \beta \right) \sin \beta. \tag{55.27}$$

Sofern Sättigungserscheinungen, Reibungs-, Wirbelstrom- und Hysteresemomente vernachlässigt werden, kann hieraus das Moment nach der Beziehung $M_d = N_W/\omega = 1/\omega \cdot U \cdot I_W$ errechnet werden:

$$M = \frac{1}{\omega} \cdot E_L \cdot I_K \left[\left(\frac{U}{E_L} \right) \sin \beta - \left(\frac{U}{E_L} \right)^2 \cdot \frac{X_q - X_d}{X_q} \cdot \frac{1}{2} \sin 2\beta \right]. \tag{55.28}$$

Der erste Summand in der eckigen Klammer stellt das zuvor abgeleitete Moment eines Synchronmotors mit nicht betonten Polen dar. Der zweite Summand rührt von dem unterschiedlichen Leitwert in Haupt- und Querachse her. Genau wie bei

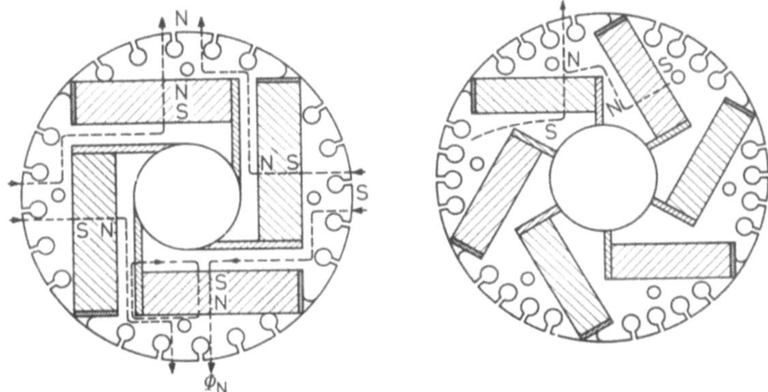

Bild 55.35. Schnitt durch den Läufer vier- und sechspoliger Siemosynmotoren (nach VOLKRODT [55]).

den Kleinmotoren ist es auch bei diesen etwas größeren Typen erforderlich, für einen Anlauf bis zum synchronen Lauf zu sorgen. Dies geschieht meist mit Hilfe eines Asynchron-Kurzschlußläufers, in den die permanenten Magnete eingebettet sind. Schlitze in dem Läufer sorgen dafür, daß zwischen den Magneten kein magnetischer Kurzschluß besteht. Konstruktionen unter Verwendung von AlNiCo-Magneten wurden von MERRILL [50 bis 52] angegeben. Wegen der großen magnetischen Gegenspannung in der Oppositionsstellung bei einem Polradwinkel von $\beta = \pi$ sind ohne Zweifel die Barium- und Strontiumferritmagnetmaterialien für diese Anwendung besser geeignet. VOLKRODT [3, 53] hat einen derartigen Motor beschrieben, der in etwas abgewandelter Form als sogenannter Siemosynmotor [54, 55] gefertigt wird. Bild 55.35 ist der Arbeit [55] entnommen und zeigt den Aufbau eines vierpoligen und eines sechspoligen Läufers. Die Ferritmagnete sind in verschachtelter Form in den Käfigläufer eingebracht. Die Breite der Streupfade bestimmt die Größe des Streuleitwertes und damit die am Magneten auftretende magnetische Gegenspannung. Ein besonderer Vorteil derartiger Motoren ist, daß sie durch Kurzschließen der Ankerwicklung sehr schnell zu bremsen sind. Die Hauptanwendung ist

Bild 55.36. Synchronmotor mit Doppelrotor (Klauenpoltype) (Werkbild Fa. G. Berger, Lahr).

in der Textilindustrie bei frequenzgesteuerten Gruppenantrieben gegeben, wobei die Nennleistungen zwischen 50 und 2500 W liegen [56]. Neben diesen Innenläufern werden auch Außenläufer mit dünnwandigen Ferritsegmenten gefertigt [57].

Synchronmotoren mit einem doppelten Rotor laufen auch ohne besondere Hilfsmittel gegen ein hohes Drehmoment an. Bild 55.36 stellt einen Getriebemotor dieser Art dar. Sie werden bis zu einem Drehmoment von 10 kpcm (bei 250 min^{-1}) hergestellt und haben als Baugröße einen Durchmesser von 13 cm mit 13 cm Länge. Bei einer Abgabeleistung von 23 W beträgt die aufgenommene Leistung 60 VA.

In den sogenannten Wälzmotoren rollt entweder ein Permanentmagnet in einer Statorbohrung ab, oder ein stationärer Magnet sorgt für die unipolare Vormagnetisierung eines Rotors, der aus geblättertem Eisen besteht [58 bis 61]. Sie

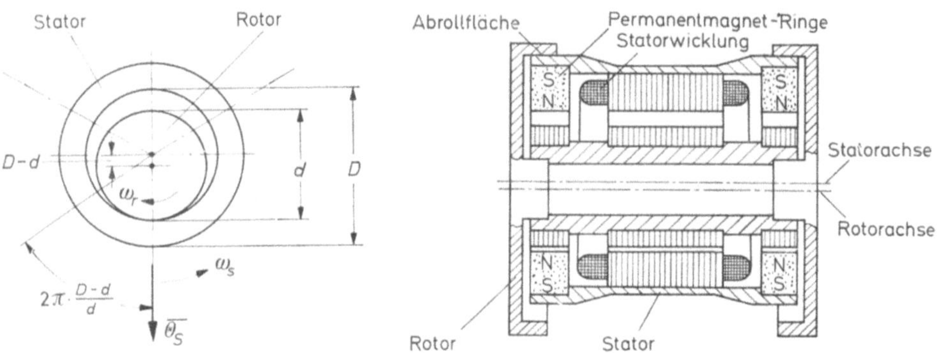

Bild 55.37. Wirkungsweise eines Abrollmotors.   Bild 55.38. Prinzipieller Aufbau eines Abrollmotors (nach [62]).

zeichnen sich besonders durch ihre niedrige Umdrehungszahl aus, die ohne zusätzliche Getriebe zustandekommt. In dem Bild 55.37 ist ein Stator dargestellt, der eine dreiphasige Wicklung enthält. Das resultierende Statorfeld verläuft in Richtung des gezeichneten Vektors $\overline{\Theta_s}$. Hat das Statorfeld einen vollen Kreis vom Winkel 2π zurückgelegt, dann führt der Rotor eine Drehung in der entgegen-

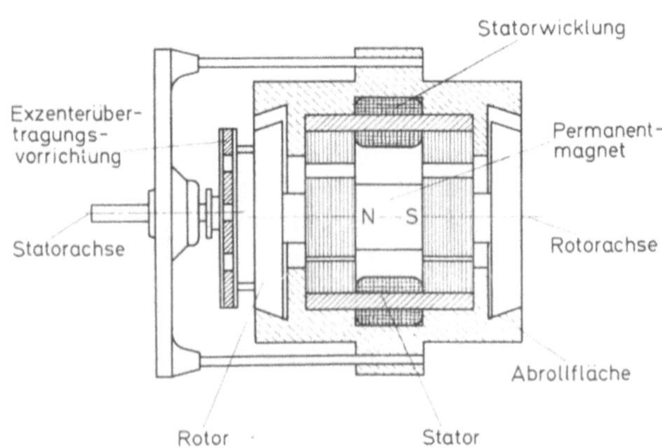

Bild 55.39.   Prinzipieller Aufbau eines Abrollmotors der Firma SFAIRE Frankreich.

gesetzten Richtung aus. Die Strecke am Umfang, um die sich der Rotor drehte, entspricht der Differenz $\Delta = \pi D - \pi d$ und daher dem Winkel $2\pi(D-d)/d$. Das Übersetzungsverhältnis zwischen der Geschwindigkeit des Statordrehfeldes ω_s und der Rotorgeschwindigkeit ist damit $\omega_r/\omega_s = (D-d)/d$. Bei kleinen Unterschieden zwischen Bohrungs- und Rotordurchmesser sind extreme Übersetzungsverhältnisse zu erreichen, die im Grenzfall bis zu einem Verhältnis 1:1200 gehen.

Soll der Motor als Synchronmotor laufen, dann muß durch eine zusätzliche Verzahnung der Schlupf zwischen Stator und Rotor vermieden werden. Bild 55.38 zeigt die Bauart eines russischen Motors und ist der Arbeit [62] entnommen. Bild 55.39 entstammt einem Prospekt der französischen Firma SFAIRE.

55.8 Hysteresemotoren

Hysteresemotoren besitzen einen Läufer, dessen Anlaufeigenschaften auf der Ummagnetisierung von halbhartem Hysteresematerial beruhen. Die ersten Vorschläge, solche Motoren zu bauen, stammen von STEINMETZ [64], während JAESCHKE [65] ihre Eigenschaften wohl als erster grundlegend untersuchte. In neuerer Zeit widmeten sich JORDAN und BAUSCH [66] einer Betrachtung der

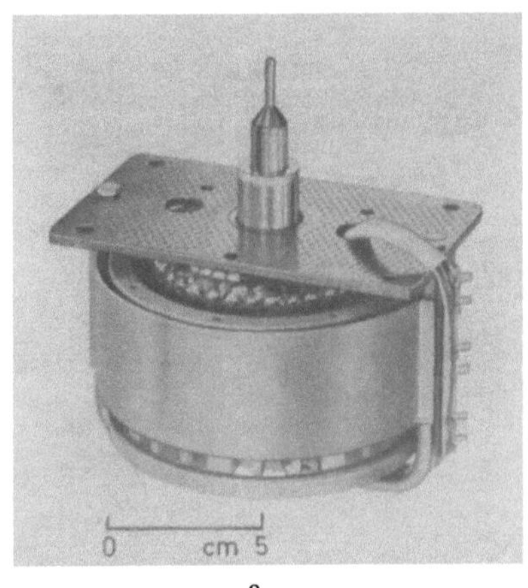

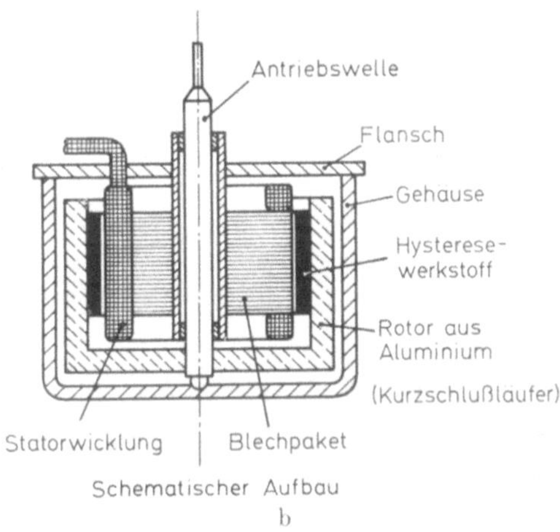

Bild 55.40. Schematischer Aufbau und Ausführungsbeispiel eines Dreiphasen-Hysteresemotors mit Außenläufer. a) Fotografie; b) Schnittbild (Werkbild Fa. Papst-Motoren KG., St. Georgen/Schwarzw.).

Bild 55.41. Hysterese-Kleinstmotor mit Außenläufer (Fa. AEG).

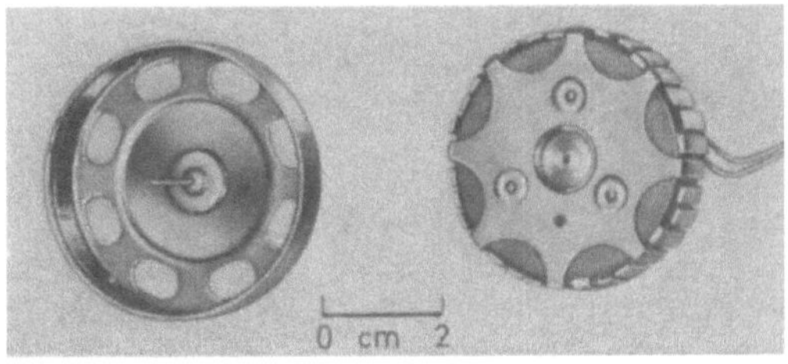

motorentechnischen Seite, während DIETRICH [67] werkstofftechnische Fragen beleuchtete. Hysteresemotoren finden sowohl als Klein- wie auch als Kleinstmotoren Verwendung. Erstere sind in der Mehrzahl der Fälle Außenläufer, deren Stator mit einer Kondensator-Hilfsphase ein elliptisches Drehfeld erhält. Sie werden mit verschiedenen Polzahlen im Stator hergestellt (bis zu 12) und zum Antrieb von hochwertigen Tonbandantrieben, Plattentellern, Kreiseln o. ä. benutzt, wo es auf exakten Synchronismus ankommt. Des ruhigen Laufes wegen nimmt man sie auch als Drehbank- oder Wickelmaschinenantriebe. Kleinst-Hysteresemotoren finden sich bei Schaltwerkantrieben für Haushaltsmaschinen und Uhren. In dem

Bild 55.40 ist als Ausführungsbeispiel für einen Kleinmotor ein Modell mit Außenläufer dargestellt, während Bild 55.41 einen Kleinstmotor zeigt. Hysteresemotoren
werden jedoch auch als Innenläufer gebaut (Bild 55.26). Die Eigenschaften im
Anlauf- oder Schlupfzustand sollen anhand eines einfachen Modelles behandelt
werden (Bild 55.42). Als Stator werde ein Drehstromstator angenommen, der ein

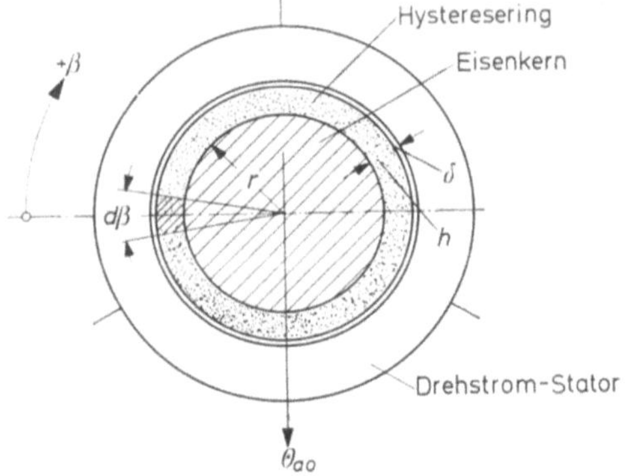

Bild 55.42.
Schematisches Modell eines Hysteresemotors mit zweipoligem Drehstromstator.

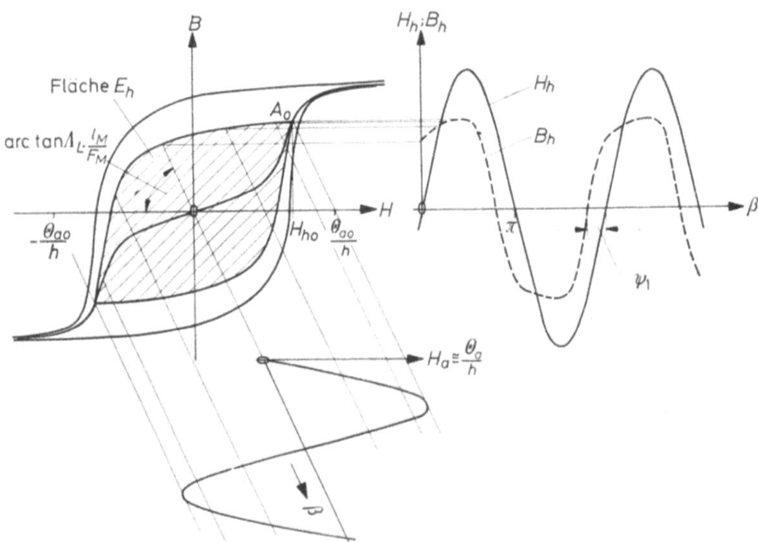

Bild 55.43. Gewinnung der Induktionskurve $B_h = f(\beta)$ sowie des Hysteresewinkels ψ_1
eines Hysteresemotors im Schlupfzustand.

kreisförmiges Drehfeld erzeugt. Der Hysteresering enthält einen Eisenkern, so
daß die Flußrichtung radial ist. In diesem Fall tritt reine Wechselhysterese auf,
über die im Absatz 11.7 berichtet wird. Es werde ein Ringelement der Winkelbreite $d\beta$ herausgegriffen und dieses zunächst mehrfach in einer Richtung herum-
gedreht. Im $B = f(H)$-Diagramm (Bild 55.43) ist dargestellt, welche Induktions-
und Feldstärkeänderungen dabei in dem Ringelement vor sich gehen. Abgesehen
von Streuungen, die in diesem Fall jedoch nicht groß sind, hat die Scherung des

Hysteresewerkstoffes die Größe $\tan\gamma = B_h/H_h = h/\delta$. Ist Θ_{ao} der Maximalwert der sinusförmig verteilten Ankerdurchflutung, dann hat die maximale Feldstärke den Wert $H_{ao} = \Theta_{ao}/h$. Bei der Drehung entsteht eine verzerrte und nacheilende Induktionswelle $B_h = f(\beta)$, deren Grundwelle den räumlichen Verschiebungswinkel ψ_1 gegen die Feldstärkewelle $H_h = f(\beta)$ besitzt. Dies ist der sogenannte Hysteresewinkel ψ_1. Bei einer Umdrehung ist eine Hysteresearbeit erforderlich, die proportional zu der in Bild 55.43 gestrichelt eingetragenen Fläche E_h ist. Diese

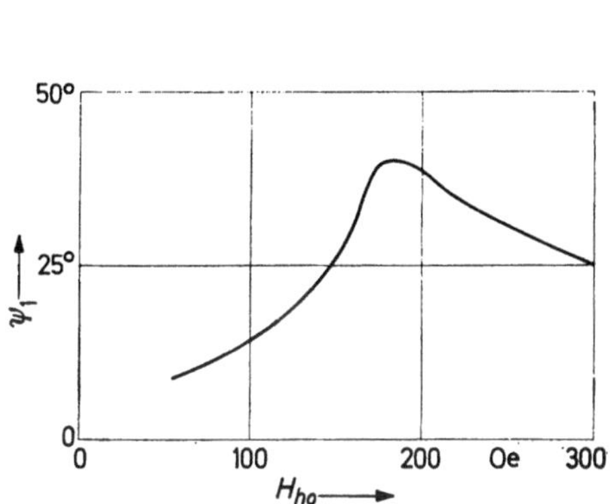

Bild 55.44. Hysteresewinkel ψ_1 als Funktion der max. Aussteuerungsfeldstärke H_{ho} für den Hysteresewerkstoff AlNiCo 90 H (nach JORDAN und BAUSCH [66]).

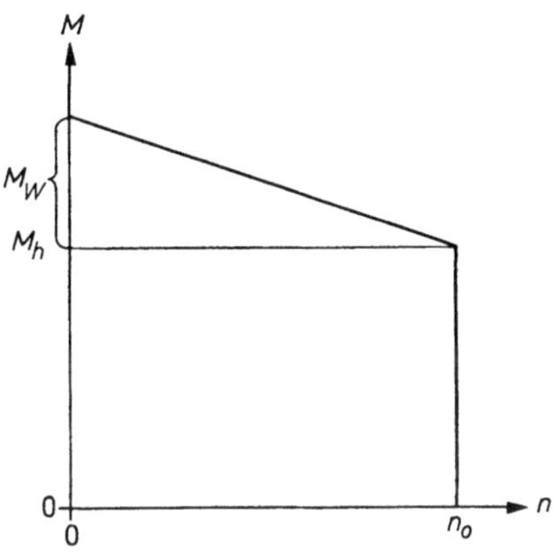

Bild 55.45. Drehmomentcharakteristik eines idealisierten Hysteresemotors. M_h Hysteresemoment, M_W maximales Wirbelstrommoment.

Arbeit hat die Größe $W = E_h \cdot V_h$ (E_h:Hysteresearbeit pro Volumeneinheit; V_h: Volumen des Ringes). Ihre Einheit ist je nach dem Maßsystem G · Oe, Ws/cm³ oder pcm/cm³. Während einer Umdrehung von 2π wird das Ringvolumen einmal ummagnetisiert, so daß dabei der gesamte Energiezuwachs $\Delta W = E_h \cdot V_h$ ist. Dann hat das Hysteresemoment die Größe:

$$M_h = \frac{\Delta W}{\Delta\beta} = \frac{1}{2\pi}\, E_h\, V_h. \tag{55.29}$$

Die spezifische Hysteresearbeit E_h ist von der Aussteuerungsfeldstärke H_a abhängig und strebt gegen hohe H_a-Werte einem konstanten Wert zu, welcher der Fläche der äußeren Entmagnetisierungskurve entspricht. Der Hysteresewinkel ψ_1 steigt bis zu Aussteuerungsfeldstärken in der Gegend der Koerzitivfeldstärke an und fällt dann ab. In dem Bild 55.44 ist ψ_1 nach [66] für den Hysteresewerkstoff AlNiCo 90 H dargestellt. Das Hysteresemoment M_h ist unabhängig davon, wie schnell der Ring gedreht wird, denn der Energiezuwachs pro Winkel ist unabhängig von der Drehgeschwindigkeit. Eine Abhängigkeit des Momentes von der Drehzahl, d. h. dem Schlupf, kann jedoch durch Wirbelströme zustande kommen. Weil die meisten Hysteresematerialien elektrisch leitend sind, entsteht ein überlagertes drehzahlabhängiges Moment, so daß die Momentencharakteristik eine Form nach Bild 55.45 annimmt.

Das elektrische Verhalten des Hysteresemotors ist von dem anderer Motoren recht verschieden. Bei diesen ändert sich je nach der Belastung der Winkel zwischen der Polradspannung E_L und der Klemmenspannung U, so daß zwischen dem aufgenommenen Strom und dem Schlupf eine Beziehung besteht. Beim schlupfenden Hysteresemotor hingegen ist der Luftspaltfluß konstant. Der Ankerstrom, der die Aussteuerungsfeldstärke bestimmt, ist gegen die Grundwelle des Flusses um den Winkel ψ_1 verschoben. Liegt an den Ständerklemmen eine be-

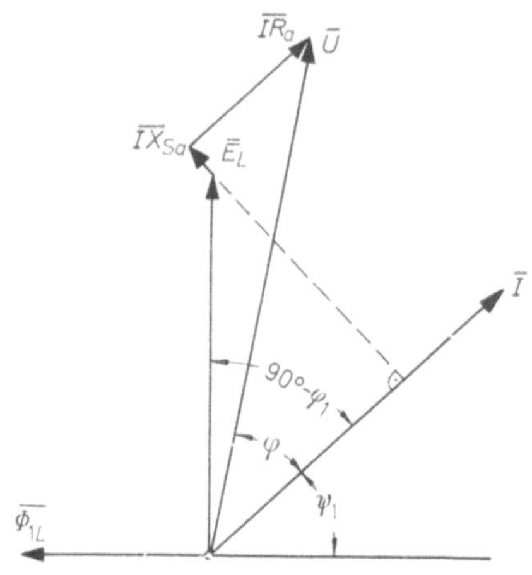

Bild 55.46. Spannungszeigerbild des Hysteresemotors im Anlauf- oder Schlupfzustand.

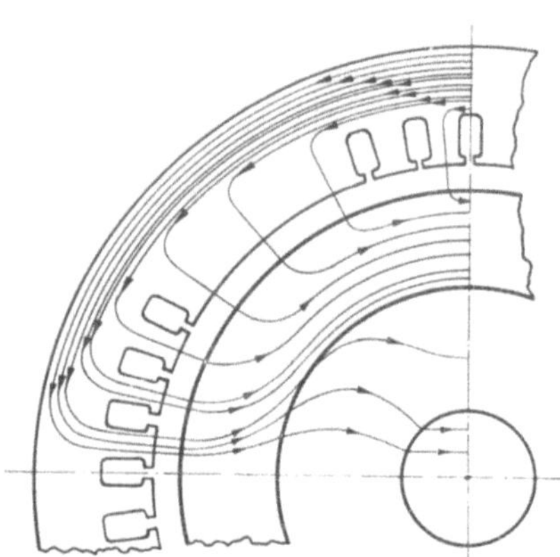

Bild 55.47. Verlauf der Induktion in einem zweipoligen Hysteresemotor ohne Eisenkern (nach JORDAN und BAUSCH [66]).

stimmte Klemmenspannung U, dann sind die elektrischen Verhältnisse für untersynchronen Lauf vollständig festgelegt. Bild 55.46 zeigt das Spannungszeigerbild. Die Stromaufnahme bleibt bis zum Synchronismus gleich. Wird der Blindwiderstand X_{Sa} des Ständers vernachlässigt, dann folgt aus dem Spannungsdreieck

$$U^2 = (E_L \sin \psi_1 + I R_a)^2 + E_L^2 \cos{}^2\psi_1$$

und für die Größe des Stromes:

$$I = \frac{E_L}{R_a}\left(\sqrt{\left(\frac{U}{E_L}\right)^2 - \cos^2 \psi_1} - \sin \psi_1\right).$$

Eine rein radiale Durchdringung des Hysteresematerials wird in der Praxis selten verwendet. Meist ist das Hysteresematerial als Ring ohne einen inneren Rückschluß aufgebaut, so daß der Fluß den Hystereseteil sowohl radial als auch tangential durchdringt (Bild 55.47). JORDAN und BAUSCH [66] haben diesen Fall ausführlich behandelt.

Das Anlaufdrehmoment ist proportional zu der ausgesteuerten Hysteresefläche. Für eine Optimalkonstruktion ist man bestrebt, diese Fläche bei kleiner Erregeramplitude möglichst groß zu machen. Dies bedingt eine $B = f(H)$-Kurve, die eine möglichst hohe Remanenz mit einer möglichst großen Ausbauchung verbindet. Auch eine hohe Koerzitivfeldstärke vergrößert die Fläche, doch sind hier Grenzen gesetzt, weil die Statorerregung aus Erwärmungsgründen nicht über bestimmte Werte gesteigert werden kann. Pro Zentimeter Läuferumfang wird im allgemeinen mit einem Wert des sogenannten Strombelages von 200 bis 600 AW/cm gerechnet. Welcher Punkt der $E_h = f(H_h)$-Kurve als Optimalpunkt gewählt wird, ist eine Frage des Ermessens. ZUMBUSCH und HOFMANN [69] haben das Maximum des Quotienten E_h/H_h vorgeschlagen, während LIEBSCH [70] das Maximum des Wölbungsfaktors

$$k_w = \frac{E_h}{4\,B_{\max}\,H_{\max}} = f(H_h)$$

wählt. Dieser Faktor stellt das Verhältnis der tatsächlich ausgesteuerten Fläche zur Fläche bei idealer Rechtwinkligkeit dar. Die Unterschiede der Optimalpunkte nach beiden Definitionen sind gering. In der Tab. 55.1 sind die Optimalwerte nach der Definition von LIEBSCH angegeben. In den meisten Fällen wird bei

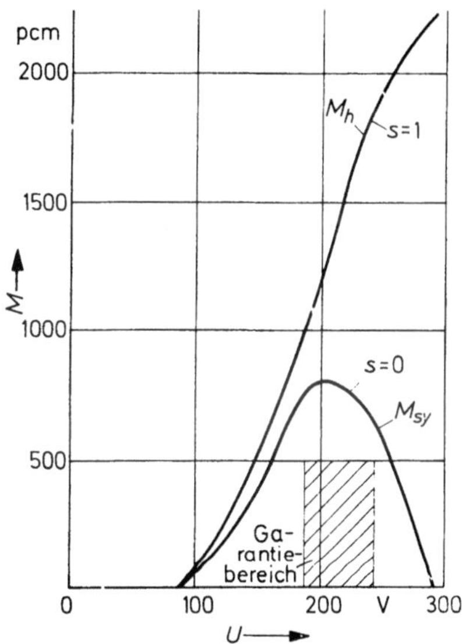

Bild 55.48. Drehmomente eines 16poligen Hysterese-Kleinstmotors in Abhängigkeit von der Spannung für Stillstand ($s = 1$) und Synchronismus ($s = 0$) (nach RICHTER [68]).

diesen Motoren außer dem Hysteresemoment auch das Synchronmoment ausgenutzt. Bild 55.48 ist einem Buch von RICHTER [68] entnommen und zeigt tatsächlich gemessene Kurven des Hysteresemomentes M_h und des Synchronmomentes M_{sy} in Abhängigkeit von der Spannung. Letztere ist der Aussteuerungsfeldstärke proportional.

Das Hochlaufen eines Hysteresemotors erfolgt mit konstanter Winkelbeschleunigung $\dot\omega$. Diese hat die Größe $\dot\omega = J_h(M_h - M_L)$. J_h ist das Trägheitsmoment des Läufers samt dem übersetzten Trägheitsmoment der angeschlossenen Teile, M_h das Hysteresemoment und M_L das Lastmoment. Sofern $M_L < M_h$ ist, läuft der Motor hoch und erreicht nach der Zeit $t = \dot\omega/\omega_f$ (ω_f: Winkelgeschwindigkeit des Drehfeldes) den Synchronlauf. Ob er darin bleibt, hängt von der Größe des Synchronmomentes M_{sy} ab. Ist $M_{sy} > M_L$, dann entsteht regulärer Synchronlauf. Ist M_{sy} wenig kleiner als M_L, dann pendelt der Läufer — allerdings gedämpft — um die synchrone Geschwindigkeit, weil während des Zurückbleibens stets aufs neue eine Beschleunigungswirkung entsteht. Zur Erzielung eines etwas

Tabelle 55.1. *Eigenschaften der wichtigsten Hysteresewerkstoffe*

Materialart	Isotropie	Remanenz B_r	Koerzitivfeldstärke H_c	optimale Feldstärken H_{aopt}		Induktion B_{aopt}	opt. spez. Hysteresearbeit E_{hopt}				elektr. Widerstand ϱ
		[kG]	[Oe]	[Oe]	$\dfrac{A}{cm}$	kG	[G $\cdot$ Oe]	$\dfrac{pcm}{cm^3}$	$\dfrac{Ws}{cm^3}$	μ_p	$\Omega \cdot cm$
AlNiCo 90 H (ca. 9% Al; 15% Ni; 5—30% Co; Rest Fe)	is.	8,5—9,5	150—250	190	140	9	$3,4 \cdot 10^6$	270	$2,7 \cdot 10^{-2}$	11—14	$0,55—0,65 \cdot 10^{-4}$
Vicalloy (ca. 52% Co; 10% V; Rest Fe)	anis.	13—16	60—230	100	80		$2,7 \cdot 10^6$	220	$2,2 \cdot 10^{-2}$		$0,5—0,6 \cdot 10^{-4}$
CuNiFe (ca. 20% Ni; 20% Fe; Rest Cu)	anis.	5—7	260—600	630	500		$8,8 \cdot 10^6$	700	$7 \cdot 10^{-2}$		$0,22 \cdot 10^{-4}$
Walzstahlmaterial (ca. 1% C; 4,5% Cr; 4,5% W;	is.	8—10	200—350	430	340		$8,8 \cdot 10^6$	700	$7 \cdot 10^{-2}$		
35% Co; Rest Fe)	is.	12—13	50—80	90	72	13	$1,9 \cdot 10^6$	150	$1,5 \cdot 10^{-2}$	ca 40	$0,8 \cdot 10^{-4}$
Wälzlagerstahl (ca. 1% C; 1,5% Cr; Rest Fe)	is.	7—9	50—60	100	80	10	$0,8 \cdot 10^6$	60	$0,6 \cdot 10^{-2}$	ca. 30	$0,24 \cdot 10^{-4}$

größeren Synchronmomentes kann der Hystereserotor mit einem zusätzlichen Dauermagneten versehen werden [71]. Ein solcher Motor ist in dem Bild 55.26 dargestellt. Damit er hochlaufen kann, muß sein Hysteresemoment M_h größer als das Synchronmoment sein.

Die werkstofftechnischen Fragen in Zusammenhang mit Hysteresemotoren wurden bereits in Kapitel 23 und 26 behandelt. In der Tab. 55.1 sind nochmals die wesentlichen Daten (z. T. nach DIETRICH [67]) der wichtigsten Hysteresewerkstoffe und deren Eigenschaften zusammengestellt. Die in der Tabelle angegebenen Hysteresearbeiten pro Volumeneinheit können nur bei einem Kreisdrehfeld ohne Korrektur zur Bestimmung des Momentes benutzt werden. Liegt ein elliptisches Drehfeld vor, dann wird die Hystereseschleife nicht voll ausgesteuert, und es ist mit geringeren Momenten zu rechnen.

Literatur

1. KLAMT, J.: Berechnung und Bemessung elektrischer Maschinen, Berlin/Göttingen/ Heidelberg: Springer 1962, S. 5.
2. HUMBURG, K.: Die synchrone Maschine, Sammlung Göschen Bd. 1146, 1951, S. 48 ff.
3. VOLKRODT, W.: ETZ-A 83 (1962) 517—522.
4. Richtlinien für die Prüfung von Fahrzeugteilen. Hrsg. Bundesminister für Verkehr, Bonn, Verkehrsblatt 1957, H. 9, S. 213.
5. WULLKOPF, H.: ETZ-A 80 (1959) 117—119.
6. OESTERLIN, W.: ATM V 145—7 (Sept. 1961), 308—8 (Okt. 1961) 309—9 (Dez. 1961), 311.
7. DBPa 1014171 (29. 11. 1954).
8. OTTO, W.: FWT 61 (1957) 63—64.
9. Siemens-Z. 31 (1957) 283 (o. Verfasser).
10. FRISTER, M.: ETZ-B 15 (1963) 1—5.
11. KULOSE, B.: ETZ-B 17 (1965) 5—10.
12. HÖFLER, E.: Siemens-Z. 39 (1965) 1201—1203.
13. SCHWAB, E.: Siemens-Z. 36 (1962) 243—244.
14. WAGENSOMMER, H.: Dissertation TH Wien 1939.
15. WAGENSOMMER, H.: Arch. Elektrotechn. 33 (1939) 385—401.
16. OLANDER, W.: Asea-Journal (1939) 162—169.
17. WALTER, E.: Elektrotechn. u. Masch.-Bau 61 (1943) 517—524.
18. GINSBERG, D.: Trans. AJEE, Part II, 59 (1950) 1274—1280.
19. SAUNDERS, R. M., u. R. W. WEAKLEY: Trans. AJEE, Part II 70 (1951) 1578—1581.
20. STRAUSS, F.: Trans. AJEE, Part III 71 (1952) 887—893.
21. GINSBERG, D., u. L. J. MISENHEIMER: Trans. AJEE, Part III 72 (1953) 96—103.
22. GOZZOLI, P.: L'Elettrotecnica 40 (1953) 537—552.
23. HERSHBERGER, D. D.: Trans. AJEE, Part III 72 (1953) 581—585.
24. ZIEGLER, H. K.: ETZ-A 75 (1954) 33—36.
25. HANRAHAN, D. J., u. D. S. TOFFOLO: Trans. AJEE, Part III 76 (1957) 1098—1103.
26. VOGEL, J.: Elektrie 14 (1960) 89—93, 132—134.
27. HANRAHAN, D. J., u. D. S. TOFFOLO: Trans. AJEE, Part III 82 (1963) 68—74.
28. GALTCEV, F. F.: Elektritschestwo (russ.) (1959) 30—35.
29. KLEINRATH, H.: Elektrotechn. u. Masch.-Bau 82 (1964) 489—500.
30. LUBORSKY, F. E.: J. appl. Phys. 37 (1966) 1091—1094.
31. BALAGUROW, V. A.: Elektritschestwo (russ.) (1966) 33—40.
32. SALESSE, M.: 2e Cycle de Journées sur les Aimants Permanents Paris 1965, S. K 1—K 8.
33. BONFERT, K.: Betriebsverhalten der Synchronmaschine, Berlin/Göttingen/Heidelberg: Springer 1962, 36 ff.
34. SCHUISKY, W.: Berechnung elektrischer Maschinen, Wien: Springer 1960, 274 ff.
35. JASSE, E.: Arch. Elektrotechn. (1913) 26—48.
36. SEQUENZ, H.: Elektrotechn. u. Masch.-Bau 62 (1944) 317—333.

37. Franck, S.: Siemens-Z. 30 (1956) 407—412.
38. Mager, Th.: FWT 65 (1961) I: S. 321—325, II: S. 382—385, III: S. 385—386.
39. Šakirow, M. A.: Jzvestija VUZ, Elektromechanika 8 (1965) 132—139.
40. Thees, R.: Philips techn. Rdsch. 25 (1963) 393—397.
41. Pustola, J., u. T. Sliwinski: Kleine Einphasenmotoren, Berlin: VEB-Verlag Technik 1961.
42. Renelt, W.: AEG-Mitt. 46 (1956) 140—170; 47 (1957) 168—169.
43. Ott, H.: FWT 74 (1970) 18—21.
44. Thoma, F.: Elektro-Anz. Nr. 15/16 (1958) 131—133.
45. Dohrmann, F.: Siemens-Z. 34 (1960) 273—277.
46. Köster, H., u. H. Noske: Valvo-Ber. 10 (1964) 277—284.
47. Juverov, F. M., u. V. P. Kolesnikov: Elektrotechnika 36 (1965) 9—11.
48. Stanka, K.: Siemens-Z. 40 (1966) 342.
49. DBPa 1128546 (22. 11. 1957).
50. Merrill, F. W.: Electr. Manufac. (USA) 39 (1947) 78—83, 180—190.
51. USA Patent 2643350 (1953).
52. Merrill, F. W.: Trans. AJEE, Part III 73 (1955) 1754—1759; Electr. Manufac. (USA) 57 (1956) 88—95.
53. Volkrodt, W.: Dissertation TH Braunschweig 1961.
54. DBP 1173 178 (28. 7. 1962).
55. Volkrodt, W.: Siemens-Z. 40 (1966) 339—341.
56. Roch, A.: Melliand Textilber. 12 (1965) 1357—1362.
57. GMa 1915196 (23. 11. 1964).
58. Schön, R.: Elektrotechn. u. Masch.-Bau 78 (1961) 257—266.
59. Prod. Engineering, Okt. 1962, S. 52 (o. Verfasser).
60. Aleksejew-Mochow, S. N.: Westnik elektropromyslenosti H. 5 (1963) 72—74.
61. Industrie-Elektrik + Elektronik 9 (1964) 356 (o. Verfasser).
62. Bertinov, A. J., u. W. W. Warlej: Elektritschestwo H. 8 (1964) 58—62.
63. Alijewskij, W. L., A. J. Bertinov u. W. W. Warlej: Elektritschestwo H. 2 (1964) 68—72.
64. Steinmetz, Ch. P.: Theorie und Berechnung der Wechselstromerscheinungen, Berlin: Reuther & Reichard 1900, §§ 79 u. 160.
65. Jaeschke, H. E.: Dissertation TH Breslau 1940.
66. Jordan, H., u. H. Bausch: DEW Techn. Ber. 6 (1966) 71—80.
67. Dietrich, H.: ETZ-A 87 (1966) 665—673.
68. Richter, A.: Einphasenmotoren, AEG-Handbücher 4 (1964) 102.
69. Zumbusch, W., u. O. Hofmann: Vortrag Tagung Arbeitsgemeinschaft Ferromagnetismus Münster 1957: Werkstoffe für Magnete in Hysteresemotoren und ihre Kennzeichnung.
70. Liebsch, H.: Elektrie (1962) 230—233.
71. USA Pat. 3 181 019.

56 Reluktanz- und Zündgeneratoren

56.1 Allgemeines

Bei den bisher beschriebenen Verfahren beruht die Spannungs- und Stromerzeugung darauf, daß ein Dauermagnet in einer oder mehreren Spulen gedreht wird und hierbei eine Umkehrung der Flußrichtung erfolgt. Auf Grund des Induktionsgesetzes $e = -w \cdot d\Phi/dt$ ist es jedoch gleichgültig, auf welche Art die Flußänderung vor sich geht. So ist es beispielsweise möglich, den magnetischen Widerstand — die Reluktanz — eines Magnetkreises zu verändern und dadurch Spannungen und in gewissem Umfang auch Leistungen zu erzeugen. Sofern sich die Änderungen periodisch wiederholen, entstehen Wechselspannungen und Wechselströme. Ein solcher Generator wird als Reluktanzgenerator bezeichnet. Beim Zündgenerator hingegen erfolgt die Änderung als Einzelimpuls, denn mit der entstehenden Spannung oder dem Strom soll ein Gas oder eine Sprengladung gezündet werden.

Während die Berechnung der entstehenden Spannung relativ einfach ist, bereitet die Bestimmung des Stromes große Schwierigkeiten, denn der magnetische Widerstand des Kreises verändert sich ständig. Eine weitere Schwierigkeit tritt dadurch auf, daß meist kein Dreiphasen-, sondern nur ein Einphasenstrom vorliegt und außerdem die Spannung nicht sinusförmig ist.

56.2 Reluktanzgeneratoren

Die Änderung des magnetischen Widerstandes in derartigen Generatoren kann durch Längsverschiebung oder Drehung eines Luftspalt-Leitstückes erfolgen. Bild 56.1 zeigt als Beispiel eine Dreiphasen-Drehanordnung, wobei für

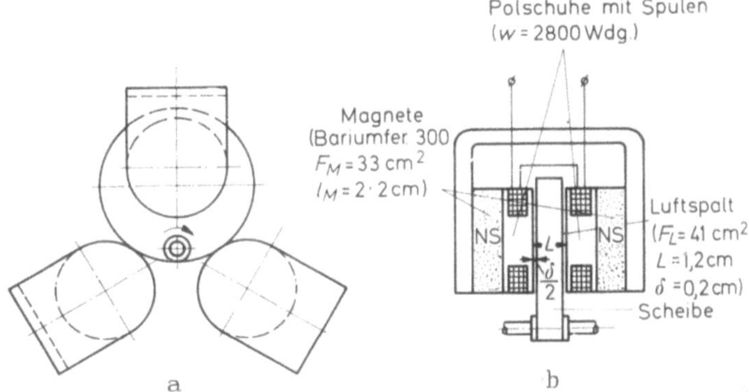

Bild 56.1. Dreiphasiger Reluktanz-Generator. a) Gesamtansicht; b) Einzelsystem.

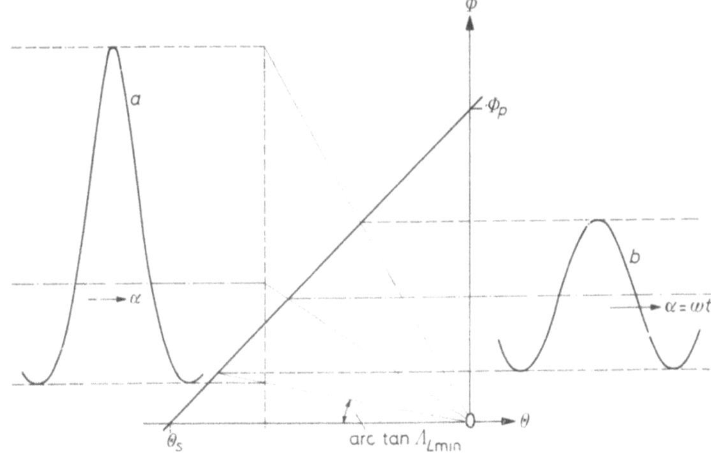

Bild 56.2. Erforderlicher Verlauf des magnetischen Leitwertes (Kurve a) bei einem Reluktanzgenerator, dessen Luftspaltfluß sinusförmig verläuft (Kurve b).

jede Phase ein System vorgesehen ist. Die gezeichnete Exzenterscheibe kann auch als Zahnscheibe mit einem Zahn ($z = 1$) aufgefaßt werden. Die Frequenz der erzeugten Wechselspannung hat dann die Größe: $f = z \cdot n/60$ s^{-1}. Soll sich der Luftspaltfluß sinusförmig mit dem Drehwinkel $\alpha = \omega t$ ändern, dann muß der Luftspaltleitwert einer recht komplizierten Funktion folgen, die in dem Bild 56.2

dargestellt ist. Ein ähnlicher Verlauf ergibt sich, wenn nicht die Luftspaltfläche, sondern die Luftspaltlänge geändert wird. Es ist zu beachten, daß keine einfache Proportionalität zwischen dem Luftspaltfluß und der Luftspaltlänge besteht. Auf jeden Fall muß entweder die Kontur oder die Dicke der Scheibe der gezeich-

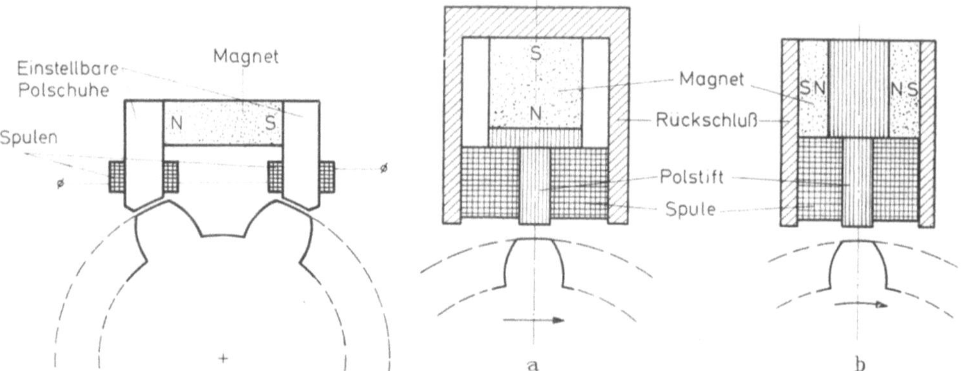

Bild 56.3. Zahnrad-Drehzahlgeber nach dem Reluktanz-Prinzip.

Bild 56.4. Bauarten von induktiven Frequenzaufnehmern. a) Mit axial magnetisiertem Magneten; b) mit radial magnetisiertem Magneten.

neten Funktion entsprechen. Der Generator nach Art des Bildes 56.1 ergab beispielsweise eine Leerlaufspannung von $E_1 = 20$ V bei 1 000 min^{-1} und einen maximalen Strom von $I_0 = 73$ mA.

Bild 56.3 stellt einen Drehzahlgeber nach dem gleichen Prinzip dar. Er wird an größeren Zahnrädern angebracht und gibt eine drehzahlproportionale Spannung

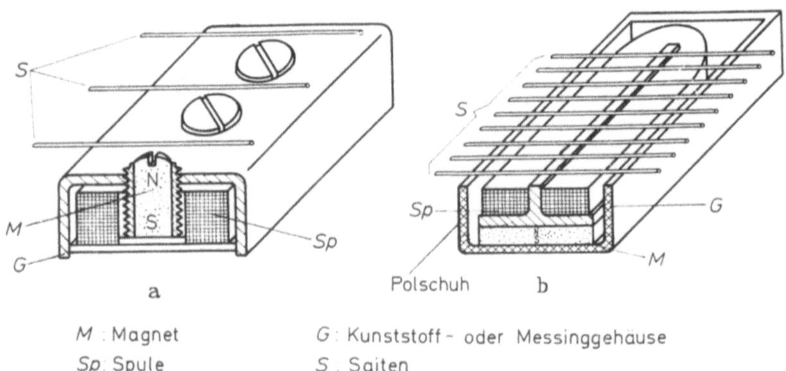

Bild 56.5. Schnittbilder von Tonabnehmern. a) Für Gitarren mit verstellbaren Einzelmagneten aus AlNiCo; b) für klavierähnliche Saiteninstrumente mit Ferritmagneten.

ab. Es ist wichtig, daß sich die Spulen auf den eisernen Polschuhen möglichst nahe an dem Luftspalt befinden. Dort ist die Flußänderung am größten, so daß die höchstmögliche Spannung zustande kommt.

Während solche Geber in der Lage sind, eine geringe Leistung abzugeben, so daß sie in Verbindung mit Gleichrichtern oder Weicheiseninstrumenten zur direkten Drehzahlanzeige benutzt werden können, dienen induktive Aufnehmer nur zur Abgabe frequenzabhängiger Impulse. Bild 56.4 zeigt zwei Ausführungen. Bei der Bauart a) wird ein axial magnetisierter AlNiCo-600- oder AlNiCo-450-Magnet verwendet, bei der Bauart b) ein radial magnetisierter Magnet aus AlNiCo 260. In einer angeschlossenen Frequenzmeßschaltung wird die Frequenz der Impulse mit einer Normalfrequenz verglichen. Die Änderung des äußeren magnetischen Widerstandes hat zur Folge, daß zur Drehung des Zahnrades eine Kraft erforderlich ist. In einigen Fällen, beispielsweise wenn die Drehzahl eines Gas- oder Wassermesserflügels gemessen werden soll, stört auch diese geringe Kraft.

Zum Abschluß mögen noch die Gitarre-Tonabnehmer erwähnt werden. Auch in diesen wird z. T. die magnetische Widerstandsänderung ausgenutzt, welche durch die Bewegung der schwingenden Saite zustande kommt. Selbstverständlich muß mindestens die Seele der Saite aus Stahl bestehen. Weil es sich dabei um einen harten Stahl handelt, tritt noch ein zweiter Effekt auf: ein Teil der Saite wird aufmagnetisiert und dadurch selbst zu einem Dauermagneten. Bei einer Bewegung induziert er in der Spule die zu verstärkende Spannung. Bild 56.5 zeigt zwei Ausführungen. Damit die Empfindlichkeit auf die jeweilige Saite eingestellt werden kann, ist bei der Bauart a) der Abstand der Magnete zu den Saiten verstellbar. Bauart b) ist ein Aufnehmer für klavierähnliche elektrische Saiteninstrumente (Hersteller Fa. Hohner, Trossingen), bei dem die Empfindlichkeit nicht verändert werden kann.

56.3 Zündgeneratoren

Hierunter sind Einrichtungen zu verstehen, die einen Spannungs- oder Stromimpuls erzeugen, der zum Zünden eines Gases oder einer Zündpille benutzt wird. Sie werden beispielsweise als Aufschlagzünder für Geschosse verwendet. Bild 56.6 stellt zwei Ausführungsformen dar. Diese unterscheiden sich dadurch, daß bei der

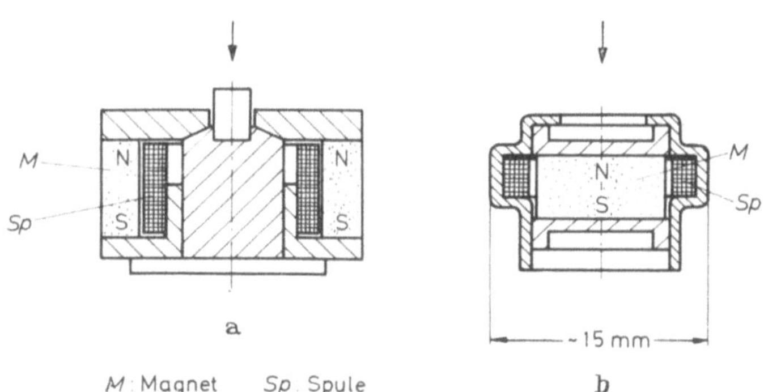

Bild 56.6. Magnetische Aufschlagzünder. a) Nach BAERMANN [1 u. 2]; b) nach SCHROEDER u. CLOSSET [3].

Ausführung a) [1, 2] ein stationärer Außenring Verwendung findet und die Flußänderung durch Bewegen des Eisenkernes erfolgt, während bei der Ausführung b) [3] ein Kernmagnet benutzt wird, der sich relativ zur Spule bewegt. In beiden Fällen wird eine magnetische Feldenergie, die im Spulenraum vorhanden war, verändert oder zum Verschwinden gebracht. Sofern die Flußänderung nur auf einer Änderung der Luftspaltlänge beruht, ist die Größe der induzierten EMK:

$$e = w \cdot \frac{d\Phi}{dt} = w\,\frac{d\Phi}{dl_L} \cdot \frac{dl_L}{dt}. \tag{56.1}$$

Die Geschwindigkeit $v = dl_L/dt$ kann für den Fall des Geschosses als konstant angenommen werden, so daß für eine kurze Zeit Δt eine EMK entsteht. Die Zeit Δt liegt in der Größenordnung 0,1—0,01 ms. Der Stromanstieg erfolgt nach einer e-Funktion, deren Zeitkonstante die Größe $\tau = L/R$ hat. R ist der ohmsche Widerstand der Wicklung und der Heizwicklung für die Zündpille, während L die Spuleninduktivität bedeutet, deren Größe sich mit dem Luftspalt ändert.

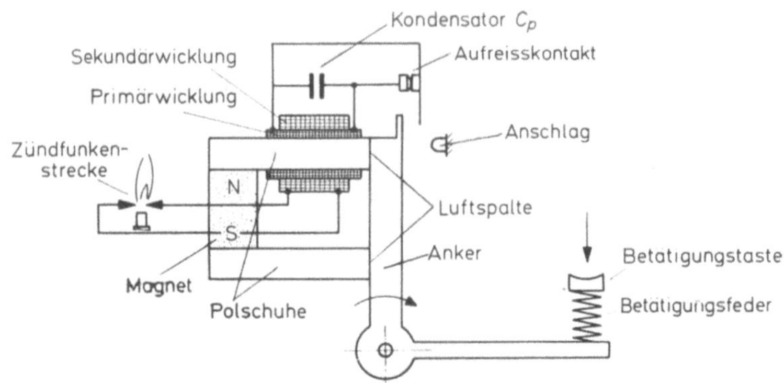

Bild 56.7. Prinzipbild eines Gasanzünders mit AlNiCo-Magneten [6].

Die Zeitkonstante τ ist wesentlich kleiner als Δt, so daß der Strom i nur einen Bruchteil des Wertes $i_0 = e/R$, nämlich die Größe $i_{\max} = (i_0/\tau)\,\Delta t = (e/L) \cdot \Delta t$ erreicht. Die in der Spule gespeicherte Feldenergie hat die Größe $1/2\,i_{\max}^2\,L$. Nach Aufhören der EMK wird diese Energie wieder frei, was sich in einem Abklingen des Stromes äußert. Für die Zündung kommt es darauf an, daß die Arbeit $\int i^2 R_z \cdot dt$ (R_z: Widerstand der Heizwicklung) zur Zündung der Pille ausreicht.

Im Gegensatz hierzu werden Gase durch einen Funken gezündet, der zwischen Spitzen überspringt, die sich in 2—3 mm Entfernung gegenüberstehen (Bild 56.7). Grundsätzlich beruht auch hier die Wirkungsweise darauf, daß in einer Wicklung beim Öffnen eines Magnetkreises eine EMK entsteht. Die Größe dieser Spannung reicht jedoch bei weitem nicht an die zur Zündung erforderlichen 15 kV heran [4]. Über eine Betätigungstaste und eine zwischengeschaltete Druckfeder wird der Anker bei Erreichung der magnetischen Haftkraft P_0 plötzlich von den Polschuhen weggerissen [5, 6]. Er kann sich bis zu dem eingezeichneten Anschlag bewegen. Weil die Antriebskraft fast konstant ist, erfolgt die Bewegung des Ankers mit annähernd konstanter Beschleunigung, d. h. mit linear anwachsender Geschwindigkeit. Die Zeitkonstante des Primärkreises ist wesentlich kleiner als die Öffnungszeit des Ankers, so daß der Strom dem Anstieg unmittelbar folgt. Ungefähr bei der Hälfte des Ankerweges reißt eine Nase am Anker den Kontakt im Primärkreis auf. Die zuletzt in ihm vorhandene magnetische Energie $1/2\,i^2 L$ facht nun eine Schwingung an, deren Frequenz die Größe $f = 1/2\,\pi (L \cdot C)^{-1/2}$ hat. Meist liegt sie in der Gegend von $f = 100$ kHz. Für die erste Halbwelle dieser

Schwingung gilt, daß die Feldenergie der Spule gleich der elektrischen Energie am Kondensator sein muß. Aus der Energiegleichung $1/2\ i^2 L = 1/2\ u^2 C$ errechnet sich daher eine Spitzenspannung von $u = i \cdot (L/C)^{1/2}$, die bei praktisch erstellten Zündern rd. 50mal so hoch wie die ursprünglich induzierte EMK ist. An den Elektroden der Sekundärwicklung tritt eine Spannungsspitze auf, die um das Übersetzungsverhältnis, welches in der Gegend von $\ddot{u} = 130{-}150$ liegt, erhöht ist und die Zündspannung auf die erforderliche Größe von ca. 15 kV transformiert. Zünder dieser Bauart werden für Ölfeuerungsanlagen, für Tischfeuerzeuge und neuerdings auch für Taschenfeuerzeuge verwendet [6]. Meist sind sie mit AlNiCo-500- oder AlNiCo-700-Magneten ausgerüstet. Nach dem gleichen Prinzip wurden auch Anzünder für Gasherde mit Bariumferrit-Ringmagneten gebaut.

Bemerkenswerterweise tritt beim Öffnen des Zündluftspaltes keine entmagnetisierende Wirkung auf. Die entstehende Gegenerregung wirkt auf Grund der Lenzschen Regel so, daß sie den Magneten aufzumagnetisieren sucht. Erst beim Schließen des Spaltes tritt eine Abmagnetisierung ein, doch ist diese gering, weil die Primärwicklung zunächst noch offen ist.

Literatur

1. DBP 885966 (7. 8. 1943).
2. DBP 897876 (19. 12. 1944).
3. DBP 851207 (23. 10. 1949).
4. JOKSCH, CHR.: Interner Bericht Fa. DEW Magnetfabrik (Veröffentlichung vorgesehen).
5. DBP 965 121 (28. 4. 1951).
6. Firmenschrift der Fa. Braun AG, Frankfurt/M.

XI. Magnetische Kraftwirkungen

57 Anziehende und abstoßende Kräfte

57.1 Allgemeines

Kraftwirkungen, die von Dauermagneten ausgehen, beruhen stets auf einer Änderung der magnetischen Feldenergie. Die formelmäßige Beziehung lautet:

$$\boldsymbol{P} = \operatorname{grad} W = \mathfrak{i}\,\frac{\delta W}{\delta x} + \mathfrak{j}\,\frac{\delta W}{\delta y} + \mathfrak{k}\,\frac{\delta W}{\delta z}.$$

Sofern sich die Energie nur in einer Richtung ändert, vereinfacht sich die Gleichung zu

$$P(x) = \frac{\mathrm{d}W_x}{\mathrm{d}x}. \tag{57.1}$$

In den folgenden Kapiteln wird jeweils nach einem Ausdruck für die Gesamtenergie und deren Änderung bei der Bewegung in einer Richtung gesucht. Die Größe der Kraft folgt dann durch rechnerische oder zeichnerische Differentiation. Schon die Energieberechnung ist im allgemeinen mit einer beträchtlichen Ungenauigkeit verknüpft, die durch das Differenzieren noch vergrößert wird. Die rechnerischen Betrachtungen haben mehr den Wert einer Anschauungshilfe, so daß in der Praxis die Messungen an einem Modell meist schneller zum Ziel führen als die Rechnung.

Die Größenordnung der Kräfte, die mit magnetischen Haft- oder Abstoßungsanordnungen erreicht wird, ist sehr verschieden und bewegt sich zwischen wenigen pond und mehreren tausend kilopond. Bei den Berechnungen wird stets versucht, die Kräfte und Energien in Beziehung zur permanenten Energiedichte E_p des betreffenden Magnetwerkstoffes zu setzen. In dem Bild 60.4 sind die permanenten Energiedichtewerte angegeben. Für Kraftsysteme ist es zweckmäßig, die Energiewerte sogleich in der Dimension pcm/cm³ anzugeben. Die Umrechnungsformel lautet:

$$1\ \text{G} \cdot \text{Oe} = 0{,}812 \cdot 10^{-4}\ \frac{\text{pcm}}{\text{cm}^3}\ \left(= 0{,}795 \cdot 10^{-8}\ \frac{\text{Ws}}{\text{cm}^3}\right).$$

57.2 Anziehende Kräfte zwischen Magneten (Synchronkupplungen)

Die Zugkraft zwischen Magneten wird hauptsächlich in den magnetischen Kupplungen für Dreh- oder Längsbewegung ausgenutzt [1 bis 5]. Sie dienen entweder als Abdichtungskupplungen, als Versatzkupplungen oder als Überlastungsschutz. Der Magnetkreis derartiger Kupplungen ist relativ geschlossen, so daß die

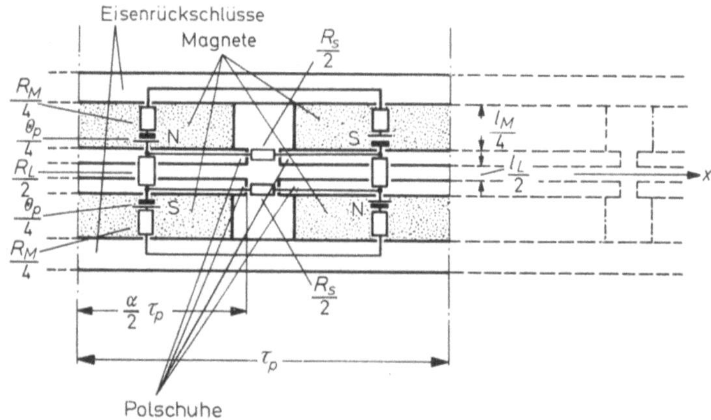

Bild 57.1. Schematische Darstellung einer Magnetkupplung mit eingezeichnetem magnetischem Schaltbild.

üblichen halbempirischen Verfahren benutzt werden können. Zur Erklärung der Wirkungsweise werde ein stark schematisiertes lineares Modell gewählt, wie es das Bild 57.1 zeigt. Im Normalzustand befinden sich die beiden Kupplungsseiten in der gezeichneten Stellung. Wird jedoch eine Seite festgehalten, dann ist zur Bewegung der anderen Seite eine Kraft erforderlich, die sich bei einer Bewegung um eine Polteilung $x = \tau_p$ umkehrt. Die Größe dieser Verschiebekraft soll wie zuvor erwähnt aus der Energieänderung nach Gl. (57.1) berechnet werden. Dazu werde ein Systemteil der Polbreite τ_p herausgegriffen. Es gibt zwei extreme Größen der Gesamtenergie: einmal, wenn sich die Magnete mit wechselnden Polen ($x = 0$) und zum anderen, wenn sie sich mit gleichen Polen gegenüberstehen ($x = \tau_p$). In dem $\Phi = f(\Theta)$-Diagramm (Bild 57.2) sind diese beiden Extrempunkte mit A und B bezeichnet. Aus dem Diagramm läßt sich ablesen, daß die Energiedifferenz

Tabelle 57.1. *Abmessungen, max. Drehmomente usw. von Stirndrehkupplungen nach Bild 57.7 aus Bariumferrit 300*

M_0 Drehmoment in cmp bei Luftspalt δ in mm					Ax. Zugkraft in kp bei Luftspalt δ in mm					Magnet			Eisenfassung		Pol-zahl
										D_i	D_a	h	Innen- $\varnothing$	Wand-stärke	p
0	1	3	5	10	0	1	3	5	10	mm	mm	mm	mm	mm	
1200	1000	700	480	200	1,7	1,3	0,85	0,55	0,2	24	40,5	6	44,5	2,5	4
1500	1250	850	620	270	1,9	1,5	1,0	0,6	0,2	25	43	6	48	2,5	4
2700	2350	1700	1250	600	2,5	2,0	1,4	0,85	0,3	24	48,5	8	54,5	3	4
4250	3600	2500	1700	700	3,1	2,5	1,6	1,0	0,4	25	53,5	8	59,5	3	4
5500	4800	3400	2450	1050	3,7	3,0	2,0	1,3	0,5	25	58	8	66	4	6
6500	5700	4100	3000	1350	4,5	3,6	2,5	1,6	0,6	25	63	10	71	4	6
12000	10500	8100	6300	3200	7,0	5,8	4,0	2,5	1,1	34,5	77	10	85	4	6
33000	28500	24000	19000	10500	14,0	12,0	8,4	5,8	2,5	52,5	105	15	117	6	8
105000	95000	80000	60000	38000	31,0	27,0	20,0	14,0	6,5	73,5	146	20	159	6	10

in beiden Lagen die halbe Größe des eingezeichneten Vierecks, nämlich

$$W_k = \frac{1}{2}\, \Phi_p \Theta_p \, \frac{\Lambda_p}{\Lambda_p + \Lambda_s} \cdot$$

$$\cdot \frac{1}{[1 + R_L\,(\Lambda_p + \Lambda_s)]^2} = W_p \cdot v_k \qquad (57.2)$$

hat. Darin ist $W_p = \dfrac{1}{2}\, \Phi_p \Theta_p \dfrac{\Lambda_p}{\Lambda_p + \Lambda_s}$ $= E_p V_{M1}$ die permanente Energie für einen Pol mit E_p als permanente Energiedichte. Der Minderungsfaktor ist $v_k = 1/[1 + R_L\,(\Lambda_p + \Lambda_s)]^2$.

Zur Errechnung der Kraft P_x, die erforderlich ist, um die Magnetpole gegeneinander zu verschieben, muß bekannt sein, nach welcher Funktion sich die Energie vom Höchst- zum Kleinstwert verändert. In den Bildern 57.3 und 57.4 sind zwei verschiedene Möglichkeiten des Energieüberganges dargestellt. Bei plattenförmigen Magneten (Polbreite $\tau_p \gg$ Magnetdicke l_M) und kleinem Luftspalt ($l_L \ll l_M$) ändert sich die Energie weitgehend nach einer Dreieckfunktion. Auf Grund der Beziehung $P_x = \mathrm{d}W/\mathrm{d}x$ ist die Kraft über die Strecke $\alpha/2 \cdot \tau_p$ konstant und hat für eine Polteilung die ungefähre Größe:

$$\pm\,{}_1P_x = \pm\, \frac{1}{\alpha\,\tau_p} \cdot E_p \cdot V_{M1} \cdot v_k.$$

Derartige Kupplungen sind bisher noch nicht auf dem Markt erschienen. Immerhin ist der Hinweis interessant, daß es unter Beachtung gewisser Bauvorschriften möglich ist, eine magnetische Kupplung zu bauen, die über eine bestimmte Strecke oder einen Winkel eine konstante Kraft bzw. ein konstantes Moment besitzt.

Eine andere Art des Energieüberganges liegt bei Kupplungen vor, wie sie das Bild 57.4 zeigt. Es handelt sich um Ferritplatten, in die Pole einmagnetisiert sind. Das Polbedeckungsverhältnis α liege zwischen 0,6 und 0,8. In Verbindung mit einem relativ großen Luftspalt $\left(\dfrac{\Lambda_L}{\Lambda_p} \cong 0,1 \cdots 0,5\right)$ kommt eine angenähert sinusförmige Energieänderung zustande, welche der folgenden Funktion genügt:

$$W = \frac{W_{min} + W_{max}}{2} - \frac{W_k}{2} \cdot \cos \frac{\pi}{\tau_p} \cdot x.$$

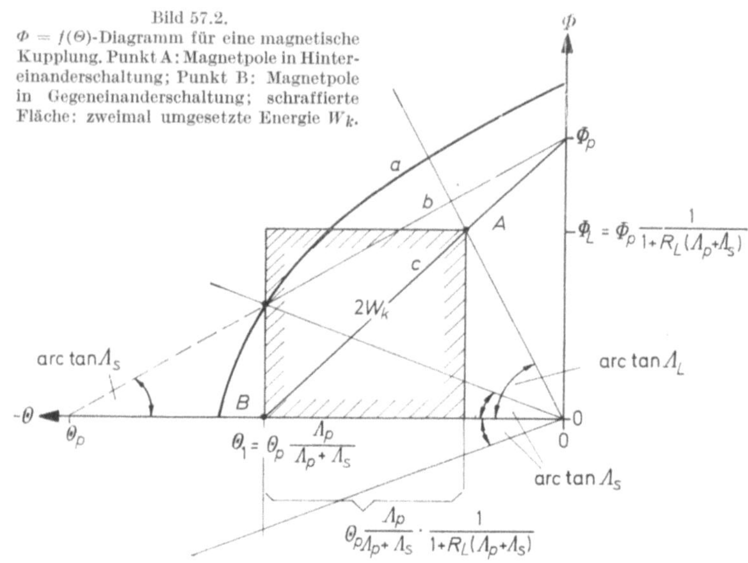

Bild 57.2. $\Phi = f(\Theta)$-Diagramm für eine magnetische Kupplung. Punkt A: Magnetpole in Hintereinanderschaltung; Punkt B: Magnetpole in Gegeneinanderschaltung; schraffierte Fläche: zweimal umgesetzte Energie W_k.

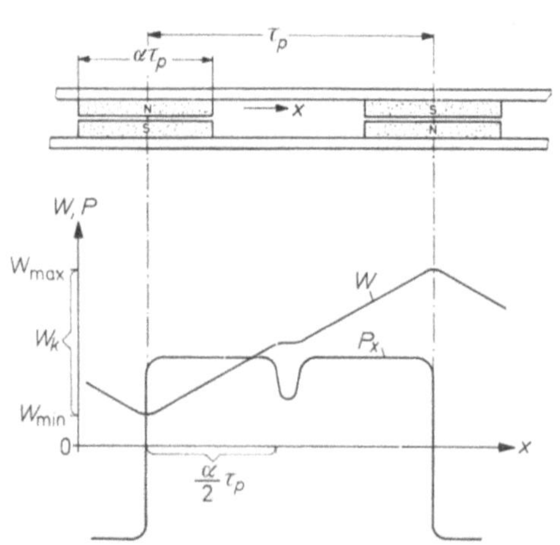

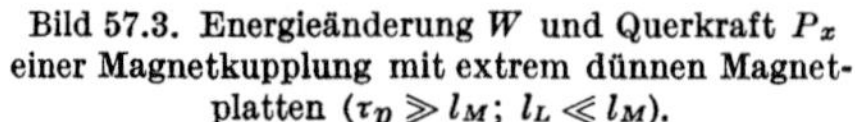

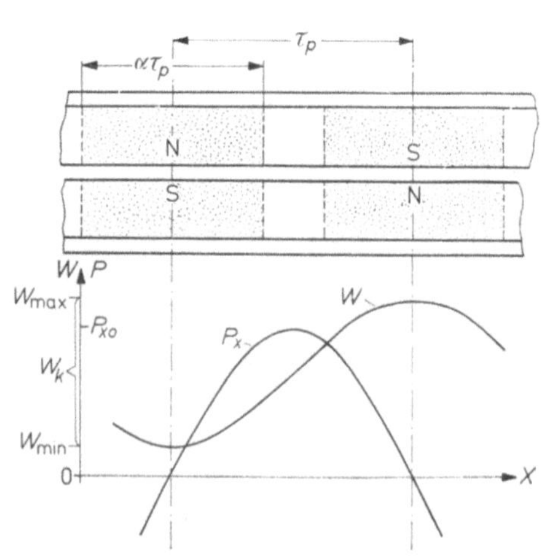

Bild 57.3. Energieänderung W und Querkraft P_x einer Magnetkupplung mit extrem dünnen Magnetplatten ($\tau_p \gg l_M$; $l_L \ll l_M$).

Bild 57.4. Energieänderung W und Querkraft P_x einer Magnetkupplung.

Die Querkraft P_x pro Polteilung hat dann die Größe:

$$_1P_x = \frac{\mathrm{d}W}{\mathrm{d}x} = \frac{W_k}{2} \cdot \frac{\pi}{\tau_p} \cdot \sin \frac{\pi}{\tau_p} \cdot x$$

mit dem Scheitelwert bei $x = \tau_p/2$, der zugleich die maximale Abreißkraft dar stellt:

$$_1P_{x0} = \frac{W_k}{2} \cdot \frac{\pi}{\tau_p} = \frac{\pi}{2\tau_p} \alpha \cdot E_p \cdot V_{M1} \cdot \nu_k.$$

Beachtet man, daß mehrere Pole (gesamte Polzahl $= p$) vorhanden sind, dann ist $V_M = p\, V_{M1}$ und die Gesamtkraft wird:

$$P_{x0} = \frac{\pi}{2\,\tau_p} \alpha \cdot E_p \cdot V_M \cdot \nu_k. \tag{57.3}$$

Die maximale spezifische Querkraft $\dfrac{P_{x0}}{F}$ einer ausgedehnten Fläche F ergibt sich zu:

$$\frac{P_{x0}}{F} = \frac{\pi}{2} \cdot \frac{l_M}{\tau_p} \alpha \cdot E_p \cdot \nu_k.$$

Liegt keine Längs-, sondern eine Drehanordnung mit dem Radius r vor, dann ist deren maximales Moment mit $\tau_p = \dfrac{2\,r\pi}{p}$:

$$M_0 = r \cdot P_{x0} = \frac{1}{4} \cdot p \cdot \alpha \cdot V_M \cdot E_p \cdot \nu_k. \tag{57.4}$$

Es werden Stirndreh- und Zentraldrehkupplungen unterschieden, wie sie in den Bildern 57.7 und 57.8 dargestellt sind. Bei den Stirndrehkupplungen ist die Feldverteilung im Magnetwerkstoff relativ homogen, so daß die Festlegung des Magnetvolumens eindeutig möglich ist. Allerdings darf als Magnetvolumen nur

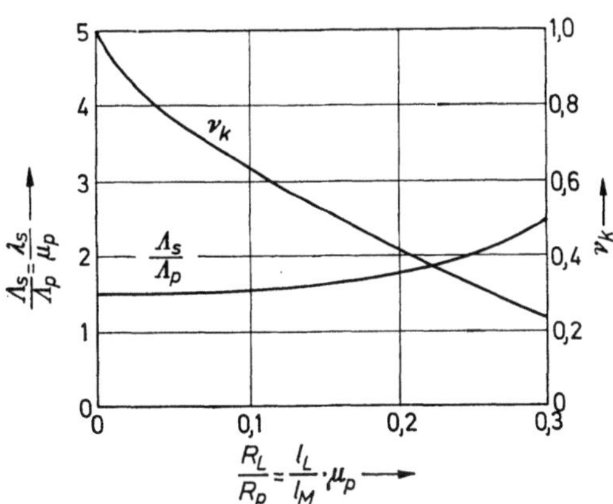

Bild 57.5. Relativer Streuleitwert $A_s/A_p = \lambda_s/\mu_p$ und Minderungsfaktor ν_k in Abhängigkeit vom relativen Luftspaltwiderstand $R_L/R_p = l_L/l_M \cdot \mu_p$ für Stirndrehkupplungen.

der magnetisierte Teil gewählt werden. Bei günstig ausgelegten Stirndrehkupplungen wurde zwischen dem normierten Luftspaltwiderstand R_L/R_p und dem normierten Streuleitwert A_S/A_p experimentell der in Bild 57.5 dargestellte Zusammenhang festgestellt. Daraus lassen sich Werte für den Minderungsfaktor ν_k bestimmen, die im gleichen Bild mit eingetragen sind. Mit Hilfe dieser Werte läßt sich das Abreißmoment M_0 von Stirndrehkupplungen näherungsweise vorausberechnen.

Tabelle 57.2. *Abmessungen, max. Drehmomente usw. von Zentraldrehkupplungen nach Bild 57.8 aus Bariumferrit 100*

M_0 Drehmoment in cmp		Innenmagnet			Außenmagnet			Eisenfassung		Luftspalt δ	Polzahl	Steifigkeit in cmp/Grad	
ohne	mit	D_1	D_2	h	D_3	D_4	h	D_4	Wandstärke		p	ohne	mit
Eisenfassung													Eisenfassung
		mm	mm	mm	mm	mm	mm	mm	mm	mm			
65	75	5	10	7	13	19,02	7	19	> 2	1,5	4	1,8	2
90	100	5	9	14,5	13	19,02	14,5	19	> 2	2	4	2,5	2,8
130	150	5	10	14,5	13	19,02	14,5	19	> 2	1,5	4	3,6	4
470	500	8	17	15	21	35,02	15	35	> 3	2	4	—	—
1100	1300	14	28,1	18	32,9	46,02	18	46	> 3	2,4	6	45	50
1300	1500	14	29,4	18	32,9	46,02	18	46	> 3	1,75	6	50	55
2200	2500	14	34,5	18	38,7	54,02	18	54	> 3	2,1	8	—	—
3000	3500	14	34,5	25	38,7	54,02	25	54	> 3	2,1	8	—	—
5000	5500	31	44,5	30	49,5	71,02	30	71	> 4	2,5	8	—	—
9000	10000	22	55	30	60	85,02	30	85	> 4	2,5	8	—	—
14000	15000	25	80	30	86	105,02	30	105	> 5	3	6	—	—
23000	25000	25	80	50	86	105,02	50	105	> 5	3	6	—	—

Bei Zentraldrehkupplungen sind die Verhältnisse wesentlich komplizierter, weil die Kraftlinien bogenförmig im Magnetwerkstoff verlaufen und außerdem die Magnetlängen und Volumina von Außen- und Innenring verschieden sind.

WULLKOPF [3] hat Platten aus isotropem Bariumferrit 100 mit verschiedener Polteilung bei unverändertem Luftspalt experimentell untersucht. Bild 57.6 ist seiner Arbeit entnommen und zeigt die maximale spezifische Querkraft P_{x0}/F als Funktion von $\delta/2\,\tau_p$, wobei δ der Abstand zwischen den Magnetplatten ist.

Die Daten von Stirn- und Zentraldrehkupplungen (Bild 57.7 und 57.8) sind in den Tab. 57.1 und 57.2 zusammengestellt. Das Hauptanwendungsgebiet derartiger Kupplungen sind Feuchtraumdurchführungen. Sie werden bei Flüssigkeitsmessern, Pumpen, insbesondere für aggressive Flüssigkeiten und Autoklaven-Rührwerke [6] verwendet. Bild 57.9 zeigt die letztgenannte Anwendung. Die längliche Form der Kupplung entsteht durch Aneinanderreihen mehrerer einzelner Zentraldrehkupplungen.

Bei der Verwendung der Magnetkupplungen treten verschiedene Nebenerscheinungen auf, die kurz besprochen werden sollen. Die Magnetkupplungen reißen ab, sobald das maximale Moment M_0 überschritten wird, und fallen nicht wieder in Tritt. Beim Anfahren ist zu beachten, daß der Hochlauf nicht zu schnell erfolgt, denn auch hierdurch kann das Maximalmoment überschritten werden. Wenn die Endgeschwindigkeit $\omega_e = 2\pi n_e/60\ \mathrm{s}^{-1}$ ($n_e =$ Enddrehzahl in min^{-1}) und die Hochlaufzeit T_e s bekannt sind, dann hat das auftretende dynamische Moment die Größe:

$$M_{\mathrm{dyn}} \cong \frac{\omega_e J_k}{T_e}\ \mathrm{pcm},$$

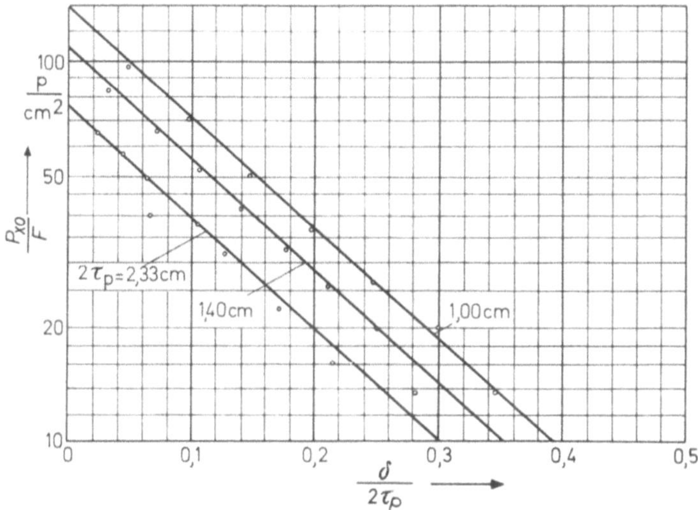

Abmessungen: Magnetoberfläche $F = 7{,}0 \times 1{,}5\ \mathrm{cm}^2$, Höhe = 0,8 cm,
$2\tau_p = 2{,}33$ cm, 1,4 cm, 1,0 cm

Die Magnetplatten bestehen aus Bariumferrit 100 ohne Weicheisenrückschluß; die Magnetisierung ist alternierend streifenförmig und sinusförmig.

Bild 57.6. P_{x0}/F als Funktion von $\delta/2\,\tau_p$ bei ebenen Magnetplatten (nach WULLKOPF [3]).

Bild 57.7. Stirndrehkupplung mit Bariumferrit 300 KK.

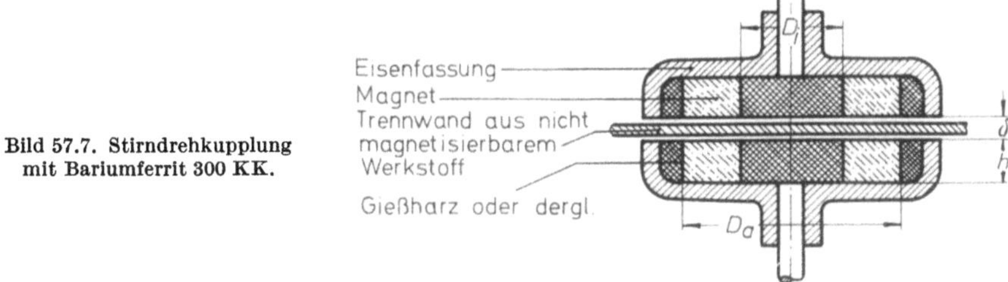

wobei J_k das Trägheitsmoment auf der Abtriebsseite bedeutet. Gelingt es nicht, das dynamische Moment M_{dyn} kleiner als das maximale Kupplungsmoment M_0 zu machen, so helfen nur mechanische Anlaufkupplungen oder elektrische Schaltmaßnahmen, die den Motor sanft hochlaufen lassen, beispielsweise das Vorschalten eines Heißleiters [7, 8].

Sofern die Trennwand oder das Zwischenrohr aus einem Stoff gemacht wird, der elektrisch leitet, treten Wirbelstromverluste auf. Weil das Wirbelstrommoment proportional zur Drehzahl ansteigt, gibt es eine Grenzdrehzahl, bei der kein Moment mehr übertragen werden kann. Allerdings liegt diese meist weit über der höchsten Betriebsdrehzahl. Man wird daher die Trennwand möglichst

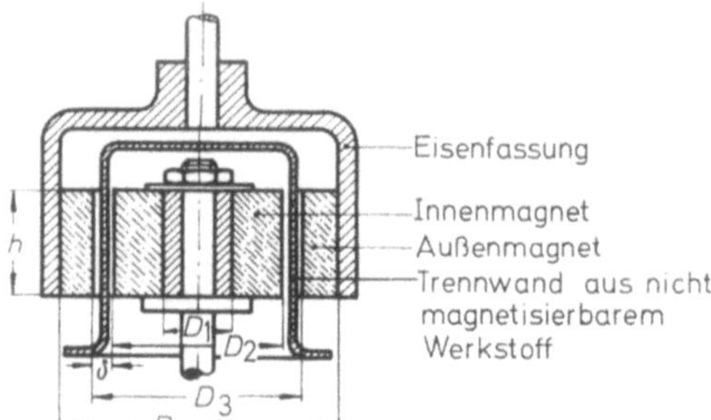

Bild 57.8.
Zentraldrehkupplung mit Bariumferrit 100.

aus einem elektrisch isolierenden Material machen. Falls aus Korrosions- oder Festigkeitsgründen unbedingt eine metallische Wand erforderlich ist, soll ein Edelstahl mit niedriger elektrischer Leitfähigkeit ($\varrho = 0{,}8 \cdot 10^{-4}\ \Omega$ cm) oder ein Widerstandsmaterial gewählt werden. Durch die Wirbelstromverluste entsteht in dem Trennmaterial eine Wärmezufuhr der Größe $N = M_{dw} \cdot \omega$, die je nach den Ableitungsverhältnissen zu einer mehr oder weniger starken Erhitzung führt. Als Beispiel sei angeführt, daß ein Edelstahlrohr, welches den Spalt zu 80 % ausfüllt, das Maximalmoment einer Zentraldrehkupplung mit Bariumferrit 100 bei 1 000 min^{-1} um ca. 2% herabsetzt. Bei einer Stirndrehkupplung mit Bariumferrit 330 und einem Verhältnis von $l_L/l_M = 0{,}17$ beträgt der Drehmomentabfall bereits ca. 10%.

Von großer praktischer Bedeutung sind Magnetkupplungen in Wassermessern. Bei exzentrischen Versetzungen treten in Magnetkupplungen radiale Kräfte auf, welche die Lagerreibung erhöhen und so die Mindest-Durchflußmenge heraufsetzen, die noch gemessen werden kann. Bei Kupplungen, die nicht die Anziehung entgegengesetzter Pole, sondern die Abstoßung gleichnamiger Pole ausnutzen, ist diese Radialkraft wesentlich geringer. Eine solche Kupplung wird daher für Wassermesser verwendet [9, 10]. Während die Wassermesser mit Flügelrad ein sehr kleines Drehmoment aufweisen, haben die Drehkolben- und Ovalradzähler ein wesentlich höheres Mo-

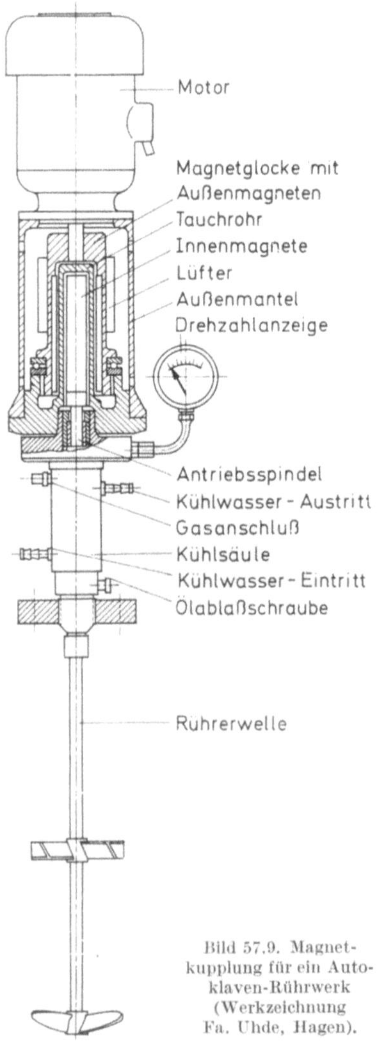

Bild 57.9. Magnetkupplung für ein Autoklaven-Rührwerk (Werkzeichnung Fa. Uhde, Hagen).

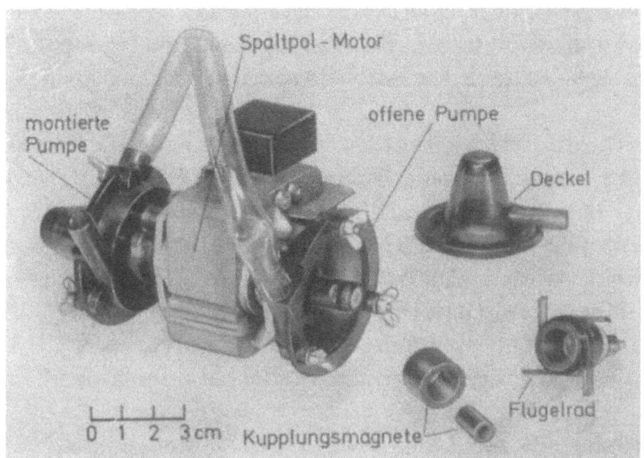

Bild 57.10. Flügelradpumpe mit Zentraldrehkupplung (Hersteller Fa. G. Eheim, Deizisau).

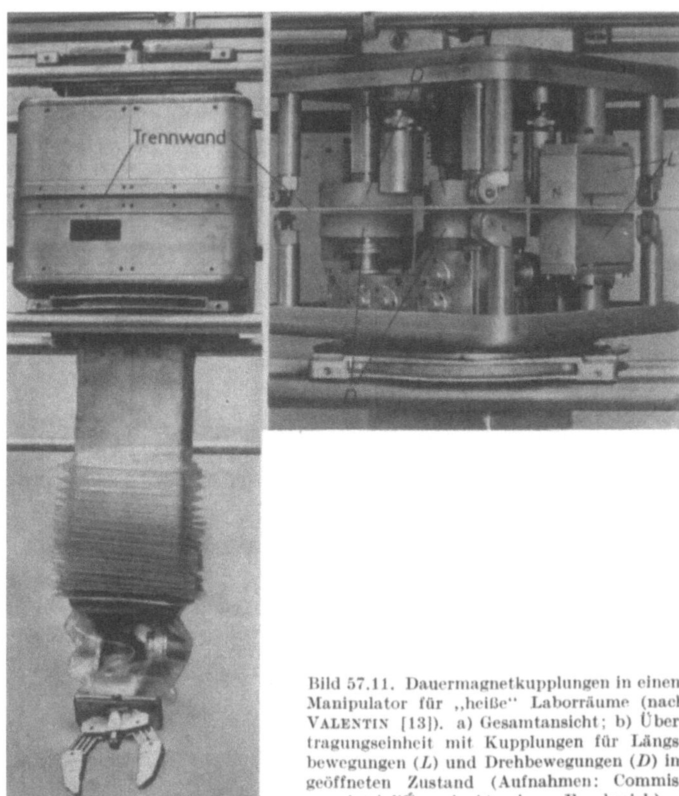

Bild 57.11. Dauermagnetkupplungen in einem Manipulator für „heiße" Laborräume (nach VALENTIN [13]). a) Gesamtansicht; b) Übertragungseinheit mit Kupplungen für Längsbewegungen (L) und Drehbewegungen (D) im geöffneten Zustand (Aufnahmen: Commissariat à l'Énergie Atomique, Frankreich).

ment. Bei diesen Geräten ist die Verwendung der Magnetkupplungen unproblematisch. Sofern bei größeren Pumpen im Feuchtraum ein Überdruck herrscht, empfiehlt es sich, eine Zentraldrehkupplung zu verwenden. Das erforderliche Spaltrohr hat eine wesentlich kleinere Wandstärke als die Membran einer vergleichbaren Zentraldrehkupplung. Außerdem ist das Trägheitsmoment der Zentraldrehkupplung auf der Feuchtraumseite wesentlich kleiner als das einer Stirndrehkupplung.

Als Meßgeräte mit Magnetkupplungen seien noch die Rotationsviskosimeter erwähnt [11, 12]. Auch Wasser-, Heißwasser- und Säurepumpen werden zur Vermeidung von Dichtungsschwierigkeiten über Magnetkupplungen angetrieben. Bild 57.10 stellt eine kleine Flügelpumpe dieser Art dar. Die Flügel des Pumpenrades sind direkt auf den äußeren Kupplungsring aus Bariumferrit aufgespritzt.

Es liegt nahe, Manipulatoren für „heiße" strahlungsgefährdete Laboratoriumsräume mit Magnetkupplungen auszuführen. VALENTIN [13] hat über eine Einrichtung dieser Art berichtet. Ein derartiger Manipulator ist in dem Bild 57.11 gezeigt.

Zentralkupplungen für Längsbewegungen bestehen meist aus aufeinandergeschichteten wechselpolig magnetisierten Ringmagneten. Als Anwendungsbeispiel sei die Betätigung eines Schöpflöffels für die Probenentnahme in einem Vakuum-Schmelzofen genannt.

57.3 Abstoßende Kraftwirkung zwischen Magneten

Die abstoßende Wirkung gleichnamiger Magnetpole wird hauptsächlich in magnetischen Lagern für Elektrizitätszähler und Uhren ausgenutzt (s. Bild 51.4). Die Magnete dienen dazu, den bewegten Körper in Schwebe zu halten und dadurch

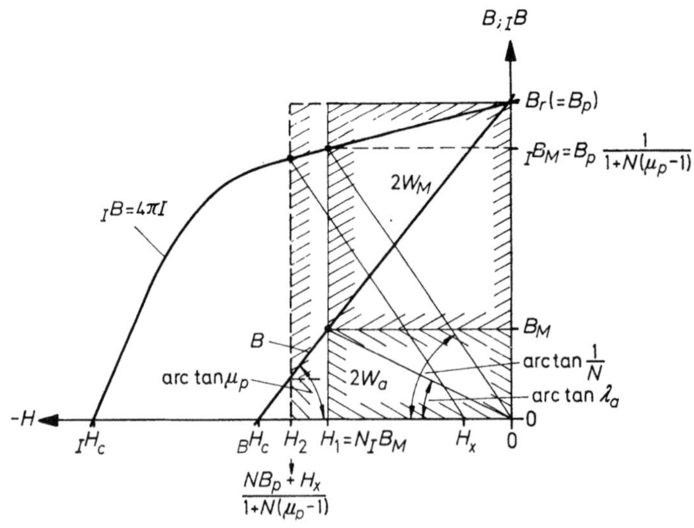

Bild 57.12. Energieverhältnisse bei abstoßenden Magneten.

die störende Reibung in dem Unterlager zu vermeiden. Als einfachstes Modell für eine näherungsweise Berechnung werden zwei Ferrit-Ringmagnete gewählt, die sich im Abstand x (von Mitte zu Mitte) gegenüberstehen. Ein Magnet erzeugt am Ort des anderen Magneten eine mittlere Feldstärke H sowie eine mittlere Feldstärkeänderung dH/dx. Zur Berechnung der Kraft muß die Energie des

Gesamtsystems sowie deren Änderung mit x bekannt sein. Ein einzelner Magnet, dessen Scherung N ist, besitzt, wie das Bild 57.12 zeigt, die Gesamtenergie

$$W = W_M + W_a = \frac{1}{2} B_p H_1 {}_1 V_M = \frac{1}{2} N \cdot {}_I B_M B_p \cdot {}_1 V_M \cdot c_1.$$

Sofern B in G, H in Oe ausgedrückt werden, hat der Maßstabsfaktor c_1 die Größe $c_1 = 0{,}812 \cdot 10^{-4}$ pcm/G $\cdot$ Oe $\cdot$ cm³. Ist der Magnet einem Fremdfeld der Größe H_x ausgesetzt, dann wird die Gesamtenergie

$$W = \frac{1}{2} (N\, {}_I B_M \cdot B_p + {}_I B_M \cdot H_x)\, {}_1 V_M \cdot c_1.$$

Mit Hilfe der Gl. (57.1) folgt für die Kraft auf einen Magneten:

$$_1 P = \frac{\mathrm{d}W}{\mathrm{d}x} = \frac{\mathrm{d}W}{\mathrm{d}H_x} \cdot \frac{\mathrm{d}H_x}{\mathrm{d}x} = \frac{1}{2}\, {}_I B_M \frac{\mathrm{d}Hx}{\mathrm{d}x} \cdot {}_1 V_M \cdot c_1. \tag{57.5}$$

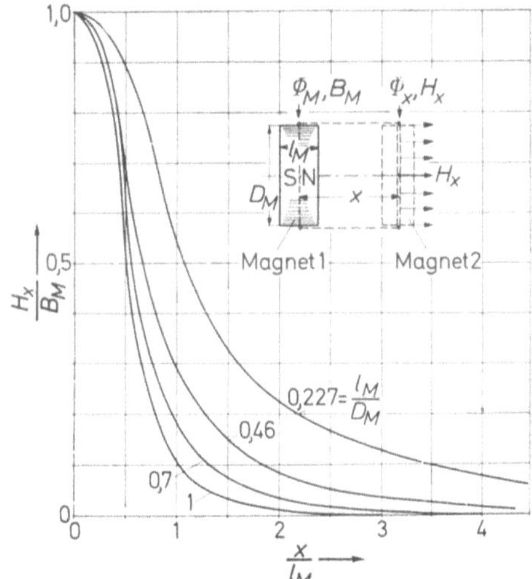

Bild 57.13. Mittlere rel. Feldstärke H_x/B_M (B_M: mittlere Induktion im Magneten) in Abhängigkeit vom rel. Abstand x/l_M und dem Verhältnis l_M/D_M für Scheiben aus Bariumferrit 100.

Für zwei Magnete ist der Wert doppelt so groß. Die spezifische Kraft hat sodann die Größe:

$$\frac{P}{F_M} = {}_I B_M \cdot \frac{\mathrm{d}Hx}{\mathrm{d}x} \cdot {}_1 l_M \cdot c_1 \cdot \frac{\mathrm{p}}{\mathrm{cm}^2}. \tag{57.6}$$

In dieser Gleichung ist zunächst die Magnetisierungsinduktion $_I B_M$ unbekannt. Sofern die Permanenz B_p, die Steigung einer inneren Geraden $\mu_p = B_p/H_p$ und die Scherung $N = 1/(1 + \mu_a)$ vorgegeben sind, wird mit $\lambda_a = B_a/H_a = B_M/H_M$:

$$_I B_M = \frac{B_p}{1 + N\,(\mu_p - 1)} = \frac{B_p}{1 + \dfrac{\mu_p - 1}{\lambda_a + 1}}.$$

Für Ferritmagnete gilt $\mu_p \cong 1{,}15$, so daß $_I B \approx B_p$ wird. Die Größe der Permanenz B_p folgt aus der maximalen Entmagnetisierung, die dann vorliegt, wenn die

Magnete sich berühren $(x/l_M = 1)$. Gemessene Werte der Feldstärke H_x bezogen auf die mittlere Induktion B_M für Scheiben aus Bariumferrit 100 können dem Bild 57.13 entnommen werden. Zwischen B_M und B_p besteht die Beziehung $B_M/B_p = \lambda_a/(\mu_p + \lambda_a)$. Angaben über λ_a sowie $\lambda_a/(\mu_p + \lambda_a)$ (bei $\mu_p = 1{,}15$) für

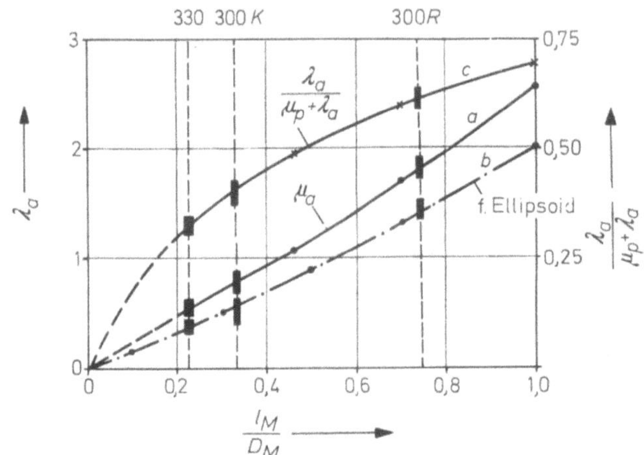

Bild 57.14. **Kurve a:** Gemessene Werte $B_M/H_M = \lambda_a$ für offene Scheibenmagnete aus Bariumferrit. **Kurve b:** Theoretische Werte für Ellipsoide. **Kurve c:** Faktor $\lambda_a/(\mu_p + \lambda_a) = B_M/B_p$.

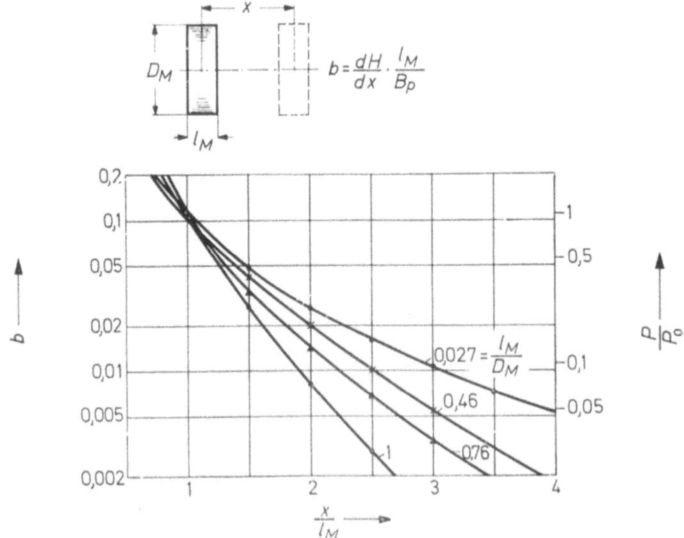

Bild 57.15. Bezogener Feldstärkegradient $b = \mathrm{d}H/\mathrm{d}x \cdot l_M/B_p$ in Abhängigkeit vom relativen Abstand x/l_M für offene Scheibenmagnete.

Ellipsoide und Scheiben enthält Bild 57.14. Die senkrechten gestrichelten Linien in dem Bild geben die Grenze an, bis zu welcher der Arbeitspunkt scheibenförmiger Ferritmaterialien noch im gradlinigen Teil der Entmagnetisierungskurve liegt. Hierfür gilt $B_p = B_r$. Zur Berechnung der spezifischen Kraft fehlt noch der Feldstärkegradient. In dem Bild 57.15 ist $b = (\mathrm{d}H/\mathrm{d}x) \cdot (l_M/B_p)$ als Funktion des relativen Abstandes x/l_M angegeben. Diese Kurven sind durch graphisches Differenzieren und Umrechnung aus Bild 57.13 entstanden. Weil sich sämtliche Kurven bei $x/l_M = 1$ in der Nähe von $b = 0{,}11$ schneiden, ist der maximale Druck scheibenförmiger Ferritmagnetpaare näherungsweise unabhängig von den Abmessungen und kann zu

$$\frac{P_0}{F_M} \cong \left(\frac{B_p}{350}\right)^2 \frac{p}{\text{cm}^2} \tag{57.7}$$

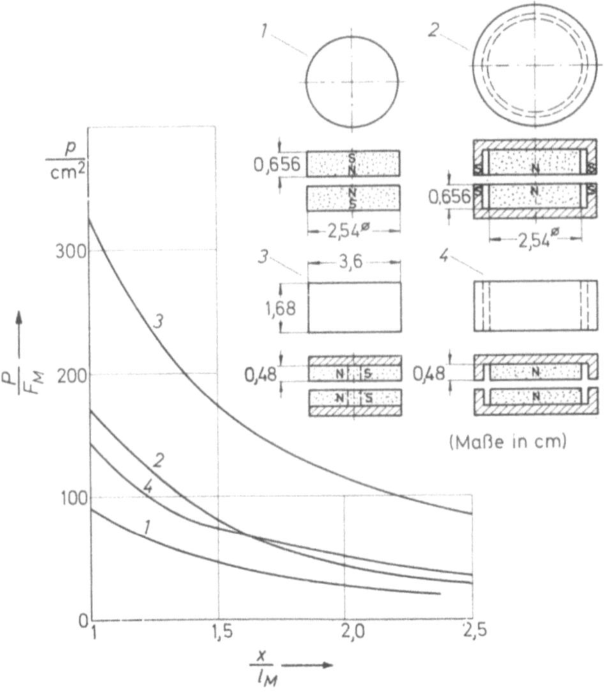

Bild 57.16. Abstoßende Druckkraft P/F_M verschiedener Magnetsysteme als Funktion des relativen Abstandes x/l_M (nach McCaig [14]). Magnetmaterial: Bariumferrit 300 mit $B_r = 3{,}4$ kG; $_BH_c = 2{,}5$ kOe; $_IH_c = 2{,}6$ kOe.

angegeben werden (B_p in G). Für isotropes Bariumferrit 100 ergibt die Formel Werte von ca. 30 p/cm², für anisotropes Strontiumferrit ca. 120 p/cm². Falls keine Scheiben, sondern Systeme mit Rückschlüssen o. a. verwendet werden, ist es möglich, sowohl l_M als auch dH/dx zu steigern und höhere Werte zu erzielen. Bild 57.16 ist einer Arbeit von McCaig [14] entnommen und zeigt die Druckkraft verschiedener Magnetsysteme. Aus den Kurven ist zu sehen, daß maximale Druckkräfte von rd. 330 p/cm² erzielbar sind. In einer weiteren Arbeit werden von McCaig [15] Angaben für die Berechnung der Funktion $H = f(x)$ und deren Ableitung dH/dx gemacht. Der Vergrößerung von dauermagnetischen Schwebeanordnungen sind Grenzen gesetzt, weil dabei die Druckkraft mit dem Quadrat der linearen Vergrößerung, das Gewicht hingegen mit der 3. Potenz ansteigen. Bei der Benutzung von AlNiCo-Werkstoffen sind die Verhältnisse wesentlich komplizierter. Zwar arbeiten auch diese durch das entmagnetisierende Feld auf einer inneren Entmagnetisierungsgeraden, doch ist der Fußpunkt dieser Geraden kaum rechnerisch zu bestimmen.

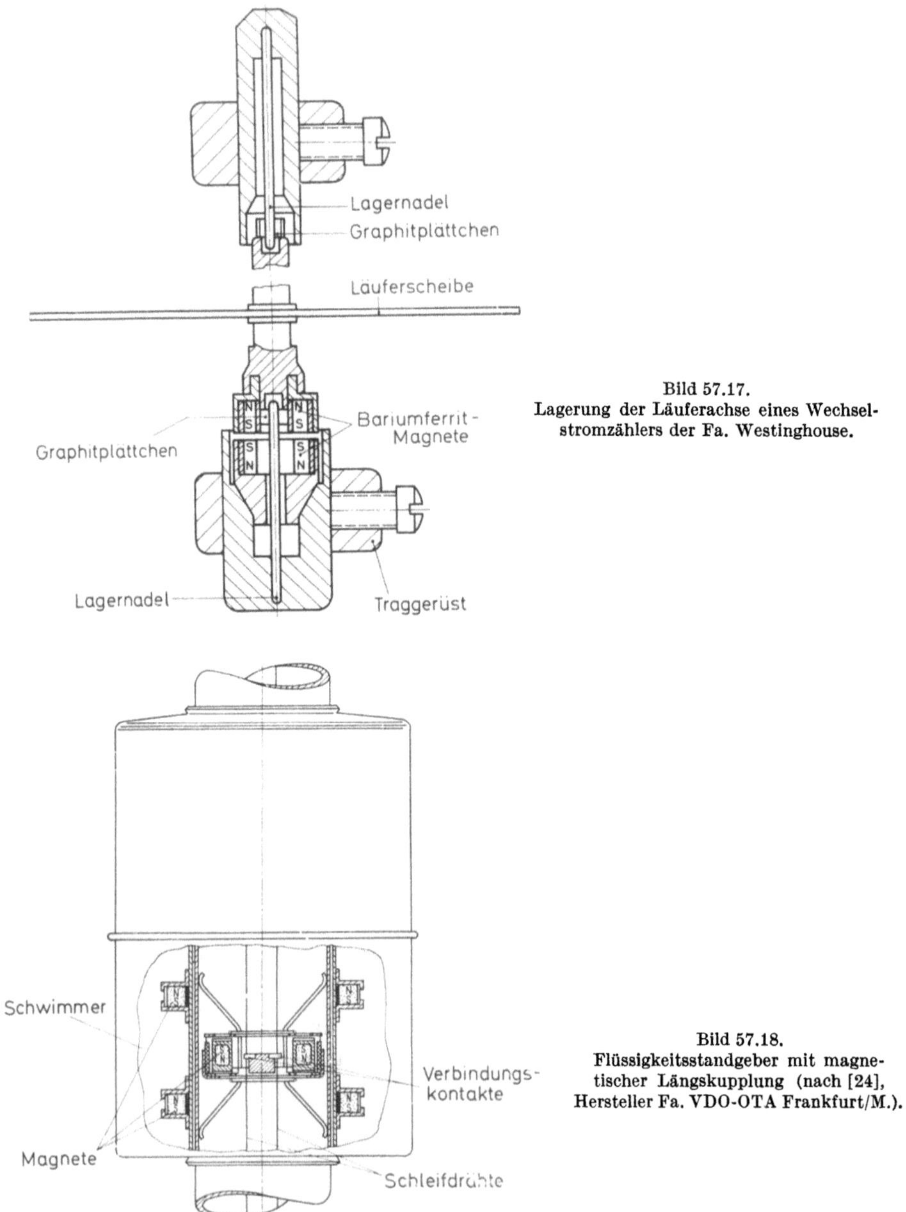

Bild 57.17.
Lagerung der Läuferachse eines Wechsel-stromzählers der Fa. Westinghouse.

Bild 57.18.
Flüssigkeitsstandgeber mit magne-tischer Längskupplung (nach [24], Hersteller Fa. VDO-OTA Frankfurt/M.).

Als Anwendungsbeispiel offener, einander abstoßender Magnete wurden bereits die Schwebelager für Uhren [16] und Elektrizitätszähler erwähnt. Bild 57.17 ist einer Arbeit von Claus [16] entnommen und zeigt eine Anordnung der Firma Westinghouse [17]. Weitere Lager für Zähler haben Trekell, Mendelsohn,

WRIGHT [18] und WRIGHT [19] beschrieben. GLASER [20,21] behandelte die Lagerentlastung bei Uhren. Auch bei Schneidenlagerungen werden Lagerentlastungen verwendet [22]. Eine vollständige Zusammenstellung sämtlicher Möglichkeiten, magnetische Lagerungen zu bauen, finden sich in einem Buch von GEARY [23].

Sind die Achsen von Scheiben- oder Ringmagneten exzentrisch gegeneinander versetzt, dann treten störende Seitenkräfte auf. Dies gab Anlaß zum Bau einer

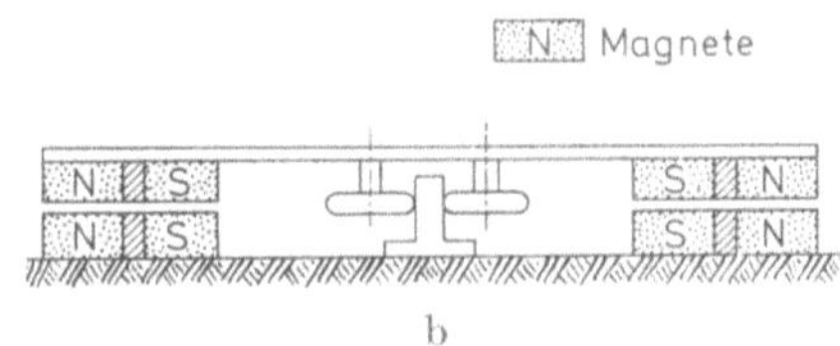

Bild 57.19. a) Magnetische Schwebebahn (Werkbild Fa. Westinghouse, USA); b) Anordnung der Magnete.

a

Längskupplung, die auf Abstoßung beruht. In dem Bild 57.18 ist dargestellt, daß ein kleiner Innenmagnet sich zwischen zwei großen Ringmagneten im indifferenten Gleichgewicht befindet, so daß bei seitlichen Verlagerungen nur verschwindend kleine Reibungskräfte an der Wandung auftreten können. Die betreffende Kupplung wird für einen Schleifdraht-Flüssigkeitsstandmesser benutzt [24].

Nach dem Theorem von EARNSHAW ist es nicht möglich, daß sich ein Dauermagnet im Feld eines anderen Dauermagneten im stabilen Gleichgewicht befinden kann [25, 26]. STEINGROEVER und FRANCK [27] haben eine Anordnung beschrieben, bei der stabile Schwebung eines Graphitkörpers, welcher diamagnetische Eigenschaften besitzt, im Feld eines starken Dauermagnetsystems erzielt wird. Sie nutzten diese stabile Lagerung für die Aufhängung des beweglichen Organes eines Elektrititätszählers aus. Allerdings ist der technische Aufwand derart groß, daß kaum mit einer praktischen Einführung gerechnet werden kann.

Traglager für waagerechte Achsanordnungen wurden von BACKERS [28] vorgeschlagen und als Prototyp gebaut. Im Prinzip bestehen diese Anordnungen aus zwei ineinanderlaufenden Ringen, die entweder axial oder radial magnetisiert sind, wobei sich gleiche Pole gegenüberstehen. Nachteilig ist dabei das Durchsacken des drehenden Innenteils auf Grund seines Eigengewichts, doch können solche Lageranordnungen für schwerelose Motoren, Generatoren etc. möglicherweise von Bedeutung werden.

Der alte Vorschlag, magnetisch gelagerte Schienenfahrzeuge zu bauen, ist durch die aluminium- und sulfathaltigen Strontiumferritmagnete in das Stadium konkreter Erwägungen getreten [29 bis 32]. Der Rohstoff des ferritischen Magnetmaterials steht relativ billig zur Verfügung, während sich der Umwandlungspreis mit steigenden Erzeugungsmengen senkt, so daß eine magnetische Schwebebahn vom wirtschaftlichen Standpunkt aus durchaus realisierbar erscheint. In dem Bild 57.19 ist eine bei der Firma Westinghouse gebaute magnetische Bahn zu sehen, deren Wagen imstande war, eine Person zu tragen. Im englischen Sprachraum wurden diese Bahnen mit dem Namen „Magnarail" versehen.

Literatur

1. SCHWABE, E.: FWT 62 (1958) 1—8.
2. GERNHARDT, P.: DEW Techn. Ber. 2 (1962) 153—158.
3. WULLKOPF, H.: Valvo-Ber. 8 (1962) 101—118.
4. HELLBARDT, G.: Das Industrieblatt 62 (1962) 270—274.
5. BÖHM, D.: VDI-Z. 19 (1966) 38—41.
6. TODTENHAUPT, D.: Brennst.-Chemie 46 (1965) W 94—99.
7. BÖHM, W.: Konstruktion 15 (1963) 60—63.
8. EBERBACH, F.: Textil-Praxis 14 (1959) 829—832.
9. DBPa 1 125 533 (30. 6. 1959).
10. DBPa 1 165 144 (12. 1. 1961).
11. SÜSS, R.: ATM V 9122—12 (Jan. 1963) 9—12.
12. DEWIZIN, E. D., P. A. IWANOW u. W. D. KRUTOGOLOW: FWT 69 (1965) 518—519.
13. VALENTIN, M. A.: C. E. A. Le 3e Cycle de Journées sur les Aimant Permanents Paris 1967, 14.
14. McCAIG, M.: Techn. Bull. No. 4, 1965, Perm. Magnet Assoc. Sheffield/England.
15. McCAIG, M.: Electr. Rev. 169 (1961) 425—428.
16. CLAUS, G.: FWT 66 (1962) 111—118; DBPa 1 183 594 (21. 6. 1962); DBPa 1 239 395 (2. 3. 1965).
17. DBPa 1 184 857 (23. 2. 1961).
18. TREKELL, H. F., L. J. MENDELSOHN u. J. H. WRIGHT: Trans. AJEE 67 (1948) 1180—1185.
19. WRIGHT, D. F.: AJEE (Dec. 1961) 755—758.
20. GLASER, G.: Die Uhr H. 13 (1955) 20—24.
21. GLASER, G.: Die Uhr H. 17 (1963) 75—79.
22. HILDEBRAND, S.: FWT 68 (1964) 383—390.
23. GEARY, P. J.: Magnetic and Electric Suspensions, Brit. Sci. Instr. Res. Assoc. 1964.
24. DBP 1 139 660 (11. 7. 1953).
25. EARNSHAW, S.: Trans. Cambr. Phil. Soc. 7 (1842) 97—112.
26. MAXWELL, J. C.: A treatise on electricity and magnetism. Oxford: Claredon 1873, Bd. 1, S. 139—141.
27. STEINGROEVER, E., u. S. FRANCK: ETZ-B 19 (1967) 716—719.
28. BACKERS, F. TH.: Phil. Techn. Rdsch. 22 (1960/61) 252—259.
29. POLGREEN, G. R.: New Applications of Modern Magnets. London: Macdonald 1966, 257 ff.
30. BARWELL, F. T.: Proc. Inst. Mech. Eng. 175 (1961) Nr. 17, 853—879.
31. KERR, C., u. C. LYNN: Westinghouse Eng. 21 (1961) Nr. 2, 36—39. — KERR, C.: Westinghouse Eng. 23 (1963) Nr. 1, 2—7.
32. POLGREEN, G. R.: Electr. Tms. 5 (1965) 299—303.

58 Hysteresekräfte zwischen Dauermagneten und Eisen

Hysteresekräfte sind von der Bewegungsgeschwindigkeit unabhängig und werden in den sogenannten Hysteresebremsen ausgenutzt, wobei die im Hystereseteil umgesetzte Energie teilweise eine irreversible Ummagnetisierungsenergie ist. Zur Erklärung und Berechnung der Querkraft werde ein einfaches lineares System

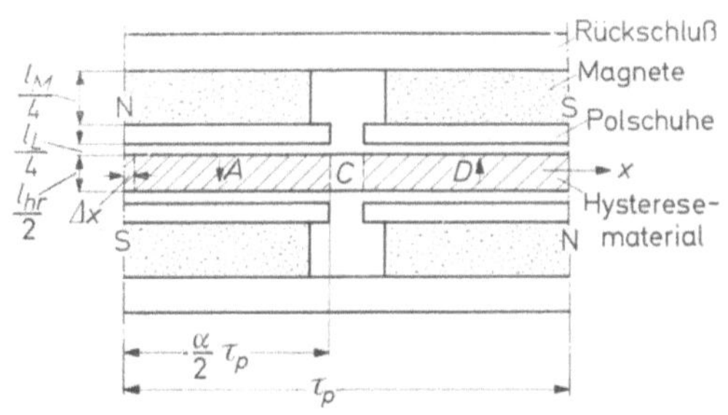

Bild 58.1.
Zur Berechnung der Querkraft einer Hysteresebremse.

Bild 58.2. Magnetisches Schaltbild. ⟶

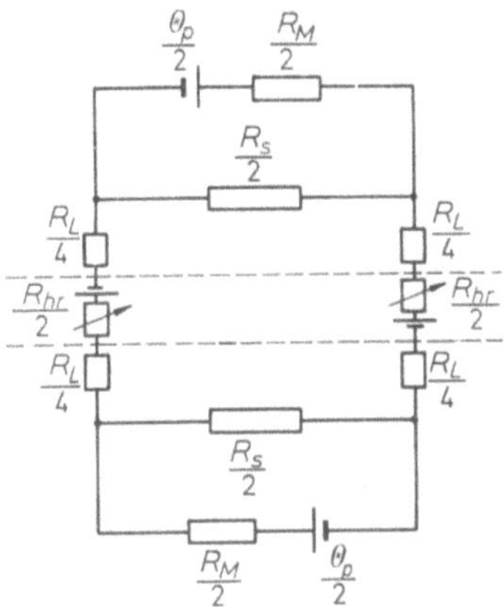

gewählt (Bild 58.1). Bild 58.2 stellt das dazugehörige magnetische Schaltbild und Bild 58.3 das $\Phi = f(\Theta)$-Diagramm dar. In letzterem ist mit a die Schleife des Dauermagnetmaterials und mit d die Schleife des Hysteresematerials bezeichnet. e ist die Neukurve des Hysteresematerials. Zunächst werde von der vereinfachenden Vorstellung ausgegangen, daß kein Luftspalt ($R_L = 0$) und keine

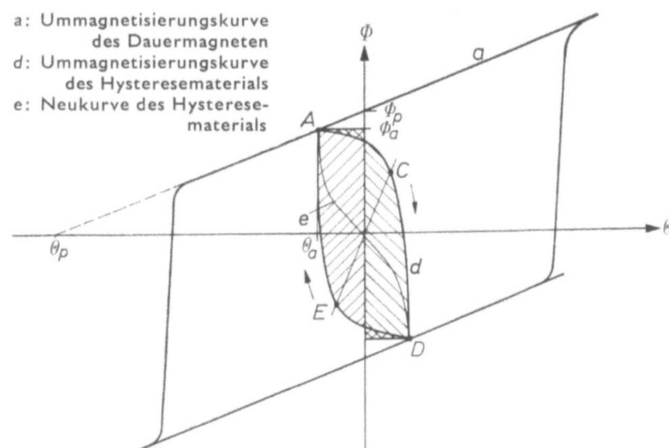

Bild 58.3. $\Phi = f(\Theta)$-Diagramm des Magnetkreises aus Dauermagneten und Hysteresewerkstoff nach Bild 58.1 und 58.2 ($R_L = 0$; $\Lambda_S = 0$).

Streuung ($\Lambda_S = 0$) vorhanden sind. Wird das Hysteresematerial um ein kleines Stück Δx in x-Richtung weiterbewegt (Bild 58.1), dann treten an den Polschuhkanten im Hysteresematerial Feldstärke- und Induktionsänderungen auf. Unter der Annahme vollständiger Homogenität können diese Größen an der Schleife des Hysteresematerials im Bild 58.3 als $H_h = \Theta/l_{hr}$ und $B = \Phi/F_h$ mit F_h

$= (\alpha/2) \cdot \tau_p \cdot L$ entnommen werden. Die Energiedichteänderung folgt der Beziehung $E_h = \int\limits_{B_1}^{B_2} H(B) \cdot \mathrm{d}B$. Im einzelnen ergibt dies folgende Werte: An der rechten Kante des linken Polschuhes (Bild 58.1) der freiwerdende Betrag (in Bild 58.3 kreuzschraffiert) $\int\limits_{B_A}^{B_r} H \cdot \mathrm{d}B$ sowie der aufzuwendende Betrag $\int\limits_{B_r}^{B_C} H \cdot \mathrm{d}B$ (einfach schraffiert); an der linken Kante des rechten Polschuhes der aufzuwendende Betrag $\int\limits_{B_C}^{B_D} H \cdot \mathrm{d}B$ (einfach schraffiert). Die Summe dieser drei Werte entspricht der halben Hysteresefläche. Für ein vollständiges Polpaar gilt der doppelte Wert, d. h. die gesamte Hysteresefläche. Wird diese mit E_h (spez. Hysteresearbeit) bezeichnet, dann hat die gesamte Energieänderung bei Bewegung um ein Stück Δx die Größe $\Delta W = E_h \cdot \Delta V_h = E_h \cdot l_{hr} \cdot L \cdot \Delta x$. Nach der Gl. (57.1) ist daher, wenn der Grenzübergang $\Delta W \to \mathrm{d}W$ und $\Delta x \to \mathrm{d}x$ vollzogen wird, wobei angenommen sei, daß $\mathrm{d}W$ sich im differentiellen Bereich linear mit $\mathrm{d}x$ ändert, die Hysteresekraft:

$$P_1 = E_h \cdot l_{hr} \cdot L = E_h \cdot F_h \tag{58.1}$$

Dies gilt für ein Polpaar. Ist die Polzahl $p > 2$, dann treten $p/2$ mehr Polkanten auf, und die Hysteresekraft ist um $p/2$ größer.

Für eine Drehbremse mit dem Radius r und der Polzahl p ist das Hysteresemoment (mit $V_h = F_h \cdot 2\pi r$):

$$M = P_1 \cdot \frac{p}{2} \cdot r = \frac{1}{2\pi} \cdot \frac{p}{2} \cdot E_h \cdot V_h \tag{58.2}$$

Ein relativ einprägsamer Wert ist die Querkraft pro Flächeneinheit. Mit $V_h = F \cdot l_{hr}$ und $p = 2\pi r/\tau_p$ hat sie durch Umformung der Gl. (58.2) die Größe:

$$\frac{P}{F} = E_h \cdot \frac{l_{hr}}{2\tau_p} \tag{58.3}$$

Zur Erreichung einer ausreichenden Feldstärke muß $l_h/2\tau_p$ Werte zwischen 0,05 und 0,2 haben. Mit $E_h = 300 \ \mathrm{pcm/cm^3}$, wie es übliche Hysteresewerkstoffe besitzen, liegt dann P/F zwischen 15 und 60 $p/\mathrm{cm^2}$. Die Beziehungen (58.1) und (58.2) gelten unabhängig von der Induktionsverteilung, doch ist E_h von der Größe der Aussteuerungsfeldstärke $H_a = \Theta_a/l_{hr}$ abhängig, worüber im Abschnitt 55.8 nähere Angaben gemacht werden.

Im allgemeinen versucht man, eine Aussteuerungsfeldstärke $H_{a\mathrm{opt}}$ im Hysteresewerkstoff zu erreichen, bei welcher die spezifische Hysteresearbeit ein Optimum hat. In der Tabelle 55.1 finden sich entsprechende Werte. Der Punkt A (Bild 58.3) ist der Schnittpunkt der Neukurve des Hysteresewerkstoffes mit einer korrigierten Entmagnetisierungskurve des Dauermagnetwerkstoffes. Die Korrektur besteht darin, daß dessen Entmagnetisierungskurve a um den Winkel arc tan Λ_S nach unten (Kurve b) und dann um den Winkel arc tan R_L nach rechts (Kurve c) geschert wird, wie es das Bild 58.4 zeigt.

Weil das Hysteresematerial nach dem Magnetisieren in das Dauermagnetsystem eingebracht wird, arbeitet letzteres auf einer inneren Geraden, d. h. permanent. Es ist dann richtig dimensioniert, wenn der tiefste Arbeitspunkt B des Magneten die Feldstärke $H_{S\mathrm{opt}}$ besitzt. Je nach der Konstruktion kann dieser Punkt durch die Seitenstreuung zwischen den Magnetklötzen oder dem maximal möglichen Luftspalt gegeben sein. Mit $H_{S\mathrm{opt}}$ sind auch die optimale Permanenz

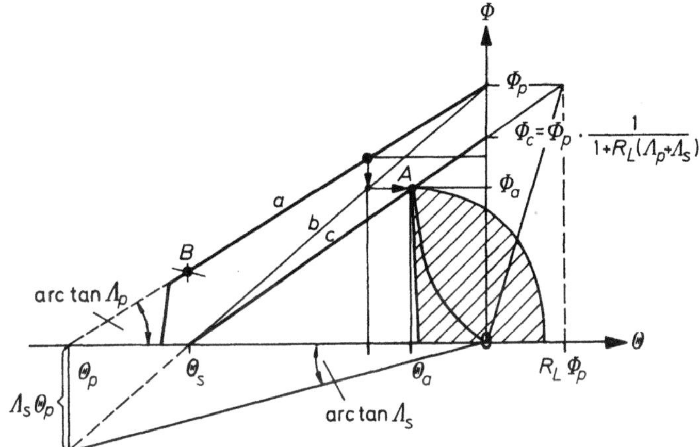

Bild 58.4. $\Phi = f(\Theta)$-Diagramm des Magnetkreises aus Dauermagneten und Hystereseteil mit Luftspalt R_L und Streuleitwert Λ_S.

$B_{p\,\mathrm{opt}}$ und die maximale permanente Energiedichte $E_{p\,\mathrm{max}}$ festgelegt. Die Gerade c in dem Bild 58.4 kann mit verschiedener Steigung Φ_c/Θ_S verlaufen. Es läßt sich leicht ableiten, daß das Produkt $\Phi_c \cdot \Theta_S$ dann ein Minimum wird, wenn $\Phi_c/\Theta_S = \Phi_a/\Theta_a$ ist. Dann ist $\Phi_c = 2\Phi_a$ und $\Theta_S = 2\Theta_a$, woraus sich die Bedingungen

$$B_c F_M = 2 B_a F_h \tag{58.4}$$

und

$$H_s l_M = 2 H_a l_h \tag{58.5}$$

ableiten lassen. Nun hat bei den üblichen Hysteresematerialien die optimale Induktion $B_{a\mathrm{opt}}$ bereits sehr hohe Werte von mehr als 10 kG. Die korrigierte optimale Permanenz $B_{c\mathrm{opt}}$ des Dauermagnetsystems ist wesentlich kleiner und liegt bei maximal 9 kG (meist 3 bis 5 kG), bei Bariumferrit hingegen nur bei 2 bis 3 kG. Dies bedeutet, daß die Magnetfläche F_M wesentlich größer als die Hysteresefläche sein muß, was nur der Fall sein kann, wenn das Hysteresematerial längs durchströmt wird. Dabei durchdringt der Magnetfluß die Hysteresescheibe in x-Richtung, was natürlich nur möglich ist, wenn statt der vier Magnete in Bild 58.1 nur deren zwei auf einer Seite des Hystereteiles vorhanden sind. In diesem Fall setzt sich die Hysteresekraft aus einem Anteil zusammen, der von der Querdurchströmung und einem, der von der Längsdurchströmung herrührt. Letzterer trägt jedoch 80 bis 90% zur Gesamtkraft bei. In vielen Fällen wird es nicht möglich sein, die Optimierungsbedingung (58.4) überhaupt zu erfüllen. Auch die zweite Bedingung (58.5) führt zu schwer realisierbaren Verhältnissen. $H_{a\mathrm{opt}}$ hat für Hysteresematerialien Werte von 60 bis 200 Oe, während $H_{S\,opt}$ zwischen 600 und 1 300 Oe liegt. Dann gilt $l_M/l_h = 0{,}1$ bis 0,7, was sich ebenso nur durch eine Anordnung mit Längsdurchströmung erfüllen läßt.

Das Hysteresemoment setzt sich aus einem irreversiblen und einem reversiblen Anteil zusammen. Letzterer bewirkt federndes Verhalten und hat zur Folge, daß

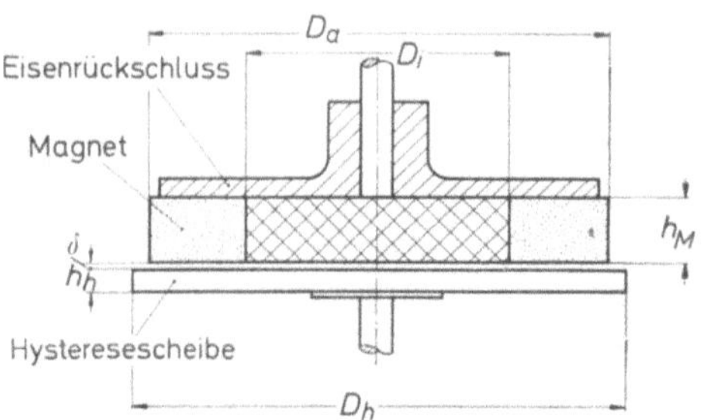

Bild 58.5. Hysterese-Stirndrehkupplung mit Magnetringen aus Bariumferrit 300 K und einer Hysteresescheibe aus Walzstahl mit 7% Co.

diese Kupplungen auch im synchronen Lauf noch ein elastisches Moment besitzen. Seine Entstehung kann verstanden werden, wenn man die Energieänderungen betrachtet, welche die einzelnen Elemente eines Hystereseringes erfahren, wenn dieser zunächst in eine Richtung gedreht, dann angehalten und anschließend langsam in die Gegenrichtung gedreht wird [3].

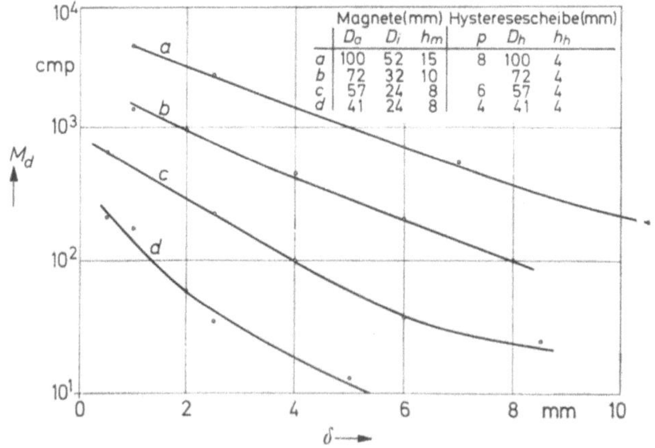

Bild 58.6. Gemessene Drehmomentwerte für Kupplungen nach Bild 58.5.

Bild 58.5 zeigt eine Hysterese-Stirndrehkupplung, deren Drehmomentwerte in den Kurven des Bildes 58.6 wiedergegeben sind (gültig für niedrige Relativ-drehzahlen). Weil das Hysteresematerial eine elektrische Leitfähigkeit besitzt, tritt bei höheren Relativ-Drehzahlen eine Momentenerhöhung durch Wirbel-ströme ein. Der spezifische Widerstand der Hysteresematerialien ist in der Tab. 55.1 auf S. 496 zum Teil mit angegeben.

HOFFMAN, JORDAN und RÖDER [1] haben eine elektrisch erregte Hysterese-bremse beschrieben und in dieser Veröffentlichung auch Angaben über das syn-chrone Moment gemacht. Wegen ihres konstanten Momentes, verbunden mit der einfachen Verstellmöglichkeit, werden Hysteresebremsen hauptsächlich als einstellbare Fadenbremsen in Textilmaschinen verwendet. Das Bild 58.7 wurde dem Buch von PARKER und STUDDERS [2] entnommen und stellt eine derartige Bremse dar. Auch in Drahtziehmaschinen, Kabelverseilmaschinen, Tonbandgeräten, Bild-

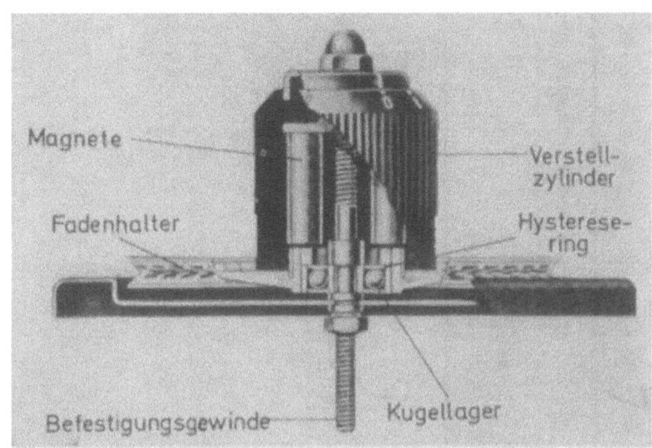

Bild 58.7.   Textil-Fadenbremse mit Hysteresering und Permanentmagneten aus AlNiCo 500 (nach PARKER, STUDDERS [2, S. 251]).

wiedergabegeräten u. a. m. werden sie benutzt. Sie bewähren sich überall dort, wo ein konstantes Moment unabhängig von der Drehzahl erforderlich ist. Weitere Literatur über Hystereseeinrichtungen befindet sich in Abschnitt 55.8.

Literatur

1. HOFFMANN, L., H. JORDAN u. G. RÖDER: ETZ-A 86 (1965) 385—390.
2. PARKER, R. J. u. R. J. STUDDERS: Permanent Magnets and their Application; New York/ London: Wiley 1962, 251.
3. BRINKMANN, K., u. D. BORGMANN: DEW-Techn. Ber. (erscheint demnächst).

59 Wirbelstromkräfte zwischen Dauermagneten und elektr. Leitern

Bild 59.1 zeigt eine Wirbelstromkupplung für Antriebszwecke, die mit einem mehrpolig magnetisierten Ring aus Bariumferrit 300 K und einer Kupferbrems-

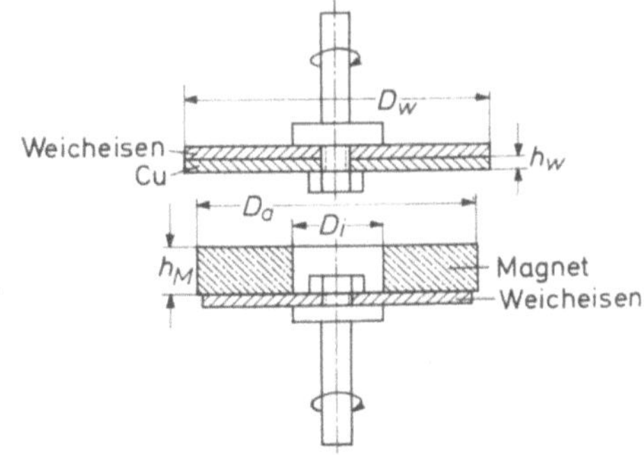

Bild 59.1. Wirbelstrom-Stirndrehkupplung mit Magnetringen aus Bariumferrit 300 K und Kupferscheibe.

scheibe ausgerüstet ist. Tab. 59.1 auf S. 524 gibt die gemessenen Bremsmomente für verschiedene Durchmesser und Luftspalte an. In Fällen, bei denen das unvermeidliche Hysteresemoment der mitdrehenden eisernen Rückschlußscheibe stört, kann diese auch stationär angeordnet werden. Die Momentenwerte in der Tabelle

Tabelle 59.1. *Drehmomente von Wirbelstromkupplungen nach Bild 59.1*

Drehmomente in cmp bei einem Luftspalt δ in mm			für eine Relativ-drehzahl	Magnet			Polzahl	Wirbelstromaggregat Cu-Scheibe		Fe-Scheibe Höhe
0,5	1,0	2,0	n/min	D_a mm	D_i mm	h_M mm		D_W mm	h_w mm	mm
105	80	55	500							
200	160	110	1000	40,5	24	8	4	45	2	2
280	225	150	1500							
800	650	400	500							
1550	1350	750	1000	57	25	8	6	63	2	2
2250	1850	1100	1500							
2250	1750	1250	500							
4100	3400	2500	1000	72	32	10	6	80	2	3
5750	4600	3500	1500							
14000	12000	9000	500							
19000	17000	13000	750	100	50	13	8	110	3	3
23000	21000	15500	1000							
45000	38000	30000	500							
58000	50000	40000	750	124	56	14	10	136	3	4
65000	58000	47000	1000							
60000	52000	40000	500							
76000	67000	51000	750	140	70	15	10	154	3	4
80000	70000	53000	1000							

sind sodann wegen des etwas größeren Luftspaltes um ca. 10% zu erniedrigen. Für Bremsscheiben aus Aluminium sind die Tabellenwerte mit dem Faktor $1{,}75/2{,}88 = 0{,}6$ zu multiplizieren. Die erkennbare Unlinearität rührt hauptsächlich von der Erwärmung der Scheibe durch die Wirbelstromverlustleistung her, welche

Bild 59.2. Aufspulvorrichtungen für Kupferlackdrähte, die mit dauermagnetischen Wirbelstromkupplungen zur Konstanthaltung der Zugkraft ausgerüstet sind [1]. (Werkbild Fa. Keller & Prahl, Eschwege.)

die Größe $N = M_d \cdot \omega = C_0 \cdot \omega^2$ hat (C_0: Dämpfungskonstante nach Gl. (44.2)). Die Unlinearität beginnt ungefähr bei einer Leistung pro Volumeneinheit von $j = 1{,}6\,\mathrm{W/cm^3}$. Dem Meßgerätebauer ist der Wert der sogenannten Kupferbelastung i in $\mathrm{A/cm^2}$ geläufiger. Zwischen beiden Werten besteht die Beziehung $j = i^2\varrho$.

Als Beispiel für die Verwendung derartiger Kupplungen ist in Bild 59.2 der Wickelantrieb einer Kupferdraht-Lackiermaschine dargestellt [1]. Zur Veränderung des Bremsmomentes kann der Magnet verschoben und damit der Luftspalt verstellt werden. Mit Hilfe einer solchen Wirbelstromkupplung ist es möglich, die Abzugskraft in einem Draht oder Band weitgehend konstant zu halten, auch wenn der Spulendurchmesser sich ändert. Voraussetzung für die Wirksamkeit des Verfahrens ist allerdings, daß die Abzugsgeschwindigkeit des Drahtes von der Spule konstant ist.

Ein anderes Beispiel stellt die Dämpfung der Pendelschwingungen von Waagen dar. Auch hierfür werden in steigendem Umfange Wirbelstrombremssysteme verwendet [2, 3]. Insbesondere werden sie zur Dämpfung von Sonderwägeeinrichtungen wie Butterwasserwaagen, Eierwaagen, Feuchtigkeitsgehaltswaagen usw. eingesetzt [4].

Nivelliere mit automatischer Horizontierung der Ziellinie erhalten zur Schwingungsdämpfung für die pendelnd aufgehängten schweregekoppelten Glieder häufig Magnete [5]. So zeigt Bild 59.3 ein Stehpendel-Nivellier der Firma Wild, dessen Pendel in zwei Ebenen magnetisch gedämpft ist. Auch in dem Askania-Seegravimeter nach GRAF ist die magnetische Dämpfung des Gravimeterpendels eines der wesentlichen Bauelemente [6]. Magnetische Bremsen werden u. a. für die Bremsung von Angelrollen [7] verwendet. Auch einfache Drehzahlregelvorrichtungen für Motoren mit Hilfe von kontaktgebenden Wirbelstrombremsen wurden vorgeschlagen [8].

Waagendämpfungssysteme bestehen fast immer aus AlNiCo-Magneten, weil die Dämpfungswirkung auf eine kleine Fläche konzentriert sein soll. Diese Forderung erfüllen Dämpferkonstruktionen, wie sie die Bilder 59.4 und 59.5 zeigen.

Bild 59.3. Automatisches Nivellier mit magnetischer Dämpfung (Hersteller Fa. Wild, Heerbrugg/CH).

Bild 59.4. Zweispurige Dämpfungssysteme für Waagen mit Magneten aus AlNiCo 500 (Werkbild Fa. DEW Magnetfabrik).

Sie bestehen jeweils aus vier AlNiCo-500-Magnetklötzen. In der Tab. 59.2 sind zu verschiedenen Abmessungen die Bremskonstanten $k = P_w/v$ in der Dimension ps/cm angegeben. k ist identisch mit der Bremskraft bei einer Geschwindigkeit von 1 cm/s. Die Werte gelten für Dämpfungsfahnen aus Kupfer mit einem spezifischen Widerstand von $\varrho = 1{,}75 \cdot 10^{-6}\ \Omega$ cm.

Wird an einer ungedämpften Waage die Schwingungszeit T_0 s und das Direktionsmoment am Waagebalken zu $D\ \dfrac{\mathrm{pcm}}{\mathrm{rad}}$ gemessen, dann ist zur aperiodischen Dämpfung der Waage folgendes Dämpfungsmoment notwendig:

$$_{\mathrm{erf}}C_0 = \left(\frac{M}{\omega}\right)_{\mathrm{erf}} = \frac{D\,T_0}{\pi}\ \frac{\mathrm{pcms}}{\mathrm{rad}}.$$

Hieraus folgt für die Größe der erforderlichen Bremskonstante:

$$k_{\mathrm{erf}} = \frac{D \cdot T_0}{\pi} \cdot \frac{1}{r^2}\ \frac{\mathrm{ps}}{\mathrm{cm}}.$$

Weil bei Waagen keine aperiodische Dämpfung, sondern ein 1,5faches Überschwingen zulässig und gewünscht ist, dürfen $_{\mathrm{erf}}C_0$ und k_{erf} etwas kleiner sein.

Tabelle 59.2. *Bremskonstante k von Waagen-Dämpfungssystemen (Dämpfungsfahne aus Kupfer mit $\varrho = 1,75 \cdot 10^{-6}\ \Omega$ cm)*

| $k = \dfrac{P_w}{v}$ | Abmessungen | | | | | | $k = \dfrac{P_w}{v}$ | Abmessungen | | | | | |
| $\dfrac{\text{ps}}{\text{cm}}$ | δ | b | a | e | f | g | $\dfrac{\text{ps}}{\text{cm}}$ | δ | b | a | e | f | g |
	mm	mm	mm	mm	mm	mm		mm	mm	mm	mm	mm	mm
0,7	3,0						9,3	6,0					
0,9	2,5	4,5	8,0	16,0	33,0	20	14,2	4,5					
1,4	2,0						23,3	3,0	11,0	28,0	41,5	65,0	55
							28	2,5					
2,2	4,5						25	6,0					
4,1	3,0						36	4,5					
5,2	2,5	7,0	12,5	26,0	53,0	42	55	3,0	12,5	40,0	46,5	90,0	80
7,1	2,0						63	2,5					
3,0	4,5						27	6,0					
6,0	3,0						41	4,5					
7,7	2,5	7,0	16,0	26,0	53,0	42	60	3,0	12,5	40,0	46,5	95,0	80
9,6	2,0						69	2,5					
3,8	4,5												
7,7	3,0												
9,3	2,5	7,0	20,0	26,0	53,0	42							
12,6	2,0												

Es empfiehlt sich, das Magnetsystem zur genauen Einstellung der Zahl der Über-
schwingungen schwenkbar anzuordnen.

Bild 59.6 zeigt die magnetische Dämpfung einer Laboratoriumswaage. Die
größten bisher gebauten Dämpfungssysteme für automatische Schnellwaagen
haben Bremskonstanten von ca. 200 ps/cm. Die Magnetdämpfung hat der Öl-
dämpfung gegenüber den Vorteil, daß sie weder von der Temperatur abhängig

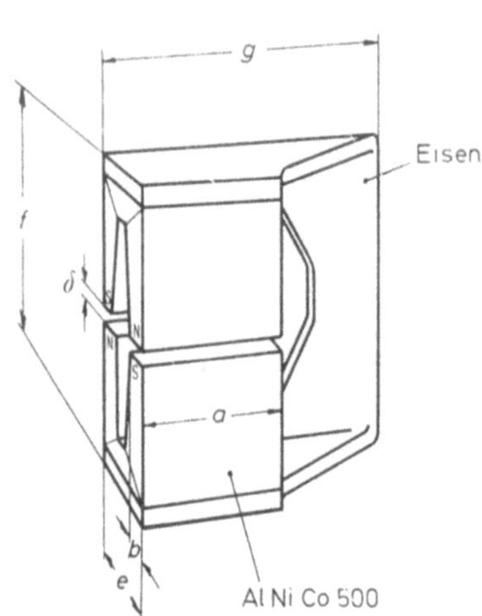

Bild 59.5. Dämpfungssystem zur Tabelle 59.2.
(s. S. 527).

Bild 59.6. Laboratoriumswaage mit dauermagnetischem
Dämpfungssystem (Werkbild Fa. Mettler, Gießen).

ist, noch sich zeitlich ändert. Die Füllung von Öldämpfern hingegen muß in regelmäßigen Abständen ausgewechselt werden. Außerdem sind sie lageempfindlich.
Bei Waagen mit sehr großer Empfindlichkeit kann die magnetische Dämpfung
nicht in allen Fällen verwendet werden, weil Kräfte in der Größenordnung von μp
zwischen den Dauermagneten und den unvermeidlichen Eiseneinschlüssen im
Kupfer oder Silber der Dämpfungsfahne auftreten können. Auch beim Wägen
ferromagnetischer Stoffe tritt diese Kraft auf.

Die bisher besprochenen Wirbelstromeinrichtungen nutzen die Bremswirkung
nur im angenähert linearen Bereich der Momentenkurve aus. Wird die Drehzahl
darüber hinaus erhöht, dann steigt das Moment zunächst langsamer an und wird
von einer Maximaldrehzahl ab sogar wieder kleiner. Der Grund für diese Erscheinung liegt in einer örtlichen (und zeitlichen) Verschiebung des magnetischen
Feldes, welches von den Wirbelströmen hervorgerufen wird. Die Verhältnisse
ähneln dem in Abschnitt 55.3 besprochenen Wechselstromgenerator, der mit veränderlicher Drehzahl betrieben wird, nur daß hier kein äußerer Widerstand für
den fließenden Strom vorhanden ist. Zur näherungsweisen Ableitung der Beziehung
$M = f(\omega)$ werde eine Anordnung betrachtet, wie sie Bild 59.7 zeigt. Die Induktionsverteilung an der Oberfläche des Magneten (Kurve 1 Bild 59.8) ist eine
abgesetzte Sinus-Funktion mit der Breite $\alpha \tau_p$. Hieraus kann eine flußgleiche
konstante Induktion mit dem gleichen Maximalwert B_{L0}, jedoch der ideellen

Breite $\alpha_i \tau_p$ gebildet werden, deren Grundwelle sodann die maximale Induktion B_{L1} hat (Bild 59.8). Bei langsamer Drehung des Kupferzylinders erscheint einem ruhenden Beobachter direkt über den Polen eine Wirbelströmung, die sich aus der entstehenden Spannung und dem Widerstand errechnen läßt, wie es in dem Kapitel 44 gezeigt wurde. Bei schnellerer Drehung ändert sich die Lage der Wirbelströmung: sie erscheint dem ruhenden Beobachter in Richtung des Pfeiles

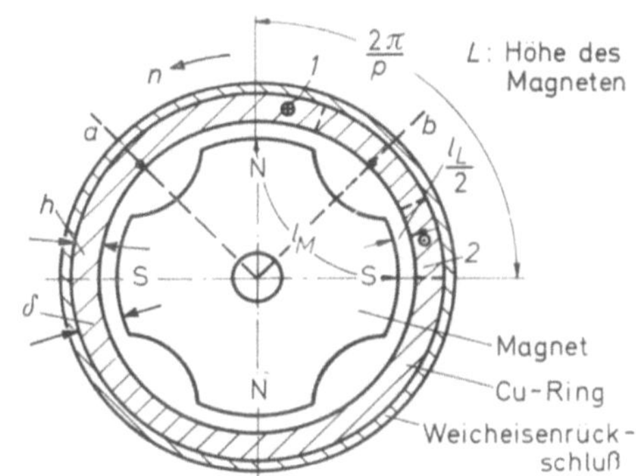

Bild 59.7. Mehrpolige dauermagnetische Wirbelstrombremse.

(Bild 59.7) verschoben und verläuft schließlich um den Pol herum. Sie ruft eine magnetische Spannung hervor, die nach der Rechtsschrauben-Regel den ursprünglichen Magnetfluß verringert. Zur Veranschaulichung ist nun der Standpunkt eines mitrotierenden Beobachters einzunehmen. Ihm erscheint der Strom in der Schleife als Wechselstrom. Deren EMK hat den Effektivwert $E = 2\pi f/\sqrt{2} \cdot B_{L1} \cdot L \cdot \tau_p$, wobei $f = n/60 \cdot p/2$ ist. Mit dem ohmschen Widerstand R (welcher

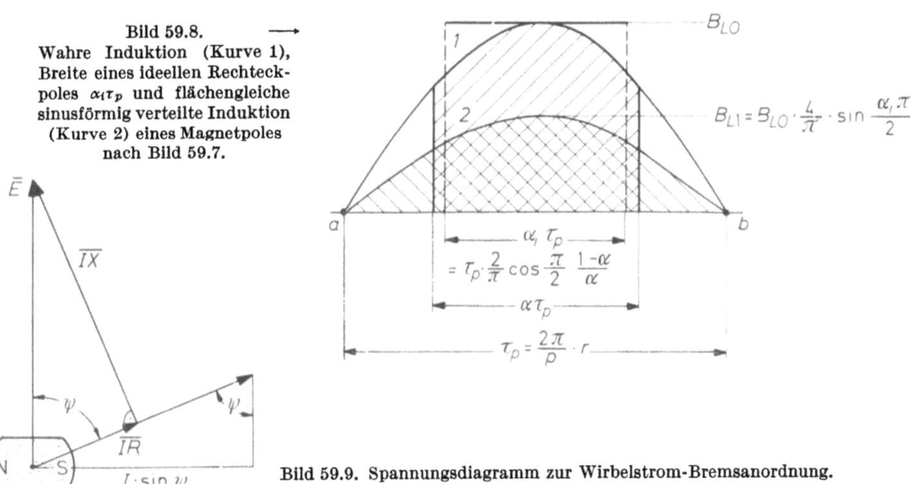

Bild 59.8. →
Wahre Induktion (Kurve 1), Breite eines ideellen Rechteckpoles $\alpha_i \tau_p$ und flächengleiche sinusförmig verteilte Induktion (Kurve 2) eines Magnetpoles nach Bild 59.7.

Bild 59.9. Spannungsdiagramm zur Wirbelstrom-Bremsanordnung.

sich nach Kapitel 44 aus einem Anteil unter dem Pol und einem Anteil außerhalb des Poles zusammensetzt) und dem Blindwiderstand $X = \omega \cdot L = \omega \cdot \Lambda_k$ läßt sich sodann das Spannungsdiagramm (Bild 59.9) in bekannter Weise aufzeichnen. Dabei ist Λ_k der magnetische Leitwert, der in Abschnitt 55.1 als Kurzschlußleitwert definiert wurde und nach der dortigen Ableitung die Größe

$$\varLambda_k = \frac{\varLambda_p + \varLambda_s}{1 + R_L\,(\varLambda_p + \varLambda_s)}$$

hat. Während bei Generatoren der magnetische Luftspaltwiderstand relativ niedrige Werte hat, ist er bei den Wirbelstrombremsen mit Kupfer oder Aluminium groß und nur ungenau zu definieren. Die gesamte Rechnung hat daher wie immer bei halboffenen Kreisen nur den Wert einer Näherungslösung.

Das Spannungsdreieck dieses „Generators" schließt sich über die Polradspannung $\overline{E}$ und die Spannungsabfälle $\overline{I \cdot R}$ und $\overline{I \cdot X}$. Unter der Annahme, daß der Blindwiderstand in allen Richtungen gleich ist, folgt für den Effektivwert des Stromes in der angenommenen Schleife:

$$I = \frac{E}{\sqrt{R^2 + X^2}}\,.$$

Bei einer genaueren Betrachtung ist zu berücksichtigen, daß sich die Wirbelströmung flächenhaft in der ganzen Leiterplatte ausbreitet. Berechnungen hierüber wurden u. a. von HANNAKAM [9] angestellt. Die Wirkleistung des Stromes hat die Größe:

$$N_{W1} = I^2 R = \frac{E^2}{R\,[(1 + \omega/\omega_0)^2]}$$

mit $\omega_0 = 2\pi(R/\varLambda_k)$. Die Leistung wird voll in Wärme umgesetzt. Aus ihr errechnet sich das Moment pro Pol zu:

$$M_{d1} = \frac{N_{W1}}{\omega} = \left(\frac{E}{\omega}\right)^2 \cdot \frac{1}{\varLambda_k} \frac{\omega/\omega_0}{1 + (\omega/\omega_0)^2}\,.$$

Der Ausdruck $(E/\omega)^2 \cdot (1/\varLambda_k)$ läßt sich zu

$$\frac{1}{2}\,\varPhi_L^2 \cdot \frac{1}{\varLambda_k} = \frac{1}{2}\,\varPhi_{L1}\,\varTheta_S \tag{59.1}$$

umformen. Dies ist eine magnetische Energie, welche in folgendem Zusammenhang mit der permanenten Energiedichte $E_p = 1/2\,B_p H_S$ des Magneten steht:

$$\frac{1}{2}\,\varPhi_{L1}\,\varTheta_S = E_p \cdot V_{M1}\,\frac{1}{1 + R_L\,(\varLambda_p + \varLambda_S)} = E_p \cdot V_{M1} \cdot \nu_2 \tag{59.2}$$

Das Gesamtmoment ist sodann $(V_M = p \cdot V_{M1})$:

$$M_d = E_p \cdot V_M \cdot \nu_2 \cdot \frac{\omega/\omega_0}{1 + (\omega/\omega_0)^2} \tag{59.3}$$

Das relative Moment $M_d/(E_p \cdot V_M)$ für eine Größe des Minderungsfaktors von $\nu_2 = 1$ ist in dem Bild 59.10 als Funktion der Relativdrehzahl ω/ω_0 dargestellt. In der Gleichung für die permanente Energiedichte E_p ist die Permanenz B_p unbestimmt, weil sie davon abhängt, auf welche maximale Drehzahl die Bremse hochgefahren wurde und welche maximale Gegendurchflutung dabei am Magneten aufgetreten ist. Nach dem Vektorschaubild des Bildes 59.9 hat der in Richtung der Längsachse des Magneten fallende Teil der Gegendurchflutung die Größe:

$$\Theta_g = I \cdot \sin\psi.$$

Der Ausdruck für den Strom läßt sich zu

$$I = \Theta_S \frac{\omega/\omega_0}{\sqrt{1 + (\omega/\omega_0)^2}}$$

umformen, während $\sin\psi = IX/E = I/\Theta_S$ ist. Dann folgt für die Größe der Gegendurchflutung:

$$\Theta_g = \Theta_S \cdot \frac{(\omega/\omega_0)^2}{1 + (\omega/\omega_0)^2}$$

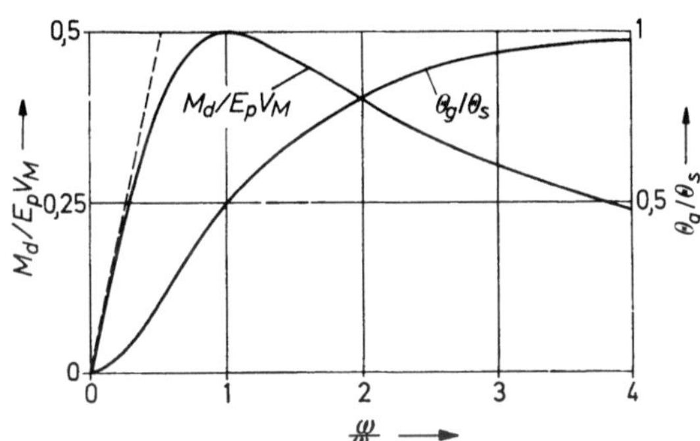

Bild 59.10.
Relatives Moment $M_d/E_p V_M$ und relative Gegendurchflutung einer Wirbelstrombremse als Funktion der relativen Drehzahl ω/ω_0.

Die relative Gegendurchflutung Θ_g/Θ_S ist in dem Bild 59.10 mit eingezeichnet. Anhand der Entmagnetisierungskurven (Bild 59.11) kann nun das Verhalten einer derartigen Wirbelstrombremse erklärt werden. Darin ist Kurve a die äußere Entmagnetisierungskurve des Magnetmaterials; Kurve b und Kurve c sind diese um arc tan Λ_S nach unten und um arc tan R_L nach rechts geschert. Im unteren Diagramm ist die Gegendurchflutung Θ_g in Abhängigkeit von der Relativdrehzahl ω/ω_0 aufgetragen. Für sehr große ω/ω_0 geht Θ_g gegen Θ_S. Von einem bestimmten ω/ω_0 ausgehend (in Bild 59.10 ist dies $\omega/\omega_0 = 1{,}7$), gelangt man auf der Kurve c zum Punkt A der maximalen Entmagnetisierung. Geht die Drehzahl zurück, dann bewegt sich der Arbeitspunkt auf einer inneren Geraden mit der Steigung tan Λ_k bis zum Ruhefluß Φ_L. Punkt C ist der Fußpunkt der entsprechenden inneren Geraden. Nachdem dieser Punkt C bekannt ist, liegt auch die Permanenz $\Phi_p = B_p \cdot F_M$ und damit die in der Gl. (59.1) enthaltene permanente Energiedichte fest. Wegen der gekrümmten äußeren Kurve kann Φ_p bei AlNiCo Magnetmaterial nicht durch Rechnung, sondern nur zeichnerisch oder experimentell gefunden werden. Die maximal mögliche Entmagnetisierung bei sehr hohen Drehzahlen ist durch den Rotorstreuleitwert Λ_S gegeben. Eine Optimalkonstruktion bei gegebener Maximaldrehzahl muß darauf abgestellt sein, daß der Punkt C der Fußpunkt der optimalen permanenten Geraden ist.

Die Anfangssteilheit der Momentenkurve folgt durch Differenzieren und Nullsetzen der Gl. (59.1) zu:

$$C_0 = \left(\frac{dM_d}{d\omega}\right)_0 = \frac{E^2}{\omega^2 R},$$

was bis auf einen Maßstabsfaktor der in Kapitel 44 abgeleiteten Formel für die Dämpfungskonstante entspricht.

Anwendungen derart hochbelasteter Wirbelstromkupplungen sind beispielsweise in Drehzahlregelanlagen für Einspritzpumpen gegeben. Bild 59.12 zeigt den Wirbelstromteil eines solchen Reglers.

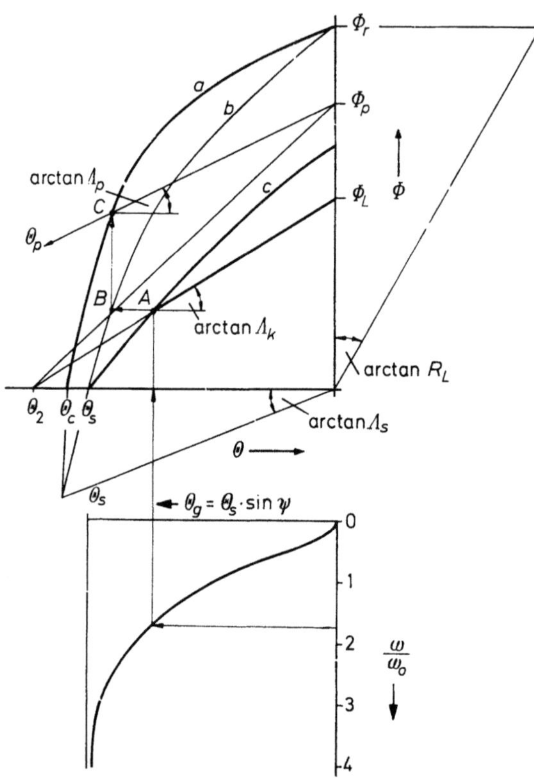

Bild 59.11. Entmagnetisierungskurven einer Wirbelstrombremse (oberer Bildteil) sowie Gegendurchflutung in Abhängigkeit von der relativen Drehzahl ω/ω_0 (unterer Bildteil).

Im Gegensatz zu den Wirbelstrombremsen mit Dauermagneten, die stets mit einem guten elektrischen Leiter (Kupfer, Aluminium, Silber) als momentenerzeugendes Element ausgerüstet sind, enthalten große, elektrisch erregte Wirbelstrombremsen Eisenzylinder als Leiter [10, 11]. Dabei ist die magnetische Leitfähigkeit heraufgesetzt, weil der Luftspalt wesentlich kleiner ist, die elektrische Leitfähigkeit jedoch herabgesetzt, weil das Eisen schlechter leitet. Das vorhandene Hysteresemoment ist wesentlich kleiner als das Wirbelstrommoment und vernachlässigbar. Die elektrische Erregung bietet Vorteile, wenn es sich darum handelt, das Bremsmoment einfach zu regeln. Elektrisch erregte Wirbelstromkupplungen und -bremsen wurden von DAVIES [12] sowie HANSEN und TIMMLER [13] beschrieben.

Dauermagnetische Wirbelstromeinrichtungen werden auch als Drehbeschleunigungsmesser verwendet. Im Prinzip beruhen diese Geräte auf der Änderung des Ankerquerflusses, die bei einer Drehzahlvariation eintritt (Bild 59.13). Um den stationären Dauermagneten M dreht sich der aus Kupfer oder Weicheisen bestehende zylinderförmige Leiter L. Die Wirbelströme rufen einen in Querrichtung verlaufenden Jochfluß Φ_{jg} hervor. Ändert sich die Winkelgeschwindigkeit ω, dann ändert sich auch der Jochfluß, und an den Klemmen der Spulen Sp tritt eine Spannung auf, die proportional zur Drehbeschleunigung $\dot{\omega}$ ist. Derartige Anordnungen wurden von RADEMAKERS [14], v. BASEL [15] und MERTENS [16] beschrie-

Bild 59.12. Wirbelstromregler für eine Benzin-Einspritzpumpe (Hersteller Fa. Kugelfischer, München).

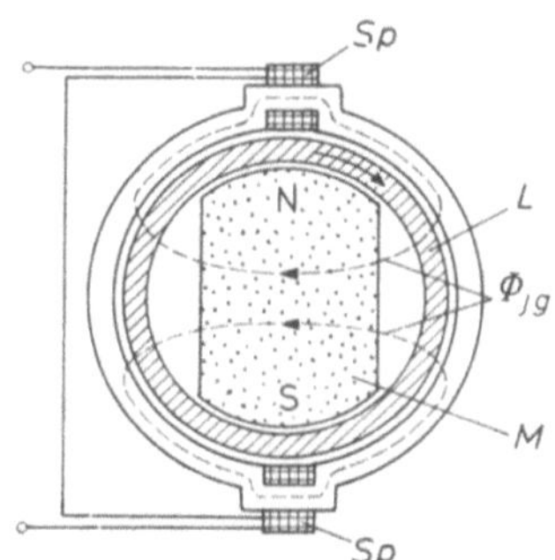

Bild 59.13. Wirbelstrom-Drehbeschleunigungsmesser. M Magnet, L Leiter, Sp Spulen, Φ_{jg} Joch-Querfluß.

ben. Sie können in Verbindung mit einer Relaisschaltung für Schleuderschutzzwecke an Lokomotiv- und Lastwagenrädern Verwendung finden.

Abschließend sei auf Wirbelstrom-Münzprüfer hingewiesen. Bei diesen fällt eine Münze schräg in das Feld eines Magnetsystems. Je nach dem elektrischen Widerstand des Münzmaterials hat sie beim Austritt einen anderen Fallwinkel, wodurch es möglich ist, falsche Münzen auszuscheiden.

Literatur

1. BRINKMANN, K.: Z. Draht 13, H. 2 (1962) 2—8.
2. HOFMANN, W.: ATM T 99 — 1932.
3. SCHWABE, E.: ETZ 78 (1957) 495—499.
4. STUART, J. M.: FWT 68 (1964) 209—216.
5. DEULICH, FR.: Instrumentenkunde der Vermessungstechnik, Berlin: VEB Verlag für Bauwesen 1967.
6. JACOBY, H. D., u. R. SCHULZE: Askania-Warte 23 (1966) 4—9.
7. USA Pat. 2361239 (24. 10. 1944).
8. ZAUBITZER, R.: FWT 68 (1964) 20—21.
9. HANNAKAM, L.: ETZ-A 86 (1964) 427—431.
10. SONNTAG, J.: AEG-Mitt. 50 (1960) 123—126.
11. GONEN, D., u. S. STRICKER: Trans. Instr. electr. electronics Eng. on Power, App. Syst. 84 (1965) 357—361.
12. DAVIES, E. J.: Trans. AJEE 82 (1963) 401—419.
13. HANSEN, A., u. W. R. TIMMLER Jr.: Trans. AJEE 82 (1963) 436—442.
14. RADEMAKERS., P J.: Instrument Practice 13 (Febr. 1959) 177 ff.
15. BASEL, C. v.: ATM J 163—4 (Mai 1964) 113—116.
16. MERTENS, P.: ATM Lief. 383 (Dez. 1967) R 141—R 148.

60 Kraftwirkungen zwischen Dauermagneten und Eisen

60.1 Allgemeines

Es werde zwischen Haft- und Filtersystemen unterschieden. Bei ersteren sind die Abmessungen der zu haftenden Teile in der gleichen Größenordnung wie die Magnetsysteme, bei letzteren sind sie klein und verändern die Fluß- und Energieverhältnisse des Magneten nicht. Die Berechnung der Anzugskräfte, abgesehen von der eigentlichen Haftkraft beim Luftspalt Null, ist mit großen Unsicherheiten verknüpft.

Wie immer besteht bei einem fast geschlossenen idealisierten System die beste Möglichkeit zu einer näherungsweisen Berechnung. Bild 60.1 zeigt ein solches

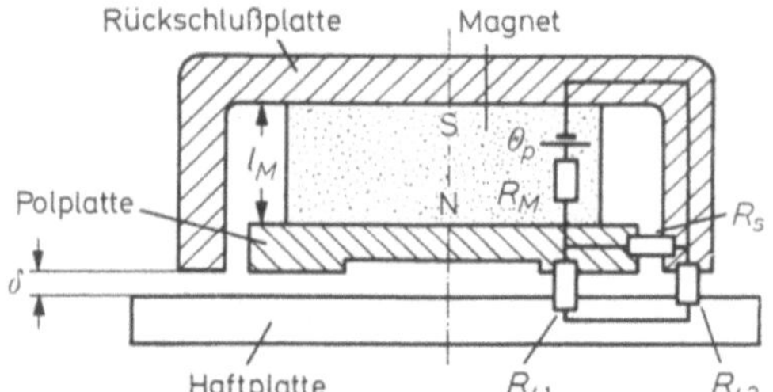

Bild 60.1. Magnetisches Haftsystem mit eingezeichnetem magnetischem Schaltbild.

System samt dem eingezeichneten magnetischen Schaltbild. Der zylinderförmige Dauermagnet habe eine relativ kurze Länge und besitzt daher eine weitgehend homogene Feldverteilung. Der Streufluß tritt im wesentlichen an der Innenseite der ringförmigen Eisenpolplatte über. Bild 60.2a stellt das dazugehörige $\Phi = f(\Theta)$-Diagramm dar. Im geöffneten Zustand (ohne Haftplatte) liege der Arbeitspunkt bei A. Beim Annähern der Haftplatte wandert er von A auf der inneren Entmagnetisierungsgeraden mit der Steigung Λ_p in Richtung Φ_p. Wird die innere Gerade um arc tan Λ_S nach unten geschert, dann entsteht eine Gerade mit der Steigung $\Lambda_1 = \Phi_p/\Theta_S = \Lambda_p + \Lambda_S$. Die gesamte magnetische Energie W als Funktion des Luftspaltwiderstandes R_L hat die Größe:

$$W = \frac{1}{2}\, \Phi_p \cdot \Theta_S \, \frac{\Lambda_1\, R_L}{1 + \Lambda_1\, R_L} \tag{60.1}$$

Hierin ist $1/2 \cdot \Phi_p \Theta_S = W_p = E_p \cdot V_M$ die permanente Energie des Magneten. Der magnetische Luftspaltwiderstand setzt sich aus zwei Anteilen R_{L1} und R_{L2} zusammen und ist:

$$R_L = \delta \left(\frac{1}{F_{L1}} + \frac{1}{F_{L2}} \right) = \frac{\delta}{F'_L}$$

mit

$$F'_L = \frac{F_{L1} \cdot F_{L2}}{F_{L1} + F_{L2}}$$

als Ersatzfläche. Nach (57.1) hat die magnetische Zugkraft als Ableitung der Gesamtenergie den Wert:

$$P = \frac{dW}{d\delta} = \frac{dW}{dR_L} \cdot \frac{dR_L}{d\delta} = W_p \cdot \frac{1}{F'_L} \cdot \frac{\Lambda_1}{(1 + \Lambda_1\, R_L)^2} .$$

Bei direkter Anlage der Haftplatte ($R_L = 0$) ist die Haftkraft P_0 unter Beachtung der Beziehung $\Theta_s/\Theta_p = 1/(1 + \Lambda_s/\Lambda_p)$:

$$P_0 = \frac{W_p}{F'_L} \cdot \Lambda_1 = \frac{1}{2}\left(B_p \frac{F_M}{F'_L}\right)^2 \cdot F'_L = \frac{1}{2} B_{L0}^2 \cdot F'_L \qquad (60.2)$$

Wird B_L in G eingesetzt, dann lautet die Dimensionsgleichung:

$$P_0 = \frac{0{,}812}{2} \cdot 10^{-4} B_{L0}^2 F'_L = \left(\frac{B_{L0}}{157}\right)^2 F'_L \quad \text{p} \qquad (60.3)$$

oder

$$P_0 = \left(\frac{B_{L0}}{5000}\right)^2 F'_L \quad \text{kp.} \qquad (60.4)$$

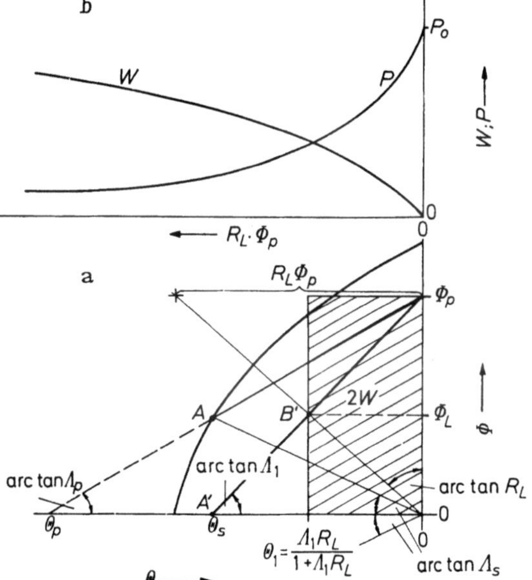

Bild 60.2. a) $\Phi = f(\Theta)$-Darstellung eines Haftsystems nach Bild 60.1; b) magnetische Gesamtenergie W und Zugkraft P des gleichen Systems als f (R_L; Φ_p).

Die Beziehung für die relative Zugkraft ist nunmehr folgende:

$$\frac{P}{P_0} = \frac{1}{\left[1 + \dfrac{R_L}{R_p}\left(1 + \dfrac{\Lambda_S}{\Lambda_p}\right)\right]^2} \qquad (60.5)$$

Diese Funktion ist in dem Bild 60.3 dargestellt. Je größer Λ_S/Λ_p, d. h. je größer der auf Λ_p normierte Streuleitwert ist, desto steiler ist der Abfall der Kurve. Der relative Luftspaltleiter R_L/R_p hat die Größe:

$$\frac{R_L}{R_p} = \frac{\delta}{l_M} \cdot \frac{F_M}{F'_L} \cdot \mu_p.$$

Im allgemeinen liegt der normierte Streuleitwert bei $\Lambda_S/\Lambda_p = 3 \cdots 6$. Wird der Streufaktor $\sigma = 1 + (\Lambda_S/\Lambda_L)$ eingeführt, dann lautet die Gl. (60.5):

$$\frac{P}{P_0} = \frac{1}{\left(\sigma + \dfrac{R_L}{R_p}\right)^2} \cdot$$

Eine sinnvolle Optimierung kann davon ausgehen, daß ein möglichst großer Teil des permanenten Energieinhaltes in mechanische Arbeit umgesetzt wird. Das ist der Fall, wenn der normierte Streuleitwert Λ_S/Λ_p so gewählt wird, daß der Arbeitspunkt A dem Fußpunkt der optimalen permanenten inneren Geraden entspricht. Durch Änderung des Streuspaltabstandes l_S und der Fläche des Streuspaltes kann dies erreicht werden. In dem Bild 60.4 sind die $B = f(H)$-Entmagne-

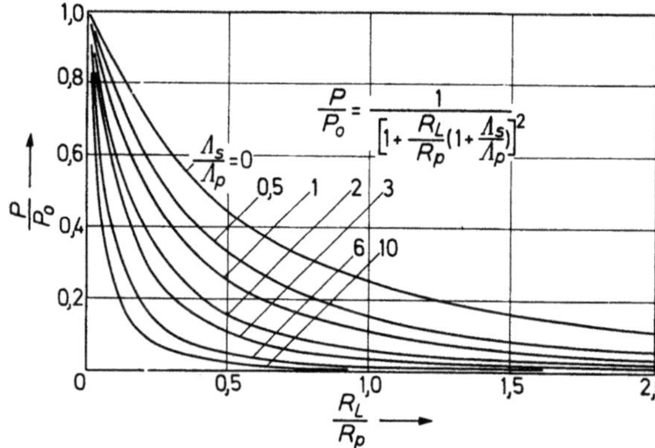

Bild 60.3.
Relative Zugkraft P/P_0 eines Magnetsystems in Abhängigkeit von dem relativen Luftspaltwiderstand R_L/R_p und der relativen Streupermeabilität Λ_S/Λ_p.

tisierungskurven wichtiger Magnetwerkstoffe samt den dazugehörigen Kurven der permanenten Energiedichten $E_p = 1/2\, B_p\, H_S$ dargestellt.

Zuweilen wird gefordert, daß ein System sowohl eine Haftkraft P_0 als auch eine Zugkraft P_a bei einem bestimmten Abstand δ_a haben soll. Sind die Eisenteile nicht gesättigt, dann ist bei gegebener Luftspaltfläche F_L' und optimaler Permanenz $B_{p\,\text{opt}}$ die erforderliche Magnetfläche F_M durch die Haftkraft P_0 nach folgender Beziehung festgelegt:

$$F_M = \sqrt{\frac{P_0\, F_L'}{c_1\, B_{p\,\text{opt}}^2}} \quad \text{mit } c_1 = 0{,}812 \cdot 10^{-4}\, \frac{\text{pcm}}{\text{cm}^3}\, \frac{1}{\text{G} \cdot \text{Oe}} \,.$$

Nach einigen Umrechnungen ergibt sich für die erforderliche Magnetlänge l_M und das Magnetvolumen V_M:

$$l_M = \delta_a\,(\mu_p + \lambda_{S\text{opt}}) \cdot \frac{F_M}{F_L'} \bigg/ \sqrt{\frac{P_0}{P_a} - 1} \quad \text{cm}$$

$$V_M = \frac{1}{E_{p\,\text{opt}}} \cdot \delta_a \cdot P_0 \bigg/ \sqrt{\frac{P_0}{P_a} - 1} \quad \text{cm}^3$$

Obwohl eine Anzahl von Veröffentlichungen [1 bis 5] über die Berechnung magnetischer Zugsysteme existiert, werden in der Praxis meist nur die Formeln (60.3) und (60.4) für die Haftkraft P_0 verwendet. Sie sind deshalb recht genau, weil in ihnen die Streuung nicht vorkommt. Die übrigen Formeln kranken daran, daß sie entweder für eine Auswertung zu kompliziert oder zu ungenau sind. Ursache hierfür sind die Inhomogenität der Feldstärke und Induktion in den halboffenen Systemen sowie die Unlinearität des Luftspaltwiderstandes R_L bei großen Luftspalten δ.

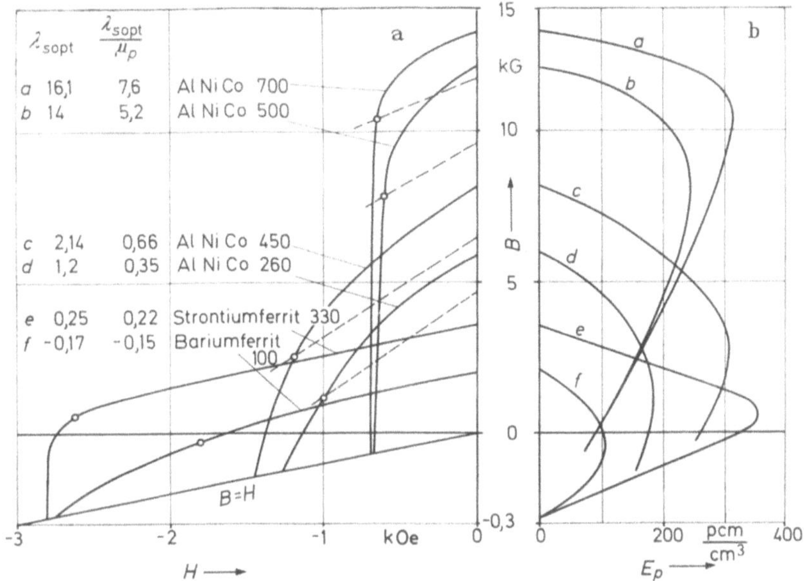

Bild 60.4. a) $B = f(H)$-Kurve sowie optimale Streupermeabilität verschiedener Magnetwerkstoffe; b) permanente Energiedichte E_p dieser Werkstoffe.

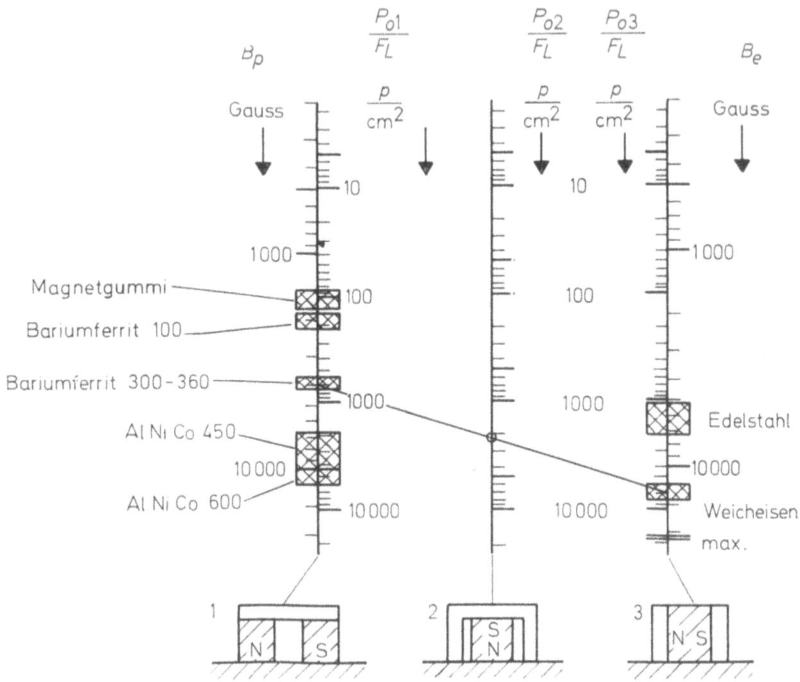

Bild 60.5. Nomogramm zur Ermittlung der spezifischen Haftkraft P_0/F_L verschiedener Systeme. System 1: Nur Magnetwerkstoff an der Haftfläche, System 2: Magnetwerkstoff und Eisen an der Haftfläche, System 3: nur Eisen an der Haftfläche.

Die Induktionsverteilung kann für Systeme mit eindeutig bekannter Permanenz B_p nach halbempirischen Verfahren berechnet werden [2]. Für Werkstoffe mit gekrümmter Entmagnetisierungskurve muß diese Rechnung graphisch oder mit Hilfe eines Rechners durchgeführt werden. FAHLENBRACH und BARAN [3] gehen bei ihren Betrachtungen von einer starren Magnetisierung aus, d. h. sie beschränken sich auf Werkstoffe mit konstantem B_p, das ist beispielsweise Bariumferrit 100 oder anisotropes Bariumferrit, dessen Scherung oberhalb des Knickes der Entmagnetisierungskurve bleibt. Grundlage ihres Berechnungsverfahrens sind bekannte Formeln der Elektrostatik über die Ladung und elektrische Feldstärke zwischen Körpern verschiedener geometrischer Gestalt. Hierdurch sind sie in der Lage, die Zugkraft auch mehrpolig magnetisierter plattenförmiger Magnete näherungsweise zu bestimmen.

Die Haftkraft P_0 verschiedener Systemaufbauten ist nach oben entweder durch die Permanenz B_p des Magnetwerkstoffes oder die Sättigungsinduktion B_e des Eisens beschränkt. In dem Bild 60.5 ist ein Nomogramm für die Bestimmung der spez. Haftkraft der drei möglichen Anordnungen dargestellt. Beim System 1 liegt nur Magnetwerkstoff an der Haftfläche an, beim System 2 sowohl Magnetwerkstoff als auch Eisen und beim System 3 nur Polschuheisen. Als Beispiel ist ein Greifersystem nach 2 eingetragen. Mit Bariumferrit 300 als Magnetwerkstoff und einem Eisenrückschluß aus Weicheisen hat dieser Greifer eine spezifische Haftkraft von ca. 2,2 kp/cm². Maximal ist mit dem System 3 eine spezifische Haftkraft von ca. 8 kp/cm² zu erzielen. Die Flächenangabe bezieht sich nur auf die Luftspalt- resp. Polfläche.

60.2 Verschlußsysteme

Bild 60.6 ist der Arbeit [6] entnommen und zeigt Verschlüsse mit Bariumferrit-Magneten. Solche Systeme werden in ähnlicher Form auch mit AlNiCo-Magneten

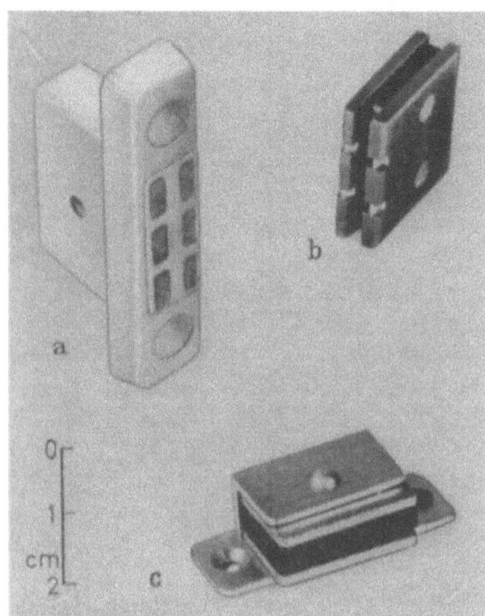
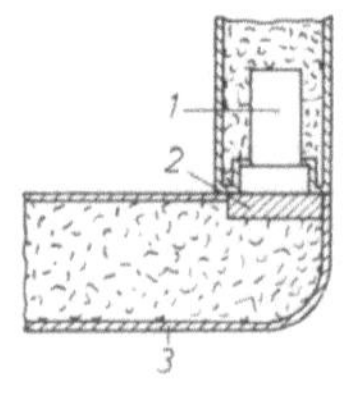
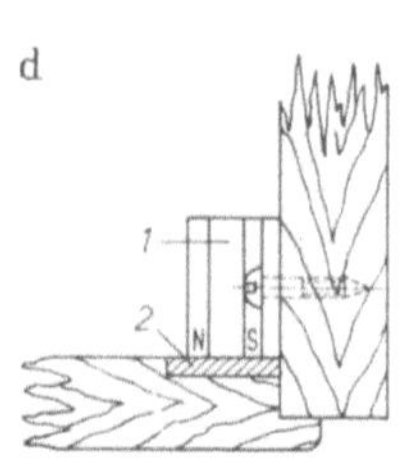

Bild 60.6. Türverschlüsse für Möbel mit Bariumferrit-Magnetsystemen. a) Kühlschrankverschluß, einbaufertiges Teil; b) offenes Magnetsystem dazu; c) Schranktürverschluß; d) Einbauschemata von Schranktürverschlüssen: *1* Magnetsystem, *2* Eisenplatte, *3* Tür.

Bild 60.7. Band aus kunststoffgebundenem Bariumferritpulver, in Dichtungsprofil aus PVC für Kühlschränke eingeschoben.

gebaut. Charakteristisch ist bei ihnen, daß stets zwei Polschuhe zur Flußkonzentration verwendet werden. Damit keine Schrägstellung zwischen Magnetsystem und Haftplatte eintritt, muß eines der beiden Teile beweglich sein.

Bei den Kühlschränken wurden die mechanischen Zuhaltungen vollständig durch sogenannte Magnetdichtungen verdrängt [7, 8]. Eine solche Dichtung zeigt Bild 60.7. Der Magnetstreifen besteht aus kunststoffgebundenem Bariumferritpulver und wird durch Extrudieren hergestellt. Nach der Haftseite zu ist er dreipolig magnetisiert und befindet sich in einem gespritzten Dichtungsprofil. Die Zugkraft pro cm Dichtungslänge beträgt ungefähr 30 p. Für einen Kühlschrank addiert sich dies zu einer Zuhaltekraft von ca. 7,5 kp auf. Trotzdem kann die Tür leicht geöffnet werden, weil sich die Dichtung bereits bei einer geringen Verkantung nach Art eines Reißverschlusses von der Unterlage trennen läßt. Eingehende Untersuchungen über die Haft- und Zugkraft derartiger kunststoffgebundener Bänder und Platten wurden von SCHÜLER [9] angestellt.

60.3 Technische Haftsysteme, Greifermagnete

Bild 60.8 zeigt verschiedene einfache Haftsysteme sowohl mit AlNiCo- als auch mit Bariumferrit-Magneten. Der besondere Vorteil der magnetischen Spannung besteht darin, daß sie ohne übergreifende Halteelemente wie Klammern, Halteschrauben, Klemmbacken o. ä. auskommt. Die Werkstücke können daher

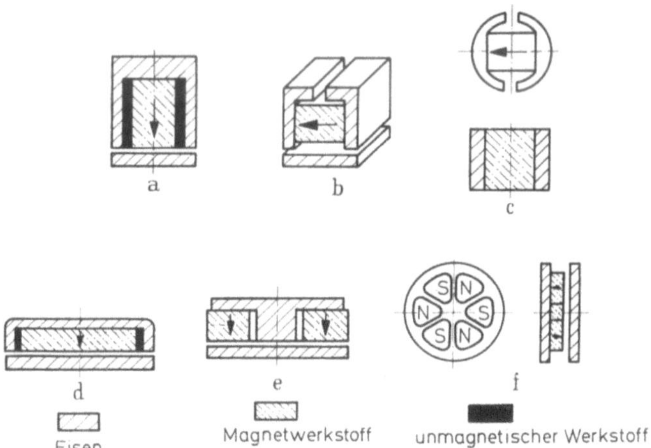

Bild 60.8. Ausführungsformen verschiedener einfacher Haftsysteme. a und b AlNiCo-Systeme; c bis f Ferritsysteme.

schnell und rationell befestigt und entnommen werden. Universell verwendbar sind hauptsächlich die Greifermagnete nach Bild 60.8a und d. Der Rückschlußtopf aus Eisen bewirkt einmal, daß sie ohne wesentliche Haftkraftveränderung in Eisen eingebaut werden können und schützt sie zum anderen gegen den Einfluß von Fremdfeldern. In dem Bild 60.9 sind zwei Baureihen dieser Greifermagnete dargestellt. Je nach der Größe liegt die Haftkraft P_0 zwischen rd. 200 p und 60 kp. Bild 60.10 zeigt die Abnahme der relativen Zugkraft P/P_0 eines solchen Magneten mit dem Abstand δ.

Die Anwendung der Greifermagnete erstreckt sich über sämtliche Gebiete der Fertigungstechnik [10 bis 17]. Ohne Anspruch auf Vollständigkeit seien einige davon genannt: beim Tiefziehen, Pressen, Stanzen, Prägen und Fügen werden sie in den Werkzeugen zum Fixieren der Werkstücke verwendet. Als Beispiel zeigt

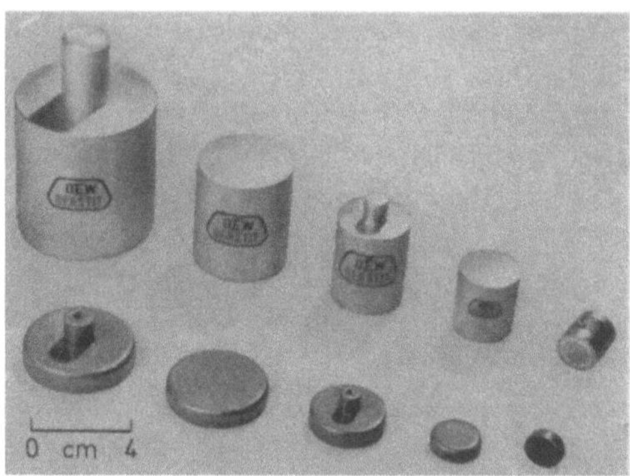

Bild 60.9. Haltmagnete für technische Zwecke, sogenannte Greifermagnete (Werkbild Fa. DEW Magnetfabrik).

Bild 60.11 das Prägen einer Nut in einen Nähmaschinen-Schiffchenhalter. Beim Tauchlöten, induktiven Hartlöten und Oberflächenhärten tritt der Vorteil der einseitigen Spannmöglichkeit besonders deutlich hervor, weil während der Arbeitsoperation keine Kräfte auf das Werkstück einwirken. Bild 60.12 ist der

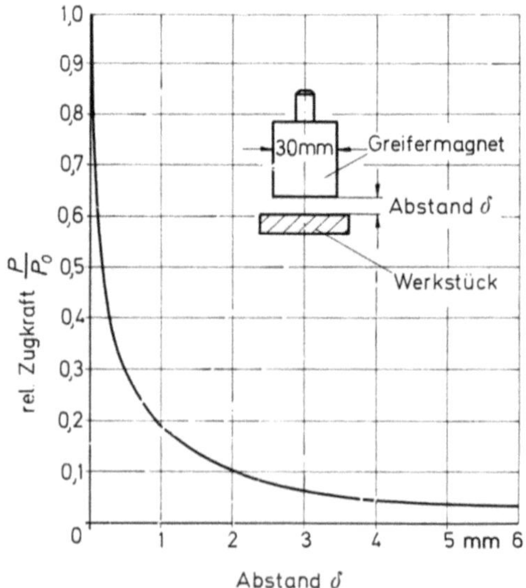

Bild 60.10. Abnahme der relativen Zugkraft P/P_0 von Greifermagneten mit zunehmendem Abstand δ.

Arbeit [14] entnommen und zeigt das Gegengewicht einer Büroschreibmaschine samt der zum Hartlöten verwendeten Spannvorrichtung. Auch bei zerspanenden Arbeitsoperationen, wie Schleifen und Fräsen, werden derartige Magnete verwendet, obwohl der Schwerpunkt hier mehr auf dem Gebiet feinpolgeteilter und

abschaltbarer Systeme liegt. Zur Vermeidung von Presseunfällen tragen Handeinlegezangen bei, die nach Bild 60.13 aus Greifermagneten bestehen, die mit Hilfe
eines Daumenhebels zurückgezogen werden können [18]. Bild 60.14 zeigt das gefahr-
lose Einlegen von Blechronden in ein Prägewerkzeug mit Hilfe einer solchen Zange.

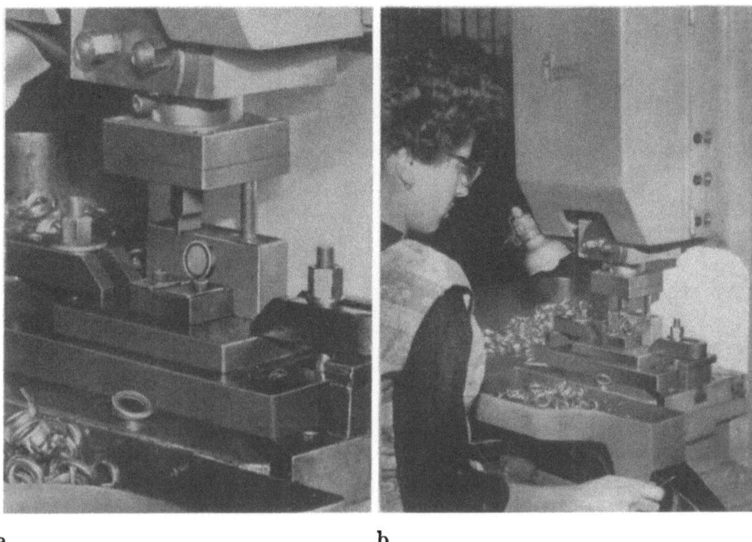

a   b

Bild 60.11. Greifermagnet beim Prägen. Einprägen einer Nut in einen Nähmaschinenschiffchenhalter.
a) Ausschnitt; b) Gesamtansicht.

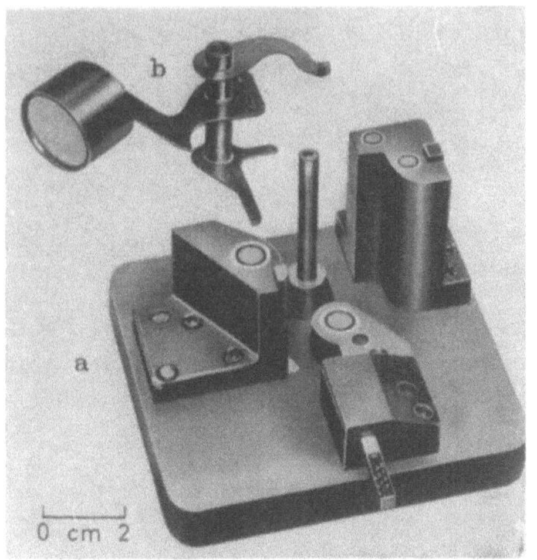

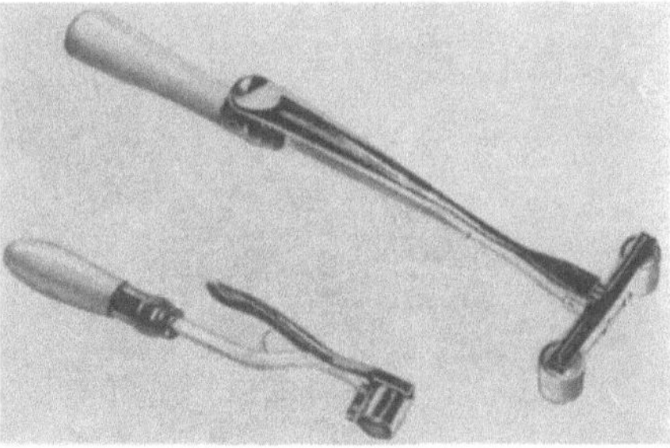

Bild 60.13. Handeinlegezangen mit Greifermagneten
(Hersteller Fa. Helibs Apparatebau, Schwenningen).

Bild 60.12. Greifermagnete in einer Spannvorrichtung
zum induktiven Löten. *a* Spannvorrichtung;
b Werkstück (Gegengewicht einer Büro-Schreib-
maschine).

Die Greifermagnete sind sehr von Nutzen, wenn es sich darum handelt,
eiserne Einlegeteile in Spritz-, Gieß- oder Vulkanisationsformen zu fixieren. Für
das Halten von Bolzen und Formen sind Greifermagnete mit Loch erforderlich,
von denen Bild 60.15 ein Schnittbild zeigt.

Die angeführten Beispiele können natürlich nur einen kleinen Ausschnitt aus der Fülle der vorhandenen Anwendungsmöglichkeiten bieten. Es sei an die Verwendung in der Galvano- und Beschichtungstechnik (zum Aufhängen eiserner

Bild 60.14. Einlegen von Blechronden mit Hilfe einer dauermagnetischen Handeinlegezange.

Werkstücke), an die Schweißtechnik (als Klemmelektrode oder zum Halten eiserner Teile) und an die Meßtechnik erinnert, bei der die Magnete zum Fixieren von Magnetreitern, Meßuhren u. a. benutzt werden. In Autogen-Schweißanlagen werden Greifermagnete sowohl zum Halten von Schablonen als auch zum Fixieren

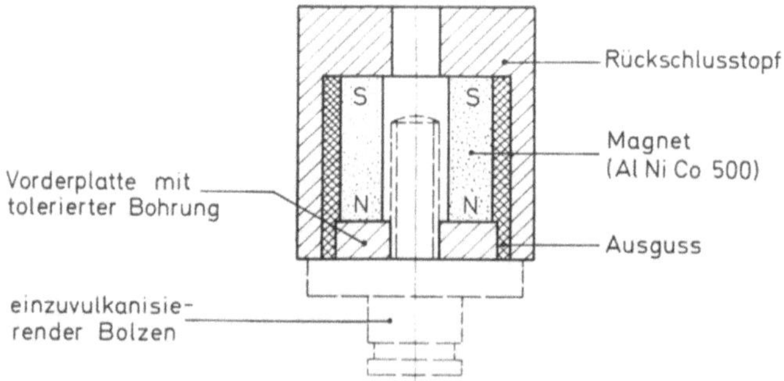

Bild 60.15. Greifermagnet mit Bohrung zum Fixieren eines eisernen Bolzens
in einer Spritz- oder Vulkanisationsform.

des Abrollstiftes verwendet. Vielfach werden sie zum Halten von sogenannten Haftlampen, Antennen, Thermometern u. a. m. benutzt. Eine Fülle von Beispielen ist in den genannten Veröffentlichungen [10 bis 17] und in Firmenkatalogen [19, 20] zu finden.

60.4 Feinpolteilungssysteme

Beim magnetischen Spannen dünner Bleche tritt die Schwierigkeit auf, daß diese nur einen sehr begrenzten Fluß aufnehmen können. Bild 60.16 stellt ein Haftsystem dar, bei dem die Breite der Polschuhe b_p wesentlich größer als die Blechdicke h ist. Das Blech kann den Flußanteil $\Phi_b = B_e \cdot h \cdot L$ (L = Tiefe des Systems) aufnehmen, während ein großer Teil des Flusses das Blech senkrecht durchströmt und sich als Streufluß Φ_S durch die Luft zur anderen Seite schließt.

Die Haftwirkung rührt im wesentlichen von dem Tangentialanteil Φ_e des Flusses her. Weil auch im Polschuh die Induktion nicht über ca. 12 kG ansteigen kann, trägt nur ein Streifen der Breite h des Polschuhes zur Haftwirkung bei, und die Haftkraft pro Pol hat die Größe

$$P_0 = 2 \cdot \left(\frac{B_e}{5000}\right)^2 \cdot h \cdot L \simeq 11 \cdot h \cdot L \text{ kp}.$$

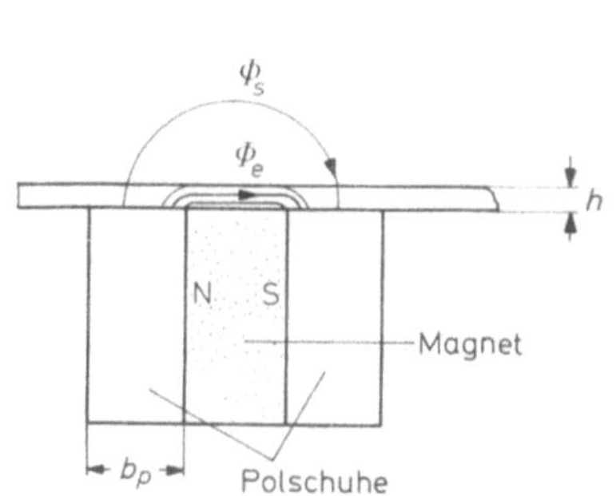

Bild 60.16. Magnetisches Haftsystem, bei dem die Polschuhbreite b_p größer als die Blechdicke h ist.

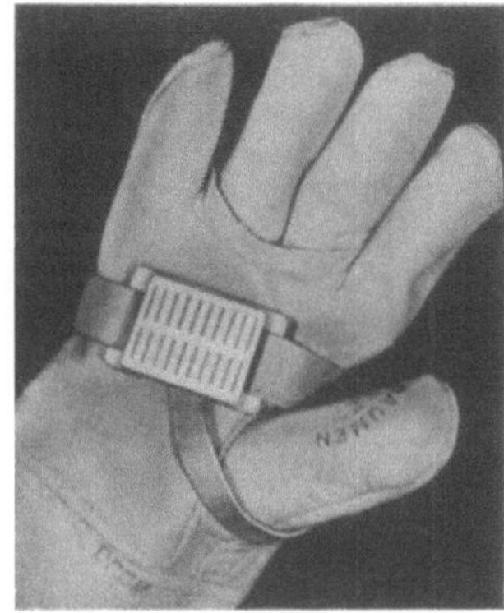

Bild 60.17. Feinpolgeteiltes Magnetsystem zum Abheben dünner Eisenbleche (Werkbild Fa. DEW Magnetfabrik).

Damit ist der Weg zur Erzielung einer großen Haftkraft auch bei dünnen Blechen aufgezeigt: es müssen mehrere Systeme mit schmalen Polschuhen und schmalen Magnetplatten nebeneinander geschichtet werden. Bild 60.17 zeigt als Beispiel ein solches Feinpolteilungssystem, das zum Abheben dünner Blechtafeln dient. Je nach Materialstärke h weist es eine Haftkraft von 12—25 kp auf. Es besteht aus eisernen Polleisten mit dazwischengelegten Magnetplatten aus Bariumferrit 100, die durch ein Spritzgußgehäuse zusammengehalten sind. Ähnlich aufgebaute dauermagnetische Spannblöcke können zur Bearbeitung dünner Bleche, zum Schleifen feiner Stempel u. a. m. verwendet werden. Auch magnetische Transporträder, Druckereiunterlagen usw. werden in Feinpolteilung ausgeführt.

60.5 Transportsysteme

Besonders häufig werden Magnetsysteme zur Lösung von Transportaufgaben benutzt [21]. Die magnetische Zug- oder Haftkraft wirkt in diesem Fall wie ein mehrfach erhöhtes Eigengewicht der eisernen Teile und vergrößert nach der Beziehung $P_t = P_z \cdot \mu_r$ (μ_r = Reibungskoeffizient) die tangentiale Vorschubkraft. Universell verwendbar sind magnetische Transportbänder (Bild 60.18), bei denen unter einem ständig bewegten Gummi- oder Kunststoffband zwei oder mehr Magnetpolleisten angebracht sind. Derartige Bänder können bis zu Steigungswinkeln von fast 90° verwendet werden. Gelegentlich ist die obere Umlenkrolle als Magnetrolle ausgebildet. In USA werden für die Magnetsysteme Hufeisenmagnete aus gegossenem AlNiCo 500 eingesetzt, in Deutschland hingegen Klotzmagnete aus Bariumferrit 300, wie es die Prinzipskizze in dem Bild 60.18 zeigt.

Ein anderes Transporthilfsmittel sind die magnetischen Hafträder (Bild 60.19). Mit ihrer Hilfe können eiserne Bleche, Rohre und Formteile transportiert und vor

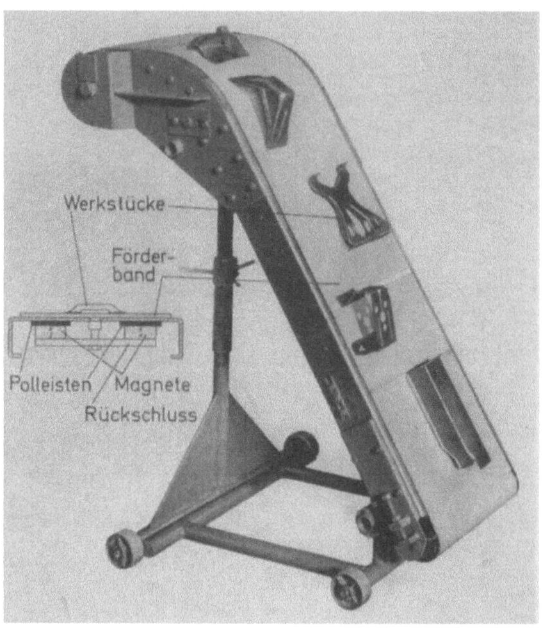

Bild 60.18. Dauermagnetisches Transportband (Werkbild Fa. Bleichert, Osterburken).

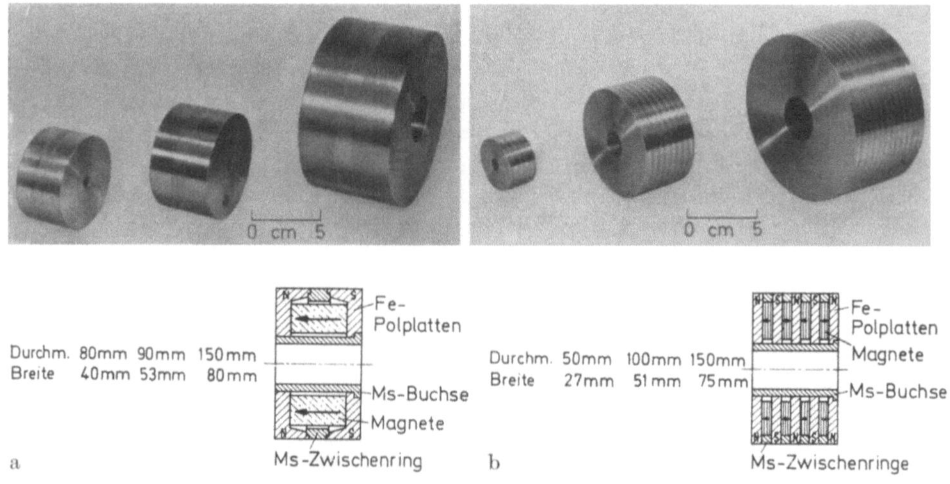

Bild 60.19. Dauermagnetische Hafträder. a) In zweipoliger Ausführung; b) in mehrpoliger Ausführung (Werkbild Fa. DEW Magnetfabrik).

allen Dingen schnell in Bewegung gesetzt und gebremst werden. Sie werden von 25 mm bis zu 300 mm Durchmesser gebaut. Eine Ausführung mit Feinpolteilung ist besonders zum Transport von Blechen (Dicke < 2,5 mm) geeignet. Bild 60.20a zeigt die Blechentstapelungs- und Zuführungseinrichtung an einer Karosseriepresse. In dem Bild 60.20b ist eine Hubachse mit Haftädern kleinen Durchmessers zu erkennen. Diese hebt die oberste Blechtafel an und haftet sie an die sich ständig drehenden großen Räder, welche sie sodann über eine Rollenbahn in die Presse

a

b

Bild 60.20. Dauermagnetische Entstapelungs- und
Zuführungseinrichtung an einer Presse. a) Gesamtansicht;
b) Einzelansicht des Stapels und der Hafträder.
(Hersteller Fa. Nold, Nauheim b. Gr. Gerau.)

Bild 60.21. Grundsätzliche Wirkungsweise der magnetischen Blechanheber.
S, N Pole des Dauermagneten, A Breite des Magneten entspricht ungefähr der Wirkungstiefe, P_a Abstoßungskraft, G Eigengewicht des oberen Bleches, $\mu_r P_z$ Reibungskraft, hervorgerufen durch die Kraft P_z.

befördert. Zuweilen werden Bleche mit Hilfe derartiger Hafträder auch hängend transportiert. In diesem Falle empfiehlt es sich jedoch, zwischen den Haftädern stationäre Zugmagnete anzuordnen.

Ein weiteres Hilfsmittel für die Entstapelung sind sogenannte magnetische Blechanheber. In dem Bild 60.21 ist ihre grundsätzliche Wirkungsweise dargestellt. Ein hufeisenförmiger Magnet, der auch aus einer rückseitigen Eisenplatte mit auf-

gesetzten Klotzmagneten aus Bariumferrit bestehen kann, ruft in den Blechtafeln, die an seinen Polen anliegen, einen magnetischen Fluß hervor. Ein Teil
dieses Flusses verläßt jedoch vor Erreichen der Mitte M-M das Blech als Streufluß. Dieser bewirkt an der Oberfläche des Bleches eine magnetische Polarität,
die für alle einander gegenüberliegenden Blechteile gleich ist, so daß die Bleche
einander abstoßen. In der Blechentstapelungsanlage nach Bild 60.20b sind derartige Blechanheber zu erkennen.

60.6 Schaltbare Dauermagnetsysteme

Die einfachste Form eines abschaltbaren Systemes stellen Greiferzangen dar
(Bild 60.13—14). Die Wirkungsweise der eigentlichen schaltbaren Systeme beruht
jedoch auf wesentlich komplizierteren Flußumkehr- oder Sättigungsvorgängen
im Inneren der Systeme [22 bis 24]. Man unterscheidet mechanisch und elektrisch
abschaltbare Systeme, deren Wirkungsweise kurz erläutert werden soll.

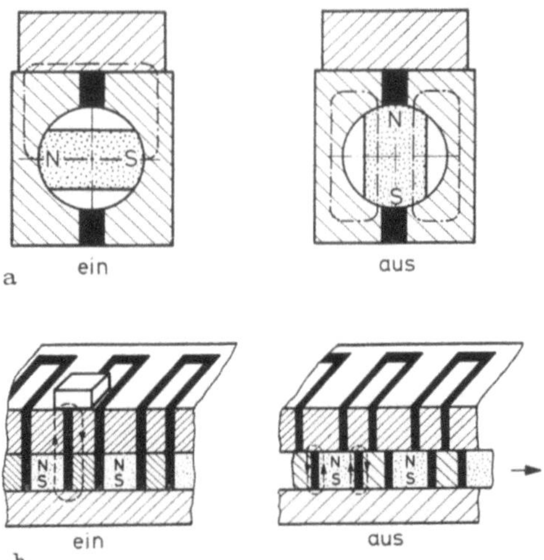

Bild 60.22. Abschaltbare Dauermagnetsysteme mit Kurzschluß des Flusses über die Polleisten.
a) Mit Drehmagnet;   b) mit längsverschiebbaren Magneten.

Für die mechanische Abschaltung gibt es drei Möglichkeiten: Die erste beruht
darauf, daß ein oder mehrere Dauermagnete so verdreht oder verschoben werden,
daß sich der magnetische Fluß über eiserne Pole kurzschließt (Bild 60.22a—b,
[25]). Sie werden hauptsächlich für Meßuhrständer und Schweißhalter sowie
Spannplatten verwendet. Dieser Aufbau ist besonders für AlNiCo-Magnete geeignet. Ferritmagnete hingegen benötigen kurze Magnetlängen bei großen Magnet-
flächen. Hierfür wurden Systeme nach Art des Bildes 60.23 entwickelt. Im eingeschalteten Zustand addiert sich der Magnetfluß der Einzelsysteme, während sich
im abgeschalteten Zustand jeweils zwei Systeme untereinander kurzschließen.
Bei einer Abwandlung dieser Bauart, die auch für AlNiCo-Magnete geeignet ist,
werden die Magnete zum Abschalten kammartig ineinander verschoben (Bild
60.24). Das dritte Abschaltprinzip beruht darauf, daß die eisernen Polplatten
feststehen und Magnetplatten wie in einem Drehkondensator zwischen diese Pol-

platten geschwenkt werden (Bild 60.25 links). Dieses Prinzip ist wegen der Mehr-
polteilung besonders zum Haften auf Blechen geeignet.

Im allgemeinen werden mit dauermagnetischen schaltbaren Platten spezifische
Haftkräfte von 2 bis 6 kp/cm² (bezogen auf die Gesamtoberfläche) erreicht. Diese
sind jedoch noch vom Rauheitsgrad der Oberfläche abhängig. HAUG [26] gibt

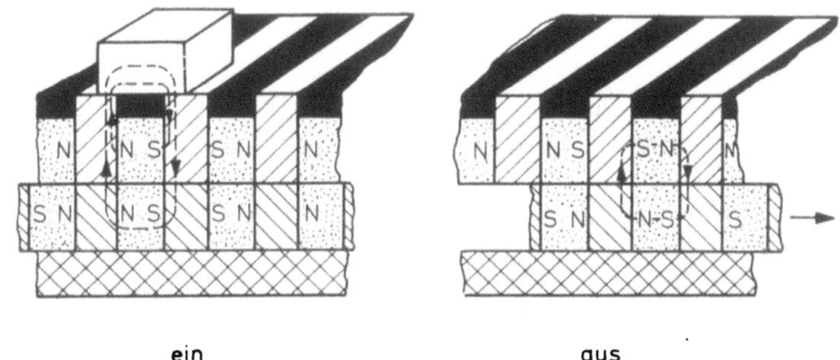

Bild 60.23. Abschaltbares Dauermagnetsystem mit gegenseitigem Kurzschluß zweier Magnete.

für verschiedene Rauhtiefen Ersatzluftspalte δ an. Dieser Luftspalt setzt die
spezifische Haftkraft herab. Auch die Magnetisierungskurve des zu spannenden
Materials ist für die Größe der Haft- und Zugkraft von Bedeutung.

Hauptanwendungsgebiet der schaltbaren Dauermagnetplatten ist das Spannen beim Horizontalschliff flacher eiserner Teile. Daneben werden sie auch beim
Fräsen, Drehen und anderen spanabhebenden Arbeitsgängen verwendet [27].

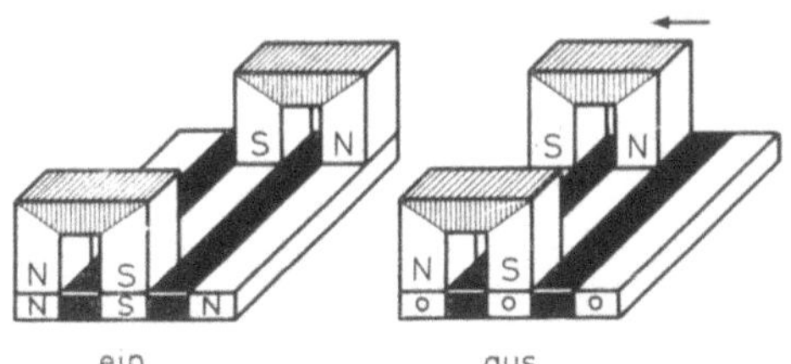

Bild 60.24. Abschaltbares Dauermagnetsystem
mit kammartig verschobenen Magneten.

Bild 60.25. Abschaltbare dauermagnetische Meßuhr-
halter. Links: Mit schwenkbaren Polplatten; rechts:
mit Drehmagnet (Werkbild Fa. DEW Magnetfabrik).

Elektrisch abschaltbare Systeme haben den Vorteil, daß sie keine Teile enthalten, die bewegt werden müssen. Bild 60.26a zeigt das Prinzip eines elektrisch
abschaltbaren Rundmagneten mit dem eingezeichneten magnetischen Schaltbild, wobei wieder ein homogen durchströmter Dauermagnet angenommen ist.
Die Größe der erforderlichen Abschalterregung Θ_{ab} der Spule kann aus dem

35*

$\Phi = f(\Theta)$-Diagramm (Bild 60.26 b) abgelesen werden. Damit der Luftspaltfluß Φ_L verschwindet, muß die Gegendurchflutung die gezeichnete Größe $\Theta_{ab} = \Theta_1$ haben. Nach Abschalten der Erregung kehrt der Magnetfluß auf der inneren Geraden c zum endgültigen Arbeitspunkt A zurück. Wird die Abschalterregung versehentlich größer als Θ_{ab} gemacht, beispielsweise Θ'_{ab}, dann tritt eine bleibende Schwächung

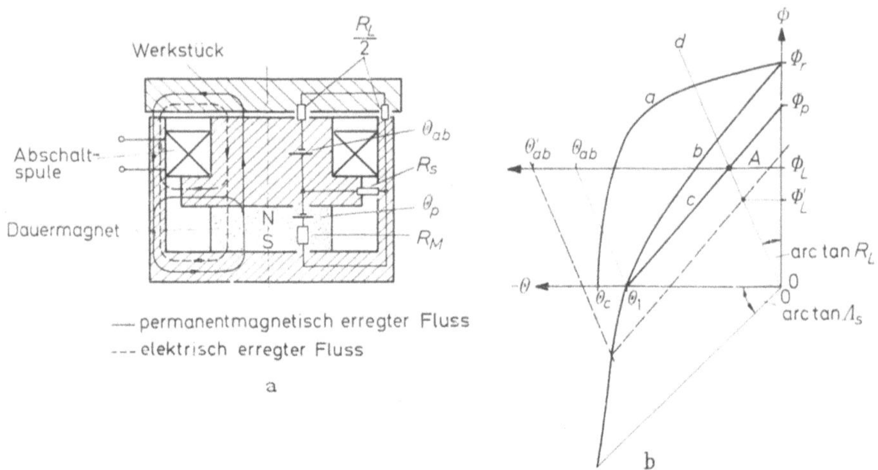

Bild 60.26. Elektrisch abschaltbares Magnetsystem. a) Prinzipieller Aufbau mit eingezeichnetem magnetischem Schaltbild; b) $\Phi = f(\Theta)$-Diagramm des Magnetkreises.

des Magneten ein und der Nenn-Luftspaltfluß verringert sich auf den Wert Φ'_L. Zur optimalen Konstruktion eines derartigen Systems soll der Streuleitwert Λ_S folgende Größe erhalten:

$$\Lambda_{S\,\mathrm{opt}} = \lambda_{\,S\,\mathrm{opt}} \cdot \frac{l_M}{F_M}.$$

Dann ist die erforderliche Abschalterregung $\Theta_{ab} = H_{S\,\mathrm{opt}} \cdot l_M$. Außer in runder Form werden derartige Spannelemente auch in Plattenform hergestellt. Ihr besonderer Vorteil den elektrisch erregten Platten gegenüber ist, daß die Wärmeentwicklung der Erregerspulen wegfällt, was bei Präzisionsschleifarbeiten von Bedeutung ist. Außerdem bleiben die Werkstücke auch bei Stromausfall an der Platte haften.

60.7 Anwendungen auf dem Textilsektor

In Kapitel 58 ist eine mit Dauermagneten ausgerüstete Hysterese-Fadenbremse behandelt. Synchronkupplungen, die in Kapitel 57, und Wirbelstromkupplungen, die in Kapitel 59 beschrieben wurden, finden ebenso Verwendung auf dem Textilsektor: erstere zum Festhalten des Innenteiles von Doppeldrahtspindeln [28], letztere als Haspelbremsen zur Sicherstellung eines konstanten Fadenzuges. Auch Greifermagnete werden eingesetzt. Bild 60.27 zeigt eine Ringspinnmaschine, bei der die einzelnen Ringhalter mit Hilfe derartiger Magnete an dem Changierbalken festgehalten werden. In den Ringhaltern dreht sich ein kleiner Läuferring mit ca. 6000 bis 8000 min⁻¹ um die Spule. Statt dieses Läuferringes wurde vorgeschlagen, einen Ringmagneten zu verwenden, der von einem gleichgepolten Ring in der Schwebe gehalten wird [29, 30]. Während des Spinnvorganges übt der zwischen dem äußeren und dem inneren Ring umlaufende Faden eine zusätzliche Radialkraft aus, die zu einem stabilen Schweben des Innenringes führt.

a   b

Bild 60.27. Greifermagnet zum Fixieren des Ringhalters am Changierbalken einer Ringspinnmaschine. a) Aufspulstellung; b) abgesenkt (Hersteller Fa. Zinser, Ebersbach).

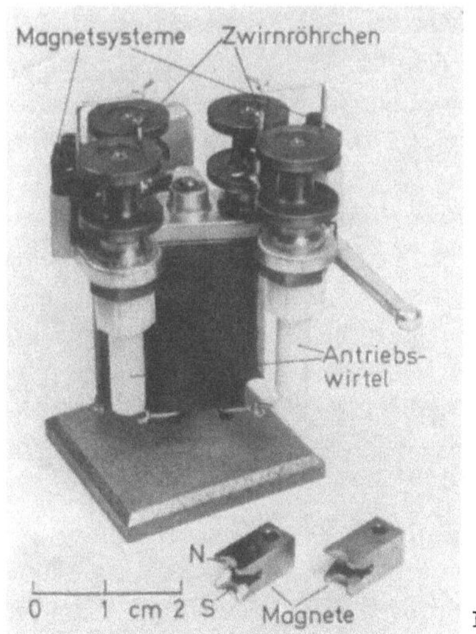

Bild 60.28. Falschzwirnspindel mit magnetischer Halterung des Zwirnröhrchens (Hersteller Fa. Kugelfischer AG).

Bild 60.29. Magnetwalzen für das Streckwerk einer Baumwoll-Ringspinnmaschine (Magne Draft der Fa. Saco-Lowell).

Ein Anwendungsgebiet, das zunehmend an Bedeutung gewinnt, ist die Herstellung von synthetischen Kräuselgarnen nach dem sogenannten Falschzwirnverfahren, wobei das Zwirnröhrchen magnetisch fixiert ist [31]. Bild 60.28 zeigt eine solche Spindel [32 bis 37]. Das Zwirnröhrchen wird von dem Magneten in den Zwickel zwischen den Friktionsscheiben hineingezogen. Eine der Scheiben wird über einen Wirtel von einem Riemen angetrieben. Die Drehzahlen des Röhrchens sind außerordentlich hoch. Sie gehen serienmäßig bis $6 \cdot 10^5$ min^{-1}, während experimentell bereits 10^6 min^{-1} erzielt werden konnten. Eine umfassende Übersicht der Falschzwirnverfahren und -maschinen gibt eine Veröffentlichung von WEGENER, JAMMERS und VELTMANN [38].

Bei Baumwoll-Ringspinnmaschinen wird die Oberwalze mit Gewichten oder Federn auf die Unterwalze gedrückt. Die Firma Saco-Lowell hat stattdessen die

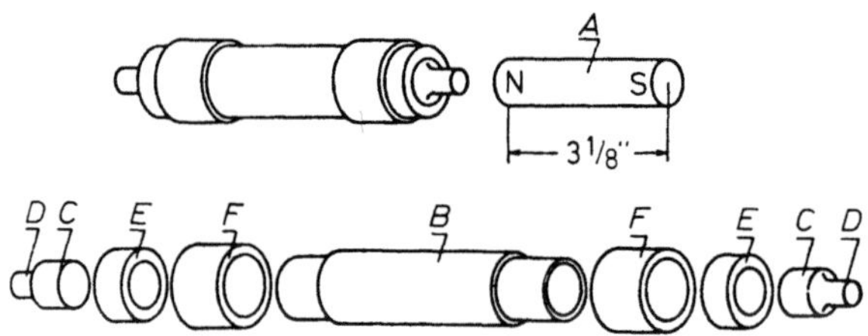

Bild 60.30.
Darstellung des Magne-Draft-
Zylinders und seiner Einzelteile
nach Saco-Lowell (aus [39]).

A) Permanentmagnet aus Al Ni Co 600   D) Bolzen
B) Mantel   E) 2 Polmäntel
C) 2 Polstücke   F) 2 Bezüge

Oberwalze als Magneten ausgebildet, der eine magnetische Zugkraft auf die Unterwalze ausübt und damit Gewichte oder Federn entbehrlich macht. Bild 60.29 zeigt ein solches Streckwerk mit Magnetwalzen [39], während Bild 60.30 den Innenaufbau einer magnetischen Walze widergibt. Die Anzugskraft bei verschiedenem Abstand und verschiedenen Zwischenlagen wurde von LÜNENSCHLOSS und BENZ [39] zu 5,6 kp bei 3 mm starken Bezügen und zu 8,3 kp bei Zwischenlage eines 1,5 mm starken Riemchens gemessen.

In der Webtechnik werden greiferähnliche Magnete zum Transport von Spulen in Spulmaschinen verwendet [40]. Außerdem werden Magnete in Schußwächtern für die Schütze von Webstühlen eingesetzt [41].

Mit den dargestellten Beispielen sind die Anwendungen auf dem Textilsektor nicht erschöpft. Es gibt noch Fadenwächter [42], Magnet-Fadenbremsen, elektrisch erregte Hysteresebremsen u. a. m., doch würde eine ins Einzelne gehende Schilderung den Rahmen dieser Darstellung überschreiten.

60.8 Druckerei-Anwendungen

Die Drucktechnik bietet einige recht interessante Beispiele für die Anwendung von Dauermagneten. Hier ist zunächst das sogenannte Magnetoprintverfahren zu nennen, bei dem Gummiklischees auf magnetischen Unterlagen festgehalten werden. Das Bild 60.31 zeigt den prinzipiellen Aufbau von Magnetoprint-Untersätzen. Es handelt sich um Magnetplatten oder -zylinder, welche aus Weicheisenleisten mit dazwischenliegenden Bariumferritplatten bestehen [45 bis 48]. Dies entspricht dem Aufbau der weiter oben besprochenen Systeme mit Feinpolteilung. Das erforderliche Klischee kann sowohl ein Gummi- als auch ein Kunststoffklischee sein. Gummiklischees sind aus drei Schichten aufgebaut. Die zur magnetischen Haftung benutzte untere Schicht besteht aus Gummi mit einer hochprozentigen Einmischung von Eisenpulver. Ihre Dicke ist ca. 2 mm. Dann folgen eine Polsterschicht sowie Einlagen aus Pappe, Papier oder Gewebe. Die eigentliche Druckschicht ist ein harter, ölfester Spezialgummi, der mit den

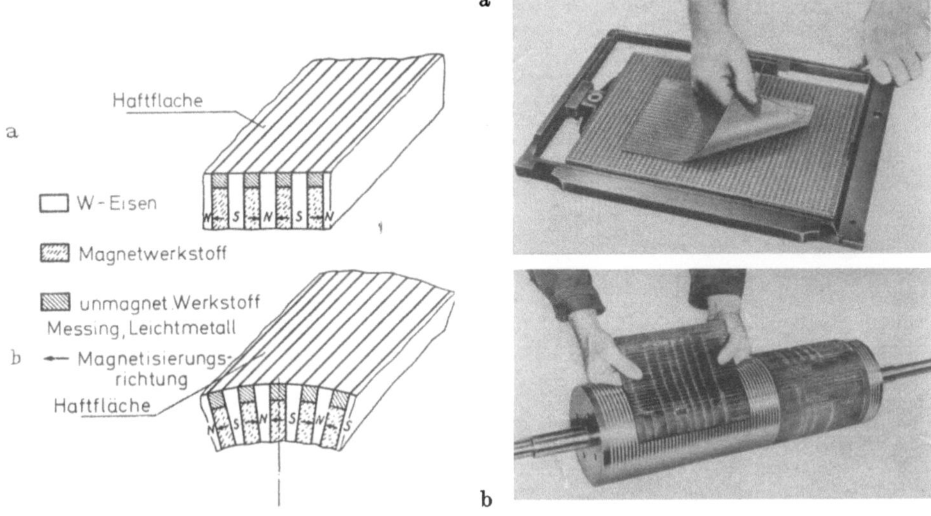

Bild 60.31. Prinzipieller Aufbau a) eines Magnetoprint-Untersatzes für den Schnellpressendruck; b) der Oberfläche eines Magnetoprint-Plattenzylinders.

Bild 60.32. Magnetoprint-Druckverfahren. a) Magnetoprint-Unterlageplatte samt Klischee, eingespannt in den Druckrahmen einer Schnellpresse; b) Magnetoprint-Zylinder samt Klischee für eine Rotations-Druckmaschine (Werkbild Fa. DEW Magnetfabrik).

übrigen Schichten zusammenvulkanisiert ist. In dem Bild 60.32a ist eine Magnetoprint-Platte, die in den Druckrahmen einer Schnellpresse eingesetzt ist, dargestellt. Wie aus der Fotografie zu sehen ist, können Klischees leicht durch Abziehen von der Unterlage entfernt werden. Bild 60.32b zeigt einen Magnetoprintzylinder samt Klischee für eine Rotationsdruckmaschine.

Neuerdings werden für den Rotationsdruck in steigendem Umfang magnetisch gespannte Kunststoff-Druckplatten eingesetzt. Sie bestehen aus einer Dycril-Photopolymer-Schicht, die auf einer verzinkten Stahlblechunterlage von ca. 0,2 mm Dicke aufgebracht ist. Diese Technik hat sich besonders dort eingeführt, wo es auf einen relativ schnellen Wechsel der Klischees oder Druckplatten ankommt. Derartige Platten werden in steigendem Umfang für den Buchdruck und Trockenoffset benutzt.

Beim Siebdruck wird über das zu bedruckende Gewebe oder Papier eine Siebschablone gelegt, wobei Teile des Siebes abgedeckt sind. Mit Hilfe eines Gummirakels wird Farbe durch die nicht abgedeckten Teile des Siebes auf die Unterlage gedrückt. KRAFT [49] hat vorgeschlagen, als Rakel einen eisernen Rundstab zu verwenden und unterhalb des Gewebes oder Papieres eine bewegte Magnetleiste anzubringen, mit deren Hilfe der Rakelstab bewegt wird (Bild 60.33). Die Magnet

leiste kann elektrisch oder dauermagnetisch erregt sein. Die Lösung mit Dauermagneten bietet den Vorteil, daß keine Stromzuführungen notwendig sind und
keine Erwärmung auftreten kann. Derartige Siebdruckmaschinen zum Bedrucken

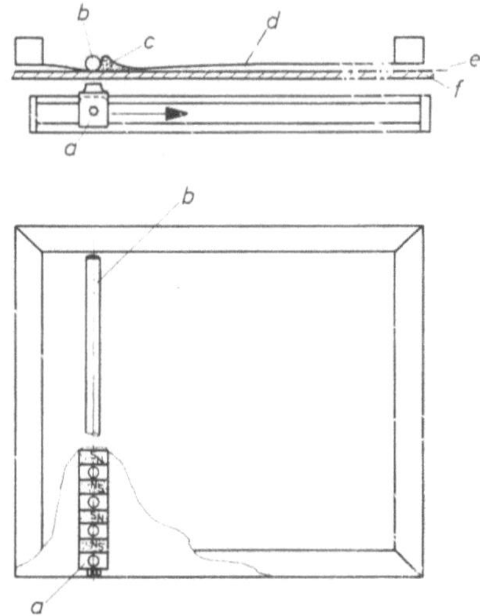

Bild 60.33. Prinzip des Siebdruckes mit magnetisch geführtem Rakelstab (nach KRAFT [49]).
a bewegte Magnetleiste, b eiserner Rakelstab, c Druckfarbe, d Siebschablone, e zu bedruckendes Gewebe
oder Papier, f unmagnetische Unterlage.

von endlosen Gewebebahnen, die allerdings mit Elektromagneten ausgerüstet sind,
haben bis zu 12 hintereinandergeschaltete Siebe für verschiedene Farben. Als
Bezeichnung für diese Einrichtungen hat sich der Name Magnet-Rollrakel eingeführt [50, 51].

a   b

Bild 60.34. a) Satzschließmagnete für den Handsatz; b) Gebrauch dieser Magnete
(Fa. Minmetall, Zürich).

Satzschließmagnete sind ein Hilfsmittel für den Handsatz, der beim Druck
wissenschaftlicher Bücher usw. auch heute noch angewendet wird. Es handelt sich
um kunststoffumspritzte zweipolige Haftmagnete, die zum Fixieren des Satzes in
den eisernen Setzschiffen dienen [52 bis 54]. In dem Bild 60.34 sind sowohl die
Systeme (a) selbst, als auch ihre Anwendung beim Setzen (b) dargestellt.

60.9 Planungseinrichtungen

Magnetische Planungstafeln bestehen entweder aus streifenförmig magnetisierten Magnetgummitafeln, auf die eiserne Symbole, oder aus Eisentafeln, auf die Magnetplatten aufgeheftet werden. Die Anwendungsmöglichkeiten sind hauptsächlich dort gegeben, wo es auf eine schnelle Auswechselbarkeit der Symbole ankommt. Bild 60.35 zeigt als Beispiel eine Planungstafel für die Steuerung der Einsatzgruppen auf dem Vorfeld des Frankfurter Flughafens. Andere An-

Bild 60.35. Magnetische Planungstafel für die Steuerung der Einsatztruppe auf dem Vorfeld eines Flughafens (Hersteller Fa. Magnetoplan, Wiesbaden).

Bild 60.36. Schilder aus Magnetgummi an einer Automobilkarosserie.

wendungsmöglichkeiten sind Maschinenbelegungspläne, Zimmerbelegungspläne für Hotels, Sitzordnungspläne u. a. m. [55]. Ein besonders großes Einsatzgebiet sind Schultafeln (insbesondere für Fahrschulen), auf denen die verschiedenartigen Symbole befestigt und leicht verschoben werden können. Für statistische Tafeln, bei denen die Länge der Anzeigestreifen oft gewechselt werden muß, haben sich bunte Folien bewährt, die rückseitig mit einer dünnen Schicht kolloidalen Eisens bedeckt sind. Die Hafttafel selbst besteht in diesem Fall aus Magnetgummi. Für die Betriebsplanung gibt es magnetische Schiebebilder sowie magnetisch haftende Modelle [56].

Zur Betitelung von Filmen werden Buchstaben benutzt, die auf der Rückseite eine dünne Magnetgummischicht tragen. Derartige Buchstaben werden auch für die Schaufensterausstattung und andere Zwecke verwendet.

Ferner seien Magnetschilder erwähnt, die als Wechselschilder an Lagerregalen, an Maschinen und an Fahrzeugen eingesetzt werden. Als Beispiel zeigt das Bild 60.36 Schilder aus Magnetgummi [57], die den Vorteil haben, sich leicht entfernen zu lassen, wenn sie nicht benötigt werden. Angaben über die Eigenschaften des Magnetgummis enthält der Absatz 24.4.

Auch für Karteien werden Dauermagnete benutzt. In USA gibt es Karteipapier, dem Magnetpulver beigemischt ist. Bei gleichpoliger Magnetisierung stoßen sich die einzelnen Karten ab und erleichtern das Durchblättern und Auffinden einer bestimmten Karte. Eine originelle magnetische Springkartei stammt von STEINGROEVER (Bild 60.37). An der Oberkante jeder Lochkarte befindet sich ein dünnes Eisenplättchen. Mit Hilfe eines Zugmagneten können die Karten nach oben gezogen werden. Sie folgen der Bewegung nur, wenn die Karte an der Stelle,

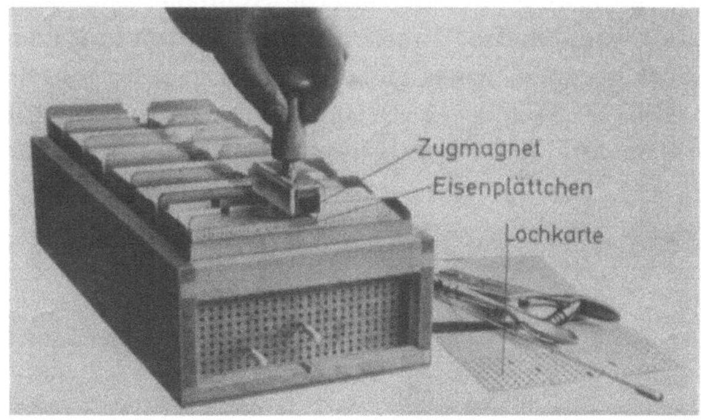

Bild 60.37. Magnetische Springkartei (Werkbild Fa. Elektro-Physik, Köln).

wo eine Nadel hindurchgesteckt wurde, statt des Loches einen Schlitz aufweist. Bei Nadelkarteien ähnlicher Art ohne Dauermagnet müssen der ganze Kasten auf den Kopf gestellt und die gesuchten Karten herausgerüttelt werden.

Literatur

1. SCHWABE, E.: Ber. Arbeitsgem. Ferromagnetismus 1958, 74—80.
2. BARAN, W.: Ber. Arbeitsgem. Ferromagnetismus 1963, 194—196.
3. FAHLENBRACH, H., u. W. BARAN: Dauermagnete und ihre Anwendung in Betrieben. München: Hanser 1965.
4. ZUMBUSCH, W.: Ber. Arbeitsgem. Ferromagnetismus 1963, 187—194.
5. CLOSSET, H. C.: Werkstattechn. u. Masch.-Bau 46 (1956) 513 ff.
6. HOTOP, W., u. K. BRINKMANN: ETZ-A 80 (1959) 609—615.
7. DBP 839360 (22. 10. 1950). — DBP 977105 (20. 7. 1951).
8. DBPa 1168578 (9. 2. 1957). — DBPa 1172383 (9. 2. 1957). — DBP 1157109 (8. 9. 1962.).
9. SCHÜLER, K.: DEW Techn. Ber. 2 (1962) 72—78.
10. FRANK, W.: Werkst. u. Betr. 86 (1953) 13—15.
11. CLOSSET, H. C.: Werkstattechn. u. Masch.-Bau 46 (1956) 513—518.
12. REICHEL, W.: Rationalisierung 8 (1957) 37—39.
13. PÖTSCHKE, H.: Klepzig-Fachber. 1958, H. 4, S. 143—145.
14. HOTOP, W.: Automatik 3 (1958) 296—301.
15. HOTOP, W.: Ind.-Anz. 80 (1958) 571—577.
16. FERLING, W. O.: Werkst. u. Betr. 93 (1960) 39—40.
17. OEHLER, G.: Werkstattstechnik 53 (1963) 312—314.
18. DBP 967514 (20. 1. 1951).
19. DEW Greifermagnet; Druckschrift 1141/6 DEW Magnetfabrik.
20. Prospekte der Fa. Eclipse/England.
21. BRINKMANN, K.: TZ f. prakt. Metallbearb. 57 (1963) 430—435.
22. HAUG, H.: TZ f. prakt. Metallbearb. 58 (1964) 498—504.
23. HAUG, H.: Z. Maschine u. Werkzeug, 21 (1964) 46—52.
24. HAUER, R.: Klepzig-Fachber. 7 (1958) 275—277.
25. DBP 668 684 (18. 7. 1934).
26. HAUG, H.: Magnetische Spanngeräte. Firmenschrift 0/1—106 d. Fa. Binder-Magnete, Villingen.
27. Amer. Maschinist 15. März, 1965, 95—98 (o. Verfasser).
28. DBP 882 270 (24. 6. 1951).

29. DBPa. 1161504 (25. 5. 1959).
30. OHNO, J.: J. Text. Machinery Soc. Japan 8 (1962) 23—33.
31. MICHELITSCH, M.: Melliand-Textilber. 40 (1959) 487—490.
32. DBP 938457 (17. 5. 1961).
33. DBP 949775 (17. 5. 1961).
34. DBP 949776 (17. 5. 1961).
35. DBP 862319 (1. 11. 1958).
36. DBP 914984 (10. 11. 1960).
37. DBP 908113 (15. 11. 1958).
38. WEGENER, W., H. CH. JAMMERS u. E. VELTMANN: Textilind. 67 (1965) 439—446, 520 —
    530, 619—627.
39. LÜNENSCHLOSS, J., u. R. BENZ: Textil-Praxis H. 11 (1962) 1119—1123.
40. Unifil-Spulmaschine der Fa. Leesona.
41. Loepfe-Revue 3 (1961) 41—46.
42. DBG 1933539 (24. 2. 1966).
43. ETZ-B 16 (1964) 70 (o. Verfasser).
44. DBP 830196.
45. Der Polygraph 9 (1956) 485—486 (o. Verfasser).
46. HOTOP, W.: Der Maschinenmarkt 64 (1958) 19—20.
47. DRESCHER, W.: Der Polygraph 16 (1962) 711—712.
48. HOTOP, W., u. W. JETZKI: Der Polygraph 20 (1967) 809—811.
49. Oesterr. Pat. 206395 (9. 1. 1957).
50. PATEK, W.: Melliand-Textilber. 41 (1960) 859—861.
51. Der Siebdruck H. 3 (1963) 78—80 (o. Verfasser).
52. BESENDÖRFER, G.: Der Druckspiegel Jan. (1960) 3ff.
53. The British Printer (July 1960) 78—79 (o. Verfasser).
54. BESENDÖRFER, G.: Der Druckspiegel (April 1961) 230ff.
55. KÜBLER, A.: KEM (Febr. 1967) 14, 17.
56. ILG, H.: Techn. Rdsch. (Bern) H. 1 (1964) 3—4.
57. DBPa 1204543 (19. 4. 1962).

61 Magnetische Filter- und Fangsysteme

61.1 Allgemeines

Bei Filtersystemen sind die ferromagnetischen Teilchen, auf die eine magnetische Zugkraft ausgeübt werden soll, klein gegen die Abmessung des Magnetsystemes. Im allgemeinen tritt daher keine Veränderung des Dauermagnetflusses auf. Die Energieänderung $\mathrm{d}W = V \cdot H \cdot \mathrm{d}B$ kommt ausschließlich durch eine Änderung der Induktion in dem Teilchen zustande, wobei die relative Permeabilität μ_a des Teilchenmaterials als konstant angenommen werden kann. Für kleine Teilchen ist der Entmagnetisierungsfaktor N_I als Funktion des Achsverhältnisses bekannt, sofern sie die Form von Rotations-Ellipsoiden haben. In dem Absatz 17.1 sind Werte von N_I angegeben. Legt das Teilchen die Strecke $\mathrm{d}x$ zurück und ändert sich dabei die Feldstärke um den Betrag $\mathrm{d}H$, dann hat die Induktionsänderung $\mathrm{d}B$ in dem Teilchen die Größe: $\mathrm{d}B = (N_I^{-1} - 1 + \mu_a)\,\mathrm{d}H$. Damit lautet der Ausdruck für die Kraft:

$$P = \frac{\mathrm{d}W}{\mathrm{d}x} = V \cdot \left(\frac{1}{N_I} - 1 + \mu_a \right) H \cdot \frac{\mathrm{d}H}{\mathrm{d}x} \cdot c_1 \qquad (61.1)$$

Wird das Volumen V in cm³ und $H \cdot \mathrm{d}H/\mathrm{d}x$ in Oe²/cm eingesetzt, dann hat c_1 die Größe $0{,}812 \cdot 10^{-4}\,(\mathrm{p}/(\mathrm{Oe}^2\ \mathrm{cm}^2))$. Sofern das Teilchen gesättigt ist, wird $\mathrm{d}B/\mathrm{d}H = 1$

und die Kraft hat den Wert:

$$P_s = V \cdot H \frac{\mathrm{d}H}{\mathrm{d}x} \cdot c_1 \tag{61.2}$$

(Es sei angemerkt, daß zwischen der Suszeptibilität χ' und der relativen Permeabilität die Beziehung $\mu_a = 1 + \chi'$ besteht.) Die Grenzfeldstärke, bei der Sättigung des Teilchens eintritt, hat den ungefähren Wert

$$H_s \approx \frac{4\pi I_S}{\dfrac{1}{N_I} - 1 + \mu_a},$$

wobei allerdings der Wert der Sättigungsmagnetisierung $4\pi I_S$ bekannt sein muß.

Die Beziehungen (61.1) und (61.2) für die Kraft lassen sich in zwei Anteile aufspalten. Der erste Anteil ist von den Eigenschaften des Teilchens, nämlich seinem Volumen V, seiner Permeabilität μ_a und seinem Entmagnetisierungsfaktor N_I abhängig. Der Zweite hat die Größe $H \cdot (\mathrm{d}H/\mathrm{d}x)$ und beschreibt die Eigenschaften des Magnetfeldes. In vielen Fällen liegt eine Feldverteilung vor, die sich nach verschiedenen Raumrichtungen ändert. Dann ist statt $\mathrm{d}H/\mathrm{d}x$ die Änderung grad H einzusetzen. Angaben über die Größe von $H \cdot \mathrm{d}H/\mathrm{d}x$ oder H grad H finden sich in einem Buch von DERKATSCH [1]. Allerdings sind die darin behandelten Fanganlagen für schwachmagnetische Erze bestimmt und elektromagnetisch erregt. Bild 61.1 ist dem Buch von DERKATSCH entnommen. Es zeigt sowohl die Feldstärke H als auch das Produkt H grad H ($\equiv H\mathrm{d}H/\mathrm{d}x$) einer Schneidenpolanordnung mit verschiedenen Zugspitzwinkeln der Schneiden. Die Erregung der Wicklung hatte die Größe 27 kAW. Die Verfasser geben auch Formeln für das Produkt H grad H an, die folgendermaßen lauten:

für Schneidenpole:

$$H \cdot \operatorname{grad} H = \frac{H_o^2 \cdot c \cdot y}{S} \cdot \frac{1}{\sqrt{1 - cy^2}} \; \frac{\mathrm{Oe}^2}{\mathrm{cm}} \tag{61.3}$$

für Rechteckpole:

$$H \cdot \operatorname{grad} H = \frac{0,75 \cdot H_o^2 c \cdot y^{0,5}}{S} \frac{1}{\sqrt{1 - cy^2}} \; \frac{\mathrm{Oe}^2}{\mathrm{cm}}. \tag{61.4}$$

Darin sind $y = (s - x)/s$; H_0 die Feldstärke an der Oberfläche des Rechteckpoles (Oe) und c ein Parameter, dessen Größe aus dem Bild 61.2 hervorgeht. In dem Bild 61.3 sind die angegebenen Formeln für $2s = 1,5$ cm und eine Feldstärke am Rechteckpol von $H_0 = 10$ kOe errechnet. Diese Formeln gelten nur für Polanordnungen, bei denen zwei Eisenpole einander gegenüberstehen, wobei der eine Pol mit Rechteck- oder Dreieckschneiden versehen ist.

Die Mehrzahl der permanentmagnetischen Filter- und Fangsysteme besteht jedoch aus Wechselpolsystemen, bei denen Nord- und Südpole aufeinanderfolgen. BARAN [2, 3] hat derartige Anordnungen aus Bariumferritmagneten untersucht und gibt Formeln für die Kraft auf kleine Teilchen bei Systemen mit und ohne Polschuhe an. Er hat u. a. die Größe der Kraft an einer aus Karbonyleisenpulver gepreßten Kugel gemessen. Das Ergebnis seiner Vermessungen ist in

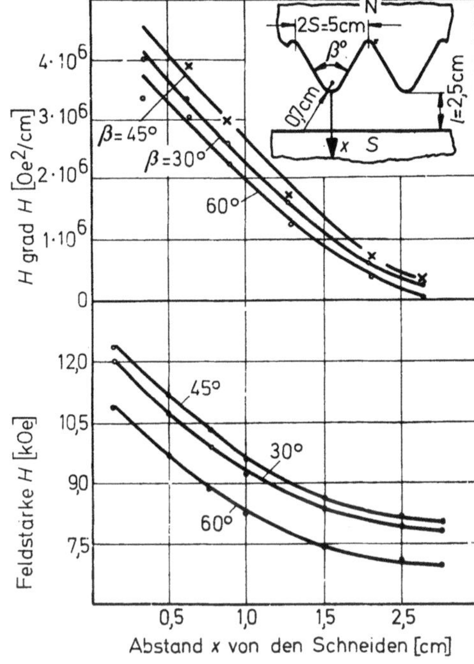

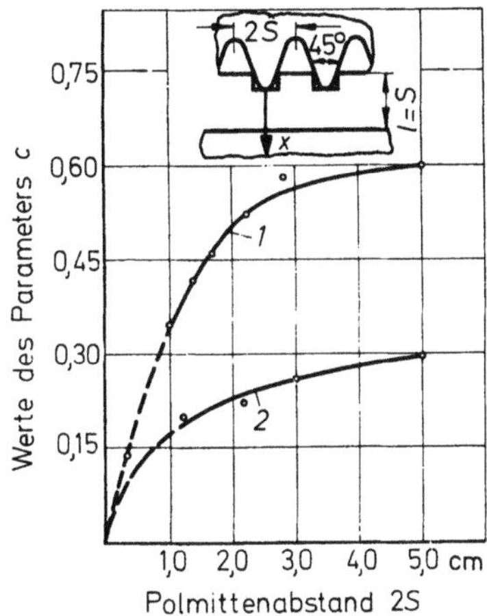

Bild 61.2. Abhängigkeit des Parameters c in den Gln. (61.3−4) vom Polmittenabstand $2\,S$: 1 für dreieckige Schneiden, 2 für rechteckige Schneiden (nach DERKATSCH [1]).

Bild 61.1. Kurven $H = f(x)$ und $H\,\mathrm{grad}\,H = f(x)$ bei verschiedenen Zuspitzungswinkeln β der Schneidenenden (nach DERKATSCH [1]).

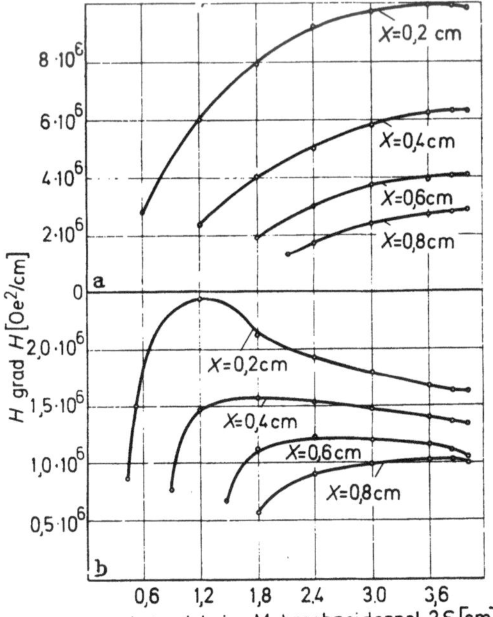

Bild 61.3. Kurven $H\,\mathrm{grad}\,H = f(2S)$ in verschiedenem Abstand x von den Schneiden des Mehrschneidenpols. a) Schneiden von dreieckigem Querschnitt, b) Schneiden von rechteckigem Querschnitt (nach DERKATSCH [1])

dem Bild 61.4 samt den dazu benutzten Magnetsystemen dargestellt. Angaben über die Feldstärken in periodischen Systemen, die auch für Separatoren gebraucht werden können, finden sich bei LAURILA [4].

Der magnetischen Zugkraft wirken in Fang- und Filtereinrichtungen verschiedene Kräfte entgegen. Befindet sich der Magnet oberhalb des zu fangenden Teilchens, dann müssen dessen Eigengewicht sowie die Reibung an den umgebenden Teilchen überwunden werden. In einem Flüssigkeitsstrom treten hierzu

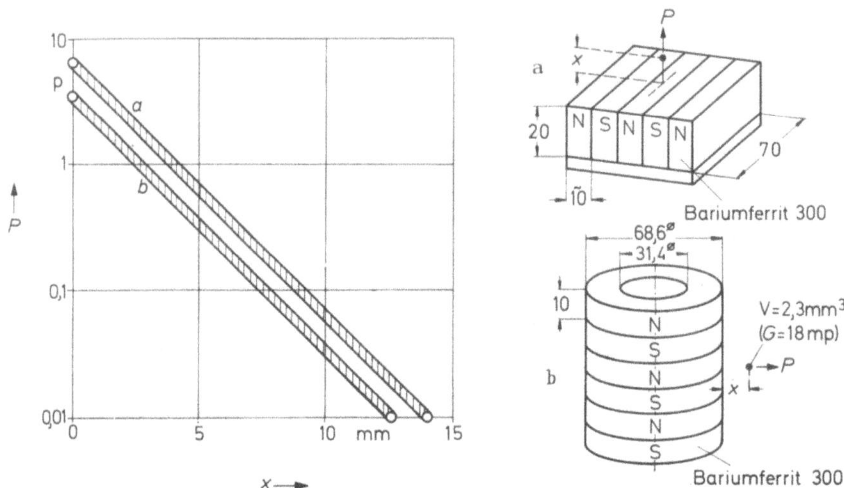

Bild 61.4. Auf eine Karbonyleisenkugel vom Durchmesser ~ 1,6 mm ausgeübte Kraft P als Funktion des Abstandes x für ein ebenes Plattensystem (a) und ein aus radial magnetisierten Zylindern geschichtetes System (b) (nach BARAN [2]).

viskose Kräfte sowie Beschleunigungskräfte auf. In Einzelfällen können diese Kräfte berechnet werden, doch sind die Verhältnisse bei den meisten Fang- oder Filteranordnungen derart kompliziert, daß nur ein Experiment weiterhilft. Dazu wird eine definierte Menge zu fangender Teile eingegeben und die Ausbringung gemessen, wobei verschiedene Parameter wie Schneidenabstand, Polabstand usw. verändert werden.

61.2 Filtersysteme

Stationäre Magnetfilter werden dann verwendet, wenn der Materialanfall nicht allzu groß und öftere Reinigung möglich ist. Die einfachste Form stationärer Filter findet sich bei den Ölablaßschrauben von Automobilmotoren (Bild 61.5). Für etwas stärkeren Späneanfall werden sogenannte Filterkerzen verwendet, von denen Bild 61.6 ein Beispiel zeigt. Solche Kerzen bestehen aus aufeinandergeschichteten Ringmagneten, wobei zur Erhöhung der Feldstärke und des Feldgradienten oftmals Eisenplatten zwischen den Magneten angeordnet sind. Sollen große Materialmengen herausgefiltert werden, dann erhalten diese Eisenplatten einen wesentlich größeren Durchmesser als die Magnete selbst. Filterkerzen der ersten Art werden meist mit keramischen Magneten ausgerüstet. Letztere benötigen AlNiCo-Magnete. Durch Leitbleche wird der zu reinigende Flüssigkeitsstrom an der Oberfläche der Kerze entlanggeführt.

Zur besseren Reinigungsmöglichkeit werden Filterkerzen oft in ein Rohr aus unmagnetischem Material wie Messing, Aluminium oder Edelstahl eingebracht, aus dem sie zur Reinigung herausgezogen werden. Statt der runden Form kommen auch plattenförmige Filter mit geschichtetem Aufbau zur Verwendung.

Wie wichtig oft die Entfernung kleinster Mengen von Eisenabrieb ist, zeigt das Bild 61.7. Es handelt sich um eine Messung des dielektrischen Verlustfaktors

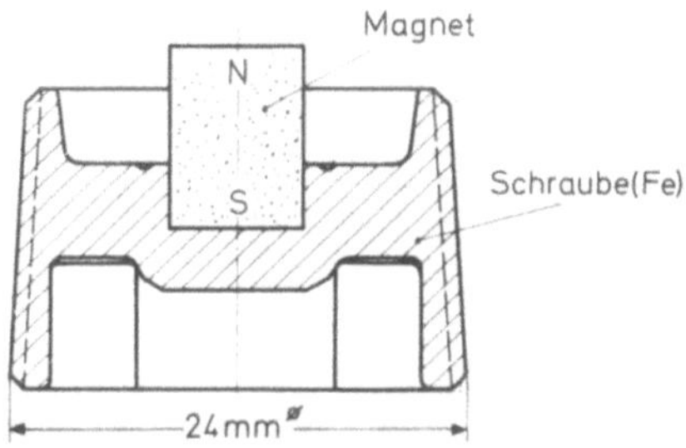

Bild 61.5. Magnet-Ölablaßschraube für einen
Automobilmotor.

Bild 61.6. Filterkerze in einem Ölfilter.

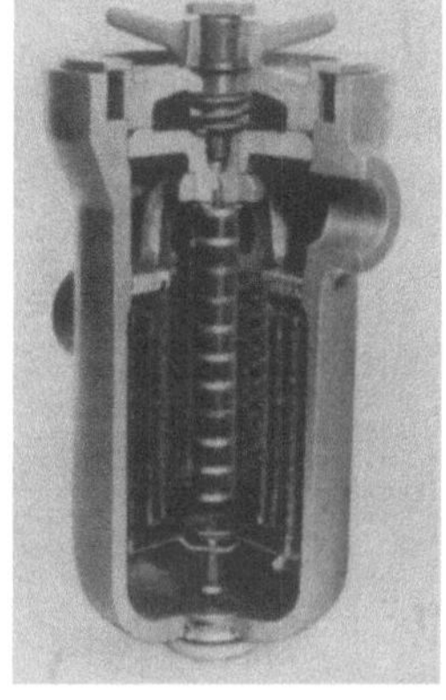

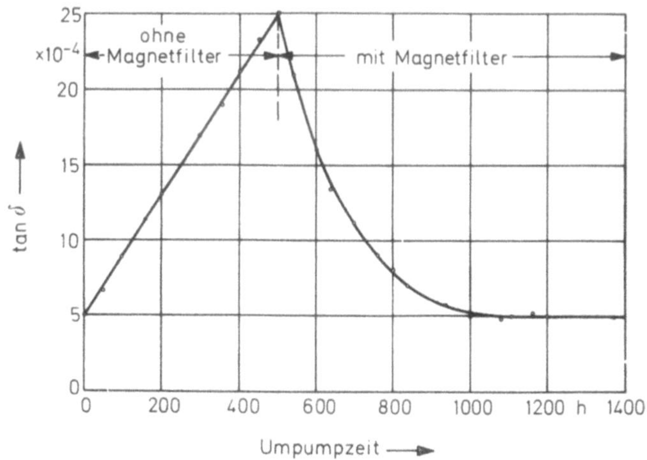

Bild 61.7. Einfluß einer magnetischen Filterung auf den Verlustfaktor tan δ von Kabelisolieröl bei 23 °C
(nach K. Brinkmann und M. Meyer [5]).

tan δ von Transformatoren-Isolieröl [5]. Dieses Öl wird mit Förderpumpen umgewälzt. Dabei gelangen durch den Abrieb an den Zahnflanken der Pumpe, durch Abrieb an den Wandungen usw. Eisenstaub und Eisenpartikelchen in den Ölkreislauf. Während ca. 500 h wurde ohne Magnetfilter gepumpt. Es zeigte sich eine ständige gleichmäßige Verschlechterung des Verlustfaktors. Nach Einschalten eines Magnetfilters fiel der Verlustfaktor nach einer Pumpzeit von ca. 500 h wieder auf den Ausgangswert zurück.

Die intensivste Filterwirkung entsteht, wenn mehrere Kerzen oder Leisten zu einem Filterrost oder Filtergrill zusammengefaßt werden. Bild 61.8 zeigt eine solche Anordnung. Sollen große Flüssigkeitsmengen mit nicht allzu großem Anfall an ferromagnetischen Teilchen gereinigt werden, dann ist es oft zweckmäßig, eine sogenannte Filtertreppe anzuordnen. Diese besteht aus einer Folge überströmter Stufen, wobei sich in jeder Stufe Magnetleisten befinden. Auch hier kann durch Abdeckbleche für eine leichte Reinigungsmöglichkeit gesorgt werden.

Bild 61.8. Filterrost (Werkbild Fa. Eriez, USA).

a

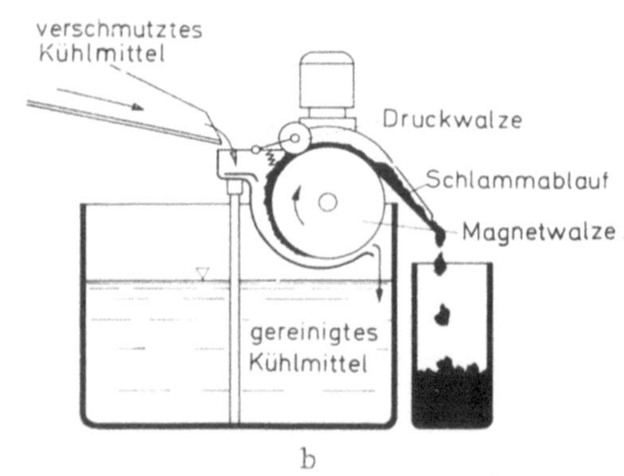

Bild 61.9.
Vollautomatische kontinuierliche Kühlmittel-Reinigungsanlage mit Dauermagneten. a) Gesamtansicht b) schematische Darstellung (Werkbild Fa. Faudi Feinbau GmbH, Oberursel/Ts.).

Ist sowohl der Durchsatz an Flüssigkeit als auch der Anfall an Abrieb — beispielsweise bei der Späneentfernung aus Schneidöl — groß, dann werden kontinuierliche Filter verwendet [6]. In ihrer einfachsten Form bestehen sie aus Magnetwalzen, die sich in der zu reinigenden Flüssigkeit drehen. Ein Abstreifer entfernt die herausgeholten Eisenteilchen. Bild 61.9 zeigt Schnittbild und Fotografie eines solchen kontinuierlichen Filters. Ähnliche Einrichtungen werden auch zum Scheiden schwachmagnetischer Erze verwendet.

61.3 Fangsysteme

Bei den magnetischen Fangsystemen können wie bei den Flüssigkeitsfiltern stationäre und kontinuierlich arbeitende Einrichtungen unterschieden werden. Stationäre Eisenfänger finden Verwendung bei der Reinigung von Schüttgütern wie Gestein, Asbestmehl, Mehl u. a. m. Bild 61.10 zeigt drei typische Anordnungen. Sie werden nach Möglichkeit an einer Stelle eingebaut, an der die Schütthöhe und die Wanderungsgeschwindigkeit des Gutes gering sind. Fänger nach Bild 61.10a

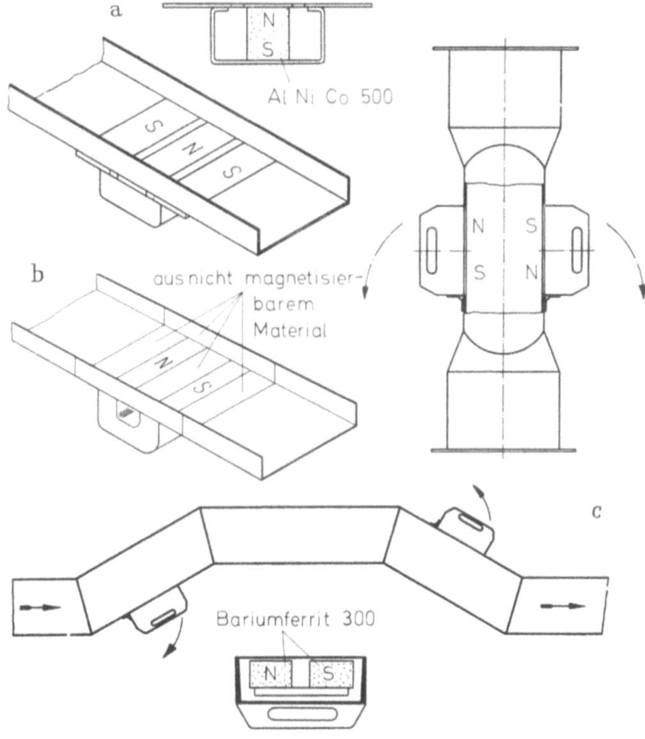

Bild 61.10. Stationäre Fangleisten für Schüttgüter. a) und b) Mit AlNiCo-Magneten; c) mit Bariumferritmagneten.

enthalten Magnete aus AlNiCo 500. Wegen des geringen Polabstandes sind die Feldstärke H sowie das Produkt $H \cdot \mathrm{d}H/\mathrm{d}x$ in unmittelbarer Nähe der Polleisten groß. Beide Werte nehmen jedoch mit der Entfernung rasch ab, so daß die Fernwirkung dieser Einrichtungen gering ist. Die Fangsysteme werden hauptsächlich verwendet, wenn es sich darum handelt, aus dem schnell bewegten, aber dünn geschüttelten Gut Eisenteile zu entfernen. U-förmige AlNiCo-Magnete nach Art des Bildes 61.10b besitzen eine etwas größere Fernwirkung, während Separatoren mit Bariumferritmagneten (Bild 61.10c) speziell für das Fangen ausgedehnter Eisenteile aus größeren Entfernungen bestimmt sind.

Auch für Schüttgüter werden Filterroste verwendet. Bild 61.11 zeigt eine derartige Einrichtung. Die Fangwirkung ist besonders intensiv, weil sämtliche Teilchen ein Feld mit großem $H \cdot \mathrm{d}H/\mathrm{d}x$ durchfallen müssen. Allerdings ist die

36 Schüler/Brinkmann, Dauermagnete

Reinigung der Roste schwierig. Sie werden meist dort verwendet, wo der Anfall an Eisenteilen gering ist und mehr ein Schutz nachfolgender empfindlicher und

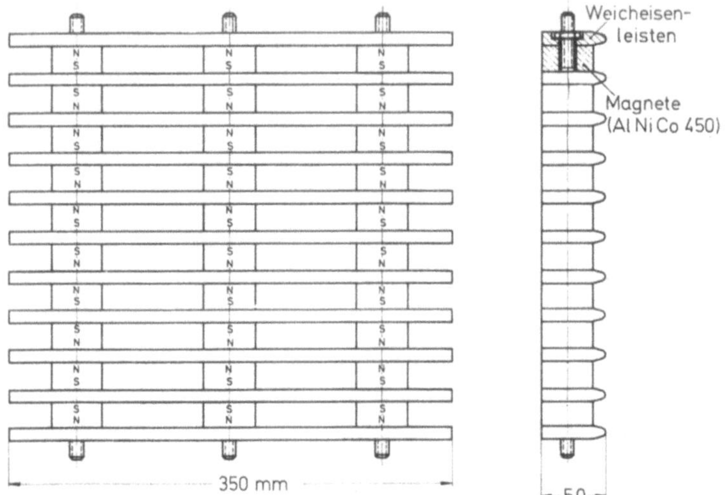

Bild 61.11. Filterrost zum Reinigen von pulverförmigem Gut.

Bild 61.12. Magnet-Fangleiste, im Krempelsatz angebracht (Werkbild Fa. DEW Magnetfabrik).

teurer Einrichtungen bewirkt werden soll. Gelegentlich stören bereits geringste Mengen an eisenhaltigen Verunreinigungen, beispielsweise in Farbpigmenten, wo sie zu unangenehmen Verfärbungen von Weißfarben Anlaß geben.

In der Textilindustrie werden Fangmagnete hauptsächlich verwendet, um Kratzenhäkchen oder Drahtstücke von Sackverschlüssen aus dem Flor in einem Reiß- oder Putzkrempel zu entfernen. Bild 61.12 zeigt eine solche Fangleiste, die im Krempelsatz angebracht ist. Sie soll verhindern, daß Kratzenhäkchen die hochglanzpolierte Walze der Florquetsche beschädigen.

Kontinuierlich arbeitende Separatoren für Schüttgüter werden entweder in Walzen- oder in Bandform ausgeführt. Bild 61.13 ist einer Arbeit von SPODIG [6] entnommen und zeigt die Ausführung eines Doppelwalzen-Magnetscheiders mit

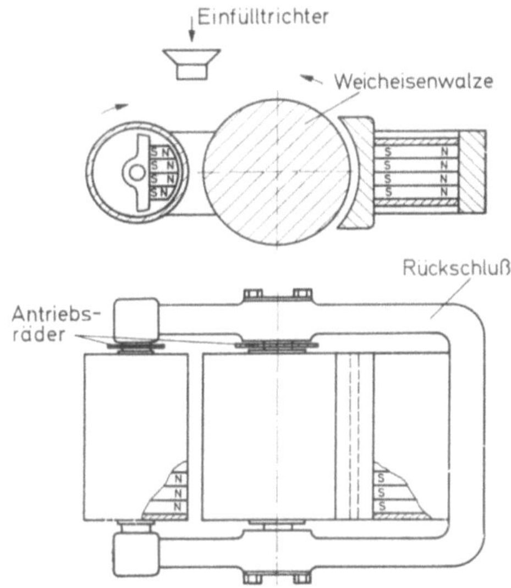

Bild 61.13. Doppelwalzen-Magnetscheider mit Vollwalze aus Weicheisen (nach SPODIG [6]).

einer Vollwalze aus Weicheisen und stationären Magnetsystemen. Bandscheider bestehen meist aus einem Zuführungs-Transportband, dessen Endrolle als Magnetwalze ausgeführt ist. Unmagnetische Teile fallen am Ende des Bandes nach unten, während Eisenteile etwas weiter mitgenommen und so separiert werden können.

Im Zusammenhang mit der Beschreibung von Fangeinrichtungen sei noch auf einige Ausführungen für Sonderzwecke hingewiesen. Beispielsweise gibt es magnetische Türabstreifer, die vor Räumen angebracht sind, in denen empfindliche elektrische Geräte montiert werden. Sie verhindern das Einschleppen von ferromagnetischen Verunreinigungen. In Schneidereien werden magnetische Besen verwendet, um heruntergefallene Nadeln aufzulesen. Auf Flughäfen werden die Pisten mit großen Fangmagnetsystemen von Nägeln und Eisenteilen befreit. Ein besonderes Problem stellt die Reinigung der Spalte von Lautsprechersystemen dar. Damit die beim Ausblasen herausgebrachten eisernen Schmutzteilchen nicht wieder in den Spalt gelangen, ist die gesamte Reinigungskabine mit streifenförmig magnetisiertem Magnetgummi ausgekleidet, an dem der ausgeblasene Eisenabrieb hängenbleibt. Derartige Einzelbeispiele gibt es in großer Zahl, so daß eine vollständige Aufzählung kaum möglich ist.

36*

Literatur

1. DERKATSCH, V. G.: Die magnetische Aufbereitung schwachmagnetischer Erze. Leipzig: VEB Deutscher Verlag für Grundstoffindustrie 1960.
2. BARAN, W.: Techn. Mittlg. Krupp, Forschungsberichte, I, 22 (1964) 101—124, II, 23 (1965) 1—13.
3. BARAN, W.: Z. angew. Phys. 21 (1966) 159—161.
4. LAURILA, E.: Acta Polyt. Scand. Acta P 312/1962 Helsinki.
5. BRINKMANN, K., u. M. BEYER: ETZ-A 81, 20/21 (1960) 744—749.
6. SPODIG, H.: Untersuchung zur Anwendung der Dauermagnete in der Technik. Forschungsber. d. Wirtschafts- u. Verkehrsministeriums Nordrhein-Westfalen Nr. 212, 1955.

XII. Wechselwirkung von Permanentmagnet und freien elektrischen Ladungsträgern

62 Bewegung von elektrischen Ladungsträgern im magnetischen Feld

62.1 Kraftwirkung im magnetischen Feld

Diese Gruppe von Anwendungen ist sehr umfangreich und umfaßt sowohl Meßgeräte aus verschiedenen Gebieten der Technik und Wissenschaft, Laufzeitröhren, elektronenmikroskopische Geräte als auch den Hall-Effekt und die Kraftwirkung im magnetischen Feld.

62.1.1 Bewegungsrichtung v senkrecht zu H

Bewegen sich elektrisch geladene Teilchen (Ionen) der Ladung q (positiv oder negativ) und der Masse m als freie Ladungsträger im magnetischen Feld der Stärke H mit der Geschwindigkeit v, dann erfahren sie eine zusätzliche Kraft K_m

$$K_m = \frac{q}{c}\,[v \cdot H] = \frac{q}{c}\,v_q\,H \sin (v_q,\,H) \qquad (62.1)$$

in der (v,H)-Ebene. Daraus folgt, daß bei Bewegung in Richtung des magnetischen Feldes keine Kraftwirkung auf das Teilchen vorhanden ist, da $\sin (v_q,\,H) = 0$ ist. Stehen aber Geschwindigkeit v und magnetisches Feld H senkrecht aufeinander, wird durch die Kraft K_m die Bahn des Teilchens gekrümmt. Der Windungssinn der Bahn folgt aus dem Vorzeichen der Ladung. Positive Ladungsträger beschreiben eine Krümmung links um die H-Linien, negative Ladungsträger rechts um die H-Linien. Wenn das magnetische Feld räumlich und zeitlich konstant ist, wird die Teilchenbahn ein Kreis. Sein Radius r läßt sich aus dem Gleichgewicht von Zentrifugalkraft $K_z = (m\,v^2)/r$ und ablenkender Kraft K_m berechnen und beträgt

$$r = \frac{m v c}{q H}. \qquad (62.2)$$

Andererseits kann die Bahngleichung folgendermaßen gewonnen werden: Sei die Anfangsrichtung des mit der Geschwindigkeit v in das magnetische Feld einfliegenden (hier negativ geladenen) Teilchens in x-Richtung und die Richtung des magnetischen Feldes in z-Richtung, dann folgt nach den Regeln der Vektorrechnung für die Kraft in y- und x-Richtung aus Gl. (62.1)

$$m\,\ddot{y} = -\,\frac{q\,H}{c}\,\dot{x} \qquad (62.3)$$

$$m\,\ddot{x} = \frac{q\,H}{c}\,\dot{y}. \qquad (62.4)$$

Daraus wird

$$\dddot{y} + \left(\frac{q\,H}{m\,c}\right)^2 \dot{y} = 0. \qquad (62.5)$$

Unter Berücksichtigung der Anfangsbedingungen

$$x_{t=0} = y_{t=0} = v_{y_{t=0}} = 0 \quad v_x = v$$

wird dann

$$y = \frac{m\,v\,c}{q\,H}\left[1 - \cos\left(\frac{q}{m\,c}\,H\,t\right)\right], \qquad (62.6)$$

und für x folgt aus den Gln. (62.3) und (62.6)

$$x = \frac{m\,v\,c}{e\,H}\,\sin\left(\frac{q}{m\,c}\,H\,t\right). \qquad (62.7)$$

Daraus resultiert die Bahngleichung eines Kreises

$$\left(y - \frac{m\,v\,c}{q\,H}\right)^2 + x^2 = \left(\frac{m\,v\,c}{q\,H}\right)^2 = r^2 \qquad (62.8)$$

mit dem Radius r entsprechend Gl. (62.2).
Die Umlauffrequenz beträgt dann

$$f = \frac{v}{2\,\pi r c} = \frac{q\,H}{2\,\pi m c}. \qquad (62.9)$$

Die Frequenz $2\,\pi\,f = \omega$ wird Zyklotronfrequenz genannt. Sie ist unabhängig von Geschwindigkeit v und Radius r, aber abhängig von der Feldstärke H. Die Umlaufzeit T ist

$$T = \frac{1}{f} = \frac{2\,\pi r c}{v} = \frac{2\,\pi m c}{q\,H}. \qquad (62.10)$$

Wenn ein Ladungsträger nur auf einem Teil seiner Bahn einem homogenen Feld H, welches senkrecht zur Geschwindigkeit v wirkt, ausgesetzt ist, wird er auch auf einen Kreisbogen abgelenkt. Je nach Ausdehnung des Feldes beschreibt er nur einen Teil des vollen Kreises. Seine Bahn besteht aus diesem Kreisbogen und den Tangenten an den Endpunkten desselben. Sie kann näherungsweise als Parabel angegeben werden. Zu Anfang sei die Geschwindigkeit v parallel zur x-Richtung und die magnetische Feldstärke H parallel zur Richtung $-y$, dann wird in der x,z-Ebene:

$$z = \frac{a\,q}{2\,m\,c} \cdot \frac{H}{v}\,x^2. \qquad (62.11)$$

Dabei ist a der Abstand von dem Anfangspunkt der Feldeinwirkung zur y,z-Ebene. Auf die Wirkung eines sektorförmigen Magnetfeldes wird in Kapitel 68 näher eingegangen.

62.1.2 Bewegungsrichtung v nicht senkrecht zu H

Tritt ein Teilchen nicht senkrecht zur magnetischen Feldstärke H, sondern unter einem Winkel zur Senkrechten ein, dann wird die Bahnform etwas komplizierter. Dazu wird die Geschwindigkeit in die zwei Komponenten v_p parallel zu H und v_r senkrecht zu H eingeteilt, wie Bild 62.1 zeigt. Für die Komponente v_r gilt sinngemäß, daß sie zu einer Kreisbahn mit dem Radius r nach Gleichung (62.2) führt, wobei sinngemäß für die Geschwindigkeit v hier die Komponente v_r zu setzen ist. Außerdem liegt die vom Feld unbeeinflußte Geschwindigkeitskomponente v_p vor. Beide Bewegungen überlagern sich zu einer wendelförmigen Bahn, wie Bild 62.1 zeigt, mit dem Radius r senkrecht v_p und der Ganghöhe h parallel v_p. Die Ganghöhe ist entsprechend Gl. (62.10) gegeben zu

$$h = v_p\, T = \frac{v_p\, 2\,\pi m c}{qH}.\qquad(62.12)$$

Die Umlaufzeit ist nach Gl. (62.10) unabhängig von der Geschwindigkeit und vom Radius. Alle identischen Ladungsträger, die gleichzeitig von einem Punkt P ausgehen, treffen deshalb wieder gleichzeitig im Punkt P' ein, wobei der Punkt P' vom Punkt P parallel zur Feldstärke H um die Länge h entfernt liegt. Dazu müssen die Ladungsträger allerdings nach Gl. (62.11) noch gleiche Geschwindigkeit v_p parallel H haben. Hierauf wird in Kapitel 64.1 näher eingegangen.

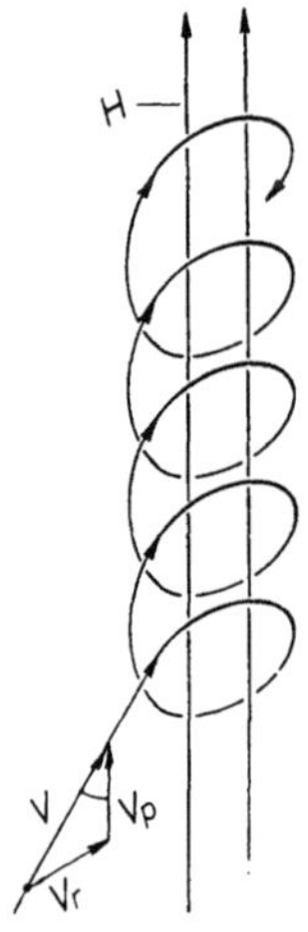

Bei nicht konstantem Feld ist die Bahnbewegung komplizierter, jedoch hat das rotationssymmetrische Feld im Inneren von Ringmagneten eine ähnliche Wirkung wie ein homogenes Feld, wie in Kapitel 64 noch besprochen wird.

Bild 62.1.
Bahn eines schräg in ein magnetisches Feld eintretenden, negativ geladenen elektrischen Ladungsträgers.

62.2 Kraftwirkung im elektrischen Feld

Da die elektrischen Ladungsträger ihre Bewegungsenergie dem elektrischen Feld entnehmen, sei kurz die Kraftwirkung K_{el} im elektrischen Feld der Stärke E dargestellt. Es ist

$$K_{el} = q\,E.\qquad(62.13)$$

Demzufolge wird ein Teilchen mit positiver Ladung in Richtung der elektrischen Feldstärke, mit negativer Ladung entgegengesetzt beschleunigt.

Wenn das elektrische Feld senkrecht zur Geschwindigkeit v wirkt, biegt das Feld die Bahn zu einer Parabel. Ist v die Geschwindigkeit parallel zur x-Richtung und E die elektrische Feldstärke parallel zur y-Richtung, dann ist die Bahngleichung gegeben durch:

$$y = \frac{q\,E}{2\,m\,v^2}\, x^2.\qquad(62.14)$$

Sie stellt also das Gleichgewicht zwischen elektrischer und kinetischer Energie dar. Die Auslenkung durch das elektrische Feld ist proportional dem Quadrat der reziproken Geschwindigkeit. Entsprechend Gl. (62.14) kann ein Ladungsträger mit der Geschwindigkeit v senkrecht zur elektrischen Feldstärke E infolge der Bahnkrümmung auch an dem betreffenden entgegengesetzt polarisierten elektrischen Pol landen. Davon wird bei der Doppelfokussierung Gebrauch gemacht (s. Abschnitt 63.2.4).

Wenn der Ladungsträger unter einem bestimmten Winkel zur elektrischen Feldstärke E eintritt, wird die Bahn, je nach Winkel zwischen Geschwindigkeit v und Feldstärke E, mehr oder weniger parabelähnlich.

62.3 Kraftwirkung im elektrischen und magnetischen Feld

Obwohl sich alle Eigenschaften von Ladungsträgern unter Einwirkung beider Felder aus den bisherigen Gleichungen ergeben, sollen hier noch einige wichtige Fälle zusammengestellt werden.

62.3.1 Beide Felder liegen parallel zueinander und parallel zur Geschwindigkeit v der Ladungsträger

Dabei werden die Ladungsträger nur entsprechend Gl. (62.13) durch das elektrische Feld beschleunigt.

62.3.2 Beide Felder liegen parallel zueinander und senkrecht zur Geschwindigkeit v der Ladungsträger

Das elektrische Feld E lenkt, wenn es parallel zur y-Richtung liegt und der Ladungsträger in x-Richtung eintritt, das Teilchen entsprechend Gl. (62.14) in y-Richtung aus. Das magnetische Feld H, wenn es parallel zur $-y$-Richtung liegt, lenkt das Teilchen entsprechend Gl. (62.11) in z-Richtung aus.

62.3.3 Beide Felder liegen senkrecht zueinander und senkrecht zur Geschwindigkeit v

Wenn sich ein Ladungsträger senkrecht zu beiden Feldstärken bewegt und beide Feldkräfte in gleicher Richtung abbeugend wirken, dann wird er zum entgegengesetzt geladenen elektrischen Pol gelenkt. Die Parabelbewegung des elektrischen

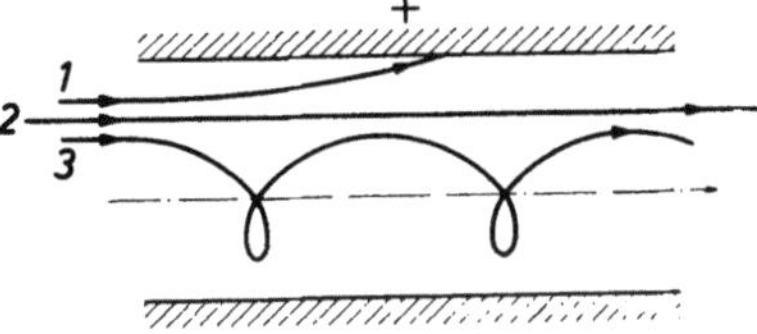

Bild 62.2. Bahn eines negativ geladenen elektrischen Ladungsträgers in gekreuztem elektrischem und magnetischem Feld bei verschiedenem Verhältnis von elektrischer Kraft K_{el} zu magnetischer Kraft K_m. Das magnetische Feld steht senkrecht zur Bildebene. *1:* $K_{el}/K_m > 1$, *2:* $K_{el}/K_m = 1$, *3:* $K_{el}/K_m < 1$.

Feldes und die Kreisbewegung des magnetischen Feldes überlagern sich und geben für einen negativen Ladungsträger eine Bahn entsprechend Kurve 1 in Bild 62.2. Wirken beide Kräfte entgegengesetzt, dann kommt Bahn 1 auch zustande, wenn die elektrische Kraft K_{el} kleiner als die magnetische Kraft K_m ist, d. h. wenn die Ungleichung $vH < E$ oder $v < E/H$ gilt [1].

Wenn beide Kräfte gleich sind, wird der (hier negativ geladene) Ladungsträger nicht beeinflußt und fliegt entsprechend Bahn 2 durch die beiden Felder. Dazu muß also die Geschwindigkeit des Teilchens gleich $v = E/H$ sein und senkrecht zu beiden Feldern liegen [1].

Beim Überwiegen der magnetischen Feldkraft, d. h. $vH > E$, biegt der Ladungsträger zum gleichgeladenen elektrischen Pol um. Durch das Anlaufen gegen das elektrische Feld wird die Geschwindigkeit v kleiner und damit nach Gl. (62.2) auch der Krümmungsradius. Nach der Drehung der Bahnrichtung um $180°$ ist die kleinste Geschwindigkeit und damit der kleinste Radius erreicht. Die Geschwindigkeit steigt wieder an, wie Bahn 3 zeigt. Die Geschwindigkeit v nimmt ab, da der Ladungsträger im elektrischen Feld beschleunigt wird. Infolge der starken magnetischen Feldwirkung bleibt aber immer eine bestimmte Krümmung übrig, und so kann sich der Zyklus wiederholen. Eine genauere Berechnung der Bahnkurve zeigt, daß sie aus einer Komponente mit konstanter Geschwindigkeit $v = E/H$ senkrecht zu den beiden Feldern und einer Umlaufbewegung mit konstanter Winkelgeschwindigkeit in der Ebene senkrecht zur magnetischen Feldstärke H zusammengesetzt werden kann. Damit ist die Bahn aber eine Zykloidenbahn. Im Scheitel der Zykloide ist die Momentangeschwindigkeit gleich $2\,E/H$ [1].

Die gleichen Bahnformen ergeben sich, wenn der Ladungsträger von einem elektrischen Pol aus startet, wobei eine Startgeschwindigkeit v parallel zur elektrischen Feldstärke E liegt.

62.4 Anwendungen

Bei allen Anwendungen von Dauermagneten in diesem Abschnitt werden zur Erzeugung der meist großräumigen Felder auch große Magnetsysteme benötigt. Hierbei sind die Anforderungen sehr verschieden. Entweder haben die Felder große Querschnitte oder große Längen, oder es wird eine gute Homogenität oder hohe Luftspaltfeldstärke gefordert. Allen Großsystemen aber ist die Schwierigkeit der Magnetisierung gemeinsam. Die meisten Systeme werden im remanenten oder annähernd remanenten Zustand benötigt, so daß die Magnetisierung im zusammengebauten Zustand stattfinden muß. Diese Magnetisierung wird aus räumlichen Gründen fast ausschließlich mit Impulsmagnetisatoren durchgeführt. Erschwerend ist, daß die Systeme oft zeitlich sehr konstante Magnetfelder aufweisen sollen. Eine Stabilisierung mittels Wechselfeld oder Temperaturzyklen ist dann notwendig. Wie aus Kapitel 30 bekannt ist, können sich beide Verfahren in bestimmten Grenzen ersetzen.

Literatur

1. Siehe z. B. HINKEL, K.: Magnetrons, Phil. techn. Bibl. Eindhoven (1961) 14 ff.

63 Magnetsysteme der Kernphysik

63.1 Magnetische Fokussierung mittels sektorförmigem Magnetfeld

Bei den Magnetsystemen der Kernphysik werden zur Fokussierung der elektrischen Ladungsträger hauptsächlich sektorförmige Magnetfelder benutzt. Dabei steht das Magnetfeld fast immer nahezu senkrecht auf der Bewegungsrichtung der Ladungsträger. Wie aus Gl. (62.2) hervorgeht, hängt der Radius r der Bahn eines elektrischen Ladungsträgers, der sich in einem homogenen, senkrecht auf seiner

Bahn stehenden magnetischen Feld bewegt, von seiner elektrischen Ladung q, seiner Masse m und seiner Geschwindigkeit v ab. Es lassen sich einmal Ladungsträger mit gleichem Verhältnis q/m, aber ungleicher Geschwindigkeit v trennen. Zum anderen lassen sich Ladungsträger mit gleichem Verhältnis q/v, aber ungleicher Masse m trennen. Damit ist gezeigt, daß mittels homogenem Magnetfeld eine Impulsauflösung möglich ist.

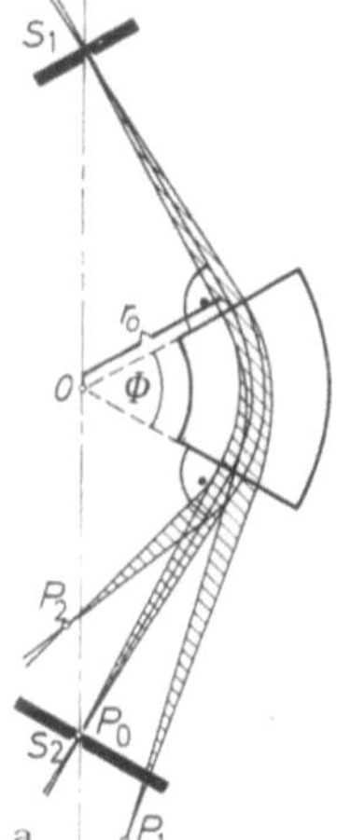

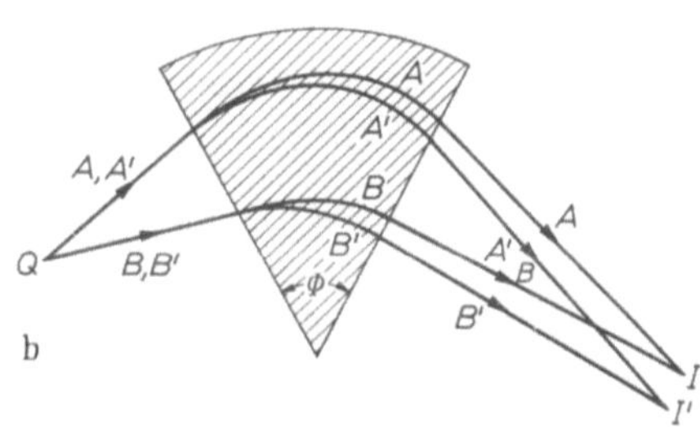

Bild 63.1. Zur horizontalen Fokussierung von impulsgleichen, richtungsverschiedenen Ladungsträgern in sektorförmigen magnetischen Feldern. a) Schematische Anordnung (nach [1]); b) Bahn von vier Ladungsträgern, wobei A, B und A', B' je impulsgleich sind (nach [2]).

Ist das homogene Magnetfeld sektorförmig begrenzt, dann wirkt es gleichfalls impulsauflösend. Weiterhin ist mit einem sektorförmigen Magnetfeld in erster Näherung eine fokussierende Wirkung verbunden. Die Fokussierung ist eine abgewandelte Richtungsfokussierung, wie sie noch näher behandelt wird: Dabei werden von einem Punkt unter verschiedenen Richtungen ausgehende Ladungsträger gleichen Impulses in einem Punkt gesammelt. Voraussetzung ist, daß die Bahnebenen der Ladungsträger parallel den Polflächen liegen. Auf diese Möglichkeit der Fokussierung soll noch kurz eingegangen werden: Durch Differenzieren nach dem Impuls mv ergibt sich aus Gl. (62.2)

$$\mathrm{d}r = \frac{c}{qH}\,\mathrm{d}(mv) \tag{63.1}$$

und durch Division

$$\frac{\mathrm{d}r}{r} = \frac{\mathrm{d}(mv)}{mv}. \tag{63.2}$$

Der vom Ladungsträger im Feld zurückgelegte Weg l ist, wie Bild 63.1 a zeigt,

$$l = r\,\Phi, \tag{63.3}$$

wobei Φ der Ablenkwinkel ist. Daraus folgt

$$\frac{\mathrm{d}r}{r} = \frac{\mathrm{d}\Phi}{\Phi} \tag{63.4}$$

und damit wird aus Gl. (63.2)

$$\mathrm{d}\Phi = \frac{\Phi}{mv}\,\mathrm{d}(mv). \tag{63.5}$$

Diese Gleichung zeigt, daß Ladungsträger mit gleichem Impuls gleich abgelenkt werden, sich also fokussieren lassen. Ladungsträger mit Impulsen, die sich um $\mathrm{d}(mv)$ unterscheiden, haben eine um $\mathrm{d}\Phi$ verschiedene Ablenkung. Dieser Winkel ist proportional zum Ablenkungswinkel Φ und zum Impulsunterschied $\mathrm{d}(mv)$. Die fokussierten Ladungsträger konvergieren bei passender elektrischer Beschleunigungsspannung in der Blende S_2.

Als Beispiel für die fokussierende Wirkung eines sektorförmigen Feldes sind in Bild 63.1 b die Ladungsträger A und B bzw. A' und B' jeweils als impulsgleich angenommen worden. Trotz verschiedener Ausgangsrichtung werden die impulsgleichen Ladungsträger in den Punkten I bzw. I' gesammelt. Liegen die Bahnen der Ladungsträger nicht parallel zu den Polflächen, also senkrecht zum magneti-

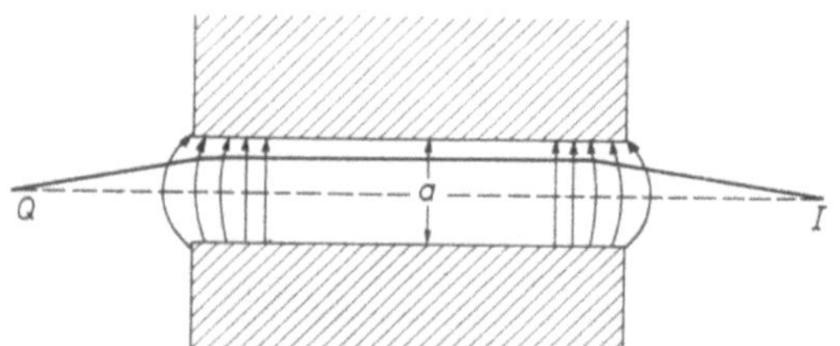

Bild 63.2. Vertikale Fokussierung von impulsgleichen, richtungsverschiedenen Ladungsträgern durch die Randstreuung sektorförmiger magnetischer Felder (nach [2]).

schen Feld, dann werden impulsgleiche Ladungsträger nicht fokussiert. Es ist also bei homogenem, sektorförmigem magnetischem Feld theoretisch nur eine horizontale Fokussierung vorhanden.

Mit Hilfe der sektorförmigen Felder ist aber in praxi trotzdem eine vertikale Fokussierung, d. h. in der Ebene normal zu den Polflächen, möglich. Dazu verhelfen die an den Rändern der Sektoren nicht mehr homogenen Streufelder, wie in dem Bild 63.2 angedeutet.

Wenn der Polabstand a klein gegenüber dem Krümmungsradius der Bahn des Ladungsträgers ist, wird die Fokussierung unabhängig von der Mikrostruktur des Streufeldes, jedoch ist der vertikale Brennpunkt I in Bild 63.2 dabei nicht identisch mit dem horizontalen Brennpunkt P_0 in dem Bild 63.1 a.

Die Möglichkeit der Fokussierung von Ladungsträgern mittels sektorförmiger Magnetfelder spielt in der Physik eine wichtige Rolle und wird in den nächsten Absätzen noch näher betrachtet.

63.2 Massenspektrometer

Bei der Untersuchung von elektrischen Ladungsträgern spielt die Bestimmung der spezifischen Ladung q/m eine wichtige Rolle. Ist z. B. durch Stoßversuche die Masse m bestimmt worden, kann bei Kenntnis von q/m die Ladung q berechnet werden und umgekehrt. Für die Bestimmung von q/m gibt es mehrere Verfahren, welche alle sektorförmige Dauermagnetfelder benutzen.

63.2.1. Parabelmethode

Diese soll als älteste Methode kurz erwähnt werden. Bei ihr liegen elektrische Feldstärke E und magnetische Feldstärke H parallel oder antiparallel zueinander und senkrecht zur anfänglichen Bewegungsrichtung v der Ladungsträger. Wie die Gl. (62.14) und (62.11) ergeben, hat ein (hier positiv geladenes) Teilchen mit der spezifischen Ladung q/m und der Geschwindigkeit v auf einer Platte in der y,z-Ebene im Abstand a vom Anfang der Einwirkung der Felder (s. Bild 63.3), herrührend vom elektrischen Feld [s. Gl. (62.14)], den Durchstoßpunkt:

$$y = \frac{a^2}{2} \cdot \frac{q}{m} \cdot \frac{E}{v^2} \tag{63.6}$$

und, herrührend vom magnetischen Feld (s. Gl. (67.11)), den Durchstoßpunkt:

$$z = \frac{a^2}{2c} \cdot \frac{q}{m} \cdot \frac{H}{v}. \tag{63.7}$$

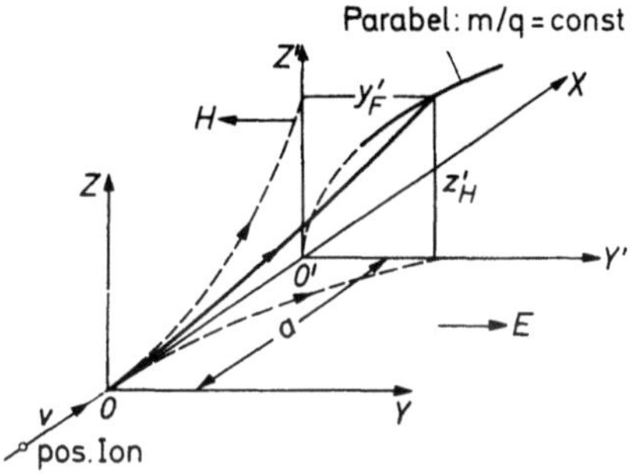

Bild 63.3. Prinzip der Bestimmung der spezifischen elektrischen Ladung q/m nach der Parabelmethode (nach [3]).

Alle Teilchen mit gleicher spezifischer Ladung q/m, aber verschiedener Geschwindigkeit v, durchstoßen die y,z-Ebene in den Punkten

$$z^2 = \frac{a^2}{2c^2} \cdot \frac{q}{m} \cdot \frac{H^2}{E} \, y \tag{63.8}$$

liegen also auf einer Parabel, wie Bild 63.3 zeigt [3].

Bei konstanter elektrischer und magnetischer Feldstärke kommt der Durchstoßpunkt um so näher an den Koordinatenursprung heran, je mehr die Geschwindigkeit $v \to \infty$ geht. Da die Geschwindigkeit v aber immer kleiner als die Lichtgeschwindigkeit c ist, wird die Auswertung des auftretenden angenäherten Parabelbogens schwierig. Je nach Vorzeichen der beiden Felder liegt die Parabel in einem der vier Quadranten.

Die Empfindlichkeit der Apparatur steigt demnach mit größer werdender magnetischer Feldstärke, d. h. es sind große Dauermagnetsysteme notwendig, die eine hohe Konstanz des magnetischen Feldes und vor allem eine genügend gute Homogenität besitzen.

63.2.2 Geschwindigkeitsfokussierung

Neuere Methoden zur Bestimmung der spezifischen Ladung benutzen meist gekreuzte elektrische und magnetische Felder. Dabei tritt entweder die Geschwindigkeitsfokussierung nach Aston [3] oder die Richtungsfokussierung nach Dempster [3] auf. Die Geschwindigkeitsfokussierung hat gegenüber der Parabelmethode den Vorteil, daß sie alle Ladungsträger mit gleicher spezifischer Ladung q/m in einem Punkt sammelt. Sie ist in Bild 63.4 schematisch dargestellt. Hierbei werden gekreuzte elektrische und magnetische Felder benutzt, die beide senkrecht zur Geschwindigkeit v liegen. Die durch zwei Blenden S_1, S_2 nahezu richtungsgleichen Ladungsträger verschiedener spezifischer Ladung q/m und Geschwindigkeit v werden im elektrischen Feld entsprechend Gl. (62.14) aufgefächert. Die Ablenkung um den Winkel Θ erfolgt entsprechend der jeweiligen Geschwindigkeit. Das sektorförmige Magnetfeld sammelt die Ladungsträger verschiedener Geschwindigkeit, aber gleicher spezifischer Ladung und fokussiert sie. Die Fokussierung folgt aus Gl. (63.5), wobei m konstant zu halten ist. Dabei muß die Platte als Ort der Fokussierung die Lage GF einnehmen, wie Bild 63.4 zeigt.

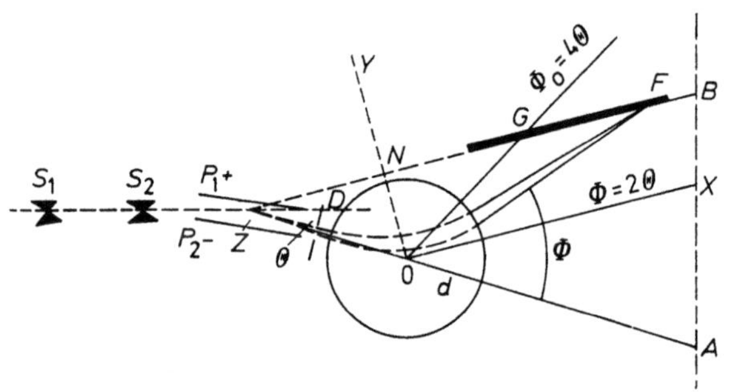

Bild 63.4. Prinzip der Geschwindigkeitsfokussierung nahezu richtungsgleicher elektrischer Ladungsträger beim Massenspektrometer (nach [3]).

63.2.3 Richtungsfokussierung

Bei der Richtungsfokussierung werden elektrische Ladungsträger mit gleicher spezifischer Masse und etwas verschiedener Richtung fokussiert. Diese Methode ist schematisch in Bild 63.5 dargestellt.

Dabei werden die Ladungsträger von der Ionenquelle A bis zur Blende S durch eine elektrische Spannung U beschleunigt. Entsprechend der Energiebeziehung

$$q\,U = \frac{m}{2}\,v^2, \tag{63.9}$$

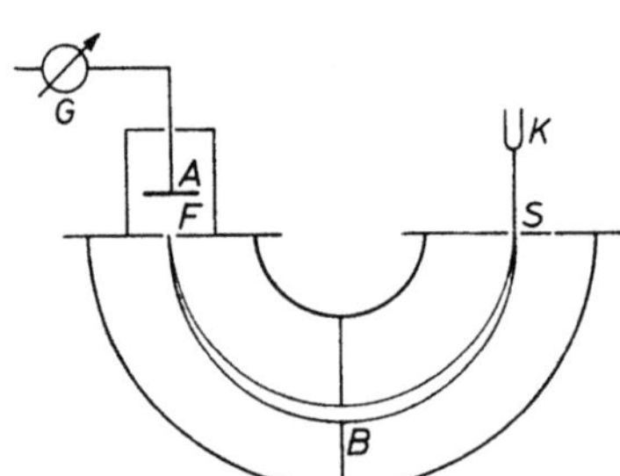

Bild 63.5. Prinzip der Richtungsfokussierung elektrischer Ladungsträger gleicher spezifischer Ladung q/m beim Massenspektrometer (nach [3]).

wobei U die elektrische Spannung ist, werden alle Teilchen mit gleicher spezifischer Ladung q/m gleich beschleunigt, können aber an der Eintrittsblende S etwas verschiedene Richtung haben. Das anschließende sektorförmige magnetische Feld fokussiert nun die schwach richtungsverschiedenen, aber geschwindigkeitsgleichen Teile mit gleicher spezifischer Ladung q/m nahezu im Punkt der Austrittsblende F. Dieser Punkt liegt um 180° von der Eintrittsblende entfernt. Die Fokussierung folgt aus den Gln. (62.2) und (63.5), da der Bahnradius r nur von der spezifischen Ladung q/m abhängt, wenn Feldstärke H und Geschwindigkeit v konstant sind. Seine Lage ist in Bild 63.5 schematisch angedeutet.

63.2.4 Doppelfokussierung

Geschwindigkeits- und Richtungsfokussierung wurden von MATTAUCH und HERZOG [3] zur Doppelfokussierung für den gesamten Massenbereich zusammengefaßt. Sie liegt fast allen modernen Massenspektrometern der Forschung zugrunde. Das von S ausgehende Strahlenbündel wird zuerst, wie Bild 63.6 schematisch zeigt, entsprechend Gl. (62.14) in einem elektrischen Radialfeld von $31°50'$, welches senkrecht zur Geschwindigkeit v angeordnet ist, in mehrere parallele,

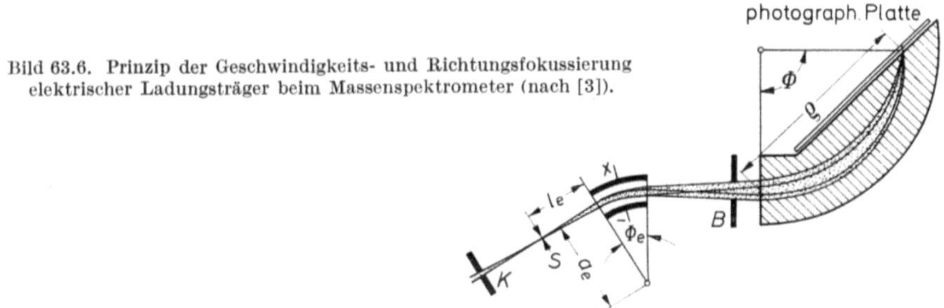

Bild 63.6. Prinzip der Geschwindigkeits- und Richtungsfokussierung elektrischer Ladungsträger beim Massenspektrometer (nach [3]).

schwach divergierende Strahlenbündel aufgelöst. Jedes Bündel entspricht einer bestimmten Geschwindigkeit v. Ein anschließendes, senkrecht zum elektrischen Feld und zur Bahn der Ladungsträger stehendes sektorförmiges magnetisches Feld von $90°$ vereinigt einmal alle Teilchen eines Bündels, also gleicher Geschwindigkeit, aber nicht ganz gleicher Richtung, bei konstanter spezifischer Ladung q/m auf einer bestimmt angebrachten Platte in einen Punkt — es wirkt also richtungsfokussierend. Andererseits vereinigt es aber auch alle Bündel, also Teilchen verschiedener Geschwindigkeit, bei konstanter spezifischer Ladung q/m in denselben Punkt der Platte — es wirkt also gleichfalls geschwindigkeitsfokussierend. Beide Eigenschaften folgen aus Gl. (63.5).

63.2.5 Anwendungen des Massenspektrometers

Die Massenspektrometer werden bisher hauptsächlich für die reine Forschung benötigt. Die Form der Dauermagnetsysteme ist dabei dem jeweiligen Untersuchungszweck angepaßt. Sie ist außerdem von der gewählten Fokussierungsmethode abhängig, wobei bisher eine große Reihe von Bauarten bekannt ist.

Eine interessante praktische Anwendung des Massenspektrometers ist u. a. das Lecksuchgerät für Ultra-Hochvakuum ($p < 10^{-7}$ Torr) [4]. Die mutmaßliche Leckstelle wird mit einem Testgas besprüht und das Vakuum mit Hilfe des entsprechend eingestellten Massenspektrometers auf den Gehalt der Ionen des Testgases (meistens Ar) untersucht. Damit können noch Gasmengen $< 10^{-9}$ (Torr $\cdot$ l)$/s$ nachgewiesen werden [5].

Die Ionisierung findet durch die Elektronen in der Vorkammer statt. Die gesamten Ionen ungleicher Masse, aber gleicher Geschwindigkeit werden durch die Ionenlinse in den Analysenraum gezogen. Dort werden sie mittels eines sektorförmigen Dauermagnetfeldes entsprechend ihrer spezifischen Ladung q/m getrennt. Die Test-Ionen werden auf einem Ionenauffänger gesammelt und der Ionenstrom gemessen, wie Bild 63.7 schematisch zeigt [1]. Der Auffänger ist um

180° von der Eintrittsblende entfernt. Durch Variation der elektrischen Beschleunigungsspannung kann am Auffangspalt das gesamte Ionenspektrum nacheinander gemessen werden.

Das für einen solchen Lecksucher verwandte System ist in Bild 63.8 zu sehen. Die magnetische Feldstärke im Luftspalt beträgt bei einer Luftspaltlänge von

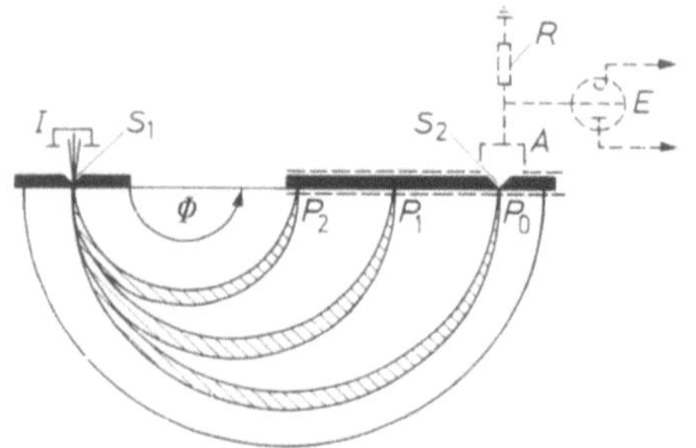

Bild 63.7. Prinzip des Atlas-Gasdetektors (nach [1]).   Bild 63.8. Dauermagnetsystem aus AlNiCo 500 für Massenspektrometer. Luftspaltlänge $l_L = 10$ mm, Luftspaltfeldstärke $H_L = 4,5$ kOe.

$l_L = 1,0$ cm ca. 4,5 kOe. Die benötigte Feldhomogenität wird durch 10 mm dicke Eisenscheiben erreicht. In Bild 63.9 links ist das System in ein Massenspektrometer eingebaut. In Bild 63.9 rechts ist ein kleineres Spektrometer mit Dauermagnetsystem zu sehen. Die Luftspaltinduktion beträgt ca. 4,2 kG, die Luftspaltlänge 15 mm.

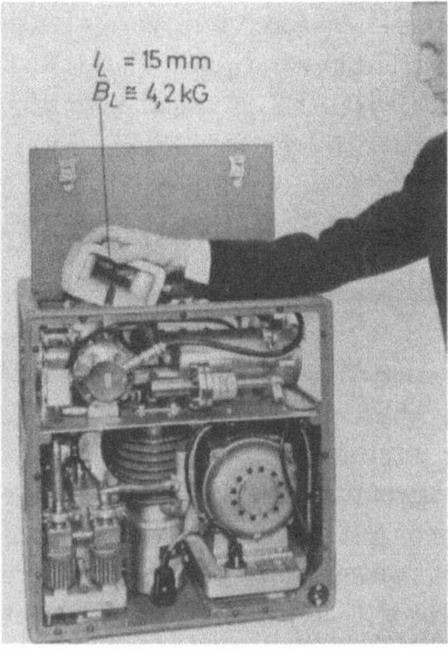

Bild 63.9. Zwei Massenspektrometer mit Dauermagnetsystemen für Lecksuche an Vakuumleitungen (nach [6]).

Die Ionenquellen dieser für Lecksuche benutzten Spektrometer werden meist mit Glühkathoden ausgestattet. Von Böhm und Günther [7] wurden dagegen Kaltkathoden-Ionenquellen untersucht. Sie arbeiten nach dem Prinzip des Penning-Manometers (s. Auschnitt 65.3). Mit Hilfe eines permanenten Magnetfeldes kann dabei die Gasentladung und damit der Arbeitsbereich bis zu Drücken von $5 \cdot 10^{-7}$ Torr aufrecht erhalten werden.

Von CARETTE und KERWIN [8] wurde gezeigt, daß sich mit Hilfe von Dauermagneten leicht ein kleines, nicht sehr empfindliches Massenspektrometer aufbauen läßt. Es enthält zwei Zylindermagnete von je 35 mm Länge und 25 mm Durchmesser aus AlNiCo 500, wobei die Luftspaltlänge $l_L = 3$ mm und die Luftspaltinduktion $B_L = 1,8$ kG beträgt.

Außer für die Lecksuche wird das Massenspektrometer auch für die Bestimmung von Partialdrücken einzelner Restgaskomponenten eingesetzt.

63.3 Bestimmung des Wirkungsquerschnittes

Bei vielen kernphysikalischen Untersuchungen ist es notwendig, den Wirkungsquerschnitt des zu treffenden Teilchens zu kennen. Es handelt sich bei dem wirksamen Querschnitt um jene Fläche, die das Geschoß treffen muß, um eine Kernreaktion hervorzubringen. Von RAMSAUER [9] wurde eine Methode der Messung des Wirkungsquerschnittes langsamer Elektronen entsprechend Bild 63.10 angegeben:

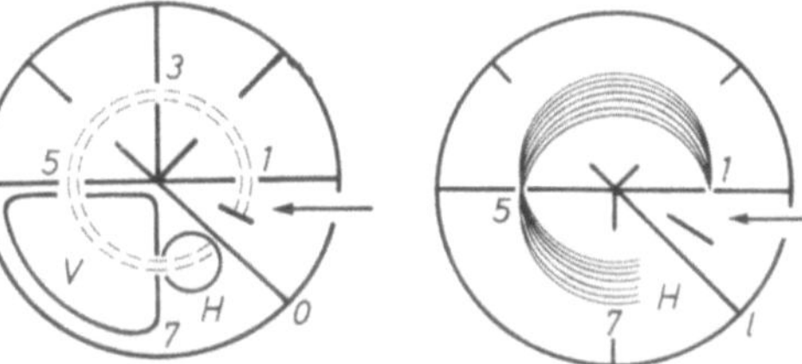

Bild 63.10. Prinzip der Messung des Wirkungsquerschnittes. Das permanentmagnetische Feld steht senkrecht zur Bildebene (nach [9]).

Die lichtelektrisch ausgelösten Elektronen werden in Blende 1 gesammelt. Das senkrecht dazu stehende permanente magnetische Feld krümmt die Elektronenbahnen und sammelt infolge Richtungsfokussierung alle Elektronen gleicher Geschwindigkeit und kleiner Divergenz wieder in Blende 5, entsprechend Gl. (62.2) und Bild 63.5.

Zwischen Blende 5 und 7 stoßen einige Elektronen mit Gasmolekülen zusammen und werden gestreut. Diese gelangen nicht durch Blende 7. Der Stromunterschied zwischen Blende 6 und 7 ermöglicht die Berechnung des Wirkungsquerschnitts. Das von Blende 1 ausgehende divergierende Elektronenbündel wird durch Blende 3 noch eingeengt, um in Blende 7 einen sehr engen Strahl zu bekommen. Dafür geeignet sind alle Magnetsysteme mit entsprechendem Luftspalt und ausreichender Feldstärke im Luftspalt.

63.4 Feststellung der räumlichen Quantelung

Das magnetische Moment des Atoms ist die Vektorsumme der magnetischen Momente der Elektronen der Atomhülle und des Atomkernes selbst. Die Kernmomente sind hierbei meist zu vernachlässigen. Die Grundeinheit des magnetischen Momentes ergibt sich aus der Atomtheorie zu

$$\mu_B = \frac{e\,h}{4\,\pi m c} = 9{,}275 \cdot 10^{-21}\ \mathrm{G\,cm^3} \tag{2.3}$$

und wird Bohrsches Magneton genannt (s. Kapitel 2). Dabei ist h das Plancksche Wirkungsquantum und m die Elektronenmasse. Die Elektronen selbst weisen einen Bahndrehimpuls l und einen Spindrehimpuls s auf. Der Gesamtdrehimpuls ist hier die vektorielle Summe beider Teilimpulse. Jeder Teilimpuls führt zu einem magnetischen Moment $\boldsymbol{m}_1$ bzw. $\boldsymbol{m}_s$, so daß sich das magnetische Gesamtmoment $\boldsymbol{m}_e$ der Elektronen auch aus der vektoriellen Summe beider zusammensetzt. Nach

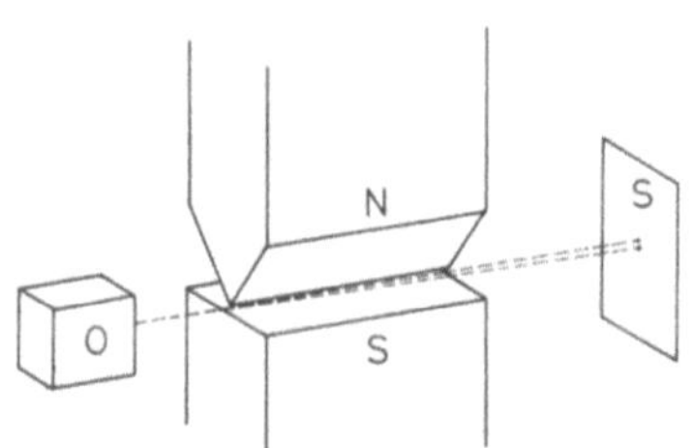

Bild 63.11. Prinzip des Stern-Gerlach-Versuches zur Feststellung der räumlichen Quantelung (nach [10]).

Bild 63.12. Vierpolige Dauermagnet-Linse für den Stern-Gerlach-Versuch aus AlNiCo 500 (nach [11]).

den Quantisierungsregeln der Atomtheorie kann sich der Gesamtdrehimpuls und damit das magnetische Gesamtmoment nur in bestimmten Raumrichtungen zum äußeren magnetischen Feld einstellen. In den einfachen Fällen können zwei Stellungen durch die räumliche Quantelung, beschrieben durch die Spin-Quantenzahl s, parallel und antiparallel zum äußeren Feld, eingenommen werden. Ein Atomstrahl spaltet im inhomogenen permanenten Feld in zwei Teilstrahlen auf, wie Bild 63.11 schematisch zeigt. Die ablenkende Kraft K im inhomogenen Feld ist gegeben durch die Gleichung

$$K = \frac{e\,h}{4\,\pi\,m\,c}\, s\, \frac{\Delta H}{\Delta z} = \mu_B\, s\, \frac{\Delta H}{\Delta z}, \qquad (63.10)$$

wobei das magnetische Feld in z-Richtung liegt.

Da die Spin-Quantenzahl s nur den Wert $\pm 1/2$ annehmen kann, sind also zwei symmetrisch abgelenkte Strahlen zu erwarten, wie Bild 63.11 schematisch zeigt. Das Experiment bestätigt die Theorie. Der Versuch wurde von O. STERN und W. GERLACH 1921 [10] durchgeführt. Das Ergebnis beweist die Quantelung des magnetischen Momentes und gestattet die Berechnung des Bohrschen Magnetons μ_B. Die starke Inhomogenität des Feldes ist nötig, um die Atome mit verschiedener Richtung des magnetischen Momentes räumlich zu trennen.

Etwas andere Anordnungen ergeben sich mit Hilfe mehrpoliger Dauermagnet-Linsen. In Bild 63.12 ist z. B. eine vierpolige Linse für den Stern-Gerlach-Versuch [11] gezeigt. Einen sechspoligen Dauermagneten haben CHRISTENSEN und HAMILTON [12] benutzt.

63.5 Dauermagnetsysteme für magnetische Resonanz

Wie in Kapitel 67 bei der Wirkungsweise der nichtreziproken Schaltglieder auseinandergesetzt wird, spielt die magnetische Resonanz eine wichtige Rolle in der Technik. Noch wichtiger ist sie für wissenschaftliche Untersuchungen über den

Aufbau der Materie. Dabei ist zu unterscheiden zwischen ferromagnetischer, paramagnetischer und Kernspin-Resonanz. Allen gemeinsam ist, daß spinende Elementarmagnete, nämlich die Spins von Elektronen oder von Atomkernen, einem senkrecht aufeinanderstehenden Gleich- und Wechselfeld unterworfen werden und dabei Resonanzabsorption auftritt. Die spektrale Verteilung der Absorption ergibt einen Einblick in Aufbau und Bindungsverhältnisse von Ionen und Elektronen, Diffusionen, Umwandlungen usw. [13, 14]. Außerdem läßt sich mit Hilfe der Protonenresonanz (Kernspinresonanz) sehr genau das Feld eines Magnetsystems ausmessen (s. Abschnitt 33.2.4).

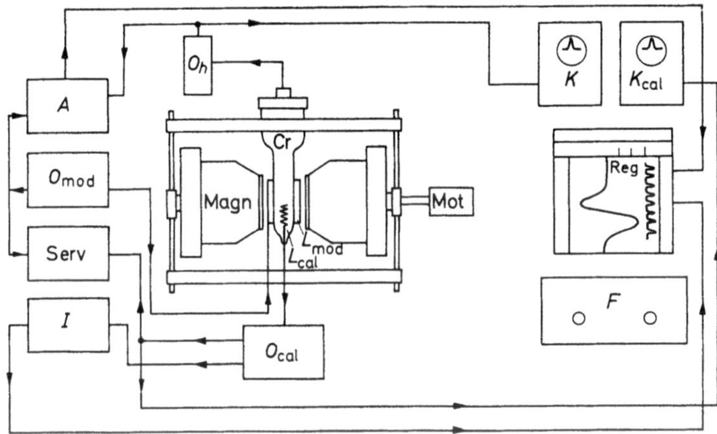

Bild 63.13. Blockschaltbild einer Apparatur mit Dauermagnetsystem zur Messung der paramagnetischen Resonanz von Festkörpern (nach [13]).

Der grundsätzliche Aufbau, z. B. für die Untersuchung der paramagnetischen Resonanz an Festkörpern, ist in Bild 63.13 gezeigt [13].

Für alle Resonanzuntersuchungen läßt sich das benötigte magnetische Gleichfeld H aus der Gleichung für die Resonanz-Kreisfrequenz ω abschätzen (s. Kapitel 67) zu

$$\omega_P = \gamma \, H_{\text{eff}} \quad \text{mit} \quad \gamma = g \, \frac{q}{2 \, \pi \, m \, c}. \tag{63.11}$$

Dabei ist g eine numerische Konstante, welche im Bereich von 0,1 bis 10 liegen kann [13], m die Masse des zu untersuchenden Kernes oder Elektrons und γ das gyromagnetische Verhältnis. Die Feldstärke H_L im Luftspalt des Magnetsystems liegt dann im Bereich von $H_L \approx 5$ bis 20 kOe. Bei den Untersuchungen wird im allgemeinen mit konstantem Feld und veränderlicher Frequenz gearbeitet.

An die Konstanz des Feldes werden in räumlicher und zeitlicher Hinsicht sehr harte Forderungen gestellt. Die große räumliche Konstanz des Feldes über die Probengröße bedingt Feldinhomogenitäten $< 10^{-6}$. Dies setzt ein großes Verhältnis von Fläche zu Länge des Luftspaltes F_L/l_L voraus. Auch das Anbringen von Homogenisierungs-Verbesserungsspulen kann helfen [15]. Die zeitliche Konstanz fordert Feldinhomogenitäten $< 10^{-8}$ während einiger Minuten. Dies ist mit nicht zu aufwendigen Mitteln nur mit temperaturstabilisierten Dauermagnetsystemen zu erreichen [16]. Sie sind außerdem in Thermostaten unterzubringen.

Die sehr umfangreichen und sorgfältigen Vorbereitungen für die Einhaltung der vorhergenannten Homogenitätsforderungen sind sehr gut von verschiedenen Autoren [16, 17] beschrieben worden. Der Dauermagnetwerkstoff war immer AlNiCo 500. Der von SPYRA [17] verwendete Dauermagnet ist in Bild 63.14a

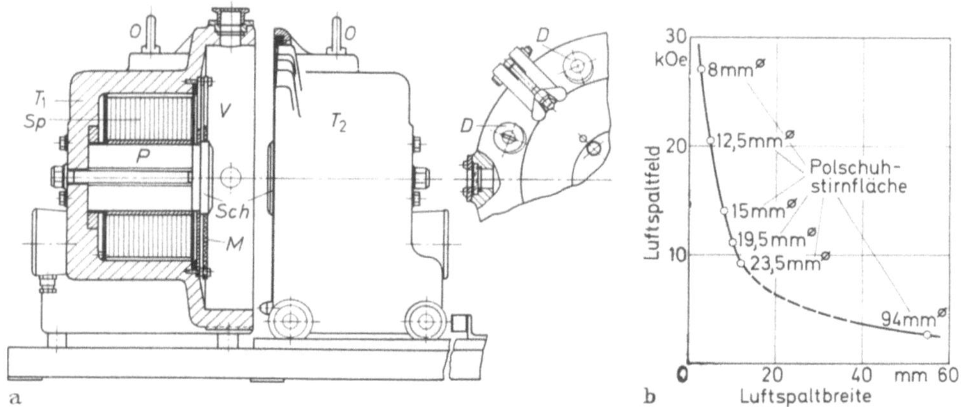

Bild 63.14. Dauermagnetsystem in Topfform für Luftspaltfeldstärken $H_L < 30$ kOe. a) Schematischer Aufbau; b) Luftspaltfeldstärken H_L in Abhängigkeit von Luftspaltlänge l_L und Polschuhdurchmesser (nach [18]).

gezeigt [18]. Es handelt sich dabei um einen Dauermagneten in Topfform, der eine zusätzliche Wicklung enthält. Diese ist notwendig, um den Dauermagneten nach dem Schließen zu magnetisieren bzw. vor dem Öffnen zu entmagnetisieren. Die Luftspaltfeldstärke in Abhängigkeit von der Luftspaltlänge ist in Bild 63.14b gezeigt.

63.6 Dauermagnetsysteme für den Mößbauer-Effekt

Als Mößbauer-Effekt wird die rückstoßfreie Emission von γ-Strahlen und der dazu reziproke Effekt der Kernresonanz-Absorption bezeichnet. Für die Messung dieses Effektes dient immer ein elektromechanischer Wandler nach dem Prinzip des Lautsprechers, wie z. B. Bild 63.15 schematisch zeigt [19].

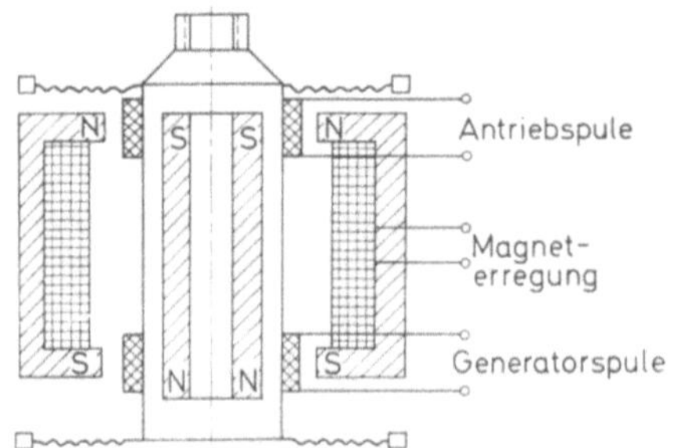

Bild 63.15. Schema eines elektromechanischen Wandlers für die Messung des Mößbauer-Effektes (nach [19]).

63.7 Sonstige Systeme

Außer den bisher besprochenen Anwendungsgruppen in der Kernphysik gibt es hier noch zahlreiche andere Anwendungsfälle von Dauermagnetsystemen. Dabei handelt es sich aber meist um normale Jochbauformen, wobei in einem

Luftspalt gegebener Größe eine bestimmte, meist sehr homogene magnetische Feldstärke vorhanden sein soll. Es erübrigt sich somit hier eine weitere Erörterung.

Literatur

1. Eschbach, H. L.: Praktikum der Hochvakuumtechnik, Leipzig: Akad. Verlagsgesellschaft 1962, 146 ff.
2. Harvey, B. A.: Kernphysik und Kernchemie, München: Thiemig 1966, 258 ff.
3. Siehe z. B. Bauer, H. A.: Grundlagen der Atomphysik, Wien: Springer (1951) 4. Aufl., 70 ff.
4. Diels, K., u. R. Jaeckel: Leybold Vakuum-Taschenbuch, 2 .Aufl. Berlin/Göttingen/Heidelberg: Springer 1962, 116 ff.
5. Hochhäusler, P.: ETZ-A 84 (1963) 684—692.
6. Brinkmann, K.: Vacuum Technique 1965, Proc. Meeting Heidelberg 1962, 90—94.
7. Böhm, H., u. K. G. Günther: Z. angew. Phys. 17 (1964) 553—557.
8. Carette, J. D., u. L. Kerwin: Rev. sci. Instr. 36 (1965) 537—539.
9. Siehe z. B. Dosse, J., u. G. Mierdel: Der elektrische Strom im Hochvakuum und in Gasen, 2. Aufl. Leipzig: Hirzel 1945, 120.
10. Siehe [2, S. 244].
11. von Roll, Fr.: Z. Kerntechnik B. 1 (Febr. 1961), A 31.
12. Christensen, R. L., u. D. R. Hamilton: Rev. sci. Instrum. 30 (1959) 356—358.
13. Kroon, D. J.: Phil. techn. Rdsch. 21 (1959/60) 274—288.
14. Beljers, H. J., u. J. L. Snoek: Phil. techn. Rdsch. 11 (1949/50) 317—326. — Beljers, H. J.: Phil. techn. Rdsch. 19 (1956/57) 15—20. — v. Wieringen, J. S.: Phil. techn. Rdsch. 19 (1957/58) 341—354.
15. Golay, J. E.: Rev. sci. Instr. 29 (1958) 313—315.
16. Arnold, J. T.: Phys. Rev. 102 (1956) 136—150. — Brown, H. H., u. F. Bitter: Rev. sci. Instr. 27 (1956) 1009—1014. — Evans, B. A., u. R. E. Richards: J. sci. Instr. 37 (1960) 353—355. — McCann, A. P., F. Smith, J. A. Smith u. J. D. Thwaites: J. sci. Instr. 39 (1962) 439—451.
17. Spyra, W.: DEW Techn. Ber. 1 (1961) 30—38.
18. Lange, H., u. R. Kohlhaas: Z. angew. Phys. 10 (1958) 461—467.
19. VDI-Z. 107 (1965) 1632 (ohne Verfasser).

64 Magnetische Abbildungen

64.1 Fokussierung mit magnetischem Feld in Bewegungsrichtung der Ladungsträger

Wie in Kapitel 62 beschrieben und aus Gl. (62.10) ersichtlich, ist die Umlaufzeit T eines elektrischen Ladungsträger auf einer Bahn senkrecht zur magnetischen Feldstärke H unabhängig von seiner Geschwindigkeit v und vom Radius r der Trägerbahn. Daraus folgt, daß z. B. alle Elektronen, die von einem Punkt P_1 in der Ebene senkrecht zur magnetischen Feldstärke H im gleichen Zeitpunkt ausgehen, auch zur gleichen Zeit wieder hier eintreffen. Dasselbe gilt auch für Elektronen auf Bahnen, die nicht senkrecht zur magnetischen Feldstärke H verlaufen, sondern unter einem bestimmten Winkel, sofern sie gleiche Geschwindigkeit in Richtung des magnetischen Feldes aufweisen. Wie Bild 64.1 zeigt und die Gln. (62.2) und (62.12) angeben, treffen bei axialem magnetischem Feld alle Teilchen dann periodisch mit der Ganghöhe h auf einer Achse zusammen. Bei gleicher Achsengeschwindigkeit der Elektronen ist daher außer der Richtungs- auch eine Geschwindigkeitsfokussierung vorhanden, so daß eine magnetische Abbildung erzeugt werden kann. Für diese Abbildung mittels axialem magnetischen Feld werden vor allem Feldanordnungen benutzt, wie sie von axial magnetisierten Ringmagneten erzeugt werden. Die rotationssymmetrische Form erlaubt einen günstigeren Aufbau des Systems. Die Abbildungsmöglichkeit mit Hilfe dieser Feldanordnung soll wegen ihrer Wichtigkeit erläutert werden.

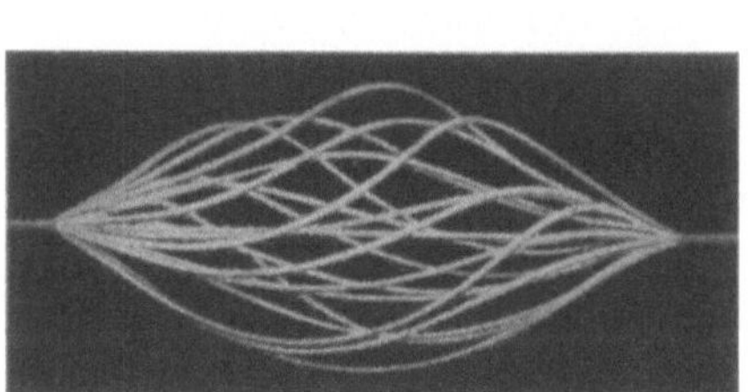

Bild 64.1. Zur magnetischen Abbildung von elektrischen Ladungsträgern im homogenen magnetischen Feld, das parallel zur Achse verläuft (nach [1]).

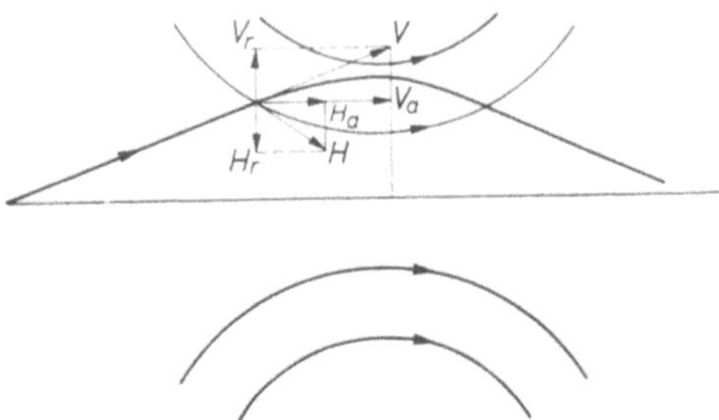

Bild 64.2. Zur magnetischen Abbildung von elektrischen Ladungsträgern im inhomogenen Feld im Inneren eines Ringmagneten (nach [2]).

Ein achsennaher Elektronenstrahl, welcher mit der Geschwindigkeit v in Achsenrichtung in das Magnetfeld nach Bild 64.2 eintritt, erfährt infolge der Radialkomponente H_r des Feldes nach Gl. (62.1) eine tangentiale Beschleunigung b_t. Die tangentiale Drehgeschwindigkeit u_t parallel zur tangentialen Beschleunigung b_t ergibt dann zusammen mit der Komponenten H_a des Feldes nach Gl. (62.1) eine radiale Beschleunigung b_r, die zur Achse hin gerichtet ist. Diese Komponente

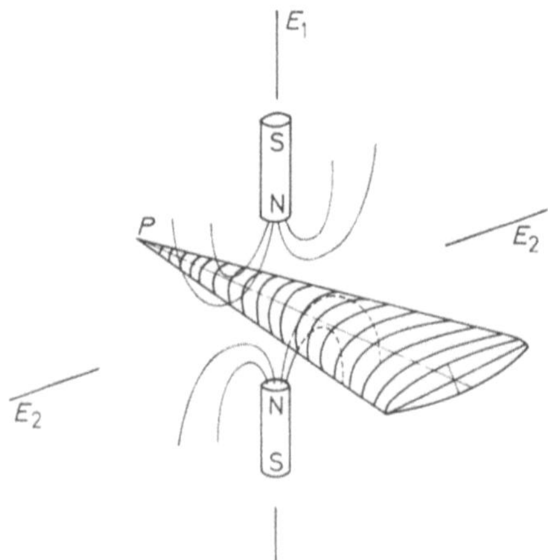

Bild 64.3. Ablenkung von elektrischen Ladungsträgern im Feld zweier Stabmagnete (nach [1]).

führt zu einer sammelnden Wirkung, da sie proportional der Feldstärke in Achsenrichtung ist. Die radiale Kraftkomponente führt, da die Kraft proportional der Geschwindigkeit v ist, zu einer Verdrehung des ganzen Bildes ohne Verzerrung der Bildebene. Diese Bilddrehung ist das Charakteristikum des magnetischen Elektronenmikroskopes. Sie kann durch das Hintereinandersetzen zweier Linsen mit entgegengesetzter Feldrichtung beseitigt werden.

In Bild **64.3** ist die beugende Wirkung zweier gleichpolig gegenüberstehender Stabmagnete einer Dipolanordnung dargestellt [1]. Parallel zur Stabachse findet eine sammelnde, senkrecht dazu eine zerstreuende Wirkung statt, so daß diese Feldanordnung nicht zur Abbildung verwendet werden kann. Dagegen hat eine Quadrupol-Anordnung von Stabmagneten eine fokussierende Wirkung [3]. Dazu müssen die Pole im Winkel von 90° mit abwechselnder Polfolge in einer Ebene angeordnet sein, wie z. B. Bild 63.12 zeigt. Die Pole haben zur Mitte zu einen hyperbelförmigen Querschnitt.

64.2 Anwendungen

Einige wichtige Anwendungen der fokussierenden Wirkung von axialen Magnetfeldern, bei denen Dauermagnete benutzt werden, sollen nun besprochen werden.

64.2.1 Elektronenmikroskop

Nach ABBE gilt für das Auflösungsvermögen d in Abhängigkeit von der Wellenlänge λ der verwendeten elektromagnetischen Strahlung

$$d = k \cdot \frac{\lambda}{n \sin \alpha}. \tag{64.1}$$

Dabei ist k eine Konstante, n das Verhältnis der Brechungszahlen vor und hinter der Linse und α die Apertur. Daher wird mit Elektronenstrahlen ($\lambda \approx 5 \cdot 10^{-9}$ cm) ein stärkeres Auflösungsvermögen als mit Lichtstrahlen ($\lambda \approx 5 \cdot 10^{-5}$ cm)

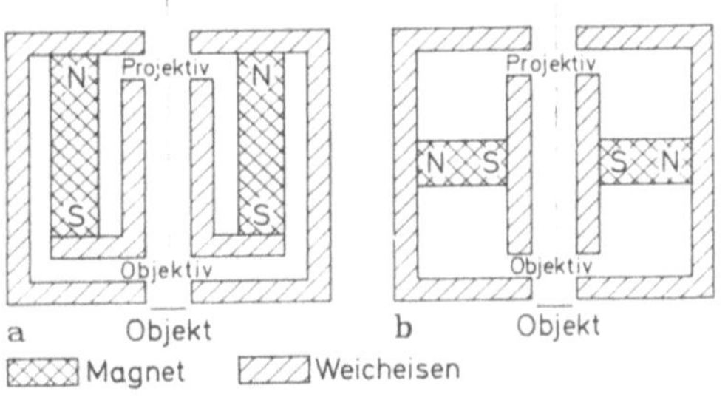

Bild 64.4.
Schematischer Aufbau von permanentmagnetischen Linsensystemen eines Elektronenmikroskopes mit radial bzw. axial magnetisierten Dauermagneten (nach [4]).

erreicht. Für die Abbeugung der Strahlung kann entweder das elektrostatische oder das magnetostatische Feld benutzt werden. Beim magnetischen Feld [4] können entweder elektromagnetische oder permanentmagnetische Linsen benützt werden. Hier soll nur die Anwendung der permanentmagnetischen Fokussierung besprochen werden.

Die Hauptvorteile des magnetischen Prinzips sind: Kleine Brennweite, daher hohe Vergrößerung, kleiner Linsenfehler, hohe Betriebssicherheit und bei Einsatz von Permanentmagneten bei den Linsen ein sehr kleiner Aufwand für das Linsensystem.

Wie in Bild **64.4** gezeigt, kann das rotationssymmetrische permanentmagnetische Linsensystem mit Hilfe von axial oder radial magnetisierten Dauermagneten aufgebaut werden. Der Vorteil des Aufbaues mit axial magnetisierten Dauermagneten besteht in der leichteren Magnetisierbarkeit. Es muß beachtet werden, daß zum Erreichen eines guten Auflösungsvermögens eine hohe Luftspaltfeldstärke notwendig ist. Dazu muß sich das System im remanentmagnetischen Zustand befinden. Aus den genannten Gründen ist als günstigster Werkstoff AlNiCo mit hoher Remanenz zu verwenden.

Um die Brechkraft der Linsen verändern zu können, müssen die Systeme verschiebbare magnetische Nebenschlüsse aufweisen. Diese Nebenschlüsse führen zu einer Variation der Luftspaltlänge, wie z. B. Bild 64.5 für eine Kondensorlinse zeigt [4]. Der Arbeitspunkt dieser Systeme liegt dann auf der permanenten Zustandsgeraden.

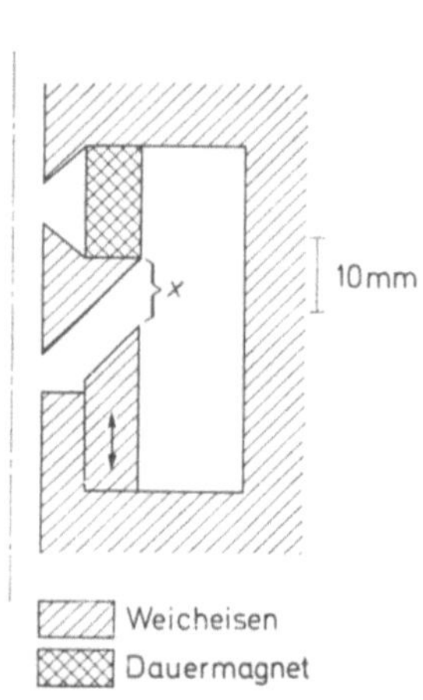

Bild 64.5.
Permanentmagnetische Kondensorlinse eines Elektronenmikroskopes mit veränderlicher Länge des Luftspaltes (nach [4]).

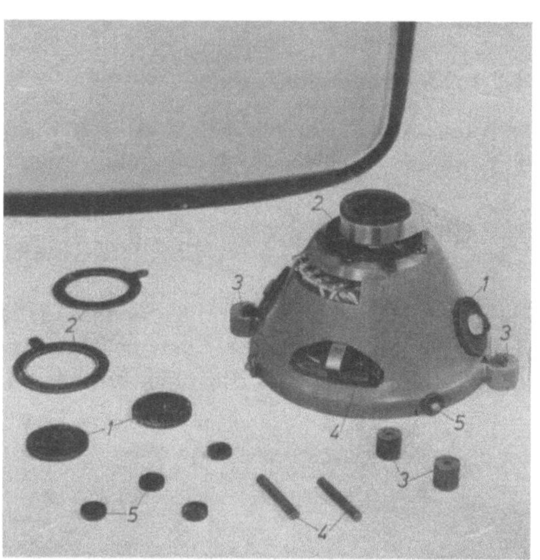

Bild 64.6.
Korrekturmagnete für eine 110°-Fernsehröhre (nach [5]).

64.2.2 Dauermagnete beim Fernsehen

Bei der magnetischen Abbildung in der Fernsehröhre treten mehrere Fehler auf, die mit Hilfe einer Reihe von Permanentmagneten beseitigt werden, wie Bild 64.6 zeigt [5]. Die zu beseitigenden Abbildungsfehler sind einmal die Zentrierfehler infolge der Toleranzen beim Zusammenbau des Röhrenhalses mit der Elektronenkanone. Zum weiteren sind es die geometrischen Bildverzerrungen infolge Wölbung des Bildschirmes sowie Ungenauigkeiten der Ablenkschaltungen. Außerdem handelt es sich um die allgemeinen Fehler einer optischen Abbildung infolge endlichen Strahlendurchmessers, wie Astigmatismus, Bildfeldkrümmung und Koma.

Zuerst soll der Zentrierfehler besprochen werden. Es ist wünschenswert, daß die Mitte der Abbildung mit der Mitte des Fernsehschirmes zuammenfällt. In der Praxis treten Abweichungen hauptsächlich durch die Toleranzen beim Bau der Röhre auf, wie z. B. schief eingebaute Elektronenkanone. Die Kompensation der Bildverschiebung geschieht bei der im allgemeinen verwendeten elektrostatisch fokussierten Röhre meist durch ein Paar Zentrierringe [s. (2) in Bild 64.6]. Beide Ringe sind diametral magnetisiert. Durch Verdrehen der Ringe gegeneinander wird die Feldstärke in Achsenmitte von 0 bis ca. 15 Oersted kontinuierlich verändert, wodurch sich auch die Abbeugung des Strahles kontinuierlich verändert. Außerdem können die Ringe miteinander verdreht werden, um den Strahl richtungsmäßig korrigieren zu können. Bei einer Darstellung in ebenen Polarkoordinaten (r, φ) ist die erste Maßnahme für die Korrektur von r, die zweite für die von φ zuständig.

Als Werkstoff für die Ringe wurde früher Kohlenstoff-Stahl genommen, der sehr temperaturinstabil ist (s. Abschnitt 26.1). Da aber am Röhrenhals Temperaturen $> 100\,°\mathrm{C}$ auftreten können, ist damit die Gefahr der Werkstoffumwandlung

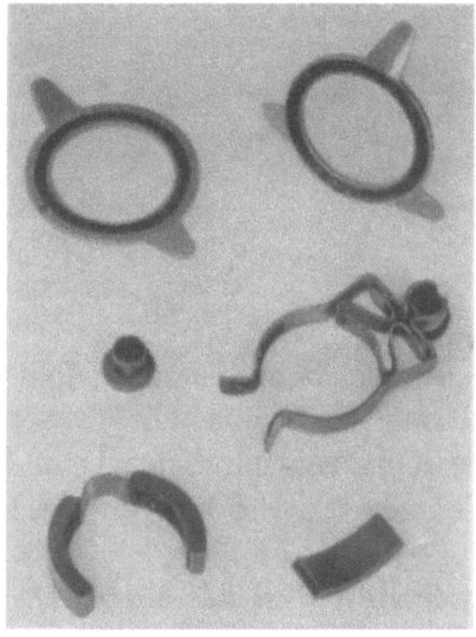

Bild 64.7. Dauermagnetsysteme zur Korrektur des Strahlenganges in Fernsehröhren.
Oben: Zentriersystem, neue Bauform; Mitte: Zentriersystem, alte Bauform; unten: Ionenfalle (nach [6]).

sehr groß. Außerdem konnte durch die hohe elektrische Leitfähigkeit der metallischen Ringe eine Wirbelstromdämpfung der Ablenkfelder auftreten. Die Qualität des Bildes nahm mit zunehmender Betriebsdauer laufend ab. Heute werden entweder Kunststoff-Bariumferrit- oder Gummi-Bariumferrit-Gemische verwendet. Die Ringe werden entweder gespritzt oder aus Tafeln gestanzt. Ihre Temperaturbeständigkeit ist ausreichend. Die Ringe werden jetzt fast nur noch ohne Trägerkörper hergestellt, wie in Bild 64.6 zu sehen ist (2). Die Ausführung mit Trägerkörpern (s. Bild 64.7 oben; [6]) hatte den Vorteil, daß die Griffnoppen nicht ferromagnetisch sind, also nicht verzerrend wirken können. Bei der Ausführung ohne Trägerkörper wird dies durch passende Magnetisierung oder durch Anbringen von Aussparungen an Noppe und Ring erreicht. In Bild 64.7 mitte ist außerdem eine ältere Bauform für die Zentrierung zu sehen. Dabei ist ein diametral magnetisierter Zylindermagnet in ein Weicheisenpolschuhsystem so eingebaut, daß durch Drehung des Permanentmagneten die Korrekturfeldstärke variiert werden kann.

Die geometrische Bildverzerrung entsteht vor allem durch die Wölbung der Bildfläche der Fernsehröhre. Diese Wölbung ist außerdem auf der Oberfläche nicht konstant. Daher werden die das Bild aufbauenden Bildpunkte, das Raster, nicht mehr rechtwinklig. Es kommt bei homogenen Ablenkfeldern zu Bildver-

zerrungen, welche die Zeilen durchbiegen und zu Kissen- oder Tonnenverzer-
rungen führen. Diese können durch nichthomogene Felder entsprechend ge-
wickelter Ablenkspulen beseitigt werden. Eine gewisse Kissenverzerrung wird aber
benötigt, um den von der fokussierenden Wirkung des magnetischen Feldes herrührenden Astigmatismus und die Rasterverzeichnung herabzudrücken [2].

Die übrig verbleibende Verzerrung wird durch seitlich angebrachte Stabmagnete [s. (4) in Bild 64.6] abgeschwächt. Die Wirkung zweier Stabmagnete ist
in Bild 64.8 zu sehen — sie ziehen die kurzen Seiten gerade. Da sich diese Wirkung
bis zu den Ecken der Abbildung erstreckt, werden diese mit herabgezogen und
damit gleichzeitig die langen Seiten begradigt. Bei den modernen Röhren werden
für die langen Seiten extra zwei runde, diametral magnetisierte Scheibenmagnete

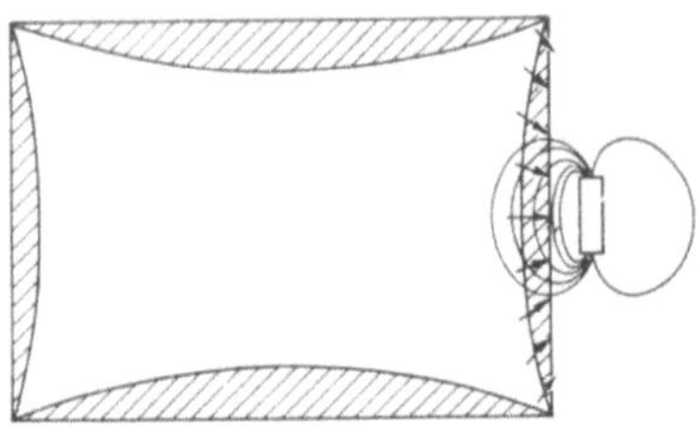

Bild 64.8.
Beseitigung der Kissenverzerrung in der
Fernsehröhre durch Stabmagnete (nach [2]).

(s. (3) in Bild 64.6) eingesetzt. Ihre Korrekturfeldstärke kann durch Drehung
eingestellt werden. Sie dienen außerdem der Bildbreitenregelung. Die restlichen,
in Bild 64.6 zu sehenden Korrekturmagnete (1) und (5) sind für die verfeinerte
Korrektur des Rasters eingesetzt. Sie hängen stark von Röhren- und Spulen-
konstruktion ab.

Die Stabmagnete (4) in Bild 64.6 bestehen aus isotropem Bariumferrit. Die
magnetischen und Maßtoleranzen können durch eine verstellbare Halterung ausgeglichen werden. Daher lassen sich stranggepreßte Rohmagnete verwenden. Die
für die Werkstoffausnutzung ungünstige, aber für die Anwendung notwendige
Stabform mit einem Verhältnis $l/d \approx 7$ bis 8 wird durch den wirtschaftlichen,
billigen Herstellungsprozeß gerechtfertigt. Es gibt für Stabmagnete mit großen
Toleranzen bisher kein vorteilhafteres Herstellungsverfahren. Versuche, solche
Stäbe durch Verbinden von Vor- und Fertigsintern herzustellen, verliefen erfolg-
versprechend. Die restlichen Korrekturmagnete sind meist aus dem lochbaren
Magnetgummi hergestellt, da die benötigten Korrekturfeldstärken entsprechend
niedrig sind.

Es soll hierbei noch kurz auf den Permanentmagneten für die Ionenfalle eingegangen werden. Die in einer Röhre neben den Elektronen immer vorhandenen
Ionen werden durch die magnetischen Ablenkspulen entsprechend ihrer kleinen
spezifischen Ladung q/m sehr wenig beeinflußt und treffen ohne Vorkehrung auf
der Schirmmitte auf. Bei älteren Röhren wurde deshalb die Elektronenkanone
etwas schief zur Röhrenachse gestellt; die Ionen fliegen dann gegen die Röhren-
wand und werden vernichtet. Der auf dem Röhrenhals angebrachte Ionenfallen-
magnet biegt dagegen die Elektronen in Richtung der Röhrenachse ab. Er besteht
aus zwei diametral magnetisierten Dauermagneten (Bild 64.7 unten), die mittels
Feder auf dem Röhrenhals gehalten werden. Es wurden auch etwas geänderte
Formen verwendet [7]. Als Werkstoff wurde Bariumferrit genommen. Neuere

Röhren verzichten auf diesen Magneten. Er wird durch eine auf dem Inneren der Bildfläche verdickt aufgedampfte Aluminiumschicht ersetzt, welche die Ionen nicht hindurchläßt.

Die gleichfalls zu Anfang der Fernsehtechnik verwendete Fokussierung mit permanentmagnetischen Ringen [8] ist aus wirtschaftlichen Gründen durch die elektrische Fokussierung ersetzt worden.

Wie bisher gezeigt, weist das Schwarz-Weiß-Fernsehen eine ganze Reihe von Permanentmagneten für Korrekturzwecke auf. Bei Farbfernsehröhren ist die Sachlage völlig anders. Die notwendigen Strahlenquellen für das Rot-, Grün- und Blau-Bild liegen exzentrisch zur Röhrenachse nebeneinander. Die Strahlenzentrierung ist nicht in der bisherigen Form möglich, da die Konvergenzeinstellung

Bild 64.9. Korrekturmagnete an einer 70°-Farbfernseh-Lochmaskenröhre (nach [9]).

durch radiale Ablenkung jedes einzelnen der drei Elektronenstrahlen erfolgt. Dabei werden statische und dynamische Magnetfelder nebeneinander verwendet [9, 10]. Die Dauermagnete dienen zur statischen Konvergenz jedes Strahles in der Bildmitte. In Bild 64.9 sind zwei solcher Lagemagneten, für das Blaubild (2) und das Grünbild (4), zu erkennen. Außer den Dauermagneten in der Konvergenzeinheit ist noch ein Paar permanentmagnetischer Korrekturringe vorhanden, welche auf dem Hals der Bildröhre sitzen. Diese Ringe heißen Farbreinheitsringe und sind im Bild 64.9 ebenfalls zu erkennen (3). Mit ihrer Hilfe wird der richtige Durchtrittswinkel der Elektronenstrahlen im Maskenloch eingestellt. Weitere Korrekturmagnete entfallen beim Farbfernsehen.

Bisher wurden nur Justier- und Korrekturmagnete für Fernsehempfängerröhren betrachtet, die infolge ihrer großen Stückzahl von Bedeutung sind. Wirtschaftlich weniger interessant, aber demselben Zwecke dienend, sind die Justiermagnete für die Fernseh-Aufnahmeröhren. Mit ihnen wird vor allem der Strahl ausgerichtet, wie Bild 64.10 für das spezielle Beispiel einer Plumbikon-Röhre [11] zeigt. Dies ist eine Röhre, bei der das Bild durch Ladungsspeicherung solange festgehalten wird, bis es mit langsamen Elektronen abgetastet worden ist [12]. Die Röhre wird für das industrielle Fernsehen eingesetzt, da sie verhältnismäßig billig herzustellen ist. Die Justiermagnete sind Ringmagnete, wie auch an

der Querschnittsskizze der „Plumbikon" genannten Vidicon-Röhre in Bild 64.10
gezeigt ist.

Eine weitere interessante Anwendung für Dauermagnete besteht bei einer in
Bild 64.11 gezeigten Anordnung einer Codierröhre für Pulscode-Modulation [13].

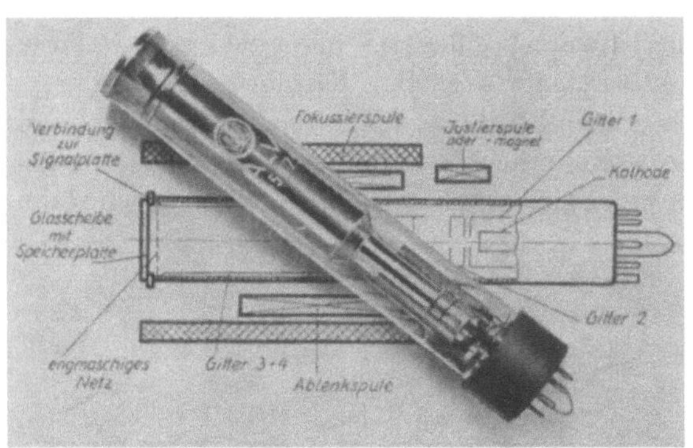

Bild 64.10. Prinzip und Bauform der Fernseh-Aufnahmeröhre
„Plumbikon" mit Justier-Dauermagnet (nach [11]).

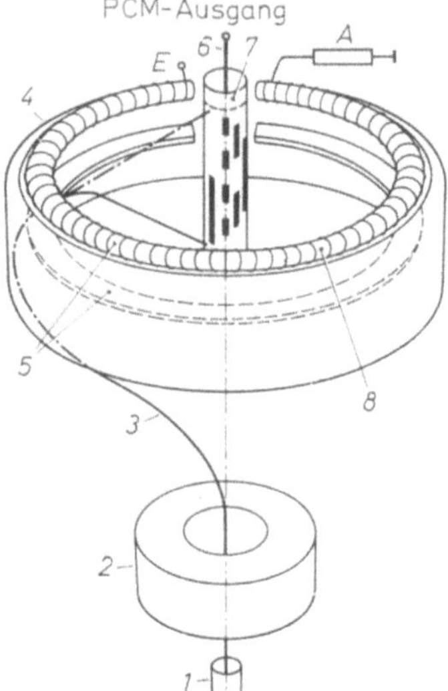

Bild 64.11. Prinzip einer Codierröhre mit Dauermagnetring für
Pulscode-Modulation (nach [13]). ⟶

Bei dieser Röhre wird, ähnlich wie in einer Fernseh-Bildröhre, der Elektronenstrahl (3) durch das rotationssymmetrische Feld des axial magnetisierten Dauer-
magnetringes (2) auf seiner Bahn von der Elektronenkanone (1) abgelenkt. Er
wird durch die Ringanode (4) zur Röhrenachse gelenkt.

Literatur

1. DOSSE, J., u. G. MIERDEL: Der elektrische Strom im Hochvakuum und in Gasen,
   2. Aufl. Leipzig: Hirzel 1945, 215ff.
2. BOEKHORST, G., u. J. STOLK: Ablenktechnik in Fernseh-Empfängern, Phil. Techn.
   Bibl., Eindhoven (1961) 77.
3. HARVEY, B. A.: Kernphysik und Kernchemie, München: Thiemig 1966, 258ff.
4. BORRIES, B., u. a.: Die Entwicklung regelbarer permanentmagnetischer Elektronenlinsen
   hoher Brechkraft und eines mit ihnen ausgerüsteten Elektronenmikroskopes neuer Bauart,
   Forschungsberichte des Landes Nordrhein-Westfalen, Nr. 156, Köln: Westdeutscher
   Verlag 1956.
5. BRINKMANN, K., u. W. HOTOP: Umschau, H. 13 (1961) 392—395, H. 14 (1961) 431—434.
6. HOTOP, W., u. K. BRINKMANN: ETZ-A 80 (1959) 609—615.
7. NIKLAS, W. F.: Phil. techn. Rdsch. 15 (1954) 299—303.
8. JUNKER, J. L.: Phil. techn. Rdsch. 15 (1933) 11—17. — VERHOEF, J. A.: Phil. techn.
   Rdsch. 15 (1954) 166—171.
9. SAND, R.: ETZ-B 18 (1966) 213—218.
10. ZIMMERMANN, J.: Funk-Technik Nr. 8 (1966) 275—279.
11. Elektronik 13 (1964) 562 (ohne Verfasser).
12. THEILE, R.: ETZ-A 81 (1960) 895—903.
13. HEYNISCH, H., u. R. KERSTEN: Siemens-Z. H. 1 (1965) 21—27.

65 Anwendungen aus der Vakuumtechnik

65.1 Ionen-Zerstäuber-Pumpe

Die Ionen-Zerstäuber-Pumpen dienen zum Erzeugen von Hoch- und Ultra-hochvakuum und werden für Drücke von 10^{-4} bis 10^{-10} Torr eingesetzt, wenn keine größeren Gas- oder Dampfmengen anfallen, so daß der Druck nie $> 10^{-4}$ Torr wird. Öldämpfe werden völlig abgepumpt.

Es soll kurz auf das Prinzip der Pumpwirkung eingegangen werden [1 bis 3]. Dazu ist in Bild 65.1 schematisch der Aufbau einer modernen Getter-Ionenpumpe gezeigt [4]. Die Pumpe besteht aus zwei Kathoden (4) aus Gettermetall (hier Titan)

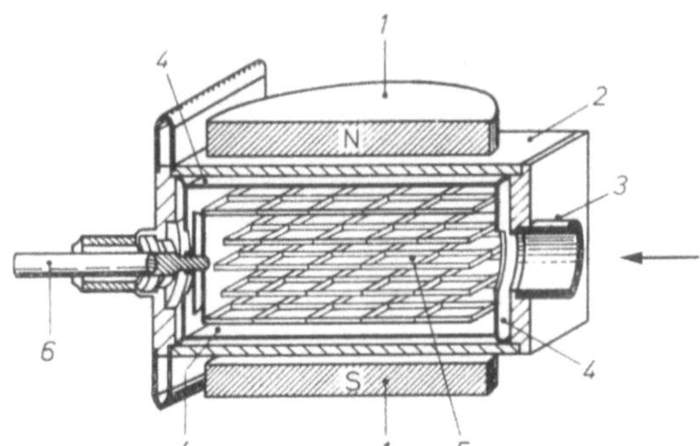

Bild 65.1. Schematischer Aufbau der Ionenzerstäuber-Hochvakuum-Pumpe (IZ-Pumpe); nähere Beschreibung im Text (nach [4]).

und einer wabenförmigen Anode (5). Zwischen Anode und Kathode liegt eine elektrische Spannung von einigen kV, die bei Drücken $< 10^{-3}$ Torr zu einer kalten Gasentladung führt. Ein magnetisches Gleichfeld (1) ist dem elektrischen überlagert. Durch die überlagerten Felder werden die Bahnen der in der Pumpe befindlichen Elektronen entsprechend Abschnitt 62.1.2 zu Spiralen gekrümmt. Durch die Wabenform der Anode und das Vorhandensein des magnetischen Feldes pendeln die Elektronen meist erst mehrmals zwischen den beiden Kathoden hin und her, ehe sie auf die Anode treffen. Damit steigt die Wahrscheinlichkeit, daß sie Restgasmoleküle ionisieren. Diese Ionen fliegen zur Kathode und zerstäuben sie beim Aufschlagen. Dadurch bedecken sich die Wände mit getterfähigem Titan, welches chemisch aktive Gase aufnimmt.

Die Pumpenwirkung findet also nur während der Entladung statt. Sie wird durch die Bahnverlängerung der Elektronen infolge des magnetischen Feldes H über die Ionisierung bis zu sehr niedrigen Drücken aufrecht erhalten. Der durch das magnetische Feld erzeugte (scheinbare) Druckanstieg ist proportional dem Quadrat der magnetischen Feldstärke [5].

Die Erzeugung der notwendigen magnetischen Feldstärken von einigen kOe geschieht mittels permanentmagnetischer Systeme. In Bild 65.2a [4] sind drei Systeme für verschiedene Pumpengrößen zu sehen. Das System der mittleren Pumpe ist noch einmal in Bild 65.2b gezeigt. Es besteht, wie die meisten Systeme, aus gekrümmten AlNiCo-Werkstoffen mit Weicheisenpolschuhen. Durch Änderung der Anzahl der Dauermagnete kann die Feldstärke leicht variiert werden. Bei den sehr großen Pumpen mit Pumpgeschwindigkeiten oberhalb 100 l/s sind aus Gewichtsgründen auch schon Bariumferritsysteme verwendet worden. Das magnetische Feld aller dieser Systeme ist wegen des langen Luftspaltes nicht sehr homogen, was aber hier nicht stört. Infolge der großen Länge des Luftspaltes ist eine große

Bild 65.2 a.   Bild 65.2 b.

Bild 65.2a. Dauermagnetsysteme für IZ-Pumpen verschiedener Größe aus AlNiCo (nach [4]).

Bild 65.2b. Dauermagnetsystem für eine IZ-Pumpe mit einer Pumpgeschwindigkeit von 120 l/min aus AlNiCo 500 Luftspaltfläche F_L = 7,6 × 23,1 cm², Luftspaltlänge l_L = 4,6 cm, Luftspaltfeldstärke H_L = 1,6 kOe.

Länge des Dauermagneten erforderlich; daher ist oft die gekrümmte Bauform notwendig. Es wurden dabei auch rotationssymmetrische Bauformen von Dauermagneten angegeben [6].

Die IZ-Pumpen werden mit Pumpgeschwindigkeiten bis zu 5000 l/s gebaut. Dabei steigt die Größe der Magnetsysteme entsprechend an. Für sehr kleine

Bild 65.3. Kleine IZ-Pumpe aus Glas für eine Pumpgeschwindigkeit von ca. 1 l/s mit Dauermagnetsystem aus AlNiCo. Luftspaltfläche: F_L = 2 cm², Luftspaltlänge l_L = 1,5 cm, Luftspaltfeldstärke H_L = 400 Oe (nach [8]).

Pumpgeschwindigkeiten werden die IZ-Pumpen auch aus Glas gebaut [7] (s. Bild 65.3 [8]). Das Dauermagnetsystem besteht dann einfach aus zwei AlNiCo- oder Ferritscheiben, die durch einen Weicheisenrückschluß verbunden sind, wie es in dem Bild zu sehen ist.

65.2 Omegatron

Dieses Gerät dient zur Messung von Partialdrücken im Bereich von 10^{-5} bis 10^{-11} Torr [9]. Es wurde von SOMMER u. a. [10] entwickelt und beruht auf dem Zyklotronprinzip (s. Bild 65.4) [11]. Dabei stehen elektrisches und magnetisches Feld senkrecht aufeinander. Das elektrische Feld ist ein Hochfrequenzfeld, welches zwischen die beiden halbkreisförmigen Duanten gelegt wird. Tritt ein durch ein Elektron erzeugtes Ion dann in den Luftspalt, wenn die HF-Spannung ansteigt, wird es beschleunigt. Durch das Magnetfeld wird die Bahn zum Kreis gekrümmt. Der nächste Luftspalt muß beim nächsten Spannungsanstieg durchlaufen werden. Zur Beschleunigung muß also zwischen Frequenz f des elektrischen Feldes und magnetischem Feld H die sogenannte Resonanzbedingung bestehen:

$$2\pi f = \frac{q}{m}\, H. \tag{65.1}$$

Dann nehmen die Teilchen pro Schwingung Energie auf, sie bleiben in Phase. Der Bahnradius nimmt nach Gl. 62.2 immer mehr zu, da durch die Energieaufnahme die Geschwindigkeit v steigt. Es entsteht, wie aus der Prinzipskizze in

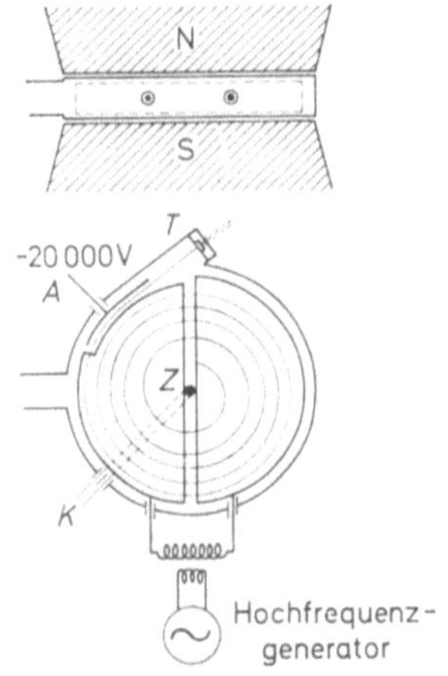

Bild 65.4. Prinzip des Zyklotrons. Elektrisches und magnetisches Feld stehen senkrecht aufeinander (nach [11]).

Bild 65.5. Trockenpumpstand, bestehend aus IZ-Pumpe (6) und Omegatronröhre (9), mit Dauermagnetsystem aus AlNiCo 500 (nach [12].)

Bild 65.4 hervorheht, eine Spiralbahn, bis die Teilchen auf den Auffänger auftreffen. Die dadurch entstehende Anzeige des Ionenstromes ist im Bereich 10^{-5} bis 10^{-9} Torr dem Druck proportional. Das Auflösungsvermögen ist proportional der Feldstärke H [9]. Die benötigte magnetische Feldstärke im Luftspalt beträgt bei einer Luftspaltlänge $l_L = 40$ mm $H_L \approx 3$ bis 5 kOe. Das magnetische System ist wegen der hohen Feldstärke ein Großsystem, welches über eine Fläche mit einem Durchmesser von ca. 4 cm ein homogenes Magnetfeld der Feldstärke $H_L \approx 3$ bis 5 kOe aufweisen muß. Die Homogenität ist notwendig, um die Spiralbahn der Teilchen zu erzeugen. Ein dafür geeignetes System ist in Bild 65.5 vorn gezeigt.

Durch Variation der Hochfrequenz im Omegatron können mit diesem Gerät alle im Gasgemisch vorhandenen Komponenten entsprechend ihrer spezifischen Ladung durchgemessen werden. Dieses Verfahren wird z. B. bei dem in Bild 65.5 gezeigten Trocken-Pump-System angewendet [12]. Das Omegatron (9) wirkt als Massenspektrometer zur qualitativen und quantitativen Analyse der Restgase der IZ-Pumpe (6).

65.3 Ionisationsmanometer

Dieses Manometer ist ein elektrisches Manometer, welches Gesamtdrücke im Bereich 10^{-2} bis 10^{-6} Torr zu messen gestattet [9]. Der Grundgedanke des Manometers stammt von PENNING [13] und ist folgender: Ähnlich wie bei der IZ-Pumpe liegt zwischen zwei Plattenkathoden die plattenförmige Anode. Dazwischen wird

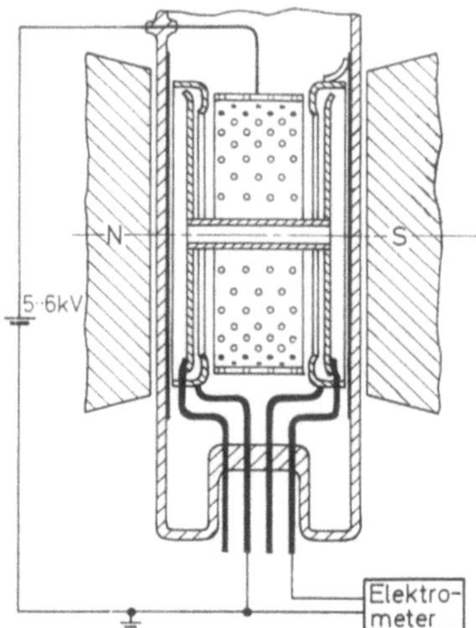

Bild 65.6. Schema des Penning-Manometers mit gekreuztem elektrischem und magnetischem Feld (nach [15]).

eine Gasentladung (Townsend-Entladung) aufrecht erhalten. Das magnetische Feld steht parallel zum elektrischen Feld. Damit wird auch hier die Wahrscheinlichkeit der Ionisierung von Restgasen infolge Bahnverlängerung der Elektronen erhöht. Das Prinzip wird in diesem Falle zur Druckmessung verwendet, denn der Ionenstrom ist ein Maß für den Druck des Restgases. Das System wirkt dabei aber gleichzeitig als Pumpe.

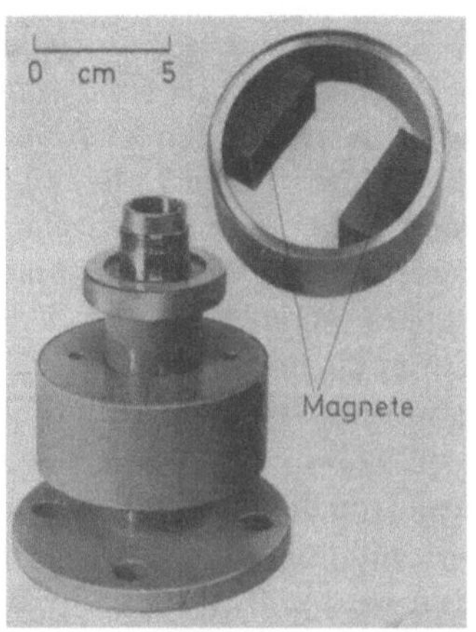

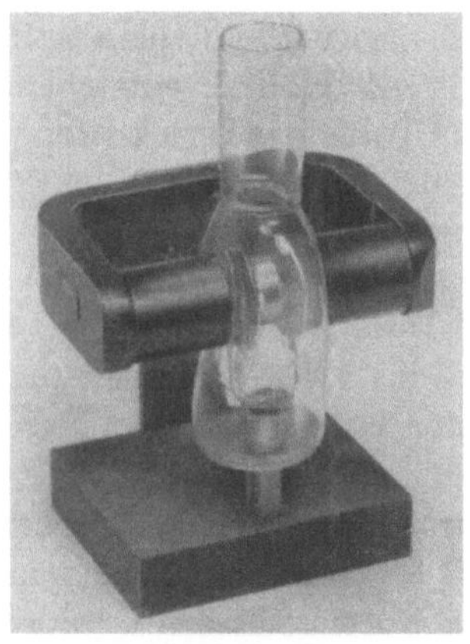

Bild 65.7. Penning-Manometer mit Dauermagnetsystemen (nach [8]).
Links: Ausgerüstet mit Segmenten aus Bariumferrit 300; Luftspaltfläche $F_L = 12\ \mathrm{cm}^2$, Luftspaltlänge $l_L = 3{,}6\ \mathrm{cm}$, Luftspaltfeldstärke $H_L = 0{,}8\ \mathrm{kOe}$. Rechts: Ausgerüstet mit Stäben aus AlNiCo 500; Luftspaltfläche $F_L = 10\ \mathrm{cm}^2$, Luftspaltlänge $l_L = 3{,}2\ \mathrm{cm}$, Luftspaltfeldstärke $B_L = 1{,}6\ \mathrm{kG}$.

Später wurden von HOBSON und REDHEAD [14] gekreuzte elektrische und magnetische Felder verwendet. Anode und Kathode liegen dabei, ähnlich wie bei einem Magnetron, koaxial zueinander, wie Bild 65.6 zeigt [15]. Damit kann die selbständige Gasentladung auch bei Drücken unterhalb 10^{-3} Torr aufrecht erhalten werden. Dies folgt aus den Zykloidenbahnen der Elektronen (s. Abschnitt 62.3.3). Sie bewirken, daß ein Elektron nur dann zur Kathode zurückkehrt, wenn es nicht mit einem Gasmolekül kollidiert. Tritt aber ein Stoß ein, so beginnt hier eine neue Zykloidenbahn, bis das Elektron auf die Anode gelangt. Die Gasionen gehen direkt zur Kathode. Der Ionenstrom ist ein Maß für den Gesamtdruck des Gases. Der Druck kann damit im Bereich von 10^{-4} bis ca. 10^{-12} Torr gemessen werden. Im Bereich von 10^{-4} bis 10^{-14} Torr ist der Ionenstrom streng proportional dem Druck. Das Redhead-Manometer wirkt außerdem direkt als Pumpe ähnlich der IZ-Pumpe. Die magnetische Feldstärke H_L im Luftspalt liegt in der Größenordnung von 1 bis 2 kOe. Dafür geeignete Magnetsysteme sind in Bild 65.7 gezeigt [8]. Die Dauermagnete bestehen aus Bariumferrit 300 oder AlNiCo 500. Infolge der großen Luftspaltlänge ist die Luftspaltinduktion sehr inhomogen.

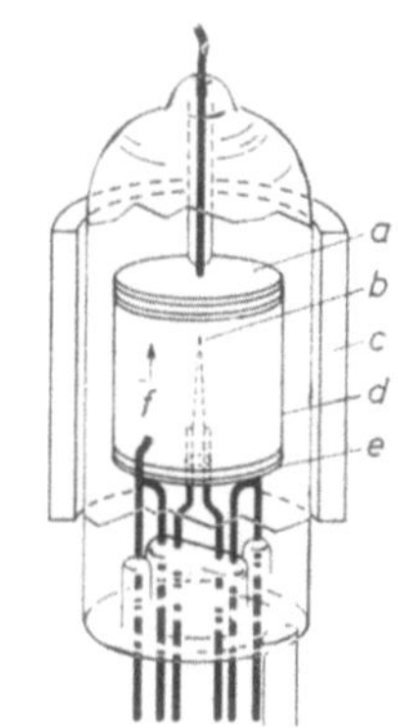

Bild 65.8. Schema des Lafferty-Manometers mit gekreuztem elektrischem und magnetischem Feld. Das Dauermagnetfeld wird durch einen axial magnetisierten Bariumferrit-Ring erzeugt (nach [16]).

Ein Ionisationsmanometer mit Glühkathode und magnetischem Feld wurde von LAFFERTY [16] vorgeschlagen. Das Prinzip ist in Bild 65.8 gezeigt. Magnetisches und elektrisches Feld stehen senkrecht aufeinander, wodurch die Elektronenbahn wiederum verlängert wird. Damit sollte eine Druckmessung bis schätzungsweise 10^{-17} Torr möglich sein. Das axiale magnetische Feld mit einer Feldstärke von einigen hundert Oersted wird durch einen Bariumferrit-Ringmagneten erzeugt. Dabei muß die Erwärmung der Röhre beachtet werden.

65.4 Resonanzmanometer

Die Resonanzmanometer gehören zu den Reibungsmanometern. In ihnen wird die Dämpfung von Schwingungen gemessen. Die Dämpfung ist abhängig von der inneren Reibung der Gase und damit vom Druck, wenn die freie Weglänge in der Größenordnung der Gefäßdimensionen liegt [17]. Bei den Resonanzmanometern wird nun die gesamte Amplitude eines schwingenden Bandes (s. Bild 65.9) bei allen Gasdrücken konstant gelassen. Die zur Konstanthaltung notwendige Energie ist dann ein Maß für den Gasdruck.

Bei der in Bild 65.9 dargestellten Anordnung [18] wird die Energie in Form des elektrischen Stromes zugeführt. Der Leiter 3 schwingt mechanisch im magnetischen Feld und erzeugt damit eine elektrische Wechselspannung. Diese wird dem Verstärker 4 zugeführt. Dessen Ausgangsstrom regt das Band in seiner Resonanzfrequenz an, wobei die Amplitude der Schwingung konstant gehalten wird. Dann ist der Erregerstrom ein Maß für den Gasdruck. Mit dieser Anordnung können Drücke im Bereich von 760 bis 10^{-3} Torr gemessen werden. Unterhalb dieses

Druckes spielt die Erschütterungsempfindlichkeit eine zu große Rolle. Die inhomogene magnetische Feldstärke im Luftspalt beträgt für eine Luftspaltlänge $l_L \approx 1$ mm im Symmetriezentrum des Luftspaltes im Mittel $H_L \approx 6$ kOe.

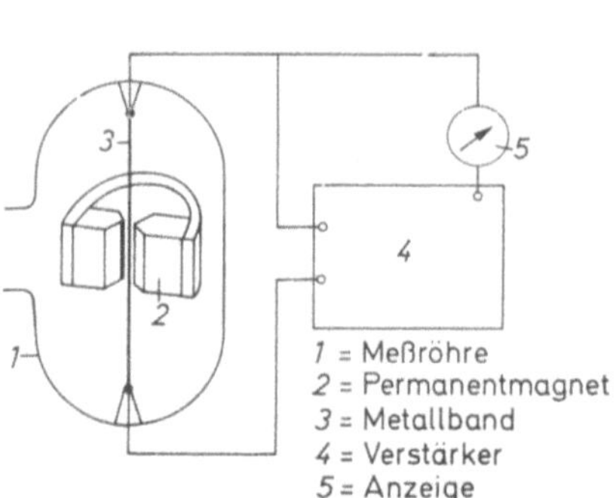

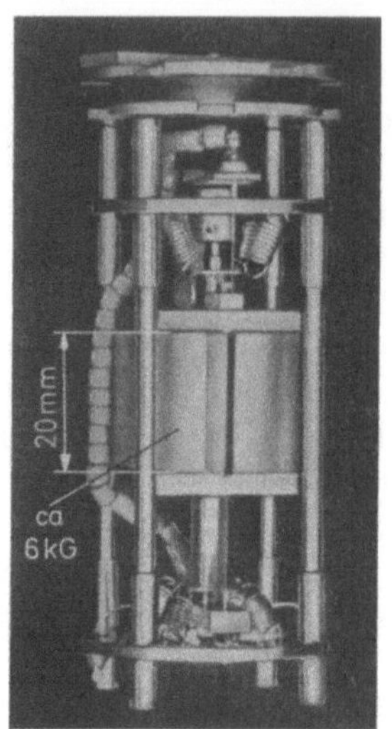

Bild 65.9.
Prinzip und Aufbau eines Resonanzmanometers nach BECKER mit Dauermagnetsystem aus AlNiCo500 Luftspaltlänge $l_L = 1$ mm, Luftspaltfeldstärke $H_L \approx 6$ kOe (nach [8]).

65.5 Massenspektrometer als Partialdruckmeßgerät

Das in Kapitel 63.2 näher beschriebene Massenspektrometer mit magnetischen Sektorfeldern wird in der Technik auch als Partialdruckmesser benutzt. Es dient dann z. B. dazu, bei im Vakuum ablaufenden Prozessen den Einfluß der einzelnen Restgas-Komponenten auf den technologischen Ablauf des Prozesses zu studieren.

65.6 Verdampfen im Hochvakuum

Von ESPE [19] wurde eine Anordnung zum Verdampfen im Hochvakuum durch Elektronenstrahlen beschrieben. Dabei werden die Elektronen mittels Dauermagneten auf den zu verdampfenden Werkstoff gelenkt. Damit wird jede Reaktion mit dem zusätzlich gekühlten Tiegel vermieden.

65.7 Dauermagnete im Vakuum

Die bisher besprochenen Dauermagnetsysteme der Vakuumtechnik besitzen alle meist einen langen Luftspalt, da in diesem das Vakuumsystem Platz finden muß. Das bedingt ein großes, teures Magnetsystem. In einigen Fällen wäre dieser große Luftspalt zu umgehen, wenn das Dauermagnetsystem im Vakuumraum untergebracht werden könnte, wie es z. B. in Bild 65.9 für das Resonanzmanometer gezeigt wurde. Dabei ergeben sich zwei Fragen:

Wie verhält sich die Luftspaltfeldstärke bei dem notwendigen Ausheizen der Apparatur?

Wie verhält sich das System im Vakuum in bezug auf Gasabgabe?

Wie aus Kapitel 30 hervorgeht, können AlNiCo-Magnete bis zu 500 °C ausgeheizt werden, ohne daß Gefügeänderungen entstehen. Die dem jeweiligen

Arbeitspunkt entsprechenden irreversiblen Magnetisierungsverluste müssen berücksichtigt werden. Die Bariumferritmagnete können trotz der viel stärkeren Temperaturabhängigkeit bis zu Temperaturen von ca. 350 °C ausgeheizt werden, ohne daß irreversible Magnetisierungsänderungen auftreten. Es sind ausschließlich reversible Änderungen der Magnetisierung vorhanden. Bei der Temperaturänderung ist jedoch die Rißgefahr infolge Sprödigkeit des Werkstoffes sehr zu

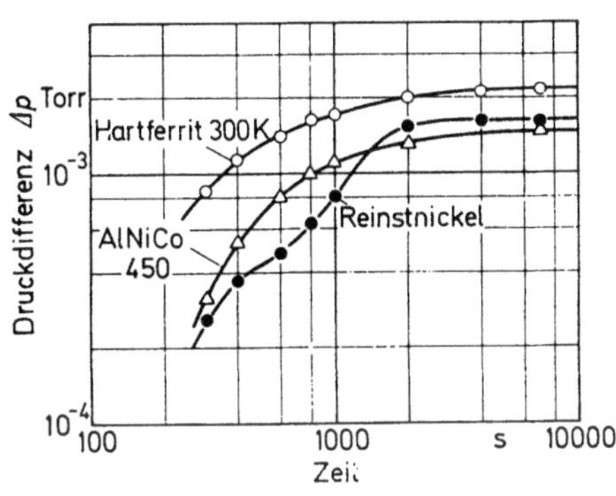

Bild 65.10. Gasabgabe von Dauermagnetwerkstoffen als Funktion der Zeit bei 20 °C im Vakuum, verglichen mit Reinstnickel (nach [8]).

Qualität	Gesamte Gasabgabe (760 Torr, 20 °C)
Hartferrit 300 K	2,44 cm^3/100 g
AlNiCo 450	1,04 cm^3/100 g
Reinstnickel	1,05 cm^3/100 g

beachten. Bei Systemen ist, unabhängig vom Dauermagnetwerkstoff, zu berücksichtigen, daß Kleb- bzw. Lötstellen die möglichen hohen Ausheiztemperaturen der Dauermagnetwerkstoffe meist stark begrenzen.

Über die Gasabgabe im Vakuum bei Zimmertemperatur gibt Bild 65.10 Auskunft [8]. Es zeigt, daß gegen das Einbringen der Werkstoffe in Vakuumanlagen, die laufend gepumpt werden, keine wesentlichen Gründe vorliegen.

Literatur

1. KIENEL, G.: VDI-Z. 106 (1964) 777—786.
2. KIENEL, G.: Chemie-Ing. Techn. 34 (1962) 95—105.
3. ADAM, H.: Umschau H. 3 (1961) 79—81.
4. Ionen-Zerstäuberpumpen. Prospekt der Firma Leybold, Köln, Nr. HV 68.
5. DOSSE, J., u. G. MIERDEL: Der elektrische Strom im Hochvakuum und in Gasen. 2. Aufl., Leipzig: Hirzel 1945, 169 ff.
6. v. ARDENNE, M., H. ROTH u. E. LORENZ: Vakuum-Technik 15 (1965) 8—14.
7. Siehe z. B. ADAM, H.: Ultrahochvakuumtechnik, Firma Leybold, Köln, 2. Aufl, 1961, 26 ff.
8. BRINKMANN, K.: Vacuum Technique, Proc. of the Meeting of the German Soc. for Vacuum Techn., Heidelberg 18. — 21.9. 1962, London: Pergamon Press 1965, 90—94.
9. DIELS, K., u. R. JAECKEL: Leybold Vakuum Taschenbuch, 2. Aufl., Berlin/Göttingen/Heidelberg: Springer 1962, 108 ff.
10. SOMMER, H., H. A. THOMAS u. J. A. HIPPLE: Phys. Rev. 82 (1951) 697—702.
11. BAUER, H. A.: Grundlagen der Atomphysik, 4. Aufl., Wien: Springer 1951, 144 ff.
12. ROBINSON, N. W.: Research 15 (1962) 413—420.
13. PENNING, F. M.: Physica 4 (1937) 71—75; Phil. techn. Rdsch. 2 (1937) 201—208.
14. HOBSON, I. P., u. P. A. REDHEAD: Canad. J. Phys. 36 (1958) 271—288.

15. HOCHHÄUSLER, P.: ETZ-A 84 (1963) 684—692.
16. LAFFERTY, J. M.: Vac. Symp. Trans. 7 (1960) 97—103, 9 (1962) 438—442; J. appl. Phys. 32 (1961) 424—434.
17. SCHWARZ, H.: Vakuummeter mit Verstärker, ATM V 1341—7 (1961) 25—28, ATM V 1341—4 (1952).
18. BECKER, W.: Vakuum-Technik 9 (1960) 48—53.
19. ESPE, W.: Feinwerktechnik 70 (1966) 2—8, 57—64.

66 Laufzeitröhren

66.1 Allgemeines

Die heutige Nachrichtentechnik benötigt zur besseren und verzerrungsfreien Wiedergabe immer mehr die sehr breitbandigen Verstärker. Dazu werden laufend höhere Frequenzen gebraucht, und seit dem zweiten Weltkrieg wird in zunehmendem Maße das Mikrowellengebiet benutzt. Dieses umfaßt die

dm-Wellen mit einer Wellenlänge $\lambda = 100$ bis 10 cm,
cm-Wellen mit einer Wellenlänge $\lambda = 10$ bis 1 cm,
mm-Wellen mit einer Wellenlänge $\lambda = 1$ bis $0{,}1$ cm.

Im Bereich dieser Wellenlängen weisen die schon länger bekannten Elektronenröhren (Trioden, Pentoden, Tetroden usw.) infolge von Laufzeiteffekten nur geringe Leistungen auf. Größere Leistungen können mit den Laufzeitröhren bewältigt werden. Diese sind dadurch gekennzeichnet, daß die Laufzeit der Elektronen zwischen den Elektroden in die Größenordnung der Periodendauer der Steuer-Wechselspannung kommt. Hierbei entstehen Laufzeiteffekte, die zur Schwingungserzeugung und Verstärkerwirkung herangezogen werden können. Typische Laufzeitröhren sind das Magnetron, das Klystron, die Wanderfeldröhre, der Rückwärtswellenoszillator und das Amplitron. Hier sollen nur die ersten vier als die für die dauermagnetische Fokussierung wesentlichen betrachtet werden.

66.2. Magnetron

66.2.1 Aufbau

Die Wirkungsweise eines Magnetrons ist in Bild 66.1 [1] dargestellt. Es ist eine Diode, im wesentlichen bestehend aus einem Heizfaden als Kathode und einer koaxialen, zylindrischen Anode. Ein permanentes Magnetfeld wirkt in Achsenrichtung und steht damit senkrecht zum elektrischen Feld. Das magnetische Feld biegt entsprechend den Überlegungen für ebene Elektroden mit parallelen Polflächen in Kapitel 62 und Bild 62.2 die von der Kathode K ohne Feld radial zur Anode A fliegenden Elektronen (s. Bahn I in Bild 66.2; [1]) nach Gl. (62.2) bogenförmig ab. Unterhalb einer bestimmten Feldstärke H_K erreicht das Elektron trotzdem die Anode (s. Bahn II). Oberhalb H_K bildet sich, ähnlich wie bei parallelen Elektroden (s. Bahn III in Bild 66.2), eine zykloidale Bahn aus, die hier wegen der konzentrischen Elektroden zu einer Epizykloide, der Kardioide, wird. Bei der Feldstärke H_K wird das Elektron so stark abgelenkt, daß es die Anode fast tangiert. Durch weitere Ablenkung fliegt es gegen das elektrische Feld wieder in Richtung Kathode zurück. Dabei wird es gebremst, und der Krümmungsradius der Bahn wird immer kleiner. Dadurch kehrt sich die Richtung um. Das Elektron wird durch das elektrische Feld beschleunigt, und der Krümmungsradius der Bahn nimmt wieder zu. Das Elektron pendelt zwischen den Elektroden hin und her; es entsteht eine hochfrequente Schwingung. Die notwendige Energie wird vom elektrischen Feld geliefert.

Infolge der laufenden Aussendung von Elektronen entsteht eine regellose Phasenverteilung der Elektronenschwingungen. Diese Verteilung wird durch

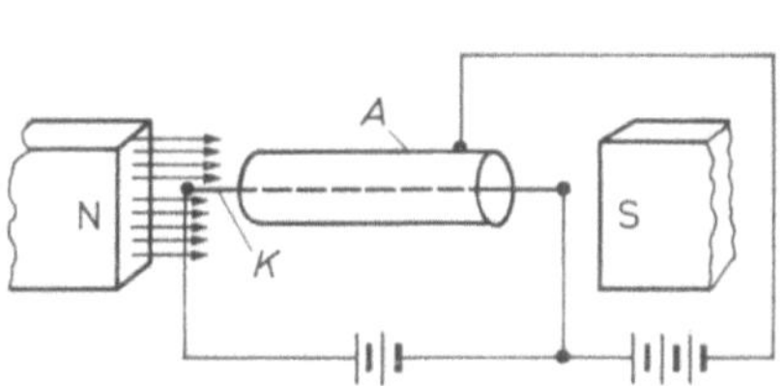

Bild 66.1. Prinzip des Magnetrons (nach [1]).

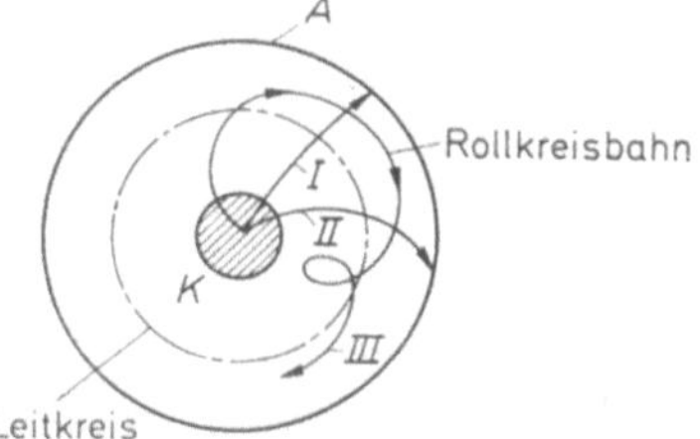

Bild 66.2. Schema möglicher Elektronenbahnen im Magnetron. Das magnetische Feld steht senkrecht zur Bildebene (nach [1]).

Überlagerung eines schwachen elektrischen Wechselfeldes geordnet, welches dieselbe Frequenz wie die Elektronenschwingungen hat. Insgesamt wird dabei an dieses hochfrequente Wechselfeld mehr Energie abgegeben als aufgenommen.

Das Magnetron wirkt also als Verzögerungsleitung, die in sich geschlossen ist. Die Verzögerung der Elektronen und damit die Energieabgabe an das HF-Feld wird durch Unterteilung der Anode infolge Anbringens von Schlitzen verstärkt. Es findet also eine laufende Energieübertragung vom elektrischen Gleich- zum hochfrequenten Wechselfeld statt [2]. Die erzeugten Wellenlängen λ liegen im Bereich der dm- und cm-Wellen. Sie hängen von der magnetischen Feldstärke H nach der Gleichung

$$\lambda = \frac{A}{H} \tag{66.1}$$

ab, wobei die Größe A durch die Anodengleichspannung und die Bauform der Röhre bedingt ist. Die benötigten axialen magnetischen Feldstärken liegen im Bereich von einigen kOe.

66.2.2 Anwendung

Die Magnetrons werden in verschiedener Weise als HF-Generatoren im dm- und cm-Wellenbereich für Richtfunkanlagen, Teilchenbeschleuniger, Diathermiegeräte, Oberflächen-Wärmebehandlungen von Metallen und Mikrowellenherden angewendet. Je nach Betriebsart werden Impuls- oder Dauerstrichmagnetrons unterschieden. Die Impulsmagnetrons werden meistens in der Funkortung eingesetzt [3]. Dabei sind hohe Anforderungen hinsichtlich der Frequenzstabilität, Impulsform und Betriebssicherheit zu stellen. Deshalb werden dazu meist Systeme aus dem sehr temperaturstabilen Werkstoff AlNiCo eingesetzt. In Bild 66.3 ist eine sehr gebräuchliche Bauform mit zwei annähernd halbkreisförmigen gegossenen Dauermagneten zu sehen. Der magnetische Fluß der beiden parallel geschalteten Dauermagnete wird durch zwei Weicheisen-Polschuhe umgelenkt. Es sind aber auch Bauformen mit den Hörnermagneten, wie z. B. Bild 66.4 zeigt, und mit geraden Dauermagneten bekannt.

Für die Dimensionierung der Dauermagnetform entsprechend Bild 66.3 wurde von VERWEEL und PLANTINGA [4] ein Modellgesetz abgeleitet. Danach ist es

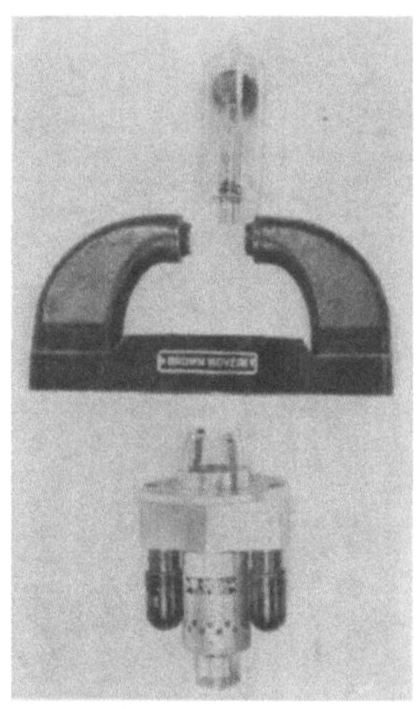

Bild 66.3. Dauermagnetsystem für ein Impulsmagnetron, bestehend aus zwei halbkreisförmigen AlNiCo-500-Magneten und einem Weicheisenring zur Feldführung und zur Aufnahme der Röhre. Axiale Feldstärke $H_L \approx 1{,}5$ kOe.

Bild 66.4. Dauermagnetsystem für Impulsmagnetron, bestehend aus zwei hörnerartigen Dauermagnetsystemen aus AlNiCo 500 und einer Weicheisen-Bodenplatte. Luftspaltfläche $F_L = 3{,}5$ cm², Luftspaltlänge $l_L = 4{,}0$ cm, Luftspaltfeldstärke $H_L = 1{,}2$ kOe.

möglich, bei Vorliegen eines Systems für eine bestimmte Leistung und Wellenlänge die Bauform eines Systems für andere Leistung und Wellenlänge leicht anzugeben. Bei Verkürzung der Wellenlänge muß die Luftspaltfeldstärke nach Gl. (66.1) entsprechend ansteigen.

Außerdem werden Bauformen eingesetzt, die aus zwei Halbschalen bestehen, wobei der eine Pol der Schalenrand, der andere ein in der Schalenachse befind-

Bild 66.5. Dauermagnetsysteme für Dauerstrichmagnetrone, bestehend aus Bariumferrit-300-Scheiben und Weicheisenplatten. links: Ausgangsleistung 2 kW; rechts: Ausgangsleistung 5 kW (nach [6]).

licher Zylinder ist (ähnlich wie bei einem Topfkern). Wegen der geringen Stückzahlen wird diese Bauform in Europa bisher nicht hergestellt.

Ein Problem ist bei allen diesen Formen meist die Erzeugung der gekrümmten Vorzugslage. Bei der letzten Bauform wird auch die Magnetisierung problematisch [5]. Werden Magnetrons mit Bariumferrit-Dauermagneten ausgestattet, liegen diese meist als Ringe vor, wie z. B. Bild 66.5 zeigt [7]. Die Dauermagnete müssen dann vor der Wärme der Röhre geschützt werden.

Die Dauerstrichmagnetrons werden insbesondere für die Erzeugung von kontinuierlicher Wärme oder elektrischer Leistung benutzt. Dabei sollen vor allem ein hoher Wirkungsgrad, auch bei Fehlanpassungen, lange Lebensdauer und niedrige Betriebsspannung vorhanden sein. In Bild 66.5 sind zwei Magnetrons [7] für das elektronische Garmachen von Speisen abgebildet. Die magnetische Energie wird durch Bariumferrit-Ringmagnete erzeugt. Infolge der hohen Koerzitivfeldstärke ist eine hohe Stabilität gegen Änderungen des inneren oder äußeren magnetischen Widerstandes gegeben. Damit können die Magnetrons leicht repariert und ausgewechselt werden, ohne daß sich die Nutzfeldstärke ändert. Die hohe Temperaturabhängigkeit des Werkstoffes ist hier nicht störend, weil die Dauermagnete weit entfernt von der Röhre liegen.

66.3 Klystron

Gleichfalls eine Laufzeitröhre, aber anders als das Magnetron arbeitend, ist das Klystron. Sein Prinzip ist in Bild 66.6 [8] zu sehen. Von der Kathode wird ein paralleler Elektronenstrahl ausgesandt. In einem Resonator werden die Elektronen durch die Steuerwechselspannung des dort vorhandenen HF-Feldes in der

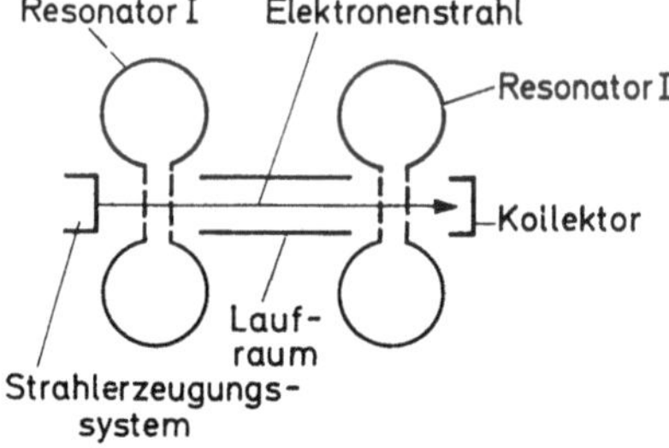

Bild 66.6. Prinzip des Klystrons (nach [8]).

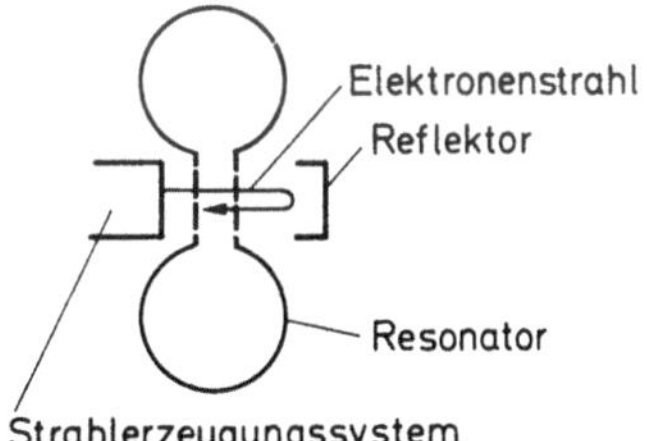

Bild 66.7. Prinzip des Reflex-Klystrons (nach [8]).

Geschwindigkeit moduliert. Die steuernde Wechselspannung beschleunigt oder bremst verschieden stark, je nach Phasenlage der zu verschiedenen Zeiten durch den Resonator tretenden Elektronen. Im anschließenden Laufraum, der feldlinienfrei ist, führt dann die Modulation der Geschwindigkeit zu Dichteschwankungen des Strahles. Beim Eintritt des Strahles in den zweiten Resonator wird bei richtiger Phasenlage des dortigen HF-Feldes zu der des Strahles Energie vom Strahl an das HF-Feld abgegeben. Der zweite Resonator wirkt als Verzögerungsleitung. Von hier wird die verstärkte HF-Energie an eine Energieleitung abgegeben. Beide Resonatoren sind rückgekoppelt. Das Klystron wirkt daher als HF-Generator.

Eine Abart ist das Reflexklystron (Bild 66.7; [8]), bei dem nur ein Resonator vorhanden ist, in dem gesteuert und ausgekoppelt wird. Der Luftraum ist durch einen Reflektor abgeschlossen.

Wichtig für das Zustandekommen der Schwingungen sowie für einen genügenden Wirkungsgrad durch gute Kopplung zwischen Elektronen und HF-Feld ist die Parallelführung des Elektronenstrahles im Klystron. Dazu muß dieser entsprechend elektronenoptisch geführt werden. Dies geschieht mit rotationssymmetrischen permanentmagnetischen Systemen. Die parallel zu führende Strecke beträgt dabei einige Zentimeter. Sie ist also erheblich kürzer als bei der Wander-

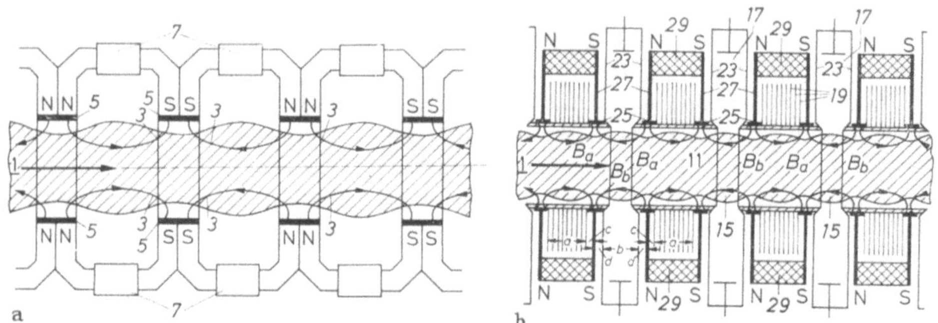

Bild 66.8. Aufbau von Dauermagneten für Mehrkammer-Klystron.
a) Ungünstige starke Welligkeit des Elektronenstrahles;
b) günstige geringe Welligkeit des Elektronenstrahles (nach [9]).

wellenröhre, und der Außendurchmesser ist größer. Für die Magnetsysteme ist weiterhin wichtig, daß die Resonatoren in Achsrichtung liegen und diese — je nach Frequenz — noch eine Hohlrohr- oder Koaxialauskopplung besitzen. Alle diese Momente verhindern meist eine Fokussierung durch ein räumliches Gleich-

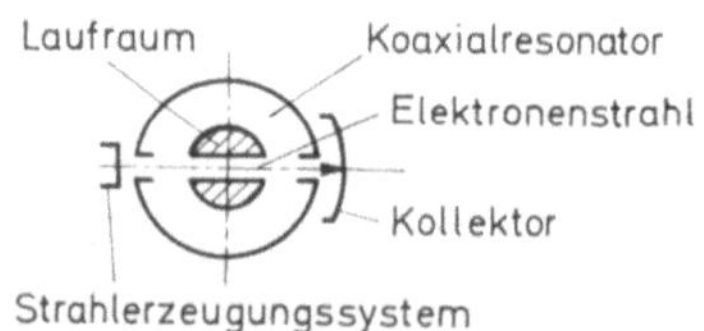

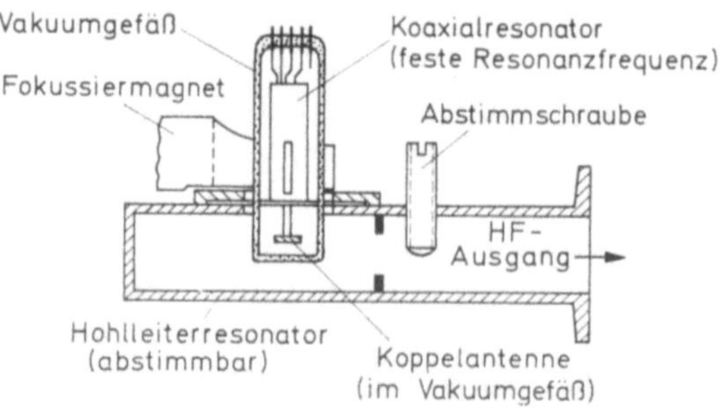

Bild 66.9. Prinzip des Heilschen Generators (nach [8]).

feld entlang des Strahles. Es muß deshalb mit räumlich periodischen Feldern gearbeitet werden. Die Polfolge ist dabei so zu wählen, daß im Bereich der Resonatoren als Raum der Wechselwirkung der Strahldurchmesser möglichst groß wird. Ein dafür geeigneter Aufbau des Systems ist für Mehrkammerklystrons in Bild 66.8a gezeigt. Es ist mit axial magnetisierten Dauermagneten (7) aufgebaut. Die störende Welligkeit des Strahles ist bei einem Aufbau nach Bild 66.8 b [9] stark verringert. Durch die Anwendung eines dauermagnetischen Wechselfeldes, das sich nur örtlich, nicht zeitlich ändert, wird die Fokussierung mit mehreren kleinen Dauermagneten (29) möglich. Dies ist wirtschaftlicher als mit einem Gleichfeld, welches von einem großen Dauermagnetsystem erzeugt wird [10]. Für die Fokussierung werden entweder Ringe aus Bariumferrit eingesetzt [11] oder Systeme, wie sie im nächsten Abschnitt für Wanderfeldröhren näher beschrieben werden.

Als ein weiteres Spezial-Klystron ist der Heilsche Generator anzusehen, der als Schwingkreis eine Koaxialleitung besitzt, die quer vom Elektronenstrahl durchsetzt wird, wie Bild 66.9 zeigt [8]. Der Schwingkreis ist gleichzeitig Steuer- und Auskoppelkreis. Dieser Strahl wird gleichfalls durch Dauermagnete fokussiert, wie im Bild angedeutet ist. Infolge des günstigen Aufbaus kann dazu ein kleiner Hufeisenmagnet benutzt werden.

66.4 Wanderfeldröhre

66.4.1 Aufbau

Beim Klystron findet die Wechselwirkung zwischen HF-Feld und Elektronenstrahl auf einer verhältnismäßig kurzen Strecke statt. Bei einer Wanderfeldröhre ist dagegen das Gebiet der Wechselwirkung über eine große Leitungslänge verteilt. Das Prinzip zeigt Bild 66.10 [8].

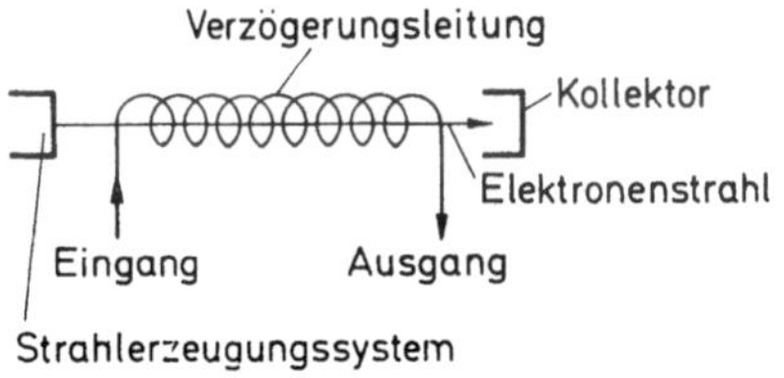

Bild 66.10. Prinzip der Wanderfeldröhre (nach [8]).

Der Elektronenstrahl läuft mit einer bestimmten Geschwindigkeit entsprechend der in der Elektronenkanone durchlaufenen elektrischen Spannung durch eine wendelförmige elektrische Leitung, die als Verzögerungsleitung für ein HF-Feld dient. Die Elektronengeschwindigkeit wird etwas größer als die Phasengeschwindigkeit der Welle eingestellt. Dann kann die Energie der vom elektrischen Gleichfeld beschleunigten Elektronen durch das im HF-Feld stattfindende Bremsen an die HF-Welle abgegeben werden. Auch hier ist ein paralleler Elektronenstrom notwendig, um alle Elektronen zum Kollektor zu führen und dadurch eine gute Verstärkung zu erreichen. Die notwendige Bündelung muß entlang der langen Verzögerungsleitung geschehen. Dies erfolgt meist mit permanentmagnetischen Systemen.

Die Fokussierung ist dabei auf zwei Arten möglich: Einmal kann sie, ähnlich wie bei den Mehrkammerklystrons, mittels eines örtlichen Wechselfeldes durch alternierende rotationssymmetrische Pole entlang der Strahlachse erfolgen. Zum anderen ist sie mittels eines örtlichen Gleichfeldes entlang der Strahlachse möglich. Beide Systeme ergeben günstige Konstruktionen für das leichte Heranführen der Koppelhohlleiter. Als Fokussierungsfeldstärke wird ca. 500 bis 600 Oe benötigt [8].

39*

66.4.2 Bauformen

In praxi werden heute beide Arten der Fokussierung angewendet. Es soll hier zuerst auf die Gleichfeldfokussierung eingegangen werden. Die dafür notwendige magnetische Feldstärke ist im wesentlichen proportional dem Strahlstrom und dem reziproken Wert des Produktes von Elektronengeschwindigkeit und Strahldurchmesser [8]. Für kurze Wellenlängen werden deshalb hohe Feldstärken benötigt. Es bietet sich wegen der geforderten Rotationssymmetrie eine zylinderähnliche Form des Dauermagneten an. Am besten wäre dabei ein durchbohrtes Rotationsellipsoid, da in der kleinen Bohrung ein konstantes Längsfeld herrscht, wie aus der Stetigkeit der Tangentialkomponente der magnetischen Feldstärke

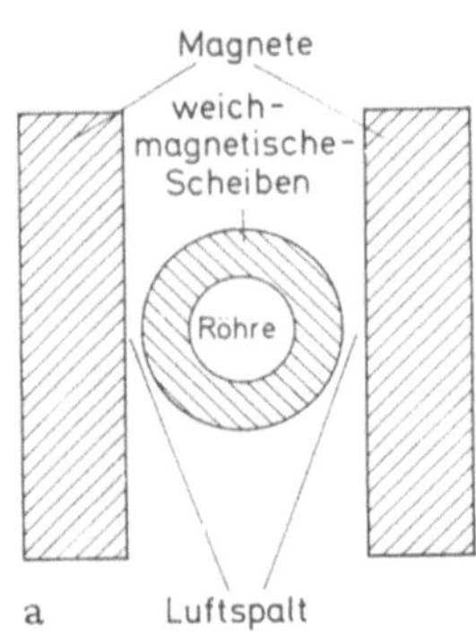

Bild 66.11. Dauermagnetsystem für Wanderfeldröhre, bestehend aus zwei AlNiCo-Blöcken und Weicheisenstirnflächen. Zur Feldhomogenisierung befinden sich innen Weicheisenscheiben. a) Schema (nach [12]); b) System mit Röhre und Weicheisenscheiben (nach [6]).

folgt (s. Kapitel 3). Beim Zylinder ist die Feldstärke längs der axialen Bohrung nicht konstant. Ihre Größe und Verteilung bereiten der Berechnung der magnetischen Feldstärke auf der Achse zwar theoretische Schwierigkeiten, können aber abschätzungsweise einigermaßen übersehen werden. Jedoch ist die Herstellung der langen Gußkörper nicht sehr einfach. Deshalb wurde anfangs versucht, den Körper aus Scheiben aufzubauen. Dies war aber wegen der vielen Schleifarbeit sehr teuer und führte doch zu hohen Schwankungen der Feldstärke durch Werkstoffinhomogenitäten. Daher wurden die älteren Systeme aus mehreren langen, parallel zur Röhre liegenden Dauermagnetstäben aufgebaut. Sie sind an den Enden durch je eine Weicheisenscheibe verbunden. Es wurden Systeme mit zwei und vier Stäben gebaut, wie z. B. Bild 66.11 schematisch zeigt.

66.4.2.1 Mit Gleichfeld. Von MÜLLER [12] wurde die Dimensionierung eines Systems mit zwei Stäben näher ausgeführt. Es werden dabei die Stäbe als Ellipsoide betrachtet, so daß ihr Arbeitspunkt mit Hilfe des Entmagnetisierungspunktes abgeschätzt werden kann. Mit Hilfe der Berechnungen, wie sie ähnlich für Stabmagnete in den Bildern 17.2 und 17.3 vorgenommen wurden. kann der wirkliche Arbeitsbereich ermittelt werden. Dabei müssen die beiden Stabmagnete parallel geschaltet werden. Als Werkstoff ist AlNiCo 500 gut geeignet. Der Arbeitsbereich wird so gelegt, daß er sich im steilen Teil der Entmagnetisierungskurve befindet. In diesem Arbeitsbereich ändert sich die Feldstärke nur sehr wenig.

Zur Kompensation der Werkstoffinhomogenität und noch vorhandener Querkomponenten der Feldstärke werden homogenisierende Weicheisenscheiben verwendet, wie sie das Bild 66.11 b zeigt. Die Scheiben haben keinen Kontakt zu den Dauermagneten (Bild 66.11 a [12]) und lenken die Feldlinien in Richtung der Scheibenachse ab, wodurch die Querkomponenten verringert werden. Die Scheiben dienen gleichzeitig zur Aufnahme und Zentrierung der Röhre, setzen aber — wie jeder Homogenisator — gleichzeitig die Längsfeldstärke herab.

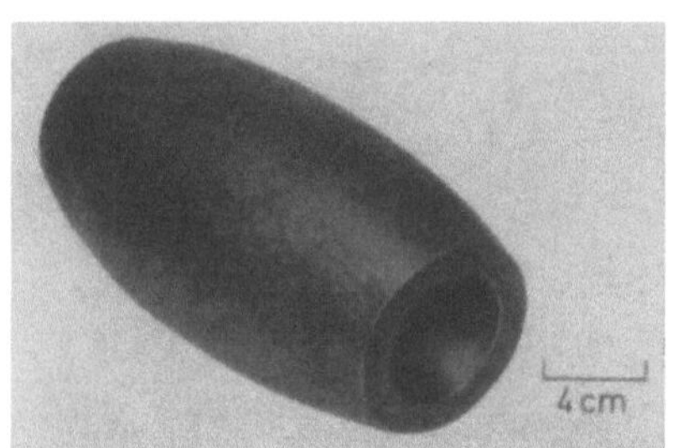

Bild 66.12. Tonnenförmiger Dauermagnet aus AlNiCo 500 für Wanderfeldröhre. Längsfeldstärke Mitte Bohrung $H_L \approx 650$ Oe.

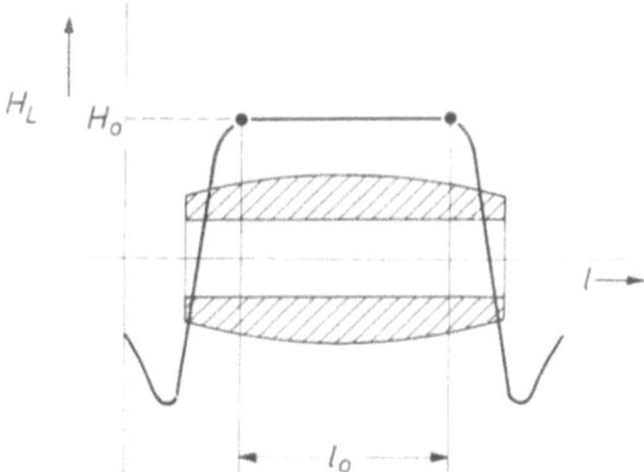

Bild 66.13. Schematischer Verlauf der magnetischen Feldstärke H_L entlang der Achse eines Tonnenmagneten (nach [13]).

Das große stabförmige System hat ein beträchtliches Streufeld, welches durch entsprechende Schirmung beseitigt werden muß. Schirmung bedeutet Kurzschluß eines gewissen Teilflusses, der zusätzlich durch den Dauermagneten aufzubringen ist und Querschnittserhöhung bedeutet.

Eine andere Bauform teilte den Dauermagneten in vier parallel geschaltete Teile auf, um mehr Symmetrie zu erhalten. Grundsätzlich gilt dafür das vorher Gesagte.

Eine noch bessere Symmetrie wird, wie schon erwähnt, durch rotationssymmetrische Dauermagnete erhalten. Der wirkliche Strahldurchmesser beträgt nur ca. 2 mm. Infolge der Gußunregelmäßigkeiten muß aber im Magneten Platz für die schon besprochenen Weicheisenscheiben einschließlich der Röhre vorhanden sein. Es muß eine ellipsoidähnliche Tonnenform gewählt werden, wie Bild 66.12 zeigt. Die Form verhindert die zu hohe Feldstärke an den Enden durch zu hohe Entmagnetisierung. Das Feldlinienbild ist in Bild 66.13 gezeigt. Die Pole liegen nicht an den Enden. Die zur neutralen Zone hin vorhandene Verdickung soll den Streufluß kompensieren und so die Tonne einigermaßen homogen entmagnetisieren. Die Bohrung mit einem Durchmesser von ca. 20 bis 30 mm läßt die Form stark vom Ellipsoid abweichen [14], so daß keine konstante Entmagnetisierung mehr vorhanden ist. Es bildet sich auch hier ein Arbeitsbereich aus, der nur dann zu einer konstanten Längsfeldkurve führt, wenn die B, H-Kurve innerhalb des Arbeitsbereiches parallel zur Ordinate verläuft. Dies ist bisher nur an hochremanenten Werkstoffen mit nahezu rechteckförmiger Entmagnetisierungskurve bei einer Koerzitivfeldstärke von $_BH_c < 600$ Oe zu erreichen. Bei hochkoerzitiven Werkstoffen ist die Kurve meist stetig gekrümmt.

Anstelle der Tonnenmagnetform wurde von GLASS [15] eine Anordnung, bestehend aus zwei sattelförmigen AlNiCo-500-Magneten, angegeben. Die Feldverteilung entlang der Achse ist dabei ähnlich der in Bild 66.13 angegebenen.

66.4.2.2 Mit räumlich periodischem Feld. Neben dem homogenen Längsfeld kann auch das räumlich periodische für die Fokussierung benutzt werden [16, 17]. Diese Wechselfeldfokussierung führt zu kleinerem Streufeld und kleinerem Gewicht des Systems. Bei der meist rotationssymmetrischen Bauweise werden zwei Arten von Systemen unterschieden, wie Bild 66.14 zeigt [16]; diejenige mit axial magnetisierten und diejenige mit radial magnetisierten Dauermagneten. Beiden Bau-

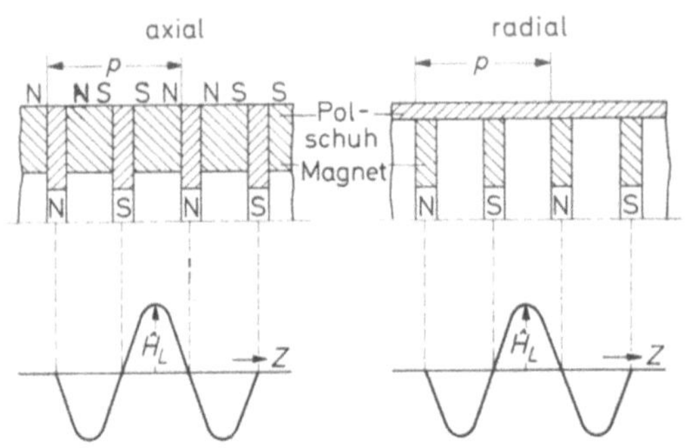

Bild 66.14. Schema der Dauermagnetsysteme für räumlich periodischen Feldverlauf in der Wanderfeldröhre. Links: mit axial magnetisierten Dauermagneten; rechts: mit radial magnetisierten Dauermagneten (nach [16]).

weisen gemeinsam ist die Anordnung mit alternierender Polfolge. Der Elektronenstrahl hat deshalb entlang seiner Achse nicht, wie erwünscht, einen konstanten, sondern einen wellenartig wechselnden Durchmesser. Minimale Welligkeit des Strahles ergibt sich in bezug auf das Magnetsystem durch eine minimale Periodenfolge, d. h. Polabstand. Dies muß unterstützt werden durch eine Mindestgeschwindigkeit des Strahls, also eine elektrische Mindestspannung.

Der Aufbau mit axial magnetisierten Dauermagneten nach Bild 66.14 links führt nur dann zu einem kleinen Polabstand, wenn die magnetische Länge des Dauermagneten im Verhältnis zum Querschnitt so klein wie möglich wird. Wie in [17] gezeigt, werden dazu Dauermagnetwerkstoffe mit einer Koerzitivfeldstärke $_BH_c$ von 1 bis 2 kOe benötigt. Dies führt hauptsächlich auf ferritische Werkstoffe in Ringform. Die Berechnung der Systeme nach Bild 66.14 links mit Polschuhen wurde von HENNE [18] mit Hilfe von Analogiemessungen an elektrischen Netzwerken ausgeführt. Nach gleichem Verfahren wurde von HENNE [16] die Feldverteilung von Ringen ohne Polschuhe berechnet.

Das von HENNE benutzte Analogieverfahren wurde von BRÜCK [19] angegeben. Entsprechend der magnetisch-elektrischen Analogie $B = \mu H$ zu $I = \sigma U$ muß wegen der konstanten elektrischen Leitfähigkeit σ eine konstante Permeabilität μ vorausgesetzt werden. Die abgeleiteten Beziehungen sind also nur für hochkoerzitive Werkstoffe mit gerader Entmagnetisierungskurve oder für permanente Zustände auf der permanenten Zustandsgeraden gültig. Diese Bedingung ist erfüllt, weil die Systeme vor dem Zusammenbau magnetisiert werden.

Von FOY und PARKER [20] wurde für die Berechnung der Achsenfeldstärke von axial magnetisierten Ringen die Evershed-Formel für den Kugelpol entsprechend Gl. (16.21) angewendet. Dabei wird der Arbeitspunkt durch Gl. (16.27) gegeben. Bei gegebenem Innendurchmesser ist der für den gewünschten Werkstoff notwendige Außendurchmesser berechenbar, wie in Kapitel 16 erläutert wurde.

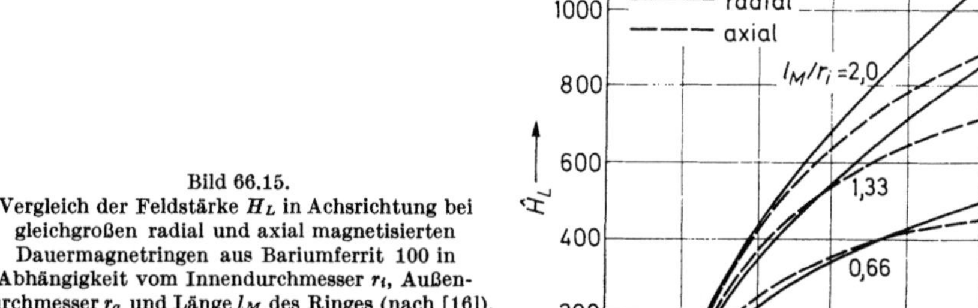

Bild 66.15.
Vergleich der Feldstärke H_L in Achsrichtung bei gleichgroßen radial und axial magnetisierten Dauermagnetringen aus Bariumferrit 100 in Abhängigkeit vom Innendurchmesser r_i, Außendurchmesser r_a und Länge l_M des Ringes (nach [16]).

Der Aufbau mit radial magnetisierten Dauermagneten führt bei Verringerung der Periodenlänge zu einer Vergrößerung des Dimensionsfaktors $p = l/d$ und damit zu einer Verschiebung des Arbeitspunktes in Richtung der Remanenz [21]. Hier werden demnach keine besonderen Ansprüche an die Koerzitivfeldstärke gestellt. Wie Bild 66.15 [16] zeigt, hat die radiale Magnetisierung den Vorteil, daß

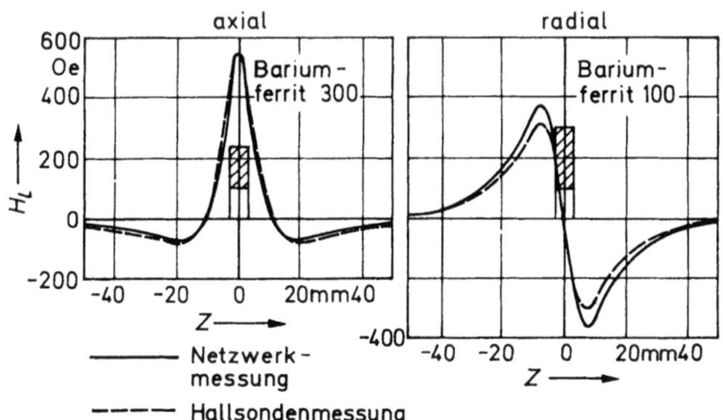

Bild 66.16. Verlauf der Axialfeldstärke H_L von axial und radial magnetisierten Ringen aus Bariumferrit (nach [16]).

sie bei größeren Ringen aus isotropem Bariumferrit zu höheren Axialfeldstärken führt. In Bild 66.16 ist die Verschiedenheit des Verlaufs der Axialfeldstärke eines Ringes bei den beiden Magnetisierungsarten gezeigt [16]. Die Veränderung des Verlaufs der Axialfeldstärke in Abhängigkeit vom Ringabstand p ist in Bild 66.17 dargestellt [16]. Anstelle von Ringen wurden auch Klötze aus Bariumferrit verwendet [22]. Sie werden mit abwechselnder Polarität auf Weicheisenplatten geklebt. Vier Platten bilden das kastenförmige Magnetsystem.

Die bisher behandelten Systeme dienen zur parallelen Strahlführung in der Röhre. Außerdem ist ein magnetisches Vorfeld zum Verdichten des Elektronenstrahles notwendig [23], welches gleichfalls periodisch ist. Diese Aufteilung in

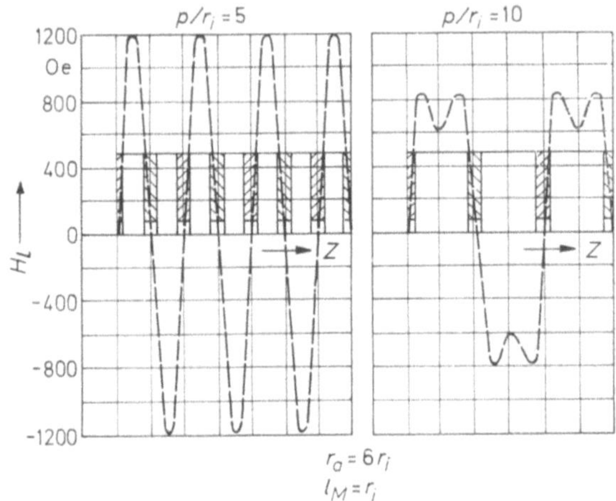

Bild 66.17. Verlauf der Axialfeldstärke H_L von radial magnetisierten Ringen aus Bariumferrit 100 in Abhängigkeit vom Abstand p und Innendurchmesser r_i der Ringe (nach [16]).

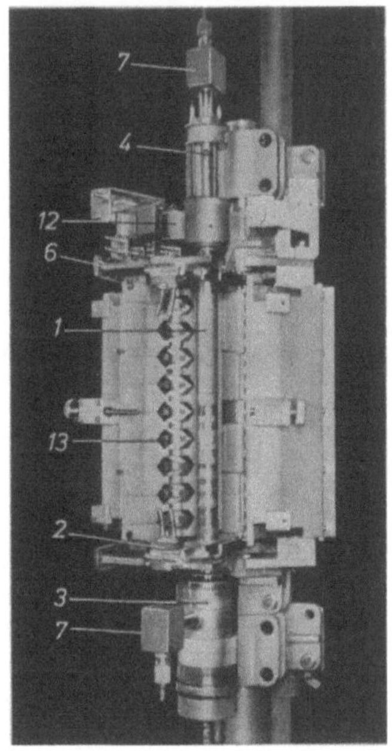

Bild 66.18. Dauermagnetsystem für Wanderfeldröhre, bestehend aus Fokussier- und Vorfeld-Magnetsystem (nach [24]).

Vorfeld (12) und Hauptfeld (13) ist in Bild 66.18 gut zu erkennen [24]. Das axiale Luftspalt-Hauptfeld des mit axial magnetisierten Dauermagneten aus AlNiCo 500 ausgestatteten Systems beträgt ca. 1 kOe, die Induktion in den Weicheisenleitstücken des Systems dagegen ca. 20 kG.

66.5 Rückwärtswellen-Oszillator

Der Rückwärtswellen-Oszillator ist eine spezielle Wanderfeldröhre mit kurzer Verzögerungsleitung. Deshalb ist das Dauermagnetsystem, wie z. B. Bild 66.19

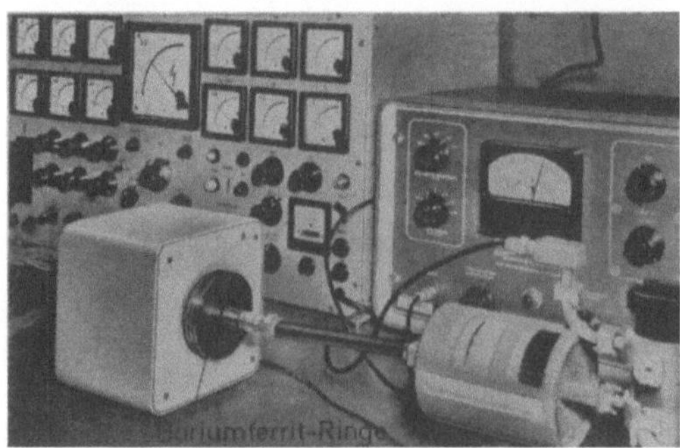

Bild 66.19. Dauermagnetsystem für Rückwärtswellen-Oszillator, bestehend aus axial magnetisierten Ringen aus Bariumferrit 300 mit Weicheisenscheiben (nach [25]).

zeigt, klein und leicht. Es besteht aus drei axial magnetisierten Ringen mit Weicheisenpolschuhen [25], ähnlich wie in Bild 66.14 links.

66.6 Hochfrequenzleistungsröhren

Zur Herabsetzung der Verlustleistung wird auch bei diesen ein magnetisches Feld zur Führung des Strahles benutzt. Es kommen entweder axiale [26] oder radiale Felder [27] der Feldstärke $H_L \approx 1\ \text{kOe}$ zur Verwendung.

Literatur

1. HÜBNER, R.: Elektronik 4 (1955) 49—52.
2. HINKEL, K.: Magnetrons, Phil. techn. Bibl., Eindhoven (1961) 25 ff.
3. Elektronik-Ztg., 21. 2. 1964 (ohne Verfasser).
4. VERWEEL, J., u. G. H. PLANTINGA: Phil. techn. Rdsch. 21 (1959—60) 1—10.
5. MC DOMUGH, F. X.: J. appl. Phys. 29 (1958) 506—507.
6. BRINKMANN, K.: DEW Techn. Ber. 3 (1963) 23—32.
7. SCHMIDT, W.: Phil. techn. Rdsch. 21 (1959/60) 343—349.
8. KLEIN, W.: Telefunken-Röhre, H. 38 (Dez. 1960) 5—36.
9. Firma Philips DAS 1 158183 (28. 11. 1963)
10. MENDEL, J. T., C. F. QUATE u. W. H. YOCOM: Proc. IRE 42 (1854) 800—810. — MENDEL, J. T.: Proc. IRE 43 (1955) 327—330.
11. VAN DER VORM LUCARDIE, J. A.: Phil. techn. Rdsch. 26 (1965) 303—315.
12. MÜLLER, M.: Ber. d. Arbeitsgem. Ferromagnetismus (1959) 247—255.
13. BÖHM, W., u. K. B. NICLAS: Telefunken-Röhre 41 (1962) 125—146.
14. KLEIN, W., J. BRETTING u. E. MAYERHOFER: Telefunken-Röhre, 38 (Dez. 1960) 85—98.
15. GLASS, M. S.: Proc. IRE 45 (1957) 1100—1105.
16. HENNE, W.: Z. angew. Phys. 14 (1962) 269—272.
17. PERCE, J. R.: J. appl. Phys. 24 (1953) 1247—1250. — STERZER, F., u. W. W. SIEKANOWICZ: RCA Rev. 18 (1957) 39—59. — SCHINDLER, M. J.: RCA Electron Tube Div., H. 22 (April 1960) 414—436.
18. HENNE, W.: ETZ-A 82 (1961) 819—823.
19. BRÜCK, L.: Le Vide 12 (1957) 327—335.
20. FOY, J. F., u. R. J. PARKER: J. appl. Phys. 31 (1960) 188S—189S.
21. HENNE, W.: AEÜ 15 (1961) 429—436.
22. Siehe z. B. ROTHER, A.: Siemens Bauteile-Information 7 (1966) 14—18.
23. MEYERER, P.: AEÜ 15 (1961) 467—477.
24. MAYERHOFER, E., u. P. MEYERER: Siemens-Z. 39 (1965) 14—18. — HEINTZ, K., u. E. MAYERHOFER: Siemens-Z. 40 (1966) 787—794.
25. Siemens Bauteile-Information 5 (1964) 12 (ohne Verfasser).
26. RANDMER, J. A.: Catode Press 22 (1965) 23—29.
27. LANGER, H.: Catode Press 22 (1965) 30—37.

67 Nichtreziproke Schaltelemente in der Mikrowellentechnik

67.1 Allgemeines

Von HELMHOLTZ [1] stammt der sogenannte Reziprozitätssatz: Eine Ursache U greift am Punkt A an und erzeugt am Punkt B die Wirkung X. Dann wird dieselbe Ursache U, am Punkt B angreifend, im Punkt A gleichfalls dieselbe Wirkung X erzeugen. Dieser Satz gilt in den meisten Gebieten der Physik und Technik, insbesondere überall da, wo lineare Systeme vorhanden sind. Keine Geltung hat dieser Satz für alle die Systeme, bei denen die Wirkung das vektorielle Produkt von Objekt und Ursache ist. Ein sehr wichtiges Beispiel ist die Bewegung des schnell rotierenden Kreisels.

Die nichtreziproken Schaltglieder der Mikrowellentechnik nutzen solche Kreiselbewegungen bei den Elektronen der Ferromagnetika aus, einmal in Form des Faraday-Effektes mit axialem Magnetfeld und zum anderen in einer Anordnung mit diametralem Magnetfeld. Beide Effekte beruhen auf der gyromagnetischen Resonanz, welche kurz beschrieben werden soll:

Wenn ein auf einer Bahn oder um sich selbst (Spin) rotierendes Elektron z. B. in einem ferromagnetischen Körper durch ein äußeres magnetisches Feld H ausgerichtet wird, präzessiert seine Impulsachse l um die Richtung des magnetischen Feldes H. Nach der Quantentheorie sind nur diskrete Werte für den Winkel der Präzession zugelassen. Das mechanische Drehmoment M ist dabei gegeben durch

$$M = \gamma [H \cdot l]. \tag{67.1}$$

Die Winkelgeschwindigkeit ω_L der Larmor-Präzession ist gegeben durch die Gl. (2.1) bzw. (33.4)

$$\omega_L = \gamma \cdot H. \tag{33.4}$$

Die sehr einfache Gl. (33.4) gilt nur für freie Elektronen. Für die Elektronen in einem in Z-Richtung magnetisierten Ferromagnetikum mit den Entmagnetisierungsfaktoren N_x, N_y und N_z und der Sättigungsmagnetisierung I_s ist nach KITTEL [2] anstelle der äußeren Feldstärke H eine effektive innere Feldstärke H_{eff} zu setzen [s. Gl. (63.11)]. Damit wird

$$\omega = \gamma \cdot H_{eff} = \gamma \sqrt{[H + (N_X - N_Z)I_s][H + (N_Y - N_Z)I_s]}. \tag{67.2}$$

Wird senkrecht zum Gleichfeld H ein magnetisches Wechselfeld H mit der Kreisfrequenz $\omega \approx \omega_P$ angelegt, dann wird die durch das Gleichfeld erzeugte Präzession aufrecht erhalten. Die notwendige Energie liefert das Wechselfeld. Dieses Wechselfeld kann in Form einer linear polarisierten ebenen Welle zugeführt werden. Im Bereich der hier in Frage kommenden Wellenlängen geschieht das in einem Rechteckhohlleiter, in dem sich ein stabförmiger Weichferrit als hauptsächlicher Wellenleiter befindet. Das Gleichfeld wird in geeigneter Form durch Permanentmagnete zugeführt. Der Aufbau der Anordnung ist in beiden Anwendungsfällen verschieden und soll hier getrennt betrachtet werden.

Durch die Präzessionsbewegung wird also die Mikrowelle des Wechselfeldes in einer bestimmten Fortpflanzungsrichtung gedämpft. Hingegen findet in entgegengesetzter Richtung keine Dämpfung statt, da hier die Phasenbeziehung keine Präzession mehr ermöglicht. Der Unterschied der Dämpfung in beiden Richtungen, das sogenannte Dämpfungsverhältnis, ist nach STEINHART [3] u. a. von der magnetischen Feldstärke des Gleichfeldes abhängig.

Die mit den beiden Effekten arbeitenden Schaltglieder sind geeignet für Richtfunkanlagen, Frequenzweichen, Richtungsgabeln, Phasenschieber, Schnellschalter, Reflektometer usw. [4].

67.2 Nichtreziproke Wellenleiter mit axialem Magnetfeld (Faraday-Drehung)

Wenn der Ferrit als Stab mit axialer Magnetisierung in den Hohlleiter eingesetzt wird, tritt beim Durchgang der linear polarisierten Welle der Faraday-Effekt [5] auf. Die Welle kann in zwei entgegengesetzt zirkular polarisierte Wellen zerlegt werden, von denen jede einen anderen Brechungskoeffizienten hat. Dies rührt von der verschiedenen Wechselwirkung mit den Spins her. Der Wellenanteil, dessen Drehsinn mit der Präzession übereinstimmt, führt allein zu einer gyromagnetischen Resonanz und damit zu einer anderen Absorption als der des restlichen Anteiles. Die Polarisationsebene der linearen Welle wird deshalb um einen be-

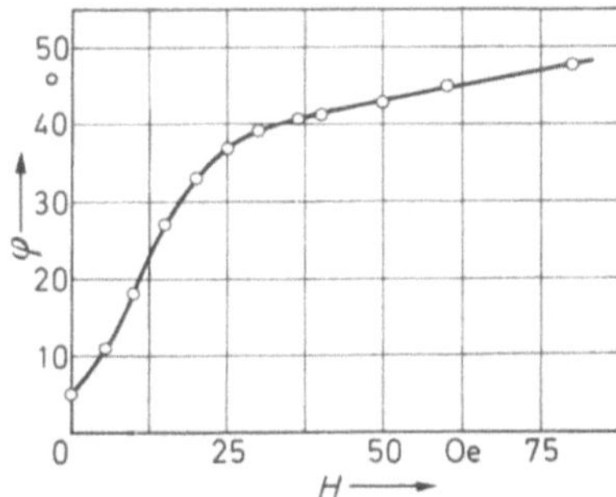

Bild 67.1. Drehwinkel φ der Polarisationsebene einer linearen Welle in einem Hohlleiter infolge FARADAY-Effekt als Funktion der axialen magnetischen Feldstärke H (nach [6]).

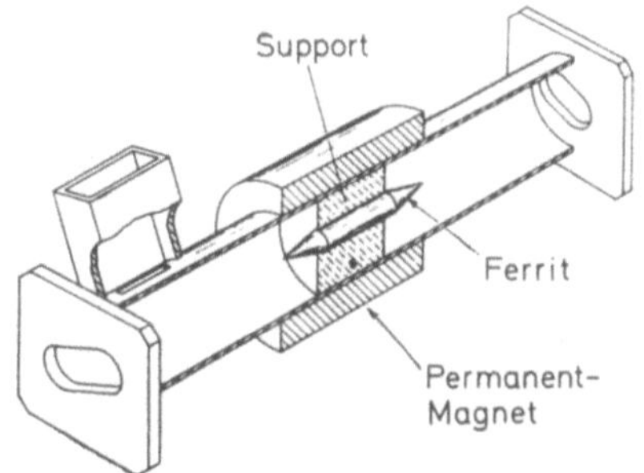

Bild 67.2. Prinzip eines Hohlleiters für Richtungsisolation mittels FARADAY-Effekt durch ein axiales permanentmagnetisches Feld (nach [8]).

stimmten Winkel φ gedreht. Dieser Winkel φ ist proportional der Differenz der Brechungskoeffizienten, der Länge des Ferritstabes und der magnetischen Feldstärke, wie Bild 67.1 zeigt [6]. Die Drehung hängt nicht von der Richtung des Einfalls der Welle ab. Magnetisch wird die gyromagnetische Resonanz durch die Einführung einer tensoriellen Permeabilität berücksichtigt [7].

Bild 67.3.
Axial magnetisierte Dauermagnetringe aus Bariumferrit 300 zur Erzeugung der FARADAY-Drehung im Hohlleiter für eine Frequenz von 24 000 MHz (nach [6]).

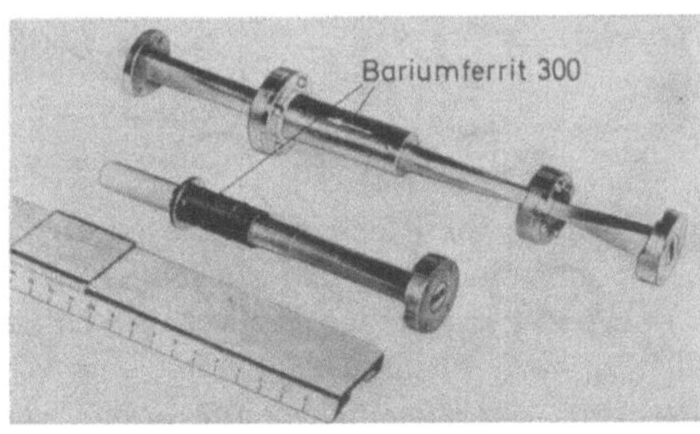

Die ungestörte Drehung der linear polarisierten Welle kann nur in einem runden Hohlleiter vor sich gehen. Dieser ist in den Rechteckhohlleiter eingelassen, wie Bild 67.2 schematisch zeigt [8]. Beide Enden sind gegeneinander um 45° verdreht. Die Drehung der Polarisationsebene von hin- und rücklaufender Welle beträgt dann 90°. Damit liegt der elektrische Vektor der rücklaufenden Welle parallel zur langen Seite des Hohlleiters, wodurch die Welle ausgelöscht wird.

Die Magnetisierung des Weichferritstabes, in dem die Faraday-Drehung erfolgt, geschieht durch Bariumferritringe, wie Bild 67.3 zeigt, oder indem der Stab ein Dauermagnet-Ferrit ist. Das damit erzeugte Feld ist stark temperaturabhängig. Eine Kompensation dieses Effektes ist nicht leicht möglich. Die notwendige magnetische Feldstärke im Hohlleiter liegt für den Frequenzbereich von ca. 25000 MHz nach Gl. (63.11) im Bereich unter hundert Oersted, da zur Vermeidung der Dämpfung die Frequenz $\omega < \omega_P$ gewählt wird.

67.3 Nichtreziproke Wellenleiter mit diametralem Magnetfeld

Im Rechteckhohlleiter kann auch eine nichtreziproke Wellenfortpflanzung mit diametralem Magnetfeld erreicht werden. Die magnetischen Kraftlinien sind geschlossene Kurven senkrecht zur Wellenrichtung, wie Bild 67.4 zeigt. An bestimmten Stellen $(\pm x_1)$ symmetrisch zur Mittelachse (Z-Richtung) im Hohlleiter

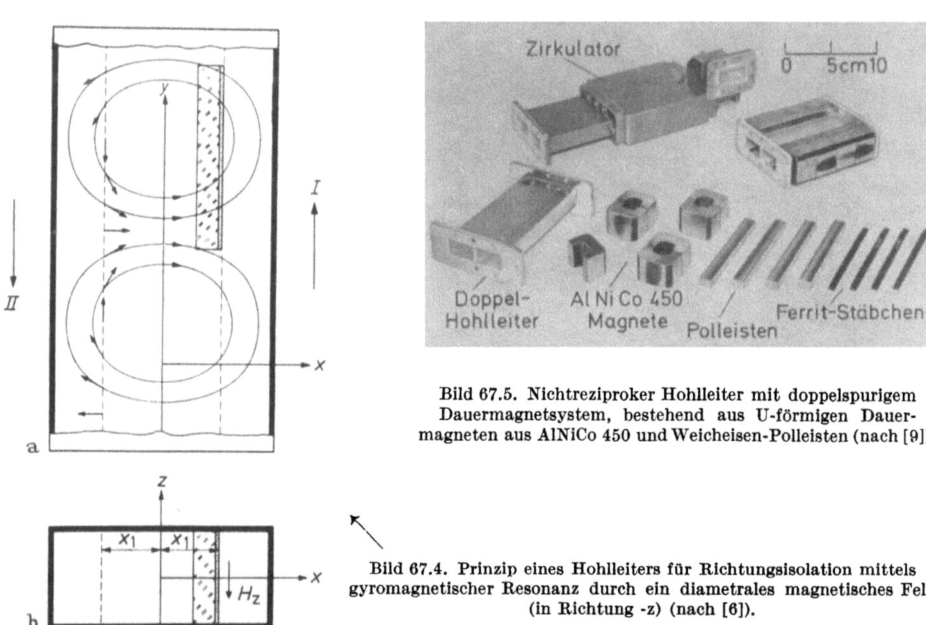

Bild 67.5. Nichtreziproker Hohlleiter mit doppelspurigem Dauermagnetsystem, bestehend aus U-förmigen Dauermagneten aus AlNiCo 450 und Weicheisen-Polleisten (nach [9]).

Bild 67.4. Prinzip eines Hohlleiters für Richtungsisolation mittels gyromagnetischer Resonanz durch ein diametrales magnetisches Feld (in Richtung -z) (nach [6]).

ändert sich nur die Richtung, nicht der Betrag des Feldes; hier ist also in Wellenrichtung ein reines Drehfeld vorhanden, welches senkrecht zum Gleichfeld steht. Die Drehfelder der beiden Punkte sind entgegengesetzt gerichtet. An einer dieser Stellen x_1 wird, wie Bild 67.4 zeigt, eine Weichferritplatte mit der Plattenebene in Richtung des Gleichfeldes angebracht. Es ist die Stelle, bei der das Drehfeld gleiche Richtung wie die um das Gleichfeld präzessierenden Elektronen hat. Dann findet aber Dämpfung durch gyromagnetische Resonanz der Welle statt. Die entgegengesetzt laufende Welle wird dagegen ungedämpft hindurchgelassen. Die Dämpfungsrichtung ist eindeutig durch die Richtung des Gleichfeldes gegeben. Um große Dämpfung zu erhalten, muß die Kreisfrequenz $\omega \approx \omega_P$ sein. Für das Frequenzgebiet von 10000 MHz wird dann nach Gl. (63.11) eine Gleichfeldstärke im Luftspalt von $H_L \approx 2$ kOe benötigt. Sie kann mit abnehmender Frequenz entsprechend niedriger sein.

Die Luftspaltlängen der Dauermagnetsysteme sind bei der Anordnung mit diametralem Magnetfeld sehr lang. Dabei können die Systeme ein- oder zweispurig aufgebaut sein, wobei die Feldrichtung beider Spuren dann entgegengesetzt gerichtet sein muß. In Bild 67.5 sind die Dauermagnete für ein Doppelspursystem gezeigt. Schwierig wird die Erzeugung der Felder, wenn der Spurenabstand kleiner als die Luftspaltlänge wird. Dann gibt es durch die Streufelder Feldkomponenten parallel zur langen Seite des Hohlleiters, welche zu Störungen im Dämpfungsverhalten führen.

Bei allen Dauermagnetsystemen ist die Beachtung der Temperaturabhängigkeit der magnetischen Eigenschaften wichtig. Wie Kapitel 30 zeigt, ist bei den ferritischen Werkstoffen (weich- und hartmagnetisch) die Temperaturabhängigkeit sehr groß. Bei dem Weichferrit-Werkstoff im Hohlleiter wird die gyromagnetische

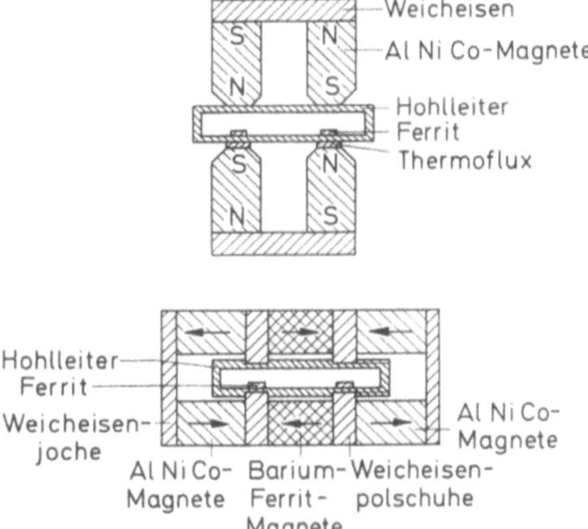

Bild 67.6. Schema von Dauermagnetsystemen mit Temperaturkompensation für nichtreziproke Hohlleiter infolge gyromagnetischer Resonanz, bestehend aus AlNiCo 500-Dauermagneten. Oben: Temperaturkompensation mittels weich magnetischem Kompensationswerkstoff Thermoflux[1]. Unten: Temperaturkompensation durch Parallelschaltung von AlNiCo- und Bariumferrit-Dauermagneten (nach [10]).

Resonanzfrequenz dadurch sehr temperaturabhängig. Sie nimmt mit zunehmender Temperatur nach Gl. (67.2) ab, da die Magnetisierung abnimmt. Dann muß aber auch die Luftfeldstärke entsprechend Gl. (63.11) abnehmen. Um mit dem temperaturstabilen, zweispurigen AlNiCo-System in Bild 67.6 oben [10] den Temperaturgang des sehr temperaturinstabilen Weichferrits zu kompensieren, muß entsprechend den Überlegungen in Abschnitt 21.3 der Temperaturkompensations-Werkstoff in Reihe zum Nutzluftspalt geschaltet werden. Hierbei ist zu beachten, daß nicht die Feldstärke im Luftspalt temperaturunabhängig werden soll, sondern die effektive (innere) Feldstärke im Weichferrit, wie Gl. (67.2) zeigt. Dazu ist die Reihenschaltung einsetzbar.

Bei dem zweispurigen System in Bild 67.6 unten wurde das Problem durch Parallelschaltung von Bariumferrit und AlNiCo gelöst. Der resultierende Temperaturkoeffizient kann durch Verändern der Maße beider Werkstoffe zwischen den Temperaturkoeffizienten der beiden Werkstoffe eingestellt werden. Da sich entsprechend Kapitel 21 beide Temperaturkoeffizienten um den Faktor 10 unterscheiden, ist eine große Variabilität möglich.

In Bild 67.7 ist ein System für Koaxialbauweise bei 2000 MHz aufgebaut [11]. Der Dauermagnet ist in den Leiter gelegt. Wegen der langen Luftspalte ist ein hochkoerzitiver Dauermagnet notwendig.

Mit abnehmender Wellenlänge im Hohlleiter muß nach Gl. (63.11) die magnetische Gleichfeldstärke im Luftspalt immer mehr ansteigen. Im Bereich der UHF,

---

[1] Thermoflux ist ein geschützter Handelsname der Firma VAC, Hanau.

bei Wellenlängen von $\lambda = 1$ bis 10 mm, werden magnetische Feldstärken im Bereich von 10 bis 30 kOe benötigt. Dies führt zu sehr großen Dauermagnetsystemen. Die äußere Feldstärke kann aber gemindert werden, wenn in den Hohlleiter anstelle des Weichferrits ein anisotroper Hartferrit eingesetzt wird. Bei diesem sind die Spins in Vorzugsrichtung ausgerichtet. Die Richtkraft, mit der die Spins an die Vorzugsrichtung gekoppelt sind, ist gleich der Anisotropiestärke H_A, welche durch Gl. (10.29) gegeben ist.

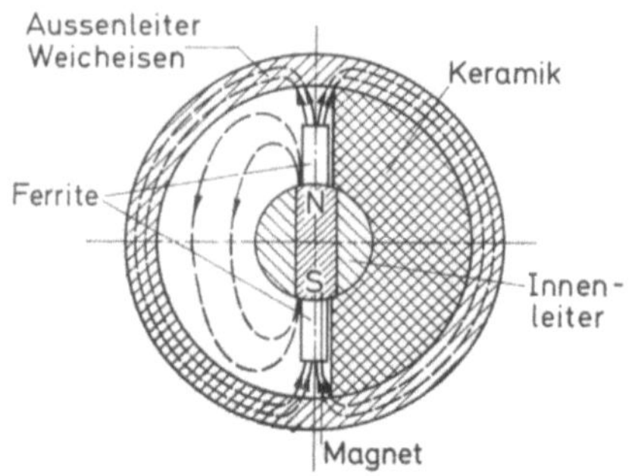

Bild 67.7. Nichtreziproker Hohlleiter in Koaxialbauweise für eine Frequenz von 2000 MHz mit hochkoerzitivem Dauermagneten im Inneren (nach [11]).

Bild 67.8. Nichtreziproke Hohlleiter mit einspurigem Dauermagnetsystem aus Bariumferrit 300. Links: für eine Wellenlänge von 8,6 mm; rechts: für eine Wellenlänge von 4,3 mm (nach [13]).

Die äußere Feldstärke kann um den Betrag H_A verringert werden, wenn die Feldrichtung mit der Vorzugsrichtung übereinstimmt. Da es gelungen ist, Werkstoffe mit Anisotropiefeldstärken $H_A \geqq 20$ kOe zu erzeugen [12], reichen Dauermagnetsysteme für äußere Luftspaltfeldstärken von einigen kOe aus, wie z. B. Bild 67.8 links für 8,6 und rechts für 4,3 mm Wellenlänge zeigt [13]. Ein magnetischer Nebenschluß dient zur schwachen Änderung der äußeren Feldstärke.

Literatur

1. Helmholtz, H.: J. Math. 56 (1859) 29.
2. Kittel, Ch.: Phys. Rev. 71 (1947) 270, 73 (1948) 155—161, 76 (1949) 743—748; J. Phy. Rad. 12 (1951) 291—302.
3. Steinhart, R.: NTZ 4 (1960) 183—191.
4. Siehe z. B. Tischer, F. J.: Mikrowellen-Meßtechnik, Berlin/Göttingen/Heidelberg: Springer 1958, 102—107.
5. Siehe z. B. Schweizerhof, S.: Z. angew. Phys. 16 (1963) 61—69.
6. Beljers, H. J.: Phil. techn. Rdsch. 18 (1956/57) 118—127.
7. Polder, D., u. H. Wills: Phil. Mag. 40 (1949) 99—115.
8. Pringle, D. H., u. G. S. Baldeck: in Solid states Physics in Electronics and Telecommunications, Bd. III/1, London: Academic Press 1960, 384—395.
9. Brinkmann, K., u. W. Hotop: Umschau H. 13 (1961) 392—395, H. 14 (1961) 431—434.
10. Emmrich, A.: Frequenz 17 (1963) 339—343.
11. Steinhart, R.: Ber. d. Tagung d. Arbeitsgem. Ferromagnetismus Karlsruhe 1962, Beitrag XII.
12. Du Pre, F. K., D. J. de Bitteto u. F. G. Brockman: J. appl. Phys. 29 (1958) 1127—1128.
13. Beljers, H. G.: Phil. techn. Rdsch. 22 (1960/61) 17—22.

68 Sonstige Anwendungen der Wechselwirkung von Dauermagnet und Ladungsträgern

68.1 Entladungslampen mit vergrößertem Entladungsweg

Elektrische Quecksilberdampf-Niederdruck-Leuchtstoff-Entladungslampen besitzen ein rohrförmiges Entladungsgefäß, an dessen beiden Enden je eine Elektrode angebracht ist. Die Quecksilber-Füllung dient zur Erzeugung der Entladung bei niedrigen Drucken, wobei eine Edelgasfüllung das Zünden erleichtert.

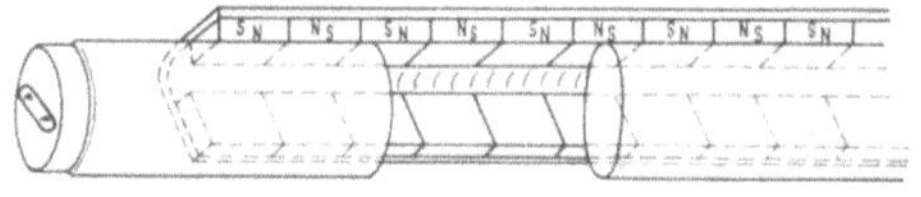

Bild 68.1.
Schema der Dauermagnet-Anordnung für
Entladungslampe mit erhöhtem Lichtstrom.

Der Leuchtstoffbelag der Innenwand wird durch die UV-Strahlung der Entladung zur Lumineszenz angeregt. Die Größe des Lichtstromes ist über die elektrische Spannung abhängig von der Bogenlänge, also dem Elektrodenabstand. Die Bogenlänge kann aber entsprechend Gl. (62.2) durch Krümmung der Ionenbahnen mittels eines senkrecht auf der Bahn stehenden permanentmagnetischen Feldes vergrößert werden. Die dadurch vergrößerte elektrische Spannung erhöht dann den Lichtstrom. Zur Erzeugung des Dauermagnetfeldes werden parallel zur Achsenrichtung der Entladungsröhre alternierende Pole hintereinandergesetzt, wie es z. B. für einige Anordnungen vorgeschlagen wurde [1] und für eine Anordnung in Bild 68.1 schematisch gezeichnet ist.

Infolge der großen Luftspaltlänge muß der Werkstoff der Dauermagnete hochkoerzitiv sein. Da bei der Entladung keine wesentliche Temperaturerhöhung an der Glaswand auftritt, können Scheiben aus anisotropem Bariumferrit 300 K im Winkel von 90° zueinander so angeordnet werden, wie es Bild 68.1 zeigt. Die Lichtmenge wurde damit um über 50% gesteigert. Der Winkel von 90° verhindert ein zu starkes Abdecken der Leuchtenoberfläche. Die praktische Einführung dieser Verbesserung scheint infolge preislicher Überlegungen zu scheitern.

68.2 Sauerstoffanalysator

Der Sauerstoff ist ein paramagnetisches Element, welches durch eine verhältnismäßig hohe molare Suszeptibilität $\varkappa_m \approx 10^{-3}$ gekennzeichnet ist. Im Gegensatz dazu sind die meisten anderen Gase diamagnetisch. Mit Hilfe seines starken Paramagnetismus kann der Gehalt an Sauerstoff mit magnetischen Methoden gut analysiert werden. Im inhomogenen Magnetfeld erfährt der Sauerstoff als Paramagnetikum eine Kraft in Feldrichtung. Außerdem ergibt sich eine Kraft quer zur Feldrichtung. Diese ist proportional der Größe $\varkappa H^2$, wobei $\varkappa$ die Suszeptibilität des Paramagnetikums ist. Sind zwei Gase mit verschiedener Suszeptibilität vorhanden, dann ist die Kraft proportional der Differenz der Suszeptibilität.

Das in Bild 68.2 [2] schematisch dargestellte einfache Verfahren beruht auf vorgenannter Methode. Das Magnetfeld ist durch Anschrägung der Polspitze inhomogen ausgebildet. Zwei dünnwandige Kugeln sind mit dem diamagnetischen

Stickstoff gefüllt und als Drehwaage aufgehängt. Infolge des in der Umgebung befindlichen Sauerstoffs verdreht sich die Waage und zeigt damit die Sauerstoffkonzentration an. Die Messung des Suszeptibilitätsunterschiedes bildet noch für weitere Sauerstoff-Bestimmungsmethoden die Grundlage [3]. Jedoch leiden alle diese Verfahren unter dem Nachteil, eine Differenz als Meßgröße zu haben. Von diesem Nachteil befreit sind die sogenannten thermomagnetischen Methoden. Hierbei wird die Temperaturabhängigkeit der Suszeptibilität ausgenutzt. Das zu analysierende Gas wird erhitzt, wobei die Suszeptibilität abnimmt. Das erhitzte Gas wird als Vergleichsgas genommen. Ein darauf beruhendes Verfahren ist in Bild 68.3 dargestellt [4].

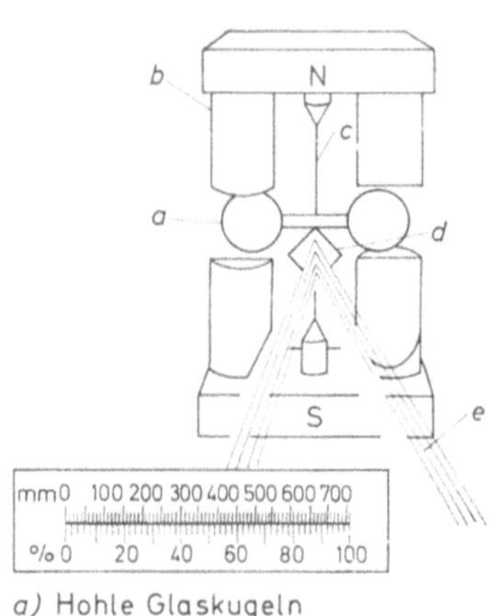

Bild 68.2. Schema eines Sauerstoff-Analysators mit Spiegelanzeige (nach [2]).

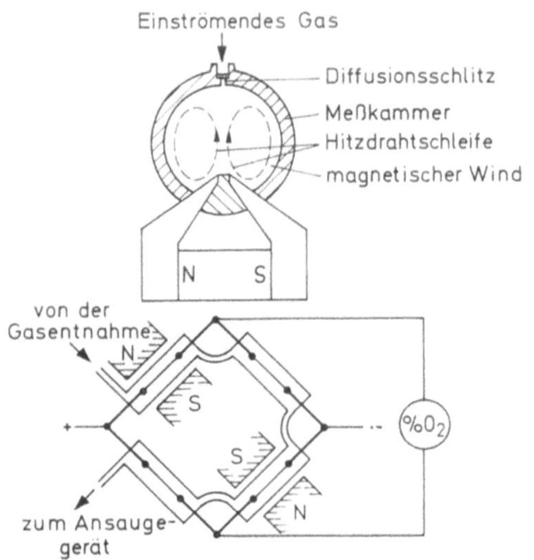

Bild 68.3. Schema eines Sauerstoff-Analysators mit Dauermagnetsystem, beruhend auf Änderung des elektrischen Widerstandes (nach [4]).

Hier befindet sich im inhomogenen permanentmagnetischen Feld ein elektrischer Leiter, der Teil einer Wheatstoneschen Brückenschaltung ist und durch den Strom auf ca. 300 °C erhitzt wird. Dieser Leiter erzeugt Konvektion und wird durch den angezogenen kalten, stärker suszeptiblen Sauerstoff gekühlt und damit sein elektrischer Widerstand verringert. Wie das Bild andeutet, fließt der erwärmte, schwächer suszeptible Sauerstoff nach oben ab. In einer gleichen Kammer ohne Magnetfeld wird der dortige Leiter nicht abgekühlt. Der Galvanometerausschlag der Brücke ist dann proportional dem Sauerstoffgehalt. Zur besseren Meßwirkung sind in praxi zwei Meßkammern mit und zwei ohne Magnetfeld ausgestattet. Die Form der Polschuhe zur Erzeugung des inhomogenen Feldes sind in Bild 68.3 gut zu sehen. Wegen der geforderten Temperaturkonstanz können nur AlNiCo-Dauermagnete verwendet werden.

Außer den in Bild 68.3 gezeigten Anordnungen existieren noch Abwandlungen des thermomagnetischen Verfahrens [3]; sie sollen aber nicht näher besprochen werden.

68.3 Galvanomagnetische und thermomagnetische Erscheinungen

Auf elektrische Leiter werden in einem magnetischen Feld Kräfte ausgeübt. Diese Kräfte greifen primär an den Ladungsträgern an. Wird der Leiter festgehalten, so versuchen die Ladungsträger, den Kräften innerhalb des Leiters zu folgen. Sie erfahren im Leiter eine Ablenkung, welche grundsätzlich derjenigen freier Ladungsträger entspricht und damit durch die Gleichungen des Kapitels 62 beschrieben werden kann. Durch die Wechselwirkung zwischen den quasifreien elektrischen Ladungsträgern im Kristall und dem magnetischen Feld entstehen eine Reihe von elektrischen Erscheinungen, die sogenannten galvanomagnetischen Effekte. Zusätzlich entstehen auch thermische Erscheinungen, die sogenannten thermomagnetischen Effekte [5]. Insgesamt sind 12 galvano- und thermomagnetische Effekte möglich, die in Tab. 68.1 aufgeführt sind.

Tabelle 68.1. *Galvano- und thermomagnetische Effekte (nach [5]).*

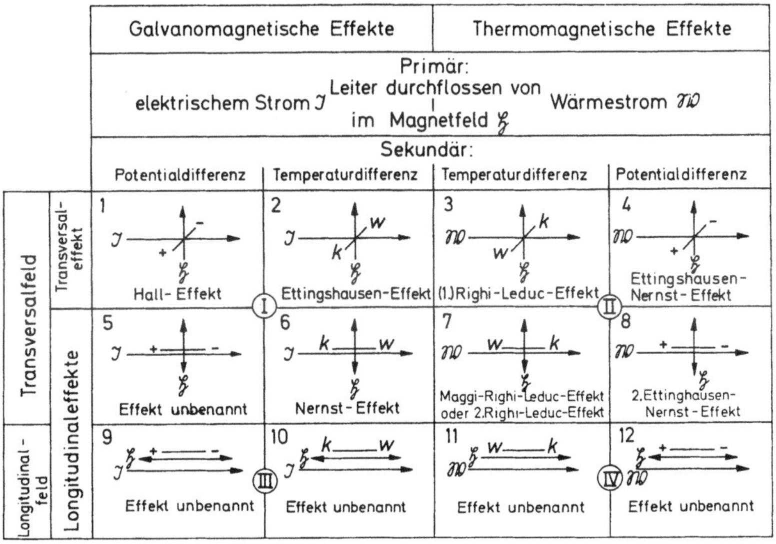

	Galvanomagnetische Effekte		Thermomagnetische Effekte	
	Primär: Leiter durchflossen von elektrischem Strom $\mathfrak{J}$ im Magnetfeld $\mathfrak{H}$		Wärmestrom $\mathfrak{w}$	
	Sekundär:			
	Potentialdifferenz	Temperaturdifferenz	Temperaturdifferenz	Potentialdifferenz
Transversalfeld — Transversaleffekt	1 — Hall-Effekt	2 — Ettingshausen-Effekt	3 — (1.)Righi-Leduc-Effekt	4 — Ettingshausen-Nernst-Effekt
Transversalfeld — Longitudinaleffekte	5 — Effekt unbenannt	6 — Nernst-Effekt	7 — Maggi-Righi-Leduc-Effekt oder 2.Righi-Leduc-Effekt	8 — 2.Ettinghausen-Nernst-Effekt
Longitudinalfeld — Longitudinaleffekte	9 — Effekt unbenannt	10 — Effekt unbenannt	11 — Effekt unbenannt	12 — Effekt unbenannt

Am bekanntesten davon ist in der letzten Zeit der Hall-Effekt geworden. Entsprechend Gl. (62.1) tritt unter Einwirkung eines magnetischen Feldes eine Krümmung der Bahnen der quasi-freien Ladungsträger ein. Sie führt zu einem Spannungsunterschied U zwischen Punkten, die vor der Einwirkung des magnetischen Feldes gleiches Potential aufwiesen (s. Bild 33.5). Wie in Kapitel 33 näher beschrieben, wird der als Hall-Effekt bezeichnete Spannungsunterschied bei der Hall-Sonde für die Messung der magnetischen Feldstärke viel benutzt. Umgekehrt kann mit Hilfe der Gl. (33.5) die Hall-Konstante R_H eines Werkstoffes bestimmt werden, wenn sich der Werkstoff in einem Gleichfeld befindet. Die Konstante R_H hat die Dimension einer reziproken Ladungsdichte. Es handelt sich dabei um die Dichte der elektrischen Ladungsträger, welche die elektrische Leitung im untersuchten Material erzeugen. Liegen Ladungsträger beiderlei Vorzeichens vor, so ist

$$R_H = \frac{v_+ - v_-}{(n_+\, v_+ + n_-\, v_-)\, q \cdot c} = \frac{v_+ - v_-}{c \cdot \varrho}, \tag{68.1}$$

wobei q die Trägerladung, v die Beweglichkeit der entsprechenden Ladungsträger, n die Trägerdichte und ϱ die elektrische Leitfähigkeit sind. Liegt nur reine Elektronenleitung vor, so vereinfacht sich Gl. (68.1) zu

$$R_H = -\frac{1}{n \cdot e \cdot c} = -\frac{v}{\varrho \cdot c}. \tag{68.2}$$

Durch Messung der elektrischen Leitfähigkeit und der Hall-Konstanten kann damit der Leitungsvorgang sehr gut geklärt werden. Treten dagegen mehrere Leitungsarten auf, müssen noch andere Meßmethoden zur Bestimmung der Beweglichkeit zu Hilfe genommen werden, wie z. B. die Widerstandsänderung eines Leiters im transversalen Magnetfeld [6] oder einer der verschiedenen thermo- oder galvanomagnetischen Effekte.

Bei ferromagnetischen Materialien tritt eine Hall-Spannung auf, die außerdem noch von der Magnetisierung I abhängig ist [7]. Die Gl. (33.3) ändert sich dann in

$$U = \frac{J}{d} \left(R_H \cdot H + R_M \cdot \mathrm{I} \right). \tag{68.3}$$

Dies muß bei der Auswertung berücksichtigt werden.

Die für die Messung des Hall-Effektes bzw. der Hall-Konstanten wegen der zeitlichen Konstanz der Luftspaltfeldstärke geeigneten Dauermagnetsysteme benötigen nur einen engen Luftspalt, da die Hall-Proben sehr dünn sind. Die Luftspaltfeldstärke muß hoch sein, da die Hall-Spannung proportional der Feldstärke H ist. Es können Systeme ähnlich Bild 63.13a eingesetzt werden.

Wie aus den verschiedensten Kapiteln dieses Buches hervorgeht, kann die Wechselwirkung zwischen Dauermagneten und Hall-Probe in vielseitiger Form außer für die hier angedeuteten Probleme der Festkörperphysik z. B. für Schalt- und Meßzwecke eingesetzt werden, wobei das benötigte magnetische Feld meist durch Dauermagnete erzeugt wird.

In den letzten Jahren sind der Nernst-Effekt und der Ettinghausen-Effekt (s. Tab. 68.1) bedeutungsvoll geworden. Der Nernst-Effekt kann als Peltier-Effekt zwischen magnetisiertem und nicht magnetisiertem Material gedeutet werden. Die beim Peltier-Effekt je nach Stromrichtung auftretende Erwärmung oder Abkühlung der Verbindungsstelle zweier metallischer oder Halbleiter wird durch das Magnetfeld erheblich verstärkt. Der Nernst- und Ettinghausen-Effekt werden deshalb gemeinsam für die sogenannte magnetothermische Kühlung eingesetzt. Dabei ist die Kühlung proportional der magnetischen Feldstärke H.

Von O'BRIEN und WALLACE [8] wurden erste Untersuchungen über den Kühleffekt mit Hilfe von Dauermagneten unternommen, wobei die Luftspaltfeldstärke $H_L \approx 1$ kOe betrug. Weitere Versuche mit Permanentmagneten [9, 10] wurden bei höheren Feldstärken bis 10 kOe ausgeführt. Dabei wurde bei der Luftspaltfeldstärke $K_L = 5$ kOe eine Temperaturkühlung um ca. 4°C erreicht [10]. Bei Einsatz der beiden Elemente Wismut-Antimon als Peltier-Element wurde bei der Luftspaltfeldstärke $H_L = 15$ kOe eine Temperaturdifferenz von $\Delta \mathrm{T} \approx 60\,°\mathrm{C}$ erreicht [11]. Nach v. CUBE [12] wurde mit dem Element $Bi_{97}Sb_3$ (Einkristall) bei der Feldstärke $H_L = 10$ kOe ein sehr guter Wirkungsgrad erreicht, wenn eine mehrstufige thermoelektrische Kühlkaskade mit einem Ettinghausen-

Kühlelement kombiniert wird. Die Magnetsysteme sind, wie beim Hall-Effekt, mit engem Luftspalt von einigen Millimetern Länge ausgestattet und haben Luftspaltfeldstärken H_L bis. ca. 20 kOe.

Ein weiterer interessanter galvanomagnetischer Effekt ist die Widerstandserhöhung im senkrecht bzw. parallel dazu stehenden magnetischen Feld. Mit Hilfe dieser Effekte können bei Ferromagnetika Aussagen über die Richtung der spontanen Magnetisierung getroffen werden [13]. Auch hier sind Dauermagnetsysteme hoher Luftspaltfeldstärke notwendig.

Mit Hilfe des 1. Nernst-Ettinghausen-Effektes ist es möglich, Wärmeenergie direkt in elektrische Energie umzuwandeln. Von ANGRIST [14] wurde gefunden, daß bei Verwendung von Indium-Antimonid bei einer Temperaturdifferenz $\Delta T = 300\,°K$ in einem permanentmagnetischen Luftspaltfeld von $H_L = 10\,kOe$ eine Leistung pro Werkstoffeinheit von 10 W/cm³ erzielt wurde. Der Permanentmagnet bestand aus AlNiCo 500 mit einer Luftspaltfläche $F_L = 0{,}8\ cm^2$ und einer Luftspaltlänge von $l_L = 0{,}6\ cm$.

68.4 Wasseraufbereitung mit magnetischem Feld

Die meisten industriellen Nutzwässer enthalten u. a. mehr oder weniger Kalksalze. Diese Salze, die sogenannten Härtebildner, scheiden sich beim Erwärmen und Verdampfen des Wassers aus und bilden den Kesselstein, der aus $CaCO_3$ besteht. Neben der bekannten, in der Praxis bewährten chemischen Enthärtung wurde auch eine solche mit Hilfe von Permanentmagneten propagiert [15]. Dabei werden im Inneren eines von Wasser durchflossenen Rohres mittels innen oder außen angebrachter Permanentmagnete magnetische Felder erzeugt. Die Wirkung dieser Felder soll zu einer Verhütung der Inkrustation bzw. sogar zu einem Wiederauflösen schon gebildeten Kesselsteines führen. Als Ursache des Wiederauflösens wird u. a. eine Deformation des Kristallgitters angegeben. Es existieren einige Patentanmeldungen über die günstigste Form der Permanentmagnete bzw. des Magnetfeldes [16].

Wegen der großen wirtschaftlichen Bedeutung wurde von MÜLLER und MARSCHNER [17] eine eingehende Untersuchung über diesen Effekt durchgeführt. Es zeigte sich in keinem Falle eine partielle Beseitigung der Härte, obwohl die Versuchsbedingungen sehr variiert wurden. Es wurde auch kein Einfluß von Form, Richtung oder Größe des Feldes der Permanentmagnete gefunden. Auch eine Beeinflussung des Kristallgitters des $CaCO_3$ wurde nicht entdeckt.

Insgesamt gesehen handelt es sich um eine bisher nicht sehr klare Angelegenheit [18], und es ist zur Aufklärung noch einige experimentelle Arbeit notwendig.

Literatur

1. Firma General Electric, London. DAS 1148328 (10. 11. 1961);
2. COLLINS, J. R.: Electronics World 67 (1962) 54—56.
3. SCHULZ, G.: VDI-Ber. 97 (1966) 5—13.
4. Oxymat, Prospekt der Fa. Siemens u. Halske, Nr. SH 7195, Cal. 4.
5. Siehe z. B. JUSTI, E.: Leitungsmechanismus und Energieumwandlung in Festkörpern, 2. Aufl., Göttingen: Vandenhoeck u. Ruprecht 1965.
6. KÖSTER, W., u. A. FREI: Z. Metallk. 44 (1953) 495—502.
7. Siehe z. B. SCHMIDT, H. E.: Ber. d. Arbeitsgem. Ferromagnetismus 1958, 16—18.

40*

8. O'Brien, B. J., u. C. S. Wallace: J. appl. Phys. 29 (1958) 1010—1012.

9. Harman, T. C., u. J. M. Honig: Semicon. Prod. 6 Nr. 719 (Juli 1963.).

10. Cybriwsky, A.: Rev. sci. Instr. 8 (1965) 1153—1155.

11. Nentwig, K.: Elektronik Ztg. Nr. 8 (1964) 4.

12. v. Cube, H. L.: VDI-Z. 107 (1965) 342, 108 (1966) 389.

13. Siehe z. B. Becker, R., u. W. Döring: Ferromagnetismus Berlin: Springer 1939, 111ff.

14. Angrist, S. W.: J. Heat Transfer 85 C (Febr. 1963) 41—48.

15. Anders, H.: Wasser, Luft u. Betrieb 6, 10 (1962) 2 Seiten. — Friedel, F. A.: Haustechn. Rdsch. 59, 11 (1960) 2 Seiten. — Friedel, F. A.: Chemiker-Zeitung — Chem. Apparatur 84 (1960) 539—540. — Magnetische Wasseraufbereitung, Prospekt der Fa. Dr. F. A. Friedel u. Sohn, Fischbach/Taunus, Ausgabe 1963.

16. DAS 1218963 (1. 4. 1958). — PA 253573 (24. 4. 1954).

17. Müller, G., u. H. Marschner: Phys. Blätter 22 (1966) 358—363.

18. Gaber, J. J., V. J. Mjaykov u. J. V. Mjakov: Promyslumaja energetika (Moskau) 21 (1966) 28—33.

XIII. Sonstige Anwendungen von Dauermagneten

69 Dauermagnete für Vormagnetisierung

69.1 Bei piezomagnetischen Schwingern

Seit langem ist bekannt, daß einige ferro- bzw. ferrimagnetische Werkstoffe ihre Abmessungen in starkem Maße mit der Magnetisierung ändern. Diese Änderung wird Magnetostriktion genannt. Im Bereich der Neukurve ist die Längsmagnetostriktion ungefähr vom Quadrat der Magnetisierung abhängig. Ein nichtmagnetisierter Kern geeigneter Form und geeigneten Werkstoffes, der eine mechanische Resonanzfrequenz besitzt, kann durch Anlegen eines Wechselstromes der halben Resonanzfrequenz in Resonanz gebracht werden. Die großen Hystereseverluste beim Betrieb werden jedoch den elektroakustischen Widerstand stark erniedrigen. Trotzdem ist der Schwinger als Sender, z. B. für die Echolotung, gut zu gebrauchen.

Beim Sender werden elektrische in mechanische Schwingungen umgewandelt. Diese können Zug- und Druckkräfte ausüben. Wird der magnetostriktive Kern als Empfänger benutzt, dann müssen umgekehrt Druckänderungen in Magnetisierungs- bzw. Induktionänderungen umgewandelt werden. Dabei besteht zwischen der Magnetisierung I, der Spannung σ, der Längenänderung $\Delta l/l_0$ und der magnetischen Feldstärke folgende Beziehung:

$$\left(\frac{\partial I}{\partial \sigma}\right)_H = \frac{1}{l_0}\left(\frac{\partial l}{\partial H}\right)_\sigma \tag{69.1}$$

Nimmt also die Länge l des Stabes bei konstanter Spannung durch Erhöhung des magnetischen Feldes zu, dann nimmt auch die pauschale Magnetisierung I des Stabes bei konstanter Feldstärke H durch eine Zugspannung ($\sigma > 0$) zu [1].

Bei nichtmagnetisierten Kernen heben sich im Mittel die von den Druckänderungen hervorgerufenen Induktionsänderungen auf [2, 3]. Daher werden hier vormagnetisierte Kerne benutzt. Durch die Vormagnetisierung werden bei Druckänderungen ausreichende Induktionsänderungen erzeugt und der piezomagnetische Kupplungskoeffizient k wird vergrößert. Außerdem wird eine Linearisierung der Energiewandlung erreicht, wenn die Wechselaussteuerung genügend klein gegenüber der Vormagnetisierung bleibt. Für diesen linearen Effekt wurde der Begriff „piezomagnetischer Effekt" vorgeschlagen [2]. Die darauf basierenden Schwinger werden dann piezomagnetische Schwinger genannt, wogegen die nicht vormagnetisierten Schwinger als magnetostriktive Schwinger bezeichnet werden.

Für die Vormagnetisierung der piezomagnetischen Schwinger werden allgemein magnetische Feldstärken in der Größenordnung von 10 bis 20 Oe benötigt [2]. Die Form der Kerne ist meist hantelförmig (1), wobei dann die Vormagnetisierung mittels dünner Scheiben aus Bariumferrit 300 erfolgt (3), wie Bild 69.1 andeutet [2].

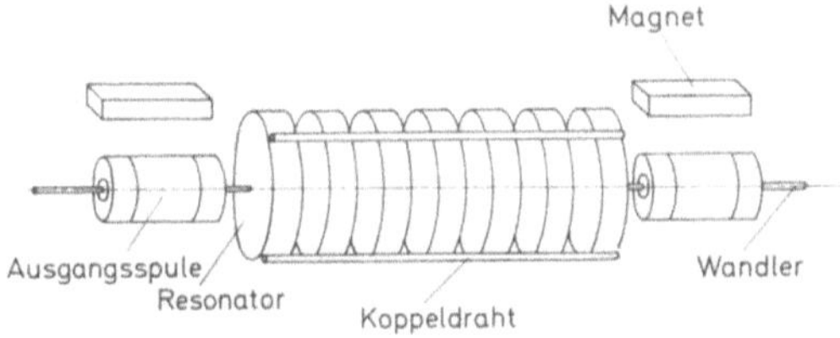

Bild 69.1. Hantelförmiger piezomagnetischer Wandler mit vormagnetisierender dünner Dauermagnetscheibe aus Bariumferrit 300 (nach [2]).

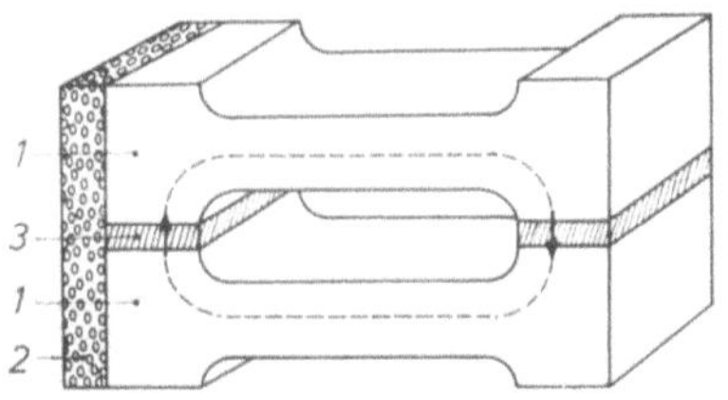

Bild 69.2. Schema eines elektromechanischen Hochfrequenzfilters mit vormagnetisierten piezomagnetischen Wandlern (nach [4]).

Die nicht abstrahlende Fläche ist mit Schaumstoff (2) bedeckt. Infolge der Vormagnetisierung muß der Wechselstrom die Resonanzfrequenz des Kernes besitzen, um ihn in Resonanz zu versetzen.

Der Einsatz von vormagnetisierten piezomagnetischen Schwingern erfolgt z. B. in medizinischen Apparaten und in Ultraschallbohr- und -waschmaschinen. Ein weiterer wichtiger Anwendungsbereich liegt für elektromechanische Hochfrequenzfilter vor. Über einen Filter ist eine vernünftige Leistungsübertragung nur möglich, wenn die relative Bandbreite der im Filter verwendeten Resonanzkreise erheblich kleiner als die relative Bandbreite des Filters bleibt. In einem für Überlagerungsempfänger wichtigen Zwischenfrequenzbereich von 50 bis 500 kHz sind metallische Resonatoren anderen deutlich überlegen [4, 5]. Diese Resonatoren bilden zusammen mit Koppelleitungen die mechanischen Filterstrukturen. Im Ein- und Ausgang liegen elektromagnetische Wandler, welche auf dem piezoelektrischen (Elektrostriktion) oder dem piezomagnetischen Effekt (Magnetostriktion) beruhen.

Der hier interessierende piezomagnetische Wandler ist zusammen mit der Koppelleitung in Bild 69.2 schematisch dargestellt [4]. Er besteht aus Nickeldrähten. Die Vormagnetisierung ist durch die beiden Magnete angedeutet. Von BÖRNER [6] wird der Einsatz von vormagnetisierten piezomagnetischen Wandlern für Festkörper-Gyrotrons beschrieben. Diese dienen zur Messung von Winkelgeschwindigkeiten.

Bei allen diesen Anwendungsfällen wirken die magnetostriktiven bzw. piezomagnetischen Bauteile als Verzögerungselemente, da hier die Ausbreitungsgeschwindigkeit der elektrischen Welle auf die Schallgeschwindigkeit verringert wird. Diese Verzögerungselemente haben sich als brauchbare Bauteile in der Elektronik und in Datenverarbeitungssystemen erweisen können [7].

69.2 Bei Induktivitäten

Für einige Anwendungsfälle werden abstimmbare Induktivitäten benötigt. Die Permeabilität der dafür benutzten weichmagnetischen Ferrite ist aber erst oberhalb einer Feldstärke, welche in der Größenordnung der Koerzitivfeldstärke des Werkstoffes liegt, einigermaßen linear. Sie nimmt dann mit steigender Feldstärke ab. Die notwendige Feldstärke wird durch Vormagnetisierung mittels Dauermagneten erreicht. Die Einstellung dieser Feldstärke, z. B. auf den weichmagnetischen Kern einer Induktivität eines Linearitätsreglers, kann z. B. durch Veränderung des gegenseitigen Abstandes zweier radial magnetisierter Bariumferritringe auf dem Kern erfolgen.

Literatur

1. KNELLER, E.: Ferromagnetismus, Berlin/Göttingern/Heidelberg: Springer 1962, 145.
2. v. D. BURGT, C. M.: Valvo-Berichte 5 (1959) 1—33.
3. v. D. BURGT, C. M.: Phil. techn. Rdsch. 18 (1956/57) 277—290.
4. SCHÜSSLER, H.: Elektro-Anz. 19 (1966) 483—486.
5. BÖRNER, M., E. DÜRRE u. H. SCHÜSSLER: Techn. Rdsch. (Bern) Nr. 37 (3. 9. 1965) 82—93.
6. BÖRNER, M.: Z. angew. Phys. 22 (1967) 544—548.
7. LAWRENCE, L. G.: Elektronik H. 4 (1964) 99—100.

70 Dauermagnete in Medizin und Biologie

Die auftretenden magnetischen Kräfte sind infolge der Fernwirkung des magnetischen Feldes zu allen Zeiten auch Anlaß zu spekulativen Mutmaßungen über biologische Effekte des Magnetismus geworden. Es liegt dabei im Sinne der Sache, daß als Träger des Magnetismus der Dauermagnet verstanden wurde. Doch auch in der Jetztzeit ist die spekulative Betrachtung über die Wirkung des Dauermagneten auf den menschlichen Körper noch nicht ganz verschwunden. Dies folgt z. B. aus der Lektüre einiger Kapitel von [1], aber auch aus der Erteilung eines deutschen Patentes auf einen magnetischen Heilgürtel. Dieser Gürtel ist mit Dauermagneten bestückt und soll gegen allerlei Krankheiten schützen.

Es soll hier aber festgestellt werden, daß wohl meßbare Einflüsse magnetischer Felder auf den Körper vorhanden sind. Dabei scheinen einige Einflüsse von der magnetischen Feldstärke, andere von dem Gradienten des Feldes abzuhängen [2], wie z. B. Tab. 70.1 zeigt. Die saubere Erfassung der Effekte und ihre Deutung sind dabei sehr schwierig und lassen noch ein weites Betätigungsfeld offen. Die dafür oft benutzten meist großen Dauermagnetsysteme haben Luftspaltinduktionen $B_L < 10$ kG bei Luftspaltvolumina von ca. 10 bis 100 cm³ [14]. Im folgenden werden noch einige Beispiele des Einsatzes von Dauermagneten kurz besprochen.

In der Zahnmedizin sind immer wieder Versuche unternommen worden, die abstoßenden Kräfte zweier Dauermagnete zur Fixierung von Zahnprothesen des Oberkiefers zu benutzen. Dabei wurden die verschiedensten Magnet- und Magnetisierungsformen vorgeschlagen. Wegen der sehr schnell mit dem Magnetabstand abnehmenden Abstoßkräfte sind alle diese Versuche zum Scheitern verurteilt. Beim Öffnen des Mundes wird der Abstand zu groß, so daß die Kräfte praktisch verschwinden (s. z. B. Kapitel 57).

In der Augenheilkunde werden heute Stabmagnete benutzt, um Eisenteilchen bzw. -späne aus dem Auge zu entfernen [3]. Um die Anziehungskraft der hierzu benutzten hochremanenten AlNiCo-500-Dauermagnete noch zu erhöhen, wird auf das Stabende ein konischer Weicheisenpolschuh aufgesetzt. Dadurch wird das für die Anziehungskraft verantwortliche Produkt aus Feldstärke und Gradienten der Feldstärke vergrößert.

Tabelle 70.1. *Biologische Effekte von magnetischen Gleichfeldern in Abhängigkeit von der magnetischen Feldstärke bzw. den Gradienten derselben* (nach [2])

Feldempfindliche Phänomene	Oe
Orientierung von Schlamm-Schnecken	1, 5
Magnetophosphene	500
Zentralnervensystem (Kaninchen)	800
Pflanzenwachstum (Gerste)	1000
Embryo-Resorption (Mäuse)	3000
Entwicklungsverzögerung, hämatologische Änderungen, Wundheilung, pathologische Änderungen, Isolation von Tumor-Isotransplantaten (Mäuse)	4000
Enzym-Aktivierungsänderungen	5000
Änderungen im Sauerstoffverbrauch und Degeneration von Sarcom-Zellen	8000
Hemmung von Bakterien (stationäre Phase)	14000
Sauerstoffverbrauch von Kartoffeln, Überleben von mit Leukämie behafteten Mäusen	18000

Gradientenempfindliche Phänomene	$\dfrac{\text{Oe}}{\text{cm}}$	$\dfrac{\text{MOe}^2}{\text{cm}}$
Dowser-Reflexe	10^{-6}	—
Abstoßen von Tumor-Homotransplantaten	600	2
Hemmung von Bakterien (logarithmische Phase)	2300	35
Magnetotropismus	5000	20
Lethal-Effekt (Mäuse)	5000	100
Lethal-Effekt (Drosophila)	6000	—
Hemmung von Tumor-Wachstum	10000	200

Es soll hier weiterhin der „Lawinenmagnet" [4] erwähnt werden. Dieser sollte von jedem einer Lawinengefahr ausgesetzten Menschen (Skifahrer) getragen werden. Er soll das leichte Auffinden des damit ausgestatteten Verschütteten mittels Lawinensonden (Förster-Sonde) ermöglichen. Dazu sollte er ein großes Streufeld besitzen, muß also ein nicht zu kleiner Stabmagnet sein. Es ist trotz mehrfacher Anläufe [5] nicht sehr wahrscheinlich, daß sich diese Methode durchsetzen wird, da nach den bisherigen Versuchen Verschüttete im Durchschnitt mit Lawinenhunden viel schneller als mit der Sonde gefunden werden [6].

Bei dem „Kuhmagneten" handelt es sich gleichfalls um einen Dauermagneten. Er wird vom Tierarzt in den Vormagen von Rindvieh versenkt, um dort mit der Nahrung auf der Weide aufgenommene Eisenteile zu sammeln. Damit wird eine Schädigung aller nachfolgenden Magen- und Darmzonen verhindert. Diese Methode ist beim Menschen nicht sinnvoll. Trotzdem besteht auch hier die Notwendigkeit, ohne operativen Eingriff aus Luftröhre, Speiseröhre oder Magen metallische

Gegenstände entfernen zu können. Da diese Gegenstände meistens aus dem Werkstoff Eisen bestehen, wurden schon vor längerer Zeit Dauermagnete zu Hilfe genommen [7].

Von LUBORSKY u. a. [8] wurden die Extraktions-Dauermagnete weiterentwickelt. In Bild 70.1 ist ein lenkbarer Permanentmagnet zu sehen [8]. Dabei ist der Dauermagnet aus AlNiCo 500 mit dem Handgriff durch ein Edelstahlkabel verbunden. Er kann mittels des Kabels gedreht oder aus einem Plastik-Rohr

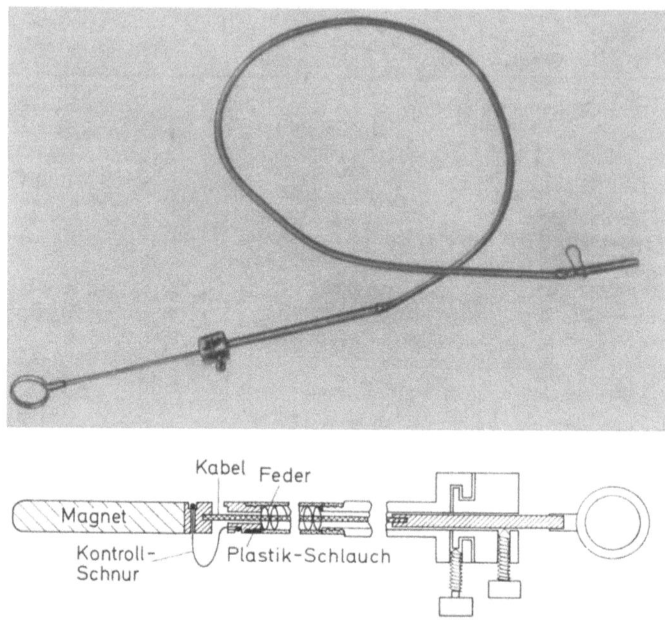

Bild 70.1. Lenkbarer Permanentmagnet für Extraktion ferromagnetischer Gegenstände.
Oben: Fotografie; unten: Schema (nach [7]).

herausgeschoben werden. Mit diesem Magneten ist es infolge des sehr beweglichen Kabels möglich, den zu entfernenden Gegenstand vorher in die günstigste Lage zu drehen. Mit einem axial magnetisierten Dauermagneten aus AlNiCo 500 kann bei einem Durchmesser von ca. 6 mm und einer Länge von ca. 30 mm eine Haftkraft (auf eine ebene Platte) von ca. 0,5 kp ausgeübt werden.

In Bild 70.2 ist ein ausschaltbarer Extraktionsmagnet zu sehen [8]. Im ausgeschalteten Zustand befindet sich der axial magnetisierte Dauermagnet aus AlNiCo 500 in einem Weicheisenrohr. Im eingeschalteten Zustand befindet er sich teilweise außerhalb des Rohres und ist gegen eine Polplatte aus Weicheisen geschoben. Die Schaltbarkeit, welche eine Drehung des zu entfernenden Gegenstandes leicht ermöglicht, wird durch eine geringere Haftkraft als bei der vorher beschriebenen Anordnung erkauft, wie Bild 70.3 veranschaulicht. Derselbe Dauermagnet ermöglicht hier eine Haftkraft von ca. 160 p.

Ein weiterer Anwendungsfall ist der Herzsondenmagnet. Dabei wird eine mit einem Dauermagneten ausgestattete Elektrode in das Herz eingeführt und außen an einen Schrittmacher angeschlossen. Durch einen äußeren zweiten Dauermagneten soll die Sonde so lange im Herzen fixiert werden, bis sie vom Gewebe überzogen ist und damit festgehalten wird.

Es wurde weiter der Einsatz von Dauermagneten für das Verschließen interkranialer Aneurysmen vorgeschlagen [9]. Diese werden zur Bildung von ferromagnetischen Thrombi aus injizierten Pulvern benutzt. Die gebildeten Pfropfen verschließen die Ausbuchtungen, so daß die Blutfüllung verhindert und eine Operation ermöglicht wird.

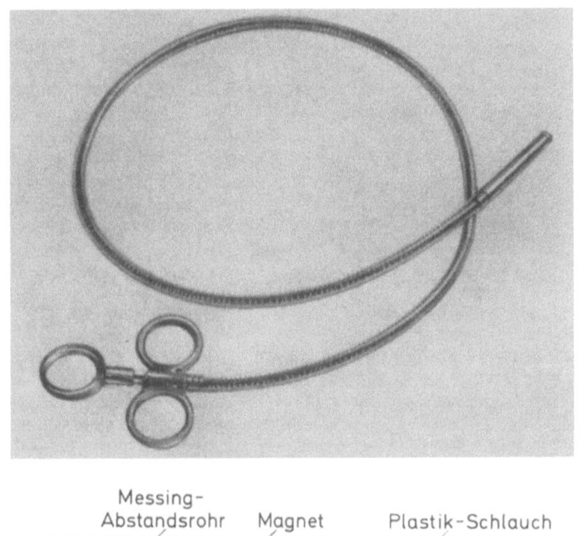

Bild 70.2. Abschaltbarer Permanentmagnet für Extraktion ferromagnetischer Gegenstände. Oben: Fotografie; unten: Schema (nach [7]).

Eine einfache Erscheinung der Magnetohydrodynamik (MHD) ergibt sich, wenn eine Flüssigkeit durch einen Kanal fließt, dessen Achse im rechten Winkel zu einem Magnetfeld steht. Nach dem Induktionsgesetz entsteht dann in der Richtung der Normalen auf Achse und Feld eine elektrische Spannung, die proportional der Durchflußgeschwindigkeit ist. Auf diesem Prinzip beruht der elektromagnetische Durchflußmesser, welcher z. B. für die Messung des Blutstromes in den Kapillaren benutzt wird [10].

Bei der laufenden Messung des Blutdrucks, z. B. bei postoperativer Patientenüberwachung, werden Dauermagnete in Systemen eingesetzt, welche nach dem Prinzip des elektrodynamischen Mikrofons arbeiten. Die Membran des Mikrofons sitzt fest an der zu überwachenden Körperstelle. Änderungen des Blutdruckes erzeugen damit einen elektrischen Spannungsimpuls, der auf Registrier- oder Warngeräte wirken kann.

Weiterhin sei hier besonders auf die vielen Möglichkeiten hingewiesen, Dauermagnete bei Operationen oder biologischen Versuchen als Haltemagnete einzusetzen.

Wie schon Tab. 70.1 andeutet, besitzen eine Reihe von Tieren die Möglichkeit, sich in Richtung eines magnetischen Feldes zu orientieren. Dies ist z. B. von Ameisen [11], Maikäfern [12] und Zugvögeln [13] bekannt. Sie benutzen wahr-

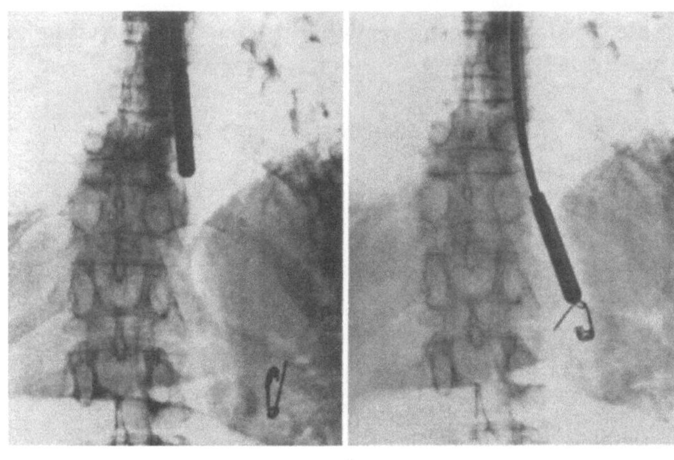

a b

Bild 70.3. Extraktion einer Sicherheitsnadel mit Hilfe des abschaltbaren Permanentmagneten.
a) Magnet beim Einführen, ausgeschaltet; b) Magnet beim Entfernen, eingeschaltet (nach [7]).

scheinlich das magnetische Erdfeld als Orientierungshilfe. Die Beeinflussung dieses Feldes mittels Dauermagneten bei biologischen Versuchen führt dann meist zu „Mißweisungen".

Literatur

1. Schröder, W.: Grenzwissenschaftliche Versuche, Freiburg: Bauer 1960, 163 ff.
2. Barnothy, M. F.: Biological effects of magnetic fields, New York: Plenum Press 1964, 23.
3. Frei, E. H.: J. appl. Phys. 40 (1969) 955—957.
4. BP Nr. 1 179 808 (20. 8. 1953).
5. Westfälische Rundschau vom 13. 12. 1965; Süddeutsche Zeitung vom 18. 1. 1966; Ruhr-Nachrichten vom 27. 1. 1966.
6. Siehe z. B. Oberbayrisches Volksblatt, Weihnachten 1966.
7. Equen, M.: Ann. Otol. Rhin a. Laryng 53 (1944) 775—776.
8. Luborsky, F. E., B. J. Drummand u. A. Q. Penta: Amer. J. Röntg. Rad. Ther. a. Nuc. Med. 92 (1964) 1021—1025.
9. Toth, D. A.: J. appl. Phys. 40 (1969) 1044—1045.
10. Thompson, W. B.: Endeavour 23 (1964) 73 ff.
11. Der Spiegel 16, 4 (1967) 88 (o. Verfasser).
12. Tischner, H.: Bild der Wissenschaft 2 (1965) 138—147.
13. Merkel, F. W., u. W. Wiltschko, Die Vogelwarte 23 (1965) 72—77.
14. Spodig. H.: BP Nr. 963 897 (26. 8. 1951).

Sachverzeichnis